수

매씽

MATHING

개념

공통수학2

🔍 이 책을 펴내면서

이창희

서울대 수학교육과 졸업

現 대치/목동/송파 THE다원수학 대표원장
前 강남 대성학원 강사
前 EBS / 대성마이맥 수학영역 강사
前 서울예술고등학교 교사

新 수학의 바이블 / 新 수학의 바이블 BOB / Pre 수학의 바이블 /
자이스토리 수리영역 / 올찬수학 / 셀파 시리즈 / 그 외 다수 집필

● ● ● 대치동 1타 강사가 쓴 수매씽 개념!

수매씽 개념은 그동안 집필한 교재들 중 학생들에게 큰 호응을 얻었던 新 수학의 바이블의 **장점을 더욱 개선**하고, 지난 10여 년 동안 대치동에서 고등학생을 직접 가르치면서 얻은 **저만의 수업 노하우를 총 집약**하여 만든 교재입니다.

학생들에게 가장 최적화된 수학 학습 시스템이라 자부하는 〈1+3 시스템〉을 중심으로 2022 개정 교육과정에서 요구하는 바를 정확히 담았습니다. 또한 학교 내신에 완벽히 대비하고 수능 준비의 밑거름이 되는 교재가 되도록 오랜 시간 공들여 집필한 끝에 그동안 출시되었던 교재 중 단연 최고의 교재라 자부하는 **수매씽 개념**을 론칭하게 되었습니다.

유튜브를 통한 저자 직강, 수매씽 개념을 기반으로 한 내신과 수능 자료 업로드, 수매씽 개념 연습 문제에 대한 손풀이 자료 등을 순차적으로 제공하여 기존의 교재와는 **확연히 다른 서비스와 차별화된 교재**로 여러분을 만나 뵙겠습니다.

민경도

서울대 수학교육과 졸업

現 강남 종로학원 강사

前 EBS / 대성마이맥 수학영역 강사
前 숙명여자고등학교 교사

新 수학의 바이블 / 新 수학의 바이블 BOB / Pre 수학의 바이블 / 자이스토리 수리영역 / 올찬수학 / 셀파 시리즈 / 그 외 다수 집필

차별화된 노하우를 담은 수매씽 개념!

저는 일선에서 수많은 고등학생과 만나고 있습니다. 학생들이 왜 수학을 어려워하는지, 어떻게 해결해야 하는지 누구보다 잘 알고 있다고 자부합니다. 이번에 집필한 수매씽 개념에 이러한 학생들의 어려움을 해결해 줄 수 있는 **해결책과 수업 경험, 노하우**를 빠짐없이 담아 집필하였습니다.

수매씽 개념에 담은 수학 실력 향상 시스템은 각 단원별로 개념에 해당하는 내용 설명을 충실히 하고, 중요한 예제로 구분하여 개념과 실력을 더욱 탄탄히 쌓을 수 있는 **학습 시스템(숫자 바꾸기 / 표현 바꾸기 / 개념 넓히기)**를 활용해 문제의 핵심을 정확히 파악하도록 돕고, 변형된 문제가 출제되어도 당황하지 않고 문제를 쉽게 해결할 수 있도록 **반복적이며 체계적으로 구성**하였습니다.

수매씽 개념 전 페이지에 걸쳐 담겨 있는 수학 학습 팁과 노하우를 빠짐없이 살펴보고, 반복적으로 공부한다면 어느샌가 여러분도 수학의 최강자가 되어 있을 것이라 확신합니다.

1 / 체계적인 개념 설명!

교과서보다 쉽고 친절합니다.
개념 흐름이 한눈에 보입니다.
정확하고 상세한 백과사전식 설명으로
이해가 쏙쏙 됩니다.

2 / 1+3 수학 학습 시스템!

3단계 수준별 개념 유형 학습으로
유형 적응력이 높아집니다.
3단계 해설 학습으로
문제 분석력이 높아집니다.
3단계 수준별 마무리 연습 문제로
문제 해결력이 높아집니다.

3 / 최신 기출 트렌드 반영!

확실한 개념 학습에 더하여
최신 기출 트렌드를 입혀
내신과 수능 대비가 가능합니다.

1 독보적이고 체계적인 **개념 설명**으로 수학 원리를 더 쉽고 더 완벽하게!

수학 개념에 대한 설명이 교과서보다 이해하기 쉽고 자세하고 친절하여 수학 원리와 공식을 더 잘 이해할 수 있습니다.

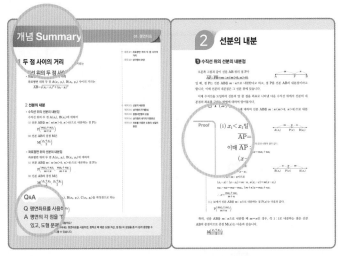

① 개념 Summary
중단원의 주요 내용과 알아 두어야 할 공식을 한눈에 확인할 수 있도록 정리하였습니다. 또한 Q&A를 통해 개념에 대한 궁금증을 해소시킬 수 있도록 하였습니다.

② 개념 설명
새로운 개념에 대한 정확한 용어 정의와 자세하고 친절한 설명, 충분한 Example과 Proof를 통해 수학 원리 및 공식을 쉽게 이해할 수 있습니다.

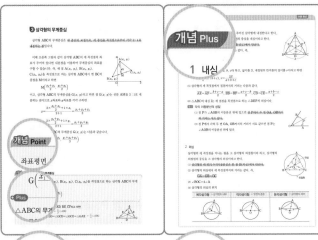

③ 개념 Point
주요 개념 설명의 핵심만을 한눈에 알아보기 쉽게 정리하였습니다. 또한 개념 Point의 내용 중에서 부연 설명이 필요하거나 알아 두면 좋은 내용을 ⊕ Plus로 제시하였습니다.

④ 개념 Plus
학습한 주요 개념 외에 혼동하기 쉬운 개념이나 새로운 개념을 이해하는 데 필요한 학습 내용을 제시하여 향후 학습에 결손이 없도록 하였습니다.

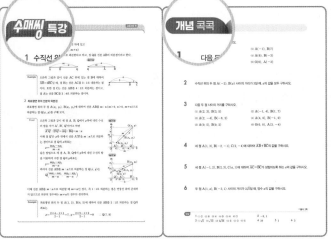

⑤ 수매씽 특강
교육과정에서 다루고 있지 않지만 개념 이해나 문제 해결에 유용한 내용을 제시하여 수학적 원리의 이해도를 높일 수 있도록 하였습니다.

⑥ 개념 콕콕
소단원의 개념 학습 내용을 확인할 수 있는 문제로 구성하여 개념을 정확하게 이해하였는지 점검할 수 있습니다.

2 단계별 예제와 유제, 단계별 해설로 더 확실하게!

하나의 예제를 숫자 바꾸기 ➡ 표현 바꾸기 ➡ 개념 넓히기 의 3단계 유제로 학습하여 유형에 대한 적응력을 확실히 향상시킬 수 있습니다.

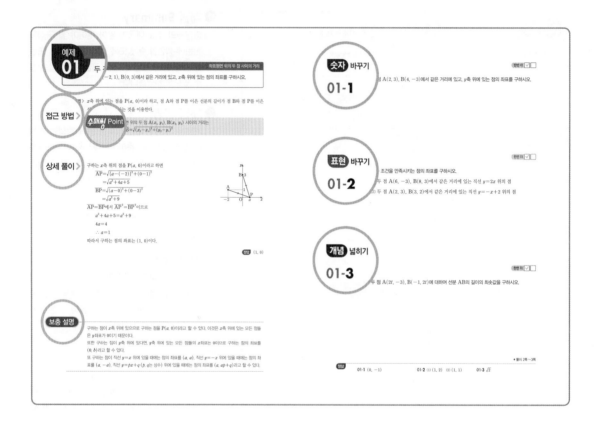

❶ 예제
개념을 적용할 수 있는 핵심 유형 문제를 예제로 제시하고, 출제 가능성이 높은 유형에는 별도 표기하였습니다.
예제에 대한 해설은 접근 방법 ⟩ – 상세 풀이 ⟩ – 보충 설명 의 3단계로 제시하여 문제에 대한 접근 방법과 해결 방법을 쉽고 확실하게 이해할 수 있도록 하였습니다.

❷ 수매씽 Point
예제를 해결하기 위한 핵심 개념을 다시 한번 정리할 수 있도록 하였습니다.

❸ 숫자 바꾸기
예제에서 숫자가 바뀐 문제로, 예제를 통해 익힌 풀이 과정을 반복 연습하면서 스스로 문제를 해결할 수 있는 능력을 기를 수 있도록 하였습니다.

❹ 표현 바꾸기
예제에서 표현이 바뀐 문제로, 다양한 수학적 표현에 혼동하지 않고 동일한 해결 과정을 적용시킬 수 있는 능력을 기를 수 있도록 하였습니다.

❺ 개념 넓히기
예제에 다른 개념을 추가한 응용 문제로, 예제로부터 파생되는 문제 유형을 완벽하게 이해하고 풀이 과정을 응용할 수 있는 능력을 기를 수 있도록 하였습니다.

3 수준별 마무리 문제로 실력 UP!

  의 3단계 수준별 연습 문제를 통해 기본에서 고난도까지 문제 해결력을 기를 수 있습니다.

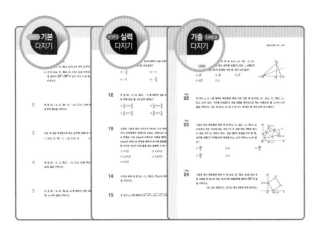

❶ 기본 다지기
내신 기출 문제를 분석하고 학교 시험에 꼭 나오는 내신 필수 유형의 문제들로 구성하여 학교 시험 대비를 확실히 할 수 있습니다.

❷ 실력 다지기
상위권 및 교육 특구의 내신 기출 문제를 분석하여 학교 시험 고득점 대비를 할 수 있습니다.

❸ 기출 다지기
교육청 · 평가원 · 수능 기출 문제를 분석하여 내신 및 수능 대비를 위한 필수 문항을 선별하였습니다.

정답 및 풀이

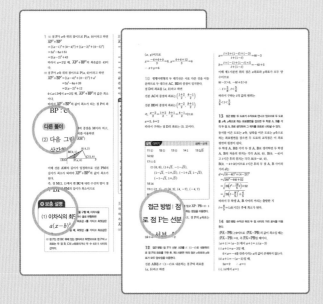

자세하고 친절한 풀이
- 문제 해결 과정을 스스로 확인할 수 있도록 자세한 풀이로 구성하였습니다.

- 다른 풀이가 있는 경우 다른 풀이 를 추가하여 다양한 풀이 방법을 확인할 수 있도록 하였습니다.

- 유제(숫자 바꾸기, 표현 바꾸기, 개념 넓히기)에서 문제나 풀이에 대한 추가 설명이 필요한 경우에는 ➕ 보충 설명 을 추가하여 문제와 풀이에 대한 이해에 도움이 되도록 하였습니다.

- 실력 다지기 와 기출 다지기 는 문제 해결의 포인트를 잡을 수 있도록 해결 tip 또는 아이디어를 접근 방법으로 별도 제시하였습니다.

Contents

I 도형의 방정식

01

평면좌표

1 두 점 사이의 거리

• **수직선 위의 두 점 사이의 거리**

수직선 위의 두 점 $A(x_1)$, $B(x_2)$ 사이의 거리는

$$\overline{AB}=|x_2-x_1|$$

• **좌표평면 위의 두 점 사이의 거리**

좌표평면 위의 두 점 $A(x_1,\ y_1)$, $B(x_2,\ y_2)$ 사이의 거리는

$$\overline{AB}=\sqrt{(x_2-x_1)^2+(y_2-y_1)^2}$$

2 선분의 내분

• **수직선 위의 선분의 내분점**

수직선 위의 두 점 $A(x_1)$, $B(x_2)$에 대하여

(1) 선분 AB를 $m:n\,(m>0,\ n>0)$으로 내분하는 점 P는

$$P\left(\frac{mx_2+nx_1}{m+n}\right)$$

(2) 선분 AB의 중점 M은

$$M\left(\frac{x_1+x_2}{2}\right)$$

• **좌표평면 위의 선분의 내분점**

좌표평면 위의 두 점 $A(x_1,\ y_1)$, $B(x_2,\ y_2)$에 대하여

(1) 선분 AB를 $m:n\,(m>0,\ n>0)$으로 내분하는 점 P는

$$P\left(\frac{mx_2+nx_1}{m+n},\ \frac{my_2+ny_1}{m+n}\right)$$

(2) 선분 AB의 중점 M은

$$M\left(\frac{x_1+x_2}{2},\ \frac{y_1+y_2}{2}\right)$$

• **삼각형의 무게중심**

좌표평면 위의 세 점 $A(x_1,\ y_1)$, $B(x_2,\ y_2)$, $C(x_3,\ y_3)$을 꼭짓점으로 하는 삼각형 ABC의 무게중심 G는

$$G\left(\frac{x_1+x_2+x_3}{3},\ \frac{y_1+y_2+y_3}{3}\right)$$

Q&A

Q 평면좌표를 사용하면 어떤 점이 편리할까요?

A 평면의 각 점을 '한 쌍의 수'로 나타내는 평면좌표를 사용하면, 중학교 때 배운 도형(직선, 원 등)의 성질을 좀 더 쉽게 증명할 수 있고, 도형 문제를 좀 더 쉽게 풀 수 있습니다.

1 두 점 사이의 거리

지도에는 일정한 간격의 가로선과 세로선이 새겨져 있고 각각의 선에 숫자가 적혀 있는데, 한 국가나 지역의 위치를 정확하게 표현하기 위하여 지구상에 이러한 가상의 가로선(위도)과 세로선(경도)을 그어 위치를 표현하는 방법을 이용합니다.

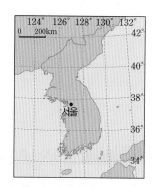

예를 들어 서울은 대략 동경 127°, 북위 37°에 위치하므로 서울의 위치를 (동경, 북위)와 같이 순서쌍으로 나타낸다면 순서쌍 (127, 37)로 나타낼 수 있습니다. 이와 같이 서로 수직인 직선을 이용하여 위치를 정확하게 나타낼 수 있습니다.

수학에서도 좌표를 이용하면 평면 위의 점의 위치를 정확하게 나타낼 수 있으며, 두 점 사이의 거리도 직접 재지 않고 계산할 수 있습니다.

1 수직선 위의 두 점 사이의 거리

먼저 수직선 위의 두 점 사이의 거리를 생각해 봅시다.

한 직선 위에 원점 O를 잡고 원점 O를 기준으로 하여 일정한 거리를 잡아 점을 찍어서 수직선을 만들면 한 실수는 수직선 위의 한 점에 대응하고, 거꾸로 수직선 위의 한 점은 한 실수에 대응합니다.

다음 수직선 위의 두 점 A, B가 나타내는 수는 각각 -2, 3입니다.

$$\begin{array}{ccccccccc} & & A & & O & & P & & B \\ \hline -4 & -3 & -2 & -1 & 0 & 1 \; a & 2 & 3 & 4 \end{array}$$

이와 같이 수직선 위의 점을 나타내는 수를 그 점의 좌표라고 하며, a가 점 P의 좌표일 때, 이것을 기호로 P(a)와 같이 나타냅니다. 즉, 두 점 A, B의 좌표는 각각 -2, 3이고 이것을 기호로 A(-2), B(3)과 같이 나타냅니다.

이때 수직선 위의 두 점 A(-2), B(3) 사이의 거리는 $3-(-2)=5$입니다.
즉, 수직선 위의 두 점 A(x_1), B(x_2) 사이의 거리는   → 두 좌표의 차

(i) $x_1 \le x_2$일 때, $\overline{AB} = x_2 - x_1$

(ii) $x_1 > x_2$일 때, $\overline{AB} = x_1 - x_2$

이것을 절댓값 기호를 이용하여 나타내면 다음과 같습니다.

$$\overline{AB}=|x_2-x_1| \quad \leftarrow |x_2-x_1|=|x_1-x_2|$$ 이므로 빼는 순서는 상관없다.

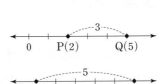

Example

(1) 수직선 위의 두 점 P(2)와 Q(5) 사이의 거리는
$$\overline{PQ}=|5-2|=3$$

(2) 수직선 위의 두 점 R(-3)과 S(2) 사이의 거리는
$$\overline{RS}=|2-(-3)|=5$$

개념 Point   수직선 위의 두 점 사이의 거리

1 수직선 위의 두 점 $A(x_1)$, $B(x_2)$ 사이의 거리는 $\overline{AB}=|x_2-x_1|$

2 원점 O(0)과 점 $A(x_1)$ 사이의 거리는 $\overline{OA}=|x_1|$

---

❷ 좌표평면 위의 두 점 사이의 거리

오른쪽 그림과 같이 두 수직선을 점 O에서 서로 수직으로 만나게 할 때, 가로의 수직선을 x축, 세로의 수직선을 y축이라고 합니다.

이때 x축과 y축을 통틀어 좌표축이라고 합니다.

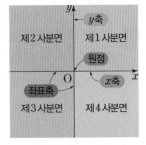

이와 같이 좌표축이 정해져 있는 평면을 좌표평면이라고 하며, 이 좌표평면은 좌표축에 의하여 오른쪽 그림과 같이 네 부분으로 나누어지는데, 그 각각을 제1사분면, 제2사분면, 제3사분면, 제4사분면이라고 합니다.
좌표축은 어느 사분면에도 속하지 않는다.

오른쪽 좌표평면 위의 한 점 P에서 x축, y축에 각각 수선을 내렸을 때, x축, y축과 만나는 점을 나타내는 수를 각각 a, b라고 하면 순서쌍 (a, b)를 점 P의 좌표라 하고, 이것을 기호로 $P(a, b)$와 같이 나타냅니다. 여기서 a를 점 P의 x좌표, b를 점 P의 y좌표라고 합니다.

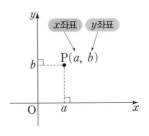

특히, 원점 O의 좌표는 $(0, 0)$입니다.

이때 실수로 이루어진 하나의 순서쌍은 좌표평면 위의 한 점에 대응하고, 거꾸로 좌표평면 위의 한 점은 실수로 이루어진 하나의 순서쌍에 대응합니다.

좌표평면 위의 두 점 $A(x_1, y_1)$, $B(x_2, y_2)$ 사이의 거리 $\overline{AB}$를 구해 봅시다.

오른쪽 그림과 같이 점 A를 지나고 x축에 평행한 직선과 점 B를 지나고 y축에 평행한 직선의 교점을 C라고 하면 점 C의 좌표는 (x_2, y_1)이고

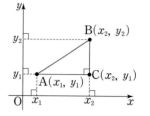

$$\overline{AC}=|x_2-x_1|, \ \overline{BC}=|y_2-y_1|$$

입니다. 이때 삼각형 ABC는 선분 AB를 빗변으로 하는 직각 삼각형이므로 피타고라스 정리에 의하여

$$\begin{aligned}\overline{AB}^2&=\overline{AC}^2+\overline{BC}^2\\&=|x_2-x_1|^2+|y_2-y_1|^2\\&=(x_2-x_1)^2+(y_2-y_1)^2 \quad\text{← 실수 } a\text{에 대하여 }|a|^2=a^2\text{이다.}\end{aligned}$$

입니다. 따라서 두 점 A, B 사이의 거리는 다음과 같습니다.

$$\overline{AB}=\sqrt{(x_2-x_1)^2+(y_2-y_1)^2}$$

Example 좌표평면 위의 두 점 $A(-1, 3)$, $B(3, 1)$ 사이의 거리는

$$\overline{AB}=\sqrt{\{3-(-1)\}^2+(1-3)^2}=\sqrt{16+4}=\sqrt{20}=2\sqrt{5}$$

또한 좌표평면 위의 두 점 $A(x_1, y_1)$, $B(x_2, y_2)$ 사이의 거리를 구하는 식

$$\overline{AB}=\sqrt{(x_2-x_1)^2+(y_2-y_1)^2}$$

에서 점 B를 원점 $O(0, 0)$이라고 생각하면 좌표평면 위의 점 A와 원점 O 사이의 거리는

$$\overline{AO}=\sqrt{(0-x_1)^2+(0-y_1)^2}=\sqrt{x_1^2+y_1^2}$$

입니다.

개념 Point **좌표평면 위의 두 점 사이의 거리**

1 좌표평면 위의 두 점 $A(x_1, y_1)$, $B(x_2, y_2)$ 사이의 거리는

$$\overline{AB}=\sqrt{(x_2-x_1)^2+(y_2-y_1)^2} \quad\text{← }\sqrt{(x_1-x_2)^2+(y_1-y_2)^2}\text{으로 구해도 된다.}$$

2 좌표평면 위의 원점 $O(0, 0)$과 점 $A(x_1, y_1)$ 사이의 거리는

$$\overline{OA}=\sqrt{x_1^2+y_1^2}$$

+ Plus

• 좌표평면 위의 두 점 사이의 거리를 구하는 공식은 x_1, x_2 또는 y_1, y_2의 대소에 관계없이 성립한다.

• 좌표축 위의 두 점 사이의 거리는 다음과 같다.

① x축 위의 두 점 $A(a, 0)$, $B(b, 0)$ 사이의 거리는

$$\overline{AB}=\sqrt{(b-a)^2+(0-0)^2}=|b-a|$$

② y축 위의 두 점 $C(0, c)$, $D(0, d)$ 사이의 거리는

$$\overline{CD}=\sqrt{(0-0)^2+(d-c)^2}=|d-c|$$

1 내심

삼각형의 세 변이 한 원에 접할 때, 원은 주어진 삼각형에 내접한다고 한다.

이 원을 삼각형의 내접원이라 하고, 내접원의 중심을 내심이라고 한다.

(1) 삼각형의 세 내각의 이등분선은 한 점 I(내심)에서 만난다.

(2) 삼각형의 내심에서 세 변까지의 거리는 같다. 즉,

$$\overline{ID}=\overline{IE}=\overline{IF}$$

(3) $\angle BIC=90°+\dfrac{1}{2}\angle A$

(4) $\triangle ABC$의 세 변의 길이를 a, b, c라 하고, 넓이를 S, 내접원의 반지름의 길이를 r이라고 하면

$$S=\dfrac{1}{2}r(a+b+c),\ r=\dfrac{2S}{a+b+c}$$

(5) 삼각형의 세 꼭짓점에서 접점까지의 거리는 다음과 같다.

$$\overline{AE}=\overline{AF}=\dfrac{b+c-a}{2},\ \overline{BD}=\overline{BF}=\dfrac{a+c-b}{2},\ \overline{CD}=\overline{CE}=\dfrac{a+b-c}{2}$$

(6) $\triangle ABC$의 내심 I는 세 접점을 꼭짓점으로 하는 $\triangle DEF$의 외심이다.

> 참고 각의 이등분선의 성질
>
> (1) 점 P가 $\angle AOB$의 이등분선 위에 있으면 점 P에서 두 변 OA, OB까지의 거리는 서로 같다.
>
> (2) 점 P에서 각의 두 변 OA, OB까지의 거리가 서로 같으면 점 P는 $\angle AOB$의 이등분선 위에 있다.

2 외심

삼각형의 세 꼭짓점을 지나는 원을 그 삼각형의 외접원이라 하고, 삼각형의 외접원의 중심을 그 삼각형의 외심이라고 한다.

(1) 삼각형의 세 변의 수직이등분선은 한 점 O(외심)에서 만난다.

(2) 삼각형의 외심에서 세 꼭짓점까지의 거리는 같다. 즉,

$$\overline{OA}=\overline{OB}=\overline{OC}$$

(3) $\angle BOC=2\angle A$

(4) 삼각형의 외심의 위치

예각삼각형 → 삼각형의 내부	직각삼각형 → 빗변의 중점	둔각삼각형 → 삼각형의 외부

개념 콕콕

1 다음 두 점 사이의 거리를 구하시오.

(1) A(3), B(5)

(2) A(−1), B(7)

(3) A(−4), B(−8)

(4) A(6), B(−3)

(5) O(0), A(4)

(6) O(0), A(−2)

2 수직선 위의 두 점 A(−2), B(a) 사이의 거리가 3일 때, a의 값을 모두 구하시오.

3 다음 두 점 사이의 거리를 구하시오.

(1) A(2, 3), B(3, 5)

(2) A(−1, 4), B(1, 7)

(3) A(2, −4), B(−8, 2)

(4) A(4, 0), B(−1, 0)

(5) A(0, 5), B(0, 2)

(6) O(0, 0), A(3, −4)

4 세 점 A(1, 3), B(−2, −1), C(2, −4)에 대하여 $\overline{AB}+\overline{BC}$의 값을 구하시오.

5 세 점 A(−1, 2), B(2, 3), C(a, 1)에 대하여 $\overline{AC}=\overline{BC}$가 성립하도록 하는 a의 값을 구하시오.

6 두 점 A(1, a), B(−3, 1) 사이의 거리가 $2\sqrt{5}$일 때, 양수 a의 값을 구하시오.

● 풀이 2쪽

두 점 $A(-2, 1)$, $B(0, 3)$에서 같은 거리에 있고, x축 위에 있는 점의 좌표를 구하시오.

접근 방법 x축 위에 있는 점을 $P(a, 0)$이라 하고, 점 A와 점 P를 이은 선분의 길이가 점 B와 점 P를 이은 선분의 길이와 같다는 것을 이용한다.

> **수매씨 Point** 좌표평면 위의 두 점 $A(x_1, y_1)$, $B(x_2, y_2)$ 사이의 거리는
> $$\overline{AB}=\sqrt{(x_2-x_1)^2+(y_2-y_1)^2}$$

상세 풀이 구하는 x축 위의 점을 $P(a, 0)$이라고 하면

$$\overline{AP}=\sqrt{\{a-(-2)\}^2+(0-1)^2}$$
$$=\sqrt{a^2+4a+5}$$
$$\overline{BP}=\sqrt{(a-0)^2+(0-3)^2}$$
$$=\sqrt{a^2+9}$$

$\overline{AP}=\overline{BP}$에서 $\overline{AP}^2=\overline{BP}^2$이므로

$$a^2+4a+5=a^2+9$$
$$4a=4$$
$$\therefore a=1$$

따라서 구하는 점의 좌표는 $(1, 0)$이다.

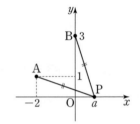

정답 $(1, 0)$

보충 설명

구하는 점이 x축 위에 있으므로 구하는 점을 $P(a, 0)$이라고 할 수 있다. 이것은 x축 위에 있는 모든 점들은 y좌표가 0이기 때문이다.

또한 구하는 점이 y축 위에 있다면, y축 위에 있는 모든 점들의 x좌표는 0이므로 구하는 점의 좌표를 $(0, b)$라고 할 수 있다.

또 구하는 점이 직선 $y=x$ 위에 있을 때에는 점의 좌표를 (a, a), 직선 $y=-x$ 위에 있을 때에는 점의 좌표를 $(a, -a)$, 직선 $y=px+q$ (p, q는 상수) 위에 있을 때에는 점의 좌표를 $(a, ap+q)$라고 할 수 있다.

숫자 바꾸기

한번 더 ✓ ☐

01-1

두 점 $A(2, 3)$, $B(4, -3)$에서 같은 거리에 있고, y축 위에 있는 점의 좌표를 구하시오.

표현 바꾸기

한번 더 ✓ ☐

01-2

다음 조건을 만족시키는 점의 좌표를 구하시오.

⑴ 두 점 $A(6, -3)$, $B(8, 3)$에서 같은 거리에 있는 직선 $y=2x$ 위의 점

⑵ 두 점 $A(2, 3)$, $B(3, 2)$에서 같은 거리에 있는 직선 $y=-x+2$ 위의 점

개념 넓히기

한번 더 ✓ ☐

01-3

두 점 $A(2t, -3)$, $B(-1, 2t)$에 대하여 선분 AB의 길이의 최솟값을 구하시오.

• 풀이 2쪽~3쪽

정답   01-1 $(0, -1)$ 01-2 ⑴ $(1, 2)$ ⑵ $(1, 1)$ 01-3 $\sqrt{2}$

예제 02

다음 세 점을 꼭짓점으로 하는 삼각형 ABC는 어떤 삼각형인지 구하시오.

(1) $A(1, 3)$, $B(-1, 1)$, $C(5, -1)$

(2) $A(-1, 3)$, $B(-2, -4)$, $C(3, 1)$

접근 방법 주어진 세 점을 꼭짓점으로 하는 삼각형은 두 점 사이의 거리 공식을 이용하여 세 변의 길이를 각각 구한 후, 그 길이를 이용하여 삼각형의 모양을 판별한다.

수메씨 Point 피타고라스 정리

직각삼각형 ABC에서 직각을 낀 두 변의 길이를 각각 a, b, 빗변의 길이를 c라고 할 때

$$c^2 = a^2 + b^2$$

상세 풀이 (1) 삼각형 ABC의 세 변의 길이를 각각 구하면

$$\overline{AB} = \sqrt{(-1-1)^2 + (1-3)^2} = \sqrt{4+4} = \sqrt{8}$$
$$\overline{BC} = \sqrt{\{5-(-1)\}^2 + (-1-1)^2} = \sqrt{36+4} = \sqrt{40}$$
$$\overline{CA} = \sqrt{(1-5)^2 + \{3-(-1)\}^2} = \sqrt{16+16} = \sqrt{32}$$
$$\therefore \overline{BC}^2 = \overline{AB}^2 + \overline{CA}^2$$

따라서 삼각형 ABC는 $\angle A = 90°$인 직각삼각형이다.

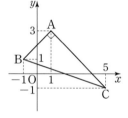

(2) 삼각형 ABC의 세 변의 길이를 각각 구하면

$$\overline{AB} = \sqrt{\{-2-(-1)\}^2 + (-4-3)^2} = \sqrt{1+49} = \sqrt{50}$$
$$\overline{BC} = \sqrt{\{3-(-2)\}^2 + \{1-(-4)\}^2} = \sqrt{25+25} = \sqrt{50}$$
$$\overline{CA} = \sqrt{(-1-3)^2 + (3-1)^2} = \sqrt{16+4} = \sqrt{20}$$
$$\therefore \overline{AB} = \overline{BC}$$

따라서 삼각형 ABC는 $\overline{AB} = \overline{BC}$인 이등변삼각형이다.

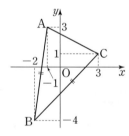

정답 (1) $\angle A = 90°$인 직각삼각형 (2) $\overline{AB} = \overline{BC}$인 이등변삼각형

보충 설명

삼각형의 모양을 결정하는 요소에는 변의 길이와 각의 크기가 있다. 그러나 좌표평면에서 삼각형의 세 꼭짓점의 좌표가 주어질 때, 점의 좌표만을 이용하여 내각의 크기를 구하기는 쉽지 않다. 따라서 두 점 사이의 거리 공식을 이용해서 세 변의 길이를 각각 구한 후, 그 길이를 이용하여 삼각형의 모양을 판별한다.

이때 세 변의 길이가 각각 a, b, c인 삼각형 ABC에서

$a^2 + b^2 = c^2$이면 빗변의 길이가 c인 직각삼각형

$a = b$ 또는 $b = c$ 또는 $c = a$이면 이등변삼각형

$a = b = c$이면 정삼각형

바꾸기

02-1

다음 세 점을 꼭짓점으로 하는 삼각형 ABC는 어떤 삼각형인지 구하시오.

(1) A(5, 1), B(−1, −2), C(−3, 2)

(2) A(−3, 1), B(−1, −5), C(1, −1)

표현 바꾸기

02-2

세 점 A(2, 3), B(−2, −1), C(4, k)를 꼭짓점으로 하는 삼각형 ABC가 ∠A=90°인 직각삼각형일 때, 삼각형 ABC의 빗변의 길이는?

① 6   ② $2\sqrt{10}$ ③ $3\sqrt{5}$

④ $4\sqrt{3}$ ⑤ 7

개념 넓히기

02-3

직선 $y=\dfrac{1}{2}x$ 위의 한 점 P와 두 점 A(1, 2), B(5, 8)에 대하여 삼각형 PAB가 $\overline{PA}=\overline{PB}$인 이등변삼각형일 때, 삼각형 PAB의 둘레의 길이를 구하시오.

● 풀이 3쪽

정답

02-1 (1) ∠B=90°인 직각삼각형   (2) ∠C=90°이고, $\overline{BC}=\overline{CA}$인 직각이등변삼각형

02-2 ②   02-3 $2(\sqrt{26}+\sqrt{13})$

2 선분의 내분

1 수직선 위의 선분의 내분점

오른쪽 그림과 같이 선분 AB 위의 점 P가

$$\overline{AP} : \overline{PB} = m : n \, (m > 0, \, n > 0)$$

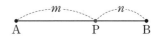

일 때, 점 P는 선분 AB를 $m : n$으로 **내분**한다고 하고, 점 P를 선분 AB의 내분점이라고 합니다. 이때 선분의 내분점은 그 선분 위에 있습니다.

이제 수직선을 도입하여 선분의 양 끝 점을 좌표로 나타낸 다음 수직선 위에서 선분의 내분점의 좌표를 구하는 방법에 대하여 알아봅시다.

수직선 위의 두 점 $A(x_1)$, $B(x_2)$에 대하여 선분 AB를 $m : n \, (m > 0, \, n > 0)$으로 내분하는 점 $P(x)$를 구해 봅시다.

Proof

(ⅰ) $x_1 < x_2$일 때, $x_1 < x < x_2$이므로

$$\overline{AP} = x - x_1, \, \overline{PB} = x_2 - x$$

이때 $\overline{AP} : \overline{PB} = m : n$이므로

$$(x - x_1) : (x_2 - x) = m : n$$ ← 외항의 곱과 내항의 곱이 같다.

$$n(x - x_1) = m(x_2 - x)$$

$$nx - nx_1 = mx_2 - mx, \, (m + n)x = mx_2 + nx_1$$

$$\therefore x = \frac{mx_2 + nx_1}{m + n}$$

(ⅱ) $x_1 > x_2$일 때, $x_2 < x < x_1$이므로

$$\overline{AP} = x_1 - x, \, \overline{PB} = x - x_2$$

이때 $\overline{AP} : \overline{PB} = m : n$이므로

$$(x_1 - x) : (x - x_2) = m : n, \, n(x_1 - x) = m(x - x_2)$$

$$nx_1 - nx = mx - mx_2, \, (m + n)x = mx_2 + nx_1$$

$$\therefore x = \frac{mx_2 + nx_1}{m + n}$$

(ⅰ), (ⅱ)에서 선분 AB를 $m : n$으로 내분하는 점 $P(x)$는 다음과 같다.

$$P\left(\frac{mx_2 + nx_1}{m + n}\right)$$

특히, 선분 AB를 $m : n$으로 내분할 때 $m = n$인 경우, 즉 $1 : 1$로 내분하는 점은 선분 AB의 중점이므로 중점 $M(x)$는 다음과 같습니다.

$$M\left(\frac{x_1 + x_2}{2}\right)$$

한편, 선분을 내분하는 점을 찾을 때, 내분하는 순서와 선분을 읽는 순서에 특별히 주의해야 합니다.

예를 들어 오른쪽 그림에서 선분 AB를 $1:2$로 내분하는 점은 P_1이고, 선분 AB를 $2:1$로 내분하는 점은 P_2이므로 서로 다릅니다.

또한 선분 AB를 $1:2$로 내분하는 점은 P_1이고, 선분 BA를 $1:2$로 내분하는 점은 P_2이므로 서로 다릅니다.

Example 수직선 위의 두 점 A(2), B(7)에 대하여

(1) 선분 AB를 $2:3$으로 내분하는 점 P의 좌표는

$$\frac{2\times 7+3\times 2}{2+3}=4 \qquad \therefore \text{P}(4)$$

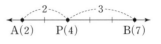

(2) 선분 AB를 $3:2$로 내분하는 점 P의 좌표는

$$\frac{3\times 7+2\times 2}{3+2}=5 \qquad \therefore \text{P}(5)$$

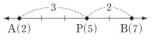

(3) 선분 AB의 중점 M의 좌표는

$$\frac{2+7}{2}=\frac{9}{2} \qquad \therefore \text{M}\left(\frac{9}{2}\right)$$

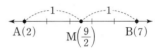

개념 Point　　**수직선 위의 선분의 내분점**

수직선 위의 두 점 $\text{A}(x_1)$, $\text{B}(x_2)$에 대하여

1 선분 AB를 $m:n\,(m>0,\ n>0)$으로 내분하는 점 P는

$$\text{P}\left(\frac{mx_2+nx_1}{m+n}\right)$$

2 선분 AB의 중점 M은

$$\text{M}\left(\frac{x_1+x_2}{2}\right)$$ ← 선분 AB를 $1:1$로 내분하는 점

---

2 좌표평면 위의 선분의 내분점

이번에는 수직선 위의 선분의 내분점의 좌표를 구하는 공식과 삼각형의 닮음비를 이용하여 좌표평면 위의 두 점을 이은 선분의 내분점을 구하는 방법에 대하여 알아봅시다.

좌표평면 위의 두 점 $\text{A}(x_1,\ y_1)$, $\text{B}(x_2,\ y_2)$에 대하여 선분 AB를 $m:n\,(m>0,\ n>0)$으로 내분하는 점 $\text{P}(x,\ y)$를 구해 봅시다.

Proof 오른쪽 그림과 같이 세 점 A, B, P에서 x축에 내린 수

선의 발을 각각 A′, B′, P′이라고 하면

$$\overline{A'P'} : \overline{P'B'} = \overline{AP} : \overline{PB} = m : n \quad \leftarrow \bigstar 을\ 참고$$

이때 점 P′은 x축 위에서 선분 A′B′을 $m:n$으로 내분

하는 점이므로 점 P의 x좌표는

$$x = \frac{mx_2 + nx_1}{m+n}$$

같은 방법으로 세 점 A, B, P에서 y축에 내린 수선의 발을

이용하여 구한 점 P의 y좌표는

$$y = \frac{my_2 + ny_1}{m+n}$$

따라서 선분 AB를 $m:n$으로 내분하는 점 P(x, y)는 다음과 같다.

$$P\left(\frac{mx_2 + nx_1}{m+n},\ \frac{my_2 + ny_1}{m+n} \right)$$

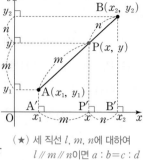

($\bigstar$) 세 직선 $l,\ m,\ n$에 대하여
$l \parallel m \parallel n$이면 $a:b=c:d$

특히, 선분 AB를 $m:n$으로 내분할 때 $m=n$인 경우, 즉 1:1로 내분하는 점은 선분

AB의 중점이므로 중점 M(x, y)는 다음과 같습니다.

$$M\left(\frac{x_1 + x_2}{2},\ \frac{y_1 + y_2}{2} \right)$$

Example 좌표평면 위의 두 점 A(1, 2), B(4, 5)에 대하여

(1) 선분 AB를 2:1로 내분하는 점 P(x, y)의 좌표는

$$x = \frac{2 \times 4 + 1 \times 1}{2+1} = 3,\ y = \frac{2 \times 5 + 1 \times 2}{2+1} = 4 \qquad \therefore P(3, 4)$$

(2) 선분 AB를 1:2로 내분하는 점 P(x, y)의 좌표는

$$x = \frac{1 \times 4 + 2 \times 1}{1+2} = 2,\ y = \frac{1 \times 5 + 2 \times 2}{1+2} = 3 \qquad \therefore P(2, 3)$$

(3) 선분 AB의 중점 M(x, y)의 좌표는

$$x = \frac{1+4}{2} = \frac{5}{2},\ y = \frac{2+5}{2} = \frac{7}{2} \qquad \therefore M\left(\frac{5}{2}, \frac{7}{2} \right)$$

개념 Point **좌표평면 위의 선분의 내분점**

좌표평면 위의 두 점 A(x_1, y_1), B(x_2, y_2)에 대하여

1 선분 AB를 $m:n\ (m>0,\ n>0)$으로 내분하는 점 P는

$$P\left(\frac{mx_2 + nx_1}{m+n},\ \frac{my_2 + ny_1}{m+n} \right)$$

2 선분 AB의 중점 M은

$$M\left(\frac{x_1 + x_2}{2},\ \frac{y_1 + y_2}{2} \right)$$

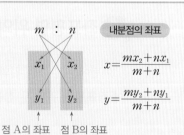

③ 삼각형의 무게중심

삼각형 ABC의 무게중심은 세 중선의 교점으로, 세 중선을 꼭짓점으로부터 각각 2 : 1로 내분하는 점입니다.

이때 오른쪽 그림과 같이 삼각형 ABC의 세 꼭짓점의 좌표가 주어져 있다면 내분점을 이용하여 무게중심의 좌표를 구할 수 있습니다. 즉, 세 점 $A(x_1, y_1)$, $B(x_2, y_2)$, $C(x_3, y_3)$을 꼭짓점으로 하는 삼각형 ABC에서 변 BC의 중점을 M이라고 하면

$$M\left(\frac{x_2+x_3}{2}, \frac{y_2+y_3}{2}\right)$$

이고, 삼각형 ABC의 무게중심을 $G(x, y)$라고 하면 점 $G(x, y)$는 선분 AM을 2 : 1로 내분하는 점이므로 x좌표와 y좌표를 각각 구하면

$$x = \frac{2 \times \dfrac{x_2+x_3}{2} + 1 \times x_1}{2+1} = \frac{x_1+x_2+x_3}{3}$$

$$y = \frac{2 \times \dfrac{y_2+y_3}{2} + 1 \times y_1}{2+1} = \frac{y_1+y_2+y_3}{3}$$

따라서 삼각형 ABC의 무게중심 $G(x, y)$는 다음과 같습니다.

$$G\left(\frac{x_1+x_2+x_3}{3}, \frac{y_1+y_2+y_3}{3}\right)$$

개념 Point   **삼각형의 무게중심**

좌표평면 위의 세 점 $A(x_1, y_1)$, $B(x_2, y_2)$, $C(x_3, y_3)$을 꼭짓점으로 하는 삼각형 ABC의 무게중심 G는

$$G\left(\frac{x_1+x_2+x_3}{3}, \frac{y_1+y_2+y_3}{3}\right)$$

+ Plus

△ABC의 무게중심을 G, 세 중선을 $\overline{AD}$, $\overline{BE}$, $\overline{CF}$라고 하면

(1) △GAB=△GBC=△GCA ← $\frac{1}{3}$△ABC

(2) △GAF=△GBF=△GBD=△GCD=△GCE=△GAE ← $\frac{1}{6}$△ABC

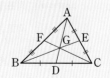

1 수직선 위의 선분의 외분점

다음 그림과 같이 한 점 Q가 $\overline{AB}$의 연장선 위에 있고

$$\overline{AQ} : \overline{BQ} = m : n \ (m > 0, \ n > 0, \ m \neq n)$$

일 때, 점 Q는 선분 AB를 $m : n$으로 외분한다고 하고, 점 Q를 선분 AB의 외분점이라고 한다.

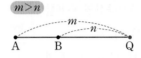   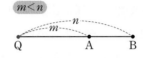

Example 오른쪽 그림과 같이 선분 AC 위에 있는 점 B에 대하여 $\overline{AB} = 3\overline{BC}$일 때, 점 B는 선분 AC를 3 : 1로 내분하는 점이다. 또한 점 C는 선분 AB를 4 : 1로 외분하는 점이고, 점 A는 선분 BC를 3 : 4로 외분하는 점이다.

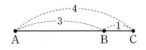

2 좌표평면 위의 선분의 외분점

좌표평면 위의 두 점 $A(x_1, \ y_1)$, $B(x_2, \ y_2)$에 대하여 선분 AB를 $m : n \ (m > 0, \ n > 0, \ m \neq n)$으로 외분하는 점 $Q(x, \ y)$를 구해 보자.

Proof 오른쪽 그림과 같이 세 점 A, B, Q에서 x축에 내린 수선의 발을 각각 A′, B′, Q′이라고 하면

$$\overline{A'Q'} : \overline{B'Q'} = \overline{AQ} : \overline{BQ} = m : n$$

이때 점 Q′은 x축 위에서 선분 A′B′을 $m : n$으로 외분하는 점이므로 점 Q의 x좌표는

$$x = \frac{mx_2 - nx_1}{m - n}$$

같은 방법으로 세 점 A, B, Q에서 y축에 내린 수선의 발을 이용하여 구한 점 Q의 y좌표는

$$y = \frac{my_2 - ny_1}{m - n}$$

따라서 선분 AB를 $m : n$으로 외분하는 점 $Q(x, \ y)$는

$$Q\left(\frac{mx_2 - nx_1}{m - n}, \ \frac{my_2 - ny_1}{m - n} \right)$$

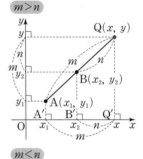

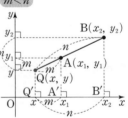

이때 선분 AB를 $m : n$으로 외분할 때 $m = n$인 경우, 즉 1 : 1로 외분하는 점은 연장선 위에 존재하지 않으므로 외분의 경우에는 $m \neq n$인 경우만 생각한다.

Example 좌표평면 위의 두 점 $A(1, \ 2)$, $B(4, \ 5)$에 대하여 선분 AB를 2 : 1로 외분하는 점 Q의 좌표는

$$x = \frac{2 \times 4 - 1 \times 1}{2 - 1} = 7, \ y = \frac{2 \times 5 - 1 \times 2}{2 - 1} = 8 \qquad \therefore \ Q(7, \ 8)$$

개념 콕콕

1 오른쪽 그림과 같이 선분 AB의 사등분점을 각각 C, D, E라 할 때, ☐ 안에 알맞은 것을 써넣으시오.

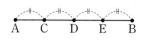

(1) 점 C는 선분 AB를 1 : ☐ (으)로 내분하는 점이다.

(2) 점 C는 선분 BA를 ☐ : 1로 내분하는 점이다.

(3) 점 E는 선분 AB를 ☐ : 1로 내분하는 점이다.

(4) 선분 CE의 중점은 점 ☐ 이다.

2 수직선 위의 두 점 A(-3), B(9)에 대하여 다음 점의 좌표를 구하시오.

(1) 선분 AB를 2 : 1로 내분하는 점 P

(2) 선분 AB를 1 : 2로 내분하는 점 P

(3) 선분 AB의 중점 M

3 좌표평면 위의 두 점 A(-3, 1), B(3, 7)에 대하여 다음 점의 좌표를 구하시오.

(1) 선분 AB를 2 : 1로 내분하는 점 P

(2) 선분 AB를 1 : 2로 내분하는 점 P

(3) 선분 AB의 중점 M

4 다음 세 점을 꼭짓점으로 하는 삼각형 ABC의 무게중심 G의 좌표를 구하시오.

(1) A(-3, 7), B(-4, 3), C(4, -1)

(2) A(-2, 2), B(2, 5), C(3, -1)

● 풀이 3쪽~4쪽

정답

1 (1) 3 (2) 3 (3) 3 (4) D   **2** (1) P(5) (2) P(1) (3) M(3)

3 (1) P(1, 5) (2) P(-1, 3) (3) M(0, 4)   **4** (1) G(-1, 3) (2) G(1, 2)

예제 **03** 선분의 내분점

두 점 A$(-2, 4)$, B$(3, -1)$에 대하여 선분 AB를 $m : n$으로 내분하는 점이 y축 위에 있을 때, m, n의 값을 각각 구하시오. (단, m, n은 서로소인 자연수이다.)

접근 방법 두 점 (x_1, y_1), (x_2, y_2)를 $m : n$으로 내분하는 점을 구할 때 내분점의 공식에서

(i) 분모는 $m+n$ (ii) 분자는 $x \Rightarrow \overset{m \; : \; n}{\underset{x_1 \quad x_2}{\searmatrix}}$, $y \Rightarrow \overset{m \; : \; n}{\underset{y_1 \quad y_2}{\searmatrix}}$ 와 같이 대각선으로 곱하여 더한 값

(i), (ii)에서 내분하는 점의 좌표는 $\left(\dfrac{mx_2+nx_1}{m+n}, \dfrac{my_2+ny_1}{m+n} \right)$이다.

> **수매씽 Point** 두 점 A(x_1, y_1), B(x_2, y_2)에 대하여 선분 AB를 $m : n \,(m>0, n>0)$으로 내분하는 점의 좌표는
> $$\left(\frac{mx_2+nx_1}{m+n}, \frac{my_2+ny_1}{m+n} \right)$$

상세 풀이 선분 AB를 $m : n$으로 내분하는 점의 좌표는

$$\left(\frac{3m-2n}{m+n}, \frac{-m+4n}{m+n} \right)$$

이 점이 y축 위에 있으므로

$$\frac{3m-2n}{m+n}=0 \quad \leftarrow y\text{축 위의 점은 } x\text{좌표가 0이다.}$$

$$\therefore 3m=2n$$

따라서 $m : n = 2 : 3$이고, m, n은 서로소인 자연수이므로

$$m=2, \; n=3$$

정답 $m=2$, $n=3$

보충 설명

오른쪽 그림과 같이 선분 AB를 $m : n$으로 내분하는 y축 위의 점을 P라고 하자.

이때 세 점 A, B, P에서 x축에 내린 수선의 발을 각각 A′, B′, O라고 하면 오른쪽 그림과 같이 삼각형의 닮음비로부터

$$\overline{AP} : \overline{BP} = \overline{A'O} : \overline{B'O} = m : n$$

이때 $\overline{A'O} = |(\text{점 A의 } x\text{좌표})| = 2$, $\overline{B'O} = |(\text{점 B′의 } x\text{좌표})| = 3$

이므로

$$\overline{AP} : \overline{BP} = 2 : 3$$

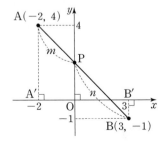

숫자 바꾸기

한번 더 ✓ ☐

03-1

두 점 $A(-5, -1)$, $B(2, 8)$에 대하여 선분 AB를 $m : n$으로 내분하는 점이 y축 위에 있을 때, m, n의 값을 각각 구하시오. (단, m, n은 서로소인 자연수이다.)

표현 바꾸기

한번 더 ✓ ☐

03-2

두 점 $A(-3, 2)$, $B(6, -4)$에 대하여 선분 AB가 x축에 의하여 $m : n$으로 내분될 때, $m-n$의 값은? (단, m, n은 서로소인 자연수이다.)

① -2 ② -1 ③ 1

④ 2 ⑤ 3

개념 넓히기

풀이 4쪽 ➕ 보충 설명 한번 더 ✓ ☐

03-3

두 점 $A(-2, 1)$, $B(4, -3)$을 지나는 직선 AB 위에 $\overline{AB} = 2\overline{BP}$가 성립하도록 하는 점 P의 좌표를 모두 구하시오.

● 풀이 4쪽

정답

03-1 $m=5$, $n=2$ **03-2** ②   **03-3** $(1, -1)$, $(7, -5)$

예제 04 삼각형의 무게중심

세 점 $A(1, -2)$, $B(3, 6)$, $C(5, 2)$를 꼭짓점으로 하는 삼각형 ABC에 대하여 세 변 AB, BC, CA의 중점을 차례로 D, E, F라고 할 때, 삼각형 DEF의 무게중심의 좌표를 구하시오.

접근 방법 삼각형의 세 꼭짓점의 좌표가 주어졌을 때에는 삼각형의 무게중심을 구하는 공식을 이용한다.

> **수매씽 Point** 세 점 $A(x_1, y_1)$, $B(x_2, y_2)$, $C(x_3, y_3)$을 꼭짓점으로 하는 삼각형 ABC의 무게중심 G의 좌표는
> $$\left(\frac{x_1+x_2+x_3}{3}, \frac{y_1+y_2+y_3}{3} \right)$$

상세 풀이 선분 AB의 중점 D의 좌표는

$$\left(\frac{1+3}{2}, \frac{(-2)+6}{2} \right) \qquad \therefore D(2, 2)$$

선분 BC의 중점 E의 좌표는

$$\left(\frac{3+5}{2}, \frac{6+2}{2} \right) \qquad \therefore E(4, 4)$$

선분 CA의 중점 F의 좌표는

$$\left(\frac{5+1}{2}, \frac{2+(-2)}{2} \right) \qquad \therefore F(3, 0)$$

따라서 삼각형 DEF의 무게중심의 좌표는

$$\left(\frac{2+4+3}{3}, \frac{2+4+0}{3} \right) \qquad \therefore (3, 2)$$

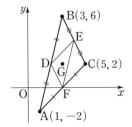

정답 $(3, 2)$

보충 설명

세 점 $A(x_1, y_1)$, $B(x_2, y_2)$, $C(x_3, y_3)$을 꼭짓점으로 하는 삼각형 ABC의 세 변 AB, BC, CA의 중점 D, E, F는 각각 $D\left(\frac{x_1+x_2}{2}, \frac{y_1+y_2}{2} \right)$, $E\left(\frac{x_2+x_3}{2}, \frac{y_2+y_3}{2} \right)$, $F\left(\frac{x_3+x_1}{2}, \frac{y_3+y_1}{2} \right)$이므로 삼각형 DEF의 무게중심의 좌표는 $\left(\frac{x_1+x_2+x_3}{3}, \frac{y_1+y_2+y_3}{3} \right)$이다.

즉, 삼각형 ABC의 무게중심과 삼각형 DEF의 무게중심이 같음을 알 수 있다.

같은 방법으로 삼각형 ABC의 세 변 AB, BC, CA를 $m : n\,(m>0,\ n>0)$으로 내분하는 점을 차례로 P, Q, R이라고 하면 삼각형 ABC의 무게중심과 삼각형 PQR의 무게중심이 같음을 알 수 있다.

한번 더 ✓☐

숫자 바꾸기

04-1

세 점 $A(3, 1)$, $B(-1, -3)$, $C(5, -5)$를 꼭짓점으로 하는 삼각형 ABC에 대하여 세 변 AB, BC, CA의 중점을 차례대로 D, E, F라고 할 때, 삼각형 DEF의 무게중심의 좌표를 구하시오.

한번 더 ✓☐

표현 바꾸기

04-2

오른쪽 그림과 같이 삼각형 ABC의 세 변 AB, BC, CA를 2 : 1로 내분하는 점이 각각

$$P(-2, 2), Q(3, -2), R(2, 6)$$

일 때, 삼각형 ABC의 무게중심의 좌표를 구하시오.

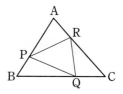

풀이 5쪽 ⊕ 보충 설명 한번 더 ✓☐

개념 넓히기

04-3

세 점 $A(a, -1)$, $B(b, 2)$, $C(-3, ab)$를 꼭짓점으로 하는 삼각형 ABC의 무게중심의 좌표가 $(1, 2)$일 때, $a^2 + b^2$의 값을 구하시오.

● 풀이 4쪽 ~ 5쪽

정답

04-1 $\left(\dfrac{7}{3}, -\dfrac{7}{3}\right)$　　　　04-2 $(1, 2)$　　　　04-3 26

예제 05

세 점 $A(1, 5)$, $B(-1, -1)$, $C(4, 2)$에 대하여 사각형 ABCD가 평행사변형이 되도록 하는 점 D의 좌표를 구하시오.

접근 방법 오른쪽 그림과 같이 평행사변형의 두 대각선은 서로 다른 것을 이등분하므로 평행사변형의 두 대각선의 중점은 일치한다. 따라서 꼭짓점 D의 좌표를 (a, b)라 하고, 두 대각선 AC, BD의 중점의 좌표를 각각 구한다.

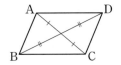

수매씨 Point 평행사변형의 두 대각선은 서로 다른 것을 이등분하므로 두 대각선의 중점은 일치한다.

상세 풀이 꼭짓점 D의 좌표를 (a, b)라고 하면 평행사변형의 두 대각선은 서로 다른 것을 이등분하므로 두 대각선 AC, BD의 중점이 일치한다.

이때 선분 AC의 중점의 좌표는

$$\left(\frac{1+4}{2}, \frac{5+2}{2}\right) \quad \therefore \left(\frac{5}{2}, \frac{7}{2}\right)$$

선분 BD의 중점의 좌표는

$$\left(\frac{-1+a}{2}, \frac{-1+b}{2}\right) \quad \therefore \left(\frac{a-1}{2}, \frac{b-1}{2}\right)$$

즉, $\frac{a-1}{2} = \frac{5}{2}$, $\frac{b-1}{2} = \frac{7}{2}$이므로

$$a = 6, \ b = 8$$

따라서 점 D의 좌표는 $(6, 8)$이다.

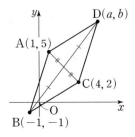

정답 $(6, 8)$

보충 설명

문제에서 주어진 세 점으로부터 평행사변형을 만드는 방법은 오른쪽 그림과 같이 두 가지가 더 있다.

하지만 문제에서 평행사변형 ABCD가 되도록 하는 점의 좌표를 구하라고 하였고, 평행사변형은 네 꼭짓점을 차례로 읽어야 하므로 오른쪽 그림과 같은 사각형은 평행사변형 ABCD로 읽을 수 없다. 따라서 이러한 경우는 생각하지 않는다.

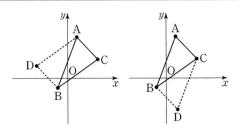

그러나 **05-2**와 같은 경우는 각 꼭짓점을 지칭하고 있지 않으므로 평행사변형을 만드는 다양한 방법을 생각해 볼 수 있다.

풀이 6쪽 ➕ 보충 설명 한번 더 ✓ ☐

숫자 바꾸기

05-1 네 점 A$(a, 4)$, B$(-3, b)$, C$(2, 5)$, D$(4, 4)$를 꼭짓점으로 하는 사각형 ABCD가 평행사변형일 때, $a+b$의 값을 구하시오.

한번 더 ✓ ☐

표현 바꾸기

05-2 네 점 $(-1, 0)$, $(0, 1)$, $(1, 0)$, (a, b)를 꼭짓점으로 하는 사각형이 평행사변형일 때, ⟨보기⟩에서 점 (a, b)가 될 수 있는 것을 모두 고르시오.

┌─⟨ 보기 ⟩─────────────────────────────────────┐
│ ㄱ. $(2, 1)$ ㄴ. $(2, -1)$ ㄷ. $(0, -1)$ │
│ ㄹ. $(-2, 1)$ ㅁ. $(-2, -1)$ │
└──┘

풀이 7쪽 ➕ 보충 설명 한번 더 ✓ ☐

개념 넓히기

05-3 네 점 A$(a, 2)$, B$(b, -2)$, C$(2, -3)$, D$(3, 1)$을 꼭짓점으로 하는 사각형 ABCD가 마름모일 때, ab의 값을 모두 구하시오.

● 풀이 5쪽~7쪽

정답   **05-1** 4   **05-2** ㄱ, ㄷ, ㄹ   **05-3** 2, 42

예제 06 삼각형의 내각의 이등분선

세 점 A$(2, 3)$, B$(-2, -1)$, C$(8, -3)$을 꼭짓점으로 하는 삼각형 ABC에 대하여 오른쪽 그림과 같이 ∠A의 이등분선이 변 BC와 만나는 점 D의 좌표를 구하시오.

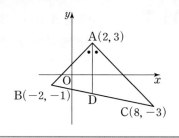

접근 방법 〉 선분 AB의 연장선과 점 C를 지나고 선분 AD에 평행한 직선이 만나는 점을 E라고 하면

$$\angle BAD = \angle AEC \text{ (동위각)}, \quad \angle DAC = \angle ACE \text{ (엇각)}$$

$$\therefore \angle AEC = \angle ACE$$

따라서 $\overline{AE} = \overline{AC}$, $\overline{AD} /\!/ \overline{EC}$이므로 평행선의 성질에 의하여

$$\overline{BA} : \overline{AE} = \overline{BD} : \overline{DC} \quad \therefore \overline{AB} : \overline{AC} = \overline{BD} : \overline{CD}$$

즉, $\overline{AB} : \overline{AC} = m : n$이면 점 D는 선분 BC를 $m : n$으로 내분하는 점이다.

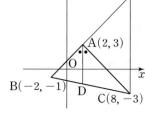

수매씨 Point 삼각형 ABC에서 ∠A의 이등분선이 변 BC와 만나는 점을 D라고 하면

$$\overline{AB} : \overline{AC} = \overline{BD} : \overline{CD}$$

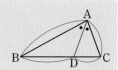

상세 풀이 〉 선분 AD가 ∠A의 이등분선이므로 $\overline{AB} : \overline{AC} = \overline{BD} : \overline{CD}$ ······ ㉠

이때

$$\overline{AB} = \sqrt{(-2-2)^2 + (-1-3)^2} = \sqrt{32} = 4\sqrt{2}$$

$$\overline{AC} = \sqrt{(8-2)^2 + (-3-3)^2} = \sqrt{72} = 6\sqrt{2}$$

이므로 ㉠에서

$$\overline{BD} : \overline{CD} = \overline{AB} : \overline{AC} = 4\sqrt{2} : 6\sqrt{2} = 2 : 3$$

즉, 점 D는 선분 BC를 $2 : 3$으로 내분하는 점이므로 점 D의 좌표는

$$\left(\frac{2 \times 8 + 3 \times (-2)}{2+3}, \frac{2 \times (-3) + 3 \times (-1)}{2+3} \right) \quad \therefore \left(2, -\frac{9}{5} \right)$$

정답 $\left(2, -\dfrac{9}{5} \right)$

보충 설명

같은 방법으로 삼각형 ABC에서 ∠A의 외각의 이등분선이 변 BC의 연장선과 만나는 점을 D라고 하면

$$\overline{AB} : \overline{AC} = \overline{BD} : \overline{CD}$$

가 성립한다.

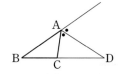

숫자 바꾸기

한번 더 ✓

06-1

세 점 A(3, 2), B(−1, −2), C(9, −4)를 꼭짓점으로 하는 삼각형 ABC에 대하여 오른쪽 그림과 같이 ∠A의 이등분선이 변 BC와 만나는 점 D의 좌표를 구하시오.

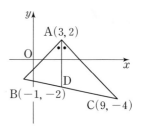

표현 바꾸기

한번 더 ✓

06-2

세 점 O(0, 0), A(4, 3), B(0, 4)를 꼭짓점으로 하는 삼각형 OAB의 내심을 I라고 하자. 직선 OI와 변 AB의 교점을 C(a, b)라고 할 때, $a+b$의 값은?

① 5　　　　　　② $\dfrac{16}{3}$　　　　　　③ $\dfrac{17}{3}$

④ 6　　　　　　⑤ $\dfrac{19}{3}$

개념 넓히기

한번 더 ✓

06-3

세 점 A(2, 4), B(−3, −8), C(6, 1)을 꼭짓점으로 하는 삼각형 ABC가 있다. ∠A의 외각을 이등분하는 직선과 $\overline{BC}$의 연장선이 만나는 점을 P(x, y)라고 할 때, $4(x+y)$의 값을 구하시오.

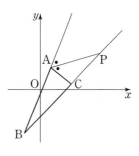

● 풀이 7쪽

정답

06-1 D$\left(3, -\dfrac{14}{5}\right)$　　　　　　06-2 ②　　　　　　06-3 73

삼각형 ABC에서 변 BC의 중점을 M이라고 할 때,
$$\overline{AB}^2 + \overline{AC}^2 = 2(\overline{AM}^2 + \overline{BM}^2)$$
이 성립함을 증명하시오.

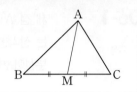

접근 방법 ▷ 위와 같은 삼각형의 성질을 파포스(Pappos)의 정리 또는 중선정리라고 한다.

삼각형의 한 변이 좌표축 위에, 중점 M이 원점에 오도록 삼각형을 좌표평면 위에 놓은 후, 좌표평면 위에서 꼭짓점의 좌표를 적당히 정하여 두 점 사이의 거리 공식을 이용한다.

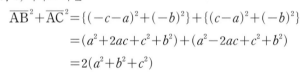 **수매씽 Point** 좌표평면 위에서 도형의 성질을 증명할 때에는 원점, 좌표축의 위치를 잘 고려한다.

상세 풀이 ▷ 오른쪽 그림과 같이 직선 BC를 x축, 점 M을 지나고 직선 BC에
수직인 직선을 y축으로 하는 좌표평면을 잡으면 점 M은 이 좌표평
면의 원점이 된다.

이때 삼각형 ABC의 세 꼭짓점을 각각 A(a, b), B$(-c, 0)$,
C$(c, 0)$이라고 하면

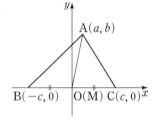

$$\overline{AB}^2 + \overline{AC}^2 = \{(-c-a)^2 + (-b)^2\} + \{(c-a)^2 + (-b)^2\}$$
$$= (a^2 + 2ac + c^2 + b^2) + (a^2 - 2ac + c^2 + b^2)$$
$$= 2(a^2 + b^2 + c^2)$$

또한 $\overline{AM}^2 = a^2 + b^2$, $\overline{BM}^2 = c^2$이므로

$$\overline{AM}^2 + \overline{BM}^2 = (a^2 + b^2) + c^2 = a^2 + b^2 + c^2$$
$$\therefore \overline{AB}^2 + \overline{AC}^2 = 2(\overline{AM}^2 + \overline{BM}^2)$$

정답 풀이 참조

보충 설명

도형에 대한 문제를 좌표를 이용하여 풀 때에는 다음을 고려하여 좌표평면 위에 도형을 놓는다.

① 가장 많이 이용되는 점을 원점, 가장 많이 이용되는 직선을 x축 또는 y축으로 한다.

② 주어진 도형에 대칭축이 있으면 대칭축을 좌표축으로, 대칭의 중심이 있으면 그것을 원점으로 잡는다.

예를 들어 정삼각형이나 이등변삼각형, 직각삼각형의 경우에는 다음 그림과 같이 좌표축을 잡으면 된다.

〈정삼각형〉　　〈이등변삼각형〉　　〈직각삼각형〉

숫자 바꾸기   풀이 8쪽 ➕ 보충 설명   한번 더 ✓ ☐

07-1   삼각형 ABC에서 변 BC를 2 : 1로 내분하는 점을 D라고 할 때,

$$\overline{AB}^2 + 2\overline{AC}^2 = 3(\overline{AD}^2 + 2\overline{DC}^2)$$

이 성립함을 증명하시오.

표현 바꾸기   풀이 8쪽 ➕ 보충 설명   한번 더 ✓ ☐

07-2   직사각형 ABCD와 임의의 한 점 P에 대하여

$$\overline{AP}^2 + \overline{CP}^2 = \overline{BP}^2 + \overline{DP}^2$$

임을 증명하시오.

개념 넓히기   한번 더 ✓ ☐

07-3   삼각형 ABC에서 변 BC를 1 : 3으로 내분하는 점을 D라고 할 때,

$$3\overline{AB}^2 + \overline{AC}^2 = k(\overline{AD}^2 + 3\overline{BD}^2)$$

을 만족시키는 상수 k의 값을 구하시오.

● 풀이 7쪽~8쪽

정답   **07-1** 풀이 참조   **07-2** 풀이 참조   **07-3** 4

1 다음 물음에 답하시오.

(1) 두 점 A(1, 4), B(3, 5)와 x축 위의 점 P에 대하여 $\overline{AP}^2 + \overline{BP}^2$의 최솟값을 구하시오.

(2) 세 점 A(4, 2), B(0, 0), C(5, 0)을 꼭짓점으로 하는 삼각형 ABC의 변 BC 위의 점 P에 대하여 $\overline{AP}^2 + \overline{BP}^2$의 값이 최소가 될 때, $\overline{BP} : \overline{CP}$를 가장 간단한 자연수의 비로 나타내시오.

2 세 점 A(-3, 5), B(-5, -3), C(2, 1)에 대하여 $\overline{AP}^2 + \overline{BP}^2 + \overline{CP}^2$의 값이 최소일 때, 점 P의 좌표를 구하시오.

3 다음 세 점을 꼭짓점으로 하는 삼각형 ABC의 외심의 좌표를 구하시오.

(1) A(0, 2), B(-1, -5), C(3, 3)　　　　(2) A(-1, 2), B(2, 3), C(6, 1)

4 세 점 A(-2, 1), B(2, -1), C(a, b)를 꼭짓점으로 하는 삼각형 ABC가 정삼각형일 때, ab의 값을 구하시오.

5 두 점 A(-8, 6), B(16, a)에 대하여 선분 AB를 5 : b로 내분하는 점의 좌표가 (7, 6)일 때, $a + b$의 값을 구하시오.

6 두 점 $A(-3, 2)$, $B(a, b)$와 선분 AB 위의 점 $P(1, 0)$에 대하여 $3\overline{PA}=2\overline{PB}$일 때, 점 B의 좌표를 구하시오.

7 오른쪽 그림과 같이 두 점 $A(a, b)$, $B(c, d)$에 대하여 $\overline{AB}=40$이다. 선분 AB 위의 점 $P(x, y)$에 대하여 $5x=3a+2c$, $5y=3b+2d$가 성립할 때, 선분 AP의 길이를 구하시오.

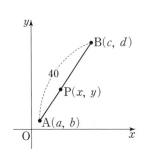

8 세 점 $A(1, -2)$, $B(x_1, y_1)$, $C(x_2, y_2)$를 꼭짓점으로 하는 삼각형 ABC의 무게중심의 좌표가 $(3, 4)$일 때, 선분 BC의 중점의 좌표를 구하시오.

9 삼각형 ABC에서 $A(-6, 0)$이고 두 변 AB, AC의 중점의 좌표는 각각 $M(0, 3)$, $N(-3, 6)$이다. 삼각형 ABC의 무게중심의 좌표가 (x, y)일 때, $x+y$의 값을 구하시오.

10 세 점 $A(1, 4)$, $B(-2, 1)$, $C(2, -1)$에 대하여 사각형 ABCD가 평행사변형이 되도록 하는 점 D의 좌표를 구하시오.

11 두 점 $A(-2, 4)$, $B(5, k)$에 대하여 선분 AB가 x축과 만나는 점을 P라고 하자. $\overline{AP} : \overline{PB} = 2 : 1$일 때, k의 값은?

① $-\dfrac{1}{2}$ ② -1 ③ $-\dfrac{3}{2}$

④ -2 ⑤ $-\dfrac{5}{2}$

12 두 점 $A(-3, 5)$, $B(5, -1)$에 대하여 선분 AB를 $t : (1-t)$로 내분하는 점 P가 제1사분면 위에 있을 때, t의 값의 범위는?

① $\dfrac{1}{8} < t < \dfrac{5}{6}$ ② $\dfrac{1}{6} < t < \dfrac{5}{6}$ ③ $\dfrac{3}{8} < t < \dfrac{5}{8}$

④ $\dfrac{1}{6} < t < \dfrac{5}{8}$ ⑤ $\dfrac{3}{8} < t < \dfrac{5}{6}$

13 오른쪽 그림과 같이 수직으로 만나는 도로 위에 두 학생 A, B가 각각 교차점에서 동쪽으로 6 km, 남쪽으로 4 km 지점에 있다. A 학생은 시속 4 km의 속력으로 서쪽을 향하여, B 학생은 시속 2 km의 속력으로 북쪽을 향하여 동시에 출발했을 때, 두 학생 A, B 사이의 거리가 가장 짧을 때는 출발한 지 몇 시간 후인가?

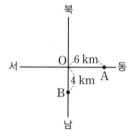

① 1시간   ② 1.2시간

③ 1.4시간   ④ 1.6시간

⑤ 2시간

14 수직선 위의 세 점 $A(-1)$, $B(3)$, $P(a)$에 대하여 $|\overline{PA} - \overline{PB}|$의 값이 최소일 때의 a의 값을 구하시오.

15 두 실수 a, b에 대하여 $\sqrt{a^2 + b^2} + \sqrt{(a-4)^2 + (b+2)^2}$의 최솟값을 구하시오.

16 좌표평면 위의 한 점 A(2, 1)을 꼭짓점으로 하는 삼각형 ABC의 외심은 선분 BC 위에 있고 좌표가 $(-1, -1)$일 때, $\overline{AB}^2 + \overline{AC}^2$의 값을 구하시오.

17 직선 $y = -x$ 위의 점 A와 두 점 B(2, 0), C(0, 2)를 꼭짓점으로 하는 삼각형 ABC가 이등변삼각형일 때, 다음 물음에 답하시오.

(1) 점 A의 개수를 구하시오.　　　　　　(2) 점 A의 좌표를 모두 구하시오.

18 삼각형 ABC와 만나지 않는 직선 l에 대하여 세 점 A, B, C와 직선 l 사이의 거리는 각각 10, 18, 14이다. 삼각형 ABC의 무게중심을 G라고 할 때, 점 G와 직선 l 사이의 거리를 구하시오.

19 세 점 O(0, 0), A(1, 5), B(5, −2)에 대하여 삼각형 POA, 삼각형 PAB, 삼각형 PBO의 넓이가 모두 같을 때, 다음 물음에 답하시오.

(1) 점 P가 삼각형 OAB의 내부에 있을 때, 점 P의 좌표를 구하시오.

(2) 점 P가 삼각형 OAB의 외부에 있을 때, 점 P의 좌표를 모두 구하시오.

20 오른쪽 그림과 같이 세 변의 길이가 각각 10, 12, 16인 삼각형 ABC에서 변 BC의 중점을 M이라고 할 때, 선분 AM의 길이를 구하시오.

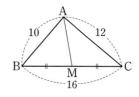

(교육청) 21

그림과 같이 좌표평면 위의 세 점 A$(0, a)$, B$(-3, 0)$, C$(1, 0)$을 꼭짓점으로 하는 삼각형 ABC가 있다. ∠ABC의 이등분선이 선분 AC의 중점을 지날 때, 양수 a의 값은?

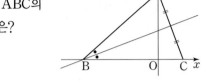

① $\sqrt{5}$ ② $\sqrt{6}$ ③ $\sqrt{7}$

④ $2\sqrt{2}$ ⑤ 3

(교육청) 22

세 양수 a, b, c에 대하여 좌표평면 위에 서로 다른 네 점 O$(0, 0)$, A$(a, 7)$, B(b, c), C$(5, 5)$가 있다. 사각형 OABC가 선분 OB를 대각선으로 하는 마름모일 때, $a+b+c$의 값을 구하시오. (단, 네 점 O, A, B, C 중 어느 세 점도 한 직선 위에 있지 않다.)

(교육청) 23

그림과 같이 좌표평면 위의 세 점 P$(3, 7)$, Q$(1, 1)$, R$(9, 3)$으로부터 같은 거리에 있는 직선 l이 두 선분 PQ, PR와 만나는 점을 각각 A, B라고 하자. 선분 QR의 중점을 C라 할 때, 삼각형 ABC의 무게중심의 좌표를 G(x, y)라 하면 $x+y$의 값은?

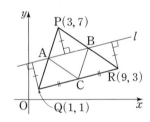

① $\dfrac{16}{3}$ ② 6   ③ $\dfrac{20}{3}$

④ $\dfrac{22}{3}$ ⑤ 8

(교육청) 24

그림과 같이 좌표평면 위의 두 점 A$(0, 3)$, B$(2, 0)$을 잇는 선분 AB를 한 변으로 하는 정사각형 ABCD에 대하여 $\overline{OC}^2$의 값을 구하시오.

    (단, O는 원점이고, 점 C는 제1사분면 위의 점이다.)

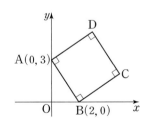

02

I. 도형의 방정식

직선의 방정식

1 직선의 방정식

(1) 점 (x_1, y_1)을 지나고 기울기가 m인 직선의 방정식은

$$y - y_1 = m(x - x_1)$$

(2) 두 점 (x_1, y_1), (x_2, y_2)를 지나는 직선의 방정식은

① $x_1 \neq x_2$일 때, $y - y_1 = \dfrac{y_2 - y_1}{x_2 - x_1}(x - x_1)$

② $x_1 = x_2$일 때, $x = x_1$

(3) x절편이 a, y절편이 b인 직선의 방정식은

$$\frac{x}{a} + \frac{y}{b} = 1 \ (\text{단}, \ ab \neq 0)$$

2 두 직선의 위치 관계

• 표준형으로 주어진 두 직선의 위치 관계

두 직선 $l : y = mx + n$, $l' : y = m'x + n'$에 대하여

(1) l과 l'이 한 점에서 만난다. ➡ $m \neq m'$

(2) l과 l'이 서로 평행하다. ➡ $m = m'$, $n \neq n'$

(3) l과 l'이 일치한다. ➡ $m = m'$, $n = n'$

(4) l과 l'이 서로 수직이다. ➡ $mm' = -1$

• 일반형으로 주어진 두 직선의 위치 관계

두 직선 $l : ax + by + c = 0$, $l' : a'x + b'y + c' = 0$에 대하여

(1) l과 l'이 한 점에서 만난다. ➡ $\dfrac{a}{a'} \neq \dfrac{b}{b'}$

(2) l과 l'이 서로 평행하다. ➡ $\dfrac{a}{a'} = \dfrac{b}{b'} \neq \dfrac{c}{c'}$

(3) l과 l'이 일치한다. ➡ $\dfrac{a}{a'} = \dfrac{b}{b'} = \dfrac{c}{c'}$

(4) l과 l'이 서로 수직이다. ➡ $aa' + bb' = 0$

3 점과 직선 사이의 거리

점 (x_1, y_1)과 직선 $ax + by + c = 0$ 사이의 거리 d는

$$d = \frac{|ax_1 + by_1 + c|}{\sqrt{a^2 + b^2}}$$

Q&A

Q 직선의 방정식에서 언제 일반형을 사용할까요?

A 두 직선의 위치 관계는 두 직선의 방정식을 표준형으로 고쳐 구하는 것이 편리하지만, 점과 직선 사이의 거리는 반드시 직선의 방정식을 일반형으로 고쳐 구해야 합니다.

1 직선의 방정식

❶ 직선의 방정식

중학교에서 일차방정식을 이용하면 일차함수의 그래프(직선)를 그릴 수 있다는 사실을 배웠습니다.

또한 오른쪽 그림과 같이 $y=mx+n$ 꼴의 관계식은 기울기가 m이고 y절편이 n인 그래프를 갖는 일차함수를 나타낸다는 것을 알고 있습니다.

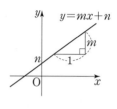

이 단원에서는 기울기, 절편, 지나는 점의 좌표 등 직선에 대한 정보가 주어졌을 때, 이를 만족시키는 직선의 방정식을 구하는 방법에 대하여 알아봅시다.

1. 한 점과 기울기가 주어진 직선의 방정식

좌표평면 위의 한 점 $A(x_1,\ y_1)$을 지나고 기울기가 m인 직선 l의 방정식을 구해 봅시다.

직선 l 위의 임의의 한 점을 $P(x,\ y)$라고 하면 $x \neq x_1$일 때, 오른쪽 그림에서 기울기 m은

$$m = \frac{y-y_1}{x-x_1} \quad \leftarrow \text{(기울기)} = \frac{(y\text{의 값의 증가량})}{(x\text{의 값의 증가량})}$$

이고, 점 P의 위치에 관계없이 항상 일정한 값을 가집니다.

따라서 양변에 $x-x_1$을 곱하면 직선 l의 방정식은

$$y-y_1 = m(x-x_1) \quad \cdots\cdots \ \text{㉠}$$

입니다. 또한 이 식은 $x=x_1$일 때에도 성립하므로 직선 l 위의 모든 점 $P(x,\ y)$는 방정식 ㉠을 만족시킵니다.

$x=x_1$을 ㉠에 대입하면
$$y-y_1 = m(x_1-x_1)=0 \quad \therefore \ y=y_1$$

거꾸로 방정식 ㉠을 만족시키는 점 $P(x,\ y)$는 직선 l 위의 점입니다.

특히, 오른쪽 그림과 같이 직선이 점 $A(x_1,\ y_1)$을 지나고 x축에 평행하면 기울기가 0이므로 이 직선의 방정식은

$$y-y_1 = 0 \times (x-x_1), \ \text{즉} \ y=y_1$$

입니다.

Example

(1) 기울기가 3이고 y절편이 -2인 직선의 방정식은 $y=3x-2$

(2) 점 $(3,\ 4)$를 지나고 기울기가 2인 직선의 방정식은 $y-4=2(x-3)$ $\quad \therefore \ y=2x-2$

(3) 점 $(3,\ 4)$를 지나고 x축에 평행한 직선의 방정식은 $y=4$

2. 두 점을 지나는 직선의 방정식

한 점을 지나는 직선은 무수히 많지만 두 점을 지나는 직선은 유일하므로 좌표평면 위의 두 점 $A(x_1, y_1)$, $B(x_2, y_2)$를 지나는 직선 l의 방정식을 구해 봅시다.

(i) $x_1 \neq x_2$일 때,

직선 l의 기울기 m은 $m = \dfrac{y_2 - y_1}{x_2 - x_1}$이므로 직선 l은 점 $A(x_1, y_1)$
을 지나고 기울기가 m인 직선입니다.

따라서 직선 l의 방정식은

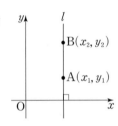

$$y - y_1 = \frac{y_2 - y_1}{x_2 - x_1}(x - x_1)$$

└─ 점 B의 좌표 (x_2, y_2)를 대입하면 성립하므로 이 직선은 점 B를 지난다.

입니다. 특히, $y_1 = y_2$이면 직선 l의 방정식은 $y = y_1$입니다.

(ii) $x_1 = x_2$일 때,

두 점 A, B를 지나는 직선은 y축에 평행하므로 직선 l의 방정식은

$$x = x_1 \quad \leftarrow y\text{축에 평행한}(x\text{축에 수직인}) \text{ 직선}$$

입니다.

> **Example**
>
> (1) 두 점 $(3, 1)$, $(2, -3)$을 지나는 직선의 방정식은
> $$y - 1 = \frac{-3 - 1}{2 - 3}(x - 3), \quad y - 1 = 4(x - 3)$$
> $$\therefore y = 4x - 11$$
> (2) 두 점 $(2, 3)$, $(2, 4)$를 지나는 직선은 y축에 평행하므로 이 직선의 방정식은
> $$x = 2$$

개념 Plus | 기울기와 탄젠트

직선 $y = mx + n$이 x축의 양의 방향과 이루는 각의 크기를 θ라고 하면
$$m = \tan \theta$$

Proof

(i) $m = 0$일 때, $\tan \theta = 0$이므로 $m = \tan \theta$

(ii) $m \neq 0$일 때, 오른쪽 그림과 같이 $\overline{AB} = 1$이 되도록 x축 위에
두 점 A, B를 잡고, 점 B를 지나고 x축에 수직인 직선이 직선
$y = mx + n$과 만나는 점을 C라고 하면 $\overline{BC} = m$이다. 삼각형
ABC는 $\angle ABC = 90°$인 직각삼각형이므로
$$\tan \theta = \frac{\overline{BC}}{\overline{AB}} = \frac{m}{1} = m$$

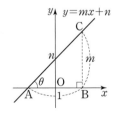

3. x절편과 y절편이 주어진 직선의 방정식

x절편이 a, y절편이 b인 직선 l은 두 점 $(a, 0)$, $(0, b)$를 지나는 직선이므로 직선 l의 방정식은

$$y-0=\frac{b-0}{0-a}(x-a), \; y=-\frac{b}{a}x+b$$

이고, 양변을 b로 나누면 $\dfrac{y}{b}=-\dfrac{x}{a}+1$이므로

$$\frac{x}{a}+\frac{y}{b}=1 \; (ab\neq0)$$
$$\quad\quad\quad \underset{\quad a\neq0,\, b\neq0}{\big\uparrow}$$

입니다.

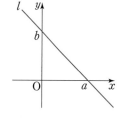

Example

(1) x절편이 2, y절편이 -1인 직선의 방정식은

$$\frac{x}{2}+\frac{y}{-1}=1, \; -x+2y=-2 \quad \therefore y=\frac{1}{2}x-1$$

(2) 두 점 $(-3, 0)$, $(0, 4)$를 지나는 직선은 x절편이 -3, y절편이 4이므로

$$\frac{x}{-3}+\frac{y}{4}=1, \; 4x-3y=-12 \quad \therefore y=\frac{4}{3}x+4$$

다른 풀이 ▶ (1) x절편이 2, y절편이 -1이므로 구하는 직선은 두 점 $(2, 0)$, $(0, -1)$을 지난다.

따라서 두 점 $(2, 0)$, $(0, -1)$을 지나는 직선의 방정식은

$$y-0=\frac{-1-0}{0-2}(x-2) \quad \therefore y=\frac{1}{2}x-1$$

개념 Point   **직선의 방정식**

1 점 (x_1, y_1)을 지나고 기울기가 m인 직선의 방정식은 $y-y_1=m(x-x_1)$

2 두 점 (x_1, y_1), (x_2, y_2)를 지나는 직선의 방정식은

　① $x_1\neq x_2$일 때, $y-y_1=\dfrac{y_2-y_1}{x_2-x_1}(x-x_1)$

　② $x_1=x_2$일 때, $x=x_1$

3 x절편이 a, y절편이 b인 직선의 방정식은 $\dfrac{x}{a}+\dfrac{y}{b}=1$ (단, $ab\neq0$)

+ Plus

점 (x_1, y_1)을 지나고 y축에 평행한(x축에 수직인) 직선은 y의 값에 관계없이 x의 값이 일정하므로 직선의 방정식은 $x=x_1$이다.
같은 원리로 점 (x_1, y_1)을 지나고 x축에 평행한(y축에 수직인) 직선의 방정식은 $y=y_1$이다.
특히, x축을 직선의 방정식으로 나타내면 방정식은 $y=0$이고, y축을 직선의 방정식으로 나타내면 $x=0$이다.

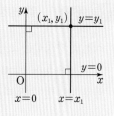

② 일차방정식 $ax+by+c=0$이 나타내는 도형

$y=mx+n$ 꼴의 관계식을 직선의 방정식의 표준형이라고 합니다. 직선의 방정식의 표준형은 기울기와 y절편을 쉽게 알 수 있으므로 그래프의 개형을 쉽게 파악할 수 있다는 장점이 있습니다.

한편, 기울기가 $\dfrac{4}{3}$이고 y절편이 1인 직선의 방정식은 $y=\dfrac{4}{3}x+1$이고 이를

$$4x-3y+3=0$$

으로 나타낼 수도 있습니다. 즉, 모든 직선의 방정식은 x, y에 대한 일차방정식

$$ax+by+c=0 \ (a\neq0 \ \text{또는} \ b\neq0)$$

꼴로 나타낼 수 있고 이를 직선의 방정식의 일반형이라고 합니다.

거꾸로 x, y에 대한 일차방정식 $ax+by+c=0$에서

(ⅰ) $a\neq0$, $b\neq0$일 때, $by=-ax-c$

$$\therefore y=-\dfrac{a}{b}x-\dfrac{c}{b} \ \blacktriangleright \ \text{기울기가} \ -\dfrac{a}{b}\text{이고} \ y\text{절편이} \ -\dfrac{c}{b}\text{인 직선}$$

> a와 b의 부호가 서로 같으면 $\dfrac{a}{b}>0$
> a와 b의 부호가 서로 다르면 $\dfrac{a}{b}<0$

(ⅱ) $a=0$, $b\neq0$일 때, $by+c=0$

$$\therefore y=-\dfrac{c}{b} \ \blacktriangleright \ x\text{축에 평행한 직선}$$

(ⅲ) $a\neq0$, $b=0$일 때, $ax+c=0$

$$\therefore x=-\dfrac{c}{a} \ \blacktriangleright \ y\text{축에 평행한 직선}$$

(ⅰ)~(ⅲ)에 의하여 x, y에 대한 일차방정식

$$ax+by+c=0 \ (a\neq0 \ \text{또는} \ b\neq0)$$

의 그래프는 항상 직선이 됨을 알 수 있습니다.

개념 Point **일차방정식 $ax+by+c=0$이 나타내는 도형**

직선의 방정식은 x, y에 대한 일차방정식
$$ax+by+c=0 \ (a\neq0 \ \text{또는} \ b\neq0)$$
꼴로 나타낼 수 있다. 거꾸로 이 일차방정식의 그래프는 직선이다.

1 직선 l이 x축의 양의 방향과 이루는 각의 크기가 다음과 같을 때, 직선 l의 기울기를 구하시오.

(1) $30°$ (2) $45°$ (3) $60°$

2 다음 직선의 방정식을 구하시오.

(1) 기울기가 -3이고, 점 $(3, -5)$를 지나는 직선

(2) 기울기가 2이고, 점 $(1, -2)$를 지나는 직선

3 다음 두 점을 지나는 직선의 방정식을 구하시오.

(1) $(-2, -3)$, $(1, 3)$ (2) $(1, 2)$, $(2, 5)$

4 다음 직선의 방정식을 구하시오.

(1) 점 $(3, 2)$를 지나고 x축에 평행한 직선   (2) 점 $(-2, 3)$을 지나고 y축에 평행한 직선

(3) 점 $(2, -1)$을 지나고 x축에 수직인 직선   (4) 점 $(-3, -2)$를 지나고 y축에 수직인 직선

5 다음 직선의 방정식을 구하시오.

(1) x절편이 -4, y절편이 3인 직선   (2) x절편이 2, y절편이 -1인 직선

6 다음 일차방정식이 나타내는 직선의 기울기와 y절편을 각각 구하시오.

(1) $2x - y - 3 = 0$ (2) $x + 2y - 3 = 0$

● 풀이 14쪽 ~ 15쪽

정답

1 (1) $\dfrac{\sqrt{3}}{3}$ (2) 1 (3) $\sqrt{3}$ **2** (1) $y = -3x + 4$ (2) $y = 2x - 4$

3 (1) $y = 2x + 1$ (2) $y = 3x - 1$ **4** (1) $y = 2$ (2) $x = -2$ (3) $x = 2$ (4) $y = -2$

5 (1) $y = \dfrac{3}{4}x + 3$ (2) $y = \dfrac{1}{2}x - 1$ **6** (1) 기울기 : 2, y절편 : -3 (2) 기울기 : $-\dfrac{1}{2}$, y절편 : $\dfrac{3}{2}$

예제 01

다음 물음에 답하시오.

(1) x절편이 -3이고 기울기가 2인 직선의 y절편을 구하시오.

(2) 두 점 $(-4, 1)$, $(6, 5)$를 이은 선분의 중점을 지나고 기울기가 -3인 직선의 x절편을 구하시오.

(3) x절편이 2, y절편이 4인 직선의 방정식을 $y=ax+b$라고 할 때, 상수 a, b에 대하여 $a+b$의 값을 구하시오.

접근 방법 〉 주어진 조건에 따라 적절한 공식을 이용하여 직선의 방정식을 구한다.

> **수매씨 Point**
> (1) 점 (x_1, y_1)을 지나고 기울기가 m인 직선의 방정식 ➡ $y-y_1=m(x-x_1)$
> (2) 두 점 (x_1, y_1), (x_2, y_2)를 지나는 직선의 방정식
> ➡ $y-y_1=\dfrac{y_2-y_1}{x_2-x_1}(x-x_1)$ (단, $x_1 \neq x_2$)
> (3) x절편이 a, y절편이 b인 직선의 방정식 ➡ $\dfrac{x}{a}+\dfrac{y}{b}=1$ (단, $ab \neq 0$)

상세 풀이 〉 (1) x절편이 -3, 즉 점 $(-3, 0)$을 지나고 기울기가 2인 직선의 방정식은

$$y-0=2\{x-(-3)\} \qquad \therefore y=2x+6$$

따라서 구하는 직선의 y절편은 6이다.

(2) 두 점 $(-4, 1)$, $(6, 5)$를 이은 선분의 중점의 좌표는

$$\left(\frac{-4+6}{2}, \frac{1+5}{2}\right), \text{ 즉 } (1, 3)$$

점 $(1, 3)$을 지나고 기울기가 -3인 직선의 방정식은

$$y-3=-3(x-1) \qquad \therefore y=-3x+6$$

따라서 구하는 직선의 x절편은 2이다.

(3) x절편이 2, y절편이 4인 직선의 방정식은

$$\frac{x}{2}+\frac{y}{4}=1 \qquad \therefore y=-2x+4$$

따라서 $a=-2$, $b=4$이므로 $a+b=(-2)+4=2$

정답 (1) 6 (2) 2 (3) 2

보충 설명

x절편은 함수 $y=f(x)$의 그래프가 x축과 만나는 점의 x좌표로 $y=f(x)$에 $y=0$을 대입했을 때의 x의 값이고, y절편은 함수 $y=f(x)$의 그래프가 y축과 만나는 점의 y좌표로 $y=f(x)$에 $x=0$을 대입했을 때의 y의 값이다.

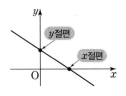

숫자 바꾸기

한번 더 ✓ ☐

01-1 다음 물음에 답하시오.

(1) x절편이 2이고 기울기가 -3인 직선의 y절편을 구하시오.

(2) 두 점 $(-1, 6)$, $(3, 2)$를 이은 선분의 중점을 지나고 기울기가 2인 직선의 x절편을 구하시오.

(3) x절편이 1, y절편이 2인 직선의 방정식을 $y=ax+b$라고 할 때, 상수 a, b에 대하여 $a-b$의 값을 구하시오.

표현 바꾸기

한번 더 ✓ ☐

01-2 다음 물음에 답하시오.

(1) 점 $(2, \sqrt{3})$을 지나고 x축의 양의 방향과 이루는 각의 크기가 $60°$인 직선의 방정식을 $y=mx+n$이라고 할 때, 상수 m, n에 대하여 mn의 값을 구하시오.

(2) 직선 $\sqrt{3}x+ay+b=0$이 점 $(\sqrt{3}, 3)$을 지나고 x축의 양의 방향과 이루는 각의 크기가 $30°$일 때, 상수 a, b에 대하여 a^2+b^2의 값을 구하시오.

개념 넓히기

한번 더 ✓ ☐

01-3 두 직선 $x=3$, $y=1$이 이루는 각을 삼등분하는 두 직선 $y=ax+b$, $y=cx+d$에 대하여 $ac+bd$의 값을 구하시오. (단, a, b, c, d는 상수, $0<a<c$)

• 풀이 15쪽

정답

01-1 (1) 6   (2) -1 (3) -4 **01-2** (1) -3 (2) 45   **01-3** $11-4\sqrt{3}$

예제 02 세 점이 한 직선 위에 있을 조건

세 점 A$(3, 1)$, B$(a-2, 4)$, C$(7, a)$가 한 직선 위에 있을 때, 모든 a의 값의 합을 구하시오.

접근 방법 > 오른쪽 그림과 같이 세 점 A, B, C가 한 직선 위에 있으면

$\angle A = \angle B$이고 $\triangle BAD \backsim \triangle CBE$이다.

즉, 직선 AB의 기울기와 직선 BC의 기울기는 서로 같다.

이때 (직선 AB의 기울기)＝(직선 CA의 기울기) 또는

(직선 BC의 기울기)＝(직선 CA의 기울기)를 이용해도 된다.

수매씽 Point 세 점 A, B, C가 한 직선 위에 있다.

➡ (직선 AB의 기울기)＝(직선 BC의 기울기)＝(직선 CA의 기울기)

상세 풀이 > 세 점 A$(3, 1)$, B$(a-2, 4)$, C$(7, a)$가 한 직선 위에 있으므로 직선 AB와 직선 AC의 기울기가 같다.

$$\frac{4-1}{(a-2)-3} = \frac{a-1}{7-3}, \quad \frac{3}{a-5} = \frac{a-1}{4}$$

$$(a-5)(a-1)=12, \quad a^2-6a-7=0, \quad (a+1)(a-7)=0$$

$$\therefore a=-1 \text{ 또는 } a=7$$

따라서 구하는 모든 a의 값의 합은 $-1+7=6$

다른 풀이 > 두 점 A$(3, 1)$, C$(7, a)$를 지나는 직선의 방정식은

$$y-1=\frac{a-1}{7-3}(x-3) \qquad \therefore y=\frac{a-1}{4}(x-3)+1$$

점 B$(a-2, 4)$가 이 직선 위의 점이므로

$$4=\frac{a-1}{4}(a-2-3)+1, \quad (a-1)(a-5)=12$$

$$a^2-6a-7=0, \quad (a+1)(a-7)=0 \qquad \therefore a=-1 \text{ 또는 } a=7$$

따라서 구하는 모든 a의 값의 합은 $-1+7=6$

정답 6

보충 설명

다음은 모두 같은 표현이다.

① 세 점 A, B, C가 한 직선 위에 있다.

② (직선 AB의 기울기)＝(직선 BC의 기울기)＝(직선 CA의 기울기)

③ 두 점 A, B를 지나는 직선 위에 점 C가 있다.

④ 세 점 A, B, C가 삼각형을 이루지 않는다.

숫자 바꾸기

한번 더 ✓

02-1 세 점 $(1, a)$, $(a, 7)$, $(5, 11)$이 한 직선 위에 있을 때, 모든 a의 값의 합을 구하시오.

표현 바꾸기

한번 더 ✓

02-2 다음 물음에 답하시오.

(1) 점 $(a+4, 11)$이 두 점 $(-a, 5)$, (a, a)를 지나는 직선 l 위의 점일 때, 직선 l의 방정식을 모두 구하시오. (단, $a \neq 0$)

(2) 세 점 $A(0, 1)$, $B(a, 4)$, $C(-1, a-3)$이 삼각형을 이루지 않도록 하는 모든 실수 a의 값을 구하시오.

개념 넓히기

한번 더 ✓

02-3 좌표평면 위의 점 A, B, C, D, E가 한 직선 위에 있고, 다음 조건을 만족시킨다.

> (가) $B(-1, 3)$, $D(3, -1)$이다.   (나) 점 B는 선분 AC의 중점이다.
>
> (다) 점 C는 선분 AD를 $2 : 1$로 내분한다. (라) 점 D는 선분 CE를 $1 : 2$로 내분한다.

이때 $\overline{AE}^2$의 값을 구하시오.

● 풀이 15쪽～16쪽

정답

02-1 16   **02-2** (1) $y = 3x + 2$, $y = \dfrac{1}{4}x + \dfrac{15}{2}$ (2) 1, 3   **02-3** 200

예제 03 도형의 넓이를 이등분하는 직선의 방정식

세 점 A(0, 3), B(−2, −3), C(4, 1)에 대하여 점 A를 지나는 직선 $y=ax+b$가 삼각형 ABC의 넓이를 이등분할 때, 상수 a, b에 대하여 ab의 값을 구하시오.

접근 방법 > 점 A(0, 3)에서 선분 BC에 내린 수선의 길이를 h, 점 A를 지나
면서 삼각형 ABC의 넓이를 이등분하는 직선이 선분 BC와 만나는
점을 D라 하고 좌표평면 위에 나타내면 오른쪽 그림과 같다.

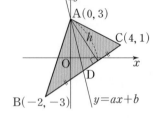

△ABD=△ADC가 되기 위한 조건은

　(△ABD의 밑변의 길이)=(△ADC의 밑변의 길이),

　(△ABD의 높이)=(△ADC의 높이)

인데 (△ABD의 높이)=(△ADC의 높이)=h이므로

△ABD=△ADC가 되기 위한 조건은

　(△ABD의 밑변의 길이)=(△ADC의 밑변의 길이)

따라서 점 D는 선분 BC의 중점이다.

> **수매씽 Point** 삼각형 ABC의 꼭짓점 A를 지나면서 그 넓이를 이등분하는 직선은 선분 BC의 중점을 지난다.

상세 풀이 > 직선 $y=ax+b$가 삼각형 ABC의 넓이를 이등분하므로 선분 BC의 중점을 지나야 한다.

선분 BC의 중점의 좌표는

$$\left(\frac{-2+4}{2}, \frac{-3+1}{2}\right), \ 즉 \ (1, -1)$$

따라서 직선 $y=ax+b$는 두 점 $(0, 3)$, $(1, -1)$을 지나므로

$$y-3=\frac{-1-3}{1-0}(x-0), \ y=-4x+3 \qquad \therefore a=-4, \ b=3$$

$$\therefore ab=(-4)\times 3=-12$$

정답 −12

보충 설명

평행사변형에서 대각선 AC(또는 BD)는 평행사변형의 넓이를 이등분한다.
따라서 오른쪽 그림과 같이 삼각형 PAQ와 삼각형 PCR은 합동이므로 평행사
변형의 두 대각선의 교점을 지나는 직선은 평행사변형의 넓이를 항상 이등분
한다.

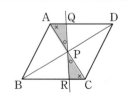

풀이 17쪽 ➕ 보충 설명 한번 더 ☑ ☐

숫자 바꾸기

03-1

세 점 A$(0, 4)$, B$(-4, 1)$, C$(2, -1)$에 대하여 점 A를 지나는 직선 $y = ax + b$가 삼각형 ABC의 넓이를 이등분할 때, 상수 a, b에 대하여 ab의 값을 구하시오.

표현 바꾸기

한번 더 ☑ ☐

03-2

네 점 A$(0, 3)$, B$(-1, 1)$, C$(3, 2)$, D$(4, 4)$를 꼭짓점으로 하는 사각형 ABCD에 대하여 점 $\left(\dfrac{1}{2}, -\dfrac{1}{2}\right)$을 지나고 사각형 ABCD의 넓이를 이등분하는 직선의 방정식을 구하시오.

개념 넓히기

한번 더 ☑ ☐

03-3

오른쪽 그림과 같은 두 직사각형 ABCD, EFGH의 넓이를 동시에 이등분하는 직선의 방정식을 구하시오.

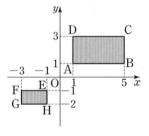

● 풀이 16쪽~17쪽

 정답

03-1 16 　　　　　　　**03-2** $y = 3x - 2$ 　　　　　　　**03-3** $y = \dfrac{7}{10}x - \dfrac{1}{10}$

직선 $ax+by+c=0$

예제 04

직선 $ax+by+c=0$이 오른쪽 그림과 같을 때, 직선 $ax+cy+b=0$
이 지나지 않는 사분면을 구하시오. (단, a, b, c는 상수이다.)

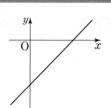

접근 방법 〉 직선의 기울기와 y절편의 부호를 알면 직선의 개형을 알 수 있으므로 일반형

$ax+by+c=0 \, (b \neq 0)$으로 주어진 직선의 방정식을 표준형 $y=-\dfrac{a}{b}x-\dfrac{c}{b}$로 변형한다.

수메씽 Point $ax+by+c=0 \, (b \neq 0) \Rightarrow y=-\dfrac{a}{b}x-\dfrac{c}{b}$

상세 풀이 〉 직선 $ax+by+c=0 \, (b \neq 0)$, 즉 $y=-\dfrac{a}{b}x-\dfrac{c}{b}$의 기울기는 양수이고 y절편은 음수이므로

$$-\dfrac{a}{b}>0, \ -\dfrac{c}{b}<0 \qquad \therefore ab<0, \ bc>0$$

(ⅰ) $b>0$일 때, $a<0$, $c>0$

(ⅱ) $b<0$일 때, $a>0$, $c<0$

(ⅰ), (ⅱ)에서 b의 부호에 관계없이 $ac<0$

직선 $ax+cy+b=0$, 즉 $y=-\dfrac{a}{c}x-\dfrac{b}{c}$에서

$ac<0$이므로 $-\dfrac{a}{c}>0$이고, $bc>0$이므로 $-\dfrac{b}{c}<0$이다.

따라서 직선 $ax+cy+b=0$의 기울기는 양수이고, y절편은 음수이므로 직선
의 개형은 오른쪽 그림과 같고, 이 직선은 제2사분면을 지나지 않는다.

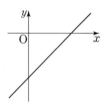

정답 제2사분면

보충 설명

직선의 방정식이 일반형 $ax+by+c=0$으로 주어지면 $b \neq 0$일 때와 $b=0$일 때로 나누어 접근한다.

(ⅰ) $b \neq 0$이고 $a \neq 0$일 때, $by=-ax-c$에서 $y=-\dfrac{a}{b}x-\dfrac{c}{b}$ ← 기울기가 $-\dfrac{a}{b}$, y절편이 $-\dfrac{c}{b}$인 직선

(ⅱ) $b \neq 0$이고 $a=0$일 때, $by+c=0$에서 $y=-\dfrac{c}{b}$ ← x축에 평행한 직선

(ⅲ) $b=0$이고 $a \neq 0$일 때, $ax+c=0$에서 $x=-\dfrac{c}{a}$ ← y축에 평행한 직선

04-1 직선 $ax+by+c=0$이 오른쪽 그림과 같을 때, 직선
$bx+cy+a=0$이 지나지 않는 사분면을 구하시오.

(단, a, b, c는 상수이다.)

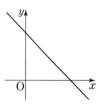

04-2 $ab>0$, $bc>0$일 때, 직선 $ax+by+c=0$의 개형은? (단, a, b, c는 상수이다.)

① 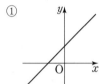　② 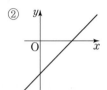　③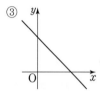

④ 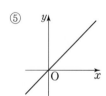　⑤

04-3 이차함수 $y=ax^2+bx+c$의 그래프가 오른쪽 그림과 같을 때,
직선 $ax+by+c=0$의 개형을 그리시오.

(단, a, b, c는 상수이다.)

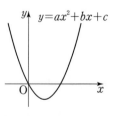

• 풀이 17쪽~18쪽

2 두 직선의 위치 관계

1 표준형으로 주어진 두 직선의 위치 관계

좌표평면 위의 두 직선
$$l : y=mx+n, \ l' : y=m'x+n'$$
의 위치 관계에 대하여 알아봅시다.

기울기가 서로 다른 두 직선은 반드시 한 점에서 만납니다. 즉, $m \neq m'$이면 두 직선 l, l'은 한 점에서 만납니다.

한편, 기울기가 같은 두 직선은 평행하거나 일치합니다.

두 직선 l, l'이 서로 평행하면 두 직선의 기울기는 같고 y절편은 다르므로

$$m=m', \ n \neq n'$$

입니다. 거꾸로 $m=m'$, $n \neq n'$이면 두 직선 l, l'은 평행합니다.

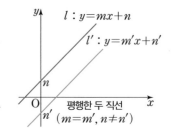

특히, 두 직선 l, l'이 일치하면 두 직선의 기울기가 같고 y절편도 같으므로

$$m=m', \ n=n'$$

입니다. 거꾸로 $m=m'$, $n=n'$이면 두 직선 l, l'은 일치합니다.

Example 직선 $y=2x-1$에 대하여

(1) 직선 $y=x+1$은 기울기가 1이므로 주어진 직선과 한 점에서 만난다.

(2) 직선 $y=2x+3$은 기울기가 2이고, y절편이 3이므로 주어진 직선과 평행하다.

(3) 직선 $2x-y-1=0$, 즉 $y=2x-1$에서 기울기가 2이고, y절편이 -1이므로 주어진 직선과 일치한다.

개념 Point 　표준형으로 주어진 두 직선의 위치 관계

두 직선 $y=mx+n$, $y=m'x+n'$에 대하여

두 직선의 위치 관계	조건	두 직선의 교점의 개수
① 평행하다.	$m=m', \ n \neq n'$	없다.
② 일치한다.	$m=m', \ n=n'$	무수히 많다.
③ 한 점에서 만난다.	$m \neq m'$	한 개

두 직선 $y=mx+n$, $y=m'x+n'$의 교점의 좌표는 두 직선의 ◀

방정식을 연립한 연립방정식 $\begin{cases} y=mx+n \\ y=m'x+n' \end{cases}$의 해이다.

이번에는 두 직선이 한 점에서 만나는 경우의 특수한 경우인 수직에 대해 알아봅시다.

즉, 좌표평면에서 두 직선

$$l : y = mx + n, \; l' : y = m'x + n'$$

이 서로 수직일 조건에 대하여 알아봅시다.

y축에 평행하지 않은 두 직선 l, l'이 서로 수직이면 두 직선에 각각 평행하고 원점을 지나는 두 직선

$$l_1 : y = mx, \; l_1' : y = m'x$$

도 서로 수직입니다.

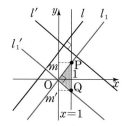

Proof 오른쪽 그림과 같이 두 직선

$$l_1 : y = mx, \; l_1' : y = m'x$$

와 직선 $x=1$이 만나는 점을 각각 P, Q라고 하면

$$P(1, \, m), \; Q(1, \, m')$$

$\overline{OP} \perp \overline{OQ}$에서 삼각형 POQ는 $\angle POQ = 90°$인 직각삼각형이므로 두 점 사이의 거리 공식을 이용하여 삼각형 POQ의 각 변의 길이를 구하면

$$\overline{OP}^2 = 1 + m^2, \; \overline{OQ}^2 = 1 + m'^2, \; \overline{PQ}^2 = (m - m')^2$$

따라서 피타고라스 정리에 의하여 $\overline{PQ}^2 = \overline{OP}^2 + \overline{OQ}^2$이므로

$$(m - m')^2 = (1 + m^2) + (1 + m'^2)$$
$$m^2 - 2mm' + m'^2 = 2 + m^2 + m'^2, \; -2mm' = 2$$
$$\therefore mm' = -1$$

거꾸로 $mm' = -1$이면 $\overline{OP}^2 + \overline{OQ}^2 = \overline{PQ}^2$이므로 삼각형 POQ는 $\angle POQ = 90°$인 직각삼각형이다.

따라서 두 직선 l_1, l_1'이 서로 수직이다.

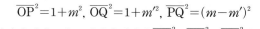

개념 Point **두 직선이 서로 수직일 조건**

두 직선 $y = mx + n$, $y = m'x + n'$이 서로 수직이면

$mm' = -1$ ← 두 직선의 기울기의 곱이 −1이다.

이다. 거꾸로 $mm' = -1$이면 두 직선 $y = mx + n$, $y = m'x + n'$은 서로 수직이다.

 Plus

두 직선의 수직 여부는 y절편에 관계없이 두 직선의 기울기의 곱이 −1임을 확인하면 된다.

② 일반형으로 주어진 두 직선의 위치 관계

두 직선 $ax+by+c=0$, $a'x+b'y+c'=0$은 x, y의 계수가 모두 0이 아닐 때,

$$y=-\frac{a}{b}x-\frac{c}{b},\ y=-\frac{a'}{b'}x-\frac{c'}{b'}$$

이므로 두 직선의 기울기는 각각 $-\dfrac{a}{b}$, $-\dfrac{a'}{b'}$이고, y절편은 각각 $-\dfrac{c}{b}$, $-\dfrac{c'}{b'}$입니다.

따라서 두 직선 $ax+by+c=0$, $a'x+b'y+c'=0$에 대하여

(i) 두 직선이 서로 평행할 조건

$$-\frac{a}{b}=-\frac{a'}{b'},\ -\frac{c}{b}\neq-\frac{c'}{b'}\text{이므로 } \frac{a}{a'}=\frac{b}{b'},\ \frac{c}{c'}\neq\frac{b}{b'} \qquad \therefore\ \frac{a}{a'}=\frac{b}{b'}\neq\frac{c}{c'}$$

(ii) 두 직선이 일치할 조건 ┗━→ 두 직선의 기울기가 같아야 하고, y절편은 달라야 한다.

$$-\frac{a}{b}=-\frac{a'}{b'},\ -\frac{c}{b}=-\frac{c'}{b'}\text{이므로 } \frac{a}{a'}=\frac{b}{b'},\ \frac{c}{c'}=\frac{b}{b'} \qquad \therefore\ \frac{a}{a'}=\frac{b}{b'}=\frac{c}{c'}$$

(iii) 두 직선이 한 점에서 만날 조건

$$-\frac{a}{b}\neq-\frac{a'}{b'}\text{이므로 } \frac{a}{a'}\neq\frac{b}{b'}$$

(iv) 두 직선이 서로 수직일 조건

$$-\frac{a}{b}\times\left(-\frac{a'}{b'}\right)=-1\text{이므로 } \frac{aa'}{bb'}=-1 \qquad \therefore\ aa'+bb'=0$$

┗━→ 두 직선의 기울기의 곱이 -1이다.

Example 두 직선 $ax+y-1=0$, $x-y-7=0$에 대하여

(1) 두 직선이 서로 평행할 때, $\dfrac{a}{1}=\dfrac{1}{-1}\neq\dfrac{-1}{-7}$ $\qquad \therefore\ a=-1$

(2) 두 직선이 서로 수직일 때, $a\times1+1\times(-1)=0$ $\qquad \therefore\ a=1$

이상의 결과들을 기억해 두면 일반형 $ax+by+c=0$ 꼴로 주어진 직선들의 위치 관계를 다룰 때, 꼭 표준형 $y=mx+n$ 꼴로 고치지 않아도 됩니다.

개념 Point **일반형으로 주어진 두 직선의 위치 관계**

두 직선 $ax+by+c=0$, $a'x+b'y+c'=0$에 대하여

두 직선의 위치 관계	조건	연립방정식의 해의 개수
① 평행하다.	$\dfrac{a}{a'}=\dfrac{b}{b'}\neq\dfrac{c}{c'}$	해가 없다.
② 일치한다.	$\dfrac{a}{a'}=\dfrac{b}{b'}=\dfrac{c}{c'}$	해가 무수히 많다.
③ 한 점에서 만난다.	$\dfrac{a}{a'}\neq\dfrac{b}{b'}$	한 쌍의 해를 가진다.
④ 수직이다.	$aa'+bb'=0$	

두 직선 $ax+by+c=0$, $a'x+b'y+c'=0$의 교점의 좌표는 두 직선의

방정식을 연립한 연립방정식 $\begin{cases} ax+by+c=0 \\ a'x+b'y+c'=0 \end{cases}$ 의 해이다.

❸ 두 직선의 교점을 지나는 직선의 방정식

1. 일정한 점을 지나는 직선의 방정식

두 직선 $ax+by+c=0$, $a'x+b'y+c'=0$이 한 점에서 만날 때, 임의의 실수 k에 대하여 방정식

$$(ax+by+c)+k(a'x+b'y+c')=0 \quad \cdots\cdots \ ㉠$$

은 x, y에 대한 일차방정식이므로 직선을 나타냅니다.

두 직선 $ax+by+c=0$, $a'x+b'y+c'=0$의 교점의 좌표를 (p, q)라고 하면 $ap+bq+c=0$, $a'p+b'q+c'=0$이므로

$$(ap+bq+c)+k(a'p+b'q+c')=0$$

입니다. 따라서 ㉠은 실수 k의 값에 관계없이 점 (p, q)를 지나는 직선입니다.

> **Example**
>
> k가 임의의 실수일 때, 방정식
>
> $$(x+y-6)+k(2x-y)=0 \quad \cdots\cdots \ ㉠$$
>
> 을 변형하면
>
> $$(1+2k)x+(1-k)y-6=0$$
>
> 이것은 x, y에 대한 일차방정식이므로 방정식 ㉠은 직선을 나타낸다.
>
> 이때 직선 ㉠이 k의 값에 관계없이 항상 지나는 점을 구해 보자.
>
> 이 식은 k에 대한 항등식이므로 ← 임의의 실수 x에 대하여 $ax+b=0$이면 $a=b=0$
>
> $$x+y-6=0,\ 2x-y=0 \quad \cdots\cdots \ ㉡$$
> $$\therefore x=2,\ y=4$$
>
> 따라서 직선 $(x+y-6)+k(2x-y)=0$은 k의 값에 관계없이 점 $(2, 4)$를 지난다.
>
> 한편, ㉡에서 직선 ㉠이 k의 값에 관계없이 두 직선 $x+y-6=0$, $2x-y=0$의 교점 $(2, 4)$를 지난다고 표현할 수도 있다. 실제로 ㉠에 $x=2$, $y=4$를 대입하면 등식이 성립하므로 방정식 ㉠은 두 직선 $x+y-6=0$, $2x-y=0$의 교점을 지나는 직선의 방정식이다.

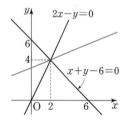

개념 Point 　　**일정한 점을 지나는 직선의 방정식**

두 직선 $ax+by+c=0$, $a'x+b'y+c'=0$이 한 점에서 만날 때,
직선 $(ax+by+c)+k(a'x+b'y+c')=0$은 실수 k의 값에 관계없이 항상 두 직선
　　$ax+by+c=0$, $a'x+b'y+c'=0$
의 교점을 지나는 직선이다.

+ Plus

두 직선 $ax+by+c=0$, $a'x+b'y+c'=0$이 서로 평행한 경우에는 $(ax+by+c)+k(a'x+b'y+c')=0$이 두 직선의 교점을 지나는 직선이 될 수 없으므로 두 직선이 한 점에서 만나는 경우에만 생각한다.

2. 두 직선의 교점을 지나는 직선의 방정식

한 점에서 만나는 두 직선 $l : ax+by+c=0$, $l' : a'x+b'y+c'=0$의 교점 $P(x_0, y_0)$을 지나는 직선의 방정식은 동시에 0이 아닌 임의의 두 상수 m, n에 대하여

$$m(ax+by+c)+n(a'x+b'y+c')=0 \quad \cdots\cdots \ㄱ$$

으로 나타내어집니다.

이때 점 $P(x_0, y_0)$은 두 직선 l, l' 위에 있으므로

$$ax_0+by_0+c=0, \ a'x_0+b'y_0+c'=0$$

입니다. 따라서 임의의 두 상수 m, n에 대하여

$$m(ax_0+by_0+c)+n(a'x_0+b'y_0+c')=0$$
$$\therefore \ m\times 0+n\times 0=0$$

즉, 점 $P(x_0, y_0)$은 직선 ㉠ 위의 점이므로 직선 ㉠은 두 직선 l, l'의 교점을 지납니다.

특히, 직선 ㉠은 $m\neq 0$, $n=0$이면 직선 l을 나타내고, $m=0$, $n\neq 0$이면 직선 l'을 나타냅니다.

예를 들어 등식 $b=a+1$은 직선 $y=x+1$이 점 (a, b)를 지난다는 뜻이다.

또한 $m\neq 0$, $n\neq 0$이면 두 직선 l, l'의 교점을 지나는 직선 중 l과 l'을 제외한 직선을 나타냅니다.

㉠의 양변을 $m \ (m\neq 0)$으로 나눈 후 $k=\dfrac{n}{m}$으로 놓으면 ㉠은

$$(ax+by+c)+k(a'x+b'y+c')=0 \quad \cdots\cdots \ㄴ$$

으로 나타내어집니다.

$m\neq 0$이므로 k가 어떤 값을 가지더라도 ㉡은 두 직선 l, l'의 교점을 지나는 직선 중 l'은 표현할 수 없습니다.

두 직선 l, l'의 교점을 지나는 직선은 ㉠ 꼴로 나타낼 수 있고, 두 직선 l, l'의 교점을 지나는 직선 중 l'을 제외한 직선은 ㉡ 꼴로 나타낼 수 있습니다.

개념 Point　　두 직선의 교점을 지나는 직선의 방정식

두 직선 $ax+by+c=0$, $a'x+b'y+c'=0$의 교점을 지나는 직선 중 $a'x+b'y+c'=0$을 제외한 직선의 방정식은

$$(ax+by+c)+k(a'x+b'y+c')=0 \ (단, \ k는 \ 실수)$$

 Plus

두 직선의 교점을 지나는 직선의 방정식을 구할 때에는 표준형 $y=mx+n$을 일반형 $ax+by+c=0$ 꼴로 변형한다.

개념 콕콕

1 점 $(2, 1)$을 지나고 다음 직선에 평행한 직선의 방정식을 구하시오.

(1) $y = 2x + 1$　　　　　(2) $x = 1$　　　　　(3) $y = -1$

2 점 $(2, 1)$을 지나고 다음 직선에 수직인 직선의 방정식을 구하시오.

(1) $y = 2x + 1$　　　　　(2) $x = 1$　　　　　(3) $y = -1$

3 두 직선 $y = mx + n$, $y = 3x - 2$의 교점의 개수가 무수히 많을 때, 상수 m, n에 대하여 $m + n$의 값을 구하시오.

4 두 직선 $ax + y - 1 = 0$, $2x + y - 3 = 0$에 대하여 다음 물음에 답하시오.

(1) 두 직선이 서로 평행할 때, 상수 a의 값을 구하시오.

(2) 두 직선이 서로 수직일 때, 상수 a의 값을 구하시오.

5 두 직선 $ax + by + 2 = 0$, $y = 2x + 1$이 서로 일치할 때, 상수 a, b에 대하여 $a + b$의 값을 구하시오.

6 다음 〈보기〉 중 직선 $x + 2y - 4 = 0$과 평행한 직선을 모두 고르시오.

〈보기〉
ㄱ. $x + 2y + 1 = 0$　　ㄴ. $2x + y - 4 = 0$　　ㄷ. $y = \dfrac{1}{2}x + 2$　　ㄹ. $y = -\dfrac{1}{2}x - 1$

● 풀이 18쪽~19쪽

정답

1 (1) $y = 2x - 3$　(2) $x = 2$　(3) $y = 1$　　　　**2** (1) $y = -\dfrac{1}{2}x + 2$　(2) $y = 1$　(3) $x = 2$

3 1　　　　**4** (1) 2　(2) $-\dfrac{1}{2}$　　　　**5** 2　　　　**6** ㄱ, ㄹ

예제 05

다음 직선의 방정식을 구하시오.

(1) 점 $(2, 3)$을 지나고 직선 $2x-y+1=0$에 평행한 직선

(2) 두 점 $(-1, 1)$, $(3, 3)$을 지나는 직선에 수직이고, 점 $(2, -1)$을 지나는 직선

접근 방법 〉 구하는 직선이 주어진 직선과 평행하면 구하는 직선의 기울기와 주어진 직선의 기울기는 서로 같습니다. 또한 구하는 직선이 주어진 직선과 수직이면 구하는 직선의 기울기와 주어진 직선의 기울기의 곱은 -1입니다.

수매씽 Point

두 직선 $y=mx+n$, $y=m'x+n'$이 $\begin{cases} \text{평행하다.} \Rightarrow m=m', n\neq n' \\ \text{수직이다.} \Rightarrow mm'=-1 \end{cases}$

상세 풀이 〉 (1) 직선 $2x-y+1=0$, 즉 $y=2x+1$에 평행한 직선의 기울기는 2이므로 구하는 직선의 방정식은

$$y-3=2(x-2) \qquad \therefore y=2x-1$$

(2) 두 점 $(-1, 1)$, $(3, 3)$을 지나는 직선의 기울기는

$$\frac{3-1}{3-(-1)}=\frac{1}{2}$$

이므로 구하는 직선의 기울기는 -2이다.

따라서 구하는 직선의 방정식은

$$y-(-1)=-2(x-2) \qquad \therefore y=-2x+3$$

정답 (1) $y=2x-1$ (2) $y=-2x+3$

보충 설명

표준형으로 표현된 두 직선 $y=mx+n$, $y=m'x+n'$의 위치 관계와 연립방정식 $\begin{cases} y=mx+n \\ y=m'x+n' \end{cases}$의 해의 개수는 다음과 같다.

두 직선의 위치 관계	특징	$\begin{cases} y=mx+n \\ y'=m'x+n \end{cases}$	연립방정식의 해의 개수
① 평행하다.	두 직선의 기울기는 같고 y절편이 다르다.	$m=m'$, $n\neq n'$	해가 없다.
② 일치한다.	두 직선의 기울기와 y절편이 각각 같다.	$m=m'$, $n=n'$	해가 무수히 많다.
③ 한 점에서 만난다.	두 직선의 기울기가 다르다.	$m\neq m'$	한 쌍의 해를 가진다.
④ 수직이다.	두 직선의 기울기의 곱이 -1이다.	$mm'=-1$	한 쌍의 해를 가진다.

숫자 바꾸기

한번 더 ✔☐

05-1 다음 직선의 방정식을 구하시오.

(1) 점 $(-2, 1)$을 지나고 직선 $3x+y-2=0$에 평행한 직선

(2) 두 점 $(-4, -1)$, $(2, -3)$을 지나는 직선에 수직이고, 점 $(1, -1)$을 지나는 직선

표현 바꾸기

한번 더 ✔☐

05-2 직선 $3x-4y=1$에 수직이면서 점 $(3, 4)$를 지나는 직선과 x축, y축으로 이루어진 삼각형의 넓이를 구하시오.

개념 넓히기

한번 더 ✔☐

05-3 오른쪽 그림과 같이 좌표평면 위에 마름모 ABCD가 있다.
A$(0, 2)$, B$(2, -1)$이고, 두 대각선 AC와 BD가 각각 x축, y축에 평행할 때, 직선 CD의 방정식을 구하시오.

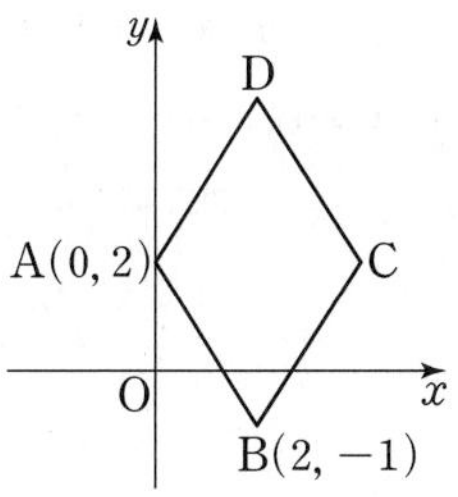

● 풀이 19쪽

정답

05-1 (1) $y=-3x-5$ (2) $y=3x-4$ | **05-2** 24 | **05-3** $y=-\dfrac{3}{2}x+8$

예제 06

두 직선 $x+ay-1=0$, $(a-5)x-6y+2=0$에 대하여 다음 물음에 답하시오.

(1) 두 직선이 서로 평행할 때, 상수 a의 값을 구하시오.

(2) 두 직선이 서로 수직일 때, 상수 a의 값을 구하시오.

접근 방법〉 두 직선의 방정식을 표준형 $y=mx+n$ 꼴로 변형한 후 두 직선의 평행·수직 조건을 이용해도 되지만, 앞에서 정리한 직선의 방정식의 일반형의 평행·수직 조건을 이용해 본다.

수매씽 Point

두 직선 $ax+by+c=0$, $a'x+b'y+c'=0$이 $\begin{cases} \text{평행하다.} \Rightarrow \dfrac{a}{a'}=\dfrac{b}{b'}\neq\dfrac{c}{c'} \\ \text{수직이다.} \Rightarrow aa'+bb'=0 \end{cases}$

상세 풀이〉 (1) 주어진 두 직선이 서로 평행하므로

$$\frac{1}{a-5}=\frac{a}{-6}\neq\frac{-1}{2}$$

$\dfrac{1}{a-5}=\dfrac{a}{-6}$에서 $a^2-5a+6=0$, $(a-2)(a-3)=0$ ∴ $a=2$ 또는 $a=3$

$\dfrac{a}{-6}\neq\dfrac{-1}{2}$에서 $a\neq3$ ∴ $a=2$

(2) 주어진 두 직선이 서로 수직이므로

$$1\times(a-5)+a\times(-6)=0,\ -5a-5=0 \qquad \therefore a=-1$$

정답 (1) 2 (2) -1

보충 설명

위치 관계 〳 구분	$\begin{cases} y=mx+n \\ y'=m'x+n' \end{cases}$	$\begin{cases} ax+by+c=0 \\ a'x+b'y+c'=0 \end{cases}$	연립방정식의 해의 개수
한 점에서 만난다.	$m\neq m'$	$\dfrac{a}{a'}\neq\dfrac{b}{b'}$	한 쌍의 해를 가진다.
수직이다.	$mm'=-1$	$aa'+bb'=0$	
평행하다.	$m=m'$, $n\neq n'$	$\dfrac{a}{a'}=\dfrac{b}{b'}\neq\dfrac{c}{c'}$	해가 없다.
일치한다.	$m=m'$, $n=n'$	$\dfrac{a}{a'}=\dfrac{b}{b'}=\dfrac{c}{c'}$	해가 무수히 많다.

02

06-1 두 직선 $3x+(a-2)y+1=0$, $ax+y+1=0$에 대하여 다음 물음에 답하시오.

(1) 두 직선이 서로 평행할 때, 상수 a의 값을 구하시오.

(2) 두 직선이 서로 수직일 때, 상수 a의 값을 구하시오.

06-2 직선 $ax-y+1=0$이 직선 $2x-by-1=0$에 평행하고, 직선 $x-(b-3)y+3=0$에 수직일 때, 상수 a, b에 대하여 a^2+b^2의 값은?

① 1　　　　　　　② 2　　　　　　　③ 4

④ 5　　　　　　　⑤ 8

06-3 오른쪽 그림과 같이 좌표평면 위에 정사각형 ABCD가 있다. A$(3, 0)$, C$(2, 5)$일 때, 직선 BD의 방정식을 구하시오.

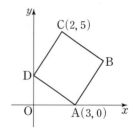

● 풀이 19쪽~20쪽

정답　**06-1** (1) -1　(2) $\dfrac{1}{2}$　　　　**06-2** ④　　　　**06-3** $y=\dfrac{1}{5}x+2$

예제 07 선분의 수직이등분선의 방정식

두 점 $A(-1, 4)$, $B(2, 1)$을 이은 선분 AB를 수직이등분하는 직선의 방정식을 구하시오.

접근 방법 선분 AB를 수직이등분하는 직선을 l이라고 하면 직선 l은 오른쪽 그림과 같이 선분 AB와 수직이고, 선분 AB의 중점을 지나므로 선분의 중점과 기울기를 이용하여 선분의 수직이등분선의 방정식을 구한다.

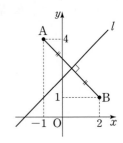

수메씨의 Point 선분 AB를 수직이등분하는 직선을 l이라고 하면
(1) 직선 l은 선분 AB의 중점을 지난다.
(2) $l \perp \overline{AB}$이므로 두 직선의 기울기의 곱은 -1이다.

상세 풀이 선분 AB의 중점의 좌표는

$$\left(\frac{-1+2}{2}, \frac{4+1}{2}\right), \ \text{즉} \ \left(\frac{1}{2}, \frac{5}{2}\right)$$

두 점 A, B를 지나는 직선의 기울기는

$$\frac{1-4}{2-(-1)} = -1$$

따라서 선분 AB의 수직이등분선은 점 $\left(\frac{1}{2}, \frac{5}{2}\right)$를 지나고 기울기가 1인 직선이므로

$$y - \frac{5}{2} = 1 \times \left(x - \frac{1}{2}\right)$$

$$\therefore y = x + 2$$

정답 $y = x + 2$

보충 설명

두 점 $A(-1, 4)$, $B(2, 1)$로부터 같은 거리에 있는 점 P가 나타내는 도형의 방정식이 선분 AB의 수직이등분선이다.

07-1

다음 직선의 방정식을 구하시오.

(1) 두 점 $A(2, -1)$, $B(4, 3)$을 이은 선분 AB의 수직이등분선

(2) 두 점 $C(1, 1)$, $D(3, 1)$을 이은 선분 CD의 수직이등분선

(3) 두 점 $E(1, 1)$, $F(1, -3)$을 이은 선분 EF의 수직이등분선

07-2

다음 물음에 답하시오.

(1) 두 점 $A(1, 3)$, $B(5, 1)$로부터 같은 거리에 있는 점 P가 나타내는 도형의 방정식을 구하시오.

(2) 두 점 $C(3, 1)$, $D(5, -3)$으로부터 같은 거리에 있는 점 P가 나타내는 도형의 방정식을 구하시오.

07-3

두 점 $A(a, 2)$, $B(-2, b)$를 이은 선분 AB의 수직이등분선의 방정식이 $y = 2x + \dfrac{3}{2}$일 때, $a + b$의 값은?

① 6   ② 7   ③ 8

④ 9   ⑤ 10

● 풀이 20쪽~21쪽

정답

07-1 (1) $y = -\dfrac{1}{2}x + \dfrac{5}{2}$ (2) $x = 2$ (3) $y = -1$ **07-2** (1) $y = 2x - 4$ (2) $y = \dfrac{1}{2}x - 3$ **07-3** ④

예제 08

세 직선 $2x+y+3=0$, $x-y-6=0$, $ax-y=0$이 삼각형을 이루지 않도록 하는 모든 실수 a의 값의 합을 구하시오.

접근 방법 ▷ 세 직선이 삼각형을 이루지 않는 경우는 아래 **수매씽 Point**에 정리하여 놓은 것처럼 3가지 경우가 있다. 이때 주어진 두 직선 $2x+y+3=0$, $x-y-6=0$의 기울기는 서로 다르므로 (iii)의 경우는 생각하지 않아도 된다.

수매씽 Point	(ⅰ) 세 직선이 한 점에서 만날 때	(ⅱ) 세 직선 중 두 직선이 평행할 때	(ⅲ) 세 직선이 모두 평행할 때
	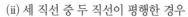		

상세 풀이 ▷ 주어진 세 직선이 삼각형을 이루지 않는 경우는 다음과 같이 2가지가 있다.

(ⅰ) 세 직선이 한 점에서 만나는 경우

두 직선 $2x+y+3=0$, $x-y-6=0$의 교점의 좌표가 $(1, -5)$ 이므로 오른쪽 그림과 같이 직선 $ax-y=0$도 이 점을 지나면 삼각형이 이루어지지 않는다.

연립방정식 $\begin{cases} 2x+y+3=0 \\ x-y-6=0 \end{cases}$의 해

즉, $x=1$, $y=-5$를 $ax-y=0$에 대입하면

$a+5=0$ $\therefore a=-5$

(ⅱ) 세 직선 중 두 직선이 평행한 경우

두 직선 $2x+y+3=0$, $x-y-6=0$의 기울기가 각각 -2, 1이므로 오른쪽 그림과 같이 직선 $ax-y=0$이 두 직선 중 어느 한 직선과 평행하면 삼각형이 이루어지지 않는다.

즉, $ax-y=0$에서 $y=ax$이므로

$a=-2$ 또는 $a=1$

(ⅰ), (ⅱ)에서 구하는 모든 실수 a의 값의 합은

$-5+(-2)+1=-6$

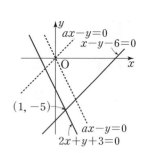

정답 -6

보충 설명

세 직선이 삼각형을 이루는 위치 관계는 오른쪽 그림과 같다.

한번 더 ✓ ☐

08-1 세 직선 $y=x$, $y=ax-2$, $y=-2x+3$이 삼각형을 이루지 않도록 하는 모든 실수 a의 값의 합을 구하시오.

표현 바꾸기

한번 더 ✓ ☐

08-2 세 직선 $3x+y-2=0$, $-x+y=0$, $ax+2y-3=0$에 의하여 생기는 교점이 2개가 되도록 하는 모든 실수 a의 값의 합을 구하시오.

개념 넓히기

풀이 22쪽 ➕ 보충 설명   한번 더 ✓ ☐

08-3 서로 다른 세 직선 $ax-y+2=0$, $x+by-3=0$, $2x-y+4=0$에 의하여 좌표평면이 네 부분으로 나누어질 때, 상수 a, b에 대하여 $a+b$의 값을 구하시오.

• 풀이 21쪽~22쪽

정답

08-1 2   08-2 4   08-3 $\dfrac{3}{2}$

예제 09

직선 $2x-y-4+k(x+y+1)=0$이 실수 k의 값에 관계없이 항상 일정한 점을 지날 때, 이 점의 좌표를 구하시오.

접근 방법〉 '임의의 k에 대하여 ~', 'k의 값에 관계없이 ~'란 말이 나올 때에는 k에 대한 항등식을 생각한다. k에 대한 항등식이면 식을 k에 대하여 정리했을 때, k의 계수와 상수항이 모두 0이 되어야 한다.

수매씽 Point k의 값에 관계없이 $f(x, y)+k \times g(x, y)=0$ ➡ $f(x, y)=0$이고 $g(x, y)=0$

상세 풀이〉 $2x-y-4+k(x+y+1)=0$이 실수 k의 값에 관계없이 항상 성립하므로

$$2x-y-4=0, \ x+y+1=0$$

위의 두 식을 연립하여 풀면

$$x=1, \ y=-2$$

따라서 주어진 직선은 실수 k의 값에 관계없이 항상 점 $(1, \ -2)$를 지난다.

정답 $(1, \ -2)$

보충 설명

연립방정식 $\begin{cases} 2x-y-4=0 \\ x+y+1=0 \end{cases}$의 해는 두 직선 $2x-y-4=0$, $x+y+1=0$의 교점의 좌표이므로 실수 k의 값에 관계없이 직선 $2x-y-4+k(x+y+1)=0$은 항상 두 직선 $2x-y-4=0$, $x+y+1=0$의 교점을 지난다는 것을 알 수 있다.

한편, **공통수학1의 02. 나머지정리** 단원에서 배운 수치대입법을 응용하여 k에 특정한 값을 대입하여 풀 수도 있다. 즉, k의 값에 관계없이 성립한다고 했으므로 k에 임의의 값을 2개 대입하였을 때 나오는 두 직선도 항상 일정한 점을 지나게 된다.

  $k=1$을 대입하면 주어진 식은 $3x-3=0$ ····· ㉠

  $k=0$을 대입하면 주어진 식은 $2x-y-4=0$ ····· ㉡

㉠, ㉡을 연립하여 풀면 $x=1, \ y=-2$

따라서 점 $(1, \ -2)$는 두 직선의 교점이며 주어진 직선이 실수 k의 값에 관계없이 항상 지나는 점이 된다.

09-1

직선 $x-2y+1+k(x+y-2)=0$이 실수 k의 값에 관계없이 항상 일정한 점을 지날 때, 이 점의 좌표를 구하시오.

표현 바꾸기

09-2

직선 $(2k+1)x+(k-1)y+(k+2)=0$이 실수 k의 값에 관계없이 반드시 지나는 사분면은?

① 제1사분면   ② 제2사분면   ③ 제3사분면

④ 제4사분면   ⑤ 제2, 4사분면

개념 넓히기

풀이 22쪽 ➕ 보충 설명

09-3

두 직선 $4x+y-4=0$과 $mx-y-2m+2=0$이 제1사분면에서 만날 때, 실수 m의 값의 범위는?

① $-1<m<0$ ② $-1<m<2$ ③ $0<m<2$

④ $m>2$ ⑤ $m<-1$

• 풀이 22쪽

 정답

09-1 $(1, 1)$ 09-2 ②   09-3 ②

예제 10

두 직선 $3x-2y-6=0$, $x+2y-1=0$의 교점과 점 $(2, -1)$을 지나는 직선의 방정식을 구하시오.

접근 방법 〉 예제 **09**에서 배운 것처럼 한 점에서 만나는 두 직선 $ax+by+c=0$, $a'x+b'y+c'=0$에 대하여 직선

$$(ax+by+c)+k(a'x+b'y+c')=0$$

은 실수 k의 값에 관계없이 항상 두 직선의 교점을 지난다는 사실을 이용한다.

> **수매씽 Point** 두 직선 $ax+by+c=0$, $a'x+b'y+c'=0$의 교점을 지나는 직선의 방정식은
> $$(ax+by+c)+k(a'x+b'y+c')=0 \ (단, k는 실수)$$

상세 풀이 〉 주어진 두 직선의 교점을 지나는 직선의 방정식은

$$3x-2y-6+k(x+2y-1)=0 \ (k는 실수) \quad \cdots\cdots \ ㉠$$

직선 ㉠이 점 $(2, -1)$을 지나므로 $x=2$, $y=-1$을 ㉠에 대입하면

$$3\times2-2\times(-1)-6+k\{2+2\times(-1)-1\}=0$$
$$2-k=0$$
$$\therefore k=2$$

$k=2$를 ㉠에 대입하면

$$3x-2y-6+2(x+2y-1)=0$$
$$\therefore 5x+2y-8=0$$

정답 $5x+2y-8=0$

보충 설명

주어진 두 직선의 교점을 먼저 구한 후에 그 교점과 주어진 점 $(2, -1)$을 지나는 직선의 방정식을 구해도 된다.

실제로 두 직선의 방정식 $3x-2y-6=0$, $x+2y-1=0$을 연립하여 풀면

$$x=\frac{7}{4}, y=-\frac{3}{8}$$

따라서 두 점 $(2, -1)$, $\left(\frac{7}{4}, -\frac{3}{8}\right)$을 지나는 직선의 방정식을 구하면 된다.

02

숫자 바꾸기

한번 더 ☑ ☐

10-1 두 직선 $x+y-2=0$, $2x-y-1=0$의 교점과 점 $(-2, -3)$을 지나는 직선의 방정식을 구하시오.

표현 바꾸기

한번 더 ☑ ☐

10-2 다음 조건을 만족시키는 직선의 방정식을 구하시오.

(1) 두 직선 $6x+16y+3=0$, $x+6y-12=0$의 교점을 지나고 직선 $x+2y-3=0$에 평행한 직선

(2) 두 직선 $x-y-4=0$, $2x+y-5=0$의 교점을 지나고 직선 $2x-6y+3=0$에 수직인 직선

개념 넓히기

풀이 23쪽 ➕ 보충 설명 한번 더 ☑ ☐

10-3 두 직선 $x-y+1=0$, $x-2y+3=0$의 교점을 지나고, 두 직선과 x축이 이루는 삼각형의 넓이를 이등분하는 직선의 방정식을 구하시오.

• 풀이 22쪽~23쪽

정답

10-1 $4x-3y-1=0$ **10-2** (1) $x+2y+3=0$ (2) $3x+y-8=0$ **10-3** $2x-3y+4=0$

예제 11

두 점 A, B 사이의 거리가 6일 때, $\overline{PA}^2 - \overline{PB}^2 = 24$인 점 P가 나타내는 도형을 구하시오.

접근 방법 > 특정한 조건을 만족시키는 점 $P(x, y)$에 대하여 그 조건을 x, y로 나타낸 식 $f(x, y) = 0$을 점 P가 나타내는 도형의 방정식이라고 한다.

즉, 구하는 점의 좌표를 (x, y)라고 하고 주어진 조건을 이용하여 x, y 사이의 관계식을 구한다.

수매씽 Point 조건을 만족시키는 점의 좌표를 (x, y)라고 하고 x, y 사이의 관계식을 구한다.

상세 풀이 > $\overline{AB} = 6$이므로 오른쪽 그림과 같이 점 A를 좌표평면 위의 원점에 놓고 점 B의 좌표를 $(6, 0)$이라고 할 때, 점 P의 좌표를 (x, y)라고 하면 $\overline{PA}^2 - \overline{PB}^2 = 24$에서

$$(x^2 + y^2) - \{(x-6)^2 + y^2\} = 24$$

이 식을 전개하여 정리하면

$$12x = 60$$

$$\therefore x = 5$$

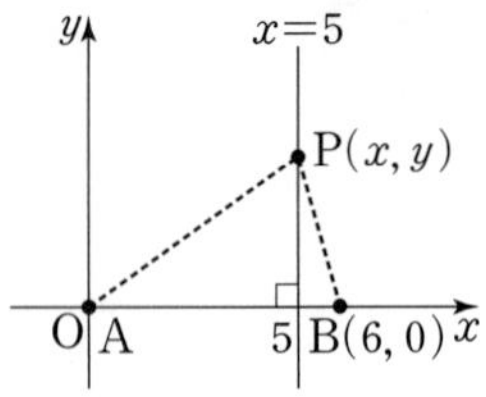

따라서 점 P가 나타내는 도형은 선분 AB를 5 : 1로 내분하는 점을 지나고 선분 AB에 수직인 직선이다.

정답 선분 AB를 5 : 1로 내분하는 점을 지나고 선분 AB에 수직인 직선

보충 설명

점 A의 좌표를 $(-3, 0)$, 점 B의 좌표를 $(3, 0)$으로 놓고 풀어도 같은 결과를 얻을 수 있다.

11-1 두 점 A, B 사이의 거리가 8일 때, $\overline{PA}^2 - \overline{PB}^2 = 32$인 점 P가 나타내는 도형을 구하시오.

11-2 점 $P(a, b)$가 직선 $y = -x + 2$ 위를 움직일 때, 점 $Q(a-b, a+b)$가 나타내는 도형의 방정식은?

① $x = 1$　　　　　　② $y = 2$　　　　　　③ $x - y = -4$

④ $x + y = 0$　　　　⑤ $x + y = 2$

11-3 점 $A(8, -6)$과 직선 $4x - 3y + 25 = 0$ 위를 움직이는 점 P를 이은 선분 AP를 $2 : 1$로 내분하는 점이 나타내는 도형의 방정식을 $y = f(x)$라고 할 때, $f(6)$의 값을 구하시오.

• 풀이 23쪽~24쪽

정답　11-1 선분 AB를 $3 : 1$로 내분하는 점을 지나고 선분 AB에 수직인 직선　　11-2 ②　　11-3 8

3 점과 직선 사이의 거리

좌표평면에서 두 점의 좌표를 알 때, 두 점 사이의 거리 공식을 이용하면 두 점 사이의 거리를 구할 수 있습니다. 이 단원에서는 직선 밖의 한 점과 직선 사이의 거리를 구하는 공식에 대하여 알아봅시다.

오른쪽 그림과 같이 좌표평면 위의 한 점 P에서 점 P를 지나지 않는 직선 l에 내린 수선의 발을 H라고 할 때, 선분 PH의 길이를 점 P와 직선 l 사이의 거리라고 합니다.

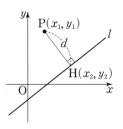

점 $P(x_1,\ y_1)$에서 직선 $l : ax+by+c=0$에 내린 수선의 발을 $H(x_2,\ y_2)$라고 하면 점 P와 직선 l 사이의 거리는 선분 PH의 길이와 같습니다.

이제 선분 PH의 길이를 구해 봅시다.

(i) $a\neq0,\ b\neq0$일 때,

직선 $l : ax+by+c=0$에서 $y=-\dfrac{a}{b}x-\dfrac{c}{b}$이므로 직선 l의 기울기는 $-\dfrac{a}{b}$이고, 직선

PH의 기울기는 $\dfrac{y_2-y_1}{x_2-x_1}$입니다. $\overline{\text{PH}}\perp l$이므로

$$-\frac{a}{b}\times\frac{y_2-y_1}{x_2-x_1}=-1 \qquad \therefore \frac{x_2-x_1}{a}=\frac{y_2-y_1}{b}$$

$\dfrac{x_2-x_1}{a}=\dfrac{y_2-y_1}{b}=k\ (k\text{는 실수})$로 놓으면

$$x_2-x_1=ak,\ y_2-y_1=bk \qquad\qquad \cdots\cdots ㉠$$
$$\therefore \overline{\text{PH}}=\sqrt{(x_2-x_1)^2+(y_2-y_1)^2}=\sqrt{(ak)^2+(bk)^2}$$
$$=\sqrt{(a^2+b^2)k^2}=|k|\sqrt{a^2+b^2} \qquad\qquad \cdots\cdots ㉡$$

한편, 점 $H(x_2,\ y_2)$는 직선 l 위의 점이므로

$$ax_2+by_2+c=0 \qquad\qquad \cdots\cdots ㉢$$

입니다. ㉠에서 $x_2=x_1+ak,\ y_2=y_1+bk$이므로 이를 ㉢에 대입하면

$$a(x_1+ak)+b(y_1+bk)+c=0 \qquad \therefore k=-\frac{ax_1+by_1+c}{a^2+b^2} \qquad \cdots\cdots ㉣$$

㉣을 ㉡에 대입하면

$$\overline{\text{PH}}=\left|-\frac{ax_1+by_1+c}{a^2+b^2}\right|\sqrt{a^2+b^2}=\frac{|ax_1+by_1+c|}{\sqrt{a^2+b^2}} \qquad\qquad \cdots\cdots ㉤$$

→ 점 $(x_1,\ y_1)$의 좌표를 $ax+by+c$에 대입한 값

→ 계수들의 제곱의 합

입니다.

(ii) $a=0$, $b\neq0$일 때,   ← 직선 l은 x축에 평행하다.

직선 l : $ax+by+c=0$에서 $y=-\dfrac{c}{b}$이므로

$$\overline{\mathrm{PH}}=\left|y_1-\left(-\dfrac{c}{b}\right)\right|=\left|\dfrac{by_1+c}{b}\right|$$

이것은 ㉤에 $a=0$을 대입한 것과 같으므로 이때에도 ㉤이 성립합니다.

(iii) $a\neq0$, $b=0$일 때,   ← 직선 l은 y축에 평행하다.

(ii)와 같은 방법으로 ㉤이 성립합니다.

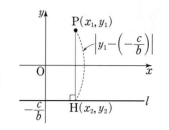

개념 Point　점과 직선 사이의 거리

1 점 $\mathrm{P}(x_1,\ y_1)$과 직선 $ax+by+c=0$ 사이의 거리 d는 $d=\dfrac{|ax_1+by_1+c|}{\sqrt{a^2+b^2}}$

2 원점 $\mathrm{O}(0,\ 0)$과 직선 $ax+by+c=0$ 사이의 거리 d는 $d=\dfrac{|c|}{\sqrt{a^2+b^2}}$

+ Plus

점과 직선 사이의 거리를 구할 때에는 직선의 방정식의 일반형을 이용하여 푼다.

개념 콕콕

1 다음 물음에 답하시오.

(1) 점 $(3,\ 1)$과 직선 $3x-4y+5=0$ 사이의 거리를 구하시오.

(2) 점 $(0,\ 0)$과 직선 $y=-2x+5$ 사이의 거리를 구하시오.

2 점 $(3,4)$와 직선 $6x+ky-10=0$ 사이의 거리가 4일 때, 상수 k의 값을 구하시오.

● 풀이 24쪽

정답　**1** (1) 2　(2) $\sqrt{5}$　　　　　**2** 8

예제 12

다음 평행한 두 직선 사이의 거리를 구하시오.

(1) $3x-4y+8=0$, $3x-4y-2=0$

(2) $y=x+1$, $y=x+3$

접근 방법 > 평행한 두 직선 사이의 거리는 평행한 두 직선에 수직인 직선을 그었을 때 생기는 두 교점 사이의 거리이다. 즉, 평행한 두 직선 사이의 거리는 한 직선 위의 점에서 다른 직선까지의 거리이므로 어떤 점을 선택하든지 거리는 같다.

따라서 한 직선 위의 임의의 점을 잡아 다른 직선까지의 거리를 구한다. 이때 점과 직선 사이의 거리를 구하는 공식을 적용하려면 직선의 방정식은 반드시 $ax+by+c=0$ 꼴로 변형해야 한다.

> **수매씽 Point** 점 (x_1, y_1)과 직선 $ax+by+c=0$ 사이의 거리 d는
> $$d=\frac{|ax_1+by_1+c|}{\sqrt{a^2+b^2}}$$

상세 풀이 > (1) 주어진 두 직선이 서로 평행하므로 두 직선 사이의 거리는 직선 $3x-4y+8=0$ 위의 한 점 $(0, 2)$와 직선 $3x-4y-2=0$ 사이의 거리와 같다.

따라서 구하는 두 직선 사이의 거리는

$$\frac{|-4\times2-2|}{\sqrt{3^2+(-4)^2}}=\frac{|-10|}{5}=2$$

(2) 주어진 두 직선이 서로 평행하므로 두 직선 사이의 거리는 직선 $y=x+1$ 위의 한 점 $(0, 1)$과 직선 $y=x+3$, 즉 $x-y+3=0$ 사이의 거리와 같다.

따라서 구하는 두 직선 사이의 거리는

$$\frac{|-1+3|}{\sqrt{1^2+(-1)^2}}=\frac{2}{\sqrt{2}}=\sqrt{2}$$

정답 (1) 2 (2) $\sqrt{2}$

보충 설명

평행하지 않은 두 직선 사이의 거리는 한 직선 위에서 선택하는 점의 위치에 따라 다른 한 직선에 이르는 거리가 달라지므로 두 직선 사이의 거리를 구할 수 없다.

따라서 두 직선 사이의 거리는 두 직선이 평행한 경우에만 구할 수 있다.

숫자 바꾸기

한번 더 ✓ ☐

12-1

다음 평행한 두 직선 사이의 거리를 구하시오.

(1) $4x+3y+1=0$, $4x+3y+6=0$

(2) $y=-2x-1$, $y=-2x+4$

표현 바꾸기

한번 더 ✓ ☐

12-2

좌표평면 위의 점 $(-1, 0)$을 지나는 직선 l과 점 $(0, 2)$ 사이의 거리가 $\sqrt{5}$일 때, 직선 l의 기울기는?

① $-\dfrac{1}{2}$　　　　② $-\dfrac{1}{3}$　　　　③ $\dfrac{1}{3}$

④ $\dfrac{1}{2}$　　　　⑤ 1

개념 넓히기

한번 더 ✓ ☐

12-3

두 직선 $2x+y=8$, $mx+(m-3)y=-6$이 서로 평행할 때, 두 직선 사이의 거리는?

(단, m은 상수이다.)

① 2　　　　② 4　　　　③ $2\sqrt{5}$

④ $2\sqrt{6}$　　　　⑤ 6

● 풀이 24쪽~25쪽

정답　　12-1 (1) 1　(2) $\sqrt{5}$　　　　12-2 ①　　　　12-3 ③

세 점 $A(0, 4)$, $B(-3, 1)$, $C(1, -2)$를 꼭짓점으로 하는 삼각형 ABC의 넓이를 구하시오.

접근 방법 (삼각형의 넓이)$=\dfrac{1}{2}\times$(밑변의 길이)$\times$(높이)이므로 점 A에서 직선

BC에 내린 수선의 발을 H라고 하면

　　(밑변의 길이)$=$(선분 BC의 길이)

　　(높이)$=$(선분 AH의 길이)$=$(점 A와 직선 BC 사이의 거리)

임을 이용한다.

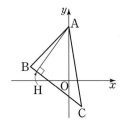

수매씽 Point 삼각형 ABC의 넓이는 밑변을 $\overline{BC}$로 잡으면 높이는 점 A와 직선 BC 사이의 거리이다.

➡ $\triangle ABC=\dfrac{1}{2}\times\overline{BC}\times$(높이)

상세 풀이 $\overline{BC}=\sqrt{\{1-(-3)\}^2+(-2-1)^2}=\sqrt{25}=5$

직선 BC의 방정식은 $y-1=\dfrac{-2-1}{1-(-3)}\{x-(-3)\}$

$\qquad y-1=-\dfrac{3}{4}(x+3)\qquad\therefore 3x+4y+5=0$

삼각형 ABC의 높이는 점 A와 직선 BC 사이의 거리와 같으므로 점 $A(0, 4)$와 직선

$3x+4y+5=0$ 사이의 거리는

$$\dfrac{|4\times4+5|}{\sqrt{3^2+4^2}}=\dfrac{21}{5}\qquad\therefore \triangle ABC=\dfrac{1}{2}\times5\times\dfrac{21}{5}=\dfrac{21}{2}$$

다른 풀이 오른쪽 그림에서

$\qquad\triangle ABC=\square ADEC-(\triangle ADB+\triangle BEC)$

$\qquad\qquad=\dfrac{1}{2}\times(3+4)\times6-\left(\dfrac{1}{2}\times3\times3+\dfrac{1}{2}\times4\times3\right)$

$\qquad\qquad=\dfrac{42}{2}-\dfrac{21}{2}=\dfrac{21}{2}$

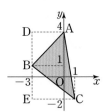

정답 $\dfrac{21}{2}$

보충 설명

다음과 같은 일명 '신발끈 공식'을 이용해서 쉽게 풀 수도 있다.

세 점 $A(x_1, y_1)$, $B(x_2, y_2)$, $C(x_3, y_3)$을 지나는 삼각형의 넓이는

$\qquad\qquad\qquad\qquad\qquad\qquad\qquad$ 맨 앞에 쓴 것을 한 번 더 쓴다.

$$\triangle ABC=\dfrac{1}{2}\left|\begin{array}{cccc}x_1 & x_2 & x_3 & \boxed{\begin{array}{c}x_1\\y_1\end{array}}\\y_1 & y_2 & y_3 &\end{array}\right|=\dfrac{1}{2}|(x_1y_2+x_2y_3+x_3y_1)-(x_2y_1+x_3y_2+x_1y_3)|$$

빨간 선으로 연결된 것들끼리 곱해서 더한 후, 파란 선으로 연결된 것들끼리 곱해서 더한 것을 빼준 것이다.

즉, 삼각형 ABC의 넓이는 $\triangle ABC=\dfrac{1}{2}\left|\begin{array}{cccc}0 & -3 & 1 & 0\\4 & 1 & -2 & 4\end{array}\right|=\dfrac{1}{2}|(6+4)-(-12+1)|=\dfrac{21}{2}$

숫자 바꾸기

풀이 25쪽 ➕ 보충 설명
한번 더 ✓ ☐

13-1

세 점 $A(-2, 4)$, $B(0, -2)$, $C(4, 1)$을 꼭짓점으로 하는 삼각형 ABC의 넓이를 구하시오.

표현 바꾸기

한번 더 ✓ ☐

13-2

두 점 $(3, 5)$, $(5, 3)$을 지나는 직선이 두 직선 $y=x$, $y=3x$와 만나는 점을 각각 A, B라고 할 때, 삼각형 OAB의 넓이를 구하시오. (단, O는 원점이다.)

개념 넓히기

한번 더 ✓ ☐

13-3

세 직선 $x+2y-11=0$, $x-y+4=0$, $x-3y+4=0$으로 만들어지는 삼각형의 넓이는?

① 12　　　　　　② 15　　　　　　③ 18

④ 21　　　　　　⑤ 24

● 풀이 25쪽~26쪽

정답 　　13-1 15　　　　　　13-2 8　　　　　　13-3 ②

1   두 점 $(m, 4)$, $(2, -m)$을 지나는 직선의 기울기가 m일 때, 양수 m의 값을 구하시오.

2   좌표평면에서 직선 $l : x-2y+4=0$이 x축, y축과 만나는 점을 각각 A, B라 하자. 선분 AB의 중점 C를 지나고 직선 l에 수직인 직선의 방정식은 $y=mx+n$이다. 두 상수 m, n에 대하여 $m+n$의 값은?

① -6 ② -5 ③ -4

④ -3 ⑤ -2

3   다음 물음에 답하시오.

(1) 직선 $\dfrac{x}{3}+\dfrac{y}{4}=1$과 x축 및 y축으로 둘러싸인 삼각형의 넓이를 구하시오.

(2) 좌표평면에서 제4사분면을 지나지 않는 직선 $ax+by+1=0$과 x축, y축으로 둘러싸인 부분의 넓이가 4일 때, 상수 a, b에 대하여 ab의 값을 구하시오.

4   짧은 변과 긴 변의 길이가 각각 2, 4인 두 직사각형 A, B와 한 변의 길이가 2인 정사각형 8개를 오른쪽 그림과 같이 겹치지 않게 배열하였다. 두 직사각형 A, B의 넓이를 동시에 이등분하는 직선과 점 P 사이의 거리를 구하시오.

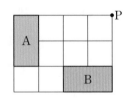

5   다음 물음에 답하시오.

(1) 두 직선 $y=-2(k+1)x-k$, $y=(k+1)^2x+3$이 서로 평행할 때, 상수 k의 값을 구하시오.

(2) 두 직선 $x+ay+a=0$, $ax+(a+2)y+4=0$이 일치할 때, 상수 a의 값을 구하시오.

• 정답 및 풀이 26쪽~28쪽

6 좌표평면 위의 점 $A(2, 0)$에서 직선 $2x-y+6=0$에 내린 수선의 발을 B라 할 때, 점 B의 x좌표는?

① -3 ② $-\dfrac{5}{2}$ ③ -2

④ $-\dfrac{3}{2}$ ⑤ -1

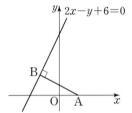

7 세 직선 $x+3y=2$, $x-2y=4$, $ax-y=2$로 둘러싸인 삼각형이 직각삼각형일 때, 모든 상수 a의 값의 합은?

① -2 ② -1 ③ $-\dfrac{1}{2}$

④ 1 ⑤ 2

8 두 직선 $y=4x-1$, $y=3x+2$의 교점을 지나는 직선 중 x절편과 y절편이 같은 직선의 방정식을 구하시오. (단, x절편과 y절편은 0이 아니다.)

9 직선 $2x-y-1=0$에 평행하고, 원점으로부터의 거리가 $\sqrt{5}$인 직선의 방정식을 모두 구하시오.

10 두 점 $(4, 6)$, $(6, 4)$를 지나는 직선이 두 직선 $y=x$, $y=4x$와 만나는 점을 각각 A, B라고 할 때, 삼각형 OAB의 넓이를 구하시오. (단, O는 원점이다.)

11 오른쪽 그림과 같이 직선 $y=-2x+12$ 위의 한 점 P에서 x축에 내린 수선의 발을 Q, y축에 내린 수선의 발을 R이라고 하자. 이때 직사각형 OQPR의 넓이의 최댓값을 구하시오.

(단, O는 원점이고, 점 P는 제1사분면 위의 점이다.)

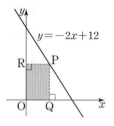

12 두 양의 정수 a, b에 대하여 x절편이 a이고, y절편이 b인 직선이 점 $(1, 2)$를 지날 때, ab의 최댓값을 구하시오.

13 오른쪽 그림과 같이 직선 $\dfrac{x}{a}+\dfrac{y}{b}=1$이 x축, y축, 직선 $y=mx$와 만나는 점을 각각 A, B, M이라고 하면 삼각형 OAM과 삼각형 OMB의 넓이의 비가 1 : 2이다. 다음 중 m을 a, b에 대한 식으로 바르게 나타낸 것은? (단, O는 원점이고, $a>0$, $b>0$이다.)

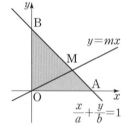

① $m=\dfrac{2b}{a}$ ② $m=\dfrac{2a}{b}$ ③ $m=\dfrac{1}{ab}$

④ $m=\dfrac{b}{2a}$ ⑤ $m=\dfrac{a}{2b}$

14 세 점 A$(-2, -1)$, B$(5, 1)$, C$(3, 5)$를 꼭짓점으로 하는 삼각형 ABC가 있다. 삼각형 ABC의 넓이가 직선 $y=mx+2m-1$에 의하여 이등분될 때, 상수 m의 값을 구하시오.

15 세 직선 $x+y-1=0$, $x-y-3=0$, $ax-2y+4=0$이 오직 한 점에서 만날 때, 상수 a의 값을 구하시오.

16 임의의 실수 k에 대하여 직선 $l : (2x+y-5)+k(x-y-1)=0$과 두 점 $A(-2,\ 1)$, $B(1,\ -2)$를 이은 선분 AB에 대한 다음 설명 중 옳지 <u>않은</u> 것은?

① k의 값에 관계없이 직선 l은 점 $(2,\ 1)$을 지난다.

② 직선 l은 직선 $x-y-1=0$과 일치할 수 없다.

③ 직선 l은 $\overline{AB}$와 한 점에서 만날 수 있다.

④ 직선 l은 $\overline{AB}$와 평행할 수 있다.

⑤ 직선 l은 $\overline{AB}$와 수직이 될 수 있다.

17 다음 물음에 답하시오.

(1) 두 직선 $x+3y-4=0$, $3x+y+2=0$으로부터 같은 거리에 있는 점 P가 나타내는 도형의 방정식을 모두 구하시오.

(2) 두 직선 $x+2y-1=0$, $2x+y+1=0$이 이루는 각을 이등분하는 직선의 방정식을 모두 구하시오.

18 평행한 두 직선 $mx+y-3=0$, $mx+y+m=0$ 사이의 거리가 2일 때, 모든 상수 m의 값의 합을 구하시오.

19 다음 조건을 만족시키는 직선의 방정식을 모두 구하시오.

(1) 점 $(2,\ 1)$을 지나고 원점으로부터의 거리가 1인 직선

(2) 점 $(1,\ 2)$를 지나고 원점으로부터의 거리가 1인 직선

20 점 $(2,\ -1)$을 지나는 직선 중에서 원점으로부터의 거리가 최대인 직선의 기울기를 구하시오.

21
(교육청)

그림과 같이 원점을 지나는 직선 l이 원점 O와 다섯 개의 점 A(5, 0), B(5, 1), C(3, 1), D(3, 3), E(0, 3)을 선분으로 이은 도형 OABCDE의 넓이를 이등분한다. 이때 직선 l의 기울기는 $\dfrac{q}{p}$이다. $p+q$의 값은? (단, p, q는 서로소인 자연수이다.)

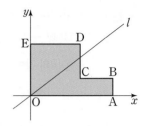

① 15 ② 16 ③ 17

④ 18 ⑤ 19

22
(교육청)

그림과 같이 좌표평면 위의 점 A(8, 6)에서 x축에 내린 수선의 발을 H라 하고, 선분 OH 위의 점 B에서 선분 OA에 내린 수선의 발을 I라 하자. $\overline{BH}=\overline{BI}$일 때, 직선 AB의 방정식은 $y=mx+n$이다. $m+n$의 값은? (단, O는 원점이고, m, n은 상수이다.)

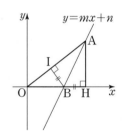

① -10 ② -9 ③ -8

④ -7 ⑤ -6

23
(교육청)

그림과 같이 한 변의 길이가 3인 정사각형 ABCD가 있다. 변 CD를 1 : 2로 내분하는 점을 E라고 할 때, 선분 BE를 접는 선으로 하여 정사각형을 접었더니 점 C가 사각형 ABED의 내부의 한 점 C′으로 옮겨졌다. 이때 점 A와 직선 BC′ 사이의 거리를 구하시오.

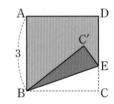

24
(교육청)

좌표평면에서 $3<a<7$인 실수 a에 대하여 이차함수 $y=x^2-2ax-20$의 그래프 위의 점 P와 직선 $y=2x-12a$ 사이의 거리의 최솟값을 $f(a)$라 하자. $f(a)$의 최댓값은?

① $\dfrac{4\sqrt{5}}{5}$ ② $\sqrt{5}$ ③ $\dfrac{6\sqrt{5}}{5}$

④ $\dfrac{7\sqrt{5}}{5}$ ⑤ $\dfrac{8\sqrt{5}}{5}$

03

원의 방정식

1 원의 방정식

- **원의 방정식의 표준형**

  중심의 좌표가 (a, b)이고 반지름의 길이가 r인 원의 방정식은
  $$(x-a)^2 + (y-b)^2 = r^2$$

- **원의 방정식의 일반형**
  $$x^2 + y^2 + Ax + By + C = 0 \ (단, \ A^2 + B^2 - 4C > 0)$$

2 원과 직선의 위치 관계

(1) 원의 방정식과 직선의 방정식을 연립하여 만든 이차방정식의 판별식을 D라고 하면 원과 직선의 위치 관계는 다음과 같다.

	원과 직선의 위치 관계
$D > 0$	서로 다른 두 점에서 만난다.
$D = 0$	접한다.(한 점에서 만난다.)
$D < 0$	만나지 않는다.

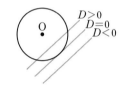

(2) 반지름의 길이가 r인 원의 중심에서 직선까지의 거리를 d라고 하면 원과 직선의 위치 관계는 다음과 같다.

	원과 직선의 위치 관계
$d < r$	서로 다른 두 점에서 만난다.
$d = r$	접한다.(한 점에서 만난다.)
$d > r$	만나지 않는다.

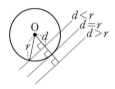

3 원의 접선의 방정식

- **기울기가 주어진 원의 접선의 방정식**

  원 $x^2 + y^2 = r^2 \ (r > 0)$에 접하고 기울기가 m인 접선의 방정식은
  $$y = mx \pm r\sqrt{m^2 + 1}$$

- **원 위의 한 점에서의 원의 접선의 방정식**

  원 $x^2 + y^2 = r^2$ 위의 점 (x_1, y_1)에서의 접선의 방정식은
  $$x_1 x + y_1 y = r^2$$

Q&A

Q 원의 방정식에서 접선의 방정식을 구하는 공식을 외워야 할까요?

A 원의 접선의 방정식은 3가지 경우, 즉 기울기가 주어졌을 때, 원 위의 한 점이 주어졌을 때, 원 밖의 한 점이 주어졌을 때에 대한 공식을 외우는 것이 편리합니다. 하지만 공식을 이용할 수 있는 경우가 제한적이기 때문에 반드시 유도 과정을 기억해야 합니다.

1 원의 방정식

1 원의 방정식의 표준형

좌표평면 위의 한 정점 C로부터 같은 거리에 있는 점들의 모임을 원이라고 합니다. 이때 정점 C를 원의 중심, 같은 거리를 반지름의 길이라고 합니다.

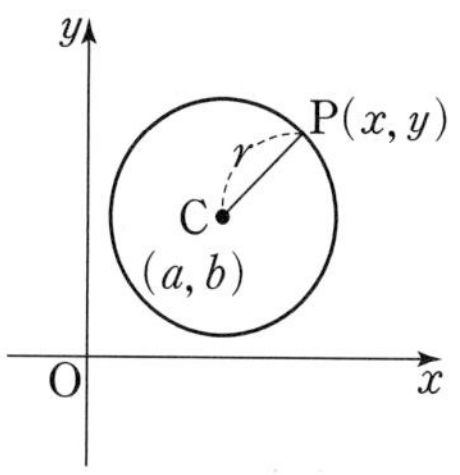

오른쪽 그림과 같이 중심 C의 좌표가 (a, b)이고, 반지름의 길이가 r인 원의 방정식을 구해 봅시다. 원 위의 임의의 점을 $P(x, y)$라고 하면 원의 중심으로부터 점 $P(x, y)$에 이르는 거리는

$$\overline{CP} = r$$

이므로 두 점 사이의 거리를 구하는 공식으로부터

$$\sqrt{(x-a)^2 + (y-b)^2} = r$$

입니다. 위 식의 양변을 제곱하면

$$(x-a)^2 + (y-b)^2 = r^2 \quad \cdots\cdots \text{㉠}$$

거꾸로 ㉠을 만족시키는 점을 $P(x, y)$라고 하면 $\overline{CP} = r$이므로 점 $P(x, y)$는 점 C를 중심으로 하고 반지름의 길이가 r인 원 위에 있습니다.

따라서 방정식 ㉠이 구하는 원의 방정식이고, 이 식을 원의 방정식의 표준형이라고 합니다.

특히, 중심이 원점이고 반지름의 길이가 r인 원의 방정식은 ㉠에서 $a=b=0$이므로

$$x^2 + y^2 = r^2 \quad \leftarrow \text{특히, 중심이 원점이고 반지름의 길이가 1인 원을 단위원이라고 한다.}$$

입니다.

> **Example** 중심의 좌표가 $(-3, 4)$이고 반지름의 길이가 2인 원의 방정식은
> $$\{x-(-3)\}^2 + (y-4)^2 = 2^2 \quad \therefore (x+3)^2 + (y-4)^2 = 4$$

2 원의 방정식의 일반형

원의 방정식 $(x-a)^2 + (y-b)^2 = r^2$을 전개하여 내림차순으로 정리하면

$$x^2 + y^2 - 2ax - 2by + a^2 + b^2 - r^2 = 0$$

이때 $-2a = A$, $-2b = B$, $a^2 + b^2 - r^2 = C$라고 하면

$$x^2 + y^2 + Ax + By + C = 0 \quad \cdots\cdots \text{㉠} \quad \leftarrow \text{원의 방정식은 } x, y\text{에 대한 이차방정식에서 } x^2, y^2\text{의 계수가 서로 같고 } xy\text{의 계수가 0인 경우이다.}$$

꼴로 나타낼 수 있고, 이 식을 원의 방정식의 일반형이라고 합니다.

또한 일반형으로 나타낸 원의 방정식을 다음과 같이 완전제곱식을 이용하여 표준형으로 변형하면 중심의 좌표와 반지름의 길이를 구할 수 있습니다. ㉠을 변형하면

$$\left(x^2+Ax+\frac{A^2}{4}\right)+\left(y^2+By+\frac{B^2}{4}\right)-\frac{A^2}{4}-\frac{B^2}{4}+C=0$$

$$\therefore \left(x+\frac{A}{2}\right)^2+\left(y+\frac{B}{2}\right)^2=\frac{A^2+B^2-4C}{4} \quad \cdots\cdots ㉡$$

따라서 x^2, y^2의 계수가 서로 같고 xy항을 포함하지 않는 x, y에 대한 이차방정식 ㉠은 $\underline{A^2+B^2-4C>0}$일 때,

중심의 좌표가 $\left(-\dfrac{A}{2},\ -\dfrac{B}{2}\right)$, 반지름의 길이가 $\dfrac{\sqrt{A^2+B^2-4C}}{2}$

인 원을 나타냅니다. ⟶ $A^2+B^2-4C=0$이면 ㉡은 점 $\left(-\dfrac{A}{2},\ -\dfrac{B}{2}\right)$를 나타내고, $A^2+B^2-4C<0$이면 ㉡을 만족시키는 실수 x, y가 존재하지 않는다.

Example

(1) 원의 방정식 $x^2+y^2-8x+4y+4=0$에서

$(x^2-8x+16)+(y^2+4y+4)=16 \quad \therefore (x-4)^2+(y+2)^2=4^2$

따라서 주어진 원의 중심의 좌표는 $(4, -2)$이고 반지름의 길이는 4이다.

(2) 원의 방정식 $x^2+y^2-8x+4y+16=0$에서

$(x^2-8x+16)+(y^2+4y+4)=4 \quad \therefore (x-4)^2+(y+2)^2=2^2$

따라서 주어진 원의 중심의 좌표는 $(4, -2)$이고 반지름의 길이는 2이다.

(3) 원의 방정식 $x^2+y^2-4x+4y+4=0$에서

$(x^2-4x+4)+(y^2+4y+4)=4 \quad \therefore (x-2)^2+(y+2)^2=2^2$

따라서 주어진 원의 중심의 좌표는 $(2, -2)$이고 반지름의 길이는 2이다.

개념 Point 　**원의 방정식**

1 원의 방정식의 표준형

중심의 좌표가 (a, b)이고 반지름의 길이가 r인 원의 방정식은

$$(x-a)^2+(y-b)^2=r^2$$

특히, 중심이 원점이고 반지름의 길이가 r인 원의 방정식은

$$x^2+y^2=r^2$$

2 원의 방정식의 일반형

$$x^2+y^2+Ax+By+C=0 \ (단,\ A^2+B^2-4C>0)$$

+ Plus

원의 중심의 좌표나 반지름의 길이가 주어진 경우에는 원의 방정식의 표준형, 즉 $(x-a)^2+(y-b)^2=r^2$ 꼴을, 세 점을 지나는 원의 방정식을 구하는 경우에는 원의 방정식의 일반형, 즉 $x^2+y^2+Ax+By+C=0$ 꼴을 이용한다.

서로 다른 두 점 $A(a_1, b_1)$, $B(a_2, b_2)$를 지름의 양 끝 점으로 하는 원의 방정식은

$$(x-a_1)(x-a_2)+(y-b_1)(y-b_2)=0$$

이 공식은 지름의 양 끝 점의 중점이 원의 중심이 되고, 지름의 양 끝 점 사이의 거리의 절반이 반지름의 길이가 됨을 이용하여 다음과 같이 증명할 수 있다.

Proof

두 점 $A(a_1, b_1)$, $B(a_2, b_2)$를 지름의 양 끝

점으로 하는 원의 중심의 좌표는

$$\left(\frac{a_1+a_2}{2}, \frac{b_1+b_2}{2}\right)$$

이고 반지름의 길이는

$$\frac{1}{2}\sqrt{(a_2-a_1)^2+(b_2-b_1)^2}$$

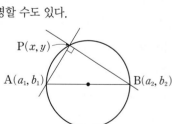

이므로 원의 방정식은

$$\left(x-\frac{a_1+a_2}{2}\right)^2+\left(y-\frac{b_1+b_2}{2}\right)^2=\frac{1}{4}\{(a_2-a_1)^2+(b_2-b_1)^2\}$$

위의 식을 정리하면

$$x^2-(a_1+a_2)x+\frac{1}{4}(a_1+a_2)^2+y^2-(b_1+b_2)y+\frac{1}{4}(b_1+b_2)^2$$

$$=\frac{1}{4}(a_2-a_1)^2+\frac{1}{4}(b_2-b_1)^2$$

$$x^2-(a_1+a_2)x+a_1a_2+y^2-(b_1+b_2)y+b_1b_2=0$$

$$\therefore (x-a_1)(x-a_2)+(y-b_1)(y-b_2)=0$$

또한 지름의 양 끝 점과 원 위의 임의의 점을 연결하여 만든 삼각형은 직각삼각형이 됨을 이용하여 다음과 같이 증명할 수도 있다.

Proof

수직인 두 직선이 기울기의 곱이 -1임을 이용하여 증명할 수도 있다.

오른쪽 그림과 같이 두 점 $A(a_1, b_1)$, $B(a_2, b_2)$를

지름의 양 끝 점으로 하는 원 위의 임의의 점을

$P(x, y)$라고 하면 $\angle APB=90°$이므로

(직선 AP의 기울기)$\times$(직선 BP의 기울기)$=-1$

즉, $\dfrac{y-b_1}{x-a_1}\times\dfrac{y-b_2}{x-a_2}=-1$

$$(y-b_1)(y-b_2)=-(x-a_1)(x-a_2)$$

$$\therefore (x-a_1)(x-a_2)+(y-b_1)(y-b_2)=0$$

또한 삼각형 PAB는 $\angle APB=90°$인 직각삼각형이므로 피타고라스 정리에 의하여 $\overline{PA}^2+\overline{PB}^2=\overline{AB}^2$

이 성립함을 이용해도 같은 결과를 얻을 수 있다.

❸ 좌표축에 접하는 원의 방정식

중심의 좌표가 (a, b)이고 반지름의 길이가 r인 원이 x축에 접하면 중심에서 x축에 내린 수선의 발까지의 거리가 원의 반지름의 길이입니다. 즉,

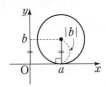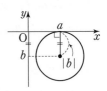

$$r = |(중심의 \ y좌표)| = |b|$$

임을 알 수 있습니다.

같은 원리로 중심의 좌표가 (a, b)이고 반지름의 길이가 r인 원이 y축에 접하면

$$r = |(중심의 \ x좌표)| = |a|$$

임을 알 수 있습니다.

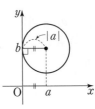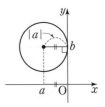

Example

(1) 오른쪽 그림에서 원의 중심의 좌표는 $(4, 3)$이고, 원의 반지름의 길이는 3이므로 구하는 원의 방정식은

$$(x-4)^2 + (y-3)^2 = 9$$

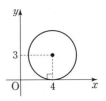

(2) 오른쪽 그림에서 원의 중심의 좌표는 $(2, -3)$이고, 원의 반지름의 길이는 2이므로 구하는 원의 방정식은

$$(x-2)^2 + (y+3)^2 = 4$$

> x축, y축에 동시에 접하는 원의 중심은 직선 $y=x$ 또는 $y=-x$ 위에 있다.

또한 반지름의 길이가 r인 원이 x축, y축에 동시에 접하면

$$r = |(중심의 \ x좌표)| = |(중심의 \ y좌표)|$$

이므로 중심의 위치에 따라 원의 방정식은 다음과 같습니다.

① 중심이 제1사분면에 있을 때, $(x-r)^2 + (y-r)^2 = r^2$

② 중심이 제2사분면에 있을 때, $(x+r)^2 + (y-r)^2 = r^2$

③ 중심이 제3사분면에 있을 때, $(x+r)^2 + (y+r)^2 = r^2$

④ 중심이 제4사분면에 있을 때, $(x-r)^2 + (y+r)^2 = r^2$

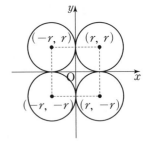

개념 Point　　**좌표축에 접하는 원의 방정식**

중심의 좌표가 (a, b)이고 반지름의 길이가 r인 원이

1 x축에 접하면 $r = |b|$

2 y축에 접하면 $r = |a|$

3 x축, y축에 동시에 접하면 $r = |a| = |b|$

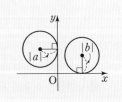

1 다음 방정식이 나타내는 원의 중심의 좌표와 반지름의 길이를 각각 구하시오.

(1) $x^2+y^2=5$ (2) $(x-3)^2+(y+1)^2=16$

(3) $x^2+(y-1)^2=2$ (4) $(x-4)^2+y^2=1$

2 다음 원의 방정식을 구하시오.

(1) 중심이 $(3, -2)$이고 반지름의 길이가 4인 원

(2) 중심이 $(-1, 5)$이고 반지름의 길이가 $\sqrt{3}$인 원

3 다음 방정식이 나타내는 원의 중심의 좌표와 반지름의 길이를 각각 구하시오.

(1) $x^2+y^2+4x-6y=0$ (2) $x^2+y^2+2x+8y-8=0$

(3) $x^2+y^2+6x=0$ (4) $(x-1)(x-5)+(y-2)(y-8)=0$

4 다음 원의 방정식을 구하시오.

(1) 중심이 $(3, 4)$이고 x축에 접하는 원   (2) 중심이 $(-3, 4)$이고 y축에 접하는 원

(3) 중심이 $(3, -4)$이고 y축에 접하는 원   (4) 중심이 $(-3, -4)$이고 x축에 접하는 원

5 다음 원의 방정식을 구하시오.

(1) 중심이 $(2, 2)$이고 x축, y축에 동시에 접하는 원

(2) 중심이 $(-3, 3)$이고 x축, y축에 동시에 접하는 원

(3) 중심이 $(-4, -4)$이고 x축, y축에 동시에 접하는 원

(4) 중심이 $(\sqrt{2}, -\sqrt{2})$이고 x축, y축에 동시에 접하는 원

• 풀이 33쪽

정답

1 (1) 중심의 좌표 : $(0, 0)$, 반지름의 길이 : $\sqrt{5}$ (2) 중심의 좌표 : $(3, -1)$, 반지름의 길이 : 4
   (3) 중심의 좌표 : $(0, 1)$, 반지름의 길이 : $\sqrt{2}$ (4) 중심의 좌표 : $(4, 0)$, 반지름의 길이 : 1

2 (1) $(x-3)^2+(y+2)^2=16$ (2) $(x+1)^2+(y-5)^2=3$

3 (1) 중심의 좌표 : $(-2, 3)$, 반지름의 길이 : $\sqrt{13}$ (2) 중심의 좌표 : $(-1, -4)$, 반지름의 길이 : 5
   (3) 중심의 좌표 : $(-3, 0)$, 반지름의 길이 : 3   (4) 중심의 좌표 : $(3, 5)$, 반지름의 길이 : $\sqrt{13}$

4 (1) $(x-3)^2+(y-4)^2=16$ (2) $(x+3)^2+(y-4)^2=9$
   (3) $(x-3)^2+(y+4)^2=9$ (4) $(x+3)^2+(y+4)^2=16$

5 (1) $(x-2)^2+(y-2)^2=4$ (2) $(x+3)^2+(y-3)^2=9$
   (3) $(x+4)^2+(y+4)^2=16$ (4) $(x-\sqrt{2})^2+(y+\sqrt{2})^2=2$

예제 01

다음 원의 방정식을 구하시오.

(1) 중심의 좌표가 $(3, 4)$이고, 점 $(-1, 1)$을 지나는 원

(2) 두 점 $A(1, 4)$, $B(-5, -2)$를 지름의 양 끝 점으로 하는 원

접근 방법 > (2)에서는 두 점 A, B에 대하여 원의 중심은 선분 AB의 중점이고, 반지름의 길이는 $\frac{1}{2}\overline{AB}$임을 이용하여 원의 중심의 좌표와 반지름의 길이를 구한다.

> **수매씽 Point** 중심의 좌표가 (a, b)이고 반지름의 길이가 r인 원의 방정식은
> $$(x-a)^2+(y-b)^2=r^2$$

상세 풀이 > (1) 원의 반지름의 길이를 r이라고 하면 원의 방정식은
$$(x-3)^2+(y-4)^2=r^2$$
이 원이 점 $(-1, 1)$을 지나므로
$$(-1-3)^2+(1-4)^2=r^2 \qquad \therefore r^2=25$$
따라서 구하는 원의 방정식은
$$(x-3)^2+(y-4)^2=25$$

(2) 선분 AB의 중점이 원의 중심이므로 그 좌표는
$$\left(\frac{1+(-5)}{2}, \frac{4+(-2)}{2}\right) \qquad \therefore (-2, 1)$$
선분 AB가 원의 지름이므로 원의 반지름의 길이는
$$\frac{1}{2}\overline{AB}=\frac{1}{2}\sqrt{(-5-1)^2+(-2-4)^2}=\frac{1}{2}\times 6\sqrt{2}=3\sqrt{2}$$
따라서 구하는 원의 방정식은
$$(x+2)^2+(y-1)^2=18$$

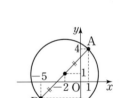

정답 (1) $(x-3)^2+(y-4)^2=25$ (2) $(x+2)^2+(y-1)^2=18$

보충 설명

일반적으로 두 점을 지나는 원은 하나로 정해지지 않고, 무수히 많다. 그러나 (2)와 같이 주어진 두 점이 지름의 양 끝 점인 경우에는 두 점을 이은 선분이 원의 지름으로 정해지기 때문에 원은 하나로 정해진다.

즉, (2)에서 원의 중심의 좌표와 반지름의 길이가 직접 주어지지는 않았지만 양 끝 점을 이은 선분의 중점이 원의 중심이고, 양 끝 점 사이의 거리의 $\frac{1}{2}$이 반지름의 길이라는 것을 이용하여 원의 방정식을 구한 것이다.

풀이 34쪽 ➕ 보충 설명 한번 더 ✓ ▢

01-1

다음 원의 방정식을 구하시오.

(1) 중심의 좌표가 $(3, -2)$이고 원점을 지나는 원

(2) 두 점 $A(5, 3)$, $B(1, -1)$에 대하여 선분 AB를 지름으로 하는 원

(3) 중심이 y축 위에 있고, 두 점 $(-2, -1)$, $(2, 3)$을 지나는 원

표현 바꾸기

한번 더 ✓ ▢

01-2

두 점 $A(-2, -7)$, $B(4, 1)$을 지름의 양 끝 점으로 하는 원의 방정식이
$(x-a)^2+(y-b)^2=r^2$일 때, 상수 a, b, r에 대하여 $a+b+r$의 값은? (단, $r>0$)

① 3　　　　　　② 4　　　　　　③ 5

④ 6　　　　　　⑤ 7

개념 넓히기

한번 더 ✓ ▢

01-3

중심이 직선 $y=x-1$ 위에 있고, 두 점 $(-5, 0)$, $(1, 2)$를 지나는 원의 방정식이
$$(x-a)^2+(y-b)^2=c$$
일 때, 상수 a, b, c에 대하여 $a+b+c$의 값을 구하시오.

● 풀이 34쪽~35쪽

예제

02

세 점 $P(-1, 2)$, $Q(2, 3)$, $R(6, 1)$을 지나는 원의 중심의 좌표와 반지름의 길이를 각각 구하시오.

접근 방법 > 원 위의 세 점이 주어졌을 때, 원의 방정식을 일반형, 즉 $x^2+y^2+Ax+By+C=0$에 세 점의 좌표를 각각 대입하여 상수 A, B, C의 값을 구한다. 여기서 구한 원의 방정식을 표준형, 즉 $(x-a)^2+(y-b)^2=r^2$ 꼴로 변형하면 원의 중심의 좌표와 반지름의 길이를 구할 수 있다.

수매씽 Point 원 위의 세 점이 주어진 경우에는 원의 방정식을 $x^2+y^2+Ax+By+C=0$이라 하고 세 점의 좌표를 각각 대입한다.

상세 풀이 > 원의 방정식을 $x^2+y^2+Ax+By+C=0$이라 하고 세 점 $P(-1, 2)$, $Q(2, 3)$, $R(6, 1)$의 좌표를 차례대로 대입하여 정리하면

$$A-2B-C=5 \qquad \cdots\cdots ㉠$$
$$2A+3B+C=-13 \qquad \cdots\cdots ㉡$$
$$6A+B+C=-37 \qquad \cdots\cdots ㉢$$

㉠+㉡을 하면 $3A+B=-8 \qquad \cdots\cdots ㉣$

㉠+㉢을 하면 $7A-B=-32 \qquad \cdots\cdots ㉤$

㉣+㉤을 하면 $10A=-40$

$$\therefore A=-4, B=4, C=-17$$

즉, 원의 방정식은

$$x^2+y^2-4x+4y-17=0$$
$$(x^2-4x+4)+(y^2+4y+4)-25=0$$
$$\therefore (x-2)^2+(y+2)^2=25$$

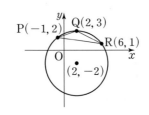

따라서 구하는 원의 중심의 좌표는 $(2, -2)$, 반지름의 길이는 5이다.

정답 중심의 좌표 : $(2, -2)$, 반지름의 길이 : 5

보충 설명

한 직선 위에 있지 않은 서로 다른 세 점을 지나는 원은 오직 하나뿐이므로 원 위의 세 점이 주어지면 하나의 원의 방정식을 구할 수 있다.

원의 방정식의 일반형 $x^2+y^2+Ax+By+C=0$에 주어진 세 점 P, Q, R의 좌표를 각각 대입하면 3개의 방정식을 얻을 수 있으므로 이 3개의 식을 연립하여 풀면 상수 A, B, C의 값을 모두 구할 수 있다.

이때 세 점 P, Q, R을 지나는 원은 이 세 점을 꼭짓점으로 하는 삼각형 PQR의 외접원이다.

숫자 바꾸기   한번 더 ✓ ☐

02-1

다음 세 점을 지나는 원의 중심의 좌표와 반지름의 길이를 각각 구하시오.

(1) $P(0, -1)$, $Q(-1, 0)$, $R(3, 2)$

(2) $P(2, 0)$, $Q(1, -1)$, $R(3, 3)$

표현 바꾸기   한번 더 ✓ ☐

02-2

네 점 $(-4, 0)$, $(-2, 4)$, $(5, 3)$, $(1, a)$가 한 원 위의 점일 때, 양수 a의 값을 구하시오.

개념 넓히기   한번 더 ✓ ☐

02-3

세 직선 $x+2y-12=0$, $x-y+3=0$, $x-3y+3=0$으로 만들어지는 삼각형의 외접원의 넓이는?

① 16π ② 24π ③ 25π

④ 32π ⑤ 36π

• 풀이 35쪽 ~36쪽

정답

02-1 (1) 중심의 좌표 : $(1, 1)$, 반지름의 길이 : $\sqrt{5}$ (2) 중심의 좌표 : $(-2, 3)$, 반지름의 길이 : 5

02-2 5 **02-3** ③

예제 03

다음 물음에 답하시오.

(1) 점 $(-2, 0)$에서 x축에 접하고 넓이가 16π인 원의 방정식을 구하시오.

(2) 점 $(0, -3)$에서 y축에 접하고 점 $(-1, 0)$을 지나는 원의 넓이를 구하시오.

접근 방법 > 원이 좌표축에 접하면 반지름의 길이는 원의 중심의 좌표를 이용해서 나타낼 수 있다. 즉, 좌표축에 접하는 원 $(x-a)^2+(y-b)^2=r^2$은 그림을 그려서 반지름의 길이를 확인할 수 있다.

(1) x축에 접하는 원   (2) y축에 접하는 원   (3) x축, y축에 동시에 접하는 원

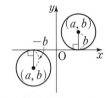   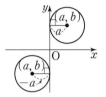   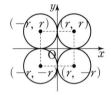

수매씨 Point

원 $(x-a)^2+(y-b)^2=r^2$이 $\begin{cases} x축에 접하면 r=|b| \\ y축에 접하면 r=|a| \end{cases}$

상세 풀이 > (1) 점 $(-2, 0)$에서 x축에 접하므로 원의 중심을 $(-2, a)$라고 하면 원의 방정식은

$$(x+2)^2+(y-a)^2=a^2$$

$\pi a^2=16\pi$에서 $a^2=16$ $\therefore a=4$ 또는 $a=-4$

따라서 구하는 원의 방정식은

$$(x+2)^2+(y-4)^2=16 \text{ 또는 } (x+2)^2+(y+4)^2=16$$

(2) 점 $(0, -3)$에서 y축에 접하므로 원의 중심을 $(b, -3)$이라고 하면 원의 방정식은

$$(x-b)^2+(y+3)^2=b^2$$

이 원이 점 $(-1, 0)$을 지나므로

$$(-1-b)^2+3^2=b^2, \ 2b+10=0 \quad \therefore b=-5$$

따라서 구하는 원의 넓이는 $\pi \times 5^2=25\pi$

정답 (1) $(x+2)^2+(y-4)^2=16$ 또는 $(x+2)^2+(y+4)^2=16$ (2) 25π

보충 설명

제1, 3사분면에서 x축, y축에 동시에 접하는 원의 중심은 직선 $y=x$ 위에 있고,

제2, 4사분면에서 x축, y축에 동시에 접하는 원의 중심은 직선 $y=-x$ 위에 있다.

또한 x축과 y축에 동시에 접하면서 한 점 P를 지나는 원은 두 개 존재한다.

03-1 다음 물음에 답하시오.

(1) 점 $(0, 4)$에서 y축에 접하고 넓이가 9π인 원의 방정식을 구하시오.

(2) 점 $(3, 0)$에서 x축에 접하고 점 $(0, -6)$을 지나는 원의 넓이를 구하시오.

03-2 중심이 직선 $y = x + 1$ 위에 있고 y축에 접하는 원 중에서 점 $(1, 3)$을 지나는 원의 방정식을 구하시오.

03-3 점 $(-1, 3)$을 지나고 x축과 y축에 동시에 접하는 두 원의 반지름의 길이의 합은?

① 5   ② 6   ③ 7

④ 8   ⑤ 9

정답

03-1 (1) $(x-3)^2 + (y-4)^2 = 9$ 또는 $(x+3)^2 + (y-4)^2 = 9$ (2) $\dfrac{225}{16}\pi$

03-2 $(x-1)^2 + (y-2)^2 = 1$ 또는 $(x-5)^2 + (y-6)^2 = 25$ **03-3** ④

예제 04

두 점 $A(-2, 0)$, $B(4, 0)$에 대하여 $\overline{AP} : \overline{BP} = 2 : 1$을 만족시키는 점 P가 나타내는 도형의 방정식을 구하시오.

접근 방법 〉 좌표평면 위의 두 점으로부터 거리의 비가 $1 : 1$인 점이 나타내는 도형은 두 점을 이은 선분의 수직이등분선임을 배웠다. 여기에서는 두 점으로부터 거리의 비가 $m : n\,(m \neq n)$인 점이 나타내는 도형의 방정식을 구해야 하므로 점 P의 좌표를 (x, y)라 하고, $\overline{AP} : \overline{BP} = 2 : 1$, 즉 등식 $\overline{AP} = 2\overline{BP}$를 이용하여 x와 y 사이의 관계식을 구한다.

> **수매씽 Point** 점이 나타내는 도형의 방정식을 구할 때에는 점의 좌표를 (x, y)로 놓고 x, y 사이의 관계식을 세운다.

상세 풀이 〉 점 P의 좌표를 (x, y)라고 하면

$\overline{AP} : \overline{BP} = 2 : 1$에서 $\overline{AP} = 2\overline{BP}$이므로

$$\sqrt{(x+2)^2 + y^2} = 2\sqrt{(x-4)^2 + y^2}$$

양변을 제곱하면

$$x^2 + 4x + 4 + y^2 = 4(x^2 - 8x + 16 + y^2)$$

$$3x^2 + 3y^2 - 36x + 60 = 0$$

$$x^2 + y^2 - 12x + 20 = 0$$

$$\therefore (x-6)^2 + y^2 = 16 \quad \leftarrow \text{점 P가 나타내는 도형은 중심의 좌표가 } (6, 0) \text{이고, 반지름의 길이가 4인 원이다.}$$

> **정답** $(x-6)^2 + y^2 = 16$

보충 설명

일반적으로 두 점 A, B에 대하여

$$\overline{AP} : \overline{BP} = m : n\,(m > 0, n > 0, m \neq n)$$

인 점 P가 나타내는 도형은 선분 AB를 $m : n$으로 내분하는 점 P_1과 선분 AP_2를 $(m-n) : n$으로 내분하는 점이 점 B가 되는 점 P_2를 지름의 양 끝 점으로 하는 원이 된다.

➡ 두 점 P_1, P_2를 지름의 양 끝 점으로 하는 원

이와 같은 원을 '아폴로니우스의 원'이라고 한다.

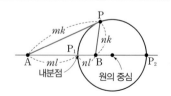

풀이 37쪽 ➕ 보충 설명 한번 더 ✓

04-1 다음 점 P가 나타내는 도형의 방정식을 구하시오.

(1) 두 점 $A(-1, 0)$, $B(5, 0)$에 대하여 $\overline{AP} : \overline{BP} = 1 : 2$를 만족시키는 점 P

(2) 두 점 $A(-5, 0)$, $B(10, 0)$에 대하여 $\overline{AP} : \overline{BP} = 2 : 3$을 만족시키는 점 P

풀이 37쪽 ➕ 보충 설명 한번 더 ✓

04-2 두 점 $A(2, 3)$, $B(4, 0)$에 대하여 $\overline{OP}^2 = \overline{AP}^2 + \overline{BP}^2$을 만족시키는 점 P가 나타내는 도형의 길이는? (단, O는 원점이다.)

① 4π ② 6π ③ 8π

④ 10π ⑤ 12π

한번 더 ✓

04-3 다음 점 P가 나타내는 도형의 방정식을 구하시오.

(1) 점 $A(4, 0)$과 원 $x^2 + y^2 = 4$ 위의 점을 이은 선분의 중점 P

(2) 점 $A(6, 8)$에서 원점을 지나는 직선에 내린 수선의 발 P

• 풀이 37쪽~38쪽

정답
04-1 (1) $(x+3)^2 + y^2 = 16$ (2) $(x+17)^2 + y^2 = 324$ **04-2** ③

04-3 (1) $(x-2)^2 + y^2 = 1$ (2) $(x-3)^2 + (y-4)^2 = 25$

2 원과 직선의 위치 관계

1 원과 직선의 위치 관계

원과 직선의 위치 관계는 서로 다른 두 점에서 만나거나 한 점에서 만나거나 만나지 않는 세 가지 경우가 있습니다. 여기에서는 원과 직선의 위치 관계를 파악하는 두 가지 방법에 대하여 공부해 보겠습니다.

1. 판별식을 이용한 원과 직선의 위치 관계

원과 직선의 교점의 개수가 원의 방정식과 직선의 방정식을 연립하여 만든 이차방정식의 실근의 개수와 같음을 이용하면 원과 직선의 위치 관계에 대하여 알 수 있습니다.

원과 직선의 방정식을 각각

$$x^2+y^2=r^2 \qquad \cdots\cdots ㉠$$
$$y=mx+n \qquad \cdots\cdots ㉡$$

이라고 할 때, ㉡을 ㉠에 대입하면

$$x^2+(mx+n)^2=r^2$$
$$\therefore (m^2+1)x^2+2mnx+(n^2-r^2)=0 \quad \cdots\cdots ㉢ \quad \leftarrow m^2+1 \neq 0$$이므로 x에 대한 이차방정식이다.

따라서 이 이차방정식의 판별식을 D라고 할 때, 방정식 ㉢은 $D>0$이면 서로 다른 두 실근, $D=0$이면 중근, $D<0$이면 서로 다른 두 허근을 가지므로 D의 부호에 따라 원 ㉠과 직선 ㉡의 위치 관계는 다음과 같이 세 가지 경우가 있습니다. → 실근을 가지지 않는다.

	$D>0$	$D=0$	$D<0$
원과 직선의 위치 관계	서로 다른 두 점에서 만난다.	접한다. (한 점에서 만난다.)	만나지 않는다.

Example | 원 $x^2+y^2=9$와 직선 $y=2x-5$에서 $y=2x-5$를 $x^2+y^2=9$에 대입하면

$$x^2+(2x-5)^2=9 \qquad \therefore 5x^2-20x+16=0$$

이 이차방정식의 판별식을 D라고 하면

$$\frac{D}{4}=(-10)^2-5\times16=20>0$$

따라서 원 $x^2+y^2=9$와 직선 $y=2x-5$는 서로 다른 두 점에서 만난다. $\cdots\cdots$ ★

2. 점과 직선 사이의 거리 공식을 이용한 원과 직선의 위치 관계

원의 중심과 직선 사이의 거리 d와 원의 반지름의 길이 r 사이의 대소 관계를 이용해서도 원과 직선의 위치 관계를 알 수 있습니다.

예를 들어 오른쪽 그림과 같이 원의 중심과 직선 사이의 거리가 원의 반지름의 길이보다 작으면 원과 직선이 두 점에서 만나는 것을 알 수 있습니다.

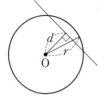

즉, 원 $(x-x_1)^2+(y-y_1)^2=r^2$의 중심 (x_1, y_1)과 직선 $ax+by+c=0$ 사이의 거리

$$d=\frac{|ax_1+by_1+c|}{\sqrt{a^2+b^2}}$$

의 값과 원의 반지름의 길이 r의 크기를 비교하면 원과 직선의 위치 관계를 알 수 있습니다.

따라서 반지름의 길이가 r인 원과 한 직선이 주어졌을 때, 원의 중심과 직선 사이의 거리를 d라고 하면 원과 직선의 위치 관계는 다음과 같이 세 가지 경우가 있습니다.

	$d<r$	$d=r$	$d>r$
원과 직선의 위치 관계	서로 다른 두 점에서 만난다.	접한다. (한 점에서 만난다.)	만나지 않는다.

Example 원 $x^2+y^2=9$의 중심 $(0, 0)$과 직선 $y=2x-5$, 즉 $2x-y-5=0$ 사이의 거리 d는

$$d=\frac{|2\times0-0-5|}{\sqrt{2^2+(-1)^2}}=\sqrt{5}$$

이때 원의 반지름의 길이가 $r=3$이므로 $\sqrt{5}<3$

따라서 원 $x^2+y^2=9$와 직선 $y=2x-5$는 서로 다른 두 점에서 만난다.

이것은 판별식을 이용하여 구한 앞의 ★의 결과와 같다.

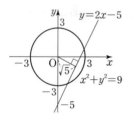

개념 Point   원과 직선의 위치 관계

원의 방정식과 직선의 방정식을 연립하여 만든 이차방정식의 판별식을 D, 반지름의 길이가 r인 원의 중심에서 직선까지의 거리를 d라고 하면 원과 직선의 위치 관계는 다음과 같다.

서로 다른 두 점에서 만난다.	접한다.(한 점에서 만난다.)	만나지 않는다.
$D>0$(서로 다른 두 실근)	$D=0$(중근)	$D<0$(허근)
$d<r$	$d=r$	$d>r$

② 두 원의 위치 관계 [교육과정 외]

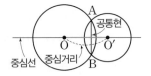

오른쪽 그림과 같이 두 점에서 만나는 두 원의 중심 O, O'을 지나는 직선을 중심선이라 하고, 선분 OO'의 길이를 두 원의 중심거리라고 합니다. 이때 한 원 위의 두 점을 이은 선분을 현이라고 하는데, 오른쪽 그림과 같이 두 원이 서로 다른 두 점 A, B에서 만날 때, 선분 AB를 두 원의 공통현이라고 합니다.

또한 두 원이 한 점에서 만날 때 두 원이 서로 접한다고 하는데, 두 원이 서로 외부에서 접하는 경우 두 원이 외접한다고 하고, 한 원이 다른 원의 내부에서 접하는 경우 두 원이 내접한다고 합니다. 이때 두 원이 만나는 점을 두 원의 접점이라고 합니다. ← 두 원의 접점은 항상 중심선 위에 있다.

> **Example**
>
> 두 원 $x^2+y^2=r^2$, $x^2+y^2-6x-8y+16=0$에서
> $x^2+y^2-6x-8y+16=0$은 $(x-3)^2+(y-4)^2=9$
> 따라서 두 원의 중심의 좌표는 각각 $(0, 0)$, $(3, 4)$이므로 두 원의 중심거리 d는
> $$d=\sqrt{3^2+4^2}=5$$

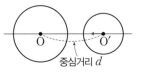

두 원 O, O'의 반지름의 길이를 각각 r, r' $(r>r')$, 중심거리를 d라고 할 때, 오른쪽 그림과 같이 서로 떨어져 있는 두 원 O, O'의 중심거리를 점점 줄여 보면 두 원의 위치 관계는 다음과 같이 5가지 경우가 있습니다.

(1) 한 원이 다른 원의 외부에 있는 경우		(2) 두 원이 외접하는 경우	
$d>r+r'$		$d=r+r'$	

(3) 두 원이 서로 다른 두 점에서 만나는 경우	(4) 두 원이 내접하는 경우	(5) 한 원이 다른 원의 내부에 있는 경우
$r-r'<d<r+r'$	$d=r-r'$	$d<r-r'$

원과 직선의 위치 관계를 원의 중심과 직선 사이의 거리 d와 반지름의 길이 r 사이의 대소 관계로 나타낸 것처럼 두 원의 위치 관계도 두 원의 중심을 연결한 선분 OO'의 길이, 즉 중심거리 d와 두 원의 반지름의 길이 r, r'의 합, 차 사이의 대소 관계로 나타낼 수 있습니다.

한편, 두 원의 위치 관계를 교점의 개수에 따라 다음과 같이 나눌 수 있습니다.

(1) 교점이 2개일 때,

$r-r'<d<r+r'$ ➡ 두 원이 서로 다른 두 점에서 만난다.

(2) 교점이 1개일 때,

$d=r+r'$ 또는 $d=r-r'$ ➡ 두 원이 접한다. ← 두 원이 외접하거나 내접한다.

(3) 교점이 0개일 때,

$d>r+r'$ 또는 $d<r-r'$ ➡ 두 원이 만나지 않는다. ← 한 원이 다른 원의 외부에 있거나 내부에 있다.

두 원의 위치 관계는 두 원이 한 점에서 만날 때, 즉 내접과 외접을 기준으로 생각하는 것이 편리합니다. 특히, 두 원이 내접 또는 외접하는 경우에는 두 원의 중심과 접점이 일직선 위에 있음을 기억합시다.

Example

(1) 두 원 $(x+2)^2+(y-2)^2=9$,

$(x-1)^2+(y+2)^2=4$의 중심의 좌표가 각각

$(-2, 2)$, $(1, -2)$이므로 중심거리 d는

$d=\sqrt{(1+2)^2+(-2-2)^2}=\sqrt{25}=5$

이때 두 원의 반지름의 길이가 각각 3, 2이므로

$5=3+2$ ← $d=r+r'$

따라서 두 원 $(x+2)^2+(y-2)^2=9$, $(x-1)^2+(y+2)^2=4$는 외접한다.

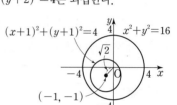

(2) 두 원 $x^2+y^2=16$, $(x+1)^2+(y+1)^2=4$의

중심의 좌표가 각각 $(0, 0)$, $(-1, -1)$이므

로 중심거리 d는

$d=\sqrt{(-1)^2+(-1)^2}=\sqrt{2}$

이때 두 원의 반지름의 길이가 각각 4, 2이므로

$\sqrt{2}<4-2$ ← $d<r-r'$

따라서 원 $(x+1)^2+(y+1)^2=4$는 원 $x^2+y^2=16$의 내부에 있다.

개념 Point **두 원의 위치 관계**

두 원의 반지름의 길이를 각각 r, r' $(r>r')$, 중심거리를 d라고 할 때, 두 원의 위치 관계에 따른 r, r', d 사이의 관계는 다음과 같다.

1 한 원이 다른 원의 외부에 있다. ➡ $d>r+r'$

2 두 원이 외접한다. ➡ $d=r+r'$

3 두 원이 서로 다른 두 점에서 만난다. ➡ $r-r'<d<r+r'$

4 두 원이 내접한다. ➡ $d=r-r'$

5 한 원이 다른 원의 내부에 있다. ➡ $d<r-r'$

❸ 두 원의 교점을 지나는 직선 및 원의 방정식

이번에는 두 원이 서로 다른 두 점에서 만날 때, 두 원의 교점을 지나는 직선의 방정식, 즉 공통현의 방정식과 원의 방정식을 구하는 방법에 대하여 알아봅시다.

두 원 O, O'이 두 점 A, B에서 만날 때, 원의 방정식의 일반형을 이용하여 두 점 A, B를 지나는 공통현의 방정식을 구해 봅시다.

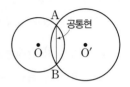

두 점에서 만나는 두 원

$$O : x^2+y^2+ax+by+c=0 \quad \cdots\cdots ㉠$$
$$O' : x^2+y^2+a'x+b'y+c'=0 \quad \cdots\cdots ㉡$$

의 교점의 좌표는 두 방정식 ㉠, ㉡을 동시에 만족시키므로 ㉠$-$㉡을 하여 얻은 방정식

$$(a-a')x+(b-b')y+(c-c')=0 \quad \cdots\cdots ㉢ \quad \leftarrow \text{두 원의 방정식에서 이차항을 소거한 식이다.}$$

도 만족시킵니다.

이때 ㉢은 직선의 방정식을 나타내고, 두 교점을 지나는 직선의 방정식은 단 하나이므로 이 직선이 두 원의 교점을 지나는 직선의 방정식, 즉 공통현의 방정식이 됩니다.

이와 같이 두 원의 교점을 지나는 직선의 방정식, 즉 공통현의 방정식은 두 원의 방정식에서 이차항을 소거하면 구할 수 있습니다.

Example
(1) 오른쪽 그림과 같이 두 원

$$x^2+y^2=16, \ x^2+y^2-10x+14=0$$

이 서로 다른 두 점 A, B에서 만난다.
이때 두 원의 방정식에서 이차항을 소거하면

$$(x^2+y^2-16)-(x^2+y^2-10x+14)=0$$
$$10x-30=0 \quad \therefore x=3$$

따라서 두 원의 교점 A, B를 지나는 공통현의 방정식은 $x=3$

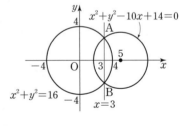

(2) 오른쪽 그림과 같이 두 원

$$x^2+y^2=4, \ x^2+y^2+2x-2y+1=0$$

이 서로 다른 두 점 A, B에서 만난다.
이때 두 원의 방정식에서 이차항을 소거하면

$$(x^2+y^2+2x-2y+1)-(x^2+y^2-4)=0$$
$$\therefore 2x-2y+5=0$$

따라서 두 원의 교점 A, B를 지나는 공통현의 방정식은 $2x-2y+5=0$
참고로 두 원의 중심 $(0, 0)$, $(-1, 1)$을 지나는 직선 $y=-x$는 공통현 AB를 수직이 등분하므로 두 직선의 기울기의 곱은 -1이다.

현 또는 공통현의 길이는 다음의 성질을 이용하여 구한다.

> 원의 중심에서 현에 내린 수선은 그 현을 수직이등분한다.
> 반대로 원에서 현의 수직이등분선은 그 원의 중심을 지난다.

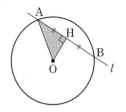

❶ 중심 O와 직선 l 사이의 거리 $\overline{OH}$를 구한다.

❷ 직각삼각형 AOH에서 피타고라스 정리에 의하여 선분 AH의 길이를
구한다.

❸ 현의 길이는 $\overline{AB}=2\overline{AH}$이다.

한편, 일반적으로 두 점에서 만나는 두 원

$$O : x^2+y^2+ax+by+c=0$$
$$O' : x^2+y^2+a'x+b'y+c'=0$$

에 대하여

$$(x^2+y^2+ax+by+c)+k(x^2+y^2+a'x+b'y+c')=0 \ (k는 \ 실수) \quad \cdots\cdots ㉣$$

은 k의 값에 관계없이 항상 두 원의 교점을 지납니다. ← k에 대한 항등식이다.

(ⅰ) $k=-1$일 때,

[그림 1]과 같이 두 원의 교점을 지나는 직선의 방정식, 즉 공통현의 방정식은

$$(x^2+y^2+ax+by+c)-(x^2+y^2+a'x+b'y+c')=0$$
$$\therefore (a-a')x+(b-b')y+(c-c')=0$$

(ⅱ) $k\neq-1$일 때,

이차항이 없어지지 않으므로 두 원의 교점을 지나는 원의 방정식이 됩니다.

그런데 두 원 O, O'의 교점을 지나는 원 ㉣은 [그림 2]와 같이 무수히 많으므로 두 원의
교점을 지나는 원 ㉣ 위의 점 중에서 두 원 O, O'의 교점이 아닌 다른 한 점이 주어질 때,
원 ㉣은 유일하게 결정됩니다.

이때 원의 방정식 ㉣의 k가 어떠한 실수 값을 가지더라도 원 O'은 나타낼 수 없음에 주의
해야 합니다.

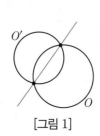

[그림 1]

[그림 2]

Example 다음 그림과 같이 방정식

$$(x^2+y^2-10x+12)+k(x^2+y^2-8)=0$$

이 나타내는 도형은 실수 k의 값에 관계없이 항상 일정한 두 점, 즉 두 원

$$x^2+y^2-10x+12=0, \ x^2+y^2-8=0$$

의 교점을 지난다.

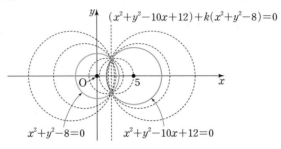

이때 두 원의 방정식에서 이차항을 소거하면 $-10x+20=0$ $\therefore x=2$

$x=2$를 $x^2+y^2-8=0$에 대입하면 $4+y^2-8=0$ $\therefore y=\pm2$

따라서 주어진 방정식이 나타내는 도형이 실수 k의 값에 관계없이 항상 지나는 두 점의 좌표는 $(2, 2)$, $(2, -2)$이다.

한편, 두 원 O, O'이 서로 다른 두 점 A, B에서 만날 때, 중심을 이은 선분 $\overline{OO'}$은 공통인 현 AB를 수직이등분합니다. 즉, 두 원의 공통현은 중심선에 의하여 수직이등분됩니다.

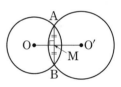

$$\overline{AB}\perp\overline{OO'}, \ \overline{AM}=\overline{BM}$$

Proof 오른쪽 그림의 두 삼각형 OAO′, OBO′에서

$$\overline{OA}=\overline{OB}, \ \overline{O'A}=\overline{O'B} \ \leftarrow \text{각각 두 원 } O, O'\text{의 반지름}$$

$\overline{OO'}$은 두 삼각형의 공통인 변이므로

$$\triangle OAO'\equiv\triangle OBO' \text{ (SSS 합동)} \quad \therefore \ \angle AOO'=\angle BOO'$$

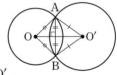

따라서 선분 $\overline{OO'}$은 이등변삼각형 OAB의 꼭지각의 이등분선이므로 이등변삼각형의 성질에 의하여 두 원의 중심을 이은 선분 $\overline{OO'}$은 공통인 현 AB를 수직이등분합니다.

개념 Point **두 원의 교점을 지나는 직선 및 원의 방정식**

두 점에서 만나는 두 원 $\begin{cases} O : x^2+y^2+ax+by+c=0 \\ O' : x^2+y^2+a'x+b'y+c'=0 \end{cases}$ 에 대하여

1 두 원의 교점을 지나는 직선의 방정식, 즉 공통현의 방정식은

$$(x^2+y^2+ax+by+c)-(x^2+y^2+a'x+b'y+c')=0$$

2 두 원의 교점을 지나는 원 중에서 원 O'을 제외한 원의 방정식은

$$(x^2+y^2+ax+by+c)+k(x^2+y^2+a'x+b'y+c')=0 \ (\text{단, } k\neq-1\text{인 실수})$$

03

1 원 O와 직선 l의 방정식이 다음과 같을 때, 이차방정식의 판별식을 이용하여 원 O와 직선 l의 위치 관계를 말하시오.

(1) $O : x^2+y^2=9$, $l : y=x+2$　　　　(2) $O : x^2+y^2+2x=1$, $l : y=x+3$

(3) $O : x^2+y^2=4$, $l : y=-x+4$　　　　(4) $O : x^2+y^2=25$, $l : y=5$

2 원 O와 직선 l의 방정식이 다음과 같을 때, 점과 직선 사이의 거리를 이용하여 원 O와 직선 l의 위치 관계를 말하시오.

(1) $O : x^2+y^2=5$, $l : x+y-2=0$　　　　(2) $O : (x-3)^2+y^2=4$, $l : x-y+1=0$

(3) $O : x^2+y^2=16$, $l : x=-4$　　　　(4) $O : (x-1)^2+(y-1)^2=8$, $l : y=x+4$

3 다음 두 원 O, O'의 위치 관계를 말하시오.

(1) $O : x^2+y^2=4$,　　　　　　$O' : x^2+(y-3)^2=25$

(2) $O : (x+2)^2+(y+1)^2=1$,　　$O' : x^2+y^2-4x-4y-8=0$

(3) $O : x^2+y^2-10x+4y+25=0$, $O' : x^2+y^2-2x+2y+1=0$

(4) $O : x^2+y^2=4$,　　　　　　$O' : (x-3)^2+(y+4)^2=16$

4 다음 두 원의 교점을 지나는 직선의 방정식을 구하시오.

(1) $x^2+y^2=1$, $x^2+y^2+4x-5y+10=0$

(2) $(x-3)^2+(y+1)^2=2$, $(x-2)^2+y^2=4$

(3) $x^2+y^2=9$, $x^2+y^2-8x+15=0$

(4) $(x+1)^2+y^2=16$, $(x+1)^2+(y-2)^2=8$

● 풀이 38쪽~39쪽

정답

1 (1) 서로 다른 두 점에서 만난다.　(2) 접한다.(한 점에서 만난다.)　(3) 만나지 않는다.
　　(4) 접한다.(한 점에서 만난다.)

2 (1) 서로 다른 두 점에서 만난다.　(2) 만나지 않는다.　(3) 접한다.(한 점에서 만난다.)
　　(4) 접한다.(한 점에서 만난다.)

3 (1) 내접한다.　(2) 외접한다.　(3) 외부에 있다.　(4) 서로 다른 두 점에서 만난다.

4 (1) $4x-5y+11=0$　(2) $x-y-4=0$　(3) $x=3$　(4) $y=3$

예제 05

원 $x^2+y^2=2$와 직선 $y=x+k$의 위치 관계가 다음과 같도록 하는 실수 k의 값 또는 그 범위를 이차방정식의 판별식을 이용하여 구하시오.

(1) 서로 다른 두 점에서 만난다.

(2) 접한다.

(3) 만나지 않는다.

접근 방법 원의 방정식과 직선의 방정식을 연립하여 만든 이차방정식의 실근의 개수는 원과 직선의 교점의 개수와 같다. 또한 $y=x+k$를 $x^2+y^2=2$에 대입하여 만든 x에 대한 이차방정식의 해는 원과 직선의 교점의 x좌표와 같다.

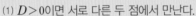

> **수매씨 Point** 원의 방정식과 직선의 방정식을 연립하여 만든 이차방정식의 판별식을 D라고 하면 원과 직선의 위치 관계는 다음과 같다.
> (1) $D>0$이면 서로 다른 두 점에서 만난다.
> (2) $D=0$이면 접한다. (한 점에서 만난다.)
> (3) $D<0$이면 만나지 않는다.

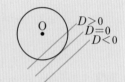

상세 풀이 $y=x+k$를 $x^2+y^2=2$에 대입하면

$$x^2+(x+k)^2=2 \qquad \therefore 2x^2+2kx+k^2-2=0$$

위의 이차방정식의 판별식을 D라고 하면

$$\frac{D}{4}=k^2-2(k^2-2)=-k^2+4$$

(1) $\dfrac{D}{4}>0$일 때, 원과 직선이 서로 다른 두 점에서 만나므로

$$-k^2+4>0,\ k^2<4 \qquad \therefore -2<k<2$$

(2) $\dfrac{D}{4}=0$일 때, 원과 직선이 접하므로

$$-k^2+4=0,\ k^2=4 \qquad \therefore k=\pm2$$

(3) $\dfrac{D}{4}<0$일 때, 원과 직선이 만나지 않으므로

$$-k^2+4<0,\ k^2>4 \qquad \therefore k<-2 \text{ 또는 } k>2$$

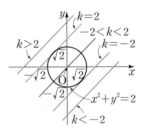

정답 (1) $-2<k<2$ (2) $k=\pm2$ (3) $k<-2$ 또는 $k>2$

보충 설명

위의 문제에서 $x=y-k$를 $x^2+y^2=2$에 대입하여 y에 대한 이차방정식 $2y^2-2ky+k^2-2=0$의 판별식을 이용하여도 같은 결과를 얻는다.

05-1   원 $x^2+y^2=5$와 직선 $y=-2x+k$의 위치 관계가 다음과 같도록 하는 실수 k의 값 또는 그 범위를 이차방정식의 판별식을 이용하여 구하시오.

(1) 서로 다른 두 점에서 만난다.

(2) 접한다.

(3) 만나지 않는다.

03

05-2   원 $x^2+y^2=3$과 직선 $y=mx+3$의 위치 관계가 다음과 같도록 하는 실수 m의 값 또는 그 범위를 이차방정식의 판별식을 이용하여 구하시오.

(1) 서로 다른 두 점에서 만난다.

(2) 접한다.

(3) 만나지 않는다.

05-3   원 $x^2+y^2=10$과 만나고 직선 $3x-y+2=0$에 평행한 직선과 y축의 교점의 좌표를 $(0, k)$라고 할 때, 정수 k의 개수를 구하시오.

• 풀이 39쪽∼40쪽

정답

05-1 (1) $-5<k<5$ (2) $k=\pm5$ (3) $k<-5$ 또는 $k>5$

05-2 (1) $m<-\sqrt{2}$ 또는 $m>\sqrt{2}$ (2) $m=\pm\sqrt{2}$ (3) $-\sqrt{2}<m<\sqrt{2}$ **05-3** 20

예제 06

점과 직선 사이의 거리 공식을 이용한 원과 직선의 위치 관계

원 $x^2+y^2=4$와 직선 $3x-4y+k=0$의 위치 관계가 다음과 같도록 하는 실수 k의 값 또는 그 범위를 점과 직선 사이의 거리 공식을 이용하여 구하시오.

(1) 서로 다른 두 점에서 만난다.

(2) 접한다.

(3) 만나지 않는다.

접근 방법 ▷ 원 $x^2+y^2=4$의 중심과 직선 $3x-4y+k=0$ 사이의 거리를 구한 후, 원의 반지름의 길이와 크기를 비교하면 원과 직선의 위치 관계를 알 수 있다.

> **수매씨 Point** 반지름의 길이가 r인 원의 중심과 직선 사이의 거리를 d라고 하면 원과 직선의 위치 관계는 다음과 같다.
> (1) $d<r$이면 서로 다른 두 점에서 만난다.
> (2) $d=r$이면 접한다.(한 점에서 만난다.)
> (3) $d>r$이면 만나지 않는다.

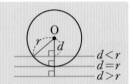

상세 풀이 ▷ 원 $x^2+y^2=4$의 중심 $(0,\ 0)$과 직선 $3x-4y+k=0$ 사이의 거리 d는

$$d=\frac{|k|}{\sqrt{3^2+(-4)^2}}=\frac{|k|}{5}$$

(1) d가 원의 반지름의 길이 2보다 작을 때, 원과 직선이 서로 다른 두 점에서 만나므로

$$\frac{|k|}{5}<2,\ |k|<10 \qquad \therefore\ -10<k<10$$

(2) d가 원의 반지름의 길이 2와 같을 때, 원과 직선이 접하므로

$$\frac{|k|}{5}=2,\ |k|=10 \qquad \therefore\ k=\pm10$$

(3) d가 원의 반지름의 길이 2보다 클 때, 원과 직선이 만나지 않으므로

$$\frac{|k|}{5}>2,\ |k|>10 \qquad \therefore\ k<-10\ \text{또는}\ k>10$$

정답 (1) $-10<k<10$ (2) $k=\pm10$ (3) $k<-10$ 또는 $k>10$

보충 설명

예제 **05**와 같이 원과 직선의 위치 관계를 이차방정식의 판별식을 이용하여 구할 수도 있지만 원의 중심을 쉽게 구할 수 있을 때에는 점과 직선 사이의 거리 공식을 이용하여 구하는 것이 좀 더 편리하다.

풀이 40쪽 ⊕ 보충 설명 한번 더 ✓ ☐

06-1

원 $(x-2)^2+(y+1)^2=5$와 직선 $x+2y+k=0$의 위치 관계가 다음과 같도록 하는 실수 k의 값 또는 그 범위를 점과 직선 사이의 거리 공식을 이용하여 구하시오.

(1) 서로 다른 두 점에서 만난다.

(2) 접한다.

(3) 만나지 않는다.

한번 더 ✓ ☐

06-2

원 $x^2+y^2=3$과 직선 $y=mx+3$의 위치 관계가 다음과 같도록 하는 실수 m의 값 또는 그 범위를 점과 직선 사이의 거리 공식을 이용하여 구하시오.

(1) 서로 다른 두 점에서 만난다.

(2) 접한다.

(3) 만나지 않는다.

한번 더 ✓ ☐

06-3

원 $x^2+y^2+4x-2y+1=0$과 직선 $3x+4y+k=0$이 서로 다른 두 점에서 만날 때, 정수 k의 개수는?

① 16　　　　　　② 17　　　　　　③ 18

④ 19　　　　　　⑤ 20

● 풀이 40쪽

정답
06-1 (1) $-5<k<5$　(2) $k=\pm5$　(3) $k<-5$ 또는 $k>5$
06-2 (1) $m<-\sqrt{2}$ 또는 $m>\sqrt{2}$　(2) $m=\pm\sqrt{2}$　(3) $-\sqrt{2}<m<\sqrt{2}$　　　**06-3** ④

예제 07

두 원 $x^2+y^2+2x-2y+1=0$, $x^2+y^2-1=0$의 교점과 점 $(2, 0)$을 지나는 원의 방정식을 구하시오.

접근 방법 〉 두 원이 두 점에서 만날 때, 2개의 점을 지나는 원은 무수히 많이 그려진다.

두 직선의 교점을 지나는 직선의 방정식에서 배웠던 것과 유사하게 두 원의 교점을 지나는 원의 방정식은

$$(x^2+y^2+ax+by+c)+k(x^2+y^2+a'x+b'y+c')=0 \text{ (단, } k \neq -1 \text{인 실수)}$$

이고, $k=-1$이면 두 원의 교점을 지나는 직선의 방정식(공통현의 방정식)이 된다.

> **수매씽 Point**
>
> 두 점에서 만나는 두 원 $\begin{cases} x^2+y^2+ax+by+c=0 \\ x^2+y^2+a'x+b'y+c'=0 \end{cases}$ 에 대하여
>
> (1) 두 원의 교점을 지나는 직선의 방정식(공통현의 방정식)은
> $$(x^2+y^2+ax+by+c)-(x^2+y^2+a'x+b'y+c')=0$$
>
> (2) 두 원의 교점을 지나는 원의 방정식은
> $$(x^2+y^2+ax+by+c)+k(x^2+y^2+a'x+b'y+c')=0 \text{ (단, } k \neq -1 \text{인 실수)}$$

상세 풀이 〉 두 원의 교점을 지나는 원의 방정식은

$$(x^2+y^2+2x-2y+1)+k(x^2+y^2-1)=0 \text{ (단, } k \neq -1 \text{인 실수)}$$

$$\cdots\cdots \text{㉠}$$

이 원이 점 $(2, 0)$을 지나므로

$$(4+0+4-0+1)+k(4+0-1)=0 \qquad \therefore k=-3$$

$k=-3$을 ㉠에 대입하면

$$(x^2+y^2+2x-2y+1)-3(x^2+y^2-1)=0$$

$$\therefore x^2+y^2-x+y-2=0$$

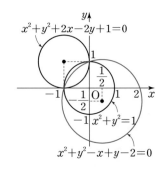

정답 $x^2+y^2-x+y-2=0$

보충 설명

두 원의 방정식을 연립하여 두 원의 교점의 좌표 $(-1, 0)$, $(0, 1)$을 구한 후, 두 교점과 점 $(2, 0)$을 원의 방정식 $x^2+y^2+Ax+By+C=0$에 대입하여 두 원의 교점을 지나는 원의 방정식을 구할 수도 있다.

그러나 두 원의 교점을 직접 구하기 위해서는 미지수가 2개인 연립이차방정식을 풀어야 하기 때문에 계산 과정이 복잡하고 시간이 많이 걸리므로 위의 방법을 이용하는 것이 좀 더 편리하다.

07-1

다음 원 또는 직선의 방정식을 구하시오.

(1) 두 원 $x^2+y^2=6$, $x^2+y^2+4x-6y-2=0$의 교점과 원점을 지나는 원

(2) 두 원 $(x-1)^2+(y-2)^2=1$, $(x-2)^2+(y-3)^2=4$의 교점과 점 $(-1, 0)$을 지나는 원

(3) 두 원 $x^2+y^2-6x+2y+8=0$, $x^2+y^2-4x=0$의 교점을 지나는 직선

07-2

두 원 $x^2+y^2+2ax-4y-b=0$, $x^2+y^2+bx+2y-a+1=0$의 교점을 지나는 직선의 방정식이 $2x-3y+1=0$일 때, 상수 a, b에 대하여 $a+b$의 값은?

① -3 ② -1 ③ 0

④ 1 ⑤ 3

07-3

두 원 $x^2+y^2+2x+2y-3=0$, $x^2+y^2+x+2y-2=0$의 공통현을 지름으로 하는 원의 방정식을 구하시오.

● 풀이 41쪽

정답 **07-1** (1) $x^2+y^2+6x-9y=0$ (2) $x^2+y^2-2y-1=0$ (3) $x-y-4=0$ **07-2** ②
07-3 $(x-1)^2+(y+1)^2=1$

예제 08 현의 길이

직선 $y=x+4$가 원 $x^2+y^2=12$와 서로 다른 두 점 A, B에서 만날 때, 두 점 A, B 사이의 거리를 구하시오.

접근 방법 직선 $y=x+4$가 원 $x^2+y^2=12$와 서로 다른 두 점 A, B에서 만날 때, 선분 AB는 원의 현이 된다. 이때 원의 중심과 현 사이의 거리와 원의 반지름의 길이를 이용하여 현의 길이를 구한다.

수매씨 Point 원의 중심에서 현에 내린 수선의 발은 그 현을 수직이등분한다.

상세 풀이 오른쪽 그림과 같이 원의 중심 $O(0, 0)$에서 직선 $y=x+4$, 즉

$x-y+4=0$에 내린 수선의 발을 H라고 하면

$$\overline{OH}=\frac{|4|}{\sqrt{1^2+(-1)^2}}=\frac{4}{\sqrt{2}}=2\sqrt{2}$$

이때 $\overline{OA}=2\sqrt{3}$이므로 직각삼각형 OAH에서

$$\overline{AH}^2=\overline{OA}^2-\overline{OH}^2=(2\sqrt{3})^2-(2\sqrt{2})^2=4$$

$$\therefore \overline{AH}=2$$

따라서 두 점 A, B 사이의 거리는

$$\overline{AB}=2\overline{AH}=2\times 2=4$$

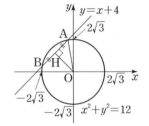

정답 4

보충 설명

원 위의 두 점을 이은 선분을 현이라고 하는데, 현 중에서 그 길이가 가장 긴 것이 지름이다.

다음은 현의 중요한 성질이다.

(1) 원의 중심에서 현에 내린 수선은 그 현을 수직이등분한다.

(2) 한 원에서 현의 수직이등분선은 그 원의 중심을 지난다.

오른쪽 그림에서

$\overline{OA}=\overline{OB}$, $\angle AHO=\angle BHO=90°$, $\overline{OH}$는 공통인 변

이므로 두 삼각형 AHO, BHO는 서로 합동이다. (RHS 합동)

$$\therefore \overline{AH}=\overline{BH}$$

즉, 원의 중심에서 현에 내린 수선은 그 현을 수직이등분한다.

위의 반대 과정도 성립하므로 현의 수직이등분선은 그 원의 중심을 지난다.

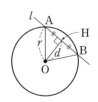

한번 더 ✓ ☐

08-1 직선 $y=x+1$이 원 $(x-2)^2+(y-1)^2=4$와 서로 다른 두 점 A, B에서 만날 때, 두 점 A, B 사이의 거리를 구하시오.

한번 더 ✓ ☐

08-2 원 $(x+1)^2+(y-1)^2=16$과 직선 $y=x+k$가 만나서 생기는 현의 길이가 $4\sqrt{2}$일 때, 양수 k의 값은?

① 2   ② 3   ③ 4

④ 5   ⑤ 6

한번 더 ✓ ☐

08-3 원 $x^2+y^2=9$와 직선 $y=x+2$의 교점을 지나는 원 중에서 그 넓이가 최소인 원의 넓이는?

① 5π ② 6π ③ 7π

④ 8π ⑤ 9π

●풀이 41쪽~42쪽

   08-1 $2\sqrt{2}$ 08-2 ⑤   08-3 ③

원 위의 한 점과 직선 사이의 거리

원 $(x+2)^2+(y-2)^2=4$ 위의 점 P와 직선 $4x-3y-6=0$ 사이의 거리의 최댓값 M과 최솟값 m을 각각 구하시오.

접근 방법 > 원과 직선이 만나지 않을 때, 원 위의 한 점과 직선 사이의 거리의 최댓값과 최솟값을 살펴보면 오른쪽 그림과 같이 원의 중심을 지나고 직선에 수직인 직선을 그렸을 때, 선분 P_1M의 길이가 최댓값, 선분 P_2M의 길이가 최솟값이 된다는 것을 알 수 있다.

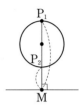

수매씽 Point 원 위의 한 점과 직선 사이의 거리의 최댓값, 최솟값은 원의 중심과 직선 사이의 거리를 이용한다.

상세 풀이 > 원의 중심 $(-2, 2)$와 직선 $4x-3y-6=0$ 사이의 거리는

$$\frac{|4\times(-2)-3\times2-6|}{\sqrt{4^2+(-3)^2}}=\frac{20}{5}=4$$

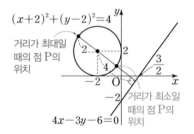

이때 원의 반지름의 길이가 2이므로 오른쪽 그림에서 원 위의 점 P와 직선 사이의 거리의 최댓값 M은

$$M=(원의 중심과 직선 사이의 거리)+(반지름의 길이)$$
$$=4+2=6$$

또한 최솟값 m은

$$m=(원의 중심과 직선 사이의 거리)-(반지름의 길이)$$
$$=4-2=2$$

정답 $M=6$, $m=2$

보충 설명 ────

원과 직선이 만나지 않을 때, 원 위의 한 점과 직선 사이의 거리의 최댓값과 최솟값의 합은 원의 중심과 직선 사이의 거리의 2배이고, 차는 원의 지름의 길이가 된다.

참고 원의 중심과 직선 사이의 거리를 d, 원의 반지름의 길이를 r이라고 하면 원 위의 한 점과 직선 사이의 거리의 최댓값은 $d+r$, 최솟값은 $d-r$이다. 따라서 최댓값과 최솟값의 합은 $(d+r)+(d-r)=2d$이고, 최댓값과 최솟값의 차는 $(d+r)-(d-r)=2r$이다.

09-1 원 $(x-2)^2+(y-3)^2=4$ 위의 점 P와 직선 $3x+4y+7=0$ 사이의 거리의 최댓값 M 과 최솟값 m을 각각 구하시오.

09-2 원 $x^2+y^2-6x-4y+9=0$ 위의 점 P와 직선 $4x+3y+2=0$ 사이의 거리가 자연수가 되도록 하는 점 P의 개수를 구하시오.

09-3 원 $x^2+y^2=1$ 위의 점 $P(a, b)$에 대하여 $\sqrt{(a-3)^2+(b-4)^2}$의 최댓값은?

① $1+\sqrt{5}$ ② 4 ③ 5

④ 6 ⑤ $2(1+\sqrt{5})$

● 풀이 42쪽 ～ 43쪽

정답   **09-1** $M=7$, $m=3$ **09-2** 8   **09-3** ④

3 원의 접선의 방정식

이번 단원에서는 지금까지 배웠던 내용을 바탕으로 원의 접선의 방정식을 기울기가 주어진 접선의 방정식, 원 위의 한 점에서의 접선의 방정식, 원 밖의 한 점에서 그은 접선의 방정식의 3가지 경우로 나누어 구해 보겠습니다.

1 기울기가 주어진 원의 접선의 방정식

일반적으로 기울기가 주어진 직선이 원에 접할 때에는 y절편이 서로 다른 2개의 직선이 생기는데, 원 $x^2+y^2=r^2\ (r>0)$에 접하고 기울기가 m인 접선의 방정식을 이차방정식의 판별식, 점과 직선 사이의 거리 공식을 이용하여 각각 구해 봅시다.

> └→ 한 원에서 기울기가 같은 접선은 2개이다.

1. 판별식 $D=0$을 이용하는 방법

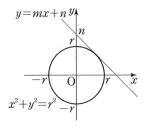

원 $x^2+y^2=r^2\ (r>0)$에 접하고 기울기가 m인 직선의 방정식을 $y=mx+n$이라 하고, 이것을 원의 방정식 $x^2+y^2=r^2$에 대입하여 정리하면

$$(m^2+1)x^2+2mnx+n^2-r^2=0 \quad\cdots\cdots\ \bigcirc$$

입니다. 이차방정식 $\bigcirc$의 판별식을 D라고 하면

$$\frac{D}{4}=(mn)^2-(m^2+1)(n^2-r^2)=r^2(m^2+1)-n^2$$

입니다. 원과 직선이 접하려면 $D=0$이어야 하므로

$$r^2(m^2+1)-n^2=0 \quad \therefore\ n=\pm r\sqrt{m^2+1}$$

따라서 구하는 접선의 방정식은 다음과 같습니다.

$$y=mx\pm r\sqrt{m^2+1}$$

2. 원의 중심과 접선 사이의 거리 $d=r$을 이용하는 방법

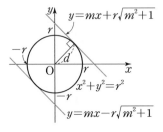

원 $x^2+y^2=r^2\ (r>0)$에 접하고 기울기가 m인 직선의 방정식을 $y=mx+n$, 즉 $mx-y+n=0$이라고 하면 원 $x^2+y^2=r^2$의 중심 $(0,0)$과 직선 $mx-y+n=0$ 사이의 거리 d는

$$d=\frac{|n|}{\sqrt{m^2+(-1)^2}}=\frac{|n|}{\sqrt{m^2+1}}$$

입니다. 원과 직선이 접하려면 $d=r$이어야 하므로

$$\frac{|n|}{\sqrt{m^2+1}}=r,\ |n|=r\sqrt{m^2+1} \quad \therefore\ n=\pm r\sqrt{m^2+1}$$

따라서 구하는 접선의 방정식은 다음과 같습니다.

$$y=mx\pm r\sqrt{m^2+1}$$

> **Example** 원 $x^2+y^2=16$에 접하고 기울기가 2인 접선의 방정식은 ← 기울기 $m=2$, 반지름의 길이 $r=4$
> $$y=2\times x\pm4\sqrt{2^2+1} \qquad \therefore y=2x\pm4\sqrt{5}$$

그러나 기울기가 주어진 원의 접선의 방정식을 구할 때, $y=mx\pm r\sqrt{m^2+1}$과 같은 식은 원 $x^2+y^2=r^2$과 같이 중심이 원점인 경우에만 이용할 수 있으므로 원의 중심이 원점이 아닌 경우에는 구하는 접선의 방정식을 $y=mx+n$이라 하고

$$\text{판별식 } D=0 \text{ 또는 (원의 중심과 접선 사이의 거리)} = \text{(원의 반지름의 길이)}$$

를 이용하여 y절편인 n의 값을 구해야 합니다.

2 원 위의 한 점에서의 원의 접선의 방정식

원 $x^2+y^2=r^2$ 위의 한 점 $\mathrm{P}(x_1,\,y_1)$이 주어졌을 때, 점 P에서의 접선의 방정식을 구해 봅시다.

(i) $x_1\neq0$, $y_1\neq0$일 때, 점 P는 좌표축 위에 있지 않은 점이므로 점 P에서 그은 접선을 l이라고 하면 오른쪽 그림과 같이 직선 OP의 기울기는 $\dfrac{y_1}{x_1}$이고 수직으로 만나는 두 직선의 기울기의 곱은 -1이므로 반지름 OP에 수직인 접선 l의 기울기는

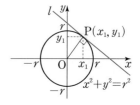

$-\dfrac{x_1}{y_1}$입니다.

또한 접선 l은 한 점 $\mathrm{P}(x_1,\,y_1)$을 지나므로 접선의 방정식은

$$y-y_1=-\frac{x_1}{y_1}(x-x_1) \qquad \therefore x_1x+y_1y=x_1{}^2+y_1{}^2$$

그런데 점 $\mathrm{P}(x_1,\,y_1)$은 원 위의 점이므로 $x_1{}^2+y_1{}^2=r^2$을 만족시킵니다.

따라서 구하는 접선의 방정식은 $x_1x+y_1y=r^2$입니다.

(ii) $x_1=0$ 또는 $y_1=0$일 때, 점 P가 좌표축 위의 점이므로 접선의 방정식은

$$y=y_1 \text{ 또는 } x=x_1 \qquad \therefore y=\pm r \text{ 또는 } x=\pm r$$

즉, $x_1x+y_1y=r^2$이 성립한다.

(i), (ii)에서 원 $x^2+y^2=r^2$ 위의 점 $\mathrm{P}(x_1,\,y_1)$에서의 접선의 방정식은 다음과 같습니다.

$$x_1x+y_1y=r^2$$

이때 이 공식은 원 $x^2+y^2=r^2$과 같이 중심이 원점인 경우에만 이용할 수 있으므로 원의 중심이 원점이 아닌 경우에는 구하는 접선의 방정식을 $y-y_1=m(x-x_1)$이라 하고

$$\text{'접선은 접점을 지나는 반지름에 수직이다.'}$$

라는 성질을 이용하여 접선의 기울기 m의 값을 구해야 합니다.

Example 원 $x^2+y^2=13$ 위의 점 $(3, -2)$에서의 접선의 방정식은

(1) 공식에서 $3 \times x - 2 \times y = 13$ $\therefore 3x - 2y - 13 = 0$

(2) 원의 중심 $(0, 0)$과 접점 $(3, -2)$를 지나는 직선의 기울기가 $-\dfrac{2}{3}$이므로 구하는 접선

의 기울기는 $\dfrac{3}{2}$이다. ◀ 수직으로 만나는 두 직선의 기울기의 곱은 -1이다.

따라서 구하는 접선의 방정식은 $y - (-2) = \dfrac{3}{2}(x-3)$ $\therefore 3x - 2y - 13 = 0$

❸ 원 밖의 한 점에서 그은 원의 접선의 방정식

원 $x^2 + y^2 = r^2$ 밖의 한 점 A에서 이 원에 그은 접선의 방정식은 다음과 같은 순서로 구합니다.

❶ 원 위의 접점을 $\mathrm{P}(x_1, y_1)$이라 하고, 점 P에서의 접선의 방정식을 구합니다.

❷ 이 접선이 점 A를 지나고, 점 P가 원 위의 점임을 이용하여 점 P의 좌표를 구합니다.

❸ ❷에서 구한 점 P의 좌표를 ❶에서 구한 접선의 방정식에 대입합니다.

이때 원 위의 한 점(접점)이 주어진 경우 접선은 항상 1개이고, 원 밖의 한 점이 주어진 경우 접선은 항상 2개라는 점에 주의해야 합니다.

Example 점 $\mathrm{A}(1, 2)$에서 원 $x^2 + y^2 = 4$에 그은 접선과 원의 접점을

$\mathrm{P}(x_1, y_1)$이라고 하면 접선의 방정식은

$\qquad x_1 x + y_1 y = 4$

이 접선이 점 $\mathrm{A}(1, 2)$를 지나므로 $x_1 + 2y_1 = 4$ ⋯⋯ ㉠

이때 점 $\mathrm{P}(x_1, y_1)$은 원 $x^2 + y^2 = 4$ 위의 점이므로

$\qquad x_1^2 + y_1^2 = 4$ ⋯⋯ ㉡

㉠에서 $x_1 = 4 - 2y_1$이므로 이것을 ㉡에 대입하여 정리하면

$\qquad 5y_1^2 - 16y_1 + 12 = 0,\ (5y_1 - 6)(y_1 - 2) = 0$ $\therefore y_1 = \dfrac{6}{5}$ 또는 $y_1 = 2$

따라서 접점 P의 좌표는 $\left(\dfrac{8}{5}, \dfrac{6}{5}\right)$ 또는 $(0, 2)$이므로 구하는 접선의 방정식은

$\qquad \dfrac{8}{5}x + \dfrac{6}{5}y = 4$ 또는 $2y = 4$ $\therefore 4x + 3y - 10 = 0$ 또는 $y = 2$ ⋯⋯⭐

하지만 이 방법 역시 앞에서 배운 공식들과 마찬가지로 원의 중심이 원점이 아닌 경우에는 사용할 수 없습니다.

그래서 원 밖의 한 점 (x_1, y_1)이 주어진 접선의 방정식은 일반적으로 접선을

$\qquad y - y_1 = m(x - x_1)$

으로 놓고, 점과 직선 사이의 거리 공식 또는 판별식을 이용하여 접선의 기울기 m의 값을 구하는 것이 편리합니다.

Example 점 $A(1, 2)$에서 원 $x^2+y^2=4$에 그은 접선의 기울기를 m이라고 하면 기울기가 m이고

점 $A(1, 2)$를 지나는 직선의 방정식은

$$y-2=m(x-1) \qquad \therefore mx-y-m+2=0$$

이 직선은 중심의 좌표가 $(0, 0)$이고 반지름의 길이가 2인 원에 접하므로 ◀──

$$\frac{|-m+2|}{\sqrt{m^2+(-1)^2}}=2, \ |-m+2|=2\sqrt{m^2+1}$$

원의 중심과 접선 사이의 거리가 원의 반지름의 길이 2와 같다.

양변을 제곱하여 정리하면

$$3m^2+4m=0, \ m(3m+4)=0 \qquad \therefore m=0 \ \text{또는} \ m=-\frac{4}{3}$$

따라서 구하는 접선의 방정식은 $y=2$ 또는 $y=-\frac{4}{3}x+\frac{10}{3}$, 즉 $4x+3y-10=0$이고,

이것은 원 위의 접점을 이용하여 구한 앞의 ★의 결과와 같다.

개념 Point **원의 접선의 방정식**

(1) 원 $x^2+y^2=r^2$에 접하고 기울기가 m인 접선의 방정식은 $y=mx\pm r\sqrt{m^2+1}$

(2) 원 $x^2+y^2=r^2$ 위의 점 (x_1, y_1)에서 그은 접선의 방정식은 $x_1x+y_1y=r^2$

+ Plus

(1) 원 $(x-a)^2+(y-b)^2=r^2$에 접하고 기울기가 m인 접선의 방정식은
$$y-b=m(x-a)\pm r\sqrt{m^2+1}$$

(2) 원 $(x-a)^2+(y-b)^2=r^2$ 위의 점 (x_1, y_1)에서의 접선의 방정식은
$$(x_1-a)(x-a)+(y_1-b)(y-b)=r^2$$

개념 Plus **공통접선의 길이**

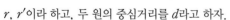 두 원에 동시에 접하는 직선

1 공통외접선의 길이

 두 원이 공통접선에 대하여 같은 쪽에 있으면 그 접선을 공통외접선이라고 한다.

오른쪽 그림과 같이 중심이 각각 C, C′인 두 원의 반지름의 길이를

r, r'이라 하고, 두 원의 중심거리를 d라고 하자.

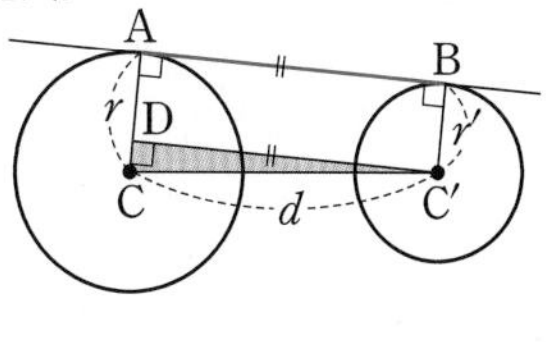

이때 □ADC′B는 직사각형이므로 $\overline{AB}=\overline{DC'}$이고, $\overline{DC}=|r-r'|$

이므로 직각삼각형 DCC′에서 피타고라스 정리에 의하여

$$\overline{DC'}=\sqrt{d^2-(r-r')^2} \qquad \therefore \overline{AB}=\sqrt{d^2-(r-r')^2}$$

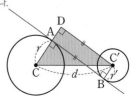

2 공통내접선의 길이

두 원이 공통접선에 대하여 반대쪽에 있으면 그 접선을 공통내접선이라고 한다.

오른쪽 그림과 같이 중심이 각각 C, C′인 두 원의 반지름의 길이를 r,

r'이라 하고, 두 원의 중심거리를 d라고 하자.

이때 □ADC′B는 직사각형이므로 $\overline{AB}=\overline{DC'}$이고, $\overline{DC}=r+r'$이므로

직각삼각형 DCC′에서 피타고라스 정리에 의하여

$$\overline{DC'}=\sqrt{d^2-(r+r')^2} \qquad \therefore \overline{AB}=\sqrt{d^2-(r+r')^2}$$

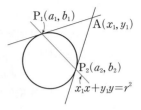

원 $x^2+y^2=r^2$ 밖의 한 점 $\mathrm{A}(x_1,\,y_1)$에서 원에 그은 두 접선의 접점을 각
각 $\mathrm{P_1}$, $\mathrm{P_2}$라고 할 때, 두 점 $\mathrm{P_1}$, $\mathrm{P_2}$를 연결한 직선을 극선이라고 하며, 극
선의 방정식은 $x_1x+y_1y=r^2$이다.
원 밖의 점 $\mathrm{A}(x_1,\,y_1)$에서 원에 그은 두 접선의 접점의 좌표를 각각
$\mathrm{P_1}(a_1,\,b_1)$, $\mathrm{P_2}(a_2,\,b_2)$라 하고, 극선의 방정식을 구해 보자.

1 접선의 방정식을 이용하기

원 $x^2+y^2=r^2$ 위의 점 $(\alpha,\,\beta)$에서의 접선의 방정식은 $\alpha x+\beta y=r^2$이므로 두 접선의 방정식은 각각
$a_1x+b_1y=r^2$, $a_2x+b_2y=r^2$이다.

이때 두 접선은 모두 $\mathrm{A}(x_1,\,y_1)$을 지나므로

$$x_1a_1+y_1b_1=r^2,\ x_1a_2+y_1b_2=r^2$$

이 성립한다. 이것은 $x_1x+y_1y=r^2$에 각각 $(a_1,\,b_1)$, $(a_2,\,b_2)$를 대입한 식과 같다.

따라서 직선 $x_1x+y_1y=r^2$이 두 접점 $\mathrm{P_1}(a_1,\,b_1)$, $\mathrm{P_2}(a_2,\,b_2)$를 모두 지나고, 직선은 두 점에 의하여
유일하게 결정되므로 극선의 방정식은 $x_1x+y_1y=r^2$이다.

2 공통현의 방정식을 이용하기 (1)

원의 접선의 성질에 의하여

$$\angle \mathrm{OP_1A}=\angle \mathrm{OP_2A}=90^\circ$$

이므로 원주각의 성질에 의하여 O, $\mathrm{P_1}$, $\mathrm{P_2}$, A는 모두 선분 OA를
지름으로 하는 원 위에 있고, 이 원의 방정식은

$$\left(x-\frac{x_1}{2}\right)^2+\left(y-\frac{y_1}{2}\right)^2=\frac{x_1{}^2+y_1{}^2}{4}$$

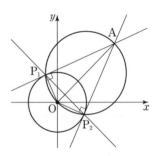

이때 극선 $\mathrm{P_1P_2}$는 두 원 $x^2+y^2=r^2$과

$\left(x-\dfrac{x_1}{2}\right)^2+\left(y-\dfrac{y_1}{2}\right)^2=\dfrac{x_1{}^2+y_1{}^2}{4}$의 공통현이므로 극선 $\mathrm{P_1P_2}$의 방정식은

두 원의 방정식에서 이차항을 소거한 $x_1x+y_1y=r^2$이다.

3 공통현의 방정식을 이용하기 (2)

원의 접선의 성질에 의하여 $\overline{\mathrm{AP_1}}=\overline{\mathrm{AP_2}}$이므로 직선 $\mathrm{P_1P_2}$는 점 A를
중심, 선분 $\mathrm{AP_1}$을 반지름으로 하는 원

$$(x-x_1)^2+(y-y_1)^2=x_1{}^2+y_1{}^2-r^2$$

과 원 $x^2+y^2=r^2$의 공통현이다. 직각삼각형 $\mathrm{OAP_1}$에서
$\overline{\mathrm{AP_1}}{}^2=\overline{\mathrm{OA}}{}^2-\overline{\mathrm{OP_1}}{}^2$

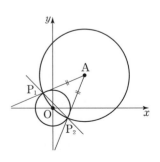

따라서 극선 $\mathrm{P_1P_2}$의 방정식은 두 원의 방정식에서 이차항을 소거한
$x_1x+y_1y=r^2$이다.

개념 콕콕

1 다음 직선의 방정식을 구하시오.

(1) 원 $x^2+y^2=1$에 접하고 기울기가 2인 직선

(2) 원 $x^2+y^2=4$에 접하고 기울기가 1인 직선

(3) 원 $x^2+y^2=16$에 접하고 기울기가 -2인 직선

2 다음 원 O 위의 점 P에서 그은 접선의 방정식을 구하시오.

(1) $O : x^2+y^2=2$, P$(1,\ 1)$

(2) $O : x^2+y^2=13$, P$(-3,\ 2)$

(3) $O : x^2+y^2=17$, P$(4,\ -1)$

3 점 $(0, 2)$를 지나고 원 $x^2+y^2=1$에 접하는 직선의 방정식을 구하시오.

4 다음 점 P에서 원 O에 그은 접선의 방정식을 구하시오.

(1) P$(0,\ 4)$, $O : x^2+y^2=8$　　　　　(2) P$(5,\ 0)$, $O : x^2+y^2=10$

● 풀이 43쪽~44쪽

정답

1 (1) $y=2x\pm\sqrt{5}$　(2) $y=x\pm2\sqrt{2}$　(3) $y=-2x\pm4\sqrt{5}$

2 (1) $x+y=2$　(2) $-3x+2y=13$　(3) $4x-y=17$

3 $y=-\sqrt{3}\,x+2$ 또는 $y=\sqrt{3}\,x+2$

4 (1) $-x+y=4$ 또는 $x+y=4$　(2) $2x-\sqrt{6}y=10$ 또는 $2x+\sqrt{6}y=10$

예제 10

원 $x^2+y^2=20$에 접하고 직선 $y=\dfrac{1}{2}x+1$에 수직인 직선의 방정식을 구하시오.

접근 방법 기울기가 주어졌을 때 접선의 방정식을 구하는 공식은 원의 중심이 원점일 때에만 적용 가능하다.

한편, 구하는 접선은 직선 $y=\dfrac{1}{2}x+1$에 수직임을 이용하여 접선의 방정식을 $y=-2x+k$ (k는 상수)라 하고, 원의 중심과 접선 사이의 거리는 반지름의 길이와 같음을 이용하여 접선의 방정식을 구할 수도 있다.

> **수매씨 Point** 원 $x^2+y^2=r^2$에 접하고 기울기가 m인 접선의 방정식은
> $$y=mx\pm r\sqrt{m^2+1}$$

상세 풀이 직선 $y=\dfrac{1}{2}x+1$에 수직인 직선의 기울기는 -2이고 원 $x^2+y^2=20$의 반지름의 길이는 $2\sqrt{5}$이므로 구하는 접선의 방정식은
$$y=-2x\pm2\sqrt{5}\times\sqrt{(-2)^2+1} \qquad \therefore y=-2x\pm10$$

다른 풀이 구하는 접선은 직선 $y=\dfrac{1}{2}x+1$에 수직이므로 기울기는 -2이다. 즉, 기울기가 -2인 접선의 방정식을 $y=-2x+k$ (k는 상수), 즉 $2x+y-k=0$이라고 하면

이 직선과 원 $x^2+y^2=20$의 중심 $(0, 0)$ 사이의 거리가 반지름의 길이와 같으므로
$$\frac{|-k|}{\sqrt{2^2+1^2}}=2\sqrt{5},\ |-k|=10 \qquad \therefore k=\pm10$$
따라서 구하는 접선의 방정식은
$$y=-2x\pm10$$

정답 $y=-2x\pm10$

보충 설명

위의 두 가지 방법 이외에도 접선의 방정식을 $y=-2x+k$ (k는 상수)라고 하였을 때, $y=-2x+k$를 원의 방정식에 대입하여 만든 x에 대한 이차방정식의 판별식을 D라고 하면 $D=0$임을 이용하여 y절편인 상수 k의 값을 구할 수도 있다.

한편, 수매씨 Point 의 공식은 원의 중심이 원점일 때에만 이용할 수 있으므로 원의 중심이 원점이 아니어도 적용 가능한 **다른 풀이**의 방법도 숙지해 두는 것이 좋다.

숫자 바꾸기

10-1

다음 직선의 방정식을 구하시오.

(1) 원 $x^2+y^2=5$에 접하고 기울기가 2인 직선

(2) 원 $x^2+y^2=4$에 접하고 직선 $3x-y+2=0$에 평행한 직선

표현 바꾸기

10-2

다음 직선의 방정식을 구하시오.

(1) 원 $(x+1)^2+(y-2)^2=2$에 접하고 기울기가 -1인 직선

(2) 원 $x^2+y^2-2x-4=0$에 접하고 직선 $x-2y+4=0$에 수직인 직선

개념 넓히기

10-3

두 점 $(-2, 8)$, $(4, 2)$를 지나는 직선과 평행하고, 제1사분면에서 원 $x^2+y^2=8$에 접하는 직선이 x축, y축과 만나는 점을 각각 A, B라고 할 때, 삼각형 OAB의 넓이를 구하시오. (단, O는 원점이다.)

• 풀이 44쪽~45쪽

정답

10-1 (1) $y=2x\pm5$ (2) $y=3x\pm2\sqrt{10}$

10-2 (1) $y=-x-1$ 또는 $y=-x+3$ (2) $y=-2x-3$ 또는 $y=-2x+7$ **10-3** 8

예제 11

원 $x^2+y^2=20$ 위의 점 $(4, 2)$에서의 접선의 방정식이 $ax+y+b=0$일 때, 상수 a, b에 대하여 $a-b$의 값을 구하시오.

접근 방법〉 원 위의 한 점의 좌표가 주어졌을 때, 공식을 이용하여 접선의 방정식을 구할 수도 있고, 접선은 접점을 지나는 반지름에 수직임을 이용하여 접선의 기울기 m의 값을 구한 후 접선의 방정식을 구할 수도 있다.

> **수매씨 Point** 원 $x^2+y^2=r^2$ 위의 한 점 (x_1, y_1)에서의 접선의 방정식은
> $$x_1x+y_1y=r^2$$

상세 풀이〉 원 $x^2+y^2=20$ 위의 점 $(4, 2)$에서의 접선의 방정식은
$$4\times x+2\times y=20$$
$$\therefore 2x+y-10=0$$
따라서 $a=2$, $b=-10$이므로
$$a-b=2-(-10)=12$$

다른 풀이〉 원의 중심 $(0, 0)$과 접점 $(4, 2)$를 지나는 직선의 기울기는
$$\frac{2-0}{4-0}=\frac{1}{2}$$
이때 접선은 원의 중심과 접점을 지나는 직선에 수직이므로 접선의 기울기는 -2이다.
즉, 구하는 접선의 방정식은
$$y-2=-2(x-4) \qquad \therefore 2x+y-10=0$$
따라서 $a=2$, $b=-10$이므로
$$a-b=2-(-10)=12$$

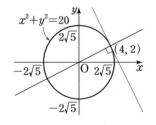

정답 12

보충 설명

수매씨 Point 의 공식은 원의 중심이 원점일 때에만 이용할 수 있다는 점에 주의한다.

즉, 원의 중심이 원점이 아닌 경우에는 **다른 풀이**와 같이 접선이 원의 중심과 접점 (x_1, y_1)을 지나는 직선과 수직임을 이용하여 접선의 기울기 m을 구한 후
$$y-y_1=m(x-x_1)$$
을 이용하여 접선의 방정식을 구한다.

11-1 원 $x^2+y^2=20$ 위의 점 $(2, 4)$에서의 접선의 방정식이 $x+ay+b=0$일 때, 상수 a, b에 대하여 $a+b$의 값을 구하시오.

풀이 46쪽 ⊕ 보충 설명

11-2 다음 접선의 방정식을 구하시오.

(1) 원 $(x-3)^2+(y+1)^2=8$ 위의 점 $(1, 1)$에서의 접선

(2) 원 $x^2+y^2+2x-4y-3=0$ 위의 점 $(1, 4)$에서의 접선

11-3 원 $x^2+y^2=25$ 위의 점 $P(4, 3)$에서의 접선과 점 $Q(-3, 4)$에서의 접선이 만나는 점을 R이라고 할 때, 사각형 OPRQ의 넓이는? (단, O는 원점이다.)

① $4\sqrt{5}$ ② 10 ③ 15

④ 20 ⑤ 25

● 풀이 45쪽~46쪽

 정답　**11-1** -8　　　　**11-2** (1) $y=x$　(2) $y=-x+5$　　**11-3** ⑤

예제 12

점 $(2, 1)$에서 원 $x^2+y^2=1$에 그은 접선의 방정식을 구하시오.

접근 방법 > 구하는 접선의 방정식을 $y-1=m(x-2)$라 하고, 점과 직선 사이의 거리 공식을 이용하여 접선의 기울기 m의 값을 구한다. 이때 원 밖의 한 점에서 원에 접선을 그으면 2개의 접선이 나오는 것에 주의한다.

> **수매씨 Point** 원 밖의 한 점 (x_1, y_1)이 주어진 접선의 방정식
> ➡ 점과 직선 사이의 거리 공식을 이용하여 접선의 기울기 m의 값을 구한다.

상세 풀이 > 점 $(2, 1)$을 지나고 기울기가 m인 접선의 방정식을

$$y-1=m(x-2)$$

즉, $mx-y-2m+1=0$이라고 하면 이 직선은 원 $x^2+y^2=1$에 접한다.

이 원은 중심의 좌표가 $(0, 0)$이고, 반지름의 길이가 1이므로

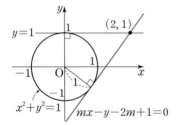

$$\frac{|-2m+1|}{\sqrt{m^2+(-1)^2}}=1$$

$$\therefore |-2m+1|=\sqrt{m^2+1}$$

양변을 제곱하여 정리하면

$$3m^2-4m=0, \quad m(3m-4)=0$$

$$\therefore m=0 \ \text{또는} \ m=\frac{4}{3}$$

따라서 구하는 접선의 방정식은

$$y=1 \ \text{또는} \ y=\frac{4}{3}x-\frac{5}{3}$$

정답 $y=1$ 또는 $y=\frac{4}{3}x-\frac{5}{3}$

보충 설명

원 밖의 한 점에서 그은 접선은 항상 2개이므로 기울기 m의 값이 1개만 나오는 경우(**12-1** (2))에는 다른 하나의 접선은 y축과 평행한 직선 $x=k$ (k는 상수) 꼴이므로 반드시 그림을 그려서 확인한다.

숫자 바꾸기

(풀이 47쪽 + 보충 설명) 한번 더

12-1

다음 접선의 방정식을 구하시오.

(1) 점 $(3, 1)$에서 원 $x^2+y^2=5$에 그은 접선

(2) 점 $(1, 2)$에서 원 $x^2+y^2=1$에 그은 접선

표현 바꾸기

한번 더

12-2

점 $(-2, 1)$에서 원 $(x-1)^2+(y-2)^2=3$에 그은 두 접선의 기울기의 합은?

① -1　② $-\frac{1}{3}$　③ 0

④ $\frac{1}{3}$　⑤ 1

개념 넓히기

한번 더

12-3

점 $(4, 0)$에서 원 $(x-2)^2+y^2=r^2$에 그은 두 접선이 서로 수직일 때, 양수 r의 값을 구하시오. (단, $r<2$)

• 풀이 46쪽~47쪽

정답

12-1 (1) $y=-\frac{1}{2}x+\frac{5}{2}$ 또는 $y=2x-5$ (2) $y=\frac{3}{4}x+\frac{5}{4}$ 또는 $x=1$　**12-2** ⑤　**12-3** $\sqrt{2}$

두 접점을 지나는 직선(극선)의 방정식 　교육과정 외

점 A$(-1, 2)$에서 원 $x^2+y^2=1$에 그은 두 접선의 접점을 각각 P, Q라 할 때, 직선 PQ의 방정식을 구하시오.

접근 방법 > 직선 PQ는 점 A를 중심으로 하고 $\overline{AP}$를 반지름으로 하는 원과 원 $x^2+y^2=1$의 공통현임을 이용하거나 극선의 방정식 공식을 이용한다.

> **수매씽 Point** 원 $x^2+y^2=r^2$ 밖의 한 점 P(x_1, y_1)에서 그은 두 접선에 대하여 극선의 방정식은
> $$x_1x+y_1y=r^2$$

상세 풀이 > 오른쪽 그림과 같이 직선 PQ는 점 A를 중심으로 하고 $\overline{AP}$를 반지름으로 하는 원과 원 $x^2+y^2=1$의 공통현이다.

점 A$(-1, 2)$에서 원의 중심 $(0, 0)$까지의 거리는 $\sqrt{5}$이고, 원의 반지름의 길이는 1이므로

$$\overline{AP}=\sqrt{(\sqrt{5})^2-1^2}=2$$

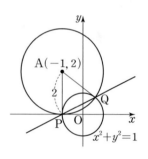

즉, 원의 중심이 $(-1, 2)$이고 반지름의 길이가 2인 원의 방정식은

$$(x+1)^2+(y-2)^2=4 \quad \therefore x^2+y^2+2x-4y+1=0$$

따라서 두 원의 공통현 PQ의 방정식, 즉 직선 PQ의 방정식은

$$(x^2+y^2+2x-4y+1)-(x^2+y^2-1)=0, \; 2x-4y+2=0$$
$$\therefore x-2y+1=0$$

다른 풀이 > 점 A$(-1, 2)$에서 원 $x^2+y^2=1$에 그은 두 접선의 접점을 각각 P(x_1, y_1), Q(x_2, y_2)라고 하면 접선의 방정식은

$$x_1x+y_1y=1, \; x_2x+y_2y=1$$

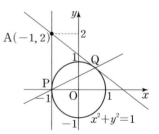

이때 두 접선은 모두 점 A$(-1, 2)$를 지나므로

$$-x_1+2y_1=1, \; -x_2+2y_2=1$$

이 두 식은 직선 $-x+2y=1$에 두 점 P(x_1, y_1), Q(x_2, y_2)의 좌표를 대입한 것과 같고 두 점을 지나는 직선은 유일하므로 직선 PQ의 방정식은

$$x-2y+1=0$$

> **정답** $x-2y+1=0$

풀이 48쪽 + 보충 설명 한번 더 ✓ ☐

숫자 바꾸기

13-1
점 $A(6, 8)$에서 원 $x^2+y^2=10$에 그은 두 접선의 접점을 각각 P, Q라고 할 때, 직선 PQ의 방정식을 구하시오.

표현 바꾸기

한번 더 ✓ ☐

13-2
점 $A(6, 8)$에서 원 $x^2+y^2=25$에 그은 두 접선의 접점을 각각 P, Q라고 할 때, 선분 PQ의 길이를 구하시오.

개념 넓히기

한번 더 ✓ ☐

13-3
점 $P(3, 2)$에서 원 $x^2+y^2=4$에 그은 두 접선의 접점을 각각 A, B라고 할 때, 삼각형 ABP의 넓이를 구하시오.

● 풀이 47쪽 ~ 48쪽

정답

13-1 $3x+4y-5=0$　　　　**13-2** $5\sqrt{3}$　　　　**13-3** $\dfrac{54}{13}$

1 다음 방정식이 원의 방정식이 되도록 하는 실수 k의 값의 범위를 구하시오.

(1) $x^2+y^2-2x+4y+2k=0$　　　　　(2) $x^2+y^2+4x-6y+k^2-k+7=0$

2 다음 물음에 답하시오.

(1) 직선 $y=kx+1$이 원 $x^2+y^2-4x+2y+1=0$의 넓이를 이등분할 때, 상수 k의 값을 구하시오.

(2) 직선 $2x-y-5=0$에 수직이고 원 $x^2+y^2-2x=0$의 넓이를 이등분하는 직선의 방정식을 구하시오.

3 다음 물음에 답하시오.

(1) 원 $x^2+y^2-6x+8y=0$과 중심의 좌표가 같고, y축에 접하는 원의 방정식을 구하시오.

(2) 직선 $4x-3y+14=0$과 x축에 동시에 접하고, 반지름의 길이가 3인 원의 방정식을 구하시오. (단, 원의 중심은 제2사분면 위에 있다.)

4 원 $(x-2)^2+(y-1)^2=k$가 원 $(x+1)^2+(y-2)^2=4$의 둘레의 길이를 이등분할 때, 상수 k의 값을 구하시오.

5 두 점 $A(-2, 0)$, $B(3, 0)$에 대하여 점 P가 $\overline{AP}:\overline{BP}=3:2$를 만족시킬 때, 삼각형 ABP의 넓이의 최댓값을 구하시오.

• 정답 및 풀이 48쪽~52쪽

6 원 $(x-1)^2+(y-1)^2=10$과 y축이 만나는 두 교점 사이의 거리를 구하시오.

7 다음 물음에 답하시오.

(1) 두 원 $x^2+y^2+6x-4y-4=0$, $x^2+y^2-4y-16=0$이 서로 다른 두 점에서 만날 때, 이 두 점 사이의 거리를 구하시오.

(2) 두 원 $x^2+y^2=16$, $(x-4)^2+(y-3)^2=21$의 공통현의 길이를 구하시오.

8 오른쪽 그림과 같이 두 원이 두 점 A$(-1, 3)$, B$(1, -1)$에서 만날 때, 두 원의 중심 C, C′을 지나는 직선의 방정식을 구하시오.

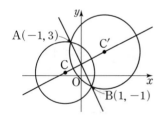

9 원 $x^2+y^2=4$ 위의 점 $(\sqrt{3}, -1)$에서의 접선이 원 $(x-a)^2+y^2=1$에 접할 때, 모든 상수 a의 값의 곱을 구하시오.

10 점 $(5, 2)$에서 원 $x^2+y^2+6x+8y-11=0$에 그은 접선의 길이를 구하시오.

11 원 $x^2+y^2-4x-2y=a-3$이 x축과 만나고, y축과 만나지 않도록 하는 실수 a의 값의 범위는?

① $a>-2$　　　　　② $a>-1$　　　　　③ $-1\leq a<2$

④ $-2<a\leq 2$　　　　　⑤ $-2\leq a<3$

12 좌표평면에서 원 $x^2+y^2=2$ 위를 움직이는 점 A와 직선 $y=x-4$ 위를 움직이는 두 점 B, C를 연결하여 정삼각형 ABC를 만들 때, 삼각형 ABC의 넓이의 최솟값과 최댓값의 비는?

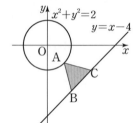

① $1:7$　　　　　② $1:8$　　　　　③ $1:9$

④ $1:10$　　　　　⑤ $1:11$

13 원 $x^2+y^2-4mx+2(m+1)y+6m^2-7=0$의 둘레의 길이의 최댓값을 구하시오.

(단, m은 상수이다.)

14 원 $x^2+y^2-8x-6y-2k+35=0$이 제1사분면 위에 있을 때, 실수 k의 값의 범위를 구하시오. (단, 원은 좌표축과 만나지 않는다.)

15 중심이 직선 $y=2x+6$ 위에 있고 x축과 y축에 동시에 접하는 원의 방정식이 $x^2+y^2+ax+by+c=0$일 때, 상수 a, b, c에 대하여 $a+b+c$의 값은?

(단, 원의 중심은 제2사분면 위에 있다.)

① 2　　　　　② 4　　　　　③ 6

④ 8　　　　　⑤ 10

16 중심의 좌표가 (a, b)이고, x축에 접하는 원이 두 점 A$(0, 5)$, B$(8, 1)$을 지날 때, $a+b$의 값을 구하시오. (단, $0 \le a \le 8$)

17 직선 $y=x$ 위의 점을 중심으로 하고, x축과 y축에 동시에 접하는 원 중에서 직선 $3x-4y+12=0$과 접하는 원의 개수는 2이다. 두 원의 중심을 각각 A, B라고 할 때, $\overline{\mathrm{AB}}^2$의 값을 구하시오.

18 원 $(x-1)^2+(y+1)^2=2$의 접선 중에서 서로 수직이 되는 두 직선의 교점을 P라고 할 때, 점 P가 나타내는 도형의 길이를 구하시오.

19 원 $x^2+y^2=36$과 직선 $x+y-6=0$의 교점을 지나고, 반지름의 길이가 $3\sqrt{2}$인 원의 중심의 좌표가 (a, b)일 때, $a+b$의 값을 구하시오.

20 두 점 A(a, b), B(c, d)에 대하여 $a^2+b^2=1$, $4c+3d=15$일 때, $\sqrt{(a-c)^2+(b-d)^2}$의 최솟값을 구하시오.

21 두 원 $x^2+y^2+6x+4y+9=0$, $x^2+y^2-10x-8y+32=0$ 위의 점을 각각 P, Q라고 할 때, 선분 PQ의 길이의 최댓값과 최솟값의 합을 구하시오.

22 두 원 $C_1 : x^2+y^2-4x+2y-4=0$, $C_2 : x^2+y^2+8x-6y-11=0$에 대하여 다음을 구하시오.

(1) 두 원 C_1, C_2에 동시에 접하는 직선의 개수

(2) 두 원 C_1, C_2에 동시에 접하는 직선과 두 원 C_1, C_2의 접점을 각각 A, B라고 할 때, 선분 AB의 길이

23 점 A$(4, 3)$에서 원 $x^2+y^2+4x-2y-11=0$에 그은 두 접선의 접점 사이의 거리를 구하시오.

24 평면 위에 오른쪽 그림과 같이 점 O를 중심으로 하고, 반지름의 길이가 $2\sqrt{10}$인 원이 있다. 원 위의 두 점 A, C와 원의 내부의 점 B에 대하여 $\overline{AB}=8$, $\overline{BC}=4$이고 $\angle ABC=90°$일 때, 선분 OB의 길이를 구하시오.

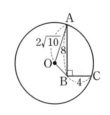

25 오른쪽 그림과 같이 원 $x^2+y^2=4$를 점 $(-1, 0)$에서 x축에 접하도록 접었을 때 생기는 선분과 원과의 교점을 각각 P, Q라고 하자. 직선 PQ의 방정식을 구하시오.

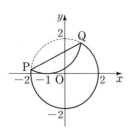

26 오른쪽 그림과 같이 반지름의 길이가 1인 세 원 A, B, C에 대하여 원 B는 x축과 y축에, 원 C는 원 B와 x축에 접하며, 원 A는 두 원 B, C 와 한 점에서 만난다. 두 원 A, B에 동시에 접하는 직선의 방정식을 $y=ax+b$라고 할 때, 상수 a, b에 대하여 $a+b$의 값을 구하시오.

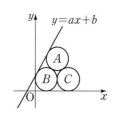

27 점 $P(-4, 0)$에서 원 $(x-1)^2+(y-3)^2=6$에 그은 한 직선이 원과 만나는 두 점을 각각 A, B라고 할 때, $\overline{PA}\times\overline{PB}$의 값을 구하시오.

28 오른쪽 그림과 같이 점 $A(4, 3)$을 지나고 기울기가 양수인 직선 l이 원 $x^2+y^2=10$과 두 점 P, Q에서 만난다. $\overline{AP}=3$일 때, 직선 l의 기울기를 구하시오.

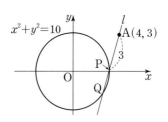

29 원 $(x+8)^2+(y-6)^2=100$ 위의 두 점 $A(-8, -4)$, $B(2, 6)$에 대하여 삼각형 PAB의 넓이가 최대가 되도록 하는 원 위의 한 점 P를 잡을 때, 점 P와 원의 중심을 지나는 직선의 방정식은 $y=ax+b$이다. 상수 a, b에 대하여 $a+b$의 값을 구하시오.

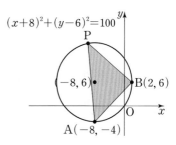

30 오른쪽 그림과 같이 좌표평면 위에 원 $C_1 : x^2+y^2=4$와 반지름의 길이가 1인 두 원 C_2, C_3의 일부로 이루어진 도형이 있다. 이 도형과 직선 $y=a(x-1)$이 서로 다른 다섯 개의 점에서 만날 때, 실수 a의 값의 범위를 구하시오. (단, 세 원 C_1, C_2, C_3은 서로 접하고, 중심은 모두 x축 위에 있다.)

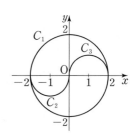

31

곡선 $y=x^2-x-1$ 위의 점 중 제2사분면에 있는 점을 중심으로 하고, x축과 y축에 동시에 접하는 원의 방정식은 $x^2+y^2+ax+by+c=0$이다. $a+b+c$의 값을 구하시오.

(단, a, b, c는 상수이다.)

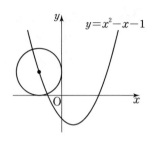

32

좌표평면에서 원 $C : x^2+y^2-4x-2ay+a^2-9=0$이 다음 조건을 만족시킨다.

> (가) 원 C는 원점을 지난다.
>
> (나) 원 C는 직선 $y=-2$와 서로 다른 두 점에서 만난다.

원 C와 직선 $y=-2$가 만나는 두 점 사이의 거리는? (단, a는 상수이다.)

① $4\sqrt{2}$ ② 6   ③ $2\sqrt{10}$

④ $2\sqrt{11}$ ⑤ $4\sqrt{3}$

33

좌표평면 위에 두 점 A$(0, \sqrt{3})$, B$(1, 0)$과 원 $C : (x-1)^2+(y-10)^2=9$가 있다. 원 C 위의 점 P에 대하여 삼각형 ABP의 넓이가 자연수가 되도록 하는 모든 점 P의 개수는?

① 9   ② 10   ③ 11

④ 12   ⑤ 13

34

좌표평면에 원 $C_1 : (x+7)^2+(y-2)^2=20$이 있다. 그림과 같이 점 P$(a, 0)$에서 원 C_1에 그은 두 접선을 l_1, l_2라 하자. 두 직선 l_1, l_2가 원 $C_2 : x^2+(y-b)^2=5$에 모두 접할 때, 두 직선 l_1, l_2의 기울기의 곱을 c라 하자. $11(a+b+c)$의 값을 구하시오. (단, a, b는 양의 상수이다.)

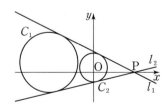

04

도형의 이동

1 평행이동

• **점의 평행이동**

좌표평면 위의 점 $P(x, y)$를 x축의 방향으로 a만큼, y축의 방향으로 b만큼 평행이동한 점 P'은

$$P'(x+a, y+b)$$

• **도형의 평행이동**

좌표평면 위에서 방정식 $f(x, y)=0$이 나타내는 도형을 x축의 방향으로 a만큼, y축의 방향으로 b만큼 평행이동한 도형의 방정식은

$$f(x-a, y-b)=0$$

2 대칭이동

• **점의 대칭이동**

점 $P(x, y)$를

(1) x축에 대하여 대칭이동한 점의 좌표는 $\qquad (x, -y)$

(2) y축에 대하여 대칭이동한 점의 좌표는 $\qquad (-x, y)$

(3) 원점에 대하여 대칭이동한 점의 좌표는 $\qquad (-x, -y)$

(4) 직선 $y=x$에 대하여 대칭이동한 점의 좌표는 $\qquad (y, x)$

• **도형의 대칭이동**

방정식 $f(x, y)=0$이 나타내는 도형을

(1) x축에 대하여 대칭이동한 도형의 방정식은 $\qquad f(x, -y)=0$

(2) y축에 대하여 대칭이동한 도형의 방정식은 $\qquad f(-x, y)=0$

(3) 원점에 대하여 대칭이동한 도형의 방정식은 $\qquad f(-x, -y)=0$

(4) 직선 $y=x$에 대하여 대칭이동한 도형의 방정식은 $\quad f(y, x)=0$

3 절댓값 기호를 포함한 식의 그래프

절댓값 기호를 포함한 함수의 그래프는 절댓값 기호 안의 식의 값이 0이 되는 x의 값을 기준으로 x의 값의 범위를 나누어 그래프를 그린다.

Q&A

Q 점의 평행이동과 도형의 평행이동의 차이점은 무엇인가요?

A 점의 평행이동만 부호 그대로 쓰고, 도형의 평행이동은 부호를 바꾸어서 씁니다. 반면에 도형의 대칭이동은 점의 대칭이동과 완전히 똑같이 하면 됩니다.

1 평행이동

1 점의 평행이동

중학교 때 어떤 도형을 일정한 방향으로 일정한 거리만큼 옮기는 것을 평행이동이라고 배웠습니다. ← 평행이동에 의하여 점은 점, 직선은 직선, 원은 원으로 옮겨진다.

여기서는 먼저 좌표평면 위의 점의 평행이동에 대하여 공부해 봅시다.

좌표평면 위의 점 $P(x, y)$를 x축의 방향으로 a만큼, y축의 방향으로 b만큼 평행이동한 점을 $P'(x', y')$이라고 하면 각각의 좌표는 $x'=x+a$, $y'=y+b$입니다.

따라서 좌표평면 위의 점 $P(x, y)$를 x축의 방향으로 a만큼, y축의 방향으로 b만큼 평행이동한 점 P'은

$$P'(x+a, y+b)$$

와 같이 나타낼 수 있습니다. 이때 이 평행이동을 다음과 같이 나타낼 수 있습니다.

$$(x, y) \longrightarrow (x+a, y+b)$$

Example 좌표평면 위의 점 $P(-1, 2)$를 x축의 방향으로 3만큼, y축의 방향으로 -4만큼 평행이동한 점 P'의 좌표를 (x', y')이라고 하면

$$x'=-1+3=2, y'=2+(-4)=-2 \qquad \therefore P'(2, -2)$$

2 도형의 평행이동

이제 직선, 포물선, 원과 같은 도형의 평행이동에 대해 생각해 봅시다.

┌→ 이차함수의 그래프

└→ 일차함수의 그래프

1. 도형의 방정식 $f(x, y)=0$

변수 x, y를 이용하여 나타낸 도형의 방정식은 항을 모두 좌변으로 이항하여 $f(x, y)=0$ 꼴로 나타낼 수 있습니다. 예를 들어 직선의 방정식 $y=-2x+4$는 $2x+y-4=0$, 원의 방정식 $(x-1)^2+y^2=9$는 $x^2+y^2-2x-8=0$, 즉 $f(x, y)=0$ 꼴로 나타낼 수 있습니다.

이와 같이 좌표평면 위의 도형의 방정식은 일반적으로

$$f(x, y)=0$$

꼴로 나타낼 수 있습니다.

2. 도형의 평행이동

좌표평면 위에서 도형의 방정식 $f(x, y)=0$을 x축의 방향으로 a만큼, y축의 방향으로 b만큼 평행이동한 도형의 방정식을 구해 봅시다.

방정식 $f(x, y)=0$이 나타내는 도형 위의 점 $P(x, y)$를 x축의 방향으로 a만큼, y축의 방향으로 b만큼 평행이동한 점을 $P'(x', y')$이라고 하면

$$x'=x+a, \ y'=y+b$$

이므로

$$x=x'-a, \ y=y'-b \quad \cdots\cdots ㉠$$

그런데 점 $P(x, y)$는 방정식 $f(x, y)=0$이 나타내는 도형 위의 점이므로 ㉠을 $f(x, y)=0$에 대입하면

$$f(x'-a, \ y'-b)=0$$

이 성립합니다. 즉, 점 $P'(x', y')$은 방정식

$$f(x-a, \ y-b)=0$$

이 나타내는 도형 위의 점입니다.

따라서 방정식 $f(x, y)=0$이 나타내는 도형을 x축의 방향으로 a만큼, y축의 방향으로 b만큼 평행이동한 도형의 방정식은

$$f(x-a, \ y-b)=0 \quad \leftarrow x \text{ 대신 } x-a, y \text{ 대신 } y-b \text{를 대입한다.}$$

입니다.

이때 도형을 평행이동하면 위치만 변할 뿐 그 모양과 크기는 변하지 않음에 주의합니다.

예를 들어 직선을 평행이동하면 직선의 기울기는 변함이 없고, 원을 평행이동하면 원의 중심의 좌표는 변하지만 반지름의 길이는 변함이 없습니다.

Example

(1) 직선 $2x-y+5=0$을 x축의 방향으로 1만큼, y축의 방향으로 -2만큼 평행이동한 도형의 방정식은

$$2(x-1)-\{y-(-2)\}+5=0$$

$$\therefore 2x-y+1=0$$

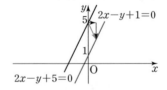

(2) 원 $x^2+y^2=1$을 x축의 방향으로 -3만큼, y축의 방향으로 1만큼 평행이동한 도형의 방정식은

$$\{x-(-3)\}^2+(y-1)^2=1$$

$$\therefore (x+3)^2+(y-1)^2=1$$

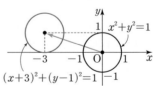

개념 Point 　**평행이동**

1 점의 평행이동 : 좌표평면 위의 점 $P(x, y)$를 x축의 방향으로 a만큼, y축의 방향으로 b만큼 평행이동한 점 P'은

$$P'(x+a,\ y+b)　\leftarrow 평행이동\ 부호를\ 그대로\ 대입$$

2 도형의 평행이동 : 좌표평면 위에서 방정식 $f(x,\ y)=0$이 나타내는 도형을 x축의 방향으로 a만큼, y축의 방향으로 b만큼 평행이동한 도형의 방정식은

$$f(x-a,\ y-b)=0　\leftarrow 평행이동\ 부호를\ 반대로\ 대입$$

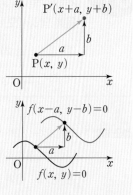

+ Plus

평행이동에 대한 문제를 풀 때에는 점의 평행이동인지 도형의 평행이동인지를 파악한 후, 도형의 평행이동인 경우에는 식을 변형할 때, 부호를 바꿔 대입함에 주의한다.

개념 콕콕

1 다음 점을 x축의 방향으로 2만큼, y축의 방향으로 -4만큼 평행이동한 점의 좌표를 구하시오.

(1) $(-1,\ 0)$ 　　　(2) $(3,\ 1)$ 　　　(3) $(-4,\ 6)$

2 평행이동 $(x,\ y) \longrightarrow (x+3,\ y-2)$에 의하여 다음 점이 옮겨지는 점의 좌표를 구하시오.

(1) $(0,\ 0)$ 　　　(2) $(3,\ -2)$ 　　　(3) $(-1,\ 2)$

3 다음 방정식이 나타내는 도형을 x축의 방향으로 -2만큼, y축의 방향으로 3만큼 평행이동한 도형의 방정식을 구하시오.

(1) $2x-y+4=0$ 　　(2) $y=2x-1$ 　　(3) $x^2+y^2-4x+2y+4=0$

4 평행이동 $(x,\ y) \longrightarrow (x+1,\ y-2)$에 의하여 다음 방정식이 나타내는 도형이 옮겨지는 도형의 방정식을 구하시오.

(1) $x-2y+1=0$ 　　(2) $y=3$ 　　(3) $(x+2)^2+(y-3)^2=4$

● 풀이 62쪽

정답
1 (1) $(1,\ -4)$ (2) $(5,\ -3)$ (3) $(-2,\ 2)$ 　　**2** (1) $(3,\ -2)$ (2) $(6,\ -4)$ (3) $(2,\ 0)$
3 (1) $2x-y+11=0$ (2) $y=2x+6$ (3) $x^2+y^2-4y+3=0$
4 (1) $x-2y-4=0$ (2) $y=1$ (3) $(x+1)^2+(y-1)^2=4$

예제 01

평행이동 $(x, y) \longrightarrow (x+a, y+b)$에 의하여 점 $(3, -2)$가 점 $(1, 1)$로 옮겨질 때, 다음 물음에 답하시오.

(1) 점 $(-1, 2)$가 이 평행이동에 의하여 옮겨지는 점의 좌표를 구하시오.

(2) 직선 $2x-y-3=0$이 이 평행이동에 의하여 옮겨지는 직선의 방정식을 구하시오.

접근 방법〉 점 $(3, -2)$가 점 $(1, 1)$로 어떤 규칙에 의하여 평행이동하였는지 구한 후 그 규칙대로 도형을 옮긴다. 도형은 평행이동에 의하여 모양과 크기가 바뀌지 않으므로 점은 점으로, 직선은 직선으로, 원은 원으로 옮겨진다.

> **수매씨 Point** x축의 방향으로 a만큼, y축의 방향으로 b만큼 평행이동하면
> (1) 점 : $(x, y) \longrightarrow (x+a, y+b)$
> (2) 도형 : $f(x, y)=0 \longrightarrow f(x-a, y-b)=0$

상세 풀이〉 점 $(3, -2)$를 x축의 방향으로 a만큼, y축의 방향으로 b만큼 평행이동한 점의 좌표가 $(1, 1)$이므로
$$3+a=1, \quad -2+b=1$$
$$\therefore a=-2, \ b=3$$

(1) 점 $(-1, 2)$를 x축의 방향으로 -2만큼, y축의 방향으로 3만큼 평행이동한 점의 좌표는
$$(-1-2, 2+3) \quad \therefore (-3, 5)$$

(2) 직선 $2x-y-3=0$을 x축의 방향으로 -2만큼, y축의 방향으로 3만큼 평행이동한 직선의 방정식은
$$2(x+2)-(y-3)-3=0$$
$$\therefore 2x-y+4=0$$

정답 (1) $(-3, 5)$ (2) $2x-y+4=0$

보충 설명

일차함수 $y=ax$의 그래프를 y축의 방향으로 b만큼 평행이동한 것이 일차함수 $y=ax+b$의 그래프이고, 이차함수 $y=ax^2$의 그래프를 x축의 방향으로 p만큼, y축의 방향으로 q만큼 평행이동한 것이 이차함수 $y=a(x-p)^2+q$의 그래프이다.

숫자 바꾸기   한번 더 ☑ ☐

01-1
평행이동 $(x, y) \longrightarrow (x+a, y+b)$에 의하여 점 $(-1, 2)$가 점 $(3, 1)$로 옮겨질 때, 다음 물음에 답하시오.

(1) 점 $(1, 2)$가 이 평행이동에 의하여 옮겨지는 점의 좌표를 구하시오.

(2) 직선 $x-2y+3=0$이 이 평행이동에 의하여 옮겨지는 직선의 방정식을 구하시오.

표현 바꾸기   한번 더 ☑ ☐

01-2
평행이동 $(x, y) \longrightarrow (x+a, y+b)$에 의하여 원 $x^2+y^2+4x-2y+c=0$이 원 $x^2+y^2=1$로 옮겨질 때, $a+b+c$의 값을 구하시오. (단, c는 상수이다.)

개념 넓히기   한번 더 ☑ ☐

01-3
직선 $y=ax+b$를 평행이동 $(x, y) \longrightarrow (x-1, y+2)$에 의하여 옮겼더니 직선 $y=-\dfrac{1}{2}x+3$과 y축 위의 점에서 수직으로 만난다. 상수 a, b에 대하여 ab의 값을 구하시오.

● 풀이 62쪽

정답

01-1 (1) $(5, 1)$ (2) $x-2y-3=0$ **01-2** 5   **01-3** -2

2 대칭이동

어떤 도형을 주어진 직선 또는 점에 대하여 대칭인 도형으로 옮기는 것을 대칭이동이라고 합니다. 도형의 대칭이동을 좌표평면에서 표현하는 방법에 대하여 알아봅시다.

1 점의 대칭이동

오른쪽 그림과 같이 평면 위의 한 점 P를 다른 한 점 C에 대하여 P와 대칭인 점 P′으로 옮기는 것을 점 C에 대한 점대칭 이동이라고 합니다. 이때 점 C는 선분 PP′을 이등분하는 점이 됩니다.

오른쪽 그림과 같이 평면 위의 한 점 P를 한 직선 l에 대하여 P와 대칭인 점 P′으로 옮기는 것을 직선 l에 대한 선대칭 이동이라고 합니다. 이때 직선 l은 선분 PP′을 수직이등분하는 직선이 됩니다.

이제 점 P가 대칭이동한 점을 P′이라 하고, 각 경우에 대하여 점 P′의 좌표를 구해 봅시다.

1. x축에 대한 대칭이동

점 $P(x, y)$를 x축에 대하여 대칭이동한 점을 $P'(x', y')$이라고 하면 오른쪽 그림과 같이 점 P′의 x좌표는 변하지 않고 y좌표의 부호만 바뀌므로 $x'=x$, $y'=-y$가 성립합니다.

따라서 점 P를 x축에 대하여 대칭이동한 점 P′은 $P'(x, -y)$입니다. ← $P(x, y)$에서 y좌표의 부호가 바뀐다.

2. y축에 대한 대칭이동

점 $P(x, y)$를 y축에 대하여 대칭이동한 점을 $P'(x', y')$이라고 하면 오른쪽 그림과 같이 점 P′의 x좌표의 부호가 바뀌고 y좌표는 변하지 않으므로 $x'=-x$, $y'=y$가 성립합니다.

따라서 점 P를 y축에 대하여 대칭이동한 점 P′은 $P'(-x, y)$입니다. ← $P(x, y)$에서 x좌표의 부호가 바뀐다.

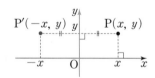

3. 원점에 대한 대칭이동

점 $P(x, y)$를 원점에 대하여 대칭이동한 점을 $P'(x', y')$이라고 하면 오른쪽 그림과 같이 점 P′의 x좌표와 y좌표의 부호가 모두 바뀌므로 $x'=-x$, $y'=-y$가 성립합니다.

따라서 점 P를 원점에 대하여 대칭이동한 점 P′은 $P'(-x, -y)$입니다. ← $P(x, y)$에서 x, y좌표의 부호가 모두 바뀐다.

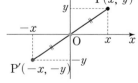

한편, 원점에 대한 대칭이동은 x축에 대하여 대칭이동한 후 다시 y축에 대하여 대칭이동한 것과 같습니다.

$$(x, y) \xrightarrow{x축 \, 대칭} (x, -y) \xrightarrow{y축 \, 대칭} (-x, -y)$$

또한 y축에 대하여 대칭이동한 후 다시 x축에 대하여 대칭이동한 것과도 같습니다.

$$(x, y) \xrightarrow{y축 \, 대칭} (-x, y) \xrightarrow{x축 \, 대칭} (-x, -y)$$

Example 오른쪽 그림과 같이 점 $P(3, 1)$을 x축, y축, 원점에 대하여 대칭이동한 점을 각각 Q, R, S라고 하면

$Q(3, -1)$ ← y좌표의 부호가 바뀐다.

$R(-3, 1)$ ← x좌표의 부호가 바뀐다.

$S(-3, -1)$ ← x, y좌표의 부호가 모두 바뀐다.

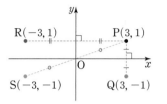

4. 직선 $y=x$에 대한 대칭이동

점 $P(x, y)$를 직선 $y=x$에 대하여 대칭이동한 점을 $P'(x', y')$이라고 하면 직선 $y=x$는 선분 PP'의 수직이등분선입니다.

즉, 선분 PP'의 중점 $M\left(\dfrac{x+x'}{2}, \dfrac{y+y'}{2}\right)$은 직선 $y=x$ 위에 있으므로 직선의 방정식에 대입하면

$$\frac{y+y'}{2}=\frac{x+x'}{2}$$

$$\therefore x+x'=y+y' \quad \cdots\cdots \ \text{㉠}$$

또한 직선 $y=x$와 선분 PP'은 서로 수직이므로 직선 PP'의 기울기는 -1입니다. 즉,

$$\frac{y'-y}{x'-x}=-1$$

$$\therefore x-x'=y'-y \quad \cdots\cdots \ \text{㉡}$$

㉠, ㉡을 연립하여 풀면 $x'=y$, $y'=x$이므로 점 P를 직선 $y=x$에 대하여 대칭이동한 점 P'은 $P'(y, x)$입니다. ← $P(x, y)$에서 x, y좌표가 서로 바뀐다.

Example 오른쪽 그림과 같이 점 $(3, 1)$, 점 $(3, -1)$을 직선 $y=x$에 대하여 대칭이동한 점의 좌표는 각각

$(1, 3)$, $(-1, 3)$ ← x좌표와 y좌표가 서로 바뀐다.

이 됩니다.

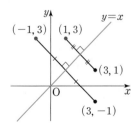

점 (x, y)를

1 x축에 대하여 대칭이동한 점의 좌표는 $(x, -y)$

2 y축에 대하여 대칭이동한 점의 좌표는 $(-x, y)$

3 원점에 대하여 대칭이동한 점의 좌표는 $(-x, -y)$

4 직선 $y=x$에 대하여 대칭이동한 점의 좌표는 (y, x)

+ Plus

직선 $y=x$에 대한 대칭이동은 삼각형의 합동을 이용해서 보일 수도 있다.

오른쪽 그림과 같이 선분 PP′과 직선 $y=x$의 교점을 H라고 하면 두 삼각형 OPH, OP′H는 서로 합동이므로 $\overline{OP}=\overline{OP'}$

또한 두 점 P, P′에서 x축, y축에 내린 수선의 발을 각각 Q, Q′이라고 하면 두 삼각형 POQ, P′OQ′은 서로 합동이므로

$\overline{PQ}=\overline{P'Q'}$, $\overline{OQ}=\overline{OQ'}$　∴ $x'=y, y'=x$

따라서 점 $P(x, y)$를 직선 $y=x$에 대하여 대칭이동한 점은 $P'(y, x)$이다.

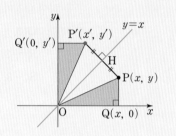

② 도형의 대칭이동

이번에는 좌표평면 위에서 방정식 $f(x, y)=0$이 나타내는 도형을 x축에 대하여 대칭이동한 도형의 방정식을 구해 봅시다.

방정식 $f(x, y)=0$이 나타내는 도형 위의 임의의 점 $P(x, y)$를 x축에 대하여 대칭이동한 점을 $P'(x', y')$이라고 하면 점 P′의 좌표는 앞에서 살펴본 것과 같이

$$x'=x, y'=-y \qquad \therefore x=x', y=-y' \qquad \cdots\cdots \ \bigcirc$$

입니다. 그런데 점 $P(x, y)$는 방정식 $f(x, y)=0$이 나타내는 도형 위의 점이므로 ㉠을 $f(x, y)=0$에 대입하면

$$f(x', -y')=0$$

입니다. 즉, 점 $P'(x', y')$은 방정식

$$f(x, -y)=0$$

이 나타내는 도형 위의 점입니다.

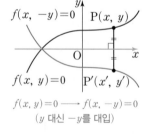

$f(x, y)=0 \longrightarrow f(x, -y)=0$
(y 대신 $-y$를 대입)

따라서 방정식 $f(x, y)=0$이 나타내는 도형을 x축에 대하여 대칭이동한 도형의 방정식은

$$f(x, -y)=0$$

입니다.

같은 방법으로 방정식 $f(x, y)=0$이 나타내는 도형을 y축, 원점, 직선 $y=x$에 대하여 대칭이동한 도형의 방정식은 각각 다음과 같습니다.

$$f(-x, y)=0, f(-x, -y)=0, f(y, x)=0$$

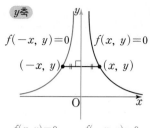

$f(-x, y)=0 \quad f(x, y)=0$

$(-x, y) \qquad (x, y)$

y축

$f(x, y)=0 \longrightarrow f(-x, y)=0$
(x 대신 $-x$를 대입)

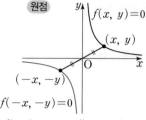

원점

$f(x, y)=0$

(x, y)

$(-x, -y)$

$f(-x, -y)=0$

$f(x, y)=0 \longrightarrow f(-x, -y)=0$
(x 대신 $-x$, y 대신 $-y$를 대입)

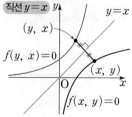

직선 $y=x$

(y, x)

$f(y, x)=0$

(x, y)

$f(x, y)=0$

$f(x, y)=0 \longrightarrow f(y, x)=0$
(x 대신 y, y 대신 x를 대입)

04

Example 직선 $2x-y-6=0$을

(1) x축에 대하여 대칭이동한 도형의 방정식은

$$2x-(-y)-6=0 \leftarrow y \text{ 대신 } -y\text{를 대입한다.}$$

$$\therefore y=-2x+6$$

(2) y축에 대하여 대칭이동한 도형의 방정식은

$$2(-x)-y-6=0 \leftarrow x \text{ 대신 } -x\text{를 대입한다.}$$

$$\therefore y=-2x-6$$

(3) 원점에 대하여 대칭이동한 도형의 방정식은

$$2(-x)-(-y)-6=0 \leftarrow x \text{ 대신 } -x, y \text{ 대신 } -y\text{를 대입한다.}$$

$$\therefore y=2x+6$$

(4) 직선 $y=x$에 대하여 대칭이동한 도형의 방정식은

$$2y-x-6=0 \leftarrow x \text{ 대신 } y, y \text{ 대신 } x\text{를 대입한다.}$$

$$\therefore y=\frac{1}{2}x+3$$

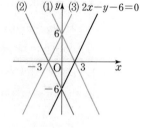

개념 Point **도형의 대칭이동**

방정식 $f(x, y)=0$이 나타내는 도형을

1 x축에 대하여 대칭이동한 도형의 방정식은 $f(x, -y)=0$

2 y축에 대하여 대칭이동한 도형의 방정식은 $f(-x, y)=0$

3 원점에 대하여 대칭이동한 도형의 방정식은 $f(-x, -y)=0$

4 직선 $y=x$에 대하여 대칭이동한 도형의 방정식은 $f(y, x)=0$

+ Plus

점 $P(x, y)$를 직선 $y=-x$에 대하여 대칭이동한 점을 $P'(x', y')$이라고 하면 직선 $y=-x$는 선분 PP'의 수직이등분선이므로 직선 $y=x$에 대한 대칭이동과 같은 방법으로 점 P'을 구할 수 있다. $\rightarrow$ x, y좌표의 자리와 부호가 모두 바뀐다.

따라서 직선 $y=-x$에 대하여 대칭이동한 점 P'은 $P'(-y, -x)$이다.

이와 같은 원리로 방정식 $f(x, y)=0$이 나타내는 도형을 직선 $y=-x$에 대하여 대칭이동한 도형의 방정식은 $f(-y, -x)=0$이다.

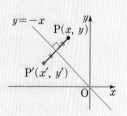

1 x축 및 y축에 평행한 직선에 대한 대칭이동

점 $P(x, y)$를 직선 $x=a$에 대하여 대칭이동한 점을 $P'(x', y')$이라 하고, 선분 PP'과 직선 $x=a$의 교점을 $M(a, b)$라고 하면 y좌표는 변하지 않으므로

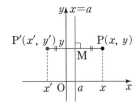

$$a=\frac{x+x'}{2}, \ b=y=y' \qquad \therefore \ x'=2a-x, \ y'=y$$

즉, 점 $P(x, y)$를 직선 $x=a$에 대하여 대칭이동한 점 P'은

$$P'(2a-x, y)$$

같은 방법으로 점 $P(x, y)$를 직선 $y=q$에 대하여 대칭이동한 점을 $P''(x'', y'')$이라 하고, 선분 PP''과 직선 $y=q$의 교점을 $N(p, q)$라고 하면 x좌표는 변하지 않으므로

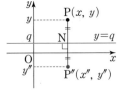

$$p=x=x'', \ q=\frac{y+y''}{2} \qquad \therefore \ x''=x, \ y''=2q-y$$

즉, 점 $P(x, y)$를 직선 $y=q$에 대하여 대칭이동한 점 P''은

$$P''(x, 2q-y)$$

따라서 방정식 $f(x, y)=0$이 나타내는 도형 위의 임의의 점 $P(x, y)$를 두 직선 $x=a$, $y=q$에 대하여 대칭이동한 점을 각각 $P'(x', y')$, $P''(x'', y'')$이라 하고, 대칭이동한 도형의 방정식을 각각 차례대로 구하면

$$f(2a-x, y)=0, \ f(x, 2q-y)=0$$

2 점에 대한 대칭이동

오른쪽 그림과 같이 점 $P(x, y)$를 점 $C(a, b)$에 대하여 대칭이동한 점을 $P'(x', y')$이라고 하면 점 C는 선분 PP'의 중점이다.

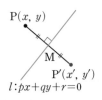

$$\therefore \ a=\frac{x+x'}{2}, \ b=\frac{y+y'}{2} \quad \leftarrow \text{선분 } PP'\text{의 중점은 점 } C(a, b)\text{이다.}$$

즉, $x'=2a-x$, $y'=2b-y$이므로 점 $P(x, y)$를 점 $C(a, b)$에 대하여 대칭이동한 점은

$$P'(2a-x, 2b-y)$$

3 직선에 대한 대칭이동

오른쪽 그림과 같이 점 $P(x, y)$를 직선 $l : px+qy+r=0$에 대하여 대칭이동한 점을 $P'(x', y')$이라 하고, 선분 PP'과 직선 l의 교점을 M이라고 하면 직선 l은 선분 PP'의 수직이등분선이므로

(ⅰ) $\overline{PM}=\overline{P'M}$

(ⅱ) $\overline{PP'} \perp l$

$\leftarrow$ (ⅰ) $p\left(\dfrac{x+x'}{2}\right)+q\left(\dfrac{y+y'}{2}\right)+r=0$, (ⅱ) $\dfrac{y'-y}{x'-x}\times\left(-\dfrac{p}{q}\right)=-1$

따라서 직선에 대하여 대칭이동한 도형의 방정식을 구할 때에는 방정식 $f(x, y)=0$이 나타내는 도형 위의 임의의 점 $P(x, y)$를 직선에 대하여 대칭이동한 점을 $P'(x', y')$이라 하고, (ⅰ), (ⅱ)를 이용하면 된다.

1 다음 점을 x축, y축, 원점, 직선 $y=x$에 대하여 대칭이동한 점의 좌표를 각각 구하시오.

(1) $(4,\ 5)$ (2) $(-3,\ 2)$

(3) $(5,\ -2)$ (4) $(-4,\ -7)$

2 다음 방정식이 나타내는 도형을 x축, y축, 원점, 직선 $y=x$에 대하여 대칭이동한 도형의 방정식을 각각 구하시오.

(1) $y=2x+4$ (2) $y=-x+4$

(3) $x+2y+4=0$ (4) $x-2y+4=0$

3 다음 방정식이 나타내는 도형을 x축, y축, 원점, 직선 $y=x$에 대하여 대칭이동한 도형의 방정식을 각각 구하시오.

(1) $x=1$ (2) $x=-2$

(3) $y=1$ (4) $y=-2$

4 다음 방정식이 나타내는 도형을 x축, y축, 원점, 직선 $y=x$에 대하여 대칭이동한 도형의 방정식을 각각 구하시오.

(1) $(x-2)^2+(y-3)^2=9$ (2) $x^2+y^2+4x-2y+4=0$

5 다음 방정식이 나타내는 도형을 x축, y축에 대하여 대칭이동한 도형의 방정식을 각각 구하시오.

(1) $y=x^2+1$ (2) $y=-x^2+4$

• 풀이 62쪽~63쪽

정답   **1** 풀이 참조   **2** 풀이 참조   **3** 풀이 참조   **4** 풀이 참조   **5** 풀이 참조

예제 02

원 $(x-2)^2+(y-5)^2=1$을 다음 점 또는 직선에 대하여 대칭이동한 원의 방정식을 구하시오.

(1) x축   (2) y축

(3) 원점   (4) 직선 $y=x$

접근 방법 > 도형의 대칭이동 공식을 이용한다. 이때 원은 대칭이동하여도 반지름의 길이가 변하지 않는다.

> **수매씨 Point** 방정식 $f(x, y)=0$이 나타내는 도형을
> (1) x축에 대하여 대칭이동한 도형의 방정식은 $f(x, -y)=0$
> (2) y축에 대하여 대칭이동한 도형의 방정식은 $f(-x, y)=0$
> (3) 원점에 대하여 대칭이동한 도형의 방정식은 $f(-x, -y)=0$
> (4) 직선 $y=x$에 대하여 대칭이동한 도형의 방정식은 $f(y, x)=0$

상세 풀이 > 방정식 $(x-2)^2+(y-5)^2=1$에

(1) y 대신 $-y$를 대입하면
$$(x-2)^2+\{(-y)-5\}^2=1 \qquad \therefore (x-2)^2+(y+5)^2=1$$

(2) x 대신 $-x$를 대입하면
$$\{(-x)-2\}^2+(y-5)^2=1 \qquad \therefore (x+2)^2+(y-5)^2=1$$

(3) x 대신 $-x$, y 대신 $-y$를 대입하면
$$\{(-x)-2\}^2+\{(-y)-5\}^2=1 \qquad \therefore (x+2)^2+(y+5)^2=1$$

(4) x 대신 y, y 대신 x를 대입하면
$$(y-2)^2+(x-5)^2=1 \qquad \therefore (x-5)^2+(y-2)^2=1$$

정답 (1) $(x-2)^2+(y+5)^2=1$ (2) $(x+2)^2+(y-5)^2=1$
(3) $(x+2)^2+(y+5)^2=1$ (4) $(x-5)^2+(y-2)^2=1$

보충 설명

원은 대칭이동하여도 반지름의 길이가 변하지 않으므로 원의 대칭이동에 대한 문제는 원의 중심의 대칭이동으로도 생각할 수 있다.

숫자 바꾸기 한번 더 ☑ ☐

02-1

원 $x^2+y^2-2x+4y+1=0$을 다음 점 또는 직선에 대하여 대칭이동한 원의 방정식을 구하시오.

(1) x축

(2) y축

(3) 원점

(4) 직선 $y=x$

표현 바꾸기 한번 더 ☑ ☐

02-2

원 $x^2+y^2=4$를 x축의 방향으로 2만큼, y축의 방향으로 -1만큼 평행이동한 후 직선 $y=x$에 대하여 대칭이동한 도형의 방정식은?

① $(x+1)^2+(y-2)^2=4$

② $(x+2)^2+(y-1)^2=4$

③ $(x-1)^2+(y-2)^2=4$

④ $(x-1)^2+(y+2)^2=4$

⑤ $(x-2)^2+(y+1)^2=4$

개념 넓히기 한번 더 ☑ ☐

02-3

함수 $y=-2x^2+12x+a$의 그래프를 x축에 대하여 대칭이동한 함수의 최솟값이 10일 때, 상수 a의 값을 구하시오.

● 풀이 63쪽

정답

02-1 (1) $x^2+y^2-2x-4y+1=0$ (2) $x^2+y^2+2x+4y+1=0$
(3) $x^2+y^2+2x-4y+1=0$ (4) $x^2+y^2+4x-2y+1=0$
02-2 ①   **02-3** -28

예제 03

다음 물음에 답하시오.

(1) 점 $(2, 1)$을 점 $(1, -1)$에 대하여 대칭이동한 점의 좌표를 구하시오.

(2) 직선 $y=2x$를 점 $(1, -1)$에 대하여 대칭이동한 직선의 방정식을 구하시오.

접근 방법〉 오른쪽 그림과 같이 두 점 $P(x, y)$, $P'(x', y')$이 점 $A(a, b)$에 대하여 대칭이면 점 A는 선분 PP'의 중점이 된다.

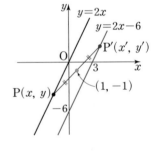

수매씨 Point 점에 대한 대칭이동 ➡ 중점 조건을 이용한다.

상세 풀이〉 (1) 점 $(2, 1)$을 점 $(1, -1)$에 대하여 대칭이동한 점의 좌표를 (a, b)라고 하면

$$\frac{2+a}{2}=1,\ \frac{1+b}{2}=-1$$

$$\therefore a=0,\ b=-3$$

따라서 구하는 점의 좌표는 $(0, -3)$이다.

(2) 직선 $y=2x$ 위의 임의의 점 $P(x, y)$를 점 $(1, -1)$에 대하여 대칭이동한 점을 $P'(x', y')$이라고 하면

$$\frac{x+x'}{2}=1,\ \frac{y+y'}{2}=-1$$

$$\therefore x=2-x',\ y=-2-y' \quad \cdots\cdots ㉠$$

㉠을 $y=2x$에 대입하면

$$-2-y'=2(2-x') \qquad \therefore y'=2x'-6$$

따라서 구하는 직선의 방정식은 $y=2x-6$

정답 (1) $(0, -3)$ (2) $y=2x-6$

보충 설명

점에 대한 대칭이동을 정리하면 다음과 같다.

(1) 점 $P(x, y)$를 점 $A(a, b)$에 대하여 대칭이동한 점 P'은

$$P'(2a-x, 2b-y)$$

(2) 방정식 $f(x, y)=0$이 나타내는 도형을 점 $A(a, b)$에 대하여 대칭이동한 도형의 방정식은

$$f(2a-x, 2b-y)=0$$

숫자 바꾸기

풀이 64쪽 ➕ 보충 설명 한번 더 ✓

03-1 다음 물음에 답하시오.

(1) 점 $(-1, 3)$을 점 $(1, 2)$에 대하여 대칭이동한 점의 좌표를 구하시오.

(2) 직선 $x-2y-3=0$을 점 $(1, 2)$에 대하여 대칭이동한 직선의 방정식을 구하시오.

표현 바꾸기

한번 더 ✓

03-2 점 $P(5, a)$를 점 $(2, 1)$에 대하여 대칭이동한 점이 $Q(b, 4)$가 되었을 때, 선분 PQ의 길이는?

① $4\sqrt{6}$　　　　② $5\sqrt{3}$　　　　③ $6\sqrt{2}$

④ 8　　　　⑤ 7

개념 넓히기

한번 더 ✓

03-3 원 $(x-2)^2+(y+1)^2=9$를 점 $(-1, 1)$에 대하여 대칭이동한 원의 방정식이 $x^2+y^2+ax+by+c=0$일 때, 상수 a, b, c에 대하여 $a+b+c$의 값을 구하시오.

• 풀이 63쪽~64쪽

정답　**03-1** (1) $(3, 1)$　(2) $x-2y+9=0$　　　　**03-2** ③　　　　**03-3** 18

예제 **04**

다음 물음에 답하시오.

(1) 점 $P(3, 1)$을 직선 $2x+y-2=0$에 대하여 대칭이동한 점의 좌표를 구하시오.

(2) 직선 $y=2x$를 직선 $x=1$에 대하여 대칭이동한 직선의 방정식을 구하시오.

접근 방법 > 오른쪽 그림과 같이 두 점 P, P'이 직선 l에 대하여 대칭이면 직선 l은 선분 PP'을 수직이등분한다. 즉, 직선에 대한 대칭이동은

(i) 중점 조건 : 선분 PP'의 중점이 직선 l 위의 점이다.

(ii) 수직 조건 : $\overline{PP'} \perp l$, 즉 ($\overline{PP'}$의 기울기)$\times$(l의 기울기)$=-1$

이 성립함을 이용하여 직선에 대하여 대칭이동한 점의 좌표나 도형의 방정식을 구한다.

수매씨 Point 직선에 대한 대칭이동 ➡ 중점 조건과 수직 조건을 이용한다.

상세 풀이 > (1) 점 $P(3, 1)$을 직선 $2x+y-2=0$, 즉 $y=-2x+2$에 대하여 대칭이동한 점을 $P'(a, b)$라고 하면 선분 PP'의 중점의 좌표는 $\left(\dfrac{3+a}{2}, \dfrac{1+b}{2}\right)$이고, 이 점이 직선 $y=-2x+2$ 위의 점이므로

$$\frac{b+1}{2}=(-2)\times\frac{a+3}{2}+2 \qquad \therefore 2a+b=-3 \quad \cdots\cdots \text{㉠}$$

또한 직선 PP'이 직선 $y=-2x+2$와 수직이므로

$$\frac{b-1}{a-3}\times(-2)=-1 \qquad \therefore a-2b=1 \quad \cdots\cdots \text{㉡}$$

㉠, ㉡을 연립하여 풀면 $a=-1$, $b=-1$

따라서 구하는 점의 좌표는 $(-1, -1)$이다.

(2) 직선 $y=2x$ 위의 임의의 점 $P(x, y)$를 직선 $x=1$에 대하여 대칭이동한 점을 $P'(x', y')$이라고 하면 선분 PP'의 중점의 좌표는 $\left(\dfrac{x+x'}{2}, \dfrac{y+y'}{2}\right)$이고, 이 점이 직선 $x=1$ 위의 점이고, y좌표는 변하지 않으므로

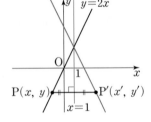

$$\frac{x+x'}{2}=1, \ y'=y \qquad \therefore x=2-x', \ y=y'$$

점 $P(x, y)$는 직선 $y=2x$ 위의 점이므로

$$y'=2(2-x') \qquad \therefore y'=-2x'+4$$

따라서 구하는 직선의 방정식은

$$y=-2x+4$$

정답 (1) $(-1, -1)$ (2) $y=-2x+4$

숫자 바꾸기   한번 더 ☑️ ☐

04-1

다음 물음에 답하시오.

(1) 점 $P(-1, 4)$를 직선 $x-2y-1=0$에 대하여 대칭이동한 점의 좌표를 구하시오.

(2) 직선 $y=-2x+5$를 직선 $y=3$에 대하여 대칭이동한 직선의 방정식을 구하시오.

표현 바꾸기   한번 더 ☑️ ☐

04-2

다음 물음에 답하시오.

(1) 두 점 $(4, 2)$, $(-1, 7)$이 직선 $y=ax+b$에 대하여 대칭일 때, 상수 a, b에 대하여 $a+b$의 값을 구하시오.

(2) 원 $(x-3)^2+(y-2)^2=4$를 직선 $y=-x+1$에 대하여 대칭이동한 원의 방정식을 구하시오.

개념 넓히기   한번 더 ☑️ ☐

04-3

직선 $y=2x+2$를 직선 $y=x+2$에 대하여 대칭이동한 직선의 방정식이 $y=mx+n$일 때, 상수 m, n에 대하여 mn의 값은?

① -2 ② -1 ③ 1

④ 2 ⑤ 4

● 풀이 64쪽~65쪽

정답   **04-1** (1) $(3, -4)$ (2) $y=2x+1$ **04-2** (1) 4 (2) $(x+1)^2+(y+2)^2=4$ **04-3** ③

예제 05

도형 $f(x, y)=0$의 평행이동과 대칭이동

방정식 $f(x, y)=0$이 나타내는 도형이 오른쪽 그림과 같을 때, 방정식
$f(y-1, x+2)=0$이 나타내는 도형을 좌표평면 위에 나타내시오.

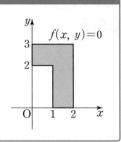

접근 방법 〉 방정식 $f(x, y)=0$이 나타내는 도형을 직선 $y=x$에 대하여 대칭이동한 도형의 방정식은
$f(y, x)=0$이고, 방정식 $f(x, y)=0$이 나타내는 도형을 x축의 방향으로 p만큼, y축의 방향으로
q만큼 평행이동한 도형의 방정식은 $f(x-p, y-q)=0$이다.

수매씨 Point 도형 $f(x, y)=0$의 평행이동과 대칭이동은 변수에 주목한다.

상세 풀이 〉 방정식 $f(x, y)=0$이 나타내는 도형을 직선 $y=x$에 대하여 대칭이동하면
$$f(y, x)=0$$
방정식 $f(y, x)=0$이 나타내는 도형을 x축의 방향으로 -2만큼, y축의 방향으로 1만큼 평행이동하면
$$f(y-1, x+2)=0 \quad \cdots\cdots ★$$
따라서 방정식 $f(y-1, x+2)=0$이 나타내는 도형을 좌표평면 위에 나타내면 다음 그림과 같다.

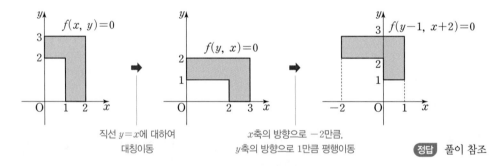

직선 $y=x$에 대하여
대칭이동

x축의 방향으로 -2만큼,
y축의 방향으로 1만큼 평행이동

정답 풀이 참조

보충 설명

방정식 $f(x, y)=0$이 나타내는 도형을 x축의 방향으로 1만큼, y축의 방향으로 -2만큼 평행이동하면
$$f(x-1, y+2)=0$$
방정식 $f(x-1, y+2)=0$이 나타내는 도형을 직선 $y=x$에 대하여 대칭이동하면
$$f(y-1, x+2)=0$$
따라서 위의 상세 풀이에서 구한 결과와 같다는 것을 쉽게 확인할 수 있다.
이와 같이 방정식 $f(x, y)=0$이 나타내는 도형의 평행이동과 대칭이동을 구할 때에는 변수에 주목해야
한다. **05-1**의 결과와 비교해서 실수하지 않도록 주의한다.
예를 들어 ★에서 방정식 $f(y, x)=0$이 나타내는 도형을 x축의 방향으로 -2만큼, y축의 방향으로 1만
큼 평행이동하면 $f(y-(-2), x-1)=0$이 아니라 $f(y-1, x-(-2))=0$임에 주의한다.

05-1 방정식 $f(x, y)=0$이 나타내는 도형이 오른쪽 그림과 같을 때, 방정식 $f(y+2, x-1)=0$이 나타내는 도형을 좌표평면 위에 나타내시오.

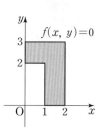

05-2 방정식 $f(x, y)=0$이 나타내는 도형이 오른쪽 그림과 같을 때, 다음 중 방정식 $f(y, -x)=0$이 나타내는 도형은?

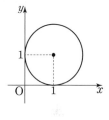

①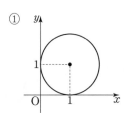

②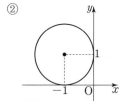

③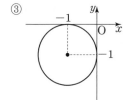

④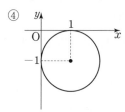

⑤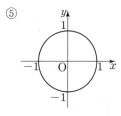

05-3 두 방정식 $f(x, y)=0$, $g(x, y)=0$이 나타내는 도형이 오른쪽 그림과 같을 때, 다음 중 옳은 것은?

① $f(x, y)=g(x+5, -y-1)$

② $f(x, y)=g(x+5, y-1)$

③ $f(x, y)=g(x-5, -y-1)$

④ $f(x, y)=g(x-5, -y+1)$

⑤ $f(x, y)=g(x-5, y-1)$

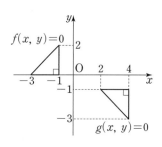

● 풀이 65쪽 ~ 66쪽

예제 06

두 점 A$(-2, 3)$, B$(6, 3)$과 x축 위를 움직이는 점 P에 대하여 $\overline{AP}+\overline{BP}$의 최솟값을 구하시오.

접근 방법 〉 두 점 A, B와 x축 위의 임의의 점 P에 대하여 $\overline{AP}+\overline{BP}$의 최솟값은 다음과 같은 순서로 구한다.

❶ 점 B를 x축에 대하여 대칭이동한 점 B′의 좌표를 구한다.

❷ $\overline{AP}+\overline{BP}=\overline{AP}+\overline{B'P}\geq\overline{AB'}$이므로 구하는 최솟값은 선분 AB′의 길이와 같음을 이용한다.

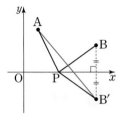

수매씨 Point 꺾이는 선의 길이의 최솟값을 구하는 문제는 대칭이동을 이용한다.

상세 풀이 〉 점 B$(6, 3)$을 x축에 대하여 대칭이동한 점을 B′이라고 하면

$$B'(6, -3)$$

오른쪽 그림에서 x축 위의 점 P에 대하여 $\overline{BP}=\overline{B'P}$이므로

$$\overline{AP}+\overline{BP}=\overline{AP}+\overline{B'P}$$

즉, $\overline{AP}+\overline{B'P}$의 최솟값은 선분 AB′의 길이와 같다.

$$\therefore \overline{AP}+\overline{BP}\geq\overline{AB'}$$
$$=\sqrt{(6+2)^2+(-3-3)^2}=10$$

따라서 $\overline{AP}+\overline{BP}$의 최솟값은 10이다.

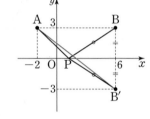

정답 10

보충 설명

같은 원리로 제1사분면 위에 두 점 A, B가 주어져 있을 때, 점 A에서 y축과 x축을 지나서 점 B까지 가는 최단 거리는 다음과 같이 구할 수 있다.

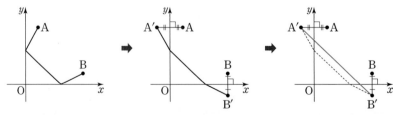

숫자 바꾸기

한번 더 ✓ ☐

06-1 두 점 $A(-1, 2)$, $B(11, 3)$과 x축 위를 움직이는 점 P에 대하여 $\overline{AP}+\overline{BP}$의 최솟값을 구하시오.

표현 바꾸기

한번 더 ✓ ☐

06-2 좌표평면 위에 두 점 $A(2, 3)$, $B(6, 1)$이 있다. y축 위를 움직이는 점 P와 x축 위를 움직이는 점 Q에 대하여 $\overline{AP}+\overline{PQ}+\overline{QB}$의 최솟값을 구하시오.

개념 넓히기

한번 더 ✓ ☐

06-3 두 점 $A(4, 2)$, $B(6, 2)$와 x축 위를 움직이는 점 P, 직선 $y=x$ 위를 움직이는 점 Q에 대하여 $\overline{AP}+\overline{PQ}+\overline{QB}$의 최솟값은?

① $\sqrt{17}$　　　　② $2\sqrt{17}$　　　　③ $3\sqrt{17}$

④ $4\sqrt{17}$　　　　⑤ $5\sqrt{17}$

• 풀이 66쪽 ~ 67쪽

정답　　　**06-1** 13　　　　　　　**06-2** $4\sqrt{5}$　　　　　　**06-3** ②

3 절댓값 기호를 포함한 식의 그래프

❶ 절댓값 기호를 포함한 식의 그래프 그리기

우선 가장 간단한 형태인 함수 $y=|x|$의 그래프를 그려 봅시다.

절댓값 기호 안의 식의 값이 0이 되는 x의 값을 기준으로 x의 값의 범위를 나누면

$$\begin{cases} x \geq 0 \text{일 때, } y=x \\ x < 0 \text{일 때, } y=-x \end{cases} \leftarrow |a| = \begin{cases} a \ (a \geq 0) \\ -a \ (a < 0) \end{cases}$$

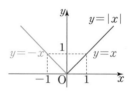

이므로 이 식을 각 범위에 따라 좌표평면 위에 나타내면 오른쪽 그림과 같습니다.

이번에는 함수 $y=|x-3|+1$의 그래프를 그려 봅시다.

절댓값 기호 안의 식의 값이 0이 되는 x의 값을 기준으로 x의 값의 범위를 나누면

$$\begin{cases} x-3 \geq 0, \text{ 즉 } x \geq 3 \text{일 때, } y=(x-3)+1=x-2 \\ x-3 < 0, \text{ 즉 } x < 3 \text{일 때, } y=-(x-3)+1=-x+4 \end{cases}$$

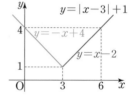

이 식을 각 범위에 따라 좌표평면 위에 나타내면 오른쪽 그림과 같습니다.

한편, 함수 $y=|x-3|+1$의 그래프는 함수 $y=|x|$의 그래프를 x축의 방향으로 3만큼, y축의 방향으로 1만큼 평행이동한 것과 일치합니다.

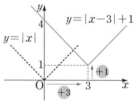

따라서 함수 $y=|x-m|+n$의 그래프는 함수 $y=|x|$의 그래프를 x축의 방향으로 m만큼, y축의 방향으로 n만큼 평행이동한 것입니다.

Example 함수 $y=|x-2|$에서

(i) $x-2 \geq 0$, 즉 $x \geq 2$일 때,

$$|x-2|=x-2 \qquad \therefore y=x-2$$

(ii) $x-2 < 0$, 즉 $x < 2$일 때,

$$|x-2|=-x+2 \qquad \therefore y=-x+2$$

따라서 함수 $y=|x-2|$의 그래프는 오른쪽 그림과 같다.

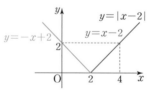

한편, 함수 $y=|x-2|$의 그래프는 함수 $y=|x|$의 그래프를 x축의 방향으로 2만큼 평행이동한 것임을 이용하여 오른쪽 그림과 같이 그릴 수도 있다.

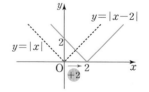

절댓값 기호를 포함한 식의 그래프는 다음과 같은 순서로 그린다.
❶ 절댓값 기호 안의 식의 값이 0이 되는 x의 값 또는 y의 값을 구한다.
❷ ❶에서 구한 값을 기준으로 x의 값 또는 y의 값의 범위를 나누어 식을 구한다.
❸ ❷에서 구한 식을 이용하여 각 범위에 따라 그래프를 그린다.

❷ 대칭이동을 이용하여 절댓값 기호를 포함한 식의 그래프 그리기

1. 함수 $y=|f(x)|$의 그래프

절댓값 기호 안의 식의 값이 0이 되는 값, 즉 $f(x)=0$을 기준으로 범위를 나누면
$$\begin{cases} f(x) \geq 0일 \text{ 때}, \ y=f(x) \\ f(x) < 0일 \text{ 때}, \ y=-f(x) \end{cases}$$
이므로 $f(x) \geq 0$, $f(x) < 0$으로 범위를 나누어 얻은 식을 각 범위에 따라 좌표평면 위에 나타내면 됩니다.

하지만 범위를 나누어 식을 여러 개 구하지 않고, 대칭이동을 이용하여 그래프를 그릴 수도 있습니다.

$f(x) \geq 0$일 때 $y=f(x)$이고, $f(x) < 0$일 때 $y=-f(x)$이므로 함수 $y=-f(x)$의 그래프는 함수 $y=f(x)$의 그래프와 직선 $y=0$, 즉 x축에 대하여 대칭임을 이용하면 함수 $y=|f(x)|$의 그래프를 그릴 수 있습니다.

다음 그림과 같이 절댓값 기호를 없앤 식 $y=f(x)$의 그래프를 그린 후, 직선 $y=0$ (x축)을 기준으로 $y \geq 0$인 부분은 그대로 두고 $y < 0$인 부분만 직선 $y=0$ (x축)에 대하여 대칭
$\underrightarrow{\quad}$ x축의 윗부분　$\underrightarrow{\quad}$ x축의 아랫부분
이동하여 함수 $y=|f(x)|$의 그래프를 그립니다.

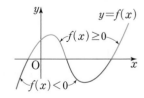 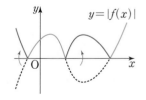

Example　함수 $y=|x|$의 그래프는 먼저 절댓값 기호를 없앤 식 $y=x$의 그래프를 그린 후, 직선 $y=0$ (x축)을 기준으로 $y \geq 0$인 부분은 그대로 두고 $y < 0$인 부분은 x축에 대하여 대칭이동하여 그린다.

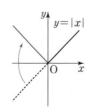

2. 함수 $y=f(|x|)$의 그래프

절댓값 기호 안의 식의 값이 0이 되는 값, 즉 $x=0$을 기준으로 범위를 나누면

$$\begin{cases} x \geq 0 \text{일 때}, \ y=f(x) \\ x < 0 \text{일 때}, \ y=f(-x) \end{cases}$$

이므로 함수 $y=f(-x)$의 그래프는 함수 $y=f(x)$의 그래프와 직선 $x=0$, 즉 y축에 대하여 대칭임을 이용하면 함수 $y=f(|x|)$의 그래프를 그릴 수 있습니다.

즉, 절댓값 기호를 없앤 식 $y=f(x)$의 그래프를 직선 $x=0$ (y축)을 기준으로 $x \geq 0$인 부분만 그리고, $x < 0$인 부분은 $x \geq 0$인 부분을 직선 $x=0$ (y축)에 대하여 대칭이동하면 함수 $y=f(|x|)$의 그래프를 그릴 수 있습니다.

→ y축의 오른쪽 부분
→ y축의 왼쪽 부분

Example 함수 $y=|x|-2$의 그래프를 다음 세 가지 방법을 이용하여 그려 보면

[방법 1] 범위를 나누어 그리는 방법
(i) $x \geq 0$일 때, $|x|-2=x-2$ ∴ $y=x-2$
(i) $x < 0$일 때, $|x|-2=-x-2$ ∴ $y=-x-2$

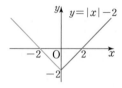

[방법 2] 평행이동을 이용하는 방법
함수 $y=|x|-2$의 그래프는 함수 $y=|x|$의 그래프를 y축의 방향으로 -2만큼 평행이동하여 그린다.

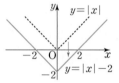

[방법 3] 대칭이동을 이용하는 방법
$f(x)=x-2$라고 하면 함수 $y=f(|x|)$의 그래프를 그리는 것과 같으므로 $x \geq 0$에서의 $y=x-2$의 그래프를 그린 후, 직선 $x=0$ (y축)을 기준으로 $x \geq 0$인 부분은 그대로 두고 $x < 0$인 부분은 $x \geq 0$인 부분을 y축에 대하여 대칭이동하여 그린다.

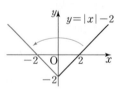

개념 Point **대칭이동을 이용하여 절댓값 기호를 포함한 식의 그래프 그리기**

1 함수 $y=|f(x)|$의 그래프
  ❶ 절댓값 기호를 없앤 함수 $y=f(x)$의 그래프를 그린다.
  ❷ 직선 $y=0$ (x축)을 기준으로 $y \geq 0$인 부분은 그대로 두고 $y < 0$인 부분은 x축에 대하여 대칭이동하여 그린다.

2 함수 $y=f(|x|)$의 그래프
  ❶ 절댓값 기호를 없앤 함수 $y=f(x)$의 그래프를 $x \geq 0$인 부분만 그린다.
  ❷ 직선 $x=0$ (y축)을 기준으로 $x \geq 0$인 부분은 그대로 두고 $x < 0$인 부분은 $x \geq 0$인 부분을 y축에 대하여 대칭이동하여 그린다.

함수 $y=f(x)$의 그래프에서 $|y|=f(x)$, $|y|=f(|x|)$의 그래프도 대칭이동을 이용하여 그릴 수 있다.

1 $|y|=f(x)$의 그래프

  ❶ 함수 $y=f(x)$의 그래프를 $y\geq0$인 부분만 그린다.

  ❷ 직선 $y=0$ (x축)을 기준으로 $y\geq0$인 부분은 그대로 두고 $y<0$인 부분은 $y\geq0$인 부분을 x축에 대하여 대칭이동하여 그린다.

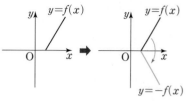

2 $|y|=f(|x|)$의 그래프

  ❶ 함수 $y=f(x)$의 그래프를 $x\geq0$, $y\geq0$인 부분만 그린다.

  ❷ 두 직선 $x=0$ (y축), $y=0$ (x축)을 기준으로 $x\geq0$, $y\geq0$인 부분은 그대로 두고 나머지 부분은 각각 x축, y축, 원점에 대하여 대칭이동하여 그린다.

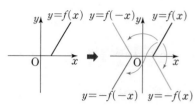

개념 콕콕

1 다음은 함수 $y=|x|-|x-3|$의 그래프를 그리는 과정이다. (개)~(대)에 들어갈 알맞은 것을 구하고 그래프를 그리시오.

> $y=|x|-|x-3|$에서 절댓값 기호 안의 식의 값이 0이 되는 x의 값이 [(개)], [(내)]이므로
>
> (i) $x<$ [(개)]일 때, $y=-x+(x-3)=-3$
>
> (ii) [(개)]$\leq x<$ [(내)]일 때, $y=x+(x-3)=$ [(대)]
>
> (iii) $x\geq$ [(내)]일 때, $y=x-(x-3)=3$
>
> (i)~(iii)에서 주어진 함수의 그래프는 오른쪽 그림과 같다.

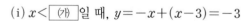

2 함수 $y=f(x)$의 그래프가 오른쪽 그림과 같을 때, 대칭이동을 이용하여 다음 식의 그래프를 그리시오.

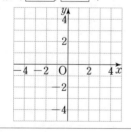

(1) $y=|f(x)|$ (2) $y=f(|x|)$

(3) $|y|=f(x)$ (4) $|y|=f(|x|)$

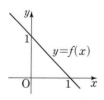

• 풀이 67쪽

정답

1 (개) 0   (내) 3   (대) $2x-3$, 그래프는 풀이 참조   **2** 풀이 참조

다음 함수의 그래프를 그리시오.

(1) $y=|2x+4|$ (2) $y=|2x|+4$

접근 방법 〉 절댓값 기호를 포함한 식의 그래프는 절댓값 기호 안의 식의 값이 0보다 크거나 같은 경우와 0보다 작은 경우로 나누어 각 범위에서 그래프를 그린다.

또는 두 함수 $y=f(x)$, $y=-f(x)$의 그래프는 x축에 대하여 대칭이고, 두 함수 $y=f(x)$, $y=f(-x)$의 그래프는 y축에 대하여 대칭임을 이용하여 그릴 수도 있다.

> **수매씨 Point**   절댓값 기호를 포함한 함수의 그래프는 절댓값 기호 안의 식의 값이 0이 되는 x의 값 또는 y의 값을 기준으로 범위를 나누어 그래프를 그린다.

상세 풀이 〉 (1) $y=|2x+4|$에서

    (i) $2x+4\geq0$, 즉 $x\geq-2$일 때, $y=2x+4$

    (ii) $2x+4<0$, 즉 $x<-2$일 때, $y=-(2x+4)$

    (i), (ii)에서 함수 $y=|2x+4|$의 그래프는 오른쪽 그림과 같다.

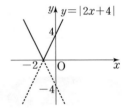

(2) $y=|2x|+4$에서

    (i) $2x\geq0$, 즉 $x\geq0$일 때, $y=2x+4$

    (ii) $2x<0$, 즉 $x<0$일 때, $y=-2x+4$

    (i), (ii)에서 함수 $y=|2x|+4$의 그래프는 오른쪽 그림과 같다.

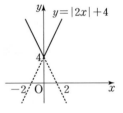

다른 풀이 〉 (1) $y=2x+4$의 그래프를 그린 후, $y\geq0$인 부분은 그대로 두고 $y<0$인 부분은 x축에 대하여 대칭이동하여 그리면 아래 그림과 같다.

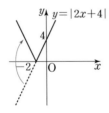

(2) $y=2x+4\ (x\geq0)$을 그린 후, $x\geq0$인 부분은 그대로 두고 $x<0$인 부분은 $x\geq0$인 부분을 y축에 대하여 대칭이동하여 그리면 아래 그림과 같다.

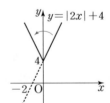

정답 풀이 참조

> **보충 설명**
>
> (1) $y=|2x+4|=|2(x+2)|$의 그래프는 $y=|2x|$의 그래프를 x축의 방향으로 -2만큼 평행이동한 것이다.
>
> (2) $y=|2x|+4$의 그래프는 $y=|2x|$의 그래프를 y축의 방향으로 4만큼 평행이동한 것이다.

07-1

함수 $f(x)=x^2-2x-3$에 대하여 다음 식의 그래프를 그리시오.

(1) $y=f(x)$ (2) $y=|f(x)|$

(3) $y=f(|x|)$ (4) $|y|=f(x)$

07-2

다음 식의 그래프를 그리시오.

(1) $|x|+|y|=1$ (2) $|x|-|y|=1$

 풀이 69쪽 ➕ 보충 설명

07-3

함수 $y=a|x-p|+q$의 그래프가 오른쪽 그림과 같을 때, 상수 a, p, q에 대하여 $a+p+q$의 값은?

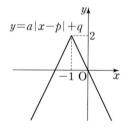

① -2 ② -1

③ 0 ④ 1

⑤ 2

• 풀이 67쪽~68쪽

정답 | **07-1** 풀이 참조   **07-2** 풀이 참조   **07-3** ②

절댓값 기호를 여러 개 포함한 식의 그래프

함수 $y=|x+1|+|x-1|$의 그래프를 그리시오.

접근 방법 $y=|x-a|+|x-b|$ $(a<b)$와 같이 절댓값 기호를 두 개 포함한 식은 절댓값 기호 안의 식의 값을 0으로 하는 x의 값 a, b를 기준으로

$$x<a,\ a\leq x<b,\ x\geq b$$

와 같이 x의 값의 범위를 나눈 후, 각 범위에서 그래프를 그린다.

같은 방법으로 $y=|x-a|+|x-b|+|x-c|$ $(a<b<c)$와 같이 절댓값 기호를 세 개 포함한 식은 x의 값의 범위를

$$x<a,\ a\leq x<b,\ b\leq x<c,\ x\geq c$$

로 나누어 그래프를 그리면 된다.

수매씽 Point 절댓값 기호가 2개 이상이면 범위를 나눈다.

상세 풀이 $y=|x+1|+|x-1|$에서

(i) $x<-1$일 때,

$|x+1|=-(x+1)$, $|x-1|=-(x-1)$이므로

$$y=-(x+1)-(x-1)=-2x$$

(ii) $-1\leq x<1$일 때,

$|x+1|=x+1$, $|x-1|=-(x-1)$이므로

$$y=(x+1)-(x-1)=2$$

(iii) $x\geq 1$일 때,

$|x+1|=x+1$, $|x-1|=x-1$이므로

$$y=(x+1)+(x-1)=2x$$

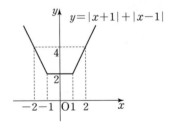

(i)~(iii)에서 함수 $y=|x+1|+|x-1|$의 그래프는 오른쪽 그림과 같다.

정답 풀이 참조

보충 설명

절댓값 기호의 개수에 따른 그래프의 개형은 다음과 같다. (단, a, b, k는 상수이다.)

(1) 절댓값 기호가 1개일 때,

$$y=|x-a|+k$$

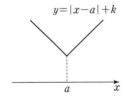

(2) 절댓값 기호가 2개일 때, (단, $a<b$)

$$y=|x-a|+|x-b|$$

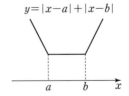

숫자 바꾸기

한번 더 ✓

08-1

다음 함수의 그래프를 그리시오.

(1) $y=|x+1|+x-1$

(2) $y=|x+2|+2|x-2|$

표현 바꾸기

한번 더 ✓

08-2

함수 $f(x)=|x+2|+|x-4|$에 대하여 다음 물음에 답하시오.

(1) 함수 $y=f(x)$의 그래프와 직선 $y=a$가 서로 다른 두 점에서 만나도록 하는 실수 a의 값의 범위를 구하시오.

(2) 함수 $y=f(x)$의 그래프와 직선 $y=m(x-5)-1$이 서로 다른 두 점에서 만나도록 하는 실수 m의 값의 범위를 구하시오.

개념 넓히기

한번 더 ✓

08-3

함수 $f(x)=|x|-|x-2|$에 대하여 함수 $y=|f(x)|$의 그래프와 x축, y축 및 직선 $x=4$로 둘러싸인 도형의 넓이는?

① 4

② $\dfrac{9}{2}$

③ 5

④ $\dfrac{11}{2}$

⑤ 6

• 풀이 69쪽~70쪽

정답 08-1 풀이 참조   08-2 (1) $a>6$ (2) $-2<m<-1$ 08-3 ⑤

1 오른쪽 그림의 삼각형 A′B′C′은 삼각형 ABC를 평행이동한 도형이다. 두 점 B′, C′을 지나는 직선의 방정식이 $ax+by=24$일 때, 상수 a, b에 대하여 $a+b$의 값을 구하시오.

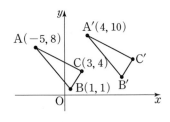

2 직선 $2x-4y+3=0$을 평행이동 $(x, y) \longrightarrow (x+a, y-1)$에 의하여 옮겼더니 처음 직선과 일치하였다. 상수 a의 값을 구하시오.

3 〈보기〉의 직선 중에서 평행이동에 의하여 직선 $2x-y-1=0$과 겹쳐질 수 있는 것을 모두 고르시오.

> ─〈 보기 〉─
>
> ㄱ. x절편이 -1, y절편이 2인 직선
>
> ㄴ. 두 점 $(-1, -3)$, $(2, 6)$을 지나는 직선
>
> ㄷ. 점 $(0, 1)$을 지나고 직선 $x+2y+3=0$에 수직인 직선

4 원 $x^2+y^2=9$를 x축의 방향으로 a만큼, y축의 방향으로 b만큼 평행이동하였더니 처음의 원과 외접하였을 때, a^2+b^2의 값을 구하시오.

5 포물선 $y=2x^2+4x+5$를 x축의 방향으로 p만큼, y축의 방향으로 $p+2$만큼 평행이동한 포물선의 꼭짓점이 x축 위에 있을 때, p의 값을 구하시오.

• 정답 및 풀이 70쪽~72쪽

6 직선 $y=x+k$를 x축에 대하여 대칭이동한 직선과 y축에 대하여 대칭이동한 직선 사이의 거리가 2일 때, 상수 k의 값을 구하시오. (단, $k>0$)

7 점 P를 x축에 대하여 대칭이동하고 x축의 방향으로 -2만큼, y축의 방향으로 3만큼 평행이동한 후, 다시 직선 $y=x$에 대하여 대칭이동하였더니 점 P에 겹쳐졌다. 점 P의 좌표를 구하시오.

8 원 $x^2+y^2-8x-4y+16=0$을 직선 $y=ax+b$에 대하여 대칭이동한 원의 방정식이 $x^2+y^2=c$일 때, 상수 a, b, c에 대하여 $a+b+c$의 값을 구하시오.

9 점 P(1, 3)을 직선 $x+2y-2=0$에 대하여 대칭이동한 점을 Q라고 할 때, 선분 PQ의 길이를 구하시오.

10 방정식 $f(x, y)=0$이 나타내는 도형을 좌표평면 위에 나타내면 오른쪽 그림과 같다. 두 방정식
$$f(-x, y-2)=0, \quad f(y-1, x+3)=0$$
이 나타내는 도형의 내부의 공통부분의 넓이를 구하시오.

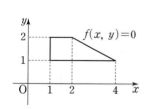

11 원 $x^2+(y+2)^2=4$를 x축의 방향으로 a만큼, y축의 방향으로 1만큼 평행이동하였더니 직선 $4x-3y-5=0$과 접하였다. 이때 양수 a의 값을 구하시오.

12 곡선 $y=x^2-3x-4$ 위의 두 점 P, Q가 원점에 대하여 서로 대칭일 때, 선분 PQ의 길이는?

① $\sqrt{10}$　　　　② $2\sqrt{10}$　　　　③ $3\sqrt{10}$

④ $4\sqrt{10}$　　　　⑤ $5\sqrt{10}$

13 좌표평면 위의 점 $P(x,\ y)$가 다음과 같은 규칙에 따라 이동하거나 이동하지 않는다.

> (가) $y=2x$이면 이동하지 않는다.
>
> (나) $y<2x$이면 x축의 방향으로 -1만큼 평행이동한다.
>
> (다) $y>2x$이면 y축의 방향으로 -1만큼 평행이동한다.

점 P가 점 A(6, 5)에서 출발하여 어떤 점 B에서 더 이상 이동하지 않게 되었다. 점 A에서 점 B에 이르기까지 이동한 횟수를 구하시오.

14 오른쪽 그림에서 직사각형 DEFG는 직사각형 OABC를 평행이동한 것이다. A(6, -3), C(4, 8), G(1, 6)일 때, 점 F의 좌표를 구하시오. (단, O는 원점이다.)

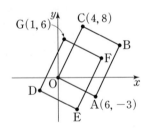

15 점 (4, -3)을 지나는 직선을 x축의 방향으로 -2만큼, y축의 방향으로 1만큼 평행이동한 다음 다시 y축에 대하여 대칭이동하였더니 직선 $x+2y-3=0$과 수직이 되었을 때, 처음 직선의 방정식을 구하시오.

16 좌표평면 위의 점 P에 대하여 두 점 A, B를 대칭이동한 점은 각각 A′, B′이고, 직선 AB의 방정식은 $x-2y+4=0$이라고 한다. 점 A′ 의 좌표가 $(3, 1)$, 직선 A′B′의 방정식이 $y=ax+b$일 때, 상수 a, b에 대하여 ab의 값을 구하시오.

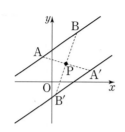

17 두 포물선 $y=x^2-6x+5$, $y=-x^2-2x+1$이 점 P에 대하여 대칭일 때, 점 P의 좌표를 구하시오.

18 세 직선 $x=5$, $y=5$, $2x+3y-19=0$으로 둘러싸인 삼각형을 나타내는 도형의 방정식을 $f(x, y)=0$이라 하자. 도형 $f(y-1, -x)=0$을 만족시키는 실수 x, y에 대하여 x^2+y^2의 최솟값과 최댓값을 구하시오.

19 두 점 $A(-3, 6)$, $B(8, -1)$과 직선 $x+y+1=0$ 위의 점 P에 대하여 $\overline{AP}+\overline{BP}$의 값이 최소가 되는 점 P의 좌표를 (m, n)이라고 할 때, mn의 값을 구하시오.

20 오른쪽 그림과 같이 점 $P(2, 1)$과 직선 $y=x$ 위를 움직이는 점 Q, x축 위를 움직이는 점 R에 대하여 삼각형 PQR의 둘레의 길이가 최소일 때, 점 R의 좌표를 구하시오.

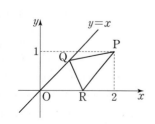

(교육청)
21 좌표평면에서 원 $(x+1)^2+(y+2)^2=9$를 x축의 방향으로 3만큼, y축의 방향으로 a만큼 평행이동한 원을 C라 하자. 원 C의 넓이가 직선 $3x+4y-7=0$에 의하여 이등분되도록 하는 상수 a의 값은?

① $\dfrac{1}{4}$　　　　　② $\dfrac{3}{4}$　　　　　③ $\dfrac{5}{4}$

④ $\dfrac{7}{4}$　　　　　⑤ $\dfrac{9}{4}$

(교육청)
22 원 $C_1 : x^2-2x+y^2+4y+4=0$을 직선 $y=x$에 대하여 대칭이동한 원을 C_2라 하자. 원 C_1 위의 임의의 한 점 P와 원 C_2 위의 임의의 한 점 Q에 대하여 두 점 P, Q 사이의 최소 거리는?

① $2\sqrt{3}-2$　　　　② $2\sqrt{3}+2$　　　　③ $3\sqrt{2}-2$

④ $3\sqrt{2}+2$　　　　⑤ $3\sqrt{3}-2$

(교육청)
23 좌표평면에서 두 점 A$(4,\ a)$, B$(2,\ 1)$을 직선 $y=x$에 대하여 대칭이동한 점을 각각 A′, B′이라 하고, 두 직선 AB, A′B′의 교점을 P라 하자. 두 삼각형 APA′, BPB′의 넓이의 비가 $9:4$일 때, a의 값은? (단, $a>4$)

① 5　　　　　　　② $\dfrac{11}{2}$　　　　　③ 6

④ $\dfrac{13}{2}$　　　　⑤ 7

(교육청)
24 그림과 같이 좌표평면에서 두 점 A$(2,\ 0)$, B$(1,\ 2)$를 직선 $y=x$에 대하여 대칭이동한 점을 각각 C, D라 하자. 삼각형 OAB 및 그 내부와 삼각형 ODC 및 그 내부의 공통부분의 넓이를 S라 할 때, $60S$의 값을 구하시오. (단, O는 원점이다.)

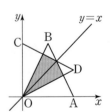

05

집합

1 집합의 뜻과 포함 관계

• 집합과 원소

(1) 집합 : 어떤 조건에 의하여 그 대상을 명확하게 구분할 수 있는 것들의 모임

(2) 원소 : 집합을 이루고 있는 대상 하나하나

• 집합의 포함 관계

(1) 부분집합 : 두 집합 A, B에 대하여 집합 A의 모든 원소가 집합 B에 속할 때, 집합 A를 집합 B의 부분집합이라 하고, 이것을 기호로 $A \subset B$와 같이 나타낸다.

(2) 부분집합의 개수 : 집합 A의 원소의 개수가 n일 때, 집합 A의 부분집합의 개수는 2^n이다.

2 집합의 연산

• 집합의 연산

전체집합 U의 두 부분집합 A, B에 대하여

(1) 합집합 : $A \cup B = \{x \mid x \in A \text{ 또는 } x \in B\}$

(2) 교집합 : $A \cap B = \{x \mid x \in A \text{ 그리고 } x \in B\}$

(3) 여집합 : $A^C = \{x \mid x \in U \text{ 그리고 } x \notin A\}$

(4) 차집합 : $A - B = \{x \mid x \in A \text{ 그리고 } x \notin B\}$

• 집합의 연산법칙

전체집합 U의 세 부분집합 A, B, C에 대하여

(1) 교환법칙 : $A \cup B = B \cup A$, $A \cap B = B \cap A$

(2) 결합법칙 : $(A \cup B) \cup C = A \cup (B \cup C)$, $(A \cap B) \cap C = A \cap (B \cap C)$

(3) 분배법칙 : $A \cap (B \cup C) = (A \cap B) \cup (A \cap C)$,
$A \cup (B \cap C) = (A \cup B) \cap (A \cup C)$

(4) 드모르간의 법칙 : $(A \cup B)^C = A^C \cap B^C$, $(A \cap B)^C = A^C \cup B^C$

• 집합의 원소의 개수

원소가 유한개인 전체집합 U와 그 부분집합 A, B에 대하여

(1) $n(A \cup B) = n(A) + n(B) - n(A \cap B)$

(2) $n(A^C) = n(U) - n(A)$

(3) $n(A - B) = n(A) - n(A \cap B) = n(A \cup B) - n(B)$

Q&A

Q 모든 집합은 자기 자신을 부분집합으로 가지나요?

A 모든 집합은 자기 자신의 부분집합이며, 자기 자신을 포함하지 않는 부분집합을 진부분집합으로 구분하여 사용합니다.

1 집합의 뜻과 포함 관계

1 집합과 원소

1. 집합과 원소

어떤 조건에 의하여 그 대상을 명확하게 구분할 수 있는 것들의 모임을 집합이라고 합니다.

축구를 잘하는 사람들의 모임　← 대상이 불분명하기 때문에 집합이 아니다.

월드컵 국가 대표 선수들의 모임　← 대상이 명확하게 한정되기 때문에 집합이다.

또한 집합을 이루고 있는 대상 하나하나를 그 집합의 원소라고 합니다.

일반적으로 집합은 알파벳 대문자 A, B, C, $\cdots$로 나타내고, 원소는 알파벳 소문자 a, b, c, $\cdots$로 나타냅니다.

a가 집합 A의 원소일 때, a는 집합 A에 속한다고 하고, 이것을 기호로

$$a \in A$$

와 같이 나타냅니다.

한편, b가 집합 A의 원소가 아닐 때, b는 집합 A에 속하지 않는다고 하고, 이것을 기호로 $b \notin A$와 같이 나타냅니다.

2. 집합을 나타내는 방법

이제 집합을 나타내는 방법에 대하여 알아봅시다.

집합 A가 1부터 6까지의 자연수의 모임일 때, $A = \{1, 2, 3, 4, 5, 6\}$과 같이 집합에 속하는 모든 원소를 { } 안에 나열하여 집합을 나타내는 방법을 원소나열법이라고 합니다.

이때 같은 원소는 중복하여 쓰지 않고, 원소를 나열하는 순서는 바뀌어도 됩니다. 그리고 원소가 많고 일정한 규칙에 따라 원소를 차례대로 나열할 수 있을 때에는 '$\cdots$'을 사용하여 그 원소의 일부를 생략하여 나타낼 수 있습니다. 예를 들어 집합 B가 1부터 10까지의 자연수의 모임일 때, $B = \{1, 2, 3, \cdots, 10\}$과 같이 나타냅니다.

또한 집합 $B = \{\underbrace{x}_{\text{원소를 대표하는 문자}} | \underbrace{1 \le x \le 10, \ x\text{는 자연수}}_{\text{원소들이 공통으로 가지는 성질}}\}$와 같이 집합의 원소들이 공통으로 가지는 성질을 제시하여 집합을 나타내는 방법을 조건제시법이라고 합니다. 즉, 어떤 집합에 속하는 원소가 만족시켜야 하는 조건을 $f(x)$라고 할 때, $\{x \,|\, f(x)\}$와 같은 형태로 제시합니다.

> **Example**　10의 양의 약수의 집합을 A라고 하면 집합 A는
>
> $$A = \{\underbrace{1, 2, 5, 10}_{\text{원소나열법}}\} \text{ 또는 } A = \{\underbrace{x \,|\, x\text{는 10의 양의 약수}}_{\text{조건제시법}}\}$$

어떤 학생이 정수의 범위에서 짝수의 집합 A를 원소나열법으로

$$A=\{\pm 2,\ \pm 4,\ \pm 6,\ \pm 8,\ \cdots\}$$

과 같이 나타내었습니다. 이 학생은 규칙적으로 쓰려고 노력했지만 $0\in A$임에도 0이 빠져 있습니다.

이와 같이 원소나열법으로 모든 짝수를 나타내려고 하는 것보다 조건제시법으로

$$A=\{x\,|\,x=2k,\ k는\ 정수\}$$

와 같이 나타내는 것이 보다 수월할 수 있습니다. 실수, 유리수, 정수의 집합 등과 같이 원소의 개수가 무수히 많은 경우 또는 원소나열법으로 나타내는 것으로는 집합의 성격을 명확히 할 수 없는 경우에는 원소나열법보다 조건제시법으로 나타내는 것이 명확합니다.

참고로 정수의 범위에서 짝수의 집합 A를 원소나열법으로 나타내면 다음과 같습니다.

$$A=\{\cdots,\ -4,\ -2,\ 0,\ 2,\ 4,\ \cdots\}$$

집합을 나타낼 때에는 도형을 이용한 그림을 이용하기도 합니다.
└──→ 원, 사각형 등
예를 들어 집합 $A=\{2,\ 4,\ 8\}$을 오른쪽 그림과 같이 나타낼 수 있습니다.
이와 같은 그림을 벤다이어그램이라고 합니다.

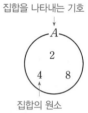

집합을 나타내는 기호

집합의 원소

3. 집합의 원소의 개수

원소의 개수를 기준으로 집합을 분류할 수 있습니다. 원소가 유한개인 집합을 유한집합이라 하고, 원소가 무한히 많은 집합을 무한집합이라고 합니다.

유한집합 A의 원소의 개수를 기호로 $n(A)$와 같이 나타냅니다.

그리고 원소가 하나도 없는 집합을 공집합이라 하고, 이것을 기호로 $\varnothing$과 같이 나타냅니다.
└──→ 공집합은 원소의 개수가 0이므로 유한집합이다.

Example
집합 $A=\{x\,|\,x는\ 16의\ 양의\ 약수\}$에서
$A=\{1,\ 2,\ 4,\ 8,\ 16\}$이므로 $n(A)=5$

개념 Point   집합과 원소

1 **집합** : 어떤 조건에 의하여 그 대상을 명확하게 구분할 수 있는 것들의 모임

2 **원소** : 집합을 이루고 있는 대상 하나하나

3 집합과 원소의 관계

  (1) $a\in A$: 원소 a는 집합 A에 속한다.

  (2) $b\notin A$: 원소 b는 집합 A에 속하지 않는다.

4 $n(A)$: 유한집합 A의 원소의 개수

5 **공집합** : 원소가 하나도 없는 집합을 공집합이라 하고, 이것을 기호로 $\varnothing$과 같이 나타낸다.

+ Plus

예 집합 $A=\{a,\ \{b,\ c\}\}$의 원소는 $a,\ \{b,\ c\}$이다. 즉, $a\in A,\ \{b,\ c\}\in A$이고, $n(A)=2$이다.

② 집합의 포함 관계

1. 부분집합

두 집합 A, B에 대하여 집합 A의 모든 원소가 집합 B에 속할 때, 집합 A를 집합 B의 부분집합이라 하고, 이것을 기호로

$$A \subset B$$

와 같이 나타냅니다. 즉, 모든 $x \in A$에 대하여 $x \in B$가 성립하면 $A \subset B$이고, 벤다이어그램을 이용하여 두 집합의 포함 관계를 나타내면 오른쪽 그림과 같습니다.

$A \subset B$
A는 B의 부분집합

집합 A가 집합 B의 부분집합일 때, '집합 A는 집합 B에 포함된다.' 또는 '집합 B는 집합 A를 포함한다.'라고 합니다.

한편, 집합 A가 집합 B의 부분집합이 아닐 때, 이것을 기호로

$$A \not\subset B \quad \leftarrow \text{집합 } A \text{의 원소 중에서 집합 } B \text{의 원소가 아닌 것이 적어도 하나 있다.}$$

와 같이 나타냅니다.

> **Example**
> (1) 두 집합 $A=\{2, 4\}$, $B=\{2, 4, 5\}$에서 집합 A의 각 원소 2, 4에 대하여 $2 \in B$, $4 \in B$
>   이므로 $A \subset B$
>   집합 B의 원소 5는 $5 \not\in A$이므로 $B \not\subset A$
> (2) 두 집합 $A=\{x \mid x=2k,\ k\text{는 정수}\}$, $B\{x \mid x=4k,\ k\text{는 정수}\}$에서 집합 A의 원소 2에
>   대하여 $2 \not\in B$이므로 $A \not\subset B$
>   집합 B의 모든 원소 $x=4k$ (k는 정수)에 대하여 $x=2 \times 2k$이고, $2k$가 정수이므로
> $$x \in A \qquad \therefore B \subset A$$

이제 부분집합의 성질에 대하여 알아봅시다. ┈┈→ 공집합($\varnothing$)은 원소가 하나도 없기 때문에 공집합은 항상 임의의 집합 A에 속한다고 할 수 있다.

공집합($\varnothing$)은 모든 집합의 부분집합입니다. 즉, 임의의 집합 A에 대하여 $\varnothing \subset A$입니다.

또한 집합 A의 모든 원소는 집합 A에 속하므로 $A \subset A$입니다. 즉, 모든 집합은 자기 자신의 부분집합입니다.

집합 A가 집합 B의 부분집합이고, 집합 B가 집합 C의 부분집합일 때, 이를 벤다이어그램으로 그려 보면 오른쪽 그림과 같이 집합 A가 집합 C의 부분집합이 되는 것을 알 수 있습니다.

따라서 $A \subset B$이고 $B \subset C$이면 $A \subset C$입니다.

$A \subset B$, $B \subset C$이면 $A \subset C$

> **Example**
> 세 집합 $A=\varnothing$, $B=\{x \mid x<3\text{인 자연수}\}$, $C=\{x \mid x\text{는 8의 양의 약수}\}$에 대하여
> $$B=\{1, 2\}, \quad C=\{1, 2, 4, 8\}$$
> 이므로 $A \subset B \subset C$

2. 서로 같은 집합

두 집합 A, B에 대하여 집합 A의 모든 원소가 집합 B에 속하고, 집합 B의 모든 원소가 집합 A에 속할 때, 즉 $A{\subset}B$이고 $B{\subset}A$일 때, 두 집합 A, B는 서로 같다고 하며, 이것을 기호로

$$A=B \quad \text{← 두 집합 } A, B\text{의 모든 원소가 같다.}$$

와 같이 나타냅니다.

한편, 두 집합 A, B가 서로 같지 않을 때, 이것을 기호로 $A{\neq}B$와 같이 나타냅니다.

3. 진부분집합

두 집합 A, B에 대하여 집합 A가 집합 B의 부분집합이고, 두 집합 A, B가 서로 같지 않을 때, 즉

$$A{\subset}B\text{이고 } A{\neq}B \quad \text{← 부분집합 중 자기 자신을 제외한 모든 부분집합}$$

일 때, 집합 A를 집합 B의 **진부분집합**이라고 합니다.

따라서 두 집합의 포함 관계를 나타내는 $A{\subset}B$는 집합 A가 집합 B의 진부분집합이거나, 집합 A가 집합 B와 같을 수도 있음을 뜻합니다.

$A{\subset}B$의 형태

$A{\subset}B$이고 $A{\neq}B$
A는 B의 진부분집합

또는

$A=B$

> **Example**
>
> 세 집합 $A=\{1, 4\}$, $B=\{1, 2, 4\}$, $C=\{x\,|\,x$는 4의 양의 약수$\}$에 대하여 집합 C를 원소나열법으로 나타내면 $C=\{1, 2, 4\}$이므로
> (1) $B{\subset}C$이고 $C{\subset}B$이므로 $B=C$
> (2) $A{\subset}B$, $A{\subset}C$
> (3) 집합 A는 각각 집합 B, C의 진부분집합이다.

개념 Point 집합의 포함 관계

1 **부분집합** : 두 집합 A, B에 대하여 집합 A의 모든 원소가 집합 B에 속할 때, 집합 A를 집합 B의 부분집합이라 하고, 이것을 기호로 $A{\subset}B$와 같이 나타낸다.

2 **부분집합의 성질** : 임의의 세 집합 A, B, C에 대하여
  (1) $\varnothing{\subset}A$, $A{\subset}A$
  (2) $A{\subset}B$이고 $B{\subset}C$이면 $A{\subset}C$

3 **서로 같은 집합** : 두 집합 A, B에 대하여 $A{\subset}B$이고 $B{\subset}A$일 때, 두 집합 A, B는 서로 같다고 하며, 이것을 기호로 $A=B$와 같이 나타낸다.

4 **진부분집합** : 두 집합 A, B에 대하여 $A{\subset}B$이고 $A{\neq}B$일 때, 집합 A를 집합 B의 진부분집합이라고 한다.

③ 부분집합의 개수

1. 집합의 부분집합과 진부분집합 구하기

먼저 집합의 부분집합과 진부분집합을 각각 구해 봅시다.

집합 $A=\{0,\ 1\}$의 원소는 2개이므로 집합 A의 부분집합의 원소는 0개, 1개, 2개입니다. 원소가 0개인 부분집합은 공집합 $\varnothing$, 원소가 1개인 부분집합은 $\{0\}$, $\{1\}$, 원소가 2개인 부분집합은 A 자기 자신입니다. 따라서 집합 A의 부분집합은

$$\varnothing,\ \{0\},\ \{1\},\ \{0,\ 1\} \quad \leftarrow A\text{의 부분집합은 4개}$$

입니다. 이때 집합 A의 진부분집합은 집합 A의 부분집합 중 집합 A 자기 자신을 제외한

$$\varnothing,\ \{0\},\ \{1\} \quad \leftarrow A\text{의 진부분집합은 } 4-1=3(\text{개})$$

입니다.

Example 집합 $A=\{a,\ b,\ c\}$의 원소는 3개이므로 집합 A의 부분집합의 원소는 0개, 1개, 2개, 3개이다. 집합 A의 부분집합을 모두 구해 보면

　(ⅰ) 원소가 0개인 부분집합 ➡ $\varnothing$
　(ⅱ) 원소가 1개인 부분집합 ➡ $\{a\}$, $\{b\}$, $\{c\}$ ⎫ 진부분집합은 7개 ⎫ 부분집합은 8개
　(ⅲ) 원소가 2개인 부분집합 ➡ $\{a,\ b\}$, $\{a,\ c\}$, $\{b,\ c\}$ ⎬
　(ⅳ) 원소가 3개인 부분집합 ➡ $\{a,\ b,\ c\}$ ⎭

2. 집합의 부분집합의 개수

집합 $A=\{a,\ b,\ c\}$의 부분집합은 각 원소의 포함 여부에 따라 오른쪽 그림과 같은 나뭇가지 그림을 이용하여 구할 수 있습니다.

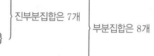
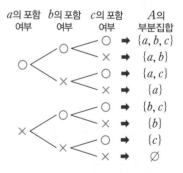

이때 집합 A의 각 원소는 부분집합에 포함될 수도 있고, 포함되지 않을 수도 있으므로 각 경우의 수는 2입니다. 따라서 집합 $A=\{a,\ b,\ c\}$의 부분집합의 개수는

$$2\times2\times2=2^3=8$$

입니다. 이와 같은 방법으로 원소의 개수가 1, 2, 3, $\cdots$, n인 집합의 부분집합의 개수를 각각 구해 보면 다음과 같습니다. ← 집합의 부분집합의 개수는 그 집합의 원소의 개수와 관계가 있다.

원소의 개수	집합의 예	부분집합	부분집합의 개수
①	$\{1\}$	$\varnothing$, $\{1\}$	$2=2^1$
②	$\{1,\ 2\}$	$\varnothing$, $\{1\}$, $\{2\}$, $\{1,\ 2\}$	$4=2^2$
③	$\{1,\ 2,\ 3\}$	$\varnothing$, $\{1\}$, $\{2\}$, $\{3\}$, $\{1,\ 2\}$, $\{1,\ 3\}$, $\{2,\ 3\}$, $\{1,\ 2,\ 3\}$	$8=2^3$
$\vdots$	$\vdots$	$\vdots$	$\vdots$
n	$\{1,\ 2,\ 3,\ \cdots,\ n\}$	$\varnothing$, $\{1\}$, $\{2\}$, $\{3\}$, $\cdots$, $\{1,\ 2,\ 3,\ \cdots,\ n\}$	2^n

즉, 원소의 개수가 n인 집합의 부분집합의 개수는 2^n입니다.

따라서 원소의 개수가 n인 집합의 진부분집합의 개수는 2^n-1입니다.

Example 집합 $A=\{1,\ 2,\ 3,\ 6\}$의 원소의 개수는 4, 즉 $n(A)=4$이므로
(1) 집합 A의 부분집합의 개수는 $2^4=16$
(2) 집합 A의 진부분집합의 개수는 $2^4-1=15$

3. 특정한 원소를 원소로 가지거나 가지지 않는 부분집합의 개수

어떤 집합에서 특정한 원소를 반드시 원소로 가지거나 가지지 않는 부분집합의 개수를 구해 봅시다.

집합 $A=\{a,\ b,\ c\}$의 모든 부분집합

$$\varnothing,\ \{a\},\ \{b\},\ \{c\},\ \{a,\ b\},\ \{a,\ c\},\ \{b,\ c\},\ \{a,\ b,\ c\}$$

중에서 a를 원소로 가지지 않는 부분집합은 $\varnothing,\ \{b\},\ \{c\},\ \{b,\ c\}$입니다. 이는 A의 원소 중 a를 제외한 나머지 원소들의 집합 $\{b,\ c\}$의 부분집합과 같습니다. 따라서 집합 A의 부분집합 중 a를 원소로 가지지 않는 집합의 개수는 $2^{3-1}=2^2=4$입니다.

（집합 A의 원소의 개수 : 3, 부분집합에 속하지 않는 원소의 개수 : 1）

한편, a를 반드시 원소로 가지는 부분집합은 $\{a\},\ \{a,\ b\},\ \{a,\ c\},\ \{a,\ b,\ c\}$입니다. 이는 A의 원소 중 a를 제외한 나머지 원소들의 집합 $\{b,\ c\}$의 모든 부분집합 $\varnothing,\ \{b\},\ \{c\},\ \{b,\ c\}$에 각각 원소 a를 넣은 것과 같습니다. 따라서 집합 A의 부분집합 중 a를 반드시 원소로 가지는 집합의 개수 역시 $2^{3-1}=2^2=4$입니다.

（집합 A의 원소의 개수 : 3, 부분집합에 반드시 속하는 원소의 개수 : 1）

즉, a를 원소로 가지지 않는 부분집합의 개수와 a를 반드시 원소로 가지는 부분집합의 개수는 서로 같음을 알 수 있습니다.

일반적으로 원소의 개수가 n인 집합에서 특정한 원소 k개를 반드시 원소로 가지는(또는 가지지 않는) 부분집합의 개수는 2^{n-k}입니다.

개념 Point **부분집합의 개수**

집합 A의 원소의 개수가 n일 때,

1 집합 A의 부분집합의 개수는 2^n이다.
2 집합 A의 진부분집합의 개수는 2^n-1이다.
3 집합 A의 특정한 원소 k개를 반드시 원소로 가지는(또는 가지지 않는) 부분집합의 개수는 2^{n-k}이다. $(k<n)$

+ Plus

원소의 개수가 n인 집합에서 특정한 원소 k개는 반드시 원소로 가지고, 특정한 원소 m개는 원소로 가지지 않는 부분집합의 개수는 2^{n-k-m}이다. $(k+m<n)$

1 다음 중 집합인 것에는 ○표, 집합이 아닌 것에는 ×표를 하시오.

(1) 대한민국에 있는 깊은 강들의 모임 　　　　　　　　　　　　　　　　　(　)

(2) 철수네 반에서 혈액형이 A형인 학생들의 모임 　　　　　　　　　　　　(　)

(3) 대한민국 광역시의 모임 　　　　　　　　　　　　　　　　　　　　　　(　)

(4) 영희네 학교 화단에 있는 아름다운 꽃들의 모임 　　　　　　　　　　　　(　)

2 다음 집합을 원소나열법으로 나타낸 것은 조건제시법으로, 조건제시법으로 나타낸 것은 원소나열법으로 나타내시오.

(1) $\{2, 3, 5, 7\}$ 　　　　　　　　　　(2) $\{x \,|\, x$는 $-3 < x < 3$인 정수$\}$

3 다음 집합 A에 대하여 $n(A)$를 구하시오.

(1) $A = \{1, 2, 3, \cdots, 50\}$ 　　　　　(2) $A = \{x \,|\, x$는 $|x| < 2$인 정수$\}$

4 집합 $A = \{1, 2, 3\}$에 대하여 □ 안에 $\in$, $\notin$, $\subset$, $\not\subset$ 중 알맞은 것을 써넣으시오.

(1) $1 \,\square\, A$ 　　　　　(2) $4 \,\square\, A$ 　　　　　(3) $\{3\} \,\square\, A$

(4) $\varnothing \,\square\, A$ 　　　　　(5) $\{0\} \,\square\, A$

5 집합 $A = \{a, b, c, d, e\}$에 대하여 다음을 구하시오.

(1) 집합 A의 부분집합 중 a를 반드시 원소로 가지는 부분집합의 개수

(2) 집합 A의 부분집합 중 b를 원소로 가지지 않는 부분집합의 개수

(3) 집합 X에 대하여 $X \subset A$, $c \in X$, $d \notin X$를 만족시키는 집합 X의 개수

● 풀이 77쪽

예제 01

집합 $A=\{1, 2, \{3\}\}$에 대하여 〈보기〉에서 옳은 것을 모두 고르시오.

〈 보기 〉

ㄱ. $3 \notin A$　　　　　　ㄴ. $\{3\} \in A$　　　　　　ㄷ. $\{3\} \subset A$

ㄹ. $\varnothing \not\subset A$　　　　　　ㅁ. $\{1, 2, \{3\}\} \subset A$

접근 방법 〉 어떤 원소가 주어진 집합에 속하는지 속하지 않는지에 따라

원소가 집합에 속한다. ➡ $\in$

원소가 집합에 속하지 않는다. ➡ $\notin$

의 기호를 사용할 수 있고, 집합과 집합 사이의 포함 관계에 따라

집합이 집합에 포함된다. ➡ $\subset$

집합이 집합에 포함되지 않는다. ➡ $\not\subset$

의 기호를 사용할 수 있다.

수매씨 Point (1) 공집합($\varnothing$)은 모든 집합의 부분집합이다.
(2) 모든 집합은 자기 자신의 부분집합이다.

상세 풀이 〉 집합 $A=\{1, 2, \{3\}\}$에서

ㄱ. 3은 집합 A의 원소가 아니므로 $3 \notin A$ (참)

ㄴ. $\{3\}$은 집합 A의 원소이므로 $\{3\} \in A$ (참)

ㄷ. $\{3\}$은 집합 A의 원소이므로 $\{\{3\}\} \subset A$, 3은 집합 A의 원소가 아니므로 $\{3\} \not\subset A$ (거짓)

ㄹ. $\varnothing$은 모든 집합의 부분집합이므로 $\varnothing \subset A$ (거짓)

ㅁ. 모든 집합은 자기 자신의 부분집합이므로 $\{1, 2, \{3\}\} \subset A$ (참)

따라서 옳은 것은 ㄱ, ㄴ, ㅁ이다.

정답 ㄱ, ㄴ, ㅁ

보충 설명

어떤 조건에 의하여 그 대상을 명확하게 구분할 수 있는 것들의 모임이 집합이고, 집합을 이루고 있는 대상 하나하나가 원소이다.

이때 집합이 어떤 집합을 이루는 대상이 될 수 있으므로 집합이 원소가 될 수 있다.

(1) a가 집합 A의 원소일 때, a는 집합 A에 속한다고 하고, 이것을 기호로 다음과 같이 나타낸다.

➡ $a \in A$

(2) 두 집합 A, B에서 모든 $x \in A$에 대하여 $x \in B$가 성립할 때, '집합 A는 집합 B에 포함된다.' 또는 '집합 B는 집합 A를 포함한다.'라 하고, 이것을 기호로 다음과 같이 나타낸다. ➡ $A \subset B$

숫자 바꾸기

한번 더 ✓ ☐

01-1

집합 $A=\{\varnothing, 1, \{1\}\}$에 대하여 〈**보기**〉에서 옳은 것을 모두 고르시오.

〈 보기 〉
ㄱ. $1 \in A$　　　　　　ㄴ. $\{1\} \in A$　　　　　　ㄷ. $\varnothing \in A$

ㄹ. $\varnothing \subset A$　　　　　　ㅁ. $\{\varnothing\} \not\subset A$

표현 바꾸기

한번 더 ✓ ☐

01-2

집합 $A=\{\varnothing, 1, 2, \{1, 2\}\}$에 대하여 다음 중 옳지 <u>않은</u> 것은?

① $\varnothing \in A$　　　　　　② $\varnothing \subset A$　　　　　　③ $1 \in A$

④ $\{1, 2\} \in A$　　　　　　⑤ $\{1, 2\} \not\subset A$

개념 넓히기

한번 더 ✓ ☐

01-3

집합 A에 대하여 $2^A=\{X \,|\, X \subset A\}$라고 할 때, 〈**보기**〉에서 옳은 것을 모두 고르시오.

〈 보기 〉
ㄱ. $\varnothing \subset 2^A$　　　ㄴ. $A \in 2^A$　　　ㄷ. $\{\varnothing\} \subset 2^A$　　　ㄹ. $\{A\} \subset 2^A$

● 풀이 77쪽~78쪽

정답

01-1 ㄱ, ㄴ, ㄷ, ㄹ　　　　　　01-2 ⑤　　　　　　01-3 ㄱ, ㄴ, ㄷ, ㄹ

예제
02

두 집합 $A=\{1,\ a^2+a\}$, $B=\{2,\ a+2,\ 2a-1\}$에 대하여 $A\subset B$가 성립할 때, 상수 a의 값을 구하시오.

접근 방법 ▷ 두 집합 사이의 포함 관계 $A\subset B$가 성립하려면 집합 A의 모든 원소가 집합 B의 원소이어야 하므로 1은 집합 B의 원소이어야 한다.

따라서 $a+2=1$인 경우와 $2a-1=1$인 경우에 두 집합의 포함 관계가 성립하는지 확인해야 한다.

> **수매씽 Point** 모든 $x\in A$에 대하여 $x\in B$가 성립하면 $A\subset B$이다.

상세 풀이 ▷ $A\subset B$이므로 집합 A의 모든 원소가 집합 B의 원소이다.

즉, $1\in A$에서 $1\in B$이어야 하므로

$\therefore\ a+2=1$ 또는 $2a-1=1$

(i) $a+2=1$, 즉 $a=-1$일 때,

$A=\{0,\ 1\}$, $B=\{-3,\ 1,\ 2\}$이므로 $A\not\subset B$

(ii) $2a-1=1$, 즉 $a=1$일 때,

$A=\{1,\ 2\}$, $B=\{1,\ 2,\ 3\}$이므로 $A\subset B$

(i), (ii)에서 $A\subset B$가 성립하는 상수 a의 값은 1이다.

정답 1

보충 설명

집합을 원소나열법으로 나타낼 때, 1, 2, 3을 원소로 하는 집합을 $\{1,\ 2,\ 3\}$, $\{1,\ 3,\ 2\}$, $\{2,\ 1,\ 3\}$, $\{2,\ 3,\ 1\}$, $\{3,\ 1,\ 2\}$, $\{3,\ 2,\ 1\}$과 같이 어느 것으로 나타내어도 좋다. 즉, 원소를 나열하는 순서는 상관없다.

그리고 집합에서 같은 원소는 중복하여 나타내지 않도록 한다.

예를 들어 1, 1, 1, 2, 2, 3을 원소로 가지는 집합은 원소를 중복하여 쓰지 않고 $\{1,\ 2,\ 3\}$으로 나타낸다.

숫자 바꾸기

한번 더 ✓ □

02-1 두 집합 $A=\{3,\ a^2+1\}$, $B=\{5,\ a+1,\ a^2+2\}$에 대하여 $A\subset B$가 성립할 때, 상수 a의 값을 모두 구하시오.

표현 바꾸기

한번 더 ✓ □

02-2 두 집합 $A=\{x\,|\,k\leq x<6\}$, $B=\{x\,|-4<x\leq-3k\}$에 대하여 $A\subset B$가 성립할 때, 실수 k의 값의 범위를 구하시오.

개념 넓히기

한번 더 ✓ □

02-3 두 집합 $A=\{x\,|-3\leq x\leq0\}$, $B=\{x\,|\,x^2+2ax+a-4<0\}$에 대하여 $A\subset B$가 성립할 때, 실수 a의 값의 범위를 구하시오.

• 풀이 78쪽

정답

02-1 1, 2   02-2 $-4<k\leq-2$ 02-3 $1<a<4$

예제 03

두 집합 $A=\{1, 3, a^2+1\}$, $B=\{2, a, b-1\}$에 대하여 $A=B$가 성립할 때, 상수 a, b에 대하여 $a+b$의 값을 구하시오.

접근 방법 > 두 집합이 서로 같기 위해서는 두 집합에 속한 모든 원소가 같아야 하므로 $a^2+1=2$이다. 즉, $a=1$, $a=-1$일 때, 두 집합이 서로 같은지를 확인한다.

> **수매씨 Point** $A \subset B$이고 $B \subset A$이면 $A=B$이다. 즉, 두 집합 A, B의 원소가 모두 같아야 한다.

상세 풀이 > $A=B$이므로 $A \subset B$이고 $B \subset A$

즉, $B \subset A$이므로 $2 \in A$이어야 한다.

$a^2+1=2$에서 $a^2=1$ $\qquad \therefore a=\pm 1$

(ⅰ) $a=-1$일 때,

$\quad -1 \in B$, $-1 \notin A$이므로 $A \neq B$

(ⅱ) $a=1$일 때,

$\quad A=\{1, 2, 3\}$, $B=\{1, 2, b-1\}$에서 $A \subset B$이므로 $3 \in B$

$\quad$ 즉, $b-1=3$이므로 $b=4$

(ⅰ), (ⅱ)에서 $a=1$, $b=4$

$\qquad \therefore a+b=1+4=5$

정답 5

보충 설명

두 집합 A, B의 원소가 유한개일 때에는 두 집합의 각각의 원소를 비교하여 서로 같음을 확인하면 된다. 하지만 두 집합 A, B의 원소가 무한히 많을 때에는 두 집합의 각각의 원소를 비교할 수 없으므로 집합 A의 모든 원소가 집합 B에 속하고, 집합 B의 모든 원소가 집합 A에 속한다는 것을 확인하여 두 집합이 서로 같다는 것을 확인한다. 즉, $A \subset B$이고 $B \subset A$이면 $A=B$이다.

03-1 두 집합 $A=\{3, -2a, 1-3a\}$, $B=\{4, a+4, -a+1\}$에 대하여 $A=B$가 성립할 때, 상수 a의 값을 구하시오.

03-2 두 집합 $A=\{1, a^2-3a+4\}$, $B=\{2, a^2+a-1\}$에 대하여 $A=B$가 성립할 때, 상수 a의 값을 구하시오.

03-3 두 집합 $A=\{1, a^2-a, b\}$, $B=\{2, b-3, c+2\}$에 대하여 $A \subset B$이고 $B \subset A$가 성립할 때, 양수 a, b, c에 대하여 $a+b+c$의 값을 구하시오.

● 풀이 78쪽~79쪽

03-1 -1 03-2 1 03-3 8

예제 04 | 부분집합의 개수

집합 $A=\{1, 2, 3, 4\}$에 대하여 다음 물음에 답하시오.

(1) 집합 A의 진부분집합의 개수를 구하시오.

(2) 집합 A의 부분집합 중 1을 원소로 가지지 않는 진부분집합의 개수를 구하시오.

(3) 집합 A의 부분집합 중 2, 3을 반드시 원소로 가지는 부분집합의 개수를 구하시오.

접근 방법 〉 부분집합의 개수를 구할 때에는 주어진 집합의 원소의 개수에 의하여 쉽게 구할 수 있도록 공식을 이용한다. 또한 진부분집합은 부분집합 중에서 자기 자신을 제외한 것이므로 개수를 셀 때, 주의하여야 한다.

> **수매씨 Point**
>
> 원소의 개수가 n인 집합의 ┌ 부분집합의 개수는 2^n
> └ 진부분집합의 개수는 2^n-1

상세 풀이 〉 (1) 집합 A의 원소의 개수가 4이므로 집합 A의 부분집합의 개수는 2^4이고, 집합 A의 진부분집합은 부분집합 중에서 자기 자신은 제외해야 하므로 그 개수는
$$2^4-1=15$$

(2) 1을 원소로 가지지 않는 집합 A의 진부분집합은 원소 1을 제외한 집합 $\{2, 3, 4\}$의 부분집합과 같으므로 구하는 진부분집합의 개수는
$$2^{4-1}=2^3=8$$

(3) 2, 3을 반드시 원소로 가지는 집합 A의 부분집합은 집합 $\{1, 4\}$의 각 부분집합에 두 원소 2, 3을 모두 넣은 것과 같으므로 구하는 부분집합의 개수는
$$2^{4-2}=2^2=4$$

실제로 2, 3을 반드시 원소로 가지는 집합 A의 부분집합을 구해 보면
$$\{2, 3\},\ \{1, 2, 3\},\ \{2, 3, 4\},\ \{1, 2, 3, 4\}$$

정답 (1) 15 (2) 8 (3) 4

보충 설명

(2)에서 진부분집합의 개수를 구할 때 무조건 하나를 빼야 한다는 식으로 적용하면 안 된다. 즉, 1을 원소로 가지지 않는 집합 A의 진부분집합은 집합 A가 될 수 없으므로 원소 1을 제외한 집합 $\{2, 3, 4\}$의 부분집합과 같다.

숫자 바꾸기

한번 더 ✓

04-1

집합 $A=\{1, 2, 3, 4, 5\}$에 대하여 다음 물음에 답하시오.

⑴ 집합 A의 진부분집합의 개수를 구하시오.

⑵ 집합 A의 부분집합 중 1, 2를 모두 원소로 가지지 않는 진부분집합의 개수를 구하시오.

⑶ 집합 A의 부분집합 중 3을 반드시 원소로 가지는 부분집합의 개수를 구하시오.

표현 바꾸기

한번 더 ✓

04-2

집합 $A=\{x \mid x$는 10보다 작은 소수$\}$의 부분집합 중 2 또는 3을 원소로 가지는 부분집합의 개수를 구하시오.

개념 넓히기

한번 더 ✓

04-3

집합 $A=\{1, 2, 3, 4, 5, 6\}$의 부분집합 X에 대하여
$$\{1, 2\} \subset X, \{3, 4\} \not\subset X$$
를 만족시키는 집합 X의 개수를 구하시오.

• 풀이 79쪽

정답

04-1 ⑴ 31 ⑵ 8 ⑶ 16　　**04-2** 12　　**04-3** 12

2 집합의 연산

1 집합의 연산

1. 합집합

두 집합 A, B에 대하여 집합 A에 속하거나 집합 B에 속하는 모든 원소로 이루어진 집합을 A와 B의 합집합이라 하고, 이것을 기호로 $A \cup B$와 같이 나타냅니다. 즉,

$$A \cup B = \{x \,|\, x \in A \text{ 또는 } x \in B\}$$

입니다.

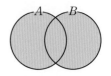

Example 두 집합 $A = \{2, 3, 5\}$, $B = \{3, 6, 7\}$에 대하여 $A \cup B$는 집합 A에 속하거나 집합 B에 속하는 모든 원소로 이루어진 집합이므로

$$A \cup B = \{2, 3, 5, 6, 7\}$$
┗→ 같은 원소는 중복하여 나열하지 않는다.

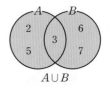

2. 교집합

두 집합 A, B에 대하여 집합 A에도 속하고 집합 B에도 속하는 모든 원소로 이루어진 집합을 A와 B의 교집합이라 하고, 이것을 기호로 $A \cap B$와 같이 나타냅니다. 즉,

$$A \cap B = \{x \,|\, x \in A \text{ 그리고 } x \in B\}$$

입니다.

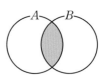

Example 두 집합 $A = \{1, 2, 4, 6\}$, $B = \{1, 4, 7\}$에 대하여 $A \cap B$는 집합 A에도 속하고 집합 B에도 속하는 원소로 이루어진 집합이므로

$$A \cap B = \{1, 4\}$$

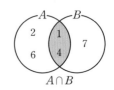

특히, 두 집합 A, B의 공통인 원소가 하나도 없을 때, 즉 $A \cap B = \varnothing$일 때, 두 집합 A와 B는 서로소라고 합니다.

예를 들어 $A = \{2, 6\}$, $B = \{5, 7\}$일 때, $A \cap B = \varnothing$이므로 두 집합 A와 B는 서로소입니다. 공집합은 모든 집합과 서로소이다.

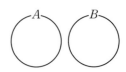

3. 여집합

주어진 집합에 대하여 그것의 부분집합만을 생각할 때, 처음에 주어진 집합을 **전체집합**이라 하고, 이것을 기호로 U와 같이 나타냅니다.

전체집합 U의 부분집합 A에 대하여 U의 원소 중에서 집합 A에 속하지 않는 모든 원소로 이루어진 집합을 U에 대한 A의 **여집합**이라 하고, 이것을 기호로 A^c와 같이 나타냅니다. 즉,

$$A^c = \{x \mid x \in U \text{ 그리고 } x \notin A\} = U - A$$

입니다.

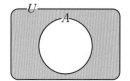

> **Example** 전체집합 $U = \{1, 2, 3, 4, 5, 6\}$의 부분집합 $A = \{1, 3, 6\}$에 대하여 A^c는 집합 U에는 속하지만 집합 A에 속하지 않는 모든 원소로 이루어진 집합이므로
>
> $$A^c = \{2, 4, 5\}$$

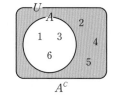

4. 차집합

두 집합 A, B에 대하여 집합 A에는 속하지만 집합 B에는 속하지 않는 모든 원소로 이루어진 집합을 A에 대한 B의 **차집합**이라 하고, 이것을 기호로 $A - B$와 같이 나타냅니다. 즉,

$$A - B = \{x \mid x \in A \text{ 그리고 } x \notin B\} = A - (A \cap B)$$

입니다.

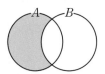

> **Example** 두 집합 $A = \{1, 3, 5, 7, 9\}$, $B = \{3, 4, 5\}$에 대하여
> $A - B$는 집합 A에는 속하지만 집합 B에는 속하지 않는 모든 원소로 이루어진 집합이므로 $A - B = \{1, 7, 9\}$
> $B - A$는 집합 B에는 속하지만 집합 A에는 속하지 않는 모든 원소로 이루어진 집합이므로 $B - A = \{4\}$

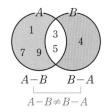

개념 Point   **집합의 연산**

전체집합 U의 두 부분집합 A, B에 대하여

1 합집합 : $A \cup B = \{x \mid x \in A \text{ 또는 } x \in B\}$
2 교집합 : $A \cap B = \{x \mid x \in A \text{ 그리고 } x \in B\}$
3 여집합 : $A^c = \{x \mid x \in U \text{ 그리고 } x \notin A\}$
4 차집합 : $A - B = \{x \mid x \in A \text{ 그리고 } x \notin B\}$

② 집합의 연산에 대한 성질

1. 합집합과 교집합에 대한 성질

공집합 $\varnothing$과 집합 A에 대하여

$$A \cup \varnothing = A, \ A \cap \varnothing = \varnothing, \ A \cup A = A, \ A \cap A = A$$

가 성립합니다.

두 집합 A, B에 대하여

$$A \subset B$$이면 $$A \cup B = B, \ A \cap B = A$$

가 성립합니다. 다음 벤다이어그램을 이용하여 이를 확인할 수 있습니다.

$A \subset B$이면 $A \cup B = B$
$A = B$이면 $A \cup B = A$이고 $A \cup B = B$

$A \subset B$이면 $A \cap B = A$
$A = B$이면 $A \cap B = A$이고 $A \cap B = B$

또한 두 집합 A, B에 대하여

$$(A \cap B) \subset A, \ (A \cap B) \subset B, \ A \subset (A \cup B), \ B \subset (A \cup B)$$

가 성립합니다. 다음 벤다이어그램을 이용하여 이를 확인할 수 있습니다.

  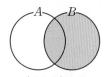 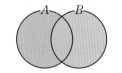

$(A \cap B) \subset A$ $(A \cap B) \subset B$ $A \subset (A \cup B), \ B \subset (A \cup B)$

따라서 $(A \cap B) \subset A \subset (A \cup B)$이고, $(A \cap B) \subset B \subset (A \cup B)$임을 알 수 있습니다.

2. 여집합과 차집합에 대한 성질

전체집합 U의 부분집합 A에 대하여

$$(A^C)^C = A, \ U^C = \varnothing, \ \varnothing^C = U$$

가 성립합니다. $(A^C)^C = A$임을 다음 벤다이어그램을 이용하여 확인할 수 있습니다.

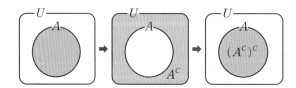

전체집합 U의 부분집합 A에 대하여

$$A \cup A^C = U, \ A \cap A^C = \varnothing$$과 $$A - A = \varnothing, \ U - A = A^C$$

가 성립합니다.

그리고 전체집합 U의 두 부분집합 A, B에 대하여

$$A-B=A\cap B^C$$

가 성립합니다. 다음 벤다이어그램을 이용하여 이를 확인할 수 있습니다.

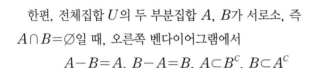

오른쪽 벤다이어그램에서

$$A-B=A-(A\cap B)=(A\cup B)-B=B^C-A^C$$

도 성립함을 알 수 있습니다.

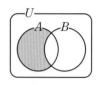

또한 전체집합 U의 두 부분집합 A, B에 대하여 $A\subset B$이면 오른쪽 벤다이어그램에서

$$A-B=\varnothing,\ A\cap B^C=\varnothing,\ B^C\subset A^C$$

가 성립함을 알 수 있습니다.

$A\subset B$이면 $A-B=\varnothing$

한편, 전체집합 U의 두 부분집합 A, B가 서로소, 즉 $A\cap B=\varnothing$일 때, 오른쪽 벤다이어그램에서

$$A-B=A,\ B-A=B,\ A\subset B^C,\ B\subset A^C$$

가 성립함을 알 수 있습니다.

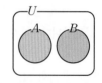

$A\cap B=\varnothing$이면 $A-B=A$
$B-A=B$

Example   전체집합 U의 두 부분집합 A, B에 대하여 $B\subset A$일 때,

$$A\cap B=B,\ A\cup B=A,\ B-A=\varnothing$$
$$B\cap A^C=\varnothing,\ A^C\subset B^C$$

개념 Point   **집합의 연산에 대한 성질**

전체집합 U의 두 부분집합 A, B에 대하여

1 합집합과 교집합에 대한 성질

(1) $A\cup\varnothing=A$, $A\cap\varnothing=\varnothing$, $A\cup A=A$, $A\cap A=A$

(2) $A\subset B$이면 $A\cup B=B$, $A\cap B=A$

(3) $(A\cap B)\subset A$, $(A\cap B)\subset B$, $A\subset(A\cup B)$, $B\subset(A\cup B)$

2 여집합과 차집합에 대한 성질

(1) $(A^C)^C=A$, $U^C=\varnothing$, $\varnothing^C=U$, $A\cup A^C=U$, $A\cap A^C=\varnothing$

(2) $A-B=A\cap B^C=A-(A\cap B)=(A\cup B)-B$

(3) $A\subset B$이면 $A-B=A\cap B^C=\varnothing$, $B^C\subset A^C$

③ 집합의 연산법칙

1. 집합의 교환법칙, 결합법칙, 분배법칙

중학교에서 다음과 같은 실수의 연산법칙을 배웠습니다. 세 실수 a, b, c에 대하여

교환법칙 : $a+b=b+a$, $ab=ba$

결합법칙 : $(a+b)+c=a+(b+c)$, $(ab)c=a(bc)$

분배법칙 : $a(b+c)=ab+ac$, $(a+b)c=ac+bc$

입니다. 이와 같은 법칙이 집합의 연산에서도 성립하는지 살펴봅시다.

두 집합 A, B에 대하여

$$A \cup B = B \cup A, \quad A \cap B = B \cap A$$

가 성립합니다. 이것을 각각 합집합과 교집합에 대한 **교환법칙**이라고 합니다.

한편, 세 집합 A, B, C에 대하여

$$(A \cup B) \cup C = A \cup (B \cup C)$$

$$(A \cap B) \cap C = A \cap (B \cap C)$$

결합법칙이 성립하므로 괄호를 생략하여 각각 $A \cup B \cup C$, $A \cap B \cap C$와 같이 나타내기도 한다.

가 성립합니다. 이것을 각각 합집합과 교집합에 대한 **결합법칙**이라고 합니다.

또한 세 집합 A, B, C에 대하여

$$A \cap (B \cup C) = (A \cap B) \cup (A \cap C)$$

$$A \cup (B \cap C) = (A \cup B) \cap (A \cup C)$$

가 성립합니다. 이것을 집합의 연산에 대한 **분배법칙**이라고 합니다.

다음 벤다이어그램을 이용하여 분배법칙 $A \cap (B \cup C) = (A \cap B) \cup (A \cap C)$가 성립함을 확인할 수 있습니다.

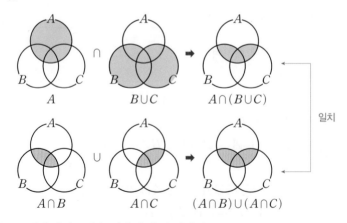

이와 같은 방법으로 벤다이어그램을 이용하여 분배법칙

$A \cup (B \cap C) = (A \cup B) \cap (A \cup C)$도 성립함을 확인할 수 있습니다.

2. 드모르간의 법칙

다음으로 두 집합의 합집합의 여집합, 두 집합의 교집합의 여집합에 대하여 알아봅시다.

일반적으로 전체집합 U의 두 부분집합 A, B에 대하여

$$(A \cup B)^C = A^C \cap B^C$$

$$(A \cap B)^C = A^C \cup B^C$$

가 성립하는데, 이것을 <u>드모르간의 법칙</u>이라고 합니다.

다음 벤다이어그램을 이용하여 드모르간의 법칙 $(A \cup B)^C = A^C \cap B^C$가 성립함을 확인할 수 있습니다.

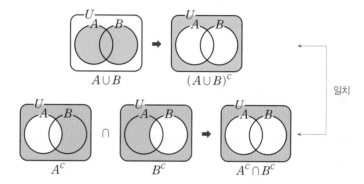

또한 다음 벤다이어그램을 이용하여 드모르간의 법칙 $(A \cap B)^C = A^C \cup B^C$도 성립함을 확인할 수 있습니다.

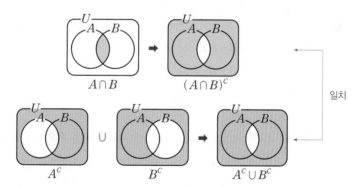

개념 Point　　**집합의 연산법칙**

전체집합 U의 세 부분집합 A, B, C에 대하여
1. 교환법칙 : $A \cup B = B \cup A$, $A \cap B = B \cap A$
2. 결합법칙 : $(A \cup B) \cup C = A \cup (B \cup C)$, $(A \cap B) \cap C = A \cap (B \cap C)$
3. 분배법칙 : $A \cap (B \cup C) = (A \cap B) \cup (A \cap C)$, $A \cup (B \cap C) = (A \cup B) \cap (A \cup C)$
4. 드모르간의 법칙 : $(A \cup B)^C = A^C \cap B^C$, $(A \cap B)^C = A^C \cup B^C$

1 대칭차집합

전체집합 U의 두 부분집합 A, B에 대하여 연산 $\triangle$를

$$A \triangle B = (A-B) \cup (B-A)$$

라고 하면 $A-B$와 $B-A$가 대칭적인 형태를 취하는 차집합이므로 이와 같은 연산을 대칭차집합이라

하고, 이를 벤다이어그램으로 나타내면 다음 그림의 색칠한 부분과 같다.

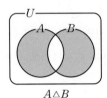

$A \triangle B$

대칭차집합은 다음과 같이 여러 가지 방법으로 나타낼 수 있다.

$$\begin{aligned} A \triangle B &= (A-B) \cup (B-A) \\ &= (A \cup B) - (A \cap B) \\ &= (A \cup B) \cap (A \cap B)^c \\ &= (A \cup B) \cap (A^c \cup B^c) \end{aligned}$$

이와 같이 대칭차집합은 다양한 식으로 표현할 수 있기 때문에 벤다이어그램을 이용하여 확인하는 것이

편리하다.

2 대칭차집합의 성질

대칭차집합은 연산 $\triangle$에 대하여 교환법칙과 결합법칙이 성립한다.

전체집합 U의 두 부분집합 A, B에 대하여 합집합에 대한 교환법칙이 성립하므로

$$\begin{aligned} A \triangle B &= (A-B) \cup (B-A) \\ &= (B-A) \cup (A-B) \\ &= B \triangle A \end{aligned}$$

가 성립함을 알 수 있다.

결합법칙 $(A \triangle B) \triangle C = A \triangle (B \triangle C)$는 다음 벤다이어그램을 이용하여 성립함을 확인할 수 있다.

$$(A \triangle B) \cup C \quad - \quad (A \triangle B) \cap C \quad = \quad (A \triangle B) \triangle C$$

$$A \cup (B \triangle C) \quad - \quad A \cap (B \triangle C) \quad = \quad A \triangle (B \triangle C)$$

④ 집합의 원소의 개수

1. 교집합과 합집합의 원소의 개수

원소가 유한개인 집합 A의 원소의 개수를 기호로 $n(A)$와 같이 나타냅니다. 두 집합 A, B의 원소가 모두 유한개일 때, $A \cup B$의 원소의 개수를 구해 봅시다.

오른쪽 벤다이어그램에서 그림의 각 영역에 속하는 원소의 개수를 각각 a, b, c라고 하면

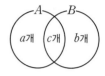

$$n(A)=a+c, \ n(B)=b+c$$
$$n(A \cap B)=c, \ n(A \cup B)=a+b+c$$

이때 $A \cup B$의 원소의 개수는 집합 A의 원소의 개수와 집합 B의 원소의 개수를 한 번씩 더하면 $A \cap B$의 원소의 개수가 중복되므로 $A \cap B$의 원소의 개수를 한 번 빼야 합니다. 따라서

$$n(A)+n(B)-n(A \cap B)=(a+c)+(b+c)-c=a+b+c=n(A \cup B)$$

입니다. 즉, $A \cup B$의 원소의 개수 $n(A \cup B)$는

$$n(A \cup B)=n(A)+n(B)-n(A \cap B)$$

입니다. 특히, 두 집합 A, B가 서로소, 즉 $A \cap B=\varnothing$이면 $n(A \cap B)=0$이므로

$$n(A \cup B)=n(A)+n(B)$$

입니다.

> **Example** 두 집합 A, B에 대하여 $n(A)=6$, $n(B)=4$, $n(A \cap B)=3$일 때,
> $$n(A \cup B)=n(A)+n(B)-n(A \cap B)=6+4-3=7$$

2. 여집합과 차집합의 원소의 개수

이제 여집합과 차집합에서의 원소의 개수에 대하여 알아봅시다.

전체집합 U와 그 부분집합 A의 원소가 유한개일 때,

$$A^c=U-A \text{이고 } A \subset U$$

이므로

$$n(A^c)=n(U)-n(A)$$

가 성립합니다.

또한 두 집합 A, B의 원소의 개수가 유한개일 때,

$$A-B=A-(A \cap B) \text{이고 } (A \cap B) \subset A$$
$$A-B=(A \cup B)-B \text{이고 } B \subset (A \cup B)$$

이므로

$$n(A-B)=n(A)-n(A \cap B)=n(A \cup B)-n(B)$$

← 특히, $B \subset A$이면 $A \cap B=B$이므로 $n(A-B)=n(A)-n(B)$이다.

가 성립합니다.

Example 전체집합 U의 두 부분집합 A, B에 대하여

$n(U)=8$, $n(A)=4$, $n(B)=5$, $n(A\cup B)=6$일 때,

(1) $n(A^C)=n(U)-n(A)=8-4=4$

(2) $n(B^C)=n(U)-n(B)=8-5=3$

(3) $n(A-B)=n(A\cup B)-n(B)=6-5=1$

(4) $n(B-A)=n(A\cup B)-n(A)=6-4=2$

3. 세 집합 A, B, C의 합집합의 원소의 개수

이제 세 집합 A, B, C의 원소가 모두 유한개일 때, 집합 $A\cup B\cup C$의 원소의 개수를 구해 봅시다.

오른쪽 벤다이어그램에서 그림의 각 영역에 속하는 원소의 개수를 각각 a, b, c, d, e, f, g라고 하면

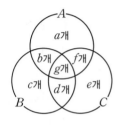

$$n(A\cup B\cup C)=a+b+c+d+e+f+g$$

$$n(A)=a+b+f+g$$

$$n(B)=b+c+d+g$$

$$n(C)=d+e+f+g$$

$$n(A\cap B)=b+g,\ n(B\cap C)=d+g,\ n(C\cap A)=f+g,\ n(A\cap B\cap C)=g$$

이고, 집합 $A\cup B\cup C$의 원소의 개수는 세 집합 A, B, C의 원소의 개수를 모두 더한 다음 공통인 부분, 즉 $A\cap B$, $B\cap C$, $C\cap A$의 원소의 개수를 한 번씩 빼면 됩니다.

그런데 $A\cap B$, $B\cap C$, $C\cap A$의 원소의 개수를 한 번씩 빼면 $A\cap B\cap C$의 원소의 개수는 제외되므로 마지막에 $A\cap B\cap C$의 원소의 개수를 한 번 더하면 됩니다. 따라서

$$n(A\cup B\cup C)=(a+b+f+g)+(b+c+d+g)+(d+e+f+g)$$
$$-(b+g)-(d+g)-(f+g)+g$$

$$=n(A)+n(B)+n(C)$$
$$-n(A\cap B)-n(B\cap C)-n(C\cap A)+n(A\cap B\cap C)$$

입니다.

개념 Point   **집합의 원소의 개수**

원소가 유한개인 전체집합 U의 세 부분집합 A, B, C에 대하여

1   $n(A\cup B)=n(A)+n(B)-n(A\cap B)$ $\leftarrow n(A\cap B)=n(A)+n(B)-n(A\cup B)$

2   $n(A^C)=n(U)-n(A)$

3   $n(A-B)=n(A)-n(A\cap B)=n(A\cup B)-n(B)$

4   $n(A\cup B\cup C)=n(A)+n(B)+n(C)-n(A\cap B)-n(B\cap C)-n(C\cap A)$
$$+n(A\cap B\cap C)$$

1 전체집합 $U=\{1, 2, 3, \cdots, 8\}$의 두 부분집합 $A=\{2, 4, 6, 8\}$, $B=\{1, 2, 4, 8\}$에 대하여 다음을 구하시오.

(1) $A \cap B$ (2) $A \cup B$ (3) A^C

(4) B^C (5) $A-B$ (6) $B-A$

2 두 집합 A, B에 대하여 $A \subset B$일 때, 다음 □ 안에 알맞은 것을 써넣으시오.

(1) $A \cap B = \square$ (2) $A \cup B = \square$ (3) $A-B = \square$

3 전체집합 $U=\{2, 4, 6, 8, 10\}$의 두 부분집합 $A=\{2, 4, 6\}$ $B=\{4, 6, 10\}$에 대하여 다음을 구하시오.

(1) $(A \cup B)^C$ (2) $(A \cap B)^C$

(3) $A^C \cap B^C$ (4) $A^C \cup B^C$

4 두 집합 A, B에 대하여
$$n(A)=12, n(B)=8, n(A \cap B)=4$$
일 때, $n(A \cup B)$를 구하시오.

5 두 집합 A, B에 대하여
$$n(A)=10, n(B)=15, n(A \cap B)=6$$
일 때, 다음을 구하시오.

(1) $n(A-B)$ (2) $n(B-A)$

• 풀이 79쪽~80쪽

정답
1 (1) $\{2, 4, 8\}$ (2) $\{1, 2, 4, 6, 8\}$ (3) $\{1, 3, 5, 7\}$ (4) $\{3, 5, 6, 7\}$ (5) $\{6\}$ (6) $\{1\}$
2 (1) A (2) B (3) $\varnothing$ **3** (1) $\{8\}$ (2) $\{2, 8, 10\}$ (3) $\{8\}$ (4) $\{2, 8, 10\}$
4 16   **5** (1) 4 (2) 9

예제 05

전체집합 $U = \{x \mid x$는 10 이하의 자연수$\}$의 세 부분집합

$$A = \{x \mid x$는 홀수$\}, \ B = \{x \mid x$는 소수$\}, \ C = \{x \mid x$는 20의 약수$\}$$

에 대하여 다음을 구하시오.

(1) $A \cap B$ (2) $B \cup C$ (3) $A^C \cap C$

접근 방법 전체집합 U와 세 부분집합 A, B, C의 원소를 나열하고 교집합, 합집합, 여집합의 뜻에 따라 집합을 구할 수 있다.

> **수매씽 Point**
> (1) $A \cap B = \{x \mid x \in A$ 그리고 $x \in B\}$
> (2) $A \cup B = \{x \mid x \in A$ 또는 $x \in B\}$
> (3) $A^C = \{x \mid x \in U$ 그리고 $x \notin A\}$

상세 풀이 $U = \{1, 2, 3, 4, 5, 6, 7, 8, 9, 10\}$이므로

$$A = \{x \mid x$는 홀수$\} = \{1, 3, 5, 7, 9\}$$
$$B = \{x \mid x$는 소수$\} = \{2, 3, 5, 7\}$$
$$C = \{x \mid x$는 20의 약수$\} = \{1, 2, 4, 5, 10\}$$

(1) $A \cap B = \{x \mid x \in A$ 그리고 $x \in B\} = \{3, 5, 7\}$

(2) $B \cup C = \{x \mid x \in B$ 또는 $x \in C\} = \{1, 2, 3, 4, 5, 7, 10\}$

(3) $A^C = \{2, 4, 6, 8, 10\}$이므로 $A^C \cap C = \{x \mid x \in A^C$ 그리고 $x \in C\} = \{2, 4, 10\}$

정답 (1) $\{3, 5, 7\}$ (2) $\{1, 2, 3, 4, 5, 7, 10\}$ (3) $\{2, 4, 10\}$

보충 설명

집합을 벤다이어그램으로 나타내어 집합에 속하는 원소를 찾을 수도 있다.

(1) $A \cap B$

(2) $B \cup C$

(3) $A^C \cap C$

숫자 바꾸기

05-1 전체집합 $U=\{x\,|\,x$는 12 이하의 자연수$\}$의 세 부분집합

$$A=\{x\,|\,x$는 소수$\},\ B=\{x\,|\,x$는 3의 배수$\},\ C=\{x\,|\,x$는 12의 약수$\}$$

에 대하여 다음을 구하시오.

(1) $A\cap B^C$ (2) $(A-B)\cup(C-B)$ (3) $(B\cup C)^C$

표현 바꾸기

05-2 10보다 작은 자연수를 원소로 하는 전체집합 U의 두 부분집합 A, B에 대하여

$$A^C\cap B^C=\{3,\,8,\,9\},\ A\cap B=\{5\},\ A^C\cap B=\{1,\,7\}$$

을 만족시키는 집합 A를 구하시오.

개념 넓히기

05-3 전체집합 $U=\{x\,|\,x$는 10 미만의 자연수$\}$의 두 부분집합 A, B에 대하여

$$A\cap B=\{3,\,8\},\ B-A=\{1,\,4,\,9\},\ A^C\cap B^C=\{2,\,7\}$$

을 만족시키는 집합 A의 모든 원소의 합을 구하시오.

• 풀이 80쪽

정답   **05-1** (1) $\{2,\,5,\,7,\,11\}$ (2) $\{1,\,2,\,4,\,5,\,7,\,11\}$ (3) $\{5,\,7,\,8,\,10,\,11\}$ **05-2** $\{2,\,4,\,5,\,6\}$ **05-3** 22

예제 06

전체집합 U의 두 부분집합 A, B에 대하여 $A \subset B$일 때, 〈보기〉에서 항상 성립하는 것을 모두 고르시오.

〈 보기 〉

ㄱ. $A \cap B = A$　　　　　　　　ㄴ. $A \cup B = B$

ㄷ. $(A-B)^c = U$　　　　　　　　ㄹ. $B - A = \varnothing$

접근 방법〉 집합의 포함 관계와 연산 사이의 관계는 벤다이어그램을 이용하여 성립함을 확인하도록 한다.

또한 $A \subset B$일 때, 집합 A의 모든 원소가 집합 B의 원소가 되므로

$$A \cap B = A, \ A \cup B = B$$

임을 알 수 있다.

수매씽 Point 전체집합 U의 두 부분집합 A, B에 대하여 다음은 모두 $A \subset B$와 같은 표현이다.

$$B^c \subset A^c \qquad A \cap B = A \qquad A \cup B = B \qquad A - B = \varnothing$$

상세 풀이〉 ㄱ, ㄴ. 오른쪽 벤다이어그램에서 $A \subset B$이면

$$A \cap B = A, \ A \cup B = B$$

가 항상 성립한다.

ㄷ. 집합 A의 모든 원소가 집합 B의 원소이므로

$$A - B = \varnothing \text{이고 } (A-B)^c = \varnothing^c = U$$

가 항상 성립한다.

ㄹ. 집합 A가 집합 B의 진부분집합인 경우 $B - A \neq \varnothing$이므로 $B - A = \varnothing$이 항상 성립하지는 않는다.

따라서 항상 성립하는 것은 ㄱ, ㄴ, ㄷ이다.

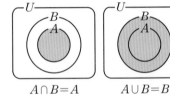

$A \cap B = A$　　　　$A \cup B = B$

정답 ㄱ, ㄴ, ㄷ

보충 설명

전체집합 U와 두 부분집합 A, B에 대하여 집합의 포함 관계와 집합의 연산 사이의 관계는 다음과 같다.

$A \subset B \Rightarrow B^c \subset A^c$

$A \cap B = A \Rightarrow A^c \cup B^c = A^c$

$A \cup B = B \Rightarrow A^c \cap B^c = B^c$

$A - B = \varnothing \ (A \cap B^c = \varnothing)$과 같은 표현 $\Rightarrow B^c - A^c = \varnothing \ (A^c \cup B = U)$

한번 더 ☑ ☐

숫자 바꾸기

06-1 전체집합 U의 두 부분집합 A, B에 대하여 $B \subset A$일 때, 〈**보기**〉에서 항상 성립하는 것을 모두 고르시오.

〈 보기 〉

ㄱ. $A^c \cap B = \varnothing$ 　　　　　　 ㄴ. $A^c \cup B = B$

ㄷ. $A^c \cup B^c = B^c$ 　　　　　　 ㄹ. $A^c \cap B^c = A^c$

표현 바꾸기　　　　　　　　　　　　　　　　　　　　한번 더 ☑ ☐

06-2 전체집합 U의 두 부분집합 A, B에 대하여 $A - B = A$일 때, 〈**보기**〉에서 항상 성립하는 것을 모두 고르시오.

〈 보기 〉

ㄱ. $A \cap B = \varnothing$ 　　　　 ㄴ. $B - A = B$ 　　　　 ㄷ. $A \subset B^c$

개념 넓히기　　　　　　　　　　　　　　　　　　　　한번 더 ☑ ☐

06-3 전체집합 U의 공집합이 아닌 두 부분집합 A, B에 대하여 두 집합 A, B^c가 서로소일 때, 〈**보기**〉에서 항상 성립하는 것을 모두 고르시오.

〈 보기 〉

ㄱ. $A - B = \varnothing$ 　　　　 ㄴ. $(A \cap B)^c = B^c$ 　　　　 ㄷ. $(A^c \cup B) \cap A = A$

• 풀이 80쪽～81쪽

정답 　06-1 ㄱ, ㄷ, ㄹ 　　　　　　06-2 ㄱ, ㄴ, ㄷ 　　　　　　06-3 ㄱ, ㄷ

예제
07

전체집합 U의 세 부분집합 A, B, C에 대하여

$$(A-B)\cup(A-C)=A-(B\cap C)$$

가 성립함을 다음을 이용하여 확인하시오.

(1) 벤다이어그램　　　　　　　　　　(2) 집합의 연산법칙

접근 방법 > 집합 사이의 관계는 벤다이어그램을 이용하거나 집합의 연산법칙을 이용하여 확인인다.

> **수매씨 Point** 전체집합 U의 세 부분집합 A, B, C에 대하여
> (1) 교환법칙 : $A\cup B=B\cup A$, $A\cap B=B\cap A$
> (2) 결합법칙 : $A\cup(B\cup C)=(A\cup B)\cup C$, $A\cap(B\cap C)=(A\cap B)\cap C$
> (3) 분배법칙 : $A\cap(B\cup C)=(A\cap B)\cup(A\cap C)$,
> 　　　　　　　$A\cup(B\cap C)=(A\cup B)\cap(A\cup C)$
> (4) 드모르간의 법칙 : $(A\cup B)^c=A^c\cap B^c$, $(A\cap B)^c=A^c\cup B^c$
> (5) 차집합의 성질 : $A-B=A\cap B^c=A-(A\cap B)=(A\cup B)-B$
> (6) 여집합의 성질 : $U^c=\varnothing$, $\varnothing^c=U$, $A\cup A^c=U$, $A\cap A^c=\varnothing$, $(A^c)^c=A$

상세 풀이 > (1) (i) 주어진 등식의 좌변을 벤다이어그램으로 나
타내면

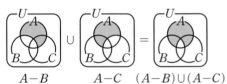

$A-B$　　　$A-C$　　$(A-B)\cup(A-C)$

(ii) 주어진 등식의 우변을 벤다이어그램으로 나
타내면

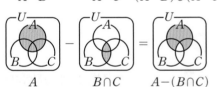

A　　　　$B\cap C$　　　$A-(B\cap C)$

(i), (ii)에서 $(A-B)\cup(A-C)=A-(B\cap C)$

(2) 집합의 연산법칙을 이용하면

$$(A-B)\cup(A-C)=(A\cap B^c)\cup(A\cap C^c) \quad \leftarrow \text{차집합의 성질}$$
$$=A\cap(B^c\cup C^c) \quad \leftarrow \text{분배법칙}$$
$$=A\cap(B\cap C)^c \quad \leftarrow \text{드모르간의 법칙}$$
$$=A-(B\cap C) \quad \leftarrow \text{차집합의 성질}$$

정답 풀이 참조

숫자 바꾸기

07-1

전체집합 U의 세 부분집합 A, B, C에 대하여

$$(A-B)-C=A-(B\cup C)$$

가 성립함을 다음을 이용하여 확인하시오.

(1) 벤다이어그램   (2) 집합의 연산법칙

05

표현 바꾸기

풀이 81쪽 ➕ 보충 설명 한번 더 ☑ ☐

07-2

오른쪽 벤다이어그램에서 색칠한 부분을 나타내는 집합을 〈보기〉에서 모두 고르시오. (단, U는 전체집합이다.)

〈 보기 〉

ㄱ. $A-(B-C)$ ㄴ. $A-(C-B)$

ㄷ. $(A-B)\cup(A\cap C)$

개념 넓히기

한번 더 ☑ ☐

07-3

전체집합 U의 두 부분집합 A, B에 대하여 〈보기〉에서 집합 A와 같은 것을 모두 고르시오.

〈 보기 〉

ㄱ. $A\cup(A-B)$ ㄴ. $(A\cup B)\cap(A^C\cup B)$ ㄷ. $A\cap(A\cup B^C)$

• 풀이 81쪽

정답   **07-1** 풀이 참조   **07-2** ㄱ, ㄷ   **07-3** ㄱ, ㄷ

예제 08 집합의 연산과 부분집합의 개수

두 집합 $A=\{1, 2, 3, 4, 5\}$, $B=\{1, 3, 5\}$에 대하여

$$A \cap X = X, \ (A-B) \cup X = X$$

를 만족시키는 집합 X의 개수를 구하시오.

접근 방법 > $A \cap X = X$이려면 집합 X의 모든 원소가 집합 A에 속해야 하고, $(A-B) \cup X = X$이려면 집합 X는 $A-B=\{2, 4\}$의 원소를 모두 원소로 가지고 있어야 함을 이용한다.

수매씨 Point $A \subset X \subset B$를 만족시키는 집합 X는 집합 B의 부분집합 중에서 집합 A의 원소를 모두 원소로 가지는 부분집합이다.

상세 풀이 > $A \cap X = X$이므로 $X \subset A$

$(A-B) \cup X = X$이므로 $(A-B) \subset X$

$\therefore \ (A-B) \subset X \subset A \quad \cdots\cdots \ ㉠$

$A-B=\{2, 4\}$이므로 ㉠을 원소나열법으로 나타내면

$$\{2, 4\} \subset X \subset \{1, 2, 3, 4, 5\}$$

즉, 집합 X는 집합 $\{1, 2, 3, 4, 5\}$의 부분집합 중 2, 4를 반드시 원소로 가지는 집합이다.

따라서 집합 X의 개수는

$$2^{5-2} = 2^3 = 8$$

정답 8

보충 설명

원소의 개수가 n인 집합 $A=\{a_1, a_2, a_3, \cdots, a_n\}$에 대하여

(1) 집합 A의 부분집합으로 특정한 원소 k개를 반드시 원소로 가지는 부분집합의 개수는 2^{n-k} $(k < n)$

(2) 집합 A의 부분집합으로 특정한 원소 m개를 원소로 가지지 않는 부분집합의 개수는 2^{n-m} $(m < n)$

(3) 집합 A의 부분집합으로 특정한 원소 k개를 반드시 원소로 가지고, 특정한 원소 m개를 원소로 가지지 않는 부분집합의 개수는 2^{n-k-m} $(k+m < n)$

05

숫자 바꾸기

한번 더 ✓☐

08-1 두 집합 $A=\{1, 3, 5\}$, $B=\{1, 2, 3, 4, 5, 6\}$에 대하여
$$(A^C \cap B) \cup X = X,\ B \cap X = X$$
를 만족시키는 집합 X의 개수를 구하시오.

표현 바꾸기

한번 더 ✓☐

08-2 두 집합 $A=\{1, 2, 3, 6, 9\}$, $B=\{1, 2, 4, 8\}$에 대하여
$$(A-B) \cup X = X,\ (A \cup B) \cap X = X$$
를 만족시키는 집합 X의 개수를 구하시오.

개념 넓히기

한번 더 ✓☐

08-3 전체집합 $U=\{1, 2, 3, 4, 5\}$의 부분집합 X에 대하여
$$\{1, 5\} \cup X = \{2, 5\} \cup X$$
를 만족시키는 집합 X의 개수를 구하시오.

● 풀이 81쪽~82쪽

정답 08-1 8   08-2 16   08-3 8

예제 09

전체집합 U의 두 부분집합 A, B에 대하여

$$n(U)=35, \ n(A)=17, \ n(B)=13, \ n(A\cup B)=25$$

일 때, 다음을 구하시오.

(1) $n(A\cap B)$ (2) $n((A-B)^C)$

접근 방법 〉 벤다이어그램을 이용하면 집합의 연산 관계를 쉽게 이해할 수 있다.

예를 들어 오른쪽 벤다이어그램에서

$$n(A\cup B)=n(A)+n(B)-n(A\cap B)$$
$$=n(A)+n(B-A)$$
$$=n(A-B)+n(B)$$
$$=n(A-B)+n(B-A)+n(A\cap B)$$

임을 알 수 있다.

> **수매씨 Point**   (1) $n(A\cup B)=n(A)+n(B)-n(A\cap B)$
>   (2) $n(A^C)=n(U)-n(A)$

상세 풀이 〉 (1) $n(A\cup B)=n(A)+n(B)-n(A\cap B)$에서

$$n(A\cap B)=n(A)+n(B)-n(A\cup B)$$
$$=17+13-25=5$$

(2) $A-B=A-(A\cap B)$이므로

$$n(A-B)=n(A)-n(A\cap B)=17-5=12 \quad \leftarrow \text{(1)에서 } n(A\cap B)=5\text{를 이용}$$

$(A-B)\subset U$이고 $(A-B)^C=U-(A-B)$이므로

$$n((A-B)^C)=n(U)-n(A-B)=35-12=23$$

> **정답** (1) 5   (2) 23

보충 설명

$A\subset B$일 때, 다음이 항상 성립한다.

(1) $n(B-A)=n(B)-n(A)$, $n(A-B)=0$

(2) $n(A\cap B)=n(A)$, $n(A\cup B)=n(B)$

09-1

전체집합 U의 두 부분집합 A, B에 대하여

$$n(U)=35, \ n(A)=10, \ n(B)=15, \ n(A-B)=3$$

일 때, 다음을 구하시오.

(1) $n(A\cup B)$　　　　　　　　　　　　(2) $n((A^C\cap B)^C)$

09-2

전체집합 U의 두 부분집합 A, B에 대하여

$$n(U)=50, \ n(A-B)=15, \ n(B-A)=17, \ n(A^C\cap B^C)=7$$

일 때, $n(A\cap B)$를 구하시오.

09-3

전체집합 U의 두 부분집합 A, B에 대하여

$$n(U)=35, \ n(A)=15, \ n(B)=25$$

일 때, $n(A\cap B)$의 최댓값과 최솟값의 합을 구하시오.

● 풀이 82쪽

정답　　**09-1** (1) 18　(2) 27　　　　　**09-2** 11　　　　　　**09-3** 20

예제 10

집합의 원소의 개수의 활용

어느 고등학교 1학년 1반 34명의 학생 중 축구공을 가지고 있는 학생이 18명, 농구공을 가지고 있는 학생이 17명, 축구공과 농구공을 모두 가지고 있지 않은 학생이 5명이다. 농구공만 가지고 있는 학생은 몇 명인지 구하시오.

접근 방법 〉 어느 고등학교 1학년 1반 34명의 학생 전체의 집합을 U, 축구공을 가지고 있는 학생의 집합을 A, 농구공을 가지고 있는 학생의 집합을 B라고 하면 축구공과 농구공을 모두 가지고 있지 않은 학생의 집합은 $(A \cup B)^C$이고, 농구공만 가지고 있는 학생의 집합은 $B-A$이므로 집합의 원소의 개수를 이용하여 구할 수 있다.

수매씨 Point 주어진 조건을 이용하여 집합을 설정하고 구하는 집합을 벤다이어그램으로 나타내어 원소의 개수를 구한다.

상세 풀이 〉 학생 전체의 집합을 U, 축구공을 가지고 있는 학생의 집합을 A, 농구공을 가지고 있는 학생의 집합을 B라고 하면 축구공과 농구공을 모두 가지고 있지 않은 학생의 집합은 $(A \cup B)^C$이므로

$$n(U)=34, \ n(A)=18, \ n(B)=17, \ n((A \cup B)^C)=5$$

$n(A \cup B)=n(U)-n((A \cup B)^C)=34-5=29$이므로

$$n(A \cap B)=n(A)+n(B)-n(A \cup B)$$
$$=18+17-29=6$$

농구공만 가지고 있는 학생의 집합은 $B-A$이므로

$$n(B-A)=n(B)-n(A \cap B)=17-6=11$$

따라서 구하는 학생은 11명이다.

참고 $n(B-A)=n(A \cup B)-n(A)=29-18=11$과 같이 풀 수도 있다.

정답 11명

보충 설명

위의 문제에서 오른쪽 벤다이어그램과 같이 각 영역에 해당하는 원소의 개수를 각각 a, b, c, d라고 하면

$n(U)=34$에서 $a+b+c+d=34$

$n(A)=18$에서 $a+b=18$

$n(B)=17$에서 $b+c=17$

$n((A \cup B)^C)=5$에서 $d=5$

이므로 연립방정식을 풀면 $c=11$임을 알 수 있다.

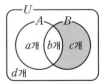

숫자 바꾸기

한번 더 ✓☐

10-1 어느 고등학교 1학년 2반 30명의 학생 중 남자 형제가 있는 학생이 17명, 여자 형제가 있는 학생이 12명, 남자 형제와 여자 형제가 모두 있는 학생이 3명이다. 남자 형제도 여자 형제도 없는 학생은 몇 명인지 구하시오.

표현 바꾸기

한번 더 ✓☐

10-2 100개의 정수를 원소로 가지는 집합 S가 있다. 집합 S에 속하는 정수 중 2로 나누어떨어지는 수가 44개, 3으로 나누어떨어지는 수가 33개, 6으로 나누어떨어지는 수가 11개 있다. 집합 S의 원소 중에서 2로도 3으로도 나누어떨어지지 않는 수는 몇 개인지 구하시오.

개념 넓히기

한번 더 ✓☐

10-3 어느 학급의 30명의 학생을 대상으로 수학 공부를 할 때, 집에서 동영상 강의를 수강하는 학생과 학원 수강을 하는 학생을 조사하였더니 둘 다 하는 학생이 6명, 어느 것도 하지 않는 학생이 7명이었다. 이 학급에는 학원 수강을 하지 않고 동영상 강의만을 수강하는 학생이 최대 몇 명까지 있다고 할 수 있는지 구하시오.

● 풀이 82쪽 ~ 83쪽

정답   **10-1** 4명   **10-2** 34개   **10-3** 17명

1 집합 $A=\{-1,\ 0,\ 1\}$에 대하여 집합 $B=\{x+y\,|\,x\in A,\ y\in A\}$라고 할 때, 다음 중 옳지 <u>않은</u> 것은?

① $0\in B$ ② $2\notin B$ ③ $3\notin B$

④ $A\subset B$ ⑤ $n(B)=5$

2 공집합이 아닌 두 집합 $A=\{x\,|\,4\leq x<2a\}$, $B=\{x\,|\,a<x<12\}$에 대하여 $A\subset B$가 성립할 때, 실수 a의 값의 범위를 구하시오.

3 두 집합 $A=\{1,\ 2,\ 3\}$, $B=\{1,\ 2\}$에 대하여
$$A\times B=\{(a,\ b)\,|\,a\in A,\ b\in B\}$$
라고 하자. 집합 $A\times B$의 부분집합의 개수를 구하시오.

4 전체집합 U의 두 부분집합
$$A=\{-3,\ 3,\ 8,\ a^2-2a-4\},\ B=\{-2a+11,\ -a+3,\ 8\}$$
에 대하여 $A\cap B^C=\{-3,\ 4\}$일 때, 집합 B의 모든 원소의 합을 구하시오.

5 전체집합 U의 세 부분집합 A, B, C에 대하여
$$A\cup(A^c\cap C)=A,\ B\cap C^c=\varnothing$$
일 때, 세 집합 A, B, C의 포함 관계로 옳은 것은?

① $A\subset B\subset C$ ② $A\subset C\subset B$ ③ $B\subset C\subset A$

④ $C\subset A\subset B$ ⑤ $C\subset B\subset A$

05

6 전체집합 U의 두 부분집합 A, B에 대하여 $(A-B)^c \subset B$일 때, 〈보기〉에서 항상 성립하는 것을 모두 고르시오.

〈보기〉
ㄱ. $A \cap B = \varnothing$ ㄴ. $A \cup B^c = A$ ㄷ. $A \cup B = U$

7 오른쪽 벤다이어그램의 색칠한 부분을 나타내는 집합을 〈보기〉에서 모두 고르시오. (단, U는 전체집합이다.)

〈보기〉
ㄱ. $(A \cap C) \cap B^c$ ㄴ. $(A \cap C) - (A \cap B \cap C)$
ㄷ. $(A-B) \cap (C-B)$

8 두 집합 $A = \{1, 3\}$, $B = \{1, 2, 3, 4, 5\}$에 대하여
$$(B-A) \cup X = X, \ B \cap X = X$$
를 만족시키는 집합 X의 개수를 구하시오.

9 전체집합 $U = \{1, 2, 3, 4, 5\}$의 두 부분집합 A, B에 대하여
$$(A \cup B) \cap (A^c \cup B) = \{1, 2\}$$
일 때, $A \cup B^c = U$를 만족시키는 집합 A의 개수를 구하시오.

10 전체집합 $U = \{x \,|\, x$는 100 이하의 자연수$\}$의 부분집합 중 k의 배수의 집합을 A_k라고 할 때, $A_2 \cap (A_3 \cup A_4)$의 원소의 개수는?

① 28 ② 31 ③ 33

④ 35 ⑤ 38

11 전체집합 $U=\{1,\ 2,\ 3,\ 4,\ 5\}$의 부분집합 A에 대하여 $\{2,\ 3\}\cap A\neq\varnothing$을 만족시키는 집합 A의 개수를 구하시오.

12 두 집합 A, B의 합집합과 교집합을 아래 그림과 같이 나타내었다.

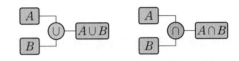

다음 그림에서 (다)에 알맞은 것은?

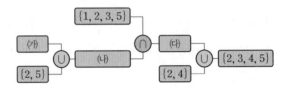

① $\{1,\ 2,\ 3,\ 5\}$ 　　　② $\{1,\ 3,\ 4,\ 5\}$ 　　　③ $\{2,\ 3,\ 4,\ 5\}$

④ $\{2,\ 3,\ 5\}$ 　　　⑤ $\{3,\ 5\}$

13 두 집합 X, Y에 대하여
$$X\triangle Y=(X-Y)\cup(Y-X)$$
라고 할 때, 다음 중 오른쪽 벤다이어그램의 색칠한 부분을 나타내는 것은?

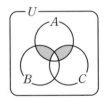

① $A\triangle(B\triangle C)$ 　　　② $A\triangle(B\cap C)$

③ $(A\triangle B)\cap(A\triangle C)$ 　　　④ $A\cap(B\triangle C)$

⑤ $A\triangle(B\cup C)$

14 전체집합 $U=\{1,\ 2,\ 3,\ 4,\ 5\}$의 부분집합 $A=\{1,\ 3,\ 5\}$에 대하여 $n(A\cap B)=2$를 만족시키는 집합 B의 개수를 구하시오.

15 전체집합 U의 두 부분집합 A, B에 대하여
$$n(A)=5,\ n(A-B)=2,\ n(B)=6$$
일 때, $(B\cap A^C)\subset X\subset B$를 만족시키는 집합 X의 개수를 구하시오.

16 전체집합 U의 세 부분집합 A, B, C에 대하여
$$n(A)=14,\ n(B)=16,\ n(C)=19,\ n(A\cap B)=10,\ n(A\cap B\cap C)=5$$
일 때, $n(C-(A\cup B))$의 최솟값을 구하시오.

17 집합 A의 부분집합의 개수를 $s(A)$라고 할 때, 원소의 개수가 유한개인 두 집합 A, B에 대하여 〈보기〉에서 항상 옳은 것을 모두 고르시오.

───〈보기〉───
ㄱ. $n(A)<n(B)$이면 $s(A)<s(B)$ ㄴ. $A\subset B$이면 $s(A)\leq s(B)$
ㄷ. $s(A\cup B)=s(A)+s(B)$
────────

18 인터넷의 한 사이트에서 포인트를 충전한 회원 100명을 대상으로 포인트 충전 방법을 조사해 보았더니 다음과 같았다.

[방법 I] 은행 입금을 이용한 회원 : 29명

[방법 II] 휴대폰 결제를 이용한 회원 : 74명

[방법 III] 신용카드 결제를 이용한 회원 : 32명

위의 세 가지 방법 중에서 두 가지만을 이용하여 포인트를 충전한 회원이 15명이라고 할 때, 세 가지 방법을 모두 이용하여 포인트를 충전한 회원은 몇 명인지 구하시오.

수능

19 전체집합 $U=\{x|x$는 9 이하의 자연수$\}$의 두 부분집합
$$A=\{3,\ 6,\ 7\},\ B=\{a-4,\ 8,\ 9\}$$
에 대하여 $A\cap B^C=\{6,\ 7\}$이다. 자연수 a의 값을 구하시오.

교육청

20 전체집합 $U=\{x|x$는 50 이하의 자연수$\}$의 두 부분집합
$$A=\{x|x$는 6의 배수$\},\ B=\{x|x$는 4의 배수$\}$$
가 있다. $A\cup X=A$이고 $B\cap X=\varnothing$인 집합 X의 개수는?

① 8   ② 16   ③ 32

④ 64   ⑤ 128

교육청

21 은행 A 또는 은행 B를 이용하는 고객 중 남자 35명과 여자 30명을 대상으로 두 은행 A, B의 이용 실태를 조사한 결과가 다음과 같다.

> (개) 은행 A를 이용하는 고객의 수와 은행 B를 이용하는 고객의 수의 합은 82이다.
>
> (내) 두 은행 A, B 중 한 은행만 이용하는 남자 고객의 수와 두 은행 A, B 중 한 은행만 이용하는 여자 고객의 수는 같다.

이 고객 중 은행 A와 은행 B를 모두 이용하는 여자 고객의 수는?

① 5   ② 6   ③ 7

④ 8   ⑤ 9

교육청

22 전체집합 $U=\{x|x$는 20 이하의 자연수$\}$의 두 부분집합 A, B가 다음 조건을 만족시킨다.

> (개) $n(A)=n(B)=8$, $n(A\cap B)=1$
>
> (내) 집합 A의 임의의 서로 다른 두 원소의 합은 9의 배수가 <u>아니다.</u>
>
> (대) 집합 B의 임의의 서로 다른 두 원소의 합은 10의 배수가 <u>아니다.</u>

집합 A의 모든 원소의 합을 $S(A)$, 집합 B의 모든 원소의 합을 $S(B)$라 할 때, $S(A)-S(B)$의 최댓값을 구하시오.

06

명제

1 명제와 조건

· 명제, 조건, 진리집합

(1) 명제 : 참인지 거짓인지를 분명하게 판별할 수 있는 문장이나 식

(2) 조건 : 변수의 값에 따라 참, 거짓을 판별할 수 있는 문장이나 식

(3) 진리집합 : 전체집합 U에 대하여 조건이 참이 되게 하는 원소의 집합

(4) 명제와 조건의 부정 : 명제 또는 조건 p에 대하여 'p가 아니다.'를 명제 또는 조건의 부정이라고 한다.

· 명제 $p \rightarrow q$의 참, 거짓

명제 $p \rightarrow q$에서 두 조건 p, q의 진리집합을 각각 P, Q라고 할 때, $P \subset Q$이면 명제 $p \rightarrow q$는 참이고, $P \not\subset Q$이면 명제 $p \rightarrow q$는 거짓이다.

     └─▶ $x \in P$, $x \notin Q$인 x를 반례라고 한다.

2 명제의 역과 대우

· 명제의 역과 대우

(1) 역 : 명제 $p \rightarrow q$에 대하여 가정과 결론을 서로 바꾸어 놓은 명제, 즉 $q \rightarrow p$

(2) 대우 : 명제 $p \rightarrow q$에 대하여 가정과 결론을 각각 부정하여 서로 바꾸어 놓은 명제, 즉 $\sim q \rightarrow \sim p$

· 명제와 그 대우의 참, 거짓

(1) 명제 $p \rightarrow q$가 참이면 그 대우 $\sim q \rightarrow \sim p$도 참이다.

(2) 명제 $p \rightarrow q$가 거짓이면 그 대우 $\sim q \rightarrow \sim p$도 거짓이다.

3 충분조건과 필요조건

· 충분조건과 필요조건

명제 $p \rightarrow q$가 참인 것을 기호로 $p \Longrightarrow q$와 같이 나타내고 p는 q이기 위한 충분조건, q는 p이기 위한 필요조건이라고 한다.

· 필요충분조건

명제 $p \rightarrow q$에 대하여 $p \Longrightarrow q$이고 $q \Longrightarrow p$일 때, 기호로 $p \Longleftrightarrow q$와 같이 나타내고 p는 q이기 위한 필요충분조건이라고 한다.

Q&A

Q 주어진 명제와 그 명제의 대우는 왜 항상 참, 거짓이 같은가요?

A 주어진 명제의 두 조건의 진리집합의 포함 관계에 의해 참, 거짓이 성립하며 그 명제의 대우도 진리집합의 포함 관계가 마찬가지로 성립하게 되므로 주어진 명제와 그 명제의 대우는 참, 거짓이 항상 같습니다.

1 명제와 조건

1 명제와 정의

우리가 사용하는 문장과 식 중에는 그 자체로 참, 거짓을 명확하게 판별할 수 있는 것과 그렇지 않은 것이 있습니다.

예를 들어 '2는 짝수이다.', '3은 소수이다.'는 참이고 '$\sqrt{5}$는 유리수이다.', '$1+3=5$'는 거짓입니다. 이와 같이 그 내용이 참인지 거짓인지를 분명하게 판별할 수 있는 문장이나 식을 **명제**라고 합니다. ← 거짓인 문장이나 식도 명제이다.

하지만 '남산은 높은 산이다.'는 사람에 따라 '높다'에 대한 기준이 다를 수 있으므로 참, 거짓을 판별할 수 없습니다. 따라서 이 문장은 명제가 아닙니다.

> **Example**
> (1) '소수는 모두 홀수이다.'에서 소수 중에는 짝수인 2가 있으므로 이 문장은 거짓인 명제이다.
> (2) '자연수 중에서 가장 작은 수는 1이다.'는 참인 명제이다.
> (3) '수매씽은 좋은 수학책이다.'는 '좋다'고 하는 기준이 명확하지 않아 참, 거짓을 판별할 수 없으므로 명제가 아니다.
> (4) '$x+10=5$'는 x의 값이 정해져 있지 않아 참, 거짓을 판별할 수 없으므로 명제가 아니다.

수학에서는 용어의 뜻을 여러 가지로 표현하면 혼란이 일어나므로 용어의 뜻을 명확하게 하나로 정하여 나타내어야 합니다.

예를 들어 직각삼각형은 '한 각이 직각인 삼각형'으로 정하는데, 이와 같이 용어의 뜻을 명확하게 정한 것을 그 용어의 **정의**라고 합니다. 수학에서의 정의는 수학에서 사용되는 용어에 대한 약속이므로 어떤 명제가 참인지 거짓인지를 판단하려면 명제에 포함된 용어의 정의를 명확하게 알고 있어야 합니다.

개념 Point   **명제와 정의**

1 명제 : 참인지 거짓인지를 분명하게 판별할 수 있는 문장이나 식
2 정의 : 수학에서 사용되는 용어의 뜻을 명확하게 정한 것

2 조건과 진리집합

'x는 4보다 작다.', '$x-2=0$'과 같이 변수 x를 포함하는 문장이나 식은 그 자체로는 참, 거짓을 판별할 수 없지만 x의 값이 정해지면 참, 거짓을 판별할 수 있는 명제가 됩니다.

즉, 'x는 4보다 작다.'는 $x=3$이면 참인 명제가 되고, $x=5$이면 거짓인 명제가 됩니다. 또한 '$x-2=0$'은 $x=2$이면 참인 명제가 되고, $x\neq2$인 모든 실수에 대해서는 거짓인 명제가 됩니다.

이와 같이 변수를 포함하는 문장이나 식이 변수의 값에 따라 참, 거짓이 정해질 때, 그 문장이나 식을 조건이라고 합니다. 이때 조건은 p, q, r, $\cdots$과 같이 나타냅니다.

Example

(1) 'x는 2의 배수이다.'는 x의 값이 주어지지 않으면 참, 거짓을 판별할 수 없으므로 명제가 아니다.

그런데 $x=2$이면 '2는 2의 배수이다.'이므로 참인 명제가 되고, $x=3$이면 '3은 2의 배수이다.'이므로 거짓인 명제가 된다.

즉, 'x는 2의 배수이다.'는 x의 값에 따라 참, 거짓을 판별할 수 있으므로 조건이다.

(2) '$x-3=6$'은 x의 값이 주어지지 않으면 참, 거짓을 판별할 수 없으므로 명제가 아니다.

그런데 $x=9$이면 '$9-3=6$'이므로 참인 명제가 되고, $x=5$이면 '$5-3=6$'이므로 거짓인 명제가 된다.

즉, '$x-3=6$'은 x의 값에 따라 참, 거짓을 판별할 수 있으므로 조건이다.

전체집합 $U=\{x|x$는 자연수$\}$에 대하여 조건 '$p:x$는 4보다 작다.'를 참이 되게 하는 x의 값의 집합은 $\{1, 2, 3\}$입니다.

이와 같이 전체집합 U의 원소 중에서 조건이 참이 되게 하는 모든 원소의 집합을 그 조건의 **진리집합**이라고 합니다. ← 조건 p, q, r, $\cdots$의 진리집합은 각각 P, Q, R, $\cdots$로 나타낸다.

Example

전체집합 U가 자연수 전체의 집합일 때, 다음 조건의 진리집합을 구해 보자.

(1) 조건 'x는 4의 양의 약수이다.'의 진리집합은 $\{1, 2, 4\}$이다.

(2) 조건 '$x^2-1=0$'의 진리집합은 $\{1\}$이다.

개념 Point   **조건과 진리집합**

1 조건 : 변수의 값에 따라 참, 거짓을 판별할 수 있는 문장이나 식

2 진리집합 : 전체집합 U에 대하여 조건이 참이 되게 하는 모든 원소의 집합

+ Plus

수에 대한 조건과 진리집합을 구할 때, 전체집합에 대하여 특별한 언급이 없으면 전체집합은 실수 전체의 집합이다.

❸ 명제와 조건의 부정

명제 '2는 짝수이다.'에 대하여 '2는 짝수가 아니다.'라는 명제를 생각할 수 있습니다. 이와 같이 어떤 명제 p에 대하여 'p가 아니다.'를 명제 p의 **부정**이라 하고, 이것을 기호로

$\sim p$ ← 'not p'라고 읽는다.

와 같이 나타냅니다.

일반적으로 명제 p가 참이면 $\sim p$는 거짓이고, 명제 p가 거짓이면 $\sim p$는 참입니다.

특히, 명제 p에 대하여 명제 $\sim p$의 부정은 p, 즉 $\sim(\sim p) = p$입니다. → 명제는 참 또는 거짓이다.

명제와 마찬가지로 조건 p에 대하여 'p가 아니다.'를 조건 p의 부정이라 하고, $\sim p$로 나타냅니다. 예를 들어 'x는 5의 양의 약수이다.'의 부정은 'x는 5의 양의 약수가 아니다.'가 됩니다.

> **Example** (1) 명제 '4는 2의 배수이다.'의 부정은 '4는 2의 배수가 아니다.'이다. ← '배수'의 부정은 '약수'가 아니다.
> (2) 조건 '$x>3$'의 부정은 '$x \leq 3$'이다. ← '>'의 부정은 '<'가 아니므로 '$x<3$'과 같이 나타내지 않도록 한다.

조건 p의 부정 $\sim p$의 진리집합에 대하여 알아봅시다.

전체집합 U에 대하여 조건 p의 진리집합을 P라고 할 때, 전체집합 U의 원소 중에서 $\sim p$를 참이 되게 하는 원소는 집합 P를 거짓이 되게 하므로 집합 P의 원소가 아닙니다. 따라서 $\sim p$의 진리집합은 P^C입니다.

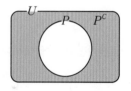

> **Example** 전체집합 $U=\{1, 2, 3, 4, 5\}$에 대하여 조건 '$p : x>3$'의 진리집합을 P라고 하면
> $P=\{4, 5\}$이므로 그 부정 '$p : x \leq 3$'의 진리집합은 $\{1, 2, 3\}$, 즉 P^C이다.

이번에는 명제 또는 조건에 '또는'이나 '그리고'를 포함하고 있는 문장이나 식의 부정에 대하여 알아봅시다.

예를 들어 '나는 수학 참고서 또는(or)교과서를 본다.'와 같은 문장의 부정에 대하여 생각해 봅시다.

이때 '또는(or)'의 의미는 다음 세 가지 경우를 모두 포함합니다.

(ⅰ) 수학 참고서와 교과서를 모두 보는 경우

(ⅱ) 수학 참고서는 보고, 교과서는 보지 않는 경우

(ⅲ) 수학 참고서는 보지 않고, 교과서는 보는 경우

따라서 위 문장의 부정은

'나는 수학 참고서는 보지 않고(and), 교과서도 보지 않는다.'

가 됩니다.

또한 '나는 수학 참고서와(and) 교과서를 본다.'의 부정은 다음 세 가지 경우를 모두 포함하는 문장이어야 합니다.

(ⅰ) 수학 참고서는 보지 않고, 교과서는 보는 경우

(ⅱ) 수학 참고서는 보고, 교과서는 보지 않는 경우

(ⅲ) 수학 참고서는 보지 않고, 교과서도 보지 않는 경우

따라서 위 문장의 부정은

'나는 수학 참고서 또는(or) 교과서를 보지 않는다.'

가 됩니다.

일반적으로 두 명제 또는 조건 p, q에 대하여

조건 'p 또는 q'의 부정은 '$\sim p$ 그리고 $\sim q$'

조건 'p 그리고 q'의 부정은 '$\sim p$ 또는 $\sim q$'

입니다.

> **Example**　(1) 조건 '$x=0$ 또는 $x=2$'의 부정은 '$x\neq0$이고 $x\neq2$'이다.
>
> (2) 조건 '$x>1$이고 $y>1$'의 부정은 '$x\leq1$ 또는 $y\leq1$'이다. ← '초과'의 부정은 '미만'이 아니라 '이하'이다.

전체집합 U에 대하여 두 조건 p, q의 진리집합을 각각 P, Q라고 하면 두 조건

'p 또는 q', 'p 그리고 q'

의 진리집합은 각각

$P\cup Q$, $P\cap Q$

입니다.

한편, 두 조건

'$\sim p$ 그리고 $\sim q$', '$\sim p$ 또는 $\sim q$'

의 진리집합은 각각

$P^C\cap Q^C$, $P^C\cup Q^C$

입니다.

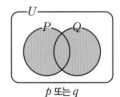
p 또는 q

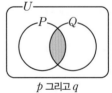
p 그리고 q

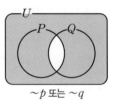
$\sim p$ 그리고 $\sim q$　　$\sim p$ 또는 $\sim q$

이때 드모르간의 법칙에 의하여

$(P\cup Q)^C=P^C\cap Q^C$, $(P\cap Q)^C=P^C\cup Q^C$

가 성립합니다.

따라서 두 조건 p, q에 대하여

조건 'p 그리고 q'의 부정은 '$\sim p$ 또는 $\sim q$'

조건 'p 또는 q'의 부정은 '$\sim p$ 그리고 $\sim q$'

임을 집합으로도 확인해 볼 수 있습니다.

Example 전체집합 $U = \{1, 2, 3, 4, 5, 6\}$에 대하여 두 조건

$$p : x는\ 6의\ 양의\ 약수이다., \quad q : x는\ 짝수이다.$$

일 때, 두 조건 p, q의 진리집합을 각각 P, Q라고 하면

$$P = \{1, 2, 3, 6\},\ Q = \{2, 4, 6\}$$

(1) 조건 'p 또는 q'의 진리집합은 $P \cup Q$이므로

$$P \cup Q = \{1, 2, 3, 6\} \cup \{2, 4, 6\} = \{1, 2, 3, 4, 6\}$$

(2) 조건 '$\sim(p$ 또는 $q)$', 즉 '$\sim p$ 그리고 $\sim q$'의 진리집합은 $P^C \cap Q^C$이므로

$$P^C \cap Q^C = \{4, 5\} \cap \{1, 3, 5\} = \{5\}$$

개념 Point　　**명제와 조건의 부정**

1 명제와 조건의 부정 : 명제 또는 조건 p에 대하여 'p가 아니다.'를 명제 또는 조건의 부정이라 하고, 기호로 $\sim p$와 같이 나타낸다.

2 두 명제 또는 조건 p, q에 대하여

　'p 또는 q'의 부정은 '$\sim p$ 그리고 $\sim q$'

　'p 그리고 q'의 부정은 '$\sim p$ 또는 $\sim q$'

+ Plus

두 조건 p, q의 진리집합을 각각 P, Q라고 할 때, 조건과 진리집합 사이의 관계는 다음과 같다.

조건	p 또는 q	p 그리고 q	$\sim(p$ 또는 $q)$	$\sim(p$ 그리고 $q)$
진리집합	$P \cup Q$	$P \cap Q$	$(P \cup Q)^C$	$(P \cap Q)^C$

---

❹ 명제 $p \to q$의 참, 거짓

　명제 '$x = 1$이면 $x^2 = 1$이다.'는 두 조건 '$x = 1$'과 '$x^2 = 1$'을 '～이면 ～이다.' 꼴로 연결한 것입니다. 이때 두 조건을 각각 $p : x = 1$, $q : x^2 = 1$이라고 하면 주어진 명제는 'p이면 q이다.' 꼴이 됩니다.　← 두 조건 p와 q를 'p이면 q이다.' 꼴로 연결하면 참, 거짓을 판별할 수 있는 문장이 된다.

　일반적으로 두 조건 p, q로 이루어진 명제 'p이면 q이다.'를 기호로

$$p \to q$$

와 같이 나타내고, p를 가정, q를 결론이라고 합니다.

> 가정
> $$p \to q$$
> 결론

Example (1) 명제 '$x = 3$이면 $2x + 1 = 6$이다.'에서 가정은 '$x = 3$'이고, 결론은 '$2x + 1 = 6$'이다.

(2) 명제 'x가 3의 양의 약수이면 x는 6의 양의 약수이다.'에서 가정은 'x가 3의 양의 약수이다.'이고, 결론은 'x는 6의 양의 약수이다.'이다.

주어진 가정 또는 정의나 이미 옳다고 밝혀진 성질을 이용하여 어떤 명제가 참임을 밝히는 것을 증명이라고 합니다. ← 어떤 명제를 증명할 때에는 먼저 가정과 결론으로 나누어 생각하는 것이 좋다.

또한 참임이 증명된 명제 중에서 기본이 되는 것이나 또 다른 명제를 증명할 때 이용할 수 있는 것을 정리라고 합니다. ← 정의는 용어의 뜻에 대한 약속이므로 증명이 필요하지 않지만, 정리는 증명이 필요하다.

이번에는 두 조건 p, q에 대하여 명제 $p \rightarrow q$의 참, 거짓을 판별해 봅시다.

자연수 전체의 집합에 대하여 두 조건

$p : x$는 4의 양의 약수이다., $q : x$는 12의 양의 약수이다.

의 진리집합을 각각 P, Q라고 하면

$P = \{1,\ 2,\ 4\},\ Q = \{1,\ 2,\ 3,\ 4,\ 6,\ 12\}$

입니다. 이때 $P \subset Q$이므로 4의 양의 약수는 모두 12의 양의 약수입니다.

따라서 명제 'x가 4의 양의 약수이면 x는 12의 양의 약수이다.', 즉 명제 $p \rightarrow q$는 참입니다.

일반적으로 두 조건 p, q의 진리집합을 각각 P, Q라고 할 때,

$P \subset Q$이면 명제 $p \rightarrow q$는 참이고,

명제 $p \rightarrow q$가 참이면 $P \subset Q$

입니다.

Example 명제 '$x = 2$이면 $x^2 = 4$이다.'에서 두 조건을 각각 $p : x = 2$, $q : x^2 = 4$라 하고 두 조건 p, q의 진리집합을 각각 P, Q라고 하면

$P = \{2\},\ Q = \{-2,\ 2\}$

따라서 $P \subset Q$이므로 주어진 명제는 참이다.

한편, 자연수 전체의 집합에 대하여 두 조건

$p : x$는 8의 양의 약수이다., $q : x$는 4의 양의 약수이다.

의 진리집합을 각각 P, Q라고 하면

$P = \{1,\ 2,\ 4,\ 8\},\ Q = \{1,\ 2,\ 4\}$

입니다. 이때 $P \not\subset Q$이므로 8의 양의 약수 중에는 4의 양의 약수가 아닌 것이 있습니다.

따라서 명제 'x가 8의 양의 약수이면 x는 4의 양의 약수이다.', 즉 명제 $p \rightarrow q$는 거짓입니다.

일반적으로 두 조건 p, q의 진리집합을 각각 P, Q라고 할 때,

$P \not\subset Q$이면 명제 $p \rightarrow q$는 거짓이고, 명제 $p \rightarrow q$가 거짓이면 $P \not\subset Q$

입니다.

이때 명제 $p \rightarrow q$에서 조건 p는 참이 되게 하지만 조건 q는 거짓이 되게 하는 예를 반례라고 합니다. 반례가 하나라도 존재하면 그 명제는 거짓이 되므로 주어진 명제가 거짓임을 증명할 때에는 반례가 있음을 보이면 됩니다.

Example 명제 '$x^2>0$이면 $x>0$이다.'에서 두 조건을 각각 $p : x^2>0$, $q : x>0$이라 하고 두 조건 p, q의 진리집합을 각각 P, Q라고 하면

$$P=\{x\,|\,x>0 \text{ 또는 } x<0\},\ Q=\{x\,|\,x>0\}$$

따라서 $P\not\subset Q$이므로 주어진 명제는 거짓이다.

다른 풀이 》 [반례] $x=-1$이면 $x^2=(-1)^2=1$에서 조건 p는 참이지만 $x=-1<0$이므로 조건 q는 거짓이다.

따라서 주어진 명제는 거짓이다.

개념 Point **명제 $p \rightarrow q$의 참, 거짓**

명제 $p \rightarrow q$에서 두 조건 p, q의 진리집합을 각각 P, Q라고 할 때,

1 $P\subset Q$이면 명제 $p \rightarrow q$는 참이다.

2 $P\not\subset Q$이면 명제 $p \rightarrow q$는 거짓이다. 이때 $x\in P$, $x\notin Q$인 x를 반례라고 한다.

06

---

5 '모든'이나 '어떤'이 들어 있는 명제

이번에는 '모든'이나 '어떤'이 들어 있는 명제의 참, 거짓을 어떻게 판별하는지 알아봅시다.

명제 '모든 x에 대하여 p이다.'가 참이라는 것은 전체집합 U의 모든 원소에 대하여 조건 p가 참이라는 뜻으로, 조건 p의 진리집합 P는 전체집합 U와 같습니다.

그러므로 명제 '모든 x에 대하여 p이다.'가 거짓임을 밝히려면 $P\neq U$, 즉 조건 p가 참이 되지 않는 원소 x가 전체집합 U에 적어도 하나 존재함을 보이면 됩니다.

따라서 조건 p의 진리집합을 P라고 하면 다음이 성립합니다.

(i) $P=U$이면 명제 '모든 x에 대하여 p이다.'는 참입니다.

(ii) $P\neq U$이면 명제 '모든 x에 대하여 p이다.'는 거짓입니다. ← 하나라도 거짓이면 거짓이다.

Example (1) 명제 '모든 실수 x에 대하여 $x^2\geq0$이다.'에서 조건 $p : x^2\geq0$의 진리집합을 P라고 하면

$P=\{x\,|\,x^2\geq0\}=\{x\,|\,x$는 실수$\}$이고 전체집합 $U=\{x\,|\,x$는 실수$\}$이므로 $P=U$

따라서 주어진 명제는 참이다.

(2) 명제 '모든 실수 x에 대하여 $x^2>0$이다.'에서 조건 $p : x^2>0$의 진리집합을 P라고 하면

$P=\{x\,|\,x^2>0\}=\{x\,|\,x$는 $x\neq0$인 실수$\}$이고 전체집합 $U=\{x\,|\,x$는 실수$\}$이므로 $P\neq U$

따라서 주어진 명제는 거짓이다.

다른 풀이 》 (2) [반례] $x=0$이면 $x^2=0$이므로 조건 p는 거짓이다.

따라서 주어진 명제는 거짓이다.

또한 명제 '어떤 x에 대하여 p이다.'가 참이라는 것은 전체집합 U의 원소 중에서 적어도 하나는 조건 p를 참이 되게 한다는 뜻으로, 조건 p의 진리집합 P는 공집합이 아닙니다.

그러므로 명제 '어떤 x에 대하여 p이다.'가 거짓임을 밝히려면 $P=\varnothing$, 즉 전체집합 U에 조건 p를 참이 되게 하는 원소가 하나도 없음을 보이면 됩니다.

따라서 조건 p의 진리집합을 P라고 하면 다음이 성립합니다.

(ⅰ) $P\neq\varnothing$이면 명제 '어떤 x에 대하여 p이다.'는 참입니다. ← 하나라도 참이면 참이다.

(ⅱ) $P=\varnothing$이면 명제 '어떤 x에 대하여 p이다.'는 거짓입니다.

Example
(1) 명제 '어떤 실수 x에 대하여 $x^2=2$이다.'에서 조건 $p:x^2=2$의 진리집합을 P라고 하면
$$P=\{-\sqrt{2},\ \sqrt{2}\,\}$$이므로 $P\neq\varnothing$
따라서 주어진 명제는 참이다.

(2) 명제 '어떤 실수 x에 대하여 $x^2<0$이다.'에서 조건 $p:x^2<0$의 진리집합을 P라고 하면
$P=\{x\,|\,x^2<0\}$이므로 $P=\varnothing$ ← $x^2<0$을 만족시키는 실수 x는 존재하지 않는다.
따라서 주어진 명제는 거짓이다.

이제 '모든'이나 '어떤'이 들어 있는 명제의 부정에 대하여 알아봅시다.

명제 '모든 x에 대하여 p이다.'의 부정은 'p가 아닌 x가 있다.'는 의미입니다. 즉, 명제 '모든 x에 대하여 p이다.'의 부정은 '어떤 x에 대하여 $\sim p$이다.'입니다.

또한 명제 '어떤 x에 대하여 p이다.'의 부정은 'p인 x가 없다.'는 의미입니다. 즉, 명제 '어떤 x에 대하여 p이다.'의 부정은 '모든 x에 대하여 $\sim p$이다.'입니다.

Example
(1) 명제 '모든 실수 x에 대하여 $x^2\geq0$이다.'의 부정은 '어떤 실수 x에 대하여 $x^2<0$이다.'이다.

(2) 명제 '어떤 실수 x에 대하여 $x^2=1$이다.'의 부정은 '모든 실수 x에 대하여 $x^2\neq1$이다.'이다.

개념 Point   **'모든'이나 '어떤'이 들어 있는 명제**

└→ 변수 x를 포함한 조건 p는 명제가 아니지만 x의 앞에 '모든'이나 '어떤'이 있으면 명제가 된다.

1 전체집합 U에 대하여 조건 p의 진리집합을 P라고 할 때,

   (1) $P=U$이면 명제 '모든 x에 대하여 p이다.'는 참이다.

   (2) $P\neq\varnothing$이면 명제 '어떤 x에 대하여 p이다.'는 참이다.

2 '모든'과 '어떤'이 들어 있는 명제의 부정

   조건 p에 대하여

   (1) 명제 '모든 x에 대하여 p이다.'의 부정은 '어떤 x에 대하여 $\sim p$이다.'이다.

   (2) 명제 '어떤 x에 대하여 p이다.'의 부정은 '모든 x에 대하여 $\sim p$이다.'이다.

1 〈보기〉에서 명제인 것을 모두 고르시오.

> 〈 보기 〉
>
> ㄱ. 소수는 홀수이다.   ㄴ. $x^2-4=0$
>
> ㄷ. 삼각형의 세 내각의 크기의 합은 180°이다.
>
> ㄹ. 네 변의 길이가 모두 같은 사각형은 정사각형이다.

2 전체집합 $U=\{0, 1, 2, 3, 4, 5\}$에 대하여 다음 조건의 진리집합을 구하시오.

(1) $x-2<2$ (2) $x^2-3x+2\neq0$

3 다음 명제의 부정을 말하고, 그것의 참, 거짓을 판별하시오.

(1) 1은 홀수이다.   (2) 2는 소수가 아니다.

4 전체집합 $U=\{1, 2, 3, 4, 5, 6\}$에 대하여 조건 p가 다음과 같을 때, p의 부정을 말하고 그것의 진리집합을 구하시오.

(1) $p : x$는 6의 양의 약수이다.   (2) $p : x$는 짝수이다.

(3) $p : x\geq3$ (4) $p : x=2$ 또는 $x=4$

5 다음 명제의 참, 거짓을 판별하시오.

(1) x가 4의 배수이면 x가 8의 배수이다.

(2) x가 6의 양의 약수이면 x는 12의 양의 약수이다.

(3) 두 삼각형의 넓이가 같으면 두 삼각형은 합동이다.

• 풀이 89쪽

정답

1 ㄱ, ㄷ, ㄹ   **2** (1) $\{0, 1, 2, 3\}$ (2) $\{0, 3, 4, 5\}$

3 (1) 1은 홀수가 아니다. (거짓)   (2) 2는 소수이다. (참)

4 (1) $\sim p : x$는 6의 양의 약수가 아니다., $\sim p$의 진리집합 : $\{4, 5\}$

   (2) $\sim p : x$는 짝수가 아니다., $\sim p$의 진리집합 : $\{1, 3, 5\}$

   (3) $\sim p : x<3$, $\sim p$의 진리집합 : $\{1, 2\}$ (4) $\sim p : x\neq2$이고 $x\neq4$, $\sim p$의 진리집합 : $\{1, 3, 5, 6\}$

5 (1) 거짓   (2) 참   (3) 거짓

예제 01

〈보기〉에서 명제 p와 그 부정 $\sim p$를 옳게 짝 지은 것을 모두 고르시오.

---〈 보기 〉---

ㄱ. p : 1은 소수이다., $\sim p$: 1은 소수가 아니다.

ㄴ. p : 4는 2보다 크다., $\sim p$: 4는 2보다 작다.

ㄷ. p : 자연수에서 2는 짝수이다., $\sim p$: 자연수에서 2는 홀수이다.

접근 방법 > 명제 또는 조건 p의 부정은 'p가 아니다.'이고, 기호로 $\sim p$와 같이 나타낸다.

> **수매씨 Point**
> • '$\sim$이다.'의 부정은 '$\sim$가 아니다.'
> • '크다.'의 부정은 '작거나 같다.'

상세 풀이 > ㄱ. '1은 소수이다.'의 부정은 '1은 소수가 아니다.'이다. (참)

ㄴ. '4는 2보다 크다.'의 부정은 '4는 2보다 크지 않다.', 즉 '4는 2보다 작거나 같다.'이다. (거짓)

ㄷ. '자연수에서 2는 짝수이다.'의 부정은 '자연수에서 2는 짝수가 아니다.'이다.

그런데 자연수에서 짝수가 아닌 수는 홀수이므로 주어진 명제의 부정은 '자연수에서 2는 홀수이다.'이다. (참) ← 실수에서 '짝수이다.', '홀수이다.'의 부정은 각각 '짝수가 아니다.', '홀수가 아니다.'이다.

따라서 명제와 그 부정을 옳게 짝 지은 것은 ㄱ, ㄷ이다.

> **정답** ㄱ, ㄷ

보충 설명

자연수에서 소수는 1과 그 자신만을 약수로 가지는 수이고, 합성수는 1과 그 자신 이외의 수를 약수로 가지는 수이므로 자연수는 1, 소수, 합성수로 나눌 수 있다. 따라서 '1은 소수이다.'의 부정을 '1은 합성수이다.'와 같이 나타내지 않도록 한다.

한편, 자연수는 홀수와 짝수로 나눌 수 있으므로 자연수에서는 '홀수가 아니다.'는 '짝수이다.'와 같은 표현이다. 하지만 실수에서는 홀수와 짝수 이외에 다른 수도 생각할 수 있으므로 실수에서 '홀수가 아니다.'는 '짝수이다.'와 같은 표현이 될 수 없음에 주의한다.

또한 다음의 부정 표현에 주의한다.

'이다.' $\xleftarrow{\text{부정}}$ '아니다.'   '크다.' $\xrightarrow{\text{부정}}$ '작거나 같다.'   '작다.' $\xleftarrow{\text{부정}}$ '크거나 같다.'

'또는' $\xleftarrow{\text{부정}}$ '이고'   '모든' $\xleftarrow{\text{부정}}$ '어떤'

01-1

〈보기〉에서 명제 p와 그 부정 $\sim p$를 옳게 짝 지은 것을 모두 고르시오.

〈 보기 〉

ㄱ. p : 1과 2는 서로소이다., $\sim p$: 1과 2는 서로소가 아니다.

ㄴ. p : 2는 4의 양의 약수이다., $\sim p$: 2는 4의 배수이다.

ㄷ. p : 6은 2의 배수이거나 3의 배수이다.,

     $\sim p$: 6은 2의 배수가 아니거나 3의 배수가 아니다.

01-2

실수 x, y에 대하여 다음 조건의 부정을 말하시오.

(1) $x \neq 0$이고 $y \neq 0$ (2) $x \leq 0$ 또는 $y > 1$

01-3

명제 '모든 실수 x에 대하여 $x^2 \geq 1$이다.'의 부정을 말하시오.

• 풀이 89쪽

정답   **01-1** ㄱ   **01-2** (1) $x = 0$ 또는 $y = 0$ (2) $x > 0$이고 $y \leq 1$ **01-3** 어떤 실수 x에 대하여 $x^2 < 1$이다.

예제
02

조건과 진리집합

전체집합 $U=\{x\,|\,x$는 10 이하의 자연수$\}$에 대하여 두 조건 p, q가

$$p : x^2-5x+6=0, \quad q : x^2-12x+27\leq0$$

일 때, 다음 조건의 진리집합을 구하시오.

(1) $\sim q$ (2) $\sim p$이고 q (3) p 또는 $\sim q$

접근 방법 두 조건 p, q의 진리집합 P, Q를 각각 구하고, 주어진 조건에 맞는 진리집합을 구하도록 한다.

즉, (1)에서 $\sim q$의 진리집합은 Q^C, (2)에서 $\sim p$이고 q의 진리집합은 $P^C \cap Q$, (3) p 또는 $\sim q$의 진리집합은 $P \cup Q^C$이다.

수매씨 Point 전체집합 U의 원소 중에서 조건이 참이 되도록 하는 원소들의 집합을 진리집합이라고 한다.

상세 풀이 $U=\{1, 2, 3, \cdots, 9, 10\}$이고 두 조건 p, q의 진리집합을 각각 P, Q라고 하면

$p : x^2-5x+6=0$에서 $(x-2)(x-3)=0$

$\therefore x=2$ 또는 $x=3$

$\therefore P=\{2, 3\}$

$q : x^2-12x+27\leq0$에서 $(x-3)(x-9)\leq0$

$\therefore 3\leq x\leq9$

$\therefore Q=\{3, 4, 5, 6, 7, 8, 9\}$

(1) '$\sim q$'의 진리집합은 Q^C이므로 $Q^C=\{1, 2, 10\}$

(2) '$\sim p$이고 q'의 진리집합은 $P^C \cap Q$이므로 $P^C \cap Q=\{4, 5, 6, 7, 8, 9\}$

(3) 'p 또는 $\sim q$'의 진리집합은 $P \cup Q^C$이므로 $P \cup Q^C=\{1, 2, 3, 10\}$

정답 (1) $\{1, 2, 10\}$ (2) $\{4, 5, 6, 7, 8, 9\}$ (3) $\{1, 2, 3, 10\}$

보충 설명

두 조건 p, q의 진리집합을 각각 P, Q라고 하면

(1) 조건 '$\sim p$'의 진리집합 ➡ P^C

(2) 조건 'p 또는 q'의 진리집합 ➡ $P \cup Q$

(3) 조건 'p 그리고 q'의 진리집합 ➡ $P \cap Q$

숫자 바꾸기

한번 더 ✓ ☐

02-1

전체집합 $U=\{x\,|\,x$는 12 이하의 짝수인 자연수$\}$에 대하여 두 조건 p, q가

$$p : x^2-6x+8=0, \quad q : x^2-10x+16>0$$

일 때, 다음 조건의 진리집합을 구하시오.

(1) $\sim q$　　　　　　　(2) $\sim p$이고 q　　　　　　　(3) p 또는 $\sim q$

표현 바꾸기

한번 더 ✓ ☐

02-2

전체집합 $U=\{x\,|\,x$는 6의 양의 약수$\}$에 대하여 조건 p가 $p : x^2-5x+6=0$일 때, 조건 '$\sim p$'의 진리집합의 모든 원소의 합은?

① 3　　　　　　　② 4　　　　　　　③ 5

④ 6　　　　　　　⑤ 7

개념 넓히기

한번 더 ✓ ☐

02-3

실수 x에 대한 두 조건 p, q가

$$p : x^2-2x-24\leq0, \quad q : |x-2|\leq a$$

일 때, 조건 'p이고 $\sim q$'를 만족시키는 실수 x가 존재하지 않도록 하는 자연수 a의 최솟값을 구하시오.

● 풀이 89쪽~90쪽

정답　　02-1 (1) {2, 4, 6, 8}　(2) {10, 12}　(3) {2, 4, 6, 8}　　　　02-2 ⑤　　　02-3 6

예제 03

다음 명제의 참, 거짓을 판별하시오.

(1) $x>1$이면 $x \geq 1$이다. (단, x는 실수이다.)

(2) x가 9의 양의 약수이면 x는 12의 양의 약수이다. (단, x는 자연수이다.)

접근 방법 〉 주어진 명제에서 조건의 진리집합을 구하여 집합의 포함 관계를 알아보면 명제의 참, 거짓을 판별할 수 있다.

> **수매씨 Point** 명제 $p \rightarrow q$에서 두 조건 p, q의 진리집합을 각각 P, Q라고 할 때,
> (1) $P \subset Q$이면 명제 $p \rightarrow q$는 참이다.
> (2) $P \not\subset Q$이면 명제 $p \rightarrow q$는 거짓이다.

상세 풀이 〉 (1) 주어진 명제에서 두 조건을 각각 $p : x>1$, $q : x \geq 1$이라 하고 두 조건 p, q의 진리집합을 각각 P, Q라고 하면

$$P=\{x \mid x>1\}, \ Q=\{x \mid x \geq 1\}$$

이때 두 집합 P, Q를 수직선 위에 나타내면 오른쪽 그림과 같다.

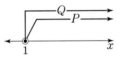

따라서 $P \subset Q$이므로 주어진 명제는 참이다.

(2) 주어진 명제에서 두 조건을 각각 $p : x$는 9의 양의 약수, $q : x$는 12의 양의 약수라 하고 두 조건 p, q의 진리집합을 각각 P, Q라고 하면

$$P=\{1, 3, 9\}, \ Q=\{1, 2, 3, 4, 6, 12\}$$

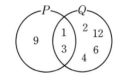

따라서 $P \not\subset Q$이므로 주어진 명제는 거짓이다.

다른 풀이 〉 (2) [반례] $x=9$이면 x는 9의 양의 약수이지만 12의 양의 약수가 아니다.

> **정답** (1) 참 (2) 거짓

보충 설명

명제 $p \rightarrow q$에서 조건 p는 참이 되게 하지만 조건 q는 거짓이 되게 하는 예를 반례라고 한다. 명제의 반례가 존재하면 그 명제는 거짓이므로 주어진 명제가 거짓임을 증명할 때에는 반례를 찾아 거짓임을 증명할 수도 있다.

03-1

다음 명제의 참, 거짓을 판별하시오.

(1) $x^2 < 1$이면 $x < 1$이다. (단, x는 실수이다.)

(2) $xy = 0$이면 $x = 0$이고 $y = 0$이다.

(3) x가 12의 양의 약수이면 x는 16의 양의 약수이다. (단, x는 자연수이다.)

(4) x가 6의 배수이면 x는 3의 배수이다.

03-2

두 조건 p, q가 각각

$$p : |x-2| < k, \quad q : -3 < x \leq 8$$

일 때, 명제 $p \rightarrow q$가 참이 되도록 하는 양수 k의 최댓값을 구하시오.

03-3

실수 전체의 집합의 부분집합 A에 대하여 명제

$$'x \in A$$이면 $\frac{1}{2}x \in A$이다.'

가 참일 때, 다음 명제의 참, 거짓을 판별하시오.

(1) $2 \in A$이면 집합 A의 원소는 무수히 많다.

(2) $x \in A$이고 $y \in A$이면 $xy \in A$이다.

● 풀이 90쪽

예제 04

진리집합의 포함 관계

전체집합 U에 대하여 두 조건 p, q의 진리집합을 각각 P, Q라고 하자. 명제 $p \rightarrow q$는 참이고 명제 $q \rightarrow p$는 거짓일 때, 〈보기〉에서 옳은 것을 모두 고르시오.

〈 보기 〉
ㄱ. $P \cap Q = P$　　　　　ㄴ. $P - Q = \varnothing$　　　　　ㄷ. $Q^C \cup P^C = Q^C$

접근 방법 명제 $p \rightarrow q$는 참이므로 가정 p를 만족시키면 결론 q를 항상 만족시키고, 명제 $q \rightarrow p$는 거짓이므로 가정 q는 만족시키지만 결론 p를 만족시키지 않는 것이 존재한다.

즉, 두 조건 p, q의 진리집합을 각각 P, Q라고 하면 $P \subset Q$, $Q \not\subset P$이다.

수매씨 Point 명제 $p \rightarrow q$가 참이면 $P \subset Q$, 즉 $P - Q = \varnothing$이고,
명제 $p \rightarrow q$가 거짓이면 $P \not\subset Q$, 즉 $P - Q \neq \varnothing$이다.

상세 풀이 두 조건 p, q 각각의 진리집합 P, Q에 대하여

　　　명제 $p \rightarrow q$는 참이므로 $P \subset Q$

　　　명제 $q \rightarrow p$는 거짓이므로 $Q \not\subset P$

따라서 두 집합 P, Q의 포함 관계를 벤다이어그램으로 나타내면 오른쪽 그림과 같다.

ㄱ. $P \cap Q = P$ (참)

ㄴ. $P - Q = \varnothing$ (참)

ㄷ. $Q^C \cup P^C = (Q \cap P)^C = P^C \neq Q^C$ (거짓)

따라서 옳은 것은 ㄱ, ㄴ이다.

정답 ㄱ, ㄴ

보충 설명

집합의 포함 관계와 집합의 연산 사이의 관계는 집합 사이의 관계를 벤다이어그램으로 나타내어 보면 쉽게 알 수 있다.

전체집합 U의 두 부분집합 A, B에 대하여

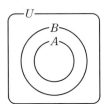

$$A \subset B \Rightarrow \begin{cases} B^C \subset A^C \\ A \cap B = A \\ A \cup B = B \\ A - B = \varnothing \end{cases}$$

숫자 바꾸기 　　　　　　　　　　　　　　　　　　　　　　　　　　　　　한번 더 ☑ ☐

04-1　전체집합 U에 대하여 두 조건 p, q의 진리집합을 각각 P, Q라고 하자. 명제 $p \rightarrow q$는 거짓이고 명제 $q \rightarrow p$는 참일 때, 〈보기〉에서 옳은 것을 모두 고르시오.

> ── 〈 보기 〉 ──
> ㄱ. $P \cup Q = P$　　　　　ㄴ. $P^C \cap Q = U$　　　　　ㄷ. $Q^C \cap P^C = P^C$

표현 바꾸기 　　　　　　　　　　　　　　　　　　풀이 91쪽 ➕ 보충 설명　한번 더 ☑ ☐

04-2　전체집합 U에 대하여 세 조건 p, q, r의 진리집합을 각각 P, Q, R이라고 할 때,
$$P \cap Q = Q, \quad P \cup R^C = R^C$$
이다. 다음 중 항상 참인 명제는?

① $p \rightarrow q$　　　　　　② $\sim q \rightarrow \sim r$　　　　　　③ $p \rightarrow r$

④ $\sim p \rightarrow r$　　　　　　⑤ $r \rightarrow \sim q$

개념 넓히기 　　　　　　　　　　　　　　　　　　　　　　　　　　　　　한번 더 ☑ ☐

04-3　전체집합 U에 대하여 네 조건 p, q, r, s의 진리집합을 각각 P, Q, R, S라고 할 때,
$$P \cup Q = Q, \quad Q \cap R = Q, \quad S \cup Q^C = U, \quad P^C \subset S^C$$
이다. 다음 중 항상 참이라고 할 수 <u>없는</u> 명제는?

① $p \rightarrow r$　　　　　　② $s \rightarrow r$　　　　　　③ $s \rightarrow q$

④ $r \rightarrow q$　　　　　　⑤ $p \rightarrow s$

● 풀이 90쪽 ~ 91쪽

정답　　04-1 ㄱ, ㄷ　　　　　　04-2 ⑤　　　　　　04-3 ④

2 명제의 역과 대우

① 명제의 역과 대우

명제 $p \rightarrow q$에 대하여 가정 p와 결론 q의 위치를 바꾸거나 그 부정 $\sim p$, $\sim q$를 사용하여 새로운 명제를 만들 수 있습니다. 예를 들어

　　　'□ABCD가 정사각형이면 □ABCD는 직사각형이다.'

에서 가정을 p, 결론을 q라고 하면 다음과 같은 명제를 만들 수 있습니다.

　　$p \rightarrow q$　　: □ABCD가 정사각형이면 □ABCD는 직사각형이다.

　　$q \rightarrow p$　　: □ABCD가 직사각형이면 □ABCD는 정사각형이다.

　　$\sim p \rightarrow \sim q$: □ABCD가 정사각형이 아니면 □ABCD는 직사각형이 아니다.

　　$\sim q \rightarrow \sim p$: □ABCD가 직사각형이 아니면 □ABCD는 정사각형이 아니다.

이때 명제 $p \rightarrow q$에 대하여 가정과 결론을 서로 바꾸어 놓은 명제 $q \rightarrow p$를 명제 $p \rightarrow q$ 의 역이라고 합니다.
└─ 위치만 바꿈

또한 명제 $p \rightarrow q$에 대하여 가정과 결론을 각각 부정하여 서로 바꾸어 놓은 명제 $\sim q \rightarrow \sim p$를 명제 $p \rightarrow q$의 대우라고 합니다.
└─ 부정을 취하고, 위치도 바꿈

> **Example**　명제 '$a > 1$이면 $a^2 > 1$이다.'에 대하여
> (1) 주어진 명제의 역은 '$a^2 > 1$이면 $a > 1$이다.'이다.
> (2) 주어진 명제의 대우는 '$a^2 \leq 1$이면 $a \leq 1$이다.'이다.

명제와 그 명제의 역, 대우 사이의 관계를 그림으로 나타내면 다음과 같습니다.

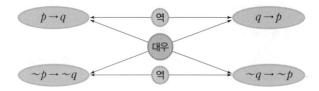

개념 Point　　**명제의 역과 대우**

1 **역** : 명제 $p \rightarrow q$에 대하여 가정과 결론을 서로 바꾸어 놓은 명제, 즉 $q \rightarrow p$

2 **대우** : 명제 $p \rightarrow q$에 대하여 가정과 결론을 각각 부정하여 서로 바꾸어 놓은 명제, 즉 $\sim q \rightarrow \sim p$

② 명제의 역과 대우의 참, 거짓

명제 '$x=1$이면 $x^2=1$이다.'에서 두 조건을 각각 $p : x=1$, $q : x^2=1$이라고 했을 때, 명제 $p \rightarrow q$의 참, 거짓과 명제의 역 $q \rightarrow p$와 대우 $\sim q \rightarrow \sim p$의 참, 거짓을 확인해 봅시다.

명제 $p \rightarrow q$	$x=1$이면 $x^2=1$이다.	참
역 $q \rightarrow p$	$x^2=1$이면 $x=1$이다.	거짓 ← [반례] $x=-1$
대우 $\sim q \rightarrow \sim p$	$x^2 \neq 1$이면 $x \neq 1$이다.	참

위의 표에서 명제와 그 역의 참, 거짓은 일치하지 않고, 명제와 그 대우의 참, 거짓은 일치함을 확인할 수 있습니다.

이제 일반적으로 명제 $p \rightarrow q$의 참, 거짓과 그 대우 $\sim q \rightarrow \sim p$의 참, 거짓 사이의 관계를 알아봅시다.

명제 $p \rightarrow q$에서 두 조건 p, q의 진리집합을 각각 P, Q라고 하면 두 조건 $\sim p$, $\sim q$의 진리집합은 각각 P^C, Q^C입니다.

(i) 명제 $p \rightarrow q$가 참이면 $P \subset Q$이므로 $Q^C \subset P^C$입니다.

즉, 명제 $\sim q \rightarrow \sim p$는 참입니다.

따라서 명제 $p \rightarrow q$가 참이면 그 대우 $\sim q \rightarrow \sim p$도 참입니다.

(ii) 명제 $p \rightarrow q$가 거짓이면 $P \not\subset Q$이므로 $Q^C \not\subset P^C$입니다.

즉, 명제 $\sim q \rightarrow \sim p$도 거짓입니다.

따라서 명제 $p \rightarrow q$가 거짓이면 그 대우 $\sim q \rightarrow \sim p$도 거짓입니다.

(i), (ii)에서 명제와 그 대우의 참, 거짓은 항상 일치합니다.

Example 명제 '$x>1$이면 $x \neq 0$이다.'는 참인 명제이다. 또한 이 명제의 대우 '$x=0$이면 $x \leq 1$이다.' 도 참인 명제이다.

개념 Point 명제와 그 대우의 참, 거짓

1 명제 $p \rightarrow q$가 참이면 그 대우 $\sim q \rightarrow \sim p$도 참이다.

2 명제 $p \rightarrow q$가 거짓이면 그 대우 $\sim q \rightarrow \sim p$도 거짓이다.

+ Plus

명제 $p \rightarrow q$에서 두 조건 p, q의 진리집합을 각각 P, Q라고 할 때, $P \subset Q$가 성립한다고 해서 반드시 $Q \subset P$가 성립한다고 할 수 없다. 따라서 명제 $p \rightarrow q$가 참이라고 해서 그 명제의 역 $q \rightarrow p$가 반드시 참인 것은 아니다.

③ 명제의 증명

명제와 그 대우는 참, 거짓이 항상 일치하므로 명제 $p \to q$가 참임을 보일 때, 그 명제의 대우 $\sim q \to \sim p$가 참임을 보여 증명할 수 있습니다. 이와 같은 증명 방법을 대우법이라고 합니다.

명제 '실수 x, y에 대하여 $x+y>1$이면 $x>0$ 또는 $y>0$이다.'가 참임을 대우법을 이용하여 증명해 봅시다.

> **Proof**   주어진 명제의 대우 '실수 x, y에 대하여 $x \leq 0$이고 $y \leq 0$이면 $x+y \leq 1$이다.'가 참임을 보이
> 면 된다.
> $x \leq 0$이고 $y \leq 0$이면 $x+y \leq 0$이므로 $x+y \leq 1$이다.
> 따라서 주어진 명제의 대우가 참이므로 주어진 명제도 참이다.

어떤 명제가 참임을 증명할 때, 그 명제의 결론을 부정하면 가정이나 이미 참이라 알려진 사실에 모순이 생기는 것을 보여 명제가 참임을 증명할 수도 있습니다. 이와 같은 증명 방법을 **귀류법**이라고 합니다.

명제 '$\sqrt{2}$는 유리수가 아니다.'가 참임을 귀류법을 이용하여 증명해 봅시다.

> **Proof**   결론을 부정하여 $\sqrt{2}$가 유리수라고 가정하면 서로소인 두 자연수 m, n에 대하여
>
> $$\sqrt{2} = \frac{n}{m}$$
>
> 위 식의 양변을 제곱하면 $2 = \dfrac{n^2}{m^2}$ $\therefore \ n^2 = 2m^2$ ...... ㉠
> 즉, n^2이 짝수이므로 n도 짝수이다.   ← 우변 $2m^2$이 짝수이므로 좌변 n^2도 짝수이다.
> $n = 2k$ (k는 자연수)라 하고 이를 ㉠에 대입하면 $(2k)^2 = 2m^2$, 즉 $2k^2 = m^2$
> 이때 m^2이 짝수이므로 m도 짝수이다.   ← 좌변 $2k^2$이 짝수이므로 우변 m^2도 짝수이다.
> 그런데 이것은 m, n이 서로소라는 사실에 모순이므로 $\sqrt{2}$가 유리수라는 가정이 잘못되었
> 음을 알 수 있다.
> 따라서 $\sqrt{2}$는 유리수가 아니다.

개념 Point   **명제의 증명**

1 **대우법** : 명제 $p \to q$의 대우인 $\sim q \to \sim p$가 참임을 증명하여 원래 명제 $p \to q$가 참임을 증명하
    는 방법
2 **귀류법** : 명제 또는 명제의 결론을 부정하면 모순이 생기는 것을 보여서 주어진 명제가 참임을 증명
    하는 방법

1 다음 명제의 역, 대우를 각각 말하고, 그것의 참, 거짓을 판별하시오. (단, x, y는 실수이다.)

(1) $x=0$ 또는 $y=0$이면 $xy=0$이다.   (2) $x>0$이고 $y>0$이면 $x+y>0$이다.

2 세 변의 길이가 a, b, c인 삼각형에 대하여 다음 명제의 역, 대우를 각각 말하고, 그것의 참, 거짓을 판별하시오.

(1) $a=b$이면 이등변삼각형이다.   (2) $a^2+b^2=c^2$이면 직각삼각형이다.

3 명제 $p \rightarrow \sim q$가 참일 때, 〈**보기**〉에서 항상 참인 명제를 모두 고르시오.

〈 보기 〉
ㄱ. $\sim q \rightarrow p$ ㄴ. $q \rightarrow \sim p$ ㄷ. $\sim p \rightarrow q$

4 다음은 명제 '자연수 x, y에 대하여 xy가 짝수이면 x 또는 y가 짝수이다.'가 참임을 귀류법을 이용하여 증명하는 과정이다. ㈎~㈐에 홀수, 짝수 중에 알맞은 것을 써넣으시오.

〈 증명 〉
결론을 부정하여 x, y를 모두 [㈎] 라고 가정하면

$x=2m-1$, $y=2n-1$ (m, n은 자연수)로 놓을 수 있으므로

$$xy=(2m-1)(2n-1)=4mn-2m-2n+1=2(2mn-m-n)+1$$

그런데 $2mn-m-n$은 0 또는 자연수이므로 xy는 [㈏] 이다.

이것은 xy가 [㈐] 라는 사실에 모순이다.

따라서 자연수 x, y에 대하여 xy가 짝수이면 x 또는 y가 짝수이다.

• 풀이 91쪽

정답
1 (1) 역 : $xy=0$이면 $x=0$ 또는 $y=0$이다. (참), 대우 : $xy \neq 0$이면 $x \neq 0$이고 $y \neq 0$이다. (참)
　(2) 역 : $x+y>0$이면 $x>0$이고 $y>0$이다. (거짓), 대우 : $x+y \leq 0$이면 $x \leq 0$ 또는 $y \leq 0$이다. (참)
2 (1) 역 : 이등변삼각형이면 $a=b$이다. (거짓), 대우 : 이등변삼각형이 아니면 $a \neq b$이다. (참)
　(2) 역 : 직각삼각형이면 $a^2+b^2=c^2$이다. (거짓), 대우 : 직각삼각형이 아니면 $a^2+b^2 \neq c^2$이다. (참)
3 ㄴ   **4** ㈎ 홀수 ㈏ 홀수 ㈐ 짝수

명제의 역과 대우

예제 05

실수 x에 대하여 다음 □ 안에 알맞은 것을 써넣고, 각각의 참, 거짓을 판별하시오.

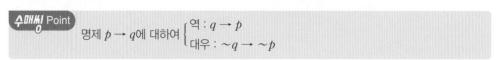

접근 방법 > 주어진 명제를 'p이면 q이다.'라고 하면 그 역은 'q이면 p이다.'이다. 또한 명제의 대우는 '$\sim q$이면 $\sim p$이다.'이다.

수매씨 Point

명제 $p \rightarrow q$에 대하여 $\begin{cases} 역 : q \rightarrow p \\ 대우 : \sim q \rightarrow \sim p \end{cases}$

상세 풀이 > □ 안에 알맞은 것을 써넣으면

$x-2=0$이면 $x^2-4=0$이다. ←역→ (1) $x^2-4=0$이면 $x-2=0$이다. (거짓)

대우

(2) $x-2\neq0$이면 $x^2-4\neq0$이다. (거짓) ←역→ (3) $x^2-4\neq0$이면 $x-2\neq0$이다. (참)

명제 '$x-2=0$이면 $x^2-4=0$이다.'에서 두 조건을 각각 $p : x-2=0$, $q : x^2-4=0$이라 하고 두 조건 p, q의 진리집합을 각각 P, Q라고 하면

$P=\{2\}$, $Q=\{-2, 2\}$

따라서 $P \subset Q$이고 $Q \not\subset P$이다.

이때 $Q \not\subset P$이므로 $p \rightarrow q$의 역 $q \rightarrow p$, 즉 (1)은 거짓이다.

또한 $Q \not\subset P$에서 $P^C \not\subset Q^C$이므로 역의 대우 $\sim p \rightarrow \sim q$, 즉 (2)는 거짓이다.

한편, $P \subset Q$에서 $Q^C \subset P^C$이므로 대우 $\sim q \rightarrow \sim p$, 즉 (3)은 참이다.

정답 풀이 참조

보충 설명

명제 $p \rightarrow q$가 참이면 그 대우 $\sim q \rightarrow \sim p$도 반드시 참이고, 명제 $p \rightarrow q$가 거짓이면 그 대우 $\sim q \rightarrow \sim p$도 반드시 거짓이다. 그러나 명제 $p \rightarrow q$의 참, 거짓과 역 $q \rightarrow p$의 참, 거짓 사이에는 특정한 관계가 없다.

05-1 실수 x에 대하여 다음 ☐ 안에 알맞은 것을 써넣고, 각각의 참, 거짓을 판별하시오.

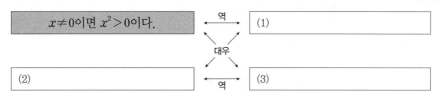

$x \neq 0$이면 $x^2 > 0$이다.

역 → (1)

대우

(2) 역 (3)

05-2 실수 x에 대하여 〈보기〉에서 명제의 역이 참인 것을 모두 고르시오.

〈 보기 〉

ㄱ. $x^2 = 4$이면 $x^3 = 8$이다.　　　　ㄴ. $x > 1$이면 $x > 0$이다.

ㄷ. $x^2 > x$이면 $x > 1$이다.

05-3 명제 '$x^2 - (a+4)x + 4a > 0$이면 $x^2 - 7x + 10 > 0$이다.'의 역이 참일 때, 명제

'$x^2 - 5ax + 6a^2 < 0$이면 $x^2 - 14x + 24 < 0$이다.'의 대우가 참이 되도록 하는 모든 정수 a의 값

의 합을 구하시오.

• 풀이 92쪽

정답

05-1 (1) $x^2 > 0$이면 $x \neq 0$이다. (참)　(2) $x = 0$이면 $x^2 \leq 0$이다. (참)　(3) $x^2 \leq 0$이면 $x = 0$이다. (참)

05-2 ㄱ, ㄷ　　　　　　**05-3** 9

예제 06

자연수 n에 대하여 다음 명제가 참임을 대우를 이용하여 증명하시오.

'n^2이 홀수이면 n도 홀수이다.'

접근 방법 〉 자연수는 2로 나누었을 때의 나머지에 의하여

$2k-1,\ 2k$ (k는 자연수) ← 홀수와 짝수

로 분류되므로 모든 자연수는 이 중 어느 하나의 꼴, 즉 홀수 또는 짝수로만 나타낼 수 있다.

따라서 일반적으로 실수 전체의 집합에서 '홀수이다.'를 부정하면 '홀수가 아니다.'이지만 n의 값의 범위를 자연수로 한정지었으므로 '홀수'의 부정은 '짝수'이다.

> **수매씽 Point** 명제와 그 명제의 대우는 참, 거짓이 일치하므로 어떤 명제가 참임을 증명할 때, 그 명제의 대우가 참임을 증명해도 된다.

상세 풀이 〉 주어진 명제의 대우는

'n이 짝수이면 n^2도 짝수이다.'

자연수 n이 짝수이면

$n=2k$ (k는 자연수)

로 놓을 수 있으므로

$n^2=(2k)^2=4k^2=2(2k^2)$

이때 $2(2k^2)$은 짝수이므로 n^2은 짝수이다.

따라서 주어진 명제의 대우가 참이므로 주어진 명제도 참이다.

정답 풀이 참조

보충 설명

명제 $p \to q$가 참임을 증명하는 방법에는 두 가지가 있다.

먼저 p가 참이라는 가정으로부터 출발하여 추론을 통해 q가 참이라는 결론에 도달하여 명제 $p \to q$가 참임을 증명하는 방법을 직접증명법이라고 한다.

반면에 명제를 증명할 때 직접 증명하지 않고 간접적으로 증명하는 방법을 간접증명법이라고 한다.

명제 $p \to q$가 참임을 증명하기 위하여 그 대우 $\sim q \to \sim p$가 참임을 증명하는 방법과 명제 $p \to q$에서 $\sim q$를 가정하면 이미 알고 있는 정리나 p에 모순이 생김을 보이는 귀류법은 간접증명법의 일종이다.

숫자 바꾸기   한번 더 ☑️ ⬜️

06-1

자연수 n에 대하여 다음 명제가 참임을 대우를 이용하여 증명하시오.

'n^2이 짝수이면 n도 짝수이다.'

표현 바꾸기   한번 더 ☑️ ⬜️

06-2

다음은 자연수 n에 대하여 명제 'n^2이 3의 배수이면 n도 3의 배수이다.'가 참임을 증명하는 과정이다. ☐ 안에 알맞은 것을 써넣으시오.

⟨ 증명 ⟩

주어진 명제의 대우는

'   '

n이 3의 배수가 아니면

$$n = 3k-2 \text{ 또는 } n = 3k-1 \,(k\text{는 자연수})$$

로 놓을 수 있다.

(i) $n = 3k-2$이면

$$n^2 = (3k-2)^2 = 3(\boxed{}) + \boxed{}$$

(ii) $n = 3k-1$이면

$$n^2 = (3k-1)^2 = 3(\boxed{}) + \boxed{}$$

(i), (ii)에서 n^2을 3으로 나누었을 때의 나머지는 $\boxed{}$이다.

즉, n^2은 3의 배수가 아니다.

따라서 주어진 명제의 대우가 참이므로 주어진 명제도 참이다.

개념 넓히기   한번 더 ☑️ ⬜️

06-3

자연수 a, b에 대하여 다음 명제가 참임을 대우를 이용하여 증명하시오.

'$a+b$가 홀수이면 a, b 중 적어도 하나는 짝수이다.'

● 풀이 93쪽

정답   **06-1** 풀이 참조   **06-2** 풀이 참조   **06-3** 풀이 참조

귀류법을 이용한 명제의 증명

다음 명제가 참임을 귀류법을 이용하여 증명하시오.

'$\sqrt{2}+2$는 유리수가 아니다.'

접근 방법 〉 결론을 부정하여 $\sqrt{2}+2$가 유리수라고 가정하면 $\sqrt{2}$가 무리수라는 일반적인 사실에 모순이 생김을 보여 증명한다.

> **수매씽 Point** 명제 또는 그 대우가 참임을 직접 증명하기 어려울 때, 결론을 부정하면 모순이 생김을 보여 주어진 명제가 참임을 증명하는 귀류법을 이용한다.

상세 풀이 〉 결론을 부정하여 $\sqrt{2}+2$가 유리수라고 가정하면

유리수 a에 대하여

$$\sqrt{2}+2=a$$

로 놓을 수 있고,

$$\sqrt{2}=a-2$$

이때 $a-2$는 유리수에서 유리수를 뺀 것이므로 유리수이다.

이것은 $\sqrt{2}$가 무리수라는 사실에 모순이다.

따라서 $\sqrt{2}+2$는 유리수가 아니다.

정답 풀이 참조

보충 설명

어떤 명제가 참임을 증명하려고 할 때, 명제 또는 그 명제의 결론을 부정하면 정리나 가정에 모순이 생기는 것을 보임으로써 그 명제가 참임을 증명하는 방법을 귀류법이라고 한다.

07-1

다음 명제가 참임을 귀류법을 이용하여 증명하시오.

'$\sqrt{5}$는 무리수이다.'

07-2

다음은 명제 '$3m^2 - n^2 = 1$을 만족시키는 정수 m, n은 존재하지 않는다.'가 참임을 귀류법을 이용하여 증명하는 과정이다. □ 안에 알맞은 것을 써넣으시오.

〈 증명 〉

결론을 부정하여 정수 m, n이 존재한다고 가정하면

$3m^2 - n^2 = 1$에서 $3m^2 = n^2 + 1$이므로 $n^2 + 1$은 3의 배수이다.

한편, 정수 n을 임의의 정수 k에 대하여 다음과 같이 나누어 생각해 보면

(i) $n = 3k$일 때,

$$n^2 = (3k)^2 = 3(\boxed{})$$

(ii) $n = 3k + 1$일 때,

$$n^2 = (3k+1)^2 = 3(\boxed{}) + \boxed{}$$

(iii) $n = 3k + 2$일 때,

$$n^2 = (3k+2)^2 = 3(\boxed{}) + \boxed{}$$

(i)~(iii)에서 n^2을 3으로 나누었을 때의 나머지는 0 또는 1이므로 $n^2 + 1$을 3으로 나누었을 때의 나머지는 $\boxed{}$ 또는 $\boxed{}$이다.

즉, $n^2 + 1$은 3의 배수가 아니므로 이것은 $3m^2 - n^2 = 1$을 만족시키는 정수 m, n이 존재한다는 가정에 모순이다.

따라서 $3m^2 - n^2 = 1$을 만족시키는 정수 m, n은 존재하지 않는다.

07-3

자연수 m, n에 대하여 다음 명제가 참임을 귀류법을 이용하여 증명하시오.

'이차방정식 $x^2 - mx + n = 0$이 자연수인 해를 가지면 m, n 중 적어도 하나는 짝수이다.'

● 풀이 93쪽 ~ 94쪽

정답

07-1 풀이 참조　　　　　　07-2 풀이 참조　　　　　　07-3 풀이 참조

3 충분조건과 필요조건

1 충분조건과 필요조건

두 조건 p, q에 대하여 명제 $p \rightarrow q$가 참인 것을 기호로

$$p \Longrightarrow q$$

와 같이 나타냅니다.

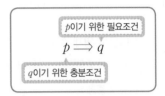

명제 $p \rightarrow q$가 참이 될 때, p는 q이기 위한 **충분조건**, q는 p이기 위한 **필요조건**이라고 합니다.

그럼 참인 명제 '$x=1$이면 $x^2=1$이다.'에서 두 조건 '$p : x=1$', '$q : x^2=1$' 사이의 관계를 좀 더 자세히 살펴봅시다.

주어진 명제에서 $x=1$이면 다른 추가 조건 없이도 $x^2=1$이 성립합니다. 즉, 조건 $p : x=1$만으로 조건 $q : x^2=1$이 성립하기에 충분하므로 p는 q이기 위한 충분조건입니다.

하지만 $x^2=1$을 만족시키는 x의 값은 $x=-1$ 또는 $x=1$이므로 $x>0$과 같은 추가 조건이 있어야 $x=1$이 성립합니다. 즉, 조건 $q : x^2=1$은 조건 $p : x=1$이 성립하기에 필요한 조건 중의 하나이지만 그 자체만으로는 충분하지 않으므로 q는 p이기 위한 필요조건입니다.

이제 두 조건의 진리집합에서의 관계를 살펴봅시다.

두 조건 '$p : x=1$', '$q : x^2=1$'의 진리집합을 각각 P, Q라고 하면 $P=\{1\}$, $Q=\{-1, 1\}$이므로 두 집합 P, Q의 벤다이어그램을 그리면 오른쪽 그림과 같습니다. 즉, $P \subset Q$이므로 $p \Longrightarrow q$임을 알 수 있습니다.

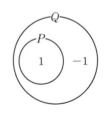

이때 p는 q이기 위한 충분조건이고, q는 p이기 위한 필요조건입니다.
$\hookrightarrow$ $p \rightarrow q$는 참, $q \rightarrow p$는 거짓

두 조건 p, q의 진리집합을 각각 P, Q라고 할 때,

$$\underset{p \, \Longrightarrow \, q}{P \subset Q}$$이면 ➡ $\begin{cases} p는 \ q이기 \ 위한 \ 충분조건 \\ q는 \ p이기 \ 위한 \ 필요조건 \end{cases}$

입니다.

Example 직사각형, 정사각형 사이에는 오른쪽 벤다이어그램과 같은 포함 관계가 성립한다.

정사각형의 조건을 p, 직사각형의 조건을 q라 하고 두 조건 p, q의 진리집합을 각각 P, Q라고 하면 $P \subset Q$이므로

(1) 정사각형은 직사각형이기 위한 충분조건이다.

(2) 직사각형은 정사각형이기 위한 필요조건이다.

1 명제 $p \rightarrow q$가 참인 것을 기호로 $p \Longrightarrow q$와 같이 나타내고

　　　　p는 q이기 위한 충분조건, q는 p이기 위한 필요조건

이라고 한다.

2 두 조건 p, q의 진리집합을 각각 P, Q라고 할 때, 다음이 성립한다.

$$\underset{p \Longrightarrow q}{P \subset Q \text{이면}} \Rightarrow \begin{bmatrix} p\text{는 } q\text{이기 위한 충분조건} \\ q\text{는 } p\text{이기 위한 필요조건} \end{bmatrix}$$

+ Plus

$p \Longrightarrow q$에서 화살표 방향을 기준으로 주는 쪽인 p는 충분해서 준다고 생각하여 충분조건이라 기억하고, q는 필요해서 받는다고 생각하여 필요조건이라고 기억해 두면 필요조건과 충분조건을 판단하는 데 도움이 된다.

2 필요충분조건

　　명제 '$x=0$이면 $x^2=0$이다.'는 참이고, 그 역 '$x^2=0$이면 $x=0$이다.'도 참입니다.

　　이와 같이 명제 $p \rightarrow q$와 그 역 $q \rightarrow p$가 동시에 참이 될 때, 즉 $p \Longrightarrow q$이고 $q \Longrightarrow p$
일 때, 이것을 기호로

　　　　$p \Longleftrightarrow q$ ← 순서를 바꾸어 $q \Longleftrightarrow p$로 나타내어도 같은 의미이다.

와 같이 나타내고

　　　　p는 q이기 위한 필요충분조건

이라고 합니다. 이때 q도 p이기 위한 필요충분조건입니다.

　　두 조건 p, q에 대하여 p가 q이기 위한 필요충분조건임을 보이려면 명제 $p \rightarrow q$와 그 역
인 $q \rightarrow p$가 모두 참임을 보여야 합니다.

Example 두 실수 a, b에 대하여 명제 '$a=0$이고 $b=0$이면 $a^2+b^2=0$이다.'에서 두 조건을 각각

$p : a=0$이고 $b=0$, $q : a^2+b^2=0$이라고 하면

(ⅰ) $a=0$이고 $b=0$이면 $a^2+b^2=0$이므로 명제 $p \rightarrow q$는 참이다.

(ⅱ) $a^2+b^2=0$에서 $a^2 \geq 0$, $b^2 \geq 0$이므로 $a^2=0$, $b^2=0$이어야 한다.

　　즉, $a=0$이고 $b=0$이므로 명제 $q \rightarrow p$는 참이다.

(ⅰ), (ⅱ)에서 $p \Longrightarrow q$이고 $q \Longrightarrow p$이므로 $p \Longleftrightarrow q$이다.

따라서 $a=0$이고 $b=0$은 $a^2+b^2=0$이기 위한 필요충분조건이다.

　　일반적으로 p가 q이기 위한 필요충분조건일 때, 두 조건 p, q의 진리집합을 각각 P, Q라
고 하면 $P \subset Q$이고 $Q \subset P$이므로 $P=Q$입니다.

　　즉, 두 조건 p, q의 진리집합 P, Q가 서로 같으면 p는 q이기 위한 필요충분조건입니다.

1 　명제 $p \rightarrow q$에 대하여 $p \Longrightarrow q$이고 $q \Longrightarrow p$일 때, 기호로 $p \Longleftrightarrow q$와 같이 나타내고

　　　　p는 q이기 위한 필요충분조건

　이라고 한다.

2 　두 조건 p, q의 진리집합을 각각 P, Q라고 할 때, 다음이 성립한다.

　　　　$P=Q$이면 p는 q이기 위한 필요충분조건

개념 Plus　**삼단논법**

우리가 흔히 알고 있는 삼단논법의 대표적인 예는 다음과 같다.

　　　(대전제) '소크라테스는 사람이다.'

　　　(소전제) '사람은 죽는다.'

　　　(결론)　 '그러므로 소크라테스는 죽는다.'

이 삼단논법을 명제를 이용하여 수학적으로 표현해 보자.

세 조건 p, q, r을 각각

　　　p : 소크라테스이다.

　　　q : 사람이다.

　　　r : 죽는다.

라고 하면

　　　명제 $p \rightarrow q$, 즉 '소크라테스는 사람이다.'(대전제)는 참이고,

　　　명제 $q \rightarrow r$, 즉 '사람은 죽는다.'(소전제)도 참이다.

따라서 두 명제 $p \rightarrow q$, $q \rightarrow r$로부터

　　　명제 $p \rightarrow r$, 즉 '소크라테스는 죽는다.'(결론)

라는 참인 명제를 얻을 수 있다.

이와 같이 세 조건 p, q, r에 대하여 '$p \Longrightarrow q$이고 $q \Longrightarrow r$이면 $p \Longrightarrow r$이다.'를 삼단논법이라고 한다.

삼단논법을 조건의 진리집합 사이의 포함 관계를 이용하여 증명해 보자.

세 조건 p, q, r의 진리집합을 각각 P, Q, R이라고 하면

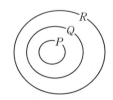

　　　$p \Longrightarrow q$이므로 $P \subset Q$,

　　　$q \Longrightarrow r$이므로 $Q \subset R$

이때 오른쪽 벤다이어그램에서 $\underline{P \subset R}$이므로 $p \Longrightarrow r$이다.

　　　　　　┗→ $P \subset Q$이고 $Q \subset R$이므로 $P \subset Q \subset R$

1 두 조건 p, q가 각각 다음과 같을 때, p는 q이기 위한 어떤 조건인지 말하시오.

(1) 두 실수 x, y에 대하여

$$p : x^2 = y^2, \quad q : x = y$$

(2) p : 삼각형 ABC는 정삼각형이다., q : 삼각형 ABC는 이등변삼각형이다.

2 다음 □ 안에 알맞은 것을 써넣으시오. (단, x, y는 실수이다.)

(1) 두 조건 $p : x > 1$, $q : x > 2$의 진리집합을 각각 P, Q라고 하면

$P = \boxed{}$, $Q = \boxed{}$

따라서 $P \boxed{} Q$이므로 p는 q이기 위한 $\boxed{}$조건이다.

(2) 두 조건 $p : x > 2$, $q : x^2 > 4$의 진리집합을 각각 P, Q라고 하면

$P = \boxed{}$, $Q = \boxed{}$

따라서 $P \boxed{} Q$이므로 p는 q이기 위한 $\boxed{}$조건이다.

(3) 두 조건 $p : 2x + 1 = 3$, $q : x = 1$의 진리집합을 각각 P, Q라고 하면

$P = \boxed{}$, $Q = \boxed{}$

따라서 $P \boxed{} Q$이므로 p는 q이기 위한 $\boxed{}$조건이다.

3 전체집합 U에 대하여 두 조건 p, q의 진리집합을 각각 P, Q라고 하자. p가 q이기 위한 필요조건일 때, 〈보기〉에서 옳은 것을 모두 고르시오.

〈 보기 〉
ㄱ. $P \subset Q$ ㄴ. $Q \subset P$ ㄷ. $Q - P = \varnothing$

● 풀이 94쪽

정답

1 (1) 필요조건 (2) 충분조건

2 (1) $\{x | x > 1\}$, $\{x | x > 2\}$, $\supset$, 필요 (2) $\{x | x > 2\}$, $\{x | x < -2$ 또는 $x > 2\}$, $\subset$, 충분

(3) $\{1\}$, $\{1\}$, $=$, 필요충분

3 ㄴ, ㄷ

충분조건, 필요조건, 필요충분조건의 판별

예제 08

두 조건 p, q가 다음과 같을 때, p는 q이기 위한 무슨 조건인지 말하시오. (단, a, b, c는 실수이다.)

(1) $p : a > 0$, $\quad\quad\quad$ $q : a^2 > 0$

(2) $p : ac = bc$, $\quad\quad\quad$ $q : a = b$

(3) $p : a \neq 0$ 또는 $b \neq 0$, $\quad$ $q : a^2 + b^2 > 0$

접근 방법 > 두 명제 $p \to q$, $q \to p$의 참, 거짓으로부터 p가 q이기 위한 충분조건, 필요조건, 필요충분조건 중에 어떤 조건인지 판별한다.

> **수매씽 Point** 두 조건 p, q에 대하여
> (1) $p \Longrightarrow q$일 때, p는 q이기 위한 충분조건, q는 p이기 위한 필요조건
> (2) $p \Longrightarrow q$이고 $q \Longrightarrow p$, 즉 $p \Longleftrightarrow q$일 때,
> $\quad\quad$ p는 q이기 위한 필요충분조건, q는 p이기 위한 필요충분조건

상세 풀이 > (1) $a > 0$이면 $a^2 > 0$이므로 $p \Longrightarrow q$

$\quad\quad$ $a^2 > 0$이면 $a < 0$ 또는 $a > 0$이므로 $q \not\Longrightarrow p$

$\quad\quad$ [반례] $a = -2$이면 $a^2 > 0$이지만 $a < 0$이다.

$\quad\quad$ 따라서 p는 q이기 위한 충분조건이다.

$\quad$ (2) $ac = bc$이면 $(a - b)c = 0$에서 $a = b$ 또는 $c = 0$이므로 $p \not\Longrightarrow q$

$\quad\quad$ [반례] $a = 1$, $b = 2$, $c = 0$이면 $ac = bc$이지만 $a \neq b$이다.

$\quad\quad$ $a = b$이면 $ac = bc$이므로 $q \Longrightarrow p$

$\quad\quad$ 따라서 p는 q이기 위한 필요조건이다.

$\quad$ (3) $a \neq 0$ 또는 $b \neq 0$이면 $a^2 + b^2 > 0$이므로 $p \Longrightarrow q$

$\quad\quad$ $a^2 + b^2 > 0$이면 $a \neq 0$ 또는 $b \neq 0$이므로 $q \Longrightarrow p$

$\quad\quad$ 따라서 p는 q이기 위한 필요충분조건이다.

$\quad$ **참고** 기호 $p \Longrightarrow q$는 명제 $p \to q$가 참임을 나타내고, 기호 $p \not\Longrightarrow q$는 명제 $p \to q$가 참이 아님을 나타낸다.

정답 (1) 충분조건 (2) 필요조건 (3) 필요충분조건

보충 설명

$p \Longrightarrow q$에서 화살표 방향으로 보았을 때 주는 쪽인 p는 충분해서 준다고 생각하여 충분조건이라 기억하고, q는 필요해서 받는다고 생각하여 필요조건이라고 기억해 두면 충분조건과 필요조건을 판단하는 데 도움이 된다.

p이기 위한 필요조건
$p \Longrightarrow q$
q이기 위한 충분조건

08-1

두 조건 p, q가 다음과 같을 때, p는 q이기 위한 무슨 조건인지 말하시오. (단, x, y는 실수이다.)

(1) $p : x=0$ 또는 $y=0$, $q : xy=0$

(2) $p : x-y>0$, $q : x>0$, $y<0$

(3) $p : x>0$, $q : x+y^2>0$

08-2

x, y가 실수일 때, 다음 ☐ 안에 충분, 필요, 필요충분 중에서 알맞은 것을 써넣으시오.

(1) $x>1$은 $x^2>1$이기 위한 ☐ 조건이다.

(2) $|x|>0$은 $x^2>0$이기 위한 ☐ 조건이다.

(3) $x>0$, $y>0$은 $x^2+y^2>0$이기 위한 ☐ 조건이다.

(4) $x>0$ 또는 $y>0$은 $x+y>0$이기 위한 ☐ 조건이다.

08-3

a, b가 실수일 때, 세 조건

$$p : a^2+b^2=0, \quad q : a^2-2ab+b^2=0, \quad r : a^2-ab+b^2=0$$

에 대하여 〈보기〉에서 옳은 것을 모두 고르시오.

---〈 보기 〉---

ㄱ. p는 q이기 위한 충분조건이다.   ㄴ. q는 r이기 위한 필요조건이다.

ㄷ. r은 p이기 위한 필요충분조건이다.

● 풀이 94쪽 ~ 95쪽

정답

08-1 (1) 필요충분조건 (2) 필요조건 (3) 충분조건

08-2 (1) 충분 (2) 필요충분 (3) 충분 (4) 필요   **08-3** ㄱ, ㄴ, ㄷ

예제 09

전체집합 U에 대하여 세 조건 p, q, r의 진리집합을 각각 P, Q, R이라고 할 때, 세 집합 P, Q, R 사이의 포함 관계가 오른쪽 벤다이어그램과 같다. 〈보기〉에서 옳은 것을 모두 고르시오.

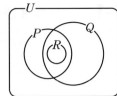

─〈 보기 〉─

ㄱ. p는 r이기 위한 필요조건이다.

ㄴ. $\sim q$는 $\sim r$이기 위한 충분조건이다.

ㄷ. p이고 q는 r이기 위한 충분조건이다.

접근 방법 〉 진리집합 사이의 포함 관계를 이용하면 명제의 참, 거짓을 판별할 수 있고 이를 이용하여 충분조건과 필요조건을 판별할 수 있다.

> **수매씽 Point** 두 조건 p, q의 진리집합 P, Q에 대하여 $P \subset Q$이면 p는 q이기 위한 충분조건이고 q는 p이기 위한 필요조건이다.

상세 풀이 〉 ㄱ. 벤다이어그램에서 $R \subset P$이므로 $r \Longrightarrow p$

따라서 p는 r이기 위한 필요조건이다. (참)

ㄴ. 벤다이어그램에서 $R \subset Q$이므로 $Q^C \subset R^C$

따라서 $\sim q \Longrightarrow \sim r$이므로 $\sim q$는 $\sim r$이기 위한 충분조건이다. (참)

ㄷ. 벤다이어그램에서 $R \subset (P \cap Q)$이므로 $r \Longrightarrow (p$이고 $q)$

따라서 p이고 q는 r이기 위한 필요조건이다. (거짓)

따라서 옳은 것은 ㄱ, ㄴ이다.

정답 ㄱ, ㄴ

보충 설명

두 조건 p, q의 진리집합을 각각 P, Q라고 할 때,

(1) $P \subset Q$이면 ➡ ┌ p는 q이기 위한 충분조건
              └ q는 p이기 위한 필요조건

(2) $P \subset Q$이고 $Q \subset P$, 즉 $P = Q$이면 p는 q이기 위한 필요충분조건

한번 더 ✓

숫자 바꾸기

09-1

전체집합 U에 대하여 세 조건 p, q, r의 진리집합을 각각 P, Q, R
이라고 할 때, 세 집합 P, Q, R 사이의 포함 관계가 오른쪽 벤다이
어그램과 같다. 〈보기〉에서 옳은 것을 모두 고르시오.

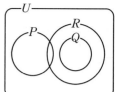
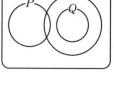

───〈 보기 〉───

ㄱ. p는 r이기 위한 충분조건이다.

ㄴ. $\sim p$는 q이기 위한 필요조건이다.

ㄷ. $\sim r$은 $\sim q$이기 위한 충분조건이다.

표현 바꾸기

한번 더 ✓

09-2

세 조건 p, q, r에 대하여 p는 $\sim q$이기 위한 충분조건이고, p는 r이기 위한 필요조건일 때,
〈보기〉에서 항상 참인 명제를 모두 고르시오.

───〈 보기 〉───

ㄱ. $q \rightarrow \sim p$ ㄴ. $r \rightarrow q$ ㄷ. $q \rightarrow \sim r$

개념 넓히기

한번 더 ✓

09-3

전체집합 U에 대하여 세 조건 p, q, r의 진리집합을 각각 P, Q, R이라고 할 때,
$$P=\{x \mid -1 \leq x \leq 2 \text{ 또는 } x \geq 4\}, \quad Q=\{x \mid x \geq a\}, \quad R=\{x \mid x \geq b\}$$
이다. q는 p이기 위한 필요조건이고 r은 p이기 위한 충분조건일 때, 실수 a의 최댓값과 실수 b
의 최솟값의 합을 구하시오.

● 풀이 95쪽~96쪽

정답
     09-1 ㄴ, ㄷ   **09-2** ㄱ, ㄷ   **09-3** 3

1 전체집합 U에 대하여 두 조건 p, q의 진리집합을 각각 P, Q라고 하자. $P \cup Q = P$일 때, 다음 중 항상 참인 명제는?

① $p \rightarrow q$ ② $\sim p \rightarrow q$ ③ $\sim p \rightarrow \sim q$

④ $q \rightarrow \sim p$ ⑤ $\sim q \rightarrow \sim p$

2 전체집합 $U = \{x \mid x$는 12 이하의 자연수$\}$에 대하여 두 조건 p, q가

$p : x$는 10의 양의 약수이다., $q : x^2 \leq 25$

일 때, 조건 '$\sim p$이고 q'의 진리집합의 모든 원소의 합을 구하시오.

3 명제 'n이 12의 양의 약수이면 n은 8의 양의 약수이다.'는 거짓이다. 다음 중 반례로 알맞은 n의 값은?

① 1   ② 2   ③ 4

④ 6   ⑤ 8

4 전체집합 $U = \{x \mid x$는 실수$\}$에 대하여 $x \in U$일 때, 〈보기〉에서 참인 명제를 모두 고르시오.

〈 보기 〉

ㄱ. 모든 x에 대하여 $|x| \geq 0$이다.   ㄴ. 어떤 x에 대하여 $x < 1$이다.

ㄷ. 모든 x에 대하여 $x^2 - 4x + 4 > 0$이다.   ㄹ. 어떤 x에 대하여 $x^2 = 4x$이다.

5 다음 물음에 답하시오.

(1) 명제 '$x \geq 1$이면 $2x + a \leq 3x + 2a$이다.'가 참이 되기 위한 실수 a의 최솟값을 구하시오.

(2) 명제 '$x^2 - ax + 8 \neq 0$이면 $x \neq 2$이다.'가 참이 되도록 하는 상수 a의 값을 구하시오.

6 두 조건

$$p : -2 < x \le 2a, \quad q : b \le x \le 4$$

에 대하여 명제 $p \to q$의 대우가 참이 되도록 하는 정수 a의 최댓값이 m, 정수 b의 최댓값이 n이다. mn의 값을 구하시오.

7 다음은 명제 '자연수 m, n에 대하여 m과 n이 서로소이면 m 또는 n이 홀수이다.'가 참임을 대우를 이용하여 증명하는 과정이다. ㈎~㈐에 알맞은 것을 써넣으시오.

〈 증명 〉

주어진 명제의 대우 '자연수 m, n에 대하여 m과 n이 모두 ㈎ 이면 m과 n은 ㈏ 가아니다.'가 참임을 보이면 된다.

m과 n이 모두 ㈎ 이면 $m=2k$, $n=2l$ (k, l은 자연수)로 나타낼 수 있다.

이때 ㈐ 는 m과 n의 공약수이므로 m과 n이 모두 ㈎ 이면 m과 n은 ㈏ 가 아니다.

따라서 주어진 명제의 대우가 참이므로 주어진 명제도 참이다.

8 다음 물음에 답하시오.

(1) $x^2 + ax - 48 \neq 0$은 $x - 4 \neq 0$이기 위한 충분조건일 때, 실수 a의 값을 구하시오.

(2) $x - a \neq 0$은 $x^2 - 5x - 24 \neq 0$이기 위한 필요조건일 때, 양수 a의 값을 구하시오.

9 전체집합 U에 대하여 세 조건 p, q, r의 진리집합을 각각 P, Q, R이라고 할 때,

$$P = \{a+2\}, \quad Q = \{2, 4-a\}, \quad R = \{3a-1, (a+1)^2 - 1\}$$

이다. p는 q이기 위한 충분조건, q는 r이기 위한 필요충분조건이 되도록 하는 a의 값을 구하시오.

10 두 명제 $\sim q \to \sim p$, $q \to \sim r$이 모두 참일 때, 〈보기〉에서 항상 참인 명제를 모두 고르시오.

〈 보기 〉

ㄱ. $p \to r$ ㄴ. $r \to \sim p$ ㄷ. $r \to \sim q$ ㄹ. $\sim p \to \sim r$

11 세 집합 A, B, C에 대하여 다음 명제의 참, 거짓을 판별하시오.

(1) $A-B=\varnothing$이면 $A\subset B$이다.　　　　(2) $(A\cap C)\subset(B\cap C)$이면 $A\subset B$이다.

(3) $A\cap C=B\cap C$이면 $A=B$이다.　　　　(4) $A\subset(B\cup C)$이면 $A\subset B$ 또는 $A\subset C$이다.

12 전체집합 U에 대하여 세 조건 p, q, r의 진리집합을 각각 P, Q, R이라고 할 때, 세 집합 P, Q, R 사이의 포함 관계는 오른쪽 벤다이어그램과 같다. 〈보기〉에서 항상 참인 명제를 모두 고르시오.

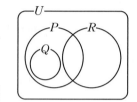

〈 보기 〉

ㄱ. $r\rightarrow\sim q$　　　ㄴ. $\sim p\rightarrow\sim q$　　　ㄷ. $r\rightarrow\sim p$

13 전체집합 U에 대하여 세 조건 p, q, r의 진리집합을 각각 P, Q, R이라고 할 때, 다음을 만족시킨다.

⑺ 어떤 $x\in P$에 대하여 $x\notin Q$이다.　　　⑻ 모든 $x\in Q$에 대하여 $x\notin R$이다.

이때 〈보기〉에서 항상 참인 명제를 모두 고르시오.

〈 보기 〉

ㄱ. $p\rightarrow\sim q$　　　　　ㄴ. $p\rightarrow\sim r$　　　　　ㄷ. $r\rightarrow\sim q$

14 '모든 실수 x에 대하여 $3x^2+8x+a\geq 0$이다.'가 거짓이 되도록 하는 정수 a의 최댓값을 구하시오.

15 두 실수 x, y에 대하여 두 조건 p, q가
$$p:y+x^2=k,\quad q:x^2+(y-5)^2=4$$
일 때, 명제 '어떤 x, y에 대하여 p이면 q이다.'가 참이 되도록 하는 정수 k의 개수를 구하시오.

16 다음 □ 안에 충분, 필요, 필요충분 중에서 알맞은 것을 써넣으시오.

> 두 실수 a, b에 대하여 세 조건 p, q, r이
>
> $p : ab < 0$, $q : a < 0$ 또는 $b < 0$, $r : |ab| > ab$
>
> 일 때, p는 q이기 위한 [　　　]조건, q는 r이기 위한 [　　　]조건이고, r은 p이기 위한 [　　　]조건이다.

17 다음 물음에 답하시오.

(1) $5 \leq x \leq 10$이 $x \geq a$이기 위한 충분조건이 되도록 하는 실수 a의 최댓값을 구하시오.

(2) $|x| \leq k$가 $-12 < x < 5$이기 위한 필요조건이 되도록 하는 양수 k의 최솟값을 구하시오.

18 실수 x에 대한 두 조건

$p : x^2 - 8x + 15 \leq 0$, $q : |x - a| \leq 3$

에 대하여 p가 q이기 위한 충분조건이 되도록 하는 실수 a의 최댓값과 최솟값의 곱을 구하시오.

19 실수 x에 대한 두 조건 p, q가 다음과 같다.

$p : x \leq -4$ 또는 $x > 2$, $q : x = \dfrac{3a-1}{4}$

$\sim p$가 q이기 위한 필요조건이 되도록 하는 정수 a의 최댓값과 최솟값의 곱을 구하시오.

20 다음 명제가 참임을 귀류법을 이용하여 증명하시오.

> 'a, b가 모두 홀수이면 이차방정식 $x^2 - ax + b = 0$의 유리수인 근이 존재하지 않는다.'

평가원

21 실수 x에 대하여 두 조건 p, q가 다음과 같다.

$$p : (x+2)(x-4) \neq 0, \quad q : -2 \leq x \leq 4$$

다음 중 참인 명제는?

① $p \to q$ ② $\sim p \to \sim q$ ③ $q \to \sim p$

④ $q \to p$ ⑤ $\sim p \to q$

교육청

22 전체집합 U의 공집합이 아닌 세 부분집합 P, Q, R가 각각 세 조건 p, q, r의 진리집합이라 하자. 세 명제

$$\sim p \to r, \ r \to \sim q, \ \sim r \to q$$

가 모두 참일 때, 〈보기〉에서 옳은 것만을 있는 대로 고른 것은?

〈 보기 〉

ㄱ. $P^C \subset R$ ㄴ. $P \subset Q$ ㄷ. $P \cap Q = R^C$

① ㄱ   ② ㄴ   ③ ㄱ, ㄷ

④ ㄴ, ㄷ   ⑤ ㄱ, ㄴ, ㄷ

교육청

23 실수 x에 대한 두 조건 p, q가 다음과 같다.

$$p : 2x-a \leq 0, \quad q : x^2 - 5x + 4 > 0$$

p가 $\sim q$이기 위한 필요조건이 되도록 하는 실수 a의 최솟값을 구하시오.

교육청

24 실수 x에 대한 두 조건

$$p : x^2 + 2ax + 1 \geq 0, \quad q : x^2 + 2bx + 9 \leq 0$$

이 있다. 다음 두 문장이 모두 참인 명제가 되도록 하는 정수 a, b의 순서쌍 (a, b)의 개수는?

• 모든 실수 x에 대하여 p이다.   • p는 $\sim q$이기 위한 충분조건이다.

① 15   ② 18   ③ 21

④ 24   ⑤ 27

07

Ⅱ. 집합과 명제

절대부등식

1 부등식의 증명

• **부등식의 증명에 이용되는 실수의 성질**

두 실수 a, b에 대하여

(1) $a>b \iff a-b>0$

(2) $a>0$, $b>0 \iff a+b>0$, $ab>0$

(3) $a>0$, $b>0$일 때, $a>b \iff a^2>b^2 \iff \sqrt{a}>\sqrt{b}$

(4) $a^2 \geq 0$, $|a| \geq 0$, $a^2+b^2 \geq 0$, $|a|+|b| \geq 0$

(5) $a^2+b^2=0 \iff a=0$, $b=0$

(6) $|a| \geq a$, $|a|^2=a^2$, $|ab|=|a||b|$

• **두 수 또는 두 식의 대소 비교**

두 수 또는 두 식 A, B에 대하여

(1) 차를 이용하는 방법

① $A-B>0 \iff A>B$ ② $A-B<0 \iff A<B$

(2) 제곱의 차를 이용하는 방법 : $A \geq 0$, $B \geq 0$일 때,

① $A^2-B^2>0 \iff A>B$ ② $A^2-B^2<0 \iff A<B$

(3) 비를 이용하는 방법 : $A>0$, $B>0$일 때,

① $\dfrac{A}{B}>1 \iff A>B$ ② $\dfrac{A}{B}<1 \iff A<B$

• **절대부등식**

문자를 포함하는 부등식에서 그 문자에 어떤 실수를 대입하여도 항상 성립하는 부등식을 절대부등식이라고 한다.

2 산술평균과 기하평균

산술평균, 기하평균, 조화평균의 관계를 나타내는 부등식은 다음과 같다.

$a>0$, $b>0$일 때, $\dfrac{a+b}{2} \geq \sqrt{ab} \geq \dfrac{2ab}{a+b}$ (단, 등호는 $a=b$일 때 성립)

Q&A

Q 산술평균과 기하평균 사이의 관계에서 언제 등호가 성립하나요?

A 산술평균과 기하평균은 두 수 또는 두 식이 같을 때 등호가 성립합니다.

1 부등식의 증명

1 부등식의 증명

일반적으로 부등식의 증명에 이용되는 실수의 성질은 다음과 같습니다.

두 실수 a, b에 대하여

(1) $a > b \Longleftrightarrow a - b > 0$

(2) $a > 0$, $b > 0 \Longleftrightarrow a + b > 0$, $ab > 0$ ← (양수)+(양수)=(양수), (양수)×(양수)=(양수)

(3) $a > 0$, $b > 0$일 때, $a > b \Longleftrightarrow a^2 > b^2 \Longleftrightarrow \sqrt{a} > \sqrt{b}$

(4) $a^2 \geq 0$, $|a| \geq 0$, $a^2 + b^2 \geq 0$, $|a| + |b| \geq 0$

(5) $a^2 + b^2 = 0 \Longleftrightarrow a = 0$, $b = 0$

(6) $|a| \geq a$, $|a|^2 = a^2$, $|ab| = |a||b|$

> **Example**
> $a > b > c$일 때, 부등식 $(a-b)(b-c) > 0$이 성립함을 증명해 보자.
> $a > b$, $b > c$이므로 위의 성질 (1)에 의하여 $a - b > 0$, $b - c > 0$
> 또한 위의 성질 (2)에 의하여 $(a-b)(b-c) > 0$이 성립한다.

부등식의 기본 성질과 위에서 살펴본 실수의 성질을 이용하여 여러 가지 부등식을 증명할 수 있습니다.

한편, 두 실수 또는 두 식 A, B의 대소를 판단할 때에는 주로 다음과 같은 방법을 이용합니다.

1. 차를 이용하는 방법 : $A - B$의 부호를 조사

두 수 또는 두 식 A, B에 대하여

$$A - B > 0 \Longleftrightarrow A > B \quad \text{← } A - B \geq 0 \Longleftrightarrow A \geq B$$
$$A - B < 0 \Longleftrightarrow A < B \quad \text{← } A - B \leq 0 \Longleftrightarrow A \leq B$$

입니다. 이때 $A - B$의 식을 인수분해하여 다항식의 곱의 꼴로 변형하거나, 완전제곱식의 합의 꼴로 변형한 후 그 부호를 조사하면 두 수 또는 두 식의 대소를 비교할 수 있습니다.

> **Example**
> $a > 1$, $b > 1$일 때, 두 식 $A = ab + 1$, $B = a + b$의 대소를 비교해 보자.
> $$A - B = ab + 1 - (a+b) = a(b-1) - (b-1) = (a-1)(b-1)$$
> 이때 $a - 1 > 0$, $b - 1 > 0$이므로 $(a-1)(b-1) > 0$, 즉 $A - B > 0$
> $$\therefore A > B$$

2. 제곱의 차를 이용하는 방법 : A^2-B^2의 부호를 조사

두 수 또는 두 식 A, B에 대하여 $A\geq0$, $B\geq0$일 때,

$$A^2-B^2>0 \Longleftrightarrow A^2>B^2 \Longleftrightarrow A>B \quad \leftarrow A^2-B^2\geq0 \Longleftrightarrow A\geq B$$

$$A^2-B^2<0 \Longleftrightarrow A^2<B^2 \Longleftrightarrow A<B \quad \leftarrow A^2-B^2\leq0 \Longleftrightarrow A\leq B$$

입니다. 이와 같은 방법으로 A^2-B^2의 식을 변형한 후 그 부호를 조사하면 두 수 또는 두 식의 대소를 비교할 수 있습니다. 특히, 제곱의 차를 이용하는 방법은 두 수 또는 두 식이 근호나 절댓값 기호를 포함하고 있을 때 이용합니다.

Example

a, b가 실수일 때, 두 식 $A=\sqrt{a^2+b^2}$, $B=|a|$에 대하여 $A\geq0$, $B\geq0$이므로

$$A^2-B^2=(\sqrt{a^2+b^2})^2-|a|^2=a^2+b^2-a^2=b^2$$

임의의 실수 b에 대하여 $b^2\geq0$, 즉 $A^2-B^2\geq0$

$\therefore A\geq B$ (단, 등호는 $b=0$일 때 성립)

3. 비를 이용하는 방법 : $\dfrac{A}{B}$와 1의 대소를 비교

두 수 또는 두 식 A, B에 대하여 $A>0$, $B>0$일 때,

$$\frac{A}{B}>1 \Longleftrightarrow A>B \quad \leftarrow \frac{A}{B}\geq1 \Longleftrightarrow A\geq B$$

$$\frac{A}{B}<1 \Longleftrightarrow A<B \quad \leftarrow \frac{A}{B}\leq1 \Longleftrightarrow A\leq B$$

입니다.

Example

$a>0$일 때, 두 식 $A=\sqrt{a+1}$, $B=a+1$에 대하여 $A>0$, $B>0$이므로

$$\frac{A}{B}=\frac{\sqrt{a+1}}{a+1}=\frac{1}{\sqrt{a+1}}$$

또한 $\sqrt{a+1}>1$이므로 $\dfrac{1}{\sqrt{a+1}}<1$, 즉 $\dfrac{A}{B}<1$

$\therefore A<B$

개념 Point　　**부등식의 증명에 이용되는 실수의 성질**

두 실수 a, b에 대하여

1　$a>b \Longleftrightarrow a-b>0$

2　$a>0$, $b>0 \Longleftrightarrow a+b>0$, $ab>0$

3　$a>0$, $b>0$일 때, $a>b \Longleftrightarrow a^2>b^2 \Longleftrightarrow \sqrt{a}>\sqrt{b}$

4　$a^2\geq0$, $|a|\geq0$, $a^2+b^2\geq0$, $|a|+|b|\geq0$

5　$a^2+b^2=0 \Longleftrightarrow a=0$, $b=0$

6　$|a|\geq a$, $|a|^2=a^2$, $|ab|=|a||b|$

2 절대부등식

부등식 중에는 미지수가 특정한 범위의 실수 값을 가질 때에만 참이 되는 부등식이 있고, 미지수가 어떤 실수 값을 가지더라도 항상 참이 되는 부등식이 있습니다.

문자를 포함한 부등식에서 그 문자가 가질 수 있는 어떠한 실수 값을 대입해도 항상 성립하는 부등식을 절대부등식이라고 합니다.

예를 들어 부등식 $x+5>x$, $(a+b)^2 \geq 0$은 문자에 어떤 실수를 대입하여도 항상 성립하므로 절대부등식입니다. 그러나 부등식 $x+1>0$은 $x>-1$인 실수에 대해서만 성립하고, $x \leq -1$인 실수에 대해서는 성립하지 않으므로 절대부등식이 아닙니다.

Example
  (1) 부등식 $|x|+1 \geq 0$은 모든 실수 x에 대하여 항상 성립하므로 절대부등식이다.

  (2) 부등식 $x^2+2x+2=(x+1)^2+1>0$은 모든 실수 x에 대하여 항상 성립하므로 절대부등식이다.

  (3) 부등식 $x^2 \geq 1$은 $x \leq -1$ 또는 $x \geq 1$에서만 성립하므로 절대부등식이 아니다.

  (4) 부등식 $3x>2x$는 $x>0$에서만 성립하므로 절대부등식이 아니다.

주어진 부등식이 절대부등식임을 증명할 때에는 부등식이 항상 성립하는 이유를 밝혀야 합니다. 이때 앞에서 정리했던 부등식의 증명에 이용되는 실수의 성질이 자주 이용됩니다.

Example
  (1) a, b가 실수일 때, 부등식 $a^2+b^2 \geq ab$를 증명해 보자.

$$a^2+b^2-ab=a^2-ab+b^2$$

두 식의 차를 이용하는 방법
$$=a^2-ab+\frac{b^2}{4}-\frac{b^2}{4}+b^2$$

$$=\left(a-\frac{b}{2}\right)^2+\frac{3}{4}b^2$$

그런데 $\left(a-\frac{b}{2}\right)^2 \geq 0$, $\frac{3}{4}b^2 \geq 0$이므로

$$\left(a-\frac{b}{2}\right)^2+\frac{3}{4}b^2 \geq 0, \text{ 즉 } a^2+b^2-ab \geq 0$$

$$\therefore a^2+b^2 \geq ab$$

이때 등호는 $a-\frac{b}{2}=0$, $b=0$, 즉 $a=b=0$일 때 성립한다.

  (2) a, b가 실수일 때, $a^2+b^2-2ab \geq 0$을 증명해 보자.

$$a^2+b^2-2ab=(a-b)^2$$

그런데 실수의 제곱은 항상 0보다 크거나 같으므로

$$a^2+b^2-2ab \geq 0$$

이때 등호는 $a=b$일 때 성립한다.

이번에는 절댓값 기호가 포함된 절대부등식을 증명해 봅시다.

(1) a, b가 실수일 때, 부등식 $|a|+|b| \geq |a+b|$를 증명해 보자.

$$(|a|+|b|)^2 - |a+b|^2 = |a|^2 + 2|a||b| + |b|^2 - (a+b)^2 \quad \leftarrow a가 실수일 때, |a|^2 = a^2$$

↳ 두 식의 제곱의 차를
이용하는 방법

$$= a^2 + 2|a||b| + b^2 - (a^2 + 2ab + b^2)$$

$$= 2(|ab| - ab) \quad \leftarrow a, b가 실수일 때, |ab| = |a||b|$$

$|ab| \geq ab$이므로 $2(|ab| - ab) \geq 0$, 즉 $(|a|+|b|)^2 \geq |a+b|^2$

그런데 $|a|+|b| \geq 0$, $|a+b| \geq 0$이므로

$$|a|+|b| \geq |a+b|$$

이때 등호는 $|ab| = ab$, 즉 $ab \geq 0$일 때 성립한다.

(2) a, b가 실수일 때, 부등식 $|a|-|b| \leq |a-b|$를 증명해 보자.

(i) $|a| \geq |b|$일 때,

$$(|a|-|b|)^2 - |a-b|^2 = a^2 - 2|a||b| + b^2 - (a-b)^2$$

$$= a^2 - 2|ab| + b^2 - a^2 + 2ab - b^2$$

$$= 2(ab - |ab|)$$

$ab \leq |ab|$이므로 $ab - |ab| \leq 0$, 즉 $(|a|-|b|)^2 \leq |a-b|^2$

그런데 $|a|-|b| \geq 0$, $|a-b| \geq 0$이므로

$$|a|-|b| \leq |a-b|$$

(ii) $|a| < |b|$일 때,

$|a|-|b| < 0$, $|a-b| > 0$이므로

$$|a|-|b| < |a-b|$$

(i), (ii)에서 $|a|-|b| \leq |a-b|$

이때 등호는 $|ab| = ab$, $|a| \geq |b|$일 때 성립한다.

개념 Point　　**절대부등식**

1 절대부등식 : 문자를 포함하는 부등식에서 문자에 어떤 실수를 대입해도 항상 성립하는 부등식

2 여러 가지 절대부등식

세 실수 a, b, c에 대하여

(1) $a^2 \pm ab + b^2 \geq 0$ (단, 등호는 $a=b=0$일 때 성립)

(2) $a^2 \pm 2ab + b^2 \geq 0$ (단, 등호는 $a = \mp b$일 때 성립, 복부호동순)

(3) $a^2 + b^2 + c^2 - ab - bc - ca \geq 0$ (단, 등호는 $a=b=c$일 때 성립)

(4) $|a|+|b| \geq |a+b|$ (단, 등호는 $|ab|=ab$, 즉 $ab \geq 0$일 때 성립)

(5) $|a|-|b| \leq |a-b|$ (단, 등호는 $|ab|=ab$, $|a| \geq |b|$일 때 성립)

+ Plus

등호가 포함된 절대부등식을 증명할 때에는 특별한 말이 없더라도 등호가 성립하는 경우를 함께 표시해야 한다. 예를 들어 두 실수 a, b에 대한 절대부등식 $(a+b)^2 \geq 0$에서 '등호는 $a = -b$일 때 성립한다'고 표시한다.

개념 콕콕

1 $a>b$, $c>d>0$일 때, 다음 □ 안에 알맞은 부등호를 써넣으시오.

(1) ac □ bc (2) $a+c$ □ $b+d$

2   다음 물음에 답하시오.

(1) $a \geq -1$일 때, $1+\dfrac{a}{2}$, $\sqrt{1+a}$의 대소를 비교하시오.

(2) a가 실수일 때, $|a|+1$, $|a+1|$의 대소를 비교하시오.

3 a, b가 실수일 때, 부등식 $a^2+4b^2 \geq 4ab$가 성립함을 증명하는 과정이다.

〈 증명 〉

$$a^2+4b^2-4ab = a^2-4ab+4b^2 = (\boxed{\text{(가)}})^2 \geq 0$$

$$\therefore a^2+4b^2 \geq 4ab$$

이때 등호는 $\boxed{\text{(나)}}$ 일 때 성립한다.

위의 과정에서 (가), (나)에 알맞은 것을 써넣으시오.

4 x가 실수일 때, 〈보기〉에서 절대부등식인 것을 모두 고르시오.

〈 보기 〉

ㄱ. $x^2+2x+1 \geq 0$ ㄴ. $4x+8 < 0$

ㄷ. $(x-3)^2+3 > 0$ ㄹ. $x^2+x > x^2$

• 풀이 102쪽

정답

1 (1) $>$ (2) $>$ **2** (1) $1+\dfrac{a}{2} \geq \sqrt{1+a}$ (2) $|a|+1 \geq |a+1|$ **3** (가) $a-2b$ (나) $a=2b$ **4** ㄱ, ㄷ

예제 01 차를 이용한 부등식의 증명

$a>c$, $b>d$일 때, 부등식

$$ab+cd>ad+bc$$

가 성립함을 증명하시오.

접근 방법 〉 두 수 또는 두 식의 대소를 비교하는 방법 중에서 차를 이용하는 방법으로 주어진 부등식이 성립함을 보인다. 즉, 두 식의 차를 구한 다음 인수분해하여 다항식의 곱의 꼴로 변형한 후, 주어진 조건을 이용하여 부호를 조사하면 부등식이 성립함을 증명할 수 있다.

> **수매씽 Point** 두 수 또는 두 식 A, B에 대하여 $A-B$의 부호를 조사하여 두 수 또는 두 식의 대소를 비교할 수 있다.
> (1) $A-B>0 \iff A>B$, $A-B \geq 0 \iff A \geq B$
> (2) $A-B<0 \iff A<B$, $A-B \leq 0 \iff A \leq B$

상세 풀이 〉 $ab+cd-(ad+bc)>0$이 성립함을 보이면 된다.

$$ab+cd-(ad+bc)=(ab-ad)+(cd-bc)$$
$$=a(b-d)-c(b-d)=(a-c)(b-d)$$

이때 $a>c$, $b>d$이므로 $a-c>0$, $b-d>0$

$$\therefore (a-c)(b-d)>0$$

따라서 $ab+cd>ad+bc$이다.

정답 풀이 참조

보충 설명

두 수 또는 두 식 A, B의 대소를 비교할 때에는 주로 다음과 같은 방법을 이용한다.

(1) 차를 이용하는 방법, 즉 $A-B$의 부호를 조사하여 대소를 비교하는 방법

(2) 제곱의 차를 이용하는 방법, 즉 A^2-B^2의 부호를 조사하여 대소를 비교하는 방법

(3) 비를 이용하는 방법, 즉 $\dfrac{A}{B}$와 1의 대소를 비교하여 A, B의 대소를 비교하는 방법

이때 (2)에서 A^2-B^2의 부호를 이용할 때에는 $A \geq 0$, $B \geq 0$인지 반드시 확인해야 한다. 예를 들어 $A=-3$, $B=-2$이면 $A<B$이지만 $A^2-B^2=9-4=5>0$이므로 A^2-B^2의 부호와 $A-B$의 부호가 일치하지 않는다. 즉, A^2-B^2의 부호를 이용하여 A, B의 대소를 비교할 수 없다. 이와 같이 $A \geq 0$, $B \geq 0$의 조건이 주어지지 않은 경우에는 $A^2>B^2$이어도 $A<B$일 수 있으므로 주의해야 한다.

(3)에서 $\dfrac{A}{B}$와 1의 대소를 비교할 때에는 $A>0$, $B>0$인지 반드시 확인해야 한다. 예를 들어 $A=-4$, $B=-2$이면 $A<B$이지만 $\dfrac{A}{B}=2>1$이다. 즉, $\dfrac{A}{B}$와 1의 대소를 비교하여 A, B의 대소를 비교할 수 없다. 이와 같이 $A>0$, $B>0$의 조건이 주어지지 않은 경우에는 $\dfrac{A}{B}>1$이어도 $A<B$일 수 있으므로 주의해야 한다.

숫자 바꾸기 한번 더 ☑ ☐

01-1

$a>b>c>d$일 때, 부등식
$$ab+cd>ac+bd$$
가 성립함을 증명하시오.

표현 바꾸기 풀이 102쪽 ➕ 보충 설명 한번 더 ☑ ☐

01-2

실수 a, b, c에 대하여 부등식
$$a^2+b^2+c^2 \geq ab+bc+ca$$
가 성립함을 증명하시오.

개념 넓히기 한번 더 ☑ ☐

01-3

양수 a, b에 대하여 $A=\dfrac{ax+by}{a+b}$, $B=\dfrac{bx+ay}{a+b}$일 때, 다음 부등식이 성립함을 증명하시오.

(1) $AB \geq xy$ (2) $A^2+B^2 \leq x^2+y^2$

● 풀이 102쪽~103쪽

정답

   01-1 풀이 참조   **01-2** 풀이 참조   **01-3** 풀이 참조

예제 02

부등식 $|a-b| \leq |a|+|b|$가 성립함을 증명하시오.

접근 방법 〉 두 수 또는 두 식의 대소를 비교하는 방법 중에서 제곱의 차를 이용하는 방법으로 주어진 부등식이 성립함을 보인다. 즉, 두 식의 제곱의 차를 구하여 식을 정리한 후, 절댓값의 성질을 이용하여 부호를 조사하면 부등식이 성립함을 증명할 수 있다.

> **수매씽 Point** 두 수 또는 두 식 A, B에 대하여 A^2-B^2의 부호를 조사하여 두 수 또는 두 식의 대소를 비교할 수 있다.
>
> $A \geq 0$, $B \geq 0$일 때,
>
> (1) $A^2-B^2>0 \Longleftrightarrow A>B$, $A^2-B^2 \geq 0 \Longleftrightarrow A \geq B$
>
> (2) $A^2-B^2<0 \Longleftrightarrow A<B$, $A^2-B^2 \leq 0 \Longleftrightarrow A \leq B$

상세 풀이 〉 $|a-b| \geq 0$, $|a|+|b| \geq 0$이므로

$$|a-b|^2-(|a|+|b|)^2 \leq 0$$

이 성립함을 보이면 된다.

$$|a-b|^2-(|a|+|b|)^2=a^2-2ab+b^2-(a^2+2|ab|+b^2) \quad \leftarrow a \text{가 실수일 때 } |a|^2=a^2$$
$$=-2ab-2|ab|$$
$$=-2(|ab|+ab)$$

여기서 $|ab|+ab \geq 0$이므로 $-2(|ab|+ab) \leq 0$

$$\therefore |a-b|^2-(|a|+|b|)^2 \leq 0$$

따라서 $|a-b| \leq |a|+|b|$이다.

이때 등호는 $|ab|+ab=0$, 즉 $ab \leq 0$일 때 성립한다.

정답 풀이 참조

보충 설명

두 수 또는 두 식의 대소를 비교하는 방법 중에서 제곱의 차를 이용하는 경우는 주어진 식이 절댓값 기호를 포함하고 있거나 근호를 포함하고 있을 때이다.

한편, 위의 증명에서

$ab \leq 0$이면 $|a-b|=|a|+|b|$, $ab>0$이면 $|a-b|<|a|+|b|$

가 됨을 확인할 수 있다. 즉, $|a-b| \leq |a|+|b|$에서 등호는 a, b 중 적어도 어느 하나가 0이거나 a, b가 서로 다른 부호일 때 성립함을 알 수 있다.

02-1 부등식 $\sqrt{2(a^2+b^2)} \geq |a|+|b|$ 가 성립함을 증명하시오.

02-2 $a \geq 0$, $b \geq 0$일 때, 다음 부등식이 성립함을 증명하시오.

(1) $\sqrt{a}+\sqrt{b} \geq \sqrt{a+b}$ (2) $\sqrt{2(a+b)} \geq \sqrt{a}+\sqrt{b}$

02-3 실수 a, b에 대하여 부등식

$$\sqrt{\frac{a^2-ab+b^2}{3}} \geq \frac{a-b}{2}$$

가 성립함을 증명하시오.

● 풀이 103쪽~104쪽

2 산술평균과 기하평균

① 산술평균, 기하평균, 조화평균의 관계

두 양수 a, b에 대하여

$$\frac{a+b}{2}\text{를 산술평균, } \sqrt{ab}\text{를 기하평균, } \frac{2ab}{a+b}\text{를 조화평균} \quad \leftarrow \text{교과서에서는 산술평균, 기하평균까지만 다룬다.}$$

이라고 합니다.

산술평균은 주어진 값이나 양의 총합을 도수로 나눈 것으로, 일반적으로 많이 이용하는 평균입니다. 기하평균은 증가율에 대한 평균을 계산할 때 사용하며 평균 인구 증가율, 평균 물가 상승률, 평균 경제 성장률 등을 구할 때 이용합니다. 조화평균은 일정한 거리를 왕복하는데 걸리는 시간의 평균을 구하거나 일정한 금액을 가지고 구입할 수 있는 상품 수량의 평균을 구할 때 이용합니다.

> **Example**
>
> (1) 산술평균 : 수학 98점, 영어 90점인 학생의 평균 점수는 $\frac{98+90}{2}=94$(점)
>
> (2) 기하평균 : 물가가 1년 후에 4배, 그 다음 1년 후에 9배가 늘어났다면 물가는 1년에 평균 $\sqrt{4\times 9}=6$(배)가 늘어난 것이다.
>
> (3) 조화평균 : 거리 1 km의 구간을 각각 시속 2 km, 시속 4 km의 속력으로 왕복했을 때의 평균 속력은 시속 $\frac{2ab}{a+b}=\frac{2\times 2\times 4}{2+4}=\frac{8}{3}$(km)

앞에서 설명한 세 평균 사이에는 다음의 대소 관계가 항상 성립합니다.

$$a>0, \ b>0\text{일 때, } \frac{a+b}{2}\geq\sqrt{ab}\geq\frac{2ab}{a+b} \text{ (단, 등호는 } a=b\text{일 때 성립)}$$

이 부등식을 산술평균, 기하평균, 조화평균의 관계라고 합니다.

$a>0$, $b>0$일 때, 산술평균, 기하평균, 조화평균의 관계를 나타내는 부등식을 증명해 봅시다.

(1) $\dfrac{a+b}{2}\geq\sqrt{ab}$ ← 산술평균과 기하평균의 관계

> **Proof**
>
> $$\frac{a+b}{2}-\sqrt{ab}=\frac{a+b-2\sqrt{ab}}{2}=\frac{(\sqrt{a})^2-2\sqrt{a}\sqrt{b}+(\sqrt{b})^2}{2}=\frac{(\sqrt{a}-\sqrt{b})^2}{2}\geq 0$$
>
> 즉, $\dfrac{a+b}{2}-\sqrt{ab}\geq 0$이므로 $\dfrac{a+b}{2}\geq\sqrt{ab}$
>
> 이때 등호는 $a=b$일 때 성립한다.

(2) $\sqrt{ab} \geq \dfrac{2ab}{a+b}$ ← 기하평균과 조화평균의 관계

> Proof
>
> $$\sqrt{ab} - \dfrac{2ab}{a+b} = \dfrac{(a+b)\sqrt{ab} - 2ab}{a+b} = \dfrac{\sqrt{ab}(a+b-2\sqrt{ab})}{a+b} = \dfrac{\sqrt{ab}(\sqrt{a}-\sqrt{b})^2}{a+b} \geq 0$$
>
> 즉, $\sqrt{ab} - \dfrac{2ab}{a+b} \geq 0$이므로 $\sqrt{ab} \geq \dfrac{2ab}{a+b}$
>
> 이때 등호는 $a=b$일 때 성립한다.

 Point 　**산술평균, 기하평균, 조화평균의 관계**

$a>0$, $b>0$일 때,

$$\dfrac{a+b}{2} \geq \sqrt{ab} \geq \dfrac{2ab}{a+b} \quad (\text{단, 등호는 } a=b \text{일 때 성립})$$

＋ Plus

산술평균, 기하평균, 조화평균의 관계를 다음과 같이 도형을 이용하여 증명할 수도 있다.

오른쪽 그림에서 $\overline{AB}=b-a$, $\overline{AO}=\dfrac{b-a}{2}$이므로

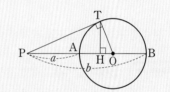

$$\overline{PO}=\overline{PA}+\overline{AO}=a+\dfrac{b-a}{2}=\dfrac{a+b}{2}$$

$\overline{PT}^2=\overline{PA}\times\overline{PB}=ab$이므로 $\overline{PT}=\sqrt{ab}$

또한 $\overline{PT}^2=\overline{PH}\times\overline{PO}$이므로 $ab=\overline{PH}\times\dfrac{a+b}{2}$　∴ $\overline{PH}=\dfrac{2ab}{a+b}$

그런데 $\overline{PO}>\overline{PT}>\overline{PH}$이므로 $\dfrac{a+b}{2}>\sqrt{ab}>\dfrac{2ab}{a+b}$

2 산술평균과 기하평균에 의한 최대, 최소

산술평균과 기하평균의 관계를 나타내는 부등식 $\dfrac{a+b}{2} \geq \sqrt{ab}$는 양수 조건에서 최댓값, 최솟값을 구할 때 많이 이용합니다.

> Example
>
> $a>0$일 때, $a+\dfrac{1}{a}$의 최솟값을 구해 보면
>
> $a>0$에서 $\dfrac{1}{a}>0$이므로 산술평균과 기하평균의 관계에 의하여
>
> $$a+\dfrac{1}{a} \geq 2\sqrt{a \times \dfrac{1}{a}} = 2 \left(\text{단, 등호는 } a=\dfrac{1}{a}, \text{ 즉 } a=1 \text{일 때 성립}\right)$$
>
> 따라서 $a+\dfrac{1}{a}$의 최솟값은 2이다.

또한 두 양수 a, b에 대하여 산술평균과 기하평균의 관계를 이용하면 두 양수의 합이 일정할 때 곱의 최댓값을 구할 수 있고, 두 양수의 곱이 일정할 때 합의 최솟값을 구할 수 있습니다.

Example

(1) $x>0$, $y>0$이고 $x+y=8$일 때, xy의 최댓값을 구해 보면
→ 두 양수의 합이 일정

$x>0$, $y>0$이므로 산술평균과 기하평균의 관계에 의하여

$$x+y \geq 2\sqrt{xy} \text{ (단, 등호는 } x=y \text{일 때 성립)}$$

$$8 \geq 2\sqrt{xy} \ (\because x+y=8)$$

$$4 \geq \sqrt{xy} \qquad \therefore xy \leq 16$$

따라서 xy의 최댓값은 16이다.

(2) $x>0$, $y>0$이고 $xy=25$일 때, $x+y$의 최솟값을 구해 보면
→ 두 양수의 곱이 일정

$x>0$, $y>0$이므로 산술평균과 기하평균의 관계에 의하여

$$x+y \geq 2\sqrt{xy} = 2\sqrt{25} \ (\because xy=25)$$

$$= 2 \times 5 = 10$$

$$\therefore x+y \geq 10 \text{ (단, 등호는 } x=y \text{일 때 성립)}$$

따라서 $x+y$의 최솟값은 10이다.

산술평균과 기하평균의 관계를 이용하여 도형의 성질을 증명할 수 있습니다.

Example

둘레의 길이가 일정한 직사각형 중에서 넓이가 최대인 사각형은 정사각형임을 산술평균과 기하평균의 관계를 이용하여 증명해 보자.

둘레의 길이가 l로 일정한 직사각형의 가로, 세로의 길이를 각각 a, b라 하고, 넓이를 S라고 하면

$$l=2(a+b), \ S=ab$$

$a>0$, $b>0$이므로 산술평균과 기하평균의 관계에 의하여

$$\frac{a+b}{2} \geq \sqrt{ab}, \text{ 즉 } \frac{l}{4} \geq \sqrt{S} \qquad \therefore \frac{l^2}{16} \geq S$$

이때 l이 일정하므로 S가 최대가 되는 것은 등호가 성립할 때, 즉 $a=b$일 때이다.

따라서 둘레의 길이가 일정한 직사각형 중에서 넓이가 최대인 사각형은 정사각형이다.

개념 Point **산술평균과 기하평균에 의한 최대, 최소**

두 양수 a, b에 대하여 산술평균과 기하평균의 관계, 즉

$$\frac{a+b}{2} \geq \sqrt{ab} \text{ (단, 등호는 } a=b \text{일 때 성립)}$$

를 이용하면 두 양수의 합이 일정할 때 곱의 최댓값을 구할 수 있고, 두 양수의 곱이 일정할 때 합의 최솟값을 구할 수 있다.

a, b, x, y가 실수일 때, 다음이 성립한다.

$$(a^2+b^2)(x^2+y^2) \geq (ax+by)^2 \text{ (단, 등호는 } ay=bx \text{일 때 성립)}$$

이 부등식을 코시−슈바르츠의 부등식이라고 한다. 코시−슈바르츠의 부등식을 증명해 보자.

$$\begin{aligned}(a^2+b^2)(x^2+y^2)-(ax+by)^2 &= a^2x^2+a^2y^2+b^2x^2+b^2y^2-(a^2x^2+2abxy+b^2y^2) \\ &= a^2y^2-2abxy+b^2x^2 \\ &= (ay-bx)^2\end{aligned}$$

이때 a, b, x, y가 실수이므로 $(ay-bx)^2 \geq 0$이다.

$$\therefore (a^2+b^2)(x^2+y^2) \geq (ax+by)^2 \text{ (단, 등호는 } ay-bx=0, \text{ 즉 } ay=bx \text{일 때 성립)}$$

Example

a, b, x, y가 실수이고 $a^2+b^2=2$, $x^2+y^2=5$일 때, $ax+by$의 값의 범위를 구해 보자.

a, b, x, y가 실수이므로 코시−슈바르츠의 부등식에 의하여

$$(a^2+b^2)(x^2+y^2) \geq (ax+by)^2 \text{ (단, 등호는 } ay-bx=0, \text{ 즉 } ay=bx \text{일 때 성립)}$$

$$2 \times 5 \geq (ax+by)^2, \ (ax+by)^2 \leq 10$$

$$\therefore -\sqrt{10} \leq ax+by \leq \sqrt{10}$$

07

개념 콕콕

1 다음 물음에 답하시오.

　(1) $a>0$, $b>0$이고 $ab=16$일 때, $a+b$의 최솟값을 구하시오.

　(2) $x>0$, $y>0$이고 $xy=20$일 때, $5x+y$의 최솟값을 구하시오.

2 다음 물음에 답하시오.

　(1) $a>0$, $b>0$이고 $a+b=8$일 때, ab의 최댓값을 구하시오.

　(2) $x>0$, $y>0$이고 $x+2y=12$일 때, xy의 최댓값을 구하시오.

3 a, b, x, y가 실수이고 $a^2+b^2=1$, $x^2+y^2=9$일 때, $ax+by$의 최댓값과 최솟값을 각각 구하시오.

● 풀이 104쪽

정답　**1** (1) 8　(2) 20　　　**2** (1) 16　(2) 18　　　**3** 최댓값 : 3, 최솟값 : −3

예제 03

산술평균과 기하평균의 관계에 의한 최대, 최소

$a>0$일 때, 다음 식의 최솟값과 최소가 될 때의 a의 값을 각각 구하시오.

(1) $a+\dfrac{4}{a}$

(2) $\left(4a+\dfrac{1}{a}\right)\left(a+\dfrac{1}{a}\right)$

접근 방법 양수 a, b에 대하여 곱 ab가 일정하면 산술평균과 기하평균의 관계에 의하여 합 $a+b$의 최솟값을 구할 수 있다.

수매씨 Point $a>0$, $b>0$일 때, $\dfrac{a+b}{2}\geq\sqrt{ab}$, 즉 $a+b\geq2\sqrt{ab}$ (단, 등호는 $a=b$일 때 성립)

상세 풀이 (1) $a>0$, $\dfrac{4}{a}>0$이므로 산술평균과 기하평균의 관계에 의하여

$$a+\frac{4}{a}\geq2\sqrt{a\times\frac{4}{a}}=4$$

이때 등호는 $a=\dfrac{4}{a}$, 즉 $a^2=4$일 때 성립하므로 $a=2$ ($\because a>0$)

따라서 $a+\dfrac{4}{a}$는 $a=2$일 때 최솟값 4를 가진다.

(2) $\left(4a+\dfrac{1}{a}\right)\left(a+\dfrac{1}{a}\right)=4a^2+\dfrac{1}{a^2}+5$이고, $4a^2>0$, $\dfrac{1}{a^2}>0$이므로 산술평균과 기하평균의 관계에 의하여

$$4a^2+\frac{1}{a^2}+5\geq2\sqrt{4a^2\times\frac{1}{a^2}}+5=2\times2+5=9$$

이때 등호는 $4a^2=\dfrac{1}{a^2}$, $a^4=\dfrac{1}{4}$, 즉 $a^2=\dfrac{1}{2}$일 때 성립하므로 $a=\dfrac{\sqrt{2}}{2}$ ($\because a>0$)

따라서 $\left(4a+\dfrac{1}{a}\right)\left(a+\dfrac{1}{a}\right)$은 $a=\dfrac{\sqrt{2}}{2}$일 때 최솟값 9를 가진다.

정답 (1) 최솟값 : 4, $a=2$ (2) 최솟값 : 9, $a=\dfrac{\sqrt{2}}{2}$

보충 설명

(2)에서 다음과 같이 풀지 않도록 주의한다.

두 식 $4a+\dfrac{1}{a}$, $a+\dfrac{1}{a}$에 산술평균과 기하평균의 관계를 각각 이용하면

$$4a+\frac{1}{a}\geq2\sqrt{4a\times\frac{1}{a}}=4 \quad\cdots\cdots ㉠, \qquad a+\frac{1}{a}\geq2\sqrt{a\times\frac{1}{a}}=2 \quad\cdots\cdots ㉡$$

이므로 $\left(4a+\dfrac{1}{a}\right)\left(a+\dfrac{1}{a}\right)\geq4\times2=8$에서 최솟값은 8이다. (×)

위의 풀이의 ㉠, ㉡에서 각각 최소가 될 때의 a의 값이 서로 다르기 때문에 잘못된 풀이이다.

숫자 바꾸기

03-1

$a>0$일 때, 다음 식의 최솟값과 최소가 될 때의 a의 값을 각각 구하시오.

(1) $4a+\dfrac{9}{a}$ 　　　　　　　　　　　　(2) $\left(a+\dfrac{4}{a}\right)\left(4a+\dfrac{1}{a}\right)$

표현 바꾸기

03-2

$a>0$, $b>0$일 때, 다음 식의 최솟값을 구하시오.

(1) $\left(a+\dfrac{1}{b}\right)\left(b+\dfrac{4}{a}\right)$ 　　　　　　　(2) $(4a+b)\left(\dfrac{1}{a}+\dfrac{4}{b}\right)$

개념 넓히기

03-3

$x>0$, $y>0$일 때, 다음 식에서 xy의 최댓값을 구하시오.

(1) $3x+y=6$ 　　　　　　　　　　　　(2) $x^2+4y^2=36$

• 풀이 104쪽~105쪽

정답　**03-1** (1) 최솟값 : 12, $a=\dfrac{3}{2}$ 　(2) 최솟값 : 25, $a=1$ 　　　**03-2** (1) 9 　(2) 16 　　　**03-3** (1) 3 　(2) 9

예제
04

폭이 1 m인 긴 양철판을 직각으로 구부려서 오른쪽 그림과 같이 좌우 대칭인 모양의 수로를 만들어 두 줄기의 물이 흘러가도록 하려고 한다. 수로를 통해 흐르는 물의 양이 최대가 되도록 할 때, 앞쪽에서 바라본 수로의 단면인 빗금친 부분의 넓이는 몇 cm²인지 구하시오. (단, 양철판의 두께는 무시한다.)

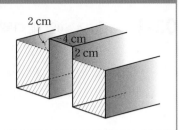

접근 방법 > 수로의 단면은 직사각형 모양 두 개와 같으므로 각 직사각형의 세로의 길이를 x cm, 가로의 길이를 y cm라고 하면 양철판의 폭이 1 m=100 cm임을 이용하여 x, y에 대한 관계식을 세울 수 있다. 또한 앞 쪽에서 바라본 수로의 단면의 넓이는 $2xy$ cm²이고, 수로를 통해 흐르는 물의 양이 최대가 되려면 단면의 넓이가 가장 넓어야 하므로 $2xy$의 최댓값을 구하도록 한다.

수매씽 Point 미지수를 정하고 관계식을 세워 합 또는 곱이 일정하면 산술평균과 기하평균의 관계를 이용하여 최댓값 또는 최솟값을 구한다.

상세 풀이 > 수로의 모양은 좌우 대칭이므로 앞쪽에서 바라본 수로의 단면은 오른쪽 그림과 같다.

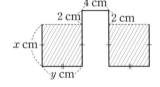

단면의 한 쪽을 세로의 길이가 x cm, 가로의 길이가 y cm인 직사각형이라고 하면 양철판의 폭이 1 m, 즉 100 cm이므로

$$4+2\times2+4x+2y=100 \qquad \therefore 2x+y=46$$

수로의 단면의 넓이는 두 직사각형의 넓이의 합이므로 $2xy$ cm²이다.

$x>0$, $y>0$이므로 산술평균과 기하평균의 관계에 의하여

$$2x+y\geq2\sqrt{2xy} \text{ (단, 등호는 } 2x=y \text{일 때 성립)}$$

그런데 $2x+y=46$이므로 $46\geq2\sqrt{2xy}$에서 $23\geq\sqrt{2xy}$

양변을 제곱하면 $529\geq2xy$

따라서 수로를 통해 흐르는 물의 양이 최대가 되도록 할 때, 수로의 단면의 넓이는 529 cm²이다.

정답 529 cm²

보충 설명

두 양수의 합이 일정하면 곱의 최댓값을, 두 양수의 곱이 일정하면 합의 최솟값을 구할 수 있다.

(1) $a+b=p$ (p는 상수)이면 $p\geq2\sqrt{ab}$에서 $p^2\geq4ab$

즉, $\dfrac{p^2}{4}\geq ab$이므로 $a=b$일 때, ab의 최댓값은 $\dfrac{p^2}{4}$이다.

(2) $ab=q$ (q는 상수)이면 $a+b\geq2\sqrt{q}$이므로 $a=b$일 때, $a+b$의 최솟값은 $2\sqrt{q}$이다.

한번 더 ☑

04-1

폭이 2 m인 긴 양철판을 직각으로 구부려서 오른쪽 그림과 같이 좌우 대칭인 모양의 수로를 만들어 두 줄기의 물이 흘러가도록 하려고 한다. 수로를 통해 흐르는 물의 양이 최대가 되도록 할 때, 앞쪽에서 바라본 수로의 단면인 빗금친 부분의 넓이는 몇 cm²인지 구하시오. (단, 양철판의 두께는 무시한다.)

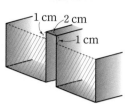

표현 바꾸기

한번 더 ☑

04-2

오른쪽 그림과 같이 윗면이 없고, 밑면의 가로의 길이는 3 m, 부피는 48 m³인 직육면체 모양의 물 탱크를 만들려고 한다. 옆면을 만드는 데 드는 비용은 1 m²당 1만 원이고, 밑면을 만드는 데 드는 비용은 1 m²당 2만 원이다. 물 탱크를 만드는 데 드는 비용이 최소가 되도록 할 때, 그 비용을 구하시오.

개념 넓히기

한번 더 ☑

04-3

어느 공사장에서 중장비를 임대하여 넓이가 100 m²인 부지의 공사를 진행하려고 한다. 중장비 기사에게는 시간당 10000원의 임금을 지불해야 하며, 중장비의 작업량이 시간당 x m²일 때, 중장비에 필요한 경비는 1 m²당 $400x$원이라고 한다. 공사장에서 중장비를 사용하는 데 드는 총 비용이 최소가 되도록 할 때, x의 값을 구하시오.

● 풀이 105쪽 ~ 106쪽

정답

| 04-1 2401 cm² | 04-2 80만 원 | 04-3 5 |

1 다음 물음에 답하시오.

(1) $a>0$일 때, $\dfrac{a}{4}+2$, $\sqrt{a+4}$의 대소를 비교하시오.

(2) 두 수 $A=\sqrt{5}+2\sqrt{2}$, $B=1+\sqrt{10}$의 대소를 비교하시오.

2 실수 a, b에 대하여 다음 부등식이 성립함을 증명하시오.

(1) $a^2+2b^2\geq 2ab$ (2) $a^2+b^2\geq 2(a+b-1)$

3 두 실수 x, y에 대하여 $x^2+y^2=20$일 때, x^2+x+y^2+2y의 최댓값을 구하시오.

4 다음 물음에 답하시오.

(1) 부등식 $x^2+2kx+3k\geq 0$이 절대부등식이 되기 위한 실수 k의 값의 범위를 구하시오.

(2) 부등식 $x^2+4kx+8k\geq 0$이 절대부등식이 되기 위한 정수 k의 개수를 구하시오.

5 $a>0$, $b>0$일 때, 다음 식의 최솟값을 구하시오.

(1) $2a+\dfrac{8}{a}$ (2) $\dfrac{a}{3b}+\dfrac{b}{3a}$ (3) $(a+b)\left(\dfrac{1}{a}+\dfrac{1}{b}\right)$

• 정답 및 풀이 106쪽~109쪽

6 다음 물음에 답하시오.

(1) $a>0$일 때, $\left(a+\dfrac{4}{a}\right)\left(9a+\dfrac{1}{a}\right)$의 최솟값을 구하시오.

(2) $x>0$, $y>0$일 때, $(x+y)\left(\dfrac{12}{x}+\dfrac{3}{y}\right)$의 최솟값을 구하시오.

7 $x>0$, $y>0$이고 $3x+2y=12$일 때, $\sqrt{3x}+\sqrt{2y}$의 최댓값을 구하시오.

8 양수 a, b에 대하여 $\left(4a+\dfrac{3}{b}\right)\left(\dfrac{3}{a}+b\right)$는 $ab=k$일 때, 최솟값 m을 가진다. 실수 k에 대하여 $\dfrac{m}{k}$의 값을 구하시오.

9 이차방정식 $x^2+2x+a=0$이 허근을 가질 때, $a+1+\dfrac{1}{a-1}$의 최솟값은?

(단, a는 실수이다.)

① 1　　　　　② 2　　　　　③ 3

④ 4　　　　　⑤ 5

10 좌표평면의 제1사분면 위의 점 $\mathrm{P}(a,\ b)$에 대하여 $a+2b=10$이 성립한다. 오른쪽 그림과 같이 x축 위의 두 점 $\mathrm{A}(2,\ 0)$, $\mathrm{B}(6,\ 0)$과 y축 위의 두 점 $\mathrm{C}(0,\ 1)$, $\mathrm{D}(0,\ 3)$에 대하여 두 삼각형 PAB, PDC의 넓이를 각각 S_1, S_2라고 할 때, S_1S_2의 최댓값을 구하시오.

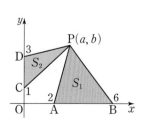

11 실수 x, y에 대하여 부등식 $x^4+y^4 \geq x^3y+xy^3$이 성립함을 증명하시오.

12 $a>b>0$이고 $a+b=1$일 때, 〈보기〉에서 옳은 것을 모두 고르시오.

〈 보기 〉
ㄱ. $\sqrt{a}+\sqrt{b}>1$ ㄴ. $\sqrt{ab}>1$

ㄷ. $\sqrt{a-b}>\sqrt{a}-\sqrt{b}$ ㄹ. $\sqrt{\dfrac{a^2+b^2}{2}}>\dfrac{1}{2}$

13 양수 a, b에 대하여 다음 물음에 답하시오.

(1) $ab+a+b=24$일 때, ab의 최댓값을 구하시오.

(2) $2a+b=1$일 때, $\dfrac{1}{a}+\dfrac{2}{b}$의 최솟값을 구하시오.

14 오른쪽 그림과 같이 $\angle A=90°$인 직각삼각형 ABC의 꼭짓점 A에서 밑변 BC에 내린 수선의 발을 D라 하고, $\overline{AB}=x$, $\overline{AD}=y$, $\overline{AC}=z$라고 할 때, 〈보기〉에서 옳은 것을 모두 고르시오.

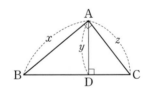

〈 보기 〉
ㄱ. $\dfrac{1}{x^2}+\dfrac{1}{z^2}=\dfrac{1}{y^2}$ ㄴ. $xz=1$이면 $0<y\leq\dfrac{\sqrt{2}}{2}$ ㄷ. $xz=1$이면 $\overline{BC}\geq\sqrt{2}$

15 $a>0$, $b>0$, $c>0$일 때, 다음 식의 최솟값을 구하시오.

(1) $(a+b+c)\left(\dfrac{1}{a}+\dfrac{1}{b+c}\right)$ (2) $\dfrac{b+c}{a}+\dfrac{c+a}{b}+\dfrac{a+b}{c}$

• 정답 및 풀이 109쪽~113쪽

16 양수 a, b, c에 대하여 $\left(a+\dfrac{1}{b}\right)\left(b+\dfrac{4}{c}\right)\left(c+\dfrac{9}{a}\right)$는 $ab=n_1$, $bc=n_2$, $ca=n_3$일 때, 최솟값 m을 가진다. 실수 n_1, n_2, n_3에 대하여 $m+n_1+n_2+n_3$의 값을 구하시오.

17 중심이 O이고 지름 AB의 길이가 12인 반원이 있다. 오른쪽 그림과 같이 지름 AB 위의 한 점 P를 잡아 선분 AP와 선분 PB를 각각 지름으로 하는 두 반원 C_1, C_2를 그릴 때, 색칠한 부분의 넓이의 최댓값을 구하시오.

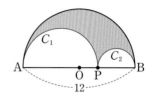

18 종이 위에 반지름의 길이가 $\sqrt{5}$ cm인 원을 그리고 이 원에 내접하는 직사각형을 잘라내어 오른쪽 그림과 같이 점선을 따라 접어 밑면 2개가 없는 정사각기둥 모양의 상자를 만들려고 한다. 정사각기둥의 모든 모서리의 길이의 합을 l cm 라고 할 때, l의 최댓값을 구하시오.

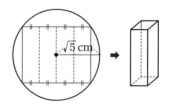

19 어떤 회사에서 서울 근처에 공장을 세우려고 하는데, 공장의 토지의 사용료는 서울로부터의 거리에 반비례하고, 공장에서 생산된 제품의 운반비는 서울로부터의 거리에 정비례한다고 한다. 서울에서 10 km만큼 떨어진 토지의 사용료는 250만 원이고, 제품의 운반비는 40만 원일 때, 토지의 사용료와 제품의 운반비의 합이 최소가 되게 하려면 서울에서 얼마만큼 떨어진 지점에 공장을 세워야 하는지 구하시오.

20 오른쪽 그림과 같이 높이가 1인 정삼각형 ABC의 내부의 점 P에서 각 변까지의 거리를 각각 a, b, c라고 할 때, $a^2+b^2+c^2$의 최솟값을 구하시오.

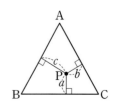

(교육청) 21 두 실수 x, y에 대하여 $xy>0$, $x+y=3$일 때, $\dfrac{1}{x}+\dfrac{1}{y}$의 최솟값은?

① 1 ② $\dfrac{4}{3}$ ③ $\dfrac{5}{3}$

④ 2 ⑤ $\dfrac{7}{3}$

(교육청) 22 $x>0$, $y>0$일 때, $\left(4x+\dfrac{1}{y}\right)\left(\dfrac{1}{x}+16y\right)$의 최솟값은?

① 34 ② 36 ③ 38

④ 40 ⑤ 42

(교육청) 23 $a>0$, $b>0$, $c>0$일 때, 〈보기〉에서 항상 성립하는 부등식을 모두 고른 것은?

〈 보기 〉
ㄱ. $\dfrac{1}{a}+\dfrac{1}{b}\geq\dfrac{4}{a+b}$ ㄴ. $\sqrt{a}+\sqrt{b}>\sqrt{a+b}$ ㄷ. $a+b+c\geq\sqrt{ab}+\sqrt{bc}+\sqrt{ca}$

① ㄱ ② ㄱ, ㄴ ③ ㄱ, ㄷ

④ ㄴ, ㄷ ⑤ ㄱ, ㄴ, ㄷ

(교육청) 24 두 양의 실수 a, b에 대하여 두 일차함수 $f(x)=\dfrac{a}{2}x-\dfrac{1}{2}$, $g(x)=\dfrac{1}{b}x+1$이 있다. 직선 $y=f(x)$와 직선 $y=g(x)$가 서로 평행할 때, $(a+1)(b+2)$의 최솟값을 구하시오.

(교육청) 25 한 모서리의 길이가 6이고 부피가 108인 직육면체를 만들려고 한다. 이때 만들 수 있는 직육면체의 대각선의 길이의 최솟값은?

① $6\sqrt{2}$ ② 9 ③ $7\sqrt{2}$

④ 11 ⑤ $8\sqrt{2}$

08

Ⅲ. 함수

함수

1 함수

집합 X의 각 원소에 집합 Y의 원소가 오직 하나씩 대응할 때, 이 대응을 X에서 Y로의 함수라고 한다. 이 함수를 f라고 할 때 기호로

$$f : X \longrightarrow Y$$

와 같이 나타낸다.

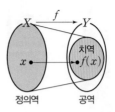

2 합성함수

두 함수 $f : X \longrightarrow Y$, $g : Y \longrightarrow Z$에 대하여 집합 X의 각 원소 x에 집합 Z의 원소 $g(f(x))$를 대응시키는 함수를 f와 g의 합성함수라 하고, 기호로

$$g \circ f : X \longrightarrow Z$$

와 같이 나타낸다. 이때 $(g \circ f)(x) = g(f(x))$ $(x \in X)$이다.

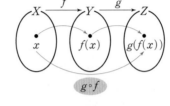

3 역함수

• **역함수의 뜻**

함수 $f : X \longrightarrow Y$, $y = f(x)$가 일대일대응일 때

(1) 역함수 $f^{-1} : Y \longrightarrow X$가 존재한다.

(2) $y = f(x) \Longleftrightarrow x = f^{-1}(y)$

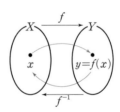

• **역함수의 그래프**

함수 $y = f(x)$의 그래프와 그 역함수 $y = f^{-1}(x)$의 그래프는 직선 $y = x$에 대하여 대칭이다.

4 여러 가지 함수의 그래프 교육과정 외

(1) 우함수 : 정의역의 임의의 원소 x에 대하여 $f(-x) = f(x)$를 만족시키는 함수 $f(x)$

(2) 기함수 : 정의역의 임의의 원소 x에 대하여 $f(-x) = -f(x)$를 만족시키는 함수 $f(x)$

Q&A

Q 중학교 때 배운 함수와 고등학교에서 배우는 함수의 차이는 무엇입니까?

A 중학교에서 학습한 내용을 확장하여 함수의 개념을 주어진 두 집합 사이의 대응 관계로 이해하고, 합성함수와 역함수의 개념을 추가로 배우게 됩니다.

1 함수

1 함수의 뜻

오른쪽 그림과 같이 두 집합
$$X = \{\text{대한민국, 독일, 영국, 인도}\},$$
$$Y = \{\text{나마스떼, 안녕하세요, 굿 모닝, 구텐모르겐}\}$$

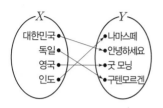

에 대하여 나라 이름의 집합 X의 원소에 그 나라의 인사말의
집합 Y의 원소를 짝 지어 나타낼 수 있습니다.

두 집합 X, Y에 대하여 집합 X의 원소에 집합 Y의 원소가 짝 지어지는 것을 집합 X에
서 집합 Y로의 **대응**이라고 합니다.

이때 집합 X의 원소 x에 집합 Y의 원소 y가 대응하는 것을 기호로

$$x \longrightarrow y$$

와 같이 나타냅니다.

집합 X에서 집합 Y로의 대응은 X의 원소 하나에 두 개 이상의 Y의 원소가 대응하거나
X의 원소 중에서 Y의 원소가 하나도 대응하지 않는 원소가 있는 것도 있습니다. 한편, 다음
과 같은 대응에서는 X의 각 원소에 Y의 원소가 하나씩 대응하는 것을 알 수 있습니다.

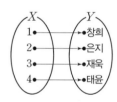 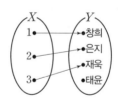 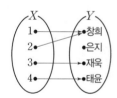

이와 같이 두 집합 X, Y에 대하여 X의 각 원소에 Y의 원소가 오직 하나씩 대응할 때, 이
대응 f를 X에서 Y로의 **함수**라 하고, 이것을 기호로   └──→ X의 원소가 하나도 빠지지 않고 모두

$$f : X \longrightarrow Y \quad \leftarrow \text{함수를 나타낼 때에는 } f, g, h \text{ 등의 알파벳 소문자를 사용한다.}$$

와 같이 나타냅니다.

이때 집합 X를 함수 f의 **정의역**, 집합 Y를 함수 f의 **공역**이라
고 합니다. 또한 함수 $f : X \longrightarrow Y$에서 정의역 X의 원소 x에 공
역 Y의 원소 y가 대응할 때, 이것을 기호로

$$y = f(x)$$

와 같이 나타내고, $f(x)$를 x에서의 함숫값이라고 합니다.

그리고 함숫값 전체의 집합 $\{f(x) | x \in X\}$를 함수 f의 **치역**이라고 합니다. 따라서 위의
그림에서와 같이 함수 $f : X \longrightarrow Y$의 치역은 공역 Y의 부분집합이 됩니다.
└──→ 공역의 원소 중에는 정의역의 각 원소에
대응하지 않는 원소가 있어도 된다.

실수 전체의 집합을 R이라고 할 때, 함수

$$f : R \longrightarrow R, \ f(x)=x^2$$

의 치역은 음이 아닌 실수 전체의 집합이고, 이것은 공역 R의 부분집합이다.

└─→ 모든 실수 x에 대하여 $x^2 \geq 0$

주어진 대응이 함수인지를 판별할 때에는 정의역 X의 각 원소에 공역 Y의 원소가 오직 하나씩 대응하는지 확인하면 됩니다. 예를 들어 다음 대응은 X에서 Y로의 함수가 아닙니다.

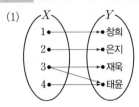 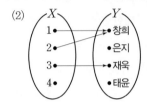

(1)의 대응은 X의 원소 3에 Y의 두 원소 '재욱'과 '태윤'이 대응하였기 때문에 함수가 아닙니다. (2)의 대응은 X의 원소 4에 대응하는 Y의 원소가 없으므로 함수가 아닙니다.

즉, 정의역 X의 어떤 원소에 공역 Y의 원소가 2개 이상 대응하거나 공역 Y의 어떤 원소도 대응하지 않으면 그 대응은 함수가 아닙니다.

다음 대응 중에서 집합 X에서 집합 Y로의 함수인 것을 찾고, 함수인 것은 정의역, 공역, 치역을 구해 보자.

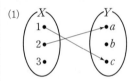 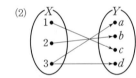 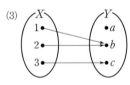

(1) 집합 X의 원소 3에 대응하는 Y의 원소가 없으므로 함수가 아니다.

(2) 집합 X의 원소 3에 집합 Y의 두 원소 a, d가 대응하므로 함수가 아니다.

(3) 집합 X의 각 원소에 집합 Y의 원소가 하나씩 대응하므로 함수이다.

이때 정의역은 $\{1, 2, 3\}$, 공역은 $\{a, b, c\}$, 치역은 $\{b, c\}$이다.

한편, 함수 $y=f(x)$의 정의역이나 공역이 주어지지 않은 경우에는 함숫값 $f(x)$가 정의되는 실수 x의 값 전체의 집합을 정의역으로 하고, 실수 전체의 집합을 공역으로 생각합니다.

또한 함수 $y=f(x)$의 정의역이 $\{x \,|\, a \leq x \leq b\}$일 때,

$$y=f(x) \ (a \leq x \leq b)$$

와 같이 나타내기도 합니다.

(1) 함수 $y=x+1$의 정의역과 공역은 모두 실수 전체의 집합이다.

(2) 함수 $y=x^2$을 정의역 $\{x \,|\, -1 \leq x \leq 3\}$에서 정의할 때에는

$$y=x^2 \ (-1 \leq x \leq 3)$$

과 같이 나타낸다.

08

개념 Point　함수

두 집합 X, Y에 대하여

1　X의 각 원소에 Y의 원소가 오직 하나씩 대응할 때, 이 대응 f를 X에서 Y로의 함수라 하고, 이것을 기호로 $f : X \longrightarrow Y$와 같이 나타낸다.

2　집합 X를 함수 f의 정의역, 집합 Y를 함수 f의 공역이라고 한다.

3　함수 f에서 함숫값 전체의 집합 $\{f(x) \mid x \in X\}$를 함수 f의 치역이라고 한다. 이때 치역은 공역의 부분집합이다.

2 서로 같은 함수

정의역과 공역이 각각 같은 두 함수 $f : X \longrightarrow Y$, $g : X \longrightarrow Y$에서 정의역 X의 모든 원소 x에 대하여 $f(x) = g(x)$일 때, 두 함수 f와 g는 서로 같다고 하며, 이것을 기호로

$$f = g$$

와 같이 나타냅니다. 또한 두 함수 f와 g가 서로 같지 않을 때, 기호로 $f \neq g$와 같이 나타냅니다.

Example　(1) 정의역이 $\{-1, 0, 1\}$이고 공역이 실수 전체의 집합인 두 함수 $f(x) = |x|$, $g(x) = x^2$에 대하여

$$f(-1) = g(-1), \ f(0) = g(0), \ f(1) = g(1)$$

이므로 두 함수 f와 g는 서로 같다. 즉, $f = g$이다.

(2) 정의역, 공역이 모두 실수 전체의 집합인 두 함수 $f(x) = |x|$, $g(x) = \sqrt{x^2}$에 대하여

$$f(x) = |x| = \begin{cases} x & (x \geq 0) \\ -x & (x < 0) \end{cases}, \ g(x) = \sqrt{x^2} = \begin{cases} x & (x \geq 0) \\ -x & (x < 0) \end{cases}$$

이므로 두 함수 f와 g는 서로 같다. 즉, $f = g$이다.

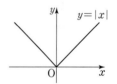

(3) 함수 $f(x) = x$의 정의역은 실수 전체의 집합이고, 함수 $g(x) = \dfrac{x^2}{x}$의 정의역은 $\{x \mid x \neq 0$인 모든 실수$\}$이므로 두 함수 f와 g는 서로 다른 함수이다. 즉, $f \neq g$이다.

위와 같이 두 함수 f와 g가 서로 같은지에 대한 판단은 두 함수의 관계식이 같은지 비교하는 것이 아니라, 정의역의 각 원소에 대한 함숫값을 비교하는 것입니다.

└─➤ 두 함수의 관계식이 달라도 서로 같은 함수일 수 있다.

개념 Point　서로 같은 함수

두 함수 $f : X \longrightarrow Y$, $g : U \longrightarrow V$에 대하여

$$f = g \iff \begin{cases} \text{정의역과 공역이 각각 같다. ➡ } X = U, \ Y = V \\ \text{정의역에 속하는 모든 원소 } x \text{에 대하여 } f(x) = g(x) \end{cases}$$

3 함수의 그래프

함수 $f : X \longrightarrow Y$에 대하여 정의역 X의 원소 x와 그에 대응하는 함숫값 $f(x)$의 순서쌍 $(x, f(x))$의 전체의 집합 $\{(x, f(x)) \mid x \in X\}$를 함수 $y = f(x)$의 그래프라고 합니다.

특히, 함수 $y = f(x)$의 정의역과 공역의 원소가 모두 실수일 때, 순서쌍 $(x, f(x))$를 좌표평면 위의 점으로 나타낼 수 있으므로 함수 $y = f(x)$의 그래프를 좌표평면 위에 나타낼 수 있습니다.

예를 들어 오른쪽 [그림 1]과 같이 대응하는 함수 $f : X \longrightarrow Y$의 그래프는

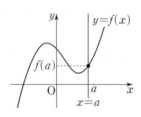

[그림 1]　　　　[그림 2]

$\{(0, 1), (1, 2), (2, 3), (3, 4)\}$이고, 이를 좌표평면 위에 나타내면 [그림 2]와 같습니다.

한편, 함수 $f : X \longrightarrow Y$에서는 정의역 X의 각 원소에 공역 Y의 원소가 오직 하나씩 대응합니다. 따라서 함수 $y = f(x)$의 그래프는 오른쪽 그림과 같이 정의역의 임의의 원소 a에 대하여 y축에 평행한 직선 $x = a$와 오직 한 점에서 만납니다. 즉, 실수 a에 대하여 직선 $x = a$가 주어진 그래프와 교점이 없거나 두 개 이상이면 그 그래프는 a를 원소로 하는 집합을 정의역으로 하는 함수의 그래프가 아닙니다.

x축에 평행한 직선 $y = b$ (b는 실수)를 그었을 때의 교점의 개수는 관계가 없다.

Example 다음 중 함수의 그래프인 것을 찾아보자.

(1) 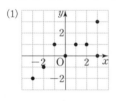　(2) 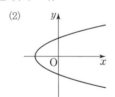　(3)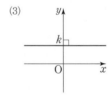

(1) 직선 $x = 3$과 두 점에서 만나므로 함수의 그래프가 아니다.

(2) 오른쪽 그림과 같이 정의역의 원소 a에 대하여 y축에 평행한 직선 $x = a$를 그리면 $x = a$에 $y = b$, $y = c$의 2개가 대응하므로 함수의 그래프가 아니다.

(3) 실수 a에 대하여 직선 $x = a$와 한 점에서 만나므로 함수의 그래프이다.

개념 Point 　함수의 그래프

함수 $f : X \longrightarrow Y$에 대하여 정의역 X의 원소 x와 그에 대응하는 함숫값 $f(x)$의 순서쌍 $(x, f(x))$ 전체의 집합 $\{(x, f(x)) \mid x \in X\}$를 함수 $y = f(x)$의 그래프라고 한다.

④ 여러 가지 함수

1. 일대일함수

오른쪽 그림과 같은 함수 $f : X \longrightarrow Y$에서 $f(1)=b$, $f(2)=c$, $f(3)=a$이므로 $f(1) \neq f(2)$, $f(2) \neq f(3)$, $f(3) \neq f(1)$입니다.

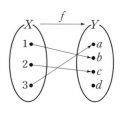

이와 같이 정의역의 서로 다른 두 원소에 대한 함숫값이 서로 다를 때, 즉 함수 $f : X \longrightarrow Y$에서 정의역 X의 임의의 두 원소 x_1, x_2에 대하여

$$x_1 \neq x_2$$이면 $$f(x_1) \neq f(x_2)$$ ← 대우는 '$f(x_1)=f(x_2)$이면 $x_1=x_2$'이다.

일 때, 함수 f를 X에서 Y로의 **일대일함수**라고 합니다.

> **Example**
>
> (1) 일차함수 $y=x+1$은 일대일함수이다.
>
> (2) 이차함수 $y=x^2$에서 $-1 \neq 1$이지만
>
> $x=-1$일 때 $y=1$, $x=1$일 때, $y=1$
>
> 로 함숫값이 같으므로 함수 $y=x^2$은 일대일함수가 아니다.

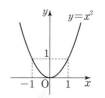

일대일함수의 그래프는 치역의 임의의 원소 k에 대하여 x축에 평행한 직선 $y=k$와 교점이 1개입니다.

위의 **Example** 의 (2)에서 함수 $y=x^2$의 그래프는 직선 $y=a \, (a>0)$와 두 점에서 만나므로 함수 $y=x^2$은 일대일함수가 아닙니다.

2. 일대일대응

오른쪽 그림과 같이 함수 $f : X \longrightarrow Y$가 일대일함수이면서 치역과 공역이 서로 같을 때, 즉

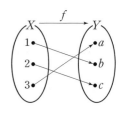

[조건 1] 정의역 X의 임의의 두 원소 x_1, x_2에 대하여

$$x_1 \neq x_2$$이면 $$f(x_1) \neq f(x_2)$$ ← X의 각 원소에 대응되는 Y의 원소가 모두 다르다.

[조건 2] 치역과 공역이 같다. ← Y의 모든 원소가 X의 원소에 대응한다.

의 두 조건을 모두 만족시키는 함수 f를 X에서 Y로의 **일대일대응**이라고 합니다.

이때 일대일대응이면 일대일함수이지만, 일대일함수라고 해서 모두 일대일대응인 것은 아닙니다.

또한 두 집합 X, Y의 원소가 유한개일 때, 두 집합 사이에 일대일대응 관계가 성립하면 X의 원소 하나에 Y의 원소가 하나씩만 대응하므로 정의역과 공역의 원소의 개수는 서로 같습니다.

3. 항등함수

정의역과 공역이 서로 같은 함수 $f : X \longrightarrow X$에서 정의역 X의 임의의 원소 x에 그 자신인 x가 대응할 때, 즉

$$f(x) = x$$

일 때, 이 함수 f를 X에서의 **항등함수**(identity function)라 하고, 이것을 기호로 I_X 또는 I와 같이 나타냅니다.

항등함수는 일대일대응의 두 조건을 모두 만 족시키므로 모든 항등함수는 일대일대응입니 다. 또한 정의역과 공역이 모두 실수 전체의 집합일 때, 항등함수의 그래프를 좌표평면 위

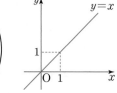

에 나타내면 기울기가 1이고 원점을 지나는 직선 $y = x$가 됩니다.

4. 상수함수

함수 $f : X \longrightarrow Y$에서 정의역 X의 모든 원소 x에 공역 Y의 단 하나의 원소가 대응할 때, 즉

$$f(x) = k \ (k는 상수) \ \leftarrow 모든 함숫값이 하나의 상수이므로 상수함수라고 한다.$$

일 때, 이 함수 f를 **상수함수**(constant function)라고 합니다.

Example 정의역과 공역이 모두 실수 전체의 집합인 함수의 그래프가 다음과 같을 때

ㄱ. 　　　ㄴ. 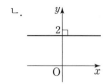　　　ㄷ.

(1) 일대일함수인 것은 ㄱ, ㄷ이다.　　　(2) 일대일대응인 것은 ㄱ, ㄷ이다.

(3) 항등함수인 것은 ㄱ이다.　　　(4) 상수함수인 것은 ㄴ이다.

개념 Point　여러 가지 함수

함수 $f : X \longrightarrow Y$에서

1 일대일함수 : 정의역 X의 임의의 두 원소 x_1, x_2에 대하여 $x_1 \neq x_2$이면 $f(x_1) \neq f(x_2)$인 함수

2 일대일대응 : 일대일함수이고, 치역과 공역이 같은 함수

3 항등함수 : 정의역의 임의의 원소 x에 그 자신인 x가 대응하는 함수, 즉 $f(x) = x$인 함수

4 상수함수 : 정의역 X의 모든 원소 x에 공역 Y의 단 하나의 원소가 대응하는 함수, 즉

$$f(x) = k \ (k는 상수)인 함수$$

+ Plus

① 정의역이 실수 전체의 집합일 때, 일반적으로 일대일함수의 그래프는 정의역에서 증가(또는 감소)하는 모양이다.

② 일대일함수의 그래프는 치역의 각 원소 b에 대하여 x축에 평행한 직선 $y = b$와 오직 한 점에서 만난다.

1 다음 대응이 집합 X에서 집합 Y로의 함수인지 판별하고, 함수인 것은 정의역, 공역, 치역을 각각 구하시오.

(1) 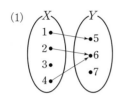　　(2) 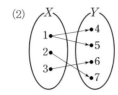　　(3)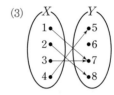

2 두 함수 $f(x)=x-1$, $g(x)=\dfrac{x^2-1}{x+1}$ 이 서로 같은 함수인지 판별하시오.

3 다음 중 실수 전체의 집합에서 정의된 함수의 그래프를 모두 고르면? (정답 2개)

① 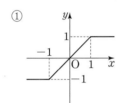　　② 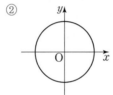　　③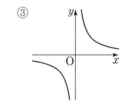

④ 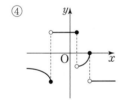　　⑤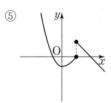

4 〈보기〉에서 다음 함수에 해당하는 것을 모두 고르시오.

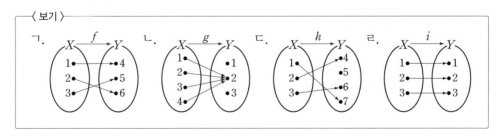

(1) 일대일함수　　　(2) 일대일대응　　　(3) 상수함수　　　(4) 항등함수

● 풀이 115쪽

정답

1 (1) 함수가 아니다. (2) 함수가 아니다.
 (3) 함수이다., 정의역 : {1, 2, 3, 4}, 공역 : {5, 6, 7, 8}, 치역 : {5, 7, 8}
2 두 함수 f와 g는 서로 같지 않다. **3** ①, ④ **4** (1) ㄱ, ㄷ, ㄹ (2) ㄱ, ㄹ (3) ㄴ (4) ㄹ

예제 01

두 집합 $X=\{-1, 0, 1\}$, $Y=\{-2, -1, 0, 1, 2\}$에 대하여 X의 임의의 원소 x에 Y의 임의의 원소가 대응할 때, 〈**보기**〉에서 각 대응이 X에서 Y로의 함수인 것을 모두 고르시오.

〈 보기 〉
ㄱ. $x \longrightarrow 2$

ㄴ. $x \longrightarrow 2x+1$

ㄷ. $x \longrightarrow x^2+1$

ㄹ. $x \longrightarrow |x|$

접근 방법 〉 집합 X에서 집합 Y로의 대응을 그림으로 나타내어 함수가 되는지 확인한다.

이때 다음과 같은 대응은 함수가 될 수 없다.

(ⅰ) 정의역 X의 원소 중에서 대응하지 않고 남아 있는 원소가 있을 때

(ⅱ) 정의역 X의 한 원소에 공역 Y의 원소가 두 개 이상 대응할 때

> **수매씽 Point** 집합 X에서 집합 Y로의 함수가 되려면 다음 조건을 모두 만족시켜야 한다.
> (ⅰ) X의 모든 원소에 Y의 원소가 대응한다.
> (ⅱ) X의 각 원소에 Y의 원소가 오직 하나씩 대응한다.

상세 풀이 〉 주어진 대응을 그림으로 나타내면 다음과 같다.

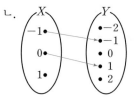

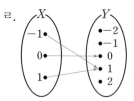

ㄴ. X의 원소 1에 대응하는 Y의 원소가 없으므로 함수가 아니다.

따라서 함수인 것은 ㄱ, ㄷ, ㄹ이다.

정답 ㄱ, ㄷ, ㄹ

보충 설명

함수 $f : X \longrightarrow Y$에서 함숫값 전체의 집합 $\{f(x)\,|\,x \in X\}$를 함수 f의 치역이라고 한다. 즉, 치역은 공역의 부분집합이며 공역의 원소 중에는 정의역의 원소에 대응하지 않는 원소가 있을 수도 있다.

숫자 바꾸기

한번 더 ✓ ☐

01-1

두 집합 $X=\{1,\ 2,\ 3\}$, $Y=\{1,\ 2,\ 3,\ 4,\ 5,\ 6\}$에 대하여 X의 임의의 원소 x에 Y의 임의의 원소가 대응할 때, 〈보기〉에서 X에서 Y로의 함수인 것을 모두 고르시오.

〈 보기 〉

ㄱ. $x \longrightarrow 2x-1$　　　　　　　ㄴ. $x \longrightarrow \dfrac{6}{x}$

ㄷ. $x \longrightarrow \sqrt{x}$　　　　　　　ㄹ. $x \longrightarrow |x|$

표현 바꾸기

풀이 115쪽 ➕ 보충 설명　한번 더 ✓ ☐

01-2

다음 중 함수의 그래프를 모두 고르면? (정답 3개)

① 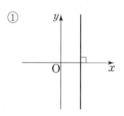　② 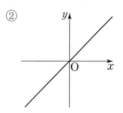　③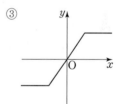

④ 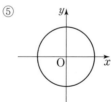　⑤

개념 넓히기

풀이 116쪽 ➕ 보충 설명　한번 더 ✓ ☐

01-3

집합 $X=\{x\,|\,0\le x\le 4\}$에 대하여 $f(x)=mx+m+1$이 X에서 X로의 함수가 될 때, 실수 m의 값의 범위를 구하시오.

● 풀이 115쪽 ~ 116쪽

정답

01-1 ㄱ, ㄴ, ㄹ　　　　　01-2 ②, ③, ④　　　　　01-3 $-\dfrac{1}{5}\le m\le\dfrac{3}{5}$

예제 02

집합 $X = \{a, b\}$를 정의역으로 하는 두 함수

$$f(x) = x^2 - x - 1, \; g(x) = 2x - 3$$

이 있다. $f = g$일 때, 상수 a, b에 대하여 $b - a$의 값을 구하시오. (단, $a < b$)

접근 방법 〉 두 함수 f, g가 서로 같으므로 정의역의 모든 원소에 대응하는 함숫값이 서로 같다.

> **수매씽 Point** 두 함수 f, g에 대하여 $f = g$일 때
> (i) 두 함수 f, g의 정의역과 공역이 각각 서로 같다.
> (ii) 정의역의 모든 원소 x에 대하여 $f(x) = g(x)$

상세 풀이 〉 두 함수 f, g에 대하여 $f = g$이므로

$$f(a) = g(a), \; f(b) = g(b)$$

즉, a, b는 각각 방정식 $f(x) = g(x)$의 근이므로

$$x^2 - x - 1 = 2x - 3$$

$$x^2 - 3x + 2 = 0, \; (x-1)(x-2) = 0$$

$$\therefore x = 1 \text{ 또는 } x = 2$$

이때 $a < b$이므로

$$a = 1, \; b = 2$$

$$\therefore b - a = 2 - 1 = 1$$

정답 1

보충 설명

정의역과 공역이 각각 서로 같은 두 함수가 서로 같은지를 판단할 때에는 두 함수의 관계식, 즉 함수의 대응 규칙을 비교하는 것이 아니라 정의역의 각 원소에 대한 두 함수의 함숫값을 비교해야 한다.

예를 들어 실수 전체의 집합을 정의역으로 하는 두 함수 $f(x) = x$, $g(x) = x^3$은 서로 같지 않은 함수이지만 집합 $X = \{-1, 0, 1\}$을 정의역으로 하는 두 함수 $f(x) = x$, $g(x) = x^3$은 서로 같은 함수이다.

즉, 관계식이 다른 두 함수도 정의역에 따라서 서로 같을 수 있다.

숫자 바꾸기   한번 더 ☑☐

02-1

집합 $X=\{-1,\ 2\}$를 정의역으로 하는 두 함수

$$f(x)=x^2-1,\ g(x)=ax+b$$

가 있다. $f=g$일 때, 상수 a, b에 대하여 $a+b$의 값을 구하시오.

표현 바꾸기   한번 더 ☑☐

02-2

실수 전체의 집합의 부분집합 X를 정의역으로 하는 두 함수

$$f(x)=2x^2-3x+4,\ g(x)=x^2+2$$

에 대하여 $f=g$가 성립하도록 하는 집합 X의 개수는? (단, $X\neq\varnothing$)

① 1   ② 2   ③ 3

④ 4   ⑤ 5

개념 넓히기   한번 더 ☑☐

02-3

집합 $A=\{2,\ \alpha,\ \beta\}$를 정의역으로 하는 두 함수

$$f(x)=x^3+12,\ g(x)=3x^2+kx$$

가 있다. $f=g$일 때, 상수 α, β, k에 대하여 $\alpha+\beta+k$의 값을 구하시오.

● 풀이 116쪽

정답   02-1 2   02-2 ③   02-3 5

예제
03

다음 중 일대일대응의 그래프를 모두 고르면? (정답 2개)

(단, 정의역과 공역은 모두 실수 전체의 집합이다.)

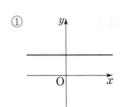
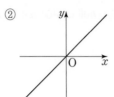
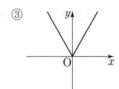

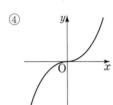
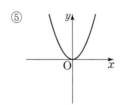

접근 방법 〉 일대일대응은 일대일함수이면서 치역과 공역이 서로 같은 함수이다.

따라서 주어진 그래프가 일대일대응의 그래프이려면 치역의 각 원소 b에 대하여 x축에 평행한 직선 $y=b$와 주어진 그래프가 오직 한 점에서 만나고, 치역과 공역이 같아야 한다.

> **수메씨 Point** 함수 f가 일대일대응이려면 다음 조건을 모두 만족시켜야 한다.
> (i) 정의역 X의 임의의 두 원소 x_1, x_2에 대하여 $x_1 \neq x_2$이면 $f(x_1) \neq f(x_2)$이다.
> (ii) 치역과 공역이 같다.

상세 풀이 〉 임의의 실수 b에 대하여 x축에 평행한 직선 $y=b$를 좌표평면 ①, ②, ③, ④, ⑤ 위에 그려 보면

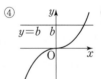

①, ③, ⑤ 직선 $y=b$와의 교점이 2개 이상이므로 일대일함수의 그래프가 아니다.

②, ④ 직선 $y=b$와의 교점이 1개이고 치역과 공역이 같으므로 일대일대응의 그래프이다.

정답 ②, ④

보충 설명

일대일함수의 그래프는 치역의 각 원소 b에 대하여 x축에 평행한 직선 $y=b$와 오직 한 점에서 만난다.

한번 더 ✓ ☐

숫자 바꾸기

03-1

다음 중 일대일대응의 그래프는? (단, 정의역과 공역은 모두 실수 전체의 집합이다.)

① 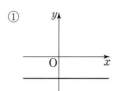　　② 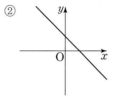　　③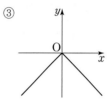

④ 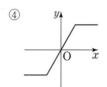　　⑤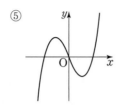

표현 바꾸기

한번 더 ✓ ☐

03-2

두 집합 $X=\{x\,|\,-1\le x\le 3\}$, $Y=\{y\,|\,-4\le y\le 4\}$에 대하여 함수
$$f:X \longrightarrow Y,\ f(x)=ax+b$$
가 일대일대응이다. 이때 상수 a, b에 대하여 $a+b$의 값을 구하시오. (단, $a<0$)

개념 넓히기

한번 더 ✓ ☐

03-3

실수 전체의 집합 R에서 R로의 함수
$$f(x)=\begin{cases} ax+4 & (x\ge 1) \\ (x-1)^2+b & (x<1) \end{cases}$$
가 일대일대응이 되도록 하는 정수 a, b에 대하여 $a+b$의 최댓값은?

① 1　　　　② 2　　　　③ 3

④ 4　　　　⑤ 5

● 풀이 117쪽

정답　　03-1 ②　　　　03-2 0　　　　03-3 ②

예제 04

두 집합 $X=\{2, 4, 6\}$, $Y=\{1, 3, 5\}$에 대하여 다음을 구하시오.

(1) X에서 Y로의 함수의 개수

(2) X에서 Y로의 일대일대응의 개수

접근 방법▶ 두 집합 X, Y에 대하여 집합 X의 각 원소에 집합 Y의 원소가 오직 하나씩만 대응할 때, 이 대응을 X에서 Y로의 함수라고 한다. 이때 집합 X의 각 원소는 집합 Y의 원소 하나에 2개 이상 대응할 수 있지만 집합 X의 어떤 한 원소에 집합 Y의 원소가 2개 이상 대응하면 안된다. 즉, (1)에서는 함수가 되려면 정의역 X의 각 원소에 공역 Y의 원소가 하나씩 대응되어야 하므로 정의역의 각 원소 2, 4, 6에 대응할 수 있는 공역 Y의 원소의 개수를 생각하면 된다.

정의역 X의 원소와 공역 Y의 원소가 하나씩 대응되는 함수를 일대일대응이라고 한다. 즉, (2)에서는 함수 $f : X \longrightarrow Y$에서 (i) 정의역 X의 임의의 두 원소 x_1, x_2에 대하여 $x_1 \neq x_2$이면 $f(x_1) \neq f(x_2)$이고, (ii) 치역과 공역이 같을 때, 함수 f를 일대일대응이라고 하므로 정의역 X의 각 원소에 대응하는 공역 Y의 원소는 서로 다르다.

수매씨 Point 함수의 개수 ➡ 정의역을 기준으로 대응 관계를 생각한다.

상세 풀이▶ (1) 집합 X의 원소 2에 대응할 수 있는 집합 Y의 원소는 1, 3, 5의 3개이고, 다른 원소 4와 6에 대응할 수 있는 Y의 원소도 각각 3개이다.

따라서 구하는 함수의 개수는

$3 \times 3 \times 3 = 27$

(2) 집합 X의 원소 2에 대응할 수 있는 집합 Y의 원소는 1, 3, 5의 3개, 원소 4에 대응할 수 있는 Y의 원소는 원소 2에 대응한 Y의 원소를 제외한 2개, 원소 6에 대응할 수 있는 Y의 원소는 나머지 1개이다.

따라서 구하는 일대일대응의 개수는 집합 X의 원소 2, 4, 6의 자리를 정해 놓고 집합 Y의 원소 1, 3, 5를 일렬로 나열하는 경우의 수와 같으므로

$3! = 3 \times 2 \times 1 = 6$

정답 (1) 27 (2) 6

보충 설명

공집합이 아닌 두 집합 X, Y에 대하여

(1) $n(X)=l$, $n(Y)=m$일 때, X에서 Y로의 함수의 개수는 m^l

(2) $n(X)=l$, $n(Y)=m$일 때, X에서 Y로의 일대일함수의 개수는 $_m\mathrm{P}_l$ (단, $m \geq l$)

(3) $n(X)=m$, $n(Y)=m$일 때, X에서 Y로의 일대일대응의 개수는 $_m\mathrm{P}_m=m!$

한번 더 ✓ ☐

숫자 바꾸기

04-1

두 집합 $X=\{1, 3, 5, 7\}$, $Y=\{2, 4, 6, 8\}$에 대하여 다음을 구하시오.

(1) X에서 Y로의 함수의 개수

(2) X에서 Y로의 일대일대응의 개수

한번 더 ✓ ☐

표현 바꾸기

04-2

두 집합 $X=\{1, 2, 3\}$, $Y=\{0, 1, 2, 3, 4\}$에 대하여 함수 $f : X \longrightarrow Y$일 때,
$f(1)f(2)f(3)=0$을 만족시키는 함수 f의 개수를 구하시오.

08

한번 더 ✓ ☐

개념 넓히기

04-3

집합 $X=\{1, 2, 3, 4, 5\}$에 대하여 다음 조건을 만족시키는 함수 $f : X \longrightarrow X$의 개수를
구하시오.

> (개) $f(1) \leq 2$
>
> (내) $f(2) \leq 2$
>
> (대) $a \neq b$이면 $f(a) \neq f(b)$이다. (단, $a \in X$, $b \in X$)

● 풀이 117쪽~118쪽

정답 **04-1** (1) 256 (2) 24   **04-2** 61   **04-3** 12

예제 05

두 집합 $A=\{1, 2, 3, 4\}$, $B=\{a, b, c\}$에 대하여 함수 $f : A \longrightarrow B$ 중에서 치역이 공역과 같은 것의 개수를 구하시오.

접근 방법 〉 치역이 공역과 같은 함수의 개수를 구할 때에는 함수 f의 총 개수에서 치역이 공역과 같은 함수의 개수를 빼면 된다. 한편, 공역의 원소가 3개이므로 정의역의 원소들을 3개의 조로 나눈 후 각각 a, b, c에 대응하는 방법의 수로 구할 수도 있다.

> **수매씨 Point** 치역과 공역이 같은 함수의 개수
> ➡ 정의역의 원소를 공역의 원소의 수만큼의 조로 나눈다.

상세 풀이 〉 곱의 법칙에 의해 함수 f의 총 개수는 $3 \times 3 \times 3 \times 3 = 3^4 = 81$

(ⅰ) 치역이 $\{a\}$인 함수의 개수는 1이므로 치역의 원소의 개수가 1인 함수의 개수는

$$_3C_1 = 3$$

(ⅱ) 치역이 $\{a, b\}$인 함수의 개수는

$$2^4 - 2 = 14 \longmapsto 2^4 개 중에서 치역이 \{a\}, \{b\}인 것을 제외한다.$$

이므로 치역의 원소의 개수가 2인 함수의 개수는

$$_3C_2 \times (2^4 - 2) = 3 \times 14 = 42 \longmapsto a, b, c 중 치역에 들어갈 2개의 원소를 뽑는다.$$

(ⅰ), (ⅱ)에서 치역의 원소의 개수가 3, 즉 치역이 공역과 같은 함수의 개수는

$$81 - 3 - 42 = 36$$

다른 풀이 〉 정의역의 원소를 공역의 원소의 수만큼의 조로 나누어야 한다.

즉, 1, 2, 3, 4 네 개를 2개, 1개, 1개의 3개의 조로 나누는 방법의 수는

$$_4C_2 \times _2C_1 \times _1C_1 \times \frac{1}{2!} = 6$$

따라서 이 각각에 대하여 3개의 조에 공역의 원소 a, b, c를 대응시키는 경우의 수가 3!이므로 구하는 함수의 개수는

$$6 \times 3! = 36$$

정답 36

보충 설명

상세 풀이는 정의역과 공역의 원소의 개수가 커지면 계산이 복잡해지는 단점이 있다. 따라서 **다른 풀이**와 같이 조 나누기 방법을 이용하여 치역이 공역과 같은 함수의 개수를 세는 것이 더 편리할 수도 있다.

05-1 　두 집합 $A=\{1, 2, 3, 4, 5\}$, $B=\{a, b, c\}$에 대하여 함수 $f : A \longrightarrow B$ 중에서 치역이
공역과 같은 것의 개수를 구하시오.

05-2 　서로 다른 종류의 책 6권을 창희, 경도, 인영에게 나누어 줄 때, 모든 사람이 한 권 이상씩
받도록 책을 나누어 주는 방법의 수는?

① 540　　　　　　　　② 570　　　　　　　　③ 600

④ 630　　　　　　　　⑤ 660

08

05-3 　집합 $X=\{1, 2, 3, 4, 5\}$에서 집합 $Y=\{3, 5, 7\}$로의 함수 중에서 치역에 속하는 모든 원
소의 합이 짝수인 것의 개수는?

① 90　　　　　　　　② 100　　　　　　　　③ 110

④ 120　　　　　　　　⑤ 130

● 풀이 118쪽~119쪽

정답　　05-1 150　　　　　　　　05-2 ①　　　　　　　　05-3 ①

2 합성함수

어떤 학생을 그 학생이 받은 수학 점수에 대응시키는 함수가 있고, 수학 점수를 내신 등급에 대응시키는 함수가 있을 때, 어떤 학생을 그 학생의 내신 등급에 대응시키는 함수를 생각할 수 있습니다. 중간에 있는 수학 점수를 생각하지 않고 새로운 대응을 만든 것입니다. 이러한 것이 함수의 합성입니다.

1 합성함수

세 집합 X, Y, Z에 대하여 두 함수 $f : X \longrightarrow Y$, $g : Y \longrightarrow Z$가 주어졌을 때, 집합 X의 임의의 원소 x에 대하여 함숫값 $f(x)$는 집합 Y의 원소입니다. 즉, 함수 f의 치역이 함수 g의 정의역 Y에 포함됩니다.

오른쪽 그림과 같이 함수 f에 의하여 X의 원소 x에 Y의 원소 y가 대응하고, 함수 g에 의하여 Y의 원소 y에 Z의 원소 z가 대응한다고 할 때, X의 원소 x에 Z의 원소 z를 대응시키는 새로운 함수를 생각할 수 있습니다.

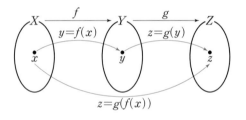

이때 두 함수 f와 g에 의하여 각각

$$y = f(x) \quad \cdots\cdots \ \text{㉠}, \quad z = g(y) \quad \cdots\cdots \ \text{㉡}$$

가 성립하므로 ㉠을 ㉡에 대입하면

$$z = g(f(x))$$

입니다.

이와 같이 두 함수 $f : X \longrightarrow Y$, $g : Y \longrightarrow Z$에 대하여 집합 X의 각 원소 x를 집합 Z의 원소 $g(f(x))$에 대응시키는 새로운 함수를 f와 g의 합성함수라 하고, 이것을 기호로

$$g \circ f$$

와 같이 나타냅니다. 즉, $g \circ f : X \longrightarrow Z$입니다. ← X는 정의역, Z는 공역이 된다.

이때 함수 $g \circ f$의 함숫값을 기호로

$$(g \circ f)(x)$$

와 같이 나타내고, 정의역 X의 임의의 원소 x에 공역 Z의 원소 $g(f(x))$가 대응하므로

$$(g \circ f)(x) = g(f(x))$$

입니다. 따라서 f와 g의 합성함수를 $y = g(f(x))$와 같이 나타냅니다.

또한 두 함수 $g : X \longrightarrow Y$, $f : Y \longrightarrow Z$의 합성함수 $f \circ g$는

$$f \circ g : X \longrightarrow Z,$$
$$(f \circ g)(x) = f(g(x)) \ (x \in X)$$

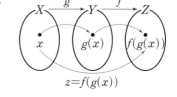

입니다. 즉, 두 함수 f, g에 대하여

합성함수 $g \circ f$ ➡ 함수 f를 함수 g에 합성한 함수

합성함수 $f \circ g$ ➡ 함수 g를 함수 f에 합성한 함수

Example

오른쪽 그림과 같이 주어진 두 함수 f, g에 대하여

(1) $(g \circ f)(3) = g(f(3)) = g(1) = 2$

(2) $(f \circ g)(3) = f(g(3)) = f(3) = 1$

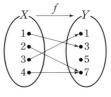
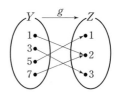

또한 합성함수 $g \circ f$는 함수 f의 치역이 함수 g의 정의역의 부분집합일 때에만 정의됩니다.

Example

(1) 세 집합 $X = \{1, 2\}$, $Y = \{3, 4, 5\}$, $R = \{x \,|\, x$는 실수$\}$에 대하여 두 함수 $f : X \longrightarrow R$, $g : Y \longrightarrow R$이 오른쪽 그림과 같을 때, 함수 f의 치역은 $\{3, 5\}$이고 함수 g의 치역은 $\{1, 2, 3\}$이다.

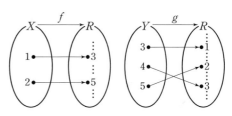

이때 함수 f의 치역은 함수 g의 정의역의 부분집합이므로 [그림 1]과 같이 합성함수 $g \circ f$는 정의되지만 함수 g의 치역은 함수 f의 정의역의 부분집합이 아니므로 [그림 2]와 같이 합성함수 $f \circ g$는 정의되지 않는다.

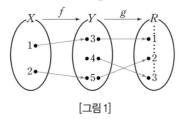

[그림 1]

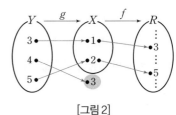

[그림 2]

(2) 실수 전체의 집합을 R이라고 할 때, 함수 $f(x) = x$의 치역은 R, 함수 $g(x) = \dfrac{1}{x}$의 정의역은 0이 아닌 실수 전체의 집합, 즉 $R - \{0\}$이다.

이때 $(g \circ f)(0) = g(f(0)) = g(0)$이므로 $(g \circ f)(0)$은 정의되지 않는다. 즉, 합성함수 $g \circ f$는 R에서 정의할 수 없다. 하지만 집합 $R - \{0\}$에서는 합성함수 $g \circ f$를 정의할 수 있다.

⟶ R에서 $f(x) = 0$, 즉 $x = 0$을 제외한 것이다.

그리고 함수 g의 치역과 합성함수 $g \circ f$의 치역은 일반적으로 같지 않습니다.

오른쪽 그림과 같이 주어진 두 함수 f, g 에 대하여

함수 f의 치역은 $\{1, 2, 3\}$이고, 함수 g의 정의역은 $\{1, 2, 3, 4\}$, 즉 함수 f의 치역 이 함수 g의 정의역의 부분집합이므로 합 성함수 $g \circ f$를 정의할 수 있다. 이때

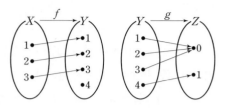

$$(g \circ f)(1) = g(f(1)) = g(1) = 0$$
$$(g \circ f)(2) = g(f(2)) = g(2) = 0$$
$$(g \circ f)(3) = g(f(3)) = g(3) = 0$$

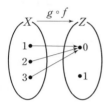

이므로 합성함수 $g \circ f$는 오른쪽 그림과 같이 나타낼 수 있다.

또한 함수 g의 치역은 $\{0, 1\}$이지만 합성함수 $g \circ f$의 치역은 $\{0\}$이다. ← 두 함수 g와 $g \circ f$의 치역은 서로 다르다.

개념 Point　　합성함수

두 함수 $f : X \longrightarrow Y$, $g : Y \longrightarrow Z$의 합성함수 $g \circ f$는

$$g \circ f : X \longrightarrow Z,$$
$$(g \circ f)(x) = g(f(x)) \ (x \in X)$$

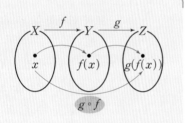

---

2 합성함수의 성질

이제 합성함수의 성질에 대하여 알아봅시다.

두 함수 f, g에 대하여

$$(g \circ f)(x) = g(f(x))$$

는 함수 f에 의한 x의 함숫값 $f(x)$를 구한 다음, 함수 g에 의한 $f(x)$의 함숫값 $g(f(x))$를 구하는 것이고,

$$(f \circ g)(x) = f(g(x))$$

는 함수 g에 의한 x의 함숫값 $g(x)$를 구한 다음, 함수 f에 의한 $g(x)$의 함숫값 $f(g(x))$를 구하는 것입니다. 그러므로 일반적으로 두 함수 f, g에 대하여

$$g \circ f \neq f \circ g$$

입니다. 즉, 함수의 합성에 대한 교환법칙이 성립하지 않습니다.

따라서 합성함수를 구할 때에는 항상 합성하는 순서에 주의해야 합니다.

Example (1) 두 함수 $f(x)=x^2$, $g(x)=x+5$에 대하여

$$(g \circ f)(x)=g(f(x))=g(x^2)=x^2+5$$
$$(f \circ g)(x)=f(g(x))=f(x+5)=(x+5)^2=x^2+10x+25$$

이므로 $g \circ f \neq f \circ g$이다.

(2) 두 함수 $f(x)=x+2$, $g(x)=x-2$에 대하여

$$(g \circ f)(x)=g(f(x))=g(x+2)=x$$
$$(f \circ g)(x)=f(g(x))=f(x-2)=x$$

이므로 $g \circ f=f \circ g$이다. ← 함수의 합성에 대한 교환법칙이 항상 성립하지 않는 것은 아니다.

한편, 네 집합 X, Y, Z, W에 대하여 세 함수 $f : X \longrightarrow Y$, $g : Y \longrightarrow Z$, $h : Z \longrightarrow W$가 주어졌을 때, $g \circ f : X \longrightarrow Z$이므로

$$h \circ (g \circ f) : X \longrightarrow W$$

또한 $h \circ g : Y \longrightarrow W$이므로

$$(h \circ g) \circ f : X \longrightarrow W$$

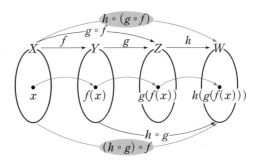

입니다. 즉, 두 합성함수 $h \circ (g \circ f)$와 $(h \circ g) \circ f$는 모두 X에서 W로의 함수입니다.

이때 위의 그림에서 X의 임의의 원소 x에 대하여

$$(h \circ (g \circ f))(x)=h((g \circ f)(x))=h(g(f(x)))$$
$$((h \circ g) \circ f)(x)=(h \circ g)(f(x))=h(g(f(x)))$$

입니다. 이와 같이 일반적으로 세 함수 f, g, h에 대하여

$$h \circ (g \circ f)=(h \circ g) \circ f$$

입니다. 즉, 함수의 합성에 대한 결합법칙이 성립합니다.

이때 함수의 합성에 대한 결합법칙이 성립하므로 괄호를 풀어서

$$h \circ (g \circ f)=(h \circ g) \circ f=h \circ g \circ f$$

와 같이 나타내기도 합니다.

Example 세 함수 $f(x)=x^2-1$, $g(x)=-x+2$, $h(x)=x-2$에 대하여

$$(g \circ f)(x)=g(f(x))=g(x^2-1)=-(x^2-1)+2=-x^2+3$$이므로

$$(h \circ (g \circ f))(x)=h((g \circ f)(x))=h(-x^2+3)$$
$$=(-x^2+3)-2=-x^2+1$$

또한 $(h \circ g)(x)=h(g(x))=h(-x+2)=(-x+2)-2=-x$이므로

$$((h \circ g) \circ f)(x)=(h \circ g)(f(x))=(h \circ g)(x^2-1)$$
$$=-(x^2-1)=-x^2+1$$

$$\therefore h \circ (g \circ f)=(h \circ g) \circ f$$

또한 두 집합 X, Y에 대하여 함수 $f : X \longrightarrow Y$와 두 항
등함수 $I_X : X \longrightarrow X$, $I_Y : Y \longrightarrow Y$가 주어졌을 때, X
의 임의의 원소 x에 대하여

$$(f \circ I_X)(x) = f(I_X(x)) = f(x)$$

$$(I_Y \circ f)(x) = I_Y(f(x)) = f(x)$$

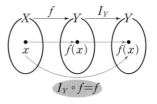

$$I_Y(f(x)) = I_Y(y) = y = f(x)$$

이므로

$$f \circ I_X = f, \ I_Y \circ f = f$$

입니다. 특히, $f : X \longrightarrow X$와 X에서의 항등함수 I에 대하여

$$f \circ I = I \circ f = f \ \leftarrow \begin{array}{l}\text{함수를 합성할 때}\\ \text{항등함수가 나오면 무시할 수 있다.}\end{array}$$

입니다.

개념 Point　합성함수의 성질

세 함수 f, g, h에 대하여

1 $(f \circ g)(x) = f(g(x))$, $(g \circ f)(x) = g(f(x))$

2 $g \circ f \neq f \circ g$　← 교환법칙이 성립하지 않는다.

3 $h \circ (g \circ f) = (h \circ g) \circ f$　← 결합법칙이 성립한다.

4 $f : X \longrightarrow X$일 때, $f \circ I = I \circ f = f$ (I는 항등함수)

개념 Plus　합성함수 $y = f(g(x))$의 그래프 그리기

합성함수 $y = f(g(x))$에서 g의 y의 값이 f의 x의 값이 된다는 점에 주목해서 다음과 같이 그릴 수 있다.

예를 들어 함수 $y = f(x)$, $y = g(x)$의 그래프가 다음과 같다.

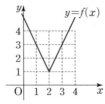 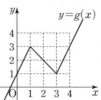

이때 함수 $y = f(g(x))$의 그래프를 그리면 다음과 같다.

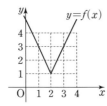 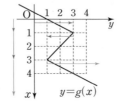 합성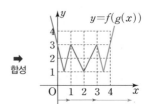

1 두 함수 f, g가 오른쪽 그림과 같을 때, 다음을 구하시오.

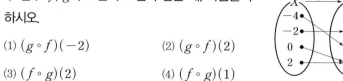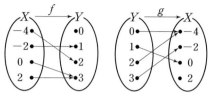

(1) $(g \circ f)(-2)$ (2) $(g \circ f)(2)$

(3) $(f \circ g)(2)$ (4) $(f \circ g)(1)$

2 두 함수 $f(x) = x+1$, $g(x) = 2x$에 대하여 다음을 구하시오.

(1) $(g \circ f)(x)$ (2) $(f \circ g)(x)$ (3) $(f \circ f)(x)$ (4) $(g \circ g)(x)$

3 두 함수 $f(x) = 2x+1$, $g(x) = x^2+3$에 대하여 합성함수 $g \circ f$와 $f \circ g$를 각각 구하시오.

4 세 함수 $f(x) = -2x$, $g(x) = x^2-4$, $h(x) = 3x-2$에 대하여 다음을 구하시오.

(1) $(f \circ g \circ h)(1)$ (2) $(h \circ f \circ g)(1)$

5 세 함수 f, g, h에 대하여 $f(x) = -2x+1$, $(h \circ g)(x) = 3x-6$일 때, $(h \circ (g \circ f))(-2)$의 값을 구하시오.

• 풀이 119쪽

정답

1 (1) 0   (2) -2 (3) 2   (4) 3

2 (1) $(g \circ f)(x) = 2x+2$ (2) $(f \circ g)(x) = 2x+1$ (3) $(f \circ f)(x) = x+2$ (4) $(g \circ g)(x) = 4x$

3 $(g \circ f)(x) = 4x^2+4x+4$, $(f \circ g)(x) = 2x^2+7$

4 (1) 6   (2) 16   **5** 9

예제
06

두 함수 $f(x)=2x+1$, $g(x)=ax-3$에 대하여 $f \circ g=g \circ f$가 성립할 때, 다음을 구하시오.

(1) 상수 a의 값

(2) $(f \circ g)(-2)$

접근 방법 $f \circ g=g \circ f$이므로 두 합성함수 $f(g(x))$, $g(f(x))$의 식이 같음을 이용하여 상수 a의 값을 구한다. 이 때 $f \circ g=g \circ f$는 모든 실수 x에 대하여 성립하므로 이 등식은 x에 대한 항등식이다.

수매씌 Point $(f \circ g)(x)=f(g(x))$, $(g \circ f)(x)=g(f(x))$

상세 풀이 (1) $f(x)=2x+1$, $g(x)=ax-3$에 대하여

$$(f \circ g)(x)=f(g(x))=2(ax-3)+1=2ax-5$$

$$(g \circ f)(x)=g(f(x))=a(2x+1)-3=2ax+a-3$$

$f \circ g=g \circ f$이므로

$$2ax-5=2ax+a-3$$

이 등식은 x에 대한 항등식이므로

$$-5=a-3$$

$$\therefore a=-2$$

(2) $g(x)=-2x-3$이므로

$$(f \circ g)(-2)=f(g(-2))=f(1)=3$$

정답 (1) -2 (2) 3

보충 설명

일반적으로 함수의 합성에서 교환법칙은 성립하지 않지만 결합법칙은 성립한다.

즉, 세 함수 f, g, h에 대하여

(1) $g \circ f \neq f \circ g$

(2) $h \circ (g \circ f)=(h \circ g) \circ f$

따라서 합성함수를 구할 때에는 합성하는 순서에 주의해야 한다.

06-1

두 함수 $f(x)=2x-1$, $g(x)=-3x+k$에 대하여 $f \circ g = g \circ f$가 성립할 때, $(g \circ f)(2)$의 값을 구하시오. (단, k는 상수이다.)

06-2

다음 물음에 답하시오.

⑴ 두 함수 $f(x)=3x+4$, $g(x)=ax+b$에 대하여 $f \circ g = g \circ f$가 성립할 때, 함수 $y=g(x)$의 그래프는 a의 값에 관계없이 항상 한 점을 지난다. 이 점의 좌표를 구하시오. (단, a, b는 상수이다.)

⑵ 함수 $f(x)=-4x+5$에 대하여 $(f \circ f \circ f)(k)=1$을 만족시키는 상수 k의 값을 구하시오.

06-3

세 집합 $X=\{1, 2, 3\}$, $Y=\{a, b, c\}$, $Z=\{4, 5, 6\}$에 대하여 일대일대응인 두 함수 $f:X \longrightarrow Y$, $g:Y \longrightarrow Z$가

$$f(1)=c, g(b)=4, (g \circ f)(2)=6$$

을 만족시킬 때, $f(3)$의 값을 구하시오.

● 풀이 119쪽~120쪽

예제 07 합성함수의 응용

실수 전체의 집합에서 정의된 함수 f가 $f(2x-1)=-x+1$을 만족시킬 때, 다음 물음에 답하시오.

(1) $f(3)$의 값을 구하시오.

(2) $f(3x+1)$의 식을 구하시오.

접근 방법 $f(2x-1)=-x+1$을 이용하여 함수 $f(x)$의 식을 알아내야 하므로 $2x-1=t$로 놓고 함수 f를 t에 대한 식으로 나타낸다.

수매씨 Point $f(x)=ax+b$와 $f(t)=at+b$는 같은 함수를 나타낸다.

상세 풀이 (1) $f(2x-1)=-x+1$에서

$2x-1=t$로 놓으면 $x=\dfrac{t+1}{2}$이므로

$f(t)=-\dfrac{t+1}{2}+1=\dfrac{-t+1}{2}$

$\therefore f(3)=\dfrac{-3+1}{2}=-1$

(2) (1)에서 $f(t)=\dfrac{-t+1}{2}$이므로 $t=3x+1$을 대입하면

$f(3x+1)=\dfrac{-(3x+1)+1}{2}=-\dfrac{3}{2}x$

다른 풀이 (1) $f(2x-1)=-x+1$에서 $2x-1=3$을 만족시키는 x의 값은 $x=2$이므로

양변에 $x=2$를 대입하면

$f(3)=-2+1=-1$

정답 (1) -1 (2) $f(3x+1)=-\dfrac{3}{2}x$

보충 설명

(1) $f(x)=ax+b$ (a, b는 상수)라고 하면 $f(t)=at+b$는 t에 대한 함수 f이므로 $f(x)$와 $f(t)$는 변수만 다를 뿐 같은 함수 f이다.

(2) **다른 풀이**에서와 같이 $f(2x-1)=-x+1$에서 $2x-1=3$을 만족시키는 x의 값을 찾아 양변에 대입하면 $f(3)$의 값을 간단히 구할 수 있다.

이때 $f(2x-1)=-x+1$의 우변에만 $x=3$을 대입하여 $f(3)=-3+1=-2$라고 답하지 않도록 주의한다.

숫자 바꾸기 　　　　한번 더 ☑ ☐

07-1

실수 전체의 집합에서 정의된 함수 f가 $f(3x+1)=x-2$를 만족시킬 때, 다음 물음에 답하시오.

(1) $f(4)$의 값을 구하시오.

(2) $f(2x-1)$의 식을 구하시오.

표현 바꾸기 　　　　한번 더 ☑ ☐

07-2

양수 전체의 집합에서 정의된 함수 f가 $f(2x)=\frac{2}{x+2}$를 만족시킬 때, 다음 중 $2f(x)$의 식으로 알맞은 것은?

① $2f(x)=\frac{4}{x+2}$ 　② $2f(x)=\frac{2}{x+4}$ 　③ $2f(x)=\frac{8}{x+4}$

④ $2f(x)=\frac{4}{x+8}$ 　⑤ $2f(x)=\frac{8}{x+8}$

개념 넓히기 　　　　풀이 120쪽 ➕ 보충 설명 　한번 더 ☑ ☐

07-3

실수 전체의 집합에서 정의된 세 함수 f, g, h에 대하여

$$f(x)=2x-3,\ (h\circ g\circ f)(x)=h(x)$$

이고, 함수 h가 일대일대응일 때, $g(1)$의 값은?

① 0 　② 1 　③ 2

④ 3 　⑤ 4

• 풀이 120쪽

정답

07-1 (1) -1 　(2) $f(2x-1)=\frac{2x-8}{3}$ 　**07-2** ③ 　**07-3** ③

예제 08 — 합성함수의 그래프

$0 \leq x \leq 2$에서 정의된 두 함수 $y=f(x)$, $y=g(x)$의 그래프가 각각 오른쪽 그림과 같을 때, 합성함수 $y=(g \circ f)(x)$의 그래프를 그리시오.

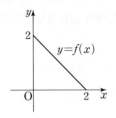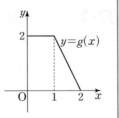

접근 방법 〉 두 함수 $f(x)$, $g(x)$에 대하여 $f(x)$의 치역이 $g(x)$의 정의역에 포함될 때, 합성함수 $y=(g \circ f)(x)$의 그래프는 합성함수의 정의에 따라 두 함수의 관계식을 합성하여 함수 $g(f(x))$의 식을 구한 다음 그린다.

이때 주어진 함수 $g(x)$는 $0 \leq x < 1$, $1 \leq x \leq 2$에서 서로 다른 함수의 식을 가지므로 $f(x)$의 값이 1이 되는 x의 값을 기준으로 범위를 나누어 생각한다.

> **수매씽 Point** 꺾인 형태의 그래프에서는 꺾이는 점의 x좌표를 기준으로 x의 값의 범위를 나누어 함수의 식을 생각한다.

상세 풀이 〉 $f(x)=-x+2$ $(0 \leq x \leq 2)$, $g(x)=\begin{cases} 2 & (0 \leq x < 1) \\ -2x+4 & (1 \leq x \leq 2) \end{cases}$이므로

$$(g \circ f)(x)=g(f(x)) \quad \leftarrow f(x)를 \ g(x)의 \ x \ 대신에 \ 대입한다.$$

$$=\begin{cases} 2 & (0 \leq f(x) < 1) \\ -2f(x)+4 & (1 \leq f(x) \leq 2) \end{cases} \quad \cdots\cdots \ \bigcirc$$

$$=\begin{cases} 2 & (1 < x \leq 2) \\ 2x & (0 \leq x \leq 1) \end{cases}$$

따라서 합성함수 $y=(g \circ f)(x)$의 그래프는 오른쪽 그림과 같다.

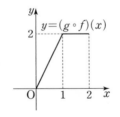

정답 풀이 참조

보충 설명

(1) $\bigcirc$에서 $f(x)=-x+2$이므로 $0 \leq f(x) < 1$에서 $0 \leq -x+2 < 1$, $-2 \leq -x < -1$ $\therefore 1 < x \leq 2$

마찬가지 방법으로 $1 \leq f(x) \leq 2$에서 $0 \leq x \leq 1$이므로 합성함수 $(g \circ f)(x)$는 $1 < x \leq 2$, $0 \leq x \leq 1$로 나누어 정의한다.

(2) 함수 $y=g(x)$의 그래프와 같이 그래프가 꺾인 형태의 함수에서는 꺾이는 점의 x좌표를 기준으로 정의역의 범위를 나누어 함수의 식을 생각해야 한다. 위의 예제에서는 꺾이는 점의 x좌표를 기준으로 합성함수 $y=(g \circ f)(x)$의 정의역의 범위가 나누어지고, 각 범위에 따라 식도 다르게 나온다.

08-1

두 함수 $y=f(x)$와 $y=g(x)$의 그래프가 각각 다음 그림과 같을 때, 합성함수 $y=(g \circ f)(x)$의 그래프를 그리시오.

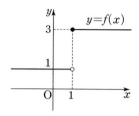 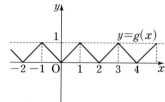

 풀이 121쪽 ⊕ 보충 설명

08-2

$0 \le x \le 3$에서 정의된 두 함수 $y=f(x)$와 $y=g(x)$의 그래프가 각각 오른쪽 그림과 같을 때, 합성함수 $y=(g \circ f)(x)$의 그래프를 그리시오.

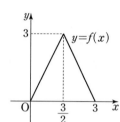 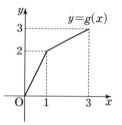

08-3

두 함수 $y=f(x)$, $y=g(x)$의 그래프가 각각 오른쪽 그림과 같을 때, 다음 함수의 그래프를 그리시오.

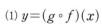 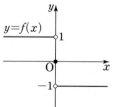 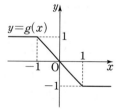

(1) $y=(g \circ f)(x)$

(2) $y=(f \circ g)(x)$

● 풀이 120쪽 ~ 122쪽

    08-1 풀이 참조   **08-2** 풀이 참조   **08-3** 풀이 참조

3 역함수

1 역함수의 뜻

함수가 주어졌을 때, 그 함수의 반대 방향으로 대응시키는 새로운 함수를 생각해 볼 수 있습니다. f가 X에서 Y로의 함수라면, f의 반대 방향으로 대응시키는 함수 g는 Y에서 X로의 함수 g가 되고

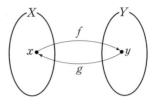

$$f(x) = y\text{일 때, } g(y) = x$$

를 만족시킵니다. 이때 함수와 새로운 함수는 정의역과 공역이 서로 바뀌고, x, y 사이의 관계식도 바뀔 것입니다.

앞에서 두 집합 X, Y에 대하여 함수 $f : X \longrightarrow Y$가 다음 두 가지 조건을 만족시킬 때, 일대일대응임을 공부하였습니다.

[조건 1] 정의역 X의 임의의 두 원소 x_1, x_2에 대하여 $x_1 \neq x_2$이면 $f(x_1) \neq f(x_2)$

[조건 2] 치역과 공역이 같다.

이때 함수 f와 반대 방향으로의 대응인 Y에서 X로의 대응도 함수가 되려면 집합 Y의 각 원소도 집합 X의 원소가 오직 하나씩만 대응해야 하므로 함수 f는 일대일대응이어야 합니다.

다음 그림을 보면서 주어진 함수의 반대 방향으로의 대응이 함수가 되는지 확인해 봅시다.

(1) [조건 1]이 성립하지 않는 경우	(2) [조건 2]가 성립하지 않는 경우	(3) [조건 1], [조건 2]가 모두 성립하는 경우

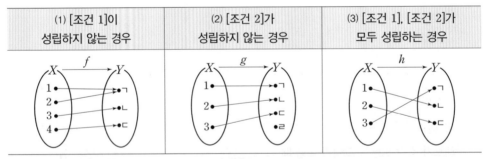

집합 Y에서 집합 X로의 대응이 함수가 되려면 함수의 정의에 따라 Y의 각 원소에 X의 원소가 오직 하나씩 대응해야 합니다.
(i)

그런데 (1)과 같이 [조건 1]이 성립하지 않으면 함수 f의 반대 방향으로의 대응은 Y의 원소 중에 2개 이상의 X의 원소가 대응하는 것이 존재하므로 함수가 될 수 없습니다.
(ii)
└──▶ ㄱ에 1, 2, 즉 2개의 원소가 대응한다. 즉, (ii)를 만족시키지 않는다.

또한 (2)와 같이 [조건 2]가 성립하지 않으면 함수 g의 반대 방향으로의 대응은 Y의 원소 중에 X의 원소와 대응하지 않는 것이 존재하므로 역시 함수가 될 수 없습니다.
└──▶ ㄹ에 대응하는 원소가 없다. 즉, (i)을 만족시키지 않는다.

(3)에서 함수 h의 반대 방향으로의 대응은 Y의 각 원소에 X의 원소가 오직 하나씩만 대응하므로 함수입니다.

즉, 함수의 반대 방향으로의 대응이 함수가 되기 위한 필요충분조건은 그 함수가 일대일대응인 것입니다.

일반적으로 함수 $f : X \longrightarrow Y$, $y=f(x)$가 일대일대응일 때, Y의 각 원소 y에 대하여 $f(x)=y$인 X의 원소 x는 오직 하나 존재합니다. 따라서 Y의 각 원소 y에 $f(x)=y$인 X의 원소 x를 대응시켜 Y를 정의역, X를 공역으로 하는 새로운 함수를 정의할 수 있습니다. 이 함수를 f의 **역함수**(inverse function)라 하고, 이것을 기호로

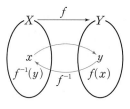

$$f^{-1} \quad \leftarrow f\text{의 역함수 또는 } f \text{ inverse라고 읽는다.}$$

와 같이 나타냅니다. 즉, $f^{-1} : Y \longrightarrow X$, $x=f^{-1}(y)$입니다.

따라서 함수 f와 그 역함수 f^{-1} 사이에는

$$y=f(x) \Longleftrightarrow x=f^{-1}(y)$$

가 성립합니다.

> **Example** 함수 $f : X \longrightarrow Y$가 오른쪽 그림과 같을 때, 함수 f는 일대일대응이므로 역함수 f^{-1}가 존재한다. 이때
> (1) $f(3)=a$
> (2) $f^{-1}(b)=1$

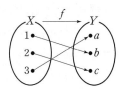

개념 Point　　**역함수의 뜻**

함수 $f : X \longrightarrow Y$, $y=f(x)$가 일대일대응일 때
1 역함수 $f^{-1} : Y \longrightarrow X$가 존재한다.
2 $y=f(x) \Longleftrightarrow x=f^{-1}(y)$

+ Plus

함수 $f : X \longrightarrow Y$가 일대일대응일 때, 역함수 f^{-1}의 정의역은 함수 f의 공역 Y이고 f^{-1}의 공역은 함수 f의 정의역 X이다. 즉, 원래 함수의 정의역과 공역이 서로 바뀌어 역함수의 정의역과 공역이 되므로 역함수를 구할 때에는 역함수의 정의역에 주의해야 한다.

❷ 역함수의 성질

역함수의 성질에 대하여 알아봅시다.
(1) 함수 $f : X \longrightarrow Y$가 일대일대응일 때, f와 그 역함수 $f^{-1} : Y \longrightarrow X$에 대하여
$$y=f(x) \Longleftrightarrow x=f^{-1}(y)$$

가 성립하므로 이로부터

$$(f^{-1} \circ f)(x) = f^{-1}(f(x)) = f^{-1}(y) = x \, (x \in X) \quad \leftarrow f^{-1} \circ f \text{는 } X\text{에서의 항등함수}$$
$$(f \circ f^{-1})(y) = f(f^{-1}(y)) = f(x) = y \, (y \in Y) \quad \leftarrow f \circ f^{-1} \text{는 } Y\text{에서의 항등함수}$$

임을 알 수 있습니다.

다음 그림과 같이 일대일대응 f와 그 역함수 f^{-1}를 붙여 놓으면 합성함수 $f^{-1} \circ f$를 나타냅니다.

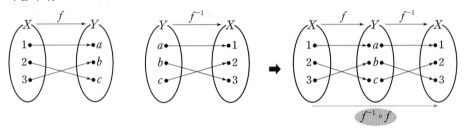

함수 $f^{-1} \circ f$에서

$$1 \longrightarrow a \longrightarrow 1, \, 2 \longrightarrow c \longrightarrow 2, \, 3 \longrightarrow b \longrightarrow 3$$

이므로 합성함수 $f^{-1} \circ f$는 집합 X의 각 원소에 자기 자신이 대응하는 함수, 즉 X에서의 항등함수입니다. 따라서

$$(f^{-1} \circ f)(x) = x \, (x \in X)$$

임을 확인할 수 있습니다.

이와 같은 방법으로 합성함수 $f \circ f^{-1}$는 집합 Y에서의 항등함수이고,

$$(f \circ f^{-1})(y) = y \, (y \in Y)$$

임을 확인할 수 있습니다.

Example 오른쪽 그림과 같은 함수 $f : X \longrightarrow Y$는 일대일대응이므로 역함수 f^{-1}가 존재한다. 이때

(1) $(f^{-1} \circ f)(4) = 4$

(2) $(f \circ f^{-1})(6) = 6$

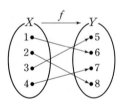

(2) 함수 $f : X \longrightarrow Y$가 일대일대응일 때, f와 그 역함수 $f^{-1} : Y \longrightarrow X$에 대하여 f^{-1}도 일대일대응입니다. 이때

$$y = f(x) \Longleftrightarrow x = f^{-1}(y) \Longleftrightarrow y = (f^{-1})^{-1}(x) \, (x \in X, \, y \in Y)$$

이므로

$$(f^{-1})^{-1} = f \quad \leftarrow f^{-1} \text{의 역함수는 } f$$

입니다.

Example 함수 $f(x) = 3x + 1$에 대하여

(1) $(f^{-1})^{-1}(1) = f(1) = 3 + 1 = 4$

(2) $(f^{-1})^{-1}(a) = 7$이면 $(f^{-1})^{-1}(a) = f(a) = 7$이므로

$$f(a) = 3a + 1 = 7, \, 3a = 6 \quad \therefore a = 2$$

(3) 두 함수 $f:X \longrightarrow Y$, $g:Y \longrightarrow X$에 대하여

$$(g \circ f)(x)=x,\ (f \circ g)(y)=y\ (x \in X,\ y \in Y) \Longleftrightarrow g=f^{-1}$$

가 성립합니다. 즉, 함수 f와 합성한 결과가 항등함수인 함수 g는 f의 역함수입니다.

(4) 두 함수 $f:X \longrightarrow Y$, $g:Y \longrightarrow Z$가 모두 일대일대응이고, 그 역함수가 각각 f^{-1}, g^{-1}일 때, $g \circ f:X \longrightarrow Z$, $f^{-1} \circ g^{-1}:Z \longrightarrow X$에 대하여

$$
\begin{aligned}
(f^{-1} \circ g^{-1}) \circ (g \circ f) &= f^{-1} \circ (g^{-1} \circ g) \circ f \quad \text{← 함수의 합성에 대한 결합법칙} \\
&= f^{-1} \circ I_Y \circ f\ (I_Y \text{는 } Y \text{에서의 항등함수}) \\
&= f^{-1} \circ f \\
&= I_X\ (I_X \text{는 } X \text{에서의 항등함수})
\end{aligned}
$$

$$
\begin{aligned}
(g \circ f) \circ (f^{-1} \circ g^{-1}) &= g \circ (f \circ f^{-1}) \circ g^{-1} \quad \text{← 함수의 합성에 대한 결합법칙} \\
&= g \circ I_Y \circ g^{-1} \\
&= g \circ g^{-1} \\
&= I_Z\ (I_Z \text{는 } Z \text{에서의 항등함수})
\end{aligned}
$$

이므로 (3)에 의하여 $f^{-1} \circ g^{-1}$는 함수 $g \circ f$의 역함수입니다. 즉,

$$(g \circ f)^{-1}=f^{-1} \circ g^{-1}$$

가 성립합니다. 이와 같은 방법으로 $(f \circ g)^{-1}=g^{-1} \circ f^{-1}$가 성립함을 알 수 있습니다.

개념 Point   **역함수의 성질**

1 함수 $f:X \longrightarrow Y$가 일대일대응이고, 그 역함수가 f^{-1}일 때,

  (1) $(f^{-1})^{-1}=f$

  (2) $(f^{-1} \circ f)(x)=f^{-1}(f(x))=f^{-1}(y)=x\ (x \in X)$

     $(f \circ f^{-1})(y)=f(f^{-1}(y))=f(x)=y\ (y \in Y)$

2 두 함수 $f:X \longrightarrow Y$, $g:Y \longrightarrow X$에 대하여

  $(f \circ g)(x)=x$이면 $g=f^{-1}$ (또는 $f=g^{-1}$)

  $(g \circ f)(x)=x$이면 $g=f^{-1}$ (또는 $f=g^{-1}$) ← 합성함수가 항등함수이면 두 함수는 역함수 관계

3 두 함수 $f:X \longrightarrow Y$, $g:Y \longrightarrow Z$가 일대일대응이고, 그 역함수가 각각 f^{-1}, g^{-1}일 때,

  $(g \circ f)^{-1}=f^{-1} \circ g^{-1}$

+ Plus

3은 3개 이상의 함수를 합성한 합성함수에서도 성립한다.

$$
\begin{aligned}
(h \circ g \circ f) \circ (f^{-1} \circ g^{-1} \circ h^{-1}) &= h \circ g \circ (f \circ f^{-1}) \circ g^{-1} \circ h^{-1} \\
&= h \circ g \circ I \circ g^{-1} \circ h^{-1}\ (I \text{는 항등함수}) \\
&= h \circ (g \circ g^{-1}) \circ h^{-1}=h \circ I \circ h^{-1} \\
&= h \circ h^{-1}=I
\end{aligned}
$$

$$\therefore (h \circ g \circ f)^{-1}=f^{-1} \circ g^{-1} \circ h^{-1}$$

3 역함수를 구하는 방법

일반적으로 함수를 나타낼 때에는 정의역의 원소를 x, 치역의 원소를 y로 나타내므로 함수 $y=f(x)$의 역함수 $x=f^{-1}(y)$에서도 x와 y를 서로 바꾸어

$$y=f^{-1}(x)$$

와 같이 나타냅니다.

따라서 함수 $y=f(x)$의 역함수 $y=f^{-1}(x)$는 다음과 같이 구할 수 있습니다.

$$y=f(x) \xrightarrow[\;x\text{에 대하여 푼다.}\;]{} x=f^{-1}(y) \xrightarrow[\;x\text{와 }y\text{를 서로 바꾼다.}\;]{} y=f^{-1}(x)$$

일대일대응인지 확인한다.

> **Example** 함수 $y=2x-3$의 역함수를 구하는 방법은 다음과 같다.
>
> ❶ 함수 $y=f(x)$가 일대일대응인지 확인한다.
>
> 함수 $y=2x-3$은 실수 전체의 집합 R에서 R로의 일대일대응이므로 역함수가 존재한다.
>
> ❷ $y=f(x)$를 x에 대하여 푼다. 즉 $x=f^{-1}(y)$ 꼴로 변형한다.
>
> $y=2x-3$을 x에 대하여 풀면 $2x=y+3$ $\qquad \therefore x=\dfrac{1}{2}y+\dfrac{3}{2}$
>
> ❸ x와 y를 서로 바꾸어 $y=f^{-1}(x)$로 나타낸다.
>
> x와 y를 서로 바꾸면 구하는 역함수는 $y=\dfrac{1}{2}x+\dfrac{3}{2}$

일대일대응인 함수 f의 치역은 역함수 f^{-1}의 정의역이고 f의 정의역은 f^{-1}의 치역입니다.

위의 **Example** 의 함수 $y=2x-3$의 치역은 실수 전체의 집합이므로 역함수의 정의역은 실수 전체의 집합입니다. 그런데 역함수의 정의역이 실수 전체의 집합이 아닌 경우에는 함수 f의 치역을 구하여 역함수 f^{-1}의 정의역으로 나타내 주어야 합니다.

> **Example** 함수
>
> $$y=2x-3\ (x\geq2) \quad \cdots\cdots \text{㉠}$$
>
> 의 치역은 오른쪽 그림에서 $\{y\,|\,y\geq1\}$이다. 따라서 ㉠의 역함수의 정의역은 $\{x\,|\,x\geq1\}$이므로 ㉠의 역함수는
>
> $$y=\dfrac{1}{2}x+\dfrac{3}{2}\ (x\geq1)$$

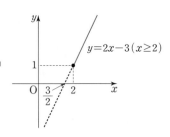

개념 Point 역함수를 구하는 방법

함수 $y=f(x)$의 역함수는 다음과 같은 순서로 구한다.

❶ 함수 $y=f(x)$가 일대일대응인지 확인한다.

❷ $y=f(x)$를 x에 대하여 푼다. 즉, $x=f^{-1}(y)$ 꼴로 변형한다.

❸ $x=f^{-1}(y)$에서 x와 y를 서로 바꾸어 $y=f^{-1}(x)$로 나타낸다.

이때 함수 f의 치역은 역함수 f^{-1}의 정의역이 되고, f의 정의역은 f^{-1}의 치역이 된다.

오른쪽 그림은 함수 $y=f(x)$의 그래프와 직선 $y=x$를 나타낸 것이다.

(단, 모든 점선은 x축 또는 y축에 평행하다.)

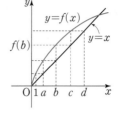

이때 $(f^{-1} \circ f^{-1})(b)$의 값을 구해 보자.

함수 $y=f(x)$의 역함수 $y=f^{-1}(x)$가 존재할 때, 함수 $y=f(x)$의 그래프 위의 점을 (p, q)라고 하면

$$f(p)=q \Longleftrightarrow p=f^{-1}(q)$$

이므로 이를 이용하여 문제를 해결할 수 있다.

먼저 $f(b)$의 값은 위의 그림에서 x축의 b를 지나는 점선과 함수 $y=f(x)$의 그래프와의 교점의 y좌표이다.

이때 직선 $y=x$를 이용하면 $f(b)=c$임을 알 수 있다.

⟶ 위의 그림에서 빨간색 점선 참고!

마찬가지 방법으로 y축과 점선이 만나는 점의 y좌표들을 모두 구하여 y축 위에 표시하면 오른쪽 그림과 같다. 즉,

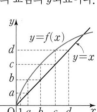

$$f(1)=a, \ f(a)=b, \ f(b)=c, \ f(c)=d$$

따라서 $f(a)=b$에서 $f^{-1}(b)=a$이고, $f(1)=a$에서 $f^{-1}(a)=1$이므로

$$(f^{-1} \circ f^{-1})(b)=f^{-1}(f^{-1}(b))=f^{-1}(a)=1$$

이상에서 그래프를 이용하여 역함수 또는 합성함수의 함숫값을 구할 때에는 직선 $y=x$ 위의 점의 x좌표와 y좌표가 같음을 이용하는 것이 매우 중요함을 알 수 있다.

4 역함수의 그래프

함수 $y=f(x)$의 그래프와 그 역함수 $y=f^{-1}(x)$의 그래프 사이의 관계를 알아봅시다.

먼저 두 함수 $y=f(x)$, $y=f^{-1}(x)$의 그래프 위의 한 점을 각각 생각해 보면

함수 $y=f(x)$의 그래프 위의 점 $\mathrm{P}(x_1, y_1)$에 대하여

$$y_1=f(x_1)$$

입니다. 이때 함수 f의 역함수 f^{-1}에 대하여

$$x_1=f^{-1}(y_1)$$

이므로 점 $\mathrm{Q}(y_1, x_1)$은 역함수 $y=f^{-1}(x)$의 그래프 위에 있습니다.

따라서 점 $\mathrm{P}(x_1, y_1)$이 함수 $y=f(x)$의 그래프 위에 있으면 점 $\mathrm{Q}(y_1, x_1)$은 역함수 $y=f^{-1}(x)$의 그래프 위에 있습니다.

또한 도형의 이동 단원에서 배운 것처럼 두 점 $P(x_1, y_1)$, $Q(y_1, x_1)$은 x좌표와 y좌표가 바뀌었으므로 직선 $y=x$에 대하여 대칭입니다. 따라서 함수 $y=f(x)$의 그래프와 그 역함수 $y=f^{-1}(x)$의 그래프는 직선 $y=x$에 대하여 대칭임을 알 수 있습니다.

또한 함수 $y=f(x)$ (또는 역함수 $y=f^{-1}(x)$)의 그래프와 직선 $y=x$의 교점이 존재하면 그 교점은 두 함수 $y=f(x)$, $y=f^{-1}(x)$의 그래프의 교점입니다.

하지만 그 역이 항상 성립하는 것은 아님에 주의합니다. 즉, 두 함수 $y=f(x)$, $y=f^{-1}(x)$의 그래프의 교점이 모두 직선 $y=x$ 위에 있는 것은 아닙니다.

Example

(1) 함수 $y=2x-3$의 그래프와 그 역함수

$y=\dfrac{1}{2}(x+3)$의 그래프는 오른쪽 그림과 같이 직선

$y=x$에 대하여 대칭이다.

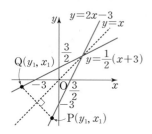

(2) 함수 $f(x)=1-x^2$ $(x \geq 0)$과 그 역함수

$f^{-1}(x)=\sqrt{1-x}$ ← 무리함수에서 이 함수에 대해 좀 더 자세히 배울 것이다.

의 그래프의 교점은 오른쪽 그림과 같이 3개이다. 즉,

함수 $y=f(x)$의 그래프는 세 점 $(0, 1)$,

$\left(\dfrac{-1+\sqrt{5}}{2}, \dfrac{-1+\sqrt{5}}{2}\right)$, $(1, 0)$을 지나고, 그 역함수

└→ $1-x^2=x$를 연립해서 구한 것이다.

$y=f^{-1}(x)$의 그래프도 이 세 점을 지난다.

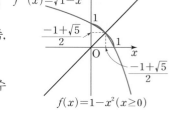

이때 함수 $y=f(x)$, $y=f^{-1}(x)$의 그래프의 교점 중 두 점 $(0, 1)$, $(1, 0)$은 직선 $y=x$ 위의 점은 아니지만 직선 $y=x$에 대하여 대칭이다.

(3) 함수 $f(x)=-x+1$의 역함수는 $f^{-1}(x)=-x+1$이고, 두 함수 $y=f(x)$, $y=f^{-1}(x)$의 그래프의 교점은 무수히 많다.

개념 Point　　**역함수의 그래프**

함수 $y=f(x)$의 그래프와 그 역함수 $y=f^{-1}(x)$의 그래프는 직선 $y=x$에 대하여 대칭이다.

+ Plus

함수 $y=f(x)$와 그 역함수 $y=f^{-1}(x)$가 직선 $y=x$ 위의 점이 아닌 점 (a, b)에서 만나면

$\qquad b=f(a),\ b=f^{-1}(a)$ ······ ★

가 성립한다. ★에서 역함수의 성질을 이용하면

$\qquad a=f^{-1}(b),\ a=f(b)$

가 성립하므로 두 함수 $y=f(x)$, $y=f^{-1}(x)$는 점 (b, a)에서도 만난다는 것을 알 수 있다.

1 다음 함수 $f : X \longrightarrow Y$의 역함수 $f^{-1} : Y \longrightarrow X$가 존재하는지를 판별하시오.

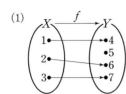 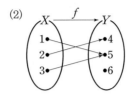 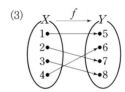

2 함수 $f : X \longrightarrow Y$가 오른쪽 그림과 같을 때, 다음을 구하시오.

(1) $f(2)$

(2) $f^{-1}(7)$

(3) $f^{-1}(6)$

(4) $(f^{-1} \circ f)(3)$

(5) $(f \circ f^{-1})(8)$

(6) $(f^{-1})^{-1}(3)$

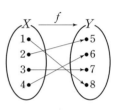

3 두 함수 $f(x)=x+2$, $g(x)=-2x+1$에 대하여 다음을 구하시오.

(1) $f^{-1}(x)$ (2) $g^{-1}(x)$ (3) $(g \circ f)^{-1}(x)$ (4) $(f^{-1} \circ g^{-1})(x)$

4 일차함수 $f(x)=ax+b$에 대하여 $f(2)=1$, $f^{-1}(0)=3$이다. 이때 상수 a, b에 대하여 $a+b$의 값을 구하시오.

5 일차함수 $f(x)=ax+b$의 그래프와 그 역함수의 그래프가 모두 점 $(2, -4)$를 지날 때, 실수 a, b의 값을 각각 구하시오.

● 풀이 122쪽 ～ 123쪽

정답

1 (1) 역함수가 존재하지 않는다. (2) 역함수가 존재하지 않는다. (3) 역함수가 존재한다.

2 (1) 5 (2) 3 (3) 4 (4) 3 (5) 8 (6) 7

3 (1) $f^{-1}(x)=x-2$ (2) $g^{-1}(x)=-\dfrac{1}{2}x+\dfrac{1}{2}$ (3) $(g \circ f)^{-1}(x)=-\dfrac{1}{2}x-\dfrac{3}{2}$

(4) $(f^{-1} \circ g^{-1})(x)=-\dfrac{1}{2}x-\dfrac{3}{2}$

4 2 **5** $a=-1$, $b=-2$

예제 09

함수 $f(x)=2x-4$의 역함수를 $g(x)$라고 할 때, 다음 물음에 답하시오.

(1) $g(2)$의 값을 구하시오.

(2) $(g \circ g)(k)=2$를 만족시키는 상수 k의 값을 구하시오.

접근 방법 $g(2)$의 값을 구할 때, 함수 $f(x)$의 역함수 $g(x)$의 식을 구한 후 $x=2$를 대입해도 되지만 $2x-4=2$를 만족시키는 x의 값을 찾아도 된다.

수매씨 Point 함수 $f:X \longrightarrow Y$가 일대일대응일 때,
$$y=f(x) \Longleftrightarrow x=f^{-1}(y)$$

상세 풀이 (1) $g(2)=a$라고 하면

$g^{-1}(a)=2$에서 $f(a)=2$이므로 ← $(f^{-1})^{-1}=f$이므로 $g^{-1}=f$

$2a-4=2$

$2a=6$ ∴ $a=3$

(2) $(g \circ g)(k)=2$에서

$(g^{-1} \circ g^{-1}) \circ (g \circ g)(k)=(g^{-1} \circ g^{-1})(2)$ ← $(g^{-1} \circ g^{-1}) \circ (g \circ g)=g^{-1} \circ (g^{-1} \circ g) \circ g$
$=g^{-1} \circ I_X \circ g=g^{-1} \circ g=I_X$

∴ $k=(g^{-1} \circ g^{-1})(2)=(f \circ f)(2)=f(f(2))=f(0)=-4$

다른 풀이 $y=2x-4$로 놓고 x에 대하여 풀면 $x=\dfrac{1}{2}y+2$

x와 y를 서로 바꾸면 $y=\dfrac{1}{2}x+2$ ∴ $g(x)=\dfrac{1}{2}x+2$

(1) $g(2)=1+2=3$

(2) $(g \circ g)(x)=g(g(x))=g\left(\dfrac{1}{2}x+2\right)=\dfrac{1}{2}\left(\dfrac{1}{2}x+2\right)+2=\dfrac{1}{4}x+3$이므로

$(g \circ g)(k)=2$에서

$\dfrac{1}{4}k+3=2$ ∴ $k=-4$

정답 (1) 3 (2) -4

보충 설명

위의 예제와 같이 함수 $f(x)$의 식이 간단한 경우에는 역함수의 식을 직접 구하는 것이 어렵지 않지만, 함수의 식이 복잡하게 주어질 수도 있으므로 이와 같은 문제는 역함수의 식을 직접 구하기보다는 역함수의 성질을 이용하여 푸는 것이 좋다.

숫자 바꾸기

한번 더 ✓ ☐

09-1 함수 $f(x)=-3x+1$의 역함수를 $g(x)$라고 할 때, 다음 물음에 답하시오.

(1) $g(4)$의 값을 구하시오.

(2) $(g \circ g \circ g)(k)=1$을 만족시키는 상수 k의 값을 구하시오.

표현 바꾸기

한번 더 ✓ ☐

09-2 집합 $A=\{1, 2, 3, 4, 5\}$에 대하여 A에서 A로의 함수 f의 역함수가 존재할 때,
$f^{-1}(1)+f^{-1}(2)+f^{-1}(3)+f^{-1}(4)+f^{-1}(5)$의 값은?

① 7　　　　　　　② 9　　　　　　　③ 11

④ 13　　　　　　　⑤ 15

개념 넓히기

한번 더 ✓ ☐

09-3 함수 $f(x)=\begin{cases} -3x+4 & (x<1) \\ -x^2+2x & (x\geq 1) \end{cases}$의 역함수를 $g(x)$라고 할 때,

$\quad (g \circ g \circ g \circ g)(k)=2$

를 만족시키는 상수 k의 값을 구하시오.

● 풀이 123쪽

정답

09-1 (1) −1　(2) −20　　　　09-2 ⑤　　　　09-3 28

예제 10

다음 함수의 역함수를 구하고, 그 그래프를 그리시오.

(1) $y=2x-1$ (2) $y=x^2\ (x\geq0)$

접근 방법   함수 $y=f(x)$의 그래프와 그 역함수 $y=f^{-1}(x)$의 그래프는 직선 $y=x$에 대하여 대칭이다.

> **수매씽 Point**   함수 $y=f(x)$의 역함수 $y=f^{-1}(x)$는 다음과 같은 순서로 구한다.
> ❶ 주어진 함수 $y=f(x)$가 일대일대응인지 꼭 확인한다.
> ❷ $y=f(x)$를 x에 대하여 푼다. 즉, $x=f^{-1}(y)$ 꼴로 변형한다.
> ❸ $x=f^{-1}(y)$에서 x와 y를 서로 바꾸어 $y=f^{-1}(x)$로 나타낸다. 이때 f의 치역이 f^{-1}의 정의역이 된다.

상세 풀이   (1) 함수 $y=2x-1$은 실수 전체의 집합 R에서 R로의 일대일대응이므로 역함수가 존재한다.

$y=2x-1$을 x에 대하여 풀면 $x=\dfrac{1}{2}y+\dfrac{1}{2}$

x와 y를 서로 바꾸면 구하는 역함수는

$$y=\frac{1}{2}x+\frac{1}{2}$$

또한 역함수의 그래프는 함수 $y=2x-1$의 그래프와 직선 $y=x$에 대하여 대칭이므로 오른쪽 그림과 같다.

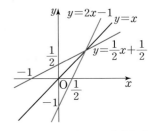

(2) 함수 $y=x^2\ (x\geq0)$은 집합 $\{x|x\geq0\}$에서 집합 $\{y|y\geq0\}$으로의 일대일대응이므로 역함수가 존재한다.

$y=x^2$을 x에 대하여 풀면 $x=\sqrt{y}\ (\because\ x\geq0)$ …… ㉠

이때 함수 $y=x^2\ (x\geq0)$의 치역이 $\{y|y\geq0\}$이므로 역함수의 정의역은 $\{x|x\geq0\}$이다.

따라서 ㉠에서 x와 y를 서로 바꾸면 구하는 역함수는

$$y=\sqrt{x}\ (x\geq0)$$

또한 역함수의 그래프는 함수 $y=x^2\ (x\geq0)$의 그래프와 직선 $y=x$에 대하여 대칭이므로 오른쪽 그림과 같다.

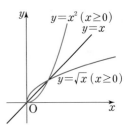

정답 (1) $y=\dfrac{1}{2}x+\dfrac{1}{2}$, 그래프는 풀이 참조   (2) $y=\sqrt{x}\ (x\geq0)$, 그래프는 풀이 참조

보충 설명

함수 $y=f(x)$의 그래프와 그 역함수 $y=f^{-1}(x)$의 그래프는 직선 $y=x$에 대하여 대칭이므로 함수 $y=f(x)$의 그래프와 직선 $y=x$의 교점은 함수 $y=f(x)$의 그래프와 그 역함수 $y=f^{-1}(x)$의 그래프의 교점이다.

단, 두 함수 $y=f(x)$, $y=f^{-1}(x)$의 그래프의 교점이 반드시 직선 $y=x$ 위에 있는 것은 아니다.

10-1

다음 함수의 역함수를 구하고, 그 그래프를 그리시오.

    (1) $y = -x + 2$　　　　　　　　　　　　　　(2) $y = x^2 + 1 \ (x \geq 0)$

10-2

함수 f의 역함수를 g라고 할 때, $af(x)$와 $f(ax)$의 역함수를 차례대로 구하면?

(단, $a \neq 0$)

    ① $ag(x)$, $g(ax)$　　　　② $ag(x)$, $\dfrac{1}{a}g(ax)$　　　　③ $\dfrac{1}{a}g(x)$, $g\left(\dfrac{x}{a}\right)$

    ④ $g\left(\dfrac{x}{a}\right)$, $g(ax)$　　　　⑤ $g\left(\dfrac{x}{a}\right)$, $\dfrac{1}{a}g(x)$

08

10-3

함수 $f(x) = \dfrac{1}{5}(x^2 + 6) \ (x \geq 0)$의 역함수를 $g(x)$라고 할 때, 두 함수 $y = f(x)$,

$y = g(x)$의 그래프의 두 교점 사이의 거리를 구하시오.

● 풀이 123쪽~124쪽

정답

    10-1 (1) $y = -x + 2$, 그래프는 풀이 참조　(2) $y = \sqrt{x-1} \ (x \geq 1)$, 그래프는 풀이 참조

    10-2 ⑤　　　　　　　　　　　　　　　　　**10-3** $\sqrt{2}$

예제 11 합성함수의 역함수

두 함수 $f(x)=3x-1$, $g(x)=-2x+4$에 대하여 $(f \circ (g \circ f)^{-1} \circ f)(1)$의 값을 구하시오.

접근 방법 〉 역함수의 성질을 이용하여 $(f \circ (g \circ f)^{-1} \circ f)(x)$를 간단히 한 후 $x=1$을 대입한다.

이때 함수의 합성에서는 교환법칙이 성립하지 않으므로 두 함수 $(g \circ f)^{-1}$와 $(f \circ g)^{-1}$를 구별하여 생각해야 한다.

> **수매씨 Point** 역함수가 존재하는 두 함수 f, g에 대하여
> $$(g \circ f)^{-1} = f^{-1} \circ g^{-1}, \quad (f \circ g)^{-1} = g^{-1} \circ f^{-1}$$

상세 풀이 〉 역함수와 합성함수의 성질에 의하여

$$f \circ (g \circ f)^{-1} \circ f = f \circ (f^{-1} \circ g^{-1}) \circ f = (f \circ f^{-1}) \circ (g^{-1} \circ f) = g^{-1} \circ f$$

$(g \circ f)^{-1} = f^{-1} \circ g^{-1}$ $(f \circ f^{-1}) \circ (g^{-1} \circ f) = I \circ (g^{-1} \circ f)$

이므로

$$(f \circ (g \circ f)^{-1} \circ f)(1) = (g^{-1} \circ f)(1) = g^{-1}(f(1)) = g^{-1}(2)$$

이때 $g^{-1}(2) = a$로 놓으면 $g(a) = 2$이므로

$$g(a) = -2a + 4 = 2$$

$$-2a = -2 \qquad \therefore a = 1$$

따라서 $g^{-1}(2) = 1$이므로

$$(f \circ (g \circ f)^{-1} \circ f)(1) = 1$$

정답 1

보충 설명

일대일대응인 두 함수 $f : X \longrightarrow Y$, $g : Y \longrightarrow Z$에 대하여 $(g \circ f)^{-1} = f^{-1} \circ g^{-1}$임을 오른쪽 그림을 통하여 확인할 수 있다.

즉, 합성함수의 역함수는 각각의 역함수를 주어진 합성함수를 합성한 순서와 반대의 순서로 합성한 것과 같다.

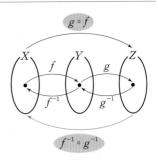

숫자 바꾸기

한번 더 ☑ ☐

11-1 두 함수 $f(x)=x-2$, $g(x)=2x-3$에 대하여 $(g \circ (f \circ g)^{-1} \circ g)(2)$의 값을 구하시오.

표현 바꾸기

한번 더 ☑ ☐

11-2 두 함수 $f(x)=ax+b$, $g(x)=x+2$에 대하여
$$(g^{-1} \circ f^{-1})(8)=3,\ (f \circ g^{-1})(4)=-1$$
이다. 이때 상수 a, b에 대하여 $a+b$의 값은?

① -5 ② -4 ③ -3

④ -2 ⑤ -1

08

개념 넓히기

한번 더 ☑ ☐

11-3 오른쪽 그림은 함수 $y=f(x)$의 그래프와 직선 $y=x$를 나타낸 것이다. $(f \circ f)^{-1}(c)$의 값은?

(단, 모든 점선은 x축 또는 y축에 평행하다.)

① a ② b

③ c ④ d

⑤ e

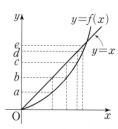

● 풀이 124쪽~125쪽

정답   11-1 3   11-2 ②   11-3 ⑤

4 여러 가지 함수의 그래프

① 우함수와 기함수

이번에는 함수의 그래프 중에서 y축에 대하여 대칭인 함수의 그래프와 원점에 대하여 대칭인 함수의 그래프에 대하여 알아보겠습니다.

1. 우함수

이차함수 $f(x)=x^2$의 그래프는 오른쪽 그림과 같이 y축에 대하여 대칭입니다. 이와 같이 정의역의 임의의 원소 x에 대하여 $f(-x)=f(x)$를 만족시키는 함수 $f(x)$를 우함수 라고 합니다. 함수 $f(x)$가 우함수일 때, 함수 $y=f(x)$의 그래프는 y축에 대하여 대칭입니다.

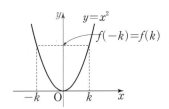

영어로 even function이다.

예를 들어 상수함수 $y=a$ (a는 상수)와 이차함수 $y=bx^2$ (b는 상수)은 우함수입니다.

2. 기함수

일차함수 $f(x)=2x$의 그래프는 오른쪽 그림과 같이 원점에 대하여 대칭입니다. 이와 같이 정의역의 임의의 원소 x에 대하여 $f(-x)=-f(x)$를 만족시키는 함수 $f(x)$를 기함수라고 합니다. 함수 $f(x)$가 기함수일 때, 함수 $y=f(x)$의 그래프는 원점에 대하여 대칭입니다.

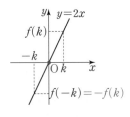

영어로 odd function이다.

예를 들어 일차함수 $y=ax$ (a는 상수)와 삼차함수 $y=bx^3$ (b는 상수)은 기함수입니다.

어떤 함수 $f(x)$가 우함수 또는 기함수인지 알아볼 때에는 함수식 $f(x)$에 x 대신 $-x$를 대입하여 구한 $f(-x)$가 $f(x)$와 같은지, $-f(x)$와 같은지 확인하면 됩니다.

Example
(1) 이차함수 $f(x)=x^2+24$에 대하여
$f(-x)=(-x)^2+24=x^2+24=f(x)$이므로 함수 $f(x)$는 우함수이다.
(2) 삼차함수 $g(x)=x^3-2x$에 대하여
$g(-x)=(-x)^3-2\times(-x)=-(x^3-2x)=-g(x)$이므로 함수 $g(x)$는 기함수이다.
(3) 임의의 함수 $f(x)$에 대하여 $h(x)=f(x)+f(-x)$로 놓으면
$h(-x)=f(-x)+f(x)=h(x)$이므로 함수 $h(x)$는 우함수이다.
(4) 임의의 함수 $f(x)$에 대하여 $i(x)=f(x)-f(-x)$로 놓으면
$i(-x)=f(-x)-f(x)=-\{f(x)-f(-x)\}=-i(x)$이므로 함수 $i(x)$는 기함수이다.

1 우함수

(1) 정의역의 임의의 원소 x에 대하여 $f(-x)=f(x)$를 만족시키는 함수 $f(x)$

(2) 우함수의 그래프는 y축에 대하여 대칭이다.

(3) $y=k$ (k는 상수), $y=ax^2$ (a는 상수), $y=b|x|$ (b는 상수) 등은 우함수이다.

2 기함수

(1) 정의역의 임의의 원소 x에 대하여 $f(-x)=-f(x)$를 만족시키는 함수 $f(x)$

(2) 기함수의 그래프는 원점에 대하여 대칭이다.

(3) $y=ax$ (a는 상수), $y=bx^3$ (b는 상수), $\cdots$ 등은 기함수이다.

개념 Plus   **삼차함수 $y=ax^3$의 그래프**

삼차함수 $y=x^3$의 그래프를 다음 순서에 따라 그려 보자.

❶ 다음과 같이 대응표를 작성한다.

x	$\cdots$	-3	-2	-1	1	2	3	$\cdots$
y	$\cdots$	-27	-8	-1	1	8	27	$\cdots$

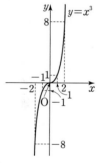

❷ 위의 대응표에 따라 각 순서쌍 (x, y)가 나타내는 점을 부드럽게 연결하여 곡선으로 그려 보면 오른쪽 그림과 같다.

이와 같은 방법으로 함수 $y=ax^3$ ($a\neq0$)의 그래프를 그려 보고 삼차함수 $y=ax^3$의 그래프의 성질을 확인해 보자.

오른쪽 그림과 같은 삼차함수 $y=ax^3$의 그래프에서 다음의 성질을 확인할 수 있다.

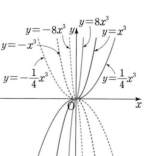

(1) 원점에 대하여 대칭이다.

삼차함수 $y=ax^3$의 그래프 위의 임의의 점 (p, q)와 원점에 대하여 대칭인 점 $(-p, -q)$도 이 그래프 위의 점이므로 함수 $y=ax^3$의 그래프는 원점에 대하여 대칭이다.

(2) $a>0$일 때 x의 값이 증가하면 y의 값도 증가하고,

$a<0$일 때 x의 값이 증가하면 y의 값은 감소한다.

(3) a의 절댓값 $|a|$가 클수록 y축에 가까운 곡선이 된다.

② 가우스 기호를 포함한 함수의 그래프

실수 x에 대하여 x보다 크지 않은 최대의 정수를 $[x]$로 나타내고, $[\ ]$를 가우스 기호라고 합니다. 이때 정수 n에 대하여 다음이 성립합니다.

$$n \le x < n+1 \iff [x] = n$$

Example
(1) $3 \le 3.14 < 4$이므로 $[3.14] = 3$ ← $3 + 0.14$

(2) $0 \le 0.8 < 1$이므로 $[0.8] = 0$ ← $0 + 0.8$

(3) $-1 \le -\dfrac{1}{4} < 0$이므로 $\left[-\dfrac{1}{4}\right] = -1$ ← $-1 + \dfrac{3}{4} = -1 + 0.75$

(4) $-4 \le -3.14 < -3$이므로 $[-3.14] = -4$ ← $-4 + 0.86$

한편, $[x]$는 x에서 음이 아닌 소수 부분을 제외한 정수 부분을 의미하기도 합니다.

하지만 위의 **Example**의 (1)에서는 $3.14 = 3 + 0.14$이므로 정수 부분은 3이고, $[3.14] = 3$ 이지만 (4)에서도 $-3.14 = -3 + (-0.14)$로 생각하여 정수 부분이 -3이고, $[-3.14] = -3$이라고 하면 안 됩니다. x에서 음이 아닌 소수 부분을 제외해야 하므로

$$-3.14 = -3 + (-0.14) = -3 + (-1) + 0.86 = -4 + 0.86$$

으로 생각하여 정수 부분은 -4이고, $[-3.14] = -4$입니다.

이때 실수 x는 정수 n에 대하여

$$n \le x < n+1 \iff [x] = n$$

이므로

$$[x] \le x < [x] + 1 \qquad \therefore\ 0 \le x - [x] < 1$$

이고, $x - [x] = \alpha$로 놓으면

$$x = \underset{\displaystyle \quad x\text{의 정수 부분}}{\overset{\displaystyle x\text{의 소수 부분} \quad}{[x] + \alpha}}\ (0 \le \alpha < 1)$$

입니다. 또한 임의의 정수 m에 대하여

$$[x+m] = [x] + m$$

이 성립합니다.

Proof
$[x] = n$ (n은 정수)을 만족시키는 실수 x에 대하여 $n \le x < n+1$이므로

$$n + m \le x + m < n + 1 + m$$
$$n + m \le x + m < (n+m) + 1$$
$$\therefore\ [x+m] = n + m = [x] + m$$

Example
(1) $[2.71] = [1.71+1] = [1.71] + 1 = 1 + 1 = 2$

$\qquad = [4.71-2] = [4.71] - 2 = 4 - 2 = 2$

(2) $[-3.14] = [-7.14+4] = [-7.14] + 4 = (-8) + 4 = -4$

$\qquad = [-0.14-3] = [-0.14] - 3 = (-1) - 3 = -4$

가우스 기호의 성질을 이용하여 가우스 기호를 포함한 함수의 그래프를 그릴 때에는
$$n \leq x < n+1 \iff [x] = n \, (n \text{은 정수})$$
이므로 정수가 되는 x의 값을 기준으로 x의 값의 범위를 나눈 다음, 각 범위에서 $[x]$의 값을 계산하여 구한 함수의 식을 그래프로 그립니다.

Example

함수 $y=[x] \, (-2 \leq x < 3)$에서 정수가 되는 x의 값을 기준으로 범위를 나누면

$-2 \leq x < -1$일 때, $y=[x]=-2$

$-1 \leq x < 0$일 때, $y=[x]=-1$

$0 \leq x < 1$일 때, $y=[x]=0$

$1 \leq x < 2$일 때, $y=[x]=1$

$2 \leq x < 3$일 때, $y=[x]=2$

따라서 함수 $y=[x] \, (-2 \leq x < 3)$의 그래프는 오른쪽 그림과 같다.

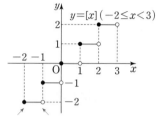

각 구간의 양 끝 점의 포함 여부에 주의한다.

개념 Point   가우스 기호를 포함한 함수의 그래프

1 실수 x에 대하여 x보다 크지 않은 최대의 정수를 $[x]$로 나타내고, $[\ \ ]$를 가우스 기호라고 한다. 이때 정수 n에 대하여
$$n \leq x < n+1 \iff [x]=n$$

2 가우스 기호를 포함한 함수의 그래프를 그릴 때에는 정수가 되는 x의 값을 기준으로 x의 값의 범위를 나눈 다음, 각 범위에서 $[x]$의 값을 계산하여 구한 함수의 식을 그래프로 그린다.

08

수매씽 특강   가우스 기호와 몫과 나머지의 관계식

자연수 A를 자연수 B로 나누었을 때의 몫을 Q, 나머지를 R이라고 하면
$$A = BQ + R \, (0 \leq R < B)$$
가 성립한다. 이때 $Q = \dfrac{A}{B} - \dfrac{R}{B}$이므로 $Q = \left[\dfrac{A}{B}\right]$

이를 이용하면 1부터 13까지의 자연수에서 2의 배수의 개수는 13을 2로 나누었을 때의 몫인 $\left[\dfrac{13}{2}\right] = 6$

과 같음을 알 수 있다.

일반적으로 1부터 n까지의 자연수에서 자연수 k의 배수의 개수는 n을 k로 나누었을 때의 몫인 $\left[\dfrac{n}{k}\right]$과 같다.

예제 12

정의역의 임의의 원소 x에 대하여 $f(-x)=f(x)$를 만족시키는 함수를 우함수, $f(-x)=-f(x)$를 만족시키는 함수를 기함수라고 한다. 두 함수 $g(x)$, $h(x)$에 대하여 함수 $g(x)$는 우함수, $h(x)$는 기함수일 때, 다음 함수가 우함수인지 기함수인지 판별하시오.

(1) $g(x)+h(x)$ (2) $g(x)h(x)$

접근 방법> 우함수의 그래프는 함수 $y=x^2$의 그래프와 같이 y축에 대하여 대칭이고, 기함수의 그래프는 함수 $y=x$의 그래프와 같이 원점에 대하여 대칭이다.

따라서 판별할 함수를 $F(x)$라 하고, $F(-x)$를 구한 후 $F(x)$와 비교하여 $F(-x)=F(x)$이면 우함수, $F(-x)=-F(x)$이면 기함수이다.

> **수매씨 Point**   함수 $f(x)$에 대하여
>
> (1) 우함수 : 함수 $y=f(x)$의 그래프가 y축에 대하여 대칭
> $\Longleftrightarrow$ 정의역의 임의의 원소 x에 대하여 $f(-x)=f(x)$
> (2) 기함수 : 함수 $y=f(x)$의 그래프가 원점에 대하여 대칭
> $\Longleftrightarrow$ 정의역의 임의의 원소 x에 대하여 $f(-x)=-f(x)$

상세 풀이> 주어진 조건에 의하여 $g(-x)=g(x)$, $h(-x)=-h(x)$

(1) $F(x)=g(x)+h(x)$라고 하면

$$F(-x)=g(-x)+h(-x)=g(x)-h(x)$$

이때 $F(-x) \neq F(x)$, $F(-x) \neq -F(x)$이므로 $g(x)+h(x)$는 우함수도 기함수도 아니다.

(2) $F(x)=g(x)h(x)$라고 하면

$$F(-x)=g(-x)h(-x)=g(x)\{-h(x)\}=-g(x)h(x)=-F(x)$$

따라서 $F(-x)=-F(x)$이므로 $g(x)h(x)$는 기함수이다.

정답 (1) 우함수도 기함수도 아니다.   (2) 기함수

보충 설명

함수 $y=x^n$ (n은 자연수)에서

(1) 이차함수 $y=x^2$과 같이 n이 짝수인 함수의 그래프는 y축에 대하여 대칭이므로 우함수를 짝함수(even function)라고도 한다.
(2) 일차함수 $y=x$와 같이 n이 홀수인 함수의 그래프는 원점에 대하여 대칭이므로 기함수를 홀함수(odd function)라고도 한다.

숫자 바꾸기 （풀이 125쪽 ➕ 보충 설명） 한번 더 ✓

12-1 두 함수 $f(x)$, $g(x)$에 대하여 함수 $f(x)$는 우함수, 함수 $g(x)$는 기함수일 때, 다음 함수가 우함수인지 기함수인지 판별하시오.

(1) $\{f(x)\}^2$　　　　　　　　　　　　　　(2) $\{g(x)\}^3$

(3) $\dfrac{f(x)}{g(x)}$ (단, $g(x) \neq 0$)　　　　　　　　(4) $f(x) + xg(x)$

표현 바꾸기 （풀이 126쪽 ➕ 보충 설명） 한번 더 ✓

12-2 실수 전체의 집합에서 정의된 함수 $f(x)$에 대하여 〈**보기**〉에서 우함수인 것을 모두 고르시오.

〈 보기 〉
ㄱ. $f(x) + f(-x)$　　　　ㄴ. $f(x) - f(-x)$　　　　ㄷ. $f(x)f(-x)$
ㄹ. $f(x)$가 기함수일 때, 합성함수 $(f \circ f)(x)$
ㅁ. $f(x)$가 우함수일 때, 합성함수 $(f \circ f)(x)$

개념 넓히기 （풀이 126쪽 ➕ 보충 설명） 한번 더 ✓

12-3 두 함수 $f(x) = 2x^2 - 8x - 4$, $g(x) = 2x + b$가 모든 실수 x에 대하여 각각
$$f(a-x) = f(a+x), \quad g(2-x) = -g(2+x)$$
를 만족시킨다. 이때 상수 a, b에 대하여 $a+b$의 값을 구하시오.

• 풀이 125쪽 ～126쪽

정답 **12-1** (1) 우함수 (2) 기함수 (3) 기함수 (4) 우함수 　**12-2** ㄱ, ㄷ, ㅁ 　**12-3** -2

다음 함수의 그래프를 그리시오. (단, $[x]$는 x보다 크지 않은 최대의 정수이다.)

(1) $y=x-[x]\ (-2\leq x<2)$　　　　　　(2) $y=[-x]$

접근 방법 > $n\leq x<n+1 \Longleftrightarrow [x]=n$ (n은 정수)이므로 가우스 기호를 포함한 함수의 그래프를 그릴 때에는 가우스 기호 $[\ ]$ 안의 식의 값이 정수가 되는 x의 값을 기준으로 x의 값의 범위를 나눈다. 각 범위마다 $[f(x)]$의 값을 계산하여 함수의 식을 먼저 구한 후, 그 그래프를 그리면 된다.

> **수매씽 Point** 실수 x에 대하여
> $$n\leq x<n+1 \Longleftrightarrow [x]=n\ (n\text{은 정수})$$

상세 풀이 > (1) 함수 $y=x-[x]\ (-2\leq x<2)$에서 x가 정수가 되는 x의 값을 기준으로 x의 값의 범위를 나누면

$-2\leq x<-1$일 때, $[x]=-2$이므로 $y=x+2$

$-1\leq x<0$일 때, $[x]=-1$이므로 $y=x+1$

$0\leq x<1$일 때, $[x]=0$이므로 $y=x$

$1\leq x<2$일 때, $[x]=1$이므로 $y=x-1$

따라서 함수 $y=x-[x]\ (-2\leq x<2)$의 그래프는 오른쪽 그림과 같다.

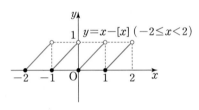

(2) 함수 $y=[-x]$에서 $-x$가 정수가 되는 x의 값을 기준으로 x의 값의 범위를 나누면

$\vdots$

$-2<x\leq-1$, 즉 $1\leq -x<2$일 때, $y=[-x]=1$

$-1<x\leq0$, 즉 $0\leq -x<1$일 때, $y=[-x]=0$

$0<x\leq1$, 즉 $-1\leq -x<0$일 때, $y=[-x]=-1$

$1<x\leq2$, 즉 $-2\leq -x<-1$일 때, $y=[-x]=-2$

$\vdots$

따라서 함수 $y=[-x]$의 그래프는 오른쪽 그림과 같다.

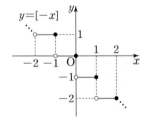

정답 풀이 참조

보충 설명

$[x]$에서 x의 값이 음수일 때, $[-2.3]=-2$와 같이 잘못 답하지 않도록 주의한다.

$-3<-2.3<-2$이므로 $[-2.3]=-3$이다.

가우스 기호에 대한 다음의 성질도 같이 기억해 둔다.

(1) 실수 x와 임의의 정수 n에 대하여 $[x+n]=[x]+n$

(2) 실수 x, y에 대하여 $[x]+[y]\leq[x+y]$

한번 더 ☑ ☐

13-1 다음 함수의 그래프를 그리시오. (단, $[x]$는 x보다 크지 않은 최대의 정수이다.)

(1) $y=\left[\dfrac{x}{2}\right]$

(2) $y=[x^2]\,(-2<x<2)$

표현 바꾸기

한번 더 ☑ ☐

13-2 두 함수 $f(x)=-x,\ g(x)=[x]$에 대하여 $h(x)=(f\circ g\circ f)(x)$라고 할 때, $0<x<3$ 에서 함수 $y=h(x)$의 그래프를 그리시오. (단, $[x]$는 x보다 크지 않은 최대의 정수이다.)

08

개념 넓히기

풀이 128쪽 ➕ 보충 설명 한번 더 ☑ ☐

13-3 다음 물음에 답하시오. (단, $[x]$는 x보다 크지 않은 최대의 정수이다.)

(1) 함수 $f(x)=2[x]^2-3[x]+1$의 최솟값을 구하시오.

(2) 함수 $f(x)=[x]+[-x]$의 치역을 구하시오.

● 풀이 126쪽～128쪽

정답   **13-1** 풀이 참조   **13-2** 풀이 참조   **13-3** (1) 0   (2) $\{-1,\ 0\}$

예제 14

x에 대한 방정식 $|x^2-4|=k$가 서로 다른 네 실근을 가지도록 하는 실수 k의 값의 범위를 구하시오.

접근 방법 ▷ x에 대한 방정식 $|x^2-4|=k$ (k는 실수)의 실근의 개수는 함수 $y=|x^2-4|$의 그래프와 직선 $y=k$의 교점의 개수와 같으므로 함수 $y=|x^2-4|$의 그래프를 그린 후 직선 $y=k$를 y축의 방향으로 평행이동하면서 교점이 4개가 되는 때를 조사한다.

> **수매씽 Point** 두 함수 $y=f(x)$, $y=g(x)$의 그래프의 교점의 개수는 x에 대한 방정식 $f(x)=g(x)$의 실근의 개수와 같다.

상세 풀이 ▷ x에 대한 방정식 $|x^2-4|=k$의 실근의 개수는 함수 $y=|x^2-4|$의 그래프와 직선 $y=k$의 교점의 개수와 같으므로 주어진 방정식이 서로 다른 네 실근을 가지려면 함수 $y=|x^2-4|$의 그래프와 직선 $y=k$가 서로 다른 네 개의 점에서 만나야 한다.

이때

$$y=|x^2-4|=\begin{cases} x^2-4 & (x\leq -2 \text{ 또는 } x\geq 2) \\ -x^2+4 & (-2<x<2) \end{cases}$$

이므로 함수 $y=|x^2-4|$의 그래프와 직선 $y=k$를 그리면 오른쪽 그림과 같다.

따라서 주어진 방정식이 서로 다른 네 실근을 가지도록 하는 실수 k의 값의 범위는

$$0<k<4$$

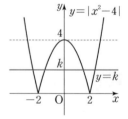

정답 $0<k<4$

<u>보충 설명</u>

공통수학 1에서 이차함수 $y=ax^2+bx+c$ (a, b, c는 상수)의 그래프와 x축의 교점의 x좌표는 이차방정식 $ax^2+bx+c=0$의 실근과 같고, 이차함수 $y=ax^2+bx+c$의 그래프와 직선 $y=mx+n$ (m, n은 상수)의 교점의 x좌표는 이차방정식 $ax^2+bx+c=mx+n$, 즉 $ax^2+(b-m)x+c-n=0$의 실근과 같음을 배웠다. 일반적으로 두 함수 $y=f(x)$, $y=g(x)$의 그래프의 교점의 x좌표는 x에 대한 방정식 $f(x)=g(x)$의 실근과 같다.

숫자 바꾸기

14-1 x에 대한 방정식 $|x^2-a^2|=4$가 서로 다른 두 실근을 가지도록 하는 실수 a의 값의 범위를 구하시오.

표현 바꾸기

14-2 집합 $A=\{x||x^2-1|-x-k=0,\ x\in R\}$에 대하여 $n(A)=4$일 때, 실수 k의 값의 범위를 구하시오. (단, R은 실수 전체의 집합이다.)

개념 넓히기

14-3 이차함수 $y=f(x)$의 그래프가 오른쪽 그림과 같을 때, 방정식 $(f\circ f)(x)=0$의 모든 실근의 합은?

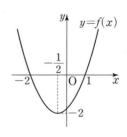

① $-\dfrac{5}{2}$ ② $-\dfrac{3}{2}$ ③ $-\dfrac{1}{2}$

④ 0 ⑤ 1

• 풀이 128쪽

정답

   14-1 $-2<a<2$ **14-2** $1<k<\dfrac{5}{4}$ **14-3** ②

1 집합 $X=\{0,\ 2,\ 4\}$에 대하여 X에서 X로의 함수

$$f(x)=\begin{cases} 3x+2 & (x<2) \\ x^2+ax+b & (x\geq 2) \end{cases}$$

가 상수함수일 때, $a+b$의 값을 구하시오. (단, a, b는 상수이다.)

2 다음 물음에 답하시오.

(1) 집합 X를 정의역으로 하는 함수 $f(x)=2x^2+x-2$가 항등함수가 되도록 하는 집합 X의 개수를 구하시오. (단, $X\neq\varnothing$)

(2) 집합 $X=\{2,\ 3\}$을 정의역으로 하는 함수 $f(x)=ax-3a$와 함수 $f(x)$의 치역을 정의역으로 하고 집합 X를 공역으로 하는 함수 $g(x)=x^2+2x+b$가 있다. 함수 $g\circ f:X\longrightarrow X$가 항등함수일 때, $a+b$의 값을 구하시오. (단, a, b는 상수이다.)

3 집합 $X=\{1,\ 2,\ 3,\ 4,\ 5\}$에 대하여 X에서 X로의 함수 f는 일대일대응이고

$$f(1)=3,\ f(2)=4,\ (f\circ f\circ f)(5)=1$$

일 때, $f(3)$의 값을 구하시오.

4 집합 $X=\{1,\ 2,\ 3,\ 4\}$를 정의역으로 하는 두 함수

$$f(x)=ax,\ g(x)=2x-1$$

에 대하여 합성함수 $g\circ f$가 정의되도록 하는 상수 a의 값을 구하시오. (단, $a\neq 0$)

5 집합 $X=\{1,\ 2,\ 3,\ 4\}$에 대하여 함수 $f:X\longrightarrow X$가

$$f(x)=\begin{cases} x+1 & (x\leq 3) \\ 1 & (x=4) \end{cases}$$

이고, 함수 $g:X\longrightarrow X$가 $g(1)=3$, $f\circ g=g\circ f$를 만족시킬 때, $g(2)+g(4)$의 값을 구하시오.

6 두 함수 $f(x)=2x-6$, $g(x)=4x-2$에 대하여 다음을 만족시키는 함수 $h(x)$를 구하시오.

(1) $(f \circ h)(x)=g(x)$ (2) $(h \circ f)(x)=g(x)$

7 집합 $A=\{2, 4, 6\}$에 대하여 A에서 A로의 두 함수 f, g가
$$f(2)=6, \ f(4)=4, \ f(6)=2, \ g(2)=4, \ g(4)=6, \ g(6)=2$$
를 만족시킬 때, $(g \circ f^{-1})(2)+(f \circ g^{-1})(2)$의 값을 구하시오.

8 두 함수 $f(x)=\begin{cases} x^2 & (x \geq 0) \\ x & (x<0) \end{cases}$, $g(x)=x+4$에 대하여 $(f^{-1} \circ g)(0)$의 값은?

① -2 ② $-\sqrt{2}$ ③ 1

④ $\sqrt{2}$ ⑤ 2

9 다항식 $f(x)$에 대하여 실수 전체의 집합에서 정의된 함수 $y=f(x)$가 $(f \circ f)(x)=x$를 만족시키고 $f(0)=1$일 때, $f(-1)$의 값은?

① -2 ② -1 ③ 0

④ 1 ⑤ 2

10 이차함수 $y=f(x)$의 그래프가 오른쪽 그림과 같을 때, 함수 $g(x)=x+1$에 대하여 부등식 $(f \circ g)(x) \geq 0$의 해를 구하시오.

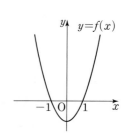

11 집합 $X=\{2,\ 3,\ 6\}$에 대하여 집합 X에서 X로의 일대일대응, 항등함수, 상수함수를 각각 $f(x),\ g(x),\ h(x)$라고 하자. 세 함수 $f(x),\ g(x),\ h(x)$가 다음 조건을 만족시킬 때, $f(3)+h(2)$의 값을 구하시오.

> (가) $f(2)=g(3)=h(6)$ (나) $f(2)f(3)=f(6)$

12 집합 $X=\{x\,|\,x\geq a\}$에 대하여 X에서 X로의 함수 $f(x)=x^2-2x-4$가 일대일대응일 때, 상수 a의 값을 구하시오.

13 양의 실수 전체의 집합 X에서 X로의 일대일대응인 두 함수 $f,\ g$에 대하여
$$f^{-1}(x)=x^2,\ (f\circ g^{-1})(x^2)=x$$
일 때, $(f\circ g)(20)$의 값은?

① $2\sqrt{5}$ ② $4\sqrt{10}$ ③ 40

④ 200   ⑤ 400

14 실수 전체의 집합 R에서 R로의 함수
$$f(x)=ax+|x-2|+4$$
에 대하여 $f(x)$의 역함수가 존재하기 위한 실수 a의 값의 범위는?

① $a>0$ ② $a>1$ ③ $a<-1$

④ $-1<a<1$ ⑤ $a<-1$ 또는 $a>1$

15 전체집합 $U=\{x\,|\,1\leq x\leq 6,\ x$는 양의 정수$\}$의 두 부분집합 $X,\ Y$에 대하여
$$X\cup Y=U,\ X\cap Y=\varnothing$$
이 성립한다. 역함수를 가지는 함수 $f:X\longrightarrow Y$의 개수를 구하시오.

• 정답 및 풀이 131쪽~134쪽

16 다음 물음에 답하시오.

⑴ 두 함수 $f(x)=x^2-6x+12$, $g(x)=-2x^2+4x+k$에 대하여 합성함수 $(g\circ f)(x)$의 최댓값이 10이 되도록 하는 상수 k의 값을 구하시오.

⑵ 두 함수 $f(x)=|x-2|-5$, $g(x)=x^2+6x+8$에 대하여 $0\leq x\leq 5$에서 합성함수 $(g\circ f)(x)$의 최댓값과 최솟값의 합을 구하시오.

17 함수 $y=f(x)$와 그 역함수 $y=f^{-1}(x)$의 그래프가 오른쪽 그림과 같다. 점 A의 좌표가 $(2, 4)$일 때, 사각형 ABCD의 넓이를 구하시오.

（단, $f(-4)=2$이고, 점선은 x축에 평행하다.）

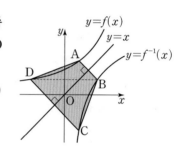

18 함수 $f(x)=3x(1-x)$ $(0\leq x\leq 1)$에 대하여 함수 $y=f(x)$의 그래프가 오른쪽 그림과 같을 때, 합성함수 $(f\circ f)(x)$의 치역을 구하시오.

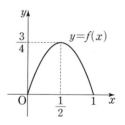

19 함수 $y=f(x)$의 그래프가 오른쪽 그림과 같을 때, 집합 $\{x|(f\circ f)(x)=f(x)\}$의 원소의 개수는?

① 0   ② 1   ③ 2

④ 3   ⑤ 4

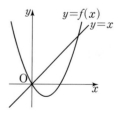

20 함수 $f(x)=|x-2|$에 대하여 방정식 $(f\circ f)(x)=\frac{1}{5}|x|$의 실근의 개수를 구하시오.

교육청
21
일차함수 $f(x)$의 역함수를 $g(x)$라 할 때, 함수 $y=f(2x+3)$의 역함수를 $g(x)$에 대한 식으로 나타내면 $y=ag(x)+b$이다. 두 상수 a, b에 대하여 $a+b$의 값은?

① $-\dfrac{5}{2}$　　　　② -2　　　　③ $-\dfrac{3}{2}$

④ -1　　　　⑤ $-\dfrac{1}{2}$

교육청
22
그림과 같이 점 $(1, 0)$을 지나는 함수 $y=f(x)$의 그래프와 $y=x$의 그래프가 두 점 $(-1, -1)$, $(4, 4)$에서 만나고 그 외의 점에서 만나지 않는다. $\{f(x)\}^2=f(x)f^{-1}(x)$를 만족시키는 모든 실수 x의 값의 합은? (단, f^{-1}는 f의 역함수이다.)

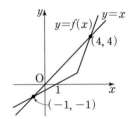

① 1　　　　② 2　　　　③ 3

④ 4　　　　⑤ 5

교육청
23
집합 $A=\{1, 2, 3, 4, 5\}$에 대하여 함수 f는 A에서 A로의 일대일대응이다. 이때 임의의 $x \in A$에 대하여 $f(f(x))=x$를 만족하는 일대일대응 f의 개수는?

① 22　　　　② 26　　　　③ 30

④ 34　　　　⑤ 38

교육청
24
집합 $X=\{1, 2, 3, 4, 5, 6, 7\}$에 대하여 함수 $f : X \longrightarrow X$가 다음 조건을 만족시킨다.

> (가) 집합 X의 임의의 두 원소 x_1, x_2에 대하여 $x_1 \neq x_2$이면 $f(x_1) \neq f(x_2)$이다.
> (나) $1 \leq x \leq 3$일 때, $(f \circ f)(x)=f(x)-2x$이다.

$f(2)+f(3)+f(4)$의 값을 구하시오.

09

유리식과
유리함수

1 유리식

• **유리식**

유리식 : 두 다항식 A, B $(B \neq 0)$에 대하여 $\dfrac{A}{B}$ 꼴로 나타내어지는 식

• **유리식의 성질**

세 다항식 A, B, C $(B \neq 0, C \neq 0)$에 대하여

(1) $\dfrac{A}{B} = \dfrac{A \times C}{B \times C}$ (2) $\dfrac{A}{B} = \dfrac{A \div C}{B \div C}$

• **유리식의 사칙연산**

네 다항식 A, B, C, D $(C \neq 0, D \neq 0)$에 대하여

(1) $\dfrac{A}{C} + \dfrac{B}{C} = \dfrac{A+B}{C}$ (2) $\dfrac{A}{C} - \dfrac{B}{C} = \dfrac{A-B}{C}$

(3) $\dfrac{A}{C} \times \dfrac{B}{D} = \dfrac{AB}{CD}$ (4) $\dfrac{A}{C} \div \dfrac{B}{D} = \dfrac{A}{C} \times \dfrac{D}{B} = \dfrac{AD}{BC}$ (단, $B \neq 0$)

2 유리함수

• **유리함수 $y = \dfrac{k}{x}$ $(k \neq 0)$의 그래프**

(1) 정의역 : $\{x \mid x \neq 0$인 실수$\}$,

치역 : $\{y \mid y \neq 0$인 실수$\}$

(2) 점근선은 x축과 y축이다.

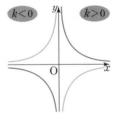

• **유리함수 $y = \dfrac{k}{x-p} + q$ $(k \neq 0)$의 그래프**

(1) 함수 $y = \dfrac{k}{x}$의 그래프를 x축의 방향으로 p

만큼, y축의 방향으로 q만큼 평행이동한 것

이다.

(2) 정의역 : $\{x \mid x \neq p$인 실수$\}$,

치역 : $\{y \mid y \neq q$인 실수$\}$

(3) 점근선은 두 직선 $x = p$, $y = q$이다.

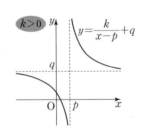

Q&A

Q 다항함수와 유리함수의 차이점은 무엇인가요?

A 다항식도 유리식이므로 다항함수도 유리함수입니다. 즉, 함수 $y = f(x)$에서 $f(x)$가 x에 대한 유리식일 때, 이 함수를 유리함수 라고 합니다. 특히 $f(x)$가 x에 대한 다항식일 때, 이 함수를 다항함수라고 합니다.

1 유리식

1 유리식

수의 체계에서 정수를 유리수로 확장했던 것처럼 식의 체계에서 다항식을 유리식으로 확장할 수 있습니다. 유리수는 분자와 분모가 모두 정수인 분수로 나타내어지는 수라고 배웠으며 분모가 1인 꼴, 즉 정수도 유리수에 포함됩니다.

$\quad$ → 0이 아니다.

이제 유리식에 대하여 자세히 알아봅시다.

중학교 때 유리수는 두 정수 m, $n\,(n\neq0)$에 대하여 $\dfrac{m}{n}$ 꼴로 나타내어지는 수라고 배웠습니다. 이와 마찬가지로 두 다항식 A, $B\,(B\neq0)$에 대하여 $\dfrac{A}{B}$ 꼴로 나타내어지는 식을 유리식이라고 합니다.

특히, B가 0이 아닌 상수이면 유리식 $\dfrac{A}{B}$는 다항식이 됩니다. 따라서 다항식은 유리식의 특수한 경우이며 다항식이 아닌 유리식을 분수식이라고 합니다.

$\quad$ → 분모가 일차 이상의 다항식인 유리식

Example

$\dfrac{1}{3x-2}$, $x+1$, $\dfrac{1}{x-1}$, $\dfrac{-x^2+1}{2}$, $3+\dfrac{1}{x}$, $5x+2$는 모두 유리식이다.

이 중 $x+1$, $\dfrac{-x^2+1}{2}$, $5x+2$는 다항식이고, 나머지 $\dfrac{1}{3x-2}$, $\dfrac{1}{x-1}$, $3+\dfrac{1}{x}$은 분수식이다.

2 유리식의 성질

유리수와 마찬가지로 유리식의 분자, 분모에 0이 아닌 같은 다항식을 곱하거나 분자, 분모를 0이 아닌 같은 다항식으로 나누어도 그 값이 변하지 않습니다. 즉, 세 다항식 A, B, M $(B\neq0,\ M\neq0)$에 대하여

$\qquad$ (1) $\dfrac{A}{B}=\dfrac{A\times M}{B\times M}$ $\qquad\qquad$ (2) $\dfrac{A}{B}=\dfrac{A\div M}{B\div M}$

이 성립합니다.

유리식의 분자와 분모에 공통인 인수가 있을 때, 유리식의 성질 (2)를 이용하여 분자, 분모를 공통인 인수로 나누어 식을 간단히 하는 것을 유리수에서와 마찬가지로 약분한다고 합니다.

즉, 분자와 분모가 서로소인 유리식을 기약분수식이라고 합니다. 보통 약분한다고 하는 것은 기약분수식으로 나타내는 것을 의미하고, 유리식의 계산 결과는 항상 기약분수식으로 나타냅니다.

Example

(1) $\dfrac{9a^3x^2y}{3a^2xy^3} = \dfrac{3a^2xy \times 3ax}{3a^2xy \times y^2} = \dfrac{3ax}{y^2}$

(2) $\dfrac{x^2-2x}{x^2-3x+2} = \dfrac{x(x-2)}{(x-1)(x-2)} = \dfrac{x}{x-1}$ ← 분자, 분모를 각각 인수분해한 후 약분한다.

또한 유리식의 성질 (1)을 이용하여 $\dfrac{A}{B}$의 분자와 분모에 각각 D를 곱하고, $\dfrac{C}{D}$의 분자와 분모에 각각 B를 곱하면 두 식이 각각 $\dfrac{AD}{BD}$와 $\dfrac{BC}{BD}$가 되어 분모가 같은 유리식이 되는데 이것을 유리수에서와 마찬가지로 통분한다고 합니다.

유리식을 통분하거나 약분할 때, 먼저 주어진 유리식의 분자, 분모를 각각 인수분해하면 공통인 인수를 구하기 쉽습니다.

Example

두 유리식 $\dfrac{2}{x^2-1}$, $\dfrac{1}{x^2+4x+3}$에서 $x^2-1=(x+1)(x-1)$,

$x^2+4x+3=(x+3)(x+1)$이므로 두 유리식을 통분하면

$\dfrac{2}{x^2-1} = \dfrac{2(x+3)}{(x+1)(x-1)(x+3)}$

$\dfrac{1}{x^2+4x+3} = \dfrac{x-1}{(x+3)(x+1)(x-1)}$ ← 유리수에서 분모의 최소공배수로 통분하는 것과 같은 방법으로 유리식을 통분한다.

③ 유리식의 사칙연산

1. 유리식의 덧셈과 뺄셈

유리식의 덧셈과 뺄셈은 유리수의 경우와 마찬가지로 분모를 통분하여 계산하고, 계산 결과의 분자, 분모에 공통인 인수가 있는 경우에는 반드시 분자, 분모를 약분하여 기약분수식으로 나타내어야 합니다.

Example

(1) $\dfrac{x}{x^2-4} - \dfrac{2}{x^2-4} = \dfrac{x-2}{x^2-4} = \dfrac{x-2}{(x+2)(x-2)} = \dfrac{1}{x+2}$

(2) $\dfrac{1}{x+2} + \dfrac{2}{x+3} = \dfrac{x+3}{(x+2)(x+3)} + \dfrac{2(x+2)}{(x+2)(x+3)}$

$= \dfrac{x+3+2(x+2)}{(x+2)(x+3)} = \dfrac{3x+7}{(x+2)(x+3)}$

2. 유리식의 곱셈과 나눗셈

유리식의 곱셈과 나눗셈은 유리수의 곱셈, 나눗셈과 같은 방법으로 계산합니다. 따라서 유리식의 곱셈은 분자는 분자끼리, 분모는 분모끼리 곱하여 계산하고, 유리식의 나눗셈은 나누는 식을 역수로 고친 후, 즉 분자와 분모를 바꾸어 곱하여 계산합니다. 이때 각 유리식의 분자, 분모를 인수분해하여 약분이 가능하면 먼저 약분한 후 계산하면 편리합니다.

Example

(1) $\dfrac{x+2}{x-1} \times \dfrac{x+3}{x^2-4} = \dfrac{x+2}{x-1} \times \dfrac{x+3}{(x+2)(x-2)} = \dfrac{x+3}{(x-1)(x-2)}$

(2) $\dfrac{x-2}{x+1} \div \dfrac{x-3}{x^2-3x-4} = \dfrac{x-2}{x+1} \div \dfrac{x-3}{(x+1)(x-4)}$

$= \dfrac{x-2}{x+1} \times \dfrac{(x+1)(x-4)}{x-3} = \dfrac{(x-2)(x-4)}{x-3}$

개념 Point 유리식

1 유리식 : 두 다항식 A, B $(B \neq 0)$에 대하여 $\dfrac{A}{B}$ 꼴로 나타내어지는 식

```
┌── 유리식 ──┐
│ 다항식 │ 분수식 │
└───────────┘
```

2 유리식의 사칙연산

네 다항식 A, B, C, D $(C \neq 0, D \neq 0)$에 대하여

(1) $\dfrac{A}{C} + \dfrac{B}{C} = \dfrac{A+B}{C}$

(2) $\dfrac{A}{C} - \dfrac{B}{C} = \dfrac{A-B}{C}$

(3) $\dfrac{A}{C} \times \dfrac{B}{D} = \dfrac{AB}{CD}$

(4) $\dfrac{A}{C} \div \dfrac{B}{D} = \dfrac{A}{C} \times \dfrac{D}{B} = \dfrac{AD}{BC}$ (단, $B \neq 0$)

09

---

④ 유리식의 변형

유리식이 복잡한 경우에는 적절하게 모양을 바꾸어 간단하게 만든 후 계산합니다. 여기에서는 특별히 네 가지 유형을 살펴봅시다.

1. (분자의 차수)≥(분모의 차수)인 경우

분자의 차수가 분모의 차수보다 크거나 같은 유리식은 유리식의 분자를 분모로 나누어 (분자의 차수)<(분모의 차수)가 되도록 변형한 후 계산합니다. 예를 들어

$$\frac{x-6}{x-5} = \frac{x-5-1}{x-5} = 1 - \frac{1}{x-5}$$

입니다.

Example

$\dfrac{x^2+3x+6}{x+3} - \dfrac{x^2-3x-6}{x-3} = \dfrac{x(x+3)+6}{x+3} - \dfrac{x(x-3)-6}{x-3} = \left(x + \dfrac{6}{x+3}\right) - \left(x - \dfrac{6}{x-3}\right)$

$= \dfrac{6}{x+3} + \dfrac{6}{x-3} = \dfrac{6(x-3)+6(x+3)}{(x+3)(x-3)}$

$= \dfrac{6x-18+6x+18}{(x+3)(x-3)} = \dfrac{12x}{(x+3)(x-3)}$

2. 네 개 이상의 유리식을 계산하는 경우

네 개 이상의 유리식을 계산하는 경우에는 분모의 차가 상수나 간단한 식이 되는 것끼리 묶어서 계산합니다. 예를 들어

$$\frac{1}{x+1}-\frac{1}{x+2}+\frac{1}{x+3}-\frac{1}{x+4}=\left(\frac{1}{x+1}-\frac{1}{x+2}\right)+\left(\frac{1}{x+3}-\frac{1}{x+4}\right)$$
$$=\frac{1}{(x+1)(x+2)}+\frac{1}{(x+3)(x+4)}$$

입니다. 이와 같이 식을 적당히 묶은 뒤 각각을 계산하면 비슷한 형태의 식을 얻게 되어 이후의 계산이 쉬워집니다.

3. 분모가 두 개 이상의 인수의 곱인 경우 (부분분수로 변형)

분모가 두 개 이상의 인수의 곱이면 다음과 같이 부분분수로 변형합니다. 즉,

$$\frac{1}{AB}=\frac{1}{B-A}\left(\frac{1}{A}-\frac{1}{B}\right)(A\neq B) \rightarrow \frac{1}{B-A}\left(\frac{1}{A}-\frac{1}{B}\right)=\frac{1}{B-A}\times\frac{B-A}{AB}=\frac{1}{AB}$$

임을 이용하여 복잡한 분모를 간단한 분모로 분리할 수 있습니다.

> **Example**
> $$\frac{1}{(x+2)(x+4)}-\frac{2}{x(x+4)}$$
> $$=\frac{1}{(x+4)-(x+2)}\left(\frac{1}{x+2}-\frac{1}{x+4}\right)-\frac{2}{(x+4)-x}\left(\frac{1}{x}-\frac{1}{x+4}\right)$$
> $$=\frac{1}{2}\left(\frac{1}{x+2}-\frac{1}{x+4}\right)-\frac{1}{2}\left(\frac{1}{x}-\frac{1}{x+4}\right)$$
> $$=\frac{1}{2}\left(\frac{1}{x+2}-\frac{1}{x}\right)=\frac{1}{2}\times\frac{x-(x+2)}{x(x+2)}=-\frac{1}{x(x+2)}$$

4. 분자 또는 분모가 분수식인 경우 (번분수식)

분자 또는 분모에 또 다른 분수식을 포함한 유리식을 번분수식이라고 합니다. 번분수식은 다음과 같이 분자에 분모의 역수를 곱하여 계산합니다. 즉,

$$\frac{\dfrac{B}{A}}{\dfrac{D}{C}}=\frac{B}{A}\div\frac{D}{C}=\frac{B}{A}\times\frac{C}{D}=\frac{BC}{AD}\ (A\neq0,\ C\neq0,\ D\neq0)$$

입니다.

> **Example**
> $$\frac{\dfrac{x-2}{x}}{\dfrac{x^2-4}{x}}=\frac{x-2}{x}\div\frac{x^2-4}{x}=\frac{x-2}{x}\times\frac{x}{(x+2)(x-2)}=\frac{1}{x+2}$$

⑤ 비례식

두 개 이상의 수 또는 양 사이의 배수 관계를 비라 하고, a의 b에 대한 비를 $a:b$와 같이 나타냅니다. 비 $a:b$에서 $\dfrac{a}{b}$를 비의 값이라고 합니다.

1. 비례식의 뜻

두 수의 비 $10:15$는 가장 간단한 자연수의 비인 $2:3$으로 나타낼 수 있습니다.

이와 같이 비의 값이 같은 두 개의 비 $a:b$와 $c:d$를

$$a:b=c:d \text{ 또는 } \dfrac{a}{b}=\dfrac{c}{d}$$

와 같이 나타낸 식을 비례식이라고 합니다.

비례식에서 내항의 곱과 외항의 곱은 같으므로

$$a:b=c:d \Longleftrightarrow ad=bc$$

$$\Longleftrightarrow \dfrac{a}{b}=\dfrac{c}{d}$$

$$\Longleftrightarrow \dfrac{a}{c}=\dfrac{b}{d}$$

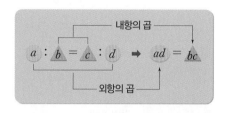

입니다. 이때 항이 세 개인 경우에는 주의가 필요합니다.

> **Example** 비례식 $16:12=4:3$에서
>
> $$16:12=4:3 \Longleftrightarrow \dfrac{16}{12}=\dfrac{4}{3} \Longleftrightarrow 16\times3=12\times4 \Longleftrightarrow \dfrac{16}{4}=\dfrac{12}{3}$$
>
> 비례식 $16:12:8=4:3:2$에서는
>
> $$16:12:8=4:3:2 \Longleftrightarrow \dfrac{16}{4}=\dfrac{12}{3}=\dfrac{8}{2}$$

2. 조건이 비례식으로 주어진 유리식의 계산

조건이 비례식으로 주어진 유리식의 계산은 비례상수 k를 이용하여 계산하는 것이 일반적입니다. 즉, 비례식에서 그 비의 값은 일정하므로 비의 값을 상수 k로 놓고, 각 문자를 k에 대한 식으로 나타낸 후 이를 식에 대입하여 계산합니다.

비례식 $a:b=c:d$에서 $\dfrac{a}{c}=\dfrac{b}{d}=k\,(k\neq0)$로 놓으면

$$a=ck,\ b=dk \quad \leftarrow a:b=c:d \text{에서 } \dfrac{a}{b}=\dfrac{c}{d}=k\,(k\neq0) \text{이므로 } a=bk,\ c=dk \text{로 생각할 수도 있다.}$$

입니다. 또한 항이 세 개인 비례식 $a:b:c=d:e:f$에서 $\dfrac{a}{d}=\dfrac{b}{e}=\dfrac{c}{f}=k\,(k\neq0)$로 놓으면

$$a=dk,\ b=ek,\ c=fk$$

입니다.

$x : y = 3 : 1$일 때, $\dfrac{xy+y^2}{x^2-xy}$의 값은 다음과 같이 구할 수 있다.

[방법 1] $\dfrac{x}{3} = \dfrac{y}{1} = k\ (k \neq 0)$로 놓으면 $x = 3k,\ y = k$

$$\therefore \frac{xy+y^2}{x^2-xy} = \frac{3k \times k + k^2}{(3k)^2 - 3k \times k} = \frac{3k^2+k^2}{9k^2-3k^2} = \frac{4k^2}{6k^2} = \frac{2}{3}$$

[방법 2] 내항의 곱과 외항의 곱이 같음을 이용하면 $x = 3y$

$$\therefore \frac{xy+y^2}{x^2-xy} = \frac{3y \times y + y^2}{(3y)^2 - 3y \times y} = \frac{3y^2+y^2}{9y^2-3y^2} = \frac{4y^2}{6y^2} = \frac{2}{3}$$

개념 Point　　**비례식의 계산**

0이 아닌 실수 k에 대하여

1　$a : b = c : d \iff \dfrac{a}{c} = \dfrac{b}{d} = k \iff a = ck,\ b = dk$

2　$a : b : c = d : e : f \iff \dfrac{a}{d} = \dfrac{b}{e} = \dfrac{c}{f} = k \iff a = dk,\ b = ek,\ c = fk$

개념 Plus　　**가비의 리**　　　　　　　　　　　　　　　　　　　　　　교육과정 외

$a : b = c : d = e : f$, 즉 $\dfrac{a}{b} = \dfrac{c}{d} = \dfrac{e}{f}$일 때,

$$\frac{a}{b} = \frac{c}{d} = \frac{e}{f} = \frac{a+c+e}{b+d+f} = \frac{pa+qc+re}{pb+qd+rf} \quad (\text{단, } b+d+f \neq 0,\ pb+qd+rf \neq 0)$$

가 성립하는데, 이것을 가비의 리라고 한다.

└→ 가비는 비를 더한다는 뜻이다.

Proof　$\dfrac{a}{b} = \dfrac{c}{d} = \dfrac{e}{f} = k\ (k \neq 0)$로 놓으면 $a = bk,\ c = dk,\ e = fk$

좌변은 좌변끼리, 우변은 우변끼리 더하면

$$a+c+e = bk+dk+fk = (b+d+f)k \qquad \therefore k = \frac{a+c+e}{b+d+f}$$

$$\therefore \frac{a}{b} = \frac{c}{d} = \frac{e}{f} = \frac{a+c+e}{b+d+f}$$

$\dfrac{pa+qc+re}{pb+qd+rf}$의 경우에는 $a = bk,\ c = dk,\ e = fk$의 양변에 각각 $p,\ q,\ r$을 곱하면

$$pa = pbk,\quad qc = qdk,\quad re = rfk$$

좌변은 좌변끼리, 우변은 우변끼리 더하면

$$pa+qc+re = pbk+qdk+rfk = (pb+qd+rf)k \qquad \therefore k = \frac{pa+qc+re}{pb+qd+rf}$$

$$\therefore \frac{a}{b} = \frac{c}{d} = \frac{e}{f} = \frac{pa+qc+re}{pb+qd+rf}$$

Example　$12 : 4 = 9 : 3 = 6 : 2$에서 가비의 리를 이용하면

$$\frac{12}{4} = \frac{9}{3} = \frac{6}{2} = \frac{12+9+6}{4+3+2} = \frac{27}{9} = 3$$

1 다음 유리식을 약분하시오.

(1) $\dfrac{x^2-y^2}{x^3+y^3}$

(2) $\dfrac{x^3-5x^2+6x}{x^2-3x}$

2 다음 유리식을 통분하시오.

(1) $\dfrac{1}{a^2-6a+8},\ \dfrac{1}{a^2-a-12}$

(2) $\dfrac{x-1}{x^2+3x+2},\ \dfrac{x-2}{x^2-3x-10}$

3 다음 식을 계산하시오.

(1) $\dfrac{1}{x-3}+\dfrac{6}{3-x}$

(2) $\dfrac{x-2}{x-5}-\dfrac{4x+1}{x^2-3x-10}$

(3) $\dfrac{x^2-3x+2}{x^2+3x}\div\dfrac{x^2+4x-5}{x^2+7x+12}\times\dfrac{3x^2+3x}{x^2+2x-8}$

4 다음 유리식을 간단히 하시오.

(1) $\dfrac{1}{(x+1)(x+2)}+\dfrac{1}{(x+2)(x+3)}$

(2) $\dfrac{2}{(x+2)(x+4)}+\dfrac{3}{(x+4)(x+7)}$

(3) $\dfrac{x+3}{x+1}-\dfrac{x-2}{x-3}$

(4) $\dfrac{x^2+5x+8}{x+2}-\dfrac{x^2+x-5}{x-2}$

5 $x:y=4:3$일 때, 다음 식의 값을 구하시오.

(1) $\dfrac{2x-y}{x+2y}$

(2) $\dfrac{x^2-xy+y^2}{x^2+y^2}$

● 풀이 136쪽∼137쪽

정답

1 (1) $\dfrac{x-y}{x^2-xy+y^2}$ (2) $x-2$

2 (1) $\dfrac{a+3}{(a-2)(a-4)(a+3)},\ \dfrac{a-2}{(a-2)(a-4)(a+3)}$ (2) $\dfrac{(x-1)(x-5)}{(x+1)(x+2)(x-5)},\ \dfrac{(x+1)(x-2)}{(x+1)(x+2)(x-5)}$

3 (1) $\dfrac{5}{3-x}$ (2) $\dfrac{x+1}{x+2}$ (3) $\dfrac{3(x+1)}{x+5}$

4 (1) $\dfrac{2}{(x+1)(x+3)}$ (2) $\dfrac{5}{(x+2)(x+7)}$ (3) $\dfrac{x-7}{(x+1)(x-3)}$ (4) $\dfrac{x-6}{(x+2)(x-2)}$ **5** (1) $\dfrac{1}{2}$ (2) $\dfrac{13}{25}$

예제 01

다음 식을 간단히 하시오.

(1) $\dfrac{x}{x^2-1}+\dfrac{1}{x^2-1}$

(2) $\dfrac{x}{x-1}-\dfrac{4}{x^2+2x-3}$

(3) $\dfrac{2x-4}{x^2-x}\times\dfrac{x-1}{x^2-4}$

(4) $\dfrac{x-2}{x-3}\div\dfrac{x^2-3x+2}{x^2-9}$

접근 방법 〉 유리식의 덧셈과 뺄셈은 유리수에서와 마찬가지로 분모를 통분하여 계산한다. 유리식의 곱셈은 분자는 분자끼리, 분모는 분모끼리 곱하여 계산하고, 유리식의 나눗셈은 나누는 식의 분자와 분모를 바꾸어 곱하여 계산한다.

수매씨 Point $\dfrac{A}{C}\div\dfrac{B}{D}=\dfrac{A}{C}\times\dfrac{D}{B}=\dfrac{AD}{BC}$ (단, $B\neq0,\ C\neq0,\ D\neq0$)

상세 풀이 〉

(1) $\dfrac{x}{x^2-1}+\dfrac{1}{x^2-1}=\dfrac{x+1}{x^2-1}=\dfrac{x+1}{(x+1)(x-1)}=\dfrac{1}{x-1}$

(2) $\dfrac{x}{x-1}-\dfrac{4}{x^2+2x-3}=\dfrac{x}{x-1}-\dfrac{4}{(x+3)(x-1)}=\dfrac{x(x+3)-4}{(x+3)(x-1)}$

$=\dfrac{x^2+3x-4}{(x+3)(x-1)}=\dfrac{(x+4)(x-1)}{(x+3)(x-1)}=\dfrac{x+4}{x+3}$

(3) $\dfrac{2x-4}{x^2-x}\times\dfrac{x-1}{x^2-4}=\dfrac{2(x-2)}{x(x-1)}\times\dfrac{x-1}{(x+2)(x-2)}=\dfrac{2}{x(x+2)}$

(4) $\dfrac{x-2}{x-3}\div\dfrac{x^2-3x+2}{x^2-9}=\dfrac{x-2}{x-3}\times\dfrac{x^2-9}{x^2-3x+2}=\dfrac{x-2}{x-3}\times\dfrac{(x+3)(x-3)}{(x-1)(x-2)}=\dfrac{x+3}{x-1}$

정답 (1) $\dfrac{1}{x-1}$ (2) $\dfrac{x+4}{x+3}$ (3) $\dfrac{2}{x(x+2)}$ (4) $\dfrac{x+3}{x-1}$

보충 설명

유리식의 덧셈과 뺄셈에서는 분모를 통분하여 계산한다는 것을 명심해야 한다.

즉, 네 다항식 A, B, C, D $(C\neq0,\ D\neq0)$에 대하여

① $\dfrac{A}{C}\pm\dfrac{B}{C}=\dfrac{A\pm B}{C}$ (복부호동순)

② $\dfrac{A}{C}\pm\dfrac{B}{D}=\dfrac{AD}{CD}\pm\dfrac{BC}{CD}=\dfrac{AD\pm BC}{CD}$ (복부호동순)

01-1

다음 식을 간단히 하시오.

(1) $\dfrac{x-3}{x+2} + \dfrac{2x-11}{x^2+x-2}$

(2) $\dfrac{2x^2+3}{x-2} - \dfrac{x^2+7}{x-2}$

(3) $\dfrac{x-1}{x^2-2x} \times \dfrac{x}{x^2+x-2}$

(4) $\dfrac{x^2+4x+3}{x^2+x-2} \div \dfrac{x+3}{x-1}$

01-2

다음 식을 간단히 하시오.

(1) $\dfrac{x^2-3x+3}{x-1} + \dfrac{x^2+3x+1}{x+1}$

(2) $\dfrac{1}{x-1} - \dfrac{1}{x+1} - \dfrac{2}{x^2+1} - \dfrac{4}{x^4+1}$

09

01-3

분모를 0으로 만들지 않는 모든 실수 x에 대하여 다음 등식이 성립할 때, $a+b-c$의 값을 구하시오. (단, a, b, c는 상수이다.)

(1) $\dfrac{a}{x-1} + \dfrac{b}{x} + \dfrac{c}{x+1} = \dfrac{2x-3}{x^3-x}$

(2) $\dfrac{a}{x+1} + \dfrac{bx+c}{x^2-x+1} = \dfrac{3x^2}{x^3+1}$

● 풀이 137쪽~138쪽

정답

01-1 (1) $\dfrac{x-4}{x-1}$ (2) $x+2$ (3) $\dfrac{1}{(x-2)(x+2)}$ (4) $\dfrac{x+1}{x+2}$ **01-2** (1) $\dfrac{2(x^3-x+1)}{(x-1)(x+1)}$ (2) $\dfrac{8}{x^8-1}$

01-3 (1) 5 (2) 4

예제 02 부분분수로의 변형

다음 식을 간단히 하시오.

(1) $\dfrac{1}{x(x+1)} + \dfrac{1}{(x+1)(x+2)} + \dfrac{1}{(x+2)(x+3)}$

(2) $\dfrac{1}{(x+1)(x+3)} + \dfrac{1}{(x+3)(x+5)} + \dfrac{1}{(x+5)(x+7)}$

접근 방법 > 주어진 식 전체의 분모를 통분하면 분모의 차수가 커지고 계산이 복잡해지므로 분모의 인수분해된 식을 이용하여 각각 부분분수로 변형하여 계산한다.

수매씽 Point $\dfrac{1}{AB} = \dfrac{1}{B-A}\left(\dfrac{1}{A} - \dfrac{1}{B}\right)$ (단, $A \neq B$)

상세 풀이 > (1) $\dfrac{1}{x(x+1)} + \dfrac{1}{(x+1)(x+2)} + \dfrac{1}{(x+2)(x+3)}$

$= \left(\dfrac{1}{x} - \dfrac{1}{x+1}\right) + \left(\dfrac{1}{x+1} - \dfrac{1}{x+2}\right) + \left(\dfrac{1}{x+2} - \dfrac{1}{x+3}\right)$

$= \dfrac{1}{x} - \dfrac{1}{x+3} = \dfrac{(x+3)-x}{x(x+3)} = \dfrac{3}{x(x+3)}$

(2) $\dfrac{1}{(x+1)(x+3)} + \dfrac{1}{(x+3)(x+5)} + \dfrac{1}{(x+5)(x+7)}$

$= \dfrac{1}{2}\left(\dfrac{1}{x+1} - \dfrac{1}{x+3}\right) + \dfrac{1}{2}\left(\dfrac{1}{x+3} - \dfrac{1}{x+5}\right) + \dfrac{1}{2}\left(\dfrac{1}{x+5} - \dfrac{1}{x+7}\right)$

$= \dfrac{1}{2}\left\{\left(\dfrac{1}{x+1} - \dfrac{1}{x+3}\right) + \left(\dfrac{1}{x+3} - \dfrac{1}{x+5}\right) + \left(\dfrac{1}{x+5} - \dfrac{1}{x+7}\right)\right\}$

$= \dfrac{1}{2}\left(\dfrac{1}{x+1} - \dfrac{1}{x+7}\right) = \dfrac{1}{2} \times \dfrac{(x+7)-(x+1)}{(x+1)(x+7)} = \dfrac{3}{(x+1)(x+7)}$

정답 (1) $\dfrac{3}{x(x+3)}$ (2) $\dfrac{3}{(x+1)(x+7)}$

보충 설명

분모가 두 개 이상의 인수의 곱으로 되어 있는 유리식에서 부분분수로의 변형은 유리식을 규칙적으로 지 워지는 형태로 바꿀 수 있고, 이를 이용하여 식을 간단하게 계산할 수 있다.

02-1

다음 식을 간단히 하시오.

(1) $\dfrac{2}{x(x+2)}+\dfrac{2}{(x+2)(x+4)}+\dfrac{2}{(x+4)(x+6)}$

(2) $\dfrac{1}{x(x+3)}+\dfrac{1}{(x+3)(x+6)}+\dfrac{1}{(x+6)(x+9)}$

02-2

분모를 0으로 만들지 않는 모든 실수 x에 대하여

$$\dfrac{1}{x(x+1)}+\dfrac{2}{(x+1)(x+3)}+\dfrac{3}{(x+3)(x+6)}+\dfrac{4}{(x+6)(x+10)}$$

$$=\dfrac{n}{x(x+m)}$$

이 성립할 때, $m+n$의 값을 구하시오. (단, m, n은 상수이다.)

09

02-3

다음 등식을 만족시키는 서로소인 두 자연수 m, n에 대하여 $m+n$의 값을 구하시오.

$$\dfrac{1}{1\times2}+\dfrac{1}{2\times3}+\dfrac{1}{3\times4}+\cdots+\dfrac{1}{19\times20}=\dfrac{n}{m}$$

● 풀이 138쪽

정답   02-1 (1) $\dfrac{6}{x(x+6)}$ (2) $\dfrac{3}{x(x+9)}$ 02-2 20   02-3 39

예제 03

다음 식을 간단히 하시오.

(1) $\dfrac{\dfrac{1}{1-x}+\dfrac{1}{1+x}}{\dfrac{1}{1-x}-\dfrac{1}{1+x}}$

(2) $\dfrac{1}{1-\dfrac{1}{1-\dfrac{1}{1-x}}}$

접근 방법 > (1)에서는 분자와 분모를 각각 통분하여 번분수식을 계산하고 (2)에서는 분모에 분수식이 반복되므로 가장 아래쪽에 있는 분수식부터 차례대로 계산한다.

수매씨 Point

$$\dfrac{\dfrac{B}{A}}{\dfrac{D}{C}}=\dfrac{B}{A}\div\dfrac{D}{C}=\dfrac{B}{A}\times\dfrac{C}{D}=\dfrac{BC}{AD}\ (\text{단, } A\neq0,\ C\neq0,\ D\neq0)$$

상세 풀이 >

(1) $\dfrac{\dfrac{1}{1-x}+\dfrac{1}{1+x}}{\dfrac{1}{1-x}-\dfrac{1}{1+x}}=\dfrac{\dfrac{(1+x)+(1-x)}{(1-x)(1+x)}}{\dfrac{(1+x)-(1-x)}{(1-x)(1+x)}}=\dfrac{\dfrac{2}{(1-x)(1+x)}}{\dfrac{2x}{(1-x)(1+x)}}$

$=\dfrac{2(1-x)(1+x)}{2x(1-x)(1+x)}=\dfrac{1}{x}$

(2) $\dfrac{1}{1-\dfrac{1}{1-\dfrac{1}{1-x}}}=\dfrac{1}{1-\dfrac{1}{\dfrac{-x}{1-x}}}=\dfrac{1}{1+\dfrac{1-x}{x}}=\dfrac{1}{\dfrac{1}{x}}=x$

정답 (1) $\dfrac{1}{x}$ (2) x

보충 설명

(1)에서 분자와 분모에 각각 $(1-x)(1+x)$를 곱하여 정리할 수도 있다.

$$\dfrac{\dfrac{1}{1-x}+\dfrac{1}{1+x}}{\dfrac{1}{1-x}-\dfrac{1}{1+x}}=\dfrac{\left(\dfrac{1}{1-x}+\dfrac{1}{1+x}\right)(1-x)(1+x)}{\left(\dfrac{1}{1-x}-\dfrac{1}{1+x}\right)(1-x)(1+x)}=\dfrac{(1+x)+(1-x)}{(1+x)-(1-x)}=\dfrac{2}{2x}=\dfrac{1}{x}$$

03-1

다음 식을 간단히 하시오.

(1) $\dfrac{\dfrac{x+a}{a}-\dfrac{2x}{x+a}}{\dfrac{x^2+a^2}{x-a}}$

(2) $1+\dfrac{1}{1-\dfrac{1}{1+\dfrac{1}{x}}}$

03-2

다음 식을 간단히 하시오.

(1) $1-\dfrac{\dfrac{1}{a}-\dfrac{2}{a+1}}{\dfrac{1}{a}-\dfrac{2}{a-1}}$

(2) $\dfrac{\dfrac{a-b}{a}-\dfrac{a+b}{b}}{\dfrac{a+b}{a}+\dfrac{a-b}{b}}$

09

03-3

$\dfrac{1}{\dfrac{1}{a^7}+1}+\dfrac{1}{\dfrac{1}{a^5}+1}+\dfrac{1}{\dfrac{1}{a^3}+1}+\dfrac{1}{\dfrac{1}{a}+1}+\dfrac{1}{a+1}+\dfrac{1}{a^3+1}+\dfrac{1}{a^5+1}+\dfrac{1}{a^7+1}$ 을 간단히 하

시오.

● 풀이 138쪽~139쪽

정답

03-1 (1) $\dfrac{x-a}{a(x+a)}$ (2) $x+2$ **03-2** (1) $\dfrac{4a}{(a+1)^2}$ (2) -1 **03-3** 4

예제 04

$x : y : z = 1 : 2 : 3$일 때, 다음 식의 값을 구하시오.

(1) $\dfrac{y}{x} + \dfrac{z}{y} + \dfrac{x}{z}$

(2) $\dfrac{x^2 + y^2 + z^2}{xy + yz + zx}$

접근 방법〉 $x : y : z = 1 : 2 : 3$이므로 0이 아닌 상수 k에 대하여 $x = k$, $y = 2k$, $z = 3k$로 놓고 주어진 식을 k에 대한 식으로 나타낸다.

> **수매씨 Point** $\;\; x : y : z = a : b : c \Longleftrightarrow \dfrac{x}{a} = \dfrac{y}{b} = \dfrac{z}{c} = k$
>
> $\qquad\qquad\qquad\qquad\quad \Longleftrightarrow x = ak,\ y = bk,\ z = ck$ (단, $k \neq 0$)

상세 풀이〉 $x : y : z = 1 : 2 : 3$이므로 $\dfrac{x}{1} = \dfrac{y}{2} = \dfrac{z}{3} = k\ (k \neq 0)$로 놓으면

$\qquad x = k,\ y = 2k,\ z = 3k$

(1) $\dfrac{y}{x} + \dfrac{z}{y} + \dfrac{x}{z} = \dfrac{2k}{k} + \dfrac{3k}{2k} + \dfrac{k}{3k}$

$\qquad\qquad\qquad = 2 + \dfrac{3}{2} + \dfrac{1}{3} = \dfrac{12 + 9 + 2}{6} = \dfrac{23}{6}$

(2) $\dfrac{x^2 + y^2 + z^2}{xy + yz + zx} = \dfrac{k^2 + (2k)^2 + (3k)^2}{k \times 2k + 2k \times 3k + 3k \times k}$

$\qquad\qquad\qquad\quad = \dfrac{14k^2}{11k^2} = \dfrac{14}{11}$

정답 (1) $\dfrac{23}{6}$ (2) $\dfrac{14}{11}$

보충 설명

문제에서 비가 주어져 있고 변형된 비의 값을 구하는 것이므로 비를 만족시키는 어떤 특정한 상수 k에 관계없이 그 값이 일정하다. 따라서 $k = 1$일 때를 생각하여 $x = 1$, $y = 2$, $z = 3$을 대입하여 풀어도 된다.

04-1 $\dfrac{1}{x} : \dfrac{1}{y} : \dfrac{1}{z} = 2 : 3 : 1$일 때, 다음 식의 값을 구하시오.

(1) $\dfrac{y}{x} + \dfrac{z}{y} + \dfrac{x}{z}$

(2) $\dfrac{(x+y)z}{x(y+z)}$

04-2 $\dfrac{a+b}{3} = \dfrac{b+c}{4} = \dfrac{c+a}{5}$일 때, 다음 식의 값을 구하시오. (단, $abc \neq 0$)

(1) $\dfrac{ab+bc+ca}{a^2+b^2+c^2}$

(2) $\dfrac{a^3+b^3+c^3}{3abc}$

09

04-3 0이 아닌 세 실수 a, b, c에 대하여

$$\dfrac{a}{2} = \dfrac{2b-c}{3} = \dfrac{c}{4} = \dfrac{3a+2b+2c}{n}$$

를 만족시키는 상수 n의 값을 구하시오.

• 풀이 139쪽

예제 05

0이 아닌 세 실수 a, b, c에 대하여

$$\frac{b+c}{a} = \frac{c+a}{b} = \frac{a+b}{c} = k$$

가 성립할 때, 상수 k의 값을 모두 구하시오.

접근 방법 > 주어진 비례식에서 가비의 리를 이용하면

$$\frac{b+c}{a} = \frac{c+a}{b} = \frac{a+b}{c} = \frac{2(a+b+c)}{a+b+c}$$

이고, 분모가 0이 아닌 경우와 0인 경우로 나누어서 비례식의 값을 구한다.

> **수매씩 Point** $a : b = c : d = e : f$, 즉 $\dfrac{a}{b} = \dfrac{c}{d} = \dfrac{e}{f}$일 때,
>
> $$\frac{a}{b} = \frac{c}{d} = \frac{e}{f} = \frac{a+c+e}{b+d+f} = \frac{pa+qc+re}{pb+qd+rf} \ (\text{단, } b+d+f \neq 0, \ pb+qd+rf \neq 0)$$

상세 풀이 > (i) $a+b+c \neq 0$일 때, 가비의 리에 의하여

$$\frac{b+c}{a} = \frac{c+a}{b} = \frac{a+b}{c} = \frac{(b+c)+(c+a)+(a+b)}{a+b+c} = \frac{2(a+b+c)}{a+b+c} = 2$$

$$\therefore \ k=2$$

(ii) $a+b+c=0$일 때, $b+c=-a$이므로

$$\frac{b+c}{a} = \frac{-a}{a} = -1 \qquad \therefore \ k=-1$$

(i), (ii)에서 구하는 k의 값은 -1, 2이다.

정답 -1, 2

보충 설명

가비의 리를 모르더라도 비례식의 계산을 이용하여 k의 값을 구할 수 있다.

$\dfrac{b+c}{a} = \dfrac{c+a}{b} = \dfrac{a+b}{c} = k$에서 $b+c=ak$, $c+a=bk$, $a+b=ck$

위의 세 식을 변끼리 더하면 $2(a+b+c)=(a+b+c)k$

따라서 $a+b+c \neq 0$인 경우와 $a+b+c=0$인 경우로 나누어서 k의 값을 구할 수 있다.

풀이 140쪽 ➕ 보충 설명) 한번 더 ✓ ☐

숫자 바꾸기

05-1 0이 아닌 세 실수 a, b, c에 대하여

$$\frac{3a}{2b+c} = \frac{2b}{c+3a} = \frac{c}{3a+2b} = k$$

가 성립할 때, 상수 k의 값을 모두 구하시오.

한번 더 ✓ ☐

표현 바꾸기

05-2 0이 아닌 세 실수 a, b, c에 대하여

$$\frac{2b+3c}{a} = \frac{3c+a}{2b} = \frac{a+2b}{3c}$$

의 값은 $a+2b+3c \neq 0$일 때 p이고, $a+2b+3c = 0$일 때 q이다. $10p+q$의 값을 구하시오.

09

한번 더 ✓ ☐

개념 넓히기

05-3 0이 아닌 세 실수 a, b, c에 대하여

$$\frac{-a+b+c}{a} = \frac{a-b+c}{b} = \frac{a+b-c}{c}$$

가 성립할 때, $\dfrac{(a+b)(b+c)(c+a)}{abc}$의 값을 모두 구하시오.

• 풀이 140쪽

정답   **05-1** -1, $\dfrac{1}{2}$ **05-2** 19   **05-3** -1, 8

2 유리함수

1 유리함수

함수 $y=f(x)$에서 $f(x)$가 x에 대한 유리식일 때, 이 함수를 유리함수라고 합니다. 지금까지 배운 일차함수, 이차함수는 모두 유리함수에 속한다고 할 수 있는데, 다항식과 유리식의 관계처럼 다항함수와 유리함수의 관계를 생각하면 됩니다.

즉, 다항함수는 일차함수, 이차함수 등과 같이 $f(x)$가 x에 대한 다항식으로 표현되는 함수이고, 유리함수는 $f(x)$가 x에 대한 유리식으로 표현되는 함수를 의미합니다.

유리함수에서 정의역이 특별히 주어지지 않았을 때, 분모를 0으로 하는 x의 값을 제외한 실수 전체의 집합을 정의역으로 합니다.

> **Example**
>
> (1) 함수 $y=\dfrac{x-1}{2}$은 다항함수이다.
>
> (2) 함수 $y=\dfrac{x-1}{x+1}$은 유리함수이고, 정의역은 $\{x|x\neq-1$인 실수$\}$이다.
> $\qquad\qquad\longrightarrow$ 분모를 0으로 하는 x의 값은 $x+1\neq0$에서 $x\neq-1$

개념 Point 　**유리함수**

1 유리함수 : 함수 $y=f(x)$에서 $f(x)$가 x에 대한 유리식인 함수
　 다항함수 : 함수 $y=f(x)$에서 $f(x)$가 x에 대한 다항식인 함수
2 유리함수에서 정의역이 특별히 주어지지 않은 경우에는 분모를 0으로 하는 x의 값을 제외한 실수 전체의 집합을 정의역으로 한다.

---

2 유리함수 $y=\dfrac{k}{x}\ (k\neq0)$의 그래프

함수 $y=\dfrac{1}{x}$의 그래프를 그리는 방법에 대하여 알아봅시다.

❶ 다음 표와 같이 x에 0이 아닌 여러 가지 실수를 대입하여 이에 대응하는 y의 값을 구합니다.

x	$\cdots$	-2	-1	$-\dfrac{1}{2}$	$\cdots$	$\dfrac{1}{2}$	1	2	$\cdots$
y	$\cdots$	$-\dfrac{1}{2}$	-1	-2	$\cdots$	2	1	$\dfrac{1}{2}$	$\cdots$

❷ ❶에서 구한 x, y의 값의 순서쌍 (x, y)를 좌표평면
위에 나타냅니다.

❸ 이 점들을 연결하여 오른쪽 그림과 같이 부드러운 곡선
으로 그립니다.

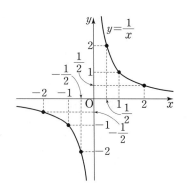

오른쪽 그래프로부터 함수 $y=\dfrac{1}{x}$의 정의역과 치역은 0
을 제외한 실수 전체의 집합이고, 그 그래프는 원점에 대
하여 대칭임을 알 수 있습니다. ← $f(x)=\dfrac{1}{x}$에서 $f(-x)=-\dfrac{1}{x}$
$\therefore f(x)=-f(-x)$

한편, 위의 그래프에서 $x>0$일 때, x의 값이 커질수록 y의 값은 0에 가까워지고 x의 값이
0에 가까워질수록 y의 값은 커집니다. 또한 $x<0$일 때, x의 값이 작아질수록 y의 값은 0에
가까워지고 x의 값이 0에 가까워질수록 y의 값은 작아집니다. 즉, 함수 $y=\dfrac{1}{x}$의 그래프는 x
의 절댓값이 커질수록 x축에 가까워지고, x의 절댓값이 작아질수록 y축에 가까워집니다.

이와 같이 곡선 위의 점이 어떤 직선에 한없이 가까워질 때, 이 직선을 그 곡선의 점근선이
라고 합니다.

따라서 함수 $y=\dfrac{1}{x}$의 그래프의 점근선은 x축과 y축, 즉 두 직선 $y=0$과 $x=0$입니다.

이제 유리함수의 가장 기본적인 형태인 함수 $y=\dfrac{k}{x}$ $(k\neq0)$의 그래프를 생각해 봅시다.

함수 $y=\dfrac{k}{x}$ $(k\neq0)$의 그래프는 상수 k의 값에 따라 다음과 같은 모양의 곡선이 됩니다.

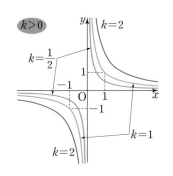

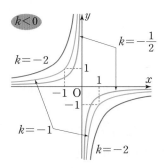

위의 그래프를 살펴보면 $k>0$일 때 그래프는 제1사분면과 제3사분면에 있고, $k<0$일 때
그래프는 제2사분면과 제4사분면에 있음을 알 수 있습니다. k의 절댓값이 커질수록 그래프
는 원점으로부터 멀어지게 됩니다.

또한 함수 $y=\dfrac{k}{x}$ $(k\neq0)$의 그래프의 점근선은 x축과 y축입니다.

한편, 오른쪽 그림과 같이 함수 $y=\dfrac{k}{x}\,(k>0)$의 그래프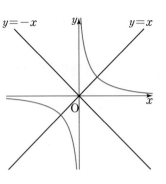
는 원점에 대하여 대칭이고, 두 직선 $y=x$, $y=-x$에 대하
여도 각각 대칭임을 알 수 있습니다. 또한 함수

$y=\dfrac{k}{x}\,(k<0)$의 그래프도 원점에 대하여 대칭이고, 두 직

선 $y=x$, $y=-x$에 대하여 각각 대칭입니다.

도형의 이동에서 배운 것처럼 x 대신 y, y 대신 x를 대입하면 $x=\dfrac{k}{y}$ $\therefore y=\dfrac{k}{x}$

따라서 함수 $y=\dfrac{k}{x}\,(k\neq0)$의 그래프는 직선 $y=x$에 대하여 대칭이다.

Example

(1) $y=\dfrac{1}{2x}$

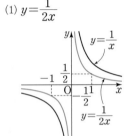

(2) $y=-\dfrac{1}{2x}$

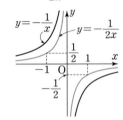

(3) $y=\dfrac{3}{x}$

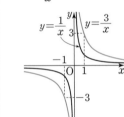

(4) $y=-\dfrac{3}{x}$

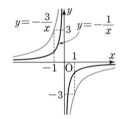

개념 Point 　유리함수 $y=\dfrac{k}{x}\,(k\neq0)$의 그래프

1　정의역 : $\{x\,|\,x\neq0$인 실수$\}$,

　　치역 : $\{y\,|\,y\neq0$인 실수$\}$

2　$k>0$이면 그래프는 제1, 3사분면에 있고,

　　$k<0$이면 그래프는 제2, 4사분면에 있다.

3　점근선은 x축과 y축이다.

4　원점에 대하여 대칭이다.

5　두 직선 $y=x$, $y=-x$에 대하여 각각 대칭이다.

6　$|k|$의 값이 커질수록 그래프는 원점에서 멀어진다.

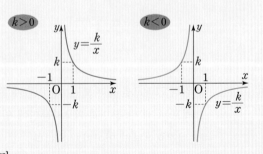

❸ 유리함수 $y=\dfrac{k}{x-p}+q\ (k\neq0)$의 그래프

함수 $y=\dfrac{k}{x}\ (k\neq0)$의 그래프를 평행이동한 그래프를 생각해 봅시다.

1. 함수 $y=\dfrac{k}{x-p}+q\ (k\neq0)$의 그래프

함수 $y=\dfrac{k}{x}\ (k\neq0)$의 그래프를

x축의 방향으로 ⓟ만큼, y축의 방향으로 ⓠ만큼

평행이동한 그래프의 식은

$$y-ⓠ=\frac{k}{x-ⓟ}\qquad\therefore\ y=\frac{k}{x-ⓟ}+ⓠ$$

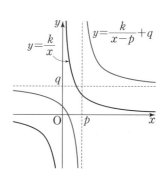

입니다. 이때 정의역은

$$\{x\,|\,x\neq0인\ 실수\}\ \Rightarrow\ \{x\,|\,x\neq ⓟ인\ 실수\}$$

로 바뀌고, 치역은

$$\{y\,|\,y\neq0인\ 실수\}\ \Rightarrow\ \{y\,|\,y\neq ⓠ인\ 실수\}$$

로 바뀝니다.

또한 점근선의 방정식도

$$x=0\,(y축)\ \Rightarrow\ x=ⓟ,\ y=0\,(x축)\ \Rightarrow\ y=ⓠ$$

로 각각 바뀝니다.

따라서 함수 $y=\dfrac{k}{x-p}+q\ (k\neq0)$의 그래프는 다음과 같은 방법으로 그릴 수 있음을 기억하면 편리합니다.

❶ 점근선을 먼저 구하여 점선으로 표시합니다. ← 점근선의 방정식 : $x=p,\ y=q$

❷ 두 점근선을 좌표축과 같이 생각하고 그 위에 함수 $y=\dfrac{k}{x}$의 그래프를 그립니다.

한편, 함수 $y=\dfrac{k}{x}\ (k\neq0)$의 그래프는 원점에 대하여 대칭이므로 함수 $y=\dfrac{k}{x-p}+q\ (k\neq0)$의 그래프는 점 $(p,\ q)$에 대하여 대칭입니다.

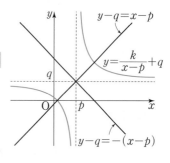

또한 함수 $y=\dfrac{k}{x}$의 그래프는 두 직선 $y=x,\ y=-x$에 대하여 각각 대칭이므로 함수 $y=\dfrac{k}{x}$의 그래프를 x축의 방향으로 p만큼, y축의 방향으로 q만큼 평행이동한 $y=\dfrac{k}{x-p}+q\ (k\neq0)$의 그래프는 두 직선

$y=x$, $y=-x$를 각각 x축의 방향으로 p만큼, y축의 방향으로 q만큼 평행이동한 두 직선

$$y-q=x-p,\ y-q=-(x-p)$$

에 대하여 각각 대칭입니다.

함수 $y=\dfrac{2}{x-2}+1$의 그래프는 함수 $y=\dfrac{2}{x}$의 그래프를 x축의 방향으로 2만큼, y축의 방향으로 1만큼 평행이동한 것이다. 두 점근선 $x=2$, $y=1$을 점선으로 먼저 표시한 후, 두 점근선을 좌표축과 같이 생각하고 그 위에 $y=\dfrac{2}{x}$의 그래프를 그리면 편리하다.

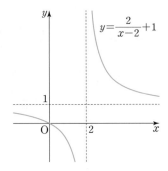

따라서 함수 $y=\dfrac{2}{x-2}+1$의 그래프는 오른쪽 그림과 같고, 정의역은 $\{x\,|\,x\neq2$인 실수$\}$, 치역은 $\{y\,|\,y\neq1$인 실수$\}$이다.

또한 함수 $y=\dfrac{2}{x-2}+1$의 그래프는 두 점근선의 교점인 점 $(2,\ 1)$에 대하여 대칭이고, 두 직선

$$y-1=x-2,\ y-1=-(x-2)$$

즉, $y=x-1$, $y=-x+3$에 대하여 대칭이다.

한편, 함수 $y=\dfrac{k}{x-p}+q\ (k\neq0)$의 그래프를 x축의 방향으로 $-p$만큼, y축의 방향으로 $-q$만큼 평행이동하면 함수 $y=\dfrac{k}{x}$의 그래프와 포개어집니다. 또한 함수 $y=-\dfrac{k}{x}$의 그래프를 x축 또는 y축에 대하여 대칭이동하면 함수 $y=\dfrac{k}{x}$의 그래프와 포개어집니다.

이와 같이 두 유리함수

$$y=\dfrac{k_1}{x-p_1}+q_1\ (k_1\neq0),\ y=\dfrac{k_2}{x-p_2}+q_2\ (k_2\neq0)$$

의 그래프가 평행이동 또는 대칭이동에 의하여 서로 포개어지려면

$$|k_1|=|k_2|$$

이어야 합니다.

2. 함수 $y=\dfrac{cx+d}{ax+b}\ (a\neq0,\ ad-bc\neq0)$의 그래프

함수 $y=\dfrac{cx+d}{ax+b}\ (a\neq0,\ ad-bc\neq0)$의 그래프는 분자를 분모로 나누어 주어진 식을

$$y=\dfrac{k}{x-p}+q\ (k\neq0)$$

꼴로 변형하여 그립니다.

↳ 분자의 차수가 분모의 차수보다 작아지도록 한다.

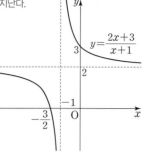

Example

$$y = \frac{2x+3}{x+1} = \frac{2(x+1)+1}{x+1} = \frac{1}{x+1} + 2 \quad \leftarrow \text{제1, 2, 3사분면을 지난다.}$$

이므로 함수 $y = \dfrac{2x+3}{x+1}$의 그래프는 함수 $y = \dfrac{1}{x}$의 그래프를 x축의 방향으로 -1만큼, y축의 방향으로 2만큼 평행이동한 것이다.

따라서 함수 $y = \dfrac{2x+3}{x+1}$의 그래프는 오른쪽 그림과 같고 정의역은 $\{x \mid x \neq -1$인 실수$\}$, 치역은 $\{y \mid y \neq 2$인 실수$\}$이다.

개념 Point   유리함수 $y = \dfrac{k}{x-p} + q \ (k \neq 0)$의 그래프

1 유리함수 $y = \dfrac{k}{x-p} + q \ (k \neq 0)$의 그래프

  (1) 함수 $y = \dfrac{k}{x}$의 그래프를 x축의 방향으로 p만큼, y축의 방향으로 q만큼 평행이동한 것이다.

  (2) 정의역 : $\{x \mid x \neq p$인 실수$\}$, 치역 : $\{y \mid y \neq q$인 실수$\}$

  (3) 점근선은 두 직선 $x = p$, $y = q$이다.

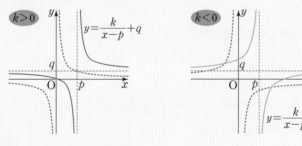

2 함수 $y = \dfrac{cx+d}{ax+b} \ (a \neq 0, \ ad - bc \neq 0)$의 그래프

함수 $y = \dfrac{cx+d}{ax+b} \ (a \neq 0, \ ad - bc \neq 0)$의 그래프는 분자를 분모로 나누어 주어진 식을

$y = \dfrac{k}{x-p} + q \ (k \neq 0)$ 꼴로 변형하여 그린다.

+ Plus

함수 $y = \dfrac{cx+d}{ax+b} \ (a \neq 0, \ ad - bc \neq 0)$에서

① $a = 0$, $b \neq 0$이면 $y = \dfrac{c}{b}x + \dfrac{d}{b}$이므로 유리함수는 일차함수가 된다.

② $ad - bc = 0$, $a \neq 0$이면 $ad = bc$에서 $a : b = c : d$이므로 유리함수는 $y = \dfrac{cx+d}{ax+b} = \dfrac{c}{a}\left(x \neq -\dfrac{b}{a}\right)$인 상수함수가 된다.

09

4 유리함수의 역함수

유리함수 $y=\dfrac{cx+d}{ax+b}$ $(a\neq 0,\ ad-bc\neq 0)$는 정의역 $\left\{x\,\middle|\,x\neq -\dfrac{b}{a}\text{인 실수}\right\}$에서 공역 $\left\{y\,\middle|\,y\neq \dfrac{c}{a}\text{인 실수}\right\}$로의 일대일대응이므로 역함수가 항상 존재합니다. **08. 함수**에서 배운 역함수를 구하는 방법을 이용하여 유리함수 $y=\dfrac{cx+d}{ax+b}$의 역함수를 구해 봅시다.

❶ $y=f(x)$를 x에 대하여 풀어 $x=f^{-1}(y)$ 꼴로 고친다.

$y=\dfrac{cx+d}{ax+b}$를 x에 대하여 풀면

$$y(ax+b)=cx+d,\ axy+by=cx+d,\ (ay-c)x=-by+d$$

$$\therefore\ x=\dfrac{-by+d}{ay-c}$$

❷ x와 y를 서로 바꾸어 $y=f^{-1}(x)$로 나타낸다.

x 대신 y, y 대신 x를 대입하면 역함수가 됩니다.

$$y=\dfrac{-bx+d}{ax-c}$$

위의 식에서 유리함수의 역함수는 다시 유리함수가 되는 것을 알 수 있습니다.

특히, 유리함수 $y=\dfrac{k}{x}$ $(k\neq 0)$의 그래프는 직선 $y=x$에 대하여 대칭이므로 그 역함수는 자기 자신이 됩니다.

Example 함수 $y=\dfrac{x}{x-1}$의 역함수를 구해 보자.

$y=\dfrac{x}{x-1}$를 x에 대하여 풀면

$$(x-1)y=x,\ x(y-1)=y \qquad \therefore\ x=\dfrac{y}{y-1}$$

x와 y를 서로 바꾸면 구하는 역함수는

$$y=\dfrac{x}{x-1}$$

개념 Point 　　**유리함수의 역함수**

유리함수의 역함수는 다음과 같은 순서로 구한다.
❶ $y=f(x)$를 x에 대하여 풀어 $x=f^{-1}(y)$ 꼴로 고친다.
❷ x와 y를 서로 바꾸어 $y=f^{-1}(x)$로 나타낸다.

+ Plus

공식을 이용하여 유리함수의 역함수를 구하는 방법

$f(x)=\dfrac{cx+d}{ax+b}$ ➡ $f^{-1}(x)=\dfrac{-bx+d}{ax-c}$ (b와 c의 위치와 부호를 모두 바꾼다.)

　└→ 점근선 : $x=-\dfrac{b}{a}$, $y=\dfrac{c}{a}$　　　└→ 점근선 : $x=\dfrac{c}{a}$, $y=-\dfrac{b}{a}$

1 ⟨보기⟩의 함수에 대하여 다음 물음에 답하시오.

> ⟨ 보기 ⟩
>
> ㄱ. $y = x^3 + 3$　　　　ㄴ. $y = \dfrac{1}{4x}$　　　　ㄷ. $y = \dfrac{x-1}{x+1}$
>
> ㄹ. $y = \dfrac{x^2-1}{(x+1)^2}$　　　ㅁ. $y = 3x - 1$　　　ㅂ. $y = \dfrac{2x}{3}$

(1) 다항함수인 것을 모두 고르시오.

(2) 다항함수가 아닌 유리함수인 것을 모두 고르시오.

2 다음 함수의 정의역과 치역을 각각 구하시오.

(1) $y = -\dfrac{1}{x+2}$　　(2) $y = \dfrac{3}{x} - 1$　　(3) $y = \dfrac{2}{x+1} - 3$　　(4) $y = \dfrac{4x-5}{x-1}$

3 다음 함수의 그래프를 그리고, 점근선의 방정식을 구하시오.

(1) $y = \dfrac{4}{x+1} + 3$　　　　　　　　(2) $y = \dfrac{2x+1}{x+1}$

4 다음 그래프의 식을 구하시오.

(1) 함수 $y = \dfrac{1}{x}$의 그래프를 x축의 방향으로 -2만큼, y축의 방향으로 1만큼 평행이동한 그래프

(2) 함수 $y = -\dfrac{1}{x}$의 그래프를 x축의 방향으로 -2만큼, y축의 방향으로 2만큼 평행이동한 그래프

● 풀이 140쪽~141쪽

정답

1 (1) ㄱ, ㅁ, ㅂ　(2) ㄴ, ㄷ, ㄹ

2 (1) 정의역 : $\{x \,|\, x \neq -2$인 실수$\}$, 치역 : $\{y \,|\, y \neq 0$인 실수$\}$

　(2) 정의역 : $\{x \,|\, x \neq 0$인 실수$\}$, 치역 : $\{y \,|\, y \neq -1$인 실수$\}$

　(3) 정의역 : $\{x \,|\, x \neq -1$인 실수$\}$, 치역 : $\{y \,|\, y \neq -3$인 실수$\}$

　(4) 정의역 : $\{x \,|\, x \neq 1$인 실수$\}$, 치역 : $\{y \,|\, y \neq 4$인 실수$\}$

3 (1) 그래프는 풀이 참조, 점근선의 방정식 : $x = -1$, $y = 3$

　(2) 그래프는 풀이 참조, 점근선의 방정식 : $x = -1$, $y = 2$

4 (1) $y = \dfrac{1}{x+2} + 1$　(2) $y = -\dfrac{1}{x+2} + 2$

예제
06

다음 함수의 그래프를 그리고, 정의역, 치역, 점근선의 방정식을 각각 구하시오.

(1) $y=\dfrac{1}{x-1}+2$

(2) $y=\dfrac{2x-3}{x-1}$

접근 방법 〉 함수 $y=\dfrac{k}{x-p}+q\,(k\neq 0)$의 그래프는 함수 $y=\dfrac{k}{x}$의 그래프를 x축의 방향으로 p만큼, y축의 방

향으로 q만큼 평행이동한 것이고, 함수 $y=\dfrac{cx+d}{ax+b}\,(a\neq 0,\ ad-bc\neq 0)$의 그래프는

$y=\dfrac{k}{x-p}+q\,(k\neq 0)$ 꼴로 변형하여 그린다.

수매씽 Point 평행이동을 이용하여 유리함수의 그래프를 그린다.

상세 풀이 〉 (1) $y=\dfrac{1}{x-1}+2$의 그래프는 $y=\dfrac{1}{x}$의 그래프를 x축의 방향으로 1

만큼, y축의 방향으로 2만큼 평행이동한 것이므로 오른쪽 그림
과 같다.

∴ 정의역 : $\{x\,|\,x\neq 1$인 실수$\}$, 치역 : $\{y\,|\,y\neq 2$인 실수$\}$,

점근선의 방정식 : $x=1,\ y=2$

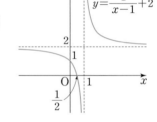

(2) $y=\dfrac{2x-3}{x-1}=\dfrac{2(x-1)-1}{x-1}=-\dfrac{1}{x-1}+2$이므로 $y=\dfrac{2x-3}{x-1}$의

그래프는 $y=-\dfrac{1}{x}$의 그래프를 x축의 방향으로 1만큼, y축의 방

향으로 2만큼 평행이동한 것으로 오른쪽 그림과 같다.

∴ 정의역 : $\{x\,|\,x\neq 1$인 실수$\}$, 치역 : $\{y\,|\,y\neq 2$인 실수$\}$,

점근선의 방정식 : $x=1,\ y=2$

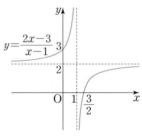

정답 (1) 그래프는 풀이 참조, 정의역 : $\{x\,|\,x\neq 1$인 실수$\}$, 치역 : $\{y\,|\,y\neq 2$인 실수$\}$, 점근선의 방정식 : $x=1,\ y=2$
(2) 그래프는 풀이 참조, 정의역 : $\{x\,|\,x\neq 1$인 실수$\}$, 치역 : $\{y\,|\,y\neq 2$인 실수$\}$, 점근선의 방정식 : $x=1,\ y=2$

보충 설명

(1) 유리함수 $y=\dfrac{k}{x-p}+q\,(k\neq 0)$의 그래프를 그릴 때에는 먼저 점근선을 그린 후 두 점근선을 좌표축

과 같이 생각하고 그 위에 $y=\dfrac{k}{x}$의 그래프를 그린다.

(2) 두 유리함수 $y=\dfrac{k_1}{x-p_1}+q_1,\ y=\dfrac{k_2}{x-p_2}+q_2$의 그래프가 평행이동 또는 대칭이동에 의하여 서로 포

개어지려면 $|k_1|=|k_2|$이어야 한다.

06-1 다음 함수의 그래프를 그리고, 정의역, 치역, 점근선의 방정식을 각각 구하시오.

(1) $y = \dfrac{1}{x-2} - 1$　　　　　　　　　　(2) $y = -\dfrac{1}{x+1} + 2$

(3) $y = \dfrac{x+3}{x+1}$　　　　　　　　　　　(4) $y = \dfrac{-x-1}{x+2}$

06-2 함수 $y = \dfrac{x+1}{x-2}$의 그래프는 함수 $y = \dfrac{k}{x}$의 그래프를 x축의 방향으로 a만큼, y축의 방향으로 b만큼 평행이동한 것일 때, $a+b+k$의 값을 구하시오. (단, k는 상수이다.)

09

06-3 다음 함수 중 그 그래프가 평행이동에 의하여 함수 $y = \dfrac{2}{x}$의 그래프와 겹쳐질 수 있는 것은?

① $y = \dfrac{-x+2}{x+1}$　　　　② $y = \dfrac{2x+3}{x+2}$　　　　③ $y = \dfrac{3x+4}{x+3}$

④ $y = \dfrac{x}{x-1}$　　　　　　⑤ $y = \dfrac{-2x+6}{x-2}$

● 풀이 141쪽～142쪽

정답　06-1 그래프는 풀이 참조
　　　(1) 정의역 : $\{x \,|\, x \neq 2$인 실수$\}$, 치역 : $\{y \,|\, y \neq -1$인 실수$\}$, 점근선의 방정식 : $x=2$, $y=-1$
　　　(2) 정의역 : $\{x \,|\, x \neq -1$인 실수$\}$, 치역 : $\{y \,|\, y \neq 2$인 실수$\}$, 점근선의 방정식 : $x=-1$, $y=2$
　　　(3) 정의역 : $\{x \,|\, x \neq -1$인 실수$\}$, 치역 : $\{y \,|\, y \neq 1$인 실수$\}$, 점근선의 방정식 : $x=-1$, $y=1$
　　　(4) 정의역 : $\{x \,|\, x \neq -2$인 실수$\}$, 치역 : $\{y \,|\, y \neq -1$인 실수$\}$, 점근선의 방정식 : $x=-2$, $y=-1$
　06-2 6　　　　　　　　　　　06-3 ⑤

예제 07

함수 $y=\dfrac{ax+b}{x+c}$의 그래프가 점 $(1, 0)$을 지나고, 점근선의 방정식이 $x=2$, $y=-1$일 때, 상수 a, b, c의 값을 각각 구하시오.

접근 방법 $y=\dfrac{ax+b}{x+c}$를 $y=\dfrac{k}{x-p}+q$ $(k\neq0)$ 꼴로 변형하여 점근선의 방정식을 구할 수도 있지만 점근선의 방정식이 $x=p$, $y=q$인 유리함수는 $y=\dfrac{k}{x-p}+q$ $(k\neq0)$ 꼴이라는 것을 이용하면 편리하다.

수매씽 Point 함수 $y=\dfrac{k}{x-p}+q$ $(k\neq0)$의 그래프에서 점근선은 두 직선 $x=p$, $y=q$이다.

상세 풀이 점근선의 방정식이 $x=2$, $y=-1$이므로 주어진 함수의 식을

$$y=\frac{k}{x-2}-1\ (k\neq0)\quad\cdots\cdots\ ㉠$$

로 놓을 수 있다. ㉠의 그래프가 점 $(1, 0)$을 지나므로

$$0=\frac{k}{-1}-1\qquad\therefore\ k=-1$$

$k=-1$을 ㉠에 대입하면

$$y=-\frac{1}{x-2}-1=\frac{-1-(x-2)}{x-2}=\frac{-x+1}{x-2}$$

$$\therefore\ a=-1,\ b=1,\ c=-2$$

정답 $a=-1$, $b=1$, $c=-2$

보충 설명

(1) **공통수학1**의 **06. 이차방정식과 이차함수**에서 이차함수 $y=ax^2+bx+c$의 그래프의 꼭짓점의 좌표 (p, q)가 주어졌을 때, 구하는 이차함수의 식을 $y=a(x-p)^2+q$로 놓고 푸는 것과 같은 원리이다.

(2) 유리함수 $y=\dfrac{cx+d}{ax+b}$ $(a\neq0, ad-bc\neq0)$의 그래프에서 점근선의 방정식은

$$x=-\frac{b}{a}\quad\leftarrow\text{ 분모가 0이 되도록 하는 }x\text{의 값}$$

$$y=\frac{c}{a}\quad\leftarrow\text{ 일차항의 계수의 비}$$

숫자 바꾸기

07-1 함수 $y = \dfrac{ax+b}{x+c}$의 그래프가 점 $(0, -1)$을 지나고, 점근선의 방정식이 $x = -1$, $y = -3$

일 때, 상수 a, b, c의 값을 각각 구하시오.

표현 바꾸기

07-2 함수 $y = \dfrac{ax+b}{x+c}$의 그래프가 오른쪽 그림과 같을 때, 상수

a, b, c에 대하여 $a+b+c$의 값을 구하시오.

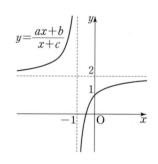

개념 넓히기

07-3 두 함수 $f(x) = \dfrac{2x+4}{2x+a}$, $g(x) = \dfrac{bx+5}{x+c}$의 그래프의 점근선이 같고 $f(1) = -1$일 때, 상

수 a, b, c에 대하여 $a+b+c$의 값을 구하시오.

• 풀이 142쪽~143쪽

정답   **07-1** $a = -3$, $b = -1$, $c = 1$ **07-2** 4   **07-3** -11

예제 08

함수 $f(x)=\dfrac{2x-5}{x-3}$ 에 대하여 다음 물음에 답하시오.

(1) 함수 $y=f(x)$의 그래프가 점 $(a,\ b)$에 대하여 대칭일 때, $a+b$의 값을 구하시오.

(2) 함수 $y=f(x)$의 그래프가 두 직선 $y=x+m,\ y=-x+n$에 대하여 대칭일 때, 이 두 직선과 x축으로 둘러싸인 도형의 넓이를 구하시오. (단, $m,\ n$은 상수이다.)

접근 방법 ▶ 주어진 유리함수를 $y=\dfrac{k}{x-p}+q\ (k\neq0)$ 꼴로 고친 후에 대칭성을 조사한다.

 Point

함수 $y=\dfrac{k}{x-p}+q\ (k\neq0)$의 그래프는

(1) 두 점근선의 교점 $(p,\ q)$에 대하여 대칭이다.

(2) 두 점근선의 교점 $(p,\ q)$를 지나고 기울기가 ±1인 직선 $y-q=\pm(x-p)$에 대하여 각각 대칭이다.

상세 풀이 ▶ $f(x)=\dfrac{2x-5}{x-3}=\dfrac{2(x-3)+1}{x-3}=\dfrac{1}{x-3}+2$

(1) 함수 $y=f(x)$의 그래프의 점근선의 방정식은 $x=3,\ y=2$이다.

따라서 함수 $y=f(x)$의 그래프는 두 점근선의 교점 $(3,\ 2)$에 대하여 대칭이므로 $a=3,\ b=2$

$\therefore a+b=3+2=5$

(2) 함수 $y=f(x)$의 그래프는 점 $(3,\ 2)$를 지나고 기울기가 ±1인 직선에 대하여 대칭이므로 두 직선 $y=x+m,\ y=-x+n$은 점 $(3,\ 2)$를 지난다.

$\therefore 2=3+m,\ 2=-3+n$

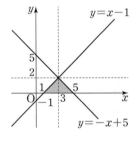

즉, $m=-1,\ n=5$이므로 두 직선 $y=x-1,\ y=-x+5$와 x축으로 둘러싸인 도형은 오른쪽 그림의 색칠한 부분이다.

따라서 구하는 넓이는 $\dfrac{1}{2}\times4\times2=4$

정답 (1) 5 (2) 4

보충 설명

평행이동에 의하여 직선의 기울기는 변하지 않으므로 유리함수의 그래프의 대칭성을 조사할 때에는 두 점근선의 교점을 구하는 것이 중요하다.

숫자 바꾸기

한번 더 ✓ ☐

08-1

다음 물음에 답하시오.

(1) 함수 $y = -\dfrac{3x+1}{x+1}$ 의 그래프가 점 (a, b)에 대하여 대칭일 때, $a+b$의 값을 구하시오.

(2) 함수 $y = \dfrac{-x+5}{x-2}$ 의 그래프가 직선 $y = mx+n$에 대하여 대칭일 때, 상수 m, n에 대하여 $m+n$의 값을 구하시오. (단, $m > 0$)

표현 바꾸기

한번 더 ✓ ☐

08-2

다음 물음에 답하시오.

(1) 함수 $y = \dfrac{2x-1}{x-a}$ 의 그래프가 점 $(3, b)$에 대하여 대칭일 때, $a+b$의 값을 구하시오.

(단, a는 상수이다.)

(2) 함수 $y = \dfrac{ax+3}{x+b}$ 의 그래프가 두 직선 $y = -x+1$, $y = x-3$에 대하여 대칭일 때, 상수 a, b에 대하여 ab의 값을 구하시오.

개념 넓히기

풀이 144쪽 ➕ 보충 설명 한번 더 ✓ ☐

08-3

함수 $y = \dfrac{ax+b}{cx+d}$ $(c \neq 0, ad-bc \neq 0)$의 그래프가 직선 $y = x$에 대하여 대칭이기 위한 필요충분조건은? (단, a, b, c, d는 상수이다.)

① $a-d=0$ ② $a+d=0$ ③ $ad=-1$

④ $ad=1$ ⑤ $ad+bc=0$

● 풀이 143쪽~144쪽

정답 **08-1** (1) -4 (2) -2 **08-2** (1) 5 (2) 2 **08-3** ②

유리함수의 최대, 최소

$-1 \leq x \leq 1$에서 함수 $y = \dfrac{x-1}{x+2}$의 최댓값을 M, 최솟값을 m이라고 할 때, $M+m$의 값을 구하시오.

접근 방법 〉 유리함수의 최대, 최소를 구할 때에는 $y = \dfrac{k}{x-p} + q \, (k \neq 0)$ 꼴로 변형하여 함수의 그래프를 그려서 구한다.

수매씽 Point 유리함수의 그래프를 그려 주어진 정의역에서의 최댓값과 최솟값을 구한다.

상세 풀이 〉 $y = \dfrac{x-1}{x+2} = \dfrac{(x+2)-3}{x+2} = -\dfrac{3}{x+2} + 1$이므로 $y = \dfrac{x-1}{x+2}$의 그래

프는 $y = -\dfrac{3}{x}$의 그래프를 x축의 방향으로 -2만큼, y축의 방향

으로 1만큼 평행이동한 것이다.

따라서 $-1 \leq x \leq 1$에서 $y = \dfrac{x-1}{x+2}$의 그래프는 오른쪽 그림과 같

으므로

$x = -1$일 때, 최솟값 $m = \dfrac{-1-1}{-1+2} = -2$

$x = 1$일 때, 최댓값 $M = \dfrac{1-1}{1+2} = 0$

$\therefore M + m = 0 + (-2) = -2$

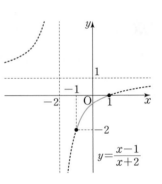

$y = \dfrac{x-1}{x+2}$

정답 -2

보충 설명

함수 $y = \dfrac{x-1}{x+2}$의 그래프는 $-1 \leq x \leq 1$에서 x의 값이 증가할수록 y의 값도 증가하므로 $x = -1$일 때 최솟값을 가지고, $x = 1$일 때 최댓값을 가진다.

09-1 다음 물음에 답하시오.

(1) $-2 \leq x \leq 1$에서 함수 $y = \dfrac{x-1}{x+3}$의 최댓값과 최솟값의 합을 구하시오.

(2) $2 \leq x \leq 4$에서 함수 $y = \dfrac{-2x+3}{x-1}$의 최댓값과 최솟값의 곱을 구하시오.

09-2 다음 물음에 답하시오.

(1) $0 \leq x \leq a$에서 함수 $y = \dfrac{2x+4}{x+1}$의 최솟값이 3일 때, 양수 a의 값을 구하시오.

(2) $0 \leq x \leq a$에서 함수 $y = \dfrac{6x}{x+2}$의 최댓값이 4일 때, 양수 a의 값을 구하시오.

09

09-3

$0 \leq x \leq 2$에서 함수 $y = \dfrac{2x+4}{x+a}$의 최댓값이 1일 때, 최솟값은? (단, a는 양수이다.)

① $\dfrac{1}{4}$ ② $\dfrac{1}{3}$ ③ $\dfrac{1}{2}$

④ $\dfrac{2}{3}$ ⑤ $\dfrac{3}{4}$

● 풀이 144쪽~145쪽

정답   **09-1** (1) -3 (2) $\dfrac{5}{3}$ **09-2** (1) 1   (2) 4   **09-3** ④

예제 10

함수 $f(x)=\dfrac{x}{x-1}$에 대하여

$$f^1=f,\ f^n=f\circ f^{n-1}\ (n=2,\ 3,\ 4,\ \cdots)$$

으로 정의할 때, $f^{99}(2)$의 값을 구하시오.

접근 방법 같은 함수를 여러 번 합성하는 경우 몇 개의 합성함수를 직접 구하여 규칙을 찾는다.

즉, 함수 $f(x)$의 합성함수를 차례대로 구하여

$$f^n(x)=f(x) \text{ 또는 } f^n(x)=x$$

를 만족시키는 자연수 n의 값을 구한다.

수매씽 Point 합성함수 $f^n=f\circ f^{n-1}$은 $f^2,\ f^3,\ f^4,\ \cdots$을 직접 구하여 f^n을 추정한다.

상세 풀이 $f(x)=\dfrac{x}{x-1}$에서

$$f^2(x)=(f\circ f)(x)=f(f(x))=\frac{f(x)}{f(x)-1}=\frac{\dfrac{x}{x-1}}{\dfrac{x}{x-1}-1}=\frac{\dfrac{x}{x-1}}{\dfrac{1}{x-1}}=x$$

$$f^3(x)=(f\circ f^2)(x)=f(f^2(x))=f(x)$$

따라서 함수 $f^2(x)=f^4(x)=f^6(x)=\cdots=f^{2n}(x)$는 항등함수이므로

$$f^{99}(x)=f^{2\times49+1}(x)=f(x)$$

$$\therefore f^{99}(2)=f(2)=\frac{2}{2-1}=2$$

정답 2

보충 설명

(1) $f(2),\ f^2(2),\ f^3(2),\ \cdots$에서 규칙을 찾아 $f^n(2)$의 값을 구할 수도 있다. (**10-1** 풀이 참고)

(2) 함수의 합성에서 교환법칙은 성립하지 않지만 결합법칙이 성립하므로

$$f^3(x)=(f\circ f^2)(x)=f(f^2(x))$$

와 같이 계산할 수 있다.

한번 더 ✓ ☐

10-1

함수 $f(x)=\dfrac{x-\sqrt{3}}{\sqrt{3}x+1}$에 대하여

$$f^1=f,\ f^n=f\circ f^{n-1}\ (n=2,\ 3,\ 4,\ \cdots)$$

으로 정의할 때, $f^{101}(\sqrt{3})$의 값을 구하시오.

한번 더 ✓ ☐

10-2

오른쪽 그림은 유리함수 $y=f(x)$의 그래프이다.

$$f^1=f$$
$$f^n=f\circ f^{n-1}\ (n=2,\ 3,\ 4,\ \cdots)$$

으로 정의할 때, $f^{99}(2)+f^{100}(2)$의 값을 구하시오.

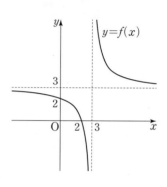

한번 더 ✓ ☐

10-3

함수 $f(x)=\dfrac{1}{1-x}$에 대하여

$$f_1(x)=f(x),\ f_{n+1}(x)=(f\circ f_n)(x)\ (n\text{은 자연수})$$

로 정의하자. $2\leq x\leq 3$에서 함수 $y=f_{10}(x)$의 최댓값을 M, 최솟값을 m이라고 할 때, $M+m$의 값은?

① $-\dfrac{5}{2}$ ② -2 ③ $-\dfrac{3}{2}$

④ -1 ⑤ $-\dfrac{1}{2}$

● 풀이 145쪽

정답   10-1 $-\sqrt{3}$ 10-2 2   10-3 ③

예제 11 유리함수의 역함수

다음 함수의 역함수를 구하시오.

(1) $y = \dfrac{x-1}{x-2}$

(2) $y = \dfrac{1}{x-1} + 2$

접근 방법 > 함수 $y = f(x)$의 역함수는 다음과 같은 순서로 구한다.

❶ $y = f(x)$를 x에 대하여 풀어 $x = f^{-1}(y)$ 꼴로 고친다.

❷ x와 y를 서로 바꾸어 $y = f^{-1}(x)$로 나타낸다.

이때 원래 함수의 정의역은 역함수의 치역이 되고 원래 함수의 치역은 역함수의 정의역이 된다.

> **수매씨 Point** $f(x) = \dfrac{cx+d}{ax+b}$의 역함수 ➡ $f^{-1}(x) = \dfrac{-bx+d}{ax-c}$

상세 풀이 > (1) $y = \dfrac{x-1}{x-2}$을 x에 대하여 풀면

$$y(x-2) = x-1, \quad xy - 2y = x-1, \quad (y-1)x = 2y-1 \qquad \therefore x = \dfrac{2y-1}{y-1}$$

x와 y를 서로 바꾸면 구하는 역함수는 $y = \dfrac{2x-1}{x-1}$

(2) $y = \dfrac{1}{x-1} + 2$를 x에 대하여 풀면

$$y - 2 = \dfrac{1}{x-1}, \quad x-1 = \dfrac{1}{y-2} \qquad \therefore x = \dfrac{1}{y-2} + 1$$

x와 y를 서로 바꾸면 구하는 역함수는 $y = \dfrac{1}{x-2} + 1$

> **정답** (1) $y = \dfrac{2x-1}{x-1}$ (2) $y = \dfrac{1}{x-2} + 1$

보충 설명

(2)에서 함수 $y = \dfrac{1}{x-1} + 2$의 그래프의 점근선의 방정식은 $x=1$, $y=2$이고, 역함수인 $y = \dfrac{1}{x-2} + 1$의 그래프의 점근선의 방정식은 $x=2$, $y=1$이다. 즉, 역함수에서 원래 함수의 정의역과 치역이 바뀌는 것처럼 점근선의 방정식도 x와 y가 바뀌는 것을 알 수 있다.

이와 같이 점근선을 이용하여 유리함수의 역함수를 빠르게 구할 수 있다. 점근선이 $x=p$, $y=q$인 유리함수 $y = \dfrac{k}{x-p} + q$의 역함수는 점근선이 $x=q$, $y=p$인 유리함수 $y = \dfrac{k}{x-q} + p$이다.

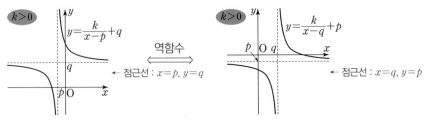

11-1

다음 함수의 역함수를 구하시오.

(1) $y = \dfrac{x+2}{x-3}$

(2) $y = -\dfrac{3}{x+2} - 1$

11-2

함수 $f(x) = \dfrac{ax+b}{-x+c}$ 의 역함수가 $f^{-1}(x) = \dfrac{2x+3}{x+4}$ 일 때, 상수 a, b, c에 대하여 $a+b+c$의 값은?

① -3 ② -1 ③ 0

④ 1 ⑤ 3

09

11-3

두 함수 $f(x) = \dfrac{ax+1}{2x-6}$, $g(x) = \dfrac{bx+1}{2x+6}$ 의 그래프가 직선 $y=x$에 대하여 대칭일 때, 상수 a, b에 대하여 $b-a$의 값을 구하시오.

● 풀이 145쪽~146쪽

정답

11-1 (1) $y = \dfrac{3x+2}{x-1}$ (2) $y = -\dfrac{3}{x+1} - 2$ **11-2** ⑤   **11-3** 12

예제 12

함수 $y=\dfrac{x-3}{x+1}$의 그래프와 직선 $y=kx+1$이 한 점에서 만날 때, 상수 k의 값을 구하시오.

접근 방법 함수 $y=\dfrac{x-3}{x+1}$의 그래프와 직선 $y=kx+1$이 한 점에서 만난다는 것은 방정식

$$\dfrac{x-3}{x+1}=kx+1$$

을 만족시키는 x의 값이 한 개라는 뜻이므로 이차방정식의 판별식을 이용한다.

슈매씨 Point 유리함수 $y=\dfrac{cx+d}{ax+b}$의 그래프와 직선 $y=mx+n$의 위치 관계는 그래프와 판별식을 이용한다.

상세 풀이 $y=\dfrac{x-3}{x+1}=\dfrac{(x+1)-4}{x+1}=-\dfrac{4}{x+1}+1$이므로 $y=\dfrac{x-3}{x+1}$의 그래프는 $y=-\dfrac{4}{x}$의 그래프를 x축의

방향으로 -1만큼, y축의 방향으로 1만큼 평행이동한 것이다.

또한 직선 $y=kx+1$은 k의 값에 관계없이 점 $(0, 1)$을 지난다.

(ⅰ) $k=0$일 때,

오른쪽 그림과 같이 함수 $y=\dfrac{x-3}{x+1}$의 그래프와 직선 $y=1$은

만나지 않는다.

(ⅱ) $k\neq0$일 때,

함수 $y=\dfrac{x-3}{x+1}$의 그래프와 직선 $y=kx+1$이 한 점에서 만

나므로 $\dfrac{x-3}{x+1}=kx+1$에서 $x-3=(kx+1)(x+1)$

$x-3=kx^2+(k+1)x+1$

$\therefore kx^2+kx+4=0$

이 이차방정식의 판별식을 D라고 하면

$D=k^2-4\times k\times 4=0$, $k(k-16)=0$

$\therefore k=16 \ (\because k\neq0)$

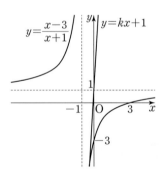

(ⅰ), (ⅱ)에서 구하는 상수 k의 값은 16이다.

정답 16

보충 설명

원과 직선의 위치 관계에서는 한 점에서 만난다는 것이 접한다는 뜻이지만, 이차함수의 그래프와 직선, 유리함수의 그래프와 직선의 위치 관계에서는 한 점에서 만난다는 것이 꼭 접한다는 뜻은 아니다.

숫자 바꾸기

한번 더 ☑ ☐

12-1

함수 $y=-\frac{x+6}{x-3}$의 그래프와 직선 $y=kx-1$이 한 점에서 만날 때, 상수 k의 값을 구하시오.

표현 바꾸기

한번 더 ☑ ☐

12-2

함수 $y=\frac{ax+b}{x+1}$의 그래프와 직선 $y=-\frac{1}{2}x+2$가 두 점 P, Q에서 만난다. 두 점 P, Q의 x좌표가 각각 0, 2일 때, $a+b$의 값은? (단, a, b는 상수이다.)

① $\frac{1}{2}$ ② 1 ③ $\frac{3}{2}$

④ 2 ⑤ $\frac{5}{2}$

개념 넓히기

한번 더 ☑ ☐

12-3

두 집합 $A=\left\{(x, y)\,\middle|\,y=\frac{x-2}{x}\right\}$, $B=\{(x, y)\,|\,y=ax+1\}$에 대하여 $A\cap B=\varnothing$일 때, 실수 a의 값의 범위를 구하시오.

• 풀이 146쪽~147쪽

정답

12-1 4 **12-2** ⑤ **12-3** $a\geq 0$

1 다음 물음에 답하시오.

(1) $x+\dfrac{1}{x}=3$일 때, $\dfrac{1-\dfrac{1}{x^3}}{1-\dfrac{1}{x}}\times\dfrac{1+\dfrac{1}{x}}{1+\dfrac{1}{x^3}}$의 값을 구하시오.

(2) $3x-4y-z=0$, $2x+y-8z=0$일 때, $\dfrac{x^2-y^2-z^2}{xy-yz-zx}$의 값을 구하시오. (단, $xyz\neq0$)

2 두 기업 A, B의 작년 상반기 매출액의 합계는 70억 원이었다. 올해 상반기 두 기업 A, B의 매출액은 작년 상반기에 비하여 각각 10 %, 20 %씩 증가하였고, 매출액의 증가량의 비는 2 : 3이라고 한다. 올해 상반기 두 기업 A, B의 매출액의 합계는 몇 억 원인지 구하시오.

3 유리함수 $f(x)=\dfrac{x}{1-x}$에 대하여 〈보기〉에서 옳은 것을 모두 고르시오.

┌─〈 보기 〉─────────────────────────────
│ ㄱ. 함수 $f(x)$의 정의역과 치역이 서로 같다.
│
│ ㄴ. 함수 $y=f(x)$의 그래프는 $y=-\dfrac{1}{x}$의 그래프를 평행이동한 것이다.
│
│ ㄷ. 함수 $y=f(x)$의 그래프는 제2사분면을 지나지 않는다.
└───────────────────────────────────

4 두 양수 a, b에 대하여 정의역이 $\{x\,|\,2\leq x\leq a\}$인 함수 $y=\dfrac{3}{x-1}-2$의 치역이 $\{y\,|-1\leq y\leq b\}$일 때, $a+b$의 값을 구하시오.

5 함수 $y=\dfrac{x+2}{ax+b}$의 그래프가 점 $(2,\,2)$를 지나고, 한 점근선의 방정식이 $y=\dfrac{1}{2}$일 때, 상수 a, b에 대하여 $a+b$의 값을 구하시오.

6 양수 a에 대하여 함수 $f(x)=\dfrac{ax}{x+1}$의 그래프의 점근선인 두 직선과 직선 $y=x$로 둘러싸인 도형의 넓이가 18일 때, a의 값을 구하시오.

7 함수 $y=\dfrac{2x+4}{|x|+1}$는 $x=p$에서 최댓값 q를 가진다. 이때 $p+q$의 값을 구하시오.

09

8 두 함수 $f(x)=\dfrac{3x-2}{2x+1}$, $g(x)=\dfrac{-x+4}{2x-3}$에 대하여 $h=f\circ(g\circ f)^{-1}$라고 할 때, $h(2)$의 값을 구하시오.

9 함수 $f(x)=\dfrac{ax+b}{x-2}$의 그래프가 점 $(1,\ 0)$을 지나고 $f=f^{-1}$가 성립할 때, $f(3)$의 값을 구하시오. (단, a, b는 상수이다.)

10 함수 $f(x)=\dfrac{ax+b}{x-1}$의 그래프와 그 역함수의 그래프가 모두 점 $(2,\ -1)$을 지날 때, 상수 a, b에 대하여 $a+b$의 값을 구하시오.

11 두 함수 $f(x)$, $g(x)$에 대하여 $f(x)=\dfrac{3x+5}{x+1}$이고 $(f \circ g)(x)=x$일 때, $f(x)=g(x)$를 만족시키는 모든 x의 값의 합을 구하시오.

12 함수 $y=\dfrac{2x-5}{2x+3}$의 그래프 위의 점 중 x좌표와 y좌표가 모두 정수인 점의 좌표를 $(a,\ b)$, $(c,\ d)$라고 할 때, $a+b+c+d$의 값을 구하시오.

13 분모를 0으로 만들지 않는 모든 실수 x에 대하여
$$\frac{1}{(x-1)(x-2)\cdots(x-10)}=\frac{a_1}{x-1}+\frac{a_2}{x-2}+\cdots+\frac{a_{10}}{x-10}$$
이 성립할 때, $a_1+a_2+\cdots+a_{10}$의 값을 구하시오.

14 다음 물음에 답하시오.

(1) 함수 $y=\dfrac{3x+k-10}{x+1}$의 그래프가 제4사분면을 지나도록 하는 자연수 k의 개수를 구하시오.

(2) 함수 $y=\dfrac{5}{x-p}+2$의 그래프가 제3사분면을 지나지 않도록 하는 정수 p의 최솟값을 구하시오.

15 함수 $y=\dfrac{3}{x}$의 그래프에서 제1사분면 위의 임의의 한 점을 P, 제3사분면 위의 임의의 한 점을 Q라고 할 때, 선분 PQ의 길이의 최솟값은 s이다. 이때 s^2의 값을 구하시오.

• 정답 및 풀이 149쪽~152쪽

16 함수 $y=f(x)$의 그래프가 오른쪽 그림과 같고 함수 $f(x)$의 역함수 $f^{-1}(x)$에 대하여 방정식

$$f(x)=f^{-1}(x)$$

의 두 실근 중 한 근이 5이다. 함수 $y=f(x)$의 그래프의 x축에 평행한 점근선의 방정식을 구하시오.

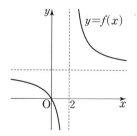

17 오른쪽 그림과 같이 함수 $y=\dfrac{1}{x}$ $(x>0)$의 그래프 위의 점 A에서 x축과 y축에 평행한 직선을 그어 함수 $y=\dfrac{k}{x}$ $(x>0)$의 그래프와 만나는 점을 각각 B, C라고 하자. 삼각형 ABC의 넓이가 50일 때, 상수 k의 값을 구하시오. (단, $k>0$)

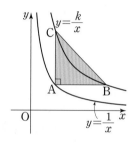

18 좌표평면에서 함수 $y=\dfrac{2x+1}{x}$의 그래프의 제1사분면 위의 점 P에서 x축과 y축에 내린 수선의 발을 각각 A, B라고 하자. 사각형 OAPB의 둘레의 길이의 최솟값을 구하시오.

(단, O는 원점이다.)

19 $2 \le x \le 3$인 임의의 실수 x에 대하여

$$ax+2 \le \dfrac{2x}{x-1} \le bx+2$$

가 항상 성립할 때, a의 최댓값과 b의 최솟값의 합을 구하시오.

20 함수 $f(x)=\dfrac{2x+b}{x-a}$가 다음 조건을 만족시킬 때, $a+b$의 값을 구하시오.

(단, a, b는 상수이다.)

> (개) 2가 아닌 모든 실수 x에 대하여 $f^{-1}(x)=f(x-4)-4$이다.
>
> (내) 함수 $y=f(x)$의 그래프를 평행이동하면 함수 $y=\dfrac{3}{x}$의 그래프와 일치한다.

• 정답 및 풀이 152쪽~153쪽

21

함수 $f(x)=\dfrac{a}{x}+b \ (a\neq0)$이 다음 조건을 만족시킨다.

> (개) 곡선 $y=|f(x)|$는 직선 $y=2$와 한 점에서만 만난다.
>
> (내) $f^{-1}(2)=f(2)-1$

$f(8)$의 값은? (단, a, b는 상수이다.)

① $-\dfrac{1}{2}$ ② $-\dfrac{1}{4}$ ③ 0

④ $\dfrac{1}{4}$ ⑤ $\dfrac{1}{2}$

22

그림과 같이 점 $A(-2, 2)$와 곡선 $y=\dfrac{2}{x}$ 위의 두 점 B, C가 다음 조건을 만족시킨다.

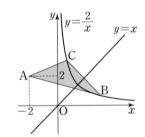

> (개) 점 B와 점 C는 직선 $y=x$에 대하여 대칭이다.
>
> (내) 삼각형 ABC의 넓이는 $2\sqrt{3}$이다.

점 B의 좌표를 (α, β)라 할 때, $\alpha^2+\beta^2$의 값은? (단, $\alpha>\sqrt{2}$)

① 5 ② 6 ③ 7

④ 8 ⑤ 9

23

정수 m에 대하여 $\dfrac{3m+9}{m^2-9} \ (m\neq-3, \ m\neq3)$의 값이 정수가 되도록 하는 모든 m의 값의 합을 구하시오.

24

곡선 $y=\dfrac{2}{x}$와 직선 $y=-x+k$가 제1사분면에서 만나는 서로 다른 두 점을 각각 A, B라 하자. $\angle ABC=90°$인 점 C가 곡선 $y=\dfrac{2}{x}$ 위에 있다. $\overline{AC}=2\sqrt{5}$가 되도록 하는 상수 k에 대하여 k^2의 값을 구하시오. (단, $k>2\sqrt{2}$)

10

Ⅲ. 함수

무리식과
무리함수

1 무리식

- **제곱근**

  (1) 제곱하여 실수 a가 되는 수, 즉 $x^2=a$인 수 x를 a의 제곱근이라고 한다.

  (2) $a>0$, $b>0$일 때,

  ① $\sqrt{a}\sqrt{b}=\sqrt{ab}$ ② $\dfrac{\sqrt{a}}{\sqrt{b}}=\sqrt{\dfrac{a}{b}}$ ③ $\sqrt{a^2b}=a\sqrt{b}$ ④ $\sqrt{\dfrac{a}{b^2}}=\dfrac{\sqrt{a}}{b}$

- **무리식**

  (1) 무리식 : 근호 안에 문자가 포함되어 있는 식 중에서 유리식으로 나타낼 수 없는 식

  (2) 분모의 유리화 : 분모에 근호를 포함한 식이 있을 때, 분모와 분자에 적당한 수 또는 식을 곱하여 분모가 근호를 포함하지 않도록 변형하는 것

2 무리함수

- **무리함수 $y=\pm\sqrt{ax}\,(a\neq0)$의 그래프**

  (1) 함수 $y=\sqrt{ax}\,(a\neq0)$의 정의역은

  $a>0$이면 $\{x\,|\,x\geq0\}$

  $a<0$이면 $\{x\,|\,x\leq0\}$

  이고, 치역은 $\{y\,|\,y\geq0\}$이다.

  (2) 함수 $y=-\sqrt{ax}\,(a\neq0)$의 정의역은

  $a>0$이면 $\{x\,|\,x\geq0\}$

  $a<0$이면 $\{x\,|\,x\leq0\}$

  이고, 치역은 $\{y\,|\,y\leq0\}$이다.

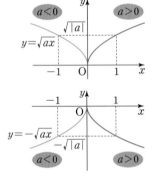

- **무리함수 $y=\sqrt{a(x-p)}+q\,(a\neq0)$의 그래프**

  (1) 함수 $y=\sqrt{a(x-p)}+q\,(a\neq0)$의 그래프는 함수 $y=\sqrt{ax}$의 그래프를 x축의 방향으로 p만큼, y축의 방향으로 q만큼 평행이동한 것이다.

  (2) 함수 $y=\sqrt{ax+b}+c\,(a\neq0)$의 그래프는 $y=\sqrt{a\left(x+\dfrac{b}{a}\right)}+c$ 꼴로 변형하여 그린다.

Q&A

Q 무리함수와 이차함수는 어떤 관계인가요?

A 역함수 관계에 있는 두 함수의 그래프는 직선 $y=x$에 대하여 대칭이므로 무리함수 $y=\sqrt{ax+b}+c$의 역함수의 그래프는 이차함수 그래프(포물선)의 일부분이 됩니다.

1 무리식

1 제곱근

중학교 때 배운 제곱근의 정의와 성질을 다시 정리해 보도록 하겠습니다.

1. 제곱근

제곱하여 실수 a가 되는 수, 즉 $x^2=a$인 수 x를 a의 제곱근이라고 합니다.

↳ 중학교 때에는 $a>0$으로 제한했지만 공통수학 1에서 복소수를 배웠으므로 $a<0$일 때도 가능하다.

Example (1) 3과 -3을 제곱하면 9이므로 9의 제곱근은 3과 -3이다.

(2) 0을 제곱하면 0이므로 0의 제곱근은 0이다.

→ 근호를 나타내는 기호 $\sqrt{}$ 는 뿌리 (root)를 뜻하는 라틴어 radix 의 첫 글자 r를 기호화한 것이다.

a의 제곱근 중에서 양수인 것을 a의 양의 제곱근이라 하고, $\sqrt{a}$로 나타냅니다. 또한 a의 제곱근 중에서 음수인 것을 a의 음의 제곱근이라 하고, $-\sqrt{a}$로 나타냅니다. 이것을 한꺼번에 $\pm\sqrt{a}$로 나타냅니다.

Example (1) 4의 양의 제곱근은 $\sqrt{4}=2$, 4의 음의 제곱근은 $-\sqrt{4}=-2$이다.

(2) $\dfrac{9}{16}$의 양의 제곱근은 $\sqrt{\dfrac{9}{16}}=\dfrac{3}{4}$, $\dfrac{9}{16}$의 음의 제곱근은 $-\sqrt{\dfrac{9}{16}}=-\dfrac{3}{4}$이다.

2. 제곱수의 제곱근

모든 실수 a에 대하여 $\sqrt{a^2}=a$가 성립하는지 알아봅시다.

$\sqrt{2^2}=\sqrt{4}=2$, $\sqrt{(-2)^2}=\sqrt{4}=2$이므로 $\sqrt{a^2}$은 제곱하여 a^2이 되는 수 중에서 음이 아닌 수입니다. 제곱하여 a^2이 되는 수는 a와 $-a$이므로 둘 중 음이 아닌 수가 $\sqrt{a^2}$의 값이 됩니다.

따라서 a의 부호에 따라

$$\sqrt{a^2}=\begin{cases} a & (a\geq0) \\ -a & (a<0) \end{cases}$$

가 성립합니다. 즉, a가 양수일 때에는 $\sqrt{a^2}=a$이고, a가 음수일 때에는 음의 부호$(-)$가 붙어 $\sqrt{a^2}=-a$가 되는 것을 알 수 있습니다. 이것은 절댓값의 정의와 같으므로 임의의 실수 a에 대하여

$$\sqrt{a^2}=|a|$$

입니다. 또한 같은 원리로 두 실수 a, b에 대하여

$$\sqrt{(a-b)^2}=|a-b|=|b-a|=\sqrt{(b-a)^2}$$

이 성립함을 알 수 있습니다.

② 제곱근의 성질

두 실수 a, b $(a>0,\ b>0)$에 대하여 다음과 같은 성질이 성립합니다.

(1) $\sqrt{a}\sqrt{b}=\sqrt{ab}$

(2) $\dfrac{\sqrt{b}}{\sqrt{a}}=\sqrt{\dfrac{b}{a}}$

(3) $\sqrt{a^2 b}=a\sqrt{b}$

(4) $\dfrac{\sqrt{b}}{\sqrt{a^2}}=\dfrac{\sqrt{b}}{a}$

위의 성질은 무리수뿐만 아니라 바로 뒤에서 배울 무리식일 때에도 성립합니다.

또한 $a>0$, $b>0$이고, m, n이 유리수일 때 다음이 성립합니다.

(1) $m\sqrt{a}+n\sqrt{a}=(m+n)\sqrt{a}$

(2) $m\sqrt{a}-n\sqrt{a}=(m-n)\sqrt{a}$

(3) $m\sqrt{a}\times n\sqrt{b}=mn\sqrt{ab}$ ← 근호 안의 수끼리, 근호 밖의 수끼리 곱한다.

특히, $\sqrt{a^2 b}$ 꼴이 있으면 $\sqrt{a^2 b}=a\sqrt{b}$임을 이용하여 근호 안의 수를 가장 작은 자연수로 만든 후 덧셈, 뺄셈을 하는 것이 편리합니다.

Example

(1) $\sqrt{12}\times\sqrt{3}=\sqrt{36}=6$

(2) $\dfrac{\sqrt{54}}{\sqrt{3}}=\sqrt{18}=3\sqrt{2}$

(3) $3\sqrt{5}\times 2\sqrt{3}=6\sqrt{15}$

(4) $\sqrt{0.02}=\sqrt{\dfrac{2}{100}}=\sqrt{\dfrac{2}{10^2}}=\dfrac{\sqrt{2}}{\sqrt{10^2}}=\dfrac{\sqrt{2}}{10}$

개념 Point　　제곱근

1 제곱근 : 제곱하여 실수 a가 되는 수, 즉 $x^2=a$인 수 x를 a의 제곱근이라고 한다.

2 두 실수 a, b에 대하여

(1) $\sqrt{a^2}=|a|=\begin{cases} a & (a\ge 0) \\ -a & (a<0) \end{cases}$

(2) $\sqrt{(a-b)^2}=|a-b|=|b-a|=\sqrt{(b-a)^2}$

3 제곱근의 성질

두 실수 a, b $(a>0,\ b>0)$에 대하여

(1) $\sqrt{a}\sqrt{b}=\sqrt{ab}$

(2) $\dfrac{\sqrt{b}}{\sqrt{a}}=\sqrt{\dfrac{b}{a}}$

(3) $\sqrt{a^2 b}=a\sqrt{b}$

(4) $\dfrac{\sqrt{b}}{\sqrt{a^2}}=\dfrac{\sqrt{b}}{a}$

＋ Plus

① a의 제곱근과 제곱근 a의 차이

a가 양수일 때, a의 제곱근은 $\pm\sqrt{a}$이고, 제곱근 a는 $\sqrt{a}$이므로 혼동하지 않도록 주의한다.

즉, a의 제곱근은 제곱해서 a가 되는 수를 의미하고, 제곱근 a는 $\sqrt{a}$(루트 a)를 우리말로 읽은 것이다.

② **공통수학1**의 **04. 복소수** 단원에서 배운 것처럼 $a<0$, $b<0$일 때에는 $\sqrt{a}\sqrt{b}=-\sqrt{ab}$,

$a<0$, $b>0$일 때에는 $\dfrac{\sqrt{b}}{\sqrt{a}}=-\sqrt{\dfrac{b}{a}}$임에 주의한다.

③ 무리식

$3-\sqrt{x}$, $\dfrac{x}{\sqrt{1-x}}$, $\sqrt{x^2+y^2}$, $2+\sqrt{1-x}$ 등과 같이 근호 안에 문자가 포함되어 있는 식 중에서 유리식으로 나타낼 수 없는 식을 무리식이라고 합니다.

무리식은 무리식의 값이 실수가 되는 경우에 대해서만 생각합니다. 무리식의 값이 실수가 되려면 근호 안의 식의 값이 0 또는 양의 실수이어야 하고 분모는 0이 될 수 없으므로 무리식을 계산할 때에는

$\sqrt{A}$에서 $A<0$이면 $\sqrt{A}=\sqrt{-A}i$이므로 $\sqrt{A}$는 허수이다.

$$(근호\ 안의\ 식의\ 값)\geq0,\ (분모)\neq0$$

이 되도록 문자의 값의 범위를 제한합니다.

따라서 문제에 별다른 설명이 없어도 무리식이 주어졌을 때 근호 안의 식의 값의 범위는 0보다 크거나 같게 주어진 것으로 생각해야 합니다.

Example
(1) 무리식 $\sqrt{x-3}$에서 x의 값의 범위는 $x-3\geq0$, 즉 $x\geq3$이다.

(2) 무리식 $\dfrac{x}{\sqrt{2-x}}$에서 x의 값의 범위는 $2-x\geq0$이고 $2-x\neq0$이므로 $2-x>0$, 즉 $x<2$이다.

개념 Point　　**무리식**

1　무리식 : 근호 안에 문자가 포함되어 있는 식 중에서 유리식으로 나타낼 수 없는 식

2　무리식의 값이 실수가 될 조건 : 근호 안의 식의 값이 0보다 크거나 같다.
　단, 분모에 무리식이 들어 있을 때에는 분모가 0이 될 수 없으므로 근호 안의 식의 값이 0보다 커야 한다.

---

④ 분모의 유리화

중학교 때 다음과 같이 무리수에서 분모의 유리화를 공부하였습니다.

Example
(1) $\dfrac{\sqrt{5}}{\sqrt{6}+\sqrt{5}}=\dfrac{\sqrt{5}(\sqrt{6}-\sqrt{5})}{(\sqrt{6}+\sqrt{5})(\sqrt{6}-\sqrt{5})}$　← 분모를 유리화하기 위하여 분자, 분모에 $\sqrt{6}-\sqrt{5}$를 각각 곱한다.

$=\dfrac{\sqrt{5}\sqrt{6}-(\sqrt{5})^2}{(\sqrt{6})^2-(\sqrt{5})^2}=\dfrac{\sqrt{30}-5}{6-5}=\sqrt{30}-5$

(2) $\dfrac{\sqrt{5}}{\sqrt{6}-\sqrt{5}}=\dfrac{\sqrt{5}(\sqrt{6}+\sqrt{5})}{(\sqrt{6}-\sqrt{5})(\sqrt{6}+\sqrt{5})}$　← 분모를 유리화하기 위하여 분자, 분모에 $\sqrt{6}+\sqrt{5}$를 각각 곱한다.

$=\dfrac{\sqrt{5}\sqrt{6}+(\sqrt{5})^2}{(\sqrt{6})^2-(\sqrt{5})^2}=\dfrac{\sqrt{30}+5}{6-5}=\sqrt{30}+5$

무리식의 계산은 무리수의 계산과 같은 방법으로 할 수 있습니다. 분모에 근호를 포함한 식이 있을 때, 분모와 분자에 적당한 수 또는 식을 곱하여 분모가 근호를 포함하지 않도록 변형하는 것을 무리식에서의 분모의 유리화라고 합니다.

Example

(1) $\dfrac{1}{\sqrt{x+2}-\sqrt{x+1}} = \dfrac{\sqrt{x+2}+\sqrt{x+1}}{(\sqrt{x+2}-\sqrt{x+1})(\sqrt{x+2}+\sqrt{x+1})} = \dfrac{\sqrt{x+2}+\sqrt{x+1}}{(x+2)-(x+1)}$

$= \sqrt{x+2}+\sqrt{x+1}$

(2) $\dfrac{1}{\sqrt{x+2}+\sqrt{x+1}} = \dfrac{\sqrt{x+2}-\sqrt{x+1}}{(\sqrt{x+2}+\sqrt{x+1})(\sqrt{x+2}-\sqrt{x+1})} = \dfrac{\sqrt{x+2}-\sqrt{x+1}}{(x+2)-(x+1)}$

$= \sqrt{x+2}-\sqrt{x+1}$

개념 Point   분모의 유리화

$a>0$, $b>0$일 때,

1 $\dfrac{a}{\sqrt{b}} = \dfrac{a\sqrt{b}}{\sqrt{b}\sqrt{b}} = \dfrac{a\sqrt{b}}{b}$

2 (1) $\dfrac{c}{\sqrt{a}+\sqrt{b}} = \dfrac{c(\sqrt{a}-\sqrt{b})}{(\sqrt{a}+\sqrt{b})(\sqrt{a}-\sqrt{b})} = \dfrac{c(\sqrt{a}-\sqrt{b})}{a-b}$ (단, $a \neq b$)

   (2) $\dfrac{c}{\sqrt{a}-\sqrt{b}} = \dfrac{c(\sqrt{a}+\sqrt{b})}{(\sqrt{a}-\sqrt{b})(\sqrt{a}+\sqrt{b})} = \dfrac{c(\sqrt{a}+\sqrt{b})}{a-b}$ (단, $a \neq b$)

> 곱셈 공식
> $(A+B)(A-B)=A^2-B^2$
> 을 이용한다.

---

5 무리수가 서로 같을 조건

유리수 전체의 집합과 무리수 전체의 집합의 교집합은 공집합이므로 두 무리수가 서로 같으려면 유리수 부분은 유리수 부분끼리, 무리수 부분은 무리수 부분끼리 같아야 합니다.

Example

$a+3\sqrt{3}=4+b\sqrt{3}$을 만족시키는 두 실수 a, b는 다음과 같이 무수히 많다.

$a=4$, $b=3$ $a=4+\sqrt{3}$, $b=4$

$a=1+2\sqrt{3}$, $b=5-\sqrt{3}$ $\cdots$

그러나 등식 $a+3\sqrt{3}=4+b\sqrt{3}$을 만족시키는 두 유리수 a, b는 무리수가 서로 같을 조건에 의하여 $a=4$, $b=3$의 한 쌍뿐이다.

개념 Point   무리수가 서로 같을 조건

a, b, c, d가 유리수이고, $\sqrt{m}$이 무리수일 때

1 $a+b\sqrt{m}=0 \iff a=0$, $b=0$

2 $a+b\sqrt{m}=c+d\sqrt{m} \iff a=c$, $b=d$

1 다음 중 옳지 않은 것은?

① 4의 제곱근은 ± 2이다. ② 제곱근 4는 2이다.

③ 0의 제곱근은 0이다. ④ 제곱하여 6이 되는 수는 $\sqrt{6}$이다.

⑤ 10의 양의 제곱근은 $\sqrt{10}$이다.

2 다음 무리식의 값이 실수가 되도록 하는 실수 x의 값의 범위를 구하시오.

(1) $x+\sqrt{x-2}$

(2) $\dfrac{\sqrt{2-x}}{\sqrt{x+1}}$

3 다음 무리수 또는 무리식의 분모를 유리화하시오.

(1) $\dfrac{\sqrt{5}-1}{\sqrt{5}+1}$

(2) $\dfrac{\sqrt{3}-\sqrt{2}+1}{\sqrt{3}+\sqrt{2}+1}$

(3) $\dfrac{1}{\sqrt{x}+\sqrt{y}}$

(4) $\dfrac{1}{\sqrt{x+1}+\sqrt{x}}$

4 다음 식을 간단히 하시오.

(1) $\dfrac{1}{\sqrt{x}+\sqrt{y}}-\dfrac{1}{\sqrt{x}-\sqrt{y}}$

(2) $\dfrac{1}{\sqrt{x+1}+\sqrt{x}}+\dfrac{1}{\sqrt{x+1}-\sqrt{x}}$

5 다음 식을 만족시키는 유리수 x, y의 값을 각각 구하시오.

(1) $(x+3)+(y-1)\sqrt{3}=5+4\sqrt{3}$

(2) $x+y+(x-y)\sqrt{2}=4+2\sqrt{2}$

(3) $(x-2y)\sqrt{3}-(2x+y)\sqrt{2}=\sqrt{3}-7\sqrt{2}$

● 풀이 154쪽

정답

1 ④ 2 (1) $x\geq 2$ (2) $-1<x\leq 2$ 3 (1) $\dfrac{3-\sqrt{5}}{2}$ (2) $\sqrt{3}-\sqrt{2}$ (3) $\dfrac{\sqrt{x}-\sqrt{y}}{x-y}$ (4) $\sqrt{x+1}-\sqrt{x}$

4 (1) $-\dfrac{2\sqrt{y}}{x-y}$ (2) $2\sqrt{x+1}$ 5 (1) $x=2$, $y=5$ (2) $x=3$, $y=1$ (3) $x=3$, $y=1$

예제 01

제곱근의 성질

$-1<a<1$일 때, 다음 식을 간단히 하시오.

(1) $\sqrt{(a+1)^2}+\sqrt{(a-2)^2}$

(2) $\sqrt{a^2+4a+4}-\sqrt{4a^2-12a+9}$

접근 방법 근호 안의 완전제곱식은 절댓값을 이용하여 나타낼 수 있다. 절댓값 기호를 포함한 식 $|A|$는 A가 0 또는 양수일 때에는 $|A|=A$이고, A가 음수일 때에는 음의 부호$(-)$를 붙여 $|A|=-A$이다.

즉, $\sqrt{A^2}=|A|=\begin{cases} A & (A\geq 0) \\ -A & (A<0) \end{cases}$

수매씨 Point

$$\sqrt{(a-k)^2}=|a-k|=\begin{cases} a-k & (a\geq k) \\ -(a-k) & (a<k) \end{cases}$$

상세 풀이 (1) $-1<a<1$에서 $a+1>0$, $a-2<0$이므로

$$\sqrt{(a+1)^2}+\sqrt{(a-2)^2}=|a+1|+|a-2|$$
$$=(a+1)-(a-2)=3$$

(2) $-1<a<1$에서 $a+2>0$, $2a-3<0$이므로

$$\sqrt{a^2+4a+4}-\sqrt{4a^2-12a+9}=\sqrt{(a+2)^2}-\sqrt{(2a-3)^2}$$
$$=|a+2|-|2a-3|$$
$$=(a+2)+(2a-3)$$
$$=3a-1$$

정답 (1) 3 (2) $3a-1$

보충 설명

$a\neq 0$일 때, $\sqrt{a^2}$은 a^2의 양의 제곱근을 말한다. 즉, 제곱해서 a^2이 되는 수 중에서 양수를 뜻한다. 그런데 제곱해서 a^2이 되는 수는 a 또는 $-a$이므로 a 또는 $-a$ 중에서 양수인 쪽이 $\sqrt{a^2}$이다. 즉, $a>0$인 경우에는 $\sqrt{a^2}=a$이고 $a<0$인 경우에는 $\sqrt{a^2}=-a$이다.

이것은 절댓값 a의 정의와 동일하므로 실수 a에 대하여

$$\sqrt{a^2}=|a|$$

이다.

숫자 바꾸기

한번 더 ☑

01-1 $-1<a<0$일 때, 다음 식을 간단히 하시오.

(1) $\sqrt{(1-a)^2}+\sqrt{(a+2)^2}$ (2) $\sqrt{a^2+2a+1}-\sqrt{4a^2-4a+1}$

표현 바꾸기

한번 더 ☑

01-2 $2<a<3$일 때, $\sqrt{(a^2-9)^2}+\sqrt{(a^2-4)^2}$을 간단히 하면?

① -5 ② $2a^2-13$ ③ 3

④ $13-2a^2$ ⑤ 5

개념 넓히기

한번 더 ☑

01-3 $a>b>c$일 때, $\sqrt{a^2-2ab+b^2}+\sqrt{b^2-2bc+c^2}+\sqrt{c^2-2ca+a^2}$을 간단히 하시오.

● 풀이 154쪽~155쪽

정답   **01-1** (1) 3 (2) $3a$ **01-2** ⑤   **01-3** $2(a-c)$

예제 02

다음 물음에 답하시오.

(1) $x>0$일 때, $\dfrac{x}{\sqrt{x+1}+1}+\dfrac{x}{\sqrt{x+1}-1}$를 간단히 하시오.

(2) $\sqrt{3}+1$의 정수 부분을 a, 소수 부분을 b라고 할 때, $\dfrac{a}{b}$의 값을 구하시오.

접근 방법 〉 무리식의 계산은 무리수의 계산과 같은 방법으로 할 수 있다. 제곱근의 성질과 분모의 유리화를 이용하여 주어진 식을 간단히 한다.

수매씨 Point 분모의 유리화 : $a>0$, $b>0$일 때,

$$\frac{1}{\sqrt{a}-\sqrt{b}}=\frac{\sqrt{a}+\sqrt{b}}{(\sqrt{a}-\sqrt{b})(\sqrt{a}+\sqrt{b})}=\frac{\sqrt{a}+\sqrt{b}}{a-b}$$

$$\frac{1}{\sqrt{a}+\sqrt{b}}=\frac{\sqrt{a}-\sqrt{b}}{(\sqrt{a}+\sqrt{b})(\sqrt{a}-\sqrt{b})}=\frac{\sqrt{a}-\sqrt{b}}{a-b}$$

상세 풀이 〉 (1) 분모를 통분하면

$$\frac{x}{\sqrt{x+1}+1}+\frac{x}{\sqrt{x+1}-1}=\frac{x(\sqrt{x+1}-1)+x(\sqrt{x+1}+1)}{(\sqrt{x+1}+1)(\sqrt{x+1}-1)}$$

$$=\frac{x\sqrt{x+1}-x+x\sqrt{x+1}+x}{(x+1)-1}$$

$$=\frac{2x\sqrt{x+1}}{x}=2\sqrt{x+1}$$

(2) $1<\sqrt{3}<2$에서 $2<\sqrt{3}+1<3$이므로

$\sqrt{3}+1$의 정수 부분은 $a=2$, 소수 부분은 $b=(\sqrt{3}+1)-2=\sqrt{3}-1$

$$\therefore \frac{a}{b}=\frac{2}{\sqrt{3}-1}=\frac{2(\sqrt{3}+1)}{(\sqrt{3}-1)(\sqrt{3}+1)}=\frac{2(\sqrt{3}+1)}{2}=\sqrt{3}+1$$

정답 (1) $2\sqrt{x+1}$ (2) $\sqrt{3}+1$

보충 설명

무리수의 정수 부분과 소수 부분은 항상 함께 생각하여야 한다. 즉, 무리수의 소수 부분을 구하려면 먼저 주어진 무리수의 정수 부분을 구하여야 한다.

임의의 실수 x의 정수 부분을 a, 소수 부분을 b라고 하면 $x=a+b$ (a는 정수, $0\leq b<1$)이다.

특히, $a=[x]$이고, $b=x-[x]$ ($[x]$는 x보다 크지 않은 최대의 정수)이므로 위의 문제에서 $\sqrt{3}+1$의 정수 부분 a를 $a=[\sqrt{3}+1]$로 놓을 수 있다.

02-1

다음 물음에 답하시오.

(1) $x > 0$일 때, $\dfrac{\sqrt{x} - \sqrt{x+1}}{\sqrt{x} + \sqrt{x+1}} + \dfrac{\sqrt{x} + \sqrt{x+1}}{\sqrt{x} - \sqrt{x+1}}$을 간단히 하시오.

(2) $\sqrt{6} + 2$의 정수 부분을 a, 소수 부분을 b라고 할 때, $\dfrac{a}{b}$의 값을 구하시오.

풀이 155쪽 ➕ 보충 설명

02-2

다음 물음에 답하시오.

(1) $\dfrac{\sqrt{x} - \sqrt{2}}{\sqrt{x} + \sqrt{2}} + \dfrac{\sqrt{x} + \sqrt{2}}{\sqrt{x} - \sqrt{2}}$를 간단히 하시오. (단, $x > 0$)

(2) $\sqrt{5} + 1$의 소수 부분을 x라고 할 때, $x^4 + 4x^3 - 4x^2 - 12x + 4$의 값을 구하시오.

02-3

$a > b > 0$일 때,

$$\dfrac{\sqrt{a+b} - \sqrt{a-b}}{\sqrt{a+b} + \sqrt{a-b}} + \dfrac{\sqrt{a+b} + \sqrt{a-b}}{\sqrt{a+b} - \sqrt{a-b}}$$를 간단히 하면?

① 2 ② 0 ③ $4a$

④ $\dfrac{2b}{a}$ ⑤ $\dfrac{2a}{b}$

● 풀이 155쪽

정답

02-1 (1) $-4x - 2$ (2) $2\sqrt{6} + 4$ **02-2** (1) $\dfrac{2(x+2)}{x-2}$ (2) 1 **02-3** ⑤

예제 03

$x=\sqrt{3}$일 때, 다음 무리식의 값을 구하시오.

(1) $\dfrac{1}{\sqrt{3}+\sqrt{x}}+\dfrac{1}{\sqrt{3}-\sqrt{x}}$

(2) $\dfrac{\sqrt{x+1}}{\sqrt{x-1}}-\dfrac{\sqrt{x-1}}{\sqrt{x+1}}$

접근 방법 ▷ 주어진 무리식을 간단히 정리한 후 $x=\sqrt{3}$을 대입한다.

수매씽 Point 복잡한 무리식은 먼저 간단히 정리한 후 문자의 값을 대입한다.

상세 풀이 ▷ (1) $\dfrac{1}{\sqrt{3}+\sqrt{x}}+\dfrac{1}{\sqrt{3}-\sqrt{x}}=\dfrac{(\sqrt{3}-\sqrt{x})+(\sqrt{3}+\sqrt{x})}{(\sqrt{3}+\sqrt{x})(\sqrt{3}-\sqrt{x})}=\dfrac{2\sqrt{3}}{3-x}$ ······ ㉠

㉠에 $x=\sqrt{3}$을 대입하면 구하는 식의 값은

$$\dfrac{2\sqrt{3}}{3-\sqrt{3}}=\dfrac{2\sqrt{3}(3+\sqrt{3})}{(3-\sqrt{3})(3+\sqrt{3})}=\dfrac{6\sqrt{3}+6}{9-3}=\sqrt{3}+1$$

(2) $\dfrac{\sqrt{x+1}}{\sqrt{x-1}}-\dfrac{\sqrt{x-1}}{\sqrt{x+1}}=\dfrac{(\sqrt{x+1})^2-(\sqrt{x-1})^2}{\sqrt{x-1}\sqrt{x+1}}$

$\qquad\qquad\qquad\qquad =\dfrac{(x+1)-(x-1)}{\sqrt{x^2-1}}=\dfrac{2}{\sqrt{x^2-1}}$ ······ ㉠

㉠에 $x=\sqrt{3}$을 대입하면 구하는 식의 값은

$$\dfrac{2}{\sqrt{3-1}}=\dfrac{2}{\sqrt{2}}=\sqrt{2}$$

정답 (1) $\sqrt{3}+1$ (2) $\sqrt{2}$

보충 설명

(2)의 경우 주어진 식에 바로 $x=\sqrt{3}$을 대입하면 $\sqrt{\sqrt{3}+1}$, $\sqrt{\sqrt{3}-1}$과 같이 되어 이중근호를 풀 수 없게 되므로 식을 정리한 후 대입해야 한다. 참고로 이중근호는 특정 형태의 꼴인 경우에만 풀린다.

03-1

$x=\dfrac{\sqrt{3}}{2}$일 때, 다음 무리식의 값을 구하시오.

(1) $\dfrac{2}{1+\sqrt{x}}+\dfrac{2}{1-\sqrt{x}}$

(2) $\dfrac{\sqrt{1+x}+\sqrt{1-x}}{\sqrt{1+x}-\sqrt{1-x}}$

03-2

$x=\sqrt{3}+\sqrt{2}$, $y=\sqrt{3}-\sqrt{2}$일 때, $\dfrac{\sqrt{x}-\sqrt{y}}{\sqrt{x}+\sqrt{y}}+\dfrac{\sqrt{x}+\sqrt{y}}{\sqrt{x}-\sqrt{y}}$의 값을 구하시오.

10

03-3

다음 물음에 답하시오.

(1) $x=\dfrac{\sqrt{5}+2}{\sqrt{5}-2}$, $y=\dfrac{\sqrt{5}-2}{\sqrt{5}+2}$일 때, x^2+y^2의 값을 구하시오.

(2) $x=\dfrac{\sqrt{5}+\sqrt{3}}{\sqrt{5}-\sqrt{3}}$, $y=\dfrac{\sqrt{5}-\sqrt{3}}{\sqrt{5}+\sqrt{3}}$일 때, $\sqrt{x^3+y^3-4}$의 값을 구하시오.

• 풀이 155쪽~156쪽

예제 04

다음 등식을 만족시키는 유리수 a, b의 값을 각각 구하시오.

(1) $\dfrac{a}{\sqrt{2}+1}+\dfrac{b}{\sqrt{2}-1}=3-2\sqrt{2}$

(2) $\dfrac{a}{\sqrt{3}+1}+\dfrac{b}{\sqrt{3}-1}=3+\sqrt{3}$

접근 방법 〉 주어진 등식의 좌변에서 분모를 통분하고 간단하게 하여 무리수가 서로 같을 조건을 이용한다.

> **수매씨 Point** a, b, c, d가 유리수이고 $\sqrt{m}$이 무리수일 때
> (1) $a+b\sqrt{m}=0 \iff a=0,\ b=0$
> (2) $a+b\sqrt{m}=c+d\sqrt{m} \iff a=c,\ b=d$

상세 풀이 〉 (1) 좌변의 분모를 통분하면

$$\dfrac{a}{\sqrt{2}+1}+\dfrac{b}{\sqrt{2}-1}=\dfrac{a(\sqrt{2}-1)+b(\sqrt{2}+1)}{(\sqrt{2}+1)(\sqrt{2}-1)}=\dfrac{(-a+b)+(a+b)\sqrt{2}}{2-1}$$
$$=(-a+b)+(a+b)\sqrt{2}$$

따라서 $(-a+b)+(a+b)\sqrt{2}=3-2\sqrt{2}$이므로 무리수가 서로 같을 조건에 의하여

$$-a+b=3,\ a+b=-2$$

위의 두 식을 연립하여 풀면 $a=-\dfrac{5}{2}$, $b=\dfrac{1}{2}$

(2) 좌변의 분모를 통분하면

$$\dfrac{a}{\sqrt{3}+1}+\dfrac{b}{\sqrt{3}-1}=\dfrac{a(\sqrt{3}-1)+b(\sqrt{3}+1)}{(\sqrt{3}+1)(\sqrt{3}-1)}=\dfrac{(-a+b)+(a+b)\sqrt{3}}{3-1}$$
$$=\dfrac{-a+b}{2}+\dfrac{a+b}{2}\sqrt{3}$$

따라서 $\dfrac{-a+b}{2}+\dfrac{a+b}{2}\sqrt{3}=3+\sqrt{3}$이므로 무리수가 서로 같을 조건에 의하여

$$\dfrac{-a+b}{2}=3,\ \dfrac{a+b}{2}=1$$

위의 두 식을 연립하여 풀면 $a=-2$, $b=4$

정답 (1) $a=-\dfrac{5}{2}$, $b=\dfrac{1}{2}$ (2) $a=-2$, $b=4$

보충 설명

(1)의 $(-a+b)+(a+b)\sqrt{2}=3-2\sqrt{2}$에서 a, b가 유리수라는 조건이 없을 때에는 $-a+b=3$, $a+b=-2$라고 할 수 없다. 예를 들어 $-a+b=3-2\sqrt{2}$, $a+b=0$인 경우에도 등식이 성립하므로 무리수가 서로 같을 조건을 이용하려면 a, b가 유리수이어야 함을 꼭 확인해야 한다.

04-1

다음 등식을 만족시키는 유리수 a, b의 값을 각각 구하시오.

(1) $\dfrac{a}{1+\sqrt{3}}+\dfrac{b}{1-\sqrt{3}}=1+2\sqrt{3}$ 　　(2) $\dfrac{a}{3+2\sqrt{2}}+\dfrac{b}{3-2\sqrt{2}}=3+6\sqrt{2}$

04-2

$4+\sqrt{15}$의 정수 부분을 a, 소수 부분을 b라고 할 때, $\dfrac{a-b}{a+b}=x+y\sqrt{15}$를 만족시키는 유리수 x, y에 대하여 $x-y$의 값을 구하시오.

10

04-3

두 유리수 a, b에 대하여
$$(2-\sqrt{3})^8(2+\sqrt{3})^{10}=a+b\sqrt{3}$$
이 성립할 때, $a+b$의 값은?

① 5　　　　　　② 7　　　　　　③ 9

④ 11　　　　　⑤ 13

정답　04-1 (1) $a=1$, $b=-3$　(2) $a=-1$, $b=2$　　04-2 69　　04-3 ④

2 무리함수

1 무리함수

다항식과 유리식에서 각각 다항함수와 유리함수를 생각하였듯이 무리식에 대해서는 무리함수를 생각할 수 있습니다.

함수 $y=f(x)$에서 $f(x)$가 x에 대한 무리식일 때, 이 함수를 **무리함수**라고 합니다. 예를 들어 함수 $y=\sqrt{x}$, $y=\sqrt{x-2}$는 모두 무리함수이고, 함수 $y=\sqrt{2}-x$, $y=\sqrt{3}x$는 우변이 x에 대한 일차식이므로 무리함수가 아니라 일차함수, 즉 다항함수입니다.

무리함수 $y=f(x)$에서 정의역이 특별히 주어지지 않은 경우에는 함숫값 $f(x)$가 실수가되어야 하므로

(근호 안의 식의 값)≥ 0

이 되도록 하는 실수 x의 값의 집합을 정의역으로 합니다.

> **Example**
> (1) 무리함수 $y=\sqrt{x-4}$의 정의역은 $x-4\geq 0$에서 $\{x\,|\,x\geq 4\}$이다.
> (2) 무리함수 $y=\sqrt{6-3x}+5$의 정의역은 $6-3x\geq 0$에서 $\{x\,|\,x\leq 2\}$이다.

개념 Point　　**무리함수**

1 **무리함수** : 함수 $y=f(x)$에서 $f(x)$가 x에 대한 무리식인 함수
2 무리함수에서 정의역이 특별히 주어지지 않은 경우에는 (근호 안의 식의 값)≥ 0이 되도록 하는 실수 x의 값의 집합을 정의역으로 한다.

---

2 무리함수 $y=\pm\sqrt{ax}\,(a\neq 0)$의 그래프

무리함수 $y=\sqrt{x}$는 정의역 $\{x\,|\,x\geq 0\}$에서 공역 $\{y\,|\,y\geq 0\}$으로의 일대일대응이므로 역함수가 존재합니다. 역함수의 그래프를 이용하여 무리함수 $y=\sqrt{x}$의 그래프를 그려 봅시다.

함수 $y=\sqrt{x}\,(x\geq 0)$를 x에 대하여 풀면 　 함수의 그래프와 그 역함수의 그래프는 직선 $y=x$에 대하여 대칭

$$x=y^2$$

이고, x와 y를 서로 바꾸면 역함수

$$y=x^2\,(x\geq 0)$$

을 얻을 수 있습니다.

따라서 $y=\sqrt{x}$의 역함수는 $y=x^2\,(x\geq0)$이므로 함수 $y=\sqrt{x}$의 그래프는 오른쪽 그림과 같이 함수 $y=x^2\,(x\geq0)$의 그래프와 직선 $y=x$에 대하여 대칭인 곡선입니다.

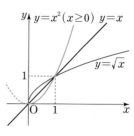

이제 함수 $y=\sqrt{x}$의 그래프를 이용하여 여러 가지 형태의 무리함수의 그래프를 그리는 방법에 대하여 알아봅시다.

1. 함수 $y=\sqrt{ax}\,(a\neq0)$의 그래프

(1) $a>0$인 경우

근호 안의 식의 값은 항상 0보다 크거나 같아야 하므로 $a>0$일 때, 함수 $y=\sqrt{ax}$의 정의역은 $\{x\,|\,x\geq0\}$이고, 함숫값 y는 양의 제곱근의 꼴이므로 치역은 $\{y\,|\,y\geq0\}$입니다.

따라서 정의역과 치역에 의하여 함수 $y=\sqrt{ax}\,(a>0)$의 그래프는 제1사분면에 위치하고, 그 모양은 $y=\sqrt{x}$의 그래프의 함숫값보다 $\sqrt{a}$배만큼 커진 함숫값을 y좌표로 가지는 그래프가 됩니다.

> **Example** 세 함수 $y=\sqrt{x}$, $y=\sqrt{2x}$, $y=\sqrt{4x}\,(=2\sqrt{x})$의 그래프는 각각 오른쪽 그림과 같다. 세 함수 모두
> 정의역은 $\{x\,|\,x\geq0\}$
> 치역은 $\{y\,|\,y\geq0\}$

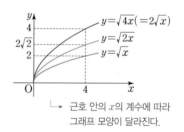

└▶ 근호 안의 x의 계수에 따라 그래프 모양이 달라진다.

위의 **Example** 에서와 같이 함수 $y=\sqrt{ax}\,(a>0)$의 그래프는 a의 절댓값이 커질수록 x축에서 멀어집니다.

(2) $a<0$인 경우

근호 안의 식의 값은 항상 0보다 크거나 같아야 하므로 $a<0$일 때, 함수 $y=\sqrt{ax}$의 정의역은 $\{x\,|\,x\leq0\}$이고, 함숫값 y는 양의 제곱근의 꼴이므로 치역은 $\{y\,|\,y\geq0\}$입니다.

따라서 정의역과 치역에 의하여 함수 $y=\sqrt{ax}\,(a<0)$의 그래프는 제2사분면에 위치합니다.

이때 $a<0$이면 $-a>0$이므로 $y=\sqrt{(-a)x}=\sqrt{a(-x)}$에서 함수 $y=\sqrt{ax}\,(a<0)$의 그래프는 (1)에서 배운 함수 $y=\sqrt{ax}\,(a>0)$의 그래프와 y축에 대하여 대칭입니다.

Example 함수 $y=\sqrt{-2x}$의 그래프는 함수 $y=\sqrt{2x}$의 그래프와 y축에 대하여 대칭이므로 오른쪽 그림과 같다.

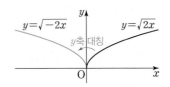

이상에서 함수 $y=\sqrt{ax}\,(a\neq0)$의 그래프는 $|a|$의 값에 따라 그 모양이 달라지고, a의 값의 부호에 따라 함수 $y=\sqrt{ax}\,(a\neq0)$의 그래프의 위치가 달라짐을 알 수 있습니다.

즉, 무리함수 $y=\sqrt{ax}$의 그래프에서 $a>0$이면 x축의 양의 방향으로 갈수록 완만해지고, $a<0$이면 x축의 음의 방향으로 갈수록 완만해집니다.

한편, 무리함수 $y=\sqrt{ax}\,(a\neq0)$의 그래프는 일대일대응이므로 역함수가 존재합니다. 즉, 함수 $y=\sqrt{x}$의 역함수는 $y=x^2\,(x\geq0)$임을 이용하여 무리함수 $y=\sqrt{x}$의 그래프를 그렸던 것처럼 함수 $y=\dfrac{x^2}{a}\,(x\geq0)$의 그래프를 이용하여 무리함수 $y=\sqrt{ax}\,(a\neq0)$의 그래프를 그릴 수 있습니다. ⟶ 무리함수 $y=\sqrt{ax}\,(a\neq0)$의 역함수가 $y=\dfrac{x^2}{a}\,(x\geq0)$이므로 두 함수의 그래프는 직선 $y=x$에 대하여 대칭

2. 함수 $y=-\sqrt{ax}\,(a\neq0)$의 그래프

이번에는 무리함수의 근호가 양의 제곱근이 아니라 음의 제곱근으로 표현된 경우, 즉 함수 $y=-\sqrt{ax}\,(a\neq0)$의 그래프를 그려 봅시다.

⑴ $a>0$인 경우

근호 안의 식의 값은 항상 0보다 크거나 같아야 하므로 $a>0$일 때, 함수 $y=-\sqrt{ax}$의 정의역은 $\{x\,|\,x\geq0\}$이고, 함숫값 y는 음의 제곱근의 꼴이므로 치역은 $\{y\,|\,y\leq0\}$입니다.

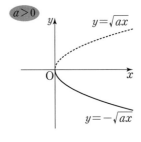

따라서 정의역과 치역에 의하여 함수 $y=-\sqrt{ax}\,(a>0)$의 그래프는 제4사분면에 위치하고, 함수 $y=\sqrt{ax}\,(a>0)$의 그래프와 x축에 대하여 대칭입니다.

⑵ $a<0$인 경우

근호 안의 식의 값은 항상 0보다 크거나 같아야 하므로 $a<0$일 때, 함수 $y=-\sqrt{ax}$의 정의역은 $\{x\,|\,x\leq0\}$이고, 함숫값 y는 음의 제곱근의 꼴이므로 치역은 $\{y\,|\,y\leq0\}$입니다.

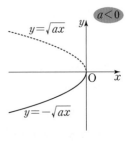

따라서 정의역과 치역에 의하여 함수 $y=-\sqrt{ax}\,(a<0)$의 그래프는 제3사분면에 위치하고, 함수 $y=\sqrt{ax}\,(a<0)$의 그래프와 x축에 대하여 대칭입니다.

위의 설명에서와 같이 무리함수의 그래프를 그릴 때, 그래프의 대칭이동을 이용하면 편리합니다.

함수 $y=\sqrt{ax}\,(a\neq 0)$의 그래프를 기준으로 다음과 같이 무리함수의 그래프를 그릴 수 있습니다.

① 함수 $y=\sqrt{-ax}$의 그래프는 $y=\sqrt{-ax}=\sqrt{a(-x)}$이므로 함수 $y=\sqrt{ax}$의 그래프와 y축에 대하여 대칭입니다.

② 함수 $y=-\sqrt{ax}$의 그래프는 $-y=\sqrt{ax}$이므로 함수 $y=\sqrt{ax}$의 그래프와 x축에 대하여 대칭입니다.

③ 함수 $y=-\sqrt{-ax}$의 그래프는 $-y=\sqrt{a(-x)}$이므로 함수 $y=\sqrt{ax}$의 그래프와 원점에 대하여 대칭입니다.

Example 함수 $y=\sqrt{2x}$의 그래프를 이용하여 다음 무리함수의 그래프를 그릴 수 있다.

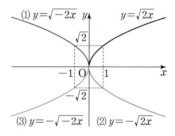

(1) $y=\sqrt{-2x}$

함수 $y=\sqrt{-2x}$의 그래프는 $y=\sqrt{2x}$에서 x 대신 $-x$를 대입한 것이므로 함수 $y=\sqrt{2x}$의 그래프와 y축에 대하여 대칭이다.

(2) $y=-\sqrt{2x}$

함수 $y=-\sqrt{2x}$의 그래프는 $y=\sqrt{2x}$에서 y 대신 $-y$를 대입한 것이므로 함수 $y=\sqrt{2x}$의 그래프와 x축에 대하여 대칭이다.

(3) $y=-\sqrt{-2x}$

함수 $y=-\sqrt{-2x}$의 그래프는 $y=\sqrt{2x}$에서 x 대신 $-x$, y 대신 $-y$를 대입한 것이므로 함수 $y=\sqrt{2x}$의 그래프와 원점에 대하여 대칭이다.

개념 Point 무리함수 $y=\pm\sqrt{ax}\,(a\neq 0)$의 그래프

1 함수 $y=\sqrt{ax}\,(a\neq 0)$의 그래프

(1) $a>0$일 때, 정의역 : $\{x\,|\,x\geq 0\}$, 치역 : $\{y\,|\,y\geq 0\}$

(2) $a<0$일 때, 정의역 : $\{x\,|\,x\leq 0\}$, 치역 : $\{y\,|\,y\geq 0\}$

2 함수 $y=-\sqrt{ax}\,(a\neq 0)$의 그래프

(1) $a>0$일 때, 정의역 : $\{x\,|\,x\geq 0\}$, 치역 : $\{y\,|\,y\leq 0\}$

(2) $a<0$일 때, 정의역 : $\{x\,|\,x\leq 0\}$, 치역 : $\{y\,|\,y\leq 0\}$

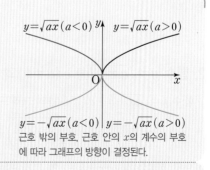

근호 밖의 부호, 근호 안의 x의 계수의 부호에 따라 그래프의 방향이 결정된다.

+ Plus

함수 $y=\pm\sqrt{ax}\,(a\neq 0)$의 그래프는 $|a|$의 값이 커질수록 x축에서 멀어진다.

❸ 무리함수 $y=\sqrt{a(x-p)}+q\,(a\neq0)$의 그래프

이제 함수 $y=\sqrt{ax}\,(a\neq0)$의 그래프를 평행이동한 그래프를 생각해 봅시다.

1. 함수 $y=\sqrt{a(x-p)}+q\,(a\neq0)$의 그래프

함수 $y=\sqrt{ax}\,(a\neq0)$의 그래프를 x축의 방향으로 p만큼, y축의 방향으로 q만큼 평행이동한 그래프의 식은

$$y=\sqrt{a(x-p)}+q$$

입니다. 따라서 함수 $y=\sqrt{a(x-p)}+q$의 정의역은

$$a>0이면 \{x\,|\,x\geq p\},\ a<0이면 \{x\,|\,x\leq p\}$$

이고, 치역은 $\{y\,|\,y\geq q\}$입니다.

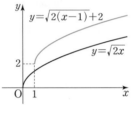

Example 함수 $y=\sqrt{2(x-1)}+2$의 그래프는 $y=\sqrt{2x}$의 그래프를
x축의 방향으로 ❶만큼, y축의 방향으로 ❷만큼
평행이동한 것이므로 오른쪽 그림과 같다.
이때 근호 안이 $2(x-1)\geq0$이므로
정의역은 $\{x\,|\,x\geq❶\}$, 치역은 $\{y\,|\,y\geq❷\}$
↳ $\sqrt{2(x-1)}\geq0$이므로
$y=\sqrt{2(x-1)}+2\geq2$

함수 $y=\sqrt{ax}\,(a\neq0)$의 그래프는 원점을 기준으로 a의 값의 부호에 따라 그래프를 그렸듯이 함수 $y=\sqrt{ax}\,(a\neq0)$의 그래프를 x축의 방향으로 p만큼, y축의 방향으로 q만큼 평행이동한 함수 $y=\sqrt{a(x-p)}+q\,(a\neq0)$의 그래프도 점 $(p,\,q)$를 기준으로 a의 값의 부호에 따라 그래프를 그리도록 합니다.

이것은 이차함수 $y=a(x-p)^2+q$에서 꼭짓점 $(p,\,q)$를 기준으로 그래프를 그린 것처럼 함수 $y=\sqrt{a(x-p)}+q$의 그래프도 점 $(p,\,q)$를 시작점으로 생각하여 그래프를 그리면 편리합니다.

2. 함수 $y=\sqrt{ax+b}+c\,(a\neq0)$의 그래프

함수 $y=\sqrt{ax+b}+c\,(a\neq0)$의 그래프는 $y=\sqrt{a(x-p)}+q$ 꼴로 변형하여 그립니다. 즉,

$$y=\sqrt{ax+b}+c=\sqrt{a\left(x+\dfrac{b}{a}\right)}+c$$

이므로 함수 $y=\sqrt{ax+b}+c$의 그래프는 함수 $y=\sqrt{ax}$의 그래프를 x축의 방향으로 $-\dfrac{b}{a}$만큼, y축의 방향으로 c만큼 평행이동한 것입니다.

Example 함수 $y=\sqrt{2x-4}+4$는

$$y=\sqrt{2x-4}+4=\sqrt{2(x-2)}+4$$

이므로 함수 $y=\sqrt{2x-4}+4$의 그래프는 함수 $y=\sqrt{2x}$의
그래프를 x축의 방향으로 2만큼, y축의 방향으로 4만큼 평
행이동한 것이다.

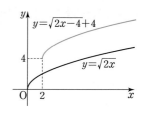

한편, 두 이차함수 $y=a_1(x-p_1)^2+q_1$, $y=a_2(x-p_2)^2+q_2$의 그래프는 $|a_1|=|a_2|$일
때 평행이동 또는 대칭이동에 의하여 서로 포개어집니다. 왜냐하면 이차함수의 그래프의 폭
은 x^2의 계수가 결정하기 때문입니다.

같은 원리로 무리함수 $y=\sqrt{a(x-p)}+q\ (a\neq 0)$의 그래프의 모양은 a의 값이 결정합니
다. 무리함수 $y=\sqrt{a(x-p)}+q$의 그래프를 x축의 방향으로 $-p$만큼, y축의 방향으로 $-q$
만큼 평행이동하면 함수 $y=\sqrt{ax}$의 그래프와 포개어집니다. 또한 함수 $y=\sqrt{-ax}$의 그래프
를 y축에 대하여 대칭이동하면 함수 $y=\sqrt{ax}$의 그래프와 포개어집니다.

이와 같이 두 무리함수 $y=\sqrt{a_1(x-p_1)}+q_1\ (a_1\neq 0)$, $y=\sqrt{a_2(x-p_2)}+q_2\ (a_2\neq 0)$의 그
래프가 평행이동 또는 대칭이동에 의하여 서로 포개어지려면 $|a_1|=|a_2|$이어야 합니다.

Example (1) 두 함수 $y=\sqrt{-2(x-2)}$, $y=\sqrt{2(x+1)}+1$에서
$|-2|=|2|$이므로 두 함수의 그래프는 평행이동
과 대칭이동에 의하여 서로 포개어진다.
(2) 두 함수 $y=\sqrt{2(x-1)}-3$, $y=\sqrt{x-1}-4$에서
$2\neq 1$이므로 두 함수의 그래프는 평행이동 또는 대
칭이동에 의하여 서로 포개어질 수 없다.

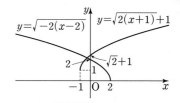

함수 $y=\sqrt{2(x+1)}+1$의 그래프를 y축
에 대하여 대칭이동한 후 x축의 방향으로
1만큼, y축의 방향으로 -1만큼 평행이동
하면 함수 $y=\sqrt{-2(x-2)}$의 그래프와
포개어진다.

개념 Point 무리함수 $y=\sqrt{a(x-p)}+q\ (a\neq 0)$의 그래프

1 함수 $y=\sqrt{a(x-p)}+q\ (a\neq 0)$의 그래프
  (1) 함수 $y=\sqrt{ax}$의 그래프를 x축의 방향으로 p만큼, y축의 방향으로 q만큼 평행이동한 것이다.
  (2) $a>0$일 때, 정의역은 $\{x\,|\,x\geq p\}$, 치역은 $\{y\,|\,y\geq q\}$이다.
     $a<0$일 때, 정의역은 $\{x\,|\,x\leq p\}$, 치역은 $\{y\,|\,y\geq q\}$이다.

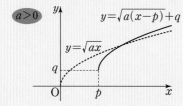
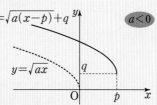

2 함수 $y=\sqrt{ax+b}+c\ (a\neq 0)$의 그래프는 $y=\sqrt{a\left(x+\dfrac{b}{a}\right)}+c$ 꼴로 변형하여 그린다.

4 무리함수의 역함수

무리함수 $y=\sqrt{ax+b}+c\,(a\neq0)$는 일대일대응이므로 역함수가 존재합니다.

함수 $y=\sqrt{ax+b}+c\,(a\neq0)$를 x에 대하여 푼 후 x와 y를 서로 바꾸면 역함수를 구할 수 있습니다. 이때 원래 함수의 정의역은 역함수의 치역이 되고, 원래 함수의 치역은 역함수의 정의역이 됩니다.

Example 함수 $y=\sqrt{x-2}+3$의 역함수는 다음과 같은 순서로 구할 수 있다.

❶ 역함수의 정의역(원래 함수의 치역)을 구한다.

함수 $y=\sqrt{x-2}+3$의 치역이 $\{y|y\geq3\}$이므로 역함수의 정의역은 $\{x|x\geq3\}$이다.

❷ 주어진 함수를 x에 대하여 푼다.

$$y=\sqrt{x-2}+3\text{에서 }\sqrt{x-2}=y-3,\ x-2=(y-3)^2$$
$$\therefore\ x=(y-3)^2+2 \quad \text{좌변에 근호만 남기고 양변을 제곱하면 편리하다.}$$

❸ x와 y를 서로 바꾸어 역함수를 구한다.

x와 y를 서로 바꾸면 구하는 역함수는

$$y=(x-3)^2+2\,(x\geq3)$$

따라서 함수 $y=\sqrt{x-2}+3$의 역함수의 그래프는 오른쪽 그림과 같고, $y=\sqrt{x-2}+3$의 그래프와 직선 $y=x$에 대하여 대칭이다.

즉, 함수 $y=\sqrt{x-2}+3$의 그래프가 시작하는 점 $(2,\,3)$은 이차함수 $y=(x-3)^2+2$의 그래프의 꼭짓점 $(3,\,2)$와 직선 $y=x$에 대하여 대칭이다.

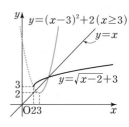

한편, 역함수 관계에 있는 두 함수의 그래프는 직선 $y=x$에 대하여 대칭이므로 무리함수의 역함수의 그래프는 이차함수의 그래프(포물선)의 일부분이라는 것을 알 수 있습니다.

개념 Point 　**무리함수의 역함수**

무리함수 $y=\sqrt{ax+b}+c\,(a\neq0)$의 역함수는 다음과 같은 순서로 구한다.

❶ 함수 $y=\sqrt{ax+b}+c$의 치역이 $\{y|y\geq c\}$이므로 역함수의 정의역은 $\{x|x\geq c\}$이다.

❷ c를 이항하여 양변을 제곱한 후 x에 대하여 푼다. ➡ $x=\dfrac{1}{a}(y-c)^2-\dfrac{b}{a}$

❸ x와 y를 서로 바꾼다. ➡ $y=\dfrac{1}{a}(x-c)^2-\dfrac{b}{a}$ (단, $x\geq c$)

+ Plus

무리함수 $y=\sqrt{ax+b}+c\,(a\neq0)$의 역함수를 다음과 같은 순서로 구하여도 결과는 같다.

❶ x와 y를 서로 바꾼다. ➡ $x=\sqrt{ay+b}+c$

❷ c를 이항하여 양변을 제곱한 후 y에 대하여 푼다. ➡ $y=\dfrac{1}{a}(x-c)^2-\dfrac{b}{a}$ (단, $x\geq c$)

1 〈보기〉에서 무리함수인 것을 모두 구하시오.

> 〈 보기 〉
>
> ㄱ. $y=\sqrt{3x}$ ㄴ. $y=\sqrt{2x+3}$ ㄷ. $y=\sqrt{(1-x)^2}$
>
> ㄹ. $y=\sqrt{6}x$ ㅁ. $y=\dfrac{1}{\sqrt{5-x}}$ ㅂ. $y=\sqrt{4x^2}$

2 무리함수 $y=\sqrt{ax}\,(a\neq0)$의 그래프에 대한 설명 중 옳지 <u>않은</u> 것은?

① 정의역은 $\{x\,|\,x\geq0\}$이다.

② 치역은 $\{y\,|\,y\geq0\}$이다.

③ 함수 $y=-\sqrt{ax}$의 그래프와 x축에 대하여 대칭이다.

④ 함수 $y=\sqrt{-ax}$의 그래프와 y축에 대하여 대칭이다.

⑤ $a>0$이면 원점과 제1사분면을 지난다.

3 다음 ☐ 안에 알맞은 수를 써넣으시오.

(1) 함수 $y=\sqrt{2x-4}+6$의 그래프는 함수 $y=\sqrt{2x}$의 그래프를 x축의 방향으로 ☐ 만큼, y축의 방향으로 ☐ 만큼 평행이동한 것이다.

(2) 함수 $y=\sqrt{4-2x}-6$의 그래프는 함수 $y=\sqrt{-2x}$의 그래프를 x축의 방향으로 ☐ 만큼, y축의 방향으로 ☐ 만큼 평행이동한 것이다.

4 다음 함수의 그래프를 그리고, 정의역과 치역을 각각 구하시오.

(1) $y=\sqrt{x+1}-2$ (2) $y=-\sqrt{-x+2}+1$

(3) $y=\sqrt{-x+2}-1$ (4) $y=\sqrt{2x+4}+1$

● 풀이 157쪽~158쪽

정답

1 ㄱ, ㄴ, ㅁ   **2** ①   **3** (1) 2, 6 (2) 2, -6

4 그래프는 풀이 참조

  (1) 정의역 : $\{x\,|\,x\geq-1\}$, 치역 : $\{y\,|\,y\geq-2\}$ (2) 정의역 : $\{x\,|\,x\leq2\}$, 치역 : $\{y\,|\,y\leq1\}$

  (3) 정의역 : $\{x\,|\,x\leq2\}$, 치역 : $\{y\,|\,y\geq-1\}$ (4) 정의역 : $\{x\,|\,x\geq-2\}$, 치역 : $\{y\,|\,y\geq1\}$

예제 05

함수 $y=\sqrt{ax-2}+b$의 정의역이 $\{x\,|\,x\leq -2\}$, 치역이 $\{y\,|\,y\geq 4\}$일 때, 상수 a, b에 대하여 ab의 값을 구하시오.

접근 방법 > 무리함수 $y=\sqrt{ax+b}+c$의 그래프는 $y=\sqrt{a\left(x+\dfrac{b}{a}\right)}+c$ 꼴로 변형하여 그린다.

이때 무리함수 $y=f(x)$의 정의역은 함숫값이 실수가 되도록 하는 x의 값의 집합, 즉

  (근호 안의 식의 값) ≥ 0 …… ㉠

이 되는 실수 x의 값의 집합으로 생각한다.

또한 치역도 ㉠을 이용하여 구한다.

> **수매씨 Point** 함수 $y=\sqrt{a(x-p)}+q$에서
> ① $a>0$이면 ➡ 정의역은 $\{x\,|\,x\geq p\}$, 치역은 $\{y\,|\,y\geq q\}$
> ② $a<0$이면 ➡ 정의역은 $\{x\,|\,x\leq p\}$, 치역은 $\{y\,|\,y\geq q\}$

상세 풀이 > $ax-2\geq 0$에서 $ax\geq 2$ …… ㉠

이때 정의역이 $\{x\,|\,x\leq -2\}$이므로 $a<0$

㉠의 양변을 a로 나누면 $x\leq \dfrac{2}{a}$

즉, $\dfrac{2}{a}=-2$이므로 $a=-1$

또한 치역은 $\sqrt{ax-2}\geq 0$에서 $\sqrt{ax-2}+b\geq b$이므로 $\{y\,|\,y\geq b\}$

 ∴ $b=4$

 ∴ $ab=(-1)\times 4=-4$

정답 -4

보충 설명

무리함수의 그래프를 그릴 때에는 먼저 정의역과 치역을 구하여 그래프가 존재하는 영역을 표시하면 훨씬 편리하다.

예를 들어 함수 $y=-\sqrt{-x+2}+1$에서 정의역은 $\{x\,|\,x\leq 2\}$, 치역은 $\{y\,|\,y\leq 1\}$이므로 함수 $y=-\sqrt{-x+2}+1$의 그래프는 오른쪽 그림과 같이 진하게 색칠한 부분에 존재한다.

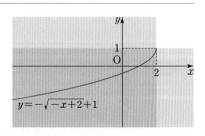

05-1

다음 물음에 답하시오.

(1) 함수 $y=\sqrt{2-ax}+b$의 정의역이 $\{x\,|\,x\geq-2\}$, 치역이 $\{y\,|\,y\geq4\}$일 때, 상수 a, b에 대하여 ab의 값을 구하시오.

(2) 함수 $y=-\sqrt{ax+2}+b$의 정의역이 $\{x\,|\,x\geq-2\}$, 치역이 $\{y\,|\,y\leq4\}$일 때, 상수 a, b에 대하여 ab의 값을 구하시오.

05-2

함수 $y=-\sqrt{ax+b}+c$의 그래프가 다음 그림과 같을 때, 상수 a, b, c에 대하여 $a+b+c$의 값을 구하시오.

(1)
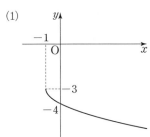

(2)
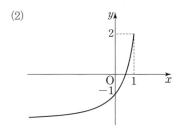

05-3

직선 $y=ax+b$가 오른쪽 그림과 같을 때, 무리함수 $y=b\sqrt{-ax}$의 그래프의 개형으로 옳은 것은? (단, a, b는 상수이다.)

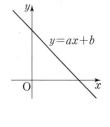

①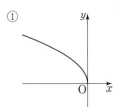
②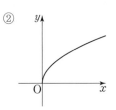

③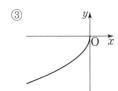
④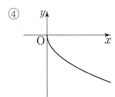
⑤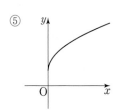

• 풀이 158쪽

예제 06

함수 $y=\sqrt{ax}$의 그래프를 x축의 방향으로 -2만큼 평행이동한 후 y축에 대하여 대칭이동한 그래프가 점 $(1, 4)$를 지날 때, 상수 a의 값을 구하시오.

접근 방법 함수 $y=\sqrt{a(x-p)}+q$ $(a\neq 0)$의 그래프는 함수 $y=\sqrt{ax}$의 그래프를 x축의 방향으로 p만큼, y축의 방향으로 q만큼 평행이동한 것이다. 또한 **04. 도형의 이동** 단원에서 배운 것처럼 도형의 대칭이동은

도형 $f(x, y)=0$의 대칭이동

- x축에 대하여 $\xrightarrow{\ y \ 대신 \ -y \ 대입\ }$ $f(x, -y)=0$
- y축에 대하여 $\xrightarrow{\ x \ 대신 \ -x \ 대입\ }$ $f(-x, y)=0$
- 원점에 대하여 $\xrightarrow[\ y \ 대신 \ -y \ 대입\ ]{\ x \ 대신 \ -x \ 대입\ }$ $f(-x, -y)=0$
- 직선 $y=x$에 대하여 $\xrightarrow[\ y \ 대신 \ x \ 대입\ ]{\ x \ 대신 \ y \ 대입\ }$ $f(y, x)=0$

> **수매씨 Point** 함수 $y=\sqrt{ax}$ $(a\neq 0)$의 그래프를
> (1) x축에 대하여 대칭이동한 그래프의 식은 $y=-\sqrt{ax}$이다.
> (2) y축에 대하여 대칭이동한 그래프의 식은 $y=\sqrt{-ax}$이다.

상세 풀이 함수 $y=\sqrt{ax}$의 그래프를 x축의 방향으로 -2만큼 평행이동한 그래프의 식은

$$y=\sqrt{a(x+2)}$$

이것을 다시 y축에 대하여 대칭이동한 그래프의 식은

$$y=\sqrt{a(-x+2)} \quad \cdots\cdots \ \text{㉠}$$

㉠의 그래프가 점 $(1, 4)$를 지나므로

$$4=\sqrt{a(-1+2)}, \ \sqrt{a}=4$$

$$\therefore a=16$$

정답 16

보충 설명

함수 $y=\sqrt{ax}$ $(a>0)$에서 양변을 제곱한 후, x에 대하여 풀면

$$x=\frac{y^2}{a}$$

여기서 x와 y를 서로 바꾸면 역함수는

$$y=\frac{x^2}{a} \ (x\geq 0)$$

이다. 따라서 두 함수 $y=\sqrt{ax}$ $(a>0)$, $y=\dfrac{x^2}{a}$ $(x\geq 0)$은 서로 역함수 관

계에 있고 그래프는 오른쪽 그림과 같다. ← 두 함수의 그래프는 직선 $y=x$에 대하여 대칭이다.

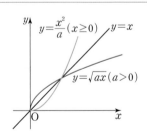

숫자 바꾸기

한번 더 ☑ ☐

06-1

함수 $y=-\sqrt{kx}$의 그래프를 x축의 방향으로 2만큼, y축의 방향으로 4만큼 평행이동한 함수의 그래프가 점 $(4, 2)$를 지날 때, 상수 k의 값을 구하시오.

표현 바꾸기

한번 더 ☑ ☐

06-2

함수 $y=\sqrt{x+2}$의 그래프를 x축의 방향으로 3만큼, y축의 방향으로 -2만큼 평행이동한 후 x축에 대하여 대칭이동하면 함수 $y=a\sqrt{x+b}+c$의 그래프와 일치한다. 상수 a, b, c에 대하여 $a+b+c$의 값은?

① -2　　② -1　　③ 0　　④ 1　　⑤ 2

개념 넓히기

한번 더 ☑ ☐

06-3

〈보기〉의 함수 중 그 그래프가 평행이동 또는 대칭이동에 의하여 함수 $y=2\sqrt{x}$의 그래프와 겹쳐지는 함수인 것을 모두 고르시오.

〈 보기 〉

ㄱ. $y=\sqrt{2-x}$　　ㄴ. $y=-2\sqrt{x+1}$

ㄷ. $y=\sqrt{2x+2}$　　ㄹ. $y=2\sqrt{2-x}$

• 풀이 158쪽~159쪽

정답

06-1 2　　**06-2** ③　　**06-3** ㄴ, ㄹ

10

예제 07

무리함수의 그래프를 이용하여 그래프의 개형 구하기

함수 $y=\sqrt{ax+b}+c$의 그래프가 오른쪽 그림과 같을 때, 이차함수 $y=ax^2+bx+c$의 그래프의 개형은? (단, a, b, c는 상수이다.)

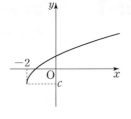

①

②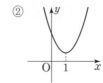

③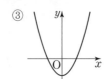

④

⑤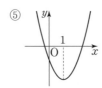

접근 방법 〉 이차함수 $y=ax^2+bx+c$의 그래프의 개형은 다음을 이용하여 결정한다.

(i) a : 아래로 볼록/위로 볼록

(ii) b : 축의 위치

(iii) c : y절편의 부호

수매씽 Point 유리함수와 무리함수의 그래프는 평행이동으로 접근한다.

상세 풀이 〉 함수 $y=\sqrt{ax+b}+c=\sqrt{a\left(x+\dfrac{b}{a}\right)}+c$의 그래프는 함수 $y=\sqrt{ax}$의

그래프를 x축의 방향으로 $-\dfrac{b}{a}$만큼, y축의 방향으로 c만큼 평행이

동한 것이므로 오른쪽 그림에서

$$a>0,\ -\dfrac{b}{a}=-2,\ c<0$$

즉, 이차함수 $y=ax^2+bx+c$의 그래프는

(i) $a>0$이므로 아래로 볼록

(ii) 축의 방정식은 $x=-\dfrac{b}{2a}=-1$

(iii) $c<0$이므로 y절편은 음수

따라서 구하는 이차함수 $y=ax^2+bx+c$의 그래프의 개형은 오른쪽 그림과

같다.

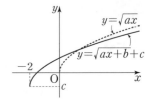

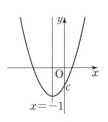

정답 ④

07-1

함수 $y=a\sqrt{-x+b}+c$의 그래프가 오른쪽 그림과 같을 때, 이차함수 $y=ax^2+bx+c$의 그래프의 개형은?

(단, a, b, c는 상수이다.)

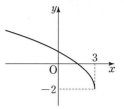

①   ②   ③

④   ⑤

풀이 159쪽 ➕ 보충 설명

07-2

함수 $y=a\sqrt{bx+c}$의 그래프가 오른쪽 그림과 같을 때, 유리함수 $y=\dfrac{b}{x+a}+c$의 그래프의 개형은? (단, a, b, c는 상수이다.)

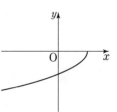

① ② ③ ④ ⑤

● 풀이 159쪽

07-1 ①   **07-2** ⑤

예제 08

$-6 \leq x \leq 0$에서 함수 $y = -\sqrt{4-2x}+1$의 최댓값을 M, 최솟값을 m이라고 할 때, $M+m$ 의 값을 구하시오.

접근 방법 제한된 범위에서 무리함수의 최댓값과 최솟값은 함수식을

$$y = \pm\sqrt{a(x-p)}+q \ (a \neq 0)$$

꼴로 변형한 후 그래프를 그려서 구한다.

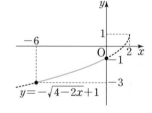

수매씽 Point 정의역이 주어진 무리함수의 최대, 최소

➡ 주어진 정의역에서 함수의 그래프를 그려서 구한다.

상세 풀이 $y = -\sqrt{4-2x}+1 = -\sqrt{-2(x-2)}+1$이므로 함수 $y = -\sqrt{4-2x}+1$의 그래프는 함수

$y = -\sqrt{-2x}$의 그래프를 x축의 방향으로 2만큼, y축의 방향으로 1만큼 평행이동한 것이다.

따라서 $-6 \leq x \leq 0$에서 함수 $y = -\sqrt{4-2x}+1$의 그래프는 오른쪽

그림과 같으므로

$x = -6$일 때, 최솟값 $m = -\sqrt{4-2 \times (-6)}+1 = -3$

$x = 0$일 때, 최댓값 $M = -\sqrt{4-2 \times 0}+1 = -1$

$\therefore M+m = -1+(-3) = -4$

정답 -4

보충 설명

(1) $a > 0$일 때, 무리함수 $y = \sqrt{a(x-p)}+q$는 x의 값이 증가할 때 y의 값이 증가하는 함수이므로 $x_1 \leq x \leq x_2$에서 함수 $y = \sqrt{a(x-p)}+q$ 의 최댓값은 $x = x_2$일 때이고, 최솟값은 $x = x_1$일 때이다.

(2) $a < 0$일 때, 무리함수 $y = \sqrt{a(x-p)}+q$는 x의 값이 증가할 때 y의 값이 감소하는 함수이므로 $x_3 \leq x \leq x_4$에서 함수 $y = \sqrt{a(x-p)}+q$ 의 최댓값은 $x = x_3$일 때이고, 최솟값은 $x = x_4$일 때이다.

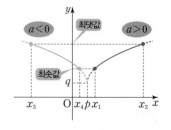

08-1

$0 \le x \le 4$에서 다음 함수의 최댓값과 최솟값을 각각 구하시오.

(1) $y = \sqrt{2x} - 1$　　　　　　　　　(2) $y = -\sqrt{-x+5} + 3$

08-2

다음 물음에 답하시오.

(1) $2 \le x \le a$에서 함수 $y = \sqrt{2x-3} + 4$의 최솟값이 b, 최댓값이 7일 때, $a+b$의 값을 구하시오. (단, a는 상수이다.)

(2) $-6 \le x \le 0$에서 함수 $y = \sqrt{4-ax} + b$의 최댓값이 5, 최솟값이 3일 때, 상수 a, b에 대하여 $a+b$의 값을 구하시오. (단, $a > 0$)

08-3

두 함수 $f(x) = \dfrac{1}{x+1}$, $g(x) = \sqrt{x} + 1$에 대하여 $1 \le x \le 9$에서 함수 $y = (f \circ g)(x)$의 최댓값과 최솟값의 합을 구하시오.

● 풀이 160쪽

정답

08-1 (1) 최댓값: $2\sqrt{2}-1$, 최솟값: -1　(2) 최댓값: 2, 최솟값: $3-\sqrt{5}$　**08-2** (1) 11　(2) 3　**08-3** $\dfrac{8}{15}$

예제 09 무리함수의 그래프와 직선의 위치 관계

함수 $y=\sqrt{4x-8}$의 그래프와 직선 $y=x+k$가 서로 다른 두 점에서 만날 때, 실수 k의 값의 범위를 구하시오.

접근 방법 > 무리함수의 그래프와 직선의 위치 관계는 이차방정식의 판별식을 이용하여 푼다. 이때 반드시 그래프를 그려서 무리함수의 그래프와 직선의 위치 관계를 확인하도록 한다.

수매씽 Point 무리함수의 그래프와 직선의 교점의 개수는 그래프를 그려서 구한다.

상세 풀이 > $y=\sqrt{4x-8}=\sqrt{4(x-2)}$이므로 함수 $y=\sqrt{4x-8}$의 그래프는 함수 $y=\sqrt{4x}$의 그래프를 x축의 방향으로 2만큼 평행이동한 것이다.

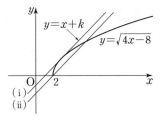

(i) 함수 $y=\sqrt{4x-8}$의 그래프와 직선 $y=x+k$가 접할 때,

$x+k=\sqrt{4x-8}$의 양변을 제곱하면

$$x^2+2kx+k^2=4x-8$$

$$\therefore x^2+2(k-2)x+k^2+8=0$$

이 이차방정식의 판별식을 D라고 하면

$$\frac{D}{4}=(k-2)^2-1\times(k^2+8)=0$$

$$-4k-4=0 \quad \therefore k=-1$$

(ii) 직선 $y=x+k$가 점 $(2, 0)$을 지날 때,

$$0=2+k \quad \therefore k=-2$$

(i), (ii)에서 구하는 k의 값의 범위는

$$-2\leq k<-1$$

정답 $-2\leq k<-1$

보충 설명

무리함수의 그래프와 직선의 위치 관계는 그래프를 그리지 않고 이차방정식의 판별식만으로 풀면 틀린 답을 얻게 된다. 이차방정식 $x^2+2(k-2)x+k^2+8=0$의 판별식을 D라고 할 때, 이차방정식이 서로 다른 두 실근을 가질 조건을 찾으면

$$\frac{D}{4}=(k-2)^2-1\times(k^2+8)=-4k-4>0 \quad \therefore k<-1$$

그러나 위의 **상세 풀이**의 그림에서 확인할 수 있는 것처럼 $k<-2$인 경우에는 한 점에서 만난다.

따라서 무리함수의 그래프와 직선의 위치 관계는 반드시 그래프를 그려서 확인해야 한다.

09-1 함수 $y=\sqrt{2x+4}$의 그래프와 직선 $y=x+k$가 서로 다른 두 점에서 만날 때, 실수 k의 값의 범위를 구하시오.

표현 바꾸기

09-2 오른쪽 그림은 함수 $y=\sqrt{ax+b}$의 그래프이다. 이 그래프가 직선 $y=-x+k$와 서로 다른 두 점에서 만날 때, 실수 k의 값의 범위를 구하시오. (단, a, b는 상수이다.)

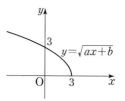

개념 넓히기

09-3 두 집합 $A=\{(x, y)\,|\,y=mx+1\}$, $B=\{(x, y)\,|\,y=\sqrt{8x-8}\}$에 대하여 $A\cap B\neq\varnothing$이 되도록 하는 실수 m의 값의 범위는?

① $m\geq-2$ ② $m\geq-1$ ③ $m\leq1$

④ $-1\leq m\leq1$ ⑤ $-2\leq m\leq1$

• 풀이 161쪽

정답

09-1 $2\leq k<\dfrac{5}{2}$ **09-2** $3\leq k<\dfrac{15}{4}$ **09-3** ④

예제 10

다음 함수의 역함수를 구하시오.

(1) $y=\sqrt{x+1}$ (2) $y=\sqrt{-2x+4}-1$

접근 방법 $y=\sqrt{ax+b}+c$를 x에 대하여 푼 후 x와 y를 서로 바꾸어 역함수를 구한다.

이때 원래 함수의 정의역은 역함수의 치역이 되고, 원래 함수의 치역은 역함수의 정의역이 된다.

수매씽 Point 무리함수의 역함수를 구할 때에는 주어진 무리함수의 치역이 역함수의 정의역임에 주의한다.

상세 풀이 (1) 함수 $y=\sqrt{x+1}$의 치역은 $\{y\,|\,y\geq 0\}$이므로 역함수의 정의역은

$\{x\,|\,x\geq 0\}$이다.

$y=\sqrt{x+1}$을 x에 대하여 풀면

$$x+1=y^2 \qquad \therefore x=y^2-1$$

x와 y를 서로 바꾸면 구하는 역함수는

$$y=x^2-1\ (x\geq 0)$$

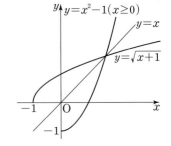

(2) 함수 $y=\sqrt{-2x+4}-1$의 치역은 $\{y\,|\,y\geq -1\}$이

므로 역함수의 정의역은 $\{x\,|\,x\geq -1\}$이다.

$y=\sqrt{-2x+4}-1$을 x에 대하여 풀면

$$y+1=\sqrt{-2x+4},\ (y+1)^2=-2x+4$$

$$\therefore x=-\frac{1}{2}(y+1)^2+2$$

x와 y를 서로 바꾸면 구하는 역함수는

$$y=-\frac{1}{2}(x+1)^2+2\ (x\geq -1)$$

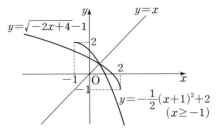

정답 (1) $y=x^2-1\ (x\geq 0)$ (2) $y=-\frac{1}{2}(x+1)^2+2\ (x\geq -1)$

보충 설명

역함수가 존재하는 무리함수 $y=f(x)$에 대하여 함수 $y=f(x)$의 그래프와 그 역함수 $y=f^{-1}(x)$의 그래프는 직선 $y=x$에 대하여 대칭이다. x의 값이 증가할 때 y의 값도 증가하는 무리함수 $y=f(x)$의 그래프와 그 역함수 $y=f^{-1}(x)$의 그래프의 교점이 존재하면 그 교점은 직선 $y=x$ 위에 있다.

즉, 두 함수 $y=f(x)$, $y=f^{-1}(x)$의 그래프의 교점은 함수 $y=f(x)$의 그래프와 직선 $y=x$의 교점과 같다.

10-1

다음 함수의 역함수를 구하시오.

(1) $y=\sqrt{2x+4}+1$

(2) $y=\sqrt{-x+3}+2$

(3) $y=-\sqrt{3x+6}$

(4) $y=-\sqrt{-x-1}+2$

10-2

함수 $f(x)=\sqrt{3x-6}+9$의 역함수는 $g(x)=\dfrac{1}{3}x^2+ax+b$이고, 함수 $g(x)$의 정의역은 $\{x\,|\,x\geq c\}$이다. 상수 a, b, c에 대하여 $a+b+c$의 값을 구하시오.

풀이 162쪽 ⊕ 보충 설명

10-3

함수 $f(x)=\sqrt{ax+b}+c$의 역함수 $y=f^{-1}(x)$의 그래프가 오른쪽 그림과 같을 때, 상수 a, b, c에 대하여 $a+b+c$의 값은?

① 1

② 3

③ 5

④ 7

⑤ 9

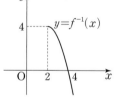

● 풀이 162쪽

정답

10-1 (1) $y=\dfrac{1}{2}(x-1)^2-2\ (x\geq1)$ (2) $y=-(x-2)^2+3\ (x\geq2)$

(3) $y=\dfrac{1}{3}x^2-2\ (x\leq0)$ (4) $y=-(x-2)^2-1\ (x\leq2)$

10-2 32 **10-3** ③

예제
11

함수 $f(x)=\sqrt{2x-2}+1$의 그래프와 그 역함수의 그래프의 두 교점을 P, Q라고 할 때, 선분 PQ의 길이를 구하시오.

접근 방법 〉 역함수가 존재하는 함수 $y=f(x)$에 대하여 함수 $y=f(x)$의 그래프와 그 역함수 $y=f^{-1}(x)$의 그래프는 직선 $y=x$에 대하여 대칭이므로 함수 $y=f(x)$의 그래프와 직선 $y=x$의 교점이 존재하면 그 교점은 함수 $y=f(x)$의 그래프와 그 역함수 $y=f^{-1}(x)$의 그래프의 교점이다.

> **수매씨 Point** 함수 $y=f(x)$의 그래프와 그 역함수 $y=f^{-1}(x)$의 그래프는 직선 $y=x$에 대하여 대칭
> 이다.

상세 풀이 〉 $f(x)=\sqrt{2x-2}+1=\sqrt{2(x-1)}+1$이므로 함수 $y=f(x)$의 그래프와 그 역함수 $y=f^{-1}(x)$의 그래프는 오른쪽 그림과 같다.

따라서 두 함수 $y=f(x)$, $y=f^{-1}(x)$의 그래프의 교점은 함수 $f(x)=\sqrt{2x-2}+1$의 그래프와 직선 $y=x$의 교점과 같다.

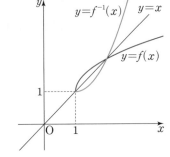

$\sqrt{2x-2}+1=x$에서 $\sqrt{2x-2}=x-1$

양변을 제곱하면

$$2x-2=x^2-2x+1, \ x^2-4x+3=0$$

$$(x-1)(x-3)=0$$

$$\therefore \ x=1 \ \text{또는} \ x=3$$

따라서 P(1, 1), Q(3, 3) 또는 P(3, 3), Q(1, 1)이므로

$$\overline{PQ}=\sqrt{(3-1)^2+(3-1)^2}=2\sqrt{2}$$

정답 $2\sqrt{2}$

─────

(보충 설명)

함수 $y=f(x)$의 그래프와 그 역함수 $y=f^{-1}(x)$의 그래프의 교점이 반드시 함수 $y=f(x)$의 그래프와 직선 $y=x$의 교점이 되는 것은 아니다. (**11-2**의 보충 설명 참고)

숫자 바꾸기 한번 더 ☑ ☐

11-1

함수 $f(x)=\sqrt{x+1}-1$의 그래프와 그 역함수의 그래프의 두 교점을 P, Q라고 할 때, 선분 PQ의 길이를 구하시오.

표현 바꾸기 풀이 163쪽 ⊕ 보충 설명 한번 더 ☑ ☐

11-2

함수 $f(x)=\sqrt{x+2}$의 그래프와 그 역함수 $y=g(x)$의 그래프의 교점의 좌표가 (a, b)일 때, $a+b$의 값은?

① 2 ② 4 ③ 6

④ 8 ⑤ 10

개념 넓히기 한번 더 ☑ ☐

11-3

함수 $f(x)=\sqrt{ax+b}$ $(a>0, b>0)$에 대하여 함수 $y=f(x)$의 그래프와 그 역함수 $y=f^{-1}(x)$의 그래프가 점 P(8, 8)에서 만난다. 곡선 $y=f(x)$와 직선 $y=x$ 및 y축으로 둘러싸인 도형의 넓이가 20일 때, 곡선 $y=f^{-1}(x)$와 직선 $x=8$ 및 x축으로 둘러싸인 도형의 넓이를 구하시오. (단, a, b는 상수이다.)

• 풀이 163쪽~164쪽

정답 **11-1** $\sqrt{2}$ **11-2** ② **11-3** 12

1 다음 물음에 답하시오.

(1) $0<a<1$일 때, $\sqrt{a^2+\dfrac{1}{a^2}+2}+\sqrt{a^2+\dfrac{1}{a^2}-2}$를 간단히 하시오.

(2) $a\geq1$이고 $x=\dfrac{2a}{a^2+1}$일 때, $\sqrt{1-x}-\sqrt{1+x}$를 a로 나타내시오.

2 다음 물음에 답하시오.

(1) $x^2-6x+1=0$일 때, $\sqrt{x}+\dfrac{1}{\sqrt{x}}$의 값을 구하시오.

(2) $x=\dfrac{\sqrt{3}+\sqrt{2}}{\sqrt{3}-\sqrt{2}}$일 때, $(x^2-10x+6)(x^2-10x+4)$의 값을 구하시오.

3 함수 $y=\sqrt{2x-3}$의 그래프를 x축의 방향으로 -3만큼, y축의 방향으로 2만큼 평행이동한 후 x축에 대하여 대칭이동하면 함수 $y=-\sqrt{ax+b}+c$의 그래프와 일치한다. 상수 a, b, c 에 대하여 $a+b+c$의 값을 구하시오.

4 함수 $y=a\sqrt{x+b}+c$의 그래프가 오른쪽 그림과 같고, 점 $(-5, 2)$를 지난다. 이 함수의 그래프가 x축, y축과 만나는 점을 각각 A, B라고 할 때, 삼각형 AOB의 넓이를 구하시오.
(단, a, b, c는 상수이고, O는 원점이다.)

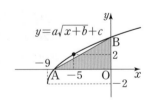

5 함수 $y=\sqrt{x+4}+1$의 그래프와 두 직선 $x=0$, $y=-\dfrac{1}{4}x$가 만나는 점을 각각 A, B라고 할 때, 삼각형 OAB의 넓이를 구하시오. (단, O는 원점이다.)

6 좌표평면에서 곡선 $y=\sqrt{x+a}$가 두 점 $(2, 3)$, $(3, 2)$를 이은 선분과 만나기 위한 실수 a의 최댓값을 M, 최솟값을 m이라 할 때, $M+m$의 값을 구하시오.

7 다음 물음에 답하시오.

(1) 두 함수 $y=\sqrt{3x+9}$, $y=\sqrt{3x}$의 그래프와 두 직선 $y=0$, $y=2$로 둘러싸인 도형의 넓이를 구하시오.

(2) 두 함수 $y=\sqrt{2x+6}-5$, $y=\sqrt{-2x+6}+5$의 그래프와 두 직선 $x=-3$, $x=3$으로 둘러싸인 도형의 넓이를 구하시오.

8 다음 물음에 답하시오.

(1) 함수 $y=\sqrt{a-x}+b$는 $x=4$일 때 최솟값 -2를 가진다. 상수 a, b에 대하여 $a+b$의 값을 구하시오.

(2) $5 \leq x \leq a$에서 함수 $y=\sqrt{3x-6}-5$의 최댓값이 1, 최솟값이 b일 때, $a+b$의 값을 구하시오. (단, a는 상수이다.)

9 함수 $y=\sqrt{ax+b}$의 그래프와 그 역함수의 그래프가 모두 점 $(3, 1)$을 지날 때, 상수 a, b에 대하여 $2a+b$의 값을 구하시오.

10 정의역이 $\{x \mid x>1\}$인 두 함수 $f(x)=\dfrac{2x+1}{x-1}$, $g(x)=\sqrt{4x-3}$에 대하여 $(f \circ (g \circ f)^{-1} \circ f)(2)$의 값을 구하시오.

11 실수 x에 대하여 $\sqrt{\dfrac{x-1}{x-2}}=-\dfrac{\sqrt{x-1}}{\sqrt{x-2}}$일 때, $\sqrt{(x+1)^2}+\sqrt{(x-4)^2}$을 간단히 하면?

① -5 ② -3 ③ $2x-3$

④ $3-2x$ ⑤ 5

12 두 함수 $f(x)=\dfrac{1}{5}x^2+\dfrac{1}{5}k\ (x \geq 0)$, $g(x)=\sqrt{5x-k}$의 그래프가 서로 다른 두 점에서 만나도록 하는 모든 정수 k의 개수는?

① 5 ② 7 ③ 9

④ 11 ⑤ 13

13 함수 $f(x)=\begin{cases} \sqrt{2x} & (x \geq 0) \\ -\sqrt{-2x} & (x < 0) \end{cases}$의 그래프와 직선 $y=mx$가 서로 다른 세 점에서 만날 때, 세 점의 x좌표의 합을 구하시오. (단, m은 상수이다.)

14 함수 $f(x)=\sqrt{1-x}$의 그래프와 그 역함수 $y=f^{-1}(x)$의 그래프의 교점의 좌표를 구하시오.

15 오른쪽 그림과 같이 함수 $f(x)=\begin{cases} \sqrt{x} & (x \geq 0) \\ x^2 & (x < 0) \end{cases}$의 그래프와 직선 $x+3y-10=0$이 두 점 A$(-2,\ 4)$, B$(4,\ 2)$에서 만난다. 함수 $y=f(x)$의 그래프와 직선 $x+3y-10=0$으로 둘러싸인 도형의 넓이를 구하시오.

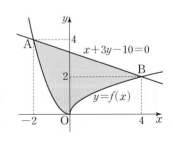

16 오른쪽 그림과 같이 함수 $y=\sqrt{2-x}$의 그래프 위의 한 점 $A(a, b)$에서 x축, y축에 내린 수선의 발을 각각 B, C라고 할 때, $\overline{OB}+\overline{OC}$의 최댓값을 구하시오.

(단, 점 A는 제1사분면 위에 있고, O는 원점이다.)

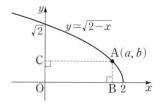

17 오른쪽 그림과 같이 직선 $y=\dfrac{2}{3}x+a$와 함수 $y=\sqrt{x}$의 그래프의 교점을 P라 하고, 점 P에서 x축에 내린 수선의 발을 Q, 직선 $y=\dfrac{2}{3}x+a$와 x축이 만나는 점을 A라고 하자. 삼각형 PAQ의 넓이가 12일 때, 상수 a의 값을 구하시오.

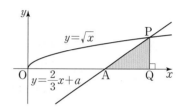

18 함수 $y=\sqrt{x+|x|}$의 그래프와 직선 $y=x+k$가 서로 다른 세 점에서 만나도록 하는 실수 k의 값의 범위를 구하시오.

19 $3 \leq x \leq 5$에서 정의된 두 함수 $y=\dfrac{-2x+4}{x-1}$와 $y=\sqrt{3x}+k$의 그래프가 한 점에서 만나도록 하는 실수 k의 최댓값을 M이라고 할 때, M^2의 값을 구하시오.

20 x에 대한 방정식 $\dfrac{x-1}{x-2}=\sqrt{x+a}+a-1$이 서로 다른 두 실근을 가지도록 하는 실수 a의 값의 범위를 구하시오.

교육청
21 두 함수 $f(x)$, $g(x)$가 $f(x)=\sqrt{x+1}$, $g(x)=\dfrac{p}{x-1}+q$ $(p>0, q>0)$이다. 두 집합 $A=\{f(x)\,|-1\le x\le 0\}$과 $B=\{g(x)\,|-1\le x\le 0\}$이 서로 같을 때, 두 상수 p, q에 대하여 $p+q$의 값은?

① 1 ② 2 ③ 3

④ 4 ⑤ 5

교육청
22 좌표평면에 네 점 A(1, 1), B(6, 1), C(6, 7), D(1, 7)을 꼭짓점으로 하는 직사각형 ABCD가 있다. 함수 $y=\sqrt{x+3}+a$의 그래프가 직사각형 ABCD와 만나도록 하는 정수 a의 개수는?

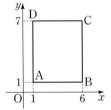

① 8 ② 9 ③ 10

④ 11 ⑤ 12

교육청
23 실수 전체의 집합에서 정의된 함수 f가 $f(x)=\begin{cases}\dfrac{2x+3}{x-2} & (x>3)\\[2mm]\sqrt{3-x}+a & (x\le 3)\end{cases}$ 일 때, 함수 f는 다음 조건을 만족시킨다.

> (가) 함수 f의 치역은 $\{y\,|\,y>2\}$이다.
>
> (나) 임의의 두 실수 x_1, x_2에 대하여 $x_1\ne x_2$이면 $f(x_1)\ne f(x_2)$이다.

$f(2)f(k)=40$일 때, 상수 k의 값은? (단, a는 상수이다.)

① $\dfrac{3}{2}$ ② $\dfrac{5}{2}$ ③ $\dfrac{7}{2}$

④ $\dfrac{9}{2}$ ⑤ $\dfrac{11}{2}$

Ⅰ. 도형의 방정식

01. 평면좌표

기본 다지기   38쪽~39쪽

1 (1) 43 (2) 2 : 3   2 $(-2, 1)$

3 (1) $(3, -2)$ (2) $(2, -2)$ 4 6

5 9   6 $(7, -3)$ 7 16

8 $(4, 7)$ 9 6   10 $(5, 2)$

실력 다지기   40쪽~41쪽

11 ④   12 ⑤   13 ④   14 1

15 $2\sqrt{5}$ 16 52

17 (1) 5

   (2) $(0, 0)$, $(1+\sqrt{3}, -1-\sqrt{3})$,

   $(1-\sqrt{3}, -1+\sqrt{3})$, $(-1+\sqrt{3}, 1-\sqrt{3})$,

   $(-1-\sqrt{3}, 1+\sqrt{3})$

18 14

19 (1) $(2, 1)$ (2) $(6, 3)$, $(4, -7)$, $(-4, 7)$

20 $\sqrt{58}$

기출 다지기   42쪽

21 ③   22 19   23 ⑤   24 29

02. 직선의 방정식

기본 다지기   84쪽~85쪽

1 4   2 ②   3 (1) 6 (2) $-\dfrac{1}{8}$

4 $\dfrac{31\sqrt{34}}{34}$ 5 (1) -1 (2) 2   6 ③

7 ④   8 $x+y-14=0$

9 $y=2x+5$, $y=2x-5$ 10 15

실력 다지기   86쪽~87쪽

11 18   12 9   13 ④   14 $\dfrac{2}{3}$

15 -3 16 ⑤

17 (1) $x-y+3=0$, $2x+2y-1=0$ 18 2

   (2) $x-y+2=0$, $x+y=0$

19 (1) $y=1$, $4x-3y-5=0$ 20 2

   (2) $3x-4y+5=0$, $x=1$

기출 다지기   88쪽

21 ②   22 ③   23 $\dfrac{12}{5}$ 24 ①

03. 원의 방정식

기본 다지기   136쪽~137쪽

1 (1) $k<\dfrac{5}{2}$ (2) $-2<k<3$

2 (1) -1 (2) $y=-\dfrac{1}{2}x+\dfrac{1}{2}$

3 (1) $(x-3)^2+(y+4)^2=9$

   (2) $(x+5)^2+(y-3)^2=9$

4 14   5 15   6 6

7 (1) 8 (2) $4\sqrt{3}$ 8 $y=\dfrac{1}{2}x+1$

9 4   10 8

실력 다지기   138쪽~141쪽

11 ③   12 ③   13 6π

14 $5<k<\dfrac{19}{2}$ 15 ②   16 10

17 50   18 4π 19 6   20 2

21 20   22 (1) 2 (2) $\sqrt{43}$ 23 $\dfrac{8\sqrt{15}}{5}$

24 $2\sqrt{2}$ 25 $2x-4y+5=0$ 26 3

27 28   28 $\dfrac{24}{7}$ 29 -3

30 $0<a<\dfrac{\sqrt{3}}{3}$

찾아보기

MEMO

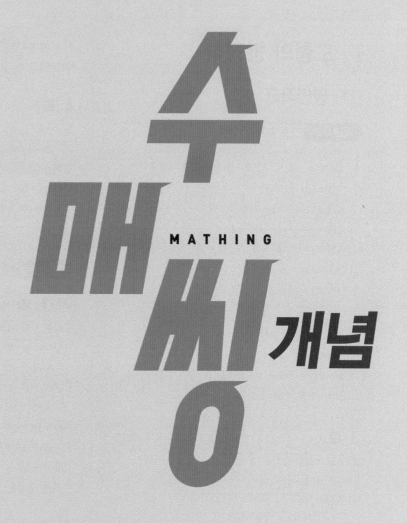

수
매씽 개념
MATHING

정답 및 풀이

공통수학 2

Ⅰ. 도형의 방정식

01. 평면좌표

1 답 (1) 2　(2) 8　(3) 4　(4) 9　(5) 4　(6) 2

(1) $\overline{AB}=|5-3|=2$

(2) $\overline{AB}=|7-(-1)|=8$

(3) $\overline{AB}=|-8-(-4)|=4$

(4) $\overline{AB}=|-3-6|=9$

(5) $\overline{OA}=|4|=4$

(6) $\overline{OA}=|-2|=2$

2 답 -5, 1

$\overline{AB}=3$이므로 $|a-(-2)|=3$

즉, $a+2=-3$ 또는 $a+2=3$

$\therefore a=-5$ 또는 $a=1$

3 답 (1) $\sqrt{5}$　(2) $\sqrt{13}$　(3) $2\sqrt{34}$　(4) 5　(5) 3　(6) 5

(1) $\overline{AB}=\sqrt{(3-2)^2+(5-3)^2}$
$=\sqrt{1+4}=\sqrt{5}$

(2) $\overline{AB}=\sqrt{\{1-(-1)\}^2+(7-4)^2}$
$=\sqrt{4+9}=\sqrt{13}$

(3) $\overline{AB}=\sqrt{(-8-2)^2+\{2-(-4)\}^2}$
$=\sqrt{100+36}=2\sqrt{34}$

(4) $\overline{AB}=\sqrt{(-1-4)^2+(0-0)^2}=\sqrt{25}=5$

(5) $\overline{AB}=\sqrt{(0-0)^2+(2-5)^2}=\sqrt{9}=3$

(6) $\overline{OA}=\sqrt{3^2+(-4)^2}=\sqrt{25}=5$

4 답 10

$\overline{AB}=\sqrt{(-2-1)^2+(-1-3)^2}$
$=\sqrt{9+16}=5$

$\overline{BC}=\sqrt{\{2-(-2)\}^2+\{-4-(-1)\}^2}$
$=\sqrt{16+9}=5$

$\therefore \overline{AB}+\overline{BC}=5+5=10$

5 답 1

$\overline{AC}=\overline{BC}$이므로

$\sqrt{(a+1)^2+(1-2)^2}=\sqrt{(a-2)^2+(1-3)^2}$

양변을 제곱하여 정리하면

$a^2+2a+2=a^2-4a+8$

$6a=6$　　$\therefore a=1$

6 답 3

두 점 $A(1, a)$, $B(-3, 1)$ 사이의 거리는 $2\sqrt{5}$이므로

$\sqrt{(-3-1)^2+(1-a)^2}=2\sqrt{5}$

양변을 제곱하여 정리하면

$a^2-2a-3=0$, $(a+1)(a-3)=0$

$\therefore a=3 \ (\because a>0)$

01-1 답 $(0, -1)$

구하는 y축 위의 점을 $Q(0, b)$라고 하면

$\overline{AQ}=\sqrt{(0-2)^2+(b-3)^2}$
$=\sqrt{b^2-6b+13}$

$\overline{BQ}=\sqrt{(0-4)^2+\{b-(-3)\}^2}$
$=\sqrt{b^2+6b+25}$

$\overline{AQ}=\overline{BQ}$에서 $\overline{AQ}^2=\overline{BQ}^2$이므로

$b^2-6b+13=b^2+6b+25$

$12b=-12$　　$\therefore b=-1$

따라서 구하는 점의 좌표는 $(0, -1)$이다.

01-2 답 (1) $(1, 2)$　(2) $(1, 1)$

(1) 구하는 점을 $P(a, b)$라고 하면 직선 $y=2x$ 위의
점이므로 $b=2a$　　　　　⋯⋯ ㉠

$\overline{AP}=\sqrt{(a-6)^2+\{b-(-3)\}^2}$
$=\sqrt{a^2-12a+b^2+6b+45}$

$\overline{BP}=\sqrt{(a-8)^2+(b-3)^2}$
$=\sqrt{a^2-16a+b^2-6b+73}$

$\overline{AP}=\overline{BP}$에서 $\overline{AP}^2=\overline{BP}^2$이므로

$a^2-12a+b^2+6b+45=a^2-16a+b^2-6b+73$

$4a+12b=28$

$\therefore a+3b=7$　　　　　⋯⋯ ㉡

㉠, ㉡을 연립하여 풀면

$a=1$, $b=2$

따라서 구하는 점의 좌표는 $(1, 2)$이다.

(2) 구하는 점을 $Q(a, b)$라고 하면 직선 $y=-x+2$
위의 점이므로 $b=-a+2$　⋯⋯ ㉠

$\overline{AQ}=\sqrt{(a-2)^2+(b-3)^2}$
$=\sqrt{a^2-4a+b^2-6b+13}$

$$\overline{BQ}=\sqrt{(a-3)^2+(b-2)^2}$$
$$=\sqrt{a^2-6a+b^2-4b+13}$$

$\overline{AQ}=\overline{BQ}$에서 $\overline{AQ}^2=\overline{BQ}^2$이므로

$$a^2-4a+b^2-6b+13=a^2-6a+b^2-4b+13$$
$$2a-2b=0$$
$$\therefore a-b=0 \qquad \cdots\cdots ㉡$$

㉠, ㉡을 연립하여 풀면

$a=1$, $b=1$

따라서 구하는 점의 좌표는 $(1,\ 1)$이다.

01-3 답 $\sqrt{2}$

$\overline{AB}=\sqrt{(-1-2t)^2+\{2t-(-3)\}^2}$이므로

$$\overline{AB}^2=(2t+1)^2+(2t+3)^2$$
$$=8t^2+16t+10$$
$$=8(t+1)^2+2$$

$t=-1$일 때, $\overline{AB}^2$의 최솟값은 2이므로 구하는 선분 AB의 길이의 최솟값은 $\sqrt{2}$이다.

예제 02 삼각형의 모양   21쪽

02-1 답 (1) $\angle B=90°$인 직각삼각형
         (2) $\angle C=90°$이고, $\overline{BC}=\overline{CA}$인 직각이등 변삼각형

(1) 삼각형 ABC의 세 변의 길이를 각각 구하면

$$\overline{AB}=\sqrt{(-1-5)^2+(-2-1)^2}$$
$$=\sqrt{36+9}=\sqrt{45}$$
$$\overline{BC}=\sqrt{\{-3-(-1)\}^2+\{2-(-2)\}^2}$$
$$=\sqrt{4+16}=\sqrt{20}$$
$$\overline{CA}=\sqrt{\{5-(-3)\}^2+(1-2)^2}$$
$$=\sqrt{64+1}=\sqrt{65}$$
$$\therefore \overline{CA}^2=\overline{AB}^2+\overline{BC}^2$$

따라서 삼각형 ABC는 $\angle B=90°$인 직각삼각형이다.

(2) 삼각형 ABC의 세 변의 길이를 각각 구하면

$$\overline{AB}=\sqrt{\{-1-(-3)\}^2+(-5-1)^2}$$
$$=\sqrt{4+36}=\sqrt{40}$$
$$\overline{BC}=\sqrt{\{1-(-1)\}^2+\{-1-(-5)\}^2}$$
$$=\sqrt{4+16}=\sqrt{20}$$
$$\overline{CA}=\sqrt{(-3-1)^2+\{1-(-1)\}^2}$$
$$=\sqrt{16+4}=\sqrt{20}$$
$$\therefore \overline{AB}^2=\overline{BC}^2+\overline{CA}^2,\ \overline{BC}=\overline{CA}$$

따라서 삼각형 ABC는 $\angle C=90°$이고, $\overline{BC}=\overline{CA}$인 직각이등변삼각형이다.

02-2 답 ②

삼각형 ABC가 $\angle A=90°$인 직각삼각형이므로

$$\overline{BC}^2=\overline{AB}^2+\overline{CA}^2$$

이때

$$\overline{AB}^2=(-2-2)^2+(-1-3)^2=32$$
$$\overline{BC}^2=\{4-(-2)\}^2+\{k-(-1)\}^2$$
$$=k^2+2k+37$$
$$\overline{CA}^2=(2-4)^2+(3-k)^2$$
$$=k^2-6k+13$$

이므로

$$k^2+2k+37=32+(k^2-6k+13)$$
$$8k=8 \qquad \therefore k=1$$

따라서 구하는 삼각형 ABC의 빗변의 길이는

$$\overline{BC}=\sqrt{1+2+37}=2\sqrt{10}$$

02-3 답 $2(\sqrt{26}+\sqrt{13})$

직선 $y=\dfrac{1}{2}x$ 위의 한 점 P를 $P(2a,\ a)$라고 하면

$\overline{PA}=\overline{PB}$에서 $\overline{PA}^2=\overline{PB}^2$이므로

$$(2a-1)^2+(a-2)^2=(2a-5)^2+(a-8)^2$$
$$5a^2-8a+5=5a^2-36a+89$$
$$28a=84 \qquad \therefore a=3$$

즉, 점 P의 좌표는 $(6,\ 3)$이므로

$$\overline{AP}=\sqrt{26},\ \overline{BP}=\sqrt{26},\ \overline{AB}=2\sqrt{13}$$

따라서 삼각형 PAB의 둘레의 길이는 $2(\sqrt{26}+\sqrt{13})$이다.

개념 콕콕 2 선분의 내분   27쪽

1 답 (1) 3 (2) 3 (3) 3 (4) D

2 답 (1) P(5) (2) P(1) (3) M(3)

(1) $P\left(\dfrac{2\times9+1\times(-3)}{2+1}\right)$ $\therefore P(5)$

(2) $P\left(\dfrac{1\times9+2\times(-3)}{1+2}\right)$ $\therefore P(1)$

(3) $M\left(\dfrac{-3+9}{2}\right)$ $\therefore M(3)$

3 답 (1) $P(1,\ 5)$ (2) $P(-1,\ 3)$ (3) $M(0,\ 4)$

(1) $P\left(\dfrac{2\times3+1\times(-3)}{2+1},\ \dfrac{2\times7+1\times1}{2+1}\right)$

   $\therefore P(1,\ 5)$

(2) $P\left(\dfrac{1\times3+2\times(-3)}{1+2},\ \dfrac{1\times7+2\times1}{1+2}\right)$

   $\therefore P(-1,\ 3)$

(3) $M\left(\dfrac{-3+3}{2},\ \dfrac{1+7}{2}\right)$ $\therefore M(0,\ 4)$

4 답 (1) $G(-1,\ 3)$ (2) $G(1,\ 2)$

(1) $G\left(\dfrac{-3+(-4)+4}{3},\ \dfrac{7+3+(-1)}{3}\right)$

   $\therefore G(-1,\ 3)$

(2) $G\left(\dfrac{-2+2+3}{3},\ \dfrac{2+5+(-1)}{3}\right)$

   $\therefore G(1,\ 2)$

예제 03 선분의 내분점   29쪽

03-1 답 $m=5,\ n=2$

선분 AB를 $m:n$으로 내분하는 점의 좌표는

$\left(\dfrac{2m-5n}{m+n},\ \dfrac{8m-n}{m+n}\right)$

이 점이 y축 위에 있으므로

$\dfrac{2m-5n}{m+n}=0$ $\therefore 2m=5n$

따라서 $m:n=5:2$이고 $m,\ n$은 서로소인 자연수이므로

$m=5,\ n=2$

03-2 답 ②

선분 AB를 $m:n$으로 내분하는 점의 좌표는

$\left(\dfrac{6m-3n}{m+n},\ \dfrac{-4m+2n}{m+n}\right)$

이 점이 x축 위에 있으므로

$\dfrac{-4m+2n}{m+n}=0$ $\therefore n=2m$

따라서 $m:n=1:2$이고 $m,\ n$은 서로소인 자연수이므로

$m=1,\ n=2$

$\therefore m-n=1-2=-1$

03-3 답 $(1,\ -1),\ (7,\ -5)$

$\overline{AB}=2\overline{BP}$에서 $\overline{AB}:\overline{BP}=2:1$이므로 점 P가 선분 AB 위의 점인 경우와 선분 AB의 연장선 위의 점인 경우로 나눈다.

(i) 점 P가 선분 AB 위에 있는 경우

$\overline{AP}:\overline{BP}=1:1$에서 점 P는 선분 AB의 중점이므로

$P\left(\dfrac{-2+4}{2},\ \dfrac{1+(-3)}{2}\right)$ $\therefore P(1,\ -1)$

(ii) 점 P가 선분 AB의 연장선 위에 있는 경우

점 B가 선분 $\overline{AP}$를 $2:1$로 내분하는 점이므로 $P(a,\ b)$라고 하면 점 B의 좌표는

$B\left(\dfrac{2\times a+1\times(-2)}{2+1},\ \dfrac{2\times b+1\times1}{2+1}\right)$

즉, $4=\dfrac{2a-2}{3},\ -3=\dfrac{2b+1}{3}$이므로

$a=7,\ b=-5$ $\therefore P(7,\ -5)$

(i), (ii)에서 구하는 점 P의 좌표는

$(1,\ -1),\ (7,\ -5)$

⊕ 보충 설명

직선 AB 위에 $\overline{AB}=2\overline{BP}$, 즉 $\overline{AB}:\overline{BP}=2:1$인 점 P가 선분 AB 위에만 있는 것이 아니므로 점 P가 선분 AB를 $1:1$로 내분할 때와 선분 AB의 연장선 위에 점 P가 있을 때의 2가지 경우를 모두 생각해야 한다.

예제 04 삼각형의 무게중심   31쪽

04-1 답 $\left(\dfrac{7}{3},\ -\dfrac{7}{3}\right)$

선분 AB의 중점 D의 좌표는

$\left(\dfrac{3+(-1)}{2},\ \dfrac{1+(-3)}{2}\right)$ $\therefore D(1,\ -1)$

선분 BC의 중점 E의 좌표는

$\left(\dfrac{-1+5}{2},\ \dfrac{-3+(-5)}{2}\right)$ $\therefore E(2,\ -4)$

선분 CA의 중점 F의 좌표는

$\left(\dfrac{5+3}{2},\ \dfrac{-5+1}{2}\right)$ $\therefore F(4,\ -2)$

따라서 삼각형 DEF의 무게중심의 좌표는

$\left(\dfrac{1+2+4}{3},\ \dfrac{-1+(-4)+(-2)}{3}\right)$

$\therefore \left(\dfrac{7}{3},\ -\dfrac{7}{3}\right)$

다른 풀이

삼각형 ABC의 무게중심과 삼각형 DEF의 무게중심
은 일치하므로 삼각형 DEF의 무게중심의 좌표는

$$\left(\frac{3+(-1)+5}{3},\ \frac{1+(-3)+(-5)}{3}\right)$$

$$\therefore \left(\frac{7}{3},\ -\frac{7}{3}\right)$$

04-2 답 (1, 2)

세 점 A, B, C의 좌표를 각각 $A(x_1, y_1)$, $B(x_2, y_2)$,
$C(x_3, y_3)$이라고 하면 선분 AB를 2 : 1로 내분하는
점이 $P(-2, 2)$이므로

$$\frac{2x_2+x_1}{2+1}=-2,\ \frac{2y_2+y_1}{2+1}=2$$

$$\therefore 2x_2+x_1=-6,\ 2y_2+y_1=6 \quad \cdots\cdots\ \bigcirc$$

선분 BC를 2 : 1로 내분하는 점이 $Q(3, -2)$이므로

$$\frac{2x_3+x_2}{2+1}=3,\ \frac{2y_3+y_2}{2+1}=-2$$

$$\therefore 2x_3+x_2=9,\ 2y_3+y_2=-6 \quad \cdots\cdots\ \bigcirc$$

선분 CA를 2 : 1로 내분하는 점이 $R(2, 6)$이므로

$$\frac{2x_1+x_3}{2+1}=2,\ \frac{2y_1+y_3}{2+1}=6$$

$$\therefore 2x_1+x_3=6,\ 2y_1+y_3=18 \quad \cdots\cdots\ \bigcirc$$

$\bigcirc+\bigcirc+\bigcirc$을 하면

$$3(x_1+x_2+x_3)=9,\ 3(y_1+y_2+y_3)=18$$

$$\therefore x_1+x_2+x_3=3,\ y_1+y_2+y_3=6$$

따라서 $\dfrac{x_1+x_2+x_3}{3}=1$, $\dfrac{y_1+y_2+y_3}{3}=2$이므로 삼각

형 ABC의 무게중심의 좌표는 (1, 2)이다.

다른 풀이

삼각형 PQR의 무게중심의 좌표를 구해 보면

$$\left(\frac{-2+3+2}{3},\ \frac{2+(-2)+6}{3}\right) \quad \therefore (1, 2)$$

이때 삼각형 ABC의 무게중심과 삼각형 PQR의 무게
중심은 일치하므로 삼각형 ABC의 무게중심의 좌표는
(1, 2)이다.

04-3 답 26

삼각형 ABC의 무게중심의 좌표가 (1, 2)이므로

$$\left(\frac{a+b+(-3)}{3},\ \frac{-1+2+ab}{3}\right)$$

에서 $\dfrac{a+b-3}{3}=1$, $\dfrac{1+ab}{3}=2$

$$a+b-3=3,\ 1+ab=6$$

$$\therefore a+b=6,\ ab=5$$

$$\therefore a^2+b^2=(a+b)^2-2ab=6^2-2\times5=26$$

⊕ **보충 설명**

무게중심의 성질

(1) 삼각형의 세 중선은 한 점(무게중심)에
서 만나고 무게중심은 각 중선의 길이
를 꼭짓점으로부터 2 : 1로 내분한다.

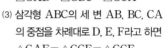

(2) 삼각형 ABC의 무게중심을 G라고 하면

$$\triangle GAB=\triangle GBC=\triangle GCA$$

(3) 삼각형 ABC의 세 변 AB, BC, CA
의 중점을 차례로 D, E, F라고 하면

$$\triangle GAF=\triangle GCF=\triangle GCE$$
$$=\triangle GBE=\triangle GBD$$
$$=\triangle GAD$$

이때 (1)과 (2)는 다음과 같이 증명할 수 있다.

[증명] (1) 삼각형 ABC에서 세 변 AB,
BC, CA의 중점을 차례로 D, E, F
라 하고 두 선분 BF, DC의 교점을 G
라고 하면 삼각형의 중점을 연결한 선
분의 성질에 의하여

$$\overline{DF}\,/\!/\,\overline{BC},\ \overline{DF}=\frac{1}{2}\overline{BC}$$

즉, $\triangle GBC\backsim\triangle GFD$ (AA 닮음)이므로

$$\overline{BG}:\overline{FG}=\overline{GC}:\overline{GD}=\overline{BC}:\overline{FD}=2:1$$

(2) 삼각형 ABC에서 $\overline{BE}=\dfrac{1}{2}\overline{BC}$이므로

$$\triangle ABE=\frac{1}{2}\triangle ABC$$

또한 $\overline{AG}:\overline{GE}=2:1$이므로

$$\triangle GAB=\frac{2}{3}\triangle ABE$$

$$\therefore \triangle GAB=\frac{2}{3}\times\frac{1}{2}\triangle ABC=\frac{1}{3}\triangle ABC$$

같은 방법으로

$$\triangle GBC=\frac{1}{3}\triangle ABC,\ \triangle GCA=\frac{1}{3}\triangle ABC$$

이므로

$$\triangle GAB=\triangle GBC=\triangle GCA$$

예제 05 평행사변형의 성질   33쪽

05-1 답 4

평행사변형의 두 대각선은 서로 다른 것을 이등분하므
로 두 대각선 AC, BD의 중점이 일치한다.
이때 선분 AC의 중점의 좌표는

$$\left(\frac{a+2}{2},\ \frac{4+5}{2}\right) \quad \therefore \left(\frac{a+2}{2},\ \frac{9}{2}\right)$$

선분 BD의 중점의 좌표는

$$\left(\frac{-3+4}{2}, \frac{b+4}{2}\right)$$

$$\therefore \left(\frac{1}{2}, \frac{b+4}{2}\right)$$

따라서 $\frac{a+2}{2}=\frac{1}{2}$, $\frac{b+4}{2}=\frac{9}{2}$이므로

$a=-1$, $b=5$

$\therefore a+b=-1+5=4$

05-2 답 ㄱ, ㄷ, ㄹ

다음 그림과 같이 주어진 세 점을 각각 A$(-1, 0)$, B$(0, 1)$, C$(1, 0)$이라 하고 세 선분 BC, CA, AB에 각각 평행하고 세 점 A, B, C를 지나는 직선들의 교점을 각각 P, Q, R이라고 하면 세 사각형 ACBP, ACQB, ABCR은 모두 평행사변형이다.

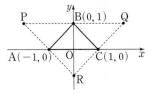

즉, 주어진 네 점을 꼭짓점으로 하는 사각형이 평행사변형이 되려면 점 (a, b)는 세 점 P, Q, R 중 하나이어야 한다.

(i) 점 (a, b)가 점 P의 위치에 있는 경우

선분 AB의 중점의 좌표는 $\left(-\frac{1}{2}, \frac{1}{2}\right)$, 선분 CP의

중점의 좌표는 $\left(\frac{1+a}{2}, \frac{0+b}{2}\right)$이고, 두 대각선의

중점이 일치하므로

$$-\frac{1}{2}=\frac{1+a}{2}, \frac{1}{2}=\frac{0+b}{2}$$

$\therefore a=-2$, $b=1$

즉, 점 P의 좌표가 $(-2, 1)$일 때, 사각형 ACBP는 평행사변형이다.

(ii) 점 (a, b)가 점 Q의 위치에 있는 경우

선분 BC의 중점의 좌표는 $\left(\frac{1}{2}, \frac{1}{2}\right)$, 선분 AQ의 중

점의 좌표는 $\left(\frac{-1+a}{2}, \frac{0+b}{2}\right)$이고, 두 대각선의

중점이 일치하므로

$$\frac{1}{2}=\frac{-1+a}{2}, \frac{1}{2}=\frac{0+b}{2}$$

$\therefore a=2$, $b=1$

즉, 점 Q의 좌표가 $(2, 1)$일 때, 사각형 ACQB는 평행사변형이다.

(iii) 점 (a, b)가 점 R의 위치에 있는 경우

선분 AC의 중점의 좌표는 $(0, 0)$, 선분 BR의 중점의 좌표는 $\left(\frac{0+a}{2}, \frac{1+b}{2}\right)$이고, 두 대각선의 중점이 일치하므로

$$0=\frac{0+a}{2}, 0=\frac{1+b}{2}$$

$\therefore a=0$, $b=-1$

즉, 점 R의 좌표가 $(0, -1)$일 때, 사각형 ABCR은 평행사변형이다.

(i)~(iii)에서 주어진 사각형이 평행사변형일 때, 점 (a, b)가 될 수 있는 것은 ㄱ, ㄷ, ㄹ이다.

05-3 답 2, 42

마름모의 두 대각선은 서로 다른 것을 수직이등분하므로 두 대각선 AC, BD의 중점이 일치한다.
이때 선분 AC의 중점의 좌표는

$$\left(\frac{a+2}{2}, \frac{2+(-3)}{2}\right)$$

선분 BD의 중점의 좌표는

$$\left(\frac{b+3}{2}, \frac{-2+1}{2}\right)$$

이므로

$a+2=b+3$

$\therefore a-b=1$ ...... ㉠

또한 마름모는 이웃하는 두 변의 길이가 같으므로

$\overline{AD}=\overline{CD}$에서

$$\sqrt{(3-a)^2+(1-2)^2}=\sqrt{(3-2)^2+\{1-(-3)\}^2}$$

양변을 제곱하여 정리하면

$a^2-6a-7=0$

$(a+1)(a-7)=0$

$\therefore a=-1$ 또는 $a=7$ ...... ㉡

㉡을 ㉠에 각각 대입하면

$a=-1$, $b=-2$ 또는 $a=7$, $b=6$

$\therefore ab=(-1)\times(-2)=2$ 또는 $ab=7\times6=42$

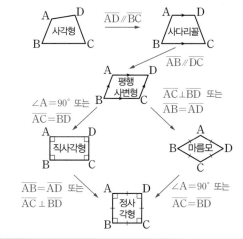

예제 06 삼각형의 내각의 이등분선 35쪽

06-1 답 $D\left(3, -\dfrac{14}{5}\right)$

선분 AD가 $\angle A$의 이등분선이므로
$$\overline{AB} : \overline{AC} = \overline{BD} : \overline{CD}$$
$$\overline{AB} = \sqrt{(-1-3)^2 + (-2-2)^2} = 4\sqrt{2}$$
$$\overline{AC} = \sqrt{(9-3)^2 + (-4-2)^2} = 6\sqrt{2}$$
이므로
$$\overline{BD} : \overline{DC} = \overline{AB} : \overline{AC} = 4\sqrt{2} : 6\sqrt{2} = 2 : 3$$
즉, 점 D는 $\overline{BC}$를 $2 : 3$으로 내분하는 점이므로 점 D의 좌표는
$$\left(\frac{2 \times 9 + 3 \times (-1)}{2+3}, \frac{2 \times (-4) + 3 \times (-2)}{2+3} \right)$$
$$\therefore D\left(3, -\frac{14}{5}\right)$$

06-2 답 ②

오른쪽 그림과 같은 삼각형 OAB에서 직선 OI는 $\angle AOB$의 이등분선이므로
$$\overline{AC} : \overline{BC} = \overline{OA} : \overline{OB}$$
$$\overline{OA} = \sqrt{4^2 + 3^2} = 5, \quad \overline{OB} = 4$$
이므로
$$\overline{AC} : \overline{BC} = \overline{OA} : \overline{OB} = 5 : 4$$
즉, 점 $C(a, b)$는 $\overline{AB}$를 $5 : 4$로 내분하는 점이므로
$$a = \frac{5 \times 0 + 4 \times 4}{5+4} = \frac{16}{9}, \quad b = \frac{5 \times 4 + 4 \times 3}{5+4} = \frac{32}{9}$$
$$\therefore a + b = \frac{16}{3}$$

06-3 답 73

삼각형 ABC에서 $\overline{AP}$는 $\angle A$의 외각의 이등분선이므로
$$\overline{AB} : \overline{AC} = \overline{BP} : \overline{CP}$$
$$\overline{AB} = \sqrt{(-3-2)^2 + (-8-4)^2} = 13$$
$$\overline{AC} = \sqrt{(6-2)^2 + (1-4)^2} = 5$$
이므로
$$\overline{BP} : \overline{CP} = \overline{AB} : \overline{AC} = 13 : 5$$
즉, 점 C는 $\overline{BP}$를 $8 : 5$로 내분하는 점이므로 점 C의 좌표는
$$\left(\frac{8 \times x + 5 \times (-3)}{8+5}, \frac{8 \times y + 5 \times (-8)}{8+5} \right)$$
$$\therefore \left(\frac{8x-15}{13}, \frac{8y-40}{13} \right)$$
이때 $C(6, 1)$이므로
$$\frac{8x-15}{13} = 6, \quad \frac{8y-40}{13} = 1 \qquad \therefore x = \frac{93}{8}, \quad y = \frac{53}{8}$$
$$\therefore 4(x+y) = 4 \times \left(\frac{93}{8} + \frac{53}{8} \right) = 73$$

예제 07 좌표를 이용한 도형의 성질의 증명 37쪽

07-1 답 풀이 참조

오른쪽 그림과 같이 직선 BC를 x축, 점 D를 지나고 직선 BC에 수직인 직선을 y축으로 하는 좌표평면을 잡으면 점 D는 이 좌표평면의 원점이 된다.

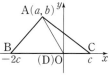

이때 $\overline{BD} : \overline{CD} = 2 : 1$이므로 삼각형 ABC의 세 꼭짓점을 각각 $A(a, b)$, $B(-2c, 0)$, $C(c, 0)$이라고 하면

$\overline{AB}^2 + 2\overline{AC}^2$
$= \{(-2c-a)^2 + (-b)^2\} + 2\{(c-a)^2 + (-b)^2\}$
$= (a^2 + 4ac + 4c^2 + b^2) + (2a^2 - 4ac + 2c^2 + 2b^2)$
$= 3a^2 + 3b^2 + 6c^2$
$= 3(a^2 + b^2 + 2c^2)$
또한 $\overline{AD}^2 = a^2 + b^2$, $\overline{DC}^2 = c^2$이므로
$\overline{AD}^2 + 2\overline{DC}^2 = (a^2 + b^2) + 2c^2$
$\qquad\qquad\qquad = a^2 + b^2 + 2c^2$
$\therefore \ \overline{AB}^2 + 2\overline{AC}^2 = 3(\overline{AD}^2 + 2\overline{DC}^2)$

⊕ 보충 설명

파포스의 정리(중선정리) — 기하학과 대수학의 만남

도형을 좌표평면으로 옮겨 놓으면, 도형에 대한 여러 가지 문제들을 곱셈 공식이나 다항식의 계산을 이용하여 풀 수 있다. 예를 들어 삼각형 ABC의 변 BC 의 중점을 M이라고 할 때, 삼각형 의 모양에 상관없이

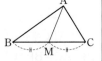

$\overline{AB}^2 + \overline{AC}^2 = 2(\overline{AM}^2 + \overline{BM}^2)$

이 성립한다. 이를 중선정리 또는 파포스(Pappos)의 정리 라고 한다. 이 정리는 변의 길이의 제곱과 관련되어 있어 단순한 닮음비나 합동으로는 증명하기가 쉽지 않다.

하지만 오른쪽 그림과 같이 주어진 삼각형의 변 BC를 x축으로 하고 점 M을 원점 O로 하는 좌표평면을 도입 하여 생각해 보면 의외로 간 단히 증명할 수 있다. 데카르트는 좌표평면을 이용하여 기하 학(도형)의 문제를 대수적인 방법(방정식)으로 해결하는 아 이디어를 처음으로 생각해 낸 사람이다. 이로써 기하학의 많 은 문제가 해결되었고, 반대로 대수학의 문제 역시 기하학을 이용하여 쉽게 풀 수 있게 되었다.

07-2 답 풀이 참조

다음 그림과 같이 직선 BC를 x축, 점 B를 지나고 직 선 BC에 수직인 직선을 y축으로 하는 좌표평면을 잡 으면 점 B는 이 좌표평면의 원점이 된다.

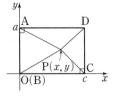

직사각형 ABCD의 네 꼭짓점을 각각 $A(0, a)$, $B(0, 0)$, $C(c, 0)$, $D(c, a)$라 하고 임의의 점 P의 좌 표를 (x, y)라고 하면

$\overline{AP}^2 + \overline{CP}^2 = \{x^2 + (y-a)^2\} + \{(x-c)^2 + y^2\}$
$\overline{BP}^2 + \overline{DP}^2 = (x^2 + y^2) + \{(x-c)^2 + (y-a)^2\}$
$\therefore \ \overline{AP}^2 + \overline{CP}^2 = \overline{BP}^2 + \overline{DP}^2$

⊕ 보충 설명

사각형에 대한 문제를 좌표를 이용하여 풀 때에는 다음 그림 과 같이 좌표축을 잡으면 된다.

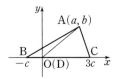

07-3 답 4

다음 그림과 같이 직선 BC를 x축으로 하고, 점 D를 지나고 직선 BC에 수직인 직선을 y축으로 하는 좌표 평면을 잡으면 점 D는 이 좌표평면의 원점이 된다.

삼각형 ABC의 세 꼭짓점을 각각 $A(a, b)$, $B(-c, 0)$, $C(3c, 0)$이라고 하면
$\overline{AB}^2 = (-c-a)^2 + (-b)^2$
$\qquad = a^2 + b^2 + c^2 + 2ac$
$\overline{AC}^2 = (3c-a)^2 + (-b)^2$
$\qquad = a^2 + b^2 + 9c^2 - 6ac$
$\therefore \ 3\overline{AB}^2 + \overline{AC}^2$
$\quad = 3(a^2 + b^2 + c^2 + 2ac) + a^2 + b^2 + 9c^2 - 6ac$
$\quad = 4(a^2 + b^2 + 3c^2)$
또한 $\overline{AD}^2 = a^2 + b^2$, $\overline{BD}^2 = c^2$이므로
$\overline{AD}^2 + 3\overline{BD}^2 = a^2 + b^2 + 3c^2$
따라서 $3\overline{AB}^2 + \overline{AC}^2 = 4(\overline{AD}^2 + 3\overline{BD}^2)$이므로
$k = 4$

기본 다지기   38쪽~39쪽

1 (1) 43 (2) 2 : 3   2 $(-2, 1)$

3 (1) $(3, -2)$ (2) $(2, -2)$ 4 6   5 9

6 $(7, -3)$ 7 16   8 $(4, 7)$ 9 6

10 $(5, 2)$

1 (1) 점 P가 x축 위의 점이므로 P$(a, 0)$이라고 하면
$$\overline{AP}^2 + \overline{BP}^2$$
$$= \{(a-1)^2 + (0-4)^2\} + \{(a-3)^2 + (0-5)^2\}$$
$$= 2a^2 - 8a + 51$$
$$= 2(a-2)^2 + 43$$
따라서 $a=2$일 때, $\overline{AP}^2 + \overline{BP}^2$의 최솟값은 43이다.

(2) 점 P가 x축 위의 점이므로 P$(a, 0)$이라고 하면
$$\overline{AP}^2 + \overline{BP}^2 = \{(a-4)^2 + (0-2)^2\} + a^2$$
$$= 2a^2 - 8a + 20$$
$$= 2(a-2)^2 + 12$$
$0 \le a \le 5$에서 $a=2$일 때, $\overline{AP}^2 + \overline{BP}^2$의 값은 최소이다.
따라서 $\overline{AP}^2 + \overline{BP}^2$의 값이 최소가 되는 점 P의 좌표는 $(2, 0)$이므로
$$\overline{BP} : \overline{CP} = 2 : 3$$

다른 풀이

(2) 다음 그림과 같이 변 AB의 중점을 M이라 하고, 삼각형 ABP에서 중선정리를 이용하면
$$\overline{AP}^2 + \overline{BP}^2 = 2(\overline{PM}^2 + \overline{AM}^2)$$

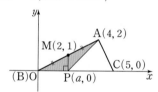

이때 선분 AM의 길이가 일정하므로 선분 PM의 길이가 최소가 되어야 $\overline{AP}^2 + \overline{BP}^2$의 값이 최소가 된다.
즉, 점 M$(2, 1)$에서 변 BC에 내린 수선의 발이 점 P일 때, 선분 PM의 길이가 최소이므로
$$\overline{BP} = 2, \ \overline{CP} = 3$$
$$\therefore \overline{BP} : \overline{CP} = 2 : 3$$

➕ 보충 설명

(1) 이차식의 최댓값 또는 최솟값을 구할 때, 이차식을
$a(x-b)^2 + c$ (a, b, c는 상수) 꼴로 변형하면
① $a > 0$이면 $x = b$일 때, 최솟값 c를 가지고 최댓값은 없다.
② $a < 0$이면 $x = b$일 때, 최댓값 c를 가지고 최솟값은 없다.
(2) 점 P는 변 BC 위에 있는 점이라고 하였으므로 점 P의 x좌표는 두 점 B, C의 x좌표이거나 두 수 0과 5 사이의 값이다.

2 점 P의 좌표를 (a, b)라고 하면
$$\overline{AP}^2 + \overline{BP}^2 + \overline{CP}^2$$
$$= \{(a+3)^2 + (b-5)^2\} + \{(a+5)^2 + (b+3)^2\}$$
$$+ \{(a-2)^2 + (b-1)^2\}$$
$$= 3a^2 + 12a + 3b^2 - 6b + 73$$
$$= 3(a^2 + 4a + 4) + 3(b^2 - 2b + 1) + 58$$
$$= 3(a+2)^2 + 3(b-1)^2 + 58$$
이때 좌표평면 위의 점 P에 대하여 x좌표와 y좌표의 값은 서로 영향을 주지 않으므로 a, b는 서로의 값에 관계없이 어떤 값이든 가질 수 있다.
따라서 $a = -2$, $b = 1$일 때, $\overline{AP}^2 + \overline{BP}^2 + \overline{CP}^2$의 값이 최소이므로 구하는 점 P의 좌표는 $(-2, 1)$이다.

➕ 보충 설명

세 점 A(x_1, y_1), B(x_2, y_2), C(x_3, y_3)을 꼭짓점으로 하는 삼각형 ABC에서 $\overline{AP}^2 + \overline{BP}^2 + \overline{CP}^2$의 값이 최소가 되게 하는 점 P의 위치를 구해 보자.
점 P의 좌표를 (a, b)라고 하면 두 점 사이의 거리 공식에 의하여
$$\overline{AP}^2 + \overline{BP}^2 + \overline{CP}^2$$
$$= (a-x_1)^2 + (b-y_1)^2 + (a-x_2)^2 + (b-y_2)^2$$
$$+ (a-x_3)^2 + (b-y_3)^2$$
$$= 3a^2 - 2(x_1 + x_2 + x_3)a + x_1^2 + x_2^2 + x_3^2$$
$$+ 3b^2 - 2(y_1 + y_2 + y_3)b + y_1^2 + y_2^2 + y_3^2$$
$$= 3\left(a - \frac{x_1 + x_2 + x_3}{3}\right)^2 + 3\left(b - \frac{y_1 + y_2 + y_3}{3}\right)^2 + \cdots$$
따라서 $a = \dfrac{x_1 + x_2 + x_3}{3}$, $b = \dfrac{y_1 + y_2 + y_3}{3}$일 때,
$\overline{AP}^2 + \overline{BP}^2 + \overline{CP}^2$의 값이 최소이므로
$$P\left(\frac{x_1 + x_2 + x_3}{3}, \frac{y_1 + y_2 + y_3}{3}\right) \leftarrow \triangle ABC의 무게중심$$
따라서 좌표평면 위의 세 점 A, B, C를 꼭짓점으로 하는 삼각형 ABC에 대하여 $\overline{AP}^2 + \overline{BP}^2 + \overline{CP}^2$의 값이 최소가 되게 하는 점 P는 삼각형 ABC의 무게중심이다.

3 외심은 삼각형의 외접원의 중심으로 외심에서 삼각형의 세 꼭짓점까지의 거리는 모두 외접원의 반지름의 길이이므로 서로 같다.
즉, 삼각형 ABC의 외심을 점 D(a, b)라고 하면
$$\overline{AD} = \overline{BD} = \overline{CD}$$
(1) $\overline{AD} = \overline{BD}$에서 $\overline{AD}^2 = \overline{BD}^2$이므로
$$(a-0)^2 + (b-2)^2 = \{a-(-1)\}^2 + \{b-(-5)\}^2$$
$$a^2 + b^2 - 4b + 4 = a^2 + 2a + b^2 + 10b + 26$$
$$2a + 14b = -22 \qquad \therefore a + 7b = -11 \qquad \cdots\cdots \ \bigcirc$$
또한 $\overline{AD} = \overline{CD}$에서 $\overline{AD}^2 = \overline{CD}^2$이므로

$$(a-0)^2+(b-2)^2=(a-3)^2+(b-3)^2$$
$$a^2+b^2-4b+4=a^2-6a+b^2-6b+18$$
$$6a+2b=14 \qquad \therefore 3a+b=7 \qquad \cdots\cdots \text{ⓛ}$$

㉠, ㉡을 연립하여 풀면

$$a=3, \ b=-2$$

따라서 삼각형 ABC의 외심의 좌표는 $(3, -2)$이다.

(2) $\overline{AD}=\overline{BD}$에서 $\overline{AD}^2=\overline{BD}^2$이므로

$$\{a-(-1)\}^2+(b-2)^2=(a-2)^2+(b-3)^2$$
$$a^2+2a+b^2-4b+5$$
$$=a^2-4a+b^2-6b+13$$
$$6a+2b=8 \qquad \therefore 3a+b=4 \qquad \cdots\cdots \text{㉠}$$

또한 $\overline{BD}=\overline{CD}$에서 $\overline{BD}^2=\overline{CD}^2$이므로

$$(a-2)^2+(b-3)^2=(a-6)^2+(b-1)^2$$
$$a^2-4a+b^2-6b+13=a^2-12a+b^2-2b+37$$
$$8a-4b=24 \qquad \therefore 2a-b=6 \qquad \cdots\cdots \text{㉡}$$

㉠, ㉡을 연립하여 풀면

$$a=2, \ b=-2$$

따라서 삼각형 ABC의 외심의 좌표는 $(2, -2)$이다.

4 삼각형 ABC가 정삼각형이므로

$$\overline{AB}=\overline{BC}=\overline{CA}$$

$\overline{AB}=\overline{BC}$에서 $\overline{AB}^2=\overline{BC}^2$이므로

$$\{2-(-2)\}^2+(-1-1)^2=(a-2)^2+\{b-(-1)\}^2$$
$$20=a^2-4a+b^2+2b+5$$
$$\therefore a^2-4a+b^2+2b=15 \qquad \cdots\cdots \text{㉠}$$

$\overline{AB}=\overline{CA}$에서 $\overline{AB}^2=\overline{CA}^2$이므로

$$\{2-(-2)\}^2+(-1-1)^2=(-2-a)^2+(1-b)^2$$
$$20=a^2+4a+b^2-2b+5$$
$$\therefore a^2+4a+b^2-2b=15 \qquad \cdots\cdots \text{㉡}$$

㉡－㉠을 하면 $8a-4b=0$

$$\therefore 2a=b$$

이것을 ㉠에 대입하면

$$a^2-4a+4a^2+4a=15, \ a^2=3$$
$$\therefore ab=a\times 2a=2a^2=2\times 3=6$$

5 선분 AB를 $5:b$로 내분하는 점의 좌표가 $(7, 6)$이므로

$$\frac{5\times 16+b\times(-8)}{5+b}=7, \ \frac{5\times a+b\times 6}{5+b}=6 \text{에서}$$
$$80-8b=35+7b, \ 5a+6b=30+6b$$
$$15b=45, \ 5a=30 \qquad \therefore a=6, \ b=3$$
$$\therefore a+b=6+3=9$$

6 $3\overline{PA}=2\overline{PB}$에서 $\overline{PA}:\overline{PB}=2:3$이고 점 P는 선분 AB 위의 점이므로 점 P는 선분 AB를 $2:3$으로 내분하는 점이다.

이때 점 P의 좌표가 $(1, 0)$이므로

$$\frac{2\times a+3\times(-3)}{2+3}=1, \ \frac{2\times b+3\times 2}{2+3}=0 \text{에서}$$
$$2a-9=5, \ 2b+6=0$$
$$\therefore a=7, \ b=-3$$

따라서 구하는 점 B의 좌표는 $(7, -3)$이다.

7 $5x=3a+2c$를 x에 대하여 정리하면

$$x=\frac{3a+2c}{5}=\frac{2c+3a}{2+3}$$

또한 $5y=3b+2d$를 y에 대하여 정리하면

$$y=\frac{3b+2d}{5}=\frac{2d+3b}{2+3}$$

즉, 점 P의 좌표는

$$\left(\frac{2c+3a}{2+3}, \ \frac{2d+3b}{2+3}\right)$$

이므로 점 P는 선분 AB를 $2:3$으로 내분하는 점이다.

$$\therefore \overline{AP}=\frac{2}{5}\overline{AB}=\frac{2}{5}\times 40=16$$

⊕ 보충 설명

$\overline{AP}:\overline{PB}=2:3$이므로

$\overline{AP}=\dfrac{2}{5}\overline{AB}$이고, $\overline{BP}=\dfrac{3}{5}\overline{AB}$이다.

---

8 삼각형 ABC의 무게중심의 좌표를 구해 보면

$$\frac{1+x_1+x_2}{3}=3, \ \frac{-2+y_1+y_2}{3}=4$$
$$\therefore x_1+x_2=8, \ y_1+y_2=14$$

따라서 선분 BC의 중점의 좌표는

$$\left(\frac{x_1+x_2}{2}, \ \frac{y_1+y_2}{2}\right) \qquad \therefore (4, 7)$$

9 두 점 B, C의 좌표를 각각 $B(a, b)$, $C(c, d)$라고 하면 두 변 AB, AC의 중점의 좌표가 각각 $M(0, 3)$, $N(-3, 6)$이므로

$$\frac{-6+a}{2}=0, \ \frac{0+b}{2}=3$$
$$\frac{-6+c}{2}=-3, \ \frac{0+d}{2}=6$$
$$\therefore a=6, \ b=6, \ c=0, \ d=12$$

따라서 세 점 $A(-6, 0)$, $B(6, 6)$, $C(0, 12)$를 꼭짓점으로 하는 삼각형 ABC의 무게중심의 좌표가

(x, y)이므로

$$x=\frac{-6+6+0}{3}=0, \quad y=\frac{0+6+12}{3}=6$$

$$\therefore x+y=6$$

10 평행사변형의 두 대각선은 서로 다른 것을 이등 분하므로 두 대각선 AC, BD의 중점이 일치한다.

점 D의 좌표를 (a, b)라고 하면

선분 AC의 중점의 좌표는 $\left(\dfrac{1+2}{2}, \dfrac{4-1}{2}\right)$

선분 BD의 중점의 좌표는 $\left(\dfrac{a-2}{2}, \dfrac{b+1}{2}\right)$

즉, $\dfrac{a-2}{2}=\dfrac{1+2}{2}$, $\dfrac{b+1}{2}=\dfrac{4-1}{2}$이므로

$a=5, b=2$

따라서 구하는 점 D의 좌표는 $(5, 2)$이다.

실력 다지기　　　　　　　　　　　40쪽 ~ 41쪽

11 ④	**12** ⑤	**13** ④	**14** 1	**15** $2\sqrt{5}$

16 52

17 (1) 5

　　(2) $(0, 0)$, $(1+\sqrt{3}, -1-\sqrt{3})$,
　　　 $(1-\sqrt{3}, -1+\sqrt{3})$, $(-1+\sqrt{3}, 1-\sqrt{3})$,
　　　 $(-1-\sqrt{3}, 1+\sqrt{3})$

18 14

19 (1) $(2, 1)$　　(2) $(6, 3)$, $(4, -7)$, $(-4, 7)$

20 $\sqrt{58}$

---

11 **접근 방법 |** 점 P가 선분 AB 위에 있고 $\overline{AP}:\overline{PB}=2:1$ 이므로 점 P는 선분 AB를 $2:1$로 내분하는 점임을 이용한다.

점 P가 선분 AB를 $2:1$로 내분하고, 점 P의 y좌표는 0이므로

$$\frac{2\times k+1\times 4}{2+1}=\frac{2k+4}{3}=0$$

$2k+4=0$　　$\therefore k=-2$

12 **접근 방법 |** 점 P가 선분 AB를 $t:(1-t)$로 내분하므로 점 P의 좌표를 구한 후, 제1사분면 위의 점은 x좌표와 y좌표가 모두 양수임을 이용한다.

선분 AB를 $t:(1-t)$로 내분하는 점 P의 좌표를 (a, b)라고 하면

$$a=\frac{t\times 5+(1-t)\times(-3)}{t+(1-t)}=8t-3$$

$$b=\frac{t\times(-1)+(1-t)\times 5}{t+(1-t)}=-6t+5$$

이때 제1사분면 위의 점은 x좌표와 y좌표가 모두 양수이므로

$8t-3>0, \quad -6t+5>0$

$$\therefore t>\frac{3}{8}, \quad t<\frac{5}{6}$$

따라서 구하는 t의 값의 범위는

$$\frac{3}{8}<t<\frac{5}{6}$$

13 **접근 방법 |** 두 도로가 수직으로 만나고 있으므로 두 도로를 x축, y축으로 하는 좌표평면을 잡으면 두 학생 A, B를 각각 두 점 A, B로 생각하여 그 위치를 좌표로 나타낼 수 있다.

동서를 이은 도로는 x축, 남북을 이은 도로는 y축으로 하는 좌표평면을 잡으면 두 도로의 교차점은 이 좌표평면의 원점이 된다.

두 학생 A, B를 각각 두 점 A, B로 생각하면 두 학생 A, B의 처음의 위치는 각각 $A(6, 0)$, $B(0, -4)$이고 t시간 후의 위치는 각각 $A(6-4t, 0)$, $B(0, -4+2t)$이므로 t시간 후의 두 점 A, B 사이의 거리 d는

$$d=\sqrt{(6-4t)^2+(4-2t)^2}$$
$$=\sqrt{20t^2-64t+52}$$
$$=\sqrt{20\left(t^2-\frac{16}{5}t\right)+52}$$
$$=\sqrt{20\left(t-\frac{8}{5}\right)^2+\frac{4}{5}}$$

따라서 두 학생 A, B 사이의 거리는 출발한 지

$t=\dfrac{8}{5}=1.6$(시간) 후에 최소가 된다.

14 **접근 방법 |** 수직선 위의 두 점 사이의 거리 공식을 이용한다.

$|\overline{PA}-\overline{PB}|\geq 0$이므로 $|\overline{PA}-\overline{PB}|$의 값이 최소일 때는 $|\overline{PA}-\overline{PB}|=0$, 즉 $\overline{PA}=\overline{PB}$일 때이다.

$|a+1|=|a-3|$에서 $a+1=\pm(a-3)$

(i) $a+1=a-3$일 때,

　　$0\times a=-4$를 만족시키는 a의 값이 존재하지 않는다.

(ii) $a+1=-(a-3)$일 때,

　　$2a=2$　　$\therefore a=1$

(i), (ii)에서 $a=1$

15 **접근 방법** | 좌표평면 위의 두 점 $A(x_1, y_1)$, $B(x_2, y_2)$ 사이의 거리는 $\overline{AB}=\sqrt{(x_2-x_1)^2+(y_2-y_1)^2}$임을 이용한다.

좌표평면 위에 세 점을 각각 $O(0, 0)$, $P(a, b)$, $Q(4, -2)$라고 하면
$\sqrt{a^2+b^2}=\sqrt{(a-0)^2+(b-0)^2}$
이므로 선분 OP의 길이이고
$\sqrt{(a-4)^2+(b+2)^2}=\sqrt{(a-4)^2+\{b-(-2)\}^2}$
이므로 선분 QP의 길이이다.

즉, 주어진 식의 최솟값은
$\overline{OP}+\overline{PQ}$의 최솟값과 같고,
오른쪽 그림과 같이 세 점
O, P, Q가 한 직선 위에 있
을 때, $\overline{OP}+\overline{PQ}$의 값은 최
소이다.

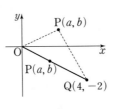

$\therefore \sqrt{a^2+b^2}+\sqrt{(a-4)^2+(b+2)^2}=\overline{OP}+\overline{PQ}\geq\overline{OQ}$
따라서 구하는 최솟값은 선분 OQ의 길이와 같으므로
$\overline{OQ}=\sqrt{(4-0)^2+(-2-0)^2}$
$=\sqrt{20}=2\sqrt{5}$

16 **접근 방법** | 삼각형 ABC의 외심이 선분 BC 위에 있으므
로 삼각형 ABC는 $\overline{BC}$를 빗변으로 하는 직각삼각형이다. 또한
삼각형의 외심에서 세 꼭짓점까지의 거리는 같음을 이용한다.

삼각형 ABC의 외심을
O'이라고 하면 외심 O'
에서 각 꼭짓점까지의 거
리가 같으므로 점 O'은
변 BC의 중점이다.
따라서 외심의 성질에 의

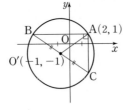

하여 삼각형 ABC는 변 BC를 빗변으로 하는 직각삼
각형이므로
$\overline{AB}^2+\overline{AC}^2=\overline{BC}^2$
이때 $\overline{BC}=2\overline{O'A}$에서
$\overline{BC}^2=4\overline{O'A}^2$
$=4\times[\{2-(-1)\}^2+\{1-(-1)\}^2]=52$
$\therefore \overline{AB}^2+\overline{AC}^2=52$

17 **접근 방법** | 좌표평면 위에 점 B, C를 나타낸 후 이등변
삼각형 ABC가 되도록 직선 $y=-x$ 위에 점 A를 잡는다.

(1) 다음 그림에서 $\overline{A_1B}=\overline{A_1C}$, $\overline{BA_2}=\overline{BC}$,
$\overline{BA_3}=\overline{BC}$, $\overline{CA_4}=\overline{CB}$, $\overline{CA_5}=\overline{CB}$라고 하면 점 A
가 A_1, A_2, A_3, A_4, A_5일 때, 삼각형 ABC가 이
등변삼각형이 된다.

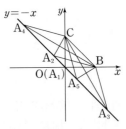

따라서 구하는 점 A의 개수는 5이다.

(2) 점 A는 직선 $y=-x$ 위의 점이므로
$A(a, -a)$라고 하면

(i) $\overline{AB}=\overline{AC}$일 때, $\overline{AB}^2=\overline{AC}^2$이므로
$(a-2)^2+(-a-0)^2=(a-0)^2+(-a-2)^2$
$\therefore a=0$
$\therefore A(0, 0)$

(ii) $\overline{BA}=\overline{BC}$일 때, $\overline{BA}^2=\overline{BC}^2$이므로
$(a-2)^2+(-a-0)^2=(0-2)^2+(2-0)^2$
$a^2-2a-2=0$
$\therefore a=1\pm\sqrt{3}$
$\therefore A(1+\sqrt{3}, -1-\sqrt{3})$ 또는
$A(1-\sqrt{3}, -1+\sqrt{3})$

(iii) $\overline{CA}=\overline{CB}$일 때, $\overline{CA}^2=\overline{CB}^2$이므로
$(a-0)^2+(-a-2)^2=(2-0)^2+(0-2)^2$
$a^2+2a-2=0$
$\therefore a=-1\pm\sqrt{3}$
$\therefore A(-1+\sqrt{3}, 1-\sqrt{3})$ 또는
$A(-1-\sqrt{3}, 1+\sqrt{3})$

(i)~(iii)에서 구하는 점 A의 좌표는 $(0, 0)$,
$(1+\sqrt{3}, -1-\sqrt{3})$, $(1-\sqrt{3}, -1+\sqrt{3})$,
$(-1+\sqrt{3}, 1-\sqrt{3})$, $(-1-\sqrt{3}, 1+\sqrt{3})$

18 **접근 방법** | 직선 l을 x축으로 하는 좌표평면을 잡으면 세
점 A, B, C와 직선 l, 즉 x축 사이의 거리가 각각 10, 18, 14이
므로 세 점 A, B, C의 y좌표가 각각 10, 18, 14가 될 수 있다.

직선 l을 x축으로 하는 좌표평면을 잡으면 세 점 A,
B, C와 직선 l 사이의 거리는 각각 세 점 A, B, C의
y좌표와 같으므로 $A(x_1, 10)$, $B(x_2, 18)$, $C(x_3, 14)$
라고 할 수 있다.

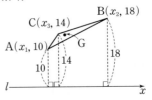

이때 삼각형 ABC의 무게중심 G의 좌표는

$$\left(\frac{x_1+x_2+x_3}{3}, \frac{10+18+14}{3}\right)$$

$$\therefore G\left(\frac{x_1+x_2+x_3}{3}, 14\right)$$

따라서 점 G와 직선 l 사이의 거리는 점 G의 y좌표와 같으므로 14이다.

⊕ 보충 설명

점 G와 직선 l 사이의 거리는 삼각형과 직선을 좌표평면 위에 올려 놓고 생각하여도 변하지 않는다. 따라서 직선 l을 x축으로 잡고 좌표를 정하여도 점 G와 직선 l 사이의 거리는 변하지 않는다.

19 **접근 방법** | 조건을 만족시키는 점 P가 삼각형 OAB의 내부에 있으면 점 P는 삼각형 OAB의 무게중심임을 이용하여 좌표를 구하고, 삼각형 OAB의 외부에 있으면 네 점 O, A, B, P를 꼭짓점으로 하는 사각형이 평행사변형임을 이용한다.

(1) 점 P는 삼각형 OAB의 무게중심이므로

$$P\left(\frac{0+1+5}{3}, \frac{0+5+(-2)}{3}\right) \qquad \therefore P(2, 1)$$

(2) 점 P의 좌표를 (x, y)라고 하면

(ⅰ) 사각형 OBPA가 평행사변형일 때, 두 대각선 AB, OP의 중점 이 일치하므로

$$\frac{x}{2}=\frac{1+5}{2}, \frac{y}{2}=\frac{5-2}{2}$$

$$\therefore x=6, y=3$$

$$\therefore P(6, 3)$$

(ⅱ) 사각형 OPBA가 평행사변형일 때, 두 대각선 OB, AP의 중점 이 일치하므로

$$\frac{x+1}{2}=\frac{5}{2}, \frac{y+5}{2}=\frac{-2}{2}$$

$$\therefore x=4, y=-7$$

$$\therefore P(4, -7)$$

(ⅲ) 사각형 OPAB가 평행사변형일 때, 두 대각선 OA, BP의 중점 이 일치하므로

$$\frac{x+5}{2}=\frac{1}{2}, \frac{y-2}{2}=\frac{5}{2}$$

$$\therefore x=-4, y=7$$

$$\therefore P(-4, 7)$$

(ⅰ)～(ⅲ)에서 점 P의 좌표는 $(6, 3)$, $(4, -7)$, $(-4, 7)$이다.

20 **접근 방법** | 중선정리를 이용하여 문제를 푼다.

$\overline{BM}=8$이므로 $\overline{AB}^2+\overline{AC}^2=2(\overline{AM}^2+\overline{BM}^2)$에서

$$10^2+12^2=2(\overline{AM}^2+8^2)$$

$$\therefore \overline{AM}^2=58 \qquad \therefore \overline{AM}=\sqrt{58}$$

기출 다지기 42쪽

21 ③ **22** 19 **23** ⑤ **24** 29

21 **접근 방법** | 삼각형의 한 내각의 이등분선이 대변의 중점을 지나면 이등변삼각형임을 이용한다.

∠ABC의 이등분선이 선분 AC의 중점을 지나므로 삼각형 ABC는 $\overline{BA}=\overline{BC}$인 이등변삼각형이다.

$\overline{BA}=\overline{BC}$에서 $\overline{BA}^2=\overline{BC}^2$이므로

$$(-3-0)^2+(0-a)^2=4^2, 9+a^2=16$$

$$a^2=7 \qquad \therefore a=\sqrt{7} \text{ 또는 } a=-\sqrt{7}$$

이때 $a>0$이므로 $a=\sqrt{7}$

22 **접근 방법** | 마름모는 네 변의 길이가 모두 같고, 두 대각선의 중점이 일치하므로 두 점 사이의 거리 공식을 이용하여 등식을 세운다.

마름모 OABC에서 $\overline{OA}=\overline{OC}$, 즉 $\overline{OA}^2=\overline{OC}^2$이므로

$$a^2+7^2=5^2+5^2$$

$$a^2=1 \qquad \therefore a=1 \ (\because a>0)$$

마름모의 두 대각선은 서로 다른 것을 이등분하므로 두 대각선 AC, OB의 중점은 일치한다.

$$\frac{1+5}{2}=\frac{0+b}{2}, \frac{7+5}{2}=\frac{0+c}{2}$$에서

$$b=6, c=12$$

$$\therefore a+b+c=1+6+12=19$$

23 **접근 방법** | 직선 l이 세 점 P, Q, R로부터 같은 거리에 있으므로 세 점에서 직선 l에 내린 수선의 발을 각각 P′, Q′, R′이라고 하면 세 선분 PP′, QQ′, RR′의 길이는 서로 같다.

다음 그림과 같이 세 점 P, Q, R에서 직선 l에 내린 수선의 발을 각각 P′, Q′, R′이라고 하면 세 선분 PP′, QQ′, RR′의 길이는 서로 같다.

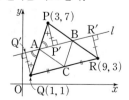

두 삼각형 PAP′, QAQ′에서

$\overline{QQ'}=\overline{PP'}$

∠PAP′=∠QAQ′ (맞꼭지각)

∠AP′P=∠AQ′Q=90°

이므로 △PAP′≡△QAQ′ (ASA 합동)

즉, 점 A는 선분 PQ의 중점이다.

같은 방법으로

△PBP′≡△RBR′ (ASA 합동)

이므로 점 B는 선분 PR의 중점이다.

즉, 세 점 A, B, C는 각각 세 선분 PQ, PR, QR의 중점이므로

$A\left(\dfrac{3+1}{2},\ \dfrac{7+1}{2}\right)$ ∴ A(2, 4)

$B\left(\dfrac{3+9}{2},\ \dfrac{7+3}{2}\right)$ ∴ B(6, 5)

$C\left(\dfrac{1+9}{2},\ \dfrac{1+3}{2}\right)$ ∴ C(5, 2)

따라서 삼각형 ABC의 무게중심 $G(x,\ y)$의 좌표는

$\left(\dfrac{2+6+5}{3},\ \dfrac{4+5+2}{3}\right)$ ∴ $\left(\dfrac{13}{3},\ \dfrac{11}{3}\right)$

따라서 $x=\dfrac{13}{3},\ y=\dfrac{11}{3}$이므로

$x+y=\dfrac{13}{3}+\dfrac{11}{3}=8$

⊕ 보충 설명

> 삼각형의 합동 조건
> (1) 대응하는 세 변의 길이가 각각 같을 때 두 삼각형은 서로 합동이다. (SSS 합동)
> (2) 대응하는 두 변의 길이가 각각 같고, 그 끼인각의 크기가 같을 때 두 삼각형은 서로 합동이다. (SAS 합동)
> (3) 대응하는 한 변의 길이가 같고, 그 양 끝 각의 크기가 각각 같을 때 두 삼각형은 서로 합동이다. (ASA 합동)

24 **접근 방법** | 삼각형의 합동을 이용하여 점 C의 좌표를 구한 후, 두 점 사이의 거리 공식을 이용한다.

점 C에서 x축에 내린 수선의 발을 E라고 하면 삼각형의 합동 조건에 의하여

△AOB≡△BEC

(ASA 합동)

따라서 점 C의 좌표는 (5, 2)이므로

$\overline{OC}^2=5^2+2^2=29$

---

02. 직선의 방정식

1 답 (1) $\dfrac{\sqrt{3}}{3}$ (2) 1   (3) $\sqrt{3}$

직선 l의 기울기는

(1) $\tan 30°=\dfrac{\sqrt{3}}{3}$

(2) $\tan 45°=1$

(3) $\tan 60°=\sqrt{3}$

2 답 (1) $y=-3x+4$ (2) $y=2x-4$

(1) 구하는 직선의 방정식은 $y-(-5)=-3(x-3)$
    ∴ $y=-3x+4$

(2) 구하는 직선의 방정식은 $y-(-2)=2(x-1)$
    ∴ $y=2x-4$

3 답 (1) $y=2x+1$ (2) $y=3x-1$

(1) $y-3=\dfrac{3-(-3)}{1-(-2)}(x-1)$

    $y-3=2(x-1)$ ∴ $y=2x+1$

(2) $y-2=\dfrac{5-2}{2-1}(x-1)$, $y-2=3(x-1)$

    ∴ $y=3x-1$

4 답 (1) $y=2$ (2) $x=-2$ (3) $x=2$ (4) $y=-2$

(3) x축에 수직이면 y축에 평행하므로 $x=2$

(4) y축에 수직이면 x축에 평행하므로 $y=-2$

5 답 (1) $y=\dfrac{3}{4}x+3$ (2) $y=\dfrac{1}{2}x-1$

(1) $\dfrac{x}{-4}+\dfrac{y}{3}=1$에서 $y=\dfrac{3}{4}x+3$

(2) $\dfrac{x}{2}+\dfrac{y}{-1}=1$에서 $y=\dfrac{1}{2}x-1$

다른 풀이

(1) 두 점 $(-4,\ 0)$, $(0,\ 3)$을 지나는 직선의 방정식은

    $y-3=\dfrac{3-0}{0-(-4)}(x-0)$ ∴ $y=\dfrac{3}{4}x+3$

(2) 두 점 $(2,\ 0)$, $(0,\ -1)$을 지나는 직선의 방정식은

    $y-(-1)=\dfrac{-1-0}{0-2}(x-0)$ ∴ $y=\dfrac{1}{2}x-1$

6 답 (1) 기울기 : 2, y절편 : -3

(2) 기울기 : $-\dfrac{1}{2}$, y절편 : $\dfrac{3}{2}$

(1) $2x-y-3=0$에서 $y=2x-3$이므로 기울기는 2, y절편은 -3이다.

(2) $x+2y-3=0$에서 $y=-\dfrac{1}{2}x+\dfrac{3}{2}$이므로 기울기는 $-\dfrac{1}{2}$, y절편은 $\dfrac{3}{2}$이다.

예제 01   **직선의 방정식**   51쪽

01-1 답 (1) 6   (2) -1 (3) -4

(1) x절편이 2, 즉 점 $(2, 0)$을 지나고 기울기가 -3인 직선의 방정식은
$$y-0=-3(x-2) \qquad \therefore y=-3x+6$$
따라서 구하는 직선의 y절편은 6이다.

(2) 두 점 $(-1, 6)$, $(3, 2)$를 이은 선분의 중점의 좌표는
$$\left(\dfrac{-1+3}{2}, \dfrac{6+2}{2}\right), \text{ 즉 } (1, 4)$$
점 $(1, 4)$를 지나고 기울기가 2인 직선의 방정식은
$$y-4=2(x-1) \qquad \therefore y=2x+2$$
따라서 구하는 직선의 x절편은 -1이다.

(3) x절편이 1, y절편이 2인 직선의 방정식은
$$\dfrac{x}{1}+\dfrac{y}{2}=1 \qquad \therefore y=-2x+2$$
따라서 $a=-2$, $b=2$이므로
$$a-b=-2-2=-4$$

다른 풀이

(3) x절편이 1, y절편이 2이므로 구하는 직선은 두 점 $(1, 0)$, $(0, 2)$를 지난다.
따라서 구하는 직선의 방정식은
$$y-0=\dfrac{2-0}{0-1}(x-1) \qquad \therefore y=-2x+2$$

01-2 답 (1) -3 (2) 45

(1) x축의 양의 방향과 이루는 각의 크기가 60°인 직선의 기울기는
$$\tan 60°=\sqrt{3}$$
이므로 구하는 직선의 방정식은
$$y-\sqrt{3}=\sqrt{3}(x-2) \qquad \therefore y=\sqrt{3}x-\sqrt{3}$$

따라서 $m=\sqrt{3}$, $n=-\sqrt{3}$이므로
$$mn=\sqrt{3}\times(-\sqrt{3})=-3$$

(2) x축의 양의 방향과 이루는 각의 크기가 30°인 직선의 기울기는
$$\tan 30°=\dfrac{\sqrt{3}}{3}$$
이므로 구하는 직선의 방정식은
$$y-3=\dfrac{\sqrt{3}}{3}(x-\sqrt{3}) \qquad \therefore y=\dfrac{\sqrt{3}}{3}x+2$$
따라서 $\sqrt{3}x-3y+6=0$에서
$a=-3$, $b=6$이므로
$$a^2+b^2=9+36=45$$

01-3 답 $11-4\sqrt{3}$

두 직선 $x=3$, $y=1$이 이루는 각의 크기는 90°이고, $0<a<c$이므로 두 직선 $y=ax+b$, $y=cx+d$는 오른쪽 그림과 같다.

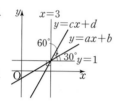

$$\therefore a=\tan 30°=\dfrac{\sqrt{3}}{3}$$
$$c=\tan 60°=\sqrt{3}$$
또 두 직선이 $x=3$, $y=1$의 교점 $(3, 1)$을 지나므로
$$y=\dfrac{\sqrt{3}}{3}x+b\text{에서 }b=1-\sqrt{3}$$
$$y=\sqrt{3}x+d\text{에서 }d=1-3\sqrt{3}$$
$$\therefore ac+bd=\dfrac{\sqrt{3}}{3}\times\sqrt{3}+(1-\sqrt{3})(1-3\sqrt{3})$$
$$=11-4\sqrt{3}$$

예제 02   **세 점이 한 직선 위에 있을 조건**   53쪽

02-1 답 16

세 점이 한 직선 위에 있으므로 두 점 $(1, a)$, $(a, 7)$을 지나는 직선과 두 점 $(a, 7)$, $(5, 11)$을 지나는 직선의 기울기가 같다.
$$\dfrac{7-a}{a-1}=\dfrac{11-7}{5-a}\text{에서}$$
$$(7-a)(5-a)=4(a-1)$$
$$a^2-16a+39=0, (a-3)(a-13)=0$$
$$\therefore a=3 \text{ 또는 } a=13$$
따라서 구하는 모든 a의 값의 합은 $3+13=16$

두 점 $(1, a)$, $(a, 7)$을 지나는 직선의 방정식은

$$y-a=\frac{7-a}{a-1}\times(x-1)$$

점 $(5, 11)$이 직선 위의 점이므로

$$11-a=\frac{7-a}{a-1}(5-1),\ (11-a)(a-1)=4(7-a)$$

$$a^2-16a+39=0 \qquad\qquad \cdots\cdots \text{㉠}$$

㉠은 서로 다른 두 실근을 가지므로 근과 계수의 관계에 의하여 구하는 모든 a의 값의 합은 16이다.

02-2 답 (1) $y=3x+2,\ y=\frac{1}{4}x+\frac{15}{2}$ (2) 1, 3

(1) 두 점 $(-a, 5)$, (a, a)를 지나는 직선 l의 방정식은

$$y-5=\frac{a-5}{a-(-a)}\{x-(-a)\},\ \text{즉}$$

$$y-5=\frac{a-5}{2a}(x+a) \qquad\qquad \cdots\cdots \text{㉠}$$

점 $(a+4, 11)$이 직선 l 위의 점이므로

$$11-5=\frac{a-5}{2a}(a+4+a),\ 6a=(a-5)(a+2)$$

$$a^2-9a-10=0,\ (a+1)(a-10)=0$$

$$\therefore a=-1\ \text{또는}\ a=10$$

(i) $a=-1$일 때, ㉠에서 직선 l의 방정식은

$$y-5=\frac{-1-5}{-2}(x-1)$$

$$\therefore y=3x+2$$

(ii) $a=10$일 때, ㉠에서 직선 l의 방정식은

$$y-5=\frac{10-5}{20}(x+10)$$

$$\therefore y=\frac{1}{4}x+\frac{15}{2}$$

(i), (ii)에서 직선 l의 방정식은

$$y=3x+2,\ y=\frac{1}{4}x+\frac{15}{2}$$

(2) 세 점이 삼각형을 이루지 않으려면 세 점 A, B, C는 한 직선 위에 있어야 한다.

따라서 직선 AB와 직선 AC의 기울기가 같아야 하므로

$$\frac{4-1}{a-0}=\frac{(a-3)-1}{-1-0}\text{에서}$$

$$\frac{3}{a}=\frac{a-4}{-1},\ a(a-4)=-3$$

$$a^2-4a+3=0,\ (a-1)(a-3)=0$$

$$\therefore a=1\ \text{또는}\ a=3$$

02-3 답 200

점 A, B, C, D, E를 지나는 직선의 방정식은 두 점 B$(-1, 3)$, D$(3, -1)$을 지나는 직선의 방정식과 일치하므로

$$y-(-1)=\frac{-1-3}{3-(-1)}(x-3)$$

$$\therefore y=-x+2$$

세 점 A, C, E가 직선 $y=-x+2$ 위에 있으므로 세 점 A, C, E의 x좌표를 각각 a, c, e라고 하면

A$(a, -a+2)$, C$(c, -c+2)$, E$(e, -e+2)$

조건 ㈏에서 점 B$(-1, 3)$이 선분 AC의 중점이므로

$$\left(\frac{a+c}{2}, \frac{-a-c+4}{2}\right)\text{에서}$$

$$\frac{a+c}{2}=-1 \quad \therefore a+c=-2 \qquad\qquad \cdots\cdots \text{㉠}$$

조건 ㈐에서 점 C$(c, -c+2)$가 선분 AD를 $2:1$로 내분하므로

$$\left(\frac{2\times3+1\times a}{2+1}, \frac{2\times(-1)+1\times(-a+2)}{2+1}\right),\ \text{즉}$$

$$\left(\frac{a+6}{3}, \frac{-a}{3}\right)\text{에서}$$

$$\frac{a+6}{3}=c \quad \therefore a-3c=-6 \qquad\qquad \cdots\cdots \text{㉡}$$

㉠, ㉡을 연립하여 풀면

$$a=-3,\ c=1$$

$$\therefore \text{A}(-3, 5),\ \text{C}(1, 1)$$

조건 ㈑에서 점 D$(3, -1)$이 선분 CE를 $1:2$로 내분하므로

$$\left(\frac{1\times e+2\times1}{1+2}, \frac{1\times(-e+2)+2\times1}{1+2}\right),\ \text{즉}$$

$$\left(\frac{e+2}{3}, \frac{-e+4}{3}\right)\text{에서}$$

$$\frac{e+2}{3}=3 \quad \therefore e=7$$

$$\therefore \text{E}(7, -5)$$

따라서 두 점 A$(-3, 5)$, E$(7, -5)$에 대하여

$$\overline{\text{AE}}^2=\{7-(-3)\}^2+(-5-5)^2$$

$$=100+100=200$$

예제 03 도형의 넓이를 이등분하는 직선의 방정식 55쪽

03-1 답 16

직선 $y=ax+b$가 삼각형 ABC의 넓이를 이등분하므

로 선분 BC의 중점을 지나야 한다.

선분 BC의 중점의 좌표는

$\left(\dfrac{-4+2}{2}, \dfrac{1-1}{2}\right)$, 즉 $(-1, 0)$

따라서 직선 $y=ax+b$는 두 점 $(0, 4)$, $(-1, 0)$을 지나므로

$y-4=\dfrac{0-4}{-1-0}(x-0), y=4x+4$

$\therefore a=4, b=4$

$\therefore ab=4\times 4=16$

➕ 보충 설명

(1) 삼각형의 중선은 삼각형의 넓이를 이등분한다.

(2) 삼각형 ABC의 무게중심을 G라고 하면
$\triangle GAB=\triangle GBC=\triangle GCA$
$\qquad =\dfrac{1}{3}\triangle ABC$

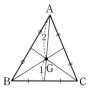

03-2 답 $y=3x-2$

오른쪽 그림과 같이 네 점 A, B, C, D를 좌표평면 위에 나타내면 사각형 ABCD는 평행사변형임을 알 수 있다.

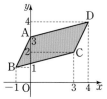

평행사변형 ABCD의 넓이를 이등분하는 직선은 두 대각선의 교점, 즉 선분 AC 또는 선분 BD의 중점을 지난다.

선분 AC의 중점의 좌표는

$\left(\dfrac{0+3}{2}, \dfrac{3+2}{2}\right)$, 즉, $\left(\dfrac{3}{2}, \dfrac{5}{2}\right)$

따라서 구하는 직선은 두 점 $\left(\dfrac{1}{2}, -\dfrac{1}{2}\right)$, $\left(\dfrac{3}{2}, \dfrac{5}{2}\right)$를 지나는 직선이므로

$y-\left(-\dfrac{1}{2}\right)=\dfrac{\dfrac{5}{2}-\left(-\dfrac{1}{2}\right)}{\dfrac{3}{2}-\dfrac{1}{2}}\left(x-\dfrac{1}{2}\right)$

$\therefore y=3x-2$

03-3 답 $y=\dfrac{7}{10}x-\dfrac{1}{10}$

두 직사각형의 넓이를 각각 이등분하는 직선은 각각의 직사각형의 대각선의 교점을 지난다.

$A(1, 1)$, $C(5, 3)$이므로 직사각형 ABCD의 두 대각선의 교점의 좌표는

$\left(\dfrac{1+5}{2}, \dfrac{1+3}{2}\right)$, 즉 $(3, 2)$

$E(-1, -1)$, $G(-3, -2)$이므로 직사각형 EFGH의 두 대각선의 교점의 좌표는

$\left(\dfrac{-1-3}{2}, \dfrac{-1-2}{2}\right)$, 즉 $\left(-2, -\dfrac{3}{2}\right)$

따라서 구하는 직선은 두 점 $(3, 2)$, $\left(-2, -\dfrac{3}{2}\right)$을 지나는 직선이므로

$y-2=\dfrac{-\dfrac{3}{2}-2}{-2-3}(x-3), y-2=\dfrac{7}{10}(x-3)$

$\therefore y=\dfrac{7}{10}x-\dfrac{1}{10}$

예제 04 직선 $ax+by+c=0$ 57쪽

04-1 답 제4사분면

주어진 직선 $ax+by+c=0\ (b\neq 0)$, 즉

$y=-\dfrac{a}{b}x-\dfrac{c}{b}$의 기울기는 음수이고 y절편은 양수이므로

$-\dfrac{a}{b}<0, -\dfrac{c}{b}>0$

$\therefore ab>0, bc<0$

(i) $b>0$일 때, $a>0$, $c<0$

(ii) $b<0$일 때, $a<0$, $c>0$

(i), (ii)에서 b의 부호에 관계없이 $ac<0$

직선 $bx+cy+a=0\ (c\neq 0)$, 즉

$y=-\dfrac{b}{c}x-\dfrac{a}{c}$에서 $bc<0$이므로 $-\dfrac{b}{c}>0$이고, $ac<0$

이므로 $-\dfrac{a}{c}>0$이다.

따라서 직선 $bx+cy+a=0$의 기울기는 양수이고, y절편은 양수이므로 직선의 개형은 오른쪽 그림과 같고, 이 직선은 제4사분면을 지나지 않는다.

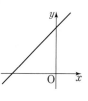

04-2 답 ④

$ax+by+c=0$에서 $b\neq 0$이므로 $y=-\dfrac{a}{b}x-\dfrac{c}{b}$

이때 직선 $ax+by+c=0$의 기울기는 $-\dfrac{a}{b}$, y절편은 $-\dfrac{c}{b}$이다.

$ab>0$, $bc>0$에서 $-\dfrac{a}{b}<0$, $-\dfrac{c}{b}<0$

따라서 직선 $ax+by+c=0$의 기울기와 y절편은 모두 음수이므로 직선의 개형은 ④와 같다.

04-3 답 풀이 참조

주어진 이차함수 $y=ax^2+bx+c$의 그래프가 아래로 볼록하므로 $a>0$ …… ㉠

축이 y축의 오른쪽에 있으므로 $-\dfrac{b}{2a}>0$

$\therefore b<0$ ($\because$ ㉠)   …… ㉡

또한 y절편이 0이므로 $c=0$

따라서 직선 $ax+by+c=0$에서 $ax+by=0$

$\therefore y=-\dfrac{a}{b}x$

즉, 주어진 직선은 기울기가 $-\dfrac{a}{b}$이고 원점을 지난다.

㉠, ㉡에서 $-\dfrac{a}{b}>0$이므로 직선 $ax+by+c=0$의 개형은 오른쪽 그림과 같다.

⊕ 보충 설명

이차함수의 그래프의 축

이차함수의 그래프의 꼭짓점이나 축을 구할 때에는 일반형을 표준형으로 변형해야 한다.

즉, 이차함수 $y=ax^2+bx+c$에서

$y=ax^2+bx+c$

$\quad=a\left(x^2+\dfrac{b}{a}x\right)+c$

$\quad=a\left(x+\dfrac{b}{2a}\right)^2-\dfrac{b^2-4ac}{4a}$

따라서 이차함수 $y=ax^2+bx+c$의 그래프의 꼭짓점의 좌표는 $\left(-\dfrac{b}{2a},\ -\dfrac{b^2-4ac}{4a}\right)$이고 축의 방정식은 $x=-\dfrac{b}{2a}$이다.

개념 콕콕 **2 두 직선의 위치 관계**   63쪽

1 답 (1) $y=2x-3$ (2) $x=2$ (3) $y=1$

(1) 직선 $y=2x+1$의 기울기가 2이므로 구하는 직선의 방정식은

$\quad y-1=2(x-2)$ $\therefore y=2x-3$

(2) 점 $(2, 1)$을 지나고 직선 $x=1$에 평행한 직선의 방정식은

$\quad x=2$

(3) 점 $(2, 1)$을 지나고 직선 $y=-1$에 평행한 직선의 방정식은

$\quad y=1$

2 답 (1) $y=-\dfrac{1}{2}x+2$ (2) $y=1$ (3) $x=2$

(1) 직선 $y=2x+1$에 수직인 직선의 기울기는 $-\dfrac{1}{2}$이므로 구하는 직선의 방정식은

$\quad y-1=-\dfrac{1}{2}(x-2)$ $\therefore y=-\dfrac{1}{2}x+2$

(2) 점 $(2, 1)$을 지나고 직선 $x=1$에 수직인 직선의 방정식은

$\quad y=1$

(3) 점 $(2, 1)$을 지나고 직선 $y=-1$에 수직인 직선의 방정식은

$\quad x=2$

3 답 1

두 직선 $y=mx+n$, $y=3x-2$가 일치하므로

$m=3$, $n=-2$

$\therefore m+n=3+(-2)=1$

4 답 (1) 2   (2) $-\dfrac{1}{2}$

(1) $\dfrac{a}{2}=\dfrac{1}{1}\neq\dfrac{-1}{-3}$ $\therefore a=2$

(2) $a\times2+1\times1=0$에서 $a=-\dfrac{1}{2}$

다른 풀이

두 직선의 방정식을 표준형으로 고치면

$y=-ax+1$, $y=-2x+3$

(1) 두 직선이 평행하려면 두 직선의 기울기가 같고 y절편이 달라야 하므로

$\quad -a=-2$, $1\neq3$ $\therefore a=2$

(2) 두 직선이 수직이려면 두 직선의 기울기의 곱이 -1이어야 하므로

$\quad (-a)\times(-2)=-1$ $\therefore a=-\dfrac{1}{2}$

5 답 2

$y=2x+1$에서 $2x-y+1=0$이므로

$\dfrac{a}{2}=\dfrac{b}{-1}=\dfrac{2}{1}$ $\therefore a=4$, $b=-2$

$\therefore a+b=4+(-2)=2$

6 답 ㄱ, ㄹ

$x+2y-4=0$에서 $y=-\dfrac{1}{2}x+2$

ㄱ. $x+2y+1=0$에서 $y=-\dfrac{1}{2}x-\dfrac{1}{2}$

ㄴ. $2x+y-4=0$에서 $y=-2x+4$

따라서 직선 $x+2y-4=0$과 평행한 직선은 ㄱ, ㄹ이다.

예제 05 두 직선의 위치 관계 (1) 65쪽

05-1 답 (1) $y=-3x-5$ (2) $y=3x-4$

(1) 직선 $3x+y-2=0$, 즉 $y=-3x+2$에 평행한 직선의 기울기는 -3이므로 구하는 직선의 방정식은
$y-1=-3\{x-(-2)\}$
$\therefore y=-3x-5$

(2) 두 점 $(-4, -1)$, $(2, -3)$을 지나는 직선의 기울기는
$\dfrac{-3-(-1)}{2-(-4)}=-\dfrac{1}{3}$
이므로 구하는 직선의 기울기는 3이다.
따라서 구하는 직선의 방정식은
$y-(-1)=3(x-1)$
$\therefore y=3x-4$

05-2 답 24

직선 $3x-4y=1$, 즉 $y=\dfrac{3}{4}x-\dfrac{1}{4}$의 기울기는 $\dfrac{3}{4}$이므로 수직인 직선의 기울기는 $-\dfrac{4}{3}$이다.

기울기가 $-\dfrac{4}{3}$이고 점 $(3, 4)$를 지나는 직선의 방정식은
$y=-\dfrac{4}{3}(x-3)+4$ $\therefore y=-\dfrac{4}{3}x+8$

따라서 이 직선의 x절편은 6, y절편은 8이므로 구하는 삼각형의 넓이는

$\dfrac{1}{2}\times 6\times 8=24$

05-3 답 $y=-\dfrac{3}{2}x+8$

직선 AC의 방정식은 $y=2$, 직선 BD의 방정식은 $x=2$이므로 두 대각선 AC와 BD의 교점 M의 좌표는 $(2, 2)$이다.

$\overline{AM}=\overline{CM}$이므로 $C(4, 2)$

직선 AB의 기울기는 $\dfrac{-1-2}{2-0}=-\dfrac{3}{2}$

직선 CD는 직선 AB와 평행하므로 기울기가 $-\dfrac{3}{2}$이고, 점 $C(4, 2)$를 지난다.
따라서 직선 CD의 방정식은
$y-2=-\dfrac{3}{2}(x-4)$ $\therefore y=-\dfrac{3}{2}x+8$

예제 06 두 직선의 위치 관계 (2) 67쪽

06-1 답 (1) -1 (2) $\dfrac{1}{2}$

(1) 주어진 두 직선이 서로 평행하므로
$\dfrac{3}{a}=\dfrac{a-2}{1}\neq\dfrac{1}{1}$

$\dfrac{3}{a}=\dfrac{a-2}{1}$에서 $a^2-2a-3=0$
$(a+1)(a-3)=0$
$\therefore a=-1$ 또는 $a=3$

$\dfrac{a-2}{1}\neq\dfrac{1}{1}$에서 $a\neq 3$
$\therefore a=-1$

(2) 주어진 두 직선이 서로 수직이므로
$3\times a+(a-2)\times 1=0$
$4a-2=0$ $\therefore a=\dfrac{1}{2}$

06-2 답 ④

두 직선 $ax-y+1=0$, $2x-by-1=0$이 서로 평행하므로
$\dfrac{a}{2}=\dfrac{-1}{-b}\neq\dfrac{1}{-1}$

$\dfrac{a}{2}=\dfrac{-1}{-b}$에서 $ab=2$ $\cdots\cdots$ ㉠

$\dfrac{-1}{-b}\neq\dfrac{1}{-1}$에서 $b\neq -1$

$\therefore a\neq -2, b\neq -1$

또한 두 직선 $ax-y+1=0$, $x-(b-3)y+3=0$이 서로 수직이므로
$a\times 1+(-1)\times(-b+3)=0$
$a+b-3=0$ $\therefore a+b=3$ $\cdots\cdots$ ㉡

㉠, ㉡에서
$a^2+b^2=(a+b)^2-2ab=3^2-2\times 2=5$

주어진 세 직선을

$l_1 : ax-y+1=0$

$l_2 : 2x-by-1=0$

$l_3 : x-(b-3)y+3=0$

이라고 하면 세 직선 l_1, l_2, l_3의 기울기는 각각

a, $\dfrac{2}{b}$, $\dfrac{1}{b-3}$

$l_1 /\!/ l_2$에서 $a=\dfrac{2}{b}$이므로

$ab=2$ ...... ㉠

$l_1 \perp l_3$에서 $a \times \dfrac{1}{b-3}=-1$이므로

$a+b=3$ ...... ㉡

㉠, ㉡에서

$a^2+b^2=(a+b)^2-2ab=3^2-2 \times 2=5$

06-3 답 $y=\dfrac{1}{5}x+2$

선분 AC의 중점의 좌표는 $\left(\dfrac{5}{2}, \dfrac{5}{2}\right)$

직선 AC의 기울기는 $\dfrac{0-5}{3-2}=-5$

이때 직선 BD는 직선 AC와 수직이므로 기울기가 $\dfrac{1}{5}$

이고, 점 $\left(\dfrac{5}{2}, \dfrac{5}{2}\right)$를 지난다.

따라서 직선 BD의 방정식은

$y-\dfrac{5}{2}=\dfrac{1}{5}\left(x-\dfrac{5}{2}\right)$ $\quad \therefore y=\dfrac{1}{5}x+2$

예제 07 선분의 수직이등분선의 방정식　69쪽

07-1 답 (1) $y=-\dfrac{1}{2}x+\dfrac{5}{2}$

　　　　(2) $x=2$

　　　　(3) $y=-1$

(1) 선분 AB의 중점의 좌표는

$\left(\dfrac{2+4}{2}, \dfrac{-1+3}{2}\right)$, 즉 $(3, 1)$

두 점 A, B를 지나는 직선의 기울기는

$\dfrac{3-(-1)}{4-2}=2$

따라서 선분 AB의 수직이등분선은 점 $(3, 1)$을 지나고 기울기가 $-\dfrac{1}{2}$인 직선이므로

$y-1=-\dfrac{1}{2}(x-3)$

$\therefore y=-\dfrac{1}{2}x+\dfrac{5}{2}$

(2) 선분 CD의 중점의 좌표는

$\left(\dfrac{1+3}{2}, \dfrac{1+1}{2}\right)$, 즉 $(2, 1)$

두 점 C, D는 y좌표가 같으므로 선분 CD의 수직이등분선은 점 $(2, 1)$을 지나고 y축에 평행한 직선이다.

따라서 구하는 직선의 방정식은

$x=2$

(3) 선분 EF의 중점의 좌표는

$\left(\dfrac{1+1}{2}, \dfrac{1+(-3)}{2}\right)$, 즉 $(1, -1)$

두 점 E, F는 x좌표가 같으므로 선분 EF의 수직이등분선은 점 $(1, -1)$을 지나고 x축에 평행한 직선이다.

따라서 구하는 직선의 방정식은

$y=-1$

07-2 답 (1) $y=2x-4$　(2) $y=\dfrac{1}{2}x-3$

(1) 점 P의 좌표를 (x, y)라고 하면 $\overline{\text{AP}}=\overline{\text{BP}}$에서

$\sqrt{(x-1)^2+(y-3)^2}=\sqrt{(x-5)^2+(y-1)^2}$

양변을 제곱하여 정리하면

$x^2-2x+y^2-6y+10$

$=x^2-10x+y^2-2y+26$

$8x-4y-16=0$

$\therefore y=2x-4$

(2) 점 P의 좌표를 (x, y)라고 하면 $\overline{\text{CP}}=\overline{\text{DP}}$에서

$\sqrt{(x-3)^2+(y-1)^2}=\sqrt{(x-5)^2+(y+3)^2}$

양변을 제곱하여 정리하면

$x^2-6x+y^2-2y+10=x^2-10x+y^2+6y+34$

$4x-8y-24=0$

$\therefore y=\dfrac{1}{2}x-3$

두 점으로부터 같은 거리에 있는 점이 나타내는 도형은 두 점을 이은 선분의 수직이등분선이므로 다음과 같이 풀 수도 있다.

(1) 선분 AB의 중점의 좌표는

$\left(\dfrac{1+5}{2}, \dfrac{3+1}{2}\right)$, 즉 $(3, 2)$

두 점 A, B를 지나는 직선의 기울기는

$$\frac{1-3}{5-1}=-\frac{1}{2}$$

따라서 선분 AB의 수직이등분선은 점 $(3, 2)$를 지나고 기울기가 2인 직선이므로

$$y-2=2(x-3)$$

$$\therefore y=2x-4$$

(2) 선분 CD의 중점의 좌표는

$$\left(\frac{3+5}{2},\ \frac{1+(-3)}{2}\right),\ 즉\ (4,\ -1)$$

두 점 C, D를 지나는 직선의 기울기는

$$\frac{-3-1}{5-3}=-2$$

따라서 선분 CD의 수직이등분선은 점 $(4,\ -1)$을 지나고 기울기가 $\frac{1}{2}$인 직선이므로

$$y-(-1)=\frac{1}{2}(x-4)$$

$$\therefore y=\frac{1}{2}x-3$$

07-3 답 ④

선분 AB와 직선 $y=2x+\frac{3}{2}$은 수직이므로 직선 AB의 기울기는 $-\frac{1}{2}$이다.

즉, $\frac{b-2}{-2-a}=-\frac{1}{2}$에서 $2b-4=2+a$

$$\therefore a-2b=-6 \qquad\qquad \cdots\cdots\ \bigcirc$$

또한 선분 AB의 중점의 좌표는 $\left(\frac{a-2}{2},\ \frac{b+2}{2}\right)$이고, 직선 $y=2x+\frac{3}{2}$이 이 점을 지나므로

$$\frac{b+2}{2}=2\times\frac{a-2}{2}+\frac{3}{2}$$

$$\therefore 2a-b=3 \qquad\qquad \cdots\cdots\ \bigcirc$$

㉠, ㉡을 연립하여 풀면

$a=4$, $b=5$

$$\therefore a+b=4+5=9$$

예제 08 세 직선의 위치 관계   71쪽

08-1 답 2

주어진 세 직선이 삼각형을 이루지 않는 경우는 다음과 같이 2가지가 있다.

(i) 세 직선이 한 점에서 만나는 경우

직선 $y=ax-2$가 두 직선 $y=x$, $y=-2x+3$의 교점을 지날 때이다.

$y=x$와 $y=-2x+3$을 연립하여 풀면

$x=1$, $y=1$

즉, 직선 $y=ax-2$가 점 $(1, 1)$을 지나므로

$1=a-2$ $\therefore a=3$

(ii) 세 직선 중 두 직선이 평행한 경우

직선 $y=ax-2$가 직선 $y=x$ 또는 직선 $y=-2x+3$과 평행해야 하므로 $a=1$ 또는 $a=-2$

(i), (ii)에서 모든 실수 a의 값의 합은

$3+1+(-2)=2$

08-2 답 4

두 직선 $3x+y-2=0$, $-x+y=0$이 한 점에서 만나므로 직선 $ax+2y-3=0$이 다른 직선과 평행해야 한다.

(i) 직선 $ax+2y-3=0$이 직선 $3x+y-2=0$과 평행할 때,

$\frac{3}{a}=\frac{1}{2}\neq\frac{-2}{-3}$에서 $a=6$

(ii) 직선 $ax+2y-3=0$이 직선 $-x+y=0$과 평행할 때,

$\frac{-1}{a}=\frac{1}{2}\neq\frac{0}{-3}$에서 $a=-2$

(i), (ii)에서 모든 실수 a의 값의 합은

$6+(-2)=4$

08-3 답 $\frac{3}{2}$

서로 다른 세 직선이 좌표평면을 네 부분으로 나누려면 오른쪽 그림과 같이 세 직선이 서로 평행해야 한다. 두 직선 $ax-y+2=0$, $x+by-3=0$이 서로 평행하므로

$\frac{a}{1}=\frac{-1}{b}\neq\frac{2}{-3}$에서 $ab=-1$ $\cdots\cdots\ \bigcirc$

또한 두 직선 $x+by-3=0$, $2x-y+4=0$이 서로 평행하므로

$\frac{1}{2}=\frac{b}{-1}\neq\frac{-3}{4}$에서 $b=-\frac{1}{2}$ $\cdots\cdots\ \bigcirc$

㉡을 ㉠에 대입하면 $a=2$

$$\therefore a+b=2+\left(-\frac{1}{2}\right)=\frac{3}{2}$$

$ax-y+2=0$에서 $y=ax+2$

$x+by-3=0$에서 $y=-\dfrac{1}{b}x+\dfrac{3}{b}$

$2x-y+4=0$에서 $y=2x+4$

서로 다른 세 직선이 좌표평면을 네 부분으로 나누려면 오른쪽 그림과 같이 세 직선이 서로 평행해야 하므로

$a=-\dfrac{1}{b}=2$

$2\neq\dfrac{3}{b},\ \dfrac{3}{b}\neq4$

따라서 $a=2,\ b=-\dfrac{1}{2}$이므로

$a+b=2+\left(-\dfrac{1}{2}\right)=\dfrac{3}{2}$

➕ 보충 설명

세 직선의 위치 관계를 직선에 의하여 좌표평면이 나누어지는 부분의 개수와 관련지어 표현할 수도 있다.

(i) 세 직선이 모두 평행하다.

　➡ 세 직선에 의하여 좌표평면이 네 부분으로 나누어진다.

(ii) 세 직선이 한 점에서 만나거나 세 직선 중 두 직선이 평행하다.

　➡ 세 직선에 의하여 좌표평면이 여섯 부분으로 나누어진다.

예제 09 　일정한 점을 지나는 직선의 방정식 　73쪽

09-1 📖 $(1,\ 1)$

$x-2y+1+k(x+y-2)=0$이 실수 k의 값에 관계없이 항상 성립하므로

$x-2y+1=0,\ x+y-2=0$

위의 두 식을 연립하여 풀면

$x=1,\ y=1$

따라서 주어진 직선은 실수 k의 값에 관계없이 항상 점 $(1,\ 1)$을 지난다.

09-2 📖 ②

주어진 식을 k에 대하여 정리하면

$(2x+y+1)k+(x-y+2)=0$　　…… ㉠

㉠이 실수 k의 값에 관계없이 항상 성립해야 하므로

$2x+y+1=0,\ x-y+2=0$

위의 두 식을 연립하여 풀면

$x=-1,\ y=1$

따라서 주어진 직선은 실수 k의 값에 관계없이 항상 점 $(-1,\ 1)$을 지나고, 이 점은 제2사분면 위의 점이므로 반드시 제2사분면을 지난다.

09-3 📖 ②

$mx-y-2m+2=0$　　…… ㉠

에서 $(x-2)m-(y-2)=0$이므로 이 직선은 m의 값에 관계없이 항상 점 $(2,\ 2)$를 지난다.

또한 $y=mx-2m+2$이므로 직선 ㉠은 기울기가 m이다.

주어진 두 직선이 제1사분면에서 만나려면 오른쪽 그림과 같이 직선 ㉠이 두 점 $(0,\ 4)$, $(1,\ 0)$을 잇는 선분과 만나야 한다.

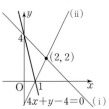

　(단, 양 끝 점은 제외한다.)

(i) 직선 ㉠이 점 $(0,\ 4)$를 지날 때,

　$-4-2m+2=0$　∴ $m=-1$

(ii) 직선 ㉠이 점 $(1,\ 0)$을 지날 때,

　$m-2m+2=0$　∴ $m=2$

(i), (ii)에서 $-1<m<2$

➕ 보충 설명

두 직선의 교점을 구한 후에

(교점의 x좌표)>0, (교점의 y좌표)>0

임을 이용하여 풀 수도 있지만 계산이 너무 복잡하다.

따라서 위의 풀이와 같이 주어진 직선이 m의 값에 관계없이 항상 지나는 점을 이용하여 푸는 것이 편리하다.

예제 10 　두 직선의 교점을 지나는 직선의 방정식 　75쪽

10-1 📖 $4x-3y-1=0$

주어진 두 직선의 교점을 지나는 직선의 방정식은

$(x+y-2)+k(2x-y-1)=0$ (k는 실수) 　…… ㉠

직선 ㉠이 점 $(-2,\ -3)$을 지나므로

$x=-2,\ y=-3$을 ㉠에 대입하면

$-2+(-3)-2+k\{2\times(-2)-(-3)-1\}=0$

$-7-2k=0$　∴ $k=-\dfrac{7}{2}$

$k=-\dfrac{7}{2}$을 ㉠에 대입하면

$$(x+y-2)-\frac{7}{2}(2x-y-1)=0$$
$$\therefore 4x-3y-1=0$$

다른 풀이

두 직선 $x+y-2=0$, $2x-y-1=0$의 교점의 좌표를 구하면 $(1, 1)$이다.

따라서 두 점 $(1, 1)$, $(-2, -3)$을 지나는 직선의 방정식은

$$y-1=\frac{-3-1}{-2-1}(x-1)$$

$$\therefore y=\frac{4}{3}x-\frac{1}{3}, \text{ 즉 } 4x-3y-1=0$$

10-2 탑 (1) $x+2y+3=0$ (2) $3x+y-8=0$

(1) 주어진 두 직선의 교점을 지나는 직선의 방정식은
$$(6x+16y+3)+k(x+6y-12)=0 \ (k\text{는 실수})$$
$$\therefore (6+k)x+(16+6k)y+3-12k=0 \ \cdots\cdots \text{㉠}$$
이 직선이 직선 $x+2y-3=0$에 평행하므로
$$\frac{6+k}{1}=\frac{16+6k}{2}\neq\frac{3-12k}{-3}$$
$$\frac{6+k}{1}=\frac{16+6k}{2}\text{에서 } 6+k=8+3k$$
$$-2k=2 \qquad \therefore k=-1$$
$k=-1$을 ㉠에 대입하면
$$5x+10y+15=0 \qquad \therefore x+2y+3=0$$

(2) 주어진 두 직선의 교점을 지나는 직선의 방정식은
$$(x-y-4)+k(2x+y-5)=0 \ (k\text{는 실수})$$
$$\therefore (1+2k)x+(-1+k)y-4-5k=0 \ \cdots\cdots \text{㉠}$$
이 직선이 직선 $2x-6y+3=0$에 수직이므로
$$2(1+2k)-6(-1+k)=0, \ -2k=-8$$
$$\therefore k=4$$
$k=4$를 ㉠에 대입하면
$$9x+3y-24=0 \qquad \therefore 3x+y-8=0$$

10-3 탑 $2x-3y+4=0$

두 직선 $x-y+1=0$, $x-2y+3=0$의 교점을 지나는 직선을 l이라고 하면
$$l:(x-y+1)+k(x-2y+3)=0 \ (k\text{는 실수})$$
$$\cdots\cdots \text{㉠}$$
한편, 주어진 두 직선과 x축이 이루는 삼각형의 넓이를 직선 l이 이등분하려면 다음 그림과 같이 직선 l은 점 $(-2, 0)$을 지나야 한다.

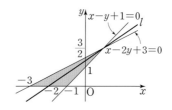

즉, $x=-2$, $y=0$을 ㉠에 대입하면
$$-1+k=0$$
$$\therefore k=1$$
$k=1$을 ㉠에 대입하면 직선 l의 방정식은
$$(x-y+1)+(x-2y+3)=0$$
$$\therefore 2x-3y+4=0$$

⊕ 보충 설명

삼각형에서 한 꼭짓점을 지나면서 그 넓이를 이등분하는 직선은 그 꼭짓점의 대변의 중점을 지난다.

예제 11 점이 나타내는 도형의 방정식 77쪽

11-1 탑 선분 AB를 $3:1$로 내분하는 점을 지나고 선분 AB에 수직인 직선

$\overline{\mathrm{AB}}=8$이므로 오른쪽 그림과 같이 점 A를 좌표평면 위의 원점에 놓고 점 B의 좌표를 $(8, 0)$이라고 할 때, 점 P의 좌표를 (x, y)라고 하면

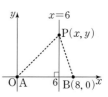

$$\overline{\mathrm{PA}}^2-\overline{\mathrm{PB}}^2=32\text{에서}$$
$$(x^2+y^2)-\{(x-8)^2+y^2\}=32$$
이 식을 전개하여 정리하면
$$16x=96 \qquad \therefore x=6$$
따라서 점 P가 나타내는 도형은 선분 AB를 $3:1$로 내분하는 점을 지나고 선분 AB에 수직인 직선이다.

11-2 탑 ②

점 $\mathrm{P}(a, b)$가 직선 $y=-x+2$ 위의 점이므로
$$b=-a+2 \qquad\qquad \cdots\cdots \text{㉠}$$
점 Q의 좌표 $(a-b, a+b)$를 (x, y)로 놓으면
$$a-b=x, \ a+b=y \qquad\qquad \cdots\cdots \text{㉡}$$
㉡의 두 식을 변끼리 더하면
$$2a=x+y \qquad \therefore a=\frac{x+y}{2} \qquad \cdots\cdots \text{㉢}$$

ㄴ의 두 식을 변끼리 빼면

$-2b=x-y$ $\therefore b=\dfrac{y-x}{2}$ ...... ㄹ

ㄷ, ㄹ을 ㄱ에 대입하면

$\dfrac{y-x}{2}=-\dfrac{x+y}{2}+2$

$y-x=-(x+y)+4$ $\therefore y=2$

11-3 답 8

직선 $4x-3y+25=0$ 위의 임의의 점을 $P(a,\ b)$라 하고 선분 AP를 $2:1$로 내분하는 점을 $Q(x,\ y)$라고 하면

$x=\dfrac{2a+1\times 8}{2+1}=\dfrac{2a+8}{3}$,

$y=\dfrac{2b+1\times(-6)}{2+1}=\dfrac{2b-6}{3}$ ...... ㄱ

한편, 점 $P(a,\ b)$는 직선 $4x-3y+25=0$ 위의 점이 므로

$4a-3b+25=0$ ...... ㄴ

ㄱ에서 $a=\dfrac{3x-8}{2}$, $b=\dfrac{3y+6}{2}$이므로 이것을 ㄴ에 대 입하면 구하는 도형의 방정식은

$4\times\dfrac{3x-8}{2}-3\times\dfrac{3y+6}{2}+25=0$

$4x-3y=0$ $\therefore y=\dfrac{4}{3}x$

따라서 $f(x)=\dfrac{4}{3}x$이므로

$f(6)=\dfrac{4}{3}\times 6=8$

➕ 보충 설명

최종적으로 구해야 하는 것은 점 $Q(x,\ y)$에서 x와 y 사이 의 관계식이다.
따라서 ㄱ에서 구한 $x=\dfrac{2a+8}{3}$, $y=\dfrac{2b-6}{3}$을 각각 a, b에 대하여 나타낸 후 ㄴ에 대입한다.

개념 콕콕 3 점과 직선 사이의 거리 79쪽

1 답 (1) 2 (2) $\sqrt{5}$

구하는 거리를 d라 하면

(1) $d=\dfrac{|3\times3-4\times1+5|}{\sqrt{3^2+(-4)^2}}=\dfrac{10}{5}=2$

---

(2) $y=-2x+5$에서 $2x+y-5=0$

$\therefore d=\dfrac{|-5|}{\sqrt{2^2+1^2}}=\dfrac{5}{\sqrt{5}}=\sqrt{5}$

2 답 8

$\dfrac{|6\times3+4k-10|}{\sqrt{6^2+k^2}}=4$에서

$|k+2|=\sqrt{36+k^2}$

양변을 제곱하면

$k^2+4k+4=k^2+36$

$4k=32$ $\therefore k=8$

예제 12 점과 직선 사이의 거리 81쪽

12-1 답 (1) 1 (2) $\sqrt{5}$

(1) 주어진 두 직선이 서로 평행하므로 두 직선 사이의 거리는 직선 $4x+3y+1=0$ 위의 한 점 $(2,\ -3)$ 과 직선 $4x+3y+6=0$ 사이의 거리와 같다.
따라서 구하는 두 직선 사이의 거리는

$\dfrac{|4\times2+3\times(-3)+6|}{\sqrt{4^2+3^2}}=\dfrac{5}{5}=1$

(2) 주어진 두 직선이 서로 평행하므로 두 직선 사이의 거리는 직선 $y=-2x-1$ 위의 한 점 $(0,\ -1)$과 직선 $y=-2x+4$, 즉 $2x+y-4=0$ 사이의 거리 와 같다.
따라서 구하는 두 직선 시이의 기리는

$\dfrac{|-1-4|}{\sqrt{2^2+1^2}}=\dfrac{5}{\sqrt{5}}=\sqrt{5}$

12-2 답 ①

직선 l의 기울기를 m이라고 하면 점 $(-1,\ 0)$을 지나 는 직선 l의 방정식은

$y=m(x+1)$

$\therefore mx-y+m=0$

점 $(0,\ 2)$와 직선 l 사이의 거리가 $\sqrt{5}$이므로

$\dfrac{|-2+m|}{\sqrt{m^2+(-1)^2}}=\sqrt{5}$

$|-2+m|=\sqrt{5m^2+5}$

양변을 제곱하여 정리하면

$4m^2+4m+1=0,\ (2m+1)^2=0$

$\therefore m=-\dfrac{1}{2}$

따라서 직선 l의 기울기는 $-\dfrac{1}{2}$이다.

12-3 $\quad$ 탑 ③

$mx+(m-3)y=-6$에서

$(x+y)m-3y+6=0$이므로

$x+y=0,\ -3y+6=0$

$\therefore\ x=-2,\ y=2$

즉, 직선 $mx+(m-3)y=-6$은 m의 값에 관계없이 점 $(-2,\ 2)$를 지난다.

따라서 구하는 두 직선 사이의 거리는 점 $(-2,\ 2)$와 직선 $2x+y=8$, 즉 $2x+y-8=0$ 사이의 거리와 같으므로

$$\frac{|2\times(-2)+2-8|}{\sqrt{2^2+1^2}}=\frac{10}{\sqrt{5}}=2\sqrt{5}$$

예제 13 $\quad$ 세 꼭짓점의 좌표가 주어진 삼각형의 넓이 $\quad$ 83쪽

13-1 $\quad$ 탑 15

직선 BC의 방정식은

$$y-(-2)=\frac{1-(-2)}{4-0}(x-0)\qquad\therefore\ 3x-4y-8=0$$

삼각형 ABC의 높이 h는 오른쪽 그림과 같이 점 $A(-2,\ 4)$와 직선 BC 사이의 거리와 같으므로

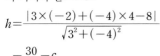

$$h=\frac{|3\times(-2)+(-4)\times4-8|}{\sqrt{3^2+(-4)^2}}$$

$$=\frac{30}{5}=6$$

삼각형 ABC에서 밑변의 길이는

$$\overline{BC}=\sqrt{(4-0)^2+\{1-(-2)\}^2}=\sqrt{25}=5$$

따라서 삼각형 ABC의 넓이는

$$\frac{1}{2}\times\overline{BC}\times h=\frac{1}{2}\times5\times6=15$$

다른 풀이

세 점을 y축의 방향으로 2만큼 평행이동시키고 이 점을 A′, B′, C′이라 하자.

$A'(-2,\ 6)$, $B'(0,\ 0)$, $C'(4,\ 3)$

따라서 구하는 넓이는

$$\frac{1}{2}|4\times6-(-2)\times3|=15$$

⊕ 보충 설명

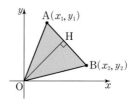

위의 그림과 같이 세 점 $A(x_1,\ y_1)$, $B(x_2,\ y_2)$, $O(0,\ 0)$을 꼭짓점으로 하는 삼각형 OAB의 넓이를 구해 보자.

직선 AB의 방정식은

$$y-y_1=\frac{y_2-y_1}{x_2-x_1}(x-x_1)$$

이 식을 전개하여 정리하면

$$(y_2-y_1)x-(x_2-x_1)y-(x_1y_2-x_2y_1)=0$$

이때 원점 O에서 직선 AB에 내린 수선의 발을 H라고 하면 선분 OH의 길이는 원점에서 직선 AB까지의 거리와 같으므로

$$\overline{OH}=\frac{|x_1y_2-x_2y_1|}{\sqrt{(y_2-y_1)^2+(x_2-x_1)^2}}$$

따라서 $\overline{AB}=\sqrt{(x_2-x_1)^2+(y_2-y_1)^2}$이므로 구하는 삼각형 OAB의 넓이 S는

$$S=\frac{1}{2}\times\overline{AB}\times\overline{OH}$$

$$=\frac{1}{2}\times\sqrt{(x_2-x_1)^2+(y_2-y_1)^2}$$

$$\times\frac{|x_1y_2-x_2y_1|}{\sqrt{(y_2-y_1)^2+(x_2-x_1)^2}}$$

$$=\frac{1}{2}|x_1y_2-x_2y_1|$$

또한 세 점 $A(x_1,\ y_1)$, $B(x_2,\ y_2)$, $C(x_3,\ y_3)$을 꼭짓점으로 하는 삼각형 ABC의 넓이는 세 꼭짓점 중 하나를 원점에 오도록 평행이동한 후 위의 방법을 이용하면 된다.

이때 삼각형 ABC의 넓이 S는

$$S=\frac{1}{2}|(x_2-x_1)(y_3-y_1)-(x_3-x_1)(y_2-y_1)|$$

13-2 $\quad$ 탑 8

두 점 $(3,\ 5)$, $(5,\ 3)$을 지나는 직선의 방정식은

$$y-5=\frac{3-5}{5-3}(x-3)\qquad\therefore\ y=-x+8$$

이 직선과 직선 $y=x$는 서로 수직이므로 다음 그림과 같이 삼각형 OAB는 $\angle A=90°$인 직각삼각형이다.

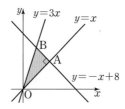

또한 A(4, 4), B(2, 6)이므로

$\overline{OA}=\sqrt{4^2+4^2}=\sqrt{32}=4\sqrt{2}$

$\overline{AB}=\sqrt{(2-4)^2+(6-4)^2}=\sqrt{8}=2\sqrt{2}$

따라서 삼각형 OAB의 넓이는

$\dfrac{1}{2}\times\overline{OA}\times\overline{AB}=\dfrac{1}{2}\times4\sqrt{2}\times2\sqrt{2}=8$

13-3 답 ②

세 직선 $x+2y-11=0$, $x-y+4=0$,

$x-3y+4=0$의 교점을 구하면

A(1, 5), B(-4, 0), C(5, 3)

직선 BC의 방정식은 $x-3y+4=0$

점 A(1, 5)에서 직선 BC까지의 거리를 삼각형 ABC 의 높이 h라고 하면

$h=\dfrac{|1-3\times5+4|}{\sqrt{1^2+(-3)^2}}=\dfrac{10}{\sqrt{10}}=\sqrt{10}$

삼각형 ABC에서 밑변의 길이는

$\overline{BC}=\sqrt{\{5-(-4)\}^2+(3-0)^2}=\sqrt{90}=3\sqrt{10}$

따라서 삼각형 ABC의 넓이는

$\dfrac{1}{2}\times\overline{BC}\times h=\dfrac{1}{2}\times3\sqrt{10}\times\sqrt{10}=15$

기본 다지기   84쪽~85쪽

1 4	2 ②	3 (1) 6 (2) $-\dfrac{1}{8}$	4 $\dfrac{31\sqrt{34}}{34}$
5 (1) -1 (2) 2	6 ③	7 ④	
8 $x+y-14=0$	9 $y=2x+5$, $y=2x-5$		
10 15			

---

1 두 점 $(m, 4)$, $(2, -m)$을 지나는 직선의 기울기 가 m이므로

$\dfrac{-m-4}{2-m}=m$, $-m-4=2m-m^2$

$m^2-3m-4=0$, $(m+1)(m-4)=0$

$\therefore m=-1$ 또는 $m=4$

따라서 구하는 양수 m의 값은 4이다.

⊕ 보충 설명

직선 위의 두 점의 좌표가 주어진 직선의 기울기는

➡ $\dfrac{(y\text{의 값의 증가량})}{(x\text{의 값의 증가량})}$

2 직선 $l : x-2y+4=0$과 x축, y축이 만나는 점은 각각 A$(-4, 0)$, B$(0, 2)$이므로 선분 AB의 중점은

C$(-2, 1)$

이때 직선 l에 수직인 직선의 기울기는 -2이므로 구 하는 직선의 방정식은

$y-1=-2\{x-(-2)\}$ $\therefore y=-2x-3$

따라서 $m=-2$, $n=-3$이므로

$m+n=-5$

3 (1) 직선 $\dfrac{x}{3}+\dfrac{y}{4}=1$의 x절편은

3이고, y절편은 4이므로 오른쪽 그림에서 구하는 삼각형의 넓이는

$\dfrac{1}{2}\times3\times4=6$

(2) 직선 $ax+by+1=0$의 x절편

은 $-\dfrac{1}{a}$, y절편은 $-\dfrac{1}{b}$이고

제4사분면을 지나지 않으므로 오른쪽 그림과 같다.

이때 색칠한 부분의 넓이가 4이므로

$\left|\dfrac{1}{2}\times\dfrac{1}{a}\times\dfrac{1}{b}\right|=4$

$\therefore ab=-\dfrac{1}{8}$ ($\because a>0$, $b<0$)

⊕ 보충 설명

직선이 x축과 만나는 점의 x좌표, y축과 만나는 점의 y좌표 를 각각 x절편, y절편이라고 한다. 즉, $y=0$일 때의 x의 값 이 x절편, $x=0$일 때의 y의 값이 y절편이다.

4 두 직사각형 A, B의 넓이를 동시에 이등분하는 직선은 두 직사각형 A, B의 대각선의 교점을 지나는 직선이다.

직사각형 B의 대각선의 교점을 원점으로 잡으면 다음 그림과 같이 직사각형 A의 대각선의 교점의 좌표는 $(-5, 3)$, 점 P의 좌표는 $(2, 5)$이다.

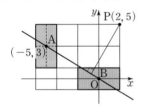

두 직사각형 A, B의 대각선의 교점 $(-5, 3)$, $(0, 0)$ 을 지나는 직선의 방정식은

$y=-\dfrac{3}{5}x$ $\therefore 3x+5y=0$

따라서 점 P$(2, 5)$와 직선 $3x+5y=0$ 사이의 거리는

$$\frac{|3\times2+5\times5|}{\sqrt{3^2+5^2}}=\frac{31}{\sqrt{34}}=\frac{31\sqrt{34}}{34}$$

⊕ 보충 설명

좌표평면을 잡을 때, 어느 점을 원점으로 잡더라도 결과는 같게 나온다. 하지만 계산이 간단하려면 직선의 방정식을 간단히 나타낼 수 있어야 하므로 위의 풀이에서는 직사각형 B의 대각선의 교점을 원점으로 잡는 것이 편리하다.

5 (1) 두 직선이 서로 평행하므로

$-2(k+1)=(k+1)^2$ ...... ㉠

$-k\neq3$ ...... ㉡

㉠에서 $-2k-2=k^2+2k+1$이므로

$k^2+4k+3=0$, $(k+3)(k+1)=0$

$\therefore k=-3$ 또는 $k=-1$

㉡에서 $k\neq-3$이므로 구하는 상수 k의 값은 -1이다.

(2) 두 직선이 일치하므로

$$\frac{1}{a}=\frac{a}{a+2}=\frac{a}{4}$$

$\dfrac{1}{a}=\dfrac{a}{a+2}$에서 $a^2-a-2=0$

$(a+1)(a-2)=0$

$\therefore a=-1$ 또는 $a=2$ ...... ㉠

$\dfrac{1}{a}=\dfrac{a}{4}$에서 $a^2=4$

$\therefore a=-2$ 또는 $a=2$ ...... ㉡

㉠, ㉡에서 구하는 상수 a의 값은 2이다.

⊕ 보충 설명

(2)에서 각 항의 계수의 비가 일정할 때, 한 직선의 양변에 일정한 값을 곱하면 나머지 한 직선과 같아짐을 알 수 있다.

6 직선 $2x-y+6=0$, 즉 $y=2x+6$에 수직인 직선의 기울기는 $-\dfrac{1}{2}$이다.

따라서 점 A$(2, 0)$을 지나고 기울기가 $-\dfrac{1}{2}$인 직선의 방정식은

$y=-\dfrac{1}{2}(x-2)$ $\therefore x+2y-2=0$

즉, 점 B는 두 직선 $2x-y+6=0$과 $x+2y-2=0$의 교점이다.

두 직선의 방정식을 연립하여 풀면

$x=-2$, $y=2$

따라서 구하는 점 B의 x좌표는 -2이다.

7 세 직선으로 둘러싸인 삼각형이 직각삼각형이 되려면 어느 두 직선이 수직이어야 한다.

$x+3y=2$에서 $y=-\dfrac{1}{3}x+\dfrac{2}{3}$ ...... ㉠

$x-2y=4$에서 $y=\dfrac{1}{2}x-2$ ...... ㉡

$ax-y=2$에서 $y=ax-2$ ...... ㉢

세 직선 ㉠, ㉡, ㉢의 기울기가 각각 $-\dfrac{1}{3}$, $\dfrac{1}{2}$, a이므로

㉠, ㉡은 수직이 아니다.

(i) 두 직선 ㉠, ㉢이 수직일 때,

$\left(-\dfrac{1}{3}\right)\times a=-1$ $\therefore a=3$

(ii) 두 직선 ㉡, ㉢이 수직일 때,

$\dfrac{1}{2}\times a=-1$ $\therefore a=-2$

(i), (ii)에서 모든 a의 값의 합은

$3+(-2)=1$

8 두 직선 $y=4x-1$, $y=3x+2$, 즉 $4x-y-1=0$, $3x-y+2=0$의 교점을 지나는 직선의 방정식은

$(4x-y-1)+k(3x-y+2)=0$ (k는 실수)

$(3k+4)x-(k+1)y+(2k-1)=0$ ...... ㉠

$\therefore y=\dfrac{3k+4}{k+1}x+\dfrac{2k-1}{k+1}$

이 직선의 x절편과 y절편이 같으므로 이 직선의 기울기는 -1이다.

즉, $\dfrac{3k+4}{k+1}=-1$에서

$3k+4=-k-1$

$\therefore k=-\dfrac{5}{4}$

따라서 ㉠에 $k=-\dfrac{5}{4}$를 대입하면 구하는 직선의 방정식은

$\dfrac{1}{4}x+\dfrac{1}{4}y-\dfrac{7}{2}=0$

$\therefore x+y-14=0$

다른 풀이

㉠에 $y=0$을 대입하여 이 직선의 x절편을 구하면

$(3k+4)x+(2k-1)=0$

$\therefore x=-\dfrac{2k-1}{3k+4}$

또한 ㉠에 $x=0$을 대입하여 이 직선의 y절편을 구하면

$-(k+1)y+(2k-1)=0$

$$\therefore y = \frac{2k-1}{k+1}$$

x절편과 y절편이 같으므로

$$-\frac{2k-1}{3k+4} = \frac{2k-1}{k+1} \qquad \cdots\cdots \ \text{©}$$

$$-(3k+4) = k+1 \qquad \therefore k = -\frac{5}{4}$$

> **➕ 보충 설명**
>
> ©에서 $2k-1=0$이면 $k=\frac{1}{2}$이므로 구하는 직선의 방정식은 $11x-3y=0$이 된다. 이것은 x절편, y절편이 모두 0이 되어 문제의 주어진 조건에 어긋난다.

9 주어진 직선 $2x-y-1=0$의 기울기가 2이므로 구하는 직선의 방정식을 $y=2x+a$라고 하면

$$2x-y+a=0 \qquad\qquad \cdots\cdots \ \text{㉠}$$

원점에서 직선 ㉠까지의 거리가 $\sqrt{5}$이므로

$$\frac{|a|}{\sqrt{2^2+(-1)^2}} = \sqrt{5}$$

$$|a|=5 \qquad \therefore a=\pm 5$$

따라서 구하는 직선의 방정식은

$$y=2x+5 \ \text{또는} \ y=2x-5$$

> **➕ 보충 설명**
>
> 점과 직선 사이의 거리 공식을 이용하려면 직선의 방정식을 일반형으로 고쳐야 한다.

10 두 점 $(4, 6)$, $(6, 4)$를 지나는 직선의 방정식은

$$y-6 = \frac{4-6}{6-4}(x-4) \qquad \therefore y=-x+10$$

이 직선과 직선 $y=x$는 서로 수직이므로 삼각형 OAB는 다음 그림과 같이 $\angle A=90°$인 직각삼각형이다.

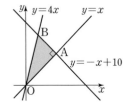

또한 $A(5, 5)$, $B(2, 8)$이므로

$$\overline{OA} = \sqrt{5^2+5^2} = \sqrt{50} = 5\sqrt{2}$$

$$\overline{AB} = \sqrt{(2-5)^2+(8-5)^2} = \sqrt{18} = 3\sqrt{2}$$

따라서 삼각형 OAB의 넓이는

$$\frac{1}{2} \times \overline{OA} \times \overline{AB} = \frac{1}{2} \times 5\sqrt{2} \times 3\sqrt{2} = 15$$

> **➕ 보충 설명**
>
> 두 점 $A(x_1, y_1)$, $B(x_2, y_2)$를 지나는 직선의 방정식에서 기울기 m은 $m=\frac{y_2-y_1}{x_2-x_1}$임을 이용한다. 또한 두 직선의 기울기의 곱이 -1이면 두 직선은 서로 수직임을 기억한다.

실력 다지기 86쪽 ~ 87쪽

11 18   **12** 9   **13** ④   **14** $\frac{2}{3}$ **15** -3

16 ⑤

17 (1) $x-y+3=0$, $2x+2y-1=0$

　　(2) $x-y+2=0$, $x+y=0$

18 2

19 (1) $y=1$, $4x-3y-5=0$

　　(2) $3x-4y+5=0$, $x=1$

20 2

11 **접근 방법** 점 P의 좌표를 $P(a, -2a+12)$로 놓고 사각형 OQPR의 넓이를 a에 대한 식으로 나타내어 본다.

직선 $y=-2x+12$ 위의 한 점을 $P(a, -2a+12)$라고 하면 직사각형 OQPR의 넓이 S는

$$S = a(-2a+12)$$
$$\quad = -2a^2+12a$$
$$\quad = -2(a-3)^2+18$$

이때 점 P가 제1사분면 위의 점이므로 $0<a<6$이다. 따라서 $a=3$일 때, 최댓값은 18이다.

12 **접근 방법** x절편 a와 y절편 b를 이용하여 직선의 방정식을 구하고, 주어진 점의 좌표를 대입하면 a, b에 대한 식이 나온다. 이때 a, b가 양의 정수인 조건을 이용하면 a, b의 값을 구할 수 있다.

x절편이 a이고 y절편이 b인 직선 $\frac{x}{a}+\frac{y}{b}=1$이 점 $(1, 2)$를 지나므로

$$\frac{1}{a}+\frac{2}{b}=1, \ \ \text{즉} \ ab=2a+b \qquad \cdots\cdots \ \text{㉠}$$

a, b가 양의 정수인 부정방정식이므로 ㉠을 두 다항식의 곱으로 나타내면

$$ab-2a-b=0$$
$$a(b-2)-(b-2)-2=0$$
$$\therefore (a-1)(b-2)=2$$

즉, $a-1$과 $b-2$는 2의 약수이므로 다음과 같이 4가지 경우를 생각할 수 있다.

(i) $\begin{cases} a-1=1 \\ b-2=2 \end{cases} \Rightarrow \begin{cases} a=2 \\ b=4 \end{cases}$ $\therefore ab=8$

(ii) $\begin{cases} a-1=2 \\ b-2=1 \end{cases} \Rightarrow \begin{cases} a=3 \\ b=3 \end{cases}$ $\therefore ab=9$

(iii) $\begin{cases} a-1=-1 \\ b-2=-2 \end{cases} \Rightarrow \begin{cases} a=0 \\ b=0 \end{cases}$

이때 a, b가 양의 정수가 아니므로 조건을 만족시키지 않는다.

(iv) $\begin{cases} a-1=-2 \\ b-2=-1 \end{cases} \Rightarrow \begin{cases} a=-1 \\ b=1 \end{cases}$

이때 a가 양의 정수가 아니므로 조건을 만족시키지 않는다.

(i)~(iv)에서 주어진 조건을 만족시키는 두 양의 정수 a, b에 대하여 ab의 최댓값은 9이다.

⊕ 보충 설명

$ab=2a+b$를 만족시키는 a와 b의 값은 무수히 많지만 위의 문제처럼 두 수가 양의 정수인 조건을 이용하면 유한개로 결정된다.

13 **접근 방법** | 두 삼각형의 높이가 같다면 밑변의 길이의 비가 두 삼각형의 넓이의 비가 되므로 직선 $y=mx$는 선분 AB를 $1:2$로 내분한다.

직선 $\dfrac{x}{a}+\dfrac{y}{b}=1$이 x축, y축과 만나는 점 A, B의 좌표는 각각 A$(a, 0)$, B$(0, b)$이다.

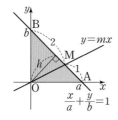

한편, 원점에서 직선 $\dfrac{x}{a}+\dfrac{y}{b}=1$에 내린 수선의 길이를 h라고 하면 두 삼각형 OAM, OMB의 높이가 h로 같으므로 두 삼각형의 넓이의 비는 밑변의 길이의 비가 된다. 즉,

$\triangle \text{OAM} : \triangle \text{OMB} = \overline{\text{AM}} : \overline{\text{MB}} = 1 : 2$

따라서 점 M은 선분 AB를 $1:2$로 내분하는 점이므로 점 M의 좌표는

$\left(\dfrac{1 \times 0 + 2 \times a}{1+2}, \dfrac{1 \times b + 2 \times 0}{1+2} \right)$, 즉 $\left(\dfrac{2a}{3}, \dfrac{b}{3} \right)$

직선 $y=mx$가 점 M을 지나므로

$\dfrac{b}{3} = m \times \dfrac{2a}{3}$ $\therefore m = \dfrac{b}{2a}$

⊕ 보충 설명

점 M의 좌표를 선분의 내분을 이용하여 쉽게 찾을 수 있었는데, 이 문제의 경우에는 삼각형의 닮음을 이용한 비의 관계를 통해서도 점 M의 좌표를 찾을 수 있다. 점 M을 지나면서 x축에 평행한 직선을 그었 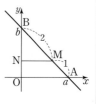 을 때 y축과의 교점을 점 N이라고 하면 삼각형 ABO와 삼각형 MBN은 닮음이고, 닮음비는 $3:2$이다. 이때 점 M의 x좌표는 선분 MN의 길이이고 y좌표는 선분 OB의 길이에서 선분 BN의 길이를 뺀 값이다.

14 **접근 방법** | 주어진 직선의 방정식을 m에 대하여 정리하면 m의 값에 관계없이 항상 지나는 점의 좌표를 찾을 수 있다. 또한 삼각형의 높이가 같다면 밑변의 길이의 비가 넓이의 비가 된다.

$y=mx+2m-1$에서 $(x+2)m-(y+1)=0$ 이므로 직선 $y=mx+2m-1$은 m의 값에 관계없이 항상 점 A$(-2, -1)$을 지난다.

따라서 점 A를 지나는 직선 $y=mx+2m-1$이 삼각형 ABC의 넓이를 이등분하려면 선분 BC의 중점을 지나야 한다.

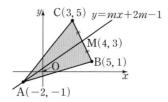

선분 BC의 중점 M의 좌표는

$\left(\dfrac{5+3}{2}, \dfrac{1+5}{2} \right)$, 즉 $(4, 3)$

직선 $y=mx+2m-1$이 점 $(4, 3)$을 지나므로

$3=4m+2m-1$

$\therefore m = \dfrac{2}{3}$

⊕ 보충 설명

$y=mx+2m-1$을 $(x+2)m-(y+1)=0$으로 나타내는 것이 중요하다.

$y=mx+2m-1$의 그래프를 그리기는 어렵지만 $(x+2)m-(y+1)=0$과 같이 나타내면 한 점이 고정되면서 그래프의 위치를 쉽게 알 수 있다.

15 **접근 방법** | 세 직선이 한 점에서 만나려면 두 직선의 교점을 나머지 한 직선이 지나면 된다.

세 직선이 한 점에서 만나려면 두 직선 $x+y-1=0$, $x-y-3=0$의 교점을 나머지 한 직선 $ax-2y+4=0$이 지나야 한다.

$x+y-1=0$, $x-y-3=0$을 연립하여 풀면

$x=2$, $y=-1$

따라서 직선 $ax-2y+4=0$이 두 직선의 교점 $(2, -1)$을 지나므로

$2a-2\times(-1)+4=0$ $\quad$ $\therefore a=-3$

⊕ 보충 설명

문제에서처럼 세 직선이 한 점에서 만난다면 그것은 세 직선 중 두 직선의 교점을 나머지 한 직선이 지난다고 생각할 수 있다.

16 **접근 방법** | 실수 k의 값에 관계없이 직선 l이 항상 지나는 점을 먼저 구하도록 한다.

① 임의의 실수 k에 대하여

$(2x+y-5)+k(x-y-1)=0$

이므로 k의 값에 관계없이 두 직선 $2x+y-5=0$, $x-y-1=0$의 교점 $(2, 1)$을 지난다.

② 일반형으로 정리하면

$(2+k)x+(1-k)y-(k+5)=0$

이 직선이 직선 $x-y-1=0$과 일치하려면

$\dfrac{2+k}{1}=\dfrac{1-k}{-1}=\dfrac{-k-5}{-1}$가 성립해야 한다.

그런데 $2+k\neq k-1$이므로 이 식은 성립할 수 없다.

따라서 직선 l은 직선 $x-y-1=0$과 일치할 수 없다.

③, ④

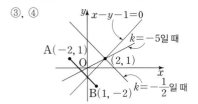

직선 l은 점 $(2, 1)$을 지나는 직선이므로 $\overline{AB}$와 한 점에서 만날 수 있다.

즉, $k=-5$일 때, 직선 l은 $x-2y=0$이므로 위의 그림과 같이 $\overline{AB}$와 한 점에서 만날 수 있다.

한편, 직선 l의 기울기가 -1이면 직선 l과 $\overline{AB}$는 평행하다.

즉, $k=-\dfrac{1}{2}$일 때, 직선 l은 $x+y-3=0$이므로 위

의 그림과 같이 $\overline{AB}$와 평행할 수 있다.

⑤ $\overline{AB}$의 기울기가 $\dfrac{-2-1}{1-(-2)}=-1$이므로 직선 l과 $\overline{AB}$가 수직이려면 직선 l은 점 $(2, 1)$을 지나고 기울기가 1인 직선이 되어야 한다. 즉,

$y-1=1\times(x-2)$

$\therefore x-y-1=0$

그러나 ②에서 직선 l은 k에 어떤 값을 대입하여도 직선 $x-y-1=0$을 나타낼 수는 없으므로 직선 l과 $\overline{AB}$는 수직이 될 수 없다.

17 **접근 방법** | 구하는 점의 좌표를 $P(x, y)$로 놓고 주어진 조건에서 거리 공식을 이용하여 x, y 사이의 관계식을 구한다.

(1) $P(x, y)$라고 하면 점 P는 주어진 두 직선으로부터 같은 거리에 있으므로

$\dfrac{|x+3y-4|}{\sqrt{1^2+3^2}}=\dfrac{|3x+y+2|}{\sqrt{3^2+1^2}}$

$|x+3y-4|=|3x+y+2|$

$x+3y-4=\pm(3x+y+2)$

$\therefore x-y+3=0$ 또는 $2x+2y-1=0$

(2) 구하는 각의 이등분선 위의 임의의 점을 $P(x, y)$라고 하면 점 P에서 두 직선에 이르는 거리가 같으므로

$\dfrac{|x+2y-1|}{\sqrt{1^2+2^2}}=\dfrac{|2x+y+1|}{\sqrt{2^2+1^2}}$

$|x+2y-1|=|2x+y+1|$

$x+2y-1=\pm(2x+y+1)$

$\therefore x-y+2=0$ 또는 $x+y=0$

⊕ 보충 설명

각의 이등분선

(1)에서 두 직선에 이르는 거리가 같은 점 P가 나타내는 도형은 다음 그림과 같이 두 직선이 이루는 각의 이등분선이 된다.

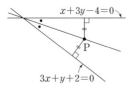

18 **접근 방법** | 평행한 두 직선 사이의 거리는 한 직선 위의 점에서 다른 직선까지의 거리이다.

두 직선 $mx+y-3=0$, $mx+y+m=0$이 평행하므로 직선 $mx+y-3=0$ 위의 한 점 $(0, 3)$과 직선 $mx+y+m=0$ 사이의 거리가 2이다.

즉, $\dfrac{|0+3+m|}{\sqrt{m^2+1^2}}=2$이므로

$|3+m|=2\sqrt{m^2+1}$

양변을 제곱하여 정리하면

$3m^2-6m-5=0$

이 이차방정식은 서로 다른 두 실근을 가지므로 근과 계수의 관계에 의하여 구하는 모든 상수 m의 값의 합은

$$-\dfrac{-6}{3}=2$$

19 **접근 방법**| 점 $(x_1,\ y_1)$을 지나고 기울기가 m인 직선의 방정식은 $y-y_1=m(x-x_1)$ ...... ㉠
이때 y축에 평행한 직선은 ㉠ 꼴로 나타낼 수 없으므로 y축에 평행한 직선 중에서 주어진 조건을 만족시키는 직선이 있는지 꼭 확인하도록 한다.

(1) 점 $(2,\ 1)$을 지나고 기울기가 m인 직선의 방정식은

$y-1=m(x-2)$

$\therefore\ mx-y-2m+1=0$ ...... ㉠

원점에서 직선 ㉠까지의 거리가 1이므로

$\dfrac{|-2m+1|}{\sqrt{m^2+(-1)^2}}=1$

$|-2m+1|=\sqrt{m^2+1}$

양변을 제곱하여 정리하면

$3m^2-4m=0$

$m(3m-4)=0$

$\therefore\ m=0$ 또는 $m=\dfrac{4}{3}$

이것을 ㉠에 대입하면 구하는 직선의 방정식은

$y=1$ 또는 $4x-3y-5=0$

(2) 점 $(1,\ 2)$를 지나고 기울기가 m인 직선의 방정식은

$y-2=m(x-1)$

$\therefore\ mx-y-m+2=0$ ...... ㉠

원점에서 직선 ㉠까지의 거리가 1이므로

$\dfrac{|-m+2|}{\sqrt{m^2+(-1)^2}}=1$

$|-m+2|=\sqrt{m^2+1}$

양변을 제곱하여 정리하면

$-4m+3=0$ $\therefore\ m=\dfrac{3}{4}$

이것을 ㉠에 대입하여 정리하면

$3x-4y+5=0$

한편, 직선 $x=1$도 점 $(1,\ 2)$를 지나고 원점으로부터의 거리가 1이므로 구하는 직선의 방정식은

$3x-4y+5=0$ 또는 $x=1$

20 **접근 방법**| 좌표평면 위에 원점을 표시하고, 점 $(2,\ -1)$을 지나는 여러 직선을 그려 거리를 따져 보면 어떤 직선이 원점으로부터의 거리가 최대인지 알 수 있다.

점과 직선 사이의 거리는 수직 거리이므로 다음 그림과 같이 점 $\mathrm{A}(2,\ -1)$을 지나는 직선 중에서 원점으로부터의 거리가 최대인 직선은 직선 OA에 수직인 직선이다.

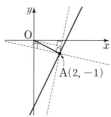

따라서 직선 OA의 기울기가

$\dfrac{-1-0}{2-0}=-\dfrac{1}{2}$

이므로 구하는 직선의 기울기는 2이다.

다른 풀이

점 $\mathrm{A}(2,\ -1)$을 지나는 직선의 기울기를 m이라고 하면 구하는 직선의 방정식은

$y-(-1)=m(x-2)$

$\therefore\ mx-y-2m-1=0$

원점과 이 직선 사이의 거리를 k라고 하면

$k=\dfrac{|-2m-1|}{\sqrt{m^2+1}}$

$|2m+1|=k\sqrt{m^2+1}$ ...... ㉠

양변을 제곱하여 정리하면

$(k^2-4)m^2-4m+(k^2-1)=0$ ...... ㉡

m이 실수이므로 m에 대한 이차방정식 ㉡의 판별식을 D라고 하면

$\dfrac{D}{4}=(-2)^2-(k^2-4)(k^2-1)\ge 0$

$k^4-5k^2\le 0$

$k^2(k^2-5)\le 0$

$0\le k^2\le 5$

$\therefore\ 0\le k\le\sqrt{5}\ (\because$ ㉠에서 $k\ge 0)$

따라서 거리의 최댓값은 $\sqrt{5}$이고, ㉡에 $k^2=5$를 대입하면

$m^2-4m+4=0,\ (m-2)^2=0$

$\therefore\ m=2$

◈ 보충 설명

다른 풀이와 같이 점과 직선 사이의 거리 공식을 이용할 수도 있지만 계산이 조금 복잡하다.

21 **접근 방법** 직사각형의 한 대각선은 직사각형의 넓이를 이등분한다.

직선 l과 선분 CD의 교점을 P라 하고 점 P에서 x축, y축에 내린 수선의 발을 각각 Q, R이라고 하면 삼각형 OQP의 넓이와 삼각형 OPR의 넓이가 서로 같으므로 사각형 ABCQ와 사각형 DERP의 넓이가 서로 같아야 한다.

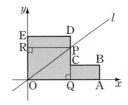

$3 \times \overline{ER} = 2 \times 1$에서 $\overline{ER} = \dfrac{2}{3}$

즉, P$\left(3, \dfrac{7}{3}\right)$이므로 직선 l의 기울기는 $\dfrac{7}{9}$이다.

따라서 $p = 9$, $q = 7$이므로

$p + q = 16$

22 **접근 방법** x축 위의 점 B를 $(a, 0)$으로 놓고 점 B와 직선 OA 사이의 거리를 구하면 $\overline{BI}$의 길이가 된다.

두 점 O, A$(8, 6)$을 지나는 직선의 방정식은

$y = \dfrac{3}{4}x$, 즉 $3x - 4y = 0$

점 B의 좌표를 $(a, 0)$ $(0 < a < 8)$이라고 하면

$\overline{BI} = \dfrac{|3 \times a - 4 \times 0|}{\sqrt{3^2 + (-4)^2}} = \dfrac{3a}{5}$

$\overline{BH} = 8 - a$

$\overline{BI} = \overline{BH}$이므로

$\dfrac{3a}{5} = 8 - a$ $\therefore a = 5$

$\therefore$ B$(5, 0)$

두 점 A$(8, 6)$, B$(5, 0)$을 지나는 직선의 방정식은

$y - 0 = \dfrac{6 - 0}{8 - 5}(x - 5)$ $\therefore y = 2x - 10$

따라서 $m = 2$, $n = -10$이므로

$m + n = 2 + (-10) = -8$

다른 풀이 1

점 A$(8, 6)$이므로 $\overline{AH} = 6$, $\overline{OH} = 8$

직각삼각형 OAH에서

$\overline{OA} = \sqrt{\overline{AH}^2 + \overline{OH}^2} = \sqrt{6^2 + 8^2} = 10$

$\overline{BH} = \overline{BI} = x$라고 하면 $\overline{OB} = 8 - x$

두 삼각형 OBI와 OAH가 서로 닮음이므로

$\overline{OB} : \overline{BI} = \overline{OA} : \overline{AH}$에서

$(8 - x) : x = 10 : 6$

$10x = 48 - 6x$ $\therefore x = 3$

즉, 점 B의 좌표는 $(5, 0)$이다.

두 점 A$(8, 6)$, B$(5, 0)$을 지나는 직선의 방정식은

$y - 0 = \dfrac{6 - 0}{8 - 5}(x - 5)$ $\therefore y = 2x - 10$

따라서 $m = 2$, $n = -10$이므로

$m + n = 2 + (-10) = -8$

다른 풀이 2

직선 $y = mx + n$과 y축의 교점을 C라고 하면 두 직선 OC, AH가 서로 평행하므로

$\angle$OCB $= \angle$HAB

$\overline{BI} = \overline{BH}$이고 $\overline{AB}$는 공통이므로 두 직각삼각형 AIB, AHB는 서로 합동이다.

따라서 $\angle$BAI $= \angle$BAH

삼각형 OAC에서 $\angle$OAC $= \angle$OCA이므로

$\overline{OC} = \overline{OA} = \sqrt{8^2 + 6^2} = 10$

따라서 점 C의 좌표는 $(0, -10)$이므로 직선 AC의 기울기 m은

$m = \dfrac{6 - (-10)}{8 - 0} = 2$

y절편은 -10이므로 $n = -10$

$\therefore m + n = 2 + (-10) = -8$

23 **접근 방법** 주어진 도형을 좌표평면 위에 놓고 문제를 해결한다.

오른쪽 그림과 같이 직선 BC를 x축, 직선 AB를 y축으로 하는 좌표평면을 생각하면 A$(0, 3)$, B$(0, 0)$, C$(3, 0)$, E$(3, 1)$

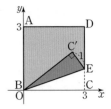

이때 직선 BC'은 원점을 지나는 직선이므로 $y = mx$, 즉 $mx - y = 0$으로 놓으면 점 E와 직선 $mx - y = 0$ 사이의 거리가 1이다. 즉,

$\dfrac{|3m - 1|}{\sqrt{m^2 + (-1)^2}} = 1$

$|3m - 1| = \sqrt{m^2 + 1}$

양변을 제곱하여 정리하면

$4m^2-3m=0,\ m(4m-3)=0$

$\therefore m=\dfrac{3}{4}\ (\because m>0)$

즉, 직선 BC′의 방정식은

$y=\dfrac{3}{4}x$

$\therefore 3x-4y=0$

따라서 점 A$(0,\ 3)$과 직선 BC′ 사이의 거리는

$$\dfrac{|-12|}{\sqrt{3^2+(-4)^2}}=\dfrac{12}{5}$$

24 **접근 방법**| 직선 $y=2x-12a$와 평행한 직선이 이차함수의 그래프와 접하는 점에서 직선 $y=2x-12a$까지의 거리가 두 그래프 사이의 거리의 최솟값이다.

$3<a<7$일 때, 이차함수 $y=x^2-2ax-20$의 그래프와 직선 $y=2x-12a$가 만나지 않으므로 기울기가 2인 직선이 이차함수 $y=x^2-2ax-20$에 접할 때의 접점이 점 P일 때, 점 P와 직선 $y=2x-12a$ 사이의 거리가 최소가 된다.

$y=x^2-2ax-20$에 접하고 기울기가 2인 직선을

$y=2x+b$ ······ ㉠

라고 하면

$x^2-2ax-20=2x+b$

$x^2-2(a+1)x-20-b=0$의 판별식을 D라고 하면

$\dfrac{D}{4}=(a+1)^2+(20+b)=0$

$b=-(a+1)^2-20$

$\ =-a^2-2a-21$

이므로 ㉠에 대입하면 접선의 방정식은

$y=2x-a^2-2a-21$

즉, $f(a)$는 두 직선 $y=2x-12a$와

$y=2x-a^2-2a-21$ 사이의 거리와 같으므로

직선 $y=2x-12a$ 위의 점 $(6a,\ 0)$과 직선

$y=2x-a^2-2a-21$, 즉 $2x-y-a^2-2a-21=0$

사이의 거리를 구하면

$f(a)=\dfrac{|12a-a^2-2a-21|}{\sqrt{2^2+(-1)^2}}$

$\ =\dfrac{|-a^2+10a-21|}{\sqrt{5}}$

$\ =\dfrac{|-(a-5)^2+4|}{\sqrt{5}}$

따라서 $3<a<7$인 실수 a에 대하여 $f(a)$의 최댓값은

$f(5)=\dfrac{4\sqrt{5}}{5}$

03. 원의 방정식

개념 콕콕 **1 원의 방정식** 95쪽

1 답 (1) 중심의 좌표 : $(0,\ 0)$, 반지름의 길이 : $\sqrt{5}$
  (2) 중심의 좌표 : $(3,\ -1)$, 반지름의 길이 : 4
  (3) 중심의 좌표 : $(0,\ 1)$, 반지름의 길이 : $\sqrt{2}$
  (4) 중심의 좌표 : $(4,\ 0)$, 반지름의 길이 : 1

2 답 (1) $(x-3)^2+(y+2)^2=16$
  (2) $(x+1)^2+(y-5)^2=3$

3 답 (1) 중심의 좌표 : $(-2,\ 3)$,
    반지름의 길이 : $\sqrt{13}$
  (2) 중심의 좌표 : $(-1,\ -4)$, 반지름의 길이 : 5
  (3) 중심의 좌표 : $(-3,\ 0)$, 반지름의 길이 : 3
  (4) 중심의 좌표 : $(3,\ 5)$, 반지름의 길이 : $\sqrt{13}$

(1) $x^2+y^2+4x-6y=0$에서
  $(x+2)^2+(y-3)^2=13$
  따라서 중심의 좌표는 $(-2,\ 3)$, 반지름의 길이는
  $\sqrt{13}$이다.

(2) $x^2+y^2+2x+8y-8=0$에서
  $(x+1)^2+(y+4)^2=25$
  따라서 중심의 좌표는 $(-1,\ -4)$, 반지름의 길이는 5이다.

(3) $x^2+y^2+6x=0$에서 $(x+3)^2+y^2=9$
  따라서 중심의 좌표는 $(-3,\ 0)$, 반지름의 길이는 3이다.

(4) $(x-1)(x-5)+(y-2)(y-8)=0$에서
  $x^2-6x+y^2-10y+21=0$
  $\therefore (x-3)^2+(y-5)^2=13$
  따라서 중심의 좌표는 $(3,\ 5)$, 반지름의 길이는 $\sqrt{13}$이다.

4 답 (1) $(x-3)^2+(y-4)^2=16$
  (2) $(x+3)^2+(y-4)^2=9$
  (3) $(x-3)^2+(y+4)^2=9$
  (4) $(x+3)^2+(y+4)^2=16$

5 답 (1) $(x-2)^2+(y-2)^2=4$
  (2) $(x+3)^2+(y-3)^2=9$
  (3) $(x+4)^2+(y+4)^2=16$
  (4) $(x-\sqrt{2})^2+(y+\sqrt{2})^2=2$

01-1

답 (1) $(x-3)^2+(y+2)^2=13$
　(2) $(x-3)^2+(y-1)^2=8$
　(3) $x^2+(y-1)^2=8$

(1) 원의 반지름의 길이를 r이라고
하면 원의 방정식은
$(x-3)^2+(y+2)^2=r^2$

이 원이 원점 $(0, 0)$을 지나므로
$(0-3)^2+(0+2)^2=r^2$
$\therefore r^2=13$
따라서 구하는 원의 방정식은
$(x-3)^2+(y+2)^2=13$

(2) 선분 AB의 중점이 원의 중심
이므로 그 좌표는
$\left(\dfrac{5+1}{2}, \dfrac{3+(-1)}{2}\right)$
$\therefore (3, 1)$

선분 AB가 원의 지름이므로 원의 반지름의 길이는
$\dfrac{1}{2}\overline{AB}=\dfrac{1}{2}\sqrt{(1-5)^2+(-1-3)^2}$
$\quad =\dfrac{1}{2}\times4\sqrt{2}=2\sqrt{2}$
따라서 구하는 원의 방정식은
$(x-3)^2+(y-1)^2=8$

(3) 원의 중심을 $(0, b)$, 반지름의
길이를 r이라고 하면 원의 방정
식은 $x^2+(y-b)^2=r^2$
이 원이 점 $(-2, -1)$을 지나므
로 $(-2)^2+(-1-b)^2=r^2$
$\therefore b^2+2b+5=r^2$ $\quad\cdots\cdots\ \bigcirc$
또한 이 원이 점 $(2, 3)$을 지나므로
$2^2+(3-b)^2=r^2$
$\therefore b^2-6b+13=r^2$ $\quad\cdots\cdots\ \bigcirc$
$\bigcirc-\bigcirc$을 하면
$8b-8=0$ $\quad\therefore b=1$
$b=1$을 $\bigcirc$에 대입하면 $r^2=8$
따라서 구하는 원의 방정식은
$x^2+(y-1)^2=8$

다른 풀이

(1) 원의 반지름의 길이 r은 중심 $(3, -2)$와 원 위의
점 $(0, 0)$ 사이의 거리이므로
$r=\sqrt{3^2+(-2)^2}=13$

따라서 구하는 원의 방정식은
$(x-3)^2+(y+2)^2=13$

(2) 원 위의 점 $P(x, y)$에 대하여 $\angle APB=90°$이므로
피타고라스 정리에 의하여
$\overline{AP}^2+\overline{BP}^2=\overline{AB}^2$
이때
$\overline{AP}=\sqrt{(x-5)^2+(y-3)^2}$
$\overline{BP}=\sqrt{(x-1)^2+(y+1)^2}$
$\overline{AB}=\sqrt{(1-5)^2+(-1-3)^2}=4\sqrt{2}$
이므로
$\{(x-5)^2+(y-3)^2\}+\{(x-1)^2+(y+1)^2\}=32$
$x^2+y^2-6x-2y+2=0$
$\therefore (x-3)^2+(y-1)^2=8$

(3) 원의 중심 $(0, b)$와 원 위의 두 점 $(-2, -1)$,
$(2, 3)$ 사이의 거리는 원의 반지름의 길이로 서로
같으므로
$\sqrt{(-2)^2+(-1-b)^2}=\sqrt{2^2+(3-b)^2}$
양변을 제곱하여 정리하면
$b^2+2b+5=b^2-6b+13$
$8b=8$ $\quad\therefore b=1$
즉, 반지름의 길이는
$r=\sqrt{(-2)^2+(-1-1)^2}=2\sqrt{2}$
따라서 중심의 좌표가 $(0, 1)$이고 반지름의 길이가
$2\sqrt{2}$인 원의 방정식은
$x^2+(y-1)^2=8$

⊕ 보충 설명

(2)에서 원의 중심을 C라 하면 원의 반지름의 길이 r은 선분
AC의 길이 또는 선분 BC의 길이와 같으므로
$r=\overline{AC}=\sqrt{(3-5)^2+(1-3)^2}=2\sqrt{2}$
와 같이 구해도 된다.

01-2 답 ①

선분 AB의 중점이 원의 중심이므로 그 좌표는
$\left(\dfrac{-2+4}{2}, \dfrac{-7+1}{2}\right)$ $\quad\therefore (1, -3)$
선분 AB가 원의 지름이므로 원의 반지름의 길이는
$\dfrac{1}{2}\overline{AB}=\dfrac{1}{2}\sqrt{(4+2)^2+(1+7)^2}=\dfrac{1}{2}\times10=5$
즉, 원의 방정식은
$(x-1)^2+(y+3)^2=25$
따라서 $a=1$, $b=-3$, $r=5$ $(\because r>0)$이므로
$a+b+r=1+(-3)+5=3$

01-3 답 17

원의 중심이 직선 $y=x-1$ 위에 있으므로 중심을 $(a, a-1)$이라고 하면 원의 방정식은

$(x-a)^2+\{y-(a-1)\}^2=c$

이 원이 점 $(-5, 0)$을 지나므로

$(-5-a)^2+(0-a+1)^2=c$

$\therefore 2a^2+8a+26=c$ ...... ㉠

또한 점 $(1, 2)$를 지나므로

$(1-a)^2+(2-a+1)^2=c$

$\therefore 2a^2-8a+10=c$ ...... ㉡

㉠-㉡을 하면

$16a+16=0$ $\therefore a=-1$

$a=-1$을 ㉠에 대입하면

$2-8+26=c$ $\therefore c=20$

즉, 원의 방정식은

$(x+1)^2+(y+2)^2=20$

따라서 $a=-1$, $b=-2$, $c=20$이므로

$a+b+c=-1+(-2)+20=17$

다른 풀이

원의 중심 $(a, a-1)$과 원 위의 두 점 $(-5, 0)$, $(1, 2)$ 사이의 거리는 원의 반지름의 길이로 서로 같으므로

$\sqrt{(-5-a)^2+(-a+1)^2}=\sqrt{(1-a)^2+(2-a+1)^2}$

양변을 제곱하여 정리하면

$2a^2+8a+26=2a^2-8a+10$

$16a=-16$ $\therefore a=-1$

이때 반지름의 길이는

$\sqrt{(-5+1)^2+2^2}=\sqrt{20}$

이므로 원의 방정식은

$(x+1)^2+(y+2)^2=20$

따라서 $a=-1$, $b=-2$, $c=20$이므로

$a+b+c=-1+(-2)+20=17$

예제 02 원의 방정식의 일반형 99쪽

02-1 답 (1) 중심의 좌표 : $(1, 1)$,
 반지름의 길이 : $\sqrt{5}$
 (2) 중심의 좌표 : $(-2, 3)$,
 반지름의 길이 : 5

(1) 원의 방정식을 $x^2+y^2+Ax+By+C=0$이라 하고 세 점 $P(0, -1)$, $Q(-1, 0)$, $R(3, 2)$의 좌표를 차례대로 대입하여 정리하면

$B-C=1$ ...... ㉠

$A-C=1$ ...... ㉡

$3A+2B+C=-13$ ...... ㉢

㉠+㉢을 하면

$3A+3B=-12$

$\therefore A+B=-4$ ...... ㉣

㉡+㉢을 하면

$4A+2B=-12$

$\therefore 2A+B=-6$ ...... ㉤

㉤-㉣을 하면

$A=-2$이므로 $B=-2$, $C=-3$

즉, 원의 방정식은 $x^2+y^2-2x-2y-3=0$

$\therefore (x-1)^2+(y-1)^2=5$

따라서 구하는 원의 중심의 좌표는 $(1, 1)$, 반지름의 길이는 $\sqrt{5}$이다.

(2) 원의 방정식을 $x^2+y^2+Ax+By+C=0$이라 하고 세 점 $P(2, 0)$, $Q(1, -1)$, $R(3, 3)$의 좌표를 차례대로 대입하여 정리하면

$2A+C=-4$ ...... ㉠

$A-B+C=-2$ ...... ㉡

$3A+3B+C=-18$ ...... ㉢

㉠-㉡을 하면

$A+B=-2$ ...... ㉣

㉢-㉠을 하면

$A+3B=-14$ ...... ㉤

㉤-㉣을 하면

$2B=-12$

즉, $B=-6$이므로 $A=4$, $C=-12$

즉, 원의 방정식은 $x^2+y^2+4x-6y-12=0$

$\therefore (x+2)^2+(y-3)^2=25$

따라서 구하는 원의 중심의 좌표는 $(-2, 3)$, 반지름의 길이는 5이다.

02-2 답 5

세 점 $(-4, 0)$, $(-2, 4)$, $(5, 3)$을 지나는 원의 방정식을 $x^2+y^2+Ax+By+C=0$이라 하고 세 점의 좌표를 차례대로 대입하여 정리하면

$4A-C=16$

$2A-4B-C=20$

$5A+3B+C=-34$

세 식을 연립하여 풀면

$A=-2$, $B=0$, $C=-24$

즉, 원의 방정식은
$$x^2+y^2-2x-24=0$$
이때 점 $(1, a)$가 이 원 위의 점이므로
$$a^2=25 \quad \therefore a=\pm5$$
따라서 양수 a의 값은 5이다.

02-3 답 ③

삼각형의 외접원은 삼각형의 세 꼭짓점을 지나는 원이
므로 먼저 주어진 세 직선으로 만들어지는 삼각형의
세 꼭짓점의 좌표를 구해야 한다. 즉, 세 직선
$$x+2y-12=0 \qquad \cdots\cdots ㉠$$
$$x-y+3=0 \qquad \cdots\cdots ㉡$$
$$x-3y+3=0 \qquad \cdots\cdots ㉢$$
에 대하여 ㉠, ㉡을 연립하여 풀면
$$x=2, y=5$$
이므로 두 직선 ㉠, ㉡의 교점의 좌표는 $(2, 5)$
㉡, ㉢을 연립하여 풀면
$$x=-3, y=0$$
이므로 두 직선 ㉡, ㉢의 교점의 좌표는 $(-3, 0)$
㉠, ㉢을 연립하여 풀면
$$x=6, y=3$$
이므로 두 직선 ㉠, ㉢의 교점의 좌표는 $(6, 3)$
이때 세 점 $(2, 5)$, $(-3, 0)$, $(6, 3)$을 지나는 원의
방정식을 $x^2+y^2+Ax+By+C=0$이라 하고
세 점의 좌표를 차례대로 대입하여 정리하면
$$2A+5B+C=-29$$
$$-3A+C=-9$$
$$6A+3B+C=-45$$
세 식을 연립하여 풀면
$$A=-4, B=0, C=-21$$
즉, 원의 방정식은
$$x^2+y^2-4x-21=0$$
$$\therefore (x-2)^2+y^2=5^2$$
따라서 구하는 외접원의 넓이는
$$\pi\times5^2=25\pi$$

예제 03 **좌표축에 접하는 원의 방정식** 101쪽

03-1 답 (1) $(x-3)^2+(y-4)^2=9$ 또는
$$(x+3)^2+(y-4)^2=9$$
(2) $\dfrac{225}{16}\pi$

(1) 점 $(0, 4)$에서 y축에 접하므로 원의 중심을 $(a, 4)$
라고 하면 원의 방정식은
$$(x-a)^2+(y-4)^2=a^2$$
$\pi a^2=9\pi$에서 $a^2=9$
$$\therefore a=3 \text{ 또는 } a=-3$$
따라서 구하는 원의 방정식은
$$(x-3)^2+(y-4)^2=9 \text{ 또는 } (x+3)^2+(y-4)^2=9$$

(2) 점 $(3, 0)$에서 x축에 접하므로 원의 중심을 $(3, b)$
라고 하면 원의 방정식은
$$(x-3)^2+(y-b)^2=b^2$$
이 원이 점 $(0, -6)$을 지나므로
$$9+(-6-b)^2=b^2$$
$$12b+45=0$$
$$\therefore b=-\frac{15}{4}$$
따라서 구하는 원의 넓이는
$$\pi\times\left(\frac{15}{4}\right)^2=\frac{225}{16}\pi$$

03-2 답 $(x-1)^2+(y-2)^2=1$ 또는
$$(x-5)^2+(y-6)^2=25$$

원의 중심이 직선 $y=x+1$ 위에 있으므로 중심의 좌
표를 $(a, a+1)$이라고 하면 이 원이 y축에 접하므로
반지름의 길이는 $|a|$이다.
즉, 원의 방정식은
$$(x-a)^2+\{y-(a+1)\}^2=a^2$$
이때 이 원이 점 $(1, 3)$을 지나므로
$$(1-a)^2+(2-a)^2=a^2$$
$$a^2-6a+5=0$$
$$(a-1)(a-5)=0$$
$$\therefore a=1 \text{ 또는 } a=5$$

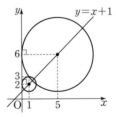

(i) $a=1$일 때, 구하는 원의 방정식은
$$(x-1)^2+(y-2)^2=1$$
(ii) $a=5$일 때, 구하는 원의 방정식은
$$(x-5)^2+(y-6)^2=25$$
따라서 구하는 원의 방정식은
$$(x-1)^2+(y-2)^2=1 \text{ 또는 } (x-5)^2+(y-6)^2=25$$

03-3 답 ④

원이 점 $(-1, 3)$을 지나고 x축 과 y축에 동시에 접하려면 주어 진 원의 중심은 오른쪽 그림과 같 이 제2사분면 위에 있어야 한다.

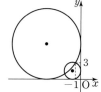

이때 반지름의 길이를 r이라고 하면 중심의 좌표는 $(-r, r)$이므로 원의 방정식은

$(x+r)^2+(y-r)^2=r^2$

이 원이 점 $(-1, 3)$을 지나므로

$(-1+r)^2+(3-r)^2=r^2$

$\therefore r^2-8r+10=0$

$f(r)=r^2-8r+10$이라 하고, 방정식 $f(r)=0$의 판 별식을 D라고 하면

$\dfrac{D}{4}=(-4)^2-1\times10=6>0$

또한 근과 계수의 관계에 의하여 (두 근의 합)$=8>0$, (두 근의 곱)$=10>0$이므로 방정식 $f(r)=0$은 서로 다른 두 양의 실근을 가진다.

따라서 두 원의 반지름의 길이의 합은 8이다.

➕ 보충 설명

원 $(x-a)^2+(y-b)^2=r^2$이 x축과 y축에 동시에 접하는 경우는 다음 그림과 같이 $r=|a|=|b|$일 때이다.

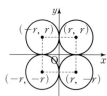

이때 원의 중심이
(1) 제1사분면에 있으면 ➡ $(x-r)^2+(y-r)^2=r^2$
(2) 제2사분면에 있으면 ➡ $(x+r)^2+(y-r)^2=r^2$
(3) 제3사분면에 있으면 ➡ $(x+r)^2+(y+r)^2=r^2$
(4) 제4사분면에 있으면 ➡ $(x-r)^2+(y+r)^2=r^2$

또한 원이 x축과 y축에 동시에 접하는 경우에는 원의 중심 이 직선 $y=x$ 또는 $y=-x$ 위에 있어야 함을 알 수 있다.

예제 04 점이 나타내는 도형의 방정식   103쪽

04-1 답 (1) $(x+3)^2+y^2=16$
       (2) $(x+17)^2+y^2=324$

(1) 점 P의 좌표를 (x, y)라고 하면

$\overline{AP}:\overline{BP}=1:2$에서 $2\overline{AP}=\overline{BP}$이므로

$2\sqrt{(x+1)^2+y^2}=\sqrt{(x-5)^2+y^2}$

양변을 제곱하면

$4(x^2+2x+1+y^2)=x^2-10x+25+y^2$

$x^2+y^2+6x-7=0$

$\therefore (x+3)^2+y^2=16$

(2) 점 P의 좌표를 (x, y)라고 하면

$\overline{AP}:\overline{BP}=2:3$에서 $3\overline{AP}=2\overline{BP}$이므로

$3\sqrt{(x+5)^2+y^2}=2\sqrt{(x-10)^2+y^2}$

양변을 제곱하면

$9(x^2+10x+25+y^2)=4(x^2-20x+100+y^2)$

$x^2+y^2+34x-35=0$

$\therefore (x+17)^2+y^2=324$

➕ 보충 설명

$\overline{AP}:\overline{BP}=m:n$에서 $m\neq n$이면 점 P가 나타내는 도형 은 원이 된다.

하지만 $m=n$이면 $\overline{AP}:\overline{BP}=1:1$, 즉 $\overline{AP}=\overline{BP}$를 만족 시키는 점 P가 나타내는 도형은 선분 AB의 수직이등분선 이 된다는 것에 주의해야 한다.

04-2 답 ③

점 P의 좌표를 (x, y)라고 하면

$\overline{OP}^2=\overline{AP}^2+\overline{BP}^2$에서

$x^2+y^2=(x-2)^2+(y-3)^2+(x-4)^2+y^2$

$x^2+y^2-12x-6y+29=0$

$\therefore (x-6)^2+(y-3)^2=16$

따라서 점 P가 나타내는 도형은 중심의 좌표가 $(6, 3)$ 이고, 반지름의 길이가 4인 원이므로 구하는 도형의 길 이는

$2\pi\times4=8\pi$

➕ 보충 설명

오른쪽 그림과 같이 좌표평면 위의 두 정점 A, B에 대하여 $\overline{AP}^2+\overline{BP}^2=\overline{AB}^2$을 만족시키는 삼각형 PAB는 $\angle APB=90°$인 직각삼각형이다.

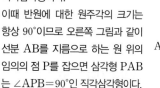

이때 반원에 대한 원주각의 크기는 항상 $90°$이므로 오른쪽 그림과 같이 선분 AB를 지름으로 하는 원 위의 임의의 점 P를 잡으면 삼각형 PAB 는 $\angle APB=90°$인 직각삼각형이다.

따라서 $\overline{AP}^2+\overline{BP}^2=\overline{AB}^2$을 만족시키는 점 P가 나타내는 도형은 선분 AB를 지름으로 하는 원이다.

04-3 답 (1) $(x-2)^2+y^2=1$
(2) $(x-3)^2+(y-4)^2=25$

(1) 점 P의 좌표를 (x, y), 원 $x^2+y^2=4$ 위의 임의의
점을 Q(x', y')이라고 하면 점 Q(x', y')은 원
$x^2+y^2=4$ 위의 점이므로
$$x'^2+y'^2=4 \qquad\qquad \cdots\cdots \text{㉠}$$

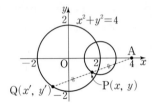

또한 점 P(x, y)는 선분 AQ의 중점이므로
$$x=\frac{4+x'}{2}, \ y=\frac{y'}{2}$$
$$\therefore x'=2x-4, \ y'=2y \qquad\qquad \cdots\cdots \text{㉡}$$
㉡을 ㉠에 대입하면
$$(2x-4)^2+(2y)^2=4$$
$$\therefore (x-2)^2+y^2=1$$

(2) 점 P의 좌표를 (x, y)라고
하면 오른쪽 그림과 같이 점
A$(6, 8)$에서 원점을 지나는
직선에 내린 수선의 발이 점 P
이므로 삼각형 OPA는 직각
삼각형이다.

$\overline{\mathrm{OP}}^2+\overline{\mathrm{AP}}^2=\overline{\mathrm{OA}}^2$에서
$$(x^2+y^2)+(x-6)^2+(y-8)^2=6^2+8^2$$
$$x^2+y^2-6x-8y=0$$
$$\therefore (x-3)^2+(y-4)^2=25$$

개념 콕콕 2 원과 직선의 위치 관계   111쪽

1 답 (1) 서로 다른 두 점에서 만난다.
(2) 접한다.(한 점에서 만난다.)
(3) 만나지 않는다.
(4) 접한다.(한 점에서 만난다.)

(1) $y=x+2$를 $x^2+y^2=9$에 대입하면
$$x^2+(x+2)^2=9$$
$$\therefore 2x^2+4x-5=0$$
이 이차방정식의 판별식을 D라고 하면
$$\frac{D}{4}=2^2-2\times(-5)=14>0$$
따라서 원 O와 직선 l은 서로 다른 두 점에서 만난다.

(2) $y=x+3$을 $x^2+y^2+2x=1$에 대입하면
$$x^2+(x+3)^2+2x=1$$
$$2x^2+8x+8=0 \qquad \therefore x^2+4x+4=0$$
이 이차방정식의 판별식을 D라고 하면
$$\frac{D}{4}=2^2-1\times 4=0$$
따라서 원 O와 직선 l은 접한다.(한 점에서 만난다.)

(3) $y=-x+4$를 $x^2+y^2=4$에 대입하면
$$x^2+(-x+4)^2=4$$
$$2x^2-8x+12=0$$
$$\therefore x^2-4x+6=0$$
이 이차방정식의 판별식을 D라고 하면
$$\frac{D}{4}=(-2)^2-1\times 6=-2<0$$
따라서 원 O와 직선 l은 만나지 않는다.

(4) $y=5$를 $x^2+y^2=25$에 대입하면
$$x^2+5^2=25 \qquad \therefore x=0$$
이 이차방정식은 근이 하나 존재하므로 원 O와 직
선 l은 접한다.(한 점에서 만난다.)

2 답 (1) 서로 다른 두 점에서 만난다.
(2) 만나지 않는다.
(3) 접한다.(한 점에서 만난다.)
(4) 접한다.(한 점에서 만난다.)

(1) 원의 중심 $(0, 0)$과 직선 $x+y-2=0$ 사이의 거리는
$$\frac{|0+0-2|}{\sqrt{1^2+1^2}}=\sqrt{2}$$
원의 반지름의 길이가 $\sqrt{5}$이므로 원 O와 직선 l은
서로 다른 두 점에서 만난다.

(2) 원의 중심 $(3, 0)$과 직선 $x-y+1=0$ 사이의 거리는
$$\frac{|3-0+1|}{\sqrt{1^2+(-1)^2}}=2\sqrt{2}$$
원의 반지름의 길이가 2이므로 원 O와 직선 l은 만
나지 않는다.

(3) 원의 중심 $(0, 0)$과 직선 $x=-4$ 사이의 거리는
$$|-4-0|=4$$
원의 반지름의 길이가 4이므로 원 O와 직선 l은 접
한다.(한 점에서 만난다.)

(4) 원의 중심 $(1, 1)$과 직선 $y=x+4$, 즉
$x-y+4=0$ 사이의 거리는
$$\frac{|1-1+4|}{\sqrt{1^2+(-1)^2}}=2\sqrt{2}$$
원의 반지름의 길이가 $2\sqrt{2}$이므로 원 O와 직선 l은
접한다.(한 점에서 만난다.)

3 답 (1) 내접한다.　　(2) 외접한다.
　　(3) 외부에 있다.　(4) 서로 다른 두 점에서 만난다.

두 원의 중심거리를 d, 두 원 O, O'의 반지름의 길이를 각각 r, r'이라고 하면

(1) 두 원의 중심은 각각 $(0, 0)$, $(0, 3)$이므로 $d=3$
　　$r=2$, $r'=5$이므로
　　$d=r'-r$에서 두 원은 내접한다.

(2) $x^2+y^2-4x-4y-8=0$에서
　　$(x-2)^2+(y-2)^2=16$
　　즉, 두 원의 중심은 각각 $(-2, -1)$, $(2, 2)$이므로
　　$d=\sqrt{(-2-2)^2+(-1-2)^2}=5$
　　$r=1$, $r'=4$이므로
　　$d=r+r'$에서 두 원은 외접한다.

(3) $O : (x-5)^2+(y+2)^2=4$
　　$O' : (x-1)^2+(y+1)^2=1$
　　두 원의 중심은 각각 $(5, -2)$, $(1, -1)$이므로
　　$d=\sqrt{(5-1)^2+(-2+1)^2}=\sqrt{17}$
　　$r=2$, $r'=1$이므로
　　$d>r+r'$에서 원 O는 원 O'의 외부에 있다.

(4) 두 원의 중심은 각각 $(0, 0)$, $(3, -4)$이므로
　　$d=\sqrt{(3-0)^2+(-4-0)^2}=5$
　　$r=2$, $r'=4$이므로
　　$r'-r<d<r'+r$에서 두 원은 서로 다른 두 점에서 만난다.

4 답 (1) $4x-5y+11=0$　(2) $x-y-4=0$
　　(3) $x=3$　　　　　　(4) $y=3$

(1) $(x^2+y^2+4x-5y+10)-(x^2+y^2-1)=0$
　　$\therefore 4x-5y+11=0$

(2) 두 원의 방정식 $(x-3)^2+(y+1)^2=2$,
　　$(x-2)^2+y^2=4$에서
　　$(x^2+y^2-6x+2y+8)-(x^2+y^2-4x)=0$
　　$-2x+2y+8=0$
　　$\therefore x-y-4=0$

(3) $(x^2+y^2-9)-(x^2+y^2-8x+15)=0$
　　$8x-24=0$
　　$\therefore x=3$

(4) 두 원의 방정식 $(x+1)^2+y^2=16$,
　　$(x+1)^2+(y-2)^2=8$에서
　　$(x^2+y^2+2x-15)-(x^2+y^2+2x-4y-3)=0$
　　$4y-12=0$
　　$\therefore y=3$

예제 05 **판별식을 이용한 원과 직선의 위치 관계**　113쪽

05-1 답 (1) $-5<k<5$　(2) $k=\pm5$
　　(3) $k<-5$ 또는 $k>5$

$y=-2x+k$를 $x^2+y^2=5$에 대입하면
$x^2+(-2x+k)^2=5$
$\therefore 5x^2-4kx+k^2-5=0$
위의 이차방정식의 판별식을 D라고 하면
$\dfrac{D}{4}=(-2k)^2-5(k^2-5)=-k^2+25$

(1) $\dfrac{D}{4}>0$일 때, 원과 직선이 서로 다른 두 점에서 만나므로
　　$-k^2+25>0$, $k^2<25$
　　$\therefore -5<k<5$

(2) $\dfrac{D}{4}=0$일 때, 원과 직선이 접하므로
　　$-k^2+25=0$, $k^2=25$
　　$\therefore k=\pm5$

(3) $\dfrac{D}{4}<0$일 때, 원과 직선이 만나지 않으므로
　　$-k^2+25<0$, $k^2>25$
　　$\therefore k<-5$ 또는 $k>5$

05-2 답 (1) $m<-\sqrt{2}$ 또는 $m>\sqrt{2}$
　　(2) $m=\pm\sqrt{2}$　(3) $-\sqrt{2}<m<\sqrt{2}$

$y=mx+3$을 $x^2+y^2=3$에 대입하면
$x^2+(mx+3)^2=3$
$\therefore (m^2+1)x^2+6mx+6=0$
위의 이차방정식의 판별식을 D라고 하면
$\dfrac{D}{4}=(3m)^2-(m^2+1)\times6=3m^2-6$

(1) $\dfrac{D}{4}>0$일 때, 원과 직선이 서로 다른 두 점에서 만나므로
　　$3m^2-6>0$, $m^2>2$
　　$\therefore m<-\sqrt{2}$ 또는 $m>\sqrt{2}$

(2) $\dfrac{D}{4}=0$일 때, 원과 직선이 접하므로
　　$3m^2-6=0$, $m^2=2$
　　$\therefore m=\pm\sqrt{2}$

(3) $\dfrac{D}{4}<0$일 때, 원과 직선이 만나지 않으므로
　　$3m^2-6<0$, $m^2<2$
　　$\therefore -\sqrt{2}<m<\sqrt{2}$

05-3 답 20

직선 $3x-y+2=0$, 즉 $y=3x+2$와 평행한 직선의 기울기는 3이므로 직선의 방정식을

$y=3x+k$ ($k\neq2$인 정수)

라 하고 이 식을 $x^2+y^2=10$에 대입하면

$x^2+(3x+k)^2=10$

$\therefore 10x^2+6kx+k^2-10=0$ ...... ㉠

이때 원과 직선이 만나므로 이차방정식 ㉠이 실근을 가진다.

이차방정식 ㉠의 판별식을 D라고 하면 $D\geq0$이므로

$\dfrac{D}{4}=(3k)^2-10(k^2-10)\geq0$

$k^2\leq100$

$\therefore -10\leq k<2,\ 2<k\leq10$ ($\because k\neq2$)

따라서 구하는 정수 k는 20개이다.

예제 06 **점과 직선 사이의 거리 공식을 이용한 원과 직선의 위치 관계** 115쪽

06-1 답 (1) $-5<k<5$
(2) $k=\pm5$
(3) $k<-5$ 또는 $k>5$

원의 중심 $(2,\ -1)$과 직선 $x+2y+k=0$ 사이의 거리 d는

$d=\dfrac{|2+2\times(-1)+k|}{\sqrt{1^2+2^2}}=\dfrac{|k|}{\sqrt5}$

(1) d가 원의 반지름의 길이 $\sqrt5$보다 작을 때, 원과 직선이 서로 다른 두 점에서 만나므로

$\dfrac{|k|}{\sqrt5}<\sqrt5$

$|k|<5$

$\therefore -5<k<5$

(2) d가 원의 반지름의 길이 $\sqrt5$와 같을 때, 원과 직선이 접하므로

$\dfrac{|k|}{\sqrt5}=\sqrt5$

$|k|=5$

$\therefore k=\pm5$

(3) d가 원의 반지름의 길이 $\sqrt5$보다 클 때, 원과 직선이 만나지 않으므로

$\dfrac{|k|}{\sqrt5}>\sqrt5$

$|k|>5$

$\therefore k<-5$ 또는 $k>5$

⊕보충 설명

예제 05와 같이 이차방정식의 판별식을 이용하여 원과 직선의 위치 관계를 구하는 방법은 위의 문제처럼 직선의 방정식을 $x=\square$(또는 $y=\triangle$) 꼴로 변형하기 복잡한 경우나 원의 중심이 원점이 아닌 경우 계산이 복잡하다.

따라서 x 또는 y를 소거하기 쉬운 경우를 제외하고는 원의 중심과 직선 사이의 거리와 반지름의 길이의 크기를 비교하여 원과 직선의 위치 관계를 판별하는 것이 더 편리하다.

06-2 답 (1) $m<-\sqrt2$ 또는 $m>\sqrt2$
(2) $m=\pm\sqrt2$ (3) $-\sqrt2<m<\sqrt2$

원의 중심 $(0,\ 0)$과 직선 $y=mx+3$, 즉 $mx-y+3=0$ 사이의 거리 d는

$d=\dfrac{|3|}{\sqrt{m^2+(-1)^2}}=\dfrac{3}{\sqrt{m^2+1}}$

(1) d가 원의 반지름의 길이 $\sqrt3$보다 작을 때, 원과 직선이 서로 다른 두 점에서 만나므로

$\dfrac{3}{\sqrt{m^2+1}}<\sqrt3,\ 3<\sqrt3\times\sqrt{m^2+1}$

양변을 제곱하여 정리하면 $m^2>2$

$\therefore m<-\sqrt2$ 또는 $m>\sqrt2$

(2) d가 원의 반지름의 길이 $\sqrt3$과 같을 때, 원과 직선이 접하므로

$\dfrac{3}{\sqrt{m^2+1}}=\sqrt3,\ 3=\sqrt3\times\sqrt{m^2+1}$

양변을 제곱하여 정리하면 $m^2=2$

$\therefore m=\pm\sqrt2$

(3) d가 원의 반지름의 길이 $\sqrt3$보다 클 때, 원과 직선이 만나지 않으므로

$\dfrac{3}{\sqrt{m^2+1}}>\sqrt3,\ 3>\sqrt3\times\sqrt{m^2+1}$

양변을 제곱하여 정리하면 $m^2<2$

$\therefore -\sqrt2<m<\sqrt2$

06-3 답 ④

$x^2+y^2+4x-2y+1=0$에서 $(x+2)^2+(y-1)^2=4$

원의 중심 $(-2,\ 1)$과 직선 $3x+4y+k=0$ 사이의 거리가 원의 반지름의 길이 2보다 작을 때, 원과 직선이 서로 다른 두 점에서 만나므로

$\dfrac{|3\times(-2)+4\times1+k|}{\sqrt{3^2+4^2}}<2,\ |k-2|<10$

$-10<k-2<10$ $\therefore -8<k<12$

따라서 구하는 정수 k는 $-7,\ -6,\ \cdots,\ 11$의 19개이다.

07-1 답 (1) $x^2+y^2+6x-9y=0$
(2) $x^2+y^2-2y-1=0$ (3) $x-y-4=0$

(1) 두 원의 교점을 지나는 원의 방정식은
$$(x^2+y^2-6)+k(x^2+y^2+4x-6y-2)=0$$
(단, $k\neq-1$인 실수)
...... ㉠

이 원이 원점 $(0,0)$을 지나므로
$$(0+0-6)+k(0+0+0-0-2)=0$$
$$\therefore k=-3$$
$k=-3$을 ㉠에 대입하면
$$(x^2+y^2-6)-3(x^2+y^2+4x-6y-2)=0$$
$$-2x^2-2y^2-12x+18y=0$$
$$\therefore x^2+y^2+6x-9y=0$$

(2) $(x-1)^2+(y-2)^2=1$에서
$$x^2+y^2-2x-4y+4=0$$
$(x-2)^2+(y-3)^2=4$에서
$$x^2+y^2-4x-6y+9=0$$
이므로 두 원의 교점을 지나는 원의 방정식은
$$(x^2+y^2-2x-4y+4)+k(x^2+y^2-4x-6y+9)$$
$$=0 \text{ (단, } k\neq-1\text{인 실수)} \quad ...... ㉠$$
이 원이 점 $(-1,0)$을 지나므로
$$(1+0+2-0+4)+k(1+0+4-0+9)=0$$
$$\therefore k=-\frac{1}{2}$$
$k=-\dfrac{1}{2}$을 ㉠에 대입하면
$$(x^2+y^2-2x-4y+4)$$
$$-\frac{1}{2}(x^2+y^2-4x-6y+9)=0$$
$$\therefore x^2+y^2-2y-1=0$$

(3) 두 원의 교점을 지나는 직선의 방정식은
$$(x^2+y^2-6x+2y+8)-(x^2+y^2-4x)=0$$
$$-2x+2y+8=0 \quad \therefore x-y-4=0$$

다른 풀이

(3) 두 원의 방정식
$$x^2+y^2-6x+2y+8=0, \ x^2+y^2-4x=0$$
을 연립하여 구한 두 원의 교점을 각각 A, B라고
하면 $A(2,-2)$, $B(4,0)$
따라서 직선 AB의 방정식은
$$y-0=\frac{0-(-2)}{4-2}(x-4) \quad \therefore y=x-4$$

07-2 답 ②

두 원의 교점을 지나는 직선의 방정식은
$$(x^2+y^2+2ax-4y-b)$$
$$-(x^2+y^2+bx+2y-a+1)=0$$
$$\therefore (2a-b)x-6y+(a-b-1)=0$$
이 직선이 직선 $2x-3y+1=0$과 일치하므로
$$\frac{2a-b}{2}=\frac{-6}{-3}=\frac{a-b-1}{1}$$
$$\therefore 2a-b=4, \ a-b=3$$
두 식을 연립하여 풀면 $a=1$, $b=-2$
$$\therefore a+b=1+(-2)=-1$$

07-3 답 $(x-1)^2+(y+1)^2=1$

두 원의 공통현의 방정식은 두 원의 교점을 지나는 직
선의 방정식과 같으므로
$$(x^2+y^2+2x+2y-3)-(x^2+y^2+x+2y-2)=0$$
$$x-1=0 \quad \therefore x=1$$
$x=1$을 $x^2+y^2+2x+2y-3=0$에 대입하면
$$y^2+2y=0, \ y(y+2)=0 \quad \therefore y=0 \text{ 또는 } y=-2$$
두 원의 교점을 각각 $A(1,0)$, $B(1,-2)$라고 하면
선분 AB를 지름으로 하는 원의 중심의 좌표는
$$\left(\frac{1+1}{2},\frac{0+(-2)}{2}\right) \quad \therefore (1,-1)$$
이때 반지름의 길이는
$$\frac{1}{2}\overline{AB}=\frac{1}{2}\sqrt{(1-1)^2+(-2)^2}=1$$
따라서 구하는 원의 방정식은
$$(x-1)^2+(y+1)^2=1$$

예제 08 현의 길이 119쪽

08-1 답 $2\sqrt{2}$

다음 그림과 같이 주어진 원의 중심을 $C(2,1)$이라 하
고, 점 C에서 직선 $y=x+1$, 즉 $x-y+1=0$에 내린
수선의 발을 H라고 하면
$$\overline{CH}=\frac{|2-1+1|}{\sqrt{1^2+(-1)^2}}=\frac{2}{\sqrt{2}}=\sqrt{2}$$

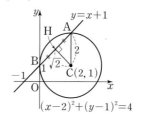

이때 $\overline{AC}=2$이므로 직각삼각형 CAH에서
$$\overline{AH}^2=\overline{AC}^2-\overline{CH}^2=2^2-(\sqrt{2})^2=2$$
$$\therefore \overline{AH}=\sqrt{2}$$
따라서 두 점 A, B 사이의 거리는
$$\overline{AB}=2\overline{AH}=2\sqrt{2}$$

08-2 답 ⑤

다음 그림과 같이 주어진 원과 직선의 두 교점을 A, B, 원의 중심을 C$(-1, 1)$이라 하고, 점 C에서 직선 $y=x+k$, 즉 $x-y+k=0$에 내린 수선의 발을 H라고 하면
$$\overline{AH}=\frac{1}{2}\overline{AB}=\frac{1}{2}\times 4\sqrt{2}=2\sqrt{2}$$

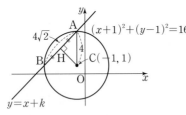

이때 $\overline{AC}=4$이므로 직각삼각형 CAH에서
$$\overline{CH}^2=\overline{CA}^2-\overline{AH}^2=4^2-(2\sqrt{2})^2=8$$
$$\therefore \overline{CH}=2\sqrt{2}$$
즉, 점 C$(-1, 1)$과 직선 $x-y+k=0$ 사이의 거리는
$$\overline{CH}=\frac{|-1-1+k|}{\sqrt{1^2+(-1)^2}}=\frac{|-2+k|}{\sqrt{2}}=2\sqrt{2}$$
$$|-2+k|=4 \qquad \therefore k=6 \ (\because k>0)$$

08-3 답 ③

오른쪽 그림과 같이 주어진 원과 직선의 두 교점을 A, B라고 하면 두 점 A, B를 지나는 원 중에서 넓이가 최소인 것은 선분 AB를 지름으로 하는 원이다.

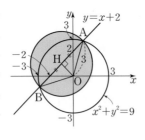

원의 중심 $(0, 0)$에서 직선 $y=x+2$, 즉 $x-y+2=0$에 내린 수선의 발을 H라고 하면
$$\overline{OH}=\frac{|2|}{\sqrt{1^2+(-1)^2}}=\frac{2}{\sqrt{2}}=\sqrt{2}$$
이때 $\overline{OA}=3$이므로 직각삼각형 AHO에서
$$\overline{AH}^2=\overline{AO}^2-\overline{OH}^2=3^2-(\sqrt{2})^2=7$$
$$\therefore \overline{AH}=\sqrt{7}$$
따라서 구하는 원의 넓이는 $\pi\times(\sqrt{7})^2=7\pi$

예제 09 원 위의 한 점과 직선 사이의 거리 121쪽

09-1 답 $M=7$, $m=3$

원의 중심 $(2, 3)$과 직선 $3x+4y+7=0$ 사이의 거리는
$$\frac{|3\times 2+4\times 3+7|}{\sqrt{3^2+4^2}}=\frac{25}{5}=5$$

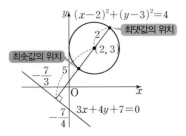

이때 원의 반지름의 길이는 2이므로 원 위의 점 P와 직선 사이의 거리의 최댓값 M은
$M=$(원의 중심과 직선 사이의 거리)$+$(반지름의 길이)
 $=5+2=7$
또한 최솟값 m은
$m=$(원의 중심과 직선 사이의 거리)$-$(반지름의 길이)
 $=5-2=3$

09-2 답 8

$x^2+y^2-6x-4y+9=0$에서 $(x-3)^2+(y-2)^2=4$
이므로 이 원의 중심의 좌표는 $(3, 2)$이고 반지름의 길이는 2이다.
원의 중심 $(3, 2)$와 직선 $4x+3y+2=0$ 사이의 거리는
$$\frac{|4\times 3+3\times 2+2|}{\sqrt{4^2+3^2}}=\frac{20}{5}=4$$
이때 원의 반지름의 길이가 2이므로 원 위의 점 P와 직선 사이의 거리의 최댓값 M은
$M=$(원의 중심과 직선 사이의 거리)$+$(반지름의 길이)
 $=4+2=6$
또한 최솟값 m은
$m=$(원의 중심과 직선 사이의 거리)$-$(반지름의 길이)
 $=4-2=2$

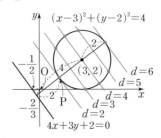

위의 그림과 같이 원 위의 한 점 P와 직선 사이의 거리

d가 자연수가 되는 경우는
$d=2$, $d=3$, $d=4$, $d=5$, $d=6$일 때이고,
$d=2$, $d=6$인 경우에는 점 P가 각각 1개씩,
$d=3$, $d=4$, $d=5$인 경우에는 점 P가 각각 2개씩 있다.
따라서 구하는 점 P의 개수는
$1+2+2+2+1=8$

09-3 답 ④

좌표평면에서 $\sqrt{(a-3)^2+(b-4)^2}$의 값은 점 $(3, 4)$와 점 P 사이의 거리와 같고, 점 P는 원 $x^2+y^2=1$ 위의 점이므로 $\sqrt{(a-3)^2+(b-4)^2}$의 값이 최대인 경우는 점 P의 위치가 다음 그림과 같을 때이다.

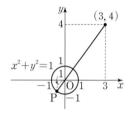

따라서 구하는 최댓값은 원의 중심 $(0, 0)$과 점 $(3, 4)$ 사이의 거리와 원의 반지름의 길이 1을 합한 것과 같으므로
$\sqrt{3^2+4^2}+1=6$

⊕ 보충 설명

같은 방법으로 $\sqrt{(a-3)^2+(b-4)^2}$의 최솟값은 점 P의 위치가 오른쪽 그림과 같을 때이므로 $\sqrt{3^2+4^2}-1=4$임을 알 수 있다.

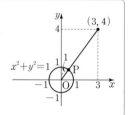

개념 콕콕 **3 원의 접선의 방정식** 127쪽

1 답 (1) $y=2x\pm\sqrt{5}$ (2) $y=x\pm2\sqrt{2}$
　　　　(3) $y=-2x\pm4\sqrt{5}$

(1) 원의 반지름의 길이가 1이고 접선의 기울기가 2이므로 구하는 직선의 방정식은
$y=2x\pm\sqrt{2^2+1}$ ∴ $y=2x\pm\sqrt{5}$

(2) 원의 반지름의 길이가 2이고 접선의 기울기가 1이므로 구하는 직선의 방정식은
$y=x\pm2\sqrt{1^2+1}$ ∴ $y=x\pm2\sqrt{2}$

(3) 원의 반지름의 길이가 4이고 접선의 기울기가 -2이므로 구하는 직선의 방정식은
$y=-2x\pm4\sqrt{(-2)^2+1}$ ∴ $y=-2x\pm4\sqrt{5}$

2 답 (1) $x+y=2$ (2) $-3x+2y=13$
　　　(3) $4x-y=17$

(1) $1\times x+1\times y=2$ ∴ $x+y=2$
(2) $-3\times x+2\times y=13$ ∴ $-3x+2y=13$
(3) $4\times x+(-1)\times y=17$ ∴ $4x-y=17$

3 답 $y=-\sqrt{3}x+2$ 또는 $y=\sqrt{3}x+2$

접점의 좌표를 (x_1, y_1)이라고 하면 접선의 방정식은
$x_1x+y_1y=1$ ⋯⋯ ㉠
접선 ㉠이 점 $(0, 2)$를 지나므로
$2y_1=1$
∴ $y_1=\dfrac{1}{2}$ ⋯⋯ ㉡
한편, 점 (x_1, y_1)은 원 $x^2+y^2=1$ 위의 점이므로
$x_1{}^2+y_1{}^2=1$ ⋯⋯ ㉢
㉡을 ㉢에 대입하면 $x_1{}^2=\dfrac{3}{4}$
∴ $x_1=\pm\dfrac{\sqrt{3}}{2}$
따라서 ㉠에서 $\dfrac{\sqrt{3}}{2}x+\dfrac{1}{2}y=1$ 또는 $-\dfrac{\sqrt{3}}{2}x+\dfrac{1}{2}y=1$
∴ $y=-\sqrt{3}x+2$ 또는 $y=\sqrt{3}x+2$

다른 풀이

점 $(0, 2)$를 지나는 직선의 기울기를 m이라고 하면
$y-2=m(x-0)$ ∴ $mx-y+2=0$ ⋯⋯ ㉣
원 $x^2+y^2=1$의 중심 $(0, 0)$에서 직선 ㉣까지의 거리가 원의 반지름의 길이와 같으므로
$\dfrac{2}{\sqrt{m^2+(-1)^2}}=1$, $\sqrt{m^2+1}=2$
∴ $m=\pm\sqrt{3}$
이것을 ㉣에 대입하면 $y=\pm\sqrt{3}x+2$

4 답 (1) $-x+y=4$ 또는 $x+y=4$
　　　(2) $2x-\sqrt{6}y=10$ 또는 $2x+\sqrt{6}y=10$

(1) 원 $x^2+y^2=8$ 위의 접점의 좌표를 (x_1, y_1)이라고 하면 접선의 방정식은
$x_1x+y_1y=8$ ⋯⋯ ㉠
직선 ㉠이 점 $P(0, 4)$를 지나므로
$x_1\times0+y_1\times4=8$ ∴ $y_1=2$

또한 접점 (x_1, y_1)은 원 $x^2+y^2=8$ 위의 점이므로

$$x_1{}^2+y_1{}^2=8 \qquad \cdots\cdots \text{©}$$

$y_1=2$를 ©에 대입하면

$$x_1{}^2+2^2=8, \ x_1{}^2=4$$

$$\therefore x_1=-2 \ \text{또는} \ x_1=2$$

따라서 구하는 접선의 방정식은

$$-2x+2y=8 \ \text{또는} \ 2x+2y=8$$

$$\therefore -x+y=4 \ \text{또는} \ x+y=4$$

(2) 원 $x^2+y^2=10$ 위의 접점의 좌표를 (x_1, y_1)이라고 하면 접선의 방정식은

$$x_1 x+y_1 y=10 \qquad \cdots\cdots \text{㉠}$$

직선 ㉠이 점 $\mathrm{P}(5, 0)$을 지나므로

$$x_1 \times 5+y_1 \times 0=10 \qquad \therefore x_1=2$$

또한 접점 (x_1, y_1)은 원 $x^2+y^2=10$ 위의 점이므로

$$x_1{}^2+y_1{}^2=10 \qquad \cdots\cdots \text{©}$$

$x_1=2$를 ©에 대입하면

$$2^2+y_1{}^2=10, \ y_1{}^2=6$$

$$\therefore y_1=-\sqrt{6} \ \text{또는} \ y_1=\sqrt{6}$$

따라서 구하는 접선의 방정식은

$$2x-\sqrt{6}\,y=10 \ \text{또는} \ 2x+\sqrt{6}\,y=10$$

다른 풀이

(1) 접선의 기울기를 m이라고 하면 기울기가 m이고 점 $\mathrm{P}(0, 4)$를 지나는 직선의 방정식은

$$y=mx+4$$

$$\therefore mx-y+4=0$$

원의 중심 $(0, 0)$과 직선 $mx-y+4=0$ 사이의 거리가 원의 반지름의 길이인 $2\sqrt{2}$와 같아야 하므로

$$\frac{|4|}{\sqrt{m^2+(-1)^2}}=2\sqrt{2}$$

$$4=2\sqrt{2(m^2+1)}$$

양변을 제곱하여 정리하면

$$m^2=1 \qquad \therefore m=\pm1$$

따라서 구하는 접선의 방정식은

$$-x+y=4 \ \text{또는} \ x+y=4$$

(2) 접선의 기울기를 m이라고 하면 기울기가 m이고 점 $\mathrm{P}(5, 0)$을 지나는 직선의 방정식은

$$y-0=m(x-5)$$

$$\therefore mx-y-5m=0$$

원의 중심 $(0, 0)$과 직선 $mx-y-5m=0$ 사이의 거리가 원의 반지름의 길이인 $\sqrt{10}$과 같아야 하므로

$$\frac{|-5m|}{\sqrt{m^2+(-1)^2}}=\sqrt{10}$$

$$|-5m|=\sqrt{10(m^2+1)}$$

양변을 제곱하여 정리하면

$$15m^2=10 \qquad \therefore m=\pm\frac{\sqrt{6}}{3}$$

따라서 구하는 접선의 방정식은

$$\sqrt{6}x-3y=5\sqrt{6} \ \text{또는} \ \sqrt{6}x+3y=5\sqrt{6}$$

$$\therefore 2x-\sqrt{6}\,y=10 \ \text{또는} \ 2x+\sqrt{6}\,y=10$$

예제 10 **기울기가 주어진 원의 접선의 방정식** 129쪽

10-1 **답** (1) $y=2x\pm5$ (2) $y=3x\pm2\sqrt{10}$

(1) 접선의 기울기가 2이고 원 $x^2+y^2=5$의 반지름의 길이가 $\sqrt{5}$이므로 구하는 접선의 방정식은

$$y=2x\pm\sqrt{5}\times\sqrt{2^2+1}$$

$$\therefore y=2x\pm5$$

(2) 직선 $3x-y+2=0$, 즉 $y=3x+2$에 평행하므로 접선의 기울기는 3이다.

이때 원 $x^2+y^2=4$의 반지름의 길이는 2이므로 구하는 접선의 방정식은

$$y=3x\pm2\sqrt{3^2+1}$$

$$\therefore y=3x\pm2\sqrt{10}$$

다른 풀이

(1) 기울기가 2인 접선의 방정식을 $y=2x+k$ (k는 상수), 즉 $2x-y+k=0$이라고 하면 이 직선과 원의 중심 $(0, 0)$ 사이의 거리가 반지름의 길이와 같으므로

$$\frac{|k|}{\sqrt{2^2+(-1)^2}}=\sqrt{5}, \ |k|=5$$

$$\therefore k=\pm5$$

따라서 구하는 접선의 방정식은

$$y=2x\pm5$$

(2) 직선 $3x-y+2=0$, 즉 $y=3x+2$에 평행하므로 접선의 기울기는 3이다.

이때 접선의 방정식을 $y=3x+k$ (k는 상수), 즉 $3x-y+k=0$이라고 하면 이 직선과 원의 중심 $(0, 0)$ 사이의 거리가 반지름의 길이와 같으므로

$$\frac{|k|}{\sqrt{3^2+(-1)^2}}=2, \ |k|=2\sqrt{10}$$

$$\therefore k=\pm2\sqrt{10}$$

따라서 구하는 접선의 방정식은

$$y=3x\pm2\sqrt{10}$$

10-2 답 (1) $y=-x-1$ 또는 $y=-x+3$
(2) $y=-2x-3$ 또는 $y=-2x+7$

(1) 기울기가 -1인 접선의 방정식을
$y=-x+k$ (k는 상수), 즉 $x+y-k=0$이라고 하
면 이 직선과 원의 중심 $(-1, 2)$ 사이의 거리가 반
지름의 길이와 같으므로
$$\frac{|-1+2-k|}{\sqrt{1^2+1^2}}=\sqrt{2}, \ |1-k|=2$$
$\therefore k=-1$ 또는 $k=3$
따라서 구하는 접선의 방정식은
$y=-x-1$ 또는 $y=-x+3$

(2) 직선 $x-2y+4=0$, 즉 $y=\frac{1}{2}x+2$에 수직이므로
접선의 기울기는 -2이다.
이때 접선의 방정식을
$y=-2x+k$ (k는 상수), 즉 $2x+y-k=0$이라고
하면 이 직선과 원 $x^2+y^2-2x-4=0$, 즉
$(x-1)^2+y^2=5$의 중심 $(1, 0)$ 사이의 거리가 반
지름의 길이와 같으므로
$$\frac{|2\times1+0-k|}{\sqrt{2^2+1^2}}=\sqrt{5}, \ |2-k|=5$$
$\therefore k=-3$ 또는 $k=7$
따라서 구하는 접선의 방정식은
$y=-2x-3$ 또는 $y=-2x+7$

10-3 답 8
두 점 $(-2, 8)$, $(4, 2)$를 지나는 직선의 기울기는
$$\frac{2-8}{4-(-2)}=-1$$
이고, 이 직선과 평행하므로 구하는 접선의 기울기는
-1이다.
이때 원 $x^2+y^2=8$의 반지름의 길이는 $2\sqrt{2}$이므로 기
울기가 -1인 접선의 방정식은
$$y=-x\pm2\sqrt{2}\times\sqrt{(-1)^2+1}$$
$\therefore y=-x\pm4$
접선이 원 $x^2+y^2=8$과 제1사분면에서 접하므로
$y=-x+4$
따라서 오른쪽 그림에서
A$(4, 0)$, B$(0, 4)$이므로
구하는 삼각형 OAB의 넓
이는
$$\frac{1}{2}\times4\times4=8$$

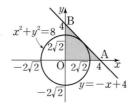

11-1 답 -8
원 $x^2+y^2=20$ 위의 점 $(2, 4)$에서의 접선의 방정식은
$2\times x+4\times y=20$
$\therefore x+2y-10=0$
따라서 $a=2$, $b=-10$이므로
$a+b=2+(-10)=-8$

다른 풀이

원의 중심 $(0, 0)$과 접점 $(2, 4)$를 지나는 직선의 기울
기는
$\frac{4-0}{2-0}=2$이고, 접선은 원의 중심과 접점을 지나는 직
선과 수직이므로 접선의 기울기는 $-\frac{1}{2}$이다.
즉, 구하는 접선의 방정식은
$$y-4=-\frac{1}{2}(x-2)$$
$\therefore x+2y-10=0$
따라서 $a=2$, $b=-10$이므로
$a+b=2+(-10)=-8$

11-2 답 (1) $y=x$ (2) $y=-x+5$

(1) 원의 중심 $(3, -1)$과 접점 $(1, 1)$을 지나는 직선
의 기울기는
$$\frac{1-(-1)}{1-3}=-1$$
이때 접선은 원의 중심과 접점을 지나는 직선에 수
직이므로 접선의 기울기는 1이다.
따라서 구하는 접선의 방정식은
$y-1=1\times(x-1)$
$\therefore y=x$

(2) $x^2+y^2+2x-4y-3=0$에서
$(x+1)^2+(y-2)^2=8$
원의 중심 $(-1, 2)$와 접점 $(1, 4)$를 지나는 직선
의 기울기는
$$\frac{4-2}{1-(-1)}=1$$
이때 접선은 원의 중심과 접점을 지나는 직선에 수
직이므로 접선의 기울기는 -1이다.
따라서 구하는 접선의 방정식은
$y-4=-1\times(x-1)$
$\therefore y=-x+5$

원 위의 접선은 원의 중심과 접점을 이은 직선과 수직이다.

$(x-a)^2+(y-b)^2=r^2$

...... ㉠

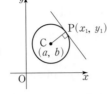

에서

(i) $x_1 \neq a$, $y_1 \neq b$일 때,

직선 PC의 기울기가 $\dfrac{y_1-b}{x_1-a}$이므로 점 P에서의 접선의

방정식은

$y-y_1=-\dfrac{x_1-a}{y_1-b}(x-x_1)$

즉,

$(x_1-a)(x-x_1)+(y_1-b)(y-y_1)=0$

이 식을 변형하면

$(x_1-a)(x-a+a-x_1)+(y_1-b)(y-b+b-y_1)=0$

$\therefore (x_1-a)(x-a)+(y_1-b)(y-b)$
$= (x_1-a)^2+(y_1-b)^2$

...... ㉡

한편, 점 $P(x_1, y_1)$은 원 ㉠ 위에 있으므로

$(x_1-a)^2+(y_1-b)^2=r^2$

이를 ㉡에 대입하면

$(x_1-a)(x-a)+(y_1-b)(y-b)=r^2$

(ii) $x_1=a$이면 접선의 방정식은

$y=b \pm r$

(iii) $y_1=b$이면 접선의 방정식은

$x=a \pm r$

(i)~(iii)에서 접선의 방정식은

$(x_1-a)(x-a)+(y_1-b)(y-b)=r^2$

11-3 답 ⑤

원 $x^2+y^2=25$ 위의 점 $P(4, 3)$에서의 접선의 방정식은

$4x+3y=25$

...... ㉠

원 $x^2+y^2=25$ 위의 점 $Q(-3, 4)$에서의 접선의 방정식은

$-3x+4y=25$

...... ㉡

㉠, ㉡에서 $4 \times (-3)+3 \times 4=0$이므로 두 접선은 서로 수직이다.

또한 접선의 성질에 의하여 선분 OP와 접선 ㉠은 서로 수직이고, 선분 OQ와 접선 ㉡은 서로 수직이다.

따라서 오른쪽 그림과 같이 사각형 OPRQ는 원의 반지름을 한 변으로 하는 정사각형이므로 구하는 사각형의 넓이는

$5 \times 5 = 25$

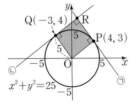

12-1 답 (1) $y=-\dfrac{1}{2}x+\dfrac{5}{2}$ 또는 $y=2x-5$

(2) $y=\dfrac{3}{4}x+\dfrac{5}{4}$ 또는 $x=1$

(1) 점 $(3, 1)$을 지나고 기울기가 m인 접선의 방정식을

$y-1=m(x-3)$, 즉 $mx-y-3m+1=0$이라고

하면 이 직선은 원 $x^2+y^2=5$, 즉 중심의 좌표가

$(0, 0)$이고 반지름의 길이가 $\sqrt{5}$인 원에 접하므로

$\dfrac{|-3m+1|}{\sqrt{m^2+(-1)^2}}=\sqrt{5}$

$\therefore |-3m+1|=\sqrt{5} \times \sqrt{m^2+1}$

...... ㉠

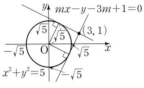

㉠의 양변을 제곱하여 정리하면

$2m^2-3m-2=0$, $(2m+1)(m-2)=0$

$\therefore m=-\dfrac{1}{2}$ 또는 $m=2$

따라서 구하는 접선의 방정식은

$y=-\dfrac{1}{2}x+\dfrac{5}{2}$ 또는 $y=2x-5$

(2) 점 $(1, 2)$를 지나고 기울기가 m인 접선의 방정식을

$y-2=m(x-1)$, 즉 $mx-y-m+2=0$이라고

하면 이 직선은 원 $x^2+y^2=1$, 즉 중심의 좌표가

$(0, 0)$이고 반지름의 길이가 1인 원에 접하므로

$\dfrac{|-m+2|}{\sqrt{m^2+(-1)^2}}=1$

$\therefore |-m+2|=\sqrt{m^2+1}$

...... ㉠

㉠의 양변을 제곱하여 정리하면

$-4m+3=0$ $\therefore m=\dfrac{3}{4}$

즉, 구하는 접선의 방정식은

$y=\dfrac{3}{4}x+\dfrac{5}{4}$

한편, 점 $(1, 2)$에서 원 $x^2+y^2=1$에 그은 접선 중에 하나는 점 $(1, 0)$에서 원과 접하므로 이 접선의

방정식은 $x=1$

다른 풀이

(1) 접점의 좌표를 (x_1, y_1)이라고 하면 접선의 방정식은

$x_1 x + y_1 y = 5$ ····· ㉠

접선 ㉠이 점 $(3, 1)$을 지나므로

$3x_1 + y_1 = 5$ ∴ $y_1 = -3x_1 + 5$ ····· ㉡

또한 점 (x_1, y_1)은 원 $x^2 + y^2 = 5$ 위의 점이므로

$x_1^2 + y_1^2 = 5$ ····· ㉢

㉡, ㉢을 연립하여 풀면

$x_1 = 1$, $y_1 = 2$ 또는 $x_1 = 2$, $y_1 = -1$

이므로 ㉠에 차례대로 대입하면 구하는 접선의 방정식은 $x + 2y = 5$ 또는 $2x - y = 5$

⊕ 보충 설명

원 밖의 한 점에서 원에 접선을 그으면 접선은 항상 2개가 나온다는 것을 기억한다. 위의 문제 (2)에서도 기울기 m의 값이 1개 밖에 나오지 않았으므로 $x = k$ (k는 상수) 꼴의 접선을 찾아본다.

12-2 답 ⑤

점 $(-2, 1)$을 지나고 기울기가 m인 접선의 방정식을 $y - 1 = m(x + 2)$, 즉 $mx - y + 2m + 1 = 0$이라고 하면 이 직선은 원 $(x-1)^2 + (y-2)^2 = 3$, 즉 중심의 좌표가 $(1, 2)$이고 반지름의 길이가 $\sqrt{3}$인 원에 접하므로

$$\frac{|m \times 1 - 2 + 2m + 1|}{\sqrt{m^2 + (-1)^2}} = \sqrt{3}$$

∴ $|3m - 1| = \sqrt{3} \times \sqrt{m^2 + 1}$ ····· ㉠

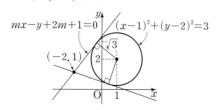

㉠의 양변을 제곱하여 정리하면

$3m^2 - 3m - 1 = 0$

두 접선의 기울기는 이 이차방정식의 두 근이므로 이차방정식의 근과 계수의 관계에 의하여 구하는 두 접선의 기울기의 합은 1이다.

12-3 답 $\sqrt{2}$

점 $(4, 0)$을 지나고 기울기가 m인 접선의 방정식을 $y = m(x - 4)$, 즉 $mx - y - 4m = 0$이라고 하면 원의 중심 $(2, 0)$에서 이 직선까지의 거리 d는 반지름의 길이 r과 같다.

$$\frac{|2m - 4m|}{\sqrt{m^2 + (-1)^2}} = r$$ ∴ $|2m| = r\sqrt{m^2 + 1}$

양변을 제곱하여 정리하면

$(4 - r^2)m^2 - r^2 = 0$ ····· ㉠

이때 점 $(4, 0)$에서 두 접선이 수직이므로 이차방정식의 근과 계수의 관계에 의하여 m에 대한 이차방정식 ㉠의 두 근의 곱은 -1이다.

$$\frac{-r^2}{4 - r^2} = -1, -r^2 = -4 + r^2, r^2 = 2$$

∴ $r = \sqrt{2}$ (∵ $0 < r < 2$)

다른 풀이

두 접선이 서로 수직이면 두 접선과 반지름이 이루는 도형은 한 변의 길이가 r인 정사각형이므로 대각선 $\sqrt{2}r = 2$에서 $r = \sqrt{2}$

예제 13 두 접점을 지나는 직선(극선)의 방정식 135쪽

13-1 답 $3x + 4y - 5 = 0$

오른쪽 그림과 같이 직선 PQ는 점 A를 중심으로 하고 $\overline{AP}$를 반지름으로 하는 원과 원 $x^2 + y^2 = 10$의 공통현이다.

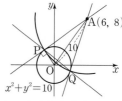

점 $A(6, 8)$에서 원의 중심 $(0, 0)$까지의 거리는 10이고, 원의 반지름의 길이는 $\sqrt{10}$이므로

$\overline{AP} = \sqrt{10^2 - (\sqrt{10})^2} = 3\sqrt{10}$

즉, 원의 중심이 $A(6, 8)$이고 반지름의 길이가 $3\sqrt{10}$인 원의 방정식은

$(x - 6)^2 + (y - 8)^2 = 90$

∴ $x^2 + y^2 - 12x - 16y + 10 = 0$

따라서 두 원의 공통현 PQ의 방정식은

$(x^2 + y^2 - 10) - (x^2 + y^2 - 12x - 16y + 10) = 0$

$12x + 16y - 20 = 0$ ∴ $3x + 4y - 5 = 0$

다른 풀이

점 $A(6, 8)$에서 원 $x^2 + y^2 = 10$에 그은 두 접선의 접점을 각각 $P(x_1, y_1)$, $Q(x_2, y_2)$라고 하면 접선의 방정식은

$x_1 x + y_1 y = 10$,

$x_2 x + y_2 y = 10$

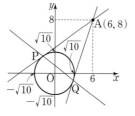

이때 두 접선은 모두 점 $A(6, 8)$을 지나므로

$6x_1 + 8y_1 = 10$, $6x_2 + 8y_2 = 10$

이 두 식은 직선 $6x + 8y = 10$에 두 점 $P(x_1, y_1)$,
$Q(x_2, y_2)$의 좌표를 대입한 것과 같고, 두 점을 지나
는 직선은 유일하므로 직선 PQ의 방정식은

$3x + 4y - 5 = 0$

> **⊕ 보충 설명**
>
> 위의 풀이에서 점 $P(x_1, y_1)$이 원 위의 점이므로
>
> $x_1{}^2 + y_1{}^2 = 10$
>
> 이 식과 $6x_1 + 8y_1 = 10$을 연립하여 점 P의 좌표를 구할 수
> 도 있다.
>
> 또한 직선 PQ의 방정식 $3x + 4y - 5 = 0$과 원 $x^2 + y^2 = 10$
> 을 연립하여 두 점 P, Q의 좌표를 구할 수도 있다.

13-2 답 $5\sqrt{3}$

극선의 방정식 공식을 이용하여 직선 PQ의 방정식을
구하면

$6x + 8y = 25$ $\therefore 6x + 8y - 25 = 0$

오른쪽 그림과 같이 원의
중심 $(0, 0)$에서 직선 PQ
에 내린 수선의 발을 M이
라고 하면

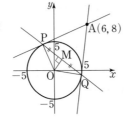

$\overline{OM} = \dfrac{|-25|}{\sqrt{6^2 + 8^2}} = \dfrac{5}{2}$

원의 반지름의 길이는 5이
므로 직각삼각형 OPM에서

$\overline{PM} = \sqrt{5^2 - \left(\dfrac{5}{2}\right)^2} = \dfrac{5\sqrt{3}}{2}$

$\therefore \overline{PQ} = 2\overline{PM} = 2 \times \dfrac{5\sqrt{3}}{2}$

$\qquad = 5\sqrt{3}$

13-3 답 $\dfrac{54}{13}$

접선의 기울기를 m이라
고 하면 접선의 방정식은

$y - 2 = m(x - 3)$

$\therefore mx - y - 3m + 2 = 0$

$\qquad\qquad \cdots\cdots \text{㉠}$

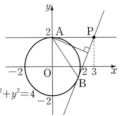

원과 직선이 접하려면
원의 중심 $(0, 0)$과 직선 ㉠ 사이의 거리가 원의 반지
름의 길이 2와 같아야 하므로

$\dfrac{|-3m + 2|}{\sqrt{m^2 + (-1)^2}} = 2$, $|-3m + 2| = 2\sqrt{m^2 + 1}$

양변을 제곱하여 정리하면

$5m^2 - 12m = 0$, $m(5m - 12) = 0$

$\therefore m = 0$ 또는 $m = \dfrac{12}{5}$

즉, 접선의 방정식은

$y = 2$ 또는 $12x - 5y - 26 = 0$

원 $x^2 + y^2 = 4$와 직선 $y = 2$의 교점인 점 A의 좌표는
$(0, 2)$이므로 선분 AP의 길이는

$\overline{AP} = \overline{BP} = 3$

점 $A(0, 2)$와 직선 $12x - 5y - 26 = 0$ 사이의 거리는

$\dfrac{|-10 - 26|}{\sqrt{12^2 + (-5)^2}} = \dfrac{36}{13}$

따라서 삼각형 ABP의 넓이는

$\dfrac{1}{2} \times 3 \times \dfrac{36}{13} = \dfrac{54}{13}$

> **다른 풀이**

극선의 방정식 공식을
이용하여 점 $P(3, 2)$에
서 원 $x^2 + y^2 = 4$에 그은
두 접선의 접점 A, B를
지나는 직선(극선)의 방
정식을 구하면

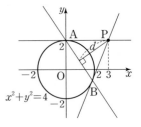

$3x + 2y = 4$

점 $P(3, 2)$에서 직선 $3x + 2y = 4$까지의 거리 d는

$d = \dfrac{|3 \times 3 + 2 \times 2 - 4|}{\sqrt{3^2 + 2^2}} = \dfrac{9}{\sqrt{13}}$

이때 현 AB의 길이는

$\overline{AB} = 2 \times \sqrt{3^2 - \left(\dfrac{9}{\sqrt{13}}\right)^2} = 2 \times \dfrac{6}{\sqrt{13}} = \dfrac{12}{\sqrt{13}}$

따라서 삼각형 ABP의 넓이는

$\dfrac{1}{2} \times \dfrac{9}{\sqrt{13}} \times \dfrac{12}{\sqrt{13}} = \dfrac{54}{13}$

> **기본 다지기** 136쪽~137쪽
>
> 1 (1) $k < \dfrac{5}{2}$ (2) $-2 < k < 3$
>
> 2 (1) -1 (2) $y = -\dfrac{1}{2}x + \dfrac{1}{2}$
>
> 3 (1) $(x-3)^2 + (y+4)^2 = 9$
>
>   (2) $(x+5)^2 + (y-3)^2 = 9$
>
> 4 14   5 15   6 6   7 (1) 8   (2) $4\sqrt{3}$
>
> 8 $y = \dfrac{1}{2}x + 1$ 9 4   10 8

1 (1) $x^2+y^2-2x+4y+2k=0$에서

$(x-1)^2+(y+2)^2=5-2k$

이 방정식이 원의 방정식이 되려면 반지름의 길이가 양수이어야 하므로

$5-2k>0$

$\therefore k<\dfrac{5}{2}$

(2) $x^2+y^2+4x-6y+k^2-k+7=0$에서

$(x+2)^2+(y-3)^2=-k^2+k+6$

이 방정식이 원의 방정식이 되려면 반지름의 길이가 양수이어야 하므로

$-k^2+k+6>0$

$k^2-k-6<0$

$(k+2)(k-3)<0$

$\therefore -2<k<3$

➕ 보충 설명

주어진 방정식이 원의 방정식이 되려면 방정식을

$(x-a)^2+(y-b)^2=c$ (a, b, c는 상수)

꼴로 변형했을 때, $c>0$이어야 한다.

2 (1) $x^2+y^2-4x+2y+1=0$에서

$(x-2)^2+(y+1)^2=4$

이므로 주어진 원의 중심의 좌표는 $(2, -1)$이고, 직선 $y=kx+1$이 이 원의 넓이를 이등분하므로 이 직선은 원의 중심 $(2, -1)$을 지난다. 즉,

$-1=k\times 2+1$

$\therefore k=-1$

(2) 직선 $2x-y-5=0$, 즉 $y=2x-5$에 수직인 직선의 기울기는 $-\dfrac{1}{2}$이다.

$x^2+y^2-2x=0$에서

$(x-1)^2+y^2=1$

이므로 이 원의 중심의 좌표는 $(1, 0)$이고, 구하는 직선은 이 원의 넓이를 이등분하므로 이 직선은 원의 중심 $(1, 0)$을 지난다.

따라서 구하는 직선은 기울기가 $-\dfrac{1}{2}$이고, 점 $(1, 0)$을 지나므로

$y=-\dfrac{1}{2}(x-1)$

$\therefore y=-\dfrac{1}{2}x+\dfrac{1}{2}$

➕ 보충 설명

(1) $y=kx+1$에서

$-xk+(y-1)=0$이므로 $x=0$, $y=1$일 때, k의 값에 관계없이 식이 항상 성립한다.

즉, 직선

$y=kx+1$은 오른쪽

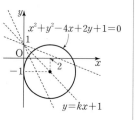

그림과 같이 k의 값에 관계없이 항상 점 $(0, 1)$을 지난다.

3 (1) $x^2+y^2-6x+8y=0$에서

$(x-3)^2+(y+4)^2=25$

이 원의 중심의 좌표가 $(3, -4)$이므로 구하는 원의 중심의 좌표는 $(3, -4)$이다.

또한 구하는 원은 y축에 접하므로 원의 반지름의 길이는 3이다.

따라서 구하는 원의 방정식은

$(x-3)^2+(y+4)^2=9$

(2) 구하는 원이 x축에 접하고 반지름의 길이가 3이므로 제2사분면 위에 있는 원의 중심의 y좌표는 3이다.

이때 원의 중심의 좌표를 $(a, 3)$ $(a<0)$이라고 하면

$(x-a)^2+(y-3)^2=9$

또한 이 원이 직선 $4x-3y+14=0$에 접하므로 원의 중심 $(a, 3)$과 직선 사이의 거리는 원의 반지름의 길이 3과 같다. 즉,

$\dfrac{|4a-9+14|}{\sqrt{4^2+(-3)^2}}=3$

$|4a+5|=15$

$4a+5=\pm 15$

$\therefore a=-5$ $(\because a<0)$

따라서 구하는 원의 방정식은

$(x+5)^2+(y-3)^2=9$

➕ 보충 설명

반지름의 길이가 r인 원의 중심과 직선 사이의 거리를 d라고 하면 $d=r$일 때, 원과 직선은 접한다.

4 원 $(x-2)^2+(y-1)^2=k$가 원 $(x+1)^2+(y-2)^2=4$의 둘레의 길이를 이등분하므로 다음 그림과 같이 두 원의 교점을 지나는 직선이 원 $(x+1)^2+(y-2)^2=4$의 중심 $(-1, 2)$를 지나야 한다.

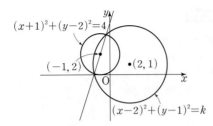

$(x-2)^2+(y-1)^2=k$에서

$x^2+y^2-4x-2y+5-k=0$

$(x+1)^2+(y-2)^2=4$에서

$x^2+y^2+2x-4y+1=0$

이므로 두 원의 교점을 지나는 직선의 방정식은

$(x^2+y^2-4x-2y+5-k)$

$\qquad -(x^2+y^2+2x-4y+1)=0$

$\therefore -6x+2y+4-k=0$

따라서 이 직선이 점 $(-1, 2)$를 지나야 하므로

$6+4+4-k=0$

$\therefore k=14$

⊕ 보충 설명

두 원의 교점을 지나는 직선이 한 원의 둘레의 길이를 이등분할 때, 두 교점은 이등분되는 원의 지름의 양 끝 점이다.

5 점 P의 좌표를 (x, y)라고 하면

$\overline{AP}=\sqrt{(x+2)^2+y^2}$, $\overline{BP}=\sqrt{(x-3)^2+y^2}$

$\overline{AP}:\overline{BP}=3:2$에서 $2\overline{AP}=3\overline{BP}$이므로

$2\sqrt{(x+2)^2+y^2}=3\sqrt{(x-3)^2+y^2}$

양변을 제곱하여 정리하면

$x^2+y^2-14x+13=0$

$\therefore (x-7)^2+y^2=36$

즉, 오른쪽 그림과 같이 점 P가 나타내는 도형은 중심의 좌표가 $(7, 0)$이고, 반지름의 길이가 6인 원이다.

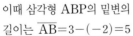
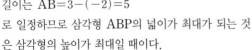

이때 삼각형 ABP의 밑변의 길이는 $\overline{AB}=3-(-2)=5$

로 일정하므로 삼각형 ABP의 넓이가 최대가 되는 것은 삼각형의 높이가 최대일 때이다.

따라서 삼각형 ABP의 높이는 원의 반지름의 길이인 6과 같을 때 최대이므로 삼각형 ABP의 넓이의 최댓값은

$\dfrac{1}{2}\times5\times6=15$

6 주어진 원과 y축이 만나는 교점의 x좌표는 0이므로 $x=0$을 주어진 원의 방정식에 대입하면

$(0-1)^2+(y-1)^2=10$

전개하여 정리하면

$y^2-2y-8=0$

$(y+2)(y-4)=0$

$\therefore y=-2$ 또는 $y=4$

따라서 두 교점의 좌표는 각각 $(0, -2)$, $(0, 4)$이므로 두 교점 사이의 거리는

$4-(-2)=6$

다른 풀이

원 $(x-1)^2+(y-1)^2=10$을 좌표평면 위에 나타내면 다음 그림과 같다.

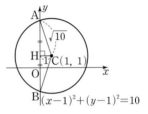

현의 길이를 구하는 방법을 이용하면 y축과 만나는 두 교점 사이의 거리를 구할 수 있다.

원과 y축이 만나는 두 교점을 각각 A, B, 원의 중심을 C$(1, 1)$, 중심 C에서 선분 AB에 내린 수선의 발을 H라고 하면 직각삼각형 AHC에서

$\overline{AH}=\sqrt{\overline{AC}^2-\overline{HC}^2}$

$\qquad =\sqrt{10-1}$

$\qquad =3$

$\therefore \overline{AB}=2\overline{AH}$

$\qquad =2\times3$

$\qquad =6$

7 (1) 두 원의 교점을 지나는 직선의 방정식은

$(x^2+y^2+6x-4y-4)-(x^2+y^2-4y-16)=0$

$6x+12=0$

$\therefore x=-2$

$x=-2$를 $x^2+y^2-4y-16=0$에 대입하면

$y^2-4y-12=0$

$(y+2)(y-6)=0$

$\therefore y=-2$ 또는 $y=6$

따라서 두 교점의 좌표가 $(-2, -2)$, $(-2, 6)$이므로 두 교점 사이의 거리는

$6-(-2)=8$

(2) $(x-4)^2+(y-3)^2=21$에서

$x^2+y^2-8x-6y+4=0$

두 원의 교점을 지나는 직선의 방정식은

$(x^2+y^2-16)-(x^2+y^2-8x-6y+4)=0$

$8x+6y-20=0$ $\therefore 4x+3y-10=0$ $\cdots\cdots$ ㉠

다음 그림과 같이 두 원의 교점을 각각 A, B라고
하면 선분 AB는 두 원의 공통현이 된다.

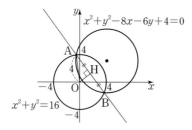

원 $x^2+y^2=16$의 중심에서 직선 ㉠에 내린 수선의
발을 H라고 하면 점 H는 선분 AB의 중점이다. 원
$x^2+y^2=16$의 중심 $(0, 0)$과 직선 ㉠ 사이의 거리는

$\overline{OH}=\dfrac{|-10|}{\sqrt{4^2+3^2}}=2$

이때 $\overline{OA}=4$이고 직각삼각형 AOH에서

$\overline{AH}=\sqrt{\overline{OA}^2-\overline{OH}^2}=\sqrt{4^2-2^2}=2\sqrt{3}$

따라서 구하는 공통현의 길이는

$\overline{AB}=2\overline{AH}=2\times2\sqrt{3}=4\sqrt{3}$

⊕ 보충 설명

오른쪽 그림의 두 삼각형 OAO',
OBO'에서

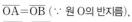

$\overline{OA}=\overline{OB}$ (∵ 원 O의 반지름),
$\overline{O'A}=\overline{O'B}$ (∵ 원 O'의 반지름)
$\overline{OO'}$은 두 삼각형의 공통인 변이므로
$\triangle OAO'\equiv\triangle OBO'$ (SSS 합동)
$\therefore \angle AOO'=\angle BOO'$

따라서 선분 OO'은 이등변삼각형 OAB의 꼭지각의 이등
분선이므로 이등변삼각형의 성질에 의하여 두 원의 중심을
이은 선분 OO'은 공통인 현 AB를 수직이등분한다.

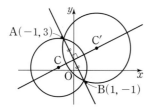

두 원의 교점 A, B를 이은 선분 AB는 두 원의 공통
현이므로 두 원의 중심 C, C'을 지나는 직선은 선분
AB를 수직이등분한다.

이때 직선 AB의 기울기가

$\dfrac{-1-3}{1-(-1)}=-2$

이므로 구하는 직선의 기울기는 $\dfrac{1}{2}$이다.

또한 구하는 직선은 선분 AB의 중점을 지나므로 선분
AB의 중점의 좌표는

$\left(\dfrac{-1+1}{2}, \dfrac{3+(-1)}{2}\right)$

$\therefore (0, 1)$

따라서 구하는 직선의 방정식은

$y-1=\dfrac{1}{2}(x-0)$

$\therefore y=\dfrac{1}{2}x+1$

⊕ 보충 설명

두 원의 중심을 지나는 직선에 의하여 공통현이 수직이등분
되지만 두 원의 중심을 이은 선분은 공통현에 의하여 수직이
등분되지 않음에 주의한다. 그러나 두 원의 반지름의 길이가
같을 때에는 두 원의 중심을 이은 선분도 공통현에 의하여
수직이등분된다.

9 원 $x^2+y^2=4$ 위의 점 $(\sqrt{3}, -1)$에서의 접선의
방정식은

$\sqrt{3}x-y=4$

이 직선이 원 $(x-a)^2+y^2=1$에 접하므로 원의 중심
$(a, 0)$과 직선 $\sqrt{3}x-y-4=0$ 사이의 거리는 원의 반
지름의 길이 1과 같다. 즉,

$\dfrac{|\sqrt{3}\times a-0-4|}{\sqrt{(\sqrt{3})^2+(-1)^2}}=1$

$\therefore |\sqrt{3}a-4|=2$

양변을 제곱하여 정리하면

$3a^2-8\sqrt{3}a+12=0$

따라서 a에 대한 이차방정식의 근과 계수의 관계에 의
하여 구하는 모든 a의 값의 곱은

$\dfrac{12}{3}=4$

⊕ 보충 설명

a에 대한 이차방정식 $3a^2-8\sqrt{3}a+12=0$의 판별식을 D
라고 하면

$\dfrac{D}{4}=(-4\sqrt{3})^2-3\times12=12>0$

이므로 이 이차방정식은 서로 다른 두 실근을 가진다.
따라서 모든 a의 값의 곱을 구할 때, 근과 계수의 관계를 이
용할 수 있다.

10 $x^2+y^2+6x+8y-11=0$에서

$(x+3)^2+(y+4)^2=36$

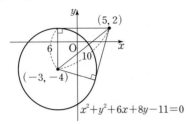

즉, 원의 반지름의 길이는 6이고, 원의 중심 $(-3, -4)$

와 점 $(5, 2)$ 사이의 거리는

$\sqrt{(5+3)^2+(2+4)^2}=\sqrt{100}=10$

원의 접선은 그 접점을 지나는 반지름에 수직이므로 피

타고라스 정리에 의하여 구하는 접선의 길이는

$\sqrt{10^2-6^2}=\sqrt{64}=8$

⊕ 보충 설명

원 밖의 한 점에서 원에 그을 수 있는 접선은 항상 2개이고,
그 두 접선의 길이는 서로 같다.

실력 다지기　　　　　　　　138쪽 ~ 141쪽

11 ③	**12** ③	**13** 6π	**14** $5<k<\dfrac{19}{2}$
15 ②	**16** 10	**17** 50	**18** 4π **19** 6
20 2	**21** 20	**22** (1) 2 (2) $\sqrt{43}$	**23** $\dfrac{8\sqrt{15}}{5}$
24 $2\sqrt{2}$	**25** $2x-4y+5=0$	**26** 3	**27** 28
28 $\dfrac{24}{7}$	**29** -3	**30** $0<a<\dfrac{\sqrt{3}}{3}$	

---

11 **접근 방법** │ 중심의 x좌표(y좌표)의 절댓값이 반지름의
길이보다 클 경우 원은 y축(x축)과 만나지 않는다. 반대로 중
심의 x좌표(y좌표)의 절댓값이 반지름의 길이보다 작거나 같
을 경우, 원은 y축(x축)과 만난다.

$x^2+y^2-4x-2y=a-3$에서

$(x-2)^2+(y-1)^2=a+2$

이므로 중심의 좌표가 $(2, 1)$이고, 반지름의 길이가

$\sqrt{a+2}$인 원이다.

이 원이 x축과 만나려면 $\sqrt{a+2}\geq 1$

양변을 제곱하여 정리하면 $a\geq -1$　　　……㉠

y축과 만나지 않으려면 $0<\sqrt{a+2}<2$

양변을 제곱하여 정리하면 $-2<a<2$　　　……㉡

㉠, ㉡에서 $-1\leq a<2$

---

12 **접근 방법** │ 정삼각형의 넓이는 점 A와 직선 $y=x-4$
사이의 거리의 제곱에 비례한다. 이 거리가 가장 짧을 때와 가
장 길 때, 점 A는 원의 중심을 지나고 직선 $y=x-4$에 수직
인 직선 위에 있다.

원 위를 움직이는 점 A와 직선 사이의 거리가 정삼각
형 ABC의 높이이고,

원점과 직선 $y=x-4$, 즉 $x-y-4=0$ 사이의 거리는

$\dfrac{|-4|}{\sqrt{2}}=2\sqrt{2}$

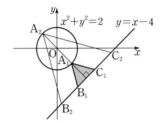

정삼각형의 넓이가 최소일 때의 삼각형은 위의 그림의
삼각형 $A_1B_1C_1$이고 높이는

$2\sqrt{2}-\sqrt{2}=\sqrt{2}$

최대일 때의 삼각형은 위의 그림의 삼각형 $A_2B_2C_2$이
고 높이는

$2\sqrt{2}+\sqrt{2}=3\sqrt{2}$

두 삼각형의 닮음비가 $\sqrt{2}:3\sqrt{2}=1:3$이므로 넓이의
비는

$1^2:3^2=1:9$

---

13 **접근 방법** │ 반지름의 길이가 r인 원의 둘레의 길이는
$2\pi r$이므로 먼저 주어진 원의 반지름의 길이를 구한다.

$x^2+y^2-4mx+2(m+1)y+6m^2-7=0$에서

$(x-2m)^2+\{y+(m+1)\}^2=-m^2+2m+8$

이때 $-m^2+2m+8>0$이므로

$m^2-2m-8<0$

$(m+2)(m-4)<0$

$\therefore -2<m<4$

원의 둘레의 길이는 원의 반지름의 길이가 최대일 때,
최댓값을 가지므로 원의 반지름의 길이를 r이라고 하면

$r^2=-m^2+2m+8$

　　$=-(m-1)^2+9$ (단, $-2<m<4$)

즉, $m=1$일 때, r^2이 최댓값 9를 가지므로 원의 둘레
의 길이는 $r=3$일 때 최대이다.

따라서 구하는 최댓값은

$2\pi\times 3=6\pi$

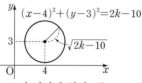

⊕ 보충 설명

x^2+ax+b 꼴의 다항식은 다음과 같이 완전제곱식을 포함한 다항식 꼴로 변형할 수 있다.

$$x^2+ax+b=\left\{x^2+ax+\left(\frac{a}{2}\right)^2\right\}+b-\left(\frac{a}{2}\right)^2$$
$$=\left(x+\frac{a}{2}\right)^2+b-\frac{a^2}{4}$$

14 **접근 방법** | 주어진 원이 제1사분면 위에 있으므로 원의 중심의 좌표는 제1사분면 위에 있고, 좌표축과 만나지 않으므로 반지름의 길이는 원의 중심의 x좌표의 절댓값, y좌표의 절댓값 중 작은 값보다 작아야 한다.

$x^2+y^2-8x-6y-2k+35=0$에서
$(x-4)^2+(y-3)^2=2k-10$
이므로 원의 중심의 좌표는 $(4, 3)$이고, 이 점은 제1사분면 위에 있다.
이때 이 방정식이 원을 나타내려면
$2k-10>0$ ∴ $k>5$ ⋯⋯ ㉠
이 원이 제1사분면 위에 있고 좌표축과 만나지 않으므로 반지름의 길이는 오른쪽 그림과 같이 y좌표인 3보다 작아야 한다. 즉,
$\sqrt{2k-10}<3$, $0\leq 2k-10<9$
∴ $5\leq k<\dfrac{19}{2}$ ⋯⋯ ㉡
㉠, ㉡에서 $5<k<\dfrac{19}{2}$

⊕ 보충 설명

원이 좌표축과 만나지 않을 조건을 생각할 때, 원의 중심의 x좌표의 절댓값과 y좌표의 절댓값 중에서 작은 값과 반지름의 길이를 비교하는 것은
(반지름의 길이)<|중심의 x좌표|,
(반지름의 길이)<|중심의 y좌표|
에서 |중심의 x좌표|<|중심의 y좌표|라고 하면
(반지름의 길이)<|중심의 x좌표|<|중심의 y좌표|
가 되어 (반지름의 길이)<|중심의 x좌표|의 범위만을 생각해도 되기 때문이다.
|중심의 y좌표|<|중심의 x좌표|인 경우에도 같은 방법으로 생각할 수 있다.

15 **접근 방법** | 원이 x축과 y축에 동시에 접하면 원의 중심의 x좌표, y좌표의 절댓값이 같고, 그 절댓값은 원의 반지름의 길이와 같다.

오른쪽 그림과 같이 원이 x축과 y축에 동시에 접하고, 중심이 제2사분면 위에 있으므로 원의 반지름의 길이를 r이라고 하면 중심의 좌표는 $(-r, r)$이다.

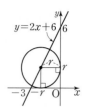

이때 원의 중심 $(-r, r)$이 직선 $y=2x+6$ 위에 있으므로
$r=-2r+6$
∴ $r=2$
즉, 원의 방정식은
$(x+2)^2+(y-2)^2=4$
∴ $x^2+y^2+4x-4y+4=0$
따라서 $a=4$, $b=-4$, $c=4$이므로
$a+b+c=4+(-4)+4=4$

⊕ 보충 설명

원이 x축과 y축에 동시에 접하면
(반지름의 길이)=|중심의 x좌표|=|중심의 y좌표|
임을 기억한다.

16 **접근 방법** | 원이 x축에 접하므로
(반지름의 길이)=|중심의 y좌표|임을 이용한다.

중심의 좌표가 (a, b)이고, x축에 접하는 원의 방정식은
$(x-a)^2+(y-b)^2=b^2$ ⋯⋯ ㉠
원 ㉠이 점 $A(0, 5)$를 지나므로
$a^2+(5-b)^2=b^2$
∴ $a^2-10b+25=0$ ⋯⋯ ㉡
또한 원 ㉠이 점 $B(8, 1)$을 지나므로
$(8-a)^2+(1-b)^2=b^2$
∴ $a^2-16a-2b+65=0$ ⋯⋯ ㉢
㉢×5-㉡을 하면
$4a^2-80a+300=0$
$a^2-20a+75=0$
$(a-5)(a-15)=0$
∴ $a=5$ (∵ $0\leq a\leq 8$)
$a=5$를 ㉡에 대입하여 정리하면 $b=5$
∴ $a+b=5+5=10$

⊕ 보충 설명

x축에 접하는 원이 점 $B(8, 1)$을 지나려면 원의 중심이 좌표평면의 $y>0$인 y축의 양의 부분 위에 있어야 한다. 이 문제에서는 중심의 x좌표인 a의 값의 범위가 $0\leq a\leq 8$이므로 원의 중심은 제1사분면 위에 있다.

17 접근 방법 | 원과 직선이 접할 때, 원의 중심과 직선 사이의 거리는 반지름의 길이와 같다.

원의 중심의 좌표를 (a, a)라 하면 점 (a, a)와 직선 $3x-4y+12=0$ 사이의 거리는 반지름의 길이 $|a|$와 같으므로

$$\frac{|3a-4a+12|}{\sqrt{3^2+(-4)^2}}=|a|$$
$$|-a+12|=5|a|$$
$$-a+12=\pm 5a$$
$$\therefore a=-3 \text{ 또는 } a=2$$

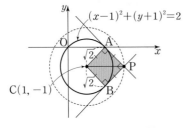

$A(2, 2)$, $B(-3, -3)$이라고 하면
$$\overline{AB}^2=\{2-(-3)\}^2+\{2-(-3)\}^2=50$$

18 접근 방법 | 원의 접선의 성질에 의하여 원 위의 임의의 두 점에서 접선 두 개가 수직이 되도록 선을 그었을 때 생기는 교점인 P와 원의 중심 사이의 거리가 항상 같으므로 점 P가 나타내는 도형은 원이다.

주어진 원은 중심의 좌표가 $(1, -1)$이고, 반지름의 길이가 $\sqrt{2}$이므로 다음 그림과 같이 원의 중심을 $C(1, -1)$, 두 접점을 각각 A, B라고 하면 원의 접선은 접점을 지나는 반지름에 수직이다.

$(x-1)^2+(y+1)^2=2$

즉, 사각형 ACBP는 한 변의 길이가 $\sqrt{2}$인 정사각형이므로
$$\overline{CP}=\sqrt{(\sqrt{2})^2+(\sqrt{2})^2}=2$$
따라서 점 P가 나타내는 도형은 원의 중심 $C(1, -1)$로부터 2만큼 떨어진 점들의 모임, 즉 중심이 $C(1, -1)$이고, 반지름의 길이가 2인 원이다.

따라서 점 P가 나타내는 도형의 길이는 원 $(x-1)^2+(y+1)^2=4$의 둘레의 길이이므로
$$2\pi \times 2=4\pi$$

⊕ 보충 설명

점 P에서 한 원에 그은 두 접선이 서로 수직이 되면 접선의 길이가 원의 반지름의 길이와 같아진다는 것을 알 수 있다.

19 접근 방법 | 원 $x^2+y^2=36$과 반지름의 길이가 $3\sqrt{2}$인 원의 교점을 지나는 직선의 방정식이 $x+y-6=0$이다.

중심의 좌표가 (a, b)이고, 반지름의 길이가 $3\sqrt{2}$인 원의 방정식은
$$(x-a)^2+(y-b)^2=18$$
$$\therefore x^2+y^2-2ax-2by+a^2+b^2-18=0 \quad \cdots\cdots ㉠$$
원 $x^2+y^2=36$과 원 ㉠의 교점을 지나는 직선의 방정식은
$$(x^2+y^2-36)-(x^2+y^2-2ax-2by+a^2+b^2-18)=0$$
$$\therefore 2ax+2by-a^2-b^2-18=0$$
이 직선이 직선 $x+y-6=0$과 일치하므로
$$\frac{2a}{1}=\frac{2b}{1}=\frac{-a^2-b^2-18}{-6}$$
$$\therefore a=b, \ 12b=a^2+b^2+18$$
$b=a$를 $12b=a^2+b^2+18$에 대입하면
$$12a=a^2+a^2+18$$
$$2a^2-12a+18=0$$
$$a^2-6a+9=0, \ (a-3)^2=0$$
$$\therefore a=3, \ b=3$$
$$\therefore a+b=3+3=6$$

20 접근 방법 | 두 점 $A(a, b)$, $B(c, d)$ 사이의 거리는 $\sqrt{(c-a)^2+(d-b)^2}$임을 이용한다.

점 $A(a, b)$에 대하여 $a^2+b^2=1$이므로 점 $A(a, b)$는 원 $x^2+y^2=1$ 위의 점으로 생각할 수 있다.

또한 점 $B(c, d)$에 대하여 $4c+3d=15$이므로 점 $B(c, d)$는 직선 $4x+3y=15$ 위의 점으로 생각할 수 있다.

이때 $\sqrt{(a-c)^2+(b-d)^2}$은 두 점 A, B 사이의 거리와 같으므로 두 점 A, B가 다음 그림과 같을 때, 주어진 식은 최솟값을 가진다.

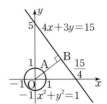

따라서 구하는 최솟값은

(원의 중심과 직선 $4x+3y=15$ 사이의 거리)

$-$ (원의 반지름의 길이)

$$=\frac{|-15|}{\sqrt{4^2+3^2}}-1=3-1=2$$

21 **접근 방법**ㅣ원 위의 한 점과 직선 사이의 거리는 오른쪽 그림과 같이 원의 중심을 지나고 직선에 수직인 직선을 그렸을 때, 선분 P_1M의 길이가 최댓값, 선분 P_2M의 길이가 최솟값이 된다.

$x^2+y^2+6x+4y+9=0$에서 $(x+3)^2+(y+2)^2=4$
이므로 중심의 좌표가 $(-3, -2)$이고 반지름의 길이가 2인 원이다.

$x^2+y^2-10x-8y+32=0$에서
$(x-5)^2+(y-4)^2=9$
이므로 중심의 좌표가 $(5, 4)$이고 반지름의 길이가 3인 원이다.

다음 그림에서 선분 PQ의 길이가 최대, 최소가 될 때는 두 점 P, Q가 모두 두 원의 중심을 이은 직선 위에 있는 경우이다.

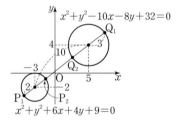

이때 두 원의 중심 $(-3, -2)$, $(5, 4)$ 사이의 거리는
$$\sqrt{(5+3)^2+(4+2)^2}=\sqrt{100}=10$$
선분 PQ의 길이의 최댓값은 선분 P_1Q_1의 길이이므로
(두 원의 중심 사이의 거리)

$+$ (두 원의 반지름의 길이의 합)
$$=10+(2+3)=15$$
선분 PQ의 길이의 최솟값은 선분 P_2Q_2의 길이이므로
(두 원의 중심 사이의 거리)

$-$ (두 원의 반지름의 길이의 합)
$$=10-(2+3)=5$$
따라서 구하는 최댓값과 최솟값의 합은 $15+5=20$

22 **접근 방법**ㅣ두 원의 중심의 좌표와 반지름의 길이를 구하여 좌표평면 위에 나타내면 두 원에 동시에 접하는 직선의 개수를 구할 수 있다.

$C_1: x^2+y^2-4x+2y-4=0$에서
$C_1: (x-2)^2+(y+1)^2=9$
$C_2: x^2+y^2+8x-6y-11=0$에서
$C_2: (x+4)^2+(y-3)^2=36$
즉, 두 원 C_1, C_2의 중심의 좌표는 각각 $(2, -1)$, $(-4, 3)$이고 반지름의 길이는 각각 3, 6이다.

두 원 C_1, C_2의 중심을 각각 P, Q라고 하면 두 점 P, Q 사이의 거리는
$$\sqrt{(-4-2)^2+(3+1)^2}=\sqrt{52}=2\sqrt{13}$$

(1) 두 원 C_1, C_2는 다음 그림과 같이 서로 다른 두 점에서 만난다.

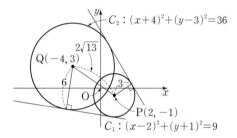

따라서 구하는 직선의 개수는 2이다.

(2) 두 원 C_1, C_2의 중심 사이의 거리는 $2\sqrt{13}$이고 다음 그림과 같이 점 P에서 선분 BQ에 내린 수선의 발을 H라고 하면 선분 QH의 길이는 3이다.

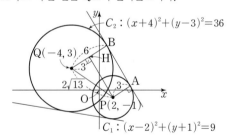

따라서 구하는 선분 AB의 길이는 선분 PH의 길이와 같으므로 직각삼각형 PQH에서
$$\overline{AB}=\overline{PH}=\sqrt{\overline{PQ}^2-\overline{QH}^2}$$
$$=\sqrt{(2\sqrt{13})^2-3^2}=\sqrt{43}$$

➕ 보충 설명

두 원에 동시에 접하는 직선인 공통접선에 대하여 알아보자. 두 원이 공통접선에 대하여 같은 쪽(반대쪽)에 있을 때, 이 공통접선을 공통외접선(공통내접선)이라고 한다. 다음 그림은 한 원이 다른 원의 외부에 있을 때의 공통접선을 나타낸 것이다.

두 원의 위치 관계에 따라 공통접선의 개수는 다음과 같다.

① 한 원이 다른 원의 외부에 있다.

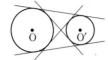

공통외접선 : 2개
공통내접선 : 2개

② 외접한다.

공통외접선 : 2개
공통내접선 : 1개

③ 서로 다른 두 점에서 만난다.

공통외접선 : 2개
공통내접선 : 0개

④ 내접한다.

공통외접선 : 1개
공통내접선 : 0개

⑤ 한 원이 다른 원의 내부에 있다.

공통외접선 : 0개
공통내접선 : 0개

공통접선에 접하는 두 원의 접점 사이의 거리를 공통접선의 길이라고 한다. 원 밖의 한 점에서 그은 두 접선의 길이는 같으므로 두 공통접선의 길이는 같다.

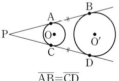

$\overline{AB}=\overline{CD}$ $\overline{AB}=\overline{CD}$

23 **접근 방법ㅣ** 원 밖의 한 점에서 그은 접선은 접점을 지나는 반지름에 수직이므로 접선, 원의 중심과 원 밖의 점을 이은 선분 및 원의 반지름으로 이루어진 삼각형은 직각삼각형이다.

$x^2+y^2+4x-2y-11=0$에서

$(x+2)^2+(y-1)^2=16$

즉, 원의 중심의 좌표는 $(-2, 1)$이고 반지름의 길이는 4이므로 원의 중심을 C, 점 A에서 원에 그은 두 접선의 접점을 각각 P, Q, 두 선분 CA, PQ의 교점을 M이라고 하면 다음 그림과 같다.

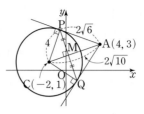

직각삼각형 CPA에서 $\overline{CP}=4$이고

$\overline{CA}=\sqrt{(4+2)^2+(3-1)^2}$
$\qquad=\sqrt{40}=2\sqrt{10}$

이므로

$\overline{PA}=\sqrt{\overline{CA}^2-\overline{CP}^2}$
$\qquad=\sqrt{(2\sqrt{10})^2-4^2}$
$\qquad=\sqrt{24}=2\sqrt{6}$

이때 두 삼각형 CPA, CQA는 합동이므로

$\overline{PM}=\overline{QM}$

또한 두 선분 CA, PQ는 서로 수직이므로

$\triangle CPA=\dfrac{1}{2}\times\overline{CP}\times\overline{PA}=\dfrac{1}{2}\times\overline{CA}\times\overline{PM}$

에서 $\dfrac{1}{2}\times4\times2\sqrt{6}=\dfrac{1}{2}\times2\sqrt{10}\times\overline{PM}$

$\therefore \overline{PM}=\dfrac{4\sqrt{15}}{5}$

따라서 두 접점 사이의 거리, 즉 선분 PQ의 길이는

$\overline{PQ}=2\overline{PM}=\dfrac{8\sqrt{15}}{5}$

24 **접근 방법ㅣ** 주어진 원의 중심이 원점이 되도록 하는 좌표평면을 잡으면 세 점 A, B, C의 좌표를 생각할 수 있다.

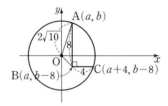

위의 그림과 같이 원의 중심 O를 지나고 선분 BC에 평행한 직선을 x축, 선분 AB에 평행한 직선을 y축으로 하는 좌표평면을 잡으면 원의 중심 O는 이 좌표평면의 원점이 된다.

이때 점 A(a, b)라고 하면 $\overline{AB}=8$, $\overline{BC}=4$이므로 두 점 B, C의 좌표는 각각 $(a, b-8)$, $(a+4, b-8)$이다.

또한 원의 반지름의 길이가 $2\sqrt{10}$이므로 주어진 원의 방정식은

$x^2+y^2=40$

두 점 A, C는 원 $x^2+y^2=40$ 위의 점이므로

$a^2+b^2=40$ ⋯⋯ ㉠

$(a+4)^2+(b-8)^2=40$

$\therefore a^2+b^2+8a-16b+40=0$ ...... ㉡

㉡−㉠을 하면

$8a-16b+80=0$

$\therefore a=2b-10$ ...... ㉢

㉢을 ㉠에 대입하면

$(2b-10)^2+b^2=40$, $5b^2-40b+60=0$

$b^2-8b+12=0$, $(b-2)(b-6)=0$

$\therefore b=2$ 또는 $b=6$

이것을 ㉢에 차례대로 대입하면

$a=-6$, $b=2$ 또는 $a=2$, $b=6$

즉, 점 B의 좌표는 $(-6, -6)$ 또는 $(2, -2)$이다.

(i) 점 B의 좌표가 $(-6, -6)$이면

  $\overline{\text{OB}}=\sqrt{(-6)^2+(-6)^2}=6\sqrt{2}$

  그런데 선분 OB의 길이가 원의 반지름의 길이

  $2\sqrt{10}$보다 크므로 원의 내부의 점이 아니다.

(ii) 점 B의 좌표가 $(2, -2)$이면

  $\overline{\text{OB}}=\sqrt{2^2+(-2)^2}=2\sqrt{2}$

  선분 OB의 길이가 원의 반지름의 길이 $2\sqrt{10}$보다

  작으므로 원의 내부의 점이다.

(i), (ii)에서 구하는 선분 OB의 길이는 $2\sqrt{2}$이다.

➕ 보충 설명

좌표평면을 이용하여 도형의 성질을 확인할 때에는 계산이 간단해지도록 좌표축을 정하는 것이 좋다. 이 문제에서는 원의 방정식은 중심이 원점에 있을 때 식이 간단해지므로 원의 중심이 원점에 오도록 좌표축을 정하였다.

25 **접근 방법** | 원의 접혀진 부분을 일부로 하는 새로운 원을 그려서 생각해 보면 새로운 원은 원래의 원과 반지름의 길이가 같고, 중심의 x좌표는 -1이 된다.

호 PQ는 오른쪽 그림과 같이 점 $(-1, 0)$에서 x축에 접하고, 반지름의 길이가 2인 원의 호이다. x축에 접하는 원의 중심의 y좌표는 ±(반지름의 길이)이고, 호 PQ를 원의 일부로 가지는 원의 중심은 제2사분면 위에 있어야 한다.

즉, 원의 중심의 좌표는 $(-1, 2)$이므로 호 PQ를 원의 일부로 가지는 원의 방정식은

$(x+1)^2+(y-2)^2=4$

$\therefore x^2+y^2+2x-4y+1=0$ ...... ㉠

이때 직선 PQ는 원 $x^2+y^2=4$와 원 ㉠의 교점을 지나는 직선이므로 직선 PQ의 방정식은

$(x^2+y^2-4)-(x^2+y^2+2x-4y+1)=0$

$\therefore 2x-4y+5=0$

➕ 보충 설명

호 PQ를 원의 일부로 가지는 원은 원 $x^2+y^2=4$와 반지름의 길이가 같은데, 이는 하나의 호에 대하여 원은 하나로 결정되기 때문이다. 주어진 문제에서 원래의 원 조각으로 만들어 낸 새로운 원도 위치만 달라졌을 뿐 원래의 원과 반지름의 길이는 같다.

26 **접근 방법** | 두 원 A, B의 중심을 연결한 직선과 직선 $y=ax+b$는 서로 평행하고, 원과 직선이 서로 접하고 있으므로 원의 중심과 직선 사이의 거리는 반지름의 길이와 같다.

다음 그림과 같이 세 원 A, B, C의 중심을 각각 P, Q, R라고 하면 세 원의 반지름의 길이가 모두 같으므로 삼각형 PQR은 정삼각형이다.

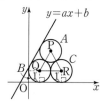

정삼각형의 한 내각의 크기는 $60°$이고, 직선 QR은 x축과 평행하며 직선 $y=ax+b$는 직선 PQ와 평행하므로

$a=\tan 60°=\sqrt{3}$

이때 원 B는 x축과 y축에 동시에 접하므로 원 B의 중심 Q의 좌표는 $(1, 1)$이고, 직선 $y=ax+b$, 즉 $\sqrt{3}x-y+b=0$에 접하므로 원 B의 중심 Q$(1, 1)$과 직선 $\sqrt{3}x-y+b=0$ 사이의 거리가 1이다. 즉,

$\dfrac{|\sqrt{3}-1+b|}{\sqrt{(\sqrt{3})^2+(-1)^2}}=1$, $|\sqrt{3}-1+b|=2$

$\sqrt{3}-1+b=\pm2$ $\therefore b=3-\sqrt{3}$ $(\because b>0)$

$\therefore a+b=\sqrt{3}+(3-\sqrt{3})=3$

➕ 보충 설명

$(기울기)=\dfrac{(y의\ 값의\ 증가량)}{(x의\ 값의\ 증가량)}$

이므로 직선 $y=ax+b$가 x축의 양의 방향과 이루는 각의 크기를 θ라고 하면 기울기 a는

$a=\tan\theta$

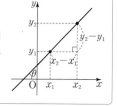

27 **접근 방법** | 점 P는 주어진 원 밖에 있는 점이므로 점 P에서 원에 그은 직선은 할선이고, 점 P에서 원에 접선을 그을 수 있으므로 할선과 접선의 성질을 이용하여 문제를 해결할 수 있다.

점 P에서 원 $(x-1)^2+(y-3)^2=6$에 다음 그림과 같이 접선을 그을 때, 접점을 T라고 하면 원의 할선과 접선의 성질에 의하여

$$\overline{PT}^2=\overline{PA}\times\overline{PB}$$

이므로 접선의 길이, 즉 선분 PT의 길이의 제곱의 값을 구하면 된다.

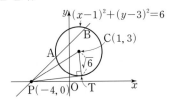

이때 원의 중심을 C(1, 3)이라고 하면

$$\overline{PC}=\sqrt{(1+4)^2+3^2}=\sqrt{34}$$
$$\overline{CT}=\sqrt{6}$$

따라서 직각삼각형 PTC에서

$$\begin{aligned}\overline{PT}^2&=\overline{PC}^2-\overline{CT}^2\\&=(\sqrt{34})^2-(\sqrt{6})^2\\&=28\end{aligned}$$

$$\therefore \overline{PA}\times\overline{PB}=\overline{PT}^2=28$$

다른 풀이

두 점 A, B에 대하여 $\overline{PA}\times\overline{PB}$의 값을 구하면 되므로 두 점 A, B의 위치를 계산하기 편한 곳으로 잡은 후에 $\overline{PA}\times\overline{PB}$의 값을 구해도 된다.

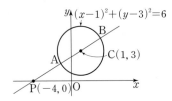

예를 들어 위의 그림과 같이 점 P에서 원의 중심 C(1, 3)을 지나는 직선을 그은 후 원과의 교점을 각각 A, B라고 하면

$\overline{PC}=\sqrt{34}$, $\overline{CA}=\overline{CB}=\sqrt{6}$이므로

$$\begin{aligned}\overline{PA}&=\overline{PC}-\overline{CA}\\&=\sqrt{34}-\sqrt{6}\end{aligned}$$
$$\begin{aligned}\overline{PB}&=\overline{PC}+\overline{CB}\\&=\sqrt{34}+\sqrt{6}\end{aligned}$$
$$\begin{aligned}\therefore \overline{PA}\times\overline{PB}&=(\sqrt{34}-6)(\sqrt{34}+\sqrt{6})\\&=34-6=28\end{aligned}$$

---

(1) 원에서의 선분과 길이 사이의 관계

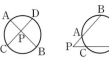

한 원에서 두 현 AB, CD 또는 이들의 연장선의 교점을 P라고 하면

$$\overline{PA}\times\overline{PB}=\overline{PC}\times\overline{PD}$$

(2) 할선과 접선의 성질

원 밖의 한 점 P에서 그 원에 그은 할선과 접선이 원과 만나는 점을 각각 A, B, T라고 하면

$$\overline{PT}^2=\overline{PA}\times\overline{PB}$$

28 **접근 방법** | 원의 중심 O에서 직선 l에 내린 수선의 발 H는 선분 PQ의 중점이다. 이때 삼각형 OHP와 삼각형 OHA에서 피타고라스 정리를 이용할 수 있다.

원점에서 직선 l에 내린 수선의 발을 H라고 하자.

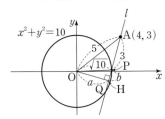

$\overline{OH}=a$, $\overline{HP}=b$라고 하면 두 삼각형 OHP, OHA는 모두 직각삼각형이므로

$$a^2+b^2=10 \qquad \cdots\cdots ㉠$$
$$a^2+(b+3)^2=25 \qquad \cdots\cdots ㉡$$

㉠, ㉡을 연립하여 풀면

$$a=3,\ b=1$$

직선 l의 기울기를 m이라고 하면 직선 l의 방정식은 $y=m(x-4)+3$이고 원의 중심 O와 직선

$$mx-y-4m+3=0$$

사이의 거리가 3이므로 ($\because a=3$)

$$\frac{|-4m+3|}{\sqrt{m^2+1}}=3$$
$$|-4m+3|=3\sqrt{m^2+1}$$

양변을 제곱하여 정리하면

$$7m^2-24m=0,\ m(7m-24)=0$$

$$\therefore m=0 \ \text{또는} \ m=\frac{24}{7}$$

직선 l의 기울기는 양수이므로 $m=\frac{24}{7}$

다른 풀이 1

직선 AO와 원의 교점을 다음 그림과 같이 각각 B, C 라고 하면

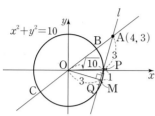

$\overline{AB}=\overline{AO}-\overline{OB}=5-\sqrt{10}$

$\overline{AC}=\overline{AO}+\overline{OC}=5+\sqrt{10}$

원에서 선분과 길이 사이의 관계에 의하여

$\overline{AP}\times\overline{AQ}=\overline{AB}\times\overline{AC}$

$3\times\overline{AQ}=(5-\sqrt{10})(5+\sqrt{10})$

$\therefore \overline{AQ}=5$

$\overline{PQ}=\overline{AQ}-\overline{AP}=5-3=2$이므로 현 PQ의 중점을 M이라고 하면 $\overline{PM}=1$

직각삼각형 OMP에서

$\overline{OM}=\sqrt{(\sqrt{10})^2-1^2}=3$

직선 l의 기울기를 m이라고 하면 직선 l의 방정식은 $y=m(x-4)+3$이고 원의 중심 O와 직선 $mx-y-4m+3=0$ 사이의 거리가 3이므로

$\dfrac{|-4m+3|}{\sqrt{m^2+1}}=3$

$|-4m+3|=3\sqrt{m^2+1}$

양변을 제곱하여 정리하면

$7m^2-24m=0,\ m(7m-24)=0$

$\therefore m=0$ 또는 $m=\dfrac{24}{7}$

직선 l의 기울기는 양수이므로 $m=\dfrac{24}{7}$

다른 풀이 2

점 P의 좌표를 $P(a,\ b)$라고 하면 점 P는 원 $x^2+y^2=10$ 위의 점이므로

$a^2+b^2=10$ ······ ㉠

선분 AP의 길이는 3이므로

$(a-4)^2+(b-3)^2=9$ ······ ㉡

㉠, ㉡을 연립하여 풀면

$a=\dfrac{79}{25},\ b=\dfrac{3}{25}$

따라서 직선 l의 기울기는

$\dfrac{3-b}{4-a}=\dfrac{3-\dfrac{3}{25}}{4-\dfrac{79}{25}}=\dfrac{24}{7}$

29 접근 방법 | 삼각형 PAB에서 밑변이 선분 AB로 일정하므로 높이가 최대가 되도록 하는 점 P로 잡는다.

삼각형 PAB의 밑변이 선분 AB로 일정하므로 넓이가 최대가 되려면 높이가 최대가 되어야 한다.

즉, 원 위의 한 점 P와 선분 AB 사이의 거리가 최대가 될 때, 삼각형 PAB의 넓이가 최대가 된다.

다음 그림과 같이 원의 중심을 지나고 선분 AB에 수직인 직선이 원과 만나는 점이 점 P인 경우 점 P와 선분 AB 사이의 거리가 최대가 되는 것을 알 수 있다.

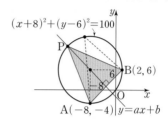

이때 직선 AB의 기울기는

$\dfrac{6-(-4)}{2-(-8)}=1$

즉, 점 P와 원의 중심 $(-8,\ 6)$을 지나는 직선은 기울기가 -1이므로 이 직선의 방정식은

$y-6=-\{x-(-8)\}$

$\therefore y=-x-2$

따라서 $a=-1,\ b=-2$이므로

$a+b=-1+(-2)=-3$

⊕ 보충 설명

직선 AB와 평행하고 원의 중심을 지나는 직선을 생각해 보면 이 직선과 선분 AB 사이의 거리는 일정하다. 따라서 직선 AB와 평행하고 원의 중심을 지나는 직선과 원 위의 점 사이의 거리가 최대가 되도록 하는 원 위의 점 P를 잡아야 한다.

30 접근 방법 | 직선 $y=a(x-1)$은 a의 값에 관계없이 항상 점 $(1,\ 0)$을 지나므로 점 $(1,\ 0)$을 중심으로 직선의 기울기를 변화시키면서 5개의 점에서 만나는 경우를 찾아본다.

세 원 $C_1,\ C_2,\ C_3$이 서로 접하고 중심은 모두 x축 위에 있으므로 두 원 $C_2,\ C_3$의 방정식은

$C_2 : (x+1)^2+y^2=1$

$C_3 : (x-1)^2+y^2=1$

과 같이 생각할 수 있다.

또한 직선 $y=a(x-1)$은 a의 값에 관계없이 항상 점 $(1,\ 0)$을 지난다.

이때 점 $(1, 0)$을 지나는 직선들은 원 C_1과 항상 서로 다른 두 점에서 만나고 이 두 교점을 제외하면 원 C_3의 일부와는 항상 한 점에서 만난다.

또한 주어진 도형과 직선 $y=a(x-1)$이 서로 다른 다섯 개의 점에서 만나므로 직선 $y=a(x-1)$과 원 C_2의 일부는 서로 다른 두 점에서 만나야 한다.

즉, 직선 $y=a(x-1)$은 다음 그림과 같이 두 직선 l_1과 l_2 사이에 있어야 한다.

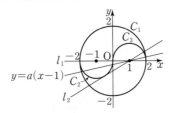

(i) 직선 l_1의 방정식은 $y=0$이므로 직선 $y=a(x-1)$이 직선 l_1과 일치할 때에는 $a=0$

(ii) 직선 l_2는 원 C_2의 일부와 접하므로 원 C_2의 중심 $(-1, 0)$과 직선 $y=a(x-1)$, 즉

$ax-y-a=0$ 사이의 거리는 원 C_2의 반지름의 길이 1과 같다. 즉,

$$\frac{|a\times(-1)-0-a|}{\sqrt{a^2+(-1)^2}}=1$$

$$|2a|=\sqrt{a^2+1}$$

양변을 제곱하면

$$4a^2=a^2+1$$

$$\therefore a=\pm\frac{\sqrt{3}}{3}$$

그런데 $a<0$일 때에는 원 C_2의 일부와 만나지 않으므로

$$a=\frac{\sqrt{3}}{3}$$

(i), (ii)에서 $0<a<\dfrac{\sqrt{3}}{3}$

기출 다지기   142쪽

| 31 1 | 32 ⑤ | 33 ④ | 34 87 |

31 **접근 방법** | 원의 중심이 제2사분면에 있고 원이 x축과 y축에 동시에 접하므로 원의 반지름의 길이를 r이라고 하면 중심의 좌표는 $(-r, r)$이다.

원의 중심 $(-r, r)$이 곡선 $y=x^2-x-1$ 위에 있으므로

$r=r^2+r-1, \ r^2=1$

$\therefore r=1 \ (\because r>0)$

중심이 $(-1, 1)$이고 반지름의 길이가 1인 원의 방정식은

$(x+1)^2+(y-1)^2=1$

$\therefore x^2+y^2+2x-2y+1=0$

따라서 $a=2$, $b=-2$, $c=1$이므로

$a+b+c=2+(-2)+1=1$

32 **접근 방법** | 원과 직선의 위치 관계를 생각하며 문제를 해결한다.

조건 ㉮에서 원 $C : x^2+y^2-4x-2ay+a^2-9=0$이 원점을 지나므로 $x=0$, $y=0$을 대입하면

$a^2-9=0, \ a^2=9$

$\therefore a=-3$ 또는 $a=3$

$a=-3$일 때, 원 C의 방정식은

$x^2+y^2-4x+6y=0$

$\therefore (x-2)^2+(y+3)^2=13$

$a=3$일 때, 원 C의 방정식은

$x^2+y^2-4x-6y=0$

$\therefore (x-2)^2+(y-3)^2=13$

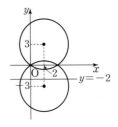

이때 $a=3$이면 원 C는 직선 $y=-2$와 만나지 않으므로 조건 ㉯에서 $a=-3$

$(x-2)^2+(y+3)^2=13$에 $y=-2$를 대입하면

$(x-2)^2+(-2+3)^2=13$

$(x-2)^2=12$

$\therefore x=2\pm2\sqrt{3}$

따라서 원 C와 직선 $y=-2$가 만나는 두 점의 좌표는 각각 $(2-2\sqrt{3}, \ -2)$, $(2+2\sqrt{3}, \ -2)$이므로 두 점 사이의 거리는

$(2+2\sqrt{3})-(2-2\sqrt{3})=4\sqrt{3}$

다른 풀이

$a=-3$일 때, 원 C의 방정식은

$x^2+y^2-4x+6y=0 \qquad \therefore (x-2)^2+(y+3)^2=13$

따라서 원 C의 중심은 $A(2, -3)$이고, 반지름의 길이는 $\sqrt{13}$이다.

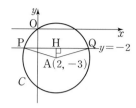

원의 중심 $A(2, -3)$에서 직선 $y=-2$에 내린 수선의 발을 H라 하고, 원 C와 직선 $y=-2$가 만나는 두 점을 각각 P, Q라고 하면
$\overline{AP}=\sqrt{13}$, $\overline{AH}=1$이므로
$\overline{PH}=\sqrt{(\sqrt{13})^2-1^2}=2\sqrt{3}$
$\therefore \overline{PQ}=2\overline{PH}=4\sqrt{3}$

33 접근 방법 | 원과 직선의 위치 관계를 이용하여 추론한다.

두 점 $A(0, \sqrt{3})$, $B(1, 0)$을 지나는 직선의 방정식은
$y=\dfrac{0-\sqrt{3}}{1-0}x+\sqrt{3}$, $\sqrt{3}x+y-\sqrt{3}=0$
원 C의 중심 $(1, 10)$과 직선 $\sqrt{3}x+y-\sqrt{3}=0$ 사이의 거리는
$\dfrac{|\sqrt{3}+10-\sqrt{3}|}{\sqrt{(\sqrt{3})^2+1}}=5$
이고 원 C의 반지름의 길이는 3이므로 원 C 위의 점 P와 직선 AB 사이의 거리를 h라고 하면 $2\le h\le 8$이다.
선분 AB의 길이는 $\sqrt{1+3}=2$이고 삼각형 ABP의 넓이를 S라고 하면
$S=\dfrac{1}{2}\times 2\times h=h$
이므로 S가 자연수이려면 h가 자연수이어야 한다.
직선 AB와 평행한 직선 중에서 원 C의 중심으로부터의 거리가 $|5-h|$이고 직선 AB와의 거리가 h인 직선을 l이라고 하면
(i) $h=2$일 때,
 직선 l과 원 C는 한 점에서 만나므로 점 P의 개수는 1

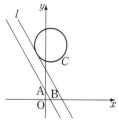

(ii) $3\le h\le 7$일 때,
 직선 l과 원 C는 서로 다른 두 점에서 만나므로 점 P의 개수는
 $5\times 2=10$

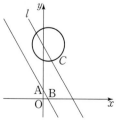

(iii) $h=8$일 때,
 직선 l과 원 C는 한 점에서 만나므로 점 P의 개수는 1

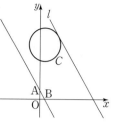

(i)~(iii)에서 구하는 점 P의 개수는
$1+10+1=12$

34 접근 방법 | 원과 직선의 위치 관계를 생각하여 문제를 해결한다.

두 원 C_1, C_2의 중심을 각각 A, B라고 하면 두 점 A, B의 좌표는 각각 $(-7, 2)$, $(0, b)$이다.

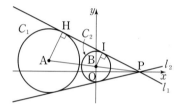

그림과 같이 두 점 A, B에서 직선 l_1에 내린 수선의 발을 각각 H, I라고 하면
$\overline{AH}=2\sqrt{5}$, $\overline{BI}=\sqrt{5}$이므로 두 삼각형 PAH, PBI의 닮음비는
$\overline{AH}:\overline{BI}=2:1$
이때 점 B는 선분 AP의 중점이므로
$\dfrac{(-7)+a}{2}=0$, $\dfrac{2+0}{2}=b$
$\therefore a=7$, $b=1$
점 $P(7, 0)$을 지나고 점 $B(0, 1)$에서의 거리가 $\sqrt{5}$인 직선의 기울기를 m이라고 하면 이 직선의 방정식은
$y=m(x-7)$, 즉 $mx-y-7m=0$이므로
$\dfrac{|m\times 0-1-7m|}{\sqrt{m^2+1}}=\sqrt{5}$
$|-7m-1|=\sqrt{5(m^2+1)}$
양변을 제곱하여 정리하면
$44m^2+14m-4=0$, $22m^2+7m-2=0$
$(2m+1)(11m-2)=0$
$\therefore m=-\dfrac{1}{2}$ 또는 $m=\dfrac{2}{11}$
따라서 두 직선 l_1, l_2의 기울기의 곱은
$\left(-\dfrac{1}{2}\right)\times\dfrac{2}{11}=-\dfrac{1}{11}$이므로 $c=-\dfrac{1}{11}$
$\therefore 11(a+b+c)=11\times\left(7+1-\dfrac{1}{11}\right)=87$

04. 도형의 이동

1 답 (1) $(1, -4)$ (2) $(5, -3)$ (3) $(-2, 2)$

2 답 (1) $(3, -2)$ (2) $(6, -4)$ (3) $(2, 0)$

3 답 (1) $2x-y+11=0$ (2) $y=2x+6$
       (3) $x^2+y^2-4y+3=0$

(1) $2(x+2)-(y-3)+4=0$
   ∴ $2x-y+11=0$

(2) $y-3=2(x+2)-1$ ∴ $y=2x+6$

(3) $(x+2)^2+(y-3)^2-4(x+2)+2(y-3)+4=0$
   ∴ $x^2+y^2-4y+3=0$

4 답 (1) $x-2y-4=0$ (2) $y=1$
       (3) $(x+1)^2+(y-1)^2=4$

(1) $(x-1)-2(y+2)+1=0$
   ∴ $x-2y-4=0$

(2) $y+2=3$ ∴ $y=1$

(3) $\{(x-1)+2\}^2+\{(y+2)-3\}^2=4$
   ∴ $(x+1)^2+(y-1)^2=4$

01-1 답 (1) $(5, 1)$ (2) $x-2y-3=0$

점 $(-1, 2)$를 x축의 방향으로 a만큼, y축의 방향으로 b만큼 평행이동한 점의 좌표가 $(3, 1)$이므로
$-1+a=3, 2+b=1$ ∴ $a=4, b=-1$

(1) 점 $(1, 2)$를 x축의 방향으로 4만큼, y축의 방향으로 -1만큼 평행이동한 점의 좌표는
   $(1+4, 2-1)$ ∴ $(5, 1)$

(2) 직선 $x-2y+3=0$을 x축의 방향으로 4만큼, y축의 방향으로 -1만큼 평행이동한 직선의 방정식은
   $(x-4)-2(y+1)+3=0$
   ∴ $x-2y-3=0$

01-2 답 5

$x^2+y^2+4x-2y+c=0$에서
$(x+2)^2+(y-1)^2=5-c$ ⋯⋯ ㉠
원 ㉠을 x축의 방향으로 a만큼, y축의 방향으로 b만큼

평행이동한 원의 방정식은
$\{(x-a)+2\}^2+\{(y-b)-1\}^2=5-c$
이 원이 원 $x^2+y^2=1$과 일치하므로
$-a+2=0, -b-1=0, 5-c=1$
∴ $a=2, b=-1, c=4$
∴ $a+b+c=2+(-1)+4=5$

다른 풀이

원 $x^2+y^2+4x-2y+c=0$에서
$(x+2)^2+(y-1)^2=5-c$ ⋯⋯ ㉠
원의 중심 $(-2, 1)$이 평행이동
$(x, y) \longrightarrow (x+a, y+b)$에 의하여 점 $(0, 0)$으로 옮겨지므로
$-2+a=0, 1+b=0$ ∴ $a=2, b=-1$
원 ㉠과 원 $x^2+y^2=1$의 반지름의 길이가 같으므로
$5-c=1$ ∴ $c=4$
∴ $a+b+c=2+(-1)+4=5$

01-3 답 -2

직선 $y=ax+b$를 x축의 방향으로 -1만큼, y축의 방향으로 2만큼 평행이동한 직선의 방정식은
$y-2=a(x+1)+b$
∴ $y=ax+a+b+2$ ⋯⋯ ㉠
직선 ㉠은 직선 $y=-\dfrac{1}{2}x+3$과 수직이므로
$a\times\left(-\dfrac{1}{2}\right)=-1$ ∴ $a=2$
또한 두 직선이 y축 위의 점에서 만나므로 두 직선의 교점의 좌표는 $(0, 3)$이다.
점 $(0, 3)$을 ㉠에 대입하면
$3=a+b+2, 3=b+4\ (∵ a=2)$ ∴ $b=-1$
∴ $ab=2\times(-1)=-2$

1 답 (1) x축 : $(4, -5)$, y축 : $(-4, 5)$,
     원점 : $(-4, -5)$, 직선 $y=x$: $(5, 4)$
  (2) x축 : $(-3, -2)$, y축 : $(3, 2)$,
     원점 : $(3, -2)$, 직선 $y=x$: $(2, -3)$
  (3) x축 : $(5, 2)$, y축 : $(-5, -2)$,
     원점 : $(-5, 2)$, 직선 $y=x$: $(-2, 5)$
  (4) x축 : $(-4, 7)$, y축 : $(4, -7)$,
     원점 : $(4, 7)$, 직선 $y=x$: $(-7, -4)$

2 답 (1) x축 : $y=-2x-4$, y축 : $y=-2x+4$,

원점 : $y=2x-4$, 직선 $y=x$: $y=\dfrac{1}{2}x-2$

(2) x축 : $y=x-4$, y축 : $y=x+4$,

원점 : $y=-x-4$, 직선 $y=x$: $y=-x+4$

(3) x축 : $x-2y+4=0$, y축 : $x-2y-4=0$,

원점 : $x+2y-4=0$,

직선 $y=x$: $2x+y+4=0$

(4) x축 : $x+2y+4=0$, y축 : $x+2y-4=0$,

원점 : $x-2y-4=0$,

직선 $y=x$: $2x-y-4=0$

3 답 (1) x축 : $x=1$, y축 : $x=-1$, 원점 : $x=-1$,

직선 $y=x$: $y=1$

(2) x축 : $x=-2$, y축 : $x=2$, 원점 : $x=2$,

직선 $y=x$: $y=-2$

(3) x축 : $y=-1$, y축 : $y=1$, 원점 : $y=-1$,

직선 $y=x$: $x=1$

(4) x축 : $y=2$, y축 : $y=-2$, 원점 : $y=2$,

직선 $y=x$: $x=-2$

4 답 (1) x축 : $(x-2)^2+(y+3)^2=9$,

y축 : $(x+2)^2+(y-3)^2=9$,

원점 : $(x+2)^2+(y+3)^2=9$,

직선 $y=x$: $(x-3)^2+(y-2)^2=9$

(2) x축 : $x^2+y^2+4x+2y+4=0$,

y축 : $x^2+y^2-4x-2y+4=0$,

원점 : $x^2+y^2-4x+2y+4=0$,

직선 $y=x$: $x^2+y^2-2x+4y+4=0$

5 답 (1) x축 : $y=-x^2-1$, y축 : $y=x^2+1$

(2) x축 : $y=x^2-4$, y축 : $y=-x^2+4$

예제 02 대칭이동 157쪽

02-1 답 (1) $x^2+y^2-2x-4y+1=0$

(2) $x^2+y^2+2x+4y+1=0$

(3) $x^2+y^2+2x-4y+1=0$

(4) $x^2+y^2+4x-2y+1=0$

방정식 $x^2+y^2-2x+4y+1=0$에

(1) y 대신 $-y$를 대입하면

$x^2+(-y)^2-2x+4\times(-y)+1=0$

$\therefore x^2+y^2-2x-4y+1=0$

(2) x 대신 $-x$를 대입하면

$(-x)^2+y^2-2\times(-x)+4y+1=0$

$\therefore x^2+y^2+2x+4y+1=0$

(3) x 대신 $-x$, y 대신 $-y$를 대입하면

$(-x)^2+(-y)^2-2\times(-x)+4\times(-y)+1=0$

$\therefore x^2+y^2+2x-4y+1=0$

(4) x 대신 y, y 대신 x를 대입하면

$y^2+x^2-2y+4x+1=0$

$\therefore x^2+y^2+4x-2y+1=0$

02-2 답 ①

원 $x^2+y^2=4$를 x축의 방향으로 2만큼, y축의 방향으로 -1만큼 평행이동한 원의 방정식은

$(x-2)^2+(y+1)^2=4$ ······ ㉠

원 ㉠을 직선 $y=x$에 대하여 대칭이동한 도형의 방정식은

$(y-2)^2+(x+1)^2=4$

$\therefore (x+1)^2+(y-2)^2=4$

다른 풀이

원의 중심 $(0,\ 0)$을 x축의 방향으로 2만큼, y축의 방향으로 -1만큼 평행이동한 점의 좌표는 $(2,\ -1)$

점 $(2,\ -1)$을 직선 $y=x$에 대하여 대칭이동한 점의 좌표는 $(-1,\ 2)$

원의 반지름의 길이는 2이므로 구하는 도형의 방정식은

$(x+1)^2+(y-2)^2=4$

02-3 답 -28

함수 $y=-2x^2+12x+a$의 그래프를 x축에 대하여 대칭이동한 함수식은

$-y=-2x^2+12x+a$

$\therefore y=2x^2-12x-a=2(x^2-6x+9)-a-18$

$\qquad\qquad =2(x-3)^2-a-18$

이 함수의 최솟값이 10이므로

$-a-18=10$ $\therefore a=-28$

예제 03 점에 대한 대칭이동 159쪽

03-1 답 (1) $(3,\ 1)$ (2) $x-2y+9=0$

(1) 점 $(-1,\ 3)$을 점 $(1,\ 2)$에 대하여 대칭이동한 점의 좌표를 $(a,\ b)$라고 하면

$$\frac{-1+a}{2}=1, \frac{3+b}{2}=2$$

$$\therefore a=3, b=1$$

따라서 구하는 점의 좌표는 $(3, 1)$이다.

(2) 직선 $x-2y-3=0$ 위의 임의의 점 $P(x, y)$를 점 $(1, 2)$에 대하여 대칭이동한 점을 $P'(x', y')$이라고 하면

$$\frac{x+x'}{2}=1, \frac{y+y'}{2}=2$$

$$\therefore x=2-x', y=4-y' \qquad \cdots\cdots ㉠$$

㉠을 $x-2y-3=0$에 대입하면

$$(2-x')-2(4-y')-3=0$$

$$\therefore x'-2y'+9=0$$

따라서 구하는 직선의 방정식은 $x-2y+9=0$

⊕ 보충 설명

원점에 대한 대칭이동이 x축과 y축에 대하여 차례대로 대칭이동한 결과와 같은 것처럼, 점 (a, b)에 대한 대칭이동은 예제 **04**에서 배울 직선 $x=a$에 대한 대칭이동과 직선 $y=b$에 대한 대칭이동을 차례대로 적용한 결과와 같다.

03-2 답 ③

선분 PQ의 중점의 좌표가 $(2, 1)$이므로

$$\frac{5+b}{2}=2, \frac{a+4}{2}=1$$

$$\therefore a=-2, b=-1$$

따라서 $P(5, -2)$, $Q(-1, 4)$이므로 선분 PQ의 길이는

$$\overline{PQ}=\sqrt{(-1-5)^2+(4+2)^2}=\sqrt{72}=6\sqrt{2}$$

03-3 답 18

원 $(x-2)^2+(y+1)^2=9$의 중심 $(2, -1)$을 점 $(-1, 1)$에 대하여 대칭이동한 점의 좌표를 (a, b)라고 하면

$$\frac{2+a}{2}=-1, \frac{-1+b}{2}=1$$

$$\therefore a=-4, b=3$$

원은 대칭이동하여도 반지름의 길이가 변하지 않으므로 대칭이동한 원의 중심의 좌표는 $(-4, 3)$이고, 반지름의 길이는 3이다.

즉, $(x+4)^2+(y-3)^2=9$

$$\therefore x^2+y^2+8x-6y+16=0$$

따라서 $a=8$, $b=-6$, $c=16$이므로

$$a+b+c=8+(-6)+16=18$$

04-1 답 (1) $(3, -4)$ (2) $y=2x+1$

(1) 점 $P(-1, 4)$를 직선 $x-2y-1=0$, 즉 $y=\frac{1}{2}x-\frac{1}{2}$에 대하여 대칭이동한 점을 $P'(a, b)$라고 하면

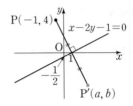

선분 PP'의 중점의 좌표는 $\left(\frac{-1+a}{2}, \frac{4+b}{2}\right)$이고, 이 점이 직선 $y=\frac{1}{2}x-\frac{1}{2}$ 위의 점이므로

$$\frac{4+b}{2}=\frac{1}{2}\times\frac{-1+a}{2}-\frac{1}{2}$$

$$\therefore a-2b=11 \qquad \cdots\cdots ㉠$$

또한 직선 PP'이 직선 $y=\frac{1}{2}x-\frac{1}{2}$과 수직이므로

$$\frac{b-4}{a-(-1)}\times\frac{1}{2}=-1$$

$$\therefore 2a+b=2 \qquad \cdots\cdots ㉡$$

㉠, ㉡을 연립하여 풀면 $a=3$, $b=-4$

따라서 구하는 점의 좌표는 $(3, -4)$이다.

(2) 직선 $y=-2x+5$ 위의 임의의 점 $P(x, y)$를 직선 $y=3$에 대하여 대칭이동한 점을 $P'(x', y')$이라고 하면

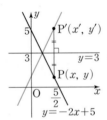

선분 PP'의 중점의 좌표는 $\left(\frac{x+x'}{2}, \frac{y+y'}{2}\right)$이고, 이 점이 직선 $y=3$ 위의 점이고, x좌표는 변하지 않으므로

$$x'=x, \frac{y+y'}{2}=3$$

$$\therefore x=x', y=-y'+6$$

점 $P(x, y)$는 직선 $y=-2x+5$ 위의 점이므로

$$-y'+6=-2x'+5$$

$$\therefore y'=2x'+1$$

따라서 구하는 직선의 방정식은
$$y=2x+1$$

다른 풀이

(2) 주어진 직선과 대칭인 직선의 방정식을 구하는 문제이므로 주어진 직선 위의 임의의 두 점을 선택하여 대칭이동한 점의 좌표를 직접 구한 후, 대칭이동한 두 점의 좌표를 이용하여 주어진 직선과 대칭인 직선의 방정식을 구할 수도 있다.

즉, 직선 $y=-2x+5$ 위의 두 점 $(0, 5)$, $(1, 3)$을 직선 $y=3$에 대하여 대칭이동한 점의 좌표가 각각 $(0, 1)$, $(1, 3)$이므로 구하는 직선의 방정식은

$$y-1=\frac{3-1}{1-0}(x-0) \qquad \therefore y=2x+1$$

04-2 탑 (1) 4 (2) $(x+1)^2+(y+2)^2=4$

(1) 두 점 $(4, 2)$, $(-1, 7)$을 이은 선분의 중점의 좌표는

$$\left(\frac{4-1}{2}, \frac{2+7}{2}\right), \ \ \stackrel{즉}{=} \ \left(\frac{3}{2}, \frac{9}{2}\right)$$

이 점이 직선 $y=ax+b$ 위의 점이므로

$$\frac{9}{2}=\frac{3}{2}a+b \qquad \therefore 3a+2b=9 \qquad \cdots\cdots ㉠$$

또한 두 점 $(4, 2)$, $(-1, 7)$을 지나는 직선이 직선 $y=ax+b$와 수직이므로

$$\frac{7-2}{-1-4}\times a=-1 \qquad \therefore a=1$$

$a=1$을 ㉠에 대입하면

$$3+2b=9 \qquad \therefore b=3$$

$$\therefore a+b=1+3=4$$

(2) 원 $(x-3)^2+(y-2)^2=4$의 중심 $(3, 2)$를 직선 $y=-x+1$에 대하여 대칭이동한 점의 좌표를 (a, b)라고 하면 두 점 $(3, 2)$, (a, b)를 이은 선분의 중점의 좌표는 $\left(\frac{3+a}{2}, \frac{2+b}{2}\right)$이고, 이 점이 직선 $y=-x+1$ 위의 점이므로

$$\frac{2+b}{2}=-\frac{3+a}{2}+1$$

$$\therefore a+b=-3 \qquad \cdots\cdots ㉠$$

또한 두 점 $(3, 2)$, (a, b)를 지나는 직선이 직선 $y=-x+1$과 수직이므로

$$\frac{b-2}{a-3}\times(-1)=-1$$

$$\therefore a-b=1 \qquad \cdots\cdots ㉡$$

㉠, ㉡을 연립하여 풀면

$$a=-1, b=-2$$

따라서 대칭이동한 원의 중심은 $(-1, -2)$이고, 원은 대칭이동하여도 반지름의 길이가 변하지 않으므로 구하는 원의 방정식은

$$(x+1)^2+(y+2)^2=4$$

04-3 탑 ③

직선 $y=2x+2$ 위의 임의의 점 $P(x, y)$를 직선 $y=x+2$에 대하여 대칭이동한 점을 $P'(x', y')$이라고 하면

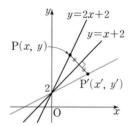

선분 PP'의 중점의 좌표는 $\left(\frac{x+x'}{2}, \frac{y+y'}{2}\right)$이고, 이 점이 직선 $y=x+2$ 위의 점이므로

$$\frac{y+y'}{2}=\frac{x+x'}{2}+2$$

$$\therefore x-y=-x'+y'-4 \qquad \cdots\cdots ㉠$$

또한 직선 PP'이 직선 $y=x+2$와 수직이므로

$$\frac{y'-y}{x'-x}\times 1=-1$$

$$\therefore x+y=x'+y' \qquad \cdots\cdots ㉡$$

㉠, ㉡을 연립하여 풀면

$$x=y'-2, \ y=x'+2$$

이때 점 $P(x, y)$는 직선 $y=2x+2$ 위의 점이므로

$$x'+2=2(y'-2)+2$$

$$\therefore y'=\frac{1}{2}x'+2$$

따라서 구하는 직선의 방정식은 $y=\frac{1}{2}x+2$이므로

$$m=\frac{1}{2}, n=2$$

$$\therefore mn=\frac{1}{2}\times 2=1$$

예제 05 **도형 $f(x, y)=0$의 평행이동과 대칭이동** 163쪽

05-1 탑 풀이 참조

방정식 $f(x, y)=0$이 나타내는 도형을 직선 $y=x$에 대하여 대칭이동하면

$f(y, x)=0$

방정식 $f(y, x)=0$이 나타내는 도형을 x축의 방향으로 1만큼, y축의 방향으로 -2만큼 평행이동하면

$f(y+2, x-1)=0$

따라서 방정식 $f(y+2, x-1)=0$이 나타내는 도형을 좌표평면 위에 나타내면 다음 그림과 같다.

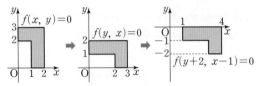

05-2 답 ②

방정식 $f(x, y)=0$이 나타내는 도형을 x축에 대하여 대칭이동하면

$f(x, -y)=0$

이 방정식이 나타내는 도형을 다시 직선 $y=x$에 대하여 대칭이동하면

$f(y, -x)=0$

따라서 방정식 $f(y, -x)=0$이 나타내는 도형은 다음 그림과 같다.

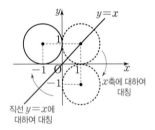

05-3 답 ①

방정식 $f(x, y)=0$이 나타내는 도형은 방정식 $g(x, y)=0$이 나타내는 도형을 x축의 방향으로 -5만큼, y축의 방향으로 1만큼 평행이동한 후, x축에 대하여 대칭이동한 것이다.

즉, 방정식 $g(x, y)=0$이 나타내는 도형을 x축의 방향으로 -5만큼, y축의 방향으로 1만큼 평행이동하면

$g(x+5, y-1)=0$

방정식 $g(x+5, y-1)=0$이 나타내는 도형을 x축에 대하여 대칭이동하면

$g(x+5, -y-1)=0$

$\therefore f(x, y)=g(x+5, -y-1)$

06-1 답 13

점 $B(11, 3)$을 x축에 대하여 대칭이동한 점을 B'이라고 하면 $B'(11, -3)$

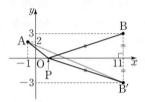

x축 위의 점 P에 대하여 $\overline{BP}=\overline{B'P}$이므로

$\overline{AP}+\overline{BP}=\overline{AP}+\overline{B'P}$

즉, $\overline{AP}+\overline{B'P}$의 최솟값은 선분 AB'의 길이와 같다.

$\therefore \overline{AP}+\overline{BP} \geq \overline{AB'}$

$\qquad =\sqrt{(11+1)^2+(-3-2)^2}$

$\qquad =\sqrt{169}=13$

따라서 $\overline{AP}+\overline{BP}$의 최솟값은 13이다.

06-2 답 $4\sqrt{5}$

점 $A(2, 3)$을 y축에 대하여 대칭이동한 점을 A', 점 $B(6, 1)$을 x축에 대하여 대칭이동한 점을 B'이라고 하면 $A'(-2, 3)$, $B'(6, -1)$

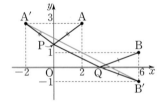

y축 위의 점 P에 대하여 $\overline{AP}=\overline{A'P}$,

x축 위의 점 Q에 대하여 $\overline{QB}=\overline{QB'}$이므로

$\overline{AP}+\overline{PQ}+\overline{QB}=\overline{A'P}+\overline{PQ}+\overline{QB'}$

즉, $\overline{A'P}+\overline{PQ}+\overline{QB'}$의 최솟값은 선분 $A'B'$의 길이와 같다.

$\therefore \overline{AP}+\overline{PQ}+\overline{QB} \geq \overline{A'B'}=\sqrt{(6+2)^2+(-1-3)^2}$

$\qquad\qquad\qquad\qquad =\sqrt{80}=4\sqrt{5}$

따라서 $\overline{AP}+\overline{PQ}+\overline{QB}$의 최솟값은 $4\sqrt{5}$이다.

06-3 답 ②

점 $A(4, 2)$를 x축에 대하여 대칭이동한 점을 A', 점 $B(6, 2)$를 직선 $y=x$에 대하여 대칭이동한 점을 B'이라고 하면 $A'(4, -2)$, $B'(2, 6)$

x축 위의 점 P에 대하여 $\overline{AP}=\overline{A'P}$, 직선 $y=x$ 위의 점 Q에 대하여 $\overline{BQ}=\overline{B'Q}$이므로

$\overline{AP}+\overline{PQ}+\overline{QB}$
$=\overline{A'P}+\overline{PQ}+\overline{QB'}$

$\overline{A'P}+\overline{PQ}+\overline{QB'}$의 최솟값은 선분 $A'B'$의 길이와 같다.

$\therefore \overline{AP}+\overline{PQ}+\overline{QB} \geq \overline{A'B'}=\sqrt{(2-4)^2+(6+2)^2}$
$\qquad\qquad\qquad\qquad =\sqrt{68}=2\sqrt{17}$

따라서 $\overline{AP}+\overline{PQ}+\overline{QB}$의 최솟값은 $2\sqrt{17}$이다.

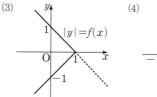
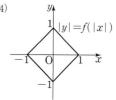

개념 콕콕 **3 절댓값 기호를 포함한 식의 그래프** 169쪽

1 **답** ㈎ 0 ㈏ 3 ㈐ $2x-3$, 그래프는 풀이 참조

$y=|x|-|x-3|$에서 절댓값 기호 안의 식의 값이 0이 되는 x의 값이 $\boxed{0}$, $\boxed{3}$이므로

(ⅰ) $x<\boxed{0}$일 때,
$\quad |x|=-x$, $|x-3|=-(x-3)$
$\quad \therefore y=-x+(x-3)=-3$

(ⅱ) $\boxed{0}\leq x<\boxed{3}$일 때,
$\quad |x|=x$, $|x-3|=-(x-3)$
$\quad \therefore y=x+(x-3)=\boxed{2x-3}$

(ⅲ) $x\geq 3$일 때,
$\quad |x|=x$, $|x-3|=x-3$
$\quad \therefore y=x-(x-3)=3$

(ⅰ)~(ⅲ)에서 주어진 함수의 그래프는 오른쪽 그림과 같다.

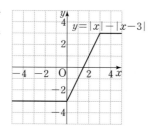

2 **답** 풀이 참조

(1)
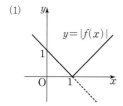

(2)
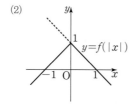

예제 07 **절댓값 기호를 포함한 식의 그래프** 171쪽

07-1 **답** 풀이 참조

(1) $y=f(x)$
$\quad =x^2-2x-3$
$\quad =(x-1)^2-4$
따라서 함수 $y=f(x)$의 그래프는 오른쪽 그림과 같다.

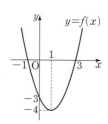

(2) $y=|f(x)|=|x^2-2x-3|$이므로
$y=x^2-2x-3$의 그래프를 그린 후, $y\geq 0$인 부분은 그대로 두고, $y<0$인 부분은 x축에 대하여 대칭이동하여 그리면 $y=|f(x)|$의 그래프는 다음 그림과 같다.

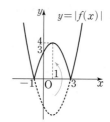

(3) $y=f(|x|)=|x|^2-2|x|-3$이므로
$y=x^2-2x-3$ $(x\geq 0)$의 그래프를 그린 후, $x\geq 0$인 부분은 그대로 두고 $x<0$인 부분은 $x\geq 0$인 부분을 y축에 대하여 대칭이동하여 그리면 $y=f(|x|)$의 그래프는 다음 그림과 같다.

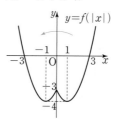

(4) $|y|=f(x)=x^2-2x-3$이므로
$y=x^2-2x-3$ $(y\geq 0)$의 그래프를 그린 후, $y\geq 0$인 부분은 그대로 두고 $y<0$인 부분을 $y\geq 0$인 부분을 x축에 대하여 대칭이동하면 $|y|=f(x)$의 그래프는 다음 그림과 같다.

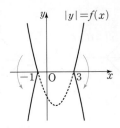

07-2 답 풀이 참조

(1) $|x|+|y|=1$에서 절댓값 기호 안의 식의 값을 0으로 하는 x, y의 값, 즉 $x=0$, $y=0$을 기준으로 x, y의 값의 범위를 다음과 같이 나눈다.

(i) $x\geq0$, $y\geq0$일 때,
$x+y=1$ $\therefore y=-x+1$

(ii) $x\geq0$, $y<0$일 때,
$x-y=1$ $\therefore y=x-1$

(iii) $x<0$, $y\geq0$일 때,
$-x+y=1$ $\therefore y=x+1$

(iv) $x<0$, $y<0$일 때,
$-x-y=1$ $\therefore y=-x-1$

(i)~(iv)를 좌표평면 위에 나타내면 다음 그림과 같다.

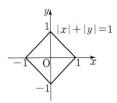

(2) $|x|-|y|=1$에서 절댓값 기호 안의 식의 값을 0으로 하는 x, y의 값, 즉 $x=0$, $y=0$을 기준으로 x, y의 값의 범위를 다음과 같이 나눈다.

(i) $x\geq0$, $y\geq0$일 때,
$x-y=1$ $\therefore y=x-1$

(ii) $x\geq0$, $y<0$일 때,
$x+y=1$ $\therefore y=-x+1$

(iii) $x<0$, $y\geq0$일 때,
$-x-y=1$ $\therefore y=-x-1$

(iv) $x<0$, $y<0$일 때,
$-x+y=1$ $\therefore y=x+1$

(i)~(iv)를 좌표평면 위에 나타내면 다음 그림과 같다.

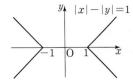

다른 풀이

(1) (i) $|x|+|y|=1$에서 절댓값 기호를 없앤 식 $x+y=1$, 즉 $y=-x+1$의 그래프를 $x\geq0$, $y\geq0$인 부분만 [그림 1]과 같이 그린다.

(ii) $y=-x+1$의 그래프의 $x\geq0$, $y\geq0$인 부분은 그대로 두고 나머지 부분은 $x\geq0$, $y\geq0$인 부분을 각각 $x=0$ (y축), $y=0$ (x축), 원점 $(0, 0)$에 대하여 대칭이동하여 [그림 2]와 같이 그린다.

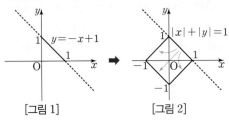

[그림 1]   [그림 2]

(2) (i) $|x|-|y|=1$에서 절댓값 기호를 없앤 식 $x-y=1$, 즉 $y=x-1$의 그래프를 $x\geq0$, $y\geq0$인 부분만 [그림 1]과 같이 그린다.

(ii) $y=x-1$의 그래프의 $x\geq0$, $y\geq0$인 부분은 그대로 두고 나머지 부분은 $x\geq0$, $y\geq0$인 부분을 각각 $x=0$ (y축), $y=0$ (x축), 원점 $(0, 0)$에 대하여 대칭이동한 그래프를 [그림 2]와 같이 그린다.

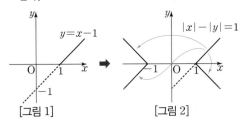

[그림 1]   [그림 2]

07-3 답 ②

$y=a|x-p|+q$의 그래프는 $y=a|x|$의 그래프를 x축의 방향으로 p만큼, y축의 방향으로 q만큼 평행이동한 것이므로
$p=-1$, $q=2$
$\therefore y=a|x+1|+2$
또한 이 함수의 그래프가 원점 $(0, 0)$을 지나므로
$0=a|0+1|+2$
$\therefore a=-2$
$\therefore a+p+q=-2+(-1)+2$
$\quad\quad\quad\quad =-1$

절댓값 기호 안의 일차식의 값이 0일 때, 직선의 기울기가 변한다는 것을 이용해도 된다. 즉, 절댓값 기호 안의 식 $x-p$에 기울기가 변하는 경계점의 x좌표 $x=-1$을 대입하면 $-1-p=0$이므로 $p=-1$이고 $q=2$이다.

예제 08 절댓값 기호를 여러 개 포함한 식의 그래프 173쪽

08-1 답 풀이 참조

(1) $y=|x+1|+x-1$에서

(i) $x<-1$일 때,

$|x+1|=-(x+1)$이므로

$y=-(x+1)+x-1=-2$

(ii) $x\geq-1$일 때,

$|x+1|=x+1$이므로

$y=(x+1)+x-1=2x$

(i), (ii)에서 함수 $y=|x+1|+x-1$의 그래프는 다음 그림과 같다.

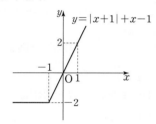

(2) $y=|x+2|+2|x-2|$에서

(i) $x<-2$일 때,

$|x+2|=-(x+2)$, $2|x-2|=-2(x-2)$이므로 $y=-(x+2)-2(x-2)=-3x+2$

(ii) $-2\leq x<2$일 때,

$|x+2|=x+2$, $2|x-2|=-2(x-2)$이므로

$y=x+2-2(x-2)=-x+6$

(iii) $x\geq2$일 때,

$|x+2|=x+2$, $2|x-2|=2(x-2)$이므로

$y=x+2+2(x-2)=3x-2$

(i)~(iii)에서 함수 $y=|x+2|+2|x-2|$의 그래프는 다음 그림과 같다.

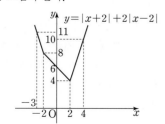

08-2 답 (1) $a>6$ (2) $-2<m<-1$

$f(x)=|x+2|+|x-4|$에서

(i) $x<-2$일 때,

$|x+2|=-(x+2)$, $|x-4|=-(x-4)$이므로

$f(x)=-(x+2)-(x-4)$

$=-2x+2$

(ii) $-2\leq x<4$일 때,

$|x+2|=x+2$, $|x-4|=-(x-4)$이므로

$f(x)=x+2-(x-4)=6$

(iii) $x\geq4$일 때,

$|x+2|=x+2$, $|x-4|=x-4$이므로

$f(x)=x+2+x-4$

$=2x-2$

(i)~(iii)에서 함수 $f(x)=|x+2|+|x-4|$의 그래프는 다음 그림과 같다.

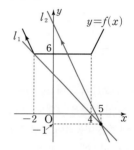

(1) 위의 그림에서 $y=f(x)$의 그래프와 직선 $y=a$가 서로 다른 두 점에서 만나기 위한 실수 a의 값의 범위는 $a>6$

(2) 위의 그림에서 직선 $y=m(x-5)-1$은 m의 값에 관계없이 항상 점 $(5, -1)$을 지나고 점 $(5, -1)$을 지나는 직선 중에 두 직선 l_1, l_2 사이에 위치하는 직선이 $y=f(x)$의 그래프와 서로 다른 두 점에서 만난다.

(i) 직선 l_1은 직선 $y=m(x-5)-1$이 점 $(-2, 6)$을 지날 때이므로

$6=m(-2-5)-1$, $-7m=7$

$\therefore m=-1$

(ii) 직선 l_2는 직선 $y=m(x-5)-1$이 직선 $y=-2x+2$와 평행할 때이므로

$m=-2$

(i), (ii)에서 함수 $y=f(x)$의 그래프와 직선 $y=m(x-5)-1$이 서로 다른 두 점에서 만나도록 하는 실수 m의 값의 범위는

$-2<m<-1$

08-3 답 ⑤

$f(x)=|x|-|x-2|$에서

(ⅰ) $x<0$일 때,

$|x|=-x$, $|x-2|=-(x-2)$이므로

$f(x)=-x+(x-2)=-2$

(ⅱ) $0\le x<2$일 때,

$|x|=x$, $|x-2|=-(x-2)$이므로

$f(x)=x+(x-2)=2x-2$

(ⅲ) $x\ge 2$일 때,

$|x|=x$, $|x-2|=x-2$이므로

$f(x)=x-(x-2)=2$

(ⅰ)~(ⅲ)에서 함수 $y=|x|-|x-2|$의 그래프는 다음 그림과 같다.

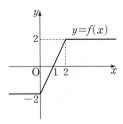

이때 함수 $y=|f(x)|$의 그래프는 $y=f(x)$의 그래프를 그린 후, $y\ge 0$인 부분은 그대로 두고, $y<0$인 부분은 x축에 대하여 대칭이동하여 그린 것이다.

즉, 함수 $y=|f(x)|$의 그래프와 x축, y축 및 직선 $x=4$로 둘러싸인 도형은 다음 그림의 색칠한 부분과 같다.

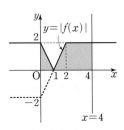

따라서 구하는 도형의 넓이는

$\dfrac{1}{2}\times 1\times 2+\dfrac{1}{2}\times(2+3)\times 2=6$

기본 다지기　　　　174쪽~175쪽

1 1	2 -2	3 ㄱ, ㄷ	4 36	5 -5
6 $\sqrt{2}$	7 $\left(\dfrac{5}{2},\ \dfrac{1}{2}\right)$		8 5	9 $2\sqrt{5}$
10 $\dfrac{3}{4}$			

---

1 점 A$(-5,\ 8)$을 x축의 방향으로 m만큼, y축의 방향으로 n만큼 평행이동한 점이 점 A$'(4,\ 10)$이라고 하면

$-5+m=4$, $8+n=10$

$\therefore m=9$, $n=2$

즉, 삼각형 A$'$B$'$C$'$은 삼각형 ABC를 x축의 방향으로 9만큼, y축의 방향으로 2만큼 평행이동한 것이므로 두 점 B$'$, C$'$을 각각 구하면

B$'(1+9,\ 1+2)$　　$\therefore$ B$'(10,\ 3)$

C$'(3+9,\ 4+2)$　　$\therefore$ C$'(12,\ 6)$

따라서 두 점 B$'$, C$'$을 지나는 직선의 방정식은

$y-3=\dfrac{6-3}{12-10}(x-10)$

$\therefore 3x-2y=24$

따라서 $a=3$, $b=-2$이므로

$a+b=3+(-2)=1$

> **➕ 보충 설명**
>
> **직선의 방정식**
> (1) 점 $(a,\ b)$를 지나고 기울기가 m인 직선의 방정식은
> $y=m(x-a)+b$
> (2) 두 점 $(x_1,\ y_1)$, $(x_2,\ y_2)$를 지나는 직선의 방정식은
> $y-y_1=\dfrac{y_2-y_1}{x_2-x_1}(x-x_1)$
> (3) x절편이 a, y절편이 b인 직선의 방정식은
> $\dfrac{x}{a}+\dfrac{y}{b}=1$

---

2 직선 $2x-4y+3=0$을 x축의 방향으로 a만큼, y축의 방향으로 -1만큼 평행이동한 직선의 방정식은

$2(x-a)-4(y+1)+3=0$

$\therefore 2x-4y+(-2a-1)=0$

이 식이 $2x-4y+3=0$과 일치하므로

$-2a-1=3$　　$\therefore a=-2$

---

3 $2x-y-1=0$에서 $y=2x-1$이므로 주어진 직선의 기울기는 2이고, 직선은 평행이동하여도 기울기가 변하지 않는다.

즉, 평행이동에 의하여 직선 $2x-y-1=0$과 겹쳐지는 직선은 ㄱ, ㄴ, ㄷ 중에서 기울기가 2인 직선이다.

ㄱ. x절편이 -1, y절편이 2인 직선은 두 점 $(-1,\ 0)$, $(0,\ 2)$를 지나는 직선이므로 기울기는

$\dfrac{2-0}{0-(-1)}=2$

ㄴ. 두 점 $(-1, -3)$, $(2, 6)$을 지나는 직선의 기울기
는 $\dfrac{6-(-3)}{2-(-1)}=3$

ㄷ. 직선 $x+2y+3=0$, 즉 $y=-\dfrac{1}{2}x-\dfrac{3}{2}$에 수직인
직선의 기울기는 2이다.

따라서 주어진 직선과 평행이동에 의하여 겹쳐질 수
있는 것은 ㄱ, ㄷ이다.

4 원 $x^2+y^2=9$를 x축의 방향으로 a만큼, y축의 방
향으로 b만큼 평행이동한 원의 방정식은
$(x-a)^2+(y-b)^2=9$
이 원과 원 $x^2+y^2=9$가 외접하
므로 오른쪽 그림과 같이 두 원의
중심 사이의 거리가 두 원의 반지
름의 길이의 합과 같아야 한다.

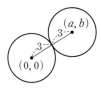

$\therefore \sqrt{a^2+b^2}=3+3=6$
$\therefore a^2+b^2=6^2=36$

5 $y=2x^2+4x+5$
$\quad =2(x^2+2x+1)+3$
$\quad =2(x+1)^2+3$ ...... ㉠
이 포물선의 방정식을 x축의 방향으로 p만큼, y축의
방향으로 $p+2$만큼 평행이동한 포물선의 방정식은
$y-(p+2)=2\{(x-p)+1\}^2+3$
$\therefore y=2(x-p+1)^2+p+5$
이 포물선의 꼭짓점이 x축 위에 있으므로
$p+5=0$
$\therefore p=-5$

다른 풀이

㉠에서 포물선의 꼭짓점의 좌표가 $(-1, 3)$이므로 이
점을 x축의 방향으로 p만큼, y축의 방향으로 $p+2$만
큼 평행이동한 점의 좌표는
$(-1+p, 3+p+2)$ $\therefore (p-1, p+5)$
이 점이 x축 위에 있으므로
$p+5=0$ $\therefore p=-5$

6 직선 $y=x+k$를 x축에 대하여 대칭이동한 직선
의 방정식은
$-y=x+k$ $\therefore y=-x-k$
직선 $y=x+k$를 y축에 대하여 대칭이동한 직선의 방
정식은
$y=-x+k$
직선 $y=-x+k$ 위의 점 $(0, k)$와 직선 $y=-x-k$,
즉 $x+y+k=0$ 사이의 거리가 2이므로
$\dfrac{|0+k+k|}{\sqrt{1^2+1^2}}=2$
$2k=2\sqrt{2} \ (\because k>0)$ $\therefore k=\sqrt{2}$

7 점 P의 좌표를 (a, b)라고 하면 x축에 대하여 대
칭이동한 점의 좌표는
$(a, -b)$
점 $(a, -b)$를 x축의 방향으로 -2만큼, y축의 방향
으로 3만큼 평행이동한 점의 좌표는
$(a-2, -b+3)$
점 $(a-2, -b+3)$을 직선 $y=x$에 대하여 대칭이동
한 점의 좌표는
$(-b+3, a-2)$
이때 점 $(-b+3, a-2)$가 점 P(a, b)와 겹쳐지므로
$a=-b+3, b=a-2$
두 식을 연립하여 풀면
$a=\dfrac{5}{2}, b=\dfrac{1}{2}$
$\therefore \mathrm{P}\left(\dfrac{5}{2}, \dfrac{1}{2}\right)$

8 $x^2+y^2-8x-4y+16=0$에서
$(x-4)^2+(y-2)^2=4$
즉, 원의 중심 $(4, 2)$를 직선 $y=ax+b$에 대하여 대칭
이동한 점의 좌표가 $(0, 0)$이므로 직선 $y=ax+b$는
두 점 $(4, 2)$, $(0, 0)$을 이은 선분을 수직이등분한다.
두 점 $(4, 2)$, $(0, 0)$의 중점의 좌표는
$\left(\dfrac{4+0}{2}, \dfrac{2+0}{2}\right)$
$\therefore (2, 1)$
직선 $y=ax+b$는 두 점 $(4, 2)$, $(0, 0)$을 지나는 직
선과 수직이므로
$\dfrac{0-2}{0-4}\times a=-1, \dfrac{1}{2}a=-1$
$\therefore a=-2$

즉, 직선 $y=ax+b$는 점 $(2, 1)$을 지나고, 기울기가 -2인 직선이므로

$y-1=-2(x-2)$ $\therefore y=-2x+5$

$\therefore a=-2,\ b=5$

또한 원은 대칭이동하여도 반지름의 길이는 변하지 않으므로

$c=2$

$\therefore a+b+c=-2+5+2=5$

⊕ 보충 설명

원의 중심을 대칭이동하여 이 점을 중심으로 하고 처음 원의 반지름의 길이를 반지름으로 하는 원의 방정식을 구하면 원의 방정식을 이용하여 대칭이동한 것과 같은 식을 얻을 수 있다.

9 점 $P(1, 3)$을 직선 $x+2y-2=0$, 즉 $y=-\dfrac{1}{2}x+1$에 대하여 대칭이동한 점을 $Q(a, b)$라고 하면 선분 PQ의 중점의 좌표는

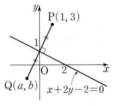

$\left(\dfrac{a+1}{2},\ \dfrac{b+3}{2}\right)$

이 점이 직선 $x+2y-2=0$ 위의 점이므로

$\dfrac{a+1}{2}+2\times\dfrac{b+3}{2}-2=0$

$\therefore a+2b=-3$ ······ ㉠

또한 직선 PQ는 직선 $y=-\dfrac{1}{2}x+1$과 수직이므로

$\dfrac{b-3}{a-1}\times\left(-\dfrac{1}{2}\right)=-1$

$\therefore 2a-b=-1$ ······ ㉡

㉠, ㉡을 연립하여 풀면

$a=-1,\ b=-1$

따라서 점 Q의 좌표가 $(-1, -1)$이므로

$\overline{PQ}=\sqrt{(-1-1)^2+(-1-3)^2}$
$\quad\ \ =\sqrt{20}=2\sqrt{5}$

⊕ 보충 설명

선분 PQ가 직선 $x+2y-2=0$에 의하여 수직이등분되므로 점 P와 직선 $x+2y-2=0$ 사이의 거리가 선분 PQ의 길이의 $\dfrac{1}{2}$임을 이용하여 구할 수도 있다.

$\therefore \overline{PQ}=2\times\dfrac{|1\times1+2\times3-2|}{\sqrt{1^2+2^2}}$
$\qquad\quad =2\sqrt{5}$

10 (i) 방정식 $f(x, y)=0$이 나타내는 도형을 y축에 대하여 대칭이동한 도형의 방정식은

$f(-x, y)=0$

방정식 $f(-x, y)=0$이 나타내는 도형을 y축의 방향으로 2만큼 평행이동한 도형의 방정식은

$f(-x, y-2)=0$

(ii) 방정식 $f(x, y)=0$이 나타내는 도형을 직선 $y=x$에 대하여 대칭이동한 도형의 방정식은

$f(y, x)=0$

방정식 $f(y, x)=0$이 나타내는 도형을 x축의 방향으로 -3만큼, y축의 방향으로 1만큼 평행이동한 도형의 방정식은 $f(y-1, x+3)=0$

(i), (ii)에서 두 방정식

$f(-x, y-2)=0,\ f(y-1, x+3)=0$

이 나타내는 도형은 다음 그림과 같다.

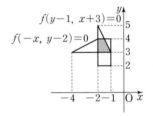

따라서 내부의 공통부분의 넓이는

$1\times1-\dfrac{1}{2}\times\dfrac{1}{2}\times1=\dfrac{3}{4}$

실력 다지기   176쪽 ~ 177쪽

11 3	**12** ④	**13** 5	**14** $(7, 3)$
15 $y=-2x+5$	**16** $-\dfrac{1}{4}$	**17** $(1, -1)$	
18 최솟값 : $\dfrac{441}{13}$, 최댓값 : 61	**19** -2	**20** $\left(\dfrac{5}{3}, 0\right)$	

11 **접근 방법** 원을 평행이동하여 그 원이 어떤 직선에 접한다면 평행이동하여 옮겨진 원의 중심과 직선 사이의 거리가 원의 반지름의 길이와 같다.

원 $x^2+(y+2)^2=4$를 x축의 방향으로 a만큼, y축의 방향으로 1만큼 평행이동한 원의 방정식은

$(x-a)^2+\{(y-1)+2\}^2=4$

$\therefore (x-a)^2+(y+1)^2=4$ ······ ㉠

원 ㉠이 직선 $4x-3y-5=0$에 접하므로 원의 중심 $(a, -1)$과 이 직선 사이의 거리는 원의 반지름의 길이와 같다.

즉, $\dfrac{|4 \times a - 3 \times (-1) - 5|}{\sqrt{4^2 + (-3)^2}} = 2$에서

$|4a - 2| = 10$, $4a - 2 = \pm 10$

$\therefore a = -2$ 또는 $a = 3$

따라서 구하는 양수 a의 값은 3이다.

12 접근 방법 | 점 P의 좌표를 (a, b)라고 하면 점 Q의 좌표는 $(-a, -b)$이다.

점 P의 좌표를 (a, b)라고 하면 P(a, b)를 원점에 대하여 대칭이동한 점이 Q이므로 점 Q의 좌표는

$(-a, -b)$

두 점 P(a, b), Q$(-a, -b)$는 곡선

$y = x^2 - 3x - 4$ 위의 점이므로

$b = a^2 - 3a - 4$ ······ ㉠

$-b = a^2 + 3a - 4$ ······ ㉡

㉠+㉡을 하면 $2a^2 - 8 = 0$, $a^2 = 4$

$\therefore a = -2$ 또는 $a = 2$

(i) $a = -2$일 때, $b = 6$

(ii) $a = 2$일 때, $b = -6$

(i), (ii)에서

P$(-2, 6)$, Q$(2, -6)$ 또는 P$(2, -6)$, Q$(-2, 6)$

이므로

$\overline{PQ} = \sqrt{(2+2)^2 + (-6-6)^2}$
$\qquad = \sqrt{(-2-2)^2 + (6+6)^2}$
$\qquad = 4\sqrt{10}$

13 접근 방법 | 점 A에서 시작하여 점 B(a, b)가 $b = 2a$를 만족시키는 점이 될 때까지 차례대로 규칙에 적용시켜 본다.

점 A$(6, 5)$는 $5 < 2 \times 6$이므로

x축의 방향으로 -1만큼 평행이동

➡ 점 $(5, 5)$는 $5 < 2 \times 5$이므로

x축의 방향으로 -1만큼 평행이동

➡ 점 $(4, 5)$는 $5 < 2 \times 4$이므로

x축의 방향으로 -1만큼 평행이동

➡ 점 $(3, 5)$는 $5 < 2 \times 3$이므로

x축의 방향으로 -1만큼 평행이동

➡ 점 $(2, 5)$는 $5 > 2 \times 2$이므로

y축의 방향으로 -1만큼 평행이동

➡ 점 $(2, 4)$는 $4 = 2 \times 2$이므로

더 이상 이동하지 않는다.

따라서 점 B$(2, 4)$이고, 이동한 횟수는 5이다.

14 접근 방법 | 직사각형은 평행사변형이므로 평행사변형의 성질에 의하여 두 대각선의 중점이 일치함을 이용한다.

직사각형 OABC에서 두 대각선의 중점이 일치하므로 점 B의 좌표를 (a, b)라고 하면 두 점 C, A를 이은 선분의 중점과 두 점 O, B를 이은 선분의 중점의 x좌표와 y좌표가 각각 일치한다. 즉,

$\dfrac{6+4}{2} = \dfrac{0+a}{2}$, $\dfrac{-3+8}{2} = \dfrac{0+b}{2}$

$\therefore a = 10$, $b = 5$

$\therefore$ B$(10, 5)$

점 G$(1, 6)$은 점 C$(4, 8)$을 x축의 방향으로 m만큼, y축의 방향으로 n만큼 평행이동한 점이므로

$4 + m = 1$, $8 + n = 6$

$\therefore m = -3$, $n = -2$

즉, 직사각형 DEFG는 직사각형 OABC를 x축의 방향으로 -3만큼, y축의 방향으로 -2만큼 평행이동한 것이다.

따라서 점 F는 점 B$(10, 5)$를 x축의 방향으로 -3만큼, y축의 방향으로 -2만큼 평행이동한 것이므로

F$(10-3, 5-2)$ $\therefore$ F$(7, 3)$

> ➕ 보충 설명
>
> 평행이동의 규칙을 알아내어 두 점 D, E의 좌표를 구하고, 두 대각선의 중점이 일치하는 평행사변형의 성질을 이용하여 점 F의 좌표를 구할 수도 있다.

15 접근 방법 | 처음 직선이 점 $(4, -3)$을 지나므로 처음 직선의 기울기만 구하면 된다. 따라서 처음 직선의 기울기를 m이라고 하면 처음 직선의 방정식을 만들 수 있다.

점 $(4, -3)$을 지나는 직선의 기울기를 m이라고 하면 처음 직선의 방정식은

$y = m(x - 4) - 3$

이 직선을 x축의 방향으로 -2만큼, y축의 방향으로 1만큼 평행이동한 직선의 방정식은

$y - 1 = m(x + 2 - 4) - 3$

$\therefore y = m(x - 2) - 2$

이 직선을 y축에 대하여 대칭이동한 직선의 방정식은

$y = m(-x - 2) - 2$

$\therefore y = -m(x + 2) - 2$ ······ ㉠

직선 ㉠과 직선 $x + 2y - 3 = 0$, 즉

$y = -\dfrac{1}{2}x + \dfrac{3}{2}$이 서로 수직이므로

$(-m) \times \left(-\dfrac{1}{2}\right) = -1$

$\therefore m = -2$

따라서 처음 직선의 방정식은

$y = -2(x-4) - 3$

$\therefore y = -2x + 5$

⊕ 보충 설명

기울기가 m이고 점 (x_1, y_1)을 지나는 직선의 방정식은

$y = m(x-x_1) + y_1$

---

16 접근 방법 직선을 점에 대하여 대칭이동해도 기울기는 변하지 않는다.

두 점 A', B'은 점 P에 대하여 두 점 A, B를 대칭이동한 점이므로 직선 $A'B'$은 직선 AB의 점대칭도형이다.

$\triangle APB \equiv \triangle A'PB'$에서 $\angle ABP = \angle A'B'P$ (엇각)

이므로

$\overleftrightarrow{AB} /\!/ \overleftrightarrow{A'B'}$

따라서 직선 $A'B'$의 기울기는 직선 AB의 기울기와 같으므로 $\dfrac{1}{2}$이다.

직선 $A'B'$은 점 $A'(3, 1)$을 지나므로 직선 $A'B'$의 방정식은

$y - 1 = \dfrac{1}{2}(x-3)$ $\therefore y = \dfrac{1}{2}x - \dfrac{1}{2}$

따라서 $a = \dfrac{1}{2}$, $b = -\dfrac{1}{2}$이므로

$ab = -\dfrac{1}{4}$

---

17 접근 방법 두 포물선이 점 P에 대하여 대칭이므로 두 포물선의 꼭짓점도 점 P에 대하여 대칭임을 이용한다.

$y = x^2 - 6x + 5$

$\quad = (x-3)^2 - 4$

이므로 포물선 $y = x^2 - 6x + 5$의 꼭짓점의 좌표는 $(3, -4)$이다.

$y = -x^2 - 2x + 1$

$\quad = -(x+1)^2 + 2$

이므로 포물선 $y = -x^2 - 2x + 1$의 꼭짓점의 좌표는 $(-1, 2)$이다.

두 포물선이 점 P에 대하여 대칭이므로 두 포물선의 꼭짓점도 점 P에 대하여 대칭이다.

따라서 두 꼭짓점 $(3, -4)$, $(-1, 2)$를 이은 선분의 중점의 좌표가 점 P의 좌표이므로

$P\left(\dfrac{3-1}{2}, \dfrac{-4+2}{2}\right)$

$\therefore P(1, -1)$

⊕ 보충 설명

원의 대칭이동은 원의 중심을 대칭이동하여 생각할 수 있듯이 포물선의 대칭이동도 꼭짓점을 대칭이동하여 생각할 수 있다.

---

18 접근 방법 $x^2 + y^2$의 값은 원점과 점 (x, y) 사이의 거리의 제곱을 뜻하므로, 방정식 $f(y-1, -x) = 0$이 나타내는 삼각형을 좌표평면 위에 나타낸 후에 삼각형에 접하는 경우와 끝점을 지나는 경우에 주목하면 된다.

방정식 $f(x, y) = 0$이 나타내는 도형은 세 직선 $x = 5$, $y = 5$, $2x + 3y - 19 = 0$의 교점인 $(2, 5)$, $(5, 5)$, $(5, 3)$을 꼭짓점으로 하는 삼각형이다.

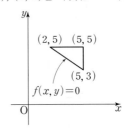

방정식 $f(x, y) = 0$이 나타내는 도형을 직선 $y = x$에 대하여 대칭이동하면

$f(y, x) = 0$

방정식 $f(y, x) = 0$이 나타내는 도형을 y축에 대하여 대칭이동하면

$f(y, -x) = 0$

방정식 $f(y, -x) = 0$이 나타내는 도형을 y축의 방향으로 1만큼 평행이동하면

$f(y-1, -x) = 0$

따라서 방정식 $f(y-1, -x) = 0$이 나타내는 도형을 좌표평면 위에 나타내면 오른쪽 그림과 같다.

$x^2 + y^2 = k$라고 하면 k는 원 $x^2 + y^2 = k$가 두 점 $(-5, 3)$, $(-3, 6)$을 지나는 직선과 접하는 경우에 최솟값을 가지고, 점 $(-5, 6)$을 지나는 경우에 최댓값을 가진다.

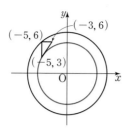

두 점 $(-5, 3)$, $(-3, 6)$을 지나는 직선의 방정식은
$$y = \frac{3}{2}x + \frac{21}{2}$$
즉, $3x - 2y + 21 = 0$

원의 중심 $(0, 0)$과 직선 $3x - 2y + 21 = 0$ 사이의 거리가 반지름의 길이인 $\sqrt{k}$이므로
$$\frac{|21|}{\sqrt{3^2 + (-2)^2}} = \sqrt{k} \qquad \therefore k = \frac{441}{13}$$
또한 원이 점 $(-5, 6)$을 지나는 경우
$$25 + 36 = k \qquad \therefore k = 61$$

따라서 $x^2 + y^2$의 최솟값은 $\frac{441}{13}$, 최댓값은 61이다.

19 **접근 방법** 두 점 A, B가 직선 $x + y + 1 = 0$에 의해 나누어지는 두 영역 중 같은 영역에 있으므로, $\overline{AP} + \overline{BP}$의 값이 최소가 되려면 점 A를 직선 $x + y + 1 = 0$에 대하여 대칭이동한 점 A′과 두 점 P, B가 모두 일직선 위에 있어야 한다.

$A(-3, 6)$을 직선 $x + y + 1 = 0$에 대하여 대칭이동한 점을 $A'(a, b)$라고 하면 선분 AA′의 중점은
$$\left(\frac{a-3}{2}, \frac{b+6}{2} \right)$$
이 점이 직선 $x + y + 1 = 0$ 위에 있으므로
$$\frac{a-3}{2} + \frac{b+6}{2} + 1 = 0$$
$$\therefore a + b = -5 \qquad \cdots\cdots \text{㉠}$$
직선 AA′이 직선 $x + y + 1 = 0$, 즉 $y = -x - 1$과 수직이므로
$$\frac{b-6}{a-(-3)} \times (-1) = -1$$
$$\therefore a - b = -9 \qquad \cdots\cdots \text{㉡}$$
㉠, ㉡을 연립하여 풀면 $a = -7$, $b = 2$
$$\therefore A'(-7, 2)$$

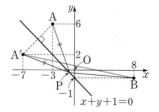

앞의 그림에서
$$\overline{AP} + \overline{BP} = \overline{A'P} + \overline{BP} \geq \overline{A'B}$$
즉, $\overline{AP} + \overline{BP}$의 값이 최소가 되는 점 $P(m, n)$은 선분 A′B와 직선 $x + y + 1 = 0$과의 교점이다.
직선 A′B의 방정식은
$$y - 2 = \frac{-1-2}{8-(-7)}(x+7)$$
$$\therefore x + 5y - 3 = 0$$
따라서 점 P의 좌표를 구하면 $(-2, 1)$이므로
$$m = -2, \ n = 1$$
$$\therefore mn = (-2) \times 1 = -2$$

20 **접근 방법** 점 P를 직선 $y = x$, x축에 대하여 각각 대칭이동하여 삼각형 PQR의 세 변 PQ, QR, RP의 길이의 합이 최소가 될 조건을 생각한다.

점 $P(2, 1)$을 직선 $y = x$에 대하여 대칭이동한 점을 P′, 점 $P(2, 1)$을 x축에 대하여 대칭이동한 점을 P″이라고 하면 $P'(1, 2)$, $P''(2, -1)$
$\overline{PQ} = \overline{P'Q}$, $\overline{RP} = \overline{RP''}$이므로
$$\overline{PQ} + \overline{QR} + \overline{RP} = \overline{P'Q} + \overline{QR} + \overline{RP''} \geq \overline{P'P''}$$
즉, 삼각형 PQR의 둘레의 길이가 최소일 때는 오른쪽 그림과 같이 직선 P′P″이 직선 $y = x$, x축과 만날 때의 교점을 각각 Q, R로 잡을 때이다.
점 R의 x좌표는 직선 P′P″과 x축이 만나는 점의 x좌표이므로 직선 P′P″의 방정식은

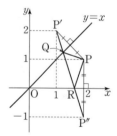

$$y - 2 = \frac{-1-2}{2-1}(x-1)$$
$$\therefore y = -3x + 5$$
위의 식에 $y = 0$을 대입하면
$$0 = -3x + 5 \qquad \therefore x = \frac{5}{3}$$
따라서 구하는 점 R의 좌표는
$$\left(\frac{5}{3}, 0 \right)$$

기출 다지기

178쪽

21 ⑤ **22** ③ **23** ② **24** 64

21 **접근 방법** 원의 중심을 지나는 직선에 의해 원의 넓이는 이등분된다.

원 C의 방정식은

$\{(x-3)+1\}^2+\{(y-a)+2\}^2=9$

$(x-2)^2+(y-a+2)^2=9$

원 C의 넓이가 직선 $3x+4y-7=0$에 의하여 이등분 되려면 원 C의 중심이 직선 $3x+4y-7=0$ 위에 있어 야 한다.

원 C의 중심의 좌표는 $(2,\ a-2)$이므로

$3\times2+4(a-2)-7=0$

$\therefore a=\dfrac{9}{4}$

---

22 접근 방법ㅣ원 위의 한 점과 직선 사이의 거리를 이용해 서 푼다. 즉, 두 원의 중심 사이의 거리를 이용한다.

원 C_1 : $(x-1)^2+(y+2)^2=1$을 직선 $y=x$에 대하여 대칭이동한 원 C_2의 방정식은

C_2 : $(x+2)^2+(y-1)^2=1$

원 C_1 위의 임의의 점 P와 원 C_2 위의 임의의 점 Q에 대하여 선분 PQ의 길이가 최소가 되는 경우는 다음 그림과 같다.

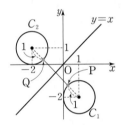

즉, 구하는 선분 PQ의 길이의 최솟값은 두 원의 중심 $(1,\ -2)$, $(-2,\ 1)$ 사이의 거리에서 두 원의 반지름 의 길이의 합을 뺀 것과 같으므로

$\sqrt{(-2-1)^2+(1+2)^2}-(1+1)=3\sqrt{2}-2$

---

23 접근 방법ㅣ두 직선 AA′, BB′은 각각 직선 $y=x$와 수 직이므로 두 직선 AA′, BB′은 서로 평행하다. 즉, 두 직선 AB와 A′B′의 교점이 P일 때, 두 삼각형 APA′, BPB′은 서 로 닮음이다.

두 점 A$(4,\ a)$, B$(2,\ 1)$을 직선 $y=x$에 대하여 대칭 이동한 점의 좌표는 각각

A′$(a,\ 4)$, B′$(1,\ 2)$

두 직선 AA′, BB′은 각각 직선 $y=x$와 서로 수직이 므로 두 직선 AA′, BB′은 서로 평행하다.

다음 그림과 같이 두 직선 AB와 A′B′의 교점이 P일 때, 두 삼각형 APA′, BPB′은 서로 닮음이다.

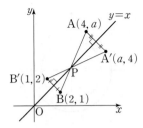

두 삼각형 APA′, BPB′의 넓이의 비가 $9:4$이므로 두 삼각형 APA′, BPB′의 닮음비는 $3:2$이다.

즉, $\overline{\text{AA}'}:\overline{\text{BB}'}=3:2$

$\overline{\text{AA}'}=\sqrt{(a-4)^2+(4-a)^2}=\sqrt{2}(a-4)\ (\because a>4)$

$\overline{\text{BB}'}=\sqrt{(-1)^2+1^2}=\sqrt{2}$

$\overline{\text{AA}'}:\overline{\text{BB}'}=3:2$에서

$\sqrt{2}(a-4):\sqrt{2}=3:2$

$2\sqrt{2}(a-4)=3\sqrt{2},\ 2(a-4)=3$　$\therefore a=\dfrac{11}{2}$

다른 풀이

두 삼각형 APA′, BPB′의 넓이의 비가 $9:4$이므로 두 삼각형의 닮음비는 $3:2$이다.

$\therefore \overline{\text{AP}}:\overline{\text{BP}}=3:2$

점 P는 선분 AB를 $3:2$로 내분하는 점이므로 점 P의 좌표는

P$\left(\dfrac{3\times2+2\times4}{3+2},\ \dfrac{3\times1+2\times a}{3+2}\right)$

즉, P$\left(\dfrac{14}{5},\ \dfrac{2a+3}{5}\right)$

두 직선 AB, A′B′은 직선 $y=x$에 대하여 서로 대칭 이므로 두 직선 AB, A′B′의 교점 P는 직선 $y=x$ 위 의 점이다.

따라서 $\dfrac{14}{5}=\dfrac{2a+3}{5}$이므로

$2a+3=14$　$\therefore a=\dfrac{11}{2}$

---

24 접근 방법ㅣ대칭이동을 이용하여 주어진 도형의 넓이를 구한다. 즉, 두 직선 AB, OD의 교점, 직선 AB와 직선 $y=x$ 의 교점의 좌표를 구한다.

두 직선 AB, OD의 교점을 E, 직선 AB와 직선 $y=x$의 교점을 F라고 하자.

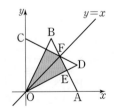

직선 AB의 방정식은

$y-0=\dfrac{2-0}{1-2}(x-2)$, 즉 $y=-2x+4$

점 B(1, 2)를 직선 $y=x$에 대하여 대칭이동한 점 D

의 좌표는 (2, 1)이므로 직선 OD의 방정식은 $y=\dfrac{1}{2}x$

$-2x+4=\dfrac{1}{2}x$에서 $x=\dfrac{8}{5}$

$-2x+4=x$에서 $x=\dfrac{4}{3}$

이므로 두 점 E, F의 x좌표는 각각 $\dfrac{8}{5}$, $\dfrac{4}{3}$이다.

$\triangle\text{OAF} : \triangle\text{OEF}=\overline{\text{AF}} : \overline{\text{EF}}$

$\qquad\qquad\qquad = \left|2-\dfrac{4}{3}\right| : \left|\dfrac{8}{5}-\dfrac{4}{3}\right|$

$\qquad\qquad\qquad = 5 : 2$

이므로 삼각형 OEF의 넓이는 삼각형 OAF의 넓이의

$\dfrac{2}{5}$배이다.

따라서 $S=\left(\dfrac{1}{2}\times2\times\dfrac{4}{3}\right)\times\dfrac{2}{5}\times2=\dfrac{16}{15}$이므로

$60S=64$

다른 풀이

두 직선 AB, OD의 교점을 E, 직선 AB와 직선

$y=x$의 교점을 F라고 하자.

직선 AB의 방정식은 $y=-2x+4$

즉, 직선 OD의 방정식은 $y=\dfrac{1}{2}x$

$-2x+4=\dfrac{1}{2}x$에서 $x=\dfrac{8}{5}$

$-2x+4=x$에서 $x=\dfrac{4}{3}$

이므로 두 점 E, F의 좌표는 각각

$\text{E}\left(\dfrac{8}{5}, \dfrac{4}{5}\right)$, $\text{F}\left(\dfrac{4}{3}, \dfrac{4}{3}\right)$

$\overline{\text{OE}}=\sqrt{\left(\dfrac{8}{5}\right)^2+\left(\dfrac{4}{5}\right)^2}=\dfrac{4\sqrt5}{5}$

$\overline{\text{EF}}=\sqrt{\left(\dfrac{4}{3}-\dfrac{8}{5}\right)^2+\left(\dfrac{4}{3}-\dfrac{4}{5}\right)^2}=\dfrac{4\sqrt5}{15}$

이때 두 직선 AB, OD의 기울기의 곱이 -1이므로

삼각형 OEF는 직각삼각형이다.

$\therefore \triangle\text{OEF}=\dfrac{1}{2}\times\dfrac{4\sqrt5}{5}\times\dfrac{4\sqrt5}{15}=\dfrac{8}{15}$

따라서 $S=\dfrac{8}{15}\times2=\dfrac{16}{15}$이므로

$60S=64$

Ⅱ. 집합과 명제

05. 집합

개념 콕콕 **1 집합의 뜻과 포함 관계** 187쪽

1 답 (1) × (2) ○ (3) ○ (4) ×

(1) 깊다는 것의 기준이 명확하지 않아 깊은 강을 분명
하게 결정할 수 없으므로 집합이 아니다.

(4) 아름답다는 것의 기준이 명확하지 않아 아름다운 꽃
을 분명하게 결정할 수 없으므로 집합이 아니다.

2 답 (1) $\{x\,|\,x는\ 10\ 이하의\ 소수\}$
$\qquad$ (2) $\{-2, -1, 0, 1, 2\}$

3 답 (1) 50 (2) 3

(1) $n(A)=50$

(2) $|x|<2$, 즉 $-2<x<2$인 정수 x는 -1, 0, 1이므
로 $A=\{-1, 0, 1\}$
$\quad\therefore n(A)=3$

4 답 (1) $\in$ (2) $\not\in$ (3) $\subset$ (4) $\subset$ (5) $\not\subset$

집합 $A=\{1, 2, 3\}$에 대하여

$1\in A, 2\in A, 3\in A$

이므로

(1) $1 \boxed{\in} A$ $\qquad$ (2) $4\boxed{\not\in} A$

(3) $\{3\}\boxed{\subset} A$ $\qquad$ (4) $\varnothing\boxed{\subset} A$

(5) $\{0\}\boxed{\not\subset} A$

5 답 (1) 16 (2) 16 (3) 8

(1) $2^{5-1}=2^4=16$

(2) $2^{5-1}=2^4=16$

(3) 집합 X는 집합 A의 부분집합 중 c를 반드시 원소
로 가지고 d를 원소로 가지지 않는 부분집합이므로
그 개수는
$2^{5-2}=2^3=8$

예제 01 **집합과 원소, 집합과 집합 사이의 관계** 189쪽

01-1 답 ㄱ, ㄴ, ㄷ, ㄹ

집합 $A=\{\varnothing, 1, \{1\}\}$에서

ㄱ. 1은 집합 A의 원소이므로 $1\in A$ (참)

ㄴ. {1}은 집합 A의 원소이므로 {1}$\in A$ (참)

ㄷ. $\varnothing$은 집합 A의 원소이므로 $\varnothing\in A$ (참)

ㄹ. 공집합($\varnothing$)은 모든 집합의 부분집합이므로 $\varnothing\subset A$

(참)

ㅁ. $\varnothing$은 집합 A의 원소이므로 {$\varnothing$}은 집합 A의 부분집합이다. 즉, {$\varnothing$}$\subset A$ (거짓)

따라서 옳은 것은 ㄱ, ㄴ, ㄷ, ㄹ이다.

01-2 답 ⑤

$\varnothing$은 집합 A의 원소이며 부분집합이므로

$\varnothing\in A$(①), $\varnothing\subset A$(②)

1과 {1, 2}는 집합 A의 원소이므로

$1\in A$(③), {1, 2}$\in A$(④)

그런데 $1\in A$, $2\notin A$이므로

{1, 2}$\not\subset A$

따라서 옳지 않은 것은 ⑤이다.

01-3 답 ㄱ, ㄴ, ㄷ, ㄹ

집합 2^A은 집합 A의 부분집합을 원소로 가지는 집합이므로

$\varnothing\in 2^A$, $A\in 2^A$ (ㄴ)

$\therefore$ {$\varnothing$}$\subset 2^A$ (ㄷ), {A}$\subset 2^A$ (ㄹ)

또한 공집합($\varnothing$)은 모든 집합의 부분집합이므로

$\varnothing\subset 2^A$ (ㄱ)

따라서 옳은 것은 ㄱ, ㄴ, ㄷ, ㄹ이다.

예제 02 집합과 집합 사이의 포함 관계   191쪽

02-1 답 1, 2

$A\subset B$이므로 집합 A의 모든 원소가 집합 B의 원소이다.

즉, $3\in A$에서 $3\in B$이어야 하므로

$a+1=3$ 또는 $a^2+2=3$

$\therefore a=2$ 또는 $a=-1$ 또는 $a=1$

(i) $a=2$일 때,

    $A=\{3, 5\}$, $B=\{3, 5, 6\}$ $\therefore A\subset B$

(ii) $a=-1$일 때,

    $A=\{2, 3\}$, $B=\{0, 3, 5\}$ $\therefore A\not\subset B$

(iii) $a=1$일 때,

    $A=\{2, 3\}$, $B=\{2, 3, 5\}$ $\therefore A\subset B$

(i)~(iii)에서 $A\subset B$가 성립하는 상수 a의 값은 1, 2이다.

02-2 답 $-4<k\le-2$

$A\subset B$가 되도록 두 집합 A, B를 수직선 위에 나타내면 다음 그림과 같다.

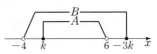

따라서 $-4<k$, $6\le-3k$이어야 하므로

$-4<k\le-2$

02-3 답 $1<a<4$

$f(x)=x^2+2ax+a-4$로 놓으면 $A\subset B$이어야 하므로 함수 $y=f(x)$의 그래프의 x축의 아래쪽에 있는 x의 값의 범위가 $-3\le x\le0$을 포함해야 한다.

따라서 함수 $y=f(x)$의 그래프를 그리면 다음 그림과 같다.

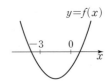

$f(-3)=9-6a+a-4<0$ $\therefore a>1$ …… ㉠

$f(0)=a-4<0$ $\therefore a<4$ …… ㉡

㉠, ㉡에서 구하는 a의 값의 범위는

$1<a<4$

예제 03 두 집합이 서로 같을 조건   193쪽

03-1 답 -1

$A=B$이므로 $A\subset B$이고 $B\subset A$

즉, $A\subset B$이므로 $3\in B$이어야 한다.

(i) $a+4=3$, 즉 $a=-1$일 때,

    $A=\{2, 3, 4\}$, $B=\{2, 3, 4\}$ $\therefore A=B$

(ii) $-a+1=3$, 즉 $a=-2$일 때,

    $A=\{3, 4, 7\}$, $B=\{2, 3, 4\}$ $\therefore A\ne B$

(i), (ii)에서 $a=-1$

03-2 답 1

$A=B$이므로 $A\subset B$이고 $B\subset A$

즉, $A\subset B$이므로 $1\in B$이어야 한다.

$a^2+a-1=1$, $a^2+a-2=0$

$(a+2)(a-1)=0$

$\therefore a=-2$ 또는 $a=1$ …… ㉠

$B \subset A$이므로 $2 \in A$이어야 한다.

$a^2 - 3a + 4 = 2$, $a^2 - 3a + 2 = 0$

$(a-1)(a-2) = 0$

$\therefore a = 1$ 또는 $a = 2$ …… ㉡

㉠, ㉡에서 $a = 1$

03-3 답 8

$A \subset B$이고 $B \subset A$이므로 $A = B$

$1 \in A$이므로 $1 \in B$이어야 하고, $2 \in B$이므로 $2 \in A$이어야 한다.

(i) $c + 2 = 1$일 때,

  $c = -1$이므로 성립하지 않는다. ($\because c$는 양수)

(ii) $b - 3 = 1$, 즉 $b = 4$일 때,

  $A = \{1, 4, a^2 - a\}$이므로 $a^2 - a = 2$

  $a^2 - a - 2 = 0$, $(a+1)(a-2) = 0$

  $\therefore a = 2$ ($\because a$는 양수)

  $B = \{1, 2, c+2\}$에서 $c + 2 = 4$ $\therefore c = 2$

(i), (ii)에서 $a = 2$, $b = 4$, $c = 2$

$\therefore a + b + c = 2 + 4 + 2 = 8$

예제 04 부분집합의 개수   195쪽

04-1 답 (1) 31 (2) 8 (3) 16

(1) 집합 A의 원소의 개수가 5이므로 집합 A의 부분집합의 개수는 2^5이고, 집합 A의 진부분집합은 부분집합 중에서 자기 자신은 제외해야 하므로 그 개수는

  $2^5 - 1 = 31$

(2) 1, 2를 모두 원소로 가지지 않는 집합 A의 진부분집합은 두 원소 1, 2를 제외한 집합 $\{3, 4, 5\}$의 부분집합과 같으므로 구하는 진부분집합의 개수는

  $2^{5-2} = 2^3 = 8$

(3) 3을 반드시 원소로 가지는 집합 A의 부분집합은 집합 $\{1, 2, 4, 5\}$의 각 부분집합에 원소 3을 넣은 것과 같으므로 구하는 부분집합의 개수는

  $2^{5-1} = 2^4 = 16$

04-2 답 12

$A = \{2, 3, 5, 7\}$이므로 2 또는 3을 원소로 가지는 부분집합을 X라고 하면

(i) $2 \in X$, $3 \notin X$인 경우, 즉 2를 원소로 가지고 3을 원소로 가지지 않는 부분집합의 개수는

  $2^{4-1-1} = 2^2 = 4$

(ii) $2 \notin X$, $3 \in X$인 경우, 즉 2를 원소로 가지지 않고 3을 원소로 가지는 부분집합의 개수는

  $2^{4-1-1} = 2^2 = 4$

(iii) $2 \in X$, $3 \in X$인 경우, 즉 2, 3을 모두 원소로 가지는 부분집합의 개수는

  $2^{4-2} = 2^2 = 4$

(i)~(iii)에서 2 또는 3을 원소로 가지는 부분집합 X의 개수는

$4 + 4 + 4 = 12$

다른 풀이

$A = \{2, 3, 5, 7\}$이므로 집합 A의 부분집합의 개수는 $2^4 = 16$

집합 A에서 원소 2와 3을 제외한 집합 $\{5, 7\}$의 부분집합은 모두 2와 3을 원소로 가지지 않고, 그 개수는 $2^2 = 4$

따라서 집합 A의 부분집합 중 2 또는 3을 원소로 가지는 부분집합의 개수는

$16 - 4 = 12$

04-3 답 12

$\{1, 2\} \subset X$이므로 $1 \in X$, $2 \in X$

$\{3, 4\} \not\subset X$이므로 $3 \notin X$ 또는 $4 \notin X$

집합 X의 개수는

(i) $1 \in X$, $2 \in X$이고 $3 \notin X$인 경우

  $2^{6-2-1} = 2^3 = 8$

(ii) $1 \in X$, $2 \in X$이고 $4 \notin X$인 경우

  $2^{6-2-1} = 2^3 = 8$

(iii) $1 \in X$, $2 \in X$이고 $3 \notin X$, $4 \notin X$인 경우

  $2^{6-2-2} = 2^2 = 4$

(i)~(iii)에서 집합 X의 개수는

$8 + 8 - 4 = 12$

개념 콕콕 2 집합의 연산   205쪽

1 답 (1) $\{2, 4, 8\}$ (2) $\{1, 2, 4, 6, 8\}$

    (3) $\{1, 3, 5, 7\}$ (4) $\{3, 5, 6, 7\}$

    (5) $\{6\}$ (6) $\{1\}$

(1) $A \cap B = \{2, 4, 8\}$

(2) $A \cup B = \{1, 2, 4, 6, 8\}$

(3) $A^C = \{1, 3, 5, 7\}$

(4) $B^C=\{3,\ 5,\ 6,\ 7\}$

(5) $A-B=\{6\}$

(6) $B-A=\{1\}$

2 답 (1) A (2) B (3) $\varnothing$

$A\subset B$이므로 이를 벤다이어그램으로 나타내면 오른쪽 그림과 같다.

(1) $A\cap B=\boxed{A}$

(2) $A\cup B=\boxed{B}$

(3) $A-B=\boxed{\varnothing}$

3 답 (1) $\{8\}$ (2) $\{2,\ 8,\ 10\}$ (3) $\{8\}$ (4) $\{2,\ 8,\ 10\}$

$A=\{2,\ 4,\ 6\}$, $B=\{4,\ 6,\ 10\}$에서

(1) $A\cup B=\{2,\ 4,\ 6,\ 10\}$이므로 $(A\cup B)^C=\{8\}$

(2) $A\cap B=\{4,\ 6\}$이므로 $(A\cap B)^C=\{2,\ 8,\ 10\}$

(3) $A^C\cap B^C=(A\cup B)^C=\{8\}$

(4) $A^C\cup B^C=(A\cap B)^C=\{2,\ 8,\ 10\}$

4 답 16

$n(A\cup B)=n(A)+n(B)-n(A\cap B)$
$=12+8-4=16$

5 답 (1) 4 (2) 9

(1) $n(A-B)=n(A)-n(A\cap B)$
$=10-6=4$

(2) $n(B-A)=n(B)-n(A\cap B)$
$=15-6=9$

예제 05 집합의 연산 207쪽

05-1 답 (1) $\{2,\ 5,\ 7,\ 11\}$ (2) $\{1,\ 2,\ 4,\ 5,\ 7,\ 11\}$
(3) $\{5,\ 7,\ 8,\ 10,\ 11\}$

$U=\{1,\ 2,\ 3,\ 4,\ \cdots,\ 12\}$이므로

$A=\{2,\ 3,\ 5,\ 7,\ 11\}$, $B=\{3,\ 6,\ 9,\ 12\}$,

$C=\{1,\ 2,\ 3,\ 4,\ 6,\ 12\}$

(1) $A\cap B^C=A-B=\{2,\ 5,\ 7,\ 11\}$

(2) $(A-B)\cup(C-B)=\{2,\ 5,\ 7,\ 11\}\cup\{1,\ 2,\ 4\}$
$=\{1,\ 2,\ 4,\ 5,\ 7,\ 11\}$

(3) $B\cup C=\{1,\ 2,\ 3,\ 4,\ 6,\ 9,\ 12\}$이므로
$(B\cup C)^C=\{5,\ 7,\ 8,\ 10,\ 11\}$

05-2 답 $\{2,\ 4,\ 5,\ 6\}$

전체집합 $U=\{1,\ 2,\ 3,\ \cdots,\ 9\}$에 대하여 주어진 집합을 벤다이어그램으로 나타내면 다음 그림과 같다.

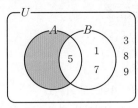

따라서 벤다이어그램의 색칠한 부분, 즉 집합 $A-B$의 원소는 2, 4, 6이므로
$A=\{2,\ 4,\ 5,\ 6\}$

05-3 답 22

전체집합 $U=\{1,\ 2,\ 3,\ \cdots,\ 9\}$에 대하여 주어진 집합을 벤다이어그램으로 나타내면 다음 그림과 같다.

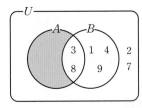

벤다이어그램의 색칠한 부분, 즉 집합 $A-B$의 원소는 5, 6이므로
$A=\{3,\ 5,\ 6,\ 8\}$

따라서 집합 A의 모든 원소의 합은
$3+5+6+8=22$

예제 06 집합의 연산과 포함 관계 209쪽

06-1 답 ㄱ, ㄷ, ㄹ

$B\subset A$이므로

오른쪽 벤다이어그램에서

ㄱ. $A^C\cap B=B-A=\varnothing$ (참)

ㄴ. $A^C\cup B\neq B$ (거짓)

ㄷ. $A^C\cup B^C=(A\cap B)^C=B^C$ (참)

ㄹ. $A^C\cap B^C=(A\cup B)^C=A^C$ (참)

따라서 항상 성립하는 것은 ㄱ, ㄷ, ㄹ이다.

06-2 답 ㄱ, ㄴ, ㄷ

$A-B=A$, 즉 집합 A의 원소에서 집합 B의 원소를 제외하면 집합 A이어야 하므로
$A\cap B=\varnothing$

오른쪽 벤다이어그램에서

ㄱ. $A \cap B = \varnothing$ (참)

ㄴ. $B - A = B$ (참)

ㄷ. $A \subset B^C$ (참)

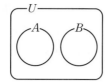

따라서 항상 성립하는 것은 ㄱ, ㄴ, ㄷ이다.

06-3 답 ㄱ, ㄷ

두 집합 A, B^C가 서로소이므로

$A \cap B^C = \varnothing$이고, $A \subset B$

오른쪽 벤다이어그램에서

ㄱ. $A - B = A \cap B^C = \varnothing$ (참)

ㄴ. $(A \cap B)^C = A^C$ (거짓)

ㄷ. $A \subset B$이므로 $A^C \cup B = U$

  $\therefore (A^C \cup B) \cap A = U \cap A$

  $= A$ (참)

따라서 항상 성립하는 것은 ㄱ, ㄷ이다.

다른 풀이

ㄴ. $A \subset B$이므로 $B^C \subset A^C$이고, 드모르간의 법칙에 의하여

  $(A \cap B)^C = A^C \cup B^C = A^C$ (거짓)

ㄷ. 집합의 분배법칙에 의하여

  $(A^C \cup B) \cap A = (A^C \cap A) \cup (B \cap A)$

  $= \varnothing \cup A$

  $= A$ (참)

예제 07 집합의 연산법칙 211쪽

07-1 답 풀이 참조

(1)(ⅰ) 주어진 등식의 좌변을 벤다이어그램으로 나타내면

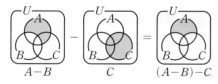

(ⅱ) 주어진 등식의 우변을 벤다이어그램으로 나타내면

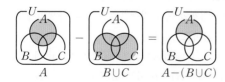

(ⅰ), (ⅱ)에서 $(A-B)-C = A-(B \cup C)$

---

(2) 집합의 연산법칙을 이용하면

$(A-B)-C = (A \cap B^C) \cap C^C$ ← 차집합의 성질

  $= A \cap (B^C \cap C^C)$ ← 결합법칙

  $= A \cap (B \cup C)^C$ ← 드모르간의 법칙

  $= A - (B \cup C)$ ← 차집합의 성질

07-2 답 ㄱ, ㄷ

각각을 벤다이어그램으로 나타내면 다음 그림과 같다.

ㄱ. $A-(B-C)$ ㄴ. $A-(C-B)$

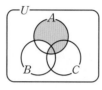

ㄷ. $(A-B) \cup (A \cap C)$

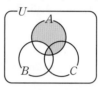

따라서 주어진 벤다이어그램에서 색칠한 부분을 나타내는 집합은 ㄱ, ㄷ이다.

◆ 보충 설명

집합의 연산법칙에 의하여

$A-(B-C) = A \cap (B \cap C^C)^C$ ← 차집합의 성질

  $= A \cap (B^C \cup C)$ ← 드모르간의 법칙

  $= (A \cap B^C) \cup (A \cap C)$ ← 분배법칙

  $= (A-B) \cup (A \cap C)$ ← 차집합의 성질

따라서 ㄱ과 ㄷ은 같은 집합이다.

07-3 답 ㄱ, ㄷ

ㄱ. $(A-B) \subset A$이므로 $A \cup (A-B) = A$

ㄴ. $(A \cup B) \cap (A^C \cup B) = (A \cap A^C) \cup B$

  $= \varnothing \cup B = B$

ㄷ. $A \cap (A \cup B^C) = (A \cap A) \cup (A \cap B^C)$

  $= A \cup (A-B) = A$

따라서 집합 A와 같은 것은 ㄱ, ㄷ이다.

예제 08 집합의 연산과 부분집합의 개수 213쪽

08-1 답 8

$(A^C \cap B) \cup X = X$, 즉 $(B-A) \cup X = X$이므로

$(B-A) \subset X$

$B\cap X=X$이므로 $X\subset B$

$\therefore (B-A)\subset X\subset B$ ...... ㉠

$B-A=\{2,\ 4,\ 6\}$이므로 ㉠을 원소나열법으로 나타내면

$\{2,\ 4,\ 6\}\subset X\subset\{1,\ 2,\ 3,\ 4,\ 5,\ 6\}$

즉, 집합 X는 집합 $\{1,\ 2,\ 3,\ 4,\ 5,\ 6\}$의 부분집합 중 2, 4, 6을 반드시 원소로 가지는 집합이다.

따라서 집합 X의 개수는

$2^{6-3}=2^3=8$

08-2 답 16

$(A-B)\cup X=X$이므로 $(A-B)\subset X$

$(A\cup B)\cap X=X$이므로 $X\subset(A\cup B)$

$\therefore (A-B)\subset X\subset(A\cup B)$ ...... ㉠

$A-B=\{3,\ 6,\ 9\}$, $A\cup B=\{1,\ 2,\ 3,\ 4,\ 6,\ 8,\ 9\}$이므로 ㉠을 원소나열법으로 나타내면

$\{3,\ 6,\ 9\}\subset X\subset\{1,\ 2,\ 3,\ 4,\ 6,\ 8,\ 9\}$

즉, 집합 X는 집합 $\{1,\ 2,\ 3,\ 4,\ 6,\ 8,\ 9\}$의 부분집합 중 3, 6, 9를 반드시 원소로 가지는 집합이다.

따라서 집합 X의 개수는

$2^{7-3}=2^4=16$

08-3 답 8

$\{1,\ 5\}\cup X=\{2,\ 5\}\cup X$에서

$\{1,\ 5\}\subset[\{2,\ 5\}\cup X]$이므로 $1\in X$

$\{2,\ 5\}\subset[\{1,\ 5\}\cup X]$이므로 $2\in X$

즉, 집합 X는 집합 $U=\{1,\ 2,\ 3,\ 4,\ 5\}$의 부분집합 중 1, 2를 반드시 원소로 가지는 집합이다.

따라서 집합 X의 개수는

$2^{5-2}=2^3=8$

예제 09 집합의 원소의 개수 215쪽

09-1 답 (1) 18 (2) 27

(1) $n(A\cap B)=n(A)-n(A-B)$

$\qquad\qquad\ =10-3=7$

$\therefore n(A\cup B)=n(A)+n(B)-n(A\cap B)$

$\qquad\qquad\quad\ =10+15-7=18$

(2) $(A^C\cap B)^C=U-(A^C\cap B)$

$\qquad\qquad\quad\ =U-(B-A)$

이고 (1)에서 $n(A\cap B)=7$이므로

$n(B-A)=n(B)-n(A\cap B)$

$\qquad\qquad\ =15-7=8$

또한 $(B-A)\subset U$이므로

$n((A^C\cap B)^C)=n(U-(B-A))$

$\qquad\qquad\qquad\ =n(U)-n(B-A)$

$\qquad\qquad\qquad\ =35-8=27$

다른 풀이

(1) $A\cup B=(A-B)\cup B$이고

$(A-B)\cap B=\varnothing$이므로

$n(A\cup B)=n(A-B)+n(B)$

$\qquad\qquad\ =3+15=18$

09-2 답 11

$n(A^C\cap B^C)=n((A\cup B)^C)$

$\qquad\qquad\quad\ =n(U)-n(A\cup B)$

$\qquad\qquad\quad\ =50-n(A\cup B)=7$

$\therefore n(A\cup B)=43$

$\therefore n(A\cap B)=n(A\cup B)-n(A-B)-n(B-A)$

$\qquad\qquad\quad\ =43-15-17=11$

09-3 답 20

$A\subset B$일 때, $n(A\cap B)$는 최댓값 15를 가진다.

또한 $n(A\cap B)=n(A)+n(B)-n(A\cup B)$에서

$n(A\cup B)$가 최대일 때, $n(A\cap B)$는 최소이다.

$n(A\cup B)$의 최댓값은 $n(A\cup B)=n(U)=35$일 때이므로 $n(A\cap B)$의 최솟값은

$n(A)+n(B)-35=15+25-35=5$

따라서 $n(A\cap B)$의 최댓값과 최솟값의 합은

$15+5=20$

예제 10 집합의 원소의 개수의 활용 217쪽

10-1 답 4명

학생 전체의 집합을 U, 남자 형제가 있는 학생의 집합을 A, 여자 형제가 있는 학생의 집합을 B라고 하면 남자 형제와 여자 형제가 모두 있는 학생의 집합은 $A\cap B$이므로

$n(U)=30$, $n(A)=17$, $n(B)=12$, $n(A\cap B)=3$

$\therefore n(A\cup B)=n(A)+n(B)-n(A\cap B)$

$\qquad\qquad\quad\ =17+12-3=26$

남자 형제도 여자 형제도 없는 학생의 집합은
$(A \cup B)^C$이므로
$$n((A \cup B)^C) = n(U) - n(A \cup B)$$
$$= 30 - 26 = 4$$
따라서 구하는 학생은 4명이다.

10-2 답 34개

집합 S의 세 부분집합 A, B, C를
$A = \{x \mid x$는 2의 배수$\}$,
$B = \{x \mid x$는 3의 배수$\}$,
$C = \{x \mid x$는 6의 배수$\}$
라고 하면
$n(A) = 44$, $n(B) = 33$, $n(C) = 11$
또한 6으로 나누어떨어지는 수는 2와 3으로 모두 나
누어떨어지므로 $C = A \cap B$
$\therefore n(C) = n(A \cap B)$
$\therefore n(A \cup B) = n(A) + n(B) - n(A \cap B)$
$$= 44 + 33 - 11 = 66$$
따라서 집합 S의 원소 중에서 2로도 3으로도 나누어
떨어지지 않는 수의 집합은 $(A \cup B)^C$이므로
$$n((A \cup B)^C) = n(S) - n(A \cup B)$$
$$= 100 - 66 = 34$$
따라서 구하는 수는 34개이다.

10-3 답 17명

학생 전체의 집합을 U, 동영상 강의를 수강하는 학생
의 집합을 A, 학원 수강을 하는 학생의 집합을 B라고
하면
$n(U) = 30$, $n(A \cap B) = 6$, $n((A \cup B)^C) = 7$
이므로
$$n(A \cup B) = n(U) - n((A \cup B)^C)$$
$$= 30 - 7 = 23$$
학원 수강을 하지 않고 동영상 강의만을 수강하는 학
생의 집합은 $A - B$이므로
$$n(A - B) = n(A \cup B) - n(A \cap B) - n(B - A)$$
$$= 23 - 6 - n(B - A)$$
$$= 17 - n(B - A)$$
$$\leq 17$$
즉, $n(B - A) = 0$일 때, $n(A - B)$의 최댓값은 17이
므로 학원 수강을 하지 않고 동영상 강의만을 수강하
는 학생은 최대 17명까지 있다고 할 수 있다.

218쪽~219쪽

기본 다지기

1 ②	2 $2 < a < 4$	3 64	4 10
5 ③	6 ㄴ, ㄷ	7 ㄱ, ㄴ, ㄷ	8 4
9 8	10 ③		

1 $B = \{x + y \mid x \in A, y \in A\}$에서 집합 B의 원소는
집합 A의 임의의 두 원소의 합이므로
$B = \{-2, -1, 0, 1, 2\}$
① 0은 집합 B의 원소이므로 $0 \in B$ (참)
② 2는 집합 B의 원소이므로 $2 \in B$ (거짓)
③ 3은 집합 B의 원소가 아니므로 $3 \not\in B$ (참)
④ $-1 \in B$, $0 \in B$, $1 \in B$이므로 $A \subset B$ (참)
⑤ 집합 B의 원소의 개수가 5이므로 $n(B) = 5$ (참)

⊕ 보충 설명

집합 B의 원소를 구하는 과정은 다음과 같다.

+	−1	0	1
−1	−2	−1	0
0	−1	0	1
1	0	1	2

2 $A \subset B$가 되도록 두 집합 A, B를 수직선 위에 나
타내면 다음 그림과 같다.

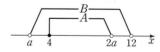

따라서 $a < 4$, $2a \leq 12$이어야 하므로 $a < 4$ ····· ㉠
이때 집합 A에서 $2a > 4$이어야 하므로 $a > 2$ ····· ㉡
㉠, ㉡에서 공통 범위를 구하면
$2 < a < 4$

3 $A \times B$
$= \{(1, 1), (1, 2), (2, 1), (2, 2), (3, 1), (3, 2)\}$
이므로 $n(A \times B) = 6$
따라서 집합 $A \times B$의 부분집합의 개수는
$2^6 = 64$

⊕ 보충 설명

원소의 개수가 n인 집합의 부분집합의 개수는 2^n이다. 원소
의 개수가 조금만 많아지더라도 원소를 직접 나열하여 부분
집합을 구하는 것은 어려우므로 집합의 원소의 개수와 부분
집합의 개수 사이의 관계를 잘 알아두어야 한다.

4 $A \cap B^C = A - B = \{-3, 4\}$이므로 $4 \in A$이어야
한다.

즉, $a^2 - 2a - 4 = 4$이어야 하므로

$a^2 - 2a - 8 = 0$

$(a+2)(a-4) = 0$

$\therefore a = -2$ 또는 $a = 4$

(i) $a = -2$일 때,

　$A = \{-3, 3, 4, 8\}$, $B = \{5, 8, 15\}$이므로

　$A \cap B^C = A - B = \{-3, 3, 4\}$

(ii) $a = 4$일 때,

　$A = \{-3, 3, 4, 8\}$, $B = \{-1, 3, 8\}$이므로

　$A \cap B^C = A - B = \{-3, 4\}$

(i), (ii)에서 $a = 4$이고, $B = \{-1, 3, 8\}$이므로 집합
B의 모든 원소의 합은

$-1 + 3 + 8 = 10$

5 $A \cup (A^C \cap C) = A$에서

$(A \cup A^C) \cap (A \cup C) = A$

$U \cap (A \cup C) = A$, $A \cup C = A$

$\therefore C \subset A$ ...... ㉠

$B \cap C^C = B - C = \varnothing$이므로

$B \subset C$ ...... ㉡

㉠, ㉡에서 $B \subset C \subset A$

> **⊕ 보충 설명**
>
> $B - C$는 $B - (B \cap C)$와 같다.
> 따라서 $B - C = B - (B \cap C) = \varnothing$이면 $B = B \cap C$이므로
> $B \subset C$이다.

6 $(A-B)^C = (A \cap B^C)^C = A^C \cup B$이므로

$(A^C \cup B) \subset B$

$\therefore A^C \subset B$

오른쪽 벤다이어그램에서

ㄱ. $A \cap B \neq \varnothing$ (거짓)

ㄴ. $A^C \subset B$이므로 $B^C \subset A$

　$\therefore A \cup B^C = A$ (참)

ㄷ. $A^C \subset B$이므로

　$U = (A \cup A^C) \subset (A \cup B)$ ...... ㉠

　또한 $A \subset U$, $B \subset U$에서

　$(A \cup B) \subset U$ ...... ㉡

　㉠, ㉡에서 $A \cup B = U$ (참)

따라서 항상 성립하는 것은 ㄴ, ㄷ이다.

> **⊕ 보충 설명**
>
> ㄷ에서 '$A \subset B$이고 $B \subset A$이면 $A = B$'임을 이용하였다.

7 각각을 벤다이어그램으로 나타내면 다음 그림과
같다.

ㄱ. $(A \cap C) \cap B^C = (A \cap C) - B$

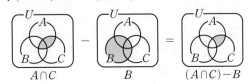

ㄴ. $(A \cap C) - (A \cap B \cap C)$

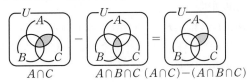

ㄷ. $(A-B) \cap (C-B)$

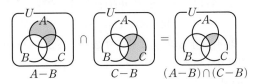

따라서 주어진 벤다이어그램의 색칠한 부분을 나타내
는 집합은 ㄱ, ㄴ, ㄷ이다.

8 $(B-A) \cup X = X$이므로

$(B-A) \subset X$

$B \cap X = X$이므로

$X \subset B$

$\therefore (B-A) \subset X \subset B$

또한 $B-A = \{2, 4, 5\}$이므로 집합 X는 집합 B의 부
분집합 중 2, 4, 5를 반드시 원소로 가지는 집합이다.

따라서 집합 X의 개수는

$2^{5-3} = 2^2 = 4$

9 $(A \cup B) \cap (A^C \cup B) = (A \cap A^C) \cup B$

$\qquad\qquad\qquad\qquad\quad = \varnothing \cup B = B$

$\therefore B = \{1, 2\}$

$A \cup B^C = U$에서

$(A \cup B^C)^C = U^C$, $A^C \cap B = \varnothing$

즉, $B-A = \varnothing$이므로

$B \subset A$

$\therefore \{1, 2\} \subset A$

따라서 집합 A는 1, 2를 반드시 원소로 가지는 전체집합 U의 부분집합이므로 집합 A의 개수는

$2^{5-2}=2^3=8$

10 A_k는 100 이하의 자연수 중 k의 배수의 집합이므로

$A_2\cap(A_3\cup A_4)=(A_2\cap A_3)\cup(A_2\cap A_4)$
$\qquad\qquad\qquad\quad=A_6\cup A_4$

$\therefore n(A_2\cap(A_3\cup A_4))$
$\quad=n(A_6\cup A_4)$
$\quad=n(A_6)+n(A_4)-n(A_6\cap A_4)$
$\quad=n(A_6)+n(A_4)-n(A_{12})$

$n(A_6)=16$, $n(A_4)=25$, $n(A_{12})=8$이므로 구하는 원소의 개수는

$16+25-8=33$

➕ 보충 설명

일반적으로 자연수 k의 배수의 집합 A_k에 대하여 두 자연수 a, b가 주어졌을 때,

$A_a\cap A_b=A_{a\text{와 }b\text{의 최소공배수}}$

가 성립한다.

실력 다지기   220쪽 ~ 221쪽

11 24	**12** ④	**13** ④	**14** 12	**15** 8
16 4	**17** ㄱ, ㄴ	**18** 10명		

11 **접근 방법** $\{2, 3\}\cap A\neq\varnothing$이므로 집합 A는 2를 원소로 가지거나 3을 원소로 가져야 한다.

$U=\{1, 2, 3, 4, 5\}$에서 2 또는 3을 원소로 가지는 부분집합의 개수를 구하면

(i) 2를 원소로 가지는 부분집합의 개수
$\quad 2^{5-1}=2^4=16$

(ii) 3을 원소로 가지는 부분집합의 개수
$\quad 2^{5-1}=2^4=16$

(iii) 2, 3을 모두 원소로 가지는 부분집합의 개수
$\quad 2^{5-2}=2^3=8$

(i)~(iii)에서 구하는 집합 A의 개수는

$16+16-8=24$

➕ 보충 설명

집합 U에서 2 또는 3을 원소로 가지는 부분집합의 개수는 집합 U의 모든 부분집합의 개수에서 2와 3을 모두 원소로 가지지 않는 부분집합의 개수를 뺀 것이므로

$2^5-2^3=32-8=24$

와 같이 구할 수도 있다.

12 **접근 방법** 합집합과 교집합의 뜻을 이용하여 (다)에 알맞은 집합을 먼저 구해 본다.

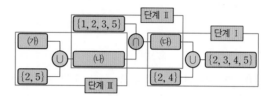

(다)에 알맞은 집합을 X라고 하면 위의 그림의 [단계 I]에서 $\{2, 3, 4, 5\}=X\cup\{2, 4\}$이므로 집합 X는 3, 5를 반드시 원소로 가지며 집합 $\{2, 3, 4, 5\}$의 부분집합이다.   …… ㉠

또한 [단계 II]에서 집합 X는 집합 $\{1, 2, 3, 5\}$의 부분집합이다.   …… ㉡

㉠, ㉡에서 집합 X는 3, 5를 반드시 원소로 가지며 집합 $\{2, 3, 5\}$의 부분집합이다.

한편, [단계 III]에서 (나)는 2, 5를 반드시 원소로 가지므로 집합 X도 2를 원소로 가진다.

$\therefore X=\{2, 3, 5\}$

➕ 보충 설명

이런 유형의 문제는 위의 풀이와 같이 결과로부터 거꾸로 추적하는 것이 바람직하다.

13 **접근 방법** $X\triangle Y=(X-Y)\cup(Y-X)$
$\qquad\qquad\qquad\quad=(X\cup Y)-(X\cap Y)$

이므로 두 집합의 합집합에서 교집합을 뺀 집합으로 생각하여 풀어 본다.

$B\triangle C=(B-C)\cup(C-B)=(B\cup C)-(B\cap C)$

따라서 $B\triangle C$를 벤다이어그램으로 나타내면 오른쪽 그림과 같으므로 주어진 벤다이어그램의 색칠한 부분은 $A\cap(B\triangle C)$이다.

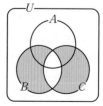

$(X-Y)\cup(Y-X)$
$=(X\cup Y)-(X\cap Y)$
를 집합의 연산법칙으로 확인해 보면
$(X-Y)\cup(Y-X)$
$=(X\cap Y^C)\cup(Y\cap X^C)$ ← 차집합의 성질
$=\{(X\cap Y^C)\cup Y\}\cap\{(X\cap Y^C)\cup X^C\}$ ← 분배법칙
$=\{(X\cup Y)\cap(Y^C\cup Y)\}\cap\{(X\cup X^C)\cap(Y^C\cup X^C)\}$
$=\{(X\cup Y)\cap U\}\cap\{U\cap(Y^C\cup X^C)\}$
$=(X\cup Y)\cap(Y^C\cup X^C)$
$=(X\cup Y)\cap(X\cap Y)^C$ ← 드모르간의 법칙
$=(X\cup Y)-(X\cap Y)$

---

14 접근 방법 | $A\cap B$는 집합 $A=\{1, 3, 5\}$의 부분집합이다. 이때 $n(A\cap B)=2$이므로 $A\cap B$는 $\{1, 3\}$, $\{1, 5\}$, $\{3, 5\}$가 될 수 있다.

$(A\cap B)\subset A$이고, $n(A\cap B)=2$이므로
$A\cap B=\{1, 3\}$일 때, $1\in B$, $3\in B$, $5\notin B$이다.
즉, 집합 B의 개수는 집합 $\{2, 4\}$의 부분집합의 개수와 같으므로
$2^2=4$
또한 $A\cap B=\{1, 5\}$, $A\cap B=\{3, 5\}$일 때에도 가능한 집합 B의 개수는 각각 4이다.
따라서 구하는 집합 B의 개수는
$4+4+4=12$

$A=\{a_1, a_2, \cdots, a_p, b_1, b_2, \cdots, b_q, c_1, c_2, \cdots, c_r\}$의 부분집합 중에서 $a_1, a_2, \cdots, a_p$를 원소로 가지고 $b_1, b_2, \cdots, b_q$를 원소로 가지지 않는 집합의 개수는 $c_1, c_2, \cdots, c_r$만 원소로 가지는 부분집합에 원소 $a_1, a_2, \cdots, a_p$를 넣으면 되므로 구하는 부분집합의 개수는 2^r이다.

---

15 접근 방법 | 주어진 조건에 의하여 $n(A\cap B)$와 $n(B-A)$를 구하고, 집합 B의 부분집합 중에서 집합 $B-A$를 포함하는 부분집합의 개수를 구하도록 한다.

$n(A-B)=n(A)-n(A\cap B)$에서
$n(A)=5$, $n(A-B)=2$, $n(B)=6$이므로
$2=5-n(A\cap B)$ $\therefore n(A\cap B)=3$
$\therefore n(B-A)=n(B)-n(A\cap B)$
            $=6-3=3$

$(B\cap A^C)\subset X\subset B$, 즉 $(B-A)\subset X\subset B$를 만족시키는 집합 X는 집합 B의 부분집합 중 집합 $B-A$의 원소 3개를 반드시 원소로 가지는 집합이다.
따라서 집합 X의 개수는
$2^{6-3}=2^3=8$

$n(A)=5$, $n(A-B)=2$, $n(B)=6$이므로 다음 벤다이어그램에서 $n(A\cap B)=3$, $n(B-A)=3$임을 알 수 있다.

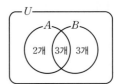

---

16 접근 방법 | 세 집합 A, B, C를 벤다이어그램으로 나타내고 각각의 영역의 원소의 개수를 나타낸다.

세 집합 A, B, C의 원소의 개수를 벤다이어그램으로 나타내면 다음 그림과 같고, 문제에서 주어지지 않은 두 부분의 원소의 개수를 각각 a, b라고 하면 a와 b가 최대일 때, $n(C-(A\cup B))$가 최소이다.

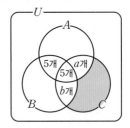

$n(A)=14$이므로 a의 최댓값은 4이고
$n(B)=16$이므로 b의 최댓값은 6이다.
따라서 $n(C-(A\cup B))$의 최솟값은
$19-(a+b+5)=19-(4+6+5)=4$

위의 벤다이어그램에서 집합 A의 원소의 개수는 14로 고정되어 있으므로 $a+5+5=14$로부터 a의 최댓값은 4이다. 이와 같은 방법으로 b의 최댓값은 6임을 구할 수 있다.

---

17 접근 방법 | 집합 P에 대하여 $n(P)=m$이면 $s(P)=2^m$이다.

ㄱ. $n(A)=a$, $n(B)=b$라고 하면
   $s(A)=2^a$, $s(B)=2^b$
   $a<b$일 때, $2^a<2^b$이므로
   $n(A)<n(B)$이면 $s(A)<s(B)$ (참)

ㄴ. $A \subset B$이면 $n(A) \leq n(B)$이므로

$s(A) \leq s(B)$

즉, $A \subset B$이면 $s(A) \leq s(B)$ (참)

ㄷ. $A = \{1, 2\}$, $B = \{3\}$일 때,

$A \cup B = \{1, 2, 3\}$

$s(A) = 2^2 = 4$, $s(B) = 2^1 = 2$, $s(A \cup B) = 2^3 = 8$

이므로

$s(A) + s(B) < s(A \cup B)$

$\therefore s(A \cup B) \neq s(A) + s(B)$ (거짓)

따라서 옳은 것은 ㄱ, ㄴ이다.

⊕ 보충 설명

두 집합 A, B가 서로소인 경우

$s(A \cup B) = s(A) \times s(B)$가 성립한다.

그러나 두 집합 A, B가 서로소가 아닌 경우

$s(A \cup B) = s(A) \times s(B)$가 성립하지 않는다.

18 **접근 방법** | 은행 입금, 휴대폰 결제, 신용카드 결제를 이용하여 포인트를 충전한 회원의 집합을 각각 A, B, C라고 한다. 세 가지 충전 방법 중 은행 입금과 휴대폰 결제, 휴대폰 결제와 신용카드 결제, 신용카드 결제와 은행 입금의 두 가지 방법만을 이용하여 포인트를 충전한 회원을 각각 p명, q명, r명, 세 가지 방법을 모두 이용하여 포인트를 충전한 회원을 x명이라 하고 주어진 조건을 적용해 본다.

회원 100명의 집합을 U, 은행 입금을 이용한 회원의 집합을 A, 휴대폰 결제를 이용한 회원의 집합을 B, 신용카드 결제를 이용한 회원의 집합을 C라고 하면

$n(A \cup B \cup C) = 100$,

$n(A) = 29$, $n(B) = 74$, $n(C) = 32$

또한 세 가지 충전 방법 중에서 두 가지 방법만을 이용한 회원, 즉 은행 입금과 휴대폰 결제를 이용한 회원을 p명, 휴대폰 결제와 신용카드 결제를 이용한 회원을 q명, 신용카드 결제와 은행 입금을 이용한 회원을 r명이라 하고, 세 가지 방법을 모두 이용한 회원을 x명이라고 하면

$n(A \cap B) = p + x$, $n(B \cap C) = q + x$

$n(C \cap A) = r + x$, $n(A \cap B \cap C) = x$

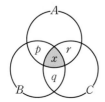

$p + q + r = 15$이므로

$100 = 29 + 74 + 32 - (p + x) - (q + x) - (r + x) + x$

$100 = 135 - (p + q + r) - 2x$

$100 = 135 - 15 - 2x$

$2x = 20$

$\therefore x = 10$

따라서 구하는 회원은 10명이다.

⊕ 보충 설명

세 집합 A, B, C에 대하여

$n(A \cup B \cup C)$

$= n(A) + n(B) + n(C)$

$\qquad\qquad - n(A \cap B) - n(B \cap C) - n(C \cap A)$

$\qquad\qquad\qquad\qquad + n(A \cap B \cap C)$

가 성립한다.

기출 다지기   222쪽

19 7   **20** ②   **21** ②   **22** 63

19 **접근 방법** | 집합 $A \cap B^C$, 즉 $A - B$는 집합 A에 속하고, 집합 B에는 속하지 않는 원소들의 집합임을 생각하여 자연수 a의 값을 구한다.

$A = \{3, 6, 7\}$, $B = \{a - 4, 8, 9\}$이고,

$A \cap B^C = A - B = \{6, 7\}$이므로 $3 \in B$이어야 한다.

따라서 $a - 4 = 3$이므로

$a = 7$

20 **접근 방법** | $A \cup X = A$에서 $X \subset A$이고 $B \cap X = \varnothing$이어야 하므로 집합 X는 집합 $A - B$의 부분집합이어야 함을 이용하여 집합 X의 개수를 구한다.

$A \cup X = A$에서 $X \subset A$이고 $B \cap X = \varnothing$이므로 집합 X는 집합 $A - B$의 부분집합이다.

집합 $A - B$는 50 이하의 6의 배수 중 4의 배수가 아닌 수의 집합이므로

$A - B = \{6, 18, 30, 42\}$

따라서 집합 X의 개수는 집합 $A - B$의 부분집합의 개수이므로

$2^4 = 16$

21 **접근 방법 |** 은행 A와 은행 B를 이용하는 고객의 집합을 각각 A, B라고 하여 집합의 원소의 개수에 대응해서 조건에 맞는 여자 고객의 수를 구한다.

은행 A와 은행 B를 이용하는 고객의 집합을 각각 A, B라고 하면 조건 (개)에서

$n(A)+n(B)=82$

또한 은행 A 또는 은행 B를 이용하는 남자 35명과 여자 30명을 대상으로 조사하였으므로

$n(A\cup B)=35+30=65$

$n(A\cap B)=n(A)+n(B)-n(A\cup B)$
$\qquad\quad=82-65=17$

한편, 한 은행만 이용하는 고객의 집합은

$(A\cup B)-(A\cap B)$이므로

$n(A\cup B)-n(A\cap B)=65-17=48$

조건 (내)에서 두 은행 A, B 중 한 은행만 이용하는 남자 고객과 여자 고객은 각각 24명이다.

따라서 은행 A와 은행 B를 모두 이용하는 여자 고객의 수는

$30-24=6$

22 **접근 방법 |** 조건 (내)를 만족시키기 위해서는 9로 나눈 나머지를 기준으로 구분하여 생각하고, 조건 (다)를 만족시키기 위해서는 10으로 나눈 나머지를 기준으로 구분하여 생각한다. 이때 $S(A)-S(B)$의 값이 최대가 되려면 $S(A)$의 값이 최대이고 $S(B)$의 값이 최소가 되도록 정한다.

$S(A)-S(B)$의 값이 최대가 되려면 $S(A)$의 값이 최대이고 $S(B)$의 값이 최소이어야 한다.

9로 나눈 나머지가 같은 원소들로 이루어진 부분집합을 표로 나타내면 다음과 같다.

나머지	부분집합	나머지	부분집합
1	$\{1,10,19\}$	8	$\{8,17\}$
2	$\{2,11,20\}$	7	$\{7,16\}$
3	$\{3,12\}$	6	$\{6,15\}$
4	$\{4,13\}$	5	$\{5,14\}$
0	$\{9\}$	0	$\{18\}$

조건 (내)에서 나머지의 합이 0 또는 9가 되는 두 부분집합 중 한 집합의 원소들만 집합 A에 속할 수 있다.

따라서 $S(A)$가 최대가 되려면 집합 U의 부분집합 $\{1,10,19\}$, $\{2,11,20\}$, $\{6,15\}$, $\{5,14\}$, $\{18\}$의 원소 중 큰 수부터 차례대로 집합 A의 원소가 되어야 한다.

조건 (개)에서 $n(A)=8$이므로

$S(A)$가 최대가 되기 위해 가능한 집합 A는

$\{6,10,11,14,15,18,19,20\}$ ······ ㉠

10으로 나눈 나머지가 같은 원소들로 이루어진 부분집합을 표로 나타내면 다음과 같다.

나머지	부분집합	나머지	부분집합
1	$\{1,11\}$	9	$\{9,19\}$
2	$\{2,12\}$	8	$\{8,18\}$
3	$\{3,13\}$	7	$\{7,17\}$
4	$\{4,14\}$	6	$\{6,16\}$
5	$\{5\}$	5	$\{15\}$
0	$\{10\}$	0	$\{20\}$

조건 (다)에서 나머지의 합이 0 또는 10이 되는 두 부분집합 중 한 집합의 원소들만 집합 B에 속할 수 있다.

따라서 $S(B)$가 최소가 되려면 집합 U의 부분집합 $\{1,11\}$, $\{2,12\}$, $\{3,13\}$, $\{4,14\}$, $\{5\}$, $\{10\}$의 원소 중 작은 수부터 차례대로 집합 B의 원소가 되어야 한다.

조건 (개)에서 $n(B)=8$이므로

$S(B)$가 최소가 되기 위해 가능한 집합 B는

$\{1,2,3,4,5,10,11,12\}$ ······ ㉡

㉠, ㉡에서 조건 (개)의 $n(A\cap B)=1$을 만족시키려면 10, 11은 동시에 집합 B에 속할 수 없다.

$10\in B$, $11\in B$이면 $10\not\in A$ 또는 $11\not\in A$이다.

이때 1, 2, 5 중 적어도 하나가 집합 A에 속해야 하므로 $n(A\cap B)\ne1$이 되어 조건 (개)를 만족시키지 않는다.

따라서 $S(B)$가 최소가 되려면 $10\in B$, $11\not\in B$이어야 하므로

$A=\{6,10,11,14,15,18,19,20\}$,

$B=\{1,2,3,4,5,10,12,13\}$일 때,

$S(A)-S(B)$의 최댓값은 63이다.

06. 명제

개념 콕콕　**1** 명제와 조건　233쪽

1 답 ㄱ, ㄷ, ㄹ

ㄱ. 2는 소수이지만 홀수가 아니므로 거짓인 명제이다.

ㄴ. x의 값에 따라 참, 거짓이 달라지므로 명제가 아니다.

ㄷ. 삼각형의 세 내각의 크기의 합은 $180°$이므로 참인 명제이다.

ㄹ. 마름모는 네 변의 길이가 모두 같지만 정사각형이 아니므로 거짓인 명제이다.

따라서 명제인 것은 ㄱ, ㄷ, ㄹ이다.

2 답 ⑴ {0, 1, 2, 3}　⑵ {0, 3, 4, 5}

⑴ $x-2<2$에서 $x<4$이므로 주어진 조건의 진리집합은 {0, 1, 2, 3}이다.

⑵ $x^2-3x+2\neq0$에서 $(x-1)(x-2)\neq0$이므로
$x\neq1$이고 $x\neq2$
따라서 주어진 조건의 진리집합은 {0, 3, 4, 5}이다.

3 답 ⑴ 1은 홀수가 아니다. (거짓)
　　⑵ 2는 소수이다. (참)

4 답 ⑴ $\sim p$: x는 6의 양의 약수가 아니다.,
　　　　$\sim p$의 진리집합 : {4, 5}
　　⑵ $\sim p$: x는 짝수가 아니다.,
　　　　$\sim p$의 진리집합 : {1, 3, 5}
　　⑶ $\sim p$: $x<3$,
　　　　$\sim p$의 진리집합 : {1, 2}
　　⑷ $\sim p$: $x\neq2$이고 $x\neq4$,
　　　　$\sim p$의 진리집합 : {1, 3, 5, 6}

5 답 ⑴ 거짓　⑵ 참　⑶ 거짓

⑴ [반례] $x=12$이면 x는 4의 배수이지만 x는 8의 배수가 아니다.
　　따라서 주어진 명제는 거짓이다.

⑶ [반례] 밑변의 길이가 6이고 높이가 2인 직각삼각형과 밑변의 길이가 4이고 높이가 3인 직각삼각형의 넓이는 같지만 두 삼각형은 합동이 아니다.
　　따라서 주어진 명제는 거짓이다.

예제 01　명제와 조건의 부정　235쪽

01-1 답 ㄱ

ㄱ. '1과 2는 서로소이다.'의 부정은 '1과 2는 서로소가 아니다.'이다. (참)

ㄴ. '2는 4의 양의 약수이다.'의 부정은 '2는 4의 양의 약수가 아니다.'이다. (거짓)

ㄷ. '6은 2의 배수이거나 3의 배수이다.'의 부정은 '6은 2의 배수가 아니고 3의 배수도 아니다.'이다. (거짓)

따라서 명제와 그 부정을 옳게 짝 지은 것은 ㄱ이다.

01-2 답 ⑴ $x=0$ 또는 $y=0$　⑵ $x>0$이고 $y\leq1$

⑴ '$x\neq0$이고 $y\neq0$'의 부정은 '$x=0$ 또는 $y=0$'이다.

⑵ '$x\leq0$ 또는 $y>1$'의 부정은 '$x>0$이고 $y\leq1$'이다.

01-3 답 어떤 실수 x에 대하여 $x^2<1$이다.

'모든 실수 x에 대하여 $x^2\geq1$이다.'의 부정은 '어떤 실수 x에 대하여 $x^2<1$이다.'이다.

예제 02　조건과 진리집합　237쪽

02-1 답 ⑴ {2, 4, 6, 8}　⑵ {10, 12}
　　　　⑶ {2, 4, 6, 8}

$U=\{2, 4, 6, 8, 10, 12\}$이고 두 조건 p, q의 진리집합을 각각 P, Q라고 하면

$p : x^2-6x+8=0$에서 $(x-2)(x-4)=0$
$\therefore x=2$ 또는 $x=4$
$\therefore P=\{2, 4\}$

$q : x^2-10x+16>0$에서 $(x-2)(x-8)>0$
$\therefore x<2$ 또는 $x>8$
$\therefore Q=\{10, 12\}$

⑴ '$\sim q$'의 진리집합은 Q^C이므로
　　$Q^C=\{2, 4, 6, 8\}$

⑵ '$\sim p$이고 q'의 진리집합은 $P^C\cap Q$이므로
　　$P^C\cap Q=\{10, 12\}$

⑶ 'p 또는 $\sim q$'의 진리집합은 $P\cup Q^C$이므로
　　$P\cup Q^C=\{2, 4, 6, 8\}$

02-2 답 ⑤

$U=\{1, 2, 3, 6\}$이고 조건 p의 진리집합을 P라고 하면
$x^2-5x+6=0$에서 $(x-2)(x-3)=0$
$\therefore x=2$ 또는 $x=3$　$\therefore P=\{2, 3\}$

조건 '~p'의 진리집합은 P^C이므로 $P^C=\{1, 6\}$
따라서 구하는 모든 원소의 합은
$1+6=7$

02-3 답 6

$p : x^2-2x-24\leq0$에서 $(x+4)(x-6)\leq0$
$\therefore -4\leq x\leq6$

$q : |x-2|\leq a$에서 $-a\leq x-2\leq a$ ($\because a$는 자연수)
$\therefore -a+2\leq x\leq a+2$

두 조건 p, q의 진리집합을 각각 P, Q라고 하면
$P=\{x|-4\leq x\leq6\}$
$Q=\{x|-a+2\leq x\leq a+2\}$

이때 조건 'p이고 ~q'의 진리집합은 $P\cap Q^C$이고, 이를 만족시키는 실수 x가 존재하지 않으므로
$P\cap Q^C=\varnothing$이어야 한다.
즉, $P\subset Q$이어야 하므로 다음 그림과 같아야 한다.

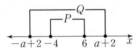

$-a+2\leq-4$, $6\leq a+2$에서 $a\geq6$, $a\geq4$
$\therefore a\geq6$
따라서 자연수 a의 최솟값은 6이다.

예제 03 명제의 참, 거짓   239쪽

03-1 답 (1) 참 (2) 거짓 (3) 거짓 (4) 참

(1) 주어진 명제에서 두 조건을 각각 $p : x^2<1$,
  $q : x<1$이라 하고 두 조건 p, q의 진리집합을 각각 P, Q라고 하면
  $x^2<1$에서 $x^2-1<0$
  $(x+1)(x-1)<0$ $\therefore -1<x<1$
  $\therefore P=\{x|-1<x<1\}$, $Q=\{x|x<1\}$
  따라서 $P\subset Q$이므로 주어진 명제는 참이다.

(2) [반례] $x=0$, $y=2$이면 $xy=0$이지만 $x=0$이고
  $y\neq0$이다.
  따라서 주어진 명제는 거짓이다.

(3) 주어진 명제에서 두 조건을 각각 $p : x$는 12의 양의 약수, $q : x$는 16의 양의 약수라 하고 두 조건 p, q의 진리집합을 각각 P, Q라고 하면
  $P=\{1, 2, 3, 4, 6, 12\}$, $Q=\{1, 2, 4, 8, 16\}$
  따라서 $P\not\subset Q$이므로 주어진 명제는 거짓이다.

(4) 주어진 명제에서 두 조건을 각각 $p : x$는 6의 배수, $q : 3$의 배수라 하고 두 조건 p, q의 진리집합을 각각 P, Q라고 하면
  $P=\{6, 12, 18, 24, \cdots\}$, $Q=\{3, 6, 9, 12, \cdots\}$
  따라서 $P\subset Q$이므로 주어진 명제는 참이다.

다른 풀이

(3) [반례] $x=3$이면 x는 12의 양의 약수이지만 16의 양의 약수가 아니다.

03-2 답 5

$p : |x-2|<k$에서
$-k<x-2<k$ ($\because k$는 양수)
$\therefore -k+2<x<k+2$

두 조건 p, q의 진리집합을 각각 P, Q라고 하면
$P=\{x|-k+2<x<k+2\}$,
$Q=\{x|-3<x\leq8\}$

명제 $p \rightarrow q$가 참이 되려면 $P\subset Q$이어야 하므로 다음 그림과 같아야 한다.

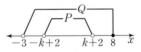

$-3\leq-k+2$이고 $k+2\leq8$
$k\leq5$이고 $k\leq6$
$\therefore k\leq5$
따라서 양수 k의 최댓값은 5이다.

03-3 답 (1) 참 (2) 거짓

(1) $2\in A$이면 $1\in A$, $\dfrac{1}{2}\in A$, $\dfrac{1}{4}\in A$, $\cdots$
  이므로 집합 A의 원소는 무수히 많다.
  따라서 주어진 명제는 참이다.

(2) [반례] $x=\dfrac{1}{3}$이면 $\dfrac{1}{3}\left(\dfrac{1}{2}\right)^n\in A$ (n은 자연수)이고
  $y=\dfrac{1}{5}$이면 $\dfrac{1}{5}\left(\dfrac{1}{2}\right)^m\in A$ (m은 자연수)이지만
  $xy=\dfrac{1}{15}\not\in A$이므로 주어진 명제는 거짓이다.

예제 04 진리집합의 포함 관계   241쪽

04-1 답 ㄱ, ㄷ

명제 $p \rightarrow q$는 거짓이므로 $P\not\subset Q$이고, 명제 $q \rightarrow p$는 참이므로 $Q\subset P$이다.

따라서 두 집합 P, Q의 포함 관계를 벤다이어그램으로 나타내면 오른쪽 그림과 같다.

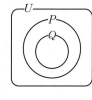

ㄱ. $P \cup Q = P$ (참)

ㄴ. $P^C \cap Q = Q - P = \varnothing \neq U$

(거짓)

ㄷ. $Q^C \cap P^C = (Q \cup P)^C = P^C$ (참)

따라서 옳은 것은 ㄱ, ㄷ이다.

04-2 답 ⑤

$P \cap Q = Q$이므로 $Q \subset P$

$P \cup R^C = R^C$이므로 $P \subset R^C$

따라서 세 집합 P, Q, R의 포함 관계를 벤다이어그램으로 나타내면 다음 그림과 같다.

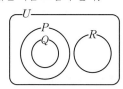

따라서 $R \subset Q^C$이므로 항상 참인 명제는 ⑤ $r \rightarrow \sim q$이다.

⊕ 보충 설명

(1) $P \not\subset Q$이므로 $p \rightarrow q$는 거짓이다.

(2) $Q^C \not\subset R^C$이므로 $\sim q \rightarrow \sim r$은 거짓이다.

(3) $P \not\subset R$이므로 $p \rightarrow r$은 거짓이다.

(4) $P^C \not\subset R$이므로 $\sim p \rightarrow r$은 거짓이다.

04-3 답 ④

$P \cup Q = Q$이므로 $P \subset Q$

$Q \cap R = Q$이므로 $Q \subset R$

$\therefore P \subset Q \subset R$ ...... ㉠

$S \cup Q^C = U$에서

$(S \cup Q^C)^C = U^C$, $S^C \cap Q = \varnothing$

즉, $Q - S = \varnothing$이므로 $Q \subset S$

또한 $P^C \subset S^C$에서 $S \subset P$이므로

$Q \subset S \subset P$ ...... ㉡

㉠, ㉡에서 $P = Q$이므로

$P = Q = S \subset R$

따라서 항상 참이라고 할 수 없는 명제는 ④ $r \rightarrow q$이다.

개념 콕콕 **2 명제의 역과 대우** 245쪽

1 답 (1) 역 : $xy = 0$이면 $x = 0$ 또는 $y = 0$이다. (참)

대우 : $xy \neq 0$이면 $x \neq 0$이고 $y \neq 0$이다. (참)

(2) 역 : $x + y > 0$이면 $x > 0$이고 $y > 0$이다.

(거짓)

대우 : $x + y \leq 0$이면 $x \leq 0$ 또는 $y \leq 0$이다.

(참)

(2) 주어진 명제의 역 '$x + y > 0$이면 $x > 0$이고 $y > 0$이다.'의 반례는 다음과 같다.

[반례] $x = -1$, $y = 3$이면 $x + y > 0$이지만 $x < 0$이고 $y > 0$이다.

2 답 (1) 역 : 이등변삼각형이면 $a = b$이다. (거짓)

대우 : 이등변삼각형이 아니면 $a \neq b$이다.

(참)

(2) 역 : 직각삼각형이면 $a^2 + b^2 = c^2$이다. (거짓)

대우 : 직각삼각형이 아니면 $a^2 + b^2 \neq c^2$이다. (참)

(1) 주어진 명제의 역 '이등변삼각형이면 $a = b$이다.'의 반례는 다음과 같다.

[반례] $b = c$이면 $a \neq b$이어도 이등변삼각형이다.

(2) 주어진 명제의 역 '직각삼각형이면 $a^2 + b^2 = c^2$이다.'의 반례는 다음과 같다.

[반례] $a^2 + c^2 = b^2$이면 $a^2 + b^2 \neq c^2$이어도 직각삼각형이다.

3 답 ㄴ

명제 $p \rightarrow \sim q$가 참이므로 그 대우인 명제 $q \rightarrow \sim p$도 참이다.

따라서 항상 참인 명제는 ㄴ이다.

4 답 (개) 홀수 (내) 홀수 (대) 짝수

결론을 부정하여 x, y를 모두 홀수라고 가정하면

$x = 2m - 1$, $y = 2n - 1$ (m, n은 자연수)로 놓을 수 있으므로

$xy = (2m - 1)(2n - 1)$

$= 4mn - 2m - 2n + 1 = 2(2mn - m - n) + 1$

그런데 $2mn - m - n$은 0 또는 자연수이므로 xy는 홀수이다. 이것은 xy가 짝수라는 사실에 모순이다.

따라서 자연수 x, y에 대하여 xy가 짝수이면 x 또는 y가 짝수이다.

05-1
답 (1) $x^2>0$이면 $x\neq0$이다. (참)
　　(2) $x=0$이면 $x^2\leq0$이다. (참)
　　(3) $x^2\leq0$이면 $x=0$이다. (참)

명제 '$x\neq0$이면 $x^2>0$이다.'에서 두 조건을 각각
$p:x\neq0$, $q:x^2>0$이라 하고 두 조건 p, q의 진리집
합을 각각 P, Q라고 하면
$P=\{x\,|\,x\neq0$인 실수$\}$, $Q=\{x\,|\,x^2>0$인 실수$\}$
이므로 $P=Q$이다.
이때 $P=Q$에서 $Q\subset P$이므로 $p\to q$의 역 $q\to p$,
즉 (1)은 참이다. 또한 $Q=P$에서 $P^C\subset Q^C$이므로 역
의 대우 $\sim p\to\sim q$, 즉 (2)도 참이다. 한편, $Q^C\subset P^C$
이므로 대우 $\sim q\to\sim p$, 즉 (3)도 참이다.

05-2
답 ㄱ, ㄷ

ㄱ. 주어진 명제의 역은 '$x^3=8$이면 $x^2=4$이다.'이다.
　　$x^3=8$에서 $x=2$ ($\because$ x는 실수)
　　$\therefore$ $x^2=4$
　　즉, 주어진 명제의 역은 참이다.
ㄴ. 주어진 명제의 역은 '$x>0$이면 $x>1$이다.'이다.
　　[반례] $x=\frac{1}{2}$이면 $\frac{1}{2}>0$이지만 $\frac{1}{2}<1$이므로 주어진
　　명제의 역은 거짓이다.
ㄷ. 주어진 명제의 역은 '$x>1$이면 $x^2>x$이다.'이다.
　　$x^2>x$에서 $x(x-1)>0$
　　$\therefore$ $x<0$ 또는 $x>1$
　　즉, 주어진 명제의 역은 참이다.
따라서 주어진 명제의 역이 참인 것은 ㄱ, ㄷ이다.

⊕ 보충 설명

> ㄴ에서 두 조건을 각각 $p:x>1$, $q:x>0$이라 하고 그 진
> 리집합을 각각 P, Q라고 하면 $P\subset Q$이고 $Q\not\subset P$이다.
> 따라서 명제 $p\to q$는 참이고, 명제 $q\to p$는 거짓이다.

05-3
답 9

명제 '$x^2-(a+4)x+4a>0$이면 $x^2-7x+10>0$이
다.'의 두 조건을 각각
$p:x^2-(a+4)x+4a>0$, $q:x^2-7x+10>0$이라
하고 두 조건 p, q의 진리집합을 각각 P, Q라고 하면
명제 $p\to q$의 역 $q\to p$가 참이므로 역의 대우
$\sim p\to\sim q$도 참이다.

$\sim p:x^2-(a+4)x+4a\leq0$에서
$(x-4)(x-a)\leq0$
이때 $a<4$인 경우에 $P^C=\{x\,|\,a\leq x\leq4\}$
$4\leq a$인 경우에 $P^C=\{x\,|\,4\leq x\leq a\}$
$\sim q:x^2-7x+10\leq0$에서
$(x-2)(x-5)\leq0$　　$\therefore$ $2\leq x\leq5$
$\therefore$ $Q^C=\{x\,|\,2\leq x\leq5\}$
명제 $\sim p\to\sim q$가 참이므로 $P^C\subset Q^C$가 성립한다.
(i) $a<4$인 경우 다음 그림에서

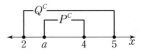

　　$\therefore$ $2\leq a<4$
(ii) $a\geq4$인 경우 다음 그림에서

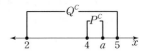

　　$\therefore$ $4\leq a\leq5$
(i), (ii)에서 $2\leq a\leq5$ ……… ㉠
또한 명제 '$x^2-5ax+6a^2<0$이면 $x^2-14x+24<0$
이다.'의 대우가 참이려면 주어진 명제가 참이어야 한다.
이 명제에서 두 조건을 각각 $r:x^2-5ax+6a^2<0$,
$s:x^2-14x+24<0$이라 하고 두 조건 r, s의 진리집
합을 각각 R, S라고 하면
$r:x^2-5ax+6a^2<0$에서
$(x-2a)(x-3a)<0$
㉠에서 $2\leq a\leq5$이고, 이때 $2a<3a$이므로
$R=\{x\,|\,2a<x<3a\}$
$s:x^2-14x+24<0$에서
$(x-2)(x-12)<0$　　$\therefore$ $2<x<12$
$\therefore$ $S=\{x\,|\,2<x<12\}$
명제 $r\to s$가 참이려면 $R\subset S$이어야 하므로 다음 그
림에서

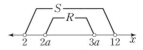

즉, $2\leq2a$이고 $3a\leq12$이므로
$a\geq1$이고 $a\leq4$
$\therefore$ $1\leq a\leq4$ ……… ㉡
㉠, ㉡에서 $2\leq a\leq4$이므로 이를 만족시키는 정수 a는
2, 3, 4이다.
따라서 구하는 모든 정수 a의 값의 합은
$2+3+4=9$

06-1　답 풀이 참조

주어진 명제의 대우는

'n이 홀수이면 n^2도 홀수이다.'

자연수 n이 홀수이면

$n=2k-1$ (k는 자연수)

로 놓을 수 있으므로

$n^2=(2k-1)^2=4k^2-4k+1$
$\qquad =2(2k^2-2k)+1$

이때 $2(2k^2-2k)$는 0 또는 짝수이므로 n^2은 홀수이다.

따라서 주어진 명제의 대우가 참이므로 주어진 명제도 참이다.

06-2　답 풀이 참조

주어진 명제의 대우는

$\boxed{\text{'}n\text{이 3의 배수가 아니면 }n^2\text{도 3의 배수가 아니다.'}}$

n이 3의 배수가 아니면

$n=3k-2$ 또는 $n=3k-1$ (k는 자연수)

로 놓을 수 있다.

(i) $n=3k-2$이면

$\quad n^2=(3k-2)^2=9k^2-12k+4$
$\qquad =3(\boxed{3k^2-4k+1})+\boxed{1}$

(ii) $n=3k-1$이면

$\quad n^2=(3k-1)^2=9k^2-6k+1$
$\qquad =3(\boxed{3k^2-2k})+\boxed{1}$

(i), (ii)에서 n^2을 3으로 나누었을 때의 나머지는 $\boxed{1}$이다.

즉, n^2은 3의 배수가 아니다.

따라서 주어진 명제의 대우가 참이므로 주어진 명제도 참이다.

06-3　답 풀이 참조

주어진 명제의 대우는

'a, b가 모두 홀수이면 $a+b$는 짝수이다.'

a, b가 모두 홀수이면

$a=2m-1$, $b=2n-1$ (m, n은 자연수)

로 놓을 수 있으므로

$a+b=(2m-1)+(2n-1)$
$\qquad =2m+2n-2$
$\qquad =2(m+n-1)$

이때 $2(m+n-1)$은 짝수이므로 $a+b$는 짝수이다.

따라서 주어진 명제의 대우가 참이므로 주어진 명제도 참이다.

07-1　답 풀이 참조

결론을 부정하여 $\sqrt{5}$가 유리수라고 가정하면 서로소인 두 자연수 m, n에 대하여

$\sqrt{5}=\dfrac{n}{m}$

위 식의 양변을 제곱하면

$5=\dfrac{n^2}{m^2}\qquad \therefore n^2=5m^2\qquad \cdots\cdots\text{㉠}$

즉, n^2이 5의 배수이므로 n도 5의 배수이다.

$n=5k$ (k는 자연수)라 하고 이를 ㉠에 대입하면

$(5k)^2=5m^2$, 즉 $5k^2=m^2$

이때 m^2이 5의 배수이므로 m도 5의 배수이다.

그런데 이것은 m, n이 서로소라는 사실에 모순이다.

따라서 $\sqrt{5}$는 무리수이다.

07-2　답 풀이 참조

결론을 부정하여 정수 m, n이 존재한다고 가정하면

$3m^2-n^2=1$에서 $3m^2=n^2+1$이므로 n^2+1은 3의 배수이다.

한편, 정수 n을 임의의 정수 k에 대하여 다음과 같이 나누어 생각해 보면

(i) $n=3k$일 때,

$\quad n^2=(3k)^2=9k^2=3(\boxed{3k^2})$

(ii) $n=3k+1$일 때,

$\quad n^2=(3k+1)^2=9k^2+6k+1$
$\qquad =3(\boxed{3k^2+2k})+\boxed{1}$

(iii) $n=3k+2$일 때,

$\quad n^2=(3k+2)^2=9k^2+12k+4$
$\qquad =3(\boxed{3k^2+4k+1})+\boxed{1}$

(i)~(iii)에서 n^2을 3으로 나누었을 때의 나머지는 0 또는 1이므로 n^2+1을 3으로 나누었을 때의 나머지는 $\boxed{1}$ 또는 $\boxed{2}$이다.

즉, n^2+1은 3의 배수가 아니므로 이것은 $3m^2-n^2=1$을 만족시키는 정수 m, n이 존재한다는 가정에 모순이다.

따라서 $3m^2-n^2=1$을 만족시키는 정수 m, n은 존재하지 않는다.

> **⊕ 보충 설명**
>
> $3m^2=n^2+1$에서 $3m^2$이 3의 배수이므로 n^2+1도 3의 배수이다. 또한 임의의 정수 k에 대하여
> (i) $n=3k$, (ii) $n=3k+1$, (iii) $n=3k+2$로 나누어 확인한 것은 모든 정수에 대하여 확인한 것과 같다.

07-3 답 풀이 참조

결론을 부정하여 m, n이 모두 홀수라고 가정하여 이차방정식 $x^2-mx+n=0$의 자연수인 해를 k라고 하면 $k^2-mk+n=0$에서 $n=mk-k^2$

(i) k가 홀수일 때,

mk는 홀수이고 k^2은 홀수이므로 $mk-k^2$이 짝수가 되어 n이 홀수라는 가정에 모순이다.

(ii) k가 짝수일 때,

mk는 짝수이고 k^2은 짝수이므로 $mk-k^2$이 짝수가 되어 n이 홀수라는 가정에 모순이다.

(i), (ii)에서 모두 가정에 모순이다.

따라서 이차방정식 $x^2-mx+n=0$이 자연수인 해를 가지면 m, n 중 적어도 하나는 짝수이다.

개념 콕콕 **3 충분조건과 필요조건**   255쪽

1 답 (1) 필요조건 (2) 충분조건

(1) $x^2=y^2$에서 $(x+y)(x-y)=0$

∴ $x=-y$ 또는 $x=y$

따라서 $q \Longrightarrow p$이고 $p \not\Longrightarrow q$이므로 p는 q이기 위한 필요조건이다.

(2) 모든 정삼각형은 이등변삼각형이다.

따라서 $p \Longrightarrow q$이고 $q \not\Longrightarrow p$이므로 p는 q이기 위한 충분조건이다.

2 답 (1) $\{x|x>1\}$, $\{x|x>2\}$, ⊃, 필요
(2) $\{x|x>2\}$, $\{x|x<-2$ 또는 $x>2\}$,
⊂, 충분
(3) $\{1\}$, $\{1\}$, =, 필요충분

(1) 두 조건 $p:x>1$, $q:x>2$의 진리집합을 각각 P, Q라고 하면 $P=\boxed{\{x|x>1\}}$, $Q=\boxed{\{x|x>2\}}$

따라서 $P \boxed{\supset} Q$이므로 p는 q이기 위한 $\boxed{\text{필요}}$조건이다.

(2) 두 조건 $p:x>2$, $q:x^2>4$의 진리집합을 각각 P, Q라고 하면 $P=\boxed{\{x|x>2\}}$,

$x^2>4$에서 $(x+2)(x-2)>0$이므로

$Q=\boxed{\{x|x<-2 \text{ 또는 } x>2\}}$

따라서 $P \boxed{\subset} Q$이므로 p는 q이기 위한 $\boxed{\text{충분}}$조건이다.

(3) 두 조건 $p:2x+1=3$, $q:x=1$의 진리집합을 각각 P, Q라고 하면 $2x+1=3$에서 $x=1$이므로

$P=\boxed{\{1\}}$, $Q=\boxed{\{1\}}$

따라서 $P \boxed{=} Q$이므로 p는 q이기 위한 $\boxed{\text{필요충분}}$조건이다.

3 답 ㄴ, ㄷ

ㄴ. $q \Longrightarrow p$이므로 $Q \subset P$ (참)

ㄷ. $Q \subset P$이므로 $Q-P=\varnothing$ (참)

따라서 옳은 것은 ㄴ, ㄷ이다.

예제 08 **충분조건, 필요조건, 필요충분조건의 판별** 257쪽

08-1 답 (1) 필요충분조건 (2) 필요조건
(3) 충분조건

(1) $x=0$ 또는 $y=0$이면 $xy=0$이므로

$p \Longrightarrow q$

$xy=0$이면 $x=0$ 또는 $y=0$이므로

$q \Longrightarrow p$

따라서 p는 q이기 위한 필요충분조건이다.

(2) $x-y>0$이면 $x>y$인 모든 실수 x, y에 대하여 성립하므로 $p \not\Longrightarrow q$

[반례] $x=5$, $y=3$이면 $x-y>0$이지만 $y\geq0$이다.

$x>0$, $y<0$이면 $x-y>0$이므로 $q \Longrightarrow p$

따라서 p는 q이기 위한 필요조건이다.

(3) $x>0$이면 $x+y^2>0$이므로 $p \Longrightarrow q$ ($\because y^2\geq0$)

$x+y^2>0$이면 y의 값에 따라 $x\leq0$이어도 식이 성립하므로 $q \not\Longrightarrow p$

[반례] $x=-1$, $y=2$이면 $x+y^2>0$이지만 $x\leq0$이다.

따라서 p는 q이기 위한 충분조건이다.

08-2 답 (1) 충분 (2) 필요충분 (3) 충분 (4) 필요

(1) $p : x>1$, $q : x^2>1$이라고 하면

$x>1$이면 $x^2>1$이므로 $p \Longrightarrow q$

$x^2>1$이면 $x<-1$ 또는 $x>1$이므로 $q \not\Longrightarrow p$

[반례] $x=-2$이면 $x^2>1$이지만 $x \leq 1$이다.

따라서 $x>1$은 $x^2>1$이기 위한 충분조건이다.

(2) $p : |x|>0$, $q : x^2>0$이라고 하면

$|x|>0$이면 $x \neq 0$이므로 $x^2>0$이다.

$\therefore p \Longrightarrow q$

$x^2>0$이면 $x \neq 0$이므로 $|x|>0$이다.

$\therefore q \Longrightarrow p$

즉, $p \Longleftrightarrow q$이다.

따라서 $|x|>0$은 $x^2>0$이기 위한 필요충분조건이다.

(3) $p : x>0$, $y>0$, $q : x^2+y^2>0$이라고 하면

$x>0$, $y>0$이면 $x^2+y^2>0$이므로 $p \Longrightarrow q$

$x^2+y^2>0$이면 $x \neq 0$ 또는 $y \neq 0$이므로 $q \not\Longrightarrow p$

[반례] $x=-1$, $y=-2$이면 $x^2+y^2=5>0$이지만 $x \leq 0$, $y \leq 0$이다.

따라서 $x>0$, $y>0$은 $x^2+y^2>0$이기 위한 충분조건이다.

(4) $p : x>0$ 또는 $y>0$, $q : x+y>0$이라고 하면

$x>0$ 또는 $y>0$이면 $x+y \leq 0$인 경우도 존재하므로 $p \not\Longrightarrow q$

[반례] $x=-2$, $y=1$이면 $x>0$ 또는 $y>0$이지만 $x+y \leq 0$이다.

명제 $q \to p$의 대우 $\sim p \to \sim q$에서 $x \leq 0$, $y \leq 0$이면 $x+y \leq 0$이므로 $\sim p \Longrightarrow \sim q$, 즉 $q \Longrightarrow p$

따라서 p는 q이기 위한 필요조건이다.

⊕ 보충 설명

> 명제 $p \to q$가 참이고, 명제 $q \to p$가 거짓이면 p는 q이기 위한 충분조건, q는 p이기 위한 필요조건이다.
>
> 두 명제 $p \to q$, $q \to p$가 모두 참이면 p는 q이기 위한 필요충분조건, q는 p이기 위한 필요충분조건이다.

08-3 답 ㄱ, ㄴ, ㄷ

$p : a^2+b^2=0$에서 $a=0$이고 $b=0$

$q : a^2-2ab+b^2=0$에서 $(a-b)^2=0$ $\therefore a=b$

$r : a^2-ab+b^2=0$에서 $\left(a-\dfrac{b}{2}\right)^2+\dfrac{3b^2}{4}=0$

$\left(a-\dfrac{b}{2}\right)^2=0$이고 $\dfrac{3b^2}{4}=0$이므로

$a=0$이고 $b=0$

ㄱ. $p \Longrightarrow q$이고 $q \not\Longrightarrow p$

따라서 p는 q이기 위한 충분조건이다. (참)

ㄴ. $q \not\Longrightarrow r$이고 $r \Longrightarrow q$

따라서 q는 r이기 위한 필요조건이다. (참)

ㄷ. $r \Longrightarrow p$이고 $p \Longrightarrow r$이므로 $r \Longleftrightarrow p$

따라서 r은 p이기 위한 필요충분조건이다. (참)

따라서 옳은 것은 ㄱ, ㄴ, ㄷ이다.

예제 09 충분조건, 필요조건과 진리집합의 관계 259쪽

09-1 답 ㄴ, ㄷ

ㄱ. 벤다이어그램에서 $P \not\subset R$이고 $R \not\subset P$이므로

$p \not\Longrightarrow r$이고 $r \not\Longrightarrow p$이다.

즉, p는 r이기 위한 충분조건도 필요조건도 아니다. (거짓)

ㄴ. 벤다이어그램에서 $Q \subset P^C$이고 $P^C \not\subset Q$이므로

$q \Longrightarrow \sim p$

즉, $\sim p$는 q이기 위한 필요조건이다. (참)

ㄷ. 벤다이어그램에서 $Q \subset R$이므로 $R^C \subset Q^C$이고, $Q^C \not\subset R^C$이므로

$\sim r \Longrightarrow \sim q$

즉, $\sim r$은 $\sim q$이기 위한 충분조건이다. (참)

따라서 옳은 것은 ㄴ, ㄷ이다.

09-2 답 ㄱ, ㄷ

세 조건 p, q, r의 진리집합을 각각 P, Q, R이라고 하면 p는 $\sim q$이기 위한 충분조건이므로 $P \subset Q^C$이고, p는 r이기 위한 필요조건이므로 $R \subset P$이다.

ㄱ. $P \subset Q^C$에서 $Q \subset P^C$이므로 $q \to \sim p$도 참이다.

ㄴ. $P \subset Q^C$, $R \subset P$이므로 삼단논법에 의하여 $R \subset Q^C$이지만 $r \to q$의 참, 거짓은 판별할 수 없다.

ㄷ. $R \subset Q^C$에서 $Q \subset R^C$이므로 $q \to \sim r$도 참이다.

따라서 항상 참인 명제는 ㄱ, ㄷ이다.

09-3 답 3

q는 p이기 위한 필요조건이므로 $p \Longrightarrow q$, 즉 $P \subset Q$

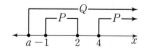

즉, 위의 그림에서 $a \leq -1$

r은 p이기 위한 충분조건이므로 $r \Longrightarrow p$, 즉 $R \subset P$

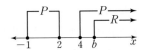

즉, 위의 그림에서 $b \geq 4$

따라서 a의 최댓값은 -1, b의 최솟값은 4이므로 그 합은

$-1+4=3$

기본 다지기 260쪽~261쪽

1 ③   2 7   3 ④   4 ㄱ, ㄴ, ㄹ

5 (1) -1 (2) 6   6 -4

7 (가) 짝수 (나) 서로소 (다) 2   8 (1) 8 (2) 8

9 1   10 ㄴ, ㄷ

1 $P \cup Q = P$이므로 두 집합 P, Q의 포함 관계를 벤다이어그램으로 나타내면 오른쪽 그림과 같다. 따라서 $Q \subset P$, 즉 $P^C \subset Q^C$이므로 명제 ③ $\sim p \rightarrow \sim q$가 참이다.

2 $U = \{1, 2, 3, \cdots, 12\}$이고 두 조건 p, q의 진리집합을 각각 P, Q라고 하면
$P = \{1, 2, 5, 10\}$이므로
$P^C = \{3, 4, 6, 7, 8, 9, 11, 12\}$
$q : x^2 \leq 25$에서
$(x+5)(x-5) \leq 0$ $\therefore -5 \leq x \leq 5$
$\therefore Q = \{1, 2, 3, 4, 5\}$
이때 조건 '$\sim p$이고 q'의 진리집합은 $P^C \cap Q$이므로
$P^C \cap Q = \{3, 4\}$
따라서 구하는 모든 원소의 합은
$3+4=7$

3 12의 양의 약수 1, 2, 3, 4, 6, 12와 8의 양의 약수 1, 2, 4, 8에서 12의 양의 약수이면서 8의 양의 약수가 아닌 수를 찾으면 된다.
1, 2, 4는 12의 양의 약수이면서 8의 양의 약수이므로 가정과 결론을 모두 만족시킨다. 즉, 반례가 아니다.
8은 12의 양의 약수가 아니므로 가정을 만족시키지 못한다. 즉, 반례가 아니다.
6은 12의 양의 약수이지만 8의 양의 약수가 아니므로 가정은 만족시키지만 결론을 만족시키지 못하므로 반례이다.

⊕ 보충 설명

반례가 하나만 존재해도 그 명제는 거짓이 되므로 명제 $p \rightarrow q$가 거짓임을 보일 때에는 반례를 하나만 찾으면 된다.

4 ㄱ. 조건 $p : |x| \geq 0$의 진리집합을 P라고 하면 $|x| \geq 0$에서 x는 모든 실수이다.
$\therefore P = \{x | x$는 모든 실수$\}$
즉, $P = U$이므로 주어진 명제는 참이다.
ㄴ. 조건 $p : x < 1$의 진리집합을 P라고 하면
$P = \{x | x < 1\}$
즉, $P \neq \emptyset$이므로 주어진 명제는 참이다.
ㄷ. 조건 $p : x^2 - 4x + 4 > 0$의 진리집합을 P라고 하면
$x^2 - 4x + 4 > 0$에서 $(x-2)^2 > 0$
$\therefore P = \{x | x \neq 2$인 모든 실수$\}$
즉, $P \neq U$이므로 주어진 명제는 거짓이다.
ㄹ. 조건 $p : x^2 = 4x$의 진리집합을 P라고 하면
$x^2 = 4x$에서
$x^2 - 4x = 0$, $x(x-4) = 0$
$\therefore x = 0$ 또는 $x = 4$
$\therefore P = \{0, 4\}$
즉, $P \neq \emptyset$이므로 주어진 명제는 참이다.
따라서 참인 명제는 ㄱ, ㄴ, ㄹ이다.

5 (1) $p : x \geq 1$, $q : 2x + a \leq 3x + 2a$라 하고 그 진리집합을 각각 P, Q라고 하면
$q : 2x + a \leq 3x + 2a$에서 $x \geq -a$이므로
$P = \{x | x \geq 1\}$, $Q = \{x | x \geq -a\}$
명제 $p \rightarrow q$가 참이 되려면 $P \subset Q$이어야 하므로 다음 그림에서

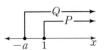

$-a \leq 1$
$\therefore a \geq -1$
따라서 실수 a의 최솟값은 -1이다.
(2) 명제 '$x^2 - ax + 8 \neq 0$이면 $x \neq 2$이다.'가 참이 되려면 대우 '$x = 2$이면 $x^2 - ax + 8 = 0$이다.'도 참이어야 한다.
따라서 $x = 2$를 $x^2 - ax + 8 = 0$에 대입하면
$4 - 2a + 8 = 0$, $2a = 12$
$\therefore a = 6$

$P \subset Q$가 되도록 하는 실수 a의 값의 범위

(단, k는 실수이다.)

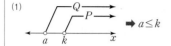

(1) $\Rightarrow a \leq k$

(2) $\Rightarrow a < k$

(3) $\Rightarrow a \leq k$

(4) $\Rightarrow a \leq k$

6 두 조건 p, q의 진리집합을 각각 P, Q라고 하면 명제 $p \to q$의 대우가 참일 때, 명제 $p \to q$도 참이므로 $P \subset Q$이다.

즉, 오른쪽 그림에서

$2a \leq 4$, $b \leq -2$

$\therefore a \leq 2$, $b \leq -2$

따라서 $m=2$, $n=-2$이므로

$mn = 2 \times (-2) = -4$

7 주어진 명제의 대우 '자연수 m, n에 대하여 m과 n이 모두 $\boxed{짝수}$이면 m과 n은 $\boxed{서로소}$가 아니다.'가 참임을 보이면 된다.

m과 n이 모두 $\boxed{짝수}$이면 $m=2k$, $n=2l$ (k, l은 자연수)로 나타낼 수 있다.

이때 $\boxed{2}$는 m과 n의 공약수이므로 m과 n이 모두 $\boxed{짝수}$이면 m과 n은 $\boxed{서로소}$가 아니다.

따라서 주어진 명제의 대우가 참이므로 주어진 명제도 참이다.

8 (1) $p : x^2+ax-48 \neq 0$, $q : x-4 \neq 0$이라고 하면 p가 q이기 위한 충분조건이므로 명제 $p \to q$가 참이다.

이때 명제 $p \to q$가 참이면 그 대우 $\sim q \to \sim p$, 즉 명제 '$x-4=0$이면 $x^2+ax-48=0$이다.'도 참이다.

따라서 $x=4$를 $x^2+ax-48=0$에 대입하면

$16+4a-48=0$, $4a=32$ $\quad \therefore a=8$

(2) $p : x-a \neq 0$, $q : x^2-5x-24 \neq 0$이라고 하면 p가 q이기 위한 필요조건이므로 명제 $q \to p$가 참이다.

이때 명제 $q \to p$가 참이면 그 대우 $\sim p \to \sim q$, 즉 명제 '$x-a=0$이면 $x^2-5x-24=0$이다.'도 참이다.

따라서 $x=a$를 $x^2-5x-24=0$에 대입하면

$a^2-5a-24=0$, $(a+3)(a-8)=0$

$\therefore a=8$ $(\because a>0)$

명제 $p \to q$가 참이면 그 대우 $\sim q \to \sim p$도 참이고, 대우 $\sim q \to \sim p$가 참이면 처음의 명제 $p \to q$도 참이다.
따라서 어떤 명제가 참임을 증명할 때에는 그 대우가 참임을 증명해도 된다.

9 p는 q이기 위한 충분조건, q는 r이기 위한 필요충분조건이 되려면 $p \Longrightarrow q$, $q \Longleftrightarrow r$, 즉 $P \subset Q$, $Q=R$이어야 한다.

$P \subset Q$이려면 $a+2 \in Q$이어야 하므로

$a+2=2$ 또는 $a+2=4-a$

(i) $a+2=2$일 때, 즉 $a=0$이면

$Q=\{2, 4\}$, $R=\{-1, 0\}$이므로 $Q \neq R$

(ii) $a+2=4-a$일 때, 즉 $a=1$이면

$Q=\{2, 3\}$, $R=\{2, 3\}$이므로

$Q=R$

(i), (ii)에서 구하는 a의 값은 1이다.

10 명제 $\sim q \to \sim p$가 참이므로 그 대우인 $p \to q$도 참이다.

두 명제 $p \to q$, $q \to \sim r$이 모두 참이므로 삼단논법에 의하여 $p \to \sim r$도 참이다.

ㄱ, ㄹ. 명제 $p \to r$이나 명제 $\sim p \to \sim r$의 참, 거짓은 판별할 수 없다.

ㄴ. 명제 $p \to \sim r$이 참이므로 그 대우인 $r \to \sim p$도 참이다.

ㄷ. 명제 $q \to \sim r$이 참이므로 그 대우 $r \to \sim q$도 참이다.

따라서 항상 참인 명제는 ㄴ, ㄷ이다.

두 명제 $p \to q$, $q \to r$이 모두 참이면 삼단논법에 의하여 명제 $p \to r$도 참이다.

262쪽~263쪽

11 (1) 참 (2) 거짓 (3) 거짓 (4) 거짓   **12** ㄱ, ㄴ

13 ㄷ   **14** 5   **15** 7

16 충분, 필요, 필요충분   **17** (1) 5   (2) 12

18 12   **19** -12 **20** 풀이 참조

---

11 접근 방법 | 명제가 거짓임을 보일 때, 반례를 찾아서 보일 수 있는데, 집합에 대한 명제이므로 반례를 보일 때, 벤다이어 그램을 이용한다.

(1) $A-B=\varnothing$이므로 집합 A의 모든 원소는 집합 B의 원소이다.

따라서 $A \subset B$이므로 주어진 명제는 참이다.

(2) [반례] 다음 벤다이어그램에서 $(A \cap C) \subset (B \cap C)$이지만 $A \not\subset B$이다.

따라서 주어진 명제는 거짓이다.

(3) [반례] (2)의 벤다이어그램에서 $A \cap C = B \cap C$이지만 $A \neq B$이다.

따라서 주어진 명제는 거짓이다.

(4) [반례] 다음 벤다이어그램에서 $A \subset (B \cup C)$이지만 $A \not\subset B$이고 $A \not\subset C$이다.

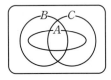

따라서 주어진 명제는 거짓이다.

⊕ 보충 설명

(1)에서 $A \subset B$이면 $A-B=\varnothing$이므로 두 조건 $A-B=\varnothing$와 $A \subset B$는 서로 필요충분조건이다.

12 접근 방법 | 주어진 벤다이어그램에서 세 집합 P, Q, R 사이의 포함 관계를 알아본다. 이때 $\sim p$, $\sim q$, $\sim r$의 진리집합은 각각 P^C, Q^C, R^C임을 이용한다.

ㄱ. $R \subset Q^C$이므로 명제 $r \to \sim q$는 참이다.

ㄴ. $Q \subset P$이므로 $P^C \subset Q^C$이다.

즉, 명제 $\sim p \to \sim q$는 참이다.

ㄷ. $R \not\subset P^C$이므로 명제 $r \to \sim p$는 거짓이다.

따라서 항상 참인 명제는 ㄱ, ㄴ이다.

13 접근 방법 | ㈎ '어떤 $x \in P$에 대하여 $x \not\in Q$이다.'가 성립하므로 어떤 $x \in P$에 대하여 $x \in Q$일 수도 있다.

또한 ㈏ '모든 $x \in Q$에 대하여 $x \not\in R$이다.'가 성립하므로 ㈏를 이용하여 항상 참인 명제를 찾도록 한다.

㈎에서 어떤 $x \in P$에 대하여 $x \not\in Q$이므로 어떤 $x \in P$에 대하여 $x \in Q$이다. 즉, 진리집합 P의 모든 원소가 집합 Q의 원소인 것은 아니다.

즉, $P \not\subset Q$이므로

ㄱ. 어떤 $x \in P$가 $x \in Q$일 수 있으므로
$p \to \sim q$는 거짓이다.

ㄴ. 어떤 $x \in P$가 $x \not\in Q$이므로 $x \in P$가 $x \in R$일 수 있다. 즉, $p \to \sim r$은 거짓이다.

ㄷ. ㈏에서 모든 $x \in Q$에 대하여 $x \not\in R$이므로 두 집합 Q, R은 교집합이 없어야 한다.
즉, $Q \cap R = \varnothing$이므로 $q \to \sim r$은 항상 참이고, 그 대우 $r \to \sim q$도 참이다.

따라서 항상 참인 명제는 ㄷ뿐이다.

⊕ 보충 설명

'모든'과 '어떤'의 의미를 집합의 포함 관계로 나타내면 다음과 같다.

(1) 모든 $x \in P$에 대하여 $x \in Q$이다.

(2) 모든 $x \in P$에 대하여 $x \not\in Q$이다.

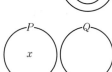

(3) 어떤 $x \in P$에 대하여 $x \not\in Q$이다.

(4) 어떤 $x \in P$에 대하여 $x \in Q$이다.

14 접근 방법 | 전체집합 U에 대하여 명제 '모든 x에 대하여 p이다.'가 거짓이려면 $P \neq U$임을 이용하여 구하도록 한다.

조건 $3x^2 + 8x + a \geq 0$의 진리집합이 실수 전체의 집합일 때, 주어진 명제는 참이므로 $3x^2 + 8x + a \geq 0$에서 이차방정식 $3x^2 + 8x + a = 0$의 판별식을 D라고 하면 $\dfrac{D}{4} = 4^2 - 3a \leq 0$이어야 한다.

$16-3a \leq 0$ $\quad \therefore a \geq \dfrac{16}{3}$

따라서 주어진 명제가 거짓이 되려면 $a < \dfrac{16}{3}$이어야 하므로 정수 a의 최댓값은 5이다.

다른 풀이

명제 '모든 실수 x에 대하여 $3x^2+8x+a \geq 0$이다.'가 거짓이면 이 명제의 부정 '어떤 실수 x에 대하여 $3x^2+8x+a < 0$이다.'는 참이다.

따라서 이차함수 $y=3x^2+8x+a$의 그래프와 x축이 서로 다른 두 점에서 만나야 한다.

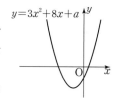

이차방정식 $3x^2+8x+a=0$ 의 판별식을 D라고 하면

$\dfrac{D}{4}=4^2-3a>0$ $\quad \therefore a < \dfrac{16}{3}$

따라서 정수 a의 최댓값은 5이다.

15 **접근 방법** | 이차함수의 그래프와 원의 교점이 생기도록 k의 값의 범위를 정하여 정수의 개수를 구하도록 한다.

두 조건 p, q의 진리집합을 각각 P, Q라고 할 때, 주어진 명제가 참이 되려면 $P \cap Q \neq \varnothing$이어야 한다. 그러므로 이차함수 $y=-x^2+k$의 그래프와 원 $x^2+(y-5)^2=4$의 교점이 존재해야 한다.

(i) 이차함수

$y=-x^2+k$의 그래프의 꼭짓점의 좌표 $(0, k)$가 $(0, 3)$일 때, 원 $x^2+(y-5)^2=4$ 와 한 점에서 만난다.

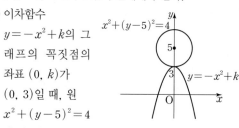

(ii) 이차함수

$y=-x^2+k$의 그래프와 원 $x^2+(y-5)^2=4$ 가 두 점에서 접할 때, 두 식을 연립한 방정식 $-y+k+(y-5)^2-4=0$, 즉 $y^2-11y+21+k=0$의 판별식을 D라고 하면

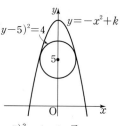

$D=(-11)^2-4(21+k)=0$ $\quad \therefore k=\dfrac{37}{4}$

(i), (ii)에서 $3 \leq k \leq \dfrac{37}{4}$이면 명제는 참이 된다.

따라서 이를 만족시키는 정수 k는 3, 4, 5, …, 9의 7개이다.

16 **접근 방법** | 두 조건 p, q가 주어졌을 때, 두 명제 $p \rightarrow q$, $q \rightarrow p$의 참, 거짓을 조사하면 두 조건 p, q의 관계를 파악할 수 있다.

(i) 명제 $p \rightarrow q$에서 $ab<0$이면 $a<0$, $b>0$ 또는 $a>0$, $b<0$이므로 $p \Longrightarrow q$이다.

명제 $q \rightarrow p$에서 '$a<0$ 또는 $b<0$이면 $ab<0$이다.'는 거짓이므로 $q \not\Longrightarrow p$이다.

[반례] $a=-1$, $b=-1$이면 $a<0$ 또는 $b<0$이지만 $ab=(-1)\times(-1)=1>0$이다.

따라서 p는 q이기 위한 $\boxed{충분}$조건이다.

(ii) 명제 $q \rightarrow r$에서 '$a<0$ 또는 $b<0$이면 $|ab|>ab$이다.'는 거짓이므로 $q \not\Longrightarrow r$이다.

[반례] $a=-1$, $b=-1$이면 $a<0$ 또는 $b<0$이지만 $|ab|=ab=1$이다.

명제 $r \rightarrow q$에서 $|ab|>ab$이면 $a<0$, $b>0$ 또는 $a>0$, $b<0$이므로 $a<0$ 또는 $b<0$이 성립한다. 즉, $r \Longrightarrow q$이다.

따라서 q는 r이기 위한 $\boxed{필요}$조건이다.

(iii) 명제 $p \rightarrow r$에서 $ab<0$이면 $|ab|>0$이므로 $|ab|>ab$가 성립한다. 즉, $p \Longrightarrow r$이다.

명제 $r \rightarrow p$에서 $|ab|>ab$이면 $a<0$, $b>0$ 또는 $a>0$, $b<0$이므로 $ab<0$이 성립한다. 즉, $r \Longrightarrow p$이다.

따라서 r은 p이기 위한 $\boxed{필요충분}$조건이다.

보충 설명

$|x|>x$가 성립하려면 $x<0$이어야 하므로 $|ab|>ab$에서 $ab<0$임을 알 수 있다.

17 **접근 방법** | 주어진 두 조건을 각각 p, q라 하고 그 각각의 진리집합 P, Q의 포함 관계를 생각해 본다.

(1) $p : 5 \leq x \leq 10$, $q : x \geq a$라 하고 두 조건 p, q의 진리집합을 각각 P, Q라고 하면

$P=\{x|5 \leq x \leq 10\}$, $Q=\{x|x \geq a\}$

이때 p가 q이기 위한 충분조건이려면 $p \Longrightarrow q$, 즉 $P \subset Q$이어야 한다.

오른쪽 그림에서 $a \leq 5$

따라서 실수 a의 최댓값은 5이다.

(2) $p:|x|\leq k$, $q:-12<x<5$라 하고 두 조건 p, q의 진리집합을 각각 P, Q라고 하면
$P=\{x\,|-k\leq x\leq k\}$, $Q=\{x\,|-12<x<5\}$
이때 p가 q이기 위한 필요조건이려면
$q\Longrightarrow p$, 즉 $Q\subset P$이어야 한다.
오른쪽 그림에서
$-k\leq -12$, $k\geq 5$
$\therefore k\geq 12$
따라서 양수 k의 최솟값은 12이다.

⊕ 보충 설명

충분조건, 필요조건, 필요충분조건과 진리집합
두 조건 p, q의 진리집합을 각각 P, Q라고 할 때,
(1) p가 q이기 위한 충분조건이면 $P\subset Q$
(2) p가 q이기 위한 필요조건이면 $Q\subset P$
(3) p가 q이기 위한 필요충분조건이면 $P=Q$

18 접근 방법 | 두 조건 p와 q의 진리집합을 각각 구하여 조건을 만족시키도록 실수 a의 값의 범위를 구한다.

$p:x^2-8x+15\leq 0$에서
$(x-3)(x-5)\leq 0$ $\therefore 3\leq x\leq 5$
$q:|x-a|\leq 3$에서
$-3\leq x-a\leq 3$ $\therefore a-3\leq x\leq a+3$
두 조건 p, q의 진리집합을 각각 P, Q라고 하면
$P=\{x\,|3\leq x\leq 5\}$, $Q=\{x\,|a-3\leq x\leq a+3\}$
p가 q이기 위한 충분조건이 되려면 $p\Longrightarrow q$, 즉 $P\subset Q$이므로

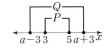

오른쪽 그림에서
$a-3\leq 3$, $a+3\geq 5$
$\therefore 2\leq a\leq 6$
따라서 실수 a의 최댓값과 최솟값의 곱은
$6\times 2=12$

19 접근 방법 | 두 조건 p와 q의 진리집합을 각각 구하고, $\sim p$가 q이기 위한 필요조건이 되기 위해서는 $q\Longrightarrow \sim p$임을 이용하여 a의 값의 범위를 정하여 정수 a의 최댓값과 최솟값을 구한다.

두 조건 p, q의 진리집합을 각각 P, Q라고 하면
$P=\{x\,|x\leq -4$ 또는 $x>2\}$, $Q=\left\{x\,\middle|\,x=\dfrac{3a-1}{4}\right\}$
$\sim p$의 진리집합은
$P^C=\{x\,|-4<x\leq 2\}$
$\sim p$가 q이기 위한 필요조건이 되기 위해서는

$q\Longrightarrow \sim p$, 즉 $Q\subset P^C$이므로
$-4<\dfrac{3a-1}{4}\leq 2$, $-16<3a-1\leq 8$
$-15<3a\leq 9$ $\therefore -5<a\leq 3$
따라서 정수 a의 최댓값은 3, 최솟값은 -4이므로 그 곱은
$3\times(-4)=-12$

20 접근 방법 | 결론을 부정하여 이차방정식 $x^2-ax+b=0$의 유리수인 근이 존재한다고 가정하고 근과 계수의 관계를 이용하여 가정에 모순됨을 보이도록 한다.

결론을 부정하여 이차방정식
$x^2-ax+b=0$의 유리수인 근이 존재한다고 가정하면
x^2의 계수가 1이고, a, b가 모두 홀수, 즉 정수이므로 주어진 이차방정식의 유리수인 근은 정수이다.
두 유리수인 근을 각각 두 정수 α, β라고 하면 이차방정식의 근과 계수의 관계에 의하여
$\alpha+\beta=a$, $\alpha\beta=b$
이고, a가 홀수이므로 두 정수 α, β 중 하나는 짝수, 다른 하나는 홀수이어야 한다.
이때 $\alpha\beta=$ (짝수)이고, 이것은 $\alpha\beta=b$, 즉 b가 홀수라는 가정에 모순이다.
따라서 a, b가 모두 홀수이면 주어진 이차방정식
$x^2-ax+b=0$의 유리수인 근은 존재하지 않는다.

⊕ 보충 설명

a, b가 모두 홀수라는 가정은 만족시키면서 이차방정식 $x^2-ax+b=0$의 유리수인 근이 존재하도록 하는 반례는 존재하지 않는다.
이와 같이 결론을 부정하여 가정에 모순됨을 보임으로써 주어진 명제가 참임을 보이는 것이 귀류법이다.

기출 다지기 264쪽

21 ⑤   **22** ③   **23** 8   **24** ①

21 접근 방법 | 두 조건 p, q의 진리집합을 각각 P, Q라 하고, P, Q를 구하여 참, 거짓을 판단하도록 한다.

두 조건 p, q의 진리집합을 각각 P, Q라고 하면
$P=\{x\,|x\neq -2$, $x\neq 4$인 실수$\}$,
$Q=\{x\,|-2\leq x\leq 4\}$
두 조건 $\sim p$, $\sim q$의 진리집합은 각각 P^C, Q^C이므로
$P^C=\{x\,|x=-2$ 또는 $x=4\}$,

$Q^C = \{x \mid x < -2$ 또는 $x > 4\}$

① $P \not\subset Q$이므로 명제 $p \to q$는 거짓이다.

② $P^C \not\subset Q^C$이므로 명제 $\sim p \to \sim q$는 거짓이다.

③ $Q \not\subset P^C$이므로 명제 $q \to \sim p$는 거짓이다.

④ $Q \not\subset P$이므로 명제 $q \to p$는 거짓이다.

⑤ $P^C \subset Q$이므로 명제 $\sim p \to q$는 참이다.

22 접근 방법 | 세 조건 p, q, r의 진리집합을 각각 P, Q, R이라고 하여 명제의 참을 이용하여 진리집합 사이의 포함 관계를 정하도록 한다.

ㄱ. $\sim p \Longrightarrow r$이므로 $P^C \subset R$ (참)

ㄴ. $\sim p \Longrightarrow r$이고 $r \Longrightarrow \sim q$이므로 삼단논법에 의하여 $\sim p \Longrightarrow \sim q$이다.
$P^C \subset Q^C$, 즉 $Q \subset P$ (거짓)

ㄷ. $r \Longrightarrow \sim q$에서 $q \Longrightarrow \sim r$이므로
$Q \subset R^C$ ...... ㉠
$\sim p \Longrightarrow r$에서 $\sim r \Longrightarrow p$이므로
$R^C \subset P$ ...... ㉡
$\sim r \Longrightarrow q$이므로
$R^C \subset Q$ ...... ㉢
㉠, ㉡에 의하여 $Q \subset R^C \subset P$이므로 $Q \subset P$
∴ $P \cap Q = Q$
㉠, ㉢에 의하여 $Q = R^C$
∴ $P \cap Q = Q = R^C$ (참)

따라서 옳은 것은 ㄱ, ㄷ이다.

23 접근 방법 | 두 조건 p, q의 진리집합 P, Q를 정하여 명제 $\sim q \to p$가 참이 되려면 $Q^C \subset P$이므로 실수 a의 값의 범위를 정하여 최솟값을 구하도록 한다.

두 조건 p, q의 진리집합을 각각 P, Q라고 하면

$p : 2x - a \leq 0$에서 $x \leq \dfrac{a}{2}$

∴ $P = \left\{ x \mid x \leq \dfrac{a}{2} \right\}$

$q : x^2 - 5x + 4 > 0$에 대하여

$\sim q : x^2 - 5x + 4 \leq 0$에서

$(x-1)(x-4) \leq 0$ ∴ $1 \leq x \leq 4$

∴ $Q^C = \{x \mid 1 \leq x \leq 4\}$

p가 $\sim q$이기 위한 필요조건이면 명제 $\sim q \to p$가 참이므로 $Q^C \subset P$가 성립해야 한다.

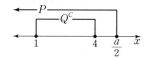

앞의 그림에서 $\dfrac{a}{2} \geq 4$ ∴ $a \geq 8$

따라서 실수 a의 최솟값은 8이다.

24 접근 방법 | 두 조건 p, q의 진리집합 P, Q를 정하여 주어진 명제가 참이 되도록 하는 정수 a, b의 순서쌍 (a, b)의 개수를 구하도록 한다.

실수 전체의 집합을 U라 하고, 두 조건 p, q의 진리집합을 각각 P, Q라고 하자.

'모든 실수 x에 대하여 p이다.'가 참인 명제가 되려면 $P = U$이어야 한다.

따라서 모든 실수 x에 대하여 $x^2 + 2ax + 1 \geq 0$이어야 하므로 이차방정식 $x^2 + 2ax + 1 = 0$의 판별식을 D_1이라고 하면

$\dfrac{D_1}{4} = a^2 - 1 \leq 0$

$(a+1)(a-1) \leq 0$ ∴ $-1 \leq a \leq 1$

그러므로 정수 a는 -1, 0, 1이다.

이때 'p는 $\sim q$이기 위한 충분조건이다.'가 참인 명제가 되려면 $P \subset Q^C$이어야 하고 $P = U$이므로 $Q^C = U$이다.

따라서 모든 실수 x에 대하여 $\sim q : x^2 + 2bx + 9 > 0$이어야 하므로 이차방정식 $x^2 + 2bx + 9 = 0$의 판별식을 D_2라고 하면

$\dfrac{D_2}{4} = b^2 - 9 < 0$

$(b+3)(b-3) < 0$ ∴ $-3 < b < 3$

그러므로 정수 b는 -2, -1, 0, 1, 2이다.

따라서 정수 a, b의 순서쌍 (a, b)의 개수는

$3 \times 5 = 15$

07. 절대부등식

1 답 (1) > (2) >

(1) $a>b$이므로 $a-b>0$

$ac-bc=(a-b)c>0$ ($\because c>0$)

$\therefore ac \boxed{>} bc$

(2) $a>b$, $c>d$이므로 $a-b>0$, $c-d>0$

$a+c-(b+d)=(a-b)+(c-d)>0$

$\therefore a+c \boxed{>} b+d$

2 답 (1) $1+\dfrac{a}{2} \geq \sqrt{1+a}$ (2) $|a|+1 \geq |a+1|$

(1) $a \geq -1$일 때, $1+\dfrac{a}{2} \geq 0$, $\sqrt{1+a} \geq 0$이므로

$\left(1+\dfrac{a}{2}\right)^2 - (\sqrt{1+a})^2 = 1+a+\dfrac{a^2}{4}-(1+a)$

$\qquad\qquad\qquad\qquad = \dfrac{a^2}{4} \geq 0$

따라서 $\left(1+\dfrac{a}{2}\right)^2-(\sqrt{1+a})^2 \geq 0$이므로

$1+\dfrac{a}{2} \geq \sqrt{1+a}$

이때 등호는 $a=0$일 때 성립한다.

(2) $|a|+1 \geq 0$, $|a+1| \geq 0$이므로

$(|a|+1)^2 - |a+1|^2$

$= a^2+2|a|+1-(a^2+2a+1)$

$= 2|a|-2a$

$= 2(|a|-a) \geq 0$ ($\because |a| \geq a$)

$\therefore |a|+1 \geq |a+1|$

이때 등호는 $|a|=a$, 즉 $a \geq 0$일 때 성립한다.

3 답 (가) $a-2b$ (나) $a=2b$

$a^2+4b^2-4ab = a^2-4ab+4b^2 = (\boxed{a-2b})^2 \geq 0$

$\therefore a^2+4b^2 \geq 4ab$

이때 등호는 $a-2b=0$, 즉 $\boxed{a=2b}$일 때 성립한다.

4 답 ㄱ, ㄷ

ㄱ. $x^2+2x+1 \geq 0$, 즉 $(x+1)^2 \geq 0$은 모든 실수 x에 대하여 성립하므로 절대부등식이다.

ㄴ. 부등식 $4x+8<0$은 $x<-2$에서만 성립하므로 절대부등식이 아니다.

ㄷ. $(x-3)^2 \geq 0$이므로 $(x-3)^2+3>0$

즉, 주어진 부등식은 모든 실수 x에 대하여 성립

하므로 절대부등식이다.

ㄹ. 부등식 $x^2+x>x^2$, 즉 $x>0$에서만 성립하므로 절대부등식이 아니다.

따라서 절대부등식인 것은 ㄱ, ㄷ이다.

예제 01　차를 이용한 부등식의 증명　273쪽

01-1 답 풀이 참조

$ab+cd-(ac+bd)>0$이 성립함을 보이면 된다.

$ab+cd-(ac+bd) = (ab-ac)+(cd-bd)$

$\qquad\qquad\qquad\quad = a(b-c)-d(b-c)$

$\qquad\qquad\qquad\quad = (a-d)(b-c)$

이때 $a>b>c>d$이므로 $a-d>0$, $b-c>0$

$\therefore (a-d)(b-c)>0$

$\therefore ab+cd>ac+bd$

01-2 답 풀이 참조

$a^2+b^2+c^2-ab-bc-ca \geq 0$이 성립함을 보이면 된다.

$a^2+b^2+c^2-(ab+bc+ca)$

$= a^2+b^2+c^2-ab-bc-ca$

$= \dfrac{1}{2}(2a^2+2b^2+2c^2-2ab-2bc-2ca)$

$= \dfrac{1}{2}\{(a^2-2ab+b^2)+(b^2-2bc+c^2)$

$\qquad\qquad\qquad\qquad +(c^2-2ca+a^2)\}$

$= \dfrac{1}{2}\{(a-b)^2+(b-c)^2+(c-a)^2\} \geq 0$

$\qquad (\because (a-b)^2 \geq 0, (b-c)^2 \geq 0, (c-a)^2 \geq 0)$

$\therefore a^2+b^2+c^2 \geq ab+bc+ca$

이때 등호는 $a=b=c$일 때 성립한다.

⊕ 보충 설명

$a \geq b \geq c \geq 0$일 때, 부등식

$a^2+b^2+c^2 \geq ab+bc+ca$가 성립함을 도형을 이용하여 살펴보자.

[그림 1]의 한 변의 길이가 각각 a, b, c인 세 정사각형으로 이루어진 도형의 넓이는 $a^2+b^2+c^2$이다.

[그림 2]의 가로의 길이가 각각 b, c, a이고 세로의 길이가 각각 a, b, c인 색칠한 세 직사각형으로 이루어진 도형의 넓이는 $ab+bc+ca$이다.

이때 [그림 1]의 도형의 넓이는 [그림 2]의 색칠한 세 직사각형으로 이루어진 도형의 넓이보다 빗금친 부분의 넓이만큼 더 크다.

따라서 $a^2+b^2+c^2 \geq ab+bc+ca$이다.

이때 등호는 $a=b=c$일 때 성립한다.

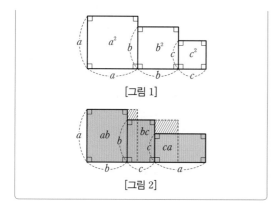

[그림 1]

[그림 2]

01-3 <답> 풀이 참조

(1) $AB-xy \geq 0$이 성립함을 보이면 된다.

$$AB-xy = \frac{ax+by}{a+b} \times \frac{bx+ay}{a+b} - xy$$
$$= \frac{(ax+by)(bx+ay)}{(a+b)^2} - xy$$
$$= \frac{(ax+by)(bx+ay) - (a+b)^2 xy}{(a+b)^2}$$
$$= \frac{abx^2 + aby^2 - 2abxy}{(a+b)^2}$$
$$= \frac{ab(x-y)^2}{(a+b)^2} \geq 0$$
$$(\because a>0, \ b>0, \ (x-y)^2 \geq 0)$$
$$\therefore AB \geq xy$$

이때 등호는 $x=y$일 때 성립한다.

(2) $A^2+B^2-(x^2+y^2) \leq 0$ ...... ㉠

이 성립함을 보이면 된다.

$$A^2+B^2 = \left(\frac{ax+by}{a+b}\right)^2 + \left(\frac{bx+ay}{a+b}\right)^2$$
$$= \frac{(ax+by)^2 + (bx+ay)^2}{(a+b)^2}$$

이므로 부등식 ㉠의 양변에 양수 $(a+b)^2$을 곱하여 부등식을 증명해 보자.

$$(A^2+B^2)(a+b)^2 - (x^2+y^2)(a+b)^2$$
$$= (ax+by)^2 + (bx+ay)^2 - (x^2+y^2)(a+b)^2$$
$$= a^2(x^2+y^2) + b^2(x^2+y^2) + 4abxy$$
$$\qquad - (x^2+y^2)(a^2+2ab+b^2)$$
$$= 4abxy - 2ab(x^2+y^2)$$
$$= -2ab(x^2+y^2-2xy)$$
$$= -2ab(x-y)^2 \leq 0$$
$$(\because a>0, \ b>0, \ (x-y)^2 \geq 0)$$
$$\therefore A^2+B^2 \leq x^2+y^2$$

이때 등호는 $x=y$일 때 성립한다.

예제 02 제곱의 차를 이용한 부등식의 증명   275쪽

02-1 <답> 풀이 참조

$\sqrt{2(a^2+b^2)} \geq 0$, $|a|+|b| \geq 0$이므로
$\{\sqrt{2(a^2+b^2)}\}^2 - (|a|+|b|)^2 \geq 0$이 성립함을 보이면 된다.

$$\{\sqrt{2(a^2+b^2)}\}^2 - (|a|+|b|)^2$$
$$= 2(a^2+b^2) - (a^2+2|a||b|+b^2)$$
$$= |a|^2 - 2|a||b| + |b|^2$$
$$= (|a|-|b|)^2 \geq 0$$
$$\therefore \sqrt{2(a^2+b^2)} \geq |a|+|b|$$

이때 등호는 $|a|=|b|$, 즉 $a=\pm b$일 때 성립한다.

02-2 <답> 풀이 참조

(1) $\sqrt{a}+\sqrt{b} \geq 0$, $\sqrt{a+b} \geq 0$이므로
$(\sqrt{a}+\sqrt{b})^2 - (\sqrt{a+b})^2 \geq 0$이 성립함을 보이면 된다.

$$(\sqrt{a}+\sqrt{b})^2 - (\sqrt{a+b})^2$$
$$= (a+2\sqrt{a}\sqrt{b}+b) - (a+b)$$
$$= 2\sqrt{ab} \geq 0 \ (\because a \geq 0, \ b \geq 0)$$
$$\therefore \sqrt{a}+\sqrt{b} \geq \sqrt{a+b}$$

이때 등호는 $\sqrt{ab}=0$, 즉 $ab=0$일 때 성립한다.

(2) $\sqrt{2(a+b)} \geq 0$, $\sqrt{a}+\sqrt{b} \geq 0$이므로
$\{\sqrt{2(a+b)}\}^2 - (\sqrt{a}+\sqrt{b})^2 \geq 0$이 성립함을 보이면 된다.

$$\{\sqrt{2(a+b)}\}^2 - (\sqrt{a}+\sqrt{b})^2$$
$$= 2(a+b) - (a+2\sqrt{a}\sqrt{b}+b)$$
$$(\because a \geq 0, \ b \geq 0, \ a+b \geq 0)$$
$$= a - 2\sqrt{a}\sqrt{b} + b$$
$$= (\sqrt{a}-\sqrt{b})^2 \geq 0$$
$$\therefore \sqrt{2(a+b)} \geq \sqrt{a}+\sqrt{b}$$

이때 등호는 $\sqrt{a}-\sqrt{b}=0$, 즉 $a=b$일 때 성립한다.

02-3 <답> 풀이 참조

$$a^2-ab+b^2 = \left(a^2-ab+\frac{b^2}{4}\right) - \frac{b^2}{4} + b^2$$
$$= \left(a-\frac{b}{2}\right)^2 + \frac{3b^2}{4} \geq 0$$
$$\left(\because \left(a-\frac{b}{2}\right)^2 \geq 0, \ \frac{3b^2}{4} \geq 0\right)$$

이므로
$$\frac{a^2-ab+b^2}{3} \geq 0$$

주어진 부등식

$$\sqrt{\frac{a^2-ab+b^2}{3}} \geq \frac{a-b}{2} \qquad \cdots\cdots \ \textcircled{\scriptsize{1}}$$

에 대하여

(i) $a < b$일 때,

$a-b < 0$이므로 $\dfrac{a-b}{2} < 0$

따라서 ㉠이 성립한다.

(ii) $a \geq b$일 때,

$a-b \geq 0$이므로 $\dfrac{a-b}{2} \geq 0$

㉠의 양변을 각각 제곱하여 빼면

$$\left(\sqrt{\frac{a^2-ab+b^2}{3}}\right)^2 - \left(\frac{a-b}{2}\right)^2$$

$$= \frac{a^2-ab+b^2}{3} - \frac{a^2-2ab+b^2}{4}$$

$$= \frac{4(a^2-ab+b^2)-3(a^2-2ab+b^2)}{12}$$

$$= \frac{a^2+2ab+b^2}{12}$$

$$= \frac{(a+b)^2}{12} \geq 0$$

따라서 ㉠이 성립한다.

이때 등호는 $a+b=0$, 즉 $a=-b$일 때 성립한다.

(i), (ii)에서

$$\sqrt{\frac{a^2-ab+b^2}{3}} \geq \frac{a-b}{2}$$

개념 콕콕 **2 산술평균과 기하평균** 279쪽

1 **답** (1) 8 (2) 20

(1) $a > 0$, $b > 0$이므로 산술평균과 기하평균의 관계에 의하여

$a+b \geq 2\sqrt{ab}$ (단, 등호는 $a=b$일 때 성립)

그런데 $ab=16$이므로 $a+b \geq 2\sqrt{16}=8$

따라서 $a+b$의 최솟값은 8이다.

(2) $x > 0$, $y > 0$이므로 산술평균과 기하평균의 관계에 의하여

$5x+y \geq 2\sqrt{5xy}$ (단, 등호는 $5x=y$일 때 성립)

그런데 $xy=20$이므로

$5x+y \geq 2\sqrt{100}=20$

따라서 $5x+y$의 최솟값은 20이다.

2 **답** (1) 16 (2) 18

(1) $a > 0$, $b > 0$이므로 산술평균과 기하평균의 관계에 의하여

$a+b \geq 2\sqrt{ab}$ (단, 등호는 $a=b$일 때 성립)

그런데 $a+b=8$이므로

$8 \geq 2\sqrt{ab}$, $4 \geq \sqrt{ab}$

$\therefore \ ab \leq 16$

따라서 ab의 최댓값은 16이다.

(2) $x > 0$, $y > 0$이므로 산술평균과 기하평균의 관계에 의하여

$x+2y \geq 2\sqrt{2xy}$ (단, 등호는 $x=2y$일 때 성립)

그런데 $x+2y=12$이므로

$12 \geq 2\sqrt{2xy}$, $6 \geq \sqrt{2xy}$

양변을 제곱하면

$36 \geq 2xy$

$\therefore \ xy \leq 18$

따라서 xy의 최댓값은 18이다.

3 **답** 최댓값 : 3, 최솟값 : -3

a, b, x, y가 실수이므로 코시─슈바르츠의 부등식에 의하여

$(a^2+b^2)(x^2+y^2) \geq (ax+by)^2$

$1 \times 9 \geq (ax+by)^2$

$\therefore \ -3 \leq ax+by \leq 3$ (단, 등호는 $ay=bx$일 때 성립)

예제 03 산술평균과 기하평균의 관계에 의한 최대, 최소 281쪽

03-1 **답** (1) 최솟값 : 12, $a=\dfrac{3}{2}$

         (2) 최솟값 : 25, $a=1$

(1) $4a > 0$, $\dfrac{9}{a} > 0$이므로 산술평균과 기하평균의 관계에 의하여

$$4a+\frac{9}{a} \geq 2\sqrt{4a \times \frac{9}{a}}=12$$

이때 등호는 $4a=\dfrac{9}{a}$, 즉 $a^2=\dfrac{9}{4}$일 때 성립하므로

$a=\dfrac{3}{2}$ $(\because a > 0)$

따라서 $4a+\dfrac{9}{a}$는 $a=\dfrac{3}{2}$일 때 최솟값 12를 가진다.

(2) $\left(a+\dfrac{4}{a}\right)\left(4a+\dfrac{1}{a}\right)=4a^2+1+16+\dfrac{4}{a^2}$

$$=4a^2+\frac{4}{a^2}+17$$

$4a^2 > 0$, $\dfrac{4}{a^2} > 0$이므로 산술평균과 기하평균의 관계에 의하여

$$4a^2+\frac{4}{a^2}+17\geq 2\sqrt{4a^2\times\frac{4}{a^2}}+17$$
$$=8+17=25$$

이때 등호는 $4a^2=\dfrac{4}{a^2}$, 즉 $a^4=1$일 때 성립하므로

$a=1 \ (\because a>0)$

따라서 $\left(a+\dfrac{4}{a}\right)\!\left(4a+\dfrac{1}{a}\right)$은 $a=1$일 때 최솟값 25를 가진다.

03-2 답 (1) 9 (2) 16

(1) $\left(a+\dfrac{1}{b}\right)\!\left(b+\dfrac{4}{a}\right)=ab+4+1+\dfrac{4}{ab}$
$$=ab+\dfrac{4}{ab}+5$$

$ab>0$, $\dfrac{4}{ab}>0$이므로 산술평균과 기하평균의 관계에 의하여

$$ab+\dfrac{4}{ab}+5\geq 2\sqrt{ab\times\dfrac{4}{ab}}+5=4+5=9$$
$$\left(\text{단, 등호는 } ab=\dfrac{4}{ab}, \text{ 즉 } ab=2 \text{일 때 성립}\right)$$

따라서 구하는 최솟값은 9이다.

(2) $(4a+b)\left(\dfrac{1}{a}+\dfrac{4}{b}\right)=4+\dfrac{16a}{b}+\dfrac{b}{a}+4$
$$=\dfrac{16a}{b}+\dfrac{b}{a}+8$$

$\dfrac{16a}{b}>0$, $\dfrac{b}{a}>0$이므로 산술평균과 기하평균의 관계에 의하여

$$\dfrac{16a}{b}+\dfrac{b}{a}+8\geq 2\sqrt{\dfrac{16a}{b}\times\dfrac{b}{a}}+8=8+8=16$$
$$\left(\text{단, 등호는 } \dfrac{16a}{b}=\dfrac{b}{a}, \text{ 즉 } b=4a \text{일 때 성립}\right)$$

따라서 구하는 최솟값은 16이다.

⊕ 보충 설명

(1)에서 두 식 $a+\dfrac{1}{b}$, $b+\dfrac{4}{a}$에 각각 산술평균과 기하평균의

관계를 이용하면

$a+\dfrac{1}{b}\geq 2\sqrt{\dfrac{a}{b}}$ ······ ㉠

$b+\dfrac{4}{a}\geq 2\sqrt{\dfrac{4b}{a}}$ ······ ㉡

이므로 직접 두 부등식을 곱하여

$\left(a+\dfrac{1}{b}\right)\!\left(b+\dfrac{4}{a}\right)\geq 2\sqrt{\dfrac{a}{b}}\times 2\sqrt{\dfrac{4b}{a}}=8$ ······ ㉢

과 같이 생각하여 최솟값을 8이라고 하면 안 된다.
왜냐하면 ㉠의 등호는 $ab=1$일 때 성립하고, ㉡의 등호는
$ab=4$일 때 성립하므로 두 부등식을 곱한 ㉢에서 등호가 성립하는 a, b의 값을 구할 수 없다.

03-3 답 (1) 3 (2) 9

(1) $3x>0$, $y>0$이므로 산술평균과 기하평균의 관계에 의하여

$3x+y\geq 2\sqrt{3xy}$ (단, 등호는 $3x=y$일 때 성립)

그런데 $3x+y=6$이므로

$6\geq 2\sqrt{3xy}$, $3\geq\sqrt{3xy}$

양변을 제곱하면

$9\geq 3xy$

$\therefore xy\leq 3$

따라서 xy의 최댓값은 3이다.

(2) $x^2>0$, $4y^2>0$이므로 산술평균과 기하평균의 관계에 의하여

$x^2+4y^2\geq 2\sqrt{x^2\times 4y^2}=4xy$
(단, 등호는 $x=2y$일 때 성립)

그런데 $x^2+4y^2=36$이므로

$36\geq 4xy$

$\therefore xy\leq 9$

따라서 xy의 최댓값은 9이다.

예제 04 산술평균과 기하평균의 관계의 활용 283쪽

04-1 답 $2401\,\text{cm}^2$

수로의 모양은 좌우 대칭이므로 앞쪽에서 바라본 수로의 단면은 다음 그림과 같다.

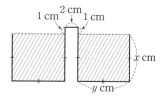

단면의 한 쪽을 세로의 길이가 $x\,\text{cm}$, 가로의 길이가 $y\,\text{cm}$인 직사각형이라고 하면 양철판의 폭이 2 m, 즉 200 cm이므로

$2+1\times 2+4x+2y=200$

$4x+2y=196$

$\therefore 2x+y=98$

수로의 단면의 넓이는 두 직사각형의 넓이의 합이므로 $2xy\,\text{cm}^2$이다.

$x>0$, $y>0$이므로 산술평균과 기하평균의 관계에 의하여

$2x+y\geq 2\sqrt{2xy}$ (단, 등호는 $2x=y$일 때 성립)

그런데 $2x+y=98$이므로

$98 \geq 2\sqrt{2xy}$, $49 \geq \sqrt{2xy}$

양변을 제곱하면

$2401 \geq 2xy$

따라서 수로를 통해 흐르는 물의 양이 최대가 되도록 할 때, 수로의 단면의 넓이는 2401 cm²이다.

04-2 <u>답</u> 80만 원

물 탱크의 밑면의 세로의 길이를 x m, 높이를 y m라고 하면 물 탱크의 옆넓이는 $(6+2x)y$ m² 이므로 옆면을 만드는 데 드는 비용은

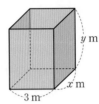

$(6+2x)y$만 원

또한 밑넓이는 $3x$ m²이므로 밑면을 만드는 데 드는 비용은

$2 \times 3x = 6x$(만 원)

따라서 물 탱크를 만드는 데 드는 전체 비용을 P만 원이라고 하면

$P = (6+2x)y + 6x$
$\quad = 6x + 6y + 2xy$ ······ ㉠

그런데 물 탱크의 부피가 48 m³이므로

$3xy = 48$ ∴ $xy = 16$

㉠에 $xy = 16$을 대입하면

$P = 6x + 6y + 32$
$\quad = 6(x+y) + 32$

$x > 0$, $y > 0$이므로 산술평균과 기하평균의 관계에 의하여

$6(x+y) + 32 \geq 6 \times 2\sqrt{xy} + 32$

(단, 등호는 $x = y = 4$일 때 성립)

그런데 $xy = 16$이므로

$6(x+y) + 32 \geq 6 \times 8 + 32 = 80$(만 원)

따라서 주어진 조건의 물 탱크를 만드는 데 드는 비용이 최소가 되도록 할 때, 그 비용은 80만 원이다.

04-3 <u>답</u> 5

중장비는 시간당 x m²의 작업을 하므로 100 m²의 작업을 끝내는 데 걸리는 시간은 $\dfrac{100}{x}$시간이다.

또한 중장비를 사용하는 데 드는 총 비용은 중장비 기사에게 지불할 임금과 중장비에 필요한 경비의 합이므로 중장비를 사용하는 데 드는 총 비용을 Q원이라고 하면

$Q = \dfrac{100}{x} \times 10000 + 100 \times 400x$

$\quad = 10000\left(\dfrac{100}{x} + 4x\right)$

$\quad \geq 10000 \times 2\sqrt{\dfrac{100}{x} \times 4x} = 400000$

이때 등호는 $\dfrac{100}{x} = 4x$, 즉 $x^2 = 25$일 때 성립하므로

$x = 5$ (∵ $x \geq 0$)

따라서 중장비를 사용하는 데 드는 총 비용이 최소가 되도록 할 때, x의 값은 5이다.

기본 다지기 284쪽 ~ 285쪽

1 (1) $\dfrac{a}{4} + 2 > \sqrt{a+4}$ (2) $A > B$

2 풀이 참조   3 30   4 (1) $0 \leq k \leq 3$ (2) 3

5 (1) 8 (2) $\dfrac{2}{3}$ (3) 4   6 (1) 49 (2) 27

7 $2\sqrt{6}$ 8 18   9 ④   10 25

---

1 (1) $\dfrac{a}{4} + 2 > 0$, $\sqrt{a+4} > 0$이므로

$\left(\dfrac{a}{4} + 2\right)^2 - (\sqrt{a+4})^2 = \dfrac{a^2}{16} + a + 4 - (a+4)$

$\qquad\qquad\qquad\qquad\qquad = \dfrac{a^2}{16} > 0$

$\qquad\qquad\qquad\qquad (\because a > 0$에서 $a^2 > 0)$

따라서 $\left(\dfrac{a}{4} + 2\right)^2 > (\sqrt{a+4})^2$이므로

$\dfrac{a}{4} + 2 > \sqrt{a+4}$

(2) $A = \sqrt{5} + 2\sqrt{2} > 0$, $B = 1 + \sqrt{10} > 0$이고

$A^2 = (\sqrt{5} + 2\sqrt{2})^2 = 5 + 4\sqrt{10} + 8 = 13 + 4\sqrt{10}$

$B^2 = (1 + \sqrt{10})^2 = 1 + 2\sqrt{10} + 10 = 11 + 2\sqrt{10}$

이므로

$A^2 - B^2 = 13 + 4\sqrt{10} - (11 + 2\sqrt{10})$

$\qquad\qquad = 2(1 + \sqrt{10}) > 0$

따라서 $A^2 > B^2$이므로

$A > B$

2 (1) $a^2 + 2b^2 - 2ab = (a^2 - 2ab + b^2) + b^2$

$\qquad\qquad\qquad\quad = (a-b)^2 + b^2 \geq 0$

$\qquad\qquad (\because (a-b)^2 \geq 0, b^2 \geq 0)$

∴ $a^2 + 2b^2 \geq 2ab$

이때 등호는 $a - b = 0$, $b = 0$, 즉 $a = b = 0$일 때 성립한다.

(2) $a^2+b^2-2(a+b-1)$

$\quad =a^2+b^2-2a-2b+2$

$\quad =(a^2-2a+1)+(b^2-2b+1)$

$\quad =(a-1)^2+(b-1)^2\geq0$

$\quad\quad\quad\quad\quad\quad (\because (a-1)^2\geq0,\ (b-1)^2\geq0)$

$\therefore a^2+b^2\geq2(a+b-1)$

이때 등호는 $a-1=0$, $b-1=0$, 즉 $a=b=1$일 때 성립한다.

➕ 보충 설명

임의의 실수 a, b에 대하여

(1) $a^2\geq0$

(2) $a^2+b^2\geq0$

(3) $a^2+b^2=0 \Longleftrightarrow a=0,\ b=0$

(4) $|a|^2=a^2$, $|ab|=|a||b|$

---

3 $x^2+y^2=20$이므로

$x^2+x+y^2+2y=x+2y+(x^2+y^2)$

$\quad\quad\quad\quad\quad\quad\quad =x+2y+20$

x, y가 실수이므로 코시-슈바르츠의 부등식에 의하여

$(1^2+2^2)(x^2+y^2)\geq(x+2y)^2$

그런데 $x^2+y^2=20$이므로

$5\times20\geq(x+2y)^2$, $(x+2y)^2\leq10^2$

$\therefore -10\leq x+2y\leq10$ $\left(\text{단, 등호는 } x=\dfrac{y}{2}\text{일 때 성립}\right)$

$\therefore 10\leq x+2y+20\leq30$

따라서 x^2+x+y^2+2y의 최댓값은 30이다.

---

4 (1) 부등식 $x^2+2kx+3k\geq0$에서

$(x+k)^2-k^2+3k\geq0$

이 부등식이 모든 실수 x에 대하여 성립하므로

$-k^2+3k\geq0$

이 성립해야 한다. 즉,

$k^2-3k\leq0$, $k(k-3)\leq0$

$\therefore 0\leq k\leq3$

(2) 부등식 $x^2+4kx+8k\geq0$에서

$(x+2k)^2-4k^2+8k\geq0$

이 부등식이 모든 실수 x에 대하여 성립하므로

$-4k^2+8k\geq0$

이 성립해야 한다. 즉,

$4k^2-8k\leq0$, $4k(k-2)\leq0$

$\therefore 0\leq k\leq2$

따라서 구하는 정수 k는 0, 1, 2의 3개이다.

---

5 (1) $2a>0$, $\dfrac{8}{a}>0$이므로 산술평균과 기하평균의 관계에 의하여

$2a+\dfrac{8}{a}\geq2\sqrt{2a\times\dfrac{8}{a}}$

$\quad\quad\quad =8$

$\left(\text{단, 등호는 } 2a=\dfrac{8}{a}\text{, 즉 } a=2\text{일 때 성립}\right)$

따라서 구하는 최솟값은 8이다.

(2) $\dfrac{a}{3b}>0$, $\dfrac{b}{3a}>0$이므로 산술평균과 기하평균의 관계에 의하여

$\dfrac{a}{3b}+\dfrac{b}{3a}\geq2\sqrt{\dfrac{a}{3b}\times\dfrac{b}{3a}}$

$\quad\quad\quad\quad =\dfrac{2}{3}$

$\left(\text{단, 등호는 } \dfrac{a}{3b}=\dfrac{b}{3a}\text{, 즉 } a=b\text{일 때 성립}\right)$

따라서 구하는 최솟값은 $\dfrac{2}{3}$이다.

(3) $(a+b)\left(\dfrac{1}{a}+\dfrac{1}{b}\right)=1+\dfrac{a}{b}+\dfrac{b}{a}+1$

$\quad\quad\quad\quad\quad\quad\quad =\dfrac{a}{b}+\dfrac{b}{a}+2$

$\dfrac{a}{b}>0$, $\dfrac{b}{a}>0$이므로 산술평균과 기하평균의 관계에 의하여

$\dfrac{a}{b}+\dfrac{b}{a}+2\geq2\sqrt{\dfrac{a}{b}\times\dfrac{b}{a}}+2$

$\quad\quad\quad\quad\quad =4$

$\left(\text{단, 등호는 } \dfrac{a}{b}=\dfrac{b}{a}\text{, 즉 } a=b\text{일 때 성립}\right)$

따라서 구하는 최솟값은 4이다.

➕ 보충 설명

(3)에서 두 식 $a+b$, $\dfrac{1}{a}+\dfrac{1}{b}$에 각각 산술평균과 기하평균의 관계를 이용하면

$a+b\geq2\sqrt{ab}$ $\quad\quad\quad\quad\quad\quad\cdots\cdots\ ㉠$

$\dfrac{1}{a}+\dfrac{1}{b}\geq2\sqrt{\dfrac{1}{ab}}$ $\quad\quad\quad\quad\cdots\cdots\ ㉡$

이므로 직접 두 부등식을 곱하면

$(a+b)\left(\dfrac{1}{a}+\dfrac{1}{b}\right)\geq2\sqrt{ab}\times2\sqrt{\dfrac{1}{ab}}=4$ $\quad\cdots\cdots\ ㉢$

에서 최솟값은 4이다.

일반적으로는 ㉠, ㉡의 식을 직접 곱하여 최솟값을 구할 수 없지만 이 문제에서는 ㉠의 등호가 성립할 때와 ㉡의 등호가 성립할 때가 모두 $a=b$이므로 ㉢과 같이 풀 수 있다.

하지만 주어진 식에 대하여 각각 나누어서 적용한 산술평균과 기하평균의 관계에서 등호가 성립할 때의 a, b의 값이 서로 다를 때에는 꼭 전개하여 풀도록 해야 한다.

---

6 (1) $\left(a+\dfrac{4}{a}\right)\left(9a+\dfrac{1}{a}\right)=9a^2+1+36+\dfrac{4}{a^2}$

$$=9a^2+\dfrac{4}{a^2}+37$$

$9a^2>0$, $\dfrac{4}{a^2}>0$이므로 산술평균과 기하평균의 관계에 의하여

$9a^2+\dfrac{4}{a^2}+37\geq2\sqrt{9a^2\times\dfrac{4}{a^2}}+37=49$

$\left(\text{단, 등호는 }9a^2=\dfrac{4}{a^2}\text{, 즉 }a=\dfrac{\sqrt{6}}{3}\text{일 때 성립}\right)$

따라서 구하는 최솟값은 49이다.

(2) $(x+y)\left(\dfrac{12}{x}+\dfrac{3}{y}\right)=12+\dfrac{3x}{y}+\dfrac{12y}{x}+3$

$$=\dfrac{3x}{y}+\dfrac{12y}{x}+15$$

$\dfrac{3x}{y}>0$, $\dfrac{12y}{x}>0$이므로 산술평균과 기하평균의 관계에 의하여

$\dfrac{3x}{y}+\dfrac{12y}{x}+15\geq2\sqrt{\dfrac{3x}{y}\times\dfrac{12y}{x}}+15$

$$=27$$

$\left(\text{단, 등호는 }\dfrac{3x}{y}=\dfrac{12y}{x}\text{, 즉 }x=2y\text{일 때 성립}\right)$

따라서 구하는 최솟값은 27이다.

⊕ 보충 설명

산술평균과 기하평균의 관계를 이용하여 최솟값을 구할 때에는 다음에 주의해야 한다.

(i) 양수 조건이 있는지 확인한다.

(ii) 두 수의 곱이 일정하도록 식을 변형할 수 있는지 확인한다.

(iii) 두 식의 곱에서 각각의 식의 등호가 성립하는 경우가 서로 다르면 먼저 주어진 식을 전개한 후 산술평균과 기하평균의 관계를 적용한다.

---

7 $3x+2y=12$이므로

$(\sqrt{3x}+\sqrt{2y})^2=3x+2\sqrt{3x}\sqrt{2y}+2y$

$$=3x+2y+2\sqrt{3x}\sqrt{2y}$$

$$=12+2\sqrt{6xy} \qquad\cdots\cdots\ \bigcirc$$

한편, $x>0$, $y>0$이므로 산술평균과 기하평균의 관계에 의하여

$3x+2y\geq2\sqrt{6xy}$ (단, 등호는 $3x=2y$일 때 성립)

$\therefore 12\geq2\sqrt{6xy}\ (\because\ 3x+2y=12)\qquad\cdots\cdots\ \bigcirc$

$\bigcirc$, $\bigcirc$에 의하여

$(\sqrt{3x}+\sqrt{2y})^2=12+2\sqrt{6xy}\leq12+12=24$

$\therefore 0<\sqrt{3x}+\sqrt{2y}\leq\sqrt{24}=2\sqrt{6}\ (\because\ \sqrt{3x}+\sqrt{2y}>0)$

따라서 $\sqrt{3x}+\sqrt{2y}$의 최댓값은 $2\sqrt{6}$이다.

---

8 $\left(4a+\dfrac{3}{b}\right)\left(\dfrac{3}{a}+b\right)=12+4ab+\dfrac{9}{ab}+3$

$$=4ab+\dfrac{9}{ab}+15$$

$4ab>0$, $\dfrac{9}{ab}>0$이므로 산술평균과 기하평균의 관계에 의하여

$4ab+\dfrac{9}{ab}+15\geq2\sqrt{4ab\times\dfrac{9}{ab}}+15=27$

$\left(\text{단, 등호는 }4ab=\dfrac{9}{ab}\text{, 즉 }ab=\dfrac{3}{2}\text{일 때 성립}\right)$

따라서 $\left(4a+\dfrac{3}{b}\right)\left(\dfrac{3}{a}+b\right)$는 $ab=\dfrac{3}{2}$일 때, 최솟값 27을 가지므로

$k=\dfrac{3}{2}$, $m=27$

$\therefore \dfrac{m}{k}=27\times\dfrac{2}{3}=18$

---

9 주어진 이차방정식의 판별식을 D라고 하면 주어진 이차방정식은 허근을 가지므로

$\dfrac{D}{4}=1^2-a<0$

$1-a<0 \qquad \therefore\ a>1$

따라서 $a-1>0$이므로 산술평균과 기하평균의 관계에 의하여

$a+1+\dfrac{1}{a-1}=a-1+2+\dfrac{1}{a-1}$

$$=a-1+\dfrac{1}{a-1}+2$$

$$\geq2\sqrt{(a-1)\times\dfrac{1}{a-1}}+2$$

$$=2+2=4$$

$\left(\text{단, 등호는 }a-1=\dfrac{1}{a-1}\text{, 즉 }a=2\text{일 때 성립}\right)$

따라서 구하는 최솟값은 4이다.

---

10 $S_1=\dfrac{1}{2}\times4\times b=2b$,

$S_2=\dfrac{1}{2}\times2\times a=a$

이므로

$S_1+S_2=2b+a=10\ (\because\ a+2b=10)$

이때 $S_1>0$, $S_2>0$이므로 산술평균과 기하평균의 관계에 의하여

$S_1+S_2\geq2\sqrt{S_1S_2}$ (단, 등호는 $S_1=S_2$일 때 성립)

그런데 $S_1+S_2=10$이므로

$10\geq2\sqrt{S_1S_2}$, $5\geq\sqrt{S_1S_2}$

양변을 제곱하면

$S_1 S_2 \leq 25$

따라서 $S_1 S_2$의 최댓값은 25이다.

⊕ 보충 설명

삼각형 PAB의 밑변이 선분 AB일 때의 높이는 점 P의 y좌표와 같고, 삼각형 PDC의 밑변이 선분 CD일 때의 높이는 점 P의 x좌표와 같다.

실력 다지기 286쪽 ~ 287쪽

11 풀이 참조	**12** ㄱ, ㄷ, ㄹ
13 (1) 16　(2) 8	**14** ㄱ, ㄴ, ㄷ
15 (1) 4　(2) 6	**16** 62　**17** 9π　**18** 20
19 25 km	**20** $\dfrac{1}{3}$

11 접근 방법 ┃두 식의 대소를 비교하는 방법 중에서 차를 이용하는 방법으로 주어진 부등식이 성립함을 보인다.

$x^4 + y^4 - (x^3 y + xy^3) \geq 0$이 성립함을 보이면 된다.

$$x^4 + y^4 - (x^3 y + xy^3) = x^3(x-y) - y^3(x-y)$$
$$= (x-y)(x^3 - y^3)$$
$$= (x-y)^2(x^2 + xy + y^2)$$

여기서 $(x-y)^2 \geq 0$ (등호는 $x=y$일 때 성립)이고

$$x^2 + xy + y^2 = \left(x + \frac{y}{2}\right)^2 - \frac{y^2}{4} + y^2$$
$$= \left(x + \frac{y}{2}\right)^2 + \frac{3y^2}{4} \geq 0$$

$\left(\text{단, 등호는 } x + \dfrac{y}{2} = 0, y = 0, \text{ 즉 } x = y = 0\text{일 때 성립}\right)$

이므로 $(x-y)^2(x^2 + xy + y^2) \geq 0$

$\therefore x^4 + y^4 \geq x^3 y + xy^3$ (단, 등호는 $x=y$일 때 성립)

⊕ 보충 설명

주어진 문제는 차를 이용하여 식을 정리한 다음 절대부등식 $x^2 + xy + y^2 \geq 0$을 이용하여 바로 결론을 이끌어 낼 수도 있다.

실수 a, b, c, x, y에 대하여 다음의 절대부등식은 증명 없이도 정리처럼 이용할 수 있다.

(1) $a^2 \pm ab + b^2 \geq 0$ (단, 등호는 $a=b=0$일 때 성립)

(2) $a^2 + b^2 + c^2 - ab - bc - ca \geq 0$

　　　　　　　(단, 등호는 $a=b=c$일 때 성립)

(3) $a^3 + b^3 + c^3 - 3abc \geq 0$

　(단, $a>0, b>0, c>0$이고 등호는 $a=b=c$일 때 성립)

(4) $\dfrac{a+b}{2} \geq \sqrt{ab}$

　　　　　(단, $a>0, b>0$이고 등호는 $a=b$일 때 성립)

(5) $(a^2 + b^2)(x^2 + y^2) \geq (ax + by)^2$

　　　　　　　(단, 등호는 $ay = bx$일 때 성립)

12 접근 방법 ┃ㄱ, ㄷ, ㄹ의 경우 제곱의 차를 이용하는 방법으로 부등식을 증명할 수 있고, ㄴ의 경우 양수 a, b에 대한 산술평균과 기하평균의 관계를 이용하면 부등식의 참, 거짓을 확인할 수 있다.

ㄱ. $\sqrt{a} + \sqrt{b} > 0$, $1 > 0$이므로 양변을 제곱하여 빼면

$$(\sqrt{a} + \sqrt{b})^2 - 1^2$$
$$= (a + 2\sqrt{a}\sqrt{b} + b) - 1$$
$$= 2\sqrt{ab} > 0 \ (\because a > b > 0, \ a + b = 1)$$
$$\therefore \sqrt{a} + \sqrt{b} > 1 \ (참)$$

ㄴ. $a > 0, b > 0$이므로 산술평균과 기하평균의 관계에 의하여

$\dfrac{a+b}{2} \geq \sqrt{ab}$ (단, 등호는 $a=b$일 때 성립)

이때 $a + b = 1$이므로

$$\frac{1}{2} \geq \sqrt{ab} \qquad \cdots\cdots ㉠$$

그러나 $a > b > 0$이므로 ㉠에서 등호가 성립하는 경우는 존재하지 않는다.

$\therefore \sqrt{ab} < \dfrac{1}{2}$ (거짓)

ㄷ. $\sqrt{a-b} > 0$, $\sqrt{a} - \sqrt{b} > 0$이므로 양변을 제곱하여 빼면

$$(\sqrt{a-b})^2 - (\sqrt{a} - \sqrt{b})^2$$
$$= (a-b) - (a - 2\sqrt{a}\sqrt{b} + b)$$
$$= 2\sqrt{ab} - 2b$$
$$= 2\sqrt{b}(\sqrt{a} - \sqrt{b}) > 0 \ (\because a > b > 0)$$
$$\therefore \sqrt{a-b} > \sqrt{a} - \sqrt{b} \ (참)$$

ㄹ. $\sqrt{\dfrac{a^2 + b^2}{2}} > 0$, $\dfrac{1}{2} > 0$이므로 양변을 제곱하여 빼면

$$\left(\sqrt{\frac{a^2 + b^2}{2}}\right)^2 - \left(\frac{1}{2}\right)^2$$
$$= \frac{a^2 + b^2}{2} - \frac{1}{4}$$
$$= \frac{(a+b)^2 - 2ab}{2} - \frac{1}{4}$$
$$= \frac{1 - 2ab}{2} - \frac{1}{4}$$
$$= \frac{1}{4} - ab > 0 \left(\because \text{ㄴ에서 } \sqrt{ab} < \frac{1}{2}\text{이므로 } ab < \frac{1}{4}\right)$$
$$\therefore \sqrt{\frac{a^2 + b^2}{2}} > \frac{1}{2} \ (참)$$

따라서 옳은 것은 ㄱ, ㄷ, ㄹ이다.

⊕ 보충 설명

두 식의 대소를 비교하는 방법 중에서 제곱의 차를 이용하는 경우는 주로 주어진 식이 절댓값을 포함하거나 근호를 포함하고 있을 때이다.

$A \geq 0$, $B \geq 0$일 때,

(1) $A^2 - B^2 > 0 \iff A > B$

$\quad A^2 - B^2 \geq 0 \iff A \geq B$

(2) $A^2 - B^2 < 0 \iff A < B$

$\quad A^2 - B^2 \leq 0 \iff A \leq B$

---

13 **접근 방법** | (1) a, b에 대한 산술평균과 기하평균의 관계와 주어진 등식을 이용하여 $\sqrt{ab}$에 대한 이차부등식을 만든다.

(2) 구하는 값에 $2a + b = 1$을 곱하여도 그 값이 변하지 않음을 이용하여 식을 변형한다.

(1) $a > 0$, $b > 0$이므로 산술평균과 기하평균의 관계에 의하여

$a + b \geq 2\sqrt{ab}$ (단, 등호는 $a = b$일 때 성립)

$ab + a + b = 24$에서 $a + b = 24 - ab$이므로

$24 - ab \geq 2\sqrt{ab}$

$(\sqrt{ab})^2 + 2\sqrt{ab} - 24 \leq 0$

$(\sqrt{ab} + 6)(\sqrt{ab} - 4) \leq 0$

$\therefore 0 < \sqrt{ab} \leq 4 \ (\because \sqrt{ab} > 0)$

$\therefore 0 < ab \leq 16$

따라서 ab의 최댓값은 16이다.

(2) $2a + b = 1$이므로

$\left(\dfrac{1}{a} + \dfrac{2}{b}\right) \times 1 = \left(\dfrac{1}{a} + \dfrac{2}{b}\right)(2a + b)$

$\qquad = \dfrac{b}{a} + \dfrac{4a}{b} + 4$

이때 $\dfrac{b}{a} > 0$, $\dfrac{4a}{b} > 0$이므로 산술평균과 기하평균의 관계에 의하여

$\dfrac{b}{a} + \dfrac{4a}{b} + 4 \geq 2\sqrt{\dfrac{b}{a} \times \dfrac{4a}{b}} + 4$

$\qquad = 4 + 4 = 8$

$\left(\text{단, 등호는 } \dfrac{b}{a} = \dfrac{4a}{b}, \text{ 즉 } b = 2a\text{일 때 성립}\right)$

따라서 $\dfrac{1}{a} + \dfrac{2}{b}$의 최솟값은 8이다.

---

14 **접근 방법** | ㄱ. 삼각형 ABC의 넓이를 식으로 나타내 본다.

ㄴ. ㄱ에서 구한 식과 산술평균과 기하평균의 관계를 이용한다.

ㄷ. 선분 BC의 길이를 피타고라스 정리를 이용하여 나타내 본다.

ㄱ. 삼각형 ABC에서

$\dfrac{1}{2} \times \overline{AD} \times \overline{BC} = \dfrac{1}{2} \times \overline{AB} \times \overline{AC}$

또한 피타고라스 정리에 의하여

$\overline{BC} = \sqrt{x^2 + z^2}$이므로

$\dfrac{1}{2}y\sqrt{x^2 + z^2} = \dfrac{1}{2}xz$ $\quad \therefore x^2y^2 + y^2z^2 = x^2z^2$

이때 양변을 $x^2y^2z^2$으로 나누면

$\dfrac{1}{x^2} + \dfrac{1}{z^2} = \dfrac{1}{y^2}$ (참)

ㄴ. $\dfrac{1}{x^2} > 0$, $\dfrac{1}{z^2} > 0$이므로 ㄱ에서 산술평균과 기하평균의 관계에 의하여

$\dfrac{1}{y^2} = \dfrac{1}{x^2} + \dfrac{1}{z^2} \geq 2\sqrt{\dfrac{1}{x^2} \times \dfrac{1}{z^2}}$

$\left(\text{단, 등호는 } \dfrac{1}{x^2} = \dfrac{1}{z^2}, \text{ 즉 } x = z\text{일 때 성립}\right)$

그런데 $xz = 1$이므로

$\dfrac{1}{x^2} + \dfrac{1}{z^2} \geq 2\sqrt{\dfrac{1}{x^2} \times \dfrac{1}{z^2}} = 2$

즉, $\dfrac{1}{y^2} \geq 2$이므로 $y^2 \leq \dfrac{1}{2}$

$\therefore 0 < y \leq \dfrac{\sqrt{2}}{2}$ (참)

ㄷ. $x^2 > 0$, $z^2 > 0$이고 삼각형 ABC는 직각삼각형이므로

$\overline{BC} = \sqrt{x^2 + z^2} \geq \sqrt{2\sqrt{x^2z^2}} = \sqrt{2xz}$

$\qquad$ (단, 등호는 $x^2 = z^2$, 즉 $x = z$일 때 성립)

그런데 $xz = 1$이므로

$\sqrt{x^2 + z^2} \geq \sqrt{2xz} = \sqrt{2}$

$\therefore \overline{BC} \geq \sqrt{2}$ (참)

따라서 옳은 것은 ㄱ, ㄴ, ㄷ이다.

⊕ 보충 설명

세 변의 길이 x, y, z는 모두 양수이므로 산술평균과 기하평균의 관계를 적용할 수 있다.

---

15 **접근 방법** | (1) $b + c$를 하나의 수로 생각하여 산술평균과 기하평균의 관계를 이용한다.

(2) 분수를 분리하여 곱이 일정하도록 식을 묶어서 산술평균과 기하평균의 관계를 이용한다.

(1) $(a + b + c)\left(\dfrac{1}{a} + \dfrac{1}{b + c}\right) = \{a + (b + c)\}\left(\dfrac{1}{a} + \dfrac{1}{b + c}\right)$

$\qquad = 1 + \dfrac{a}{b + c} + \dfrac{b + c}{a} + 1$

$\qquad = \dfrac{a}{b + c} + \dfrac{b + c}{a} + 2$

$\dfrac{a}{b+c}>0$, $\dfrac{b+c}{a}>0$이므로 산술평균과 기하평균의

관계에 의하여

$$\dfrac{a}{b+c}+\dfrac{b+c}{a}+2\geq2\sqrt{\dfrac{a}{b+c}\times\dfrac{b+c}{a}}+2=4$$

$\left(\text{단, 등호는 }\dfrac{a}{b+c}=\dfrac{b+c}{a}\text{, 즉 }a=b+c\text{일 때 성립}\right)$

따라서 구하는 최솟값은 4이다.

(2) $\dfrac{b+c}{a}+\dfrac{c+a}{b}+\dfrac{a+b}{c}$

$\quad=\left(\dfrac{b}{a}+\dfrac{c}{a}\right)+\left(\dfrac{c}{b}+\dfrac{a}{b}\right)+\left(\dfrac{a}{c}+\dfrac{b}{c}\right)$

$\quad=\left(\dfrac{b}{a}+\dfrac{a}{b}\right)+\left(\dfrac{c}{b}+\dfrac{b}{c}\right)+\left(\dfrac{a}{c}+\dfrac{c}{a}\right)$

$\dfrac{b}{a}>0$, $\dfrac{a}{b}>0$, $\dfrac{c}{b}>0$, $\dfrac{b}{c}>0$, $\dfrac{a}{c}>0$, $\dfrac{c}{a}>0$이므로

산술평균과 기하평균의 관계에 의하여

$\left(\dfrac{b}{a}+\dfrac{a}{b}\right)+\left(\dfrac{c}{b}+\dfrac{b}{c}\right)+\left(\dfrac{a}{c}+\dfrac{c}{a}\right)$

$\geq2\sqrt{\dfrac{b}{a}\times\dfrac{a}{b}}+2\sqrt{\dfrac{c}{b}\times\dfrac{b}{c}}+2\sqrt{\dfrac{a}{c}\times\dfrac{c}{a}}$

$=2+2+2=6$

$\left(\text{단, 등호는 }\dfrac{b}{a}=\dfrac{a}{b}\text{, }\dfrac{c}{b}=\dfrac{b}{c}\text{, }\dfrac{a}{c}=\dfrac{c}{a}\text{, 즉 }a=b=c\right.$

$\left.\text{일 때 성립}\right)$

따라서 구하는 최솟값은 6이다.

➕ 보충 설명　　　　　　　　　　　　　**교육과정 외**

세 양수 a, b, c에 대한 산술평균과 기하평균의 관계는 다음과 같다.

$\dfrac{a+b+c}{3}\geq\sqrt[3]{abc}$ (단, 등호는 $a=b=c$일 때 성립)

$a>0$, $b>0$, $c>0$이므로 세 수에서의 산술평균과 기하평균의 관계에 의하여

$\dfrac{b+c}{a}+\dfrac{c+a}{b}+\dfrac{a+b}{c}$

$=\left(\dfrac{b}{a}+\dfrac{c}{a}\right)+\left(\dfrac{c}{b}+\dfrac{a}{b}\right)+\left(\dfrac{a}{c}+\dfrac{b}{c}\right)$

$=\left(\dfrac{b}{a}+\dfrac{c}{b}+\dfrac{a}{c}\right)+\left(\dfrac{a}{b}+\dfrac{b}{c}+\dfrac{c}{a}\right)$

$\geq3\times\sqrt[3]{\dfrac{b}{a}\times\dfrac{c}{b}\times\dfrac{a}{c}}+3\times\sqrt[3]{\dfrac{a}{b}\times\dfrac{b}{c}\times\dfrac{c}{a}}$

$=3+3=6$ (단, 등호는 $a=b=c$일 때 성립)

따라서 구하는 최솟값은 6이다.

16　**접근 방법 |** 곱해진 세 식에 산술평균과 기하평균의 관계를 각각 적용해 본다.

a, b, c가 양수이므로 산술평균과 기하평균의 관계에 의하여

$a+\dfrac{1}{b}\geq2\sqrt{a\times\dfrac{1}{b}}=2\sqrt{\dfrac{a}{b}}$　　　······ ㉠

$b+\dfrac{4}{c}\geq2\sqrt{b\times\dfrac{4}{c}}=4\sqrt{\dfrac{b}{c}}$　　　······ ㉡

$c+\dfrac{9}{a}\geq2\sqrt{c\times\dfrac{9}{a}}=6\sqrt{\dfrac{c}{a}}$　　　······ ㉢

$\therefore \left(a+\dfrac{1}{b}\right)\left(b+\dfrac{4}{c}\right)\left(c+\dfrac{9}{a}\right)\geq2\sqrt{\dfrac{a}{b}}\times4\sqrt{\dfrac{b}{c}}\times6\sqrt{\dfrac{c}{a}}$

$\qquad\qquad\qquad\qquad\qquad=48\sqrt{\dfrac{a}{b}\times\dfrac{b}{c}\times\dfrac{c}{a}}$

$\qquad\qquad\qquad\qquad\qquad=48$

이때 등호는 ㉠에서 $a=\dfrac{1}{b}$, ㉡에서 $b=\dfrac{4}{c}$, ㉢에서

$c=\dfrac{9}{a}$일 때, 즉 $ab=1$, $bc=4$, $ca=9$일 때 성립하므로

$n_1=1$, $n_2=4$, $n_3=9$

따라서 $\left(a+\dfrac{1}{b}\right)\left(b+\dfrac{4}{c}\right)\left(c+\dfrac{9}{a}\right)$는 $ab=1$, $bc=4$,

$ca=9$일 때, 최솟값 48을 가진다.

$\therefore m+n_1+n_2+n_3=48+1+4+9=62$

➕ 보충 설명

일반적으로 주어진 식을 전개한 다음 산술평균과 기하평균의 관계를 이용해야 하지만 주어진 문제에서는 3개의 부등식 ㉠, ㉡, ㉢의 등호가 동시에 성립하는 a, b, c가 존재한다. 따라서 이런 경우에는 각 부등식에서 합의 최솟값을 모두 곱한 값이 구하는 최솟값과 같다.

실제로 $ab=1$, $bc=4$, $ca=9$를 만족시키는 a, b, c의 값은

$a=\dfrac{3}{2}$, $b=\dfrac{2}{3}$, $c=6$이다.

17　**접근 방법 |** 두 반원 C_1, C_2의 반지름의 길이를 각각 x, y라고 하면 $2x+2y=12$이다. 두 수의 합이 일정하고 $x>0$, $y>0$이므로 색칠한 부분의 넓이의 최댓값을 산술평균과 기하평균의 관계를 이용하여 구할 수 있다.

두 반원 C_1, C_2의 반지름의 길이를 각각 x, y라고 하면 $2x+2y=12$이므로 $x+y=6$

한편, 색칠한 부분의 넓이를 S라고 하면

$S=\dfrac{1}{2}\pi\times6^2-\dfrac{1}{2}\pi x^2-\dfrac{1}{2}\pi y^2$

$\quad=\dfrac{\pi}{2}\{6^2-(x^2+y^2)\}$

$\quad=\dfrac{\pi}{2}[36-\{(x+y)^2-2xy\}]$

$\quad=\pi xy$ $(\because x+y=6)$

이때 $x>0$, $y>0$이므로 산술평균과 기하평균의 관계에 의하여

$x+y\geq2\sqrt{xy}$ (단, 등호는 $x=y$일 때 성립)

그런데 $x+y=6$이므로

$6 \geq 2\sqrt{xy}$, $\sqrt{xy} \leq 3$ $\quad \therefore xy \leq 9$

따라서 $\pi xy \leq 9\pi$이므로 색칠한 부분의 넓이 S의 최댓값은 9π이다.

> **⊕ 보충 설명**
>
> 미지수 x, y로 만들어진 관계식 $x+y=6$에서 πxy의 최댓값은 위와 같이 산술평균과 기하평균의 관계를 이용하여 구할 수 있고, 다음과 같이 이차식으로 나타내어 구할 수도 있다.
>
> $$S = \pi xy = \pi\{x(6-x)\}$$
> $$= \pi(-x^2 + 6x)$$
> $$= \pi\{-(x-3)^2 + 9\}$$
>
> 따라서 S의 최댓값은 9π이다.

18 접근 방법 | 원에 내접하는 직사각형의 가로의 길이와 세로의 길이를 각각 x cm, y cm라고 하면 직사각형의 대각선에 의하여 잘리는 삼각형은 빗변이 원의 지름인 직각삼각형이다. 따라서 피타고라스 정리에 의하여 $x^2 + y^2 = (2\sqrt{5})^2$이 성립한다.

오른쪽 그림과 같이 원에 내접하는 직사각형의 가로, 세로의 길이를 각각 x cm, y cm라고 하면

$$x^2 + y^2 = 20$$

이때 정사각기둥의 옆면 하나의 가로의 길이는 $\dfrac{x}{4}$ cm, 세로의 길이는 y cm이므로

$$l = \frac{x}{4} \times 8 + 4y = 2x + 4y$$

코시―슈바르츠의 부등식에 의하여

$$(2x+4y)^2 \leq (2^2 + 4^2)(x^2 + y^2)$$
$$= 20 \times 20 = 400$$
$$\left(단, 등호는 4x = 2y, 즉 x = \frac{1}{2}y일 때 성립\right)$$

$$\therefore 2x + 4y \leq 20$$

따라서 l의 최댓값은 20이다.

> **⊕ 보충 설명**
>
> 코시―슈바르츠의 부등식을 이용하지 않고 좌표평면에서 최대가 되는 상황을 생각하여 다음과 같이 최댓값을 구할 수도 있다.
>
> 양수 x, y에 대하여 $x^2 + y^2 = 20$이고,
>
> $2x + 4y = k$ (k는 상수)라 하고 k의 최댓값을 구하면 된다.
>
> 즉, 원 $x^2 + y^2 = 20$에 직선 $2x + 4y = k$가 접할 때 k의 값이 최대가 되므로
>
> $$\frac{|2 \times 0 + 4 \times 0 - k|}{\sqrt{2^2 + 4^2}} = \sqrt{20} \quad \therefore |k| = 20$$
>
> 따라서 최댓값은 20임을 알 수 있다.

19 접근 방법 | 서울에서 공장까지의 거리를 x km, 토지의 사용료를 y_1만 원, 제품의 운반비를 y_2만 원이라 하고, 주어진 조건을 이용하여 서울로부터의 거리 1 km당 토지의 사용료(반비례 관계)와 1 km당 제품의 운반비(정비례 관계)를 구한다. 이때 산술평균과 기하평균의 관계를 이용하여 토지의 사용료와 제품의 운반비의 합의 최솟값을 구한다.

서울에서 공장까지의 거리를 x km라 하고, 토지의 사용료를 y_1만 원, 제품의 운반비를 y_2만 원이라고 하면 공장의 토지의 사용료는 서울로부터의 거리에 반비례하므로

$$y_1 = \frac{k_1}{x} \ (k_1은 상수) \quad \cdots\cdots \ \ominus$$

이때 서울에서 10 km만큼 떨어진 토지의 사용료는 250만 원이므로 ㉠에 $x = 10$, $y_1 = 250$을 대입하면

$$250 = \frac{k_1}{10}$$

$$\therefore k_1 = 2500$$

또한 제품의 운반비는 서울로부터의 거리에 정비례하므로

$$y_2 = k_2 x \ (k_2는 상수) \quad \cdots\cdots \ \ominus$$

이때 서울에서 10 km만큼 떨어진 곳의 제품의 운반비는 40만 원이므로 ㉡에 $x = 10$, $y_2 = 40$을 대입하면

$$40 = k_2 \times 10$$

$$\therefore k_2 = 4$$

토지의 사용료와 제품의 운반비의 합은

$\left(\dfrac{2500}{x} + 4x\right)$만 원이므로 산술평균과 기하평균의 관계에 의하여

$$\frac{2500}{x} + 4x \geq 2\sqrt{\frac{2500}{x} \times 4x}$$
$$= 2\sqrt{10000}$$
$$= 200 \left(단, 등호는 \frac{2500}{x} = 4x일 때 성립\right)$$

이때 $4x^2 = 2500$에서 $x = 25$ ($\because x > 0$)일 때 위의 부등식이 최솟값을 가진다.

따라서 서울에서 25 km만큼 떨어진 지점에 공장을 세울 때 토지의 사용료와 제품의 운반비의 합이 최소인 200만 원이 된다.

> **⊕ 보충 설명**
>
> 변수 y가 변수 x에 정비례한다고 하면 $y = k_1 x$ (k_1은 상수)로 나타내고, 변수 y가 변수 x에 반비례한다고 하면 $y = \dfrac{k_2}{x}$ (k_2는 상수)로 나타낸다.

20 접근 방법 | 점 P와 세 꼭짓점 A, B, C를 연결하여 주어진 삼각형을 세 개의 삼각형으로 나눈다. 이 세 삼각형의 넓이의 합을 구하면 a, b, c 사이의 관계식을 구할 수 있다.

오른쪽 그림과 같이 정삼각형 ABC의 한 변의 길이를 m이라고 하면

$\triangle ABC = \dfrac{1}{2} \times m \times 1$

$\qquad\quad = \dfrac{m}{2}$

$\triangle PAB + \triangle PBC + \triangle PCA$

$= \dfrac{1}{2} \times m \times c + \dfrac{1}{2} \times m \times a + \dfrac{1}{2} \times m \times b$

$= \dfrac{m}{2}(a+b+c)$

이때 $\triangle ABC = \triangle PAB + \triangle PBC + \triangle PCA$이므로

$\dfrac{m}{2} = \dfrac{m}{2}(a+b+c)$

$\therefore a+b+c = 1$

코시-슈바르츠의 부등식

$(1^2 + 1^2 + 1^2)(a^2 + b^2 + c^2) \geq (a+b+c)^2$

(단, 등호는 $a=b=c$일 때 성립)

에 의하여

$3(a^2 + b^2 + c^2) \geq 1$

$\therefore a^2 + b^2 + c^2 \geq \dfrac{1}{3}$

따라서 $a^2 + b^2 + c^2$의 최솟값은 $\dfrac{1}{3}$이다.

➕ 보충 설명

a, b, x, y에 대한 코시-슈바르츠의 부등식을 a, b, c, x, y, z에 대한 부등식으로까지 확장해 볼 수 있다.

a, b, c, x, y, z가 실수일 때,

$(a^2 + b^2 + c^2)(x^2 + y^2 + z^2) \geq (ax + by + cz)^2$

$\left(\text{단, 등호는 } \dfrac{x}{a} = \dfrac{y}{b} = \dfrac{z}{c} \text{일 때 성립}\right)$

위의 부등식에 대한 증명은 다음과 같다.

임의의 실수 t에 대하여

$(at-x)^2 \geq 0$, $(bt-y)^2 \geq 0$, $(ct-z)^2 \geq 0$

이므로

$(at-x)^2 + (bt-y)^2 + (ct-z)^2 \geq 0$

$(a^2 + b^2 + c^2)t^2 - 2(ax + by + cz)t + (x^2 + y^2 + z^2) \geq 0$

위의 부등식이 모든 실수 t에 대하여 항상 성립해야 하므로 t에 대한 이차방정식의 판별식을 D라고 하면

$\dfrac{D}{4} = \{-(ax + by + cz)\}^2$

$\qquad\qquad - (a^2 + b^2 + c^2)(x^2 + y^2 + z^2) \leq 0$

$\therefore (a^2 + b^2 + c^2)(x^2 + y^2 + z^2) \geq (ax + by + cz)^2$

기출 다지기   288쪽

21 ②   **22** ②   **23** ⑤   **24** 8   **25** ①

21 접근 방법 | $xy > 0$, $x+y > 0$에서 $x > 0$, $y > 0$이므로 산술평균과 기하평균의 관계를 이용하여 주어진 식의 최솟값을 구하도록 한다.

$\dfrac{1}{x} + \dfrac{1}{y} = \dfrac{x+y}{xy} = \dfrac{3}{xy}$ ······ ㉠

$x > 0$, $y > 0$이므로 산술평균과 기하평균의 관계에 의하여

$x + y \geq 2\sqrt{xy}$ (단, 등호는 $x=y$일 때 성립)

     ······ ㉡

양변을 제곱하면 $(x+y)^2 \geq 4xy$이므로

$\dfrac{1}{xy} \geq \dfrac{4}{(x+y)^2}$ ······ ㉢

㉠, ㉡, ㉢에 의하여

$\dfrac{1}{x} + \dfrac{1}{y} = \dfrac{3}{xy} \geq \dfrac{12}{(x+y)^2} = \dfrac{4}{3}$

따라서 구하는 최솟값은 $\dfrac{4}{3}$이다.

다른 풀이

$x > 0$, $y > 0$이므로 산술평균과 기하평균의 관계에 의하여

$\dfrac{1}{x} + \dfrac{1}{y} = \dfrac{1}{3}\left(\dfrac{1}{x} + \dfrac{1}{y}\right)(x+y)$ ($\because x+y=3$)

$\qquad\quad = \dfrac{1}{3}\left(\dfrac{y}{x} + \dfrac{x}{y} + 2\right)$

$\qquad\quad \geq \dfrac{1}{3}\left(2\sqrt{\dfrac{y}{x} \times \dfrac{x}{y}} + 2\right) = \dfrac{4}{3}$

(단, 등호는 $x=y$일 때 성립)

따라서 구하는 최솟값은 $\dfrac{4}{3}$이다.

22 접근 방법 | $x > 0$, $y > 0$에서 $xy > 0$이므로 산술평균과 기하평균의 관계를 이용하여 주어진 식의 최솟값을 구하도록 한다.

$x > 0$, $y > 0$이므로 산술평균과 기하평균의 관계를 이용하면

$\left(4x + \dfrac{1}{y}\right)\left(\dfrac{1}{x} + 16y\right) = 64xy + \dfrac{1}{xy} + 20$

$\qquad\qquad\qquad\qquad \geq 2\sqrt{64xy \times \dfrac{1}{xy}} + 20$

$\qquad\qquad\qquad\qquad = 16 + 20 = 36$

$\left(\text{단, 등호는 } xy = \dfrac{1}{8} \text{일 때 성립}\right)$

$x>0$, $y>0$이므로

$$4x+\frac{1}{y}\geq 2\sqrt{4x\times\frac{1}{y}}=4\sqrt{\frac{x}{y}}$$

$$\left(\text{단, 등호는 } xy=\frac{1}{4}\text{일 때 성립}\right)$$

$$\frac{1}{x}+16y\geq 2\sqrt{\frac{1}{x}\times 16y}=8\sqrt{\frac{y}{x}}$$

$$\left(\text{단, 등호는 } xy=\frac{1}{16}\text{일 때 성립}\right)$$

위의 각각에 대하여 등호가 성립하는 경우가 다르므로

$$\left(4x+\frac{1}{y}\right)\left(\frac{1}{x}+16y\right)\geq 4\sqrt{\frac{x}{y}}\times 8\sqrt{\frac{y}{x}}=32$$

는 성립하지 않는다.

23 **접근 방법** ㄱ. 차로 식을 정리하여 성립함을 보이도록 한다.

ㄴ. 제곱의 차가 양수가 됨을 보이도록 한다.

ㄷ. 산술평균과 기하평균의 관계를 이용하여 성립함을 보이도록 한다.

ㄱ. $\dfrac{1}{a}+\dfrac{1}{b}-\dfrac{4}{a+b}=\dfrac{a+b}{ab}-\dfrac{4}{a+b}$

$\qquad\qquad\qquad = \dfrac{(a+b)^2-4ab}{ab(a+b)}$

$\qquad\qquad\qquad = \dfrac{(a-b)^2}{ab(a+b)}\geq 0$

$\qquad$ (단, 등호는 $a=b$일 때 성립) (참)

ㄴ. $(\sqrt{a}+\sqrt{b})^2-(\sqrt{a+b})^2=a+b+2\sqrt{ab}-(a+b)$

$\qquad\qquad\qquad\qquad\qquad = 2\sqrt{ab}>0$

$\qquad \therefore \sqrt{a}+\sqrt{b}>\sqrt{a+b}$ (참)

ㄷ. $a>0$, $b>0$, $c>0$이므로 산술평균과 기하평균의 관계에 의하여

$\qquad a+b\geq 2\sqrt{ab}$,

$\qquad b+c\geq 2\sqrt{bc}$,

$\qquad c+a\geq 2\sqrt{ca}$

$\qquad$ 각 변끼리 더하면

$\qquad 2(a+b+c)\geq 2(\sqrt{ab}+\sqrt{bc}+\sqrt{ca})$

$\qquad \therefore a+b+c\geq \sqrt{ab}+\sqrt{bc}+\sqrt{ca}$

$\qquad\qquad$ (단, 등호는 $a=b=c$일 때 성립) (참)

따라서 옳은 것은 ㄱ, ㄴ, ㄷ이다.

24 **접근 방법** 주어진 두 직선이 평행하므로 기울기가 서로 같다. 즉, $\dfrac{a}{2}=\dfrac{1}{b}$에서 $ab=2$이므로 산술평균과 기하평균의 관계를 이용하여 주어진 식의 최솟값을 구하도록 한다.

두 직선 $y=f(x)$, $y=g(x)$의 기울기가 각각 $\dfrac{a}{2}$, $\dfrac{1}{b}$이고 두 직선이 서로 평행하므로 $\dfrac{a}{2}=\dfrac{1}{b}$에서 $ab=2$

$(a+1)(b+2)=ab+2a+b+2=2a+b+4$

$a>0$, $b>0$이므로 산술평균과 기하평균의 관계에 의하여

$$2a+b+4\geq 2\sqrt{2ab}+4=8$$

$\qquad\qquad\qquad$ (단, 등호는 $2a=b$일 때 성립)

따라서 구하는 최솟값은 8이다.

25 **접근 방법** 한 모서리의 길이가 6인 직육면체의 나머지 두 모서리의 길이를 각각 a, b로 놓고, 부피와 직육면체의 대각선의 길이를 식으로 나타내어 산술평균과 기하평균의 관계를 이용하여 최솟값을 구하도록 한다.

오른쪽 그림과 같이 직육면체의 세 모서리의 길이를 각각 a, b, 6이라고 하면

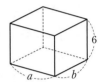

$6ab=108$이므로 $ab=18$

직육면체의 대각선의 길이는

$$\sqrt{a^2+b^2+6^2}$$

$a>0$, $b>0$이므로 산술평균과 기하평균의 관계에 의하여

$a^2+b^2\geq 2\sqrt{a^2b^2}$ (단, 등호는 $a^2=b^2$일 때 성립)

$\therefore a^2+b^2\geq 36$

$a^2+b^2+36\geq 72$이므로

$$\sqrt{a^2+b^2+36}\geq 6\sqrt{2}$$

따라서 직육면체의 대각선의 길이의 최솟값은 $6\sqrt{2}$이다.

Ⅲ. 함수

08. 함수

개념 콕콕 1 함수 297쪽

1 답 (1) 함수가 아니다. (2) 함수가 아니다.
　　　(3) 함수이다., 정의역 : {1, 2, 3, 4},
　　　　공역 : {5, 6, 7, 8}, 치역 : {5, 7, 8}

(1) X의 원소 3에 대응하는 Y의 원소가 없으므로 X
　에서 Y로의 함수가 아니다.
(2) X의 원소 1에 대응하는 Y의 원소가 2개이므로 X
　에서 Y로의 함수가 아니다.
(3) X의 각 원소에 Y의 원소가 오직 하나씩만 대응하
　므로 X에서 Y로의 함수이다.
　이때 정의역은 {1, 2, 3, 4}, 공역은 {5, 6, 7, 8},
　치역은 {5, 7, 8}이다.

2 답 두 함수 f와 g는 서로 같지 않다.
함수 $f(x)=x-1$의 정의역은 실수 전체의 집합이고,
함수 $g(x)=\dfrac{x^2-1}{x+1}$의 정의역은
$\{x|x\neq-1$인 모든 실수$\}$이므로 두 함수의 정의역이
서로 다르다.
따라서 두 함수 f와 g는 서로 같지 않다.

3 답 ①, ④

①, ④ 정의역이 실수 전체의 집합이고 정의역의 모든
　원소에 공역의 원소가 하나씩 대응하므로 함수의
　그래프이다.
③ 정의역의 원소 0에 대응하는 공역의 원소가 존재하
　지 않으므로 실수 전체의 집합에서 정의된 함수의
　그래프가 아니다.
②, ⑤ 정의역의 한 원소에 공역의 원소가 두 개씩 대응
　하는 경우가 있으므로 함수의 그래프가 아니다.

참고 ③은 정의역이 $R-\{0\}$인 함수이다.
이때 R은 실수 전체의 집합이다.

4 답 (1) ㄱ, ㄷ, ㄹ (2) ㄱ, ㄹ (3) ㄴ (4) ㄹ

(1) 일대일함수는 정의역의 서로 다른 원소마다 공역의
　서로 다른 원소가 대응하는 함수이므로 ㄱ, ㄷ,
　ㄹ이다.

(2) 일대일대응은 일대일함수 중 치역과 공역이 같은
　함수이므로 ㄱ, ㄹ이다.
(3) 상수함수는 정의역의 모든 원소에 공역의 단 하나
　의 원소가 대응하는 함수이므로 ㄴ이다.
(4) 항등함수는 정의역과 공역이 같고, 정의역의 각 원
　소 x에 그 자신인 x가 대응하는 함수이므로 ㄹ이다.

예제 01 함수의 뜻 299쪽

01-1 답 ㄱ, ㄴ, ㄹ

주어진 대응을 그림으로 나타내면 다음과 같다.

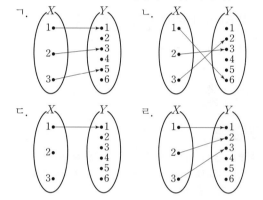

ㄷ. X의 원소 2, 3에 대응하는 Y의 원소가 없으므로
　함수가 아니다.
따라서 함수인 것은 ㄱ, ㄴ, ㄹ이다.

01-2 답 ②, ③, ④

함수의 그래프는 정의역의 임의의 원소 a에 대하여 직
선 $x=a$와 오직 한 점에서 만난다.
즉, y축에 평행한 직선 $x=a$와 단 한 점에서 만나는
것이 함수의 그래프이므로 함수의 그래프인 것은 ②,
③, ④이다.

⊕ 보충 설명

실수 a에 대하여 직선 $x=a$와 만나지 않거나 두 개 이상의
점에서 만나는 그래프는 a를 원소로 하는 집합을 정의역으
로 하는 함수의 그래프가 될 수 없다.

01-3 답 $-\dfrac{1}{5}\leq m\leq\dfrac{3}{5}$

$y=mx+m+1=m(x+1)+1$에서 이 직선은 m의
값에 관계없이 항상 점 $(-1, 1)$을 지나고, m은 이 직
선의 기울기이다.

이때 $f(x)$가 X에서 X로의 함수가 되려면 집합 X의 임의의 원소 x에 대하여 함숫값 $f(x)$가 집합 X의 원소이어야 하므로 $0 \le f(x) \le 4$이어야 한다.

즉, 다음 그림과 같이 A$(-1, 1)$, B$(4, 0)$, C$(4, 4)$라고 하면 직선 $y=m(x+1)+1$은 점 A를 지나면서 두 직선 AB, AC 사이에 존재해야 한다.

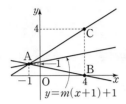

이때

$$(직선\ AB의\ 기울기) = \frac{0-1}{4-(-1)} = -\frac{1}{5}$$

$$(직선\ AC의\ 기울기) = \frac{4-1}{4-(-1)} = \frac{3}{5}$$

이므로

$$-\frac{1}{5} \le m \le \frac{3}{5}$$

➕ 보충 설명

직선 $y=m(x+1)+1$이 다음 그림과 같은 경우에는 $2 < x \le 4$일 때, $f(x) \notin X$이므로 $f(x)$는 X에서 X로의 함수가 될 수 없다.

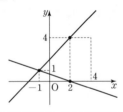

예제 02 서로 같은 함수 　　　301쪽

02-1 달 2

두 함수 f, g에 대하여 $f=g$이므로

$f(-1)=g(-1)$에서

$0=-a+b$ ⋯⋯ ㉠

$f(2)=g(2)$에서

$3=2a+b$ ⋯⋯ ㉡

㉠, ㉡을 연립하여 풀면

$a=1$, $b=1$

$\therefore a+b=1+1=2$

02-2 달 ③

두 함수 f, g에 대하여 $f=g$이려면 정의역의 모든 원소에 대응하는 함숫값이 서로 같아야 하므로

$f(x)=g(x)$에서

$2x^2-3x+4=x^2+2$

$x^2-3x+2=0$

$(x-1)(x-2)=0$

$\therefore x=1$ 또는 $x=2$

따라서 구하는 집합 X는 집합 $\{1, 2\}$의 공집합이 아닌 부분집합이므로

$\{1\}$, $\{2\}$, $\{1, 2\}$

의 3개이다.

02-3 달 5

두 함수 f, g에 대하여 $f=g$이므로

$f(2)=g(2)$에서

$8+12=12+2k$

$2k=8$ $\therefore k=4$

2, α, β는 방정식 $f(x)=g(x)$의 근이므로 방정식

$f(x)=g(x)$에서

$x^3+12=3x^2+4x$

$x^3-3x^2-4x+12=0$

삼차방정식의 근과 계수의 관계에 의하여

$2+\alpha+\beta=3$ $\therefore \alpha+\beta=1$

$\therefore \alpha+\beta+k=1+4=5$

다른 풀이

두 함수 f, g에 대하여 $f=g$이므로

$f(2)=g(2)$, $f(\alpha)=g(\alpha)$, $f(\beta)=g(\beta)$

가 성립한다.

즉, 2, α, β는 각각 방정식 $f(x)=g(x)$의 근이므로

$x^3+12=3x^2+kx$

$\therefore x^3-3x^2-kx+12=0$

삼차방정식의 근과 계수의 관계에 의하여

$2+\alpha+\beta=3$ $\therefore \alpha+\beta=1$ ⋯⋯ ㉠

$2\alpha+\alpha\beta+2\beta=-k$ ⋯⋯ ㉡

$2\alpha\beta=-12$ $\therefore \alpha\beta=-6$ ⋯⋯ ㉢

㉡에 ㉠, ㉢을 대입하여 정리하면

$k=-(2\alpha+\alpha\beta+2\beta)$

$\quad=-2(\alpha+\beta)-\alpha\beta$

$\quad=-2-(-6)=4$

$\therefore \alpha+\beta+k=1+4=5$

03-1　답 ②

①, ④ 직선 $y=b$와의 교점이 2개 이상인 실수 b가 존재하므로 일대일함수의 그래프가 아니다. 또한 치역과 공역이 같지 않다.

② 임의의 실수 b에 대하여 직선 $y=b$와의 교점이 1개이고 치역과 공역이 같으므로 일대일대응의 그래프이다.

③ 직선 $y=b$와의 교점이 2개인 실수 b가 존재하므로 일대일함수의 그래프가 아니다. 또한 치역과 공역이 같지 않다.

⑤ 직선 $y=b$와의 교점이 2개 이상인 실수 b가 존재하므로 일대일함수의 그래프가 아니다.

03-2　답 0

$a<0$이므로 함수 $f(x)=ax+b$가 정의역이 $X=\{x|-1\le x\le 3\}$이고, 치역이 $Y=\{y|-4\le y\le 4\}$인 일대일대응이려면 함수 $y=f(x)$의 그래프가 오른쪽 그림과 같아야 한다.

즉, 함수 $y=f(x)$의 그래프가 두 점 $(-1, 4)$, $(3, -4)$를 지나야 하므로

$f(-1)=4$에서 $-a+b=4$　······ ㉠

$f(3)=-4$에서 $3a+b=-4$　······ ㉡

㉠, ㉡을 연립하여 풀면

$a=-2$, $b=2$

$\therefore a+b=-2+2=0$

03-3　답 ②

$x<1$일 때, 함수 $y=(x-1)^2+b$의 그래프는 x의 값이 증가하면 y의 값은 감소한다.

즉, 함수 $f(x)$가 일대일대응이려면 함수 $y=f(x)$의 그래프는 오른쪽 그림과 같아야 한다.

이때 직선 $y=ax+4$의 기울기가 음수이어야 하므로

$a<0$　······ ㉠

또한 직선 $y=ax+4$가 점 $(1, b)$를 지나야 하므로

$b=a+4$　······ ㉡

㉡에서 $a+b=a+(a+4)=2a+4$

이때 a, b가 정수이므로 ㉠에서 정수 a의 최댓값이 -1이다.

따라서 $a+b$의 최댓값은

$2\times(-1)+4=2$

04-1　답 (1) 256　(2) 24

(1) 집합 X의 원소 1에 대응할 수 있는 집합 Y의 원소는 2, 4, 6, 8의 4개이고, 다른 원소 3, 5, 7에 대응할 수 있는 Y의 원소도 각각 4개이다.

따라서 구하는 함수의 개수는

$4\times 4\times 4\times 4=256$

(2) 집합 X의 원소 1에 대응할 수 있는 집합 Y의 원소는 2, 4, 6, 8의 4개이고, 다른 원소 3, 5, 7에 대응할 수 있는 Y의 원소는 X의 원소에 대응한 Y의 원소를 제외해야 하므로 각각 3개, 2개, 1개이다.

따라서 구하는 일대일대응의 개수는 집합 X의 원소 1, 3, 5, 7의 자리를 정해 놓고 집합 Y의 원소 2, 4, 6, 8을 일렬로 나열하는 경우의 수와 같으므로

$4!=4\times 3\times 2\times 1=24$

04-2　답 61

집합 X의 원소 1에 대응할 수 있는 집합 Y의 원소는 0, 1, 2, 3, 4의 5개이고, 다른 원소 2와 3에 대응할 수 있는 Y의 원소도 각각 5개이다.

따라서 집합 X에서 집합 Y로의 함수 f의 개수는

$5\times 5\times 5=125$

이때 $f(1)f(2)f(3)=0$을 만족시키려면

$f(1)=0$ 또는 $f(2)=0$ 또는 $f(3)=0$이어야 한다.

즉, $f(1)$, $f(2)$, $f(3)$의 값 중에서 적어도 하나는 0이 되어야 하므로 집합 X에서 집합 Y로의 함수 f 중에서 $f(1)$, $f(2)$, $f(3)$의 값이 모두 0이 아닌 함수를 제외해야 한다.

$f(1)$, $f(2)$, $f(3)$의 값이 모두 0이 아닌 함수의 개수는 집합 $X=\{1, 2, 3\}$에서 집합 $\{1, 2, 3, 4\}$로의 함수의 개수와 같으므로

$4\times 4\times 4=64$

따라서 구하는 함수 f의 개수는

$125-64=61$

04-3 답 12

조건 ㈎에서 $f(1)$의 값은 1 또는 2이어야 하고 조건 ㈏에서 $f(2)$의 값도 1 또는 2이어야 한다.

이때 조건 ㈐에서 함수 f는 일대일함수이고 정의역과 공역의 원소의 개수가 같으므로 일대일대응이다.

(i) $f(1)=1$인 경우

 $f(2)=2$이고 $f(3)$, $f(4)$, $f(5)$의 값이 될 수 있는 것은 1과 2를 제외한 3개이므로 일대일대응인 f의 개수는

 $3!=3\times2\times1=6$

(ii) $f(1)=2$인 경우

 $f(2)=1$이고 $f(3)$, $f(4)$, $f(5)$의 값이 될 수 있는 것은 1과 2를 제외한 3개이므로 일대일대응인 f의 개수는

 $3!=3\times2\times1=6$

(i), (ii)에서 함수 f의 개수는 $6+6=12$

예제 05 특정한 조건을 만족시키는 함수의 개수　307쪽

05-1 답 150

곱의 법칙에 의해 함수 f의 총 개수는

$3\times3\times3\times3\times3=3^5=243$

(i) 치역이 $\{a\}$인 함수의 개수는 1이므로 치역의 원소의 개수가 1인 함수의 개수는

 $_3C_1=3$

(ii) 치역이 $\{a,\,b\}$인 함수의 개수는

 $2^5-2=30$

 이므로 치역의 원소의 개수가 2인 함수의 개수는

 $_3C_2\times(2^5-2)=3\times30=90$

(i), (ii)에서 치역의 원소의 개수가 3, 즉 치역이 공역과 같은 함수의 개수는

$243-3-90=150$

다른 풀이

정의역의 원소를 공역의 원소의 수만큼의 조로 나누어야 한다.

즉, 1, 2, 3, 4, 5 다섯 개를 2개, 2개, 1개 또는 3개, 1개, 1개의 3개의 조로 나누는 방법의 수는

$_5C_2\times_3C_2\times_1C_1\times\dfrac{1}{2!}+_5C_3\times_2C_1\times_1C_1\times\dfrac{1}{2!}$

$=15+10=25$

따라서 이 각각에 대하여 3개의 조에 공역의 원소 a, b, c를 대응시키는 경우의 수가 3!이므로 구하는 함수의 개수는

$25\times3!=150$

05-2 답 ①

서로 다른 종류의 책 6권을 정의역, 창희, 경도, 인영을 공역으로 하는 함수를 f라고 하면 곱의 법칙에 의해 함수 f의 총 개수는

$3\times3\times3\times3\times3\times3=3^6=729$

이때 모든 사람이 책을 한 권 이상씩 받아야 하므로 함수 f의 공역과 치역이 같아야 한다.

(i) 치역이 $\{$창희$\}$인 함수의 개수는 1이므로 치역의 원소의 개수가 1인 함수의 개수는

 $_3C_1=3$

(ii) 치역이 $\{$창희, 경도$\}$인 함수의 개수는

 $2^6-2=62$

 이므로 치역의 원소의 개수가 2인 함수의 개수는

 $_3C_2\times(2^6-2)=3\times62=186$

(i), (ii)에서 치역의 원소의 개수가 3, 즉 치역이 공역과 같은 함수의 개수는

$729-3-186=540$

다른 풀이

서로 다른 종류의 책 6권을 세 사람에게 한 권 이상씩 나누어 주는 방법은 책 6권을 1개, 2개, 3개 또는 1개, 1개, 4개 또는 2개, 2개, 2개로 나누어주면 된다.

(i) 책 6권을 1개, 2개, 3개로 나눈 후 세 사람에게 나누어 주는 경우

 $_6C_1\times_5C_2\times_3C_3\times3!=360$

(ii) 책 6권을 1개, 1개, 4개로 나눈 후 세 사람에게 나누어 주는 경우

 $_6C_1\times_5C_1\times_4C_4\times\dfrac{1}{2!}\times3!=90$

(iii) 책 6권을 2개, 2개, 2개로 나눈 후 세 사람에게 나누어 주는 경우

 $_6C_2\times_4C_2\times_2C_2\times\dfrac{1}{3!}\times3!=90$

(i)~(iii)에서 구하는 방법의 수는

$360+90+90=540$

05-3 답 ①

공역의 원소가 모두 홀수이므로 치역에 속하는 모든

원소의 합이 짝수이려면 치역의 원소의 개수가 2이어
야 한다.

치역이 {3, 5}인 함수의 개수는

$2^5 - 2 = 30$

이므로 치역의 원소의 개수가 2인 함수의 개수는

$_3C_2 \times (2^5 - 2) = 3 \times 30 = 90$

개념 콕콕 **2 합성함수** 313쪽

1 답 (1) 0 (2) -2 (3) 2 (4) 3

(1) $(g \circ f)(-2) = g(f(-2)) = g(1) = 0$

(2) $(g \circ f)(2) = g(f(2)) = g(3) = -2$

(3) $(f \circ g)(2) = f(g(2)) = f(-4) = 2$

(4) $(f \circ g)(1) = f(g(1)) = f(0) = 3$

2 답 (1) $(g \circ f)(x) = 2x + 2$ (2) $(f \circ g)(x) = 2x + 1$
      (3) $(f \circ f)(x) = x + 2$ (4) $(g \circ g)(x) = 4x$

두 함수 $f(x) = x + 1$, $g(x) = 2x$에 대하여

(1) $(g \circ f)(x) = g(f(x)) = g(x+1)$
$\qquad\qquad = 2(x+1) = 2x + 2$

(2) $(f \circ g)(x) = f(g(x)) = f(2x) = 2x + 1$

(3) $(f \circ f)(x) = f(f(x)) = f(x+1)$
$\qquad\qquad = (x+1) + 1 = x + 2$

(4) $(g \circ g)(x) = g(g(x)) = g(2x)$
$\qquad\qquad = 2 \times (2x) = 4x$

3 답 $(g \circ f)(x) = 4x^2 + 4x + 4$,
      $(f \circ g)(x) = 2x^2 + 7$

$(g \circ f)(x) = g(f(x)) = g(2x+1)$
$\qquad\qquad = (2x+1)^2 + 3$
$\qquad\qquad = 4x^2 + 4x + 4$

$(f \circ g)(x) = f(g(x)) = f(x^2 + 3)$
$\qquad\qquad = 2(x^2 + 3) + 1$
$\qquad\qquad = 2x^2 + 7$

4 답 (1) 6 (2) 16

(1) $(f \circ g \circ h)(1) = f(g(h(1)))$
$\qquad\qquad = f(g(1)) = f(-3)$
$\qquad\qquad = -2 \times (-3) = 6$

(2) $(h \circ f \circ g)(1) = h(f(g(1)))$
$\qquad\qquad = h(f(-3)) = h(6)$
$\qquad\qquad = 3 \times 6 - 2 = 16$

5 답 9

함수의 합성에 대하여 결합법칙이 성립하므로

$h \circ (g \circ f) = (h \circ g) \circ f$에서

$(h \circ (g \circ f))(-2) = ((h \circ g) \circ f)(-2)$
$\qquad\qquad = (h \circ g)(f(-2))$
$\qquad\qquad = (h \circ g)(5)$
$\qquad\qquad = 3 \times 5 - 6 = 9$

예제 06 **합성함수** 315쪽

06-1 답 -5

$f(x) = 2x - 1$, $g(x) = -3x + k$에 대하여

$(f \circ g)(x) = f(g(x)) = 2(-3x + k) - 1$
$\qquad\qquad = -6x + 2k - 1$

$(g \circ f)(x) = g(f(x)) = -3(2x-1) + k$
$\qquad\qquad = -6x + k + 3$

$f \circ g = g \circ f$이므로

$-6x + 2k - 1 = -6x + k + 3$

이 등식은 x에 대한 항등식이므로

$2k - 1 = k + 3$ $\therefore k = 4$

따라서 $g(x) = -3x + 4$이므로

$(g \circ f)(2) = g(f(2)) = g(3)$
$\qquad\qquad = -3 \times 3 + 4 = -5$

06-2 답 (1) $(-2, -2)$ (2) 1

(1) $f(x) = 3x + 4$, $g(x) = ax + b$에 대하여

$(f \circ g)(x) = f(g(x))$
$\qquad\qquad = 3(ax + b) + 4$
$\qquad\qquad = 3ax + 3b + 4$

$(g \circ f)(x) = g(f(x))$
$\qquad\qquad = a(3x + 4) + b$
$\qquad\qquad = 3ax + 4a + b$

$f \circ g = g \circ f$이므로

$3ax + 3b + 4 = 3ax + 4a + b$

이 등식은 x에 대한 항등식이므로

$3b + 4 = 4a + b$

$\therefore b = 2a - 2$

$b=2a-2$를 $g(x)=ax+b$에 대입하면

$g(x)=ax+2a-2=a(x+2)-2$

따라서 함수 $y=g(x)$의 그래프는 a의 값에 관계

없이 점 $(-2, -2)$를 지난다.

(2) $f(x)=-4x+5$에서

$(f \circ f)(x)=f(f(x))$

$=-4(-4x+5)+5$

$=16x-15$

$(f \circ f \circ f)(x)=f((f \circ f)(x))$

$=-4(16x-15)+5$

$=-64x+65$

따라서 $(f \circ f \circ f)(k)=1$에서

$-64k+65=1$ $\therefore k=1$

06-3 답 b

$(g \circ f)(2)=g(f(2))=6$에서

g는 일대일대응이고, $g(b)=4$이므로

$f(2) \neq b$

또한 f는 일대일대응이고, $f(1)=c$이므로

$f(2) \neq c$

따라서 $f(2)=a$이고, $f(1)=c$이므로

$f(3)=b$

예제 07   합성함수의 응용   317쪽

07-1 답 (1) -1 (2) $f(2x-1)=\dfrac{2x-8}{3}$

(1) $f(3x+1)=x-2$에서

$3x+1=t$로 놓으면 $x=\dfrac{t-1}{3}$이므로

$f(t)=\dfrac{t-1}{3}-2=\dfrac{t-7}{3}$

$\therefore f(4)=\dfrac{4-7}{3}=-1$

(2) (1)에서 $f(t)=\dfrac{t-7}{3}$이므로

$t=2x-1$을 대입하면

$f(2x-1)=\dfrac{(2x-1)-7}{3}=\dfrac{2x-8}{3}$

다른 풀이

(1) $f(3x+1)=x-2$에서

$3x+1=4$를 만족시키는 x의 값은 $x=1$이므로

$f(4)=1-2=-1$

07-2 답 ③

$x>0$일 때, $f(2x)=\dfrac{2}{x+2}$에서

$2x=t$로 놓으면 $t>0$이고 $x=\dfrac{t}{2}$이므로

$f(t)=\dfrac{2}{\dfrac{t}{2}+2}=\dfrac{4}{t+4}$

따라서 $x>0$일 때, $f(x)=\dfrac{4}{x+4}$

$\therefore 2f(x)=\dfrac{8}{x+4}$

07-3 답 ③

$(h \circ g \circ f)(x)=h(x)$에서

$h((g \circ f)(x))=h(x)$

이때 함수 h가 일대일대응이므로

$(g \circ f)(x)=x$, $g(f(x))=x$

$\therefore g(2x-3)=x$

$g(2x-3)=x$에서

$2x-3=t$로 놓으면 $x=\dfrac{t+3}{2}$이므로

$g(t)=\dfrac{t+3}{2}$ $\therefore g(1)=\dfrac{1+3}{2}=2$

⊕ 보충 설명

함수 h가 일대일대응이므로 임의의 두 실수 x_1, x_2에 대하여

$x_1 \neq x_2$이면 $h(x_1) \neq h(x_2)$ …… ㉠

이다. 즉, ㉠의 대우인

$h(x_1)=h(x_2)$이면 $x_1=x_2$

도 성립한다.

예제 08   합성함수의 그래프   319쪽

08-1 답 풀이 참조

$f(x)=\begin{cases} 3 \ (x \geq 1) \\ 1 \ (x < 1) \end{cases}$, $g(3)=1$, $g(1)=1$이므로

(i) $x \geq 1$일 때,

$(g \circ f)(x)=g(f(x))=g(3)=1$

(ii) $x < 1$일 때,

$(g \circ f)(x)=g(f(x))=g(1)=1$

(i), (ii)에서 모든 실수 x에 대하여

$(g \circ f)(x)=1$이므로 합성함수

$y=(g \circ f)(x)$의 그래프는 오른

쪽 그림과 같다.

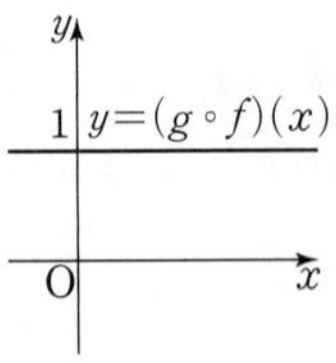

08-2 📘 풀이 참조

주어진 그래프에서

$$f(x)=\begin{cases} 2x & \left(0\leq x<\dfrac{3}{2}\right) \\ -2x+6 & \left(\dfrac{3}{2}\leq x\leq 3\right) \end{cases}$$

$$g(x)=\begin{cases} 2x & (0\leq x<1) \\ \dfrac{1}{2}x+\dfrac{3}{2} & (1\leq x\leq 3) \end{cases}$$

이므로

$(g\circ f)(x)=g(f(x))$

$$=\begin{cases} 2f(x) & (0\leq f(x)<1) \\ \dfrac{1}{2}f(x)+\dfrac{3}{2} & (1\leq f(x)\leq 3) \end{cases}$$

함수 $g(x)$가 $0\leq x<1$, $1\leq x\leq 3$에서 서로 다른 함수
의 식을 가지므로 함수 $f(x)$의 값이 1이 되는 x의 값
을 기준으로 범위를 나누어 생각해야 한다.

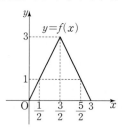

(i) $0\leq x<\dfrac{1}{2}$일 때, $0\leq f(x)<1$이므로

$(g\circ f)(x)=2f(x)=2\times 2x=4x$

(ii) $\dfrac{1}{2}\leq x<\dfrac{3}{2}$일 때, $1\leq f(x)<3$이므로

$(g\circ f)(x)=\dfrac{1}{2}f(x)+\dfrac{3}{2}$

$=\dfrac{1}{2}\times 2x+\dfrac{3}{2}$

$=x+\dfrac{3}{2}$

(iii) $\dfrac{3}{2}\leq x<\dfrac{5}{2}$일 때, $1<f(x)\leq 3$이므로

$(g\circ f)(x)=\dfrac{1}{2}f(x)+\dfrac{3}{2}$

$=\dfrac{1}{2}(-2x+6)+\dfrac{3}{2}$

$=-x+\dfrac{9}{2}$

(iv) $\dfrac{5}{2}\leq x\leq 3$일 때, $0\leq f(x)\leq 1$이므로

$(g\circ f)(x)=2f(x)$

$=2(-2x+6)$

$=-4x+12$

$$\therefore (g\circ f)(x)=\begin{cases} 4x & \left(0\leq x<\dfrac{1}{2}\right) \\ x+\dfrac{3}{2} & \left(\dfrac{1}{2}\leq x<\dfrac{3}{2}\right) \\ -x+\dfrac{9}{2} & \left(\dfrac{3}{2}\leq x<\dfrac{5}{2}\right) \\ -4x+12 & \left(\dfrac{5}{2}\leq x\leq 3\right) \end{cases}$$

따라서 합성함수
$y=(g\circ f)(x)$의 그래프는
오른쪽 그림과 같다.

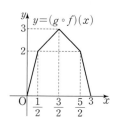

다른 풀이

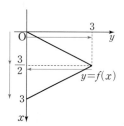
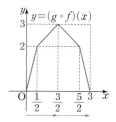

➕ 보충 설명

합성함수의 정의와 벤다이어그램을 이용하여 x의 값이 증가
할 때 y의 값의 증가·감소를 조사하여 그릴 수도 있다.

$0\leq x\leq 3$에서 정의된 두 함수 $f(x)$, $g(x)$에 대하여 합성함
수 $y=(g\circ f)(x)=g(f(x))$를 다음과 같이 생각해 보자.

함수 $y=f(x)$의 그래프가 $x=\dfrac{3}{2}$인 점에서 꺾이므로 x의

값의 범위를 $0\leq x\leq \dfrac{3}{2}$, $\dfrac{3}{2}\leq x\leq 3$으로 나누어서 생각하면

$0\leq x\leq \dfrac{3}{2}$에서

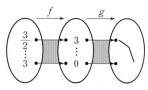

마찬가지 방법으로 $\dfrac{3}{2}\leq x\leq 3$에서

이를 이용하여 합성함수 $y=(g\circ f)(x)$의 그래프를 그릴
수 있다.

08-3 답 풀이 참조

주어진 그래프에서

$$f(x)=\begin{cases} 1 & (x<0) \\ 0 & (x=0), \\ -1 & (x>0) \end{cases} g(x)=\begin{cases} 1 & (x<-1) \\ -x & (-1\le x<1) \\ -1 & (x\ge1) \end{cases}$$

이므로

(1) $(g\circ f)(x)=g(f(x))$

$$=\begin{cases} 1 & (f(x)<-1) \\ -f(x) & (-1\le f(x)<1) \\ -1 & (f(x)\ge1) \end{cases}$$

$$=\begin{cases} 1 & (x>0) \\ 0 & (x=0) \\ -1 & (x<0) \end{cases}$$

따라서 함수 $y=(g\circ f)(x)$
의 그래프는 오른쪽 그림과
같다.

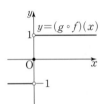

(2) $(f\circ g)(x)=f(g(x))$

$$=\begin{cases} 1 & (g(x)<0) \\ 0 & (g(x)=0) \\ -1 & (g(x)>0) \end{cases}$$

$$=\begin{cases} 1 & (x>0) \\ 0 & (x=0) \\ -1 & (x<0) \end{cases}$$

따라서 함수 $y=(f\circ g)(x)$
의 그래프는 오른쪽 그림과
같다.

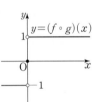

개념 콕콕 3 역함수　　　327쪽

1 답 (1) 역함수가 존재하지 않는다.
　　(2) 역함수가 존재하지 않는다.
　　(3) 역함수가 존재한다.

(1) 집합 Y의 원소 5에 대응하는 집합 X의 원소가 없
으므로 함수 f는 일대일대응이 아니다.
　즉, 역함수 $f^{-1}:Y\longrightarrow X$는 존재하지 않는다.

(2) 집합 Y의 원소 5에 대응하는 집합 X의 원소가 2
개이므로 함수 f는 일대일대응이 아니다.
　즉, 역함수 $f^{-1}:Y\longrightarrow X$는 존재하지 않는다.

(3) 함수 f는 일대일대응이므로 역함수
　$f^{-1}:Y\longrightarrow X$가 존재한다.

2 답 (1) 5　(2) 3　(3) 4　(4) 3　(5) 8　(6) 7

(1) $f(2)=5$

(2) $f^{-1}(7)=3$

(3) $f^{-1}(6)=4$

(4) $(f^{-1}\circ f)(3)=3$

(5) $(f\circ f^{-1})(8)=8$

(6) $(f^{-1})^{-1}(3)=f(3)=7$

3 답 (1) $f^{-1}(x)=x-2$　(2) $g^{-1}(x)=-\dfrac{1}{2}x+\dfrac{1}{2}$

　　(3) $(g\circ f)^{-1}(x)=-\dfrac{1}{2}x-\dfrac{3}{2}$

　　(4) $(f^{-1}\circ g^{-1})(x)=-\dfrac{1}{2}x-\dfrac{3}{2}$

두 함수 $f(x)=x+2$, $g(x)=-2x+1$은 모두 실수
전체의 집합 R에서 R로의 일대일대응이므로 역함수
가 존재한다.

(1) $y=x+2$로 놓고 x에 대하여 풀면
　$x=y-2$
　x와 y를 서로 바꾸면
　$y=x-2$
　따라서 구하는 역함수는
　$f^{-1}(x)=x-2$

(2) $y=-2x+1$로 놓고 x에 대하여 풀면
　$2x=-y+1$　$\therefore x=-\dfrac{1}{2}y+\dfrac{1}{2}$

　x와 y를 서로 바꾸면

　$y=-\dfrac{1}{2}x+\dfrac{1}{2}$

　따라서 구하는 역함수는

　$g^{-1}(x)=-\dfrac{1}{2}x+\dfrac{1}{2}$

(3) $(g\circ f)(x)=g(f(x))=g(x+2)$
　　　　　　　$=-2(x+2)+1$
　　　　　　　$=-2x-3$
　$y=-2x-3$으로 놓고 x에 대하여 풀면
　$2x=-y-3$　$\therefore x=-\dfrac{1}{2}y-\dfrac{3}{2}$

x와 y를 서로 바꾸면

$$y=-\frac{1}{2}x-\frac{3}{2}$$

따라서 구하는 역함수는

$$(g\circ f)^{-1}(x)=-\frac{1}{2}x-\frac{3}{2}$$

(4) (1), (2)에서 $f^{-1}(x)=x-2$, $g^{-1}(x)=-\frac{1}{2}x+\frac{1}{2}$

이므로

$$\begin{aligned}(f^{-1}\circ g^{-1})(x)&=f^{-1}(g^{-1}(x))\\&=f^{-1}\left(-\frac{1}{2}x+\frac{1}{2}\right)\\&=\left(-\frac{1}{2}x+\frac{1}{2}\right)-2=-\frac{1}{2}x-\frac{3}{2}\end{aligned}$$

다른 풀이

(4) 역함수의 성질에 의하여

$(g\circ f)^{-1}(x)=(f^{-1}\circ g^{-1})(x)$이므로

$$\begin{aligned}(f^{-1}\circ g^{-1})(x)&=(g\circ f)^{-1}(x)\\&=-\frac{1}{2}x-\frac{3}{2}\;(\because\text{(3)})\end{aligned}$$

4 답 2

$f(2)=1$이므로 $2a+b=1$ ······ ㉠

$f^{-1}(0)=3$에서 $f(3)=0$이므로

$3a+b=0$ ······ ㉡

㉠, ㉡을 연립하여 풀면 $a=-1$, $b=3$

$\therefore a+b=-1+3=2$

5 답 $a=-1$, $b=-2$

함수 $y=f(x)$의 그래프와 그 역함수 $y=f^{-1}(x)$의 그래프가 모두 점 $(2,\ -4)$를 지나므로

$f(2)=-4$, $f^{-1}(2)=-4$

$f(2)=-4$이므로 $2a+b=-4$ ······ ㉠

$f^{-1}(2)=-4$에서 $f(-4)=2$이므로

$-4a+b=2$ ······ ㉡

㉠, ㉡을 연립하여 풀면 $a=-1$, $b=-2$

예제 09 역함수의 성질 329쪽

09-1 답 (1) -1 (2) -20

(1) $g(4)=a$라고 하면 $g^{-1}(a)=4$에서 $f(a)=4$이므로

$-3a+1=4$, $-3a=3$ $\therefore a=-1$

(2) $(g\circ g\circ g)(k)=1$에서

$$\begin{aligned}&(g^{-1}\circ g^{-1}\circ g^{-1})\circ(g\circ g\circ g)(k)\\&=(g^{-1}\circ g^{-1}\circ g^{-1})(1)\\\therefore\ k&=(g^{-1}\circ g^{-1}\circ g^{-1})(1)\\&=(f\circ f\circ f)(1)=f(f(f(1)))=f(f(-2))\\&=f(7)=-20\end{aligned}$$

09-2 답 ⑤

함수 f의 역함수가 존재하므로 함수 f는 일대일대응이다.

따라서 $f^{-1}(1)+f^{-1}(2)+f^{-1}(3)+f^{-1}(4)+f^{-1}(5)$는 함수 f의 정의역의 모든 원소의 합과 같으므로

$$\begin{aligned}&f^{-1}(1)+f^{-1}(2)+f^{-1}(3)+f^{-1}(4)+f^{-1}(5)\\&=1+2+3+4+5=15\end{aligned}$$

09-3 답 28

$(g\circ g\circ g\circ g)(k)=2$에서

$$\begin{aligned}&(g^{-1}\circ g^{-1}\circ g^{-1}\circ g^{-1})\circ(g\circ g\circ g\circ g)(k)\\&=(g^{-1}\circ g^{-1}\circ g^{-1}\circ g^{-1})(2)\\\therefore\ k&=(g^{-1}\circ g^{-1}\circ g^{-1}\circ g^{-1})(2)\\&=(f\circ f\circ f\circ f)(2)\\&=f(f(f(f(2))))\\&=f(f(f(0)))\ (\because\ f(2)=-2^2+2\times2=0)\\&=f(f(4))\ (\because\ f(0)=(-3)\times0+4=4)\\&=f(-8)\ (\because\ f(4)=-4^2+2\times4=-8)\\&=28\ (\because\ f(-8)=(-3)\times(-8)+4=28)\end{aligned}$$

예제 10 역함수와 그 그래프 331쪽

10-1 답 (1) $y=-x+2$, 그래프는 풀이 참조
(2) $y=\sqrt{x-1}\,(x\geq1)$, 그래프는 풀이 참조

(1) 함수 $y=-x+2$는 실수 전체의 집합 R에서 R로의 일대일대응이므로 역함수가 존재한다.

$y=-x+2$를 x에 대하여 풀면

$x=-y+2$

x와 y를 서로 바꾸면 구하는 역함수는

$y=-x+2$

또한 역함수의 그래프는 함수 $y=-x+2$의 그래프와 직선 $y=x$에 대하여 대칭이므로 오른쪽 그림과 같다.

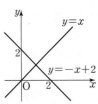

(2) 함수 $y=x^2+1\ (x\geq 0)$은 집합 $\{x|x\geq 0\}$에서 집합 $\{y|y\geq 1\}$로의 일대일대응이므로 역함수가 존재한다.

$y=x^2+1$을 x에 대하여 풀면
$$x^2=y-1$$
$$\therefore x=\sqrt{y-1}\ (\because x\geq 0) \quad \cdots\cdots \ \bigcirc$$

이때 함수 $y=x^2+1\ (x\geq 0)$의 치역이 $\{y|y\geq 1\}$이므로 역함수의 정의역은 $\{x|x\geq 1\}$이다.

따라서 $\bigcirc$에서 x와 y를 서로 바꾸면 구하는 역함수는 $y=\sqrt{x-1}\ (x\geq 1)$

또한 역함수의 그래프는 함수 $y=x^2+1\ (x\geq 0)$의 그래프와 직선 $y=x$에 대하여 대칭이므로 오른쪽 그림과 같다.

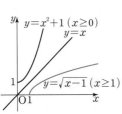

10-2 답 ⑤

(i) $y=af(x)$로 놓으면
$$f(x)=\frac{y}{a} \quad \therefore x=f^{-1}\!\left(\frac{y}{a}\right)$$

x와 y를 서로 바꾸면
$$y=f^{-1}\!\left(\frac{x}{a}\right)$$

따라서 함수 $af(x)$의 역함수는 $f^{-1}\!\left(\dfrac{x}{a}\right)$, 즉
$$g\!\left(\frac{x}{a}\right)$$

(ii) $y=f(ax)$로 놓으면
$$ax=f^{-1}(y) \quad \therefore x=\frac{1}{a}f^{-1}(y)$$

x와 y를 서로 바꾸면
$$y=\frac{1}{a}f^{-1}(x)$$

따라서 함수 $f(ax)$의 역함수는 $\dfrac{1}{a}f^{-1}(x)$, 즉
$$\frac{1}{a}g(x)$$

(i), (ii)에서 구하는 역함수는 ⑤ $g\!\left(\dfrac{x}{a}\right)$, $\dfrac{1}{a}g(x)$이다.

10-3 답 $\sqrt{2}$

함수 $y=f(x)$의 그래프와 그 역함수 $y=g(x)$의 그래프는 직선 $y=x$에 대하여 대칭이므로 오른쪽 그림과 같다.

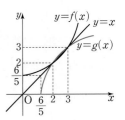

함수 $y=f(x)$의 그래프와 그 역함수 $y=g(x)$의 그래프의 교점은 함수 $y=f(x)$의 그래프와 직선 $y=x$의 교점과 같으므로

$\dfrac{1}{5}(x^2+6)=x$에서
$$x^2+6=5x$$
$$x^2-5x+6=0$$
$$(x-2)(x-3)=0 \quad \therefore x=2 \text{ 또는 } x=3$$

따라서 두 교점의 좌표는 $(2,\ 2)$, $(3,\ 3)$이므로 두 교점 사이의 거리는
$$\sqrt{(3-2)^2+(3-2)^2}=\sqrt{2}$$

예제 11 합성함수의 역함수 333쪽

11-1 답 3

역함수와 합성함수의 성질에 의하여
$$\begin{aligned} g\circ(f\circ g)^{-1}\circ g&=g\circ(g^{-1}\circ f^{-1})\circ g\\ &=(g\circ g^{-1})\circ(f^{-1}\circ g)\\ &=I\circ(f^{-1}\circ g)\\ &=f^{-1}\circ g \end{aligned}$$

이므로
$$\begin{aligned} (g\circ(f\circ g)^{-1}\circ g)(2)&=(f^{-1}\circ g)(2)\\ &=f^{-1}(g(2))\\ &=f^{-1}(1) \end{aligned}$$

이때 $f^{-1}(1)=a$로 놓으면 $f(a)=1$이므로
$$f(a)=a-2=1 \quad \therefore a=3$$

따라서 $f^{-1}(1)=3$이므로
$$(g\circ(f\circ g)^{-1}\circ g)(2)=3$$

11-2 답 ②

$(g^{-1}\circ f^{-1})(8)=3$에서
$(f\circ g)^{-1}(8)=3$이므로
$$(f\circ g)(3)=8$$

즉, $f(g(3))=f(5)=8$이므로
$$f(5)=5a+b=8 \quad \cdots\cdots \ \bigcirc$$

또한 $(f \circ g^{-1})(4) = f(g^{-1}(4))$에서
$g^{-1}(4) = k$로 놓으면 $g(k) = 4$이므로
$g(k) = k + 2 = 4$ $\therefore k = 2$
즉, $g^{-1}(4) = 2$이므로
$(f \circ g^{-1})(4) = f(2) = 2a + b = -1$ ······ ⓛ
ⓖ, ⓛ을 연립하여 풀면
$a = 3, \ b = -7$
$\therefore a + b = 3 + (-7) = -4$

11-3 답 ⑤

직선 $y = x$를 이용하여 x축과 점선이 만나는 점의 x좌표를 구하여 주어진 그림에 나타내면 다음 그림과 같다.

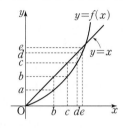

$(f \circ f)^{-1}(c) = (f^{-1} \circ f^{-1})(c) = f^{-1}(f^{-1}(c))$
이므로 $f^{-1}(c) = m$으로 놓으면
$f(m) = c$
위의 그림에서 $f(d) = c$이므로 $m = d$
$\therefore f^{-1}(f^{-1}(c)) = f^{-1}(d)$ ······ ⓖ
또한 $f^{-1}(d) = n$으로 놓으면
$f(n) = d$
위의 그림에서 $f(e) = d$이므로 $n = e$
$\therefore f^{-1}(d) = e$ ······ ⓛ
$\therefore (f \circ f)^{-1}(c) = (f^{-1} \circ f^{-1})(c)$
$= f^{-1}(f^{-1}(c))$
$= f^{-1}(d) \ (\because \text{ⓖ})$
$= e \ (\because \text{ⓛ})$

예제 12   우함수와 기함수   339쪽

12-1 답 (1) 우함수   (2) 기함수
(3) 기함수   (4) 우함수

주어진 조건에 의하여
$f(-x) = f(x), \ g(-x) = -g(x)$
(1) $F(x) = \{f(x)\}^2$이라고 하면
$F(-x) = \{f(-x)\}^2 = \{f(x)\}^2 = F(x)$

따라서 $F(-x) = F(x)$이므로 $\{f(x)\}^2$은 우함수이다.
(2) $F(x) = \{g(x)\}^3$이라고 하면
$F(-x) = \{g(-x)\}^3 = \{-g(x)\}^3$
$= -\{g(x)\}^3$
$= -F(x)$

따라서 $F(-x) = -F(x)$이므로 $\{g(x)\}^3$은 기함수이다.
(3) $F(x) = \dfrac{f(x)}{g(x)} \ (g(x) \neq 0)$라고 하면
$F(-x) = \dfrac{f(-x)}{g(-x)} = \dfrac{f(x)}{-g(x)}$
$= -\dfrac{f(x)}{g(x)} = -F(x)$

따라서 $F(-x) = -F(x)$이므로 $\dfrac{f(x)}{g(x)}$는 기함수이다.
(4) $F(x) = f(x) + xg(x)$라고 하면
$F(-x) = f(-x) + (-x)g(-x)$
$= f(x) + (-x)\{-g(x)\}$
$= f(x) + xg(x)$
$= F(x)$

따라서 $F(-x) = F(x)$이므로 $f(x) + xg(x)$는 우함수이다.

⊕ 보충 설명

우함수와 기함수의 성질
(1) (우함수) + (우함수) = (우함수)
(2) (기함수) + (기함수) = (기함수)
(3) (우함수) × (우함수) = (우함수)
(4) (기함수) × (기함수) = (우함수)
(5) (기함수) × (우함수) = (기함수)

12-2 답 ㄱ, ㄷ, ㅁ

ㄱ. $F(x) = f(x) + f(-x)$라고 하면
$F(-x) = f(-x) + f(x) = F(x)$
즉, $F(-x) = F(x)$이므로 $f(x) + f(-x)$는 우함수이다.
ㄴ. $F(x) = f(x) - f(-x)$라고 하면
$F(-x) = f(-x) - f(x) = -F(x)$
즉, $F(-x) = -F(x)$이므로 $f(x) - f(-x)$는 기함수이다.
ㄷ. $F(x) = f(x)f(-x)$라고 하면
$F(-x) = f(-x)f(x) = F(x)$

즉, $F(-x)=F(x)$이므로 $f(x)f(-x)$는 우함수이다.

ㄹ. $f(x)$가 기함수이므로

$$f(-x)=-f(x)$$

를 만족시킨다.

$F(x)=(f\circ f)(x)$라고 하면

$$\begin{aligned}F(-x)&=(f\circ f)(-x)=f(f(-x))\\&=f(-f(x))=-f(f(x))\\&=-(f\circ f)(x)=-F(x)\end{aligned}$$

즉, $F(-x)=-F(x)$이므로 $(f\circ f)(x)$는 기함수이다.

ㅁ. $f(x)$가 우함수이므로

$$f(-x)=f(x)$$

를 만족시킨다.

$F(x)=(f\circ f)(x)$라고 하면

$$\begin{aligned}F(-x)&=(f\circ f)(-x)=f(f(-x))\\&=f(f(x))=(f\circ f)(x)=F(x)\end{aligned}$$

즉, $F(-x)=F(x)$이므로 $(f\circ f)(x)$는 우함수이다.

따라서 우함수인 것은 ㄱ, ㄷ, ㅁ이다.

⊕ 보충 설명

두 함수 $f(x)$, $g(x)$에 대하여 $f(x)$는 우함수, $g(x)$는 기함수이면

$$f(-x)=f(x),\ g(-x)=-g(x)$$

(1) $F(x)=(f\circ g)(x)$라고 하면

$$\begin{aligned}F(-x)&=(f\circ g)(-x)=f(g(-x))\\&=f(-g(x))=f(g(x))\\&=(f\circ g)(x)=F(x)\end{aligned}$$

따라서 $F(-x)=F(x)$이므로 함수 $(f\circ g)(x)$는 우함수이다.

(2) $F(x)=(g\circ f)(x)$라고 하면

$$\begin{aligned}F(-x)&=(g\circ f)(-x)=g(f(-x))\\&=g(f(x))=(g\circ f)(x)=F(x)\end{aligned}$$

따라서 $F(-x)=F(x)$이므로 함수 $(g\circ f)(x)$는 우함수이다.

(1), (2)에서 우함수와 기함수를 합성했을 때에는 합성의 순서에 상관없이 우함수가 됨을 알 수 있다.

또한 〈보기〉의 ㄹ, ㅁ에서 알 수 있듯이 우함수끼리 합성하면 우함수, 기함수끼리 합성하면 기함수이다.

12-3 답 -2

함수 $f(x)=2x^2-8x-4$에서

$$\begin{aligned}f(x)&=2(x^2-4x)-4\\&=2(x^2-4x+4)-8-4\\&=2(x-2)^2-12\end{aligned}$$

이므로 함수 $y=f(x)$의 그래프는 오른쪽 그림과 같이 직선 $x=2$에 대하여 대칭이다.

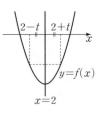

이때 함수 $f(x)$는 $x=2$의 좌우로 t (t는 실수)만큼 떨어진 x좌표에서의 함숫값이 같다.

즉, 임의의 실수 t에 대하여 $f(2-t)=f(2+t)$를 만족시키므로

$$a=2$$

또한 함수 $g(x)$는

$g(2-x)=-g(2+x)$를 만족시키므로 오른쪽 그림과 같이 $x=2$의 좌우로 k (k는 실수)만큼 떨어진 x좌표에서의 함숫값은 절댓값은 같고 부호는 서로 반대이다.

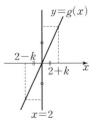

즉, 함수 $y=g(x)$의 그래프는 점 $(2,\ 0)$에 대하여 대칭이다.

따라서 함수 $y=g(x)$의 그래프는 점 $(2,\ 0)$을 지나므로

$$2\times2+b=0\qquad\therefore b=-4$$

$$\therefore a+b=2+(-4)=-2$$

⊕ 보충 설명

함수 $f(x)=x^2$은 모든 실수 x에 대하여 $f(0+x)=f(0-x)$가 성립하므로 함수 $y=f(x)$의 그래프는 직선 $x=0$ (y축)에 대하여 대칭이다.

일반적으로 이차함수

$$g(x)=a(x-p)^2+q\ (a,\ p,\ q는\ 상수)$$

는 모든 실수 x에 대하여

$$g(p+x)=g(p-x)$$

가 성립하므로 이차함수 $y=g(x)$의 그래프는 직선 $x=p$에 대하여 대칭이다.

예제 13 가우스 기호를 포함한 함수의 그래프   341쪽

13-1 답 풀이 참조

(1) 함수 $y=\left[\dfrac{x}{2}\right]$에서 $\dfrac{x}{2}$가 정수가 되는 x의 값을 기준으로 x의 값의 범위를 나누면

      ⋮

$-2 \leq \dfrac{x}{2} < -1$, 즉 $-4 \leq x < -2$일 때,

$\left[\dfrac{x}{2}\right] = -2$이므로 $y = -2$

$-1 \leq \dfrac{x}{2} < 0$, 즉 $-2 \leq x < 0$일 때,

$\left[\dfrac{x}{2}\right] = -1$이므로 $y = -1$

$0 \leq \dfrac{x}{2} < 1$, 즉 $0 \leq x < 2$일 때,

$\left[\dfrac{x}{2}\right] = 0$이므로 $y = 0$

$1 \leq \dfrac{x}{2} < 2$, 즉 $2 \leq x < 4$일 때,

$\left[\dfrac{x}{2}\right] = 1$이므로 $y = 1$

$\vdots$

따라서 구하는 함수의 그래프는 다음 그림과 같다.

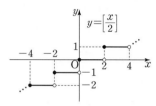

(2) 함수 $y = [x^2]$ $(-2 < x < 2)$에서 x^2이 정수가 되는 x의 값을 기준으로 x의 값의 범위를 나누면

$-2 < x \leq -\sqrt{3}$일 때, $3 \leq x^2 < 4$이므로
$y = [x^2] = 3$

$-\sqrt{3} < x \leq -\sqrt{2}$일 때, $2 \leq x^2 < 3$이므로
$y = [x^2] = 2$

$-\sqrt{2} < x \leq -1$일 때, $1 \leq x^2 < 2$이므로
$y = [x^2] = 1$

$-1 < x < 1$일 때, $0 \leq x^2 < 1$이므로
$y = [x^2] = 0$

$1 \leq x < \sqrt{2}$일 때, $1 \leq x^2 < 2$이므로
$y = [x^2] = 1$

$\sqrt{2} \leq x < \sqrt{3}$일 때, $2 \leq x^2 < 3$이므로
$y = [x^2] = 2$

$\sqrt{3} \leq x < 2$일 때, $3 \leq x^2 < 4$이므로
$y = [x^2] = 3$

따라서 함수
$y = [x^2]$
$(-2 < x < 2)$
의 그래프는
오른쪽 그림과
같다.

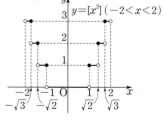

13-2 답 풀이 참조

합성함수의 성질에 의하여
$$h(x) = (f \circ g \circ f)(x)$$
$$= f(g(f(x)))$$
$$= f(g(-x))$$
$$= f([-x]) = -[-x]$$
$$\therefore h(x) = -[-x]$$

$0 < x < 3$에서 $-3 < -x < 0$이므로

(ⅰ) $-3 < -x < -2$, 즉 $2 < x < 3$일 때,
   $[-x] = -3$이므로 $h(x) = 3$

(ⅱ) $-2 \leq -x < -1$, 즉 $1 < x \leq 2$일 때,
   $[-x] = -2$이므로 $h(x) = 2$

(ⅲ) $-1 \leq -x < 0$, 즉 $0 < x \leq 1$일 때,
   $[-x] = -1$이므로 $h(x) = 1$

따라서 함수 $y = h(x)$의 그래프
는 오른쪽 그림과 같다.

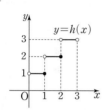

13-3 답 (1) 0 (2) $\{-1, 0\}$

(1) $[x] = X$로 놓으면
$$y = 2X^2 - 3X + 1$$
$$= 2\left(X^2 - \dfrac{3}{2}X + \dfrac{9}{16}\right) - \dfrac{9}{8} + 1$$
$$= 2\left(X - \dfrac{3}{4}\right)^2 - \dfrac{1}{8}$$

그런데 X는 정수이므로

(ⅰ) $X = 0$일 때, $y = 1$

(ⅱ) $X = 1$일 때, $y = 0$

(ⅰ), (ⅱ)에서 함수 $f(x)$는 $X = 1$, 즉 $1 \leq x < 2$일 때
최솟값 0을 가진다.

(2) 정수 n에 대하여

(ⅰ) $x = n$일 때,
$$f(n) = [n] + [-n]$$
$$= n + (-n) = 0$$

(ⅱ) $n < x < n+1$일 때,
   $-n-1 < -x < -n$이므로
   $[x] = n$, $[-x] = -n-1$
$$\therefore f(x) = [x] + [-x]$$
$$= n + (-n-1) = -1$$

(ⅰ), (ⅱ)에서 함수 $f(x)$의 치역은 $\{-1, 0\}$이다.

예제 14 함수의 그래프를 이용한 방정식의 실근의 개수 343쪽

14-1 답 $-2<a<2$

x에 대한 방정식 $|x^2-a^2|=4$의 실근의 개수는 함수 $y=|x^2-a^2|$의 그래프와 직선 $y=4$의 교점의 개수와 같으므로 주어진 방정식이 서로 다른 두 실근을 가지려면 함수 $y=|x^2-a^2|$의 그래프와 직선 $y=4$가 서로 다른 두 점에서 만나야 한다. 이때

$$y=|x^2-a^2|=\begin{cases}x^2-a^2\ (x\le-|a|\ \text{또는}\ x\ge|a|)\\-x^2+a^2\ (-|a|<x<|a|)\end{cases}$$

이므로 함수 $y=|x^2-a^2|$의 그래프와 직선 $y=4$를 그리면 다음 그림과 같다.

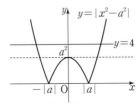

따라서 주어진 방정식이 서로 다른 두 실근을 가지도록 하는 실수 a의 값의 범위는

$a^2<4$, $(a+2)(a-2)<0$ $\quad\therefore\ -2<a<2$

14-2 답 $1<k<\dfrac{5}{4}$

집합 A는 x에 대한 방정식 $|x^2-1|=x+k$의 실근의 집합이다.

$n(A)=4$이므로 x에 대한 방정식 $|x^2-1|=x+k$는 서로 다른 네 실근을 가진다.

즉, 함수 $y=|x^2-1|$의 그래프와 직선 $y=x+k$는 서로 다른 4개의 교점을 가진다.

이때

$$y=|x^2-1|=\begin{cases}x^2-1\ (x\le-1\ \text{또는}\ x\ge1)\\-x^2+1\ (-1<x<1)\end{cases}$$

이므로 함수 $y=|x^2-1|$의 그래프와 직선 $y=x+k$를 그리면 오른쪽 그림과 같다.

(i) 함수 $y=-x^2+1$의 그래프와 직선 $y=x+k$가 접할 때,

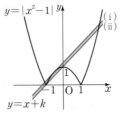

이차방정식 $-x^2+1=x+k$, 즉
$x^2+x+k-1=0$의 판별식을 D라고 하면
$D=1-4(k-1)=0$ $\quad\therefore\ k=\dfrac{5}{4}$

(ii) 직선 $y=x+k$가 두 점 $(0,1)$, $(-1,0)$을 지날 때,
$1=0+k$ $\quad\therefore\ k=1$

(i), (ii)에서 구하는 실수 k의 값의 범위는

$1<k<\dfrac{5}{4}$

14-3 답 ②

주어진 그림에서 함수 $y=f(x)$의 그래프와 x축의 교점의 x좌표가 -2, 1이므로 방정식 $f(x)=0$의 두 근은 -2와 1이다.

방정식 $(f\circ f)(x)=0$, 즉 $f(f(x))=0$의 실근은
$f(x)=-2$ 또는 $f(x)=1$
을 만족시키는 x의 값과 같다.

(i) $f(x)=-2$일 때, $x=-\dfrac{1}{2}$

(ii) $f(x)=1$일 때,

함수 $y=f(x)$의 그래프가 직선 $x=-\dfrac{1}{2}$에 대하여 대칭이므로 방정식 $f(x)=1$의 두 실근은 각각

$-\dfrac{1}{2}+k$, $-\dfrac{1}{2}-k\ (k>0)$

로 나타낼 수 있다.

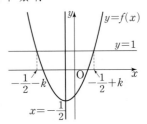

따라서 방정식 $(f\circ f)(x)=0$의 모든 실근의 합은

$-\dfrac{1}{2}+\left(-\dfrac{1}{2}+k\right)+\left(-\dfrac{1}{2}-k\right)=-\dfrac{3}{2}$

기본 다지기			344쪽~345쪽
1 4	2 (1) 3 (2) 4	3 5	4 1
5 6	6 (1) $h(x)=2x+2$ (2) $h(x)=2x+10$		
7 4	8 ⑤	9 ⑤	10 $x\le-2$ 또는 $x\ge0$

1 함수 $f(x)$는 상수함수이므로 $f(0)=f(2)=f(4)$
$f(0)=2$, $f(2)=4+2a+b$, $f(4)=16+4a+b$

$f(0)=f(2)$에서 $2a+b=-2$ ...... ㉠

$f(0)=f(4)$에서 $4a+b=-14$ ...... ㉡

㉠, ㉡을 연립하여 풀면

$a=-6$, $b=10$

$\therefore a+b=4$

2 (1) $f(x)$가 항등함수이므로 $f(x)=x$에서

$2x^2+x-2=x$, $2x^2-2=0$

$x^2-1=0$, $(x+1)(x-1)=0$

$\therefore x=-1$ 또는 $x=1$

따라서 구하는 집합 X는 집합 $\{-1, 1\}$의 공집합

이 아닌 부분집합이므로

$\{-1\}$, $\{1\}$, $\{-1, 1\}$

의 3개이다.

(2) 함수 $g\circ f$가 항등함수이므로 $(g\circ f)(2)=2$에서

$g(f(2))=g(-a)=2$

즉, $a^2-2a+b=2$ ...... ㉠

$(g\circ f)(3)=3$에서

$g(f(3))=g(0)=3$

$\therefore b=3$ ...... ㉡

㉡을 ㉠에 대입하면

$a^2-2a+3=2$, $(a-1)^2=0$ $\therefore a=1$

$\therefore a+b=4$

3 $f(1)=3$, $f(2)=4$이고 함수 f가 일대일대응이므로 $f(5)$의 값은 집합 X의 원소 중에서 3, 4를 제외한 1, 2, 5 중 하나이다.

(i) $f(5)=1$일 때,

$1=(f\circ f\circ f)(5)=f(f(f(5)))$

$=f(f(1))=f(3)$

함수 f가 일대일대응이라는 조건에 모순이므로

$f(5)\neq 1$

(ii) $f(5)=2$일 때,

$1=(f\circ f\circ f)(5)=f(f(f(5)))$

$=f(f(2))=f(4)$

$\therefore f(3)=5$

(iii) $f(5)=5$일 때,

$1=(f\circ f\circ f)(5)=f(f(f(5)))$

$=f(f(5))$

$=f(5)$

$f(5)=5$라는 가정에 모순이므로 $f(5)\neq 5$

(i)~(iii)에서 $f(3)=5$

4 함수 $f(x)=ax$ $(a\neq 0)$에서

$f(1)=a$, $f(2)=2a$, $f(3)=3a$, $f(4)=4a$

이므로 함수 f의 치역은

$\{a, 2a, 3a, 4a\}$

이때 합성함수 $g\circ f$가 정의되려면

$\{a, 2a, 3a, 4a\}\subset X$이어야 한다.

즉, $\{a, 2a, 3a, 4a\}\subset\{1, 2, 3, 4\}$에서 $a\in\{1, 2, 3, 4\}$

따라서 상수 a의 값은 1, 2, 3, 4 중 하나이다.

(i) $a=1$일 때,

$\{a, 2a, 3a, 4a\}=\{1, 2, 3, 4\}=X$

(ii) $a=2$일 때,

$\{a, 2a, 3a, 4a\}=\{2, 4, 6, 8\}\not\subset X$

(iii) $a=3$일 때,

$\{a, 2a, 3a, 4a\}=\{3, 6, 9, 12\}\not\subset X$

(iv) $a=4$일 때,

$\{a, 2a, 3a, 4a\}=\{4, 8, 12, 16\}\not\subset X$

(i)~(iv)에서 $a=1$

⊕ 보충 설명

두 함수 f, g의 합성함수 $g\circ f$가 정의되기 위해서는 함수 f의 치역이 함수 g의 정의역의 부분집합이어야 한다.

예를 들어 함수 $f(x)=x$, $g(x)=\dfrac{1}{x}$에서 f의 치역은 실수 전체의 집합 R이지만 함수 g의 정의역은 0이 아닌 실수 전체의 집합 $R-\{0\}$이므로 합성함수 $g\circ f$는 정의되지 않는다.

5 함수 f의 정의에 의하여

$f(1)=2$, $f(2)=3$, $f(3)=4$, $f(4)=1$

이때 $g(1)=3$이고 $f\circ g=g\circ f$에서

$f(g(x))=g(f(x))$ ...... ㉠

(i) ㉠의 양변에 $x=1$을 대입하면

$f(g(1))=g(f(1))$

$f(3)=g(2)$ $\therefore g(2)=4$

(ii) ㉠의 양변에 $x=2$를 대입하면

$f(g(2))=g(f(2))$

$f(4)=g(3)$ $\therefore g(3)=1$

(iii) ㉠의 양변에 $x=3$을 대입하면

$f(g(3))=g(f(3))$

$f(1)=g(4)$ $\therefore g(4)=2$

(i)~(iii)에서 $g(2)+g(4)=4+2=6$

⊕ 보충 설명

일반적으로는 합성함수에서 교환법칙이 성립하지 않는다.

6 (1) $(f \circ h)(x) = g(x)$에서

$f(h(x)) = g(x)$

$2h(x) - 6 = 4x - 2$

$\therefore h(x) = 2x + 2$

(2) $(h \circ f)(x) = g(x)$에서

$h(f(x)) = g(x)$

$\therefore h(2x - 6) = 4x - 2$

이때 $2x - 6 = t$로 놓으면 $x = \dfrac{t+6}{2}$이므로

$h(t) = 4 \times \dfrac{t+6}{2} - 2 = 2t + 10$

$\therefore h(x) = 2x + 10$

7 $f(6) = 2$이므로 $f^{-1}(2) = 6$

$\therefore (g \circ f^{-1})(2) = g(f^{-1}(2)) = g(6) = 2$

또한 $g(6) = 2$이므로 $g^{-1}(2) = 6$

$\therefore (f \circ g^{-1})(2) = f(g^{-1}(2)) = f(6) = 2$

$\therefore (g \circ f^{-1})(2) + (f \circ g^{-1})(2) = 2 + 2 = 4$

8 $g(x) = x + 4$이므로

$(f^{-1} \circ g)(0) = f^{-1}(g(0)) = f^{-1}(4)$

이때 $f^{-1}(4) = k$라고 하면 $f(k) = 4$

(i) $k \geq 0$이면 $f(k) = k^2 = 4$이므로

$k = 2 \ (\because k \geq 0)$

(ii) $k < 0$이면 $f(k) = k < 0$이므로

$f(k) = 4$에 모순이다.

(i), (ii)에서 $f^{-1}(4) = 2$이므로

$(f^{-1} \circ g)(0) = f^{-1}(4) = 2$

다른 풀이

$f^{-1}(x) = \begin{cases} \sqrt{x} & (x \geq 0) \\ x & (x < 0) \end{cases}$이므로

$(f^{-1} \circ g)(0) = f^{-1}(g(0)) = f^{-1}(4) = 2$

9 (i) $f(x)$가 일차식일 때,

$f(x) = ax + b \ (a, b$는 상수, $a \neq 0) \quad \cdots\cdots$ ㉠

라고 하면

$\begin{aligned}(f \circ f)(x) &= f(f(x)) \\ &= f(ax + b) \\ &= a(ax + b) + b \\ &= a^2 x + ab + b = x\end{aligned}$

$\therefore a^2 = 1, \ ab + b = 0 \quad \cdots\cdots$ ㉡

이때 $f(0) = 1$이므로 ㉠의 양변에 $x = 0$을 대입하면

$f(0) = b \qquad \therefore b = 1$

$b = 1$을 ㉡에 대입하면

$a + 1 = 0 \qquad \therefore a = -1$

$\therefore f(x) = -x + 1$

(ii) $f(x)$가 이차식일 때,

$f(x) = qx^2 + rx + s \ (q, r, s$는 상수, $q \neq 0)$라고 하면

$\begin{aligned}(f \circ f)(x) &= f(f(x)) \\ &= f(qx^2 + rx + s) \\ &= q(qx^2 + rx + s)^2 + r(qx^2 + rx + s) \\ &\qquad + s\end{aligned}$

이때 $q \neq 0$이므로 합성함수 $(f \circ f)(x)$의 최고차항의 차수가 4이다.

따라서 $(f \circ f)(x) = x$라는 조건에 모순이다.

즉, $f(x)$가 2차 이상의 다항식일 때에는 $(f \circ f)(x) = x$를 만족시킬 수 없다.

(i), (ii)에서 $f(x) = -x + 1$

$\therefore f(-1) = -(-1) + 1 = 2$

다른 풀이

실수 전체의 집합에서 정의된 함수 f에 대하여

$(f \circ f)(x) = x$이므로 $f \circ f$는 항등함수이다.

$\therefore f = f^{-1}$

즉, 함수 f와 그 역함수 f^{-1}가 서로 같으므로 함수 $y = f(x)$의 그래프는 직선 $y = x$에 대하여 대칭이다.

또한 $(f \circ f)(x) = x$, $f(0) = 1$에서

$f(f(0)) = 0 \qquad \therefore f(1) = 0$

이때 오른쪽 그림과 같이 두 점 $(0, 1)$, $(1, 0)$을 지나고, 직선 $y = x$에 대칭인 다항함수의 그래프는 직선, 즉 일차함수의 그래프뿐이다.

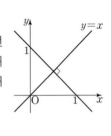

따라서 $f(x) = -x + 1$이므로

$f(-1) = 2$

10 부등식 $(f \circ g)(x) \geq 0$에서

$f(g(x)) \geq 0$

$\therefore f(x + 1) \geq 0$

$f(x + 1) \geq 0$에서 $x + 1 = t$로 놓으면 함수 $y = f(x)$의 그래프에서 $f(t) \geq 0$의 해는 $t \leq -1$ 또는 $t \geq 1$이므로

$x + 1 \leq -1$ 또는 $x + 1 \geq 1$

$\therefore x \leq -2$ 또는 $x \geq 0$

다른 풀이

이차함수 $y=f(x)$의 그래프가 x축과 두 점 $(-1, 0)$, $(1, 0)$에서 만나므로

$f(x)=a(x+1)(x-1)$ $(a>0)$

이라고 하면

$(f \circ g)(x)=f(g(x))$
$\qquad\qquad =f(x+1)=ax(x+2)$

따라서 부등식 $(f \circ g)(x)\geq 0$, 즉

$ax(x+2)\geq 0$ $(a>0)$의 해는

$x\leq -2$ 또는 $x\geq 0$

실력 다지기   346쪽 ~ 347쪽

11 5	**12** 4	**13** ①	**14** ⑤	**15** 120
16 (1) 16	(2) 2	**17** 32		

18 $\left\{ (f \circ f)(x) \,\middle|\, 0\leq (f \circ f)(x) \leq \dfrac{3}{4} \right\}$ **19** ⑤

20 3

---

11 **접근 방법** | 정의역에 속하는 모든 x에 대하여 항등함수는 $f(x)=x$, 상수함수는 $f(x)=k$ (k는 상수)가 성립한다.

$g(x)$가 항등함수이므로 $g(3)=3$

즉, 조건 ㈎에서 $f(2)=h(6)=3$

한편, $f(x)$가 일대일대응이고 $f(2)=3$이므로 조건 ㈏에서 $3f(3)=f(6)$

즉, $f(3)=2$

또한 $h(x)$가 상수함수이므로 $h(2)=h(6)=3$이다.

$\therefore f(3)+h(2)=2+3=5$

---

12 **접근 방법** | 일대일대응은 일대일함수이면서 치역과 공역이 서로 같은 함수이다. 이때 일대일함수의 그래프는 x축에 평행한 직선 $y=b$ (b는 치역의 원소)와 오직 한 점에서 만난다.

$f(x)=x^2-2x-4$
$\qquad =(x^2-2x+1)-5$
$\qquad =(x-1)^2-5$

이므로 함수 $y=f(x)$의 그래프는 다음 그림과 같다.

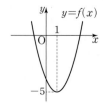

이때 함수 $f(x)$의 정의역은 $X=\{x|x\geq a\}$이고,

$f(x)$는 집합 X에서 X로의 일대일함수이므로

$a\geq 1$

또한 공역 $X=\{x|x\geq a\}$와 치역 $\{y|y\geq f(a)\}$가 서로 같으므로

$f(a)=a$

$a^2-2a-4=a$, $a^2-3a-4=0$, $(a+1)(a-4)=0$

$\therefore a=4$ ($\because a\geq 1$)

---

13 **접근 방법** | 함수 f와 그 역함수 f^{-1} 사이에는 $f(x)=y \Longleftrightarrow x=f^{-1}(y)$가 성립함을 이용한다.

$f^{-1}(x)=x^2$에서

$f(x^2)=x$ ⋯⋯ ㉠

$(f \circ g^{-1})(x^2)=x$에서

$f(g^{-1}(x^2))=x$ ⋯⋯ ㉡

㉠, ㉡에서 $f(x^2)=f(g^{-1}(x^2))$

f는 일대일대응이므로

$x^2=g^{-1}(x^2)$ $\therefore g(x^2)=x^2$

$\therefore (f \circ g)(20)=f(g(20))$
$\qquad\qquad\qquad =f(20)$ ($\because g(20)=20$)
$\qquad\qquad\qquad =\sqrt{20}$ ($\because$ ㉠)
$\qquad\qquad\qquad =2\sqrt{5}$

---

14 **접근 방법** | 함수 $f(x)$는 절댓값 기호 안의 식의 값을 0이 되게 하는 x의 값 $x=2$를 기준으로 나눈 범위에서 각각 다른 식을 가진다. 이때 두 식이 모두 x에 대한 일차식이므로 각 범위에서의 함수의 그래프는 직선이 되는데, 두 직선의 기울기의 부호가 다를 경우 함수 $y=f(x)$의 그래프는 ∨자형 또는 ∧자형 꼴이 되고 기울기가 0인 경우 x축에 평행한 직선이 된다. 그런데 ∨자형 또는 ∧자형 꼴의 그래프나 x축에 평행한 직선은 일대일대응의 그래프가 아니므로 이 경우 함수 $f(x)$의 역함수는 존재하지 않는다. 따라서 함수 $y=f(x)$의 그래프가 일대일대응이 되기 위한 두 직선의 기울기의 부호를 생각해 본다.

$f(x)= \begin{cases} ax+(x-2)+4 & (x\geq 2) \\ ax+(-x+2)+4 & (x<2) \end{cases}$

$\qquad = \begin{cases} (a+1)x+2 & (x\geq 2) \\ (a-1)x+6 & (x<2) \end{cases}$

이때 함수 $f(x)$의 역함수가 존재하기 위해서는 $f(x)$가 일대일대응이어야 하므로 두 직선 $y=(a+1)x+2$, $y=(a-1)x+6$의 기울기가 모두 양수이거나 모두 음수이어야 한다.

즉, 두 직선의 기울기의 곱이 0보다 커야 하므로
$(a+1)(a-1)>0$
$\therefore a<-1$ 또는 $a>1$

15 **접근 방법** | 함수 f의 역함수가 존재하기 위한 필요충분 조건은 함수 f가 일대일대응인 것이다. 또한 $X \cup Y = U$, $X \cap Y = \varnothing$이므로 집합 U의 원소 6개 중에서 정의역 X의 원소 3개를 뽑으면 남은 3개의 원소는 공역 Y의 원소가 된다.

$U = \{1,\ 2,\ 3,\ 4,\ 5,\ 6\}$이므로 $n(U)=6$

$X \cup Y = U$, $X \cap Y = \varnothing$이므로

$n(X \cup Y)=6$, $n(X \cap Y)=0$

그런데 함수 $f : X \longrightarrow Y$가 역함수를 가지려면 일대일대응이어야 하므로

$n(X)=n(Y)=3$

이때 집합 U의 원소 6개 중에서 정의역 X의 원소 3개를 뽑는 방법의 수는

$_6 C_3 = \dfrac{6 \times 5 \times 4}{3 \times 2 \times 1} = 20$ ...... ㉠

이 각각의 경우에 대하여 함수 $f : X \longrightarrow Y$가 일대일대응이 되도록 정의역 X의 원소 3개를 공역 Y의 원소 3개에 대응시키는 방법의 수는

$3! = 6$ ...... ㉡

㉠, ㉡에서 구하는 함수 f의 개수는

$20 \times 6 = 120$

16 **접근 방법** | (1) $f(x)=t$로 놓았을 때, 이차함수 $g(t)$의 최댓값이 10이 되도록 하는 상수 k의 값을 구하는 것과 같다.
(2) 함수 $f(x)=|x-2|-5$를 절댓값 기호 안의 식의 값이 0이 되는 x의 값 $x=2$를 기준으로 x의 값의 범위를 나누어서 나타낸 후, 합성함수 $(g \circ f)(x)$의 식을 구한다.

(1) $f(x)=x^2-6x+12$
  $\qquad = (x-3)^2+3$

이므로 $f(x)=t$로 놓으면

$t \geq 3$

이때 $(g \circ f)(x)=g(f(x))=g(t)$이고

$g(t)=-2t^2+4t+k$
  $\qquad = -2(t-1)^2+k+2 \ (t \geq 3)$

이므로 함수 $g(t)$는 $t=3$일 때 최댓값 10을 가진다.

$-2(3-1)^2+k+2=10$

$\therefore k=16$

(2) $f(x)=|x-2|-5$

$\qquad = \begin{cases} x-7 & (x \geq 2) \\ -x-3 & (x<2) \end{cases}$

$g(x)=x^2+6x+8$

$\qquad = (x+3)^2-1$

이므로 $0 \leq x \leq 5$에서

$(g \circ f)(x)$

$= g(f(x))$

$= \{f(x)+3\}^2-1$

$= \begin{cases} \{(x-7)+3\}^2-1 & (2 \leq x \leq 5) \\ \{(-x-3)+3\}^2-1 & (0 \leq x < 2) \end{cases}$

$= \begin{cases} (x-4)^2-1 & (2 \leq x \leq 5) \\ x^2-1 & (0 \leq x < 2) \end{cases}$

합성함수 $y=(g \circ f)(x) \ (0 \leq x \leq 5)$의 그래프를 그리면 다음 그림과 같다.

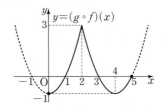

따라서 구하는 최댓값과 최솟값의 합은

$3+(-1)=2$

다른 풀이

(2) 함수 $f(x) = \begin{cases} x-7 & (x \geq 2) \\ -x-3 & (x<2) \end{cases}$ 의 그래프는 다음 그림과 같다.

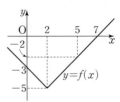

$f(x)=t$라고 하면 $0 \leq x \leq 5$에서

$-5 \leq t \leq -2$

이때 $(g \circ f)(x)=g(f(x))=g(t)$이고

$g(t)=t^2+6t+8$

$\qquad = (t+3)^2-1 \ (-5 \leq t \leq -2)$

$-5 \leq t \leq -2$에서 함수 $y=g(t)$의 그래프는 다음 그림과 같으므로

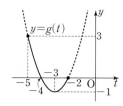

함수 $y=g(t)$의 치역은
$$\{y \mid -1 \leq y \leq 3\}$$
따라서 구하는 최댓값과 최솟값의 합은
$$3+(-1)=2$$

⊕ 보충 설명

제한된 범위에서의 이차함수의 최대, 최소
$\alpha \leq x \leq \beta$에서 이차함수 $f(x)=a(x-p)^2+q$의 최대, 최소는 다음과 같다.
(1) 축 $x=p$가 범위 $\alpha \leq x \leq \beta$에 포함될 때,
　(ⅰ) $a>0$이면
　　최솟값은 $f(p)=q$이고 $f(\alpha)$, $f(\beta)$ 중에서 큰 값이 최댓값이다.
　(ⅱ) $a<0$이면
　　최댓값은 $f(p)=q$이고 $f(\alpha)$, $f(\beta)$ 중에서 작은 값이 최솟값이다.
(2) 축 $x=p$가 범위 $\alpha \leq x \leq \beta$에 포함되지 않을 때,
　$f(\alpha)$, $f(\beta)$ 중에서 큰 값이 최댓값이고, 작은 값이 최솟값이다.

17 **접근 방법** | 함수 $y=f(x)$의 그래프와 그 역함수 $y=f^{-1}(x)$의 그래프가 직선 $y=x$에 대하여 대칭임을 이용하면 두 점 B, C의 좌표를 구할 수 있다. 또한 두 점 B, D의 y좌표가 같음을 이용하면 점 D의 좌표를 구할 수 있다.

함수 $y=f(x)$의 그래프와 그 역함수 $y=f^{-1}(x)$의 그래프가 직선 $y=x$에 대하여 대칭이므로 두 점 A, B와 두 점 C, D는 각각 직선 $y=x$에 대하여 서로 대칭이다.
즉, 점 A$(2, 4)$이므로 점 B$(4, 2)$이고, 두 점 B, D의 y좌표가 같으므로 점 D의 y좌표는 2이다.
이때 $f(-4)=2$이므로 점 D의 좌표는
$$(-4, 2)$$
$$\therefore \text{C}(2, -4)$$
$\overline{\text{BD}}=|4-(-4)|=8$이므로
$$\triangle \text{ABD}=\frac{1}{2} \times 8 \times (4-2)=8$$
$$\triangle \text{BCD}=\frac{1}{2} \times 8 \times \{2-(-4)\}=24$$
$$\therefore \square \text{ABCD}=\triangle \text{ABD}+\triangle \text{BCD}=8+24=32$$

⊕ 보충 설명

사다리꼴의 넓이를 구하는 공식을 이용하려고 하면 계산이 복잡해지므로 사다리꼴을 삼각형 2개로 나누어서 넓이를 구한다.

18 **접근 방법** | 함수 $f(x)$가 이차함수이므로 $f(x)=t$로 놓고 변수 t의 값의 범위를 구해 본다. 이때 합성함수의 정의에 의하여 t의 값의 범위의 집합은 함수 $f(x) (0 \leq x \leq 1)$의 치역을 뜻하고, 함수 $f(t)$에서는 정의역을 뜻한다.

$f(x)=t$로 놓으면 함수 $t=f(x)$의 그래프는 오른쪽 그림과 같으므로
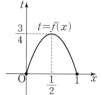
$$0 \leq t \leq \frac{3}{4}$$
따라서 함수
$$(f \circ f)(x)=f(f(x))=f(t)$$
에서 함수 $f(t)$의 정의역이 $\left\{t \mid 0 \leq t \leq \frac{3}{4}\right\}$이므로
$$f(0)=0$$
$$f\left(\frac{3}{4}\right)=3 \times \frac{3}{4} \times \left(1-\frac{3}{4}\right)=\frac{9}{16}$$
함수 $y=f(t)$의 그래프는 오른쪽 그림과 같다. 즉,
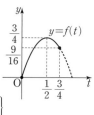
$$0 \leq y \leq \frac{3}{4}$$
따라서 구하는 함수의 치역은
$$\left\{(f \circ f)(x) \, \middle| \, 0 \leq (f \circ f)(x) \leq \frac{3}{4}\right\}$$

19 **접근 방법** | 구하는 집합의 원소의 개수는 방정식 $(f \circ f)(x)=f(x)$의 서로 다른 실근의 개수와 같다.

함수 $y=f(x)$의 그래프와 직선 $y=x$의 두 교점의 x좌표를 각각 0, $a (a>0)$라고 하면
$(f \circ f)(x)=f(f(x))=f(x)$에서
$f(x)=t$로 놓으면
$$f(t)=t$$
$$\therefore t=0 \text{ 또는 } t=a$$
즉, $f(x)=0$ 또는 $f(x)=a$이다.
(ⅰ) $f(x)=0$일 때,
　함수 $y=f(x)$의 그래프와 직선 $y=0 (x$축)이 서로 다른 두 점에서 만나므로 방정식 $f(x)=0$의 서로 다른 실근의 개수는 2이다.

(ii) $f(x)=a$일 때,

함수 $y=f(x)$의 그래프와 직선 $y=a$가 서로 다른 두 점에서 만나므로 방정식 $f(x)=a$의 서로 다른 실근의 개수는 2이다.

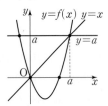

(ⅰ), (ⅱ)에서 방정식 $(f\circ f)(x)=f(x)$의 서로 다른 실근의 개수가 4이므로 구하는 집합의 원소의 개수는 4이다.

⊕ 보충 설명

함수 $y=f(x)$의 그래프는 일대일대응이 아니므로 역함수가 존재하지 않는다.
따라서 $(f\circ f)(x)=f(x)$에서 양변에 f^{-1}를 합성하여 $f(x)=x$로 바꾸어 풀 수 없다.

20 **접근 방법** | 두 함수 $y=(f\circ f)(x)$, $y=\dfrac{1}{5}|x|$의 그래프의 교점의 개수를 구하면 된다.

방정식 $(f\circ f)(x)=\dfrac{1}{5}|x|$의 실근의 개수는 두 함수 $y=(f\circ f)(x)$, $y=\dfrac{1}{5}|x|$의 그래프의 교점의 개수와 같다. 이때

$$f(x)=|x-2|=\begin{cases} x-2 & (x\geq 2) \\ -x+2 & (x<2) \end{cases}$$

이므로

$$(f\circ f)(x)=f(f(x))$$
$$=\begin{cases} f(x)-2 & (f(x)\geq 2) \\ -f(x)+2 & (f(x)<2) \end{cases}$$
$$=\begin{cases} x-4 & (x\geq 4) \\ -x+4 & (2\leq x<4) \\ x & (0<x<2) \\ -x & (x\leq 0) \end{cases}$$

두 함수 $y=(f\circ f)(x)$, $y=\dfrac{1}{5}|x|$의 그래프는 다음 그림과 같다.

따라서 방정식 $(f\circ f)(x)=\dfrac{1}{5}|x|$의 실근의 개수는 3이다.

기출 다지기 348쪽

21 ④   **22** ④   **23** ②   **24** 17

21 **접근 방법** | 역함수를 구하는 방법은 $y=f(x)$를 x에 대하여 풀어 $x=f^{-1}(y)$ 꼴로 변형한 후 x와 y를 서로 바꾸어 $y=f^{-1}(x)$로 나타내면 된다.

$y=f(2x+3)$에서 x, y를 서로 바꾸면
$x=f(2y+3)$
$2y+3=f^{-1}(x)$
이때 $f^{-1}=g$이므로
$2y+3=g(x)$
$y=\dfrac{1}{2}g(x)-\dfrac{3}{2}$
따라서 함수 $y=f(2x+3)$의 역함수는
$y=\dfrac{1}{2}g(x)-\dfrac{3}{2}$
즉, $a=\dfrac{1}{2}$, $b=-\dfrac{3}{2}$이므로
$a+b=-1$

22 **접근 방법** | 함수 $y=f(x)$의 그래프가 증가하고 있으므로 두 함수 $y=f(x)$, $y=f^{-1}(x)$의 그래프의 교점이 모두 직선 $y=x$ 위에 있다.

$\{f(x)\}^2=f(x)f^{-1}(x)$에서
$f(x)\{f(x)-f^{-1}(x)\}=0$
$\therefore\ f(x)=0$ 또는 $f(x)=f^{-1}(x)$

(ⅰ) $f(x)=0$일 때,
$f(x)=0$을 만족시키는 x의 값은 $x=1$

(ⅱ) $f(x)=f^{-1}(x)$일 때,
함수 $y=f^{-1}(x)$의 그래프는 함수 $y=f(x)$의 그래프와 직선 $y=x$에 대하여 대칭이므로 다음 그림과 같다.

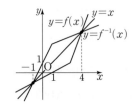

즉, $f(x)=f^{-1}(x)$를 만족시키는 x의 값은

$f(x)=x$를 만족시키는 x의 값과 같으므로

$x=-1$ 또는 $x=4$

(i), (ii)에서 모든 실수 x의 값의 합은

$1+(-1)+4=4$

23 **접근 방법** | a, $b \in A$에 대하여 $f(f(a))=a$에서 $f(a)=a$인 경우와 $f(a)=b$인 경우로 나누어서 생각한다. 특히, $f(a)=b$인 경우는 $f(f(a))=f(b)$인데 $f(f(a))=a$가 성립하려면 $f(b)=a$이어야 한다.

(i) 5개의 원소 모두 자기 자신에 대응하는 경우

f는 항등함수이므로 그 개수는 1

(ii) 자기 자신에 대응하는 원소가 3개이고, 2개가 서로 짝 지어 대응하는 경우

집합 A의 5개의 원소 중에서 2개를 택하여 서로 짝 지어 대응시키면 되므로 함수의 개수는

${}_5C_2=10$

(iii) 자기 자신에 대응하는 원소가 1개이고, 2개씩 2쌍이 서로 짝 지어 대응하는 경우

집합 A의 5개의 원소 중에서 4개의 원소를 2개, 2개의 두 조로 나눈 후 서로 짝 지어 대응시키면 되므로 함수의 개수는

${}_5C_2 \times {}_3C_2 \times \dfrac{1}{2!}=15$

(i)~(iii)에서 일대일대응 f의 개수는

$1+10+15=26$

24 **접근 방법** | 조건 ㈎에서 함수 f는 일대일함수이고, 조건 ㈏의 주어진 식에 $x=1$, $x=2$, $x=3$을 차례대로 대입해서 규칙성을 찾는다.

조건 ㈎에 의하여 함수 f는 X에서 X로의 일대일함수이므로 함수 f는 일대일대응이다.

또한 집합 X의 임의의 원소 x에 대하여

$1 \le f(x) \le 7$, $1 \le f(f(x)) \le 7$ ······ ㉠

조건 ㈏의 식에 $x=3$을 대입하면

$f(f(3))=f(3)-6$ ······ ㉡

㉠에 의하여 $1 \le f(3)-6$

즉, $f(3) \ge 7$이므로 $f(3)=7$

$f(3)=7$을 ㉡에 대입하면

$f(7)=7-6=1$

조건 ㈏의 식에 $x=2$를 대입하면

$f(f(2))=f(2)-4$ ······ ㉢

$f(7)=1$이므로 ㉠에 의하여

$2 \le f(2)-4$

즉, $f(2) \ge 6$이고 $f(3)=7$이므로 $f(2)=6$

$f(2)=6$을 ㉢에 대입하면

$f(6)=6-4=2$

조건 ㈏의 식에 $x=1$을 대입하면

$f(f(1))=f(1)-2$ ······ ㉣

$f(7)=1$, $f(6)=2$이므로 ㉠에 의하여

$3 \le f(1)-2$

즉, $f(1) \ge 5$이고 $f(2)=6$, $f(3)=7$이므로 $f(1)=5$

$f(1)=5$를 ㉣에 대입하면

$f(5)=5-2=3$

따라서 $f(1)=5$, $f(2)=6$, $f(3)=7$, $f(5)=3$,

$f(6)=2$, $f(7)=1$이므로

$f(4)=4$

∴ $f(2)+f(3)+f(4)=6+7+4=17$

⊕ 보충 설명

함수 f는 다음 그림과 같다.

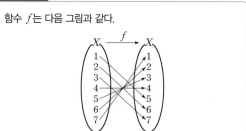

09. 유리식과 유리함수

개념 콕콕 **1 유리식** 357쪽

1 답 (1) $\dfrac{x-y}{x^2-xy+y^2}$ (2) $x-2$

(1) $\dfrac{x^2-y^2}{x^3+y^3}=\dfrac{(x-y)(x+y)}{(x+y)(x^2-xy+y^2)}$

$\qquad =\dfrac{x-y}{x^2-xy+y^2}$

(2) $\dfrac{x^3-5x^2+6x}{x^2-3x}=\dfrac{x(x^2-5x+6)}{x(x-3)}$

$\qquad =\dfrac{x(x-2)(x-3)}{x(x-3)}$

$\qquad =x-2$

2 답 (1) $\dfrac{a+3}{(a-2)(a-4)(a+3)}$, $\dfrac{a-2}{(a-2)(a-4)(a+3)}$

(2) $\dfrac{(x-1)(x-5)}{(x+1)(x+2)(x-5)}$,

$\dfrac{(x+1)(x-2)}{(x+1)(x+2)(x-5)}$

(1) $a^2-6a+8=(a-2)(a-4)$,

$a^2-a-12=(a+3)(a-4)$이므로 두 유리식을 통분하면

$\dfrac{1}{a^2-6a+8}=\dfrac{a+3}{(a-2)(a-4)(a+3)}$,

$\dfrac{1}{a^2-a-12}=\dfrac{a-2}{(a-2)(a-4)(a+3)}$

(2) $x^2+3x+2=(x+1)(x+2)$,

$x^2-3x-10=(x+2)(x-5)$이므로 두 유리식을 통분하면

$\dfrac{x-1}{x^2+3x+2}=\dfrac{(x-1)(x-5)}{(x+1)(x+2)(x-5)}$,

$\dfrac{x-2}{x^2-3x-10}=\dfrac{(x+1)(x-2)}{(x+1)(x+2)(x-5)}$

3 답 (1) $\dfrac{5}{3-x}$ (2) $\dfrac{x+1}{x+2}$ (3) $\dfrac{3(x+1)}{x+5}$

(1) $\dfrac{1}{x-3}+\dfrac{6}{3-x}=\dfrac{(3-x)+6(x-3)}{(x-3)(3-x)}$

$\qquad =\dfrac{5x-15}{(x-3)(3-x)}$

$\qquad =\dfrac{5(x-3)}{(x-3)(3-x)}$

$\qquad =\dfrac{5}{3-x}$

(2) $\dfrac{x-2}{x-5}-\dfrac{4x+1}{x^2-3x-10}$

$\quad =\dfrac{x-2}{x-5}-\dfrac{4x+1}{(x-5)(x+2)}$

$\quad =\dfrac{(x-2)(x+2)-(4x+1)}{(x-5)(x+2)}$

$\quad =\dfrac{x^2-4x-5}{(x-5)(x+2)}$

$\quad =\dfrac{(x-5)(x+1)}{(x-5)(x+2)}$

$\quad =\dfrac{x+1}{x+2}$

(3) $\dfrac{x^2-3x+2}{x^2+3x}\div\dfrac{x^2+4x-5}{x^2+7x+12}\times\dfrac{3x^2+3x}{x^2+2x-8}$

$\quad =\dfrac{(x-2)(x-1)}{x(x+3)}\times\dfrac{(x+3)(x+4)}{(x-1)(x+5)}$

$\qquad\qquad\qquad\times\dfrac{3x(x+1)}{(x+4)(x-2)}$

$\quad =\dfrac{3(x+1)}{x+5}$

4 답 (1) $\dfrac{2}{(x+1)(x+3)}$ (2) $\dfrac{5}{(x+2)(x+7)}$

(3) $\dfrac{x-7}{(x+1)(x-3)}$ (4) $\dfrac{x-6}{(x+2)(x-2)}$

(1) $\dfrac{1}{(x+1)(x+2)}+\dfrac{1}{(x+2)(x+3)}$

$\quad =\dfrac{1}{x+1}-\dfrac{1}{x+2}+\dfrac{1}{x+2}-\dfrac{1}{x+3}$

$\quad =\dfrac{x+3-(x+1)}{(x+1)(x+3)}$

$\quad =\dfrac{2}{(x+1)(x+3)}$

(2) $\dfrac{2}{(x+2)(x+4)}+\dfrac{3}{(x+4)(x+7)}$

$\quad =\dfrac{1}{x+2}-\dfrac{1}{x+4}+\dfrac{1}{x+4}-\dfrac{1}{x+7}$

$\quad =\dfrac{x+7-(x+2)}{(x+2)(x+7)}=\dfrac{5}{(x+2)(x+7)}$

(3) $\dfrac{x+3}{x+1}-\dfrac{x-2}{x-3}=\dfrac{x+1+2}{x+1}-\dfrac{x-3+1}{x-3}$

$\qquad\qquad\qquad =1+\dfrac{2}{x+1}-\left(1+\dfrac{1}{x-3}\right)$

$\qquad\qquad\qquad =\dfrac{2}{x+1}-\dfrac{1}{x-3}$

$\qquad\qquad\qquad =\dfrac{2(x-3)-(x+1)}{(x+1)(x-3)}$

$\qquad\qquad\qquad =\dfrac{x-7}{(x+1)(x-3)}$

(4) $\dfrac{x^2+5x+8}{x+2}-\dfrac{x^2+x-5}{x-2}$

$=\dfrac{(x+2)(x+3)+2}{x+2}-\dfrac{(x-2)(x+3)+1}{x-2}$

$=x+3+\dfrac{2}{x+2}-(x+3)-\dfrac{1}{x-2}$

$=\dfrac{2(x-2)-(x+2)}{(x+2)(x-2)}$

$=\dfrac{x-6}{(x+2)(x-2)}$

5 답 (1) $\dfrac{1}{2}$　(2) $\dfrac{13}{25}$

$x:y=4:3$이므로 $x=4k,\ y=3k\ (k\neq0)$로 놓으면

(1) $\dfrac{2x-y}{x+2y}=\dfrac{8k-3k}{4k+6k}=\dfrac{5k}{10k}=\dfrac{1}{2}$

(2) $\dfrac{x^2-xy+y^2}{x^2+y^2}=\dfrac{16k^2-12k^2+9k^2}{16k^2+9k^2}$

$=\dfrac{13k^2}{25k^2}=\dfrac{13}{25}$

예제 01 　유리식의 사칙연산 　　359쪽

01-1 답 (1) $\dfrac{x-4}{x-1}$　　　(2) $x+2$

(3) $\dfrac{1}{(x-2)(x+2)}$　(4) $\dfrac{x+1}{x+2}$

(1) $\dfrac{x-3}{x+2}+\dfrac{2x-11}{x^2+x-2}$

$=\dfrac{x-3}{x+2}+\dfrac{2x-11}{(x+2)(x-1)}$

$=\dfrac{(x-3)(x-1)+2x-11}{(x+2)(x-1)}$

$=\dfrac{x^2-2x-8}{(x+2)(x-1)}$

$=\dfrac{(x+2)(x-4)}{(x+2)(x-1)}=\dfrac{x-4}{x-1}$

(2) $\dfrac{2x^2+3}{x-2}-\dfrac{x^2+7}{x-2}=\dfrac{(2x^2+3)-(x^2+7)}{x-2}$

$=\dfrac{x^2-4}{x-2}=\dfrac{(x+2)(x-2)}{x-2}$

$=x+2$

(3) $\dfrac{x-1}{x^2-2x}\times\dfrac{x}{x^2+x-2}$

$=\dfrac{x-1}{x(x-2)}\times\dfrac{x}{(x+2)(x-1)}$

$=\dfrac{1}{(x-2)(x+2)}$

(4) $\dfrac{x^2+4x+3}{x^2+x-2}\div\dfrac{x+3}{x-1}=\dfrac{x^2+4x+3}{x^2+x-2}\times\dfrac{x-1}{x+3}$

$=\dfrac{(x+1)(x+3)}{(x+2)(x-1)}\times\dfrac{x-1}{x+3}$

$=\dfrac{x+1}{x+2}$

01-2 답 (1) $\dfrac{2(x^3-x+1)}{(x-1)(x+1)}$　(2) $\dfrac{8}{x^8-1}$

(1) $\dfrac{x^2-3x+3}{x-1}=\dfrac{(x-1)(x-2)+1}{x-1}$

$=x-2+\dfrac{1}{x-1}$

$\dfrac{x^2+3x+1}{x+1}=\dfrac{(x+1)(x+2)-1}{x+1}$

$=x+2-\dfrac{1}{x+1}$

이므로

(주어진 식)

$=\left(x-2+\dfrac{1}{x-1}\right)+\left(x+2-\dfrac{1}{x+1}\right)$

$=2x+\dfrac{1}{x-1}-\dfrac{1}{x+1}$

$=\dfrac{2x(x-1)(x+1)+(x+1)-(x-1)}{(x-1)(x+1)}$

$=\dfrac{2(x^3-x+1)}{(x-1)(x+1)}$

(2) $\dfrac{1}{x-1}-\dfrac{1}{x+1}-\dfrac{2}{x^2+1}-\dfrac{4}{x^4+1}$

$=\left(\dfrac{1}{x-1}-\dfrac{1}{x+1}\right)-\dfrac{2}{x^2+1}-\dfrac{4}{x^4+1}$

$=\dfrac{2}{x^2-1}-\dfrac{2}{x^2+1}-\dfrac{4}{x^4+1}$

$=2\left(\dfrac{1}{x^2-1}-\dfrac{1}{x^2+1}\right)-\dfrac{4}{x^4+1}$

$=\dfrac{4}{x^4-1}-\dfrac{4}{x^4+1}=\dfrac{8}{x^8-1}$

01-3 답 (1) 5　(2) 4

(1) 주어진 등식의 좌변을 통분하여 계산하면

$\dfrac{a}{x-1}+\dfrac{b}{x}+\dfrac{c}{x+1}$

$=\dfrac{ax(x+1)+b(x+1)(x-1)+cx(x-1)}{x(x+1)(x-1)}$

$=\dfrac{(a+b+c)x^2+(a-c)x-b}{x^3-x}$

주어진 등식은 x에 대한 항등식이므로

$a+b+c=0,\ a-c=2,\ -b=-3$

앞의 세 식을 연립하여 풀면

$a=-\dfrac{1}{2},\ b=3,\ c=-\dfrac{5}{2}$

$\therefore a+b-c=-\dfrac{1}{2}+3-\left(-\dfrac{5}{2}\right)=5$

(2) 주어진 등식의 좌변을 통분하여 계산하면

$\dfrac{a}{x+1}+\dfrac{bx+c}{x^2-x+1}$

$=\dfrac{a(x^2-x+1)+(bx+c)(x+1)}{(x+1)(x^2-x+1)}$

$=\dfrac{(a+b)x^2-(a-b-c)x+(a+c)}{x^3+1}$

주어진 등식은 x에 대한 항등식이므로

$a+b=3,\ a-b-c=0,\ a+c=0$

위의 세 식을 연립하여 풀면

$a=1,\ b=2,\ c=-1$

$\therefore a+b-c=1+2-(-1)=4$

예제 02 부분분수로의 변형   361쪽

02-1 답 (1) $\dfrac{6}{x(x+6)}$ (2) $\dfrac{3}{x(x+9)}$

(1) $\dfrac{2}{x(x+2)}+\dfrac{2}{(x+2)(x+4)}+\dfrac{2}{(x+4)(x+6)}$

$=\left(\dfrac{1}{x}-\dfrac{1}{x+2}\right)+\left(\dfrac{1}{x+2}-\dfrac{1}{x+4}\right)$

$\qquad\qquad\qquad\qquad +\left(\dfrac{1}{x+4}-\dfrac{1}{x+6}\right)$

$=\dfrac{1}{x}-\dfrac{1}{x+6}=\dfrac{(x+6)-x}{x(x+6)}=\dfrac{6}{x(x+6)}$

(2) $\dfrac{1}{x(x+3)}+\dfrac{1}{(x+3)(x+6)}+\dfrac{1}{(x+6)(x+9)}$

$=\dfrac{1}{3}\left(\dfrac{1}{x}-\dfrac{1}{x+3}\right)+\dfrac{1}{3}\left(\dfrac{1}{x+3}-\dfrac{1}{x+6}\right)$

$\qquad\qquad\qquad\qquad +\dfrac{1}{3}\left(\dfrac{1}{x+6}-\dfrac{1}{x+9}\right)$

$=\dfrac{1}{3}\left\{\left(\dfrac{1}{x}-\dfrac{1}{x+3}\right)+\left(\dfrac{1}{x+3}-\dfrac{1}{x+6}\right)\right.$

$\qquad\qquad\qquad\qquad \left.+\left(\dfrac{1}{x+6}-\dfrac{1}{x+9}\right)\right\}$

$=\dfrac{1}{3}\left(\dfrac{1}{x}-\dfrac{1}{x+9}\right)=\dfrac{1}{3}\times\dfrac{(x+9)-x}{x(x+9)}=\dfrac{3}{x(x+9)}$

02-2 답 20

$\dfrac{1}{x(x+1)}+\dfrac{2}{(x+1)(x+3)}+\dfrac{3}{(x+3)(x+6)}$

$\qquad\qquad\qquad\qquad +\dfrac{4}{(x+6)(x+10)}$

$=\left(\dfrac{1}{x}-\dfrac{1}{x+1}\right)+\left(\dfrac{1}{x+1}-\dfrac{1}{x+3}\right)$

$\qquad +\left(\dfrac{1}{x+3}-\dfrac{1}{x+6}\right)+\left(\dfrac{1}{x+6}-\dfrac{1}{x+10}\right)$

$=\dfrac{1}{x}-\dfrac{1}{x+10}=\dfrac{(x+10)-x}{x(x+10)}=\dfrac{10}{x(x+10)}$

따라서 $\dfrac{10}{x(x+10)}=\dfrac{n}{x(x+m)}$ 이고, 이 식이 x에 대한 항등식이므로 $m=10,\ n=10$

$\therefore m+n=10+10=20$

02-3 답 39

$\dfrac{1}{1\times2}+\dfrac{1}{2\times3}+\dfrac{1}{3\times4}+\cdots+\dfrac{1}{19\times20}$

$=\dfrac{1}{2-1}\left(\dfrac{1}{1}-\dfrac{1}{2}\right)+\dfrac{1}{3-2}\left(\dfrac{1}{2}-\dfrac{1}{3}\right)$

$\qquad +\dfrac{1}{4-3}\left(\dfrac{1}{3}-\dfrac{1}{4}\right)+\cdots+\dfrac{1}{20-19}\left(\dfrac{1}{19}-\dfrac{1}{20}\right)$

$=\left(\dfrac{1}{1}-\dfrac{1}{2}\right)+\left(\dfrac{1}{2}-\dfrac{1}{3}\right)+\left(\dfrac{1}{3}-\dfrac{1}{4}\right)+\cdots+\left(\dfrac{1}{19}-\dfrac{1}{20}\right)$

$=1-\dfrac{1}{20}=\dfrac{19}{20}$

따라서 $m=20,\ n=19$이므로

$m+n=20+19=39$

예제 03 번분수식의 계산   363쪽

03-1 답 (1) $\dfrac{x-a}{a(x+a)}$ (2) $x+2$

(1) $\dfrac{x+a}{a}-\dfrac{2x}{x+a}=\dfrac{(x+a)^2-2ax}{a(x+a)}$

$\qquad\qquad\qquad =\dfrac{x^2+a^2}{a(x+a)}$

$\therefore \dfrac{\dfrac{x+a}{a}-\dfrac{2x}{x+a}}{\dfrac{x^2+a^2}{x-a}}=\dfrac{\dfrac{x^2+a^2}{a(x+a)}}{\dfrac{x^2+a^2}{x-a}}$

$\qquad\qquad\qquad =\dfrac{(x-a)(x^2+a^2)}{a(x+a)(x^2+a^2)}$

$\qquad\qquad\qquad =\dfrac{x-a}{a(x+a)}$

(2) $1+\dfrac{1}{1-\dfrac{1}{1+\dfrac{1}{x}}}=1+\dfrac{1}{1-\dfrac{1}{\dfrac{x+1}{x}}}$

$\qquad\qquad\qquad =1+\dfrac{1}{1-\dfrac{x}{x+1}}$

$$=1+\cfrac{1}{\cfrac{1}{x+1}}$$

$$=1+(x+1)=x+2$$

03-2 답 (1) $\dfrac{4a}{(a+1)^2}$ (2) -1

(1) $1-\cfrac{\dfrac{1}{a}-\dfrac{2}{a+1}}{\dfrac{1}{a}-\dfrac{2}{a-1}}=1-\cfrac{\dfrac{a+1-2a}{a(a+1)}}{\dfrac{a-1-2a}{a(a-1)}}$

$$=1-\cfrac{\dfrac{-(a-1)}{a(a+1)}}{\dfrac{-(a+1)}{a(a-1)}}$$

$$=1-\dfrac{(a-1)^2}{(a+1)^2}$$

$$=\dfrac{(a+1)^2-(a-1)^2}{(a+1)^2}$$

$$=\dfrac{4a}{(a+1)^2}$$

(2) $\cfrac{\dfrac{a-b}{a}-\dfrac{a+b}{b}}{\dfrac{a+b}{a}+\dfrac{a-b}{b}}=\cfrac{\dfrac{b(a-b)-a(a+b)}{ab}}{\dfrac{b(a+b)+a(a-b)}{ab}}$

$$=\cfrac{\dfrac{-a^2-b^2}{ab}}{\dfrac{a^2+b^2}{ab}}$$

$$=\cfrac{\dfrac{-a^2+b^2}{ab}}{\dfrac{a^2+b^2}{ab}}=-1$$

03-3 답 4

$\dfrac{1}{\dfrac{1}{a^7}+1}+\dfrac{1}{\dfrac{1}{a^5}+1}+\dfrac{1}{\dfrac{1}{a^3}+1}+\dfrac{1}{\dfrac{1}{a}+1}+\dfrac{1}{a+1}+\dfrac{1}{a^3+1}$

$\qquad\qquad\qquad\qquad\qquad +\dfrac{1}{a^5+1}+\dfrac{1}{a^7+1}$

$=\dfrac{a^7}{a^7+1}+\dfrac{a^5}{a^5+1}+\dfrac{a^3}{a^3+1}+\dfrac{a}{a+1}+\dfrac{1}{a+1}+\dfrac{1}{a^3+1}$

$\qquad\qquad\qquad\qquad\qquad +\dfrac{1}{a^5+1}+\dfrac{1}{a^7+1}$

$=\left(\dfrac{a^7}{a^7+1}+\dfrac{1}{a^7+1}\right)+\left(\dfrac{a^5}{a^5+1}+\dfrac{1}{a^5+1}\right)$

$\qquad +\left(\dfrac{a^3}{a^3+1}+\dfrac{1}{a^3+1}\right)+\left(\dfrac{a}{a+1}+\dfrac{1}{a+1}\right)$

$=\dfrac{a^7+1}{a^7+1}+\dfrac{a^5+1}{a^5+1}+\dfrac{a^3+1}{a^3+1}+\dfrac{a+1}{a+1}$

$=4$

예제 04 비례식의 계산 365쪽

04-1 답 (1) $\dfrac{25}{6}$ (2) $\dfrac{5}{4}$

$\dfrac{1}{x}:\dfrac{1}{y}:\dfrac{1}{z}=2:3:1$에서

$x:y:z=\dfrac{1}{2}:\dfrac{1}{3}:1=3:2:6$이므로

$\dfrac{x}{3}=\dfrac{y}{2}=\dfrac{z}{6}=k\,(k\neq0)$로 놓으면

$x=3k,\ y=2k,\ z=6k$

(1) $\dfrac{y}{x}+\dfrac{z}{y}+\dfrac{x}{z}=\dfrac{2k}{3k}+\dfrac{6k}{2k}+\dfrac{3k}{6k}$

$\qquad\qquad\qquad =\dfrac{2}{3}+3+\dfrac{1}{2}$

$\qquad\qquad\qquad =\dfrac{4+18+3}{6}=\dfrac{25}{6}$

(2) $\dfrac{(x+y)z}{x(y+z)}=\dfrac{(3k+2k)\times6k}{3k(2k+6k)}=\dfrac{30k^2}{24k^2}=\dfrac{5}{4}$

04-2 답 (1) $\dfrac{11}{14}$ (2) 2

$\dfrac{a+b}{3}=\dfrac{b+c}{4}=\dfrac{c+a}{5}=k\,(k\neq0)$로 놓으면

$a+b=3k,\ b+c=4k,\ c+a=5k$ $\cdots\cdots$ ㉠

㉠의 세 식을 변끼리 더하면 $2(a+b+c)=12k$

$\therefore\ a+b+c=6k$ $\cdots\cdots$ ㉡

㉠, ㉡에 의하여

$a=2k,\ b=k,\ c=3k$

(1) $\dfrac{ab+bc+ca}{a^2+b^2+c^2}=\dfrac{2k\times k+k\times3k+3k\times2k}{(2k)^2+k^2+(3k)^2}$

$\qquad\qquad\qquad =\dfrac{11k^2}{14k^2}=\dfrac{11}{14}$

(2) $\dfrac{a^3+b^3+c^3}{3abc}=\dfrac{(2k)^3+k^3+(3k)^3}{3\times2k\times k\times3k}=\dfrac{36k^3}{18k^3}=2$

04-3 답 21

$\dfrac{a}{2}=\dfrac{2b-c}{3}=\dfrac{c}{4}=k\,(k\neq0)$로 놓으면

$a=2k,\ 2b-c=3k,\ c=4k$

위의 세 식을 연립하여 풀면

$a=2k,\ b=\dfrac{7}{2}k,\ c=4k$

$3a+2b+2c=3\times2k+2\times\dfrac{7}{2}k+2\times4k=21k$

$\therefore\ k=\dfrac{a}{2}=\dfrac{2b-c}{3}=\dfrac{c}{4}=\dfrac{3a+2b+2c}{21}$

$\therefore\ n=21$

05-1 답 $-1, \dfrac{1}{2}$

(ⅰ) $3a+2b+c\neq 0$일 때, 가비의 리에 의하여

$$\dfrac{3a}{2b+c}=\dfrac{2b}{c+3a}=\dfrac{c}{3a+2b}$$
$$=\dfrac{3a+2b+c}{6a+4b+2c}$$
$$=\dfrac{3a+2b+c}{2(3a+2b+c)}=\dfrac{1}{2}$$
$$\therefore k=\dfrac{1}{2}$$

(ⅱ) $3a+2b+c=0$일 때, $2b+c=-3a$이므로

$$\dfrac{3a}{2b+c}=\dfrac{3a}{-3a}=-1$$
$$\therefore k=-1$$

(ⅰ), (ⅱ)에서 구하는 k의 값은 $-1, \dfrac{1}{2}$이다.

⊕ 보충 설명

직선의 기울기를 이용하여 가비의 리를 증명할 수 있다.
다음 그림에서

$$\dfrac{a}{A}, \dfrac{b}{B}, \dfrac{c}{C}, \dfrac{a+b+c}{A+B+C}$$

는 모두 직선 $y=mx+n$ $(m\neq 0)$의 기울기이므로

$$\dfrac{a}{A}=\dfrac{b}{B}=\dfrac{c}{C}=\dfrac{a+b+c}{A+B+C}=m$$

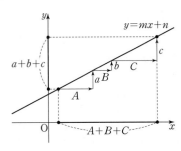

05-2 답 19

(ⅰ) $a+2b+3c\neq 0$일 때, 가비의 리에 의하여

$$\dfrac{2b+3c}{a}=\dfrac{3c+a}{2b}=\dfrac{a+2b}{3c}$$
$$=\dfrac{2a+4b+6c}{a+2b+3c}$$
$$=\dfrac{2(a+2b+3c)}{a+2b+3c}$$
$$=2$$
$$\therefore p=2$$

(ⅱ) $a+2b+3c=0$일 때, $2b+3c=-a$이므로

$$\dfrac{2b+3c}{a}=\dfrac{-a}{a}=-1$$
$$\therefore q=-1$$

(ⅰ), (ⅱ)에서 $p=2, q=-1$이므로
$$10p+q=10\times 2+(-1)=19$$

05-3 답 $-1, 8$

(ⅰ) $a+b+c\neq 0$일 때, 가비의 리에 의하여

$$\dfrac{-a+b+c}{a}=\dfrac{a-b+c}{b}=\dfrac{a+b-c}{c}$$
$$=\dfrac{a+b+c}{a+b+c}=1$$

$\dfrac{-a+b+c}{a}=1$에서 $b+c=2a$

$\dfrac{a-b+c}{b}=1$에서 $a+c=2b$

$\dfrac{a+b-c}{c}=1$에서 $a+b=2c$

$$\therefore \dfrac{(a+b)(b+c)(c+a)}{abc}$$
$$=\dfrac{2c\times 2a\times 2b}{abc}=\dfrac{8abc}{abc}=8$$

(ⅱ) $a+b+c=0$일 때,
$a+b=-c$, $b+c=-a$, $c+a=-b$이므로

$$\dfrac{(a+b)(b+c)(c+a)}{abc}$$
$$=\dfrac{-c\times (-a)\times (-b)}{abc}=\dfrac{-abc}{abc}=-1$$

(ⅰ), (ⅱ)에서 구하는 식의 값은 $-1, 8$이다.

개념 콕콕 2 유리함수   375쪽

1 답 (1) ㄱ, ㅁ, ㅂ   (2) ㄴ, ㄷ, ㄹ

(2) ㄹ. $y=\dfrac{x^2-1}{(x+1)^2}=\dfrac{(x+1)(x-1)}{(x+1)^2}=\dfrac{x-1}{x+1}$이므로
다항함수가 아닌 유리함수이다.

2 답 (1) 정의역 : $\{x\,|\,x\neq -2$인 실수$\}$
치역 : $\{y\,|\,y\neq 0$인 실수$\}$
(2) 정의역 : $\{x\,|\,x\neq 0$인 실수$\}$
치역 : $\{y\,|\,y\neq -1$인 실수$\}$
(3) 정의역 : $\{x\,|\,x\neq -1$인 실수$\}$
치역 : $\{y\,|\,y\neq -3$인 실수$\}$
(4) 정의역 : $\{x\,|\,x\neq 1$인 실수$\}$
치역 : $\{y\,|\,y\neq 4$인 실수$\}$

(4) $y=\dfrac{4x-5}{x-1}=\dfrac{4(x-1)-1}{x-1}=-\dfrac{1}{x-1}+4$

$\therefore$ 정의역 : $\{x\,|\,x\neq1$인 실수$\}$

치역 : $\{y\,|\,y\neq4$인 실수$\}$

3 답 (1) 그래프는 풀이 참조,

점근선의 방정식 : $x=-1,\ y=3$

(2) 그래프는 풀이 참조,

점근선의 방정식 : $x=-1,\ y=2$

(1) $y=\dfrac{4}{x+1}+3$의 그래프는 $y=\dfrac{4}{x}$의 그래프를 x축
의 방향으로 -1만큼, y축의 방향으로 3만큼 평행
이동한 것이다.

따라서 그래프는 오른
쪽 그림과 같고, 점근선
의 방정식은 $x=-1$,
$y=3$이다.

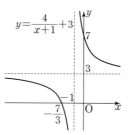

(2) $y=\dfrac{2x+1}{x+1}=\dfrac{2(x+1)-1}{x+1}=-\dfrac{1}{x+1}+2$이므로

$y=\dfrac{2x+1}{x+1}$의 그래프는 $y=-\dfrac{1}{x}$의 그래프를 x축의
방향으로 -1만큼, y축의 방향으로 2만큼 평행이
동한 것이다.

따라서 그래프는 오른
쪽 그림과 같고, 점근선
의 방정식은 $x=-1$,
$y=2$이다.

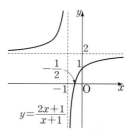

4 답 (1) $y=\dfrac{1}{x+2}+1$ (2) $y=-\dfrac{1}{x+2}+2$

예제 06 유리함수의 그래프　377쪽

06-1 답 (1) 그래프는 풀이 참조,

정의역 : $\{x\,|\,x\neq2$인 실수$\}$,

치역 : $\{y\,|\,y\neq-1$인 실수$\}$,

점근선의 방정식 : $x=2,\ y=-1$

(2) 그래프는 풀이 참조,

정의역 : $\{x\,|\,x\neq-1$인 실수$\}$,

치역 : $\{y\,|\,y\neq2$인 실수$\}$,

점근선의 방정식 : $x=-1,\ y=2$

(3) 그래프는 풀이 참조,

정의역 : $\{x\,|\,x\neq-1$인 실수$\}$,

치역 : $\{y\,|\,y\neq1$인 실수$\}$,

점근선의 방정식 : $x=-1,\ y=1$

(4) 그래프는 풀이 참조,

정의역 : $\{x\,|\,x\neq-2$인 실수$\}$,

치역 : $\{y\,|\,y\neq-1$인 실수$\}$,

점근선의 방정식 : $x=-2,\ y=-1$

(1) $y=\dfrac{1}{x-2}-1$의 그래
프는 $y=\dfrac{1}{x}$의 그래프
를 x축의 방향으로 2
만큼, y축의 방향으로
-1만큼 평행이동한
것이므로 오른쪽 그림과 같다.

$\therefore$ 정의역 : $\{x\,|\,x\neq2$인 실수$\}$

치역 : $\{y\,|\,y\neq-1$인 실수$\}$

점근선의 방정식 : $x=2,\ y=-1$

(2) $y=-\dfrac{1}{x+1}+2$의
그래프는 $y=-\dfrac{1}{x}$의
그래프를 x축의 방
향으로 -1만큼, y
축의 방향으로 2만
큼 평행이동한 것이므로 오른쪽 그림과 같다.

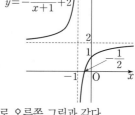

$\therefore$ 정의역 : $\{x\,|\,x\neq-1$인 실수$\}$

치역 : $\{y\,|\,y\neq2$인 실수$\}$

점근선의 방정식 : $x=-1,\ y=2$

(3) $y=\dfrac{x+3}{x+1}=\dfrac{(x+1)+2}{x+1}=\dfrac{2}{x+1}+1$이므로

$y=\dfrac{x+3}{x+1}$의 그래프는

$y=\dfrac{2}{x}$의 그래프를 x축의

방향으로 -1만큼, y축의
방향으로 1만큼 평행이동
한 것으로 오른쪽 그림과
같다.

$\therefore$ 정의역 : $\{x\,|\,x\neq-1$인 실수$\}$

치역 : $\{y\,|\,y\neq1$인 실수$\}$

점근선의 방정식 : $x=-1,\ y=1$

(4) $y=\dfrac{-x-1}{x+2}=\dfrac{-(x+2)+1}{x+2}=\dfrac{1}{x+2}-1$이므로

$y=\dfrac{-x-1}{x+2}$의 그래프

는 $y=\dfrac{1}{x}$의 그래프를 x

축의 방향으로 -2만큼,

y축의 방향으로 -1만

큼 평행이동한 것으로

오른쪽 그림과 같다.

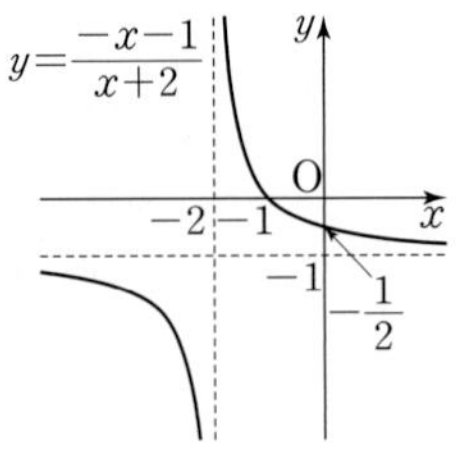

∴ 정의역 : $\{x|x\neq-2$인 실수$\}$

치역 : $\{y|y\neq-1$인 실수$\}$

점근선의 방정식 : $x=-2,\ y=-1$

06-2 답 6

$y=\dfrac{x+1}{x-2}=\dfrac{(x-2)+3}{x-2}=\dfrac{3}{x-2}+1$이므로

$y=\dfrac{x+1}{x-2}$의 그래프는 $y=\dfrac{3}{x}$의 그래프를 x축의 방향

으로 2만큼, y축의 방향으로 1만큼 평행이동한 것이다.

∴ $a=2,\ b=1,\ k=3$

∴ $a+b+k=2+1+3=6$

06-3 답 ⑤

① $y=\dfrac{-x+2}{x+1}=\dfrac{-(x+1)+3}{x+1}=\dfrac{3}{x+1}-1$

② $y=\dfrac{2x+3}{x+2}=\dfrac{2(x+2)-1}{x+2}=-\dfrac{1}{x+2}+2$

③ $y=\dfrac{3x+4}{x+3}=\dfrac{3(x+3)-5}{x+3}=-\dfrac{5}{x+3}+3$

④ $y=\dfrac{x}{x-1}=\dfrac{(x-1)+1}{x-1}=\dfrac{1}{x-1}+1$

⑤ $y=\dfrac{-2x+6}{x-2}=\dfrac{-2(x-2)+2}{x-2}=\dfrac{2}{x-2}-2$

따라서 평행이동에 의하여 함수 $y=\dfrac{2}{x}$의 그래프와 겹

쳐질 수 있는 것은 ⑤이다.

예제 07 **유리함수의 그래프의 점근선** 379쪽

07-1 답 $a=-3,\ b=-1,\ c=1$

점근선의 방정식이 $x=-1,\ y=-3$이므로 주어진 함

수의 식을

$y=\dfrac{k}{x+1}-3\ (k\neq0)$ ······ ㉠

으로 놓을 수 있다. ㉠의 그래프가 점 $(0,\ -1)$을 지나

므로

$-1=k-3$ ∴ $k=2$

$k=2$를 ㉠에 대입하면

$y=\dfrac{2}{x+1}-3=\dfrac{2-3(x+1)}{x+1}=\dfrac{-3x-1}{x+1}$

∴ $a=-3,\ b=-1,\ c=1$

07-2 답 4

주어진 함수의 그래프에서 점근선의 방정식이

$x=-1,\ y=2$이므로 주어진 함수를

$y=\dfrac{k}{x+1}+2\ (k<0)$ ······ ㉠

로 놓을 수 있다. ㉠의 그래프가 점 $(0,\ 1)$을 지나므로

$1=k+2$ ∴ $k=-1$

$k=-1$을 ㉠에 대입하면

$y=\dfrac{-1}{x+1}+2=\dfrac{-1+2(x+1)}{x+1}=\dfrac{2x+1}{x+1}$

∴ $a=2,\ b=1,\ c=1$

∴ $a+b+c=2+1+1=4$

다른 풀이

$y=\dfrac{ax+b}{x+c}=\dfrac{a(x+c)+b-ac}{x+c}$

$\quad=\dfrac{b-ac}{x+c}+a$ ······ ㉠

이므로 ㉠의 점근선의 방정식은

$x=-c,\ y=a$ ∴ $a=2,\ c=1$

또한 ㉠의 그래프가 점 $(0,\ 1)$을 지나므로

$1=b-2+2$ ∴ $b=1$

∴ $a+b+c=2+1+1=4$

07-3 답 -11

$f(x)=\dfrac{2x+4}{2x+a}=\dfrac{(2x+a)+(4-a)}{2x+a}$

$\qquad=\dfrac{4-a}{2x+a}+1$

이므로 함수 $y=f(x)$의 그래프의 점근선의 방정식은

$x=-\dfrac{a}{2},\ y=1$

$g(x)=\dfrac{bx+5}{x+c}=\dfrac{b(x+c)+5-bc}{x+c}$

$\qquad=\dfrac{5-bc}{x+c}+b$

이므로 함수 $y=g(x)$의 그래프의 점근선의 방정식은

$x=-c,\ y=b$

$\therefore a=2c,\ b=1$ ...... ㉠
또한 $f(1)=-1$이므로
$\dfrac{6}{2+a}=-1$ $\therefore a=-8$ ...... ㉡
㉡을 ㉠에 대입하면 $c=-4$
$\therefore a+b+c=-8+1+(-4)=-11$

381쪽

예제 08 유리함수의 그래프의 대칭성

08-1 답 (1) -4 (2) -2

(1) $y=-\dfrac{3x+1}{x+1}=\dfrac{-3(x+1)+2}{x+1}$

  $=\dfrac{2}{x+1}-3$

이므로 $y=-\dfrac{3x+1}{x+1}$의 그래프의 점근선의 방정식
은 $x=-1,\ y=-3$
따라서 주어진 함수의 그래프는 두 점근선의 교점
$(-1,\ -3)$에 대하여 대칭이므로
$a=-1,\ b=-3$
$\therefore a+b=-1+(-3)=-4$

(2) $y=\dfrac{-x+5}{x-2}=\dfrac{-(x-2)+3}{x-2}=\dfrac{3}{x-2}-1$이므로

$y=\dfrac{-x+5}{x-2}$의 그래프의 점근선의 방정식은

$x=2,\ y=-1$
따라서 주어진 함수의 그래프는 두 점근선의 교점
$(2,\ -1)$을 지나고 기울기가 ±1인 직선에 대하여
대칭이다.

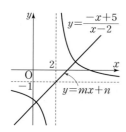

$m>0$이므로 $m=1$이고, 직선 $y=x+n$은
점 $(2,\ -1)$을 지나므로
$-1=2+n$ $\therefore n=-3$
$\therefore m+n=1+(-3)=-2$

08-2 답 (1) 5 (2) 2

(1) $y=\dfrac{2x-1}{x-a}=\dfrac{2(x-a)+2a-1}{x-a}=\dfrac{2a-1}{x-a}+2$

이므로 $y=\dfrac{2x-1}{x-a}$의 그래프의 점근선의 방정식은
$x=a,\ y=2$
따라서 주어진 함수의 그래프는 두 점근선의 교점
$(a,\ 2)$에 대하여 대칭이므로
$a=3,\ b=2$
$\therefore a+b=3+2=5$

(2) $y=\dfrac{ax+3}{x+b}=\dfrac{a(x+b)-ab+3}{x+b}=\dfrac{-ab+3}{x+b}+a$

이므로 $y=\dfrac{ax+3}{x+b}$의 그래프의 점근선의 방정식은

$x=-b,\ y=a$
따라서 주어진 함수의 그래프는 두 점근선의 교점
$(-b,\ a)$를 지나고 기울기가 ±1인 직선에 대하여
대칭이다.
즉, 두 직선 $y=-x+1,\ y=x-3$은 점 $(-b,\ a)$
를 지나므로
$a=b+1,\ a=-b-3$
위의 두 식을 연립하여 풀면 $a=-1,\ b=-2$
$\therefore ab=(-1)\times(-2)=2$

다른 풀이

(2) 주어진 함수의 그래프가 두 직선
$y=-x+1,\ y=x-3$에 대하여 대칭이므로 두 직
선의 교점은 주어진 함수의 그래프의 두 점근선의
교점이다.
즉, $-x+1=x-3$에서 $x=2,\ y=-1$
따라서 주어진 함수의 점근선의 방정식이 $x=2$,
$y=-1$이므로
$y=\dfrac{k}{x-2}-1=\dfrac{-x+2+k}{x-2}\ (k\neq0)$
$\therefore a=-1,\ b=-2$
$\therefore ab=(-1)\times(-2)=2$

08-3 답 ②

함수 $y=\dfrac{ax+b}{cx+d}$의 그래프의 점근선의 방정식이

$x=-\dfrac{d}{c},\ y=\dfrac{a}{c}$이므로 주어진 함수의 그래프는 두 점

근선의 교점 $\left(-\dfrac{d}{c},\ \dfrac{a}{c}\right)$를 지나고 기울기가 ±1인 직

선에 대하여 대칭이다.
즉, 직선 $y=x$가 점 $\left(-\dfrac{d}{c},\ \dfrac{a}{c}\right)$를 지나므로

$\dfrac{a}{c}=-\dfrac{d}{c},\ a=-d$ $\therefore a+d=0$

함수 $y=\dfrac{ax+b}{cx+d}$ 는 $y=\dfrac{k}{x+\dfrac{d}{c}}+\dfrac{a}{c}$ (k는 상수)로 변형되

므로 함수 $y=\dfrac{ax+b}{cx+d}$의 그래프의 점근선의 방정식은

$x=-\dfrac{d}{c}$, $y=\dfrac{a}{c}$이다.

예제 09 유리함수의 최대, 최소   383쪽

09-1 답 (1) -3 (2) $\dfrac{5}{3}$

(1) $y=\dfrac{x-1}{x+3}=\dfrac{(x+3)-4}{x+3}=-\dfrac{4}{x+3}+1$이므로

$y=\dfrac{x-1}{x+3}$의 그래프는 $y=-\dfrac{4}{x}$의 그래프를 x축의

방향으로 -3만큼, y축의 방향으로 1만큼 평행이
동한 것이다.

따라서 $-2\leq x\leq 1$에서

함수 $y=\dfrac{x-1}{x+3}$의 그래
프는 오른쪽 그림과 같으
므로 $x=-2$일 때,
최솟값은

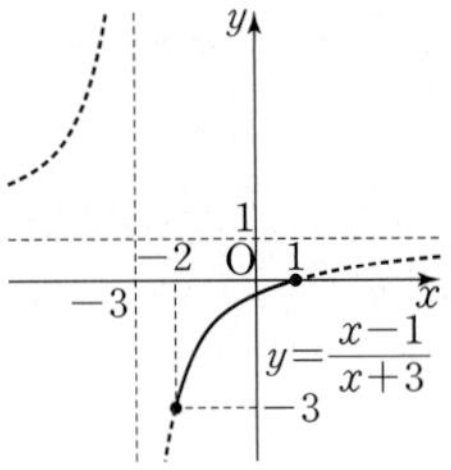

$\dfrac{-2-1}{-2+3}=-3$

$x=1$일 때, 최댓값은

$\dfrac{1-1}{1+3}=0$

따라서 구하는 최댓값과 최솟값의 합은

$0+(-3)=-3$

(2) $y=\dfrac{-2x+3}{x-1}=\dfrac{-2(x-1)+1}{x-1}=\dfrac{1}{x-1}-2$이므

로 $y=\dfrac{-2x+3}{x-1}$의 그래프는 $y=\dfrac{1}{x}$의 그래프를 x

축의 방향으로 1만큼, y축의 방향으로 -2만큼 평
행이동한 것이다.

따라서 $2\leq x\leq 4$에서

함수 $y=\dfrac{-2x+3}{x-1}$의

그래프는 오른쪽 그림과
같으므로 $x=2$일 때,
최댓값은

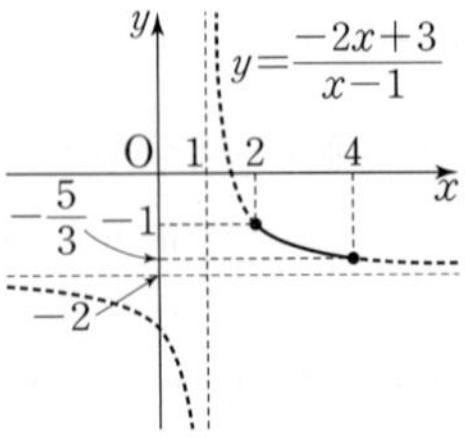

$\dfrac{-2\times 2+3}{2-1}=-1$

$x=4$일 때, 최솟값은

$\dfrac{-2\times 4+3}{4-1}=-\dfrac{5}{3}$

따라서 구하는 최댓값과 최솟값의 곱은

$-1\times\left(-\dfrac{5}{3}\right)=\dfrac{5}{3}$

09-2 답 (1) 1 (2) 4

(1) $y=\dfrac{2x+4}{x+1}=\dfrac{2(x+1)+2}{x+1}=\dfrac{2}{x+1}+2$이므로

$y=\dfrac{2x+4}{x+1}$의 그래프는 $y=\dfrac{2}{x}$의 그래프를 x축의

방향으로 -1만큼, y축의 방향으로 2만큼 평행이
동한 것이다.

따라서 $0\leq x\leq a$에서 함
수 $y=\dfrac{2x+4}{x+1}$의 그래프
는 오른쪽 그림과 같다. 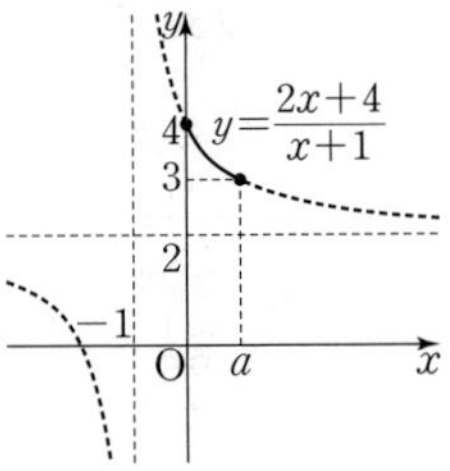
$x=a$일 때, 최솟값은 3
이므로

$\dfrac{2a+4}{a+1}=3$, $2a+4=3a+3$

$\therefore a=1$

(2) $y=\dfrac{6x}{x+2}=\dfrac{6(x+2)-12}{x+2}=-\dfrac{12}{x+2}+6$이므로

$y=\dfrac{6x}{x+2}$의 그래프는 $y=-\dfrac{12}{x}$의 그래프를 x축의

방향으로 -2만큼, y축의 방향으로 6만큼 평행이
동한 것이다.

따라서 $0\leq x\leq a$에서

$y=\dfrac{6x}{x+2}$의 그래프는

오른쪽 그림과 같다. 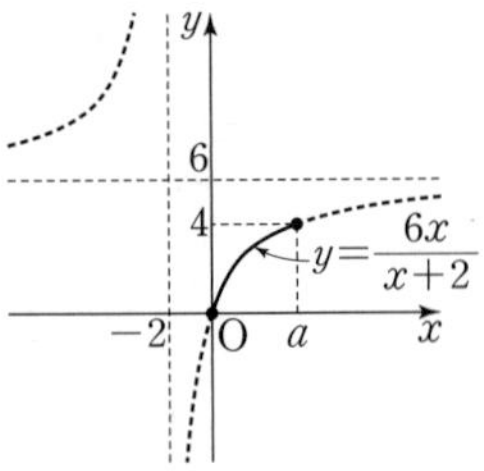
$x=a$일 때, 최댓값이
4이므로

$\dfrac{6a}{a+2}=4$, $6a=4a+8$

$\therefore a=4$

09-3 답 ④

$y=\dfrac{2x+4}{x+a}=\dfrac{2(x+a)+4-2a}{x+a}=\dfrac{4-2a}{x+a}+2$

(i) $4-2a>0$, 즉 $0<a<2$일 때,

$y=\dfrac{2x+4}{x+a}$의 그래프는

오른쪽 그림과 같고,

$x=0$일 때 최댓값을 가

지므로

$\dfrac{4}{a}=1$

$\therefore a=4$

그런데 $a=4$는 $0<a<2$를 만족시키지 않는다.

(ii) $4-2a<0$, 즉 $a>2$일 때,

$y=\dfrac{2x+4}{x+a}$의 그래프는

오른쪽 그림과 같고,

$x=2$일 때 최댓값을 가

지므로

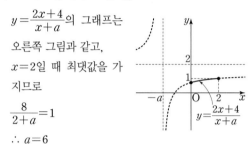

$\dfrac{8}{2+a}=1$

$\therefore a=6$

(iii) $4-2a=0$, 즉 $a=2$일 때,

$y=\dfrac{2x+4}{x+2}=\dfrac{2(x+2)}{x+2}=2$

그런데 최댓값이 1이므로 모순이다.

(i)~(iii)에서 $a=6$이므로 $0\le x\le2$에서 함수

$y=\dfrac{2x+4}{x+6}$는 $x=0$일 때, 최솟값 $\dfrac{2}{3}$를 가진다.

예제 10 유리함수의 합성함수   385쪽

10-1 답 $-\sqrt{3}$

$f(\sqrt{3})=\dfrac{\sqrt{3}-\sqrt{3}}{\sqrt{3}\times\sqrt{3}+1}=0$

$f^2(\sqrt{3})=f(f(\sqrt{3}))=f(0)$

$\qquad =\dfrac{0-\sqrt{3}}{\sqrt{3}\times0+1}=-\sqrt{3}$

$f^3(\sqrt{3})=f(f^2(\sqrt{3}))=f(-\sqrt{3})$

$\qquad =\dfrac{-\sqrt{3}-\sqrt{3}}{\sqrt{3}\times(-\sqrt{3})+1}=\dfrac{-2\sqrt{3}}{-2}=\sqrt{3}$

$f^4(\sqrt{3})=f(f^3(\sqrt{3}))=f(\sqrt{3})=0$

이므로

$f^{3k}(\sqrt{3})=\sqrt{3}\ (k=1,\ 2,\ 3,\ \cdots)$

따라서 $101=3\times33+2$이므로

$f^{101}(\sqrt{3})=f^2(f^{3\times33}(\sqrt{3}))=f^2(\sqrt{3})=-\sqrt{3}$

10-2 답 2

주어진 그래프에서

$f^1(0)=f(0)=2,\ f^1(2)=f(2)=0$이므로

$f^2(2)=(f\circ f)(2)=f(f(2))=f(0)=2$

$f^3(2)=(f\circ f^2)(2)=f(f^2(2))=f(2)=0$

$f^4(2)=(f\circ f^3)(2)=f(f^3(2))=f(0)=2$

$\qquad\vdots$

$\therefore f^n(2)=\begin{cases}0 & (n\text{은 홀수})\\ 2 & (n\text{은 짝수})\end{cases}$

$\therefore f^{99}(2)+f^{100}(2)=0+2=2$

10-3 답 ③

$f_1(x)=f(x)=\dfrac{1}{1-x}$

$f_2(x)=(f\circ f)(x)=f(f(x))=\dfrac{1}{1-f(x)}$

$\qquad =\dfrac{1}{1-\dfrac{1}{1-x}}=\dfrac{1}{\dfrac{1-x-1}{1-x}}=\dfrac{x-1}{x}$

$f_3(x)=(f\circ f_2)(x)=f(f_2(x))=\dfrac{1}{1-f_2(x)}$

$\qquad =\dfrac{1}{1-\dfrac{x-1}{x}}=\dfrac{1}{\dfrac{x-x+1}{x}}=x$

$\qquad\vdots$

$f_{10}(x)=f_1(x)=\dfrac{1}{1-x}$

따라서 $2\le x\le3$에서 함수

$y=f_{10}(x)$의 그래프는 오른

쪽 그림과 같다.

$x=2$일 때, 최솟값

$m=\dfrac{1}{1-2}=-1$

$x=3$일 때, 최댓값

$M=\dfrac{1}{1-3}=-\dfrac{1}{2}$

$\therefore M+m=-\dfrac{1}{2}+(-1)=-\dfrac{3}{2}$

예제 11 유리함수의 역함수   387쪽

11-1 답 (1) $y=\dfrac{3x+2}{x-1}$ (2) $y=-\dfrac{3}{x+1}-2$

(1) $y=\dfrac{x+2}{x-3}$를 x에 대하여 풀면

$\qquad y(x-3)=x+2,\ xy-3y=x+2$

$\qquad (y-1)x=3y+2$

$\qquad \therefore x=\dfrac{3y+2}{y-1}$

x와 y를 서로 바꾸면 구하는 역함수는

$$y=\frac{3x+2}{x-1}$$

(2) $y=-\dfrac{3}{x+2}-1$을 x에 대하여 풀면

$$y+1=-\frac{3}{x+2},\ x+2=-\frac{3}{y+1}$$

$$\therefore\ x=-\frac{3}{y+1}-2$$

x와 y를 서로 바꾸면 구하는 역함수는

$$y=-\frac{3}{x+1}-2$$

11-2 답 ⑤

$f^{-1}(x)=\dfrac{2x+3}{x+4}$에서 $y=\dfrac{2x+3}{x+4}$으로 놓고 x에 대하여 풀면

$$y(x+4)=2x+3,\ xy+4y=2x+3$$

$$(y-2)x=-4y+3$$

$$\therefore\ x=\frac{-4y+3}{y-2}$$

x와 y를 서로 바꾸면 역함수는 $y=\dfrac{-4x+3}{x-2}$

따라서 $(f^{-1})^{-1}=f$이므로

$$\frac{-4x+3}{x-2}=\frac{ax+b}{-x+c},\ \frac{4x-3}{-x+2}=\frac{ax+b}{-x+c}$$

$$\therefore\ a=4,\ b=-3,\ c=2$$

$$\therefore\ a+b+c=4+(-3)+2=3$$

11-3 답 12

두 함수 $f(x)=\dfrac{ax+1}{2x-6}$, $g(x)=\dfrac{bx+1}{2x+6}$의 그래프가 직선 $y=x$에 대하여 대칭이므로 두 함수는 서로 역함수 관계이다.

$f(x)=\dfrac{ax+1}{2x-6}$에서 $y=\dfrac{ax+1}{2x-6}$로 놓고 x에 대하여 풀면

$$y(2x-6)=ax+1,\ 2xy-6y=ax+1$$

$$(2y-a)x=6y+1$$

$$\therefore\ x=\frac{6y+1}{2y-a}$$

x와 y를 서로 바꾸면 역함수는 $y=\dfrac{6x+1}{2x-a}$

따라서 $\dfrac{6x+1}{2x-a}=\dfrac{bx+1}{2x+6}$이므로

$$a=-6,\ b=6$$

$$\therefore\ b-a=6-(-6)=12$$

다른 풀이

두 함수의 그래프가 직선 $y=x$에 대하여 대칭이면 두 점근선의 교점도 직선 $y=x$에 대하여 대칭이다.

함수 $f(x)=\dfrac{ax+1}{2x-6}$의 그래프의 점근선의 방정식은 $x=3$, $y=\dfrac{a}{2}$이므로 두 점근선의 교점의 좌표는 $\left(3,\ \dfrac{a}{2}\right)$이고, 함수 $g(x)=\dfrac{bx+1}{2x+6}$의 그래프의 점근선의 방정식은 $x=-3$, $y=\dfrac{b}{2}$이므로 두 점근선의 교점의 좌표는 $\left(-3,\ \dfrac{b}{2}\right)$이다.

두 점 $\left(3,\ \dfrac{a}{2}\right)$, $\left(-3,\ \dfrac{b}{2}\right)$가 직선 $y=x$에 대하여 대칭이므로 $3=\dfrac{b}{2}$, $\dfrac{a}{2}=-3$

$$\therefore\ a=-6,\ b=6$$

$$\therefore\ b-a=6-(-6)=12$$

예제 12 유리함수의 그래프와 직선의 위치 관계   389쪽

12-1 답 4

$y=-\dfrac{x+6}{x-3}=-\dfrac{(x-3)+9}{x-3}=-\dfrac{9}{x-3}-1$이므로

$y=-\dfrac{x+6}{x-3}$의 그래프는 $y=-\dfrac{9}{x}$의 그래프를 x축의 방향으로 3만큼, y축의 방향으로 -1만큼 평행이동한 것이다.

또한 직선 $y=kx-1$은 k의 값에 관계없이 점 $(0,\ -1)$을 지난다.

(i) $k=0$일 때,
오른쪽 그림과 같이
함수 $y=-\dfrac{x+6}{x-3}$의

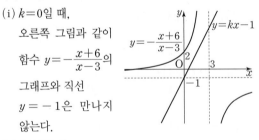

그래프와 직선
$y=-1$은 만나지
않는다.

(ii) $k\neq0$일 때,
함수 $y=-\dfrac{x+6}{x-3}$의 그래프와 직선 $y=kx-1$이

한 점에서 만나므로 $-\dfrac{x+6}{x-3}=kx-1$에서

$$-x-6=(kx-1)(x-3)$$

$$-x-6=kx^2-(3k+1)x+3$$

$$\therefore\ kx^2-3kx+9=0$$

이 이차방정식의 판별식을 D라고 하면

$D=(-3k)^2-4 \times k \times 9=0$, $k(k-4)=0$

$\therefore k=4$ ($\because k \neq 0$)

(i), (ii)에서 구하는 상수 k의 값은 4이다.

12-2 답 ⑤

두 점 P, Q는 모두 직선 $y=-\dfrac{1}{2}x+2$ 위의 점이므로

P(0, 2), Q(2, 1)이다.

점 P(0, 2)는 함수 $y=\dfrac{ax+b}{x+1}$의 그래프 위의 점이므로

$2=\dfrac{0+b}{0+1}$ $\therefore b=2$ ...... ㉠

점 Q(2, 1)도 함수 $y=\dfrac{ax+b}{x+1}$의 그래프 위의 점이므로

$1=\dfrac{2a+b}{2+1}$, $2a+b=3$

$2a+2=3$ ($\because$ ㉠) $\therefore a=\dfrac{1}{2}$

$\therefore a+b=\dfrac{1}{2}+2=\dfrac{5}{2}$

12-3 답 $a \geq 0$

$A \cap B=\varnothing$이므로 함수 $y=\dfrac{x-2}{x}$의 그래프와 직선

$y=ax+1$이 만나지 않는다.

$y=\dfrac{x-2}{x}=-\dfrac{2}{x}+1$의 그

래프는 $y=-\dfrac{2}{x}$의 그래프

를 y축의 방향으로 1만큼

평행이동한 것이므로 오른

쪽 그림과 같다.

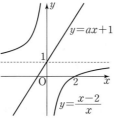

직선 $y=ax+1$은 a의 값에 관계없이 점 $(0, 1)$을 지

나므로 직선 $y=ax+1$이 함수 $y=\dfrac{x-2}{x}$의 그래프와

만나지 않으려면 $a>0$이어야 한다.

또한 $a=0$이면 직선은 $y=1$, 즉 점근선이 되므로 함

수 $y=\dfrac{x-2}{x}$의 그래프와 만나지 않는다.

따라서 구하는 실수 a의 값의 범위는 $a \geq 0$이다.

기본 다지기				390쪽~391쪽
1 (1) 2	(2) 4	2 80억 원	3 ㄴ, ㄷ	4 5
5 0	6 5	7 4	8 2	9 4
10 −2				

---

1 (1) $\dfrac{1-\dfrac{1}{x^3}}{1-\dfrac{1}{x}} \times \dfrac{1+\dfrac{1}{x}}{1+\dfrac{1}{x^3}}$

$=\dfrac{x^3\left(1-\dfrac{1}{x^3}\right)}{x\left(1-\dfrac{1}{x}\right)} \times \dfrac{x\left(1+\dfrac{1}{x}\right)}{x^3\left(1+\dfrac{1}{x^3}\right)}$

$=\dfrac{(x^3-1)(x+1)}{(x-1)(x^3+1)}$

$=\dfrac{(x-1)(x^2+x+1)(x+1)}{(x-1)(x+1)(x^2-x+1)}$

$=\dfrac{x^2+x+1}{x^2-x+1}=\dfrac{x+1+\dfrac{1}{x}}{x-1+\dfrac{1}{x}}$

$=\dfrac{3+1}{3-1}=2$

(2) $\begin{cases} 3x-4y-z=0 & \cdots\cdots ㉠ \\ 2x+y-8z=0 & \cdots\cdots ㉡ \end{cases}$

㉠+㉡×4를 하면 $11x-33z=0$

$\therefore x=3z$

$x=3z$를 ㉡에 대입하면

$6z+y-8z=0$ $\therefore y=2z$

$\therefore \dfrac{x^2-y^2-z^2}{xy-yz-zx}=\dfrac{(3z)^2-(2z)^2-z^2}{3z \times 2z-2z \times z-z \times 3z}$

$=\dfrac{4z^2}{z^2}=4$

2 두 기업 A, B의 작년 상반기 매출액을 각각 a억
원, b억 원이라고 하면 두 기업의 작년 상반기 매출액
의 합계는 70억 원이므로

$a+b=70$ ...... ㉠

올해 상반기 두 기업 A, B의 매출액이 작년 상반기에
비하여 각각 10 %, 20 %씩 증가하였고, 매출액의 증가
량의 비가 2 : 3이므로

$0.1a : 0.2b=2 : 3$, $a : 2b=2 : 3$

$\dfrac{a}{2}=\dfrac{2b}{3}=k$ ($k \neq 0$)라고 하면

$a=2k$, $b=\dfrac{3}{2}k$ ...... ㉡

㉡을 ㉠에 대입하면 $2k+\dfrac{3}{2}k=70$

$\dfrac{7}{2}k=70$ $\therefore k=20$

$\therefore a=40$, $b=30$ ($\because$ ㉡)

따라서 올해 상반기 두 기업의 매출액의 합계는

$(1+0.1)a+(1+0.2)b=1.1 \times 40+1.2 \times 30$

$=80$(억 원)

3 $f(x)=\dfrac{x}{1-x}=-\dfrac{1}{x-1}-1$

ㄱ. 함수 $f(x)$의 정의역은 1이 아닌 모든 실수의 집합
이고 치역은 -1이 아닌 모든 실수의 집합이다.
(거짓)

ㄴ. 함수 $y=f(x)$의 그래프는 $y=-\dfrac{1}{x}$의 그래프를 x
축의 방향으로 1만큼, y축의 방향으로 -1만큼 평
행이동한 그래프이다. (참)

ㄷ. 오른쪽 그림과 같이 함
수 $y=f(x)$의 그래프
는 제2사분면을 지나지
않는다. (참)

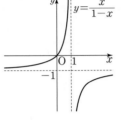

따라서 옳은 것은 ㄴ, ㄷ이
다.

4 $f(x)=\dfrac{3}{x-1}-2$라고 하면
$2 \le x \le a$에서 함수 $y=f(x)$의
그래프는 오른쪽 그림과 같다.

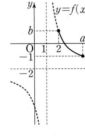

$f(2)=b=1$,
$f(a)=\dfrac{3}{a-1}-2$
$\qquad =-1$
$\therefore a=4,\ b=1$
$\therefore a+b=5$

5 $y=\dfrac{x+2}{ax+b}=\dfrac{\dfrac{1}{a}(ax+b)+2-\dfrac{b}{a}}{ax+b}$

$\qquad =\dfrac{2-\dfrac{b}{a}}{ax+b}+\dfrac{1}{a}$

이므로 점근선의 방정식은

$x=-\dfrac{b}{a},\ y=\dfrac{1}{a}$ $\qquad \therefore a=2$

또한 주어진 함수의 그래프가 점 $(2,\ 2)$를 지나므로

$2=\dfrac{2+2}{2a+b},\ 2=\dfrac{4}{4+b}$

$\therefore b=-2$
$\therefore a+b=2+(-2)=0$

6 함수 $f(x)=\dfrac{ax}{x+1}=\dfrac{-a}{x+1}+a$의 그래프의 점근
선의 방정식은
$x=-1,\ y=a$

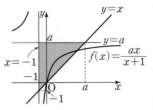

두 직선 $x=-1,\ y=a$와 직선 $y=x$로 둘러싸인 도형
의 넓이가 18이므로
$\dfrac{1}{2}(a+1)^2=18,\ a+1=\pm 6$
$\therefore a=5\ (\because a>0)$

7 (ⅰ) $x<0$일 때,
$\qquad y=\dfrac{2x+4}{-x+1}=\dfrac{-6}{x-1}-2$
(ⅱ) $x>0$일 때,
$\qquad y=\dfrac{2x+4}{x+1}=\dfrac{2}{x+1}+2$
(ⅲ) $x=0$일 때,
$\qquad y=\dfrac{0+4}{0+1}=4$

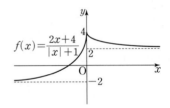

따라서 $x=0$일 때, 최댓값 4를 가지므로
$p=0,\ q=4$ $\qquad \therefore p+q=4$

8 $f \circ f^{-1}=I\,(항등함수)$이므로
$h=f \circ (g \circ f)^{-1}$
$\quad =f \circ (f^{-1} \circ g^{-1})$
$\quad =(f \circ f^{-1}) \circ g^{-1}$
$\quad =I \circ g^{-1}$
$\quad =g^{-1}$
$h(2)=g^{-1}(2)=k\,(k는\ 상수)$라고 하면 $g(k)=2$
즉, $\dfrac{-k+4}{2k-3}=2$에서 $-k+4=4k-6$
$5k=10$ $\qquad \therefore k=2$
$\therefore h(2)=2$

9 $y=\dfrac{ax+b}{x-2}$로 놓고 x에 대하여 풀면
$y(x-2)=ax+b,\ xy-2y=ax+b$

$x(y-a)=2y+b$ $\qquad \therefore x=\dfrac{2y+b}{y-a}$

x와 y를 서로 바꾸면 구하는 역함수는 $y=\dfrac{2x+b}{x-a}$

$\therefore f^{-1}(x)=\dfrac{2x+b}{x-a}$

이때 $f=f^{-1}$이므로

$\dfrac{ax+b}{x-2}=\dfrac{2x+b}{x-a}$ $\qquad \therefore a=2$

또한 $f(1)=0$이므로

$\dfrac{a+b}{-1}=0,\ a+b=0$

$\therefore b=-2$

따라서 $f(x)=\dfrac{2x-2}{x-2}$이므로

$f(3)=\dfrac{2\times 3-2}{3-2}=4$

다른 풀이

함수 $f(x)=\dfrac{ax+b}{x-2}$의 그래프가 점 $(1,0)$을 지나므로

$0=\dfrac{a+b}{-1}$ $\qquad \therefore a+b=0$ $\qquad\cdots\cdots\ \boxdot$

역함수의 성질에 의하여 함수 $y=f(x)$의 역함수

$y=f^{-1}(x)$의 그래프는 점 $(0,1)$을 지난다.

이때 $f=f^{-1}$이므로 함수 $y=f(x)$의 그래프는 점

$(0,1)$을 지난다. 즉,

$1=\dfrac{b}{-2}$ $\qquad \therefore b=-2$

$b=-2$를 $\boxdot$에 대입하면 $a=2$

따라서 $f(x)=\dfrac{2x-2}{x-2}$이므로

$f(3)=\dfrac{2\times 3-2}{3-2}=4$

10 함수 $f(x)=\dfrac{ax+b}{x-1}$의 그래프가 점 $(2,-1)$을

지나므로 $f(2)=-1$에서

$2a+b=-1$ $\qquad\cdots\cdots\ \boxdot$

또한 이 함수의 역함수 $y=f^{-1}(x)$의 그래프가 점

$(2,-1)$을 지나므로 $f^{-1}(2)=-1$

이때 역함수의 성질에 의하여 $f(-1)=2$이므로

$\dfrac{-a+b}{-2}=2$

$\therefore -a+b=-4$ $\qquad\cdots\cdots\ \boxdot$

$\boxdot$, $\boxdot$을 연립하여 풀면

$a=1,\ b=-3$

$\therefore a+b=1+(-3)=-2$

실력 **다지기**　　　　　　　　392쪽~393쪽

11 2	**12** -1	**13** 0	**14** (1) 9　(2) 3	
15 24	**16** $y=3$	**17** 11	**18** 8	**19** $\dfrac{4}{3}$
20 5				

11 **접근 방법** 역함수의 성질에 의하여 $(f\circ g)(x)=x$를

만족시키는 두 함수 $y=f(x)$, $y=g(x)$는 서로 역함수 관계이

다. 또한 역함수의 성질에 의하여 함수 $y=f(x)$의 그래프와 그

역함수 $y=f^{-1}(x)$의 그래프는 직선 $y=x$에 대하여 대칭이다.

$(f\circ g)(x)=x$이므로 $f(g(x))=x$에서

$g(x)=f^{-1}(x)$이고

$f(x)=\dfrac{3x+5}{x+1}=\dfrac{3(x+1)+2}{x+1}=\dfrac{2}{x+1}+3$

$y=f(x)$의 그래프는 다음 그림과 같고, 두 함수

$y=f(x)$와 $y=g(x)$의 그래프는 직선 $y=x$에 대하여

대칭이므로 두 함수 $y=f(x)$와 $y=g(x)$의 그래프의

교점은 함수 $y=f(x)$의 그래프와 직선 $y=x$의 교점

과 같다.

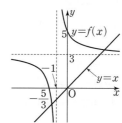

즉, $\dfrac{3x+5}{x+1}=x$에서 $3x+5=x(x+1)$

$\therefore x^2-2x-5=0$

따라서 이차방정식의 근과 계수의 관계에 의하여

$f(x)=g(x)$를 만족시키는 모든 x의 값의 합은 2이다.

⊕ 보충 설명

함수 $y=f(x)$의 그래프와 역함수 $y=f^{-1}(x)$의 그래프의

교점을 구할 때에는 두 함수 $y=f(x)$, $y=f^{-1}(x)$의 그래

프의 개형을 그리고 두 그래프의 교점 중 직선 $y=x$ 위에

있지 않은 것이 있는지 알아보고 방정식 $f(x)=x$를 푸는

것이 좋다.

12 **접근 방법** 함수 $y=\dfrac{2x-5}{2x+3}$를 $y=\dfrac{k}{x-p}+q$ 꼴로 변형

하여 $x,\ y$의 값이 정수가 되는 값을 찾아본다.

$y=\dfrac{2x-5}{2x+3}=\dfrac{2x+3-8}{2x+3}$

$$=-\frac{8}{2x+3}+1$$

이므로 y의 값이 정수이려면 $2x+3$이 8의 약수이어야 한다.

$\therefore 2x+3=\pm1, \pm2, \pm4, \pm8$

이 가운데 x의 값이 정수가 되는 것은

$2x+3=\pm1$

$\therefore x=-1$ 또는 $x=-2$

따라서 구하는 점의 좌표는 $(-1, -7)$, $(-2, 9)$이므로

$a+b+c+d=-1+(-7)+(-2)+9$
$$=-1$$

13 **접근 방법** | 유리식으로 이루어진 항등식에서 미정계수를 구할 때에는 분모를 통분한 후 분자의 계수를 비교한다.

우변을 통분한 분수식의 분자를 $f(x)$라고 하면

$$\frac{a_1}{x-1}+\frac{a_2}{x-2}+\cdots+\frac{a_{10}}{x-10}$$

$$=\frac{f(x)}{(x-1)(x-2)\times\cdots\times(x-10)}$$ 에서

$f(x)=a_1(x-2)(x-3)\times\cdots\times(x-10)$
$\qquad +a_2(x-1)(x-3)\times\cdots\times(x-10)+\cdots$
$\qquad\qquad +a_{10}(x-1)(x-2)\times\cdots\times(x-9)$

따라서 모든 실수 x에 대하여

$1=f(x)=(a_1+a_2+\cdots+a_{10})x^9+\cdots$

이 성립하므로 계수비교법에 의해서

$a_1+a_2+\cdots+a_{10}=0$

14 **접근 방법** | 주어진 함수식을 $y=\dfrac{a}{x-p}+q$ 꼴로 나타낸 후 그래프가 조건을 만족시키도록 그려 본다.

(1) $y=\dfrac{3x+k-10}{x+1}=\dfrac{k-13}{x+1}+3$이므로 점근선의 방정식은 $x=-1$, $y=3$이다.

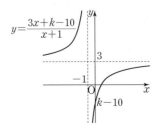

이 함수의 그래프가 제4사분면을 지나기 위해서는 그림과 같이 $k-13<0$이고, $(y$절편$)=k-10<0$ 이어야 한다.

따라서 $k<10$이므로 자연수 k의 개수는 9이다.

(2) 주어진 함수의 그래프는 함수 $y=\dfrac{5}{x}$의 그래프를 x축의 방향으로 p만큼, y축의 방향으로 2만큼 평행이동한 그래프이므로 점근선의 방정식은 $x=p$, $y=2$이다.

이때 $p\leq0$이면 곡선 $y=\dfrac{5}{x-p}+2$는 반드시 제3사분면을 지나므로 $p>0$이다.

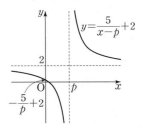

$x>p$일 때 함수의 그래프는 제1사분면만을 지난다.

$x<p$일 때 주어진 함수의 그래프가 제3사분면을 지나지 않기 위해서는 $x=0$일 때 $(y$절편$)\geq0$이어야 하므로

$$\frac{5}{-p}+2\geq0 \qquad \therefore p\geq\frac{5}{2}$$

따라서 정수 p의 최솟값은 3이다.

15 **접근 방법** | 함수 $y=\dfrac{3}{x}$의 그래프는 두 직선 $y=x$, $y=-x$에 대하여 대칭임을 이용한다.

함수 $y=\dfrac{3}{x}$의 그래프는 두 직선 $y=x$, $y=-x$에 대하여 각각 대칭이므로 선분 PQ의 길이가 최소이려면 두 점 P, Q가 함수 $y=\dfrac{3}{x}$의 그래프와 직선 $y=x$의 교점이어야 한다.

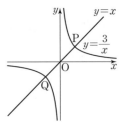

$\dfrac{3}{x}=x$에서 $x^2=3$ $\quad\therefore x=\pm\sqrt{3}$

따라서 선분 PQ의 길이가 최소가 되는 두 점의 좌표는 $P(\sqrt{3}, \sqrt{3})$, $Q(-\sqrt{3}, -\sqrt{3})$이고 이때의 선분 PQ의 길이 s는

$s=\sqrt{(-\sqrt{3}-\sqrt{3})^2+(-\sqrt{3}-\sqrt{3})^2}=2\sqrt{6}$

$\therefore s^2=(2\sqrt{6})^2=24$

16 **접근 방법 |** 방정식 $f(x)=f^{-1}(x)$의 실근과 방정식 $f(x)=x$의 실근이 같음을 이용한다.

함수 $y=f(x)$의 그래프의 한 점근선의 방정식이 $x=2$이므로

$$f(x)=\frac{a}{x-2}+b\ (a>0,\ b>0) \qquad \cdots\cdots\ \boxdot$$

로 놓을 수 있다.

또한 함수 $y=f(x)$의 그래프가 원점을 지나므로

$$\frac{a}{-2}+b=0 \qquad \therefore\ a=2b \qquad \cdots\cdots\ \boxdot$$

$\boxdot$을 $\boxdot$에 대입하면

$$f(x)=\frac{2b}{x-2}+b$$

방정식 $f(x)=f^{-1}(x)$의 실근은 방정식 $f(x)=x$의 실근과 같으므로 $\frac{2b}{x-2}+b=x$의 한 근이 5이다.

즉, $\frac{2b}{5-2}+b=5$, $2b+3b=15$ $\quad \therefore\ b=3$

따라서 함수 $f(x)=\frac{6}{x-2}+3$의 그래프의 x축에 평행한 점근선의 방정식은 $y=3$이다.

17 **접근 방법 |** 삼각형 ABC의 넓이가 50이므로 $\frac{1}{2}\times\overline{AB}\times\overline{AC}=50$이 성립한다. 선분 AB의 길이는 두 점 A, B의 x좌표의 차이고, 선분 AC의 길이는 두 점 A, C의 y좌표의 차이므로 점 A의 좌표를 기준으로 문제를 해결하면 된다.

점 A의 좌표를 $A\left(p,\ \frac{1}{p}\right)(p>0)$이라고 하면

$B\left(kp,\ \frac{1}{p}\right)$, $C\left(p,\ \frac{k}{p}\right)$이므로

$$\overline{AB}=|kp-p|=|(k-1)p|$$

$$\overline{AC}=\left|\frac{k}{p}-\frac{1}{p}\right|=\left|\frac{k-1}{p}\right|$$

삼각형 ABC의 넓이가 50이므로

$$\frac{1}{2}\times\overline{AB}\times\overline{AC}=\frac{1}{2}\times|(k-1)p|\times\left|\frac{k-1}{p}\right|$$

$$=\frac{(k-1)^2}{2}=50$$

$(k-1)^2=100$, $k^2-2k-99=0$

$(k+9)(k-11)=0$

$\therefore\ k=-9$ 또는 $k=11$

그런데 $k>0$이므로 $k=11$

18 **접근 방법 |** $P\left(t,\ \frac{2t+1}{t}\right)(t>0)$로 놓고 산술평균과 기하평균의 관계를 이용하여 사각형 OAPB의 둘레의 길이, 즉 $2(\overline{OA}+\overline{OB})$의 최솟값을 구한다.

$y=\frac{2x+1}{x}=\frac{1}{x}+2$이므로 $y=\frac{2x+1}{x}$의 그래프는 다음 그림과 같다.

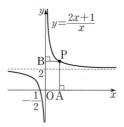

$P\left(t,\ \frac{2t+1}{t}\right)(t>0)$로 놓으면

$A(t,\ 0)$, $B\left(0,\ \frac{2t+1}{t}\right)$

산술평균과 기하평균의 관계에 의하여

$$\overline{OA}+\overline{OB}=t+\frac{2t+1}{t}$$

$$=t+\frac{1}{t}+2\geq2\sqrt{t\times\frac{1}{t}}+2=4$$

$$\left(\text{단, 등호는 }t=\frac{1}{t}\text{, 즉 }t=1\text{일 때 성립}\right)$$

따라서 사각형 OAPB의 둘레의 길이의 최솟값은 $4\times2=8$

19 **접근 방법 |** 부등식 $f(x)<g(x)$의 해는 함수 $y=f(x)$의 그래프가 함수 $y=g(x)$의 그래프보다 아래쪽에 있는 x의 값의 범위와 같다. $\frac{2x}{x-1}$를 $\frac{k}{x-p}+q$ 꼴로 고쳐 주어진 부등식을 간단히 한 후, 각 항을 관계식으로 가지는 세 함수의 그래프를 이용한다.

$\frac{2x}{x-1}=\frac{2(x-1)+2}{x-1}=\frac{2}{x-1}+2$이므로

$ax+2\leq\frac{2}{x-1}+2\leq bx+2$에서

$$ax\leq\frac{2}{x-1}\leq bx \qquad \cdots\cdots\ \boxdot$$

$2\leq x\leq3$에서 $y=\frac{2}{x-1}$의 그래프는 다음 그림과 같다.

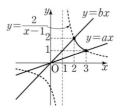

즉, $2\leq x\leq3$에서 $\boxdot$을 만족시키는 두 실수 a, b의 값의 범위는 각각 $a\leq\frac{1}{3}$, $b\geq1$

따라서 a의 최댓값은 $\dfrac{1}{3}$, b의 최솟값은 1이므로 구하

는 합은 $\dfrac{1}{3}+1=\dfrac{4}{3}$

⊕ 보충 설명

> 부등식 $ax\leq\dfrac{2}{x-1}$가 항상 성립하려면 직선 $y=ax$가 함수
>
> $y=\dfrac{2}{x-1}$의 그래프보다 아래쪽에 있어야 한다.
>
> 직선 $y=ax$가 점 $(3, 1)$을 지나면 $a=\dfrac{1}{3}$이므로
>
> $a\leq\dfrac{1}{3}$
>
> 같은 방법으로 $b\geq1$

20 접근 방법 | 함수 $f^{-1}(x)$는 함수 $f(x)$를 $y=x$에 대하
여 대칭이동한 함수이고, 함수 $y=f(x-4)-4$의 그래프는 함
수 $y=f(x)$의 그래프를 x축의 방향으로 4만큼, y축의 방향으
로 -4만큼 평행이동한 것이다. 이때 두 유리함수의 그래프의
점근선의 교점이 같아야 같은 함수임을 이용한다.

$$f(x)=\frac{2x+b}{x-a}$$
$$=\frac{2(x-a)+2a+b}{x-a}$$
$$=\frac{2a+b}{x-a}+2$$

에서 함수 $y=f(x)$의 그래프의 두 점근선의 교점은
$(a, 2)$이다.

이때 $y=f^{-1}(x)$의 그래프의 두 점근선의 교점은 점
$(a, 2)$를 직선 $y=x$에 대하여 대칭이동한 점이므로
그 좌표는 $(2, a)$와 같다.

㉮에서 함수 $y=f(x-4)-4$의 그래프는 함수
$y=f(x)$의 그래프를 x축의 방향으로 4만큼, y축의 방
향으로 -4만큼 평행이동한 그래프와 일치하므로 함
수 $y=f(x-4)-4$의 그래프의 두 점근선의 교점은
$(a+4, -2)$이다.

이때 두 점 $(2, a)$, $(a+4, -2)$가 일치하므로 $a=-2$

함수 $y=f(x)$의 그래프는 함수 $y=\dfrac{2a+b}{x}$의 그래프
를 평행이동한 그래프와 일치하므로

㉯에서 $2a+b=3$

$\therefore b=7$

$\therefore a+b=-2+7=5$

다른 풀이

함수 $f(x)=\dfrac{2x+b}{x-a}$의 역함수를 구하면

$$f^{-1}(x)=\frac{ax+b}{x-2}$$

㉮에 의해

$$\frac{ax+b}{x-2}=\frac{2(x-4)+b}{(x-4)-a}-4$$
$$=\frac{2(x-4)+b-4(x-4-a)}{(x-4)-a}$$
$$=\frac{-2x+4a+8+b}{x-4-a}$$

$-2=-4-a$에서 $a=-2$

$$f(x)=\frac{2x+b}{x+2}=\frac{2(x+2)+b-4}{x+2}$$
$$=\frac{b-4}{x+2}+2$$

이므로 ㉯에 의해 $b-4=3$ $\quad\therefore b=7$

$\therefore a+b=-2+7=5$

기출 다지기   394쪽

| **21** ① | **22** ④ | **23** 12 | **24** 9 |

21 접근 방법 | 유리함수 $f(x)$에 대하여 $y=|f(x)|$와
$y=k$가 한 점에서 만날 때, $y=k$는 $y=f(x)$의 점근선이다.

조건 ㉮에서 곡선 $y=f(x)$가 직선 $y=2$와 만나는 점
의 개수와 직선 $y=-2$와 만나는 점의 개수의 합은 1
이다.

곡선 $y=f(x)$가 x축에 평행한 직선과 만나는 점의 개
수는 점근선을 제외하면 모두 1이므로 두 직선 $y=2$,
$y=-2$ 중 하나는 곡선 $y=f(x)$의 점근선이다.

이때 곡선 $y=f(x)$의 한 점근선이 직선 $y=b$이므로
$b=2$ 또는 $b=-2$ $\cdots\cdots$ ㉠

$f(x)=\dfrac{a}{x}+b$, 즉 $y=\dfrac{a}{x}+b$에서

$\dfrac{a}{x}=y-b$, $x=\dfrac{a}{y-b}$

x와 y를 서로 바꾸면 $y=\dfrac{a}{x-b}$

$\therefore f^{-1}(x)=\dfrac{a}{x-b}$

조건 ㉯에서 $f^{-1}(2)=f(2)-1$이므로

$\dfrac{a}{2-b}=\dfrac{a}{2}+b-1$ $\cdots\cdots$ ㉡

㉡에서 $b\neq2$이므로 ㉠에서 $b=-2$

$b=-2$를 ㉡에 대입하면

$\dfrac{a}{4}=\dfrac{a}{2}-3$ $\quad\therefore a=12$

따라서 $f(x) = \dfrac{12}{x} - 2$이므로

$f(8) = \dfrac{12}{8} - 2 = -\dfrac{1}{2}$

⊕ 보충 설명

함수 $y = f(x)$와 $y = |f(x)|$의 그래프는 다음과 같다.

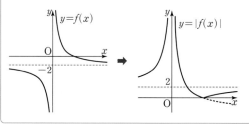

22 접근 방법 | 점의 대칭이동과 점과 직선 사이의 거리를 이용한다.

점 $B(\alpha, \beta)$가 곡선 $y = \dfrac{2}{x}$ 위의 점이므로

$\beta = \dfrac{2}{\alpha}$, 즉 $\alpha\beta = 2$ ...... ㉠

$\alpha > \sqrt{2}$이므로 $0 < \beta < \sqrt{2}$, 즉 $0 < \beta < \alpha$

두 점 B, C가 직선 $y = x$에 대하여 서로 대칭이므로

$C(\beta, \alpha)$

$\therefore \overline{BC} = \sqrt{(\beta-\alpha)^2 + (\alpha-\beta)^2} = \sqrt{2}(\alpha-\beta) \ (\because \alpha > \beta)$

직선 BC와 직선 $y = x$가 서로 수직이므로 직선 BC의 기울기는 -1이다.

또한 이 직선이 점 B를 지나므로 직선 BC의 방정식은

$y - \beta = -(x-\alpha)$, 즉 $x + y - (\alpha+\beta) = 0$

점 A와 직선 BC 사이의 거리를 h라고 하면

$h = \dfrac{|-2+2-(\alpha+\beta)|}{\sqrt{1^2+1^2}}$

$\quad = \dfrac{1}{\sqrt{2}}(\alpha+\beta) \ (\because \alpha > 0, \ \beta > 0)$

삼각형 ABC의 넓이가 $2\sqrt{3}$이므로

$\triangle \text{ABC} = \dfrac{1}{2} \times \overline{BC} \times h$

$\qquad = \dfrac{1}{2} \times \sqrt{2}(\alpha-\beta) \times \dfrac{1}{\sqrt{2}}(\alpha+\beta)$

$\qquad = \dfrac{1}{2}(\alpha^2-\beta^2) = 2\sqrt{3}$

$\therefore \alpha^2 - \beta^2 = 4\sqrt{3}$ ...... ㉡

㉠, ㉡에서

$(\alpha^2+\beta^2)^2 = (\alpha^2-\beta^2)^2 + 4\alpha^2\beta^2 = (4\sqrt{3})^2 + 4 \times 2^2 = 64$

$\alpha^2 + \beta^2 > 0$이므로 $\alpha^2 + \beta^2 = 8$

23 접근 방법 | 유리식을 간단히 하여 식의 값이 정수가 되는 조건을 구할 수 있다.

$\dfrac{3m+9}{m^2-9} = \dfrac{3(m+3)}{(m-3)(m+3)} = \dfrac{3}{m-3} \ (m \neq \pm 3)$

이 값이 정수가 되려면 $m-3 = \pm 1, \ \pm 3$이어야 하므로

$m = 0, \ 2, \ 4, \ 6$

따라서 모든 m의 값의 합은

$0 + 2 + 4 + 6 = 12$

24 접근 방법 | 직선 AB의 기울기는 -1이고, $\angle \text{ABC} = 90°$에서 직선 AB와 직선 BC는 서로 수직이므로 직선 BC의 기울기는 1이다. 이를 이용하여 점 B와 점 C의 좌표의 관계를 찾는다.

$f(x) = \dfrac{2}{x}$라고 하면 $f(x) = f^{-1}(x)$이므로 곡선

$y = \dfrac{2}{x}$는 직선 $y = x$에 대하여 대칭이다.

곡선 $y = \dfrac{2}{x}$와 직선 $y = -x+k$가 제1사분면에서 만

나는 점 A의 좌표를 $A\left(a, \dfrac{2}{a}\right)$라고 하면 점 B의 좌표

는 $B\left(\dfrac{2}{a}, a\right)$

$\angle \text{ABC} = 90°$이므로 점 C는 제3사분면 위에 있고 점 C의 좌표를 $C\left(c, \dfrac{2}{c}\right)$라고 하면 직선 BC의 기울기는 1이다.

$\dfrac{\frac{2}{c}-a}{c-\frac{2}{a}} = \dfrac{-a}{c} = 1$에서 $c = -a$이므로 $C\left(-a, -\dfrac{2}{a}\right)$

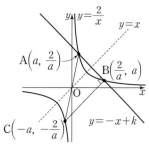

$\overline{AC}^2 = \{a-(-a)\}^2 + \left\{\dfrac{2}{a} - \left(-\dfrac{2}{a}\right)\right\}^2$

$\qquad = 4a^2 + \dfrac{16}{a^2} = (2\sqrt{5})^2 = 20$

$\therefore a^2 + \dfrac{4}{a^2} = 5$

이때 점 $A\left(a, \dfrac{2}{a}\right)$가 직선 $y = -x+k$ 위의 점이므로

$\dfrac{2}{a} = -a + k \qquad \therefore k = a + \dfrac{2}{a}$

$\therefore k^2 = \left(a + \dfrac{2}{a}\right)^2 = a^2 + \dfrac{4}{a^2} + 4 = 9$

10. 무리식과 무리함수

1 답 ④

④ 제곱하여 6이 되는 수는 $\pm\sqrt{6}$이다.

2 답 (1) $x \geq 2$ (2) $-1 < x \leq 2$

(1) $x - 2 \geq 0$에서 $x \geq 2$

(2) 분모 $\sqrt{x+1}$에서 $x+1 > 0$

$\therefore x > -1$ ······ ㉠

분자 $\sqrt{2-x}$에서 $2-x \geq 0$

$\therefore x \leq 2$ ······ ㉡

㉠, ㉡에서 $-1 < x \leq 2$

3 답 (1) $\dfrac{3-\sqrt{5}}{2}$ (2) $\sqrt{3}-\sqrt{2}$

(3) $\dfrac{\sqrt{x}-\sqrt{y}}{x-y}$ (4) $\sqrt{x+1}-\sqrt{x}$

(1) $\dfrac{\sqrt{5}-1}{\sqrt{5}+1} = \dfrac{(\sqrt{5}-1)^2}{(\sqrt{5}+1)(\sqrt{5}-1)} = \dfrac{5-2\sqrt{5}+1}{5-1}$

$= \dfrac{6-2\sqrt{5}}{4} = \dfrac{3-\sqrt{5}}{2}$

(2) $\dfrac{\sqrt{3}-\sqrt{2}+1}{\sqrt{3}+\sqrt{2}+1} = \dfrac{(\sqrt{3}+1-\sqrt{2})^2}{\{(\sqrt{3}+1)+\sqrt{2}\}\{(\sqrt{3}+1)-\sqrt{2}\}}$

$= \dfrac{3+1+2+2\sqrt{3}-2\sqrt{2}-2\sqrt{6}}{(\sqrt{3}+1)^2-2}$

$= \dfrac{3+\sqrt{3}-\sqrt{2}-\sqrt{6}}{\sqrt{3}+1}$

$= \dfrac{(3+\sqrt{3}-\sqrt{2}-\sqrt{6})(\sqrt{3}-1)}{(\sqrt{3}+1)(\sqrt{3}-1)}$

$= \dfrac{2(\sqrt{3}-\sqrt{2})}{3-1} = \sqrt{3}-\sqrt{2}$

(3) $\dfrac{1}{\sqrt{x}+\sqrt{y}} = \dfrac{\sqrt{x}-\sqrt{y}}{(\sqrt{x}+\sqrt{y})(\sqrt{x}-\sqrt{y})} = \dfrac{\sqrt{x}-\sqrt{y}}{x-y}$

(4) $\dfrac{1}{\sqrt{x+1}+\sqrt{x}} = \dfrac{\sqrt{x+1}-\sqrt{x}}{(\sqrt{x+1}+\sqrt{x})(\sqrt{x+1}-\sqrt{x})}$

$= \dfrac{\sqrt{x+1}-\sqrt{x}}{(x+1)-x} = \sqrt{x+1}-\sqrt{x}$

4 답 (1) $-\dfrac{2\sqrt{y}}{x-y}$ (2) $2\sqrt{x+1}$

(1) $\dfrac{1}{\sqrt{x}+\sqrt{y}} - \dfrac{1}{\sqrt{x}-\sqrt{y}} = \dfrac{(\sqrt{x}-\sqrt{y})-(\sqrt{x}+\sqrt{y})}{(\sqrt{x}+\sqrt{y})(\sqrt{x}-\sqrt{y})}$

$= -\dfrac{2\sqrt{y}}{x-y}$

(2) $\dfrac{1}{\sqrt{x+1}+\sqrt{x}} + \dfrac{1}{\sqrt{x+1}-\sqrt{x}}$

$= \dfrac{(\sqrt{x+1}-\sqrt{x})+(\sqrt{x+1}+\sqrt{x})}{(\sqrt{x+1}+\sqrt{x})(\sqrt{x+1}-\sqrt{x})}$

$= \dfrac{2\sqrt{x+1}}{(x+1)-x} = 2\sqrt{x+1}$

5 답 (1) $x=2$, $y=5$ (2) $x=3$, $y=1$

(3) $x=3$, $y=1$

무리수가 서로 같을 조건에 의하여

(1) $x+3=5$, $y-1=4$

$\therefore x=2$, $y=5$

(2) $x+y=4$, $x-y=2$

위의 두 식을 연립하여 풀면

$x=3$, $y=1$

(3) $x-2y=1$, $-2x-y=-7$

위의 두 식을 연립하여 풀면

$x=3$, $y=1$

01-1 답 (1) 3 (2) $3a$

(1) $-1 < a < 0$에서 $1-a > 0$, $a+2 > 0$이므로

$\sqrt{(1-a)^2} + \sqrt{(a+2)^2} = |1-a| + |a+2|$

$= (1-a)+(a+2)$

$= 3$

(2) $-1 < a < 0$에서 $a+1 > 0$, $2a-1 < 0$이므로

$\sqrt{a^2+2a+1} - \sqrt{4a^2-4a+1}$

$= \sqrt{(a+1)^2} - \sqrt{(2a-1)^2}$

$= |a+1| - |2a-1|$

$= (a+1)+(2a-1)$

$= 3a$

01-2 답 ⑤

$2 < a < 3$, 즉 $4 < a^2 < 9$에서 $a^2-9 < 0$, $a^2-4 > 0$이므로

$\sqrt{(a^2-9)^2} + \sqrt{(a^2-4)^2} = |a^2-9| + |a^2-4|$

$= -(a^2-9)+(a^2-4)$

$= 5$

01-3 답 $2(a-c)$

$a > b > c$에서 $a-b > 0$, $b-c > 0$, $c-a < 0$이므로

$$\sqrt{a^2-2ab+b^2}=\sqrt{(a-b)^2}=|a-b|=a-b$$
$$\sqrt{b^2-2bc+c^2}=\sqrt{(b-c)^2}=|b-c|=b-c$$
$$\sqrt{c^2-2ca+a^2}=\sqrt{(c-a)^2}=|c-a|=a-c$$
$$\therefore \sqrt{a^2-2ab+b^2}+\sqrt{b^2-2bc+c^2}+\sqrt{c^2-2ca+a^2}$$
$$=(a-b)+(b-c)+(a-c)$$
$$=2(a-c)$$

예제 02　**무리식의 계산**　　　　　405쪽

02-1　답 (1) $-4x-2$　(2) $2\sqrt{6}+4$

(1) 분모를 통분하면
$$\frac{\sqrt{x}-\sqrt{x+1}}{\sqrt{x}+\sqrt{x+1}}+\frac{\sqrt{x}+\sqrt{x+1}}{\sqrt{x}-\sqrt{x+1}}$$
$$=\frac{(\sqrt{x}-\sqrt{x+1})^2+(\sqrt{x}+\sqrt{x+1})^2}{(\sqrt{x}+\sqrt{x+1})(\sqrt{x}-\sqrt{x+1})}$$
$$=\frac{(2x+1-2\sqrt{x}\sqrt{x+1})+(2x+1+2\sqrt{x}\sqrt{x+1})}{x-(x+1)}$$
$$=\frac{4x+2}{-1}=-4x-2$$

(2) $2<\sqrt{6}<3$에서 $4<\sqrt{6}+2<5$이므로
$\sqrt{6}+2$의 정수 부분은 $a=4$, 소수 부분은
$b=(\sqrt{6}+2)-4=\sqrt{6}-2$
$$\therefore \frac{a}{b}=\frac{4}{\sqrt{6}-2}=\frac{4(\sqrt{6}+2)}{(\sqrt{6}-2)(\sqrt{6}+2)}$$
$$=\frac{4\sqrt{6}+8}{6-4}=2\sqrt{6}+4$$

02-2　답 (1) $\dfrac{2(x+2)}{x-2}$　(2) 1

(1) $\dfrac{\sqrt{x}-\sqrt{2}}{\sqrt{x}+\sqrt{2}}+\dfrac{\sqrt{x}+\sqrt{2}}{\sqrt{x}-\sqrt{2}}$
$$=\frac{(\sqrt{x}-\sqrt{2})^2+(\sqrt{x}+\sqrt{2})^2}{(\sqrt{x}+\sqrt{2})(\sqrt{x}-\sqrt{2})}$$
$$=\frac{(x-2\sqrt{2}\sqrt{x}+2)+(x+2\sqrt{2}\sqrt{x}+2)}{x-2}$$
$$=\frac{2(x+2)}{x-2}$$

(2) $2<\sqrt{5}<3$에서 $3<\sqrt{5}+1<4$이므로 $\sqrt{5}+1$의 정수 부분은 3, 소수 부분은 $(\sqrt{5}+1)-3=\sqrt{5}-2$
$$\therefore x=\sqrt{5}-2$$
즉, $x+2=\sqrt{5}$의 양변을 제곱하면
$$x^2+4x+4=5\quad \therefore x^2+4x-1=0$$
$$\therefore x^4+4x^3-4x^2-12x+4$$
$$=(x^2+4x-1)(x^2-3)+1$$
$$=0\times(x^2-3)+1=1$$

⊕ 보충 설명

$x=p+\sqrt{q}$ (p는 유리수, $\sqrt{q}$는 무리수)에 대하여 $f(x)$의 값을 구할 때, $f(x)$의 차수가 높아서 주어진 x의 값을 직접 대입하여 계산하기가 어려운 경우가 있다. 이때 $x=p+\sqrt{q}$를 변형하여 제곱하면
$$g(x)=0\ (g(x)는\ 이차식)$$
을 얻을 수 있고, $f(x)$를 $g(x)$로 나누어
$f(x)=g(x)q(x)+r(x)$로 나타내면 $g(x)=0$임을 이용하여 $f(x)$의 차수를 낮출 수 있으므로 **02-2**의 (2)처럼 계산을 편리하게 할 수 있다.

02-3　답 ⑤

$$\frac{\sqrt{a+b}-\sqrt{a-b}}{\sqrt{a+b}+\sqrt{a-b}}+\frac{\sqrt{a+b}+\sqrt{a-b}}{\sqrt{a+b}-\sqrt{a-b}}$$
$$=\frac{(\sqrt{a+b}-\sqrt{a-b})^2+(\sqrt{a+b}+\sqrt{a-b})^2}{(\sqrt{a+b}+\sqrt{a-b})(\sqrt{a+b}-\sqrt{a-b})}$$
$$=\frac{(2a-2\sqrt{a+b}\sqrt{a-b})+(2a+2\sqrt{a+b}\sqrt{a-b})}{(a+b)-(a-b)}$$
$$=\frac{4a}{2b}=\frac{2a}{b}$$

예제 03　**무리식의 값**　　　　　407쪽

03-1　답 (1) $16+8\sqrt{3}$　(2) $\sqrt{3}$

(1) $\dfrac{2}{1+\sqrt{x}}+\dfrac{2}{1-\sqrt{x}}=\dfrac{2(1-\sqrt{x})+2(1+\sqrt{x})}{(1+\sqrt{x})(1-\sqrt{x})}$
$$=\frac{4}{1-x}\qquad\qquad \cdots\cdots\ \bigcirc$$

$\bigcirc$에 $x=\dfrac{\sqrt{3}}{2}$을 대입하면 구하는 식의 값은
$$\frac{4}{1-\dfrac{\sqrt{3}}{2}}=\frac{4}{\dfrac{2-\sqrt{3}}{2}}=\frac{8}{2-\sqrt{3}}$$
$$=\frac{8(2+\sqrt{3})}{(2-\sqrt{3})(2+\sqrt{3})}$$
$$=\frac{16+8\sqrt{3}}{4-3}=16+8\sqrt{3}$$

(2) $\dfrac{\sqrt{1+x}+\sqrt{1-x}}{\sqrt{1+x}-\sqrt{1-x}}$
$$=\frac{(\sqrt{1+x}+\sqrt{1-x})^2}{(\sqrt{1+x}-\sqrt{1-x})(\sqrt{1+x}+\sqrt{1-x})}$$
$$=\frac{1+x+2\sqrt{1-x^2}+1-x}{(1+x)-(1-x)}$$
$$=\frac{2+2\sqrt{1-x^2}}{2x}=\frac{1+\sqrt{1-x^2}}{x}\qquad \cdots\cdots\ \bigcirc$$

$\bigcirc$에 $x=\dfrac{\sqrt{3}}{2}$을 대입하면 구하는 식의 값은

$$\dfrac{1+\sqrt{1-\dfrac{3}{4}}}{\dfrac{\sqrt{3}}{2}}=\dfrac{\dfrac{3}{2}}{\dfrac{\sqrt{3}}{2}}=\dfrac{3}{\sqrt{3}}=\sqrt{3}$$

03-2 답 $\sqrt{6}$

$x+y=(\sqrt{3}+\sqrt{2})+(\sqrt{3}-\sqrt{2})=2\sqrt{3}$

$x-y=(\sqrt{3}+\sqrt{2})-(\sqrt{3}-\sqrt{2})=2\sqrt{2}$

이므로

$\dfrac{\sqrt{x}-\sqrt{y}}{\sqrt{x}+\sqrt{y}}+\dfrac{\sqrt{x}+\sqrt{y}}{\sqrt{x}-\sqrt{y}}$

$=\dfrac{(\sqrt{x}-\sqrt{y})^2+(\sqrt{x}+\sqrt{y})^2}{(\sqrt{x}+\sqrt{y})(\sqrt{x}-\sqrt{y})}$

$=\dfrac{x-2\sqrt{x}\sqrt{y}+y+x+2\sqrt{x}\sqrt{y}+y}{x-y}$

$=\dfrac{2(x+y)}{x-y}=\dfrac{2\times2\sqrt{3}}{2\sqrt{2}}$

$=\dfrac{2\sqrt{3}}{\sqrt{2}}=\sqrt{6}$

03-3 답 ⑴ 322 ⑵ 22

⑴ $x=\dfrac{\sqrt{5}+2}{\sqrt{5}-2}=\dfrac{(\sqrt{5}+2)^2}{(\sqrt{5}-2)(\sqrt{5}+2)}$

$=\dfrac{5+4\sqrt{5}+4}{5-4}=9+4\sqrt{5}$

$y=\dfrac{\sqrt{5}-2}{\sqrt{5}+2}=\dfrac{(\sqrt{5}-2)^2}{(\sqrt{5}+2)(\sqrt{5}-2)}$

$=\dfrac{5-4\sqrt{5}+4}{5-4}=9-4\sqrt{5}$

이므로

$x+y=(9+4\sqrt{5})+(9-4\sqrt{5})=18$

$xy=(9+4\sqrt{5})(9-4\sqrt{5})=81-80=1$

$\therefore x^2+y^2=(x+y)^2-2xy$

$=18^2-2\times1=322$

⑵ $x=\dfrac{\sqrt{5}+\sqrt{3}}{\sqrt{5}-\sqrt{3}}=\dfrac{(\sqrt{5}+\sqrt{3})^2}{(\sqrt{5}-\sqrt{3})(\sqrt{5}+\sqrt{3})}$

$=\dfrac{5+2\sqrt{15}+3}{5-3}=\dfrac{8+2\sqrt{15}}{2}=4+\sqrt{15}$

$y=\dfrac{\sqrt{5}-\sqrt{3}}{\sqrt{5}+\sqrt{3}}=\dfrac{(\sqrt{5}-\sqrt{3})^2}{(\sqrt{5}+\sqrt{3})(\sqrt{5}-\sqrt{3})}$

$=\dfrac{5-2\sqrt{15}+3}{5-3}=\dfrac{8-2\sqrt{15}}{2}=4-\sqrt{15}$

이므로

$x+y=(4+\sqrt{15})+(4-\sqrt{15})=8$

$xy=(4+\sqrt{15})(4-\sqrt{15})=16-15=1$

$\therefore \sqrt{x^3+y^3-4}$

$=\sqrt{(x+y)^3-3xy(x+y)-4}$

$=\sqrt{8^3-3\times1\times8-4}$

$=\sqrt{484}=22$

> ● 보충 설명
>
> ⑴ x, y의 값을 직접 대입하는 것보다 $x+y$, xy의 값을 이용하여 푸는 것이 훨씬 간단하다. 일반적으로 x^n+y^n 꼴의 값을 구할 때에는 $x+y$, xy의 값을 먼저 구한다.
>
> ⑵ $x+y$, xy의 값으로부터 x^3+y^3의 값을 구하기 위하여 곱셈 공식을 변형한 식
>
> $x^3+y^3=(x+y)^3-3xy(x+y)$
>
> 를 이용한다.

예제 04 무리수가 서로 같을 조건 409쪽

04-1 답 ⑴ $a=1$, $b=-3$ ⑵ $a=-1$, $b=2$

⑴ 좌변의 분모를 통분하면

$\dfrac{a}{1+\sqrt{3}}+\dfrac{b}{1-\sqrt{3}}$

$=\dfrac{a(1-\sqrt{3})+b(1+\sqrt{3})}{(1+\sqrt{3})(1-\sqrt{3})}$

$=\dfrac{(a+b)+(-a+b)\sqrt{3}}{1-3}$

$=\dfrac{a+b}{-2}+\dfrac{-a+b}{-2}\sqrt{3}$

따라서 $\dfrac{a+b}{-2}+\dfrac{-a+b}{-2}\sqrt{3}=1+2\sqrt{3}$이므로 무리

수가 서로 같을 조건에 의하여

$\dfrac{a+b}{-2}=1$, $\dfrac{-a+b}{-2}=2$

위의 두 식을 연립하여 풀면

$a=1$, $b=-3$

⑵ 좌변의 분모를 통분하면

$\dfrac{a}{3+2\sqrt{2}}+\dfrac{b}{3-2\sqrt{2}}$

$=\dfrac{a(3-2\sqrt{2})+b(3+2\sqrt{2})}{(3+2\sqrt{2})(3-2\sqrt{2})}$

$=\dfrac{3a+3b+(-2a+2b)\sqrt{2}}{9-8}$

$=3(a+b)+2(-a+b)\sqrt{2}$

따라서 $3(a+b)+2(-a+b)\sqrt{2}=3+6\sqrt{2}$이므로 무리수가 서로 같을 조건에 의하여

$a+b=1$, $-a+b=3$

위의 두 식을 연립하여 풀면

$a=-1$, $b=2$

04-2 답 69

$3<\sqrt{15}<4$에서 $7<4+\sqrt{15}<8$이므로
$4+\sqrt{15}$의 정수 부분은 $a=7$, 소수 부분은
$b=(4+\sqrt{15})-7=\sqrt{15}-3$

$$\therefore \frac{a-b}{a+b}=\frac{7-(\sqrt{15}-3)}{7+(\sqrt{15}-3)}=\frac{10-\sqrt{15}}{4+\sqrt{15}}$$
$$=\frac{(10-\sqrt{15})(4-\sqrt{15})}{(4+\sqrt{15})(4-\sqrt{15})}$$
$$=\frac{40-14\sqrt{15}+15}{16-15}$$
$$=55-14\sqrt{15}$$

따라서 $55-14\sqrt{15}=x+y\sqrt{15}$이므로 무리수가 서로
같을 조건에 의하여 $x=55$, $y=-14$
$$\therefore x-y=55-(-14)=69$$

04-3 답 ④

$(2+\sqrt{3})^{10}=(2+\sqrt{3})^8(2+\sqrt{3})^2$이므로
$(2-\sqrt{3})^8(2+\sqrt{3})^{10}$
$=(2-\sqrt{3})^8(2+\sqrt{3})^8(2+\sqrt{3})^2$
$=\{(2-\sqrt{3})(2+\sqrt{3})\}^8(2+\sqrt{3})^2$
$=(4-3)^8(2+\sqrt{3})^2$
$=4+4\sqrt{3}+3$
$=7+4\sqrt{3}$
따라서 $7+4\sqrt{3}=a+b\sqrt{3}$이므로 $a=7$, $b=4$
$$\therefore a+b=7+4=11$$

개념 콕콕 **2 무리함수** 417쪽

1 답 ㄱ, ㄴ, ㅁ

ㄷ. $y=\sqrt{(1-x)^2}=|1-x|$이므로 무리함수가 아니다.
ㄹ. $y=\sqrt{6}x$는 다항함수이다.
ㅂ. $y=\sqrt{4x^2}=\sqrt{(2x)^2}=|2x|$이므로 무리함수가 아니다.
따라서 무리함수인 것은 ㄱ, ㄴ, ㅁ이다.

2 답 ①

① $a>0$이면 정의역은 $\{x|x\geq0\}$이고, $a<0$이면 정의역은 $\{x|x\leq0\}$이다.
② $\sqrt{ax}\geq0$이므로 치역은 $\{y|y\geq0\}$이다.
따라서 옳지 않은 것은 ①이다.

3 답 (1) 2, 6 (2) 2, −6

(1) $y=\sqrt{2x-4}+6=\sqrt{2(x-2)}+6$이므로 함수 $y=\sqrt{2x-4}+6$의 그래프는 함수 $y=\sqrt{2x}$의 그래프를 x축의 방향으로 [2]만큼, y축의 방향으로 [6]만큼 평행이동한 것이다.

(2) $y=\sqrt{4-2x}-6=\sqrt{-2(x-2)}-6$이므로 함수 $y=\sqrt{4-2x}-6$의 그래프는 함수 $y=\sqrt{-2x}$의 그래프를 x축의 방향으로 [2]만큼, y축의 방향으로 [−6]만큼 평행이동한 것이다.

4 답 (1) 그래프는 풀이 참조, 정의역 : $\{x|x\geq-1\}$, 치역 : $\{y|y\geq-2\}$
(2) 그래프는 풀이 참조, 정의역 : $\{x|x\leq2\}$, 치역 : $\{y|y\leq1\}$
(3) 그래프는 풀이 참조, 정의역 : $\{x|x\leq2\}$, 치역 : $\{y|y\geq-1\}$
(4) 그래프는 풀이 참조, 정의역 : $\{x|x\geq-2\}$, 치역 : $\{y|y\geq1\}$

(1) 함수 $y=\sqrt{x+1}-2$의 그래프는 함수 $y=\sqrt{x}$의 그래프를 x축의 방향으로 −1만큼, y축의 방향으로 −2만큼 평행이동한 것이므로 그래프는 다음 그림과 같다.

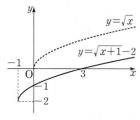

정의역은 $x+1\geq0$에서 $x\geq-1$이므로 $\{x|x\geq-1\}$, 치역은 $\sqrt{x+1}\geq0$에서 $\sqrt{x+1}-2\geq-2$이므로 $\{y|y\geq-2\}$이다.

(2) $y=-\sqrt{-x+2}+1=-\sqrt{-(x-2)}+1$ 함수 $y=-\sqrt{-x+2}+1$의 그래프는 함수 $y=-\sqrt{-x}$의 그래프를 x축의 방향으로 2만큼, y축의 방향으로 1만큼 평행이동한 것이므로 그래프는 다음 그림과 같다.

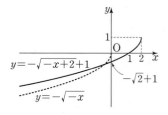

이때 정의역은 $-x+2\geq0$에서 $x\leq2$이므로 $\{x\,|\,x\leq2\}$, 치역은 $-\sqrt{-x+2}\leq0$에서 $-\sqrt{-x+2}+1\leq1$이므로 $\{y\,|\,y\leq1\}$이다.

(3) $y=\sqrt{-x+2}-1=\sqrt{-(x-2)}-1$

함수 $y=\sqrt{-x+2}-1$의 그래프는 함수 $y=\sqrt{-x}$ 의 그래프를 x축의 방향으로 2만큼, y축의 방향으로 -1만큼 평행이동한 것이므로 그래프는 다음 그림과 같다.

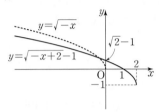

정의역은 $-x+2\geq0$에서 $x\leq2$이므로 $\{x\,|\,x\leq2\}$, 치역은 $\sqrt{-x+2}\geq0$에서 $\sqrt{-x+2}-1\geq-1$이므로 $\{y\,|\,y\geq-1\}$이다.

(4) $y=\sqrt{2x+4}+1=\sqrt{2(x+2)}+1$

함수 $y=\sqrt{2x+4}+1$의 그래프는 함수 $y=\sqrt{2x}$의 그래프를 x축의 방향으로 -2만큼, y축의 방향으로 1만큼 평행이동한 것이므로 그래프는 다음 그림과 같다.

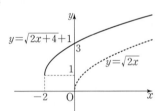

정의역은 $2x+4\geq0$에서 $x\geq-2$이므로 $\{x\,|\,x\geq-2\}$, 치역은 $\sqrt{2x+4}\geq0$에서 $\sqrt{2x+4}+1\geq1$이므로 $\{y\,|\,y\geq1\}$이다.

예제 05 무리함수의 그래프   419쪽

05-1 탑 (1) -4 (2) 4

(1) $2-ax\geq0$에서 $ax\leq2$ …… ㉠

이때 정의역이 $\{x\,|\,x\geq-2\}$이므로 $a<0$

㉠의 양변을 a로 나누면 $x\geq\dfrac{2}{a}$

즉, $\dfrac{2}{a}=-2$이므로 $a=-1$

또한 치역은 $\sqrt{2-ax}\geq0$에서 $\sqrt{2-ax}+b\geq b$이므로 $\{y\,|\,y\geq b\}$ $\therefore b=4$

$\therefore ab=(-1)\times4=-4$

(2) $ax+2\geq0$에서 $ax\geq-2$ …… ㉠

이때 정의역이 $\{x\,|\,x\geq-2\}$이므로 $a>0$

㉠의 양변을 a로 나누면 $x\geq-\dfrac{2}{a}$

즉, $-\dfrac{2}{a}=-2$이므로 $a=1$

또한 치역은 $\sqrt{ax+2}\geq0$에서 $-\sqrt{ax+2}+b\leq b$이므로 $\{y\,|\,y\leq b\}$ $\therefore b=4$

$\therefore ab=1\times4=4$

05-2 탑 (1) -1 (2) 2

(1) 주어진 함수의 그래프는 함수 $y=-\sqrt{ax}\,(a>0)$의 그래프를 x축의 방향으로 -1만큼, y축의 방향으로 -3만큼 평행이동한 것이므로
$y=-\sqrt{a(x+1)}-3$ …… ㉠

㉠의 그래프가 점 $(0,\,-4)$를 지나므로
$-4=-\sqrt{a}-3$ $\therefore a=1$

$a=1$을 ㉠에 대입하면
$y=-\sqrt{x+1}-3$

따라서 $a=1$, $b=1$, $c=-3$이므로
$a+b+c=-1$

(2) 주어진 함수의 그래프는 함수 $y=-\sqrt{ax}\,(a<0)$의 그래프를 x축의 방향으로 1만큼, y축의 방향으로 2만큼 평행이동한 것이므로
$y=-\sqrt{a(x-1)}+2$ …… ㉠

㉠의 그래프가 점 $(0,\,-1)$을 지나므로
$-1=-\sqrt{-a}+2$, $\sqrt{-a}=3$ $\therefore a=-9$

$a=-9$를 ㉠에 대입하면
$y=-\sqrt{-9x+9}+2$

따라서 $a=-9$, $b=9$, $c=2$이므로
$a+b+c=-9+9+2=2$

05-3 탑 ②

주어진 직선의 기울기는 음수이고, y절편은 양수이므로
$a<0$, $b>0$

즉, $-a>0$, $b>0$이고 원점을 지나므로 무리함수
$y=b\sqrt{-ax}$의 그래프의 개형은 ②와 같다.

예제 06 무리함수의 그래프의 평행이동과 대칭이동 421쪽

06-1 탑 2

함수 $y=-\sqrt{kx}$의 그래프를 x축의 방향으로 2만큼, y축의 방향으로 4만큼 평행이동한 그래프의 식은

$y=-\sqrt{k(x-2)}+4$ ...... ㉠

㉠의 그래프가 점 $(4, 2)$를 지나므로

$2=-\sqrt{k(4-2)}+4$, $\sqrt{2k}=2$

$2k=4$ $\therefore k=2$

06-2 답 ③

함수 $y=\sqrt{x+2}$의 그래프를 x축의 방향으로 3만큼, y축의 방향으로 -2만큼 평행이동한 그래프의 식은

$y=\sqrt{(x-3)+2}-2=\sqrt{x-1}-2$

이것을 다시 x축에 대하여 대칭이동한 그래프의 식은

$-y=\sqrt{x-1}-2$

$\therefore y=-\sqrt{x-1}+2$

따라서 $a=-1$, $b=-1$, $c=2$이므로

$a+b+c=-1+(-1)+2=0$

06-3 답 ㄴ, ㄹ

ㄱ. $y=\sqrt{2-x}=\sqrt{-(x-2)}$이므로 함수 $y=\sqrt{2-x}$의 그래프는 함수 $y=\sqrt{-x}$의 그래프를 x축의 방향으로 2만큼 평행이동한 것이다.

ㄴ. 함수 $y=-2\sqrt{x+1}$의 그래프는 함수 $y=2\sqrt{x}$의 그래프를 x축의 방향으로 -1만큼 평행이동한 후 x축에 대하여 대칭이동한 것이다.

ㄷ. $y=\sqrt{2x+2}=\sqrt{2(x+1)}$이므로 함수 $y=\sqrt{2x+2}$의 그래프는 함수 $y=\sqrt{2x}$의 그래프를 x축의 방향으로 -1만큼 평행이동한 것이다.

ㄹ. $y=2\sqrt{2-x}=2\sqrt{-(x-2)}$이므로 함수 $y=2\sqrt{2-x}$의 그래프는 함수 $y=2\sqrt{x}$의 그래프를 y축에 대하여 대칭이동한 후 x축의 방향으로 2만큼 평행이동한 것이다.

따라서 평행이동 또는 대칭이동에 의하여 그래프가 함수 $y=2\sqrt{x}$의 그래프와 겹쳐지는 것은 ㄴ, ㄹ이다.

예제 07 무리함수의 그래프를 이용하여 그래프의 개형 구하기   423쪽

07-1 답 ①

함수 $y=a\sqrt{-x+b}+c=a\sqrt{-(x-b)}+c$의 그래프는 함수 $y=a\sqrt{-x}$의 그래프를 x축의 방향으로 b만큼, y축의 방향으로 c만큼 평행이동한 것이므로 다음 그림에서

$a>0$, $b=3$, $c=-2$

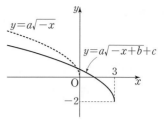

즉, 이차함수 $y=ax^2+bx+c$의 그래프는

(i) $a>0$이므로 아래로 볼록

(ii) 축의 방정식은 $x=-\dfrac{b}{2a}=-\dfrac{3}{2a}<0$

(iii) $c=-2$이므로 y절편은 음수

따라서 구하는 이차함수 $y=ax^2+bx+c$의 그래프의 개형은 오른쪽 그림과 같다.

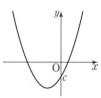

07-2 답 ⑤

함수 $y=a\sqrt{bx+c}=a\sqrt{b\left(x+\dfrac{c}{b}\right)}$의 그래프는 함수 $y=a\sqrt{bx}$의 그래프를 x축의 방향으로 $-\dfrac{c}{b}$만큼 평행이동한 것이므로 그래프는 다음 그림과 같다.

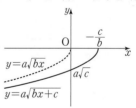

(i) 함수 $y=a\sqrt{bx}$의 정의역은 $\{x\,|\,x\leq0\}$이고 $bx\geq0$이므로 $b<0$

또한 함수 $y=a\sqrt{b\left(x+\dfrac{c}{b}\right)}$의 정의역이

$\left\{x\,\middle|\,x\leq-\dfrac{c}{b}\right\}$이고 그래프에서 $-\dfrac{c}{b}>0$이므로

$c>0$ $(\because b<0)$

(ii) 함수 $y=a\sqrt{bx+c}$의 그래프의 y절편이 음수이므로

$a\sqrt{c}<0$ $\therefore a<0$ $(\because \sqrt{c}>0)$

따라서 유리함수 $y=\dfrac{b}{x+a}+c$에서 점근선이

$x=-a>0$, $y=c>0$

이고, $b<0$이므로 구하는 유리함수 $y=\dfrac{b}{x+a}+c$의 그래프의 개형은 ⑤이다.

➕ 보충 설명

주어진 그래프는 $y=-\sqrt{kx}\,(k<0)$의 그래프를 평행이동한 것이므로 $y=a\sqrt{bx+c}$에서 $a<0$, $b<0$임을 알 수 있다.

08-1 답 (1) 최댓값 : $2\sqrt{2}-1$, 최솟값 : -1
(2) 최댓값 : 2, 최솟값 : $3-\sqrt{5}$

(1) 함수 $y=\sqrt{2x}-1$의 그래프는 함수 $y=\sqrt{2x}$의 그래프를 y축의 방향으로 -1만큼 평행이동한 것이다.

따라서 $0\leq x\leq4$에서 함수 $y=\sqrt{2x}-1$의 그래프는 오른쪽 그림과 같으므로

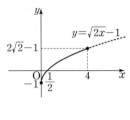

$x=0$일 때, 최솟값은
$\sqrt{2\times0}-1=-1$
$x=4$일 때, 최댓값은
$\sqrt{2\times4}-1=2\sqrt{2}-1$

(2) $y=-\sqrt{-x+5}+3=-\sqrt{-(x-5)}+3$이므로 함수 $y=-\sqrt{-x+5}+3$의 그래프는 함수 $y=-\sqrt{-x}$의 그래프를 x축의 방향으로 5만큼, y축의 방향으로 3만큼 평행이동한 것이다.

따라서 $0\leq x\leq4$에서 함수 $y=-\sqrt{-x+5}+3$의 그래프는 오른쪽 그림과 같으므로

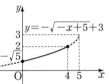

$x=0$일 때, 최솟값은
$-\sqrt{0+5}+3=3-\sqrt{5}$
$x=4$일 때, 최댓값은
$-\sqrt{-4+5}+3=2$

08-2 답 (1) 11 (2) 3

(1) $y=\sqrt{2x-3}+4=\sqrt{2\left(x-\dfrac{3}{2}\right)}+4$이므로 함수 $y=\sqrt{2x-3}+4$의 그래프는 함수 $y=\sqrt{2x}$의 그래프를 x축의 방향으로 $\dfrac{3}{2}$만큼, y축의 방향으로 4만큼 평행이동한 것이다.

따라서 $2\leq x\leq a$에서 함수 $y=\sqrt{2x-3}+4$의 그래프는 오른쪽 그림과 같으므로 $x=2$일 때, 최솟값은
$b=\sqrt{2\times2-3}+4=5$

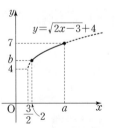

$x=a$일 때, 최댓값은
$\sqrt{2a-3}+4=7$
$\sqrt{2a-3}=3$, $2a-3=9$ ∴ $a=6$
∴ $a+b=6+5=11$

(2) $y=\sqrt{4-ax}+b=\sqrt{-a\left(x-\dfrac{4}{a}\right)}+b$이므로 함수 $y=\sqrt{4-ax}+b$의 그래프는 함수 $y=\sqrt{-ax}$의 그래프를 x축의 방향으로 $\dfrac{4}{a}$만큼, y축의 방향으로 b만큼 평행이동한 것이다.

따라서 $-6\leq x\leq0$에서 함수 $y=\sqrt{4-ax}+b$의 그래프는 다음 그림과 같으므로

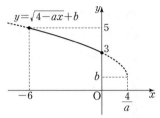

$x=-6$일 때, 최댓값은 $\sqrt{4-a\times(-6)}+b=5$
∴ $\sqrt{4+6a}+b=5$ ...... ㉠
$x=0$일 때, 최솟값은 $\sqrt{4-a\times0}+b=3$
$2+b=3$ ∴ $b=1$
$b=1$을 ㉠에 대입하여 정리하면 $a=2$
∴ $a+b=2+1=3$

08-3 답 $\dfrac{8}{15}$

$(f\circ g)(x)=f(g(x))=\dfrac{1}{g(x)+1}=\dfrac{1}{\sqrt{x}+2}$
$\sqrt{x}=t$로 놓으면 $1\leq x\leq9$에서 $1\leq t\leq3$이고
$y=\dfrac{1}{t+2}$
즉, 함수 $y=\dfrac{1}{t+2}$의 그래프는 함수 $y=\dfrac{1}{t}$의 그래프를 t축의 방향으로 -2만큼 평행이동한 것이다.
그러므로 $1\leq t\leq3$에서 함수 $y=\dfrac{1}{t+2}$의 그래프는 다음 그림과 같다.

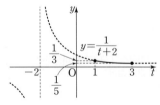

$t=1$일 때, 최댓값은 $\dfrac{1}{1+2}=\dfrac{1}{3}$
$t=3$일 때, 최솟값은 $\dfrac{1}{3+2}=\dfrac{1}{5}$
따라서 구하는 최댓값과 최솟값의 합은
$\dfrac{1}{3}+\dfrac{1}{5}=\dfrac{8}{15}$

09-1 　답 $2 \le k < \dfrac{5}{2}$

$y=\sqrt{2x+4}=\sqrt{2(x+2)}$ 이므로 함수 $y=\sqrt{2x+4}$ 의 그래프는 함수 $y=\sqrt{2x}$ 의 그래프를 x축의 방향으로 -2만큼 평행이동한 것이다.

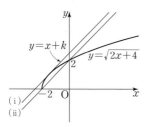

(i) 함수 $y=\sqrt{2x+4}$ 의 그래프와 직선 $y=x+k$가 접할 때,

$x+k=\sqrt{2x+4}$ 의 양변을 제곱하여 정리하면

$x^2+2(k-1)x+k^2-4=0$

이 이차방정식의 판별식을 D라고 하면

$\dfrac{D}{4}=(k-1)^2-1\times(k^2-4)=0$

$-2k+5=0$ 　 $\therefore k=\dfrac{5}{2}$

(ii) 직선 $y=x+k$가 점 $(-2,\ 0)$을 지날 때,

$0=-2+k$ 　 $\therefore k=2$

(i), (ii)에서 구하는 k의 값의 범위는

$2 \le k < \dfrac{5}{2}$

09-2 　답 $3 \le k < \dfrac{15}{4}$

주어진 함수의 그래프는 함수 $y=\sqrt{ax}\ (a<0)$의 그래프를 x축의 방향으로 3만큼 평행이동한 것이므로

$\sqrt{ax+b}=\sqrt{a(x-3)}$

$\therefore b=-3a$ 　　　$\cdots\cdots$ ㉠

또한 함수 $y=\sqrt{ax+b}$ 의 그래프가 점 $(0,\ 3)$을 지나므로 $3=\sqrt{b}$ 　 $\therefore b=9$

$b=9$를 ㉠에 대입하면 $a=-3$이므로 주어진 함수는

$y=\sqrt{-3x+9}$

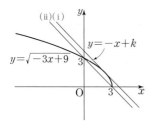

(i) 함수 $y=\sqrt{-3x+9}$의 그래프와 직선 $y=-x+k$ 가 접할 때,

$-x+k=\sqrt{-3x+9}$의 양변을 제곱하여 정리하면

$x^2+(-2k+3)x+k^2-9=0$

이 이차방정식의 판별식을 D라고 하면

$D=(-2k+3)^2-4\times(k^2-9)=0$

$-12k+45=0$ 　 $\therefore k=\dfrac{15}{4}$

(ii) 직선 $y=-x+k$가 점 $(3,\ 0)$을 지날 때,

$0=-3+k$ 　 $\therefore k=3$

(i), (ii)에서 구하는 k의 값의 범위는

$3 \le k < \dfrac{15}{4}$

09-3 　답 ④

$\sqrt{8x-8}=\sqrt{8(x-1)}$이므로 함수 $y=\sqrt{8x-8}$의 그래프는 함수 $y=\sqrt{8x}$의 그래프를 x축의 방향으로 1만큼 평행이동한 것이다.

또한 직선 $y=mx+1$은 m의 값에 관계없이 점 $(0,\ 1)$을 지난다.

두 집합 A, B의 교집합이 공집합이 아니므로 직선 $y=mx+1$과 함수 $y=\sqrt{8x-8}$의 그래프는 한 점에서 만나거나 서로 다른 두 점에서 만난다.

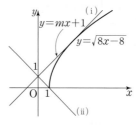

(i) 함수 $y=\sqrt{8x-8}$의 그래프와 직선 $y=mx+1$이 접할 때,

$mx+1=\sqrt{8x-8}$의 양변을 제곱하여 정리하면

$m^2x^2+2(m-4)x+9=0$

이 이차방정식의 판별식을 D라고 하면

$\dfrac{D}{4}=(m-4)^2-m^2\times 9=0$

$m^2+m-2=0,\ (m-1)(m+2)=0$

$\therefore m=1\ (\because m>0)$

(ii) 직선 $y=mx+1$이 점 $(1,\ 0)$을 지날 때,

$0=m+1$ 　 $\therefore m=-1$

(i), (ii)에서 구하는 m의 값의 범위는

$-1 \le m \le 1$

10-1 답 (1) $y=\dfrac{1}{2}(x-1)^2-2\ (x\geq1)$

(2) $y=-(x-2)^2+3\ (x\geq2)$

(3) $y=\dfrac{1}{3}x^2-2\ (x\leq0)$

(4) $y=-(x-2)^2-1\ (x\leq2)$

(1) 함수 $y=\sqrt{2x+4}+1$의 치역은 $\{y|y\geq1\}$이므로 역
함수의 정의역은 $\{x|x\geq1\}$이다.

$y=\sqrt{2x+4}+1$을 x에 대하여 풀면

$y-1=\sqrt{2x+4}$, $(y-1)^2=2x+4$

$\therefore x=\dfrac{1}{2}(y-1)^2-2$

x와 y를 서로 바꾸면 구하는 역함수는

$y=\dfrac{1}{2}(x-1)^2-2\ (x\geq1)$

(2) 함수 $y=\sqrt{-x+3}+2$의 치역은 $\{y|y\geq2\}$이므로
역함수의 정의역은 $\{x|x\geq2\}$이다.

$y=\sqrt{-x+3}+2$를 x에 대하여 풀면

$y-2=\sqrt{-x+3}$, $(y-2)^2=-x+3$

$\therefore x=-(y-2)^2+3$

x와 y를 서로 바꾸면 구하는 역함수는

$y=-(x-2)^2+3\ (x\geq2)$

(3) 함수 $y=-\sqrt{3x+6}$의 치역은 $\{y|y\leq0\}$이므로 역
함수의 정의역은 $\{x|x\leq0\}$이다.

$y=-\sqrt{3x+6}$을 x에 대하여 풀면

$y^2=3x+6$

$\therefore x=\dfrac{1}{3}y^2-2$

x와 y를 서로 바꾸면 구하는 역함수는

$y=\dfrac{1}{3}x^2-2\ (x\leq0)$

(4) 함수 $y=-\sqrt{-x-1}+2$의 치역은 $\{y|y\leq2\}$이므
로 역함수의 정의역은 $\{x|x\leq2\}$이다.

$y=-\sqrt{-x-1}+2$를 x에 대하여 풀면

$y-2=-\sqrt{-x-1}$, $(y-2)^2=-x-1$

$\therefore x=-(y-2)^2-1$

x와 y를 서로 바꾸면 구하는 역함수는

$y=-(x-2)^2-1\ (x\leq2)$

10-2 답 32

함수 $f(x)=\sqrt{3x-6}+9$에서 $3x-6\geq0$이므로 정의
역은 $\{x|x\geq2\}$이다.

또한 $\sqrt{3x-6}\geq0$에서 $\sqrt{3x-6}+9\geq9$이므로 치역은
$\{y|y\geq9\}$이다.

$y=\sqrt{3x-6}+9$로 놓고 x에 대하여 풀면

$y-9=\sqrt{3x-6}$, $3x-6=(y-9)^2$

$3x=y^2-18y+87$

$\therefore x=\dfrac{1}{3}y^2-6y+29$

x와 y를 서로 바꾸어 역함수를 구하면

$y=\dfrac{1}{3}x^2-6x+29$

$\therefore g(x)=\dfrac{1}{3}x^2-6x+29$

함수 $g(x)$의 정의역은 함수 $f(x)$의 치역이므로
$\{x|x\geq9\}$이다.

따라서 $a=-6$, $b=29$, $c=9$이므로

$a+b+c=-6+29+9=32$

10-3 답 ③

$f^{-1}(x)=k(x-2)^2+4\ (k<0,\ x\geq2)$로 놓으면

함수 $y=f^{-1}(x)$의 그래프가 점 $(4,\ 0)$을 지나므로

$k(4-2)^2+4=0$, $4k=-4$

$\therefore k=-1$

$\therefore f^{-1}(x)=-(x-2)^2+4\ (x\geq2)$

$y=-(x-2)^2+4$로 놓고 x에 대하여 풀면

$(x-2)^2=-y+4$

$x-2=\sqrt{-y+4}\ (\because x\geq2)$

$\therefore x=\sqrt{-y+4}+2$

x와 y를 서로 바꾸면 구하는 역함수는

$y=\sqrt{-x+4}+2$

$\therefore f(x)=\sqrt{-x+4}+2$

따라서 $a=-1$, $b=4$, $c=2$이므로

$a+b+c=-1+4+2=5$

⊕ 보충 설명

$f(x)=\sqrt{ax+b}+c\ (a\neq0)$에서

$y=\sqrt{ax+b}+c\ (y\geq c)$로 놓고 x에 대하여 풀면

$y-c=\sqrt{ax+b}$, $(y-c)^2=ax+b$

$\therefore x=\dfrac{1}{a}(y-c)^2-\dfrac{b}{a}$

x와 y를 서로 바꾸면 구하는 역함수는

$y=\dfrac{1}{a}(x-c)^2-\dfrac{b}{a}\ (x\geq c)$

따라서 주어진 함수 $f(x)=\sqrt{ax+b}+c$의 역함수를
$f^{-1}(x)=k(x-2)^2+4\ (k<0,\ x\geq2)$
로 놓을 수 있다.

11-1 답 $\sqrt{2}$

함수 $y=f(x)$의 그래프와
그 역함수 $y=f^{-1}(x)$의 그
래프는 오른쪽 그림과 같으
므로 두 함수 $y=f(x)$,
$y=f^{-1}(x)$의 그래프의 교
점은 함수

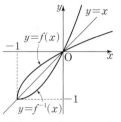

$f(x)=\sqrt{x+1}-1$의 그래프와 직선 $y=x$의 교점과 같
다.
$\sqrt{x+1}-1=x$에서 $\sqrt{x+1}=x+1$
양변을 제곱하면
$x+1=x^2+2x+1$, $x^2+x=0$
$x(x+1)=0$
$\therefore x=0$ 또는 $x=-1$
따라서 $P(0, 0)$, $Q(-1, -1)$ 또는
$P(-1, -1)$, $Q(0, 0)$이므로
$\overline{PQ}=\sqrt{(-1-0)^2+(-1-0)^2}=\sqrt{2}$

11-2 답 ②

함수 $y=f(x)$와 그 역함수
$y=g(x)$의 그래프는 오른쪽
그림과 같으므로 두 함수
$y=f(x)$, $y=g(x)$의 그래
프의 교점은 함수

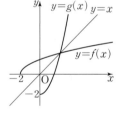

$f(x)=\sqrt{x+2}$의 그래프와
직선 $y=x$의 교점과 같다.
$\sqrt{x+2}=x$의 양변을 제곱하면
$x+2=x^2$, $x^2-x-2=0$
$(x+1)(x-2)=0$
$\therefore x=2$ ($\because x \geq 0$)
따라서 교점의 좌표가 $(2, 2)$이므로
$a=2$, $b=2$
$\therefore a+b=2+2=4$

⊕ 보충 설명

함수 $y=f(x)$의 그래프와 그 역함수 $y=f^{-1}(x)$의 그래프
는 직선 $y=x$에 대하여 대칭이다.
따라서 함수 $y=f(x)$의 그래프와 직선 $y=x$의 교점은 함
수 $y=f(x)$의 그래프와 그 역함수 $y=f^{-1}(x)$의 그래프의
교점이기도 하다. 하지만 그 역은 성립하지 않는다.

즉, 함수 $y=f(x)$의 그래프와 그 역함수 $y=f^{-1}(x)$의 그
래프의 교점이 반드시 함수 $y=f(x)$의 그래프와 직선
$y=x$의 교점이 되는 것은 아니다.
예를 들어 무리함수 $y=\sqrt{-x+1}$의 그래프와 그 역함수
$y=-x^2+1 (x \geq 0)$의 그래프는 다음 그림과 같이 세 점
A, B, C에서 만난다.

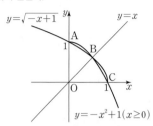

이때 점 B는 직선 $y=x$ 위의 점이지만 나머지 두 점
A$(0, 1)$, C$(1, 0)$은 직선 $y=x$ 위의 점이 아니다.
즉, 함수 $y=f(x)$의 그래프와 역함수 $y=f^{-1}(x)$의 그래프
의 교점은 함수 $y=f(x)$의 그래프와 직선 $y=x$의 교점 이
외에 더 있을 수도 있다.
따라서 함수 $y=f(x)$의 그래프와 그 역함수 $y=f^{-1}(x)$의
그래프의 교점을 찾을 때에는 함수 $y=f(x)$의 그래프와 직
선 $y=x$의 교점을 이용해서 찾되 두 함수 $y=f(x)$,
$y=f^{-1}(x)$의 그래프의 개형을 그려 두 그래프의 교점 중
직선 $y=x$ 위에 있지 않은 것이 있는지 알아보고 방정식
$f(x)=x$를 푸는 것이 좋다.
이때 다음 사실을 이용하면 편리하다.

(1) 함수 $y=f(x)$가 x의 값이 증가할 때 y의 값도 증가하는
함수일 때, 두 함수 $y=f(x)$, $y=f^{-1}(x)$의 그래프의 교
점은 모두 직선 $y=x$ 위에 있다.

(2) 함수 $y=f(x)$가 x의 값이 증가할 때 y의 값은 감소하는
함수일 때, 두 함수 $y=f(x)$, $y=f^{-1}(x)$의 그래프의 교
점은 1개, 3개, ···이고, 이 중에서 직선 $y=x$ 위에 있는
교점은 1개이다. 이때 교점이 1개이면 이 점은 반드시 직
선 $y=x$ 위에 있다.

참고로 두 함수 $y=f(x)$, $y=f^{-1}(x)$의 그래프의 교점
이 직선 $y=x$ 위에 있지 않은 점일 때, 그 점을 직선
$y=x$에 대하여 대칭이동한 점도 교점이 된다.

(3) 함수 $y=f(x)$의 그래프와 역함수 $y=f^{-1}(x)$의 그래프
가 일치할 때, 두 함수 $y=f(x)$, $y=f^{-1}(x)$의 그래프의
교점은 무수히 많다.

11-3 답 12

$f(x)=\sqrt{ax+b}=\sqrt{a\left(x+\dfrac{b}{a}\right)}$이므로 함수
$f(x)=\sqrt{ax+b}$의 그래프는 함수 $y=\sqrt{ax}$의 그래프를
x축의 방향으로 $-\dfrac{b}{a}$만큼 평행이동한 것이다.

이때 $a>0$, $\dfrac{b}{a}>0$이므로 함수 $y=f(x)$의 그래프와 그 역함수 $y=f^{-1}(x)$의 그래프는 다음 그림과 같다.

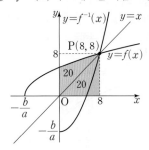

곡선 $y=f(x)$와 직선 $y=x$ 및 y축으로 둘러싸인 도형의 넓이는 곡선 $y=f^{-1}(x)$와 직선 $y=x$ 및 x축으로 둘러싸인 도형의 넓이와 서로 같다.
따라서 곡선 $y=f^{-1}(x)$와 직선 $x=8$ 및 x축으로 둘러싸인 도형의 넓이는

$$\frac{1}{2}\times 8\times 8-20=12$$

432쪽 ~ 433쪽

기본 다지기

1 (1) $\dfrac{2}{a}$ (2) $\dfrac{-2}{\sqrt{a^2+1}}$	**2** (1) $2\sqrt{2}$ (2) 15	**3** 3	
4 16	**5** 6	**6** 8	**7** (1) 6 (2) 60
8 (1) 2 (2) 12	**9** 5	**10** 7	

1 (1) $0<a<1$에서 $\dfrac{1}{a}>1$이므로

$$a+\frac{1}{a}>0,\ a-\frac{1}{a}<0$$

$$\therefore \sqrt{a^2+\frac{1}{a^2}+2}+\sqrt{a^2+\frac{1}{a^2}-2}$$

$$=\sqrt{\left(a+\frac{1}{a}\right)^2}+\sqrt{\left(a-\frac{1}{a}\right)^2}$$

$$=\left|a+\frac{1}{a}\right|+\left|a-\frac{1}{a}\right|$$

$$=\left(a+\frac{1}{a}\right)-\left(a-\frac{1}{a}\right)=\frac{2}{a}$$

(2) $\sqrt{1-x}-\sqrt{1+x}$

$$=\sqrt{1-\frac{2a}{a^2+1}}-\sqrt{1+\frac{2a}{a^2+1}}$$

$$=\sqrt{\frac{a^2+1-2a}{a^2+1}}-\sqrt{\frac{a^2+1+2a}{a^2+1}}$$

$$=\sqrt{\frac{(a-1)^2}{a^2+1}}-\sqrt{\frac{(a+1)^2}{a^2+1}}$$

$$=\frac{|a-1|}{\sqrt{a^2+1}}-\frac{|a+1|}{\sqrt{a^2+1}}$$

$$=\frac{a-1}{\sqrt{a^2+1}}-\frac{a+1}{\sqrt{a^2+1}}\ (\because\ a\geq 1)$$

$$=\frac{a-1-(a+1)}{\sqrt{a^2+1}}=\frac{-2}{\sqrt{a^2+1}}$$

⊕ 보충 설명

(1)에서 $0<a<1$이므로 $\dfrac{1}{a}$도 양수이고, 두 양수의 합은 양수이므로 $a+\dfrac{1}{a}>0$

또한 $0<a<1$에서 $\dfrac{1}{a}>1$이므로 $\dfrac{1}{a}>a$

$$\therefore a-\frac{1}{a}<0$$

2 (1) $x^2-6x+1=0$에서 $x\neq 0$이므로 양변을 x로 나누면

$$x-6+\frac{1}{x}=0$$

$$\therefore x+\frac{1}{x}=6$$

따라서 $\left(\sqrt{x}+\dfrac{1}{\sqrt{x}}\right)^2=x+\dfrac{1}{x}+2=6+2=8$이므로

$$\sqrt{x}+\frac{1}{\sqrt{x}}=\sqrt{8}=2\sqrt{2}\ \left(\because\ \sqrt{x}>0,\ \frac{1}{\sqrt{x}}>0\right)$$

(2) $x=\dfrac{\sqrt{3}+\sqrt{2}}{\sqrt{3}-\sqrt{2}}=\dfrac{(\sqrt{3}+\sqrt{2})^2}{(\sqrt{3}-\sqrt{2})(\sqrt{3}+\sqrt{2})}$

$$=\frac{3+2\sqrt{6}+2}{3-2}=5+2\sqrt{6}$$

$$\therefore x-5=2\sqrt{6} \qquad \cdots\cdots ㉠$$

㉠의 양변을 제곱하면

$$x^2-10x+25=24$$

$$x^2-10x=-1$$

$$\therefore (x^2-10x+6)(x^2-10x+4)$$

$$=(-1+6)\times(-1+4)$$

$$=5\times 3=15$$

3 함수 $y=\sqrt{2x-3}$의 그래프를 x축의 방향으로 -3만큼, y축의 방향으로 2만큼 평행이동한 그래프의 식은
$y=\sqrt{2(x+3)-3}+2$

$$\therefore y=\sqrt{2x+3}+2$$

이것을 다시 x축에 대하여 대칭이동한 그래프의 식은
$-y=\sqrt{2x+3}+2$

$$\therefore y=-\sqrt{2x+3}-2$$

이 함수의 식이 $y=-\sqrt{ax+b}+c$와 일치하므로
$a=2$, $b=3$, $c=-2$

$$\therefore a+b+c=2+3+(-2)=3$$

4 주어진 함수의 그래프는 함수 $y=a\sqrt{x}\,(a>0)$의 그래프를 x축의 방향으로 -9만큼, y축의 방향으로 -2만큼 평행이동한 것이므로 구하는 함수의 식을
$$y=a\sqrt{x+9}-2$$
로 놓을 수 있다.
이 함수의 그래프가 점 $(-5,\,2)$를 지나므로
$$2=2a-2 \qquad \therefore a=2$$
$$\therefore y=2\sqrt{x+9}-2$$
따라서 $\mathrm{A}(-8,\,0)$, $\mathrm{B}(0,\,4)$이므로 삼각형 AOB의 넓이는
$$\frac{1}{2}\times 8\times 4=16$$

⊕ 보충 설명

함수 $y=a\sqrt{x+b}+c$의 그래프가 지나는 점의 좌표가 두 개밖에 주어져 있지 않으므로 두 점의 좌표를 대입하는 방법으로는 세 상수 $a,\,b,\,c$의 값을 구할 수 없다.

5 함수 $y=\sqrt{x+4}+1$의 그래프는 함수 $y=\sqrt{x}$의 그래프를 x축의 방향으로 -4만큼, y축의 방향으로 1만큼 평행이동한 것이므로 다음 그림과 같고, $\mathrm{A}(0,\,3)$, $\mathrm{B}(-4,\,1)$이다.

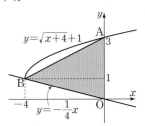

따라서 구하는 삼각형 OAB의 넓이는
$$\frac{1}{2}\times 3\times 4=6$$

6 함수 $y=\sqrt{x+a}$의 그래프는 함수 $y=\sqrt{x}$의 그래프를 x축의 방향으로 $-a$만큼 평행이동한 것이므로 다음 그림과 같다.

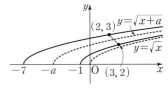

함수 $y=\sqrt{x+a}$의 그래프가 두 점 $(2,\,3)$, $(3,\,2)$를 이은 선분과 만나도록 평행이동하면

(ⅰ) 점 $(3,\,2)$를 지날 때, 실수 a의 값은 최소이므로
$$\sqrt{3+a}=2 \qquad \therefore a=1$$
(ⅱ) 점 $(2,\,3)$을 지날 때, 실수 a의 값은 최대이므로
$$\sqrt{2+a}=3 \qquad \therefore a=7$$
(ⅰ), (ⅱ)에서 $M=7$, $m=1$이므로
$$M+m=7+1=8$$

7 (1) $y=\sqrt{3x+9}=\sqrt{3(x+3)}$이므로 함수 $y=\sqrt{3x+9}$의 그래프는 함수 $y=\sqrt{3x}$의 그래프를 x축의 방향으로 -3만큼 평행이동한 것으로 다음 그림에서 빗금친 부분의 넓이는 서로 같다.

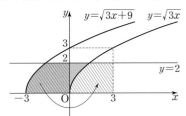

따라서 구하는 도형의 넓이는 가로의 길이가 3, 세로의 길이가 2인 직사각형의 넓이와 같으므로
$$3\times 2=6$$
(2) $y=\sqrt{2x+6}-5=\sqrt{2(x+3)}-5$이므로 함수 $y=\sqrt{2x+6}-5$의 그래프는 $y=\sqrt{2x}$의 그래프를 x축의 방향으로 -3만큼, y축의 방향으로 -5만큼 평행이동한 것이고,
$y=\sqrt{-2x+6}+5=\sqrt{-2(x-3)}+5$이므로 함수 $y=\sqrt{-2x+6}+5$의 그래프는 함수 $y=\sqrt{-2x}$의 그래프를 x축의 방향으로 3만큼, y축의 방향으로 5만큼 평행이동한 것이다.
즉, 두 함수 $y=\sqrt{2x+6}-5$, $y=\sqrt{-2x+6}+5$의 그래프는 다음 그림과 같고, 두 빗금친 부분의 넓이는 서로 같다.

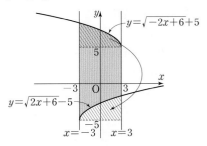

따라서 구하는 도형의 넓이는 가로의 길이가 6, 세로의 길이가 10인 직사각형의 넓이와 같으므로
$$6\times 10=60$$

8 (1) $y=\sqrt{a-x}+b=\sqrt{-(x-a)}+b$이므로 함수
$y=\sqrt{a-x}+b$의 그래프는 함수 $y=\sqrt{-x}$의 그래프를 x축의 방향으로 a만큼, y축의 방향으로 b만큼 평행이동한 것으로 $x=a$에서 최솟값 b를 가진다.
따라서 $a=4$, $b=-2$이므로
$a+b=4+(-2)=2$

(2) $y=\sqrt{3x-6}-5=\sqrt{3(x-2)}-5$이므로 함수
$y=\sqrt{3x-6}-5$의 그래프는 함수 $y=\sqrt{3x}$의 그래프를 x축의 방향으로 2만큼, y축의 방향으로 -5만큼 평행이동한 것이다.
따라서 $5\le x\le a$에서 함수 $y=\sqrt{3x-6}-5$의 그래프는 다음 그림과 같다.

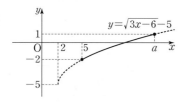

$x=5$일 때, 최솟값은
$b=\sqrt{3\times5-6}-5=-2$
$x=a$일 때, 최댓값 1을 가지므로
$\sqrt{3a-6}-5=1$, $\sqrt{3a-6}=6$
$3a-6=36$, $3a=42$ ∴ $a=14$
∴ $a+b=14+(-2)=12$

9 $f(x)=\sqrt{ax+b}$라고 하면 함수 $y=f(x)$의 그래프가 점 $(3, 1)$을 지나므로
$1=\sqrt{3a+b}$
∴ $3a+b=1$ ...... ㉠
또한 역함수의 그래프가 점 $(3, 1)$을 지나므로 함수 $y=f(x)$의 그래프는 점 $(1, 3)$을 지난다.
따라서 $3=\sqrt{a+b}$이므로
$a+b=9$ ...... ㉡
㉠, ㉡을 연립하여 풀면
$a=-4$, $b=13$
∴ $2a+b=2\times(-4)+13=5$

10 $f\circ(g\circ f)^{-1}\circ f=f\circ(f^{-1}\circ g^{-1})\circ f$
$=(f\circ f^{-1})\circ(g^{-1}\circ f)$
$=g^{-1}\circ f$
∴ $(f\circ(g\circ f)^{-1}\circ f)(2)=(g^{-1}\circ f)(2)$
$=g^{-1}(f(2))$
$=g^{-1}(5)$

이때 $g^{-1}(5)=a$라고 하면 $g(a)=5$이므로
$\sqrt{4a-3}=5$, $4a=28$
∴ $a=7$
∴ $(f\circ(g\circ f)^{-1}\circ f)(2)=7$

> **➕ 보충 설명**
>
> 유리함수나 무리함수는 모두 일대일대응이므로 역함수가 존재한다. 따라서 함수 $g(x)$의 역함수를 직접 구하여 $g^{-1}(5)$의 값을 구할 수도 있지만 역함수의 성질
> $y=f(x) \Longleftrightarrow x=f^{-1}(y)$
> 를 이용하는 것이 훨씬 편리하다.

실력 다지기 434쪽 ~ 435쪽

11 ⑤   **12** ②   **13** 0

14 $(0, 1)$, $(1, 0)$, $\left(\dfrac{-1+\sqrt{5}}{2}, \dfrac{-1+\sqrt{5}}{2}\right)$

15 10   **16** $\dfrac{9}{4}$ **17** $-\dfrac{20}{3}$ **18** $0<k<\dfrac{1}{2}$

19 16   **20** $-\sqrt{3}\le a\le\sqrt{3}$

11 접근 방법 | 두 실수 a, b에 대하여 $\sqrt{\dfrac{a}{b}}=-\dfrac{\sqrt{a}}{\sqrt{b}}$이면 $a\ge0$, $b<0$임을 이용한다.

$\sqrt{\dfrac{x-1}{x-2}}=-\dfrac{\sqrt{x-1}}{\sqrt{x-2}}$에서
$x-1\ge0$, $x-2<0$
∴ $1\le x<2$
따라서 $x+1>0$, $x-4<0$이므로
$\sqrt{(x+1)^2}+\sqrt{(x-4)^2}=|x+1|+|x-4|$
$=(x+1)-(x-4)$
$=5$

12 접근 방법 | 두 함수 $y=f(x)$, $y=g(x)$는 서로 역함수 관계에 있음을 이용한다.

함수 $g(x)=\sqrt{5x-k}$의 치역이 $\{y\,|\,y\ge0\}$이므로 역함수의 정의역은 $\{x\,|\,x\ge0\}$이다.
$y=\sqrt{5x-k}$로 놓고 x에 대하여 풀면
$x=\dfrac{1}{5}y^2+\dfrac{1}{5}k$
x와 y를 서로 바꾸면 구하는 역함수는
$y=\dfrac{1}{5}x^2+\dfrac{1}{5}k\ (x\ge0)$

166 정답 및 풀이

즉, 두 함수 $y=f(x)$, $y=g(x)$는 서로 역함수 관계이고, 두 함수의 그래프가 서로 다른 두 점에서 만나기 위해서는 두 함수 $y=f(x)$, $y=g(x)$의 그래프의 교점이 직선 $y=x$ 위에 있어야 한다.

$\dfrac{1}{5}x^2+\dfrac{1}{5}k=x$에서

$x^2-5x+k=0$

이 이차방정식이 음이 아닌 서로 다른 두 실근을 가져야 하므로 이차방정식의 두 근을 α, β라 하고, 판별식을 D라고 하면

(ⅰ) $D=(-5)^2-4\times1\times k>0$

　　$25-4k>0$ $\quad\therefore k<\dfrac{25}{4}$

(ⅱ) $\alpha\beta=k\geq0$

(ⅰ), (ⅱ)에서 $0\leq k<\dfrac{25}{4}$

따라서 구하는 정수 k는 0, 1, 2, 3, 4, 5, 6의 7개이다.

➕ 보충 설명

계수가 실수인 이차방정식 $ax^2+bx+c=0\,(a>0)$의 두 실근을 α, β라 하고, 판별식을 D라 할 때, 이 이차방정식이 음이 아닌 서로 다른 두 실근을 가지려면
$D>0, \alpha+\beta>0, \alpha\beta\geq0$
을 만족시켜야 한다.

13 **접근 방법** | 함수 $y=-\sqrt{-2x}$의 그래프는 함수 $y=\sqrt{2x}$의 그래프를 원점에 대하여 대칭이동한 것임을 이용하여 $f(x)=\begin{cases}\sqrt{2x} & (x\geq0)\\-\sqrt{-2x} & (x<0)\end{cases}$의 그래프를 좌표평면 위에 그린 후, 원점을 지나는 직선인 $y=mx$와 서로 다른 세 점에서 만나는 경우를 찾아본다.

두 함수 $y=\sqrt{2x}$, $y=-\sqrt{-2x}$의 그래프는 원점에 대하여 대칭이므로 함수 $f(x)=\begin{cases}\sqrt{2x} & (x\geq0)\\-\sqrt{-2x} & (x<0)\end{cases}$의 그래프는 다음 그림과 같다.

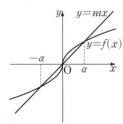

이때 직선 $y=mx$와 함수 $y=\sqrt{2x}$의 그래프가 만나는 점의 x좌표를 α라고 하면 직선 $y=mx$와 함수 $y=-\sqrt{-2x}$의 그래프가 만나는 점의 x좌표는 $-\alpha$이다.

따라서 함수 $y=f(x)$의 그래프와 원점을 지나는 직선 $y=mx$가 서로 다른 세 점에서 만날 때, 세 점의 x좌표의 합은

$\alpha+0+(-\alpha)=0$

➕ 보충 설명

방정식 $f(x, y)=0$이 나타내는 도형을 원점에 대하여 대칭이동한 도형의 방정식은
$f(-x, -y)=0$
따라서 함수 $y=f(x)$의 그래프를 원점에 대하여 대칭이동한 그래프의 식은
$y=-f(-x)$

14 **접근 방법** | 두 함수 $y=f(x)$, $y=f^{-1}(x)$ 모두 x의 값이 증가할 때 y의 값은 감소하는 함수이므로 두 함수 $y=f(x)$, $y=f^{-1}(x)$의 그래프의 교점은 직선 $y=x$ 위가 아닌 곳에도 있을 수 있다.

함수 $y=\sqrt{1-x}\,(x\leq1)$의 역함수는

$y=1-x^2\,(x\geq0)$

이므로 두 함수 $y=f(x)$, $y=f^{-1}(x)$의 그래프의 교점의 x좌표는 $0\leq x\leq1$에서 방정식 $\sqrt{1-x}=1-x^2$의 실근과 같다.

$\sqrt{1-x}=1-x^2$의 양변을 제곱하면

$1-x=1-2x^2+x^4$

$x^4-2x^2+x=0$

$x(x-1)(x^2+x-1)=0$

$\therefore x=0$ 또는 $x=1$ 또는 $x=\dfrac{-1\pm\sqrt{5}}{2}$

이때 $0\leq x\leq1$을 만족시키는 것은

$x=0$ 또는 $x=1$ 또는 $x=\dfrac{-1+\sqrt{5}}{2}$

따라서 함수 $f(x)=\sqrt{1-x}$의 그래프와 그 역함수 $f^{-1}(x)=1-x^2\,(x\geq0)$의 그래프는 다음 그림과 같이 세 점 $(0, 1)$, $(1, 0)$, $\left(\dfrac{-1+\sqrt{5}}{2}, \dfrac{-1+\sqrt{5}}{2}\right)$에서 만난다.

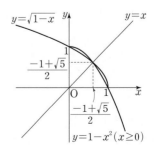

15 **접근 방법** | 주어진 부분의 넓이를 직접 구하기 어려우므로 도형의 일부를 잘라 다른 곳에 붙여 넓이를 구할 수 있는 모양으로 만들어 본다.

함수 $y=\sqrt{x}$의 그래프는 함수 $y=x^2 \, (x \leq 0)$의 그래프를 y축에 대하여 대칭이동한 후, 이것을 다시 직선 $y=x$에 대하여 대칭이동한 그래프와 일치한다.

또한 점 A도 y축에 대하여 대칭이동한 후, 이 점을 다시 직선 $y=x$에 대하여 대칭이동하면 점 B가 된다.

즉, 다음 그림에서 빗금친 부분의 넓이는 서로 같다.

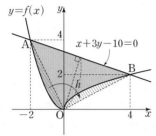

따라서 구하는 도형의 넓이는 삼각형 AOB의 넓이와 같다.

삼각형 AOB에서 밑변을 $\overline{AB}$라고 하면 높이 h는 원점과 직선 $x+3y-10=0$ 사이의 거리이다.

$\overline{AB}=\sqrt{\{4-(-2)\}^2+(2-4)^2}=2\sqrt{10}$

$h=\dfrac{|0+3\times 0-10|}{\sqrt{1^2+3^2}}=\sqrt{10}$

$\therefore \triangle AOB=\dfrac{1}{2}\times 2\sqrt{10}\times \sqrt{10}=10$

다른 풀이

직선 $x+3y-10=0$이 y축과 만나는 점을 C라고 하면 $C\left(0, \dfrac{10}{3}\right)$이다.

점 C를 직선 $y=x$에 대하여 대칭이동한 점을 $C'\left(\dfrac{10}{3}, 0\right)$이라 하고 점 B에서 x축에 내린 수선의 발을 H라고 하면 다음 그림에서 빗금친 부분의 넓이는 서로 같다.

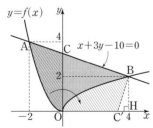

따라서 구하는 도형의 넓이는 사다리꼴 COHB의 넓이에서 삼각형 BC'H의 넓이를 뺀 것과 같으므로

$\dfrac{1}{2}\times\left(2+\dfrac{10}{3}\right)\times 4-\dfrac{1}{2}\times\left(4-\dfrac{10}{3}\right)\times 2=\dfrac{32}{3}-\dfrac{2}{3}=10$

16 **접근 방법** | 점 (a, b)가 함수 $y=f(x)$의 그래프 위의 점이면 $b=f(a)$임을 이용한다.

점 $A(a, b)$는 함수 $y=\sqrt{2-x}$의 그래프 위의 점이므로 $b=\sqrt{2-a}$, $b^2=2-a$

$\therefore a=2-b^2$

이때 점 A는 제1사분면 위의 점이므로 $a>0$, $b>0$

즉, $b>0$이고 $a=2-b^2>0$이므로

$0<b<\sqrt{2}$

$\therefore \overline{OB}+\overline{OC}=a+b=2-b^2+b$

$\qquad\qquad\qquad =-b^2+b+2$

$\qquad\qquad\qquad =-\left(b-\dfrac{1}{2}\right)^2+\dfrac{9}{4}$

따라서 $b=\dfrac{1}{2}$일 때, $\overline{OB}+\overline{OC}$의 최댓값은 $\dfrac{9}{4}$이다.

> ⊕ **보충 설명**
>
> $b=\dfrac{1}{2}$일 때, $a=2-b^2=2-\dfrac{1}{4}=\dfrac{7}{4}$이므로 점 $A\left(\dfrac{7}{4}, \dfrac{1}{2}\right)$은 제1사분면 위의 점이다.

17 **접근 방법** | $\dfrac{\overline{PQ}}{\overline{AQ}}=\dfrac{2}{3}$임을 이용하여 점 P의 y좌표를 구한다.

직선 $y=\dfrac{2}{3}x+a$의 기울기가 $\dfrac{2}{3}$이므로

$\overline{AQ}=3k \, (k>0)$라고 하면

$\overline{PQ}=2k$ $\qquad\qquad\qquad$ ······ ㉠

삼각형 PAQ의 넓이가 12이므로

$\triangle PAQ=\dfrac{1}{2}\times\overline{AQ}\times\overline{PQ}=\dfrac{1}{2}\times 3k\times 2k=3k^2$

$3k^2=12$, $k^2=4$ $\qquad \therefore k=2 \, (\because k>0)$

㉠에서 $\overline{PQ}=4$이므로 점 P의 y좌표는 4이다.

이때 점 P는 함수 $y=\sqrt{x}$의 그래프 위의 점이므로 점 P의 좌표는 $(16, 4)$이다.

따라서 직선 $y=\dfrac{2}{3}x+a$가 점 $(16, 4)$를 지나므로

$4=\dfrac{2}{3}\times 16+a$ $\qquad \therefore a=-\dfrac{20}{3}$

18 **접근 방법** | $x\geq 0$인 경우와 $x<0$인 경우로 나누어 함수 $y=\sqrt{x+|x|}$의 그래프를 그린다.

$x\geq 0$일 때, $y=\sqrt{x+|x|}=\sqrt{x+x}=\sqrt{2x}$

$x<0$일 때, $y=\sqrt{x+|x|}=\sqrt{x-x}=0$

따라서 함수 $y=\sqrt{x+|x|}$의 그래프는 다음 그림과 같다.

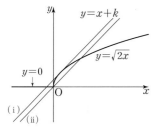

(ⅰ) 함수 $y=\sqrt{2x}$의 그래프와 직선 $y=x+k$가 접할 때,
$x+k=\sqrt{2x}$의 양변을 제곱하면
$x^2+2kx+k^2=2x$
$\therefore x^2+2(k-1)x+k^2=0$
이 이차방정식의 판별식을 D라고 하면
$\dfrac{D}{4}=(k-1)^2-1\times k^2=0$
$-2k+1=0$ $\quad\therefore k=\dfrac{1}{2}$

(ⅱ) 직선 $y=x+k$가 점 $(0,\ 0)$을 지날 때,
$0=0+k$ $\quad\therefore k=0$

(ⅰ), (ⅱ)에서 함수 $y=\sqrt{x+|x|}$의 그래프와 직선 $y=x+k$가 서로 다른 세 점에서 만나는 k의 값의 범위는

$0<k<\dfrac{1}{2}$

> **⊕ 보충 설명**
>
> 함수 $y=\sqrt{x+|x|}$의 그래프와 직선 $y=x+k$는 $k<0$ 또는 $k>\dfrac{1}{2}$일 때 각각 한 점에서 만나고, $k=0$ 또는 $k=\dfrac{1}{2}$ 일 때 각각 서로 다른 두 점에서 만난다.

19 **접근 방법** | $3\le x\le 5$에서 유리함수 $y=\dfrac{-2x+4}{x-1}$의 그래프를 그린 후, 무리함수 $y=\sqrt{3x}+k$의 그래프를 위, 아래로 평행이동하면서 한 점에서 만나는 경우를 찾아본다.

$3\le x\le 5$에서 함수 $y=\dfrac{-2x+4}{x-1}=\dfrac{2}{x-1}-2$의 그래프
와 함수 $y=\sqrt{3x}+k$의 그래프는 다음 그림과 같다.

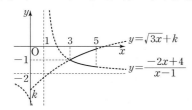

함수 $y=\sqrt{3x}+k$의 그래프가 점 $(3,\ -1)$을 지날 때,
실수 k가 최댓값을 가지므로

$-1=3+k$
$\therefore k=-4$
따라서 $M=-4$이므로 $M^2=16$

20 **접근 방법** | 함수 $y=\sqrt{x+a}+b$의 그래프의 시작점은 $(-a,\ b)$임을 이용한다.

$y=\dfrac{x-1}{x-2}=\dfrac{x-2+1}{x-2}=\dfrac{1}{x-2}+1$이므로 함수
$y=\dfrac{x-1}{x-2}$의 그래프는 함수 $y=\dfrac{1}{x}$의 그래프를 x축의 방향으로 2만큼, y축의 방향으로 1만큼 평행이동한 것이다.
또한 함수 $y=\sqrt{x+a}+a-1$의 그래프의 시작점 $(-a,\ a-1)$은 직선 $y=-x-1$ 위에 있다.
따라서 두 함수 $y=\dfrac{x-1}{x-2}$, $y=\sqrt{x+a}+a-1$의 그래프는 다음 그림과 같다.

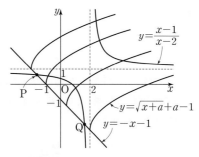

위의 그림에서 주어진 방정식이 서로 다른 두 실근을 가지려면 함수 $y=\dfrac{x-1}{x-2}$의 그래프와 직선 $y=-x-1$ 의 두 교점 P, Q에 대하여 선분 PQ 위의 점이 함수 $y=\sqrt{x+a}+a-1$의 그래프의 시작점이 되어야 한다.
두 점 P, Q의 x좌표를 각각 구하면
$\dfrac{x-1}{x-2}=-x-1$에서
$x-1=(-x-1)(x-2)$
$x-1=-x^2+x+2$, $x^2=3$
$\therefore x=-\sqrt{3}$ 또는 $x=\sqrt{3}$
따라서 두 점 P, Q의 x좌표는 각각 $-\sqrt{3}$, $\sqrt{3}$이므로
$-\sqrt{3}\le -a\le\sqrt{3}$
$\therefore -\sqrt{3}\le a\le\sqrt{3}$

> **⊕ 보충 설명**
>
> 함수 $y=\dfrac{x-1}{x-2}$의 그래프를 그린 후 두 함수 $y=\dfrac{x-1}{x-2}$, $y=\sqrt{x+a}+a-1$의 그래프가 서로 다른 두 점에서 만나도록 함수 $y=\sqrt{x+a}+a-1$의 그래프를 그려 본다.

21 **접근 방법** | 유리함수와 무리함수의 치역을 각각 구해서 비교해 본다.

함수 $f(x)$는 $-1 \leq x \leq 0$에서 x의 값이 증가할 때 y의 값도 증가하고,

$f(-1)=0$, $f(0)=1$이므로

$A=\{y \mid 0 \leq y \leq 1\}$

$p>0$이므로 함수 $g(x)$는 $-1 \leq x \leq 0$에서 x의 값이 증가할 때 y의 값은 감소한다.

이때 $A=B$이므로

$g(-1)=1$, $g(0)=0$

$\dfrac{p}{-2}+q=1$, $-p+q=0$

위의 두 식을 연립하여 풀면

$p=2$, $q=2$

$\therefore p+q=4$

22 **접근 방법** | 함수 $y=\sqrt{x+3}+a$의 그래프의 시작점이 점 $(-3, a)$임을 이용하여 그래프를 위, 아래로 평행이동하면서 직사각형과 만나는 경우를 찾아본다.

함수 $y=\sqrt{x+3}+a$의 그래프는 함수 $y=\sqrt{x}$의 그래프를 x축의 방향으로 -3만큼, y축의 방향으로 a만큼 평행이동한 것이다.

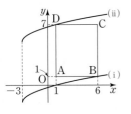

(i) 함수 $y=\sqrt{x+3}+a$의 그래프가 점 B$(6, 1)$을 지날 때,

  $1=\sqrt{9}+a$ $\therefore a=-2$

(ii) 함수 $y=\sqrt{x+3}+a$의 그래프가 점 D$(1, 7)$을 지날 때,

  $7=\sqrt{4}+a$ $\therefore a=5$

(i), (ii)에서 $-2 \leq a \leq 5$이므로 정수 a는 -2, -1, $\cdots$, 5의 8개이다.

23 **접근 방법** | 조건 ㈎, ㈏를 만족시키도록 함수 $y=f(x)$의 그래프를 그려 보고, 그래프를 이용하여 a, k의 값을 구한다.

조건 ㈎에서 함수 f의 치역이 $\{y \mid y>2\}$이므로 함수 $f(x)$는 2보다 큰 모든 실수를 함숫값으로 가져야 한

다.

또한 조건 ㈏에서 함수 $f(x)$가 일대일함수이다.

$y=\dfrac{2x+3}{x-2}$에 $x=3$을 대입하면

$y=\dfrac{2 \times 3+3}{3-2}=9$

이므로 조건 ㈎, ㈏를 만족시키려면

$f(3)=\sqrt{3-3}+a=9$에서

$a=9$

$\therefore f(x)=\sqrt{3-x}+9 \ (x \leq 3)$

따라서 함수 $y=f(x)$의 그래프는 다음 그림과 같다.

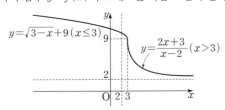

$f(2)=\sqrt{3-2}+9=10$이므로

$f(2)f(k)=10f(k)=40$에서

$f(k)=4$

$2<f(k)=4<9$이므로 위의 그림에서 $k>3$임을 알 수 있다.

따라서 $f(k)=\dfrac{2k+3}{k-2}=4$이므로

$2k+3=4k-8$

$\therefore k=\dfrac{11}{2}$

MEMO

MEMO